Klaus Mainzer

Computer – Neue Flügel des Geistes?

Philosophie und Wissenschaft
Transdisziplinäre Studien

Herausgegeben von
Carl Friedrich Gethmann
Jürgen Mittelstraß

in Verbindung mit

Dietrich Dörner, Wolfgang Frühwald, Hermann Haken,
Jürgen Kocka, Wolf Lepenies, Hubert Markl, Dieter Simon

Band 9

Walter de Gruyter · Berlin · New York
1995

Klaus Mainzer

Computer – Neue Flügel des Geistes? Die Evolution computergestützter Technik, Wissenschaft, Kultur und Philosophie

Walter de Gruyter · Berlin · New York
1995

♾ Gedruckt auf säurefreiem Papier, das die US-ANSI-Norm über Haltbarkeit erfüllt.

Die Deutsche Bibliothek – CIP-Einheitsaufnahme

Mainzer, Klaus:
Computer – neue Flügel des Geistes? : Die Evolution computergestützter Technik, Wissenschaft, Kultur und Philosophie / Klaus Mainzer. – Berlin ; New York : de Gruyter, 1995
(Philosophie und Wissenschaft ; Bd. 9)
ISBN 3-11-014808-0
NE: GT

Printed in Germany
Datenkonvertierung: Knipp Satz und Bild digital, Dortmund
Druck: Gerike, Berlin
Buchbinderische Verarbeitung: Lüderitz & Bauer, Berlin
Einbandgestaltung: Rudolf Hübler

Vorwort

Am Leitfaden des Begriffs komplexer Systeme untersucht das Buch historisch und systematisch erkenntnistheoretische Fragen computergestützter Technik, Wissenschaft und Kultur. Es zielt ab auf eine Philosophie des Geistes, die dieser Entwicklung Rechnung trägt.

Die Verbindung von aktueller mathematischer, natur- und technikwissenschaftlicher Forschung mit klassischer und moderner Philosophie des Geistes setzt fachübergreifende Zusammenarbeit mit verschiedenen Fachkollegen voraus. Dafür danke ich zunächst der Deutschen Forschungsgemeinschaft. Unter den Kennworten „Computer, Chaos und Selbstorganisation" (1990-1992) und „Neuroinformatik" (1992-1994) bewilligte sie mir zwei Forschungsprojekte, die wesentlich zur Abfassung dieser Arbeit beitrugen. Ferner sei das Augsburger Graduiertenkolleg der Mathematik erwähnt. Unter dem Titel „Analyse, Optimierung und Steuerung komplexer Systeme" (1991-1993) ermöglichte es die Zusammenarbeit mit Kollegen der Mathematik. Ein besonderer Dank gilt Hermann Haken, dessen fachübergreifende Workshops zur Physik und Synergetik viele Anregungen gaben. Dank auch an Rolf Eckmiller, der zu verschiedenen Tagungen über Neuroinformatik einlud. Für Hinweise zur Neurologie sei den Hannoveraner Medizinern der Stiftung Neurobionik gedankt, insbesondere ihrem Präsidenten Herrn Kollegen Madjid Samii. Dieser Arbeitskreis wurde durch die Stiftung Volkswagenwerk gefördert. Aspekte computergestützter Chemie konnten im Gesprächskreis ‚Chemie und Geisteswissenschaften' des Stifterverbandes für die Deutsche Wissenschaft eingebracht werden. Dafür sei den Herausgebern einer entsprechenden Publikation, Jürgen Mittelstraß und Günter Stock, gedankt. Ökonomische Anwendungen nichtlinearer komplexer Systeme wurden in mehreren Veranstaltungen des Autors im Rahmen des Augsburger Kontaktstudiums Management diskutiert. Thesen des Buches konnten auf einer Tagung der Fellows des ‚Center for Philosophy of Science' der Universität Pittsburgh vorgetragen werden. Die „Flügel des Geistes" schließen an mein Buch über Naturphilosophie („Symmetrien der Natur" 1988, engl. Übersetzung 1994) an, ohne es vorauszusetzen.

Für die mühevolle Herstellung des Manuskripts danke ich sehr herzlich meiner Sekretärin Frau Jutta Janßen und meiner Frau Johanna Quack-Mainzer. Letztere half auch beim Korrekturlesen und der Herstellung des Literatur-, Personen- und Sachverzeichnisses.

Augsburg, im Herbst 1993 Klaus Mainzer

Inhaltsverzeichnis

*Ainsi chaque corps organique d'un vivant est une Espece de Machine divine, ou d'un Automat Naturel, qui surpasse infiniment tous les Automates artificiels.**

G. W. Leibniz, Monadologie § 64

---

* „So ist jeder organische Körper eines Lebewesens eine Art von göttlicher Maschine oder natürlichem Automaten, der alle künstlichen Automaten unendlich übertrifft."

Einleitung

Computer- und Informationstechnologie verändern zunehmend Forschung und Kultur. Sie lassen den Erdball in einem dichter werdenden Kommunikationsnetz zusammenwachsen, bewältigen komplexe Probleme in immer kürzeren Rechenzeiten, simulieren wirkliche und erzeugen imaginäre Welten in Wissenschaft, Technik, Kunst und Science Fiction. Computergestützte Forschung und Kultur sind ein Entwicklungsstadium in der Evolution des menschlichen Geistes, die sich auf neuen Emergenzstufen durch technische Innovationsschübe realisiert.

Es sind ‚Flügel des Geistes', so möchte man mit Blick auf den antiken Daidalos-Mythos sagen, nachdem für den Körper der alte Menschheitstraum vom Fliegen bereits verwirklicht ist. Mit Daidalos verbindet die Mythologie auch erste Vorstellungen von Automaten: „Die Zeitgenossen des Daidalos priesen über alles den Genius ihres Meisters, der so vortrefflich baute und der Standbilder erfand, der aus Gold und Elfenbein Götterbilder verfertigte, die glauben machten, die Himmlischen schritten leibhaftig zu ihren Altären."[1] Von Daidalos wird aber auch berichtet, daß Ruhmsucht und Ehrgeiz nach dem Absturz seines Sohnes Ikaros in ihm zerbrachen: „Sei gewarnt, mein Sohn! Fliege nicht zu hoch, damit die Sonne

1 H. Snell, Griechische Liebessagen und Schelmenstücke, München 1961, 213. In der griechischen Mythologie wird Daidalos mit den Methoden früher Bronzegüsse in Verbindung gebracht, mit denen bewegliche Statuen wie der stierköpfige Bronzediener des Minos hergestellt worden sein sollen. Vgl. dazu auch R. von Ranke-Graves, Griechische Mythologie. Quellen und Deutung, Hamburg 1985, 287.

nicht das Wachs schmelze, noch lasse dich zu tief herab, damit die Federn nicht vom Meere benetzt werden!"[2] Der Mythos, wohl wissend um die menschliche Natur, erzählt weiter: „Ikaros aber vergaß alle väterlichen Warnungen und warf sich selig dem anschwellenden Äther entgegen in die höheren Räume. Er stieg in den Bereich äußerster Sonnenhitze; das Wachs schmolz, die Federn fielen ins Meer, er schwang verzweifelt die nackten Arme – er stürzte aus der Höhe und ertrank in den Fluten."[3] Sind es heute Cyberspace und virtuelle Realitäten, denen uns die computergestützten Flügel des Geistes entgegentragen? Die modernen Mythologien beschwören jedenfalls bereits ihre Verlockungen und Gefahren.

Noch scheint die computergestützte Forschung auf einer *„Werkzeugwissenschaft des Geistes"* zu beruhen, die an die Entwicklungsstadien früherer Werkzeuge anschließt. In dem Zusammenhang sei an die erste Stufe einfacher Werkzeuge wie Hammer, Hebel usw. erinnert, die noch die menschliche Kraft benötigen, die nächste Stufe von energie- und stoffverarbeitenden Kraftmaschinen und schließlich die Stufe programmgesteuerter Computer bzw. Automaten zur Informationsverarbeitung. Informationsträger weiteten sich vom menschlichen Gedächtnis über Schriftenrollen und Buchdruck bis zu Datenbanken aus. Programmgesteuerte Computer wurden in verschiedenen Hardware-Generationen entwickelt. Generationen von Programmiersprachen adaptieren immer näher von maschinennahen zu natürlichen Sprachen, um die Schnittstelle Mensch-Maschine zu optimieren. Wissensbasierte Systeme sollen menschlichen Experten zur Seite treten, um sie bei intelligenten Problemlösungen zu unterstützen, wenn nicht gar zu simulieren. Neuerdings werden bereits Bio- und Neurocomputer projektiert, die nach neurophysiologischen Strukturprinzipien des Gehirns gebaut sind und selbstorganisierende komplexe Systeme im Sinn der biologischen Evolution darstellen.

Auffallend an diesem Entwicklungsprozeß des menschlichen Geistes ist, daß er durch Begriffe der Einzelwissenschaften nur teilweise erfaßt ist. In der philosophischen Tradition

2 R. von Ranke-Graves, s. Anm. 1, 283.
3 H. Snell, s. Anm. 1, 215.

wurde angenommen, daß sich der menschliche Geist in verschiedenen Stadien von subjektiven Gedanken und Vorstellungen einzelner Menschen zu objektiven und überpersonalen Formen und Gestalten von Wissen, Sprache, Zeichen und Kulturen organisiert. Moderne Konzepte wie Kommunikations- und Informationsgesellschaft, wissensbasierte Systeme, neuronale Netze, Evolution und Selbstorganisation scheinen diesem Prozeß nahezukommen. Aber das hat man von früheren Paradigmen wie programmgesteuerten Computern, kybernetischen Maschinen, mechanischen Automaten u. ä. auch geglaubt. Die Philosophie des Geistes geht daher nicht in der gegenwärtigen KI-Forschung, Informations- und Kommunikationstheorie, Neurobiologie, Evolutionstheorie und mathematischen Systemtheorie auf: Der Geist weht bekanntlich wie er will, wo er will und wann er will. Dennoch wird man gut daran tun, von den Einzelwissenschaften auszugehen, um in einem fachübergreifenden Forschungsprogramm seinem Wirken auf die Spur zu kommen.

Der Kern und die Einheit der vielfältigen Forschungsaktivitäten von Neurobiologie, Kognitionswissenschaft, KI, Systemtheorie u. ä. ist also, so die These dieses Buches, die Philosophie des Geistes. Philosophie ist damit zwar mit den Einzelwissenschaften vernetzt, aber letztere auch mit ihr. Philosophie ist zentraler Teil des Forschungsprozesses, fallibel und korrekturbedürftig wie alle Forschung, denkt aber im Unterschied zu den Einzelwissenschaften die Teile zusammen, koordiniert, hinterfragt kritisch die fachwissenschaftlichen Teilperspektiven, treibt so Forschung an und schafft gleichzeitig Distanz für Reflexion, hält den Horizont offen und verhindert einseitige Reduktionismen. Mit diesem Selbstverständnis und Selbstbewußtsein von Philosophie soll im folgenden das Leitthema „Die Evolution computergestützter Technik, Wissenschaft und Kultur" systematisch und historisch aufgearbeitet werden.

In den beiden ersten Kapiteln geht es um die Evolution intelligenter Systeme, mit denen die Voraussetzung für die Evolution computergesteuerter Forschung und Kultur geschaffen wurde. Dabei zeichnen sich heute zwei konkurrierende und sich ergänzende Forschungsprogramme ab, die an unterschiedlichen Prototypen maschineller Intelligenz orientiert sind. Gemeint sind programmgesteuerte Computer in der Tradition von Turing und von Neumann (Kap. 1) und neuronale Netze als komplexe dynamische Systeme nach den Bauplänen des Gehirns (Kap. 2). Kapitel 1 beginnt daher mit den Grundlagen programmgesteuerter Maschinen und erörtert zunächst die historischen Wurzeln der Rechen- und Computertechnik, die zur Informatik als etablierter Wissenschaft führten. Auch hier ging ein interdisziplinäres Forschungsprogramm aus Ingenieurwissenschaften, Logik, Mathematik, Informationstheorie, Kybernetik u. a. voraus. Heute hat sich Informatik als Technik- oder Ingenieurwissenschaft der automatischen Informationsverarbeitung formiert. Der ingenieurwissenschaftliche Aspekt betrifft dabei sowohl die im engeren Sinne technische Entwicklung von Maschinen, Computern etc. (Hardware) als auch die Entwicklung von Algorithmen, Computersprachen etc. mit ihrer technischen Umsetzung (Software). Mit Blick auf die logisch-mathematische Herkunft des Algorithmenbegriffs wurde Informatik gelegentlich auch als „Geistes-Ingenieurwissenschaft" definiert.

Die *technik- und geistesgeschichtlichen Wurzeln der Informatik* reichen weit zurück. Neben frühen Rechentechniken wie z. B. dem Abakus ist auch die Geschichte des Automatenkonzepts zu erwähnen, die mit der Suche nach Analogien zwischen Maschinen und lebenden Organismen beginnt, in der Antike z. B. bei Heron von Alexandreia (automatische Puppen und Spielwerke), im 17. und 18. Jh. z. B. bei Gautier und Vaucanson (automatische Simulation tierischer und menschlicher Fähigkeiten), Descartes und Leibniz, der alles Seiende der Natur in einer „scala naturae" als eine Automatenaggregation von wachsender Kompliziertheit auffaßt. Leibnizens 4-Species-Rechenmaschine wird zum Prototyp der neuzeitlichen Handrechenmaschine. Seine Forderung nach einem universalen, mechanisch simulierbaren Entscheidungs- und Auffindungsverfahren für die wahren Sätze einer Theorie erinnert bereits an die Algorithmentheorie. Die Technik programmgesteuerter Rechenmaschinen wird im 18. Jh. durch Spielautomaten und automatische Webstühle vorbereitet, die von Walzen oder hölzernen Lochkarten gesteuert werden. Die „analytical engine" von Babbage (1834) besitzt sequentielle Programmsteuerung und ein mechanisches Rechenwerk zur Tabellenberechnung. Hollerith entwickelt Tabulierungs- und Zählmaschinen auf elektromechanischer Grundlage (1890), Torres y Quevedo (1911) den ersten Schachautomaten und eine elektromechanische Version von Leibnizens 4-Species-Rechenmaschine (1920). Eine maschinelle Simulation intellektueller Fähigkeiten wie des Rechnens und des logischen Schließens erfolgt bei Zuse, der die ersten programmgesteuerten Rechenmaschinen auf elektromechanischer und elektronischer Grundlage (1938, 1944) konstruiert.

Turings logisch-mathematisches Konzept einer *universellen Rechenmaschine*, die jedes effektive Rechenverfahren simulieren kann, wird zum Vorbild des von-Neumann-Computertyps, der seriell, d. h. schrittweise jeden Rechenbefehl eines Programms abarbeitet. Turing trägt eine von verschiedenen Präzisierungen des Algorithmenbegriffs vor, die von unterschiedlichen Vorstellungen effektiver Verfahren ausgehen. Erwähnt werden in dem Zusammenhang Registermaschinen, rekursive Funktionen, Kalküle und Automatennetze. Im Sinne einer These von Church erfassen diese unterschiedlichen Präzisierungen den intuitiven Begriff eines effektiven und determinierten Verfahrens, da sie sich als mathematisch äquivalent erweisen. Auf dieser Grundlage läßt sich im Anschluß an Leibniz der Begriff effektiver Berechenbarkeit von Problemen präzisieren, aber auch ein systematisches und effektives Aufzählungsverfahren für die Elemente von Mengen und Prädikaten einführen. Untersucht man eine zahlentheoretische Codierung von Aussagen formaler Sprachen („Gödelisierung"), so läßt sich präzisieren, wie die Wahrheiten einer Theorie als Codenummern systematisch und effektiv aufgezählt werden können. Damit deuten sich Möglichkeiten und Grenzen programmgesteuerter Maschinen an: Es gibt nämlich prinzipiell unentscheidbare Probleme und unvollständige Formalisierungen, die nicht alle Wahrheiten einer Theorie herleiten können. Der Gödelsche Unvollständigkeitssatz weist in diese Richtung. Von großer praktischer Bedeutung sind Kompliziertheitsmaße von Algorithmen, da sie eine Abschätzung der Rechenzeit erlauben, die bei praktischen Rechen- und Entscheidungsverfahren auftreten.

Wenn sich für eine Theorie von vornherein nicht maschinell entscheiden läßt, ob eine beliebige Behauptung wahr oder falsch ist, dann muß man sich auf die Beweissuche begeben und sich etwas einfallen lassen. In der Simulation kreativer und intelligenter Suchverfahren für Problemlösungen lag eine frühe Motivation für die Künstliche-Intelligenz-Forschung (KI). Wissenschaftshistorisch ging der *KI-Forschung* wieder ein interdisziplinäres Forschungsprogramm aus z. B. Informatikern, Logikern, Mathematikern, Psychologen, Linguisten voraus, die von Turings berühmter Frage „Can machines think?" beeinflußt waren. Bei der Suche nach allgemeinen Problemlösungsprinzipien spielte die mathematische Logik eine große Rolle. Zu erwähnen ist in dem Zusammenhang z. B. die sogenannte Resolutionsmethode, die unter Voraussetzung von Herbrands Vollständigkeitssatz der Prädikatenlogik erster Stufe erlaubt, Beweise von Behauptungen nach dem Muster logischer Widerlegungsverfahren zu suchen.

Die Logikorientierung wird auch in den höheren *Programmiersprachen* der KI deutlich. In den sogenannten imperativen Programmiersprachen gibt der Programmierer eine Folge von Anweisungen an, durch deren Ausführung die Problemlösung erhalten wird. In der KI-Sprache PROLOG formuliert man statt dessen sein eigenes Wissen über das Problem nach dem Vorbild der Prädikatenlogik, und der Computer versucht mit Hilfe dieses Wissens selbständig eine Lösung des Problems zu finden. Im Unterschied zur prädikativen Struktur von PROLOG ist z. B. LISP eine funktional orientierte Programmiersprache der KI, die Symbollisten abarbeitet. Die Ähnlichkeit der KI-Sprachen mit logischen Kalkülen macht jedenfalls ihre Nähe zu Problemformulierungen deutlich, die kaum noch etwas mit den unmittelbaren Maschinensprachen zu tun haben, mit denen der Computer eigentlich erst zum Laufen kommt. Die Parallele mit natürlichen Sprachen und höheren Intelligenzfunktionen des Menschen, die weit entfernt sind von der chemisch-molekularen Sprache körperlicher Funktionsabläufe, liegt auf der Hand.

Wissenschaftshistorisch versuchte die KI-Forschung zunächst, ein universelles General-Problem-Solver-Programm (GPS-Programm) zu formulieren, das heuristische Rahmenbedingungen für menschliches Problemlösen allgemein anzugeben versuchte. Aber die Euphorie über allgemeine kognitive Simulationsverfahren menschlicher Intelligenz verflog in den 60er Jahren sehr bald, da keines der faktisch entwickelten Programme dieser Periode den Erwartungen entsprach. Aus der Enttäuschung wurde die Lehre gezogen, daß die Zukunft der KI-Forschung nicht in der Suche nach allgemeinen Wissensprinzipien läge, sondern in der Spezialisierung und Formalisierung von Expertenwissen. Das war die Geburtsstunde der wissensbasierten Systeme, die zu ersten praktischen Erfolgen der KI führte.

Ein *Expertensystem* ist ein Computerprogramm einer KI-Programmiersprache, in dem das Wissen und die Fähigkeit eines menschlichen Experten wenigstens partiell angelegt ist (z. B. DENDRAL für die Chemie, MYCIN für die Medizin). Neben dem fachspezifischen Lehrbuchwissen verfügt der Experte über heuristisches Wissen und Fähigkeiten, deren er sich häufig nicht bewußt ist und die er in einem langen Erfahrungsprozeß seines Berufes erworben hat. Daher müssen interdisziplinär geschulte Wissensingenieure die Expertenregeln des menschlichen Experten in Erfahrung bringen, in Programmiersprachen darstellen und in ein funktionstüchtiges Arbeitsprogramm umsetzen. Damit wird deutlich, daß Expertensysteme auf regelbasiertes Wissen fixiert sind, das in Programmiersprachen übersetzbar sein muß. Fähigkeiten menschlicher Intelligenz wie Assoziation, spontane Intuition, emotionale oder unbewußte Wahrnehmungen bleiben ausgeblendet. Vor allem stellt sich die Frage, wie die spezielle Wissensbasis eines Expertensystems mit dem allgemeinen unstrukturalisierten Hintergrundwissen über die Welt verbunden werden soll, das die Entscheidungen und Handlungen eines menschlichen Experten (z. B. Arzt) bewußt oder unbewußt beeinflußt. Expertensysteme bleiben also dem Paradigma programmgesteuerter Problemlösungen verpflichtet, mit dem sie eingeschränkte Leistungen mit großer Schnelligkeit und Effektivität erreichen.

Demgegenüber ist die Entwicklung neuronaler Netze, die im 2. Kapitel besprochen werden soll, nicht an logischen Regelsystemen und hohen KI-Programmiersprachen orientiert, sondern an Vorgängen der physikalischen und biologischen Evolution, wie sie in der Theorie komplexer dynamischer Systeme beschrieben werden. Daher werden auch zunächst Grundbegriffe der biologischen Evolution und *komplexen dynamischen Systeme* erläutert, also erneut ein fachübergreifendes Forschungsprogramm der Physik, Biologie, Mathematik, Psychologie und Medizin. Im 19. Jh. glaubte man zunächst, daß die Evolution von Organismen dem zweiten Hauptsatz der Thermodynamik widerspricht, wonach abgeschlossene Systeme einem Gleichgewichtszustand maximaler Entropie, d. h. Unordnung, zustreben. Tatsächlich liegt aber kein Widerspruch zur Evolution von Ordnungsstrukturen in der Biologie vor. Lebende Systeme sind nämlich offene Systeme, fernab des thermischen Gleichgewichts, d. h. die Erhaltung bzw. der Aufbau von Ordnung wird durch Metabolismus (Energie- und Stoffaustausch) mit der Umwelt ermöglicht. Wir sprechen dann von „*Selbstorganisation*". Selbstorganisation wird physikalisch durch Phasenübergänge komplexer dynamischer Systeme beschrieben. Fachübergreifend finden wir Selbstorganisationsprozesse in der Physik (z. B. Laserstrahl), in den molekularen Strukturen der Chemie, in Zellsystemen der Biologie und schließlich in den komplexen neuronalen Netzen des menschlichen Gehirns. Die Untersuchung des „*zerebralen Computers*" des Gehirns erfordert neben physiologisch-medizinischen und psychologischen Grundlagen auch besondere mathematische Methoden z. B. der Vektorgeometrie, Graphentheorie, linearen Algebra, Tensoranalysis. Technisch-physikalische Modelle der Festkörperphysik (z. B. Kristallzüchtung und Spinglas) spielen in der Erforschung neuronaler Netze eine große Rolle.

Die Selbstorganisation von Zellpopulationen wurde in den 50er Jahren erstmals durch sogenannte „*Zelluläre Automaten*" (John von Neumann) simuliert. Zelluläre Automaten bestehen aus einem Netz einzelner Zellen, die durch die Geometrie der Zellordnung, die Nachbarschaft jeder Einzelzelle, ihre möglichen Zustände und die davon abhängenden Transformationsregeln für zukünftige Zustände charakterisiert sind. Sie erzeugen komplexe Konfigurationen, die an Gestalten und Organismen der biologischen Evolution erinnern und mit den Methoden der komplexen System- und Chaostheorie untersucht werden können. Man unterscheidet die Evolutionsmodelle nach den

Attraktoren, d. h. den Endzuständen, denen komplexe dynamische Systeme zustreben. Empirische Untersuchungen im Sinne von Computerexperimenten legen Klassifikationen in Automatentypen nahe. Während einfachere Systeme einem konstanten oder periodischen Endzustand (z. B. Oszillation oder Pulsation chemischer Systeme) zustreben und dabei in Toleranzgrenzen unabhängig vom Anfangszustand sind, gehen komplexere Evolutionsmuster in einen chaotischen Endzustand mit fraktaler Dimension über und reagieren empfindlich auf geringste Änderungen des Anfangszustandes („Schmetterlingseffekt"). Bekannt wurden solche fragilen Systeme von Gasturbulenzen und Wetterlagen in der Meteorologie. Daß Geist und Denken eher mit Wetter und Wolken als mit Maschinen zu tun hat, ahnte die Religion schon immer, wenn sie den Geist wehen und stürmen ließ. Mathematisch heißt das: Geringste Abweichungen der Anfangszustände lassen die Entwicklungstrajektorien der Evolutionsmuster exponentiell auseinanderstreben („*Nicht-Linearität*"). Selbstorganisation ist also langfristig im allgemeinen nicht prognostizierbar, obwohl im Beispiel zellulärer Automaten jeder einzelne Phasenübergang determiniert ist. Die Simulation der Evolution erweist sich als mindestens ebenso kompliziert wie der natürliche Entwicklungsprozeß selber.

Zelluläre Automaten sind eine vereinfachte Vorstufe neuronaler Netzwerke. Analog zur spontanen Musterbildung in der physikalischen und biologischen Evolution soll nun die Mustererkenntnis simuliert werden. Im Unterschied zu traditionellen von-Neumann-Maschinen, die komplexe Aufgaben nur Schritt für Schritt („seriell") in Angriff nehmen können, besteht das menschliche Gehirn aus einer Population von Neuronen, von denen jede mit tausenden von Nachbarn verbunden ist und im Prinzip zur gleichen Zeit arbeiten kann (*Konnektionismus, Parallelismus*). Analog dem menschlichen Gehirn erweisen sich neuronale Netze als robust und fehlertolerant, so daß bei Ausfall eines Netzteils dieselbe Aufgabe von einem andern Teil übernommen werden kann. Wissenschaftshistorisch wurden in den letzten 40 Jahren eine große Anzahl von Modellen neuronaler Netze entwickelt, die fachübergreifend an unterschiedlichen Motivationen und Zielen orientiert waren. Einige Netzwerke wurden durch biologische und psychologische Modelle inspiriert, während andere physikalische Grundlagen haben.

Die historisch ersten Modelle (z. B. F. Rosenblatt 1958) waren dem psychologischen Reiz-Reaktions-Schema des Behaviorismus nachgebildet und erwiesen sich bald schon als sehr beschränkt. Die im gleichen Zeitraum auftretenden ersten Erfolge der KI-Forschung mit Programmiersprachen und Expertensystemen führten daher zu einer vorläufigen Verdrängung der neuronalen Netze aus dem weiteren Forschungsinteresse. Ein erneuter Durchbruch gelang erst in den 80er Jahren mit dem sogenannten Hopfield-System, das auf Überlegungen der Festkörperphysik aufbaute und mit den damit verbundenen erfolgreichen mathematischen Methoden ein neues breites Forschungsfeld eröffnete. Bei einem *neuronalen Netzwerk* à la Hopfield wird der Zustand einer Zelle durch eine Evolutionsgleichung beschrieben, die vom Grad der Vernetzung der Zelle im vorherigen Zustand und ihrer Reizschwelle abhängt. Das Erlernen von Mustern geschieht nun nicht durch ein Programm, sondern durch Beispiele von Mustern auf der Grundlage von Vernetzungsregeln, nach denen auch das menschliche Gehirn arbeitet („Hebbsche Regel"). Danach werden Konnektionen zwischen Neuronen eines Musters im selben Zustand verstärkt, solche im verschiedenen Zustand vermindert. Gestörte Muster von Buchstaben können so in Phasenübergängen vom neuronalen Netzwerk erkannt werden, nachdem ein Standardmuster durch Beispiele (nicht durch ein Programm) eingeübt worden ist. Die Erklärung liefert wieder die Physik komplexer dynamischer Systeme: Ein komplexes dynamisches System (das Hopfield-System bzw. das Gehirn) strebt durch Phasenübergänge einem Gleichgewichtszustand („Fixpunkt") als Attraktor zu. Praktische Anwendungsbeispiele sind heute neuronale Netzwerke, die gestörte bzw. unterschiedliche Schriftzüge von Handschriften automatisch erkennen oder gestörte oder verschiedene Paßfotos derselben Person erkennen.

Systeme mit *Netzwerkhierarchie* können darüberhinaus nicht nur eintrainierte Muster wiedererkennen, sondern klassifizieren sie spontan nach Merkmalen ohne äußere Überwachung des Lernvorgangs durch einen „Lehrer". Abstraktionen und Begriffsbildungen werden so durch Selbstorganisation erzeugt. Es wird zu prüfen sein, in welchem Umfang damit Kategorisierungen des Geistes erfaßt sind. Neben deterministischen Systemen sind auch stochastische Netzwerkarchitekturen mit nicht-deterministischen Prozessoren und verteilter Wissensrepräsentation in Gebrauch („Boltzmann-Maschine"). Boltzmanns Paradigma der statistischen Mechanik und Thermodynamik steht für diesen Ansatz Pate. In solchen Systemen arbeiten Lernalgorithmen via Selbstorganisation mit dem Ziel, den informationstheoretischen Unterschied zwischen den internen Modellen des Systems und der externen Außenwelt zu minimieren.

Für die Physiologie und Robotertechnik stellen sich die selbstorganisierenden sensorischen Systeme nach T. Kohonen als erfolgversprechend heraus, bei denen neuronale Schichten aufgrund einfacher Mechanismen allein unter dem Einfluß einer zufälligen Abfolge sensorischer Reize Abbildungen oder „Karten" wichtiger Reizmerkmale lernen können. Durch geeignete Erweiterung dieser Mechanismen wird das intuitive Erlernen einfacher Bewegungsfertigkeiten wie z. B. Balancieren eines Stabes oder Steuerung von Augenbewegungen ermöglicht – Vorgänge, die sich einer peniblen Darstellung in einer Programmiersprache mit serieller Abarbeitung von Handlungsbefehlen verschließen. Statt dessen werden die beteiligten Muskeln mit ihren vielen Freiheitsgraden in mehrdimensionalen Phasenräumen abgebildet, ihre Zustände als *neuronale Matrizen* aufgefaßt und ihre Koordination durch Vektortransformationen geleistet. Physiologische Wahrnehmungs-, Erkenntnis- und Handlungsabläufe und ihre sensomotorische Koordination haben offenbar ihre eigenen intrinsischen (häufig nicht-euklidischen) Raum-Zeit-Strukturen, die im Rahmen der Vektorgeometrie bzw. Tensoranalysis mathematisch beschreibbar werden. Historisch erinnert dieser Zugang an die Arbeiten von Descartes und Borelli im 17. Jh., die erstmals auf der Grundlage der analytischen Geometrie eine mathematische Physiologie entwarfen.

Die bisher beschriebenen neuronalen Netze stellen eine Vielzahl empirischer Modelle dar, deren gemeinsame Grundlagen nicht ohne weiteres deutlich sind. Wissenschaftstheoretisch handelt es sich um typische *bottom-up* Ansätze, die sich bei der Modellentwicklung auf einzelne konkrete Aufgaben und Funktionen der Wahrnehmung, Bewegungskoordination, Abstraktion, Begriffsbildung u. ä. beschränken. Demgegenüber schlägt die Synergetik (H. Haken) in einem *top-down* Ansatz allgemeine Prinzipien vor, aus denen Funktion und Entwicklung des Erkenntnisapparates ableitbar sind. Es handelt sich um die Gesetze der Selbstorganisation komplexer dynamischer Systeme, die auch in anderen naturwissenschaftlichen Disziplinen wie Physik, Chemie und Biologie hochgradig bestätigt wurden. Die neuronale Evolution wird gewissermaßen an die physikalische, chemische und biologische Evolution angeschlossen und in einer gemeinsamen Theorie vereinigt. Das macht den Ansatz synergetischer Computer wissenschaftstheoretisch attraktiv.

Abschließend stellt sich die Frage nach dem Verhältnis, den Grenzen und Möglichkeiten neuronaler Netze und programmgesteuerter Computer. Es liegt im Rahmen einer Wissenshierarchie nahe, für „low-level-knowledge" wie z. B. Analyse und Erkenntnis von Signalen, Bildern, Sprache, Wahrnehmung, Bewegungskoordination und Intuition neuronale Netzwerke vorzusehen, während „high-level-knowledge" wie z. B. logische und grammatikalische Ableitung, Rechnen, Erklärung und Expertenwissen besser von wissensbasierten Systemen bewältigt werden. Die Übergänge sind jedoch fließend, und die Zukunft liegt möglicherweise bei integrierten Systemen von neuronalen Netzen und wissensbasierten Systemen.

Auf diesem Hintergrund wird im 3. Kapitel die Evolution computergesteuerter Forschung und Kultur diskutiert. Computergestützte Problemlösungsverfahren verändern nämlich zunehmend Erkenntnisinteressen und Forschungsformen der Einzelwissenschaften. Mittlerweile kann z. B. von einer *computergestützten Forschung der Mathematik* gesprochen werden. Da sind zunächst die numerisch-algorithmischen Verfahren, die verbunden mit hohen Rechnerkapazitäten die Untersuchung komplexer Probleme erlauben. Die historischen Anfänge der Numerik sind eng verbunden mit der neuzeitlichen Mathematik, die Rechenvorschriften zu exakten oder angenäherten Lösungen in ihren Anwendungsgebieten der Naturwissenschaften, Technik und Ökonomie bereitstellte. Erinnert wird z. B. an die frühen Berechnungen von logarithmischen und trigonometrischen Tabellen (Napier, Bürgi u.a.), Newtons Fehlerrechnung, Eulers Interpolationsmethode, Laganges Lösungsvorschläge für Differentialgleichungen, Laplaces Transformationen, Gaußens und Jacobis numerische Integrationen, die Methode der kleinsten Quadrate bis hin zur linearen Optimierung und Komplexitätsabschätzung von algorithmischen Rechenzeiten. Heute versteht sich Numerik als Mathematik konstruktiver Verfahren, die Rechenvorschriften in Form von Algorithmen angibt, programmiert und mit Hilfe von Computern auswertet. Dazu müssen für eine geeignete Darstellung von Zahlen die technisch-physikalischen Eigenschaften der benutzten Computerspeicher berücksichtigt werden. Prinzipiell kann also nur von Zahlen mit endlicher Stellenzahl ausgegangen werden. Die zwangsläufig auftretenden Rundungsfehler machen eine Fehleranalyse unerläßlich. Numerische Mathematik ist also heute eine computergestützte Wissenschaft, die wesentliche Forschungsimpulse durch den technischen Leistungsstandard von Computern erhält, umgekehrt aber auch die Problemlösungskapazität von Computern durch neue Algorithmen erhöht. Der mathematische Geist geht hier eine Symbiose mit der Maschine ein.

Probieren und Experimentieren in der Mathematik erhält mit dem Computer einen neuen Stellenwert. Von der Korrektheit eines komplexen mathematischen Computerprogramms kann man sich häufig nur noch am Beispiel „experimentell" überzeugen. In der Informatik hat sich daher ein eigenes Teilgebiet herausgebildet, das sich mit Korrektheitsbeweisen für Programme, die sog. Programmverifikation, beschäftigt. Für weitreichende wissenschaftliche Programmierungen besteht jedoch häufig keine Aussicht auf Korrektheitsbeweise. Insbesondere stellt sich die Frage, wer, wie und wann die Ausdrucke solcher Beweise lesen soll. Beispiele für sehr lange Beweise in der Mathematik liegen bereits bei der Klassifizierung der endlichen einfachen Gruppen vor (z. B. Fischers Monster mit ca. 8×10^{53} Elementen). Der Beweis würde mehrere Tausend Seiten umfassen, so daß die Nachprüfung solcher Beweise praktisch nur noch in großen Teams möglich ist.

Seit Platon und Euklid wird herausgestellt, daß nur der logische Beweis, nicht aber Probieren und Experimentieren in der Mathematik Gültigkeit hat. Schon Archimedes wußte aber, daß Sätze und Beweise durch Probieren, Experimentieren und kluge Heuristik erst gefunden werden. An die Stelle früheren Probierens mit Zeichengeräten tritt heute der Computer. Eine wissenschaftstheoretische Herausforderung entsteht dann, wenn Computerprogramme selber Bestandteile eines Beweises werden, dessen Output schrittweise in einem Menschenleben nicht zu überprüfen ist. Dieser Fall lag z. B. beim Beweis des Vierfarbensatzes von K. Appel und W. Haken (1976) vor. Unabhängig wie dieses Beispiel heute bewertet wird, stellt sich grundsätzlich die Frage nach dem Verhältnis von computergestützten Beweisen, quasi-empirischen Computerexperimenten und logischen Beweisen der mathematischen Tradition.

Schließlich sind die neuen Methoden der KI-Forschung für das mathematische Selbstverständnis zu berücksichtigen. Das sogenannte automatische Beweisen ist nicht nur für einfache Theoreme der Logik und Mathematik interessant, sondern wird zur Programmverifikation und zur Überprüfung von Hardwarekonfigurationen in der industriellen Computerherstellung verwendet. Kritisch zu analysieren sind die Expertensysteme, die beanspruchen, schöpferische mathematische Leistungen zu simulieren. AM („automatic mathematics") ist ein wissensbasiertes System, von dem sein Konstrukteur D. B. Lenat 1983 zunächst behauptete, daß es nicht nur wichtige Begriffe der Zahlentheorie rekursiv erzeugt, sondern damit auch einen Entdeckungsprozeß simuliert, für den der menschliche Geist Hunderte von Jahren brauchte. Die heuristischen Regeln dieses Programms liefern neue Aufgaben und Konzepte, die rekursiv auf bereits erzeugte Beispiele zurückgreifen. Neue Aufgaben werden nach ihrem Interessengrad geordnet. Aufgaben, die durch viele verschiedene Heuristiken vorgeschlagen wurden, sind interessanter als solche, die durch weniger eingebracht wurden. Mit diesem Maß zur Steuerung des heuristischen Suchprozesses erzeugt AM den Begriff der natürlichen Zahl, Multiplikation, Primzahl u. ä. Eine nähere Analyse zeigt jedoch, daß der wissenschaftstheoretische Anspruch auf Simulation eines Entdeckungsprozesses des menschlichen Geistes nicht aufrecht erhalten werden kann. Der Erfolg von AM hängt nämlich entscheidend von Eigenschaften der Programmiersprache LISP ab. Gleichwohl legt eine Analyse interessante Analogien mit dem menschlichen Forschungsprozeß nahe.

Computerexperimente werden heute durch Computergrafik visuell sichtbar. Zahlenfolgen entsprechen Punktkoordinaten auf dem Bildschirm, bessere numerische Approximationen erscheinen als Bildschirmvergrößerungen. Entsprechende Computerprogramme werden in Programmiersprachen wie z. B. PASCAL geschrieben. Trotz der technischen Begrenzung der Bildschirmauflösbarkeit hat die moderne Computergrafik einen großen Einfluß auf verschiedene Zweige der Mathematik. Erinnert wird vor allem an die Geometrie der Fraktale, d. h. geometrische Objekte mit extrem zerklüfteten Grenzflächen und gebrochenen Dimensionen. Die Geometrie der Fraktale eröffnet eine Formenvielfalt, die uns an die komplexen Gestalten der Natur erinnert: Wolken, Dunst, Gräser, Bäume, Körper und Organismen. Obwohl die abstrakten mathematischen Grundbegriffe schon seit Anfang dieses Jahrhunderts bekannt waren, ist die fraktale Geometrie erst durch die technischen Möglichkeiten der Computergrafik ins Zentrum eines breiteren Interesses gerückt. Grundlegende mathematische Eigenschaften wurden erst auf dem Bildschirm entdeckt, bevor sie nachträglich bewiesen wurden. Ein Beispiel ist der Satz, daß die berühmte Mandelbrot-Menge („Apfelmännchen") „zusammenhängend" ist – im Computerexperiment von Mandelbrot bereits 1980 getestet, aber erst 1982 von Douady/Hubbard durch tiefliegende analytische Methoden bewiesen. Für die Heuristik der mathematischen Forschung spielen Computerexperimente und numerisch-grafische Simulationsmodelle in Zukunft sicher eine zunehmende Rolle.

Auch in den *Naturwissenschaften* verändern computergestützte Verfahren Erkenntnisinteressen und Forschungsformen. Computerexperimente in der simulierten Welt eines Computermodells eröffnen der naturwissenschaftlichen Forschung neue Möglichkeiten. Simulationen gewinnen methodisch an Bedeutung neben Theorien, Beobachtungen und Laborexperimenten. Sie reichen von Simulationsmodellen für Galaxien und die biologische Evolution bis zum didaktisch aufbereiteten Simulationsexperiment in der Physik, bei dem der Forscher Vorinformationen für teure bzw. unzugängliche empirische Experimente abklären kann.

Grundlage der modernen Physik ist die Quantenmechanik. In der klassischen Physik werden physikalische Systeme und Maschinen als völlig unabhängig vom menschlichen Beobachter und seinem Bewußtsein angenommen. In der Quantenmechanik gehen demgegenüber einige Interpreten von der Annahme aus, daß das menschliche Bewußtsein eine Schlüsselrolle beim Meßprozeß spielt und umgekehrt Quantenphänomene auf neuronale Prozesse und damit verbundene Bewußtseinsbildung Einfluß nehmen. Diese Ansätze, nach denen die Quantenphysik direkt mit der Philosophie des Geistes verbunden sei, werden kritisch untersucht. Ferner bietet sich die Quantenmechanik als physikalische Grundlage für Entwürfe von *Quantencomputern* mit hoher technischer Effizienz und Quantenkomplexität an, die sich von der klassischen Turing-Maschine und klassischen Komplexitätstheorie unterscheiden.

Einen großen Einfluß haben Computerverfahren auf die Entwicklung der physikalischen *Chaostheorie*. „Chaos“ und „Nicht-Linearität“ waren bereits in der klassischen Physik Ende des 19. Jhs. ohne computertechnische Voraussetzungen bekannt. In dem Zusammenhang wird z. B. auf die Untersuchungen nicht-laminarer, turbulenter Strömungen in der Hydrodynamik des 19. Jhs. verwiesen, deren nicht-lineare Bewegungsgleichungen (Navier-Stokes) als analytisch schwer zugänglich hingenommen werden mußten. Solche Probleme führen heute direkt in die Chaosforschung. Wichtig waren auch die Vorstellungen von Boltzmann, Maxwell und Gibbs im Rahmen der Thermodynamik und statistischen Mechanik, die zum Konzept des Phasenraums durch Poincaré und Liouville führten. Hier handelt es sich um deterministische (zunächst nicht-chaotische) dynamische und dissipationsfreie Systeme, deren Komplexität nur eine statistische Beschreibung zuläßt. Historisch gleichzeitig laufen Poincarés Überlegungen über das Mehrkörperproblem in der Astronomie, die zu einer ersten Formulierung des Chaosbegriffs führten. Poincaré (wie Maxwell) bewegte die grundlagentheoretische Frage nach der Kausalität. Einerseits sind die Bahnkurven (Trajektorien) von

Körpern eindeutig determiniert, andererseits laufen sie bei geringsten Abweichungen der Anfangsbedingungen exponentiell schnell auseinander. Langfristige Vorausberechnungen werden so unmöglich. Solche Fragen traten praktisch in den Vordergrund, als neue numerisch-algorithmische Verfahren schnelle Rechnungen ermöglichten.

Mit Auftreten dieser Verfahren erhält die Diskussion um den Chaos- und Selbstorganisationsbegriff einen entscheidenden Schub. Approximative numerische Lösungen nicht-linearer Differentialgleichungen, die komplexe dynamische Systeme charakterisieren, werden nun möglich. Die Entwicklung neuer Methoden der Numerik ist eng verzahnt mit der Entwicklung neuer analytischer Beweismethoden. Bemerkenswert ist, daß neben Beiträgen aus der Numerik und angewandten Mathematik auch Untersuchungen des Meteorologen Lorenz (1963) entscheidend wurden, der die komplizierten Gleichungen der Hydrodynamik des Wetters durch ein System von nur drei Differentialgleichungen modellierte und erstmals mit einem Tischcomputer berechnete.

In der *Chemie* können heute komplizierte Makromoleküle, die bisher nur in abstrakten numerischen Rechnungen zugänglich waren, auf einem Bildschirm anschaulich gedreht und gewendet werden („*molecular modeling*"). Chemiker und Pharmazeuten entwerfen neue Molekülverbindungen auf dem Bildschirm wie das Design eines neuen Automobils, zerlegen sie und setzen sie neu zusammen, testen ihre möglichen Funktionsabläufe wie beim Entwurf einer chemischen Fabrik. Wissenschaftstheoretische Grenzen dieses Verfahrens liegen auf der Hand: Die Natur tritt mit Überraschungen und Neuigkeiten nur noch so weit auf den Plan, als es die Rahmenbedingungen der jeweils aufgesetzten „molekularen Brille" des Forschers zulassen. In dem Zusammenhang sind auch Möglichkeiten und Gefahren einer computergestützten Gentechnologie zu berücksichtigen. Evolutionsmodelle von biologischen Populationen aufgrund veränderbarer ökologischer Rahmenbedingungen können im Computerprogramm durchgespielt und mögliche ökologische Schädigungen so erkannt werden. Da biologischen Evolutionsmodellen meistens nicht-lineare Gleichungen zugrunde liegen, werden die numerischen Computerleistungen bei der Untersuchung komplexer Systeme entscheidend. Daß computergestützte Laborsimulationen die unseligen Tierversuche zurückdrängen werden, ist sicher eines der erfreulichsten Perspektiven computergestützter Forschung in Biologie und Medizin.

Medizinische Expertensysteme sind schon früh von der KI-Forschung zu umfassenden fachlichen Beratungen des Arztes bei der Behandlung eines Patienten empfohlen worden. Neuronale Netze können im Krankenhaus oder in der Arztpraxis helfen, das Wissen eines Fachmanns, z. B. eines Kardiologen oder Hirnstromspezialisten, zum direkten Vergleich mit Patientendaten heranzuziehen. Solange die vom Patienten abgenommenen Daten dem Normalfall entsprechen, den das neuronale Netz an genügenden Beispielen erlernt hat, wird kein Alarm gegeben. Erst das Auftreten von abnormalen EKG-, EEG- oder Analyseverläufen sollte die Aufmerksamkeit des Arztes auslösen. Gerade im Zeitalter steigender Pflege- und Gesundheitskosten ist es wichtig, daß der Arzt sich auf seine wichtigen Aufgaben, nämlich bei kritischen Situationen anwesend zu sein, konzentriert, und Routinetätigkeiten vom Computer abgenommen werden. Eine hervorragende medizinische Anwendung unseres Wissens über neuronale Netze bietet die Gehirnchirurgie. Welche Möglichkeiten eröffnet in dem Zusammenhang die *Neurobionik*, der es um technische Simulationen neuronaler Netze geht? Voraussetzung wäre eine neuartige interdisziplinäre Zusammenarbeit von Wissenschaften wie z. B. Biophysik, Neuroinformatik und Robotik mit Neurochirurgie, Neuroprothesentechnik und Neurorehabilitation. Da das Gehirn Träger des menschlichen Bewußtseins und der menschlichen Persönlichkeit ist, sind Erkenntnistheorie und Ethik unverzichtbare Bestandteile eines Forschungsprogramms der Neurobionik.

Computergestützte Forschung aber auch in den *Kulturwissenschaften*: Daß es möglich ist, Literatur- und Geschichtstexte quantitativ zu erfassen und in Programme einzugeben, steht mittlerweile außer Frage. Wie der Mathematiker und Naturwissenschaftler wird der Geisteswissenschaftler den Computer benutzen, weil er zum unverzichtbaren Kommunikationsmittel wurde. Der Geisteswissenschaftler bedient sich der Tastatur des Computers, bearbeitet Literatur mit einem Computerprogramm, speichert auf Festplatte oder Diskette ab, versetzt Textstücke, kombiniert aus alten und neuen Textspeicherungen. Wie jedes andere Kommunikationsmedium in früheren Jahrhunderten (z. B. Schriftrolle und Buch) wird die computergestützte Textverarbeitung Vorstellungen und Gedanken, Formulierungen und Assoziationen unbewußt beeinflussen, neue Möglichkeiten eröffnen und Grenzen vorschreiben. Der *Computer* ist also eine *Kulturtechnik*. Die breite Palette der Kommunikationstechnologien wie Fernkopierer, Buchungsautomaten, Videorecorder, Anrufbeantworter, Compact-Disketten, mobile Telefongeräte und hochauflösendes Fernsehen ist bereits auf einer Stufe unbewußter Dienstleistung angesiedelt und wird als ebenso selbstverständlich benutzt wie der Schalter zum elektrischen Licht. Die Rede von einer global vernetzten Menschheit macht die Runde, ein computergestützter komplexer Organismus, in dem die Kommunikationstechnologien die Nervenbahnen bilden.

Komplexe dynamische Systeme, so lehren die Fallstudien aus den Naturwissenschaften, haben ihre eigenen („nichtlinearen") Evolutionsgesetze, sind langfristig nicht prognostizierbar, können bei geringsten Anfangsfluktuationen ins Chaos abstürzen, aber auch durch Selbstorganisation zu neuen Emergenzstufen mit neuen Innovationsschüben aufsteigen. Die Analogie mit der *soziokulturellen Evolution* liegt nahe. Im Unterschied zur naturwüchsigen sind bei der soziokulturellen Evolution Menschen mit ihren Computer- und Kommunikationstechnologien die Träger der Entwicklung, die sie aufgrund ihres Wissens steuernd beeinflussen können. Der Entwicklung komplexer hochentwickelter Gesellschaftssysteme fehlt daher sowohl die naturgesetzliche Absicherung und Anleitung natürlicher Evolution (z. B. durch Genvererbung und Instinkte) als auch die Stabilisierung durch nicht-hinterfragte feste Traditionen wie in frühen Kulturen. Komplexe Industriegesellschaften sind offene dynamische Systeme, die sich nicht auf Gleichgewichtszustände einfrieren lassen. Fallstudien aus der Soziologie, Ökonomie, Ökologie und dem Recht zeigen Möglichkeiten und Gefahren durch Computer, Expertensysteme und Kommunikationstechnologien auf. Kommunikations- und Computertechnologien werden zwar zu unverzichtbaren Mitteln dieser Evolution, mit der wir blitzschnell auf plötzliches Abgleiten ins Chaos oder nicht-prognostizierbare Synergieeffekte reagieren müssen. Letztlich verweisen diese Aktionen und Reaktionen in der soziokulturellen Evolution auf das Wirken einer technisch nicht kalkulierbaren Instanz, die in der philosophischen Tradition als Geist beschrieben wurde – die Quelle menschlicher Innovation und Kreativität.

Seine Symbiose mit Computer- und Kommunikationstechnologie zeigt sich ebenso auf derjenigen Entwicklungsstufe, auf der nach Hegel der Geist „sich selber anschaut" – in der *Kunst*. Seit den ersten Anfängen einer Informationsästhetik in den 50er und 60er Jahren unter dem damals herrschenden Wissenschaftsparadigma der Kybernetik wurde ein langer Weg zurückgelegt. Seit ersten Analogrechnern und Kathodenstrahloszillographen für eine experimentelle Ästhetik, seit M. Benses provokativer Theorie einer *„Programmierung des Schönen"* ist eine funktionale und professionelle Gebrauchsgütergrafik des Computers entstanden, in der nahezu jeder gewünschte Werbeeffekt, jede gewünschte Manipulation von Wirklichkeit, jeder gewünschte Grad technischer Simulation wirklicher und erdachter Welten möglich ist: Gebrauchsästhetik im Sinne des Bauhauses unter den Bedingungen einer computergestützten Kultur. Brüche sind jedoch unverkennbar. Es fehlen kreative Fachleute. Der Abstand zwischen Künstlern, Designern, Systemspezialisten und Programmierern ist häufig zu groß. Fachübergreifendes Zusammenwirken bleibt eher die Ausnahme.

Blühend und wuchernd demgegenüber *Science Fiction* über und mit dem Computer: Die Träume von „computergestützten" Geistersehern, um Kants Kritik unter neuen technologischen Bedingungen zu variieren, mischen sich mit hoffnungsfrohen oder abgründigen Zukunftsvisionen von Computerprofis. Sie reichen von unterstellten Mutationssprüngen bei Robotergenerationen bis zu Unsterblichkeitsträumen durch Bewußtseinsduplikate auf „Trägern", die haltbarer sind als die biochemischen Bausteine des menschlichen Körpers. Bei aller gebotener Nüchternheit und kritischer Distanz ist Science Fiction der Computerwelt literarisch und wissenschaftlich ernst zu nehmen. Es ist nicht bloß metaphysischer Wildwuchs, den sich die wissenschaftliche Vernunft verbeten muß, keine Pornographie des computergestützten Geistes, sondern der Bereich, in dem sich, um wieder mit Hegel zu sprechen, der Geist seine Zukunft mit dem Computer „vorstellt". Mit *Cyberspace* und *virtueller Realität* sind die Rand- und Grauzonen der gegenwärtigen Evolution computergestützter Forschung und Kultur erreicht.

Im 4. Kapitel soll abschließend diejenige Ebene untersucht werden, auf der sich die Evolution des Geistes mit den Worten von Hegel „begreifen" lernt – die Philosophie. In der emphatischen Sprache Hegels ist sie die höchste Form der Selbstvergegenwärtigung des Geistes. Aber auch in der nüchterneren Terminologie unserer Tage bleibt sie die Instanz, wo die Teile zusammengedacht, Perspektiven aufgezeigt und kritische Analysen der Grenzen und Möglichkeiten durchgeführt werden. Zunächst wird gezeigt, wie klassische Disziplinen der Philosophie unter dem Einfluß computergestützer Forschung neue Wege einschlagen. In einer *computergestützten Erkenntnistheorie* kommen Forschungsparadigmen aus den ersten beiden Kapiteln zur Anwendung – sowohl Programmiersprachen, Computerprogramme und Expertensysteme als auch neuronale Netze. Zur Untersuchung apriorischer Voraussetzungen beim Wahrnehmungs- und Anschauungsprozeß werden neuronale Karten und Netze mit ihren Lernalgorithmen Einsichten liefern. Ebenso stellen sich die traditionellen Annahmen über Abstraktion, Begriffsbildung und Kategorisierung bei komplexen Hierarchiestrukturen neuronaler Netze neu. Für die Darstellung von Wissen in KI-Programmiersprachen spielen Schemata und Kategorien eine besondere Rolle.

Daß die *Sprachphilosophie* durch die computergestützte Forschung in besonderer Weise herausgefordert ist, liegt auf der Hand. Hier ist einerseits an die traditionellen Ansätze generativer Grammatiken zu erinnern (Chomsky u. a.), die an der Theorie der rekursiven Funktionen und Turing-Maschinen orientiert war. Zudem eröffnen die Darstellungsmöglichkeiten der KI-Programmiersprachen neue Möglichkeiten sprachlicher Kommunikation und eine Optimierung der Schnittstelle Mensch-Maschine. Die neuronalen Netze bieten neue

Möglichkeiten, um den weitgehend unbewußt ablaufenden Lernprozeß des Spracherwerbs und der Sprachkompetenz zu untersuchen. Sie sind fehlertolerant, robust und flexibel und scheinen der natürlichen Sprache und den sprachphilosophischen Vorstellungen des späten Wittgensteins näher zu stehen als die peniblen rekursiven Verfahren generativer Grammatiken, die sich eine rationale Universalsprache in der Tradition von Descartes bis Carnap zum Vorbild nahmen.

In dem Abschnitt *computergestützte Wissenschaftstheorie* wird zunächst gezeigt, daß den klassischen Expertensystemen, die für Chemie, Medizin, Technik etc. konzipiert waren, vertraute Verfahren der Logik, Methodologie und Wissenschaftstheorie zugrunde liegen. Einige Konstrukteure von Expertensystemen haben sich auch bewußt zu solchen Verfahren der Philosophie bekannt, so daß der Schluß gezogen werden muß: KI enthält im Kern Philosophie. Eine weiterführende Untersuchung fragt, in welchem Umfang Expertensysteme den wissenschaftstheoretischen Experten bei seiner Untersuchung wissenschaftlicher Theorien zur Seite stehen können. Mit Blick auf Carnaps „statement view" (d. h. der wissenschaftstheoretischen Darstellung von Wissen in formalen Sätzen bzw. „statements") wird vom „program view" gesprochen, d. h. der Darstellung von Theorien als Computerprogrammen in KI-Programmiersprachen. So wurde die Entdeckung von einfachen quantitativen empirischen Gesetzen durch ein wissensbasiertes System simuliert, das den Namen BACON trägt. Die BACON-Systeme enthalten tatsächlich einige methodologische Ideen, die Francis Bacon propagiert hatte. Sie sind „data-driven" wissensverarbeitende Systeme, die Daten sammeln, Regularitäten zwischen zwei oder mehreren Variablen entdecken, Gesetze testen etc. Physikalische Gesetze, die durch das BACON-Programm reproduziert werden konnten, waren Keplers 3. Planetengesetz, Boyles Gasgesetz, Galileis Fallgesetz, das Ohmsche Gesetz. Soweit geht es nur um die Entwicklung und Bestätigung von Gesetzen und Theorien.

Aber auch der Plan und Entwurf neuer Experimente kann Gegenstand eines wissenschaftstheoretischen Expertensystems sein. Gemeint ist das System KEKADA von H. Simon, mit dem zunächst die Entwicklung eines biochemischen Schlüsselexperiments, nämlich die Entdeckung des Harnsäurerings durch Krebs 1935, modelliert werden soll. Nach dem Vorbild eines Wissensingenieurs bei der Konstruktion von Expertensystemen hat dazu Simon die Laborprotokolle analysiert, in methodologische Regeln umgesetzt und schließlich in eine LISP-verwandte Programmiersprache übersetzt. Es gibt Programmkomponenten, die unter bestimmten Bedingungen Hypothesen, Strategien und Experimente vorschlagen. Andere Komponenten setzen Erwartungswerte oder modifizieren aufgrund bestimmter Befunde jeweilige Hypothesen und Verläßlichkeitsgrade. Jeder dieser Komponenten stellt einen Operator des Expertensystems dar, der durch eine Anzahl von Produktionsregeln charakterisiert ist. Nicht alle Produktionsregeln sind anwendungsspezifisch und können daher auch für andere wissenschaftstheoretische Anwendungen verwendet werden. Im „program view" wird der Wissenschaftsprozeß im hellen Licht regelbasierten Wissens dargestellt, das programmgesteuert abgearbeitet wird. Zudem muß es vorher durch die Sicht eines Wissensingenieurs gefiltert werden.

Demgegenüber wird mit neuronalen Netzen und ihren Lernalgorithmen versucht, intuitive Entscheidungsabläufe zu simulieren, wie sie möglicherweise im menschlichen Gehirn ablaufen, z. B. bei der Entscheidung für die eine oder andere Deutung bzw. Hypothese aufgrund geringer Fluktuationen von Anfangspräferenzen und Meßdaten. Im Rahmen der Wissenschaftsforschung stellt sich die Frage, in welchem Umfang der Forschungsprozeß selber als komplexes dynamisches System beschrieben werden kann, das von Kreativität und Innovationsschüben ebenso abhängig ist wie von Einflüssen der Wissenschaftsorganisation und der Wechselwirkung mit dem gesellschaftlichen Umfeld. Hinter solchen Untersuchungen steht letztlich die praktisch-politische Frage, inwieweit Wissenschaft sich heute selber autonom durch Selbstorganisation entwickelt oder steuernd auf sie Einfluß genommen werden kann.

Nach Erkenntnistheorie, Sprachphilosophie und Wissenschaftstheorie drängen alle Fragen auf diejenige philosophische Disziplin, für die unsere bisherigen Betrachtungen Vorstufen waren – die *Philosophie des Geistes*. Nach einer Erinnerung an die Vor- und Frühgeschichte dieser Disziplin mit

Logos, Göttern und Dämonen, nach einer Erörterung des folgenschweren cartesischen Dualismus des Leib-Seele-Problems zu Beginn der Neuzeit wird ausführlich Leibnizens Monaden- und Automatenmetaphysik besprochen, die Unterschiede aber auch Parallelen mit dem modernen Netzdenken aufweist. Wo bleibt Kants transzendentales Selbstbewußtsein, wenn heute einige Hirnforscher das steuernde ‚Ich' eher in den archaischen Strukturen unseres Reptiliengehirns vermuten? Sind Cyberspace und virtuelle Realitäten neue Formen des objektiven Geistes, an dessen Theorie sich so unterschiedliche Philosophen wie z. B. Hegel und Dilthey, N. Hartmann und Simmel, Freyer und Popper versucht haben?

Zentrum der modernen Philosophie des Geistes ist die Frage nach der *Intentionalität* des menschlichen Geistes (Putnam, Searle, Churchland u. a.). Wie bezieht sich der menschliche Geist auf seine Umwelt und sich selber? Selbst wenn die Kausalität des menschlichen Gehirns mathematisch beschreibbar wird, selbst wenn die Emergenz von Bewußtsein in der Theorie komplexer dynamischer Systeme physikalisch-biologisch erklärbar wird, bleibt die Kontingenz und Einmaligkeit der menschlichen Geistes- und Kulturgeschichte, die nicht reproduzierbar und maschinell simulierbar ist. Searles Chinesisches Zimmer und Churchlands Einwände erweisen sich als Scheingefechte zwischen Geistes- und Naturwissenschaften. Die Geisteswissenschaften beginnen dort zu fragen, wo Neurobiologie und Neuroinformatik aufhören müssen – nicht im Sinne unüberbrückbarer Gegensätze, sondern als komplementäre Perspektiven.

Damit ist auch die *Ethik* als klassische philosophische Disziplin durch den Computer herausgefordert. Eine Evaluierung von Computer- und Kommunikationstechnologien, wissensbasierten Systemen und neuronalen Netzen ist dazu unausweichliche Voraussetzung. Das Selbstverständnis des Menschen und seiner biologischen und kultureller Evolution ist durch die neuen Technologien in der Tat betroffen. Nach der Entwicklung der Neuroinformatik und KI werden als typisch menschlich angesehene intellektuelle Fähigkeiten wenigstens partiell und approximativ von technischen Geräten übernommen werden können. Eine neurobiologische Erklärung des menschlichen Bewußtseins zeichnet sich ab. Damit ist jedoch keine Wertminderung des Menschen verbunden. In dieser kategorialen Verwechslung von Erkenntnis über den Menschen und Wert des Menschen liegt ein Grund für die Emotionalisierung, die in der Wissenschaftsgeschichte mit neuen Entdeckungen, Erfindungen und damit einhergehenden Veränderungen des Menschen- und Weltbildes verbunden waren. Der Wert des Mensch hängt nicht von seiner Stellung in der Evolution ab. Wir lernen durch neue Erkenntnisse unsere Fähigkeiten nüchtern und besser einzuschätzen. Trotz sich verändernder Selbsteinschätzung durch bessere Erkenntnis bleibt der Mensch ethisch gesprochen Selbstzweck. Damit stellt sich die Aufgabe, die Würde des Menschen in der ständigen technischen und kulturellen Veränderung zu schützen. Der Standort der Menschenrechte ist also in der Evolution intelligenter Systeme herausgefordert und neu zu bestimmen.

Am Ende erweist sich die Evolution intelligenter Systeme, computergestützter Forschung und Kultur als ein Entwicklungsstadium in der Evolution des Geistes. Ob in Descartes Philosophie des menschlichen Bewußtseins, ob in Leibnizens monadologischen Netzwerken, Kants transzendentalem Subjekt oder Hegels Phänomenologie – die Entwürfe der traditionellen Metaphysik waren Perspektiven dieser Evolution unter veränderten Rahmenbedingungen. Heute ist die Untersuchung des Geistes ein fachübergreifendes Forschungsprogramm von Natur-, Sozial- und Geisteswissenschaften. Die Philosophie bleibt ihr Reflexionszentrum, wenn sie auch mit den Einzelwissenschaften in komplexer Weise vernetzt ist und dadurch gegenseitige Abhängigkeiten schafft.

Im Text sind mathematische Beweise, technisch-formale Ausführungen und Zitate kleiner gesetzt. Quellenangaben zu Texten und Abbildungen, sofern notwendig, befinden sich in den entsprechenden Anmerkungen. Die Abbildungen sind kapitelweise durchnumeriert.

1. Die Evolution intelligenter Systeme I: Programme und Maschinen

Wissen auf mechanisches Rechnen zu reduzieren – das ist ein alter Menschheitstraum, den Leibniz im Zeitalter des Barock in der Devise „ad abacos – zu den Rechentischen" festhielt, um künftig Streit durch Rechnen zu entscheiden. Wenn moderne wissensbasierte Systeme im Zeitalter der Informationsgesellschaft menschlichen Experten wie Ingenieuren, Wissenschaftlern, Ärzten und Juristen Problemlösungshilfen geben wollen, so klingt das zwar bescheidener, liegt aber im gleichen Entwicklungstrend. Es geht darum, Wissen in Programmiersprachen darzustellen und durch Abarbeiten von Programmbefehlen Schritt für Schritt einer Problemlösung zuzuführen. Zwar tritt die Maschine selber in den hochentwickelten KI-Sprachen nicht mehr auf. Wie bei der natürlichen Evolution des Gehirns von den niederen körperorientierten Funktionen bis zu den höheren Intelligenzfunktionen haben sich im Laufe der technischen Entwicklung Schichten von immer stärker problemorientierten Sprachen auf mehr maschinenorientierten Sprachen abgelagert, die jedoch durch Übersetzungsprogramme verbunden bleiben, um letztlich eine programmgesteuerte Maschine zum Laufen zu bringen.

Diesem systematischen Aufbau entspricht eine historische Entwicklung von den ersten programmgesteuerten Maschinen (1.1.) über die Grundlagen der KI-Forschung (1.2) bis zur Entwicklung wissensbasierter Systeme (1.3). Es ist also die Geburt intelligenter Systeme aus dem Geist programmgesteuerter Maschinen, um die es in diesem ersten Kapitel geht. Diese Systeme sind fixiert auf das Ziel, Wissen und Information regelbasiert darzustellen und zu verarbeiten – mit allen Vorteilen größerer Effektivität, aber auch allen Nachteilen intellektueller Fähigkeiten des Menschen.

1.1 Grundlagen programmgesteuerter Maschinen

1.11 Historische Wurzeln der Rechen- und Computertechnik

Frühe Zähl- und Rechenhilfen wie zum Beispiel Knotenstricke und Kerben auf Knochen verlieren sich im Dunkel der Geschichte. Das menschliche Denken scheint bemüht, unterschiedliche Zahlendarstellungen und Rechenverfahren für verschiedene Zwecke und unter verschiedenen kulturellen Bedingungen auszutesten. Für die Frühgeschichte des Computers ist der Abakus bemerkenswert. Er diente in Europa bis ins Mittelalter zur Zahlendarstellung und zur Ausführung der Grundrechenarten. Ähnlich heutigen Computern, die als „Großrechner" oder „Taschenrechner" im Gebrauch sind, gab es den Abakus als Rechentisch, Rechenbrett oder in Taschenformat. Zählelemente waren Kugeln oder Steinchen, die auf Stäben oder Rinnen, auf Tischen, Brettern oder kleinen Tafeln verschoben wurden und je nach ihrer Stellung Zahlenwerte darstellten.

Am Anfang waren es vermutlich einfach Kieselsteine, die auf Linien im Sand bewegt wurden. Das semitische Wort abaq für „Staub" scheint darauf hinzudeuten. Die Griechen bezeichnen mit „abax" eine flache Oberfläche oder einen Tisch, auf dem Rechenlinien gezogen waren. Griechische Vasendarstellungen von Rechentischen sind jedenfalls überliefert (Abb. 1.1).[1]

Die Römer nannten ihre Rechentafeln schließlich „abacus". Praktisch und geschickt, wie die Römer waren, stellten sie den ersten Abakus in Taschenrechnerformat her. Ein römischer Handabakus war eine handliche Bronzetafel, in der über acht

1 Abb. 1.1 entstammt der sogenannten Darius-Vase, die 1851 gefunden wurde. Es ist nicht völlig gesichert, daß die Abbildung einen Rechentisch zeigt. Allerdings wurde eine Abakustafel auf der Insel Salamis gefunden. Vgl. dazu M. R. Williams, A History of Computing Technology, London 1985, 58 ff.

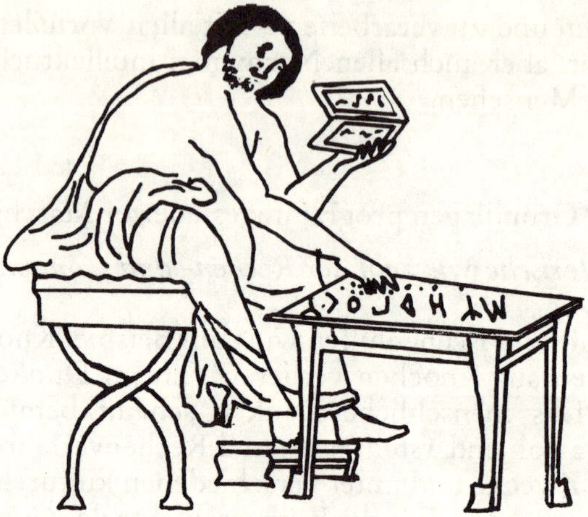

Abb. 1.1

längeren Schlitzen entsprechend viele kürzere Schlitze gezogen waren. Den ersten sieben Schlitzen wurden sieben Dezimalstellen der ganzen Zahlen im Zehnersystem zugeordnet. Auf dem restlichen Schlitz stellte man Brüche dar. Anstelle von Kieselsteinen lassen sich in den langen Schlitzen jeweils vier Knöpfe, in den kurzen jeweils ein Knopf verschieben. Ein Knopf in einem langen Schlitz stellt je eine Dezimaleinheit dar, während ein Knopf in einem kurzem Schlitz je fünf Dezimaleinheiten entspricht. Eine Zahl wird angegeben, indem Knöpfe zur Mitte geschoben werden. Additionen und Subtraktionen konnten so zügig ausgeführt werden. Multiplikationen und Divisionen sind möglich, erfordern aber mehr Geschick.

In dieser oder ähnlicher Weise konstruierten auch andere Kulturen ihre Rechenbretter.[2] Noch heute ist das chinesische Rechenbrett („Suan-pan") in Gebrauch, bei dem Zahlen durch Kugeln und Stäbe dargestellt werden. Das Rechnen geschieht durch Verschieben dieser Kugeln. Die Kugeln der oberen Rei-

2 Vgl. P. H. Moon, The Abacus's History, its Design, its Possibilities in the Modern World, New York 1971; J. M. Pullan, The History of the Abacus, London 1968; Y. Yoshino, The Japanese Abacus. Explained, Tokyo 1937, ed. M. Gardner, New York 1963.

hen haben den fünffachen Wert der Kugeln der unteren Reihen. Vor der Rechnung muß festgelegt werden, an welcher Stelle die Einer stehen sollen (Abb. 1.2). Auf den Rechentischen des Mittelalters wurden in römischer Tradition kleine Rechensteine („calculi") verschoben. Unser Wort „Kalkül" zur Bezeichnung eines effektiven Verfahrens stammt davon ab. Allerdings setzte sich seit dem 16. Jahrhundert das schriftliche dezimale Ziffernrechnen „auf den Linien", wie es z. B. A. Riese (1492-1559) in seinen populären Rechenbüchern verbreitete, gegenüber den Rechentischen durch.

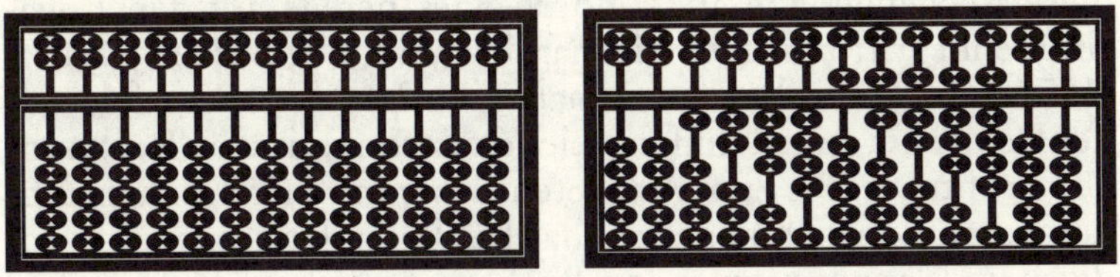

Abb. 1.2

Während griechische Philosophen wie Platon der reinen Mathematik (z. B. Geometrie und Zahlentheorie) einen hohen Erkenntniswert zuerkannten, galt Mechanik und damit auch mechanisches Rechnen als gering und vulgär.[3] Der Geist erkannte, so die platonische Tradition, hinter den sich ständig ändernden materiellen Erscheinungen die ewigen Formen der Geometrie, deren Zusammenhänge logisch bewiesen werden. Rechnen war keine intellektuell hochstehende Leistung, wenn auch z. B. in der mittelalterlichen Astronomie beim Umgang mit dem Sextanten, Quadranten, Proportionalkompaß u. ä. große Rechenfertigkciten vorausgesetzt wurden.

Das änderte sich mit Beginn der neuzeitlichen Naturwissenschaften, als es darauf ankam, umfangreiche Berechnungen von Datenmaterial zu vereinfachen und in absehbarer Zeit auszuführen. In dem Zusammenhang wird auf die Bedeutung des

3 Zur Kritik der Sinneswahrnehmung nach Platon vgl. z.B. Phaidon, 79 C-D; K. v. Fritz, Grundprobleme der Geschichte der antiken Wissenschaften, Berlin/New York 1971, 252 ff.; K. Mainzer, Geschichte der Geometrie, Mannheim/Wien/Zürich 1980, 41ff.

Rechnens mit Potenzen und Logarithmen erkannt.[4] Verwendet man nämlich Potenzen mit gleichen Basen b, so lassen sich die Multiplikation auf eine Addition, Division auf eine Subtraktion und das Potenzieren auf eine Multiplikation der Exponenten zurückführen:

$$(1.1) \qquad \begin{aligned} b^n \cdot b^m &= b^{n+m} \\ b^n : b^m &= b^{n-m} \\ (b^n)^m &= b^{nm} \end{aligned}$$

Der Mathematiker M. Stifel (1487-1567) wendete nicht nur diese Rechengesetze an, sondern wies bereits auf den Logarithmenbegriff hin. Der Mechaniker und Uhrmacher J. Bürgi (1552-1632) berechnete erstmals eine Logarithmentafel, von der Kepler bei seinen umfangreichen astronomischen Rechnungen profitierte. Bis zum Auftreten elektronischer Taschenrechner waren Logarithmentafeln das Rückgrat der immer aufwendiger und länger werdenden Rechenaufgaben in Technik und Wissenschaft. Neben Bürgi ist auch der englische Theologe J. Napier zu erwähnen, der erstmals natürliche Logarithmen (zur Basis e) berechnete und Rechenstäbchen als Hilfsmittel zur Ausführung der Multiplikation einführte.[5]

E. Gunter (1581-1621), Theologe wie Napier, verband Rechenstäbe mit Logarithmen und schuf damit die Grundlage für ein universelles Rechenhilfsmittel im Zeitalter der Logarithmentafeln – den logarithmischen Rechenschieber. Die Idee ist so einfach wie verblüffend: Um die Multiplikation $a \cdot b$ zu rechnen, wird das logarithmische Rechengesetz $\log(a \cdot b) = \log(a) + \log(b)$ ausgenutzt und die logarithmischen Streckenabschnitte $\log a$ und $\log b$ aneinandergefügt (Abb. 1.3), während für die Division a:b das logarithmische Gesetz $\log(a : b) = \log(a) - \log(b)$ angewendet wird und die logarithmischen Streckenabschnitte entsprechend aneinander

4 J. W. L. Glaisher, On early tables of logarithms and early history of logarithms, in: Q. J. Pure Appl. Math. 48 1920, 151-192.

5 N. T. Gridgeman, John Napier and the history of logarithms, in: Scr. Math. 29 1973, 49-65; E. W. Hobson, John Napier and the Invention of Logarithms, Cambridge 1914; J. L. Coolidge, The number e, in: Am. Math. Month. 57 1950, 591-602.

gelegt werden (Abb. 1.3).[6] Die hier zu Grunde liegende Idee zweier gleitender Skalen geht auf den Mathematiker W. Oughtred (1574-1660) zurück. Bemerkenswert ist, daß sich jetzt Wissenschaftler um die Weiterentwicklung von Rechentechniken bemühen, sogar zwei Theologen, die allerdings ihre beachtlichen Entdeckungen eher als Nebenwerk zu ihrem Hauptberuf ansahen.

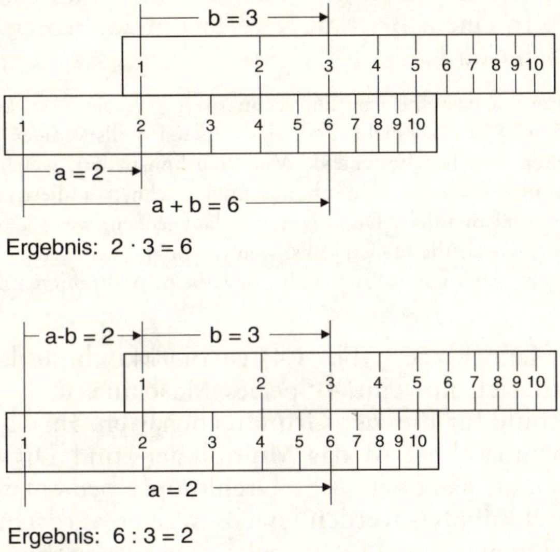

Abb. 1.3

Das instrumentale Rechnen hat, so wird aus diesem Beispiel deutlich, eine mathematische und eine technische Seite. Ein Innovationsschub für die Computerentwicklung fand statt, als eine technische Urerfindung mit Zahlen und Rechnen in Verbindung gebracht wurde – das Rad. In der Antike ist der Wegmesser (Hodometer), über den z. B. Vitruv (24 v. Chr.) berichtete, ein erster Vorläufer, da dieses Gerät durch die Rad-

6 Vgl. auch E. P. Vorndran, Entwicklungsgeschichte des Computers, Berlin/Offenbach 1982, 27 ff.

umdrehung eines Wagens Längeneinheiten zählt.[7] Auch die mechanische Räderuhr des Hochmittelalters ist nichts anderes als eine Zählmaschine. Mit der ausgefeilten feinmechanischen Kleinuhrentechnik des 16. und 17. Jahrhunderts war die Zeit reif für die Entwicklung zahnradgetriebener Rechenmaschinen.

Der älteste Prototyp geht zurück auf W. Schickard (1592-1635), Professor für biblische Sprachen an der Universität Tübingen, später auch für Astronomie, Mathematik und Geodäsie. In einem Brief an Kepler vom 20. September 1623 schreibt Schickard:

> „Ferner habe ich dasselbe was Du rechnerisch gemacht hast, kürzlich auf mechanischem Wege versucht und eine aus elf vollständigen und sechs verstümmelten Rädchen bestehende Maschine konstruiert, welche gegebene Zahlen augenblicklich automatisch zusammenrechnet: addiert, subtrahiert, multipliziert und dividiert. Du würdest hellauf lachen, wenn Du da wärest und erlebtest, wie sie die Stellen links, wenn es über einen Zehner oder Hunderter weggeht, ganz von selbst erhöht, bzw. beim Abstrahieren ihnen etwas wegnimmt."[8]

In einer Handskizze (Abb. 1.4) ist die Maschine dargestellt. Es handelt sich um eine 4-Species-Maschine, d. h. eine Rechenmaschine für die vier Grundrechenarten. Im oberen Teil der Rechenmaschine ist das Multiplizier- und Dividierwerk untergebracht, das über sechs Drehknöpfe bedient wird. Mit diesen Drehknöpfen werden jeweils Walzen verdreht, auf denen das Einmaleins senkrecht nach unten geschrieben steht. Im Grunde hat Schickard die Napierschen Rechenstäbchen weiterentwickelt, in dem er die Multiplikationsspalten auf drehbare Zylinder übertrug und durch herausziehbare Schieber mit Fenstern leichter ablesbar machte.

Im abgesetzten Teil in der Mitte befindet sich eine 2-Spezies-Rechenmaschine. Sie stellt ein sechsstelliges Zählwerk mit Zehnerübertragung dar, in dem die oben abgelesenen Teilprodukte auf Einstellscheiben Stelle für Stelle eingedreht und damit aufsummiert oder subtrahiert werden. Die bemerkens-

---

7 Vgl. auch H. Diels, Antike Technik, Leipzig/Berlin 1924, 64 ff.; Heron von Alexandreia, Dioptra 34.

8 Zitiert nach B. B. v. Freytag Löringhoff, Die Rechenmaschine, in: F. Seck (Hrsg.), Wilhelm Schickard, Tübingen 1978, 289.

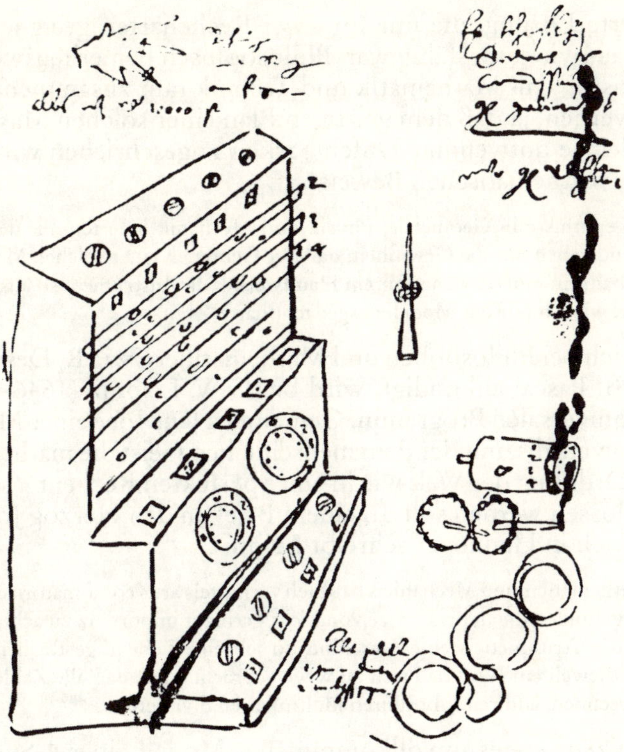

Abb. 1.4

werteste Leistung ist die automatische Zehnerübertragung mit Zahnrädern und einzähnigen Zwischenrädern, die in beiden Drehrichtungen und über alle sechs Stellen hinweg funktioniert: z. B. 09999 + 1 = 10000. Im unteren Teil der Maschine sind noch sechs Merkscheiben mit Anzeigefeldern angebracht, um Zwischenergebnisse festzuhalten, also eine frühe Art von Datenspeicherung.

B. Pascal (1623-1662), der große französische Philosoph und Mathematiker, erfindet unabhängig von Schickard 1642 eine 2-Species-Maschine für Addition und Subtraktion mit acht Stellen. Die Zehnerübertragung wird durch einen Schwerkrafthebel mit einer federnden Klinke („sautoir") geleistet – eine komplizierte Lösung, die nur für zwei Rechenarten geeignet und nicht entwicklungsfähig war. Philosophisch bemerkenswert ist für Pascal, daß Mathematik und Technik nun zusammen gesehen werden, ja daß dem geistigen Plan einer solchen Maschine die gleiche notwendige Unfehlbarkeit zugeschrieben wird wie einem mathematischen Beweis:

„Die Kenntnisse in Geometrie, Physik und Mechanik lieferten mir den Plan dazu und gaben mir die Gewißheit, daß der Gebrauch einer solchen Maschine unfehlbar sein müßte, wenn nur ein Handwerker das Instrument so ausführen könnte, wie ich mir das Modell ausgedacht hatte.“[9]

Was sich bei Philosophen und Mathematikern wie R. Descartes oder B. Pascal ankündigt, wird bei G.W. Leibniz (1646-1716) zum universalen Programm. Gemeint ist jene Idee einer Mathesis Universalis, mit der dem menschlichen Geist die mathematische Ordnung der Welt wie in einer perfekten Rechenmaschine erschlossen werden soll. In einem Brief an den Herzog Johann Friedrich in Hannover schreibt Leibniz:

„In Mathematicis und Mechanicis habe ich vermittels artis combinatoriae einige Dinge gefunden die in praxi vitae von nicht geringer importanz zu achten und erstlich in Arithmeticis eine Maschine, so ich eine Lebendige Rechenbanck nenne, dieweil ein Wort dadurch zu wege gebracht wird, daß alle Zahlen sich selbst rechnen, addiren subtrahiren multipliciren dividieren ...“[10]

Leibnizens erstes unvollkommmenes Modell einer 4-Species-Rechenmaschine von 1673 überragte bereits im Entwurf die Pascalsche Maschine, die nur zwei Rechenarten berücksichtigt, ebenso wie die Schickardsche Maschine, in der Multiplikation und Division umständlich mit Rechenstäbchen ausgeführt wurde.[11] Die Schickardsche Grundidee des Zehnerübertrags wird beibehalten (Abb. 1.5b). Allerdings führt Leibniz Multiplikation und Division durch fortgesetzte und gezählte Additionen bzw. Subtraktionen durch. So wird die Multiplikation

9 B. Pascal, Oeuvres completes, ed. J. Chevalier, Paris 1954, 349-358.

10 G. W. Leibniz, Sämtliche Schriften und Briefe, hrsg. Preuß. Ak. d. Wiss. zu Berlin, Darmstadt 1923 ff, Reihe II Bd. 1, 160.

11 Vgl. L. von Mackensen, Zur Vorgeschichte und Entstehung der ersten digitalen 4-Spezies-Rechenmaschine von Gottfried Wilhelm Leibniz, in: Studia Leibnitiana Suppl. 2, Wiesbaden 1969, 34-68.

a·b in eine b-malige Addition von a umgewandelt. Bei Division a : b wird (vorausgesetzt die Teilung geht auf) der Divisor b so oft vom Dividenden a abgezogen, bis das Resultat Null ist. Der Wert des Quotienten, d. h. das Ergebnis, ist die Anzahl der notwendigen Subtraktionen.

Leibnizens Maschine besteht aus einem feststehenden Zähl- bzw. Resultatwerk Z und einem beweglichen Einstellwerk E (Abb. 1.5a). Das zentrale Konstruktionselement für das Einstellwerk ist die Staffelwalze.[12] Es handelt sich dabei um eine Walze mit neun achsenparallelen Zähnen, deren Länge gestaffelt ist. Für jede Stelle im Einstellwerk gibt es eine Staffelwalze, die parallel zur Achse von den Einstellrädern mit Zahnstangen verschoben werden kann, bis die eingestellte Anzahl der Zähne gegenüber einem festen Gegenrad des Zählrads festgelegt ist (Abb. 1.5c). Neben dem Einstellwerk befindet sich ein Rad U, das bei der Multiplikation als Umdrehungszähler und bei der Division als Quotientenanzeiger dient. Das bewegliche Einstellwerk kann durch eine Handkurbel K nach links und rechts verschoben werden.

Um z. B. 176349 · 32 zu berechnen, wird mit den Rädern des Einstellwerks zunächst der Multiplikand 176349 und am Umdrehungszähler die Einerziffer des Multiplikators 32, also 2 eingestellt. Dann wird die Kurbel H bis zum Anschlag gedreht. Dabei wird die Zahl 176349 zweimal in das Rechenwerk übertragen und aufaddiert, also das Zwischenergebnis 176349 · 2 = 352698 festgehalten. Jetzt wird das Einstellwerk mit der Kurbel K um eine Stelle nach links verschoben und die Zehnerziffer des Multiplikators 32, also 3 im Umdrehungszähler eingestellt. Die Handkurbel H wird wiederum bis zum Anschlag gedreht, d. h. es wird die Zahl 176349 dreimal in das Resultatwerk aufaddiert. Wegen der Verschiebung um eine Zehnerstelle entspricht die Rechnung einer Multiplikation mit 30. Da bereits im Resultatwerk das Ergebnis der Multiplika-

12 Neben der Staffelwalze diskutiert Leibniz auch das Sprossenrad, bei dem die Zähne in einer Ebene am Radumfang herausgeschoben werden. Vgl. J. Lehmann, Leibniz' Ideenskizze zum Sprossenrad, in: NTM, Schriftenreihe f. Gesch. d. Naturwiss., Technik u. Medizin 24 1 1987, 83-89.

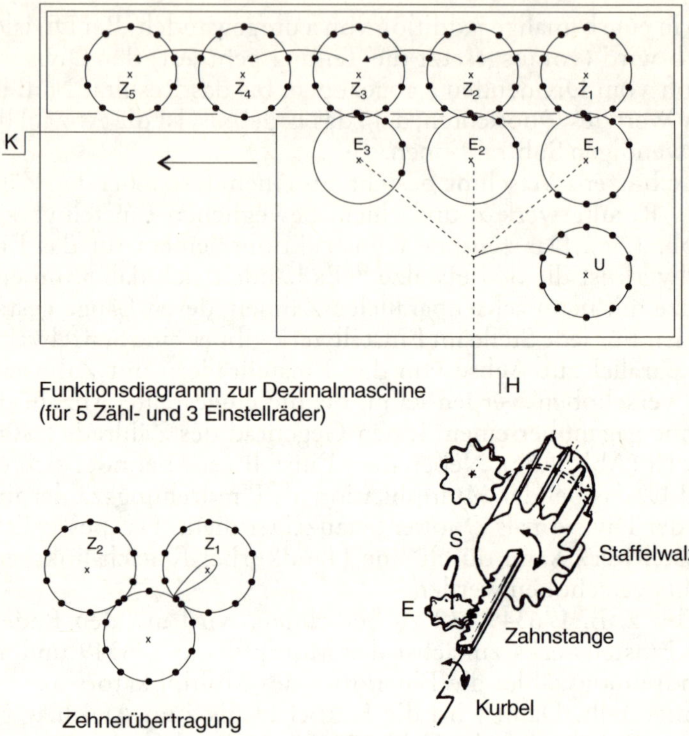

Abb. 1.5

tion mit der Einerziffer stand, läßt sich nun das Endergebnis ablesen.

Divisionen entsprechen analog gezählten Subtraktionen mit den Quotienten im Umdrehungszähler. Additionen und Subtraktionen werden wie Multiplikationen und Divisionen mit dem Faktor 1 ausgeführt.

Die historischen Maschinen von Leibniz hatten wegen der damaligen Fertigungstechnik große praktische Schwierigkeiten. Allerdings steht Leibnizens Projekt am Anfang einer Entwicklungslinie von Staffelwalzenmaschinen, die über P. M. Hahn (1774) bis in die 70er Jahre dieses Jahrhunderts gefertigt wurden.[13] Auch Leibnizens frühe technische Alternative zur Staffelwalze, das Sprossenrad fand sich bis in die Nachkriegszeit in mechanischen Handrechenmaschinen. Vom systematischen Standpunkt aus ist aber entscheidend, daß aus Leibnizens Prototyp durch Abstraktion der allgemeine Begriff einer mathematischen Maschine gewonnen werden kann, worüber noch zu sprechen sein wird (Abschnitt 1.12).

Für das elektronische Zeitalter der Computer war Leibnizens Entwicklung des Dualsystems und einer Dualrechenmaschine eine geradezu visionäre Tat, die ihn als Ahnherrn moderner Digitaltechnik erscheinen läßt. Dabei lagen seine eigenen Motivationen für ein Dualsystem vielmehr in der Mathematik, Philosophie und Religion. Die Dualität mußte den Menschen seit ältesten Zeiten besonders vertraut erscheinen, da sie der natürlichen Spiegelungssymmetrie ihres Körperbaus mit linken und rechten Augen, Ohren, Armen usw. entspricht. Frühe Ansätze zu Dualsystemen lassen sich daher ethnologisch bei den ältesten Stämmen Australiens, in Papua-Sprachen Neuguineas und bei den afrikanischen Buschmännern nachweisen. In das 8. Jahrhundert v. Chr. wird das „Buch der Wandlungen" (I Ching) datiert – ein chinesisches Weisheits- und Orakelbuch mit 64 geordneten sechs-strichigen Figuren (Hexagrammen), die aus ganzen (—) und gebrochenen (– –) Linien als den beiden Grundelementen aufgebaut sind. Babylonische Astronomen rechneten in einem 60er System, auf das unsere heutige Zeiteinteilung in Minuten und Sekunden zurückgeht. Erst von 300 v. bis 600 n. Chr. beginnt in Indien die Tradition des Zehnersystems, das sich über arabische Einflüsse wohl wegen des bequemen Rechnens mit der Zahl der Finger auch im Abendland durchsetzte.[14]

Im 16. und 17. Jahrhundert, in dem die Mechanik in erster Blüte steht, die Algebra mit ihren Kalkülen in die Mathematik eindringt, die Rechenmeister mit „Abakus" und „Calculi" für Handel und Gewerbe tätig sind – in diesem Zeitalter der „Mechanisierung des Weltbildes" liegt das Bemühen um neue Zahl-

---

13 Vgl. z.B. E. P. Vorndran, s. Anm. 6, 50 ff.

14 Vgl. auch G. Ifrah, Universalgeschichte der Zahlen, Frankfurt/New York 1981, 53 ff.

und Rechensysteme gewissermaßen in der Luft. Als Beispiel sei J. Napiers „Arithmetica localis" von 1617 angeführt, nach der Rechensteinchen („Calculi") auf bestimmte Stellen eines Brettes gesetzt werden, um ihnen so einen zahlenmäßigen Stellenwert zuzuordnen. Da nach der Praxis der damaligen Gewichts- und Münzkontrolleure natürliche Zahlen durch Summen von 2er-Potenzen als Einheiten dargestellt wurden, wählte Napier für seine „Stell-Zahlen" (numeri locales) 2er-Potenzen, die in der Ordnung das Alphabets durch Buchstaben bezeichnet wurden:

n	1	2	3	4	5	6	7	8	9	10	11	...
Numeri locales	a	b	c	d	e	f	g	h	i	k	l	...
Wert (2^{n-1})	1	2	4	8	16	32	64	128	256	512	1024	...

Danach ist z. B. acdeh = 1 + 4 + 8 + 16 + 128 = 157, bcfgh = 230 und acdeh + bcfgh = abccdefghh = abhi = 387, wobei in der Summe die Buchstaben der Summanden in alphabetischer Reihenfolge aufgeführt und je zwei gleiche Buchstaben durch den nächsten des Alphabets ersetzt werden (also durch mechanische Kürzungsregeln aa → b, bb → c, ...).[15]

Ebenso sei erwähnt F. Bacon, der Propagator neuzeitlicher Erfahrungswissenschaft, der 1623 ein „Zwei-Buchstaben-Alphabet" für Geheimschriften vorschlägt und T. Hariot (1560-1621), in dessen Nachlaß bereits die vier Grundoperationen des dualen Zahlensystems behandelt sind. Aber auch andere Zahlensysteme werden untersucht wie z. B. das 12er-System, das in der französischen Währungsunterteilung des Livre in 20 Sous zu 12 Deniers eine Rolle spielte. B. Pascal sah in seiner 2-Species-Rechenmaschine von 1644 eigens Rädchen mit 20 und 12 Zähnen vor, um so maschinelle Geldabrechnungen (z. B. für Steuereinnehmer wie sein Vater) zu ermöglichen. Auf diesem Hintergrund wirkt Leibnizens Interesse für das Dualsystem nicht ausgefallen. Neu sind allerdings seine mathematischen und mechanischen Absichten, die ihn zum „Ahnherrn" heutiger Anwendungen des Dualsystems in digitalen Rechnern machen.[16]

15 Vgl. H. J. Zacher, Die Hauptschriften zur Dyadik von G. W. Leibniz. Ein Beitrag zur Geschichte des binären Zahlensystems, Frankfurt 1973, 24.

16 Vgl. Herrn von Leibniz' Rechnung mit Null und Eins, hrsg. Siemens AG, Berlin/München ^{2}1966, 8.

Allgemein läßt sich zeigen, daß jede natürliche Zahl a als Summe geeigneter Faktoren von Potenzen einer natürlichen Zahl b (Basiszahl) in der Form

$$a = a_n \cdot b^n + a_{n-1} \cdot b^{n-1} + \ldots + a_1 \cdot b^1 + a_0 \cdot b^0 \qquad (1.2)$$

eindeutig darstellbar ist, falls $b > 1$ und daher die Faktoren $a_0, \ldots, a_n$ nur die Werte $0, 1, \ldots, b-1$ annehmen.[17] So ist z. B. für die Basen 8, 7 oder 2 die Zahl 145 darstellbar als $145 = 2 \cdot 8^2 + 2 \cdot 8^1 + 1 \cdot 8^0 = 2 \cdot 7^2 + 6 \cdot 7^1 + 5 \cdot 7^0 = 1 \cdot 2^7 + 0 \cdot 2^6 + 0 \cdot 2^5 + 1 \cdot 2^4 + 0 \cdot 2^3 + 0 \cdot 2^2 + 0 \cdot 2^1 + 1 \cdot 2^0$ oder in Kurzform mit den Basen als Indizes: $145_{10} = 221_8 = 265_7 = 10010001_2$.

Da zur Ausführung der vier Grundrechenarten in jedem Darstellungssystem das kleine Einsundeins und das kleine Einmaleins definiert werden müssen, sind zur Basis b jeweils b^2 Additionen und b^2 Multiplikationen zu lernen. Gegenüber den 100 Elementaradditionen bzw. -multiplikationen im Dezimalsystem sieht Leibniz auch den ersten Vorteil des Dualsystems in den nur jeweils vier Elementaroperationen:

$$\begin{array}{ll} 0+0 = 0 & 0 \cdot 0 = 0 \\ 0+1 = 1 & 0 \cdot 1 = 0 \\ 1+0 = 1 & 1 \cdot 0 = 0 \\ 1+1 = 10 & 1 \cdot 1 = 1 \end{array} \qquad (1.3)$$

Dabei ist z. B. $10_2 = 1 \cdot 2^1 + 0 \cdot 2^0 = 2_{10}$.

Die Umwandlung von Dezimalzahlen mit $b = 10$ in Dualzahlen mit $b = 2$ und umgekehrt beschreibt Leibniz 1679 am Beispiel der Zahl $365_{10} = 101101101_2$, nämlich:[18]

100000000	256	$1 \cdot 2^8$
00000000	000	$0 \cdot 2^7$
1000000	64	$1 \cdot 2^6$
100000	32	$1 \cdot 2^5$
00000	00	$0 \cdot 2^4$
1000	8	$1 \cdot 2^3$
100	4	$1 \cdot 2^2$
10	2	$0 \cdot 2^1$
1	1	$1 \cdot 2^0$
101101101	365	

17 K. E. Becher, Einführung in das binäre Zahlensystem, Braunschweig 1964; R. H. Bruck, Survey of Binary Systems, Berlin/Heidelberg/New York [3]1971.

18 s. Anm. 16, 44.

Umfangreiche Additionen, Subtraktionen, Multiplikationen und Divisionen sind analog den gewohnten Regeln des Dezimalsystems durchzuführen. Eine Rechenregel für umfangreiche Additionen demonstriert Leibniz an folgendem Beispiel:[19]

10110110	Man zähle die Einsen der Spalten rechts beginnend: Ist ihre
11100101	Anzahl m = 2n + 1 für n = 0, 1, . . . ungerade, dann schreibe
1001100	man eine 1 darunter; ist m = 2n gerade, dann schreibe man eine
1010111	eine 0 darunter. In beiden Fällen übertrage man die Anzahl n
+ 11011011	der 2er-Einheiten auf die nächste Spalte.
11000110011	

101 · 101	Bei der Multiplikation verfahre man im additiven Teil entsprechend.
101	
101	
11001	

Als erster Anwendungserfolg des Dualsystems wertet Leibniz seine Erklärung der schon von J. Napier diskutierten Praxis der Münz- und Gewichtskontrolleure, natürliche Zahlen durch Summen von 2er-Potenzen darzustellen.[20] Im Dualsystem entsprechen nämlich den 2er-Potenzen die Einheiten 1, 10, 100, 1000, . . . Daß sich jede Dualzahl durch Addition dieser Einheiten darstellen läßt, sieht man nach Leibniz unmittelbar „auf den ersten Blick“:

z. B.	10000	16
	1000	8
	100	4
	1	1
	11101	29

Allgemein erkennt Leibniz hinter dieser Praxis das besonders einfache Folgegesetz der dualen geometrische Reihe 1, 11, 111, 1111, . . . :[21]

---

19 s. Anm. 16, 45.

20 s. Anm. 16, 58.

21 G. W. Leibniz, Explication de l’arithmétique binaire (1703), in: H. J. Zacher, s. Anm. 15, 297.

0	0	0	0	0
0	0	0	1	$1 = 2^0$
0	0	1	0	2
0	0	1	1	$3 = 2^0 + 2^1$
0	1	0	0	4
0	1	0	1	5
0	1	1	0	6
0	1	1	1	$7 = 2^0 + 2^1 + 2^2$
1	0	0	0	8
	etc.			

In einem nächsten Schritt versucht Leibniz ähnliche einfache Eigenschaften bei beliebigen Zahlenfolgen in dualer Schreibweise nachzuweisen (vgl. Tab. 1-8, S. 43).[22]

Ins Auge springen die Spaltenperioden der Folgen n (Tab. 2), 2n, 3n (Tab. 3), ..., n^2 (Tab. 6), n^3 (Tab. 7). In der 1. Spalte (rechts) z. B. der Folge n wiederholt sich (01), in der 2. Spalte (0011), in der 3. Spalte (00001111), ..., in der n-ten Spalte $(\underbrace{000\ldots}_{2^{n-1}\text{mal}}\underbrace{111\ldots}_{2^{n-1}\text{mal}})$, kurz: $(0_{2^{n-1}}1_{2^{n-1}})$.

In seinem „Essay D'Une Nouvelle Science Des Nombres" von 1701, den Leibniz für sein Debüt als Mitglied der französischen Akademie vorgesehen hatte, faßt er diese Perioden von n als neue mathematische Objekte auf, aus denen durch algebraische Operationen die Gesetze der Spaltenperioden der übrigen Zahlenfolgen zu berechnen sind.[23] Für $a = (0_{2^0}1_{2^0})$, $b = (0_{2^1}1_{2^1})$, $c = (0_{2^2}1_{2^2})$, ... erklärt Leibniz Addition und Multiplikation:

z. B. b+a:	0011	b
	+0101	a
	0110•	Periode
	0001	Übertrag

Da 1 + 1 = 10, ist 0001 der Übertrag für die nächste Spalte. Die kürzere Periode (z. B. 01) ist bis auf die längere zu ergänzen. Der Punkt (z. B. 0110•) markiert die Übertragsstelle.

22 G. W. Leibniz, Essay d'une nouvelle Science des Nombres (1701), in: H. J. Zacher, s. Anm. 15, 261.

23 G. W. Leibniz, s. Anm. 22, 258 f.

z. B. b · a:

b	a	b · a
0	0	0
0	1	0
1	0	0
1	1	1

c	a	c · a
0	0	0
0	1	0
0	0	0
0	1	0
1	0	0
1	1	1
1	0	0
1	1	1

Die kürzere Periode ist wieder entsprechend zu ergänzen.

Die Folge n^2 ergibt sich nun aus den Spaltenperioden von n nach Leibniz wie folgt (vgl. Tab. 2 und Tab. 6):

1.Spalte: Periode a

2.Spalte: Periode 0

3.Spalte: Periode b · a + b, denn

0001	b · a
+0011	b
0010•	Periode
0001	Übertrag

4.Spalte: Periode c · a + 0001 (Übertrag aus der 3. Spalte), denn

00000101	c · a
+00010001	Übertrag
00010100•	Periode
00000001	Übertrag

Das naheliegende Ziel für den Erfinder der Infinitesimalrechnung war natürlich, irrationale Zahlen durch solche duale Zahlenfolgen zu approximieren, deren Gesetze besonders einfach sind. Die dazu nötigen umfangreichen Berechnungen, der oft beklagte Mangel an Mitarbeitern verhinderten aber einen Erfolg in dieser Richtung ebenso, wie in der Anwendung des Dualsystems auf Gleichungslösungen und Primzahlbestimmungen.[24]

Neben mathematischen Interessen für das duale Zahlensystem sind bei einem universalen Denker wie Leibniz auch seine philosophischen und theologischen Motivationen zu berücksichtigen. Die Zahlen als Bild der Schöpfung zu betrachten, hatte bereits zu Zeiten von Leibniz eine lange griechisch-abendländische Tradition, die von der Pythagoräischen Zahlenmystik über christliche Neuplatoniker bis zu Nikolaus von

24 Dazu auch H. J. Zacher, s. Anm. 15, 14, 61 f.

Tab. 2 NOMBRES		Tab. 1	
gfedcba		1	1
0000000	0	.1	
0000001	1		
0000010	2	10	2
0000011	3		
0000100	4	1	
0000101	5		
0000110	6	11	3
0000111	7		
0001000	8	..1	
0001001	9		
0001010	10	100	4
0001011	11		
0001100	12	1	
0001101	13		
0001110	14	101	5
0001111	15		
0010000	16	.1	
0010001	17		
0010010	18	110	6
0010011	19		
0010100	20	1	
0010101	21		
0010110	22	111	7
0010111	23		
0011000	24	...1	
0011001	25		
0011010	26	1000	8
0011011	27		
0011100	28		
0011101	29		
0011110	30		
0011111	31		
0100000	32		
0100001	33		
0100010	34		
0100011	35		
0100100	36		
0100101	37		
0100110	38		
0100111	39		
0101000	40		
0101001	41		
0101010	42		
0101011	43		
0101100	44		
0101101	45		
0101110	46		
0101111	47		
0110000	48		
0110001	49		
0110010	50		
0110011	51		
0110100	52		
0110101	53		
0110110	54		
0110111	55		
0111000	56		
0111001	57		
0111010	58		
0111011	59		
0111100	60		
0111101	61		
0111110	62		
0111111	63		
1000000	64		

Periodes 01a
0011 b
00001111 c
0000000011111111 d

Tab. 3 TERNAIRES		Tab. 4 QUINAIRES		[Tab. 4] [Primitifs]	
0000000	0	0000000	0	000	0
0000011	3	0000101	5	001	1
0000110	6	0001010	10	010	2
0001001	9	0001111	15	011	3
0001100	12	0010100	20	101	5
0001111	15	0011001	25	111	7
0010010	18	0011110	30	1011	11
0010101	21	0100011	35	1101	13
0011000	24	0101000	40	10001	17
0011011	27	0101101	45	10011	19
0011110	30	0110010	50	10111	23
0100001	33	0110111	55	11101	29
0100100	36	0111100	60	11111	31
0100111	39	1000001	65	100101	37
0101010	42	1000110	70	101001	41
0101101	45	1000111	75	101011	43
0110000	48			101111	47
0110011	51			110101	53
0110110	54			111101	61
0111001	57			1000011	67
0111100	60	Periodes	01		
0111111	63				
			0011	Primitivi	
Periodes	01		01011010	carent	
	0110		0011011011001001	periodis.	
	00101101				
	0001110011100011				

Tab. 5 SEPTENAIRES		Tab. 6 QUARRES		Tab. 7 CUBES	
0000000	0	000000000	0	00000000000	0
0000111	7	000000001	1	00000000001	1
0001110	14	000000100	4	00000001000	8
0010101	21	000001001	9	00000011011	27
0011100	28	000010000	16	00001000000	64
0100011	35	000011001	25	00001111101	125
0101010	42	000100100	36	00011011000	216
0110001	49	000110001	49	00101010111	343
0111000	56	001000000	64	01000000000	512
0111111	63	001010001	81	01011011001	729
1000110	70	001100100	100	01111101000	1000
1001101	77	001111001	121	10100110011	1331
1010100	84	010010000	144		
1011011	91	010101001	169		
1100010	98	011000100	196	Periodes	01
1101001	105	011100001	225		
		100000000	256		0001
Periodes	01	Periodes	01		00000101
	0110		[0010]		
	01111000		00010100		
	00101010110101		[0000110101011000]		

Kues am Beginn der Neuzeit reicht. Besonders im Briefwechsel mit seinen fürstlichen Gönnern bedient sich daher Leibniz philosophisch-theologischer Deutungen des Dualsystems: So wie Gott aus dem Nichts alles erschafft, entstehen aus 1 und 0 alle Zahlen im Dualsystem. Das Dualsystem als Bild der Schöpfung (imago creationis), als Begriff der „creatio continua ex nihilo“ soll nach Leibniz in Medaillen und Siegeln dargestellt werden, wie z. B. in der Skizze seines Neujahrsschreiben von 1697[25] an Herzog Rudolf August von Wolfenbüttel und in dem Medaillenentwurf von J. B. Wideburg von 1718:

Abb. 1.6

25 Der Brief vom 2. Januar 1697 an den Herzog Rudolf August zu Braunschweig und Lüneburg ist von Rud. Aug. Noltenius, Adv. Wolffenb., veröffentlicht und bei Johann Christian Langenheim, Leipzig 1734, im Druck erschienen. Leibniz erläutert in diesem Brief dem Herzog sein dyadisches Zahlensystem, das einerseits Sinnbild der Schöpfung sei („weil die leere Tiefe und Finsternis zur Null und Nichts, aber der Geist Gottes mit seinem Lichte zum Allmächtigen Eins gehöret“), andererseits große Bedeutung für die Wissenschaft habe.

In einem Briefwechsel mit französischen Chinamissionaren (insbesondere mit dem Jesuitenpater Bouvet) seit 1797 wurde Leibniz auf die formalen Analogien seines Dualsystems mit den Trigrammen und Hexagrammen im chinesischen „Buch der Wandlungen“ aus dem 8.vorchristlichen Jahrhundert aufmerksam gemacht. Dort werden in 8 Trigrammen naturphilosophische Symmetrien wie Himmel-Erde, Feuer-Wasser, See-Berg, Donner-Wind symbolisiert:[26]

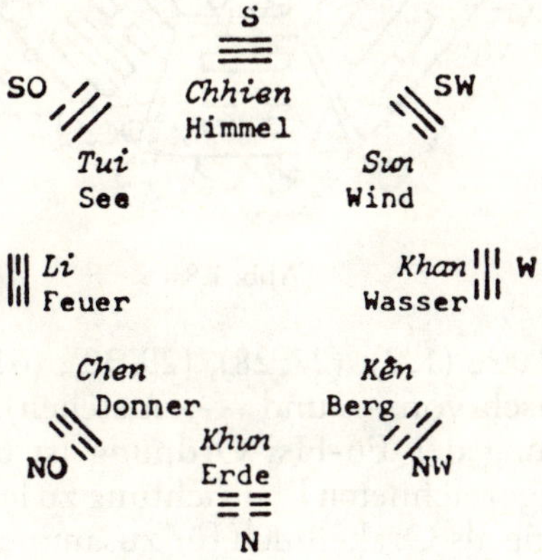

Abb. 1.7

Sie fanden auch in der Symmetrie der Münzdarstellung ihren Niederschlag (Abb. 1.8).[27]

Einer späteren Deutung im Ta Chuan („Große Abhandlung“) zufolge gehen diese Symmetrien auf die Dualität von Licht (—) und Dunkel (– –), Yang und Yin, zurück. Die komplizierteren 64 Hexagramme aus — und – – treten in der sogenannten Wen-Ordnung auf (Abb. 1.9).[28]

In dieser Ordnung sind die Hexagramme paarweise identisch, falls jeweils ein Hexagramm um 180 Grad gedreht wird

26 I. Ching – Das Buch der Wandlungen, dt. von R. Wilhelm, Jena 1924, repr. Düsseldorf/Köln 1973, 247 (249).

27 Vgl. H. J. Zacher, s. Anm. 15, 157.

28 P. Intorcetta/C. Herdtrich/ F. Rougemont/P. Couplet, Confucius signarum philosophus sive scientia sinensis latine exposita, Paris 1687, XLIV.

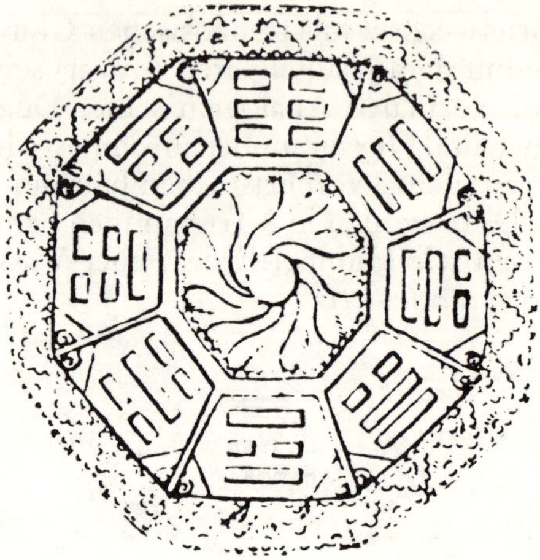

Abb. 1.8

(bis auf die Paare (1,2), (27,28), (29,30), (61,62), die jeweils durch Austausch von — und -- entstehen). Die Kreis- und Quadratordnung der Fu-Hsi-Ordnung ist demgegenüber in der jeweils eingezeichneten Pfeilrichtung zu lesen (Abb. 1.10).[29]

Ihre Deutung als Orakelbuch für zusammengesetzte Ja (—), Nein (--) Entscheidungen kommt zwar heutigen Vorstellungen der Informationstheorie nahe, bleibt aber Hypothese. Pater Bouvet interpretierte den Yang-Yin-Dualismus — und -- durch 1 und 0 und glaubte damit den Schlüssel für die 8 Trigramme und 64 Hexagramme als duales Zahlensystem bis 2^3 bzw. 2^5 gefunden zu haben. Leibniz, der für seine Debütarbeit an der französischen Akademie nach weiteren Anwendungserfolgen des Dualsystems suchte, griff diesen Vorschlag gerne auf und notierte z. B. 1703 den Schlüssel (Abb. 1.11).[30]

Um jedoch in der Fu-Hsi-Ordnung die Folge der natürlichen Zahlen zu erhalten, mußte Bouvet die oben angegebene chinesische Lesart des Hexagrammquadrates ändern: Er liest

29 J. Legge, The sacred Books of Chine. The Texts of Confucianism, translated by James Legge. Part II: The Yü King, Oxford 1882, Plate II, Fig. 1.

30 s. Anm. 16, 51.

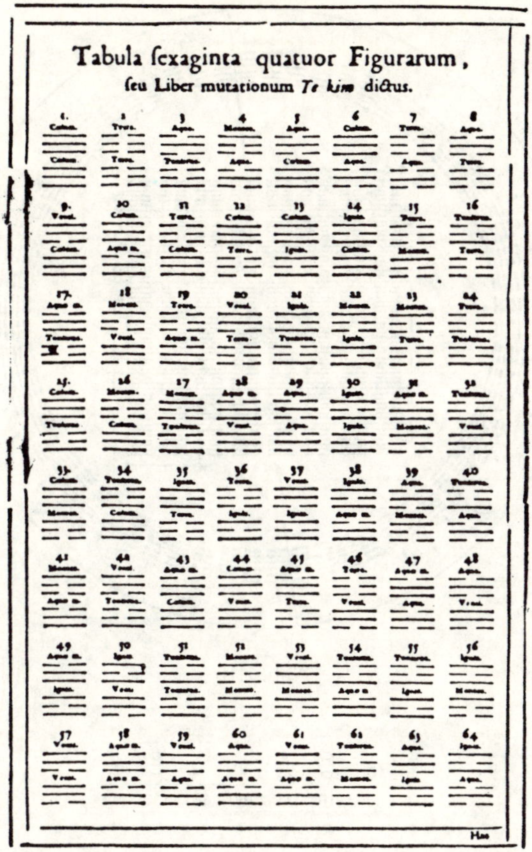

Abb. 1.9

zwar die einzelnen Hexagramme „chinesisch“ von unten nach oben, beginnt aber „europäisch“ links oben und liest nach unten rechts das gesamte Quadrat. Eine Uminterpretierung von — als 0 und -- als 1 kam aus philosophischen Gründen nicht in Betracht, da die gebrochene Linie das „Imperfectum“ (Nichts) und die geschlossene Linie das „Perfectum“ (Gott) darstellen sollten.

Einen für Konstrukteure von Rechenmaschinen besonders suggestiven Interpretationsvorschlag machte C. Caze, der 1708

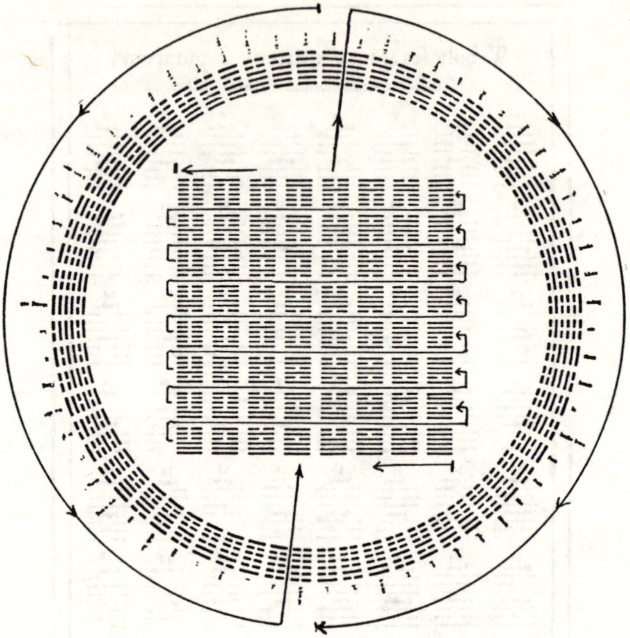

Abb. 1.10

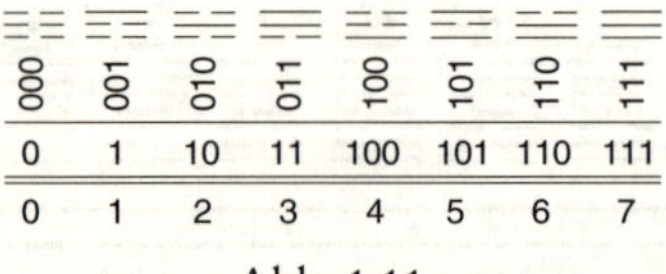

Abb. 1.11

das Patent für eine eigene Rechenmaschine anmeldete. Er interpretierte nämlich in einem Brief an Leibniz von 1704 die Hexagramme als Einstellungen des chinesischen Rechenbrettes Suan-Pan. Die Querstäbe des Rechenbrettes werden als Linien der Hexagramme interpretiert (Abb. 1.12).[31]

Bei „eingestellter“ Kugel (links neben dem mittleren Querholz) wird —, bei nicht eingestellter Kugel die gebrochene Li-

31 Vgl. H. J. Zacher, s. Anm. 15, 311 ff. (Brief von C. Caze an Leibniz), 168 ff. (Kommentar).

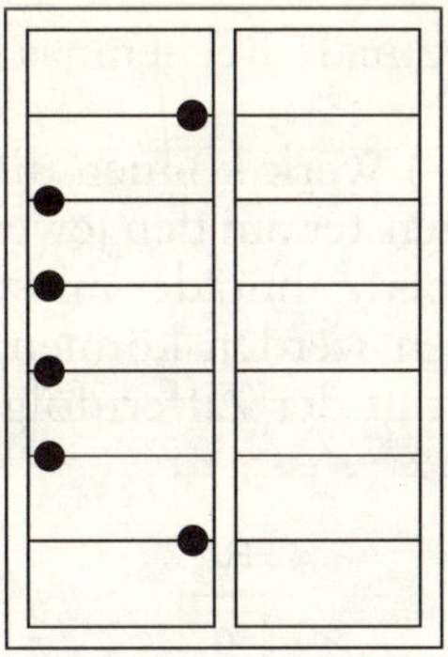

Abb. 1.12

nie -- notiert, die durch das Querholz „unterbrochen" ist (also im Beispiel ䷚ durch $100001_2 = 33_{10}$). Abgesehen davon, daß die bekannten chinesischen Rechenbretter für das Dezimalsystem eingerichtet waren, erreicht das Suan-Pan auch nicht das hohe Alter der Hexagramme. Weiterhin ist zweifelhaft, ob im 8. Jahrhundert v. Chr. bereits die Null als Zahl eingeführt war.

Diese Schwierigkeiten mögen darauf hindeuten, daß im I Ching kein duales Zahlensystem beabsichtigt war, sondern eine duale Symbolisierung chinesischer Naturphilosophie und Weissagung. Allerdings dürfen Leibnizens Deutungen des Dualsystems sowohl im „europäischen" Sinn der Schöpfungsanalogie als auch im „chinesischen" Sinn des Yang-Yin-Dualismus keinesfalls als geschickte Propaganda des Mathematikers Leibniz für sein Dualsystem vor einem gebildeten europäischen Publikum mißverstanden werden. Bei allen philologischen Bedenklichkeiten dieser Bemühungen wird hier doch ein altes Anliegen des Philosophen Leibniz wieder deutlich – nämlich die Vermittlung, den Ausgleich, die Harmonie verschiedener Religionen und Kulturen durch den Aufweis ihrer gemeinsamen Ursprünge (hier am Beispiel des Dualsystems) herbeizuführen.

Bisher wurde der Philosoph und Mathematiker Leibniz am Beispiel des Dualsystems vorgeführt. Die Einfachheit dieses Zahlsystems mußte aber geradezu auch den Mechaniker Leibniz herausfordern. In einem erst vor einigen Jahren aufgefundenem Manuskript „Machina arithmeticae dyadicae" skizziert

Leibniz, wie seine dezimale Rechenmaschine auf das Dualsystem umzurüsten sei.[32]

Im Resultat- (Zähl-) Werk können die jeweils eingestellten Ziffern durch Ablesefenster auf den jeweiligen Zahnrädern abgelesen werden. Da aber Zahnräder mit zwei Zähnen nicht mit einem Rad angetrieben werden können, sieht Leibniz Räder mit vier Zähnen vor mit der Ziffernfolge 0, 1, 0, 1 im Viertelkreisabstand:

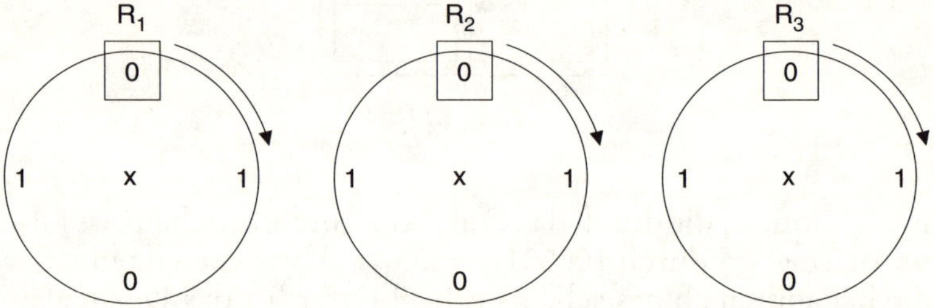

Abb. 1.13

Addiert man nun 0 + 1 = 1 in R_1 durch Drehen nach rechts um einem Viertelkreis, erscheint im Fenster von R_1 eine 1. Addiert man weiter 1 + 1 in R_1 durch Drehen nach rechts um einen Viertelkreis, erscheint im Fenster von R_1 eine 0. In R_2 muß wegen 1 + 1 = 10 eine 1 erscheinen. Bei weiterem Drehen von R_1 für 10 + 1 = 11 wird R_2 nicht verändert. Aber für 11 + 1 = 1001 muß R_2 auf 0 und R_3 auf 1 drehen. Insgesamt muß eine volle Umdrehung von R_i 2-mal die 1 übertragen. Ein Zählrad wird daher mit zwei Nocken ausgerüstet. Für die jeweilige 2er-Übertragung von R_i nach R_{i+1} ist ein gleichgroßes Zwischenzahnrad erforderlich, um auf R_{i+1} den gleichen Drehsinn zu übertragen, den R_i besitzt. Für die Übertragung von R_2 nach R_3 ist die gleiche Vorrichtung gegenüber der Übertragungsebene von R_1 nach R_2 versetzt zu denken.

Im Einstellwerk sollen Dualzahlen eingestellt werden können, die durch eine Handkurbel H auf das Resultatwerk übertragen werden. Die Einstellräder E_i (vgl. Abb. 1.14) lassen für die

32 Vgl. L. v. Mackensen, Leibniz als Ahnherr der Kybernetik – ein bisher unbekannter Leibnizscher Vorschlag einer „Machina arithmeticae dyadicae, in: Akten des II. Intern. Leibniz-Kongresses (Hannover 1972) Bd. 2, Wiesbaden 1974, 255-268. Dort auch die Funktionszeichnungen Abb. 1.13-1.14.

Einstellung 1 eine Nocke heraustreten, die R_i beim Herumdrehen von H um einen Viertelkreis (bzw. Ziffer) weitertreibt. Für die Einstellung 0 in S_i tritt keine Nocke heraus, so daß R_i beim Herumdrehen von H nicht bewegt wird. Diese einfache Übertragung mit einer ein- und ausstellbaren Nocke tritt an die Stelle der Leibnizschen Staffelwalze in der Dezimalmaschine.

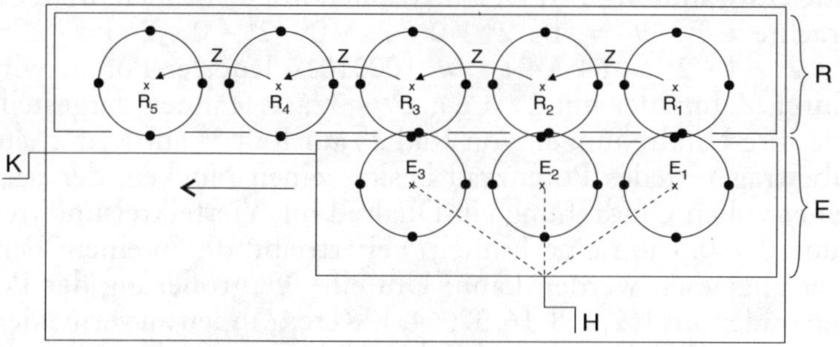

Abb. 1.14

Die schematische Darstellung der Dualrechenmaschine in Abb. 1.14 ist so zu lesen:
Schematische Dualräder R_i mit Punkten als Zähnen
Einstellräder E_i mit Punkten für ein- und ausstellbare Nocken (z. B. 1 in E_3, 0 in E_2, 1 in E_1, also 101)
R Resultatwerk
E Einstellwerk
K Kurbel zur Bewegung von E in Pfeilrichtung
H Kurbel zum Antrieb von E_1, E_2, E_3 und zur Übertragung auf R_{i1}, R_{i2}, R_{i3}

Beispiel 1:

$$\begin{array}{r} 101 \\ +\ 11 \\ \hline 1000 \end{array}$$

E steht rechts am Anschlag. Stelle 101 in E ein. Drehe einmal H. 101 erscheint in R. Stelle 011 in E ein. Drehe einmal H:R_1 wird 1-mal (also auf 0) durch E_1 weitergetrieben und treibt R_2 durch Z 1-mal weiter (also auf 1). E_2 treibt R_2 1-mal weiter (also auf 0) und treibt R_3 durch Z 1-mal weiter (also auf 0). R_3 treibt R_4 1-mal weiter durch Z von 0 auf 1. R_i mit $i > 4$ bleiben unverändert.

Beispiel 2:	$101 \cdot 101$ 101 101 11001	E steht rechts am Anschlag. Stelle 101 in E ein. Drehe einmal H. 101 erscheint in R. Drehe die seitliche Kurbel K, so daß E_1 unter R_3 bewegt wird. Drehe H einmal, so daß 101 + 1 in R_3 bis R_5 addiert wird (vgl. Beispiel 1).

In dem bereits erwähnten Manuskript „Machina Arithmeticae Dyadicae" skizziert Leibniz abschließend einen Mechanismus zur Umwandlung von Dezimalzahlen in Dualzahlen. Man betrachte z. B. $69 = 1 \cdot 2^6 + 0 \cdot 2^5 + 0 \cdot 2^4 + 0 \cdot 2^3 + 1 \cdot 2^2 + 0 \cdot 2^1 + 1 \cdot 2^0 = 64 + 4 + 1 = 1000101_2$. Jede 2er-Potenz wird durch Zahnräder mit $2^6 = 64$, $2^5 = 32, \ldots$ Zähnen dargestellt, die ihre Umdrehungen von Rad 2^6 auf Rad 2^5 auf Rad 2^4 etc. übertragen. Jedes Potenzrad besitze einen Nocken, der nach einer vollen Umdrehung ein Dualrad mit Viertelkreisunterteilung 0, 1, 0, 1 um eine Einheit weitertreibt, die in einem Fenster abgelesen werden kann. Um eine Vergrößerung der Potenzräder mit 1, 2, 4, 8, 16, 32, 64, 128 etc. Zähnen zu vermeiden, hat L. von Mackensen eine Zahnradübertragung im jeweiligen Verhältnis 2 : 1 vorgeschlagen:[33]

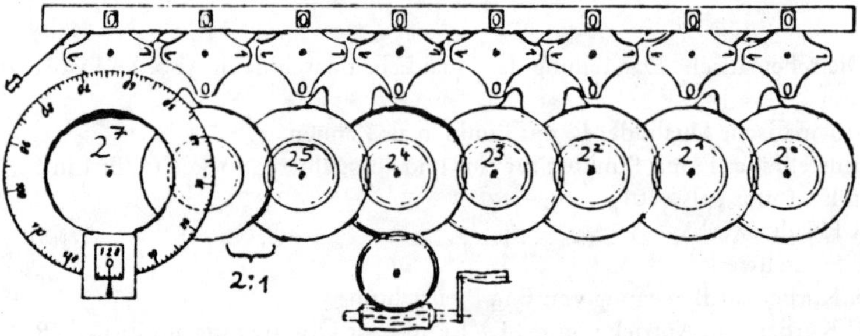

Abb. 1.15

Beispiel: $69_{10} = 1000101_2$

Die Zahl 69 wird am $2^7 = 128$-er Rad (mit einer Kurbel) eingestellt, das dabei keine volle Umdrehung macht und daher mit seinen Nocken nicht auf das entsprechende Dualrad einwirkt, das daher auf 0 stehenbleibt. Das $2^6 = 64$er

33 Der Zahlenumwandler wurde nach dieser Funktionszeichnung von R. Paland 1984 in ein funktionierendes Modell umgesetzt.

Rad macht aber dabei eine volle Umdrehung plus 5 Zähne und schaltet das entsprechende Dualrad auf 1. Das $2^5 = 32$er Rad macht 2-mal eine Umdrehung plus 5 Zähne und schaltet daher erst das entsprechende Dualrad auf 1 und bei der 2. Umdrehung weiter auf 0. Das $2^4 = 16$er Rad macht 4-mal eine Umdrehung plus 5 Zähne und schaltet daher auf 0. Das $2^3 = 8$er Rad macht 8 Umdrehungen plus 5 Zähne und schaltet daher auf 0. Das $2^2 = 4$er Rad macht 17 (ungerade) Umdrehungen plus 1 Zahn und dreht daher das entsprechende Dualrad auf 1. Das $2^1 = 2$er Rad macht 34 (gerade) Umdrehungen plus 1 Zahn und schaltet daher auf 0. Das $2^0 = 1$er Rad macht 69 (ungerade) Umdrehungen und schaltet daher auf 1.

Die bisherige Mechanisierung des Dualsystems greift auf das Zahnradsystem zurück. Überraschend ist ein alternativer Lösungsvorschlag Leibnizens von 1679, der anstelle von Zahnrädern rollende Kugeln verwendet. Für den modernen Leser suggerieren die mechanischen Impulse rollender Kugeln unmittelbar die Vorstellung elektrischer Impulse durch Elektronen. Betrachtet man z. B. die duale Multiplikation,

1 0 1 · 1 1

	1	0	1
1	0	1	
1	1	1	1

Spalten (Leibniz: „Rinnen")

so liegt nach Leibniz folgende Mechanisierung nahe:

„… Eine Büchse soll so mit Löchern versehen sein, daß diese geöffnet und geschlossen werden können. Sie sei offen an den Stellen, die jeweils 1 entsprechen, und bleibe geschlossen an denen, die 0 entsprechen. Durch die offenen Stellen lasse sie kleine Würfeln oder Kugeln in Rinnen fallen, durch die anderen nichts. Sie werde so bewegt und von Spalte zu Spalte verschoben, wie die Multiplikation es erfordert. Die Rinnen sollen die Spalten darstellen, und kein Kügelchen soll aus einer Rinne in eine andere gelangen können, es sei denn, nachdem die Maschine in Bewegung gesetzt ist …"[34]

Betrachtet man z. B.

1 1 · 1 1

		1	1
	1	1	
1	0	0	1

34 s. Anm. 16, 46-47.

so stellt sich das Problem der 2er-Übertragung z. B. in der 2. Spalte („Rinne"). Nach Leibniz ist die Übertragung einer Kugel z. B. von der 2. in die 3. Rinne nur möglich, wenn zwei oder mehr Kugeln in einer Rinne (z. B. in der 2. Rinne) sind. Sie erfolgt dadurch, daß zwei Kugeln austreten, von denen eine in ein leeres Loch, die andere in die nächste Rinne fällt. Manuell ist dieser Vorgang leicht zu handhaben. Für eine Mechanisierung müßte jedoch nach „Input" von Multiplikator und Multiplikand ein Mechanismus in Gang setzen, der erst selbständig stoppt, nachdem das Produkt als „Output" in den Rinnen abgelesen werden kann. Dazu hat Leibniz nichts gesagt. Eine Rekonstruktion einer solchen Maschine wurde von L. v. Mackensen hergestellt und ist im astronomischen Kabinett des Landesmuseums Kassel ausgestellt.

Die weitere technische Entwicklung von der 4-Species-Maschine zur programmgesteuerten Rechenmaschine fand nicht in der Gelehrtenstube, sondern in den Manufakturen des 18. Jahrhunderts statt. Seit Mitte des 18. Jahrhunderts finden sich Versuche, um das Weben von Stoffmustern zunächst mit Walzen nach dem Vorbild barocker Spielautomaten, dann durch hölzerne Lochkarten zu steuern. Bereits um 1800 arbeiten nach diesem Prinzip über Tausend in Serie hergestellte automatische Webstühle in Europa.

Diese Idee der Programmsteuerung wendete der englische Mathematiker C. Babbage (1792-1871) auf Rechenmaschinen an. Sein ursprüngliches Interesse galt numerischen mathematischen Methoden. Die Prüfung fehlerhafter Logarithmentafeln wollte er zunächst durch eine mechanische Rechenmaschine vereinfachen.[35] So entwarf er eine Differenzenmaschine, um Logarithmen und Potenzen zu errechnen und auszudrucken. Wegen großer technischer Schwierigkeiten der damaligen Mechanik blieben Bauversuche seit 1823 weitgehend erfolglos.

Seit 1833 versucht sich Babbage an einer programmgesteuerten Maschine, die einen menschlichen Rechner simulieren

35 C. Babbage, Tables of the Logarithms of the Natural Numbers from 1 to 10 8000, London 1827.

Abb. 1.16

sollte.[36] Diese „Analytical Engine“ (Abb. 1.16) sah neben einem vollautomatischen Rechenwerk („mill“) für die vier Grundrechenarten auf dem Prinzip decadischer Zahlräder und einem Zahlenspeicher („store“) für 1000 Zahlen von je 50 Stellen weiterhin eine Lochkartensteuereinheit, ein Dateneingabegerät für Zahlen und Rechenvorschriften und eine Datenausgabevorrichtung mit Druckwerk vor. Damit sind die wesentlichen Bausteine einer programmgesteuerten digitalen Rechenmaschine genannt, deren Realisation zu Lebzeiten von Babbage nur am

36 C. Babbage, On the mathematical powers of the calculating engine (unpublished manuscript, Dec. 1837), in: B. Randell (ed.), The Origins of Digital Computers – Selected Papers, Berlin/Heidelberg/New York 1975, 17-52. Abb. 1.16 zeigt einen Nachbau im Science-Museum (London).

damaligen Stand der Mechanik scheiterte, aber später sich in allen Teilen als funktionstüchtig erwies.

Als Beispiel sei ein Programm von Babbage zur Berechnung der Formel $a \cdot (b+c)/(d-e)$ beschrieben. Neben Programmkarten für die arithmetischen Grundrechenarten („operations cards") unterschied Babbage Leitkarten („directive cards"), mit denen Zahlen von den Speichereinheiten ins Rechenwerk und umgekehrt transportiert werden konnten: So meint 'n den Transfer des Speicherregisters n ins Rechenwerk, während n' die Maschine veranlaßt, eine Zahl vom Rechenwerk in das Speicherregister n zu transportieren. Zur Berechnung der Formel werden zunächst Speicherungen der Variablen vorgenommen, nämlich a in die Speichereinheit der Variablen V_1, b in V_2, c in V_3, d in V_4, e in V_5. Die Leitkarten werden in der Reihenfolge '2, '3, 6', '6, '1, 7', '4, '5, 8', '7, '8, 9' mit den Operationskarten in der Reihenfolge +, *, –, / kombiniert. Die Maschine führt dann folgende Operationen in der Reihenfolge $V_2 + V_3 = V_6$, $V_6 * V_1 = V_7$, $V_4 - V_5 = V_8$, $V_7/V_8 = V_9$ aus. Wir haben hier also eine rudimentäre Form von Maschinensprache vor uns, mit der menschlicher Geist gewissermaßen in die Maschine fährt und sie zum Laufen bringt.

Babbages Entwürfe gehören zu den grundlegenden Dokumenten in der Geschichte der Digitalrechnerkonstruktion.[37] Viele der späteren Computerkomponenten werden hier bereits untersucht: Sequentielle Programmsteuerung durch Lochkartenband, Speicherkapazität, Rechenwerk. Ziel ist eine Maschine zur Tabellenberechnung in Mathematik, Naturwissenschaft und Finanzwesen. In seinem Buch „On the economy of manufactures and machining" stellt Babbage das industriell-wirtschaftliche Interesse an Rechenmaschinen im Zeitalter der industriellen Revolution heraus. Mit den theoretischen, technischen und industriell-wirtschaftlichen Absichten von Babbage ist der Höhepunkt der Rechnerentwicklung unter den Bedingungen der Mechanik erreicht.

37 A. G. Bromley, Charles Babbage's analytical engine 1838, in: Annals of the History of Computing 4 3 1982, 196-219; L. H. D. Buxton, Charles Babbage and his difference engine, in: Transactions of the Newcomen Society 14 1933, 43-65.

Durch Faradays und Maxwells elektromagnetische Theorien und der Gründung elektrotechnischer Industrien in der 2. Hälfte des 19. Jahrhunderts werden neue technische Voraussetzungen zur Konstruktion von Rechnern gelegt. Holleriths Tabulierungs- und Zählmaschinen, die seit 1890 zum Einsatz kommen, sind ein weiterer Schritt in Richtung Automatisierung in Industrie und Verwaltung, nun auf elektromechanischer Grundlage. Für das Automatenkonzept im Zeitalter der Elektrotechnik muß nun ein weiterer Name erwähnt werden – Torres y Quevedo, der spanische Ingenieur und Präsident der spanischen Akademie der Wissenschaften, der sich seit Anfang dieses Jahrhunderts zunächst mit Steuerungsproblemen für Torpedos und Boote beschäftigte, 1911 den ersten Schachautomaten für den Endkampf (Turm-König gegen König) vorführte und 1920 eine elektromechanische 4-Species-Rechenmaschine nach dem mechanischen Modell von Leibniz konstruierte.[38]

Leibnizens Vorschläge für duale Rechenmaschinen spielten im 18. und 19. Jahrhundert unter den Voraussetzungen der Mechanik keine Rolle. Erst 1931 meldete der Franzose R. L. A. Valtat eine elektromechanische Dualrechenmaschine zum Patent an. Der Vorteil von dualen Schaltelementen mit zwei Zuständen gegenüber 10-wertigen Schaltelementen an Zählrädern wurde nun deutlich. Im selben Jahr realisiert E.W. Phillips in England eine duale Multiplikationsmaschine, in der Dualzahlen durch elektrische Impulse dargestellt werden, die durch Lichtstrahlen auf Photozellen ausgelöst werden: An die Stelle der Leibnizschen Klappen, durch die Kugeln in Rinnen fallen, treten nun Lichtstrahlen, die durch auf- und zuklappbare Öffnungen auf Photozellen treffen.[39]

Neben L. Couffignal in Frankreich war es seit 1936 K. Zuse in Deutschland, der zunächst mechanische (Z1), später elektromechanische Dualrechner entwickelte.[40] Das Grundprinzip von

38 L. Torres Y Quevedo, Essais sur l'automatique. Sa définition. Étendue théorique de ses applications. Revue Générale des Sciences Pures et Appliquées (Nov. 1915), in: B. Randell (ed.), s. Anm. 36, 107-118.

39 E. W. Philips, Binary calculation, in: J. Inst. Actuaries 67 1936, 187-221.

40 Vgl. dazu auch K. Zuse, Der Computer – mein Lebenswerk, Berlin/München 1970; ders., Entwicklungslinien einer Rechengeräte-

Zuses Schaltelemententechnik in der Z1 sind mechanische Platten, die in rechten Winkeln zueinander bewegt werden können. Die zwei möglichen Positionen jeder Platte entsprechen den Werten 0 und 1. Eine Kontrollplatte bewirkt oder verhindert die Übertragung der Werte 0 bzw. 1 von einer Platte zur anderen mit Hilfe von besonders ausgezackten Verbindungstangen. Es war Zuse, der seine Schalttechnik als logische Anwendung der Schaltalgebra erkannte.[41]

Konrad Zuse begann bereits vor 1934 mit Untersuchungen über die Mechanisierung von Rechenverfahren. Der erste Ansatz mit Lochkarten zur Zahlendarstellung und einer handbetriebenen Übertragungsvorrichtung von elektrischen Impulsen zu einem Rechenmechanismus wurde schon bald aufgegeben zugunsten eines mechanisierten Registerspeichers, dessen Stellen numerisch aufgerufen wurden. 1936 war der Entwurf eines programmkontrollierten Computers fertig, dessen Programmband aus einer Folge von Instruktionen bestand, die jeweils einen Operationscode und Adressen für die jeweils zu bearbeitenden Zahlen und Zwischenergebnisse enthielt.

Die kognitiven und technischen Voraussetzungen von Zuses Entwurf waren jedoch nicht neu. So finden sich Überlegungen zu einer binären mechanisierten Arithmetik bereits bei Leibniz, Entwicklungen von Programmkontrollen bei Babbage und Hollerith, Instruktionen mit Zahlen als Speicheradressen bei Ludgate und die Zahlendarstellung mit „floating points“ (Gleitkommadarstellung) bereits bei Quevedo. Zuse brachte diese Entwicklungen jedoch zusammen und realisierte sie technisch.

Daher ist Zuse zu Beginn seiner Laufbahn noch der Prototyp eines „Erfinders“, der zunächst erhebliche Schwierigkeiten hatte, um Finanziers für eine technische Realisierung seiner Ideen zu werben. Trotz dieser finanziellen Schwierigkeiten war 1938 die Z1 mit einem mechanischen binären Spei-

Entwicklung von der Mechanik zur Elektronik, in: W. Hoffmann (Hrsg.), Digitale Informationswandler, Braunschweig 1962, 508-532.

41 K. Zuse, Verfahren zur selbsttätigen Durchführung von Rechnungen mit Hilfe von Rechenmaschinen. Deutsche Patentanmeldung Z 23624 (11. April 1936).

cher für 16 Worte als erste völlig mechanisierte Version ohne Programmkontrolle fertig. Die danach entwickelte Version Z2 enthielt noch den Speicher der Z1 und arbeitete mit „gebrauchten“ Telefonrelais. Zuses Mitarbeiter H. Schreyer beschäftigte sich zu dieser Zeit bereits mit einer elektronischen Version der Z1. Schließlich war 1941 mit der Z3 der Welt erster programmkontrollierter Computer fertig mit einem Relaisspeicher von 2600 Relais für 64 Worte mit einer Wortlänge von 22 bits.

Schreyers und Zuses Vorschlag an die Reichsregierung für den Bau eines elektronischen Computers mit 1500 Röhren wurde 1941 abgelehnt, obwohl ein kleines elektronisches Rechensystem realisiert war. Den Krieg überlebte nur Zuses Z4, die 1947 von Lyndon im Auftrag des U. S. Office of Naval Research untersucht wurde und zu diesem Zeitpunkt nur manuelle Input- und Outputvorrichtungen besaß, obwohl bereits 4-Band-Leser, 2-Band-Drucker und Erleichterungen zu Wiederholung von Programmen und zur Wahl zwischen alternativen Unterprogrammen geplant waren. Erst durch Lyndons Z4-Report von 1947 wurde Zuses Pionierleistung der angloamerikanischen Welt bekannt.

Während Zuse und Schreyer noch als „Pioniere“ auftraten, die gelegentlich Unterstützung in der Industrie, jedoch nur sehr zögernd Unterstützung beim Staat fanden, begann die amerikanische Entwicklung unter weitaus günstigeren Vorzeichen. Analog zu Zuse begann 1937 H. Aiken vom Department of Physics in Harvard mit Untersuchungen über numerische Lösungsverfahren für Differentialgleichungen. Bereits mit einem Artikel von 1937 konnte er zusammen mit den IBM-Ingenieuren C. D. Lake, F. E. Hamilton und B. M. Durfee das IBM-Unternehmen für die Konstruktion eines automatisch (durch Sequenzen) kontrollierten Rechners interessieren, der dann in dem IBM-Entwicklungswerk in Endicott gebaut, bereits im Januar 1943 vorgestellt und 1944 an der Harvard-Universität installiert wurde, vor allem für komplizierte Berechnungen der US-Marine.[42]

---

42 H. H. Aiken/G. M. Hopper, The automatic sequence controlled calculator, in: Electrical Engineering 65 1946, 384-391, 449-454, 522-528.

Während Zuses Forschungsprogramm der Z-Serie zur gleichen Zeit mit finanziellen Schwierigkeiten zu kämpfen hatte und entscheidend von der Initiative zweier engagierter Wissenschaftler – nämlich Zuse und Schreyer – abhing, wurde Aikens Initiative von 1937 bald schon in ein Industrieforschungsprojekt zum Zweck militärischer Nutzung umgesetzt. Der 1943 vorgestellte Mark I Computer von IBM war weitgehend noch mechanisch in seinen Operationen und, obwohl er bald schon von schnelleren Computern überholt wurde, arbeitete er noch bis 1959 in Harvard.[43]

Nach dem Bau von Mark I beschäftigte sich Aiken mit elektromagnetischen Relais und konstruierte schließlich den Harvard Mark II als Rechner mit nahezu 100 dezimalen „floating points" zur Darstellung von Zahlen. Eine entscheidende Verbesserung wurde einmal dadurch erreicht, daß Mark II auch als zwei separate Computer eingesetzt werden konnte, zum anderen verfügte er bereits über zwei Addier- und vier Multipliziervorrichtungen, die 0,7 Sekunden benötigten und gleichzeitig verwendet werden konnten. Nachdem Mark II 1947 wieder für die US-Marine zum Einsatz gekommen war, entwickelten Aiken und seine Kollegen bis 1950 den Mark III, einen elektronischen Computer mit Magnettrommelspeicher, und bis 1952 den Mark IV mit 200 Magnetkernregistern.

Analog zum Industrieforschungsprogramm der Mark-Serie bei IBM engagierte sich ab 1937 ein anderes großes Unternehmen, das wichtige Bauelemente für die damaligen Computer-Modelle seit langem benutzte – die Bell Telephone Laboratories, die neue Möglichkeiten der Telefon-Ausrüstungen für die Konstruktion von Digitalrechnern erkannten. Die Ursprünge der für den Rechner entscheidenden Schaltungstechnologie gehen zurück bis zum 1892 installierten Strowger Schalter, der erst 1914 durch ein erstes erfolgreiches zentrales Netz mit elektromechanischen Relais ersetzt wurde. Diese Technik wurde ab

43 Zur Industrieentwicklung der Computer vgl. auch K. Mainzer, Entwicklungsfaktoren der Informatik in der Bundesrepublik Deutschland, in: W. v. d. Daele/W. Krohn/P. Weingart (Hrsg.), Geplante Forschung. Vergleichende Studien über den Einfluß politischer Programme auf die Wissenschaftsentwicklung, Frankfurt 1979, 117-180.

1920 für verschiedene Rechenvorrichtungen verwendet, ohne daß man dort von Computern sprechen könnte.

Die spektakulärsten Anwendungen waren wohl die sogenannten Totalisatoren zur automatischen Registrierung von Pferdewetten, die ab 1929 in England gesetzlich zulässig wurden. Die englische Wettleidenschaft und der damit verbundene Ehrgeiz einer möglichst effektiven Bearbeitung möglichst vieler Wetten hatte keinen unwesentlichen Einfluß auf die Entwicklung der Schaltertechnologie genommen. Eine 1930 vom Briten T. Houston entwickelte Maschine konnte bereits auf sechs Pferde nahezu 12000 Wetten pro Minute aufrechnen. Da die Maschine transportabel war, wurde sie bald auch in breiten Kreisen der U.S.A. bekannt.

1937 begann G. Stibitz im Auftrag der Bell Telephone Laboratories mit Experimenten an Relais. Nach Beschäftigung mit binärer Arithmetik entwarf Stibitz zusammen mit T. C. Fry einen Rechner zum Multiplizieren und Dividieren von komplexen Zahlen zu einem sehr praktischen Zweck – nämlich zur beschleunigten Lösung von Problemen beim Entwurf von Filter-Netzwerken.

Das war der Grundstein für das entscheidende Industrieforschungsprogramm der Relais-Computer bei den Bell Telephone Laboratories und und führte 1939 zum Bau von Model I, der als „Complex Number Computer" bekannt wurde und bis 1949 bei den BTL eingesetzt war. 1939 bis 1940 untersuchte Stibitz die Möglichkeit von Codes zur Entdeckung von Irrtümern bei den Rechnungen. Diese Technik sollte zu einer entscheidenden Verbesserung von Model II führen, der 1943 als „Relais-Interpolator" entwickelt wurde.[44]

Die beschleunigte Entwicklung war finanziell nur möglich durch das Engagement des National Defense Research Council, an das Stibitz von den Bell Laboratories „ausgeliehen" wurde. Ursprünglich entworfen für Probleme der Feuerkontrolle wurde Model II bald schon eingesetzt für einige Probleme der harmonischen Analysis, zur Berechnung von Wurzeln in Polynomialfunktionen und zur Lösung von Differen-

44 O. Cesareo, The relay interpolator, in: Bell Laboratories Record 23 1946, 457-460.

tialgleichungen. 1944 schließlich kam Model III als „Ballistic Computer" zum Einsatz mit Band-Kontrolle und einem 10 Registerspeicher.[45] Die entscheidende Verbesserung war jedoch eine 100% Selbstkontrolle der Rechenvorgänge. Nach Model IV mit nur leichten Verbesserungen gipfelte die Entwicklung in Model V, dem ersten programmgesteuerten Computer in dieser Serie zum allgemeinen (also auch z. B. industriellen und administriellen und nicht nur militärischen) Gebrauch. Von Model V wurden auch zwei Kopien hergestellt und somit neue Standards für die spätere serienmäßige Produktion von Computern gesetzt.

Neben den beiden bisher besprochenen Industrieforschungsprogrammen wurden für die Elektronisierung des Computerbaus die Forschungen an der Moore School für Elektrotechnik an der Universität von Pennsylvania von großer Bedeutung. Anstoß war J. Mauchlys Memorandum von 1942 „The Use of High Speed Vacuum Devices for Calculating", in dem der entscheidende Zusammenhang zwischen hohen Rechengeschwindigkeiten und Elektrotechnologie dargestellt wird.[46] 1943 wurde ein Vertrag zwischen der Universität von Pennsylvania und der US-Regierung über die Entwicklung eines elektronischen Computers geschlossen, der besonders zur Aufstellung von Feuer- und Bomber-Tafeln eingesetzt werden sollte. Das Forschungsteam zur Herstellung eines „Electronic Difference Analyser" konnte nach zweijähriger Arbeit 1945 ENIAC („The Electronical Numerical Integrator and Computer") vorstellen. Mit 19000 Röhren und 200 Kilowatt war ENIAC der erste große programmgesteuerte elektronische Computer – der schnellste Computer seiner Zeit, der 1946 bereits für ballistische Probleme und die Atomphysik eingesetzt wurde.[47]

ENIAC steht jedoch nicht nur am Ende der technologischen Erfahrungen einer Reihe erfolgreicher Forschungspro-

45 J. Juley, The ballistic computer, in: Bell Laboratories Record 24 1947, 5-9.

46 J. W. Mauchly, The use of high speed vacuum tube devices for calculating (1942), in: B. Randell (ed.), s. Anm. 36, 329-332.

47 H. H. Goldstine/ A. Goldstine, The Electronic Numerical Integrator and Computer (ENIAC), in: M.T.A.C. (The American Mathematical Society) 2 15 1946, 97-110.

jekte. Nach ENIAC wird einerseits die universitäre Entwicklung zu einer neuen Grundlagenforschung „Computer Science“ eingeleitet, zum anderen die industrielle Entwicklung zur serienmäßigen Fabrikation von elektronischen Computern. Beide Entwicklungsstränge – der universitäre wie der industrielle – lösen die Zeit der industriellen Forschungsprojekte ab und leiten eine neue Phase ein, deren Beginn mit dem Namen einer überragenden Forscherpersönlichkeit eng verbunden ist – John von Neumann.

In der Wissenschaftsgeschichte gibt es viele Belege für die These, wonach große Fortschritte durch überragende Begabungen möglich wurden, die benachbarte Fachdisziplinen überschauten und eine beherrschende und integrierende Stellung im Wissenschaftsbetrieb einnahmen. Leibniz ist dafür das bedeutendste neuzeitliche Beispiel; aber auch Hilbert spielt eine solche Rolle in der Mathematik und viele der physikalischen Nobelpreisträger. Die Vorläuferin der Max-Planck-Gesellschaft, die Kaiser-Wilhelm-Gesellschaft, hatte daraus das institutionelle Organisationsprinzip abgeleitet, wonach Forschungsinstitute „um eine große Forscherpersönlichkeit gebaut werden sollten“, d. h. zugeschnitten auf ihre Bedürfnisse.

Eine solche zentrale Persönlichkeit bildet in den für die Computer Science entscheidenden 40er und Anfang der 50er Jahre der Mathematiker John von Neumann. Sein Lebensweg ist in einer bestimmten Phase der Entwicklungsweg der Computer Science, was sich durch folgende Daten belegen läßt: Geboren 1903 in Budapest beginnt er seine Universitätslaufbahn 1927 in Berlin, eine der mathematischen Hochburgen des damaligen Europas. 1931 wechselt er wie viele Kollegen nach Princeton, der mathematischen Hochburg in den USA, um ab 1933 am renommierten Institute for Advanced Studies zu lehren.

John von Neumann – in diesem Punkt nur noch mit Hilbert vergleichbar – hat in fast allen mathematischen Disziplinen seiner Zeit überragende und richtungsweisende Arbeiten geleistet. Zum Vergleich sei daran erinnert, daß der von T. S. Kuhn beschriebene Wissenschaftler der „Normal Science“ in der Mathematik schon zu jener Zeit während seiner Universitätsarbeit im allgemeinen nur ein Gebiet – z. B. Algebra, Topologie, Analysis, Funktionstheorie, seltener zwei Gebiete bearbeitete.[48] Von Neumann begann mit einer richtungsweisenden Arbeit auf dem Gebiet der mathematischen Grundlagenforschung über axiomatische Mengenlehre.[49] Gleichzeitig beschäftigte er sich mit Fragen der mathematischen Logik, Geometrie und mathematischen Physik (insbesondere Quantentheorie). Die Beschäftigung mit den Grundlagen theoretischer Fragen seiner Zeit in Mengenlehre, Logik und Geometrie bildeten den Ausgangspunkt für seine Arbeiten (zusammen mit Menger) zur Spieltheorie, über die er dann zusammen mit dem Nationalökonomen und Logiker Morgenstern das bahnbrechende Standardwerk „Spieltheorie und wirtschaftliches Verhalten" 1943 in Princeton publizierte.[50] Dieses heute noch maßgebende Werk wirkte programmatisch ein auf die Frage nach der Mathematisierung der Ökonomie.

Seine Arbeit zur Quantentheorie brachte ihn ab 1943 zusammen mit anderen Wissenschaftlern zu Verteidigungsprojekten der USA wie dem Manhattan-Projekt. Die Wechselwirkungen von Schockwellen, ein sehr kompliziertes hydrodynamisches Problem, wurden zu einem der wesentlichen Forschungsprobleme der Verteidigung, und die sehr große Anzahl von Berechnungen, die für die Gewinnung einiger Resultate erforderlich waren, veranlaßten von Neumann, eine schnelle Rechenmaschine für diesen Zweck einzusetzen. Die ENIAC, die in Philadelphia für die Ballistic Research Laboratories of Army Ordinance gebaut worden war[51], machte ihn zum erstenmal mit den großen Möglichkeiten bekannt, viele der noch ungelösten Probleme mit Hilfe von Automaten zu lösen.

---

48 Zur wissenschaftssoziologischen Situation des Mathematikers im 19. Jahrhundert vgl. auch C. S. Fisher, Die letzten Invarianten-Theoretiker, in: P. Weingart (Hrsg.), Wissenschaftssozziologie 2, Frankfurt 1974, 153-183.

49 Zur v. Neumannschen Mengenlehre, die in Zusammenarbeit mit Menger entstand und ebenso von Bernays konzipiert wurde, vgl. auch J. Schmidt, Mengenlehre I, Mannheim 1966, § 4.

50 J. v. Neumann/O. Morgenstern, Spieltheorie und wirtschaftliches Verhalten, Würzburg [2]1967.

51 Vgl. Vorwort zu den Simillian Lectures (1956) von J. v. Neumann, dt. Die Rechenmaschine und das Gehirn, München 1960.

Von Neumann stieß zur ENIAC-Gruppe um Eckert und Mauchly in einem Stadium, als ein Nachfolger-Computer für ENIAC mit größerer Speicherkapazität diskutiert wurde. Von Neumann veröffentlichte im Frühjahr 1945 einen „First Draft of a Report on the EDVAC“[52], in dem er nicht nur den Bauplan und die Programmierung des Nachfolger-Computers meisterhaft beschrieb, sondern darüber hinaus auf tieferliegende Probleme aufmerksam machte. Hier sind einmal seine biophysikalischen Analogien mit der Arbeitsweise des menschlichen Nervensystems zu erwähnen. Entscheidend ist aber die allgemeine Analyse des Digital-Computers, in der die technischen Erfahrungen der bisherigen Industrieprojekte mit der logisch-mathematischen Idee eines universellen Automaten verbunden werden. Es mag dabei wissenschaftsgeschichtlich im einzelnen umstritten sein, ob und in welchem Maße Turings berühmte Untersuchung von 1936 über die logische Idee eines universellen Rechenautomaten mit ausschlaggebend war. Fest steht, daß von Neumann im „First Draft“ nicht nur die EDVAC-Maschine („The Electronic Discrete Variable Arithmetic Computer“) mit 100 × größerer interner Speicherkapazität als ENIAC entwirft, sondern vor allem Turings logische Idee eines universellen Automaten auf den technischen Begriff eines „very high speed automatic digital computing system“ zu bringen vermag. Wegen dieser theoretisch-logischen und technisch-praktischen Perspektive war der „First Draft“ bald weitverbreitet und bewirkte noch 1946 eine Vorlesungsserie an der Moore School, dem Sitz der ENIAC-Gruppe, an der auch ausländische Experten teilnahmen, die später für den Aufbau einer nationalen Computer Science und Computer Industry in ihren Heimatländern maßgebend wurden (so z. B. M. V. Wilkes für England).

Die Aktivitäten, die der „First Draft“ von Neumanns auslöste – von technischen Versuchen über Grundlagendiskussionen bis hin zu Vorlesungsaktivitäten, lassen hier wohl mit einigem Recht die ersten Keime für die spätere Wissenschaft „Computer Science“ vermuten. Obwohl noch bis 1949 in der

---

52 J. v. Neumann, First draft of a report on the EDVAC. Contract No. W-670-Ord-4926 (June 1945), in: B. Randell (ed.), s. Anm. 36, 355-369.

Moore School am EDVAC-Projekt gearbeitet wurde, spalteten sich schon Ende 1946 maßgebende Persönlichkeiten ab:

Eckert und Mauchly konzentrierten sich auf Industrieprojekte und gründeten die Eckert-Mauchly Computer Corporation, die auch als Electronic Control Company bekannt wurde und den BINAC-Computer für die Northrop Aircraft Company entwickelte. Es folgte 1951 der UNIVAC-Computer, der zunächst an das „Bureau of Census" geliefert wurde. Mittlerweile wurde die Corporation der „Remington Rand Divison of the Sperry Rand Corporation" als „UNIVAC-Devision" eingegliedert, die für einige Jahre das beherrschende Monopol auf dem amerikanischen Computer-Markt besaß.

John von Neumann ging 1946 ebenfalls zurück nach Princeton an das Institute for Advanced Study, um dort vor allem in der Zusammenarbeit mit Goldstine und unterstützt vom U. S. Army Ordinance Department maßgebende Untersuchungen einzuleiten. Gegenüber Eckert und Mauchly verfolgte die Neumann-Gruppe in Princeton neben der technischen Maschinenentwicklung vor allem auch grundlagenorientierte Probleme, die nach dem Erfolg des „First Draft" wieder in der bewährten Form von „Reports" allen industriell und wissenschaftlich interessierten Kreisen zur Verfügung standen. Die technische Entwicklung der IAS-Maschinen von 1946-52 beruhte zunächst auf einem Alternativvorschlag zur Konstruktion größerer Speicher, den von Neumann bereits in seinem EDVAC-Report erwähnt, aber dort nicht weiter verfolgt hatte.

1947 erscheint der 1. Teil der für die spätere Entwicklung der Computer Science epochemachenden Princeton-Berichte der Neumann-Gruppe: „Preliminary discussions of the logical design of an electronic computing instrument" (A. W. Burks, H. H. Goldstine, J. v. Neumann): „Planning and coding of problems for an electronic computing instrument".[53] Es geht

53 A. W. Burks/H. H. Goldstine/J. v. Neumann, Preliminary discussion of the logical design of an electronic computing instrument, part 1, vol. 1, Princeton: Institute for Advanced Study 1946, [2]1947; repr. in: J. v. Neumann, Collected Works vol. 5, ed. A. H. Taub, 1963, 34-79; H. H. Goldstine/J. v. Neumann, Planning and coding of problems for an electronic computing instrument, part 2, vols. 1-3, Princeton: Institute for Advan-

wieder wie im „First Draft" sowohl um die prinzipiellen Komponenten der Maschine als auch um Fragen technisch-ökonomischer Realisation.

Ziel ist wieder die „general-purpose computing machine", deren arithmetischer Teil, Speicher-, Kontrollteil und Informationsübertragung für den Bediener unter theoretischen und technisch-ökonomischen Gesichtspunkten zu analysieren sind. Als technisches Teilziel wird eine vollautomatische elektronische Speicherkapazität für 4000 Zahlen von je 40 Binäreinheiten angestrebt, was einer Rechenpräzision von $2^{-40} \approx 0,9 \times 10^{-12}$, also rund 12 Dezimalstellen entspricht, die wiederum für die prozentuale Reduzierung von Fehlerfortpflanzungen als technisch erforderlich bewertet wurden. Zur Erhöhung der Speicherkapazität schlägt Neumann Speicherhierarchien vor, eine sowohl logisch als auch technisch-ökonomisch bemerkenswerte Idee.

Weiterhin wird die serielle Addition von Digitalpaaren bei EDVAC ersetzt durch gleichzeitige Addition (Parallel-Prinzip contra Serien-Prinzip). Was nun die Codierung von Informationen betrifft, so war zwar der Codierungsbegriff in der mathematischen Logik bereits geklärt. Neumann geht es zusätzlich um technisch-ökonomische Realisationen, die unter den Gesichtspunkten der Einfachheit maschineller Ausstattung, Klarheit für den Anwender und Geschwindigkeit der Durchführung zu untersuchen sind. Dazu greift Neumann auf die theoretisch von Leibniz ausgearbeitete Binär-Arithmetik zurück. Neben der technisch gegenüber dem Dezimalsystem wesentlich einfacheren Darstellung durch fließende (0) oder ausbleibende (1) elektrischen Impulse wird nun auch eine homogene Behandlung der arithmetischen und logischen Aufgaben der Maschine möglich. Zusätzlich macht Neumann auf die neurologische Parallele mit dem menschlichen Nervensystem aufmerksam, deren weitere Analyse er wichtige Einsichten für eine noch zu entwickelnde „Theorie" der Automaten zutraut.

Im Konzept der Neumann- bzw. Princeton-Maschine werden also in geradezu paradigmatischer Weise theoretische Kon-

---

ced Study 1947, [2]1948, [3]1948; repr. in: J. v. Neumann, Collected Works (s.o.), 80-235.

zepte des Maschinenbegriffs von Leibniz bis Turing aufgegriffen und einer ersten befriedigenden technischen Realisation zugeführt.[54] Obwohl diese Maschinen nicht vor 1952 zum Einsatz kamen, fanden die Denkschriften, Reports und Vorlesungsnachschriften seit 1946 eine weite Verbreitung und dienten oft als Lehrbuchersatz für den logischen Aufbau und die Programmierung. Die Forschungen in Princeton vollzogen sich also in aller Öffentlichkeit und bewirkten daher viele ähnliche Projekte. Bekannt wurde vor allem die Initiative von IBM: Mit ihrer IBM 701 entwickelte IBM einen Prototyp, der für viele Produktionsserien von Maschinen Pate stand und innerhalb weniger Jahre den Computermarkt für Computer mit wissenschaftlicher Anwendung beherrschte.

Die Verbreitung der Neumann-Maschine blieb nicht auf die USA beschränkt. Wilkes, der – wie oben erwähnt wurde – schon 1946 an den Neumann-Vorlesungen an der Moore School teilnahm, entwickelte in Cambridge den an ENIAC orientierten EDSAC-Typ, der seit 1947 maßgebenden Einfluß auf die englische Computerentwicklung nahm. Daher fand auch das Binär-System von vornherein Anwendung bei den englischen Entwicklungen, während z. B. Aiken, Stibitz, Eckert und Mauchly in den USA noch das alte Dezimalsystem mit den damit verbundenen technischen Konsequenzen benutzten. Allerdings konnte Wilkes bereits an die seit 1945 durch Turing beeinflußten Projekte in England anknüpfen.

Obwohl die Princeton-Maschine erster Baustein zum Aufbau des theoretischen Kerns einer neuen Wissenschaft werden sollte, sprach damals und bis in die 60er Jahre noch niemand von „Computer Science“ und schon gar nicht von einer wissenschaftlichen Disziplin. „Das letztere war sicher weise, denn eine Wissenschaft wächst langsam und läßt sich weder durch Fleiß noch durch Verwaltungakt etablieren“, kommentiert F. L. Bauer, einer der maßgebenden Mentoren der deutschen Informatik, diese Entwicklung. J. v. Neumann schrieb noch 1956 im Vorwort der Silliman-Gedächtnis-Vorlesung „The Computer and the Brain“:

---

54 Vgl. auch H. H. Goldstine, The Computer from Pascal to von Neumann, Princeton 1972.

„Am Rande sei vermerkt, daß es sehr befriedigend wäre, könnte man von einer „Theorie" solcher Automaten sprechen. Bedauerlicherweise kann das zu diesem Zeitpunkt vorliegende Material, auf das ich mich berufen muß, bis jetzt nur als ein unvollkommen artikulierter und kaum formalisierter „Erfahrungsschatz" beschrieben werden."[55]

Historisch lassen sich vier Generationen der von-Neumann-Maschine unterscheiden, die durch verschiedene Technologien charakterisiert sind: 1. Elektronenröhrencomputer (bis etwa 1959), 2. Transistorencomputer (bis etwa 1969), 3. teilweise integrierte Schaltkreise (seit Mitte der 60er Jahre), 4. hochintegrierte Schaltkreise (seit Anfang der 70er Jahre). Die sogenannte 5. Generation läuft in den 80er Jahren an und soll die traditionellen von-Neumann-Maschinen ablösen. Es werden neue Parallelarchitekturen folgen, ferner neue und wesentlich größere Speicherkapazitäten, neue Programmiersprachen, neue Verfahren zur Verarbeitung von Symbolen (anstelle von Ziffern), die charakteristisch sind für wissensbasierte Systeme.[56]

1.12 Turing-Maschine und Berechenbarkeit

Vom technisch-praktischen Standpunkt sind die Innovationsschübe der verschiedenen Computergenerationen faszinierend, in denen immer kleinere und preiswerter werdende Maschinen immer schneller rechnen. Vom logisch-mathematischen Standpunkt aus ist das belanglos:

„Aus der Sicht des Mathematikers ist die Eigenschaft der Digitalität von größerem Interesse als das Elektronische. Daß sie elektronisch ist, ist zweifellos wichtig, weil diese Maschinen dem ihre große Schnelligkeit verdanken, und ohne ihre Schnelligkeit wäre es zweifelhaft, ob ihre Konstruktion finanzielle Unterstützung erfahren würde. Aber das ist nahezu alles, was zu diesem Thema zu sagen ist."[57]

---

55 J. v. Neumann, Die Rechenmaschine und das Gehirn, München 1960, 14.

56 Zur deutschen Entwicklung der Informatik vgl. auch K. Mainzer, s. Anm. 43, 134 ff.

57 A. M. Turing, The state of the art (lecture to the London Mathematical Society, 20th Febr. 1947), in: B. E. Carpenter/R. W. Doran (eds.), A. M. Turing's ACE Report of 1946 and other Papers, Cambridge

So schreibt A. Turing, und er wußte, wovon er sprach. Schließlich hatte Turing in seiner berühmten Arbeit „On Computable Numbers, With an Application to the Entscheidungsproblem" (1937) den logisch-mathematischen Begriff einer effektiven programmgesteuerten Rechenmaschine beschrieben, d. h. in einem bestimmten, noch zu präzisierenden Sinn die „Idee" effektiver Berechenbarkeit oder – in der Sprache der Tradition – den „Geist" einer effektiven Rechenmaschine unabhängig von ihren technisch-möglichen Realisationen. Turings Maschinenkonzept versteht Rechnen als effektive Verarbeitung von Zeichen und Symbolen.[58]

Anstelle der historischen Turing-Maschine (TM) sei hier zunächst die auf M. Minsky zurückgehende Registermaschine (RM) angeführt, die sich anschaulich durch Abstraktion aus Leibnizens 4-Species-Handrechenmaschine ergibt.[59] Schematisch besteht eine Leibniz-Maschine (Abb. 1.17) aus drei Zahlenspeichern EW, UW, RW von begrenzter Stellenzahl, wobei sich mit Einstellhebeln EH im Einstellwerk EW natürliche Zahlen einstellen lassen. Jede Rechtsdrehung der Kurbel K addiert den Inhalt von EW zum Inhalt des Resultatwerks RW und erhöht den Inhalt des Umdrehungswerks UW um 1, während eine Linksdrehung von K den Inhalt von EW vom Inhalt des RW subtrahiert und den Inhalt des UW um 1 vermindert. Für das Produkt zweier Zahlen b · a iteriert man die Addition des

---

(Mass.)/London/Los Angeles/San Francisco 1986; dt. in: Alan M. Turing, Intelligence Service. Schriften, Berlin 1987, 185.

58 A. M. Turing, On computable numbers, with an application to the Entscheidungsproblem, in: Proc. London Math. Soc. 2 42 1937, 230-265, Korrektur dazu: 43 1937, 544-546, repr. in: M. Davis (ed.), The Undecidable. Basic Papers on Undecidable Propositions, Unsolvable Problems, and Computable Functions, Hewlett N. Y. 1965, 116-154.

59 M. Minsky, Recursive unsolvability of Post's problem of „tag" and other topics in the theory of Turing machines, in: Ann. Math. 74 1961, 437-454; J. C. Sheperdson/H. E. Sturgis, Computability of recursive functions, in: J. Assoc. Computing Machinery 10 1963, 217-255; D. Rödding, Klassen rekursiver Funktionen, in: M. H. Löb (ed.), Proceedings of the Summer School in Logic. Leeds, England 1967, Berlin/Heidelberg/New York 1968, 159-222.

gleichen Summanden a so lange, bis die Zahl b im Umdrehungswerk erscheint („UW-Test“).[60]

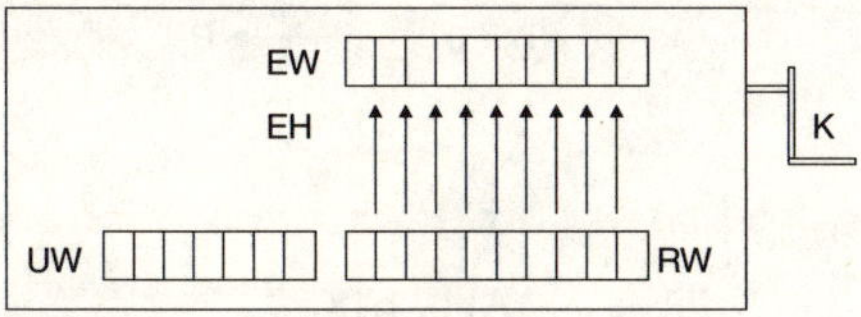

Abb. 1.17

Durch Idealisierung entsteht aus diesem technischen Konzept eine Registermaschine mit einer beliebigen, aber festen Anzahl n von Registern. Jedes Register kann eine beliebige natürliche Zahl speichern. Zur Bezeichnung der Register werden natürliche Zahlen verwendet. Der Inhalt des Registers j wird mit $\langle j \rangle$ bezeichnet. $i = \langle j \rangle$ heißt, daß im Register j die Zahl i steht. Programme für Rechenmaschinen sind Anweisungen, nach denen die Rechenmaschine entsprechend elementare Operationen hintereinander ausführt. Allgemein wird der Begriff Programm für eine RM induktiv erklärt, indem Konstruktionsregeln für die Zusammensetzung aus Elementaroperationen angegeben werden.

1) Jede Elementaroperation $\langle i \rangle := \langle i \rangle + 1$ und $\langle i \rangle := \langle i \rangle \dot{-} 1$ ist ein Programm. Der Inhalt des Registers i wird dabei um 1 erhöht bzw. erniedrigt und das Resultat auf der linken Seite von dem Doppelpunkt notiert. (Falls bei der modifizierten Subtraktion $\dot{-}$ das Register leer war, bleibt es bei weiteren Subtraktionsschritten leer.)
2) Die Verkettung zweier Programme P und Q zu $P \rightarrow Q$ ergibt wieder ein Programm. Mit jedem Programm P ist auch die Iteration ein Programm. Dabei wird das Programm P so oft ausgeführt, bis das Register i leer (Null) ist (Abb. 1.18).

Ein Beispiel ist das Additionsprogramm, das $\langle j \rangle$ zu $\langle i \rangle$ addiert, das Ergebnis ins Register i schreibt und Register j leert (Abb. 1.19).

60 Vgl. dazu auch Abb. 1.5 und E. Cohors-Fresenborg, Mathematik mit Kalkülen und Maschinen, Braunschweig 1977, 7 ff.; K. Mainzer, Maschinentheorie, in: J. Mittelstraß (Hrsg.), Enzykopädie Philosophie und Wissenschaftstheorie II, Mannheim/Wien/Zürich 1984, 781-783.

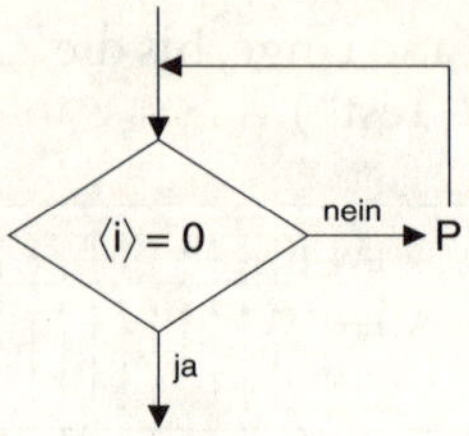

Abb. 1.18

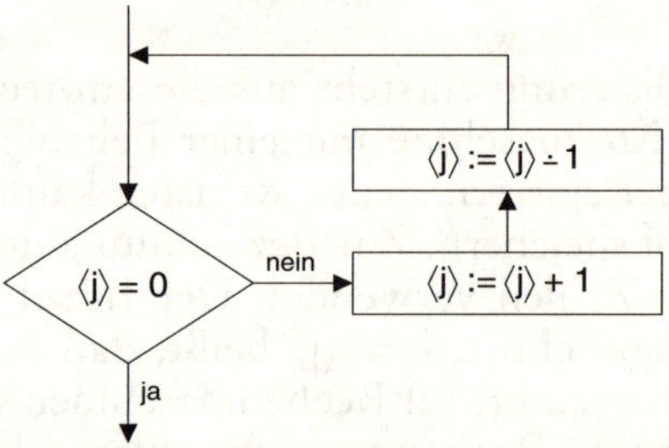

Abb. 1.19

Die Matrix des Additionsprogramms lautet

⟨i⟩	⟨j⟩
x	y
x + 1	y + 1
⋮	⋮
x + y	y − y

Während das Flußdiagramm die Funktionsweise des Programms symbolisiert, stellen die Matrixzeilen Momentaufnahmen des Inhalts aller betrachteten Register zu interessanten Zeitpunkten dar, die Spalten die Änderung des Inhalts des jeweiligen Registers in diesen Abschnitten.

Eine RM mit Programm F berechnet die n-stellige Funktion f, wenn für beliebige Argumente $x_1, \ldots, x_n$ (in den Registern 1, …, n und 0 in den übrigen Registern) die RM das Programm F ausführt und nach endlich vielen Schritten stoppt und im n + 1-ten Register der Funktionswert $f(x_1, \ldots, x_n)$ steht. Die Anzahl der Elementaroperationen, die ein Programm F zur

Berechnung eines Funktionswertes braucht, ist durch die Argumente der Funktion eindeutig festgelegt und bildet daher die Schrittzahlfunktion s_F des Programms F. Sie ermöglicht eine Messung der Komplexität des jeweiligen Rechenaufwandes.

Eine andere Präzisierung der Berechenbarkeit geht von der Rekursivität gewisser zahlentheoretischer Funktionen aus.[61] Eine zahlentheoretische Funktion heißt rekursiv, wenn alle ihre Werte für gegebene Argumente entweder direkt angegeben oder aber durch Rückgriff („Rekursion") auf die Werte für „vorhergehende" Argumente berechenbar sind. Dabei kann die Ordnung des Vorhergehens die übliche Ordnung der natürlichen Zahlen nach ihrer Größe oder auch irgendeine andere Ordnung der Argumente sein, bei der jede Berechnung von Funktionswerten in endlich vielen Schritten ausgeführt werden kann. Das ist genau dann der Fall, wenn mindestens ein Rechenterm der zu erklärenden Funktion nach einem Rekursionsschema aus Zahlkonstanten und darstellenden Termen bestimmter, trivialerweise berechenbarer Ausgangsfunktionen konstruiert werden kann. Je nach den dabei zugelassenen Operationen und Rekursionsschemata erhält man verschiedene Rekursivitätsbegriffe.

Wählt man als Ausgangsfunktionen die Nullfunktionen C_0^n, die für jedes Argument mit n-Stellen (n-Tupel) den Wert 0 haben, die Nachfolgerfunktion $s(n) = n+1$ und die Identitätsfunktionen bzw. -projektionen P_i^n mit $P_i^n(x_1, \ldots, x_n) = x_i$ für

61 Vgl. W. Brauer/K. Indermark, Algorithmen, rekursive Funktionen und formale Sprachen, Mannheim/ Wien/Zürich 1968; H. Hermes, Aufzählbarkeit, Entscheidbarkeit, Berechenbarkeit. Einführung in die Theorie der rekursiven Funktionen, Berlin/Göttingen/Heidelberg 1961, Berlin/Heidelberg/New York ³1978; S. C. Kleene, Introduction to Metamathematics Amsterdam/Groningen 1952, ⁷1974; R. Péter, Rekursive Funktionen, Budapest ²1957 (engl. 1967); H. Rogers, Theory of Recursive Functions and Effective Computability, New York 1967; M. Davis, Computability & Unsolvability, New York/Toronto/ London 1958; J. R. Shoenfield, Mathematical Logic, Reading (Mass.) 1967, Chapt. 7 (Recursive Theory).

alle i mit $1 \leq i \leq n$, so erhält man durch iterierte Anwendung von Operationen der Einsetzung

$$(1.4) \quad f(x_1, \ldots, x_m) = g(h_1(x_1, \ldots, x_m), \ldots, h_k(x_1, \ldots, x_m))$$

sowie der „primitiven Rekursion"

$$(1.5) \quad \begin{aligned} f(x_1, \ldots, x_n, 0) &= g(x_1, \ldots, x_n), \\ f(x_1, \ldots, x_n, y+1) &= h(x_1, \ldots, x_n, y, f(x_1, \ldots, x_n, y)) \end{aligned}$$

stets eine „primitiv-rekursive Funktion". Sie wurden bereits 1928 von T. Skolem durch, wie er es nannte, „rekurrierende Denkweise" eingeführt.

Nicht alle im intuitiven Sinn berechenbare Funktionen sind jedoch primitiv-rekursiv. So gab 1928 W. Ackermann eine Funktion an, die stärker wächst als alle primitiv-rekursiven Funktionen:[62]

$$(1.6) \quad \begin{aligned} f(0, y) &= y + 1 \\ f(x+1, 0) &= f(x, 1) \\ f(x+1, y+1) &= f(x, f(x+1, y)). \end{aligned}$$

Um auch solche Funktionen rekursiv zu erfassen, definiert man einen auf zahlentheoretische Aussageformen anwendbaren „μ-Operator" so, daß $\mu_y A(y)$ die kleinste natürliche Zahl y_0 darstellt, für die $A(y_0)$ gilt, vorausgesetzt es gibt ein solches kleinstes y_0. Man spricht dann auch von einer Anwendung des μ-Operators im Normalfall. Andernfalls sei $\mu_y A(y)$ nicht definiert.

Erweitert man nun den Bereich der primitiv-rekursiven Funktionen um das neue Schema einer Anwendung des μ-Operators im Normalfall $f(x_1, \ldots, x_n) = \mu_y(g(x_1, \ldots, x_n, y) = 0)$ für primitiv-rekursive Funktionen g, so liefert die iterierte Anwendung von Operationen dieses neuen Bereichs auf die Ausgangsfunktionen stets eine „μ-rekursive Funktion".

Die Definitionsmöglichkeiten des μ-Operators in der Zahlentheorie kommen in S. C. Kleenes (abgeschwächtem)

---

62 Die hier angegebene Form ist eine von H. Hermes entwickelte Vereinfachung (vgl. H. Hermes, s. Anm. 61, 83 ff.) der ursprünglichen Ackermann-Funktion aus W. Ackermann, Zum Hilbertschen Aufbau der reellen Zahlen, in: Math. Ann. 99 1928, 118-133.

Normalformtheorem[63] zum Ausdruck, wonach jede μ-rekursive Funktion f darstellbar ist durch

$$(1.7) \qquad f(x_1, \ldots, x_n) = g(\mu_y h(x_1, \ldots, x_n, y) = 0)$$

mit primitiv-rekursiven Funktionen h, g und einer einzigen Anwendung des μ-Operators im Normalfall.

Eine (partiell definierte) Funktion f entsteht aus der Funktion g durch Anwendung des μ-Operators genau dann, wenn

$$(1.8) \qquad f(x) \cong \begin{cases} \text{das kleinste } y \text{ mit } g(x, y) = 0, & \text{falls es ein } y \text{ mit } g(x, y) \cong 0 \text{ gibt und alle } (x, z) \text{ mit } z \leq y \text{ im Definitionsbereich von } g \text{ liegen,} \\ \text{nicht definiert,} & \text{sonst} \end{cases}$$

Abkürzung: $f(x) \cong \mu_y g(x, y) = 0$.

Die beiden Berechenbarkeitskonzepte sind mathematisch äquivalent: Jede rekursive (partielle) Funktion ist eine mit einer Registermaschine berechenbare (partielle) Funktion und umgekehrt.[64] Beide Konzepte gingen von unterschiedlichen intuitiven Vorstellungen der Berechenbarkeit aus. Im ersten Fall war das Rechnen mit Maschinen Vorbild, im zweiten Fall das algebraische Umformen wie Einsetzung, Zusammensetzung und ähnliches. Jede durch eine RM berechenbare Funktion und jede rekursive Funktion ist also im intuitiven Sinn berechenbar. Historisch wurden noch andere Berechenbarkeitspräzisierungen vorgeschlagen, die jeweils im intuitiven Sinn berechenbare Funktionen charakterisieren.

Allerdings ist für keine dieser Funktionenklassen ein präziser Beweis möglich, daß sie dem intuitiven Konzept der Berechenbarkeit exakt entsprechen: Für intuitive Vorstellungen lassen sich nämlich keine präzisen Beweise führen. Die Tatsache aber, daß die verschiedenen präzisierten Berechenbarkeitskonzepte mathematisch exakt äquivalent sind, führte zu der berühmten These von A. Church, wonach die rekursiven Funktionen (oder damit mathematisch äquivalente Funktionenklassen)

63 S. C. Kleene, General recursive functions of natural numbers, in: Math. Ann. 112 1936, 727-742; ders., s. Anm. 61, 288 ff., H. Hermes, s. Anm. 61, 112 f.

64 E. Cohors-Fresenborg, s. Anm. 60, 32 ff.

eine adäquate Präzisierung des Begriffs der (total) berechenbaren Funktionen darstellen.[65] Bildlich gesprochen behauptet die Churchsche These, den „Geist" der Berechenbarkeit in der „Flasche" bestimmter Funktionenklassen eingefangen zu haben. Setzt man diese These voraus, so läßt sich fortan von „den" berechenbaren Funktionen bzw. „den" effektiven Verfahren sprechen.[66]

Unter semiotischem Aspekt sind natürliche Zahlen nur spezielle Worte formaler Sprachkalküle. Das Konzept der Maschinenberechenbarkeit bzw. Rekursivität läßt sich für Wortmengen verallgemeinern.[67] Dazu wird eine endliche, nicht-leere Menge von unterscheidbaren Zeichen als Alphabet A bezeichnet, deren Elemente Buchstaben heißen. Eine endliche lineare Folge von Buchstaben heißt Wort. Das leere Wort ohne Buchstaben wird mit $\square$ bezeichnet. Die Menge aller Worte über A wird mit A^* bezeichnet. Die Verkettung von Worten über A ist eine 2-stellige (assoziative) Funktion über A^* mit dem Funktionswert W_1W_2 für die Worte W_1, W_2 aus A^*. Zwei Worte W_1 und W_2 sind gleich, wenn sie an der gleichen Stelle gleiche Buchstaben haben. Man schreibt dann $W_1 \equiv W_2$.

Ein Sprachkalkül zur Erzeugung von Worten ist gegeben durch zwei Alphabete, das Zeichenalphabet A und das Variablenalphabet V, die keine Zeichen gemeinsam haben, und durch

---

65 A. Church, Un solvable problem of elementary number theory, in: Amer. J. Math. 858 1936, 345-363; vgl. auch L. Kalmár, An argument against the plausibility of Church's thesis, in: A. Heyting (ed.), Constructivity in Mathematics. Proc. of the Coll. Amsterdam 1957, Amsterdam 1959, 72-80; R. Péter, Rekursivität und Konstruktivität, in: A. Heyting (ed.), s.o., 226-233.

66 K. Mainzer, Der Konstruktionsbegriff in der Mathematik, in: Philosophia Naturalis 12 (Heft 4) 1970, 367-412.

67 G. Asser, Rekursive Wortfunktionen, in: Z. Math. Logik u. Grundlagenforschung 6 1960, 258-278; F.-K. Mahn, Primitiv-rekursive Funktionen auf Termmengen, in: Arch. f. math. Logik u. Grundlagenforschung 12 1969, 54-65; E. Cohors-Fresenborg, s. Anm. 60, 67 ff.

endlich viele Regeln. Regeln bestehen aus einer Conclusio mit oder ohne Prämissen:

$$(1.9)\qquad \frac{\alpha_1, \ldots, \alpha_n}{\beta} \quad \text{oder} \quad \frac{\quad}{\beta}$$

wobei $\alpha_1, \ldots, \alpha_n, \beta$ Worte aus dem gemeinsamen Alphabet A und V sind. Die Prämissen $\alpha_1, \ldots, \alpha_n$ und die Conclusio β einer Regel werden nach Ersetzung sämtlicher Variablen durch Worte über A zu Worten $W_1, \ldots, W_n$ bzw. W über A. Man sagt dann, daß das Wort W mit Hilfe einer Kalkülregel aus den Worten $W_1, \ldots, W_n$ direkt abgeleitet ist. Eine Ableitung eines Wortes W in einem Kalkül ist eine endliche Folge von Worten, wobei jedes Wort der Folge entweder durch eine prämissenlose Regel oder aus vorangehenden Worten mit Hilfe einer Kalkülregel abgeleitet ist und das letzte Wort der Folge W ist.

So werden die Ziffern |, |, ||, |||, ... der natürlichen Zahlen durch ein Zeichenalphabet A = {|}, Variablenalphabet V = {S}, eine Anfangsregel ohne Prämissen | und eine Regel mit Prämisse $\frac{S}{S|}$ erzeugt.

Von Kalkülen zur Erzeugung von Wortmengen sind solche zu unterscheiden, die der Umformung von Worten dienen. Intuitiv ist dem Mathematiker das „mechanische“ Lösen von Gleichungen seit Beginn der Algebra wohlvertraut. Um diese Verfahren allgemein semiotisch zu präzisieren, wird eine Gleichung als ein Wort über einem passenden Alphabet aufgefaßt. Die Lösung einer Gleichung ist dann ein Wort x = W, wobei in dem Teilwort W der Buchstabe x nicht vorkommen darf. Das Lösen einer gegebenen Gleichung soll durch Anwendung von Kalkülregeln eines geeigneten Kalküls geschehen. Beim Aufstellen der Kalkülregeln ist darauf zu achten, daß alle Regeln korrekt sind, d. h. daß bei ihrer Anwendung die Lösungsmenge der Gleichung nicht verändert wird, und die Regelliste vollständig ist, daß also alle lösbaren Gleichungen des vorgegebenen Typs durch Anwendung des Kalküls gelöst werden können. Alle Regeln haben die Gestalt:

$$(1.10)\qquad \frac{W_1\ Z_1\ W_2\ Z_2 \ldots W_n\ Z_n\ W_{n+1}}{W'_1\ Z'_1\ W'_2\ Z'_2 \ldots W'_m\ Z'_m\ W'_{m+1}}\ ,$$

wobei $Z_1, \ldots, Z_n$ Variablen und $\{Z_1, \ldots, Z_n\} \supseteq \{Z'_1, \ldots, Z'_m\}$. $W_1, \ldots, W_n, W'_1, \ldots, W'_m$ sind spezielle Worte über A, die auch das leere Wort sein können. Kalküle dieser Art wurden 1936 von Post[68] untersucht und heißen kanonische Post-Kalküle. Es handelt sich um ein zeichenverarbeitendes Regelsystem, das äquivalent auch mit normalisierten Regeln

$$\frac{W_1 \; Z}{Z \; W_2} \tag{1.11}$$

angewendet werden kann.

Ein weiterer Spezialfall der kanonischen Post-Kalküle sind solche, bei denen die Umformungen nur an einer Stelle im Innern des Wortes vorgenommen werden können. Sie wurden erstmals von Thue 1914 untersucht.[69] Ein Semi-Thue-System ist ein Kalkül, bei dem alle Regeln die Gestalt

$$\frac{X \; W_1 \; Y}{X \; W_2 \; Y} \tag{1.12}$$

haben. Dabei sind X, Y Variable und W_1, W_2 Worte über dem Alphabet des Kalküls.

Ein Semi-Thue-System heißt ein Thue-System, wenn mit jeder Regel auch die inverse Regel

$$\frac{X \; W_2 \; Y}{X \; W_1 \; Y} \tag{1.13}$$

gegeben ist. Ein Beispiel für Thue-Systeme sind endlich erzeugte Halbgruppen mit Eins-Element. Die Regeln werden dabei meistens durch Gruppentafeln gegeben und die Elemente der Halbgruppe als Worte aus den Erzeugenden. Das gruppentheoretisch inverse Element ist semiotisch bezogen auf das Rückgängigmachen von Wortersetzungen.

---

68 E. L. Post, Finite combinatory processes-formulation I, in: J. Symb. Log. 1 1936, 103-105.

69 A. Thue, Probleme über Veränderungen von Zeichenreihen nach gegebenen Regeln, in: Skr. Vidensk. Selsk. Kristiania I 10 1914, 34 S.

Bei Kalkülen ist im allgemeinen der Ablauf der Umformungen, die von einem Wort aus möglich sind, nicht eindeutig festgelegt. Ein Kalkül über dem Alphabet A heißt determiniert auf einer Teilmenge B von A^*, wenn gilt: Für jedes Wort W von B und für jede mit W beginnende Ableitung ist die Ableitung eindeutig bestimmt. Determinierte Kalküle sind also mit Maschinen vergleichbar, die Worte verarbeiten. Die Kalkülregeln entsprechen dann dem Programm.

Nach der Churchschen These sind RM-berechenbare und μ-rekursive Funktionen zwei äquivalente Präzisierungen der im intuitiven Sinn berechenbaren Funktionen über natürliche Zahlen. Analog lassen sich berechenbare Funktionen über Worten als Wortalgorithmen präzisieren. Determinierte Kalküle, die für gewisse Worte ein Resultat liefern, lassen sich als Wortfunktionen auffassen. Für eine rekursive Wortfunktion stellt der sie kanonisch definierende Kalkül ein effektives Verfahren dar, die Funktionswerte auszurechnen.

Die der Churchschen These entsprechende These von Markov besagt, daß der Begriff der rekursiven Wortfunktion eine adäquate Präzisierung des Begriffs der berechenbaren Wortfunktion ist.[70] Wie bei den natürlichen Zahlen wurden viele andere äquivalente Präzisierungen des Berechenbarkeitsbegriffs angegeben, um die These von Markov zu erhärten. Ein Beispiel sind die durch Nebenbedingungen determinierten Semi-Thue-Systeme, die unter dem Namen Markov-Algorithmen bekannt wurden.

Ein weiteres Beispiel ist das bereits erwähnte Maschinenkonzept von Turing.[71] Es stellt eine Abstraktion des Rechnens auf einem in Felder aufgeteilten Papierstreifen dar. Nach A. M. Turing (1936) läßt sich ein solches Verfahren auch von einer Maschine durchführen (Turing-Maschine), die aus einem Opera-

70 A. A. Markov, Theorie der Algorithmen (russ.), Moskau/Leningrad (St. Petersburg) 1954.

71 A. M. Turing, s. Anm. 58; H. Hermes, s. Anm. 61, 2. Kap.; H.-D. Ebbinghaus, Turing-Maschinen und berechenbare Funktionen I: Präzisierungen von Algorithmen, in: K. Jacobs (Hrsg.), Selecta Mathematica, Berlin/Heidelberg/New York 1970, 13 ff.; K. Mainzer, Algorithmentheorie, in: J. Mittelstraß (Hrsg.), Enzyklopädie Philosophie und Wissenschaftstheorie I, Mannheim/Wien/Zürich 1980, 81-84.

tionswerk mit endlich vielen diskreten Zuständen 0 bis $m \geq 0$, einem kombinierten Lese- und Schreibkopf, einem beiderseitig (potentiell) unbegrenzten Rechenband mit linearer Feldunterteilung und einer Verschiebeeinrichtung für das Band besteht. 0 heißt der Anfangszustand von TM. Der Lese- und Schreibkopf steht jeweils über einem Feld des Bandes, dem jeweiligen Arbeitsfeld. Mittels der Verschiebeeinrichtung kann das Arbeitsfeld um ein Feld nach rechts (r) oder links (l) verschoben werden. Der Lese- und Schreibkopf kann die Buchstaben des Alphabets lesen, löschen und drucken. Eine Lampe leuchtet auf, wenn TM stoppt (s):

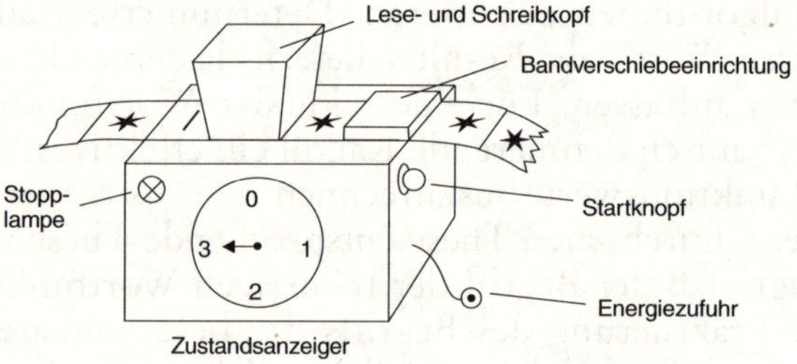

Abb. 1.20

Über dem Alphabet {*, |} wird z. B. die Nachfolgerkonstruktion, die jeder Strichfolge n eine Strich anhängt, durch folgende Maschine T_1 realisiert: Steht im Anfangszustand 0 im Arbeitsfeld ein Strich, dann rückt das Arbeitsfeld ein Feld nach rechts (r) und T_1 geht in den Zustand 1 über (Abb. 1.21: Arbeitsfeld zum Lesen und Drucken doppelt umrandet, Lese- und Schreibkopf entfernt).

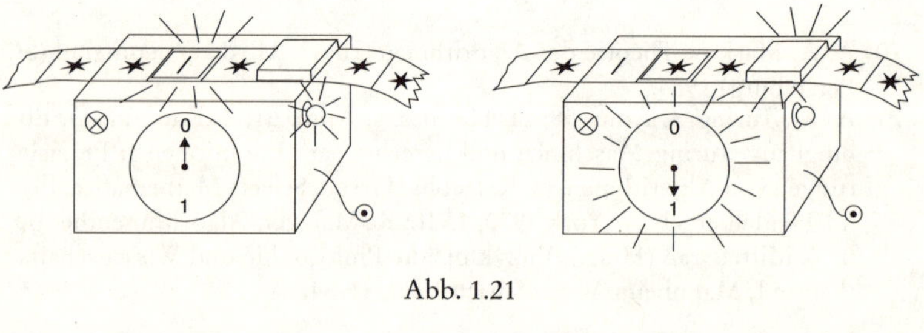

Abb. 1.21

Steht auf diesem Feld ein Stern * (Leerzeichen), dann löscht T_1 den Stern, druckt | und bleibt im Zustand 1 (Abb. 1.22). Da nun im Arbeitsfeld | steht, stoppt T_1 (s) (Abb. 1.23).

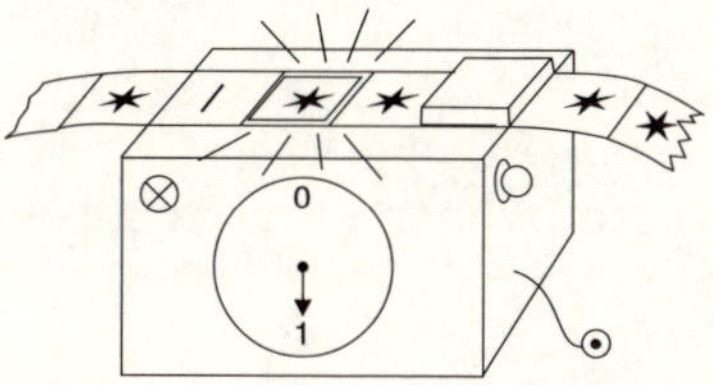

Abb. 1.22

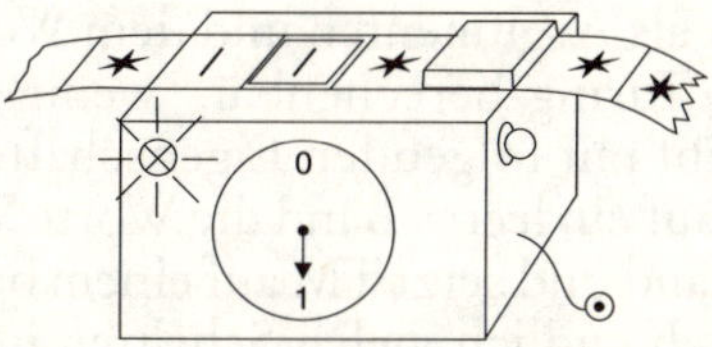

Abb. 1.23

Man notiert dieses schrittweise Verhalten der Maschine (Maschinenprogramm) in der Matrix

$$T_1 = \begin{pmatrix} 0 & \mid & r & 1 \\ 0 & * & * & 0 \\ 1 & \mid & s & 1 \\ 1 & * & \mid & 1 \end{pmatrix} \quad \begin{matrix} (\text{Abb. } 1.21) \\ \\ (\text{Abb. } 1.23) \\ (\text{Abb. } 1.22) \end{matrix}$$

Allgemein ist das Programm einer Turing-Maschine über einem Alphabet $A = \{a_0, \ldots, a_N\}$ eine Matrix mit vier Spalten und $(N+1)(m+1)$ Reihen mit jeweils einer Zustandsangabe i ($0 \leq i \leq m$), einem Buchstaben a_j im Arbeitsfeld ($0 \leq j \leq N$), einem Operationsbefehl v_{ij} für eine Links-, Rechtsverschiebung oder zum Buchstabendrucken $a_1, \ldots, a_N$ (wobei Drucken immer das Löschen des vorherigen Buchstabens des Arbeitsfeldes miteinschließt) und einer Angabe c_{ij} ($0 \leq c_{ij} \leq m$) über den Folgezustand der Maschine nach Ausführung von v_{ij}.

(1.14)
$$\begin{array}{cccc}
0 & a_0 & v_{00} & c_{00} \\
\vdots & \vdots & \vdots & \vdots \\
0 & a_N & v_{0N} & c_{0N} \\
1 & a_0 & v_{10} & c_{10} \\
\vdots & \vdots & \vdots & \vdots \\
1 & a_N & v_{1N} & c_{1N} \\
 & & \vdots & \\
m & a_0 & v_{m0} & c_{m0} \\
\vdots & \vdots & \vdots & \vdots \\
m & a_N & v_{mN} & c_{mN}
\end{array}$$

Eine n-stellige Funktion f mit n Worten $W_1, \ldots, W_n$ über dem Alphabet A als Argumenten und dem Wort $f(W_1, \ldots, W_n)$ als Wert heißt Turing-berechenbar, wenn es eine Turing-Maschine TM gibt mit folgenden Eigenschaften:

Schreibt man auf ein leeres Band die Worte $W_1, \ldots, W_n$ mit je einem Feld Abstand und setzt TM auf einem beliebigen Feld an, so bleibt TM nach endlich vielen Schritten unmittelbar hinter dem Wort $f(W_1, \ldots, W_n)$ stehen. Beschränkt man sich auf das Alphabet $\{*, |\}$, so erhält man die Turing-Berechenbarkeit für zahlentheoretische Funktionen über dem Bereich der natürlichen Zahlen.

Maschinen lassen sich aber auch durch Programmworte einführen. Turing-Programme sind danach Worte über dem Alphabet $\{r, l, s, a_i, (_{a_i},)\}$, die durch Verkettung und Iteration der Elementarbefehle entstehen. Dabei bedeutet $(_{a_i} P)$, daß das Programm P so lange zu iterieren sei, bis das Arbeitsfeld den Buchstaben a_i trägt. Die TM berechnen genau die rekursiven Wortfunktionen. Insbesondere führen die über dem Alphabet $\{|, *\}$ arbeitenden TM auf die rekursiven Funktionen wie die über natürlichen Zahlen arbeitenden Registermaschinen.

Auch Registermaschinen lassen sich durch Programmworte charakterisieren. Ein Programm für eine RM mit n Registern läßt sich nämlich als Wort über dem Alphabet $\{(_i,), E, A_i, S_i, 1, \ldots, n\}$ auffassen. Dabei stehen A_i bzw. S_i für die Addition bzw. Subtraktion von 1 im i-ten Register. E bezeichnet das Ende der Rechnung. Die Verkettung von Elementarbefehlen wird als Verkettung entsprechender Buchstaben zu einem Wort notiert. Die Iteration eines Programms P, bis das i-te Register leer ist, wird mit $({}_{i}P)$ bezeichnet.

Ein einfaches Beispiel ist das „Löschprogramm" $\langle i \rangle := 0$, d. h. die entsprechende Maschine subtrahiert solange, bis das i-te Register leer ist. Das entsprechende Programmwort lautet $({}_{i}S_{i})E$. Wie S. C. Kleene zeigte, können Programmworte wie die Worte formaler Sprachen zahlentheoretisch codiert („gödelisiert") werden.[72] Dabei werden den Zeichen eines Alphabets Primzahlen bzw. Primzahlpotenzen zugeordnet, die für die Codenummer eines zusammengesetzten Wortes eine eindeutige Decodierung durch Primzahlzerlegung garantieren:

Für das Alphabet der Registermaschinen könnte man z. B. wählen 2^i für A_i, 3^i für S, $5^i \cdot 7^b$ für $({}_{i}$, wobei b die Stelle im Programmwort ist, an die bei Beendigung der Iteration (wenn das i-te Register leer ist) gesprungen werden muß, um das Maschinenprogramm weiter abzuarbeiten, 11^c für), wobei c für die Stelle im Programmwort steht, auf die zurück gesprungen werden muß, wenn die Iteration fortgesetzt werden muß, 13 für E.

Einem Programmwort mit r Buchstaben entspricht dann ein r-Tupel natürlicher Zahlen, dem durch Primzahlcodierung eine eindeutige Gödelnummer p zugeordnet werden kann. Die gesamte Information über eine Maschine ist in dieser Gödelnummer p codiert. Als Beispiel betrachten wir die Gödelisierung des Löschprogramms $({}_{1}S_{1})E$ für ein Register mit der Nummer 1: $({}_{1}$ entspricht $5^1 \cdot 7^4$, da der Buchstabe E an der 4. Stelle im Programmwort steht; S_1 entspricht 3^1;) entspricht 11^1, da der Buchstabe $({}_{1}$ an 1. Stelle im Programmwort steht; E entspricht 13. Die Gödelnummer p des Programmwortes ist dann die Primzahlcodierung des Vierer-Tupels $(5^1 \cdot 7^4, 3^1, 11^1, 13^1)$, d. h. $p = 2^{5^1 \cdot 7^4} \cdot 3^3 \cdot 5^{11} \cdot 7^{13}$.

72 S. C. Kleene, s. Anm. 61, 374 ff.; H. Hermes, s. Anm. 61, 104 ff.; E. Cohors-Fresenborg, s. Anm. 60, 38 ff.

Allgemein ist eine Primzahlcodierung eines r-Tupels $(x_1, \ldots, x_N)$ selber rekursiv. Wir schreiben dafür auch

$$\langle x_1, \ldots, x_N \rangle = p_1^{x_1} \cdot p_2^{x_2} \cdot p_3^{x_3} \cdots p_N^{x_N}$$

mit den Primzahlen $p_1 = 2, p_2 = 3, p_3 = 5, \ldots$.

Nach S. C. Kleene läßt sich die Rechnung einer Maschine mit der Nummer p in Abhängigkeit von der Rechenzeit t und dem Registerinhalt x zu Beginn der Rechnung durch bestimmte primitiv-rekursive Funktionen beschreiben: So ist die Anzahl der Rechenschritte, bis die Maschine p stoppt, durch die kleinste Zahl t mit $K(p, x, t) = 0$ für eine bestimmte primitiv-rekursive Funktion K gegeben, d. h. eine Anwendung des μ-Operators mit $\mu_t K(p, x, t) = 0$. Das Kleenesche Normalformtheorem besagt nun, daß es neben K noch eine weitere primitiv-rekursive Funktion U gibt, so daß für jede RM-berechenbare Funktion f ein Maschinenprogramm P angegeben werden kann mit

(1.15) $$f(x) = U(p, x, \mu_t K(p, x, t) = 0),$$

d. h. die Registermaschine mit der Codenummer p angesetzt auf den Registerinhalt x stoppt nach der kleinsten Schrittzahl, nach der die Funktion f(x) berechnet ist.

Falls der Normalfall bei der Anwendung des μ-Operators nicht erfüllt ist, bricht der Suchprozeß nach einer kleinsten Zahl mit der Eigenschaft $K(p, x, t) = 0$ nicht ab. In diesem Fall ist das Schema $U(p, x, \mu_t K(p, x, t) = 0)$ nicht definiert. Es handelt sich nur um eine partiell rekursive Funktion

(1.16) $$S(p, x) \cong U(p, x, \mu_t K(p, x, t) = 0),$$

die nicht für alle natürlichen Zahlen definiert ist. Ist eine Funktion für alle natürlichen Zahlen definiert, heißt sie bekanntlich total.

Dieses Theorem ist von grundlegender theoretischer und praktischer Bedeutung. Es besagt zunächst, daß jede berechenbare Funktion f durch eine universelle Funktion U simuliert werden kann. Diese Funktion läßt sich also als eine universelle Maschine auffassen, auf der jedes Maschinenprogramm p zur Berechnung einer berechenbaren Funktion laufen kann. Praktisch entspricht diese Situation einem von-Neumann-Computer, auf dem in der Tat verschiedene Maschinenprogramme realisiert werden können. Wir müssen, mit anderen Worten, nicht für jede berechenbare Funktion einen neuen Computer bauen. Es genügt das entsprechende Berechnungsprogramm, das auf einem universellen „general-purpose-computer" bearbeitet wird. Damit ist theoretisch die Situation erfaßt, die der technischen Entwicklung von z. B. den speziellen Industriecomputern der 30er und 40er Jahre bis zur Princeton-Maschine (bzw. Zuses Maschine) entspricht (vgl. Abschnitt 1.11).[73]

1.13 Entscheidbarkeit und Aufzählbarkeit

Effektive Verfahren, soweit sie bisher vorgestellt wurden, beschränken sich auf die Berechnung von Zahlen. Man spricht dann auch von „Algorithmen" nach dem persischen Mathematiker al-Chwarismi, der um ca. 800 n. Chr. Lösungsverfahren für einfache algebraische Gleichungen sucht. Um 1300 taucht bei dem spanischen Philosophen Raimundus Lullus (1235-1315) die Idee auf, auch die Wahrheiten jedes speziellen Wissensgebietes durch mechanische Verfahren zu erhalten. Beseelt vom Eifer eines Missionars will Lullus insbesondere die christlichen Glaubenswahrheiten in der Auseinandersetzung mit dem Islam unwiederbringlich durchsetzen. Was uns heute eher skurril und merkwürdig erscheint, sollte mit der Algorithmisierung des Denkens in der frühen Neuzeit eine große Wirkungsgeschichte entfalten.

Mit seiner „Ars magna" bezeichnet Lullus eine besondere Kunst zur Auffindung wahrer Aussagen durch kombinatorische Verknüpfung verschiedener Grundeigenschaften, die einem vorgegebenen Untersuchungsgegenstand zu- bzw. abgesprochen werden.[74] So können z. B. „Gott" oder der „Seele" Grundeigenschaften wie „Güte", „Größe", usw. zu- bzw.

---

73 Vgl. auch B. A. Trachtenbrot, Wieso können Automaten rechnen? Eine Einführung in die logisch-mathematischen Grundlagen programmgesteuerter Rechenautomaten, Berlin 1959, 41966 (russ. 1957, ^{2}1960).

74 R. Lullus, Ars compendiosa inveniendi veritatem seu Ars magna et maior (1273-1275), in: ders., Opera, ed. I. Salzinger, I, Mainz 1721, repr. Frankfurt 1965, 433-473; ders., Ars generalis et ultima (1305), Venedig 1480, Palma di Mallorca 1645, repr. Frankfurt 1970.

abgesprochen werden. Bemerkenswert ist, daß Lullus Untersuchungsgegenstand und Eigenschaften durch Buchstaben repräsentiert. Bemerkenswert ist vor allem, daß er zur Auffindung aller Verknüpfungen mechanische Verfahren empfiehlt. So sieht er die Verwendung von Kreisscheiben verschiedener Größe vor, die verstellbar auf einer gemeinsamen Achse konzentrisch angeordnet sind (Abb. 1.24). Auf ihren sichtbaren Rändern tragen sie Buchstaben, die durch geeignete Drehung der Scheiben nebeneinander gebracht werden können.

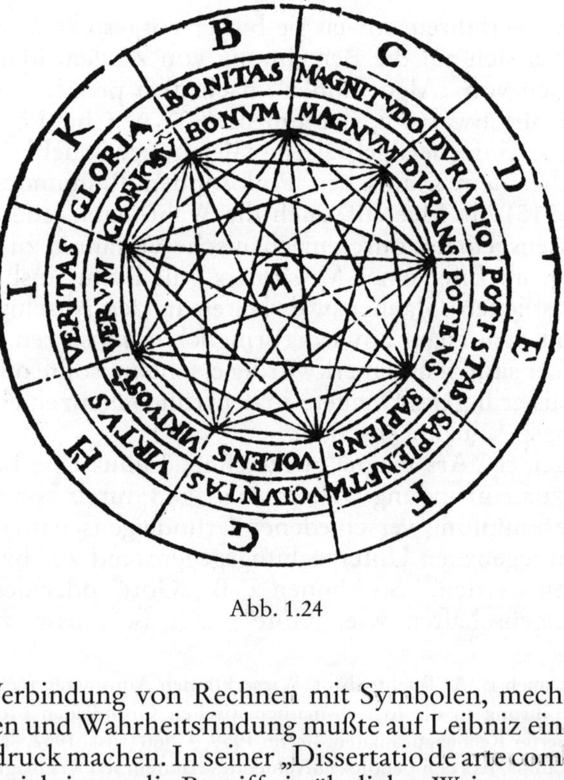

Abb. 1.24

Die Verbindung von Rechnen mit Symbolen, mechanische Verfahren und Wahrheitsfindung mußte auf Leibniz einen starken Eindruck machen. In seiner „Dissertatio de arte combinatoria“ beabsichtigt er, die Begriffe in ähnlicher Weise zu analysieren, wie man die Zahlen in Primzahlen zerlegen kann. Gewinnt man nach einer solchen Analyse umgekehrt die zusammengesetzten Begriffe wieder durch Synthese ihrer Teile, so erhält man nach Leibniz ein Verfahren, um Aussagen über die Inklusionen der Begriffe zu machen.

Leibniz spricht auch von einer „mathesis universalis“, in der die Wahrheiten in einer Art universeller Wissenschaftssprache durch eine „ars characteristica“ bzw. „lingua universalis“ dargestellt werden.[75] Dabei wird eine „ars iudicandi“ eingeführt, mit der Behauptungen entschieden, also bewiesen oder widerlegt werden. Die „ars inveniendi“ dient demgegenüber dem Zweck, Wahrheiten mechanisch aufzufinden:

„Aussi plus une science est perfectionneé, ... on y peut tout trouver par le secours de la science generale ou de l'art d'inventer ... les verités qui ont encor besoin d'estre bien establies, sont de deux sortes, les unes ne sont connues que confusement et impartfaitement et les autres ne sont point connues du tout. Pour les premieres il faut employer la Methode de la certitude ou l'art de demonstrer, les autres ont besoin de l'art d'inventer.“[76]

In einem Brief an den Herzog Johann Friedrich von Braunschweig-Lüneburg schreibt er:

...In Philosophia habe ich ein mittel funden, dasjenige was Cartesius und andere per Algebram et Analysin in Arithmetica et Geometria gethan, in allen scientien zuwege zu bringen per Artem Combinatoriam, welche Lullius und P. Kircher zwar excolirt, bey weiten aber in solche deren intima nicht gesehen. Dadurch alle Notiones compositae der ganzen welt in wenig simplices als deren Alphabet reduciret, und aus solches alphabets combination wiederumb alle Dinge, samt ihren theorematibus, und was nur von ihnen zu inventiren müglich, ordinata methodo, mit der zeit zu finden, ein weg gebahnet wird. Welche invention, dafern sie wils Gott zu werck gerichtet, als mater aller inventionen von mir vor das importanteste gehalten wird, ob sie gleich das ansehen noch zur zeit

---

75 Vgl. auch Kauppi, Mathesis Universalis, in: J. Ritter/K. Gründer (Hrsg.), Historisches Wörterbuch der Philosophie Bd. V 1980, 937-938; J. Mittelstraß, The philosopher's conception of Mathesis Universalis from Descartes to Leibniz, in: Ann. Sci. 36 1979, 593-610; S. Krämer, Berechenbare Vernunft. Kalkül und Rationalismus im 17. Jahrhundert, Berlin/New York 1991; H. Scholz, Mathesis Universalis. Abhandlungen zur Philosophie als stenger Wissenschaft, hrsg. H. Hermes, F. Kambartel, J. Ritter, Basel/ Stuttgart 1961.

76 G. W. Leibniz, Die philosphischen Schriften, hrsg. C. I. Gerhardt Bde. 1-7, Berlin 1875-1890, Bd. VIII, 174-183.

nicht haben mag. Ich habe dadurch alles was erzehlet werden soll, gefunden, und hoffe noch ein mehrers zu wege zu bringen ..."[77]

Bedeutsam ist die Einsicht, daß die Wahrheiten schrittweise mit der Zeit gefunden werden, d. h. mit Blick auf Rechenmaschinen „Rechenzeit" benötigen. In der Tat hebt Leibniz auch hervor, daß die betrachteten kombinatorischen Kalküle maschinell durchgeführt werden können: „Saepe cogito de Machina Combinatoria, sive Analytica, qua et Calculus literalis perficiatur ..."[78]

Was Leibnizens Forderung nach einer „lingua universalis" betrifft, so konnte seit Boole, Frege, Peano, Russell, Hilbert u. a. auf der Grundlage der Prädikatenlogik eine formale Logik aufgebaut werden. Es handelt sich dabei um Sprachkalküle, wie sie in Abschnitt 1.12 beschrieben wurden. Mit ihren Regeln können alle im Rahmen der Prädikatenlogik erster Stufe formulierbaren Theoreme einer axiomatischen Theorie formal hergeleitet werden. Ebenso läßt sich für gewisse formalisierte Theorien entscheiden, ob eine vorgelegte Aussage beweisbar ist oder nicht. Historisch erinnern diese Verfahren der formalen Aufzählung bzw. Entscheidung über Wahrheiten einer Theorie an Leibnizens „ars inveniendi" bzw. „ars iudicandi".[79]

Im einzelnen wird eine formale Sprache durch ein Alphabet und ein System von Ausdrucksregeln gegeben, das Deduktionsverfahren durch ein Axiomensystem und ein System von Schlußregeln. Als Alphabet dient eine endliche oder unendliche Menge von Grundzeichen, unter denen Zeichen für bestimmte Objekte, für Prädikate oder Relationen, für Variablen, für mathematische oder logische Verknüpfungen oder sonstige Hilfszeichen zur Bildung formaler Ausdrücke auftreten können. Die Ausdrucksregeln geben an, wie sich aus den Grundzeichen des Alphabets diejenigen Zeichenreihen zusammensetzen lassen, die als Formel, d. h. formalisierte Aussage, oder als Terme,

77 G. W. Leibniz, s. Anm. 76, Bd. I, 57.

78 G. W. Leibniz, Opuscules et fragments inédits, hrsg. L. Couturat, Paris 1903, repr. Hildesheim 1966, 572

79 H. Hermes, Ideen von Leibniz zur Grundlagenforschung: Die ars inveniendi und die ars indicandi, in: Studia Leibnitiana. Suppl. III, Wiesbaden 1969, 92-102.

d. h. formalisierte Eigennamen, der formalen Sprache fungieren. Das Axiomensystem besteht aus einer genau bestimmten Teilmenge von Formeln. Die Schlußregeln geben an, wie sich aus den Axiomen und bereits erschlossenen Formeln weitere Formeln ableiten lassen.

Als Beispiel eines formalen Systems sei die Ordnungsrelation der natürlichen Zahlen formalisiert. Die Grundzeichen des Alphabets lauten: 1, +, <, $\wedge$, (,). Die Ausdrucksregeln zur Bildung von Termen und Formeln lauten: 1 ist ein Term; ist t ein Term, so ist auch t+1 ein Term; sind t_1 und t_2 Terme, so ist $(t_1 < t_2)$ eine Formel; sind A und B Formeln, so ist auch $A \wedge B$ eine Formel. Als Axiome dienen alle Formeln dergestalt $(t < t+1)$. Folgende beiden Schlußregeln werden vorausgesetzt: Aus A und B darf auf $A \wedge B$ geschlossen werden; aus $(t_1 < t_2) \wedge (t_2 < t_3)$ darf auf $(t_1 < t_3)$ geschlossen werden.

Eine Formel heißt ableitbar im einem formalen System, wenn sie sich aus den Axiomen und Schlußregeln des Systems erschließen läßt. Wie man sich leicht überzeugen kann, besitzt das angegebene formale System für die Ordnungsrelation der natürlichen Zahlen einen entscheidbaren Herleitungsbegriff, d. h. man kann hier aufgrund eines allgemeinen Verfahrens von jeder Formel feststellen, ob sie herleitbar oder nicht herleitbar ist. In diesem System ist nämlich eine Formel $(1 + \ldots + 1 < 1 + \ldots + 1)$ genau dann herleitbar, wenn sie das Zeichen 1 häufiger rechts als links vom Zeichen < enthält. Eine Formel $A_1 \wedge \ldots \wedge A_n$ ist genau dann herleitbar, wenn alle Formeln $A_1, \ldots, A_n$ herleitbar sind. In stärkeren formalen Systemen wie z. B. im System der klassischen Prädikatenlogik ist der Begriff der Herleitbarkeit jedoch nach Sätzen von K. Gödel und A. Church prinzipiell unentscheidbar.[80]

Systematisch stellt sich die Frage, wie die hier gebrauchten effektiven Verfahren für Formeln und Terme mit effektiven Rechenverfahren für Zahlen zusammenhängen. Wie bereits

80 A. Church, A note on the Entscheidungsproblem, in: J. Symbol. Logic 1 1936, 40-41, correction ibid. 101-102; L. Kalmár, Ein direkter Beweis für die allgemein-rekursive Unlösbarkeit des Entscheidungsproblems des Prädikatenkalküls der ersten Stufe mit Identität, in: Z. math. Logik 2 1956, 1-14; P. Lorenzen, Metamathematik, Mannheim 1962.

erwähnt, können formale Zeichenreihen zahlentheoretisch codiert werden, z. B. durch die in Abschnitt 1.12 verwendete Primzahlcodierung. In diesem Fall würde den Formeln eine Zahl zugeordnet, deren Primzahlfaktoren eindeutig den einzelnen Zeichen der Formeln entsprechen. Aussagen über eine Theorie („Meta-Aussagen"), ob z. B. alle ihre Theorme durch den Kalkül formal hergeleitet werden können oder für jede Formel entschieden werden kann, ob sie beweisbar oder nicht beweisbar sei, entsprechen dann Aussagen über Zahlenmengen, ob nämlich alle Zahlen einer Menge („Codenummern der Theoreme") effektiv aufgezählt werden können bzw. ob für eine Menge entschieden werden kann, ob eine Zahl („Codenummer einer Formel") in ihr enthalten ist oder nicht.

Offenbar ist eine Präzisierung des Entscheidbarkeitsbegriffs von Eigenschaften möglich, sofern sie als zahlentheoretische Prädikate darstellbar sind. Dazu definiert man die charakteristische Funktion f_P des Prädikates P durch $f_P(x) = 0$, falls P auf x zutrifft (d. h. P(x)), und $f_P(x) = 1$ sonst. Ein Prädikat heißt rekursiv bzw. RM-entscheidbar genau dann, wenn f_P rekursiv- bzw. RM-berechenbar ist.

Sind Prädikate RM-entscheidbar, dann sind auch ihre aussagenlogischen Verknüpfungen (z. B. $P \wedge Q$, $\neg P$ für die Negation von P) RM-entscheidbar. Man muß dazu nur wissen, daß die folgenden Signum-Funktionen primitiv-rekursiv sind:

$$(1.17) \qquad sg(x) = \begin{cases} 0, \text{ falls } x = 0 \\ 1, \text{ sonst} \end{cases}$$

$$\bar{sg}(x) = \begin{cases} 1, \text{ falls } x = 0 \\ 0, \text{ sonst} \end{cases}$$

Sie sind nämlich nach dem Schema der primitiven Rekursion definierbar:

$$(1.18) \qquad \begin{aligned} sg(0) &= 0 \\ sg(x+1) &= U_2^2(sg(x), 1), \\ \bar{sg}(x) &= 1 \dot{-} sg(x) \end{aligned}$$

mit der modifizierten Subtraktion ($\dot{-}$), die nach Voraussetzung trivialerweise primitiv-rekursiv ist. Dann sind für die logische Konjunktion zwei Fälle zu unterscheiden:

(1.19) $$P(x) \wedge Q(x) \leftrightarrow sg(f_P(x) + f_Q(x)) = 0$$
$$\neg(P(x) \wedge Q(x)) \leftrightarrow sg(f_P(x) + f_Q(x)) = 1,$$

also ist insgesamt die charakteristische Funktion

(1.20) $$f_{P \wedge Q}(x) = sg(f_P(x) + f_Q(x))$$

primitiv-rekursiv definierbar. Für die Negation gelten die beiden Fälle

(1.21) $$\neg P(x) \leftrightarrow \bar{sg}(f_P(x)) = 0,$$
$$\neg\neg P(x) \leftrightarrow \bar{sg}(f_P(x)) = 1$$

also ist insgesamt die charakteristische Funktion der Negation

(1.22) $$f_{\neg P}(x) = \bar{sg}(f_P(x))$$

eine primitiv-rekursive Funktion. Da alle übrigen aussagenlogischen Verknüpfungen wie z. B. Adjunktion ($\vee$), Subjunktion ($\rightarrow$), Äquivalenz ($\leftrightarrow$) etc. nach Frege durch die Konjunktion und Negation definierbar sind, ist die Behauptung insgesamt bewiesen.

Da beschränkte Allquantoren („für alle $i \leq x$ . . ." bzw. formal „$\bigwedge_{i \leq x}$") bzw. beschränkte Existenzquantoren („es gibt ein $i \leq x$ . . ." bzw. formal „$\bigvee_{i \leq x}$") sich als endliche Konjunktionen bzw. Adjunktionen auffassen lassen, führt auch ihre Anwendung auf entscheidbare Eigenschaften nicht über die Klasse der entscheidbaren Prädikate hinaus:

(1.23) $$\bigwedge_{i \leq x} P(i) :\leftrightarrow P(0) \wedge \ldots \wedge P(i) \wedge \ldots \wedge P(x)$$
$$\bigvee_{i \leq x} P(i) :\leftrightarrow P(0) \vee \ldots \vee P(i) \vee \ldots \vee P(x)$$

Einsetzungen von primitiv-rekursiven Funktionen in primitiv-rekursive Prädikate ergeben wieder primitiv-rekursive Prädikate. Auch Fallunterscheidungen mit primitiv-rekursiven Funktionen und Prädikaten ergeben insgesamt wieder primitiv-rekursive Funktionen.

So ist z. B. die Eigenschaft entscheidbar, ob eine Zahl x eine Primzahl ist oder nicht. Die Primzahleigenschaft P(x) ist nämlich so definiert, daß $x \geq 2$ ist und im Falle, daß x als Produkt $i \cdot j$ mit $i, j \leq x$ darstellbar ist, $i = 1$ oder $i = x$ gilt. Wir erhalten also das Prädikat

$$(1.24) \qquad P(x) :\leftrightarrow x \geq 2 \wedge \bigwedge_{i \leq x} (\bigvee_{j \leq x} i \cdot j = x \rightarrow i = 1 \vee i = x)$$

Gleichheit und Ungleichheit sind entscheidbare Eigenschaften. Es gilt nämlich

$$(1.25) \qquad \begin{aligned} x = y &\leftrightarrow (x \dot{-} y) + (y \dot{-} x) = 0 \\ x < y &\leftrightarrow (x + 1) \dot{-} y = 0 \\ x \leq y &\leftrightarrow x \dot{-} y = 0 \end{aligned}$$

Ferner sind die verwendeten aussagenlogischen Verknüpfungen primitiv-rekursiv. Also läßt sich auch für P eine charakteristische Funktion angeben, die berechenbar ist. Als weiteres Beispiel seien lineare Gleichungssysteme erwähnt, für die sich entscheiden läßt, ob sie lösbar sind oder nicht.

Das Kleenesche Normalformtheorem verwendet eine universelle Funktion U, mit der jede rekursive Funktion simuliert werden kann. Dafür war eine Anwendung des μ-Operators im Normalfall vorausgesetzt. Falls der Normalfall nicht erfüllt ist, bricht der Suchprozeß nach einer kleinsten Schrittzahl t mit $K(p, x, t) = 0$ nicht ab. In diesem Fall ist das Schema $U(p, x, \mu_t K(p, x, t) = 0)$ nicht definiert. Es handelt sich dann nur um eine partiell rekursive Funktion $\tilde{U}(p, x)$, die nicht für alle natürlichen Zahlen definiert ist. Die Variable p durchläuft alle möglichen Codenummern von Rechenmaschinen, die wiederum rekursiven Funktionen entsprechen. Anschaulich zählt also die Funktion $\tilde{U}(p, x)$ alle rekursiven Funktionen auf.[81]

Allgemein heißt eine Funktion F Aufzählungsfunktion für eine Funktionenklasse M, wenn es zu jeder n-stelligen Funktion f aus M eine Zahl p gibt mit $F(p, \langle x_1, \ldots, x_N \rangle) = f(x_1, \ldots, x_N)$ gibt, wobei $\langle x_1, \ldots, x_N \rangle$ die Primzahlcodierung des n-Tupels $(x_1, \ldots, x_N)$ ist. Man kann sich nun durch einen sogenannten Diagonalschluß leicht davon überzeugen, daß eine Aufzählungsfunktion für totale Funktionen im allgemeinen komplizierter ist als diejenigen Funktionen, die sie aufzählt.

81 Vgl. auch H. Hermes, s. Anm. 61, 188ff., 113f., S. C. Kleene, s. Anm. 61, 249 ff.

M sei die Funktionenklasse totaler Funktionen, die Nachfolgerfunktion, die Projektionsfunktion U_2^1, die Primzahlcodierung $\langle x \rangle$ enthält und gegen das Schema der Einsetzung abgeschlossen ist. Dann gehört die Aufzählungsfunktion F von M selber nicht zu M. Würde nämlich F zu M gehören, dann gehörte nach Definition von M auch die Funktion $F(x, \langle x \rangle)+1$ zu M. Da F Aufzählungsfunktion für M ist, gibt es eine Zahl p mit $F(p, \langle x \rangle) = F(x, \langle x \rangle) + 1$. Dann ergibt sich für den Spezialfall $x = p$ der Widerspruch $F(p, \langle p \rangle) = F(p, \langle p \rangle) + 1$.

Wendet man diesen Schluß speziell auf die Aufzählungsfunktion $\tilde{U}$ der rekursiven Funktionen an, so erhält man ein Beispiel für eine partiell rekursive Funktion, die nicht rekursiv ist. Es gibt mit anderen Worten keine rekursive Aufzählungsfunktion für alle rekursiven Funktionen. Da $\tilde{U}$ zwar partiell rekursiv ist, aber nicht rekursiv, war die Anwendung des μ-Operators nicht im Normalfall d. h. nicht für alle p und x gibt es eine Schrittzahl t mit $K(p, x, t) = 0$.

Maschinentheoretisch heißt das, daß nicht jede Maschine angesetzt auf beliebige Argumente nach endlicher Zeit stoppt. Damit stellt sich die Frage, ob es entscheidbar sei, ob eine beliebige Rechenmaschine, angesetzt auf beliebige Argumente, nach endlicher vielen Schritten stoppt oder nicht. Dieses sogenannte Stop-Problem für Rechenmaschine wird sich im nächsten Abschnitt als nicht-entscheidbar herausstellen.

Rekursive Funktionen können auch Mengen von natürlichen Zahlen aufzählen. Wenn eine einstellige Funktion f ihren Wertebereich W mit den Funktionswerten $f(0), f(1), \ldots$ durchläuft, kann man intuitiv sagen, daß die Funktion f die Elemente von W aufzählt. Eine Menge natürlicher Zahlen heißt daher rekursiv-aufzählbar, wenn sie der Wertebereich einer rekursiven Funktion oder die leere Menge ist. Rekursiv-aufzählbare Mengen können also als Präzisierung der durch ein effektives Verfahren erzeugten Zahlenmengen angesehen werden.

Es läßt sich beweisen, daß ein n-stelliges Prädikat P genau dann rekursiv-aufzählbar ist, wenn es ein n+1-stelliges rekursives Prädikat Q gibt, so daß für alle $x_1, \ldots, x_N$ gilt: $P(x_1, \ldots, x_N)$ genau dann, wenn es ein y gibt mit $Q(x_1, \ldots, x_N, y)$. Rekursiv-entscheidbare Prädikate sind also rekursiv-aufzählbar. Die Umkehrung gilt jedoch nicht immer.

Analog zu rekursiven Funktionen läßt sich auch jedes rekursiv-aufzählbare Prädikat durch eine Normalform darstellen. Dazu wird das Kleenesche Prädikat

(1.26) $T(p, x, t) :\leftrightarrow K(p, x, t) = 0$

eingeführt. Nach dem Kleeneschen Aufzählungstheorem gibt es zu jedem rekursiv-aufzählbaren Prädikat P eine Zahl p, so daß für alle x gilt: P(x) genau dann, wenn es ein t gibt mit T(p, x, t). Der Beweis läuft wie folgt:

Wegen des vorher erwähnten Theorems gibt es ein rekursives Prädikat Q mit $P(x) \leftrightarrow \bigvee y\, Q(x, y)$. Die charakteristische Funktion f_Q ist also rekursiv. Es sei p die Gödelnummer des Maschinenprogramms zur Berechnung des kleinsten y mit $\mu_y f_Q(x, y) = 0$. Wir zeigen nun, daß $\bigvee y\, Q(x, y) \leftrightarrow \bigvee t\, T(p, x, t)$. Es gelte $\bigvee y\, Q(x, y)$. Dann wurde der μ-Operator im Normalfall angewendet. Die Rechenmaschine stoppt also nach endlich vielen Schritten, d. h. $\bigvee t\, T(p, x, t)$. Gelte umgekehrt $\bigvee t\, T(p, x, t)$, dann folgt sofort $\bigvee y\, Q(x, y)$.

Für rekursive und rekursiv-aufzählbare Prädikate läßt sich beweisen: Ein Prädikat P ist genau dann rekursiv, wenn sowohl P als auch das komplementäre Prädikat $\neg P$ rekursiv-aufzählbar sind. So ist z. B. das Prädikat

(1.27) $R(n) :\leftrightarrow \bigvee x \bigvee y \bigvee z\, (x, y, z \neq 0 \wedge x^n + y^n = z^n)$,

mit dem sich das Fermatsche Problem als Frage nach der Gültigkeit $\bigvee_{n>2} R(n)$ formulieren läßt, aufzählbar. Für seine Entscheidbarkeit müßte aber noch die Aufzählbarkeit von $\neg R$ gezeigt werden.

Faßt man die Theoreme z. B. der Prädikatenlogik erster Stufe als Codenummern auf, so ist diese Zahlenmenge rekursiv-aufzählbar. Es existiert also im Sinne Leibnizens eine ars inveniendi, die effektiv alle Wahrheiten aufzählt. Es stellt sich die Frage, wann es eine ars iudicandi, also Entscheidungsverfahren für eine Menge von Codenummern der Theoreme gibt. Dazu müßte man die wahren Theoreme und ihre Negationen rekursiv aufzählen können.

1.14 *Möglichkeiten und Grenzen programmgesteuerter Maschinen: Unentscheidbarkeit, Unvollständigkeit, Komplexität*

Leibniz hatte die Vorstellung von einer universellen „ars iudicandi". Sofern ein Problem in der „lingua universalis" darstellbar ist, kann es auch mechanisch entschieden werden: Ad abacos! Das Stop-Problem z. B. für Registermaschinen[82] ist jedoch nicht entscheidbar. Nach der Churchschen These ist dazu zu zeigen, daß das Prädikat $\bigvee_t T(p, x, t)$ nicht rekursiv ist.

Der Beweis ist indirekt:

Wäre das Prädikat rekursiv, so wäre auch die Negation

$$(1.28) \qquad N(p) :\leftrightarrow \neg \bigvee t\, T(p, p, t)$$

rekursiv. Für die charakteristische Funktion von N gilt $f_N(p) = 0$ genau dann, wenn $\neg \bigvee t\, T(p, p, t)$ und $f_N(p) = 1$ sonst. Es gibt also die Gödelnummer z eines RM-Maschinenprogramms, so daß RM angesetzt auf p stoppt mit 0 im 2. Register genau dann, wenn $\neg \bigvee t\, T(p, p, t)$, oder sonst mit 1 im 2. Register. Es wird nun wieder mit Diagonalisierung argumentiert:

Die Registermaschine mit der Gödelnummer z des Maschinenprogramms stoppt also angesetzt auf z mit 0 im 2. Register genau dann, wenn $\neg \bigvee t\, T(z, z, t)$, d. h. aber, wenn die Registermaschine mit der Gödelnummer z des Maschinenprogramms angesetzt auf z niemals stoppt. Das ist aber ein Widerspruch, so daß die Annahme über die Rekursivität des Stop-Prädikats falsch war.

Man kann auch sagen: Es gibt kein effektives Verfahren, das für eine beliebige Registermaschine und eine beliebige Anfangsinschrift x entscheidet, ob die Maschine angesetzt auf x nach endlich vielen Schritten stoppt oder nicht. Das Stop-Prädikat $\bigvee t\, T(p, x, t)$ ist also nicht rekursiv, aber rekursiv-aufzählbar. Die Klasse der rekursiven Prädikate ist also eine echte Teilmenge der Klasse der rekursiv-aufzählbaren Prädikate.

Wir kennen aber auch bereits ein Prädikat, das nicht rekursiv-aufzählbar ist: Gemeint ist das Prädikat $\neg \bigvee t\, T(p, x, t)$. Wäre nämlich neben $\bigvee t\, T(p, x, t)$ auch die Negation $\neg \bigvee t\, T(p, x, t)$

---

82 Vgl. E. Cohors-Fresenborg, s. Anm. 60, 43 ff.; für unentscheidbare Prädikate im Zusammenhang mit Turing-Maschinen vgl. H. Hermes, s. Anm. 61, 144 ff.

rekursiv-aufzählbar, dann wäre $\bigvee t\, T(p, x, t)$, also das Stop-Problem entscheidbar.

Ein berühmtes Beispiel formulierte Hilbert 1900 in seinem 10. Problem, das sich auf die ganzzahligen Lösungen algebraischer Gleichungen mit ganzen Koeffizienten bezieht. Hilbert fragte nach einem allgemeinen Verfahren, mit dem sich bei gegebener diophantischer Gleichung entscheiden läßt, ob sie eine ganzzahlige Lösung hat oder nicht. Ein entsprechendes diophantisches Prädikat ist zwar rekursiv-aufzählbar, aber wie erst 1970 bewiesen werden konnte nicht rekursiv-entscheidbar.

Analog zu Unentscheidbarkeitsproblemen über natürlichen Zahlen gibt es auch unentscheidbare Wortprobleme. Ein Beispiel ist das allgemeine Wortproblem für z. B. Post-Kalküle. Gefragt wird nach einem Verfahren, für einen beliebigen vorgegebenen Post-Kalkül und zwei beliebige Worte über seinem Alphabet zu entscheiden, ob diese zwei Worte in diesem Kalkül ineinander umformbar sind oder nicht. Mit der Unentscheidbarkeit des allgemeinen Wortproblems für Thue-Systeme ist, wie Post und Markov 1947 unabhängig voneinander zeigen konnten, auch die Unentscheidbarkeit des Wortproblems für Halbgruppen bewiesen, d. h. es ist nicht entscheidbar, ob zwei beliebige Darstellungen von Halbgruppenelementen einer beliebigen Halbgruppe dasselbe Element darstellen oder nicht. 1955 bewies Novikov die Unentscheidbarkeit des allgemeinen Wortproblems auch für Gruppen. Dagegen folgt aus dem Basissatz für endlich erzeugte kommutative Gruppen, daß das Wortproblem für kommutative Gruppen entscheidbar ist.[83]

Im Sinne der Churchschen These ist die Rekursivität eine prinzipielle Grenze der Berechenbarkeit und Entscheidbarkeit. Es stellt sich die Frage, ob nicht Grade von mehr oder weniger starken Berechenbarkeits- bzw. Entscheidbar-

83 E. L. Post, Recursive unsolvability of a problem of Thue, in: J. Symbolic Logic 12 1947, 1-11; A. A. Markov, Die Unmöglichkeit gewisser Algorithmen in der Theorie assoziativer Systeme (russ.), in: Dokl. Akad. Nauk SSSR.55 1947, 587-590: P. S. Novikov, Algorithmische Unlösbarkeit des Wertproblems in der Gruppentheorie (russ.), in: Akad. Nauk. SSSR., Matém Inst. Trudy 44, Moskau 1955; eine Gesamtdarstellung gibt J. R. Shoenfield, s. Anm. 61, 321 ff.

keitsbegriffen unterschieden werden können. Die rekursiv-aufzählbaren Prädikate legen es nahe, oberhalb der Rekursivität nicht-entscheidbare Prädikate formal nach der Kompliziertheit ihrer Quantorenpräfixe zu klassifizieren, beginnend mit der Klasse der rekursiven Prädikate ohne Quantorenpräfixe, dann die Klasse der rekursiv-aufzählbaren Prädikate $Q(x) \leftrightarrow \bigvee y\, P(x, y)$ mit entscheidbarem P, die Klasse der Prädikate $Q(x) \leftrightarrow \bigwedge z \bigvee y\, P(x, y, z)$, die für rekursives P die rekursiv-aufzählbaren Prädikate echt umfassen usw.[84]

Unterhalb der Rekursivität ergeben sich Berechenbarkeitsgrade von großer praktischer Bedeutung.[85] Für elektronische programmgesteuerte Computer stellt sich bereits die primitive Rekursivität als sehr kompliziert heraus, wenn man die Anzahl der wohldefinierten Schritte eines Maschinenprogramms zur Berechnung einer Funktion f („Rechenzeit") als Kompliziertheitsmaß wählt. Daher werden auch beschränkte primitive Rekursionen betrachtet. In diesem Fall gilt für eine Funktion f, die aus den Funktionen h_1 und h_2 durch primitive Rekursion entsteht, noch zusätzlich eine Abschätzung $f(x, y) \leq h_3(x, y)$ mit einer Funktion h_3. Nimmt man zu den Ausgangsfunktionen der Nullfunktion C_0^n und der Projektionsfunktion P_i^n noch weitere Funktionen $f_1, \ldots, f_r$ hinzu, dann erhält man durch die Schemata der Einsetzung und beschränkten primitiven Rekursion neue Funktionenklassen $M(f_1, \ldots, f_r)$.

So umfaßt z. B. die Klasse $M(x+1, x \cdot y)$ mit Nachfolgerfunktion $x + 1$ und Produkt $x \cdot y$ die subelementaren Funktionen, während $M(x + y, 2^x)$ die elementaren Funktionen umfaßt. In der Tat sind die subelementaren Funktionen eine Unterklasse der elementaren Funktionen, die wiederum in der Klasse der primitiv-rekursiven Funktionen enthalten ist. Für die subelementaren Funktionen lassen sich immer Polynome als obere Schranken angeben, nicht aber generell für elementare Funk-

84 S. C. Kleene, Hierarchies of number-theoretic predicates, in: Bull. Amer. Math. Soc. 61 1955, 193-213; H. Rogers, s. Anm. 61, Chapt. 14-16.

85 Vgl. auch D. Rödding, s. Anm. 59; H. Schwichtenberg, Rekursionszahlen und die Grzegorczyk-Hierarchie, in: Archiv f. math. Logik u. Grundlagenforschung 12 1969, 85-97; E. Börger, Berechenbarkeit, Komplexität, Logik, Braunschweig 1985.

tionen. So gibt es nachweislich keine Zahl k, so daß die Potenz $2^x \leq x^k$ bleibt für alle x.

Die Anzahl der Schritte, die ein bestimmtes Maschinenprogramm F zur Berechnung des Funktionswertes f(x) einer Funktion f benötigt, ist eindeutig festgelegt. Sie hängt von den Argumenten x der Funktion f ab. Die Anzahl der Rechenschritte läßt sich daher durch die Schrittzahlfunktion $s_F(x)$ bestimmen. Zu einer Funktion f gibt es mehrere Programme mit unterschiedlichen Schrittzahlfunktionen. Beliebige Schrittzahlfunktionen für eine Funktion f werden mit s_f bezeichnet. Für die Rechenpraxis kommt es natürlich darauf an, ein optimales Programm mit möglichst geringer Schrittzahl zu finden.

Das Kleenesche Stop-Prädikat läßt sich auch durch eine Schrittzahlfunktion beschreiben, d. h.

(1.29) $s_f(x) = \mu_y T(p, x, y)$,

wobei p die Codenummer des Rechenprogramms der Funktion f ist. Das Kleenesche Normalformtheorem besagt dann, daß es zu jeder rekursiven Funktion f eine Zahl p gibt mit

(1.30) $f(x) = U(p, x, s_f(x))$

für alle x. Für die Praxis sind die Funktionen mit polynomial beschränkter Rechenzeit wichtig.

Es gibt also rekursiv-aufzählbare Mengen, die nicht rekursiv sind. Eine Maschine kann die Elemente solcher Mengen erzeugen. Aber es gibt keine Maschine, die effektiv bestimmen kann, ob eine beliebig vorgegebene Zahl zur Menge gehört oder nicht. Dieses Ergebnis hängt eng mit Gödels Unvollständigkeitssatz zusammen, dessen erkenntnistheoretische Konsequenzen unter dem Gesichtspunkt programmgesteuerter Rechenmaschinen abschließend beleuchtet werden sollen. Gödels Satz besagt: Ein formales axiomatisches System, in dem adäquat ein bestimmter Umfang der Zahlentheorie ausgedrückt werden kann und das ferner widerspruchsfrei ist, muß unvollständig sein in dem Sinne, daß es zahlentheoretische Wahrheiten gibt, die zwar in diesem System dargestellt aber nicht abgeleitet werden können. Für die Auswertung dieses Satzes sind die beiden Voraussetzungen gravierend, daß nämlich das formale System widerspruchsfrei und adäquat sei.

Eine effektive Logik wird durch eine endliche Menge von Axiomen und eine endliche Menge von Ableitungsregeln definiert. Effektive Verfahren entscheiden, ob eine Aussage von anderen Aussagen abgeleitet werden kann. Ein Beweis ist eine endliche Folge von Aussagen, die entweder Axiome sind oder aus vorherigen Aussagen der Beweisfolge mit einer der Ableitungsregeln deduzierbar sind. Ein Theorem ist eine Aussage, die in einem Beweis auftritt.

Die Beweise einer rekursiven Logik bilden eine rekursive Menge. Um nämlich zu prüfen, ob eine endliche Folge von Aussagen ein Beweis ist, muß für jede dieser Aussagen festgestellt werden, ob sie ein Axiom ist oder ob sie durch eine der endlich vielen Ableitungsregeln aus einer der endlich vielen Teilmengen von vorherigen Aussagen ableitbar ist.

Die Theoreme einer rekursiven Logik bilden eine rekursiv aufzählbare Menge. Dazu betrachte man eine effektive Aufzählung der Beweise $\Gamma_1, \Gamma_2, \ldots, \Gamma_n, \ldots$. Die Menge der Theoreme erhält man als die Bildmenge einer total berechenbaren Funktion, die für gegebenes n die letzte Aussage des Beweises Γ_n erzeugt.

Adäquat bedeutet, daß es für jede rekursiv-aufzählbare Menge R und für jede natürliche Zahl n eine Formel, d. h. eine endliche Folge von Symbolen R(n) gibt, mit der die Aussage $n \in R$ dargestellt („formalisiert") wird. Für jede Formel soll ferner entschieden werden können, ob sie die Form R(n) hat. Weiterhin ist R(n) ein Theorem genau dann, wenn $n \in R$ ist. Widerspruchsfreiheit meint, daß keine Aussage A und ihre Negation $\neg A$ zusammen Theoreme sein können. Im folgenden wird die Aussage „A ist ein Theorem der Logik Σ" durch $\Sigma \vdash A$ abgekürzt. Wenn Widerspruchsfreiheit und Adäquatheit vorausgesetzt sind, folgt also $n \notin R$, falls $\Sigma \vdash \neg R(n)$.

Gödels Unvollständigkeitssatz läßt sich jetzt kurz so ausdrücken: Jede widerspruchsfreie und adäquate arithmetische Logik ist unvollständig. Eine informale Beweisskizze lautet wie folgt:[86]

86 K. Gödel, Über formal unentscheidbare Sätze der Principia Mathematica und verwandter Systeme I, in: Mh. Math. Phys. 38 1931, 173-198; vgl. auch P. Lorenzen, s. Anm. 80, § 12; J. R. Shoenfield, s. Anm. 61, 131 ff.

Sei R eine rekursiv-aufzählbare Menge, die nicht rekursiv ist. Unvollständigkeit würde bedeuten, daß es eine natürliche Zahl n gibt, für die weder R(n) noch ¬R(n) ein Theorem ist. Da entweder $n \in R$ oder $n \notin R$ gilt, muß eine der beiden Formeln eine wahre Aussage darstellen, d. h. eine der beiden Formeln muß beweisbar sein, wenn das System vollständig ist. Man argumentiert nun mit einem Widerspruchsbeweis:

Angenommen, das System sei vollständig, dann folgt nach den vorausgegangenen Ausführungen, daß für jedes n eine der beiden Formeln R(n) oder ¬R(n) ein Theorem ist. In diesem Fall gibt es für ein gegebenes n ein effektives Verfahren, mit dem entschieden werden kann, ob $n \in R$ ist oder nicht: Da nämlich die Theoreme eine rekursiv-aufzählbare Menge bilden, lassen sie sich Schritt für Schritt erzeugen, wobei eventuell entweder R(n) oder ¬R(n) aufgezählt wird. Falls R(n) als Theorem aufgezählt wird, entscheidet man, daß $n \in R$ ist. Falls ¬R(n) ein Theorem ist, entscheidet man $n \notin R$. Wenn also das System vollständig wäre, müßte R rekursiv sein im Widerspruch zur Voraussetzung. Das System ist also unvollständig.

Gödels Satz besagt also nicht, daß es eine mathematische Wahrheit gibt, die nicht in irgendeinem korrekten Axiomensystem bewiesen werden kann: Schließlich könnte diese Wahrheit als neues Axiom hinzugefügt werden, um wieder ein korrektes Axiomensystem zu erhalten. Gödels Satz besagt aber, daß in jeder widerspruchsfreien axiomatisierten Erweiterung der formalen Zahlentheorie eine Formel gefunden werden kann, die in dieser Erweiterung nicht entscheidbar ist.

Welche erkenntnistheoretischen Folgerungen ergeben sich aus Gödels Satz?[87] Sagt er etwas über die Leistungsgrenzen programmgesteuerter Computer aus? Nach Vorausetzung könnten höchstens solche mentalen Funktionen betroffen sein, die in formalen widerspruchsfreien und adäquaten Satzsystemen festgehalten werden können. Effektive Verfahren sind im Sinne der Churchschen These durch programmgesteuerte Maschinen vom Typ der Turing- oder Register-Maschine dargestellt. Diese Maschinen haben eine fixierte regelbasierte Struktur, die

87 K. Mainzer, Philosophische Grundlagenprobleme und die Entwicklung der Mathematik, in: Grazer Philosophische Studien. Intern. Z. Analytische Philosophie 20 1983, 179-197; W. Stegmüller, Unvollständigkeit und Unentscheidbarkeit. Die metatheoretischen Resultate von Gödel, Church, Kleene, Rosser und ihre erkenntnistheoretische Bedeutung, Wien/New York 1959, ^{2}1970.

sich nicht ändert. Solche Maschinen können also keine „Erfahrungen" machen, haben keinen „Kontakt" zu ihrer Umgebung, und können nicht lernen. Gödels Theorem sagt also nur etwas über solche widerspruchsfreien programmgesteuerten Maschinen und nicht über Systeme, die Widersprüche und Wahrheiten zulassen, um sie in einem Lernprozeß zu korrigieren und weiter zu entwickeln.

Zusammengefaßt: Gödels Theorem sagt nur etwas über Grenzen bestimmter Maschinen, nicht aber, so wird in diesem Buch noch deutlich werden, über Maschinen und Systeme, die lernen und synergetische Effekte auslösen können, geschweige denn etwas über die Grenzen des menschlichen Geistes. Widersprüche und Unklarheiten charakterisieren den menschlichen Geist im ganzen, aber damit auch seine Flexibilität und Lernfähigkeit. Gerade mehr oder weniger sichere Annahmen sind typischer für ihn als digitale Entweder-Oder-Entscheidungen.

Leibnizens mathesis universalis einer ars inveniendi und einer ars iudicandi, die Hilbert in seinem berühmten Formalismusprogramm noch unter den Bedingungen formaler Sprachen und programmgesteuerter Rechenmaschinen präzisiert, erhalten allerdings durch Gödels Unvollständigkeitssatz in der Tat eine Grenzziehung. Das Ziel einer widerspruchsfreien Begründung des mathematischen Denkens mit finiten Mitteln wird von Gödel in einem bestimmten Sinn eingeschränkt: Es ist nämlich nicht möglich, die Widerspruchsfreiheit einer zugegebenermaßen unvollständigen formalen Zahlentheorie mit Mitteln zu beweisen, die in dieser formalen Zahlentheorie selber dargestellt werden können.

Erweitert man jedoch mit G. Gentzen die Beweismethoden von den finiten Mitteln der vollständigen Induktion für natürliche Zahlen zur infiniten ε_0-Induktion für transfinite Ordinalzahlen (bis ε_0), so wird die Widerspruchsfreiheit der formalen Zahlentheorie beweisbar.[88] Im Bereich des regelbasierten Denkens sind also Grade der Beweisbarkeit, Rekursivität und Bere-

88 G. Gentzen, Die Widerspruchsfreiheit der reinen Zahlentheorie, in: Math. Ann. 112 1936, 493-565; K. Schütte, Beweistheorie, Berlin/Göttingen/Heidelberg 1960; H. Schwichtenberg, Proof theory. Some applicati-

chenbarkeit zu unterscheiden, die unterschiedliche Leistungen zulassen.[89] Sie bleiben aber lokale Zonen im Feld des menschlichen Geistes, der global durch Plausibilität und Intuition mehr bestimmt ist als durch die typischen Leistungen programmgesteuerter Maschinen.

1.2 Grundlagen der künstlichen Intelligenz (KI)

Die Reduktion des Geistes auf Berechnung und Mechanisierung – das war das Ziel einer rationalistischen mathesis universalis, die nach Vorbereitungen in Antike, Mittelalter und Renaissance im Zeitalter des Barocks formuliert wurde und die Neuzeit nicht mehr loslassen sollte. Sie nährte zugleich die Hoffnung oder Befürchtung, intellektuelle Fähigkeiten des Menschen künstlich mit Maschinen und Automaten simulieren zu können. Nachdem programmgesteuerte Maschinen sowohl der logisch-mathematischen Idee nach durch Turing als auch als technisch-physikalische Realisation durch von Neumann und Zuse vorlagen, erhielt die Idee einer „künstlichen Intelligenz" (KI) neuen Auftrieb. Seit Ende der 50er Jahre entwickelte sich die KI als Teildisziplin der Informatik. In diesem Rahmen werden allerdings viele spekulative Aspekte der Tradition aufgegeben. Die KI wird zu einer technisch-praktischen Disziplin mit ingenieurwissenschaftlichen Zügen. Theoretisch steht die Entwicklung von problemorientierten KI-Programmiersprachen im Vordergrund, mit denen die Schnittstelle Mensch-Maschine optimiert werden soll. Da diese KI-Sprachen am Konzept des Algorithmus und logischer Kalküle orientiert sind, gehören sie weiterhin zum Entwicklungstrend der neuzeitlichen mathe-

---

ons of cut-elimination, in: J. Barwise (ed.), Handbook of Mathematical Logic, Amsterdam/New York/Oxford 1977, 867-895.

89 S. Feferman, Systems of predicative analysis I, in: J. Symbolic Logic 29 1964, 1-30; G. Kreisel, La prédicativité, in: Bull. de la Soc. Math. de France 88 1960, 371-391; P. Lorenzen, s. Anm. 80; K. Mainzer, s. Anm. 66; ders., Mathematischer Konstruktivismus. Kants Begründung und gegenwärtige Präzisierungen der Grundlagenforschung, Diss. Universität Münster 1973.

sis universalis. Ob damit allerdings kognitive Leistungen des menschlichen Geistes erfaßt werden, bleibt zu untersuchen.

1.21 Historische Wurzeln der KI

Die geistesgeschichtlichen Anfänge der „künstlichen Intelligenz" reichen bis in die Antike. Sie sind eng verbunden mit der Geschichte des Automatenkonzepts, die mit der Suche nach Analogien zwischen Maschinen und lebenden Organismen beginnt. Automat (von griech. αὐτόματος) ist im antiken Sprachgebrauch ein Apparat, der nach einem (eventuell äußeren) Anstoß selbsttätig Leistungen vollbringt. „Selbsttätigkeit" charakterisiert aber nach antiker Auffassung gerade lebende Organismen. Berichte über hydraulische und mechanische Automaten werden bereits in der antiken Literatur erwähnt. Sie dienen der Nachahmung natürlichen Lebens (z. B. die „flatternde Ente" des Archytas von Tarent) oder der Suggestion im religiösen Kult.[90]

Der griechische Mathematiker und Mechaniker Heron von Alexandreia (2. Hälfte des 1. nachchristlichen Jahrhunderts) beschreibt in seinem Lehrbuch „pneumatika" (πνευματικά) eine Vielzahl von hydraulisch-pneumatischen Gebrauchsgegenständen wie z. B. Pumpen, in seiner „mechanika" (μηχανικά) einfache Maschinen (z. B. Kran, Flaschenzug, Presse) und Transportvorrichtungen. Auf dieser Grundlage werden in Herons Buch „Automata" (περὶ τῆς αὐτοματοποιητικῆς) automatische Puppen und Spielwerke konstruiert, die durch Gewichte angetrieben werden sollen.[91]

90 A. G. Drachmann, The Mechanical Technology of Greek and Roman Antiquity. A Study of Literary Sources, Kopenhagen 1963; W. Schmidt (Hrsg.), Herons von Alexandria Druckwerke und Automatentheater (gr./dt) I-III, Leipzig 1899-1900.

91 Heron von Alexandreia, Opera quae supersunt omnia I-V ed. (gr. bzw. arab. bzw. lat.) u. dt. J. L. Heiberg u.a. Leipzig 1899-1914, repr. Suttgart 1976; A. G. Drachmann, Hero of Alexandria, in: Dictionary of Scientific Biography VI, ed. C. C. Gillispie, New York 1972, 310-314; K. Mainzer, Heron von Alexandreia, in: J. Mittelstraß (Hrsg.), Enzyklopädie Philosophie und Wissenschaftstheorie II, Mannheim/Wien/Zürich 1984, 92-93.

Ein Beispiel ist die automatische Bacchusspende (Abb. 1.25): Ein Gewicht β läßt durch eine Seilvorrichtung über Rollen und Zylinder die Figuren von Bacchus und Nike eine Halbdrehung ausführen. Dabei öffnet eine zweite Seilvorrichtung einen Hahn, so daß Flüssigkeit von einem Reservoir durch Röhren geleitet aus dem Thyrsos des Bacchus fließen kann. Der Ablauf dieser Regelungsvorgänge wird also durch ein einfaches algorithmisches Programm gelenkt und vollzieht sich Schritt für Schritt selbsttätig, wenn er einmal ausgelöst ist.[92]

Bemerkenswert auch Herons automatischer Türöffner, der manchen Zeitgenossen verblüfft haben wird. Wenn die Flamme brennt, drückt die sich durch die Hitze ausdehnende Luft Wasser in einen Behälter. Dieser treibt als Gewicht einen Drehmechanismus an und öffnet das Tor. Wenn das Feuer erlischt, fließt das Wasser zurück, und die Tore schließen sich wieder. Heron wird daher häufig als einer der Ahnherrn der Technik und Theorie der Automaten genannt, obgleich natürlich grundlegende Eigenschaften des modernen Automatenkonzepts noch nicht berücksichtigt sind.

Aus der Renaissance sind Leonardos Konstruktionspläne für Automaten bekannt.[93] Im Zeitalter des Barocks werden Spielautomaten auf der Grundlage der Uhrmachertechnik gebaut. P. Jaquet-Droz entwarf ein kompliziertes Uhrwerk, das in die Figur einer menschlichen Puppe eingekleidet war. In jahrzehntelanger Arbeit entwarf er zwei weitere Puppen, die unter dem Namen „Androiden" bekannt wurden. Die Mutterpuppe spielte Klavier, eine der Kinderpuppen zeichnete, die andere schrieb. Der französische Arzt und Philosoph J. O. de Lamettrie bringt die Auffassung von der „Künstlichen Intelligenz" im Zeitalter der Mechanik auf den Punkt: „Der menschli-

92 Heron, Opera I (s. Anm. 91), 387, Fig. 94 a.

93 Vgl. F. M. Feldhaus, Leonardo der Techniker und Erfinder, Jena 1922; C. H. Gibb-Smith, Leonardo da Vinci's Aeronautics, London 1967; B. Gille, Les ingénieurs de la Renaissance, Paris 1964; W. B. Parsons, Engineers and Engineering in the Renaissance, Baltimore 1939; L. Reti/B. Dibner, Leonardo da Vinci, Technologist, Norwalk Conn. 1969.

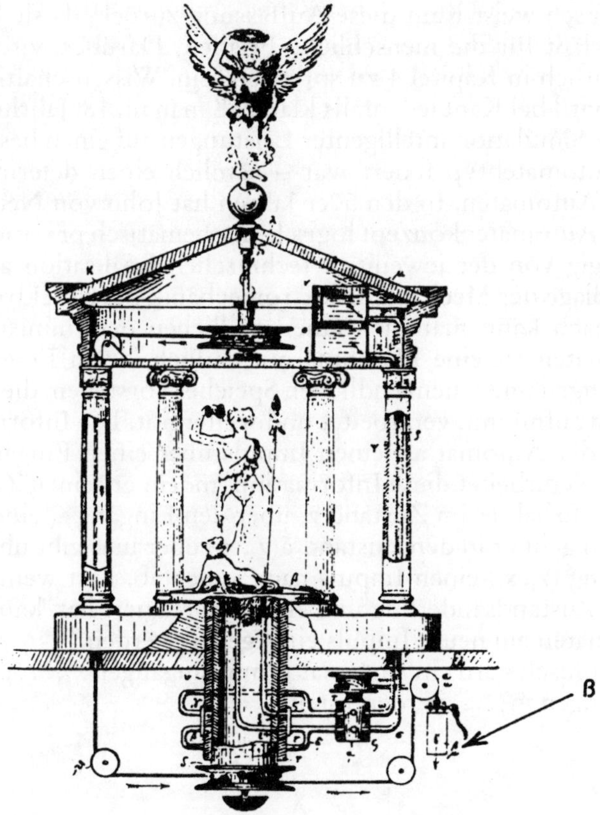

Abb. 1.25

che Körper ist eine Maschine, die ihre (Antriebs-) Federn selbst spannt.“[94]

B. Spinoza und G. W. Leibniz fassen sogar die menschliche Seele als einen (wenn auch „unendlichen“) Automaten auf. Phi-

94 J. O. de La Mettrie, L’homme machine. A Study in the Origins of an Idea. Crit. Ed. with Introd. Monogr. and Notes by A. Vartanian, Princeton N.J. 1960; vgl. auch A. Baruzzi, Aufklärung und Materialismus im Frankreich des 18. Jahrhunderts. La Mettrie, Helvétius, Diderot, Sade, München 1968, 21-62 (La Mettrie).

losophisch weist Kant diese Auffassung zurück, da sie keinen Raum läßt für die menschliche Freiheit. Darüber wird noch ausführlich in Kapitel 4 zu sprechen sein. Wissenschaftshistorisch wird bei Kant jedenfalls klar, daß man im 18. Jahrhundert bei der Simulation intelligenter Leistungen auf einen bestimmten Automatentyp fixiert war – nämlich einen deterministischen Automaten. In den 50er Jahren hat John von Neumann dieses Automatenkonzept logisch-mathematisch präzisiert unabhängig von der jeweiligen technischen Realisation auf der Grundlage der Mechanik, Elektromechanik oder Elektronik.[95]

Danach kann man sich einen endlichen deterministischen Automaten als eine Maschine mit endlich vielen Eingängen, Ausgängen und einem endlichen Speicher vorstellen, die Information aufnimmt, verarbeitet und weitergibt. Die Information erhält der Automat als einen Impuls über einen Eingangskanal. Er verarbeitet diese Information, indem er seinen Zustand ändert. Erhält er im Zustand z_i über den Eingang x_j einen Impuls, so geht er in den Zustand $\delta(z_i, x_j)$ über und gibt über den Ausgang (z_i, x_j) einen Impuls nach außen ab. Erst wenn er so durch Zustandsänderung und Ausgabe reagiert hat, kann dem Automaten ein neuer Impuls eingegeben werden.[96]

Graphisch wird ein Automat A mit Eingängen $x_1, \ldots, x_n$ und Ausgängen $y_1, \ldots, y_m$ dargestellt:

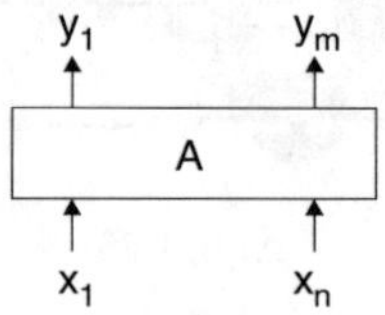

Mengentheoretisch ist ein endlicher deterministischer (Mealy) Automat ein 5-Tupel (Z,X,Y,δ,λ) mit einer endlichen, nichtleeren Zustandsmenge Z, endlichen Eingangsmenge X, Ausgangs-

95 J. v. Neumann, The Computer and the Brain, New Haven 1958 (s. Anm. 51).

96 K. H. Böhling/K. Indermark/D. Schütt, Endliche Automaten I-II, Mannheim 1969; V. M. Gluschkow, Theorie der abstrakten Automaten, Berlin 1963; G. Hotz/H. Walter, Automatentheorie und formale Sprachen I-II, Mannheim 1968/1969.

menge Y, einer Abbildung δ einer Teilmenge von $Z \times X$ in Z, einer Abbildung λ einer Teilmenge von $Z \times X$ in Y, wobei die Definitionsbereiche von δ und λ gleich sind.

Als Beispiel[97] sei angeführt, wie sich mit diesem Konzept ein Warenverkaufsautomat realisieren läßt, der einfache intellektuelle und manuelle Leistungen eines Verkäufers simuliert. Bei Einwurf von 3 DM in 1 DM und 2 DM Münzen gibt der Automat eine Ware aus. Ferner besitzt der Automat einen Geldrückgabeknopf, der die seit der letzten Warenausgabe eingeworfenen Münzen zurückgibt. Bei Überbezahlung wird das zuviel bezahlte Geld nicht erstattet. Der Steuerungsteil dieses Automaten arbeitet wie folgt:

Bei Einwurf korrekter Münzen oder bei Betätigung des Rückgabeknopfes werden (mechanische oder elektrische) Impulse ausgelöst und an die Waren- und Geldausgabe weitergegeben. Dann ist der Steuerungsteil ein endlicher Automat mit drei Eingängen (e_1: 1 DM eingeworfen; e_2: 2 DM eingeworfen; r: Geldrückgabeknopf gedrückt), drei Ausgängen (a: Aufforderung für weiteren Münzeinwurf; w: Warenausgabe veranlassen; g: Geldrückgabe veranlassen) sowie drei Zuständen (z_0: Ausgangszustand; z_1: 1 DM erhalten; z_2: 2 DM erhalten). Bei der Beschränkung auf drei Ausgänge wird angenommen, daß das eingeworfene Geld zunächst bis zur Warenausgabe separat vom früher eingenommenen Geld in einem Zwischenspeicher festgehalten wird. Durch den Geldrückgabeknopf wird die Rückgabe des Geldes aus dem Zwischenspeicher ausgelöst.

Dieser endliche Automat hat die formale Struktur

$$(\{z_0, z_1, z_2\}, \{e_1, e_2, r\}, \{a, g, w\}, \delta, \lambda),$$

wobei δ und λ durch folgende Tabelle definiert werden:

Eingang	Zustand	Ausgang	Zustand
e_1	z_0	a	z_1
e_1	z_1	a	z_2
e_1	z_2	w	z_0
e_2	z_0	a	z_2
e_2	z_1	w	z_0
e_2	z_2	w	z_0
r	z_0	g	z_0
r	z_1	g	z_0
r	z_2	g	z_0

Automaten können durch Parallelschaltung und Rückkopplung zu Automatennetzen verknüpft werden. Es lassen sich

97 E. Cohors-Fresenborg, s. Anm. 60, 110.

Mengen von einfachen Automaten angeben, aus denen Automatennetze verknüpft werden können, um jeden endlichen Automaten zu simulieren. Man kann auch Automatennetze konstruieren, mit denen sich jede rekursive Funktion berechnen läßt. Dabei werden Zahlen (Argumente und Funktionswerte) als Zustände spezieller Automaten dargestellt. Allerdings sind dazu Zählerautomaten notwendig, die alle unendlich vielen natürlichen Zahlen als Zustände besitzen und daher das Konzept der endlichen Automaten überschreiten.[98]

Zwei Automaten heißen isomorph, wenn sie sich nur bis auf eine bijektive Abbildung der Mengen ihrer Zustände, Ausgänge und Eingänge unterscheiden. Eine Simulation des einen durch den anderen Automaten liegt bereits dann vor, wenn es sich um eine injektive Abbildung handelt. Insbesondere ist damit präzisiert, was unter der Simulation natürlicher Vorgänge und Systeme (z. B. Menschen und Tieren) durch Automaten zu verstehen ist. Die Anwendbarkeit des Automatenkonzepts in verschiedenen Modellen rührt daher, daß ein Automat prinzipiell nicht eine deterministische Maschine mit eindeutiger Zuordnung von Eingangs- und Ausgangssignalen sein muß, sondern auch ein indeterministisches System, in dem eine Eingangsinformation bei der Verarbeitung „versickern" kann oder ein stochastisches System mit Wahrscheinlichkeitswerten für Zustände und Outputs.

Als Anwendungsbeispiel für intelligente Leistungen seien endliche Automaten erwähnt, die in irgendeiner Weise Texte und andere sprachliche Informationen verarbeiten. Ein Beispiel bieten Compiler, d. h. Programme, die Befehle in einer dem Menschen verständlichen Programmiersprache in solche einem Computer verständlichen Maschinensprache übersetzen. Der Teil eines Compilers, der jede Zeichengruppe auf ihre Zulässigkeit prüft, heißt lexikalischer Scanner.

Als Beispiel sei ein Automat zum Erkennen römischer Zahlen angeführt, die in additiver Schreibweise (z. B. VIIII statt IX) vorliegen.[99] Das Alphabet der Eingangssymbole besteht aus den Buchstaben M, P, C, L, X, V, I und dem Leer-

98 E. Cohors-Fresenborg, s. Anm. 60, 115 ff.

99 B. Hayes, Endliche Automaten, in: I. Diener (Hrsg.), Computer-Kurzweil II. Spektrum der Wissenschaft, Heidelberg 1988, 55 ff.

zeichen (Abb. 1.26). Sobald der Automat auf einem Buchstaben (verschieden vom Leerzeichen) trifft, springt er in einen Zustand, der mit dem Namen des Buchstabens bezeichnet sei. Im M-Zustand werden alle Buchstaben (einschließlich M) als Folgezustände akzeptiert, im D-Zustand nur Symbole für kleinere Werte wie C, L, X, V, I, im C-Zustand ebenso, während im L-Zustand nur X, V, I zulässig sind usw. Im I-Zustand ist nur ein weiteres I oder ein Leerzeichen erlaubt, das den Automaten wieder in den Ausgangszustand schickt. Allerdings kann dieser Scanner nicht die erlaubte Anzahl gleicher hintereinander geschriebener Zeichen zählen, was für das römische Ziffernsystem erforderlich ist.

Dieses Erkennen von zulässigen Einheiten ist eine Art syntaktischer Analyse einer Sprache, bei der ein endlicher Automat eine unendliche Zahl richtig gebildeter Zeichenketten von einer unendlichen Zahl falsch gebildeter unterscheidet. Voraussetzung ist, wie S. C. Kleene 1956 zeigte, daß es sich um eine sogenannte reguläre Sprache handelt. Kurz gesagt ist es bei einer regulären Sprache möglich, alle ihre Worte zu analysieren, indem von links nach rechts ein Symbol nach dem anderen gelesen wird, ohne zurück- oder vorausschauen zu müssen. Die Zulässigkeit eines Zeichens hängt höchstens von dem Zeichen ab, das unmittelbar links von dem zu beurteilenden Zeichen steht. Die Voraussetzung entspricht der Beschränktheit endlicher Automaten, die weder künftige Zustände voraussehen noch sich vergangene merken können, sondern aufgrund ihres momentanen Zustandes und Inputs einen Übergang in den nächsten Zustand wählen.

Jenseits der endlichen Automaten und regulären Sprachen gibt es eine Hierarchie stärkerer Maschinen und allgemeinerer Sprachen, die N. Chomsky in einer Hierarchie möglicher Modelle für natürliche Sprache geordnet hat. Dazu werden die grammatikalischen Regeln der Sprachen gelockert und die Automaten durch Speicherzellen ergänzt. Ein Beispiel ist der Keller-Automat, der kontextfreie Sprachen erkennt, bei denen die Zulässigkeit eines Symbols vom linken und vom rechten Nachbarn abhängt.[100]

100 Vgl. auch H. Maurer, Theoretische Grundlagen der Programmiersprachen. Theorie der Syntax, Mannheim 1969, 83 ff. Den Zusammenhang mit Chomsky-Grammatiken untersuchen W. Brauer/ K. Indermark, s. Anm. 61, 108 ff.

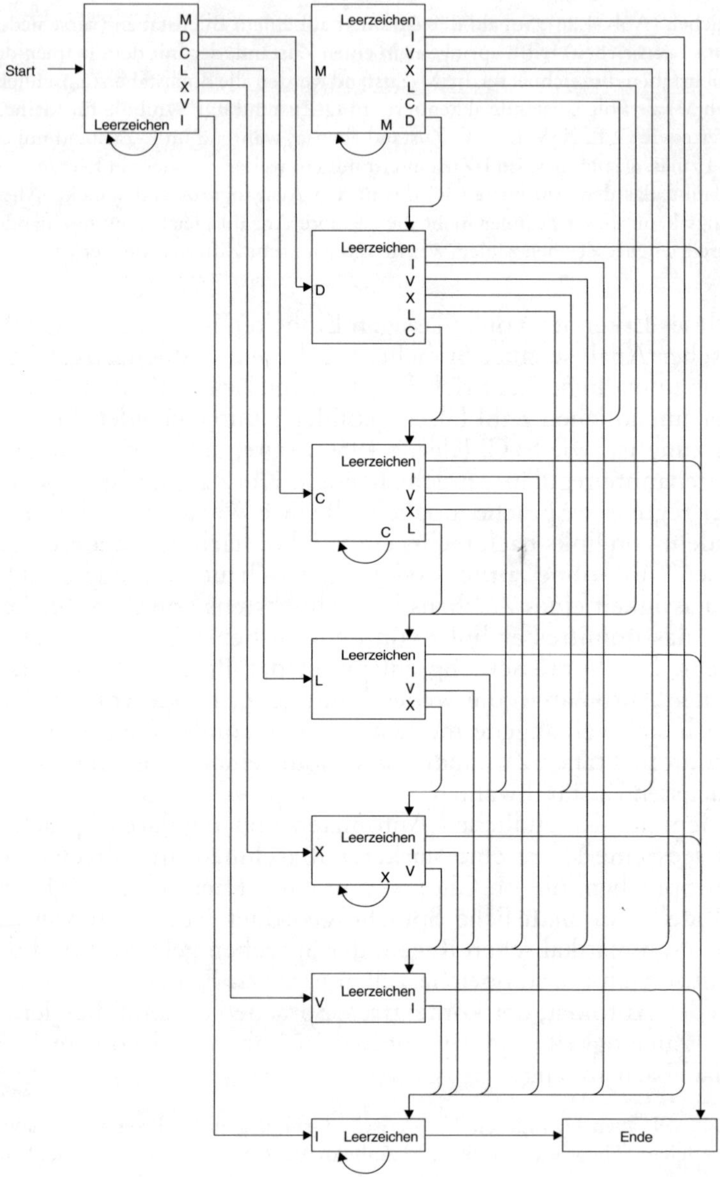
Start
M
D
C
L
X
V
I
Leerzeichen
Leerzeichen
I
V
X
L
C
D
M
M
Leerzeichen
I
V
X
L
C
D
Leerzeichen
I
V
X
L
C
C
Leerzeichen
I
V
X
L
Leerzeichen
I
V
X
X
Leerzeichen
I
V
X
V
Leerzeichen
I
I
Leerzeichen
Ende

Abb. 1.26

Hebt man diese Beschränkung auf, so erhält man kontextabhängige Sprachen, bei denen weit auseinanderliegende Symbole miteinander in Beziehung stehen. Solche kontextsensitiven Sprachen werden von linear beschränkten Automaten erkannt, in denen sich jede von endlich vielen Speicherzellen in wahlfreiem Zugriff erreichen läßt.

In regulären, kontext-freien und kontextsensitiven Sprachen kann rekursiv entschieden werden, ob eine Zeichenkombination endlicher Länge zur Sprache gehört oder nicht. Dazu braucht man nur alle Zeichenreihen bis zu dieser Länge zu erzeugen und mit der vorliegenden Zeichenkombination zu vergleichen. Ist diese Forderung nicht erfüllt, werden Maschinen von der Komplexität der Turing-Maschine notwendig. Eine TM ist gewissermaßen ein endlicher Automat, der freien Zugriff in einem unbegrenzt großen Speicher hat. Von diesem Standpunkt aus ist ein linear beschränkter Automat eine TM mit einem endlichen Speicherband. Der Keller-Automat besitzt ein Band, das auf einer Seite unendlich lang ist, wobei der Lesekopf immer über dem letzten beschrifteten Band steht. Ein endlicher Automat ist eine TM ohne Band (Abb. 1.27).

Es gibt allerdings auch so komplexe nicht-rekursive Sprachen, deren Zeichenreihen auch eine Turing-Maschine nicht in endlicher Zeit erkennen kann. Zwar treten solche Sprachen in der Informatik bisher kaum auf, können jedoch vom Menschen intellektuell gemeistert werden. Damit sind erste Grenzen des Automatenkonzepts zur Simulation menschlicher Intelligenz am Beispiel der Sprachkompetenz deutlich.

Andererseits kann man Automaten und Computer so programmieren, daß sie für einem Beobachter intelligentes Verhalten nahelegen. Schon früh stellte sich daher in der Informatik die Frage, in welchem Umfang menschliche Intelligenz durch Computer simulierbar oder sogar ersetzbar ist. Auf eingeschränkten Gebieten besitzen Computer heute sogar bessere Fähigkeiten als Menschen. So können sie Steuerungsanlagen überwachen, ohne dabei in ihrer „Konzentration“ nachzulassen. Sie können Daten und Informationen (nicht nur Zahlen) schneller und (fast fehlerfrei) verarbeiten. Sind sie damit aber auch kreativ und intelligent?

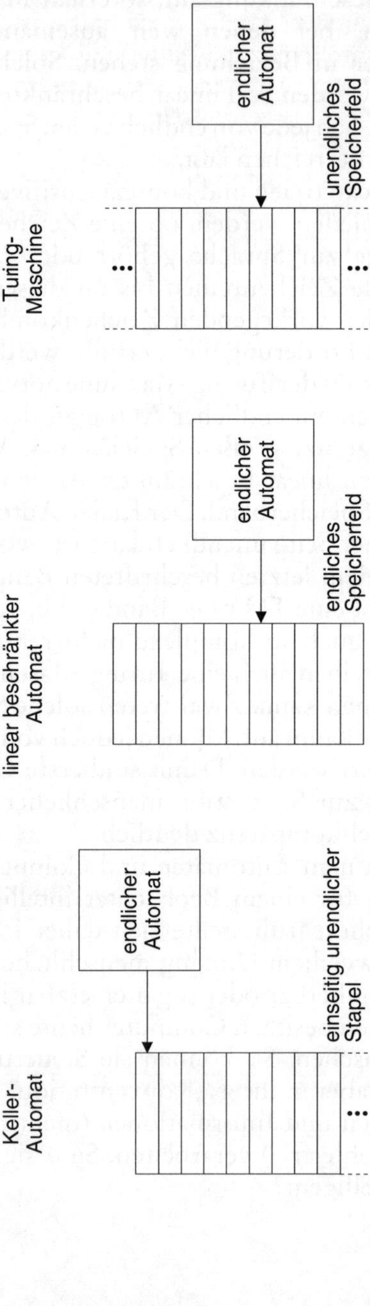
Turing-Maschine
endlicher Automat
unendliches Speicherfeld
linear beschränkter Automat
endlicher Automat
endliches Speicherfeld
Keller-Automat
endlicher Automat
einseitig unendlicher Stapel

Abb. 1.27

A. Turing schlug in seiner berühmten Arbeit „Computing Machinery and Intelligence“ (1950) ein Imitations- bzw. Simulationsspiel vor, um Intelligenz experimentell zu testen:[101] Eine Testperson wird an zwei Datenendgeräte gesetzt. Turing sah 1950 Fernschreiber vor. Heute würde man z. B. Bildschirme verwenden können. Ein Endgerät ist mit einem Computer verbunden, während das andere von einem Menschen bedient wird. Innerhalb einer begrenzten Zeit soll die Testperson entscheiden, welches der Endgeräte vom Computer bedient wird. Dazu kann die Person beliebige Informationen in das Endgerät eingeben. Wenn von einer festgelegten Anzahl von Testpersonen ein bestimmter Prozentsatz durch dieses Frage- und Antwortspiel nicht entscheiden kann, welches Gerät mit dem Computer und welches mit dem Menschen verbunden ist, dann hat der Computer den „Turing-Test“ bestanden und wird von Turing als intelligent bezeichnet.

Vom heutigen Standpunkt aus, können einige Computersysteme eingeschränkt auf bestimmte Bereiche den Turing-Test bestehen. So wird heute ein durchschnittlicher Schachspieler (dieses Beispiel hat Turing 1950 selber vorgeschlagen) nicht unterscheiden können, ob gegen ihn ein Schachprogramm oder ein Mensch spielt. Auch von vielen wissensbasierten Expertensystemen, über die noch in Abschnitt 1.3 zu reden sein wird, läßt sich in ihrem Anwendungsbereich kaum ein Unterschied zu entsprechenden eingeschränkten Expertenleistungen feststellen. Insofern macht der Turing-Test auch 40 Jahre nach seiner Einführung noch Sinn.

Historisch orientierte sich Turing 1950 an den damals gerade erfundenen programmgesteuerten Rechenmaschinen und ihrer Universalität im Sinne der Turing-Maschine. Die Musterfragen und Musterantworten, die Turing im Auge hatte, lauteten:[102]

F: Schreiben Sie mir bitte ein Gedicht über die Firth of Forth-Brücke.
A: In diesem Punkt muß ich passen. Ich könnte nie ein Gedicht schreiben.
F: Addieren Sie 34957 zu 70764.
A: (wartet ca. 30 Sekunden und gibt dann die Antwort): 105721.

---

101 A. M. Turing, Computing machinery and intelligence, in: Alan M. Turing, Intelligence Service (s. Anm. 57), 147-182.

102 A. M. Turing, s. Anm. 101, 150.

F: Spielen Sie Schach?
A: Ja.
F: Mein König steht auf e8; sonst habe ich keine Figuren mehr. Sie haben nur noch ihren König auf e6 und einen Turm auf h1. Sie sind am Zug. Wie ziehen Sie?
A: (nach einer Pause von 15 Sekunden): Th1-h8, matt.

Turing geht ausführlich auf verschiedene Einwände gegen seinen Test ein, die eine prinzipielle Überlegenheit des Menschen über Computer voraussetzen. Gegenüber dem Gödelschen Theorem stellt er fest: Dieser Satz bezieht sich auf einen Maschinentyp, der ein Digitalrechner mit unendlichem Speicher (universelle Turing-Maschine) ist. Es besagt, daß es gewisse Dinge gibt, die diese Maschine nicht tun kann. Wenn sie so ausgerüstet wird, daß sie im Simulationsspiel Fragen beantworten kann, wird es einige Fragen geben, auf die sie entweder eine falsche oder überhaupt keine Antwort gibt, wieviel Zeit man ihr auch läßt. Angesichts dieser Schranken eines bestimmten Maschinentyps ist aber, so Turing, noch nicht die Frage entschieden, ob es nicht auch Einschränkungen für den menschlichen Verstand gibt: „Es mag Menschen geben, die klüger als irgend eine gegebene Maschine sind, aber dann könnte es wiederum noch klügere Maschinen geben usw.“ [103]

Ein bemerkenswerter Einwand stammt von Lady Lovelace[104], die einen Bericht über Babbages analytische Maschine schrieb: „Die analytische Maschine erhebt keinen Anspruch, irgendetwas zu erzeugen. Sie kann ausführen, was immer wir ihr zu befehlen wissen.“ Anders ausgedrückt kann eine Maschine nach Lady Lovelace „nie etwas wirklich Neues ausführen“. Es geht also um die Frage der „Kreativität von Computern“. Turing könnte kühl entgegnen: Welcher Mensch ist schon kreativ? Sicher einige, aber verglichen mit der Mehrzahl eher wenige.

Angenommen es gäbe eine kreative Maschine, dann könnte sie auch, so Turing, von einem universellen Digitalrechner mit ausreichender Speicherkapazität und Geschwindigkeit bei ge-

---

103 A. M. Turing, s. Anm. 101, 164.

104 Turing bezieht sich auf die Countess of Lovelace, Translator's notes to an article on Babbage's Analytical Engine, in: Scientific Memoirs, ed. R. Taylor, vol. 3 1842, 691-731.

eigneter Programmierung simuliert werden. Bemerkenswert ist, daß Turing bereits 1950 von lernenden Maschinen und Lernalgorithmen spricht, die „für sich selbst denken“ können. Auf dieses Argument Turings wird noch in Kapitel 2 ausführlich eingegangen.

Historisch jedenfalls stand Turings Frage „Can machines think?“ am Anfang der Entwicklung der KI und inspirierte mit ihren philosophischen, ja metaphysischen Implikationen sowohl Erfolge als auch spätere Fehlentwicklungen. Dabei ist die Entwicklung der KI sowohl mit den Hardware-Generationen der Digitalcomputer als auch mit den Software-Generationen von Programmiersprachen eng verbunden. Wissenschaftstheoretisch läßt sich T. S. Kuhns Paradigmenkonzept ebenso anwenden wie I. Lakatos' Methodologie wissenschaftlicher Forschungsprogramme, um die historischen Stufen der KI zu beschreiben, die zur Produktion wissensbasierter Systeme führten. Jede historische Stufe ist durch führende Forschergruppen bestimmt, die zentrale Probleme und Problemlösungsverfahren vorschlagen. Voraussetzung waren jeweils bestimmte Hardware- und/oder Softwaretechnologien der Informatik.

Wissenschaftssoziologisch etablierte sich der harte Kern der KI-Forschung auf der Dartmouth-Konferenz von 1956, auf der führende Forscher wie J. McCarthy, A. Newell, H. Simon u. a. aus verschiedenen Disziplinen wie z. B. Informatik, Mathematik, Psychologie, Linguistik zusammentrafen und die neue Wissenschaftlergemeinschaft der KI formten.[105] Sie waren alle durch Turings „Can Machines Think?“ beeinflußt, die er in dem erwähnten Artikel „Computing Machinery and Intelligence“ (1950) gestellt hatte. Die Gruppe um H. Simon, dem späteren Nobelpreisträger für Wirtschaftswissenschaften, trat für ein psychologisches Forschungsprogramm ein, um kognitive Prozesse menschlichen Denkens auf dem Computer zu simulieren.

---

105 Zur Beurteilung der Dartmouth-Konferenz durch die damaligen Teilnehmer vgl. P. McCorduck, Machines who think, San Francisco 1979, Chapt. 5.

Die erste Periode der KI (1957-1962) war durch Fragen heuristischen Programmierens bestimmt.[106] Es ging dabei um automatische Suchverfahren für Problemlösungen in den Zweigen von Lösungsbäumen, wobei Heuristiken die schrittweise Verarbeitung kontrollieren und bewerten. Ein Beispiel war der LOGICAL THEORIST (1957) von Newell, Shaw und Simon, der Beweise für die ersten 38 Theoreme von Russells und Whiteheads „Principia Mathematica" lieferte. Die heuristischen Regeln dieses Programms wurden aus psychologischen Tests mit Versuchspersonen gewonnen, denen Beweisaufgaben gestellt worden waren.

1962 wurden diese Simulationsverfahren verallgemeinert und zum sogenannten General-Problem-Solver (GPS-Programm) ausgeweitet, das heuristische Rahmenbedingungen für menschliches Problemlösen festlegen sollte. Aber mit GPS ließen sich nur ziemlich unwichtige Probleme speziellen Charakters lösen. Andere Beispiele für heuristisches Programmieren waren die Suchprogramme für Gewinnstrategien in Spielen wie Schach und Dame. Die ersten Programme zur Mustererkennung basierten auf statistischen Methoden. Aber die Euphorie über allgemeine kognitive Simulationsverfahren verflog sehr bald, da keines der faktisch entwickelten Programme dieser Periode den Erwartungen entsprach. Vom heutigen Standpunkt ist McCarthys Erfindung der Programmsprache LISP als der größte Erfolg der damaligen Epoche anzusehen. Diese funktionalorientierte Sprache zur bequemen Verarbeitung von Symbollisten hat sich als mächtiges Programminstrument für wissensbasierte Systeme herausgestellt, obwohl sie seinerzeit als Nebenprodukt bewertet wurde (vgl. Abschnitt 1.23).

Nach der Ernüchterung über die Erfolgsaussichten allgemeiner Methoden zur kognitiven Simulation propagierten KI-Forscher ad-hoc-Prozeduren im Sinne von M. Minskys se-

106 Vgl. E. Feigenbaum/J. Feldman, Computers and Thought, New York 1963 (dort auch GPS, 279-293); K. Mainzer, Der Intelligenzbegriff in erkenntnis- und wissenschaftstheoretischer Sicht, in: W. Strombach/M. J. Tauber/ B. Reusch (Hrsg.), Der Intelligenzbegriff in den verschiedenen Wissenschaften. Schriftenreihe der Österreichischen Computer Gesellschaft Bd. 28, Wien/München 1985, 41-56.

mantischer Informationsverarbeitung (semantic information processing).[107] Diese zweite Periode der KI (1963-1967) ist durch die Entwicklung spezialisierter Programme bestimmt. Beispiele sind STUDENT zum Lösen algebraischer Probleme und ANALOGY zur Mustererkennung analoger Objekte. M. Minsky als führender Forscher am Massachusetts Institute of Technology (MIT) während dieser Periode gab den Anspruch psychologischer Simulation auf: „Der gegenwärtige Ansatz," sagte er, „ist charakterisiert durch ad-hoc-Lösungen von geschickt gewählten Problemen, mit denen die Illusion komplexer Denkarbeit suggeriert wird." Zum ersten Mal wurde herausgestellt, daß erfolgreiches praktisches Programmieren von Spezialkenntnissen abhängt – eine Schlüsselidee der späteren wissensbasierten Systeme.

Die Suche nach allgemeinen Problemlösungsprinzipien überlebte allerdings in der theoretischen Informatik: J. A. Robinson führte auf der Grundlage der Prädikatenlogik erster Stufe und des Vollständigkeitstheorems von Herbrand das sogenannte Resolutionsprinzip ein, mit dem Beweise nach dem Muster logischer Widerlegungsverfahren gefunden werden konnten (vgl. Abschnitt 1.22).

In der dritten Periode der KI (1967-1972) läßt sich eine verstärkte Hinwendung zum praktischen und spezialisierten Programmieren verzeichnen. Typisch ist die Konstruktion von spezialisierten Systemen, Methoden zur Wissensrepräsentation und ein Interesse an natürlichen Sprachen. KI-Forscher wie J. Moses, der Erfinder von MACSYMAL (einem erfolgreichen mathematischen Problemlösungsprogramm), schlossen sich Minskys Meinung an, wonach die Zukunft der KI nicht in der Suche nach allgemeinen Prinzipien, sondern in der Spezialisierung und dem Primat von Expertenwissen liegen würde (vgl. Abschnitt 1.3).

In der vierten Periode der KI (1972-1977) bilden Beschreibung, Organisation und Wissensverarbeitung das zentrale Paradigma, das die Ingenieurwissenschaften mit der Philosophie der KI verbindet. In den Mittelpunkt tritt die Entwicklung von

---

107 M. Minsky (ed.), Semantic Information Processing, Cambridge (Mass.), London 1968.

Expertensystemen, in denen das Wissen und die Fähigkeit eines menschlichen Experten wenigstens partiell angelegt ist. Spätestens seit Beginn der 80er Jahre umfaßt die KI-Forschung mehrere Disziplinen, die in Abb. 1.28 mit entsprechenden Gegenstandsbereichen, Methoden und Anwendungen gezeigt sind.[108]

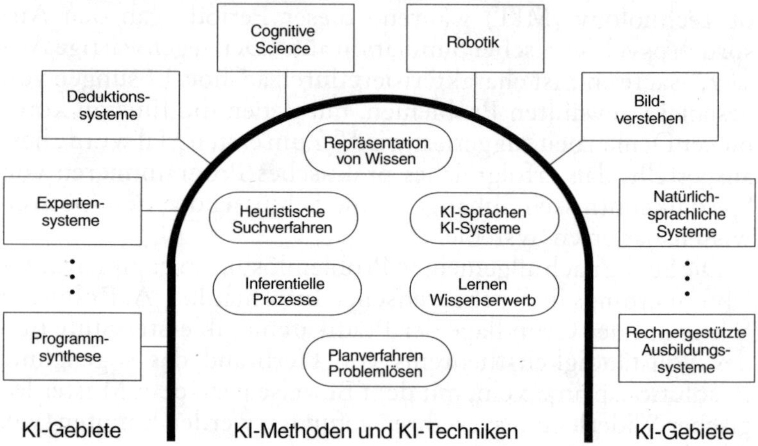

Abb. 1.28

Natürlich-sprachliche Systeme tragen dazu bei, die Mensch-Maschine-Kommunikation zu verbessern. Hier geht es nicht um spekulative Simulationsabsichten oder um die Ersetzung eines menschlichen Dialogpartners. Mit solchen überzogenen Zielen werden nur Technikängste beschworen, wie die unglückliche öffentliche Diskussion um J. Weizenbaums ELIZA-Programm zeigt, mit dem angeblich ein Psychiater in einem Patientengespräch simuliert wird. Die Absicht ist vielmehr, mit natürlich-sprachlichen Systemen selbst Benutzern ohne Programmierkenntnisse den Umgang mit wissensbasierten Systemen zu erleichtern. Natürlich-sprachliche Fragen, Antworten usw. werden dabei automatisch in mehr maschinenorientierte Programmiersprachen übersetzt, die unmittelbare

108 W. Bibel/N. Eisinger/J. Schneeberger/J. Siekmann, Studien- und Forschungsführer Künstliche Intelligenz, Berlin/Heidelberg/New York 1987, 6 ff.

Befehle für Aktionen des Computers, Roboters usw. enthalten. Über die Folgen für eine computergestützte Sprachphilosophie wird in Abschnitt 4.2 gesprochen.

Eine weitere Disziplin der KI-Forschung beschäftigt sich mit der Bild- und Muster-Verarbeitung auf der Grundlage visueller Daten. Diese Systeme werden zur Erkennung und Identifikation von Zuständen, Situationen, Ereignissen in einem wohldefinierten Anwendungsbereich benutzt, wie er bei Robotern, Industrieautomaten, Flugzeugnavigation, biomedizinischen Analyseverfahren usw. vorliegt. Automatisches Beweisen, eine dritte Disziplin der KI-Forschung, ist nicht nur für einfache Theorien der Mathematik interessant wie in den Anfängen der KI-Forschung. Heute werden Deduktionssysteme des automatischen Beweisens auch zur Programmverifikation und zur Überprüfung von Hardwarekonfigurationen in der industriellen Computerherstellung verwendet. Die Robotik als weitere KI-Disziplin ist bereits eine Schlüsseltechnologie der Industrie und nicht mehr bloß ein Thema von Science Fiction Romanen wie früher. Schließlich sind die Expertensysteme zu erwähnen, über die in Abschnitt 1.3 noch ausführlich zu sprechen sein wird.

Was Turings Ausgangsfrage der KI „Can machines think?" betrifft, so läßt sich für die Entwicklung der KI-Forschung seit der Dartmouth-Konferenz von 1956 sicher festhalten, daß ein ursprüngliches Interesse an Simulation und Imitation des Menschen in den Hintergrund getreten ist. Seit der Kommerzialisierung und Industrialisierung wissensbasierter Systeme sind die Intentionen bei der Computerprogrammierung weniger, menschliche Intelligenzleistungen zu vollbringen, sondern den Menschen bei seinen Tätigkeiten zu unterstützen. Dabei sollen die besonderen Fähigkeiten des Computers optimal ausgenutzt werden. Kurz: Der Entwicklungstrend der KI seit 1956 ging fort vom Anspruch der Simulation des menschlichen Geistes und hin zur computergestützten Tätigkeit des Menschen mit KI-Systemen.

1.22 Grundlagen der KI-Logik

Die Logik mit ihrer Fixierung auf regelbasiertes, formalkombinatorisches und maschinelles Denken prägte die KI-Forschung grundlegend. Wichtige Techniken der computergestützten Problemlösung in der KI entstammen der modernen Logik. Die Ursprünge dieser Methodologien reichen jedoch weit in die Logik- und Philosophiegeschichte zurück. Seit der Sokratischen Methode in Platons Dialogen und der axiomatischen Methode in Euklids Geometrie wurden Analyse und Synthese als Methoden logisch-mathematischen Argumentierens in vielfältiger Weise entwickelt. Bereits Pappos von Alexandrien (ca. 300 n. Chr.) macht deutlich, daß neben der axiomatischen Beweisführung die analytische Beweissuche eine mindestens ebenso große Rolle in der Argumentationspraxis des Mathematikers spielt.[109] Descartes schließlich läßt bei seiner Polemik gegen die Aristotelischen Syllogismen die deduktiv-axiomatische Methode nur noch als nachträgliche Ordnung der Gedankenschritte gelten, die mit der eigentlich „schöpferischen" Arbeit des Mathematikers nichts zu tun habe.[110] Die methodischen Ausführungen von Pappos und Descartes erweisen sich durchaus an der Unterrichts- und Argumentationspraxis der damaligen Mathematik orientiert und haben sich im philosophischen Argumentieren niedergeschlagen.[111]

Bei Leibniz taucht dann zum ersten Mal der Gedanke auf, nicht nur für die Beweisführung, sondern auch für die Beweissuche formal-kombinatorische Verfahren anzugeben, die von einer Maschine übernommen werden können. Der Gödelsche Vollständigkeitssatz der Prädikatenlogik 1. Stufe lieferte schließlich ein erstes Beispiel, wie die wahren Sätze einer Theorie vollständig formal abgeleitet werden. Mit dem Vollständigkeitssatz von Herbrand und der Resolutionsmethode von

---

109 Pappos von Alexandrien, Collectiones II (Hrsg. F. Hultsch), 634 ff.

110 R. Descartes, Regulae ad directionem ingenii, lat./dt., ed. Springmeyer/L. Gäbe/H. G. Zekl, Hamburg 1973.

111 K. Mainzer, Rationale Heuristik und Problem Solving, in: C. Burrichter/R. Inhetveen/R. Kötter (Hrsg.), Technische Rationalität und rationale Heuristik, Paderborn/München/Wien/Zürich 1986, 83-97.

J. A. Robinson läßt sich auch die Beweissuche, die bis dahin grundsätzlich „schöpferischer Inspiration" überlassen schien, einer formal-kombinatorischen Bearbeitung – wenn auch unter einschränkenden Bedingungen – zuführen. In der Informatik haben diese Ansätze bereits Anwendung gefunden. Allerdings stellt sich gerade bei solchen maschinell-kombinatorischen Verfahren die Frage, in welchem Maße mathematische Argumentation auf mentale Grundlagen menschlicher Intelligenz verwiesen bleibt.[112]

Bei der Analyse als Beweissuche für eine Behauptung steht der Gedanke, mittels Bekanntem Unbekanntes zu finden, im Vordergrund. In der exemplarischen Form eines Unterrichtsdialoges wird uns diese Argumentationspraxis bereits in Platons ‚Menon' vorgeführt, die für Mathematik und Philosophie gleichermaßen bedeutsam wurde.[113] Dort behauptet der Sklave Menons die Existenz eines Quadrates, dessen Inhalt das Doppelte eines Quadrates der Seitenlänge 2, also $2 \cdot 2^2 = 8$, beträgt. Als Beweis der Behauptung ist die geometrische Konstruktion der Seite x dieses Quadrates gesucht. Erste Annahmen, nämlich $x = 4$ oder $x = 3$ führen augenscheinlich auf Widersprüche, da $3^2 \neq 8$ und $4^2 \neq 8$ (Abb. 1.29).

Die Beweissuche des Schülers führt also zunächst zur Frustration, der aber Platon als Zustand des bewußten Nicht-Wissens eine entscheidende Bedeutung beimißt: Erst jetzt ist der Schüler von Vorurteilen befreit und hat – allerdings durch kluge Fragen angeleitet – die Chance für einen konstruktiven Einfall: So regt Sokrates seinen Schüler durch Symmetriebetrachtungen in der Quadratabbildung 1.30 zur Einführung neuer Größen an – nämlich der Diagonalen $x = 2\sqrt{2}$ der Quadrate mit dem Inhalt $2^2 = 4$, die jeweils aus den beiden hintereinanderliegenden Diagonalen $\sqrt{2}$ entsprechender Einheitsquadrate bestehen (Abb. 1.30).

---

112 K. Mainzer, Pragmatische Grundlagen mathematischen Argumentierens, in: C. F. Gethmann (Hrsg.), Theorie des wissenschaftlichen Argumentierens, Frankfurt 1980, 292-312.

113 Platon, Menon 82b-85e.

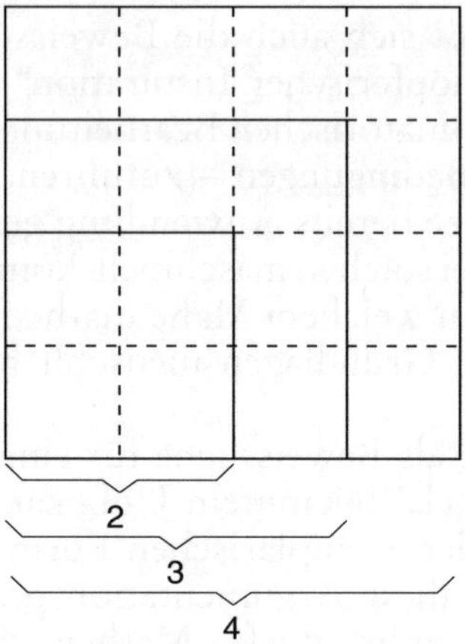

Abb. 1.29

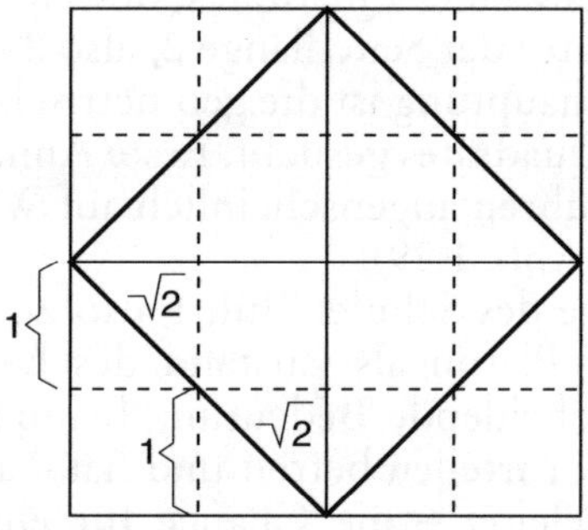

Abb. 1.30

Logisch wird hier zwar eine Existenzbehauptung $\bigvee x \, x^2 = 8$ durch die Einführung einer neuen Konstanten $x = 2\sqrt{2}$ begründet. Aber keine Logik konnte diesen konstruktiven Einfall, die Wahl der neuen Strecken in Abb. 1.30 erzwingen. Das konnte nur durch Übung in geometrisch-anschaulicher Konstruktion vorbereitet werden. Was Platon allerdings dramatisch als „Wiedererinnerung“ beschwört, mag für die Unterrichtspraxis zunächst bescheidener als heuristische Beweissuche festgehalten werden.

Ein anderes klassisches Beispiel möge zur Klärung der heuristischen Beweissuche beitragen. Auf Thales von Milet gehen die ersten griechischen Ansätze zurück, geometrische Behauptungen durch Folgerungen aus anderen Annahmen („Axiome") zu beweisen und nicht nur als rezeptartige Anweisung unbegründet weiterzureichen. Nach einer solchen Behauptung ergeben die Winkel α, β, γ eines Dreiecks insgesamt zwei rechte Winkel:[114]

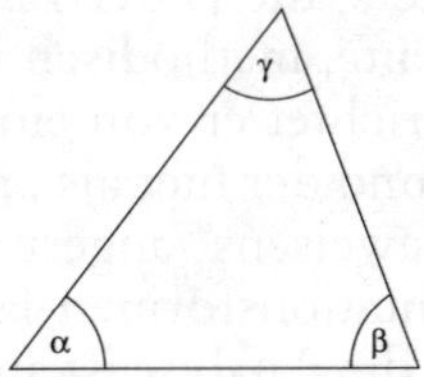

Abb. 1.31

Der konstruktive Einfall des Thales besteht nun darin, die Dreieckswinkel α, β, γ als Winkel an geschnittenen Parallelen und als Scheitelwinkel aufzufassen, d. h. er führt neue Geraden und Winkel in Abb. 1.31 ein und schließt dann nach der Transitivität der Gleichheit:

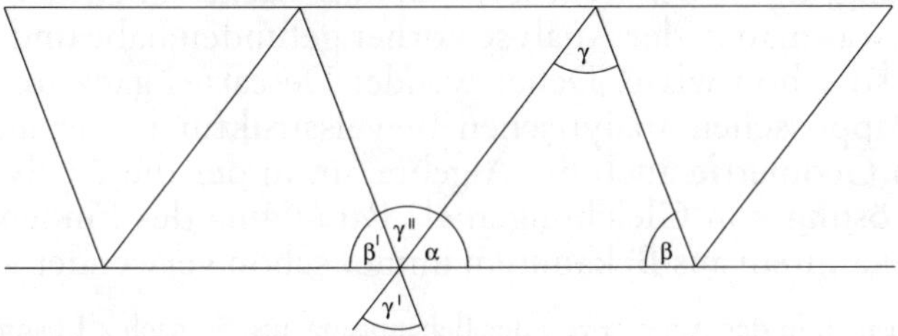

Abb. 1.32

Wegen $\gamma = \gamma'$ und $\gamma' = \gamma''$ folgt $\gamma = \gamma''$, wegen $\gamma = \gamma''$ und $\beta = \beta'$ folgt $\alpha+\beta+\gamma = \alpha+\beta'+\gamma'' = 2R$. Auch hier konnte der konstruktive Einfall, neue passende geometrische Objekte einzuführen, durch keine Logik erzwungen, sondern nur durch Übung in

114 K. Mainzer, Geschichte der Geometrie, Mannheim/Wien/Zürich 1980, 26 ff.; ders., Axiomatischer Konstruktivismus und Ontologie. Zum philosophischen Selbstverständnis der griechischen Mathematik, in: H. Stachowiak (Hrsg.), Pragmatik Bd. 1, Hamburg 1985, 126-138.

geometrisch-anschaulicher Konstruktion nahegelegt werden. Das in diesem Thales-Argument angesprochene pragmatische Fundament war offenbar durch handwerkliche Praxis vorbereitet, wenn man Abb. 1.32 mit den in der Thales-Zeit üblichen Zick-Zack-Mustern auf griechischen Vasen vergleicht.

Bei Pappos von Alexandrien finden wir die Argumentationspraxis des Geometers, die ja der Philosophie seit der Antike oft als Vorbild diente, methodisch reflektiert. Im 7. Buch seiner Collectiones berichtet er von einem Studienzweig, den er ἀναλυόμενος nennt, und der hier als „Kunst der Analyse, des Aufgabenlösens und Beweisens" angesprochen sei.[115] Die dabei verwendeten Argumentationsformen lassen sich schematisch so rekonstruieren: Für die Analyse ist aus einer Behauptung B_1 eine notwendige Bedingung $B_2, \ldots$, aus B_{n-1} eine notwendige Bedingung B_n zu folgern. Ist B_n falsch bzw. ein Widerspruch, dann gilt B_1 als widerlegt. Ist B_n wahr (z. B. ein Axiom), so muß in der anschließenden Synthese B_{n-1} aus $B_n, \ldots, B_1$ aus B_2 gefolgert werden, d. h. B_n wird in der Synthese als hinreichende Bedingung von B_1 bewiesen. In diesem Sinne sah Descartes in der Analyse sogar die eigentliche mathematische Leistung, da in der Synthese nur das nachträglich deduziert wird, was man in der Analyse vorher gefunden habe und daher sowieso schon wisse. Daher wendet Descartes ganz im Sinne der Papposschen analytischen Beweisstruktur in der analytischen Geometrie auch die Algebra an, in der die Analyse bei der Lösung von Gleichungen als Paradigma des Findens von Unbekanntem aus Bekanntem immer schon verwendet wurde.

So geht man in der Algebra von der Behauptung aus, wonach x Lösung einer Gleichung G(x) sei (z. B. $8(4^x + 4^{-x}) - 54(2^x + 2^{-x}) + 101 = 0$). Dann ist die Hilfsgröße y auch Lösung einer passend abgeänderten Gleichung $G'(y)$ ($y = 2^x$ von $8(y^2 + \frac{1}{y^2}) - 54(y + \frac{1}{y}) + 101 = 0$) bis man schließlich durch Einführung einer Hilfsgröße z auf eine Gleichung $G''(z)$ kommt, deren Lösung bekannt ist ($z = y + \frac{1}{y}$) in der quadratischen Gleichung $8z^2 - 54z + 85 = 0$). In der Synthese wird rückwärts verifiziert, daß z (im Beispiel $\frac{5}{2}, \frac{17}{4}$), dann y (also $2, \frac{1}{2}, 4, \frac{1}{4}$) und schließlich x (also $1, -1, 2, -2$) Lösungen in den jeweiligen Gleichungen sind. Auch hier besteht der konstruktive Einfall in der schrittweisen Einführung

115 Vgl. auch J. Hintikka/U. Remes, The Method of Analysis – Its Geometrical Origin and Its General Significance, Dordrecht 1974.

neuer Hilfsgrößen, nämlich algebraischer Größen y und z, die wiederum durch keine Logik erzwungen werden.

Voraussetzung ist hier die Übung im Rechnen mit Ziffern und Symbolen, die der griechischen Mathematik weitgehend fremd war und sich im Abendland erst seit dem 15./16. Jahrhundert unter indisch-arabischem Einfluß ausbildete. Das praktische Rechnen mit den indischen Ziffern, das damals von Rechenmeistern auf Latein- und Bürgerschulen geübt und in Rechenbüchern wie dem „Coß" von M. Stifel verbreitet wurde, bildete eine grundlegende pragmatische Voraussetzung für eine selbständige Entwicklung von Algebra und Arithmetik. Nur diese algorithmische Übung macht verständlich, warum die Auflösung z. B. kubischer Gleichungen, die den antiken Mathematikern wegen ihrer geometrisch-verbalen Behandlung große Schwierigkeiten bereitete, von den italienischen Renaissance-Mathematikern auf Anhieb bewältigt wurde. Die „Kunst" der Analyse und Synthese gelingt also nur auf einem geeigneten mentalem Fundament – sei es nun die Übung in geometrischer Anschauung und Konstruktion oder in arithmetischer Rechenfertigkeit.

Daß wissenschaftliches Argumentieren etwas mit Rechenverfahren und Maschinen zu tun haben könnte, war der maßgebende Gedanke in Leibnizens Konzept einer Mathesis Universalis. Sie erfordert, darüber wurde schon gesprochen, eine ars inveniendi und eine ars iudicandi auf der Grundlage einer lingua characteristica und einem calculus ratiocinator, d. h. ein System von Kalkülregeln für das logische Schließen. Ein unter dem Gesichtspunkt heutiger Beweistheorie interessanter Aspekt ist auch die Leibnizsche Bemerkung, wonach die Beweisfindung in „Ariadnefäden" graphisch-geometrisch veranschaulicht werden kann:

„... La véritable méthode nous doit fournir un filum Ariadnes, c'est-à-dire un certain moyen sensible et grossier, qui conduise l'esprit comme sont les lignes tracée en Géometrie et les formes des opérations qu'on préscrit aux apprentifs en Arithmétique." [116]

116 G. W. Leibniz, Brief an den Abbé Jean Gallois, in: G. W. Leibniz, Philosophischer Briefwechsel B. I, ed. Preuß. Akad. Wiss., Darmstadt 1926, 381.

Die Wahrheit einer wissenschaftlichen Aussage kann sich nach Leibniz auf besondere Theorien bzw. Modelle wie z. B. Geometrie, Arithmetik, Mechanik etc. beziehen; sie kann aber auch „allgemeingültig" in allen diesen Modellen gelten. Die Präzisierung einer lingua characteristica, in der allgemeingültige Wahrheiten formal abgeleitet werden können, ist dann um die Jahrhundertwende mit Namen wie Frege, Russell, u. a. verbunden. Danach läßt sich eine formale Sprache $\mathcal{S}$ der Prädikatenlogik 1. Stufe definieren durch $\mathcal{S} = [x_\chi, a_\lambda, f_\mu, P_\nu]$, wobei (x_χ) abzählbar viele Individuenvariablen und (a_λ), (f_μ), (P_ν) die endlich vielen Individuen-, Funktions- und Prädikatenkonstanten von $\mathcal{S}$ sind.[117] Zusammengesetzte Terme und Ausdrücke werden wie üblich induktiv eingeführt und mit Metavariablen $t, t_1, t_2, \ldots$ bzw. $\alpha, \beta, \gamma, \ldots, \alpha_1, \alpha_2, \ldots$ bezeichnet.

Die formale Sprache $\mathcal{S}$ wird nun auf eine (meist mathematische) Theorie bzw. Struktur bezogen. So bildet die Gruppe eine Struktur $\mathcal{G} = [\omega(\mathcal{G})|1, \cdot, =]$ mit einem Individuenbereich $\omega(\mathcal{G})$ (z. B. rationale Zahlen, geometrische Drehungen eines regulären Dreiecks), einem ausgezeichneten Individuum 1, einer Multiplikationsfunktion $\cdot$ und einer Gleichheitsrelation $=$, deren Eigenschaften axiomatisch festgelegt sind. Allgemein notiert man $A = [\omega(A)|a_\lambda, f_\mu, \mathcal{P}_\nu]$ für verallgemeinerte Algebren mit einem Individuenbereich $\omega(A)$, ausgezeichneten Individuen (a_λ), Funktionen (f_μ) und Prädikatoren bzw. Relationen $(\mathcal{P}_\nu)$.

Mit einer Abbildung I („Interpretationen") wird die Sprache $\mathcal{S}$ in einer passenden Algebra interpretiert, wobei Terme t als Elemente des Individuenbereichs und Ausdrücke α als Wahrheitswerte W (wahr) und F (falsch) (z. B. $I(\alpha) = W$) gedeutet werden. Man sagt: I paßt zu A, falls I die Individuen-, Funktions- und Prädikatenkonstanten von $\mathcal{S}$ durch passende Individuen, Funktionen und Prädikate von A interpretiert.

117 Vgl. auch H. Hermes, Einführung in die mathematische Logik. Klassische Prädikatenlogik, Stuttgart 1963; K. Mainzer, Formalisierung, in: J. Ritter/K. Gründer (Hrsg.), Historisches Wörterbuch der Philosophie Bd. V, Basel 1980.

Nun läßt sich nach Tarski auch die Folgerbarkeit eines Ausdruck α aus der Prämissenmenge M von Ausdrücken (Abk.: $M \Vdash \alpha$) definieren: $M \Vdash \alpha$ genau dann, wenn für alle zu S passenden A und für alle zu A passenden I gilt: $I(\alpha) = W$, falls $I(\beta) = W$ für alle β aus M.

Die Gültigkeit eines Ausdrucks α in einer Algebra A (Abk.: $gt_A\ \alpha$) bzw. seine Allgemeingültigkeit (Abk.: allg α) läßt sich dann definieren durch: $gt_A\ \alpha$ genau dann, wenn für alle zu A passenden I gilt: $I(\alpha) = W$; allg α genau dann, wenn für alle zu S passenden A gilt: $gt_A\ \alpha$. Offenbar ist die Allgemeingültigkeit ein Spezialfall der Folgerbarkeit für die leere Prämissenmenge $M = \emptyset$, und man schreibt daher auch $\Vdash \alpha$. α heißt erfüllbar in A (Abk.: $erf_A\ \alpha$) genau dann, wenn eine zu A passende Interpretation I existiert mit $I(\alpha) = W$. In diesem Fall heißt A auch Modell von α, d. h. $Mod_A\ \alpha$. α heißt erfüllbar (Abk.: erf α) genau dann, wenn es eine zu S passende Algebra A mit $erf_A\ \alpha$ gibt. Ein calculus ratiocinator wurde durch die formalen Ableitungsregeln im Prädikatenkalkül z. B. nach Frege, Russell, Hilbert und Gentzen präzisiert. Man sagt: α ist aus der Prämissenmenge M formal ableitbar, und notiert $M \vdash \alpha$.

Seit Tarski war es nun möglich, mathematische Modelle (z. B. der elementaren Geometrie) in einer formalen Sprache 1. Stufe zu studieren. Was nun Leibnizens Programm der Mathesis Universalis betraf, so lieferte Gödels Vollständigkeitssatz von 1930 ein erstes zentrales Ergebnis. Alle allgemeingültigen Ausdrücke sind danach ableitbar und umgekehrt für die Prädikatenlogik 1. Stufe: $\Vdash \alpha$ genau dann, wenn $\vdash \alpha$. Damit stand zum ersten Mal im Sinne Leibnizens ein formal kombinatorisches Verfahren zur Auffindung aller allgemeingültigen Wahrheiten der Prädikatenlogik 1. Stufe, also eine ars inveniendi zur Verfügung.

Für die Junktorenlogik war die Entscheidbarkeit der Allgemeingültigkeit, also im Sinne Leibnizens eine ars iudicandi, durch die Konstruktion von Wahrheitswerttafeln gewährleistet und spätestens seit Boole bekannt. Demgegenüber gelang erst 1936 der Nachweis durch Church und Turing, daß ein Entscheidungsverfahren für die Prädikatenlogik 1. Stufe nicht existiert. Zwar konnte Turing den Begriff der Entscheidbarkeit von Eigenschaften ganz im Sinne von Leibniz durch das nach ihm benannte Maschinenprogramm präzisieren. Jedoch war durch das Ergebnis von Turing und Church eine prinzipielle Schranke der Mathesis Universalis aufgezeigt: Für die Allgemeingültigkeit eines Ausdrucks der 1. Stufe läßt sich prinzipiell keine ars iudicandi angeben.

Wenn also die Beweisfindung des Mathematikers (hier für die Prädikatenlogik 1. Stufe) rein formal-kombinatorisch nicht beschrieben werden konnte, welchen anderen Instanzen menschlicher Intelligenz werden dann noch in Anspruch genommen? Ist es vielleicht nicht doch so, wie bereits Descartes an den Aristotelischen Syllogismen kritisierte, daß die Logik nur im nachhinein schematisiert, was man sowieso schon weiß? Ist es nicht so, wie Ernst Mach immer wieder betonte, daß die mathematische Beweisfindung allein psychologischer Inspiration entspringe und die Formalisierung nur eine nachträgliche Ordnung der Gedankenschritte sei?[118]

Im Rahmen ihrer neuen Disziplin „Artificial Intelligence" hat die Informatik in den letzten Jahren zeigen können, daß intelligentes Problemlösungsverhalten, wie es bei der Beweisfindung des Mathematikers vorliegt, nicht nur psychologischer Inspiration und einer unbestimmten Intuition überlassen werden muß. Vielmehr lassen sich maschinelle Verfahren angeben, die z. B. für einen allgemeingültigen Ausdruck einen entsprechenden Beweis mit formal-kombinatorischen Mitteln „entwickeln" und „austesten" können.

Dies ist umso überraschender, wenn man bedenkt, was nach den Definitionen für die Allgemeingültigkeit von α alles gezeigt werden muß: $\Vdash \alpha$ ist nämlich äquivalent mit: nicht erf $\neg\alpha$; d. h. per definitionem, daß für alle zu S passenden Algebren A und für alle zu A passenden Interpretationen I gilt: $I(\neg\alpha) = F$. Für die Allgemeingültigkeit von α wäre also nach den bisherigen Definitionen zu zeigen, daß in allen denkmöglichen Strukturen, Theorien u. ä. (die zu S passen) alle entsprechen-

118 E. Mach, Deduktion und Induktion in psychologischer Bedeutung, in: ders., Erkenntnis und Irrtum, Leipzig 1917, 304-319; J. Hadamard, The Psychology and Invention in the Mathematical Field, Princeton 1945; H. Poincaré, Mathematical creation, in: J. R. Newmann (ed.), The World of Mathematics vol. 4, New York 1956, 2041-2050; G. Polya, Mathematical Discovery 2 Bde., New York 1962.

den Interpretationen die Negation von α falsifizieren: Eine formal-kombinatorische zunächst kaum zu bewältigende Aufgabe! Einen ersten Schritt zur Lösung dieses Problems tat 1930 der französische Logiker Herbrand mit dem nach ihm benannten Vollständigkeitssatz. Der zentrale Vorschlag seines Satzes lautet, daß man sich auf eine kanonisch ausgezeichnete Algebra beschränken kann, um für alle dazu passenden Interpretationen die Falsifikation von $\neg\alpha$ zu zeigen.

Dazu formt Herbrand den Ausdruck $\neg\alpha$ zunächst in die Skolemsche Normalform α^* um, d. h. $\neg\alpha$ (z. B. $\neg \bigwedge u\, R(u) \wedge \neg \bigwedge w\, S(w) \wedge \bigwedge x \bigwedge y\, (R(x) \vee S(y)))$ wird zunächst in eine pränexe Normalform umgeformt mit einem quantorenfreien Kern, der aus Konjunktionen von Alternationen besteht (z. B. $\bigvee u \bigvee w \bigwedge x \bigwedge y\, (\neg R(u) \wedge \neg S(w) \wedge (R(x) \vee S(y))))$, um dann die Existenzquantoren durch Konstanten bzw. Funktionsterme zu eliminieren (z. B. $\bigwedge x \bigwedge y\, (\neg R(a) \wedge \neg S(b) \wedge (R(x) \vee S(y))))$.

Beachtet man, daß die Individuenvariablen in der Skolemschen Normalform nur durch Allquantoren gebunden sind, so läßt sich α^* auch eindeutig bestimmen durch die Klasse aller Konjunktionsglieder des quantorenfreien Kerns (z. B. $\alpha^* = \{\neg R(a), \neg S(b), R(x) \vee S(y)\}$). Die ausgezeichnete Algebra bzw. das „Herbrand-Universum" wird dann erzeugt aus den Konstanten bzw. Funktionstermen der Skolemschen Normalform α^* (z. B. $\omega^* = \{a, b\}$).

Der Satz von Herbrand lautet jetzt: nicht erf α^* genau dann, wenn für alle zum Herbrand-Universum A^* passenden Interpretationen I^* gilt: $I^*(\alpha^*) = F$.

Danach genügt offenbar zu zeigen, daß jede Interpretation I^* wenigstens ein Konjunktionsglied aus α^* über dem Herbrand-Universum falsifiziert. Nun ordnet eine Herbrand-Interpretation I^* den Elementarausdrücken aus α^* neben den Variableninterpretationen über A^* auch Wahrheitswerte zu. Daher läßt sich I^* als Folge negierter oder affirmativer Elementarausdrücke aus α^* über dem Herbrand-Universum darstellen, also in unserem Beispiel etwa $I_1^* = (R(a), S(a), R(b), S(b))$; $I_2^* = (R(a), S(a), R(b), \neg S(b))$ etc. I_1^* und I_2^* falsifizieren offenbar bereits mit ihren ersten Folgegliedern $R(a)$ das Konjunktionsglied $\neg R(a)$ aus α^*.

Läßt sich nun ein mechanisches Verfahren angeben, daß alle Interpretationen I^* systematisch auf Falsifikationen über dem Herbrand-Universum testet? Dazu ist es nützlich, sich an Leibnizens Hinweis auf graphische Darstellung der Beweissuche durch „Ariadne-Fäden" zu erinnern. Modern gewendet müßten also alle Interpretationen als Äste eines Baumes systematisch („vollständig") abgetragen werden. Da diese Äste bei abzählbar-unendlichem Herbrand-Universum auch unendlich lang werden, müßten sie schrittweise nach den Konstruktionsgesetzen vollständiger Bäume abgetragen werden, bis nach endlich vielen Schritten ein falsifizierendes Folgeglied der jeweiligen Interpretation (graphisch gesprochen: ein abschließbarer Astknoten) erreicht wird. Liegt für alle Äste ein solcher Abschluß vor, spricht man auch von einem geschlossenen Baum.

Damit erhält der Satz von Herbrand folgende graphentheoretische Formulierung: nicht erf α^* genau dann, wenn für alle vollständigen Bäume $B(\alpha^*)$ ein geschlossener und endlicher Teilbaum $B'(\alpha^*)$ existiert. (Die Endlichkeitsbedingung läßt sich mit dem Lemma von König beweisen.)[119]

In unserem Beispiel erhielte der vollständige Baum $B(\alpha^*)$ folgende Gestalt:[120]

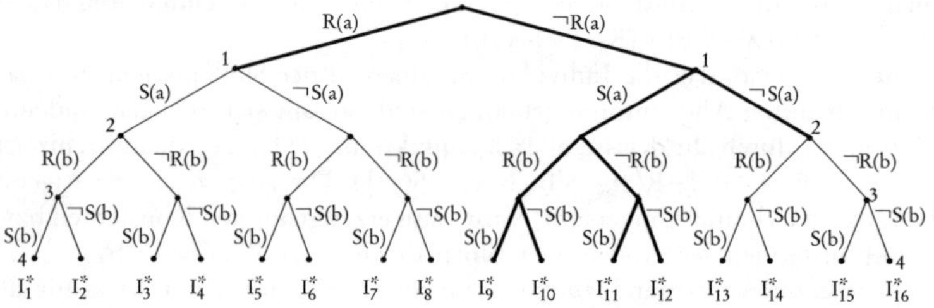

Der geschlossene Teilbaum $B'(\alpha^*)$ ist fett eingetragen. Bezeichnen wir mit $I^*_{i/j}$ die Interpretation (den Ast) I^*_i bis zum j-ten Elementarausdruck (bis zum j-ten Astknoten), so liegen nämlich folgende Falsifikationen von α^* über $\omega^* = \{a, b\}$ im einzelnen vor:

$I^*_{1/1}, \ldots, I^*_{8/1}$ falsifizieren das Konjunktionsglied $\neg R(a)$ aus α^*
$I^*_{9/4}, I^*_{11/4}$ falsifizieren das Konjunktionsglied $\neg S(b)$ aus α^*
$I^*_{13/2}, \ldots, I^*_{16/2}$ falsifizieren das Konjunktionsglied $R(x) \vee S(y)$ aus α^* für x/a und y/a.
$I^*_{10/4}, I^*_{12/4}$ falsifizieren das Konjunktionsglied $R(x) \vee S(y)$ aus α^* für x/a und y/b.

119 Vgl. auch J. Hintikka, Distributive normal forms in first-order logic, in: J. N. Crossley/ M. A. E. Dummett (eds.) Formal Systems and Recursive Functions. Proc. of the 8th Logic Coll. Oxford 1963, Amsterdam 1965, 48-91.

120 O. Itzinger, Methoden der maschinellen Intelligenz, München/Wien 1976, 41.

Damit wird zwar ganz im Sinne von Leibniz ein mechanisches Verfahren zur sukzessiven Erzeugung von „Ariadne-Fäden“ bei der Beweissuche für die Allgemeingültigkeit eines Ausdrucks angegeben.[121] Für die Beweisfindung bei komplizierten Ausdrücken etwa über abzählbar-unendlich großem Herbrand-Universum sind diesen Verfahren allerdings durch den erheblichen Zeitaufwand bei der Suche nach Baumabschlüssen praktische Grenzen gesetzt. Entsprechende Rechenexperimente haben das deutlich zeigen können. Der entscheidende Fortschritt für die praktische Beweisfindung gelang erst 1965 durch den Vollständigkeitssatz von J. A. Robinson. Nach Robinson ist die Nicht-Erfüllbarkeit von α^* durch ein möglichst einfaches Suchverfahren für die Ableitung eines Widerspruchs aus α^* zu charakterisieren. Das leistet die sogenannte Resolutionsmethode[122], die an einem einfachen aussagenlogischen Beispiel demonstriert werden soll:

Sei $\alpha \equiv (\neg\beta \vee \gamma) \wedge \neg\gamma \wedge \beta$, also $\alpha^* = \{\neg\beta \vee \gamma, \neg\gamma, \beta\}$. Aus den Konjunktiongliedern $\neg\beta \vee \gamma$ und $\neg\gamma$ folgt aussagenlogisch der Ausdruck $\neg\beta$, aus dem mit dem Konjunktionglied β der Widerspruch □ folgt:

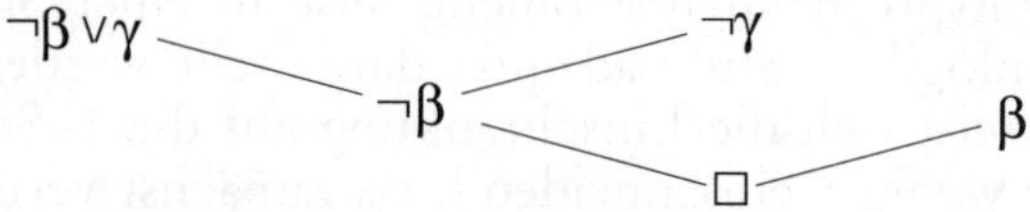

Mechanisch besteht also das Verfahren darin, widersprechende Teilausdrücke aus Konjunktiongliedern von α^* zu streichen („Resolution“) und diese Prozedur mit dem entstehenden „Resolventen“ und einem entsprechenden anderen Konjunktionsglied aus α^* zu wiederholen, bis ein Widerspruch (das „leere“ Wort) abgeleitet werden kann. Bei Konjunktionsgliedern mit Individuenvariablen ist das Verfahren komplizierter, da dann nach einem Substitutionsalgorithmus passende Ersetzungen

121 P. C. Gilmore, A proof method for quantification theory; its justification and realization, in: IBM Journal of Research Development 4 1960, 28-35.

122 J. A. Robinson, A machine oriented logic based on the resolution principle, in: Journal of the Association for Computing Machinery 12 1965, 23-41; vgl. auch M. M. Richter, Logikkalküle, Stuttgart 1978, 185 ff.; U. Schöning, Logik für Informatiker, Mannheim/Wien/Zürich 1987, 85 ff.

der Variablen über dem Herbrand-Universum vorgenommen werden müssen, um die beschriebene Resolventenbildung zu ermöglichen. Das Bestechende an der Robinsonschen Methode ist die Einfachheit der Regeln zur Resolventenbildung, die auch von einem Computer leicht bewältigt werden können. Der Nachteil besteht in den vielen überflüssigen Resolventen, die erfahrungsgemäß erst gebildet werden müssen, bis es zur Ableitung des leeren Wortes kommen kann. Ziel wäre natürlich, die Nicht-Erfüllbarkeit von α^* zu charakterisieren durch ein Ableitungsverfahren V für einen Widerspruch aus α^*, wobei V in einem noch zu präzisierenden Sinn „optimal effizient" wäre. Kriterien der Effizienz wären z. B. geringe Rechenzeit, möglichst geringer Speicherplatz oder möglichst wenig redundante Resolventenbildung. Unter solchen und anderen Kriterien wurde nach 1965 eine Reihe von effizienteren Resolutionsmethoden vorgeschlagen, mit denen auch praktische Erfahrungen am Computer gemacht werden konnten.[123]

Nach der Darstellung der theoretischen Bedingungen soll auf einige mathematische und außermathematische Anwendungsbeispiele verwiesen werden. Voraussetzung ist dabei allerdings, daß die entsprechenden Problemkreise in einer Sprache der Prädikatenlogik 1. Stufe adäquat dargestellt werden können. Dabei erweist sich die Einschränkung auf die 1. Stufe in der Praxis als weniger einschneidend, als zunächst vermutet werden könnte, und es ist überraschend, wieviele Probleme auf diesem Niveau bereits analysiert werden können. Der Ansatz ist dabei in allen Beispielen gleich und nach dem Schema der Vollständigkeitssätze vorgegeben. Das jeweilige Problem wird durch einen logischen Schluß aus bestimmten Problembedingungen äquivalent charakterisiert.[124]

So ist z. B. ein Grundproblem der Automatentheorie, ob ein Automat nach endlich vielen Schritten stoppt oder nicht. Sei die Arbeitsweise von A durch einen Ausdruck α_A adäquat beschrieben. Der Automat A stoppt bei einem Input a genau dann, wenn unter der Bedingung von α_A ein Output b existiert

123 L. Wos/G. A. Robinson/D. Carson, Efficiency and completeness of the set of support strategy in theorem proving, in: Journal of the Association for Computing Machinery 12 1965, 536-541.

124 Zu den folgenden Beispielen vgl. O. Itzinger, s. Anm. 120.

(z. B. als Input das Argument und als Output das Ergebnis einer durch A zu bearbeitenden arithmetischen Operation), so daß das „Halteprädikat" $Q_H(a, b)$ zutrifft, d. h. $\alpha_A \to \bigvee y\, Q_H(a, y)$, was äquivalent ist mit: nicht erf $\neg(\alpha_A \to \bigvee y\, Q_H(a, y))$, d. h. nicht erf$(\alpha_A \wedge \bigwedge y\, \neg Q_H(a, y))$, d. h. aus $\alpha^* = \{\alpha_A, \neg Q_H(a, y)\}$ ist nach der Resolutionsmethode ein Widerspruch abzuleiten.

Beispiele von außermathematischer Bedeutung liefern die sogenannten Frage-Antwort-Systeme.[125] Das Problem ist dabei, ob eine Frage unter bestimmten formalisierten Fakten beantwortbar ist oder nicht. Man stelle sich etwa als simples Beispiel die Datenbank einer Stadtverwaltung vor, in der unter anderem die Heiratsbeziehungen der Bewohner gespeichert sind, z. B. M(Sokrates, Xantippe) für „Sokrates ist der Mann von Xantippe". Ob die Frage „Wer ist der Mann von Xantippe?" beantwortbar ist, läßt sich dann damit äquivalent umschreiben, daß unter der Bedingung der gespeicherten Fakten die Formel $\bigvee x\, M(x, \text{Xantippe})$ folgt, d. h. nicht erf $\neg(M(\text{Sokrates}, \text{Xant.}) \to \bigvee x\, M(x, \text{Xant.}))$, d. h. aus $\alpha^* = \{M(\text{Sokrates}, \text{Xant.}), \neg M(x, \text{Xant.})\}$ ist nach der Resolutionsmethode ein Widerspruch abzuleiten.

Adjungiert man zu $\neg M(x, \text{Xant.})$ als „Antwortprädikat" Ant(x), so erhält man durch passende Substitution die „Antwort" der oben gestellten Frage als Resolvente:

M(Sokrates, Xant.) $\neg M(x, \text{Xant.}) \vee \text{Ant}(x)$

Substitution: x/Sokrates

Ant(Sokrates)

Weniger triviale Fragen der Mathematik sind etwa, ob unter den axiomatischen Bedingungen der Assoziativität einer Verknüpfung (Ax_1), der Existenz einer Linkslösung (Ax_2) und einer Rechtslösung der Verknüpfung (Ax_3) ein rechtsneutrales Element existiert, d. h. also: nicht erf $\neg(Ax_1 \wedge Ax_2 \wedge Ax_3 \to \bigvee x \bigwedge y\; y + x = y)$, d. h. aus $\alpha^* = \{Ax_1, Ax_2, Ax_3, \neg f(x) + x = f(x) \vee \text{Ant}(x)\}$ ist durch Resolventenbildung ein entsprechendes Element als Antwort abzuleiten.

125 Black/Fischer, Deductive Question – Answering System, Harvard (Ph. D. Dissertation) 1964.

Eine interessante Anwendung ist auch im Bereich der Planungs- und Handlungstheorie möglich.[126] Es geht um das effektive Planen von Aktionen zur Realisation eines Zieles aufgrund einer Ausgangssituation, die adäquat in der Sprache der PL1 darstellbar sein muß. Aktionen werden in PL1 durch Funktionskonstanten symbolisiert, die Reihenfolge ihrer Durchführung, d. h. also ihre Planung, durch den Aufbau eines abzuleitenden Terms. Dies sei an einem einfachen Beispiel vorgeführt:

Ausgangssituation:

1) $P(m, a, s_1)$
(„Das Objekt m ist im Ausgangszustand s_1 am Ausgangsort a.“)

2) $\bigwedge x \bigwedge y_1 \bigwedge y_2 \bigwedge z\, (P(x, y_1, z) \rightarrow P(x, y_2, f(x, y_1, y_2, z)))$
(„Durch die Aktion f läßt sich jedes Objekt x immer von Ort y_1 nach y_2 bewegen, wobei der Zustand z von x in $f(x, y_1, y_2, z)$ übergeht.“)

Zielsituation:
$\bigvee z\, P(m, b, z)$ („Es gibt Zielzustand z von m an Zielort b.“)
zu zeigen: nicht erf $\neg(P(m, a, s_1) \wedge \bigwedge x \bigwedge y_1 \bigwedge y_2 \bigwedge z\, (P(x, y_1, z) \rightarrow P(x, y_2, f(x, y_1, y, z))) \rightarrow \bigvee z\, P(m, b, z))$ d. h. nicht erf$\{P(m, a, s_1), \neg P(x, y_1, z) \vee P(x, y_2, f(x, y_1, y_2, z)), \neg P(m, b, z) \vee \text{Aktion}(z)\}$

Die Ausgangsituation ist offenbar durch eine Faktenbeschreibung (1) und eine allgemeine Gesetzesaussage (2) beschrieben. (2) kann ein physikalisches Gesetz sein, das Zustandsänderungen beschreibt oder aber z. B. eine sozial anerkannte Verhaltensnorm, für deren Befolgung hohe Wahrscheinlichkeit besteht. Aus den Prämissen (1) und (2) folgt die Behauptung der Zielsituation als logischer Schluß. Dies ist zu beweisen!

Dabei wird das Verfahren der Resolutionsdeduktion angewendet. Bei dieser Resolutionsdeduktion, die auch maschinell durchgeführt werden könnte, wird die „Aktionsplanung“ zur Erreichung der Zielsituation als entsprechender Funktionsterm abgeleitet. An die Stelle des Antwortprädikats in den Frage-Antwort-Systemen tritt nun ein „Aktionsprädikat“, dessen Argument der gesuchte Term zur Darstellung des Aktionsplans ist:

---

126 Vgl. auch J. McCarthy, Mechanisation of thought processes, in: Proc. Symposium, National Physical Laboratory vol. I, London 1958, 77-84.

Resolutionsdeduktion:

$$P(m,a,s_1) \qquad \neg P(x,y_1,z) \vee P(x,y_2,f(x,y_1,y_2,z))$$

Substitution: $x/m,\ y_1/a,\ z/s_1$

$$P(m,y_2,f(m,a,y_2,s_1)) \qquad \neg P(m,b,z) \vee \text{Aktion}(z)$$

Substitution: $z/f(m,a,b,s_1)$

$$\text{Aktion}(f(m,a,b,s_1))$$

(„Führe Aktion f aus, um m im Zustand s_1 von a nach b zu bewegen.")

Die angeführten Beispiele zeigen bereits die Grenzen für die formale Suche nach Argumenten mit Hilfe der Resolutionstechnik. Dabei muß grundsätzlich davon ausgegangen werden, daß die Länge eines so zu findenden Beweises von vornherein i. a. nicht (rekursiv) abgeschätzt werden kann, da sonst die Logik entscheidbar wäre, was – wie bereits erwähnt – nicht sein kann. Daher müssen sich auch Argumentationen nach der Resolutionstechnik immer auf spezielle Teiltheorien beschränken. Abgesehen von solchen Einschränkungen ist das prinzipielle Interesse an der Resolutionsmethode darin zu sehen, daß die Kunst, Argumente für eine Behauptung zu finden, maschinell-kombinatorisch angegangen wird.

Die Beschränkungen, denen die formale Suche nach Argumenten für eine Behauptung unterliegt, zeigt deutlich: Gutes Argumentieren bleibt i. a. eine „Kunst", die geübt und gelernt sein will und die sich nur beschränkt an Maschinen delegieren läßt. Auch im Falle einer vollständig formalisierten Theorie stehen wir ja nach wie vor vor dem Dilemma, zwar prinzipiell eine unübersehbar große Menge von Wahrheiten ableiten zu können, ohne jedoch die „wichtigen" Sätze von den Trivialitäten unterscheiden zu können. Daher wurden auch bisher durch Formalisierung keine neuen Lehrsätze in mathematischen Theorien gefunden. Pragmatische Satzkriterien wie „relevant", „zentral", „wichtig" konnten bisher kaum formal präzisiert werden.

So lautet ein Vorschlag, ein Argument (Satz) in einer Theorie dann „zentral“ zu nennen, wenn möglichst viele Sätze der Theorie in möglichst kurzen Beweisen aus diesem Satz abgeleitet werden können. In diesem Sinn sind z. B. in der klassischen Mechanik die Extremalprinzipien (z. B. d'Alembertsches oder Hamiltonsches Prinzip) zentralere Sätze als das Galileische Fallgesetz. Anschaulich läßt sich diese Eigenschaft mit einem Stadtplan vergleichen, auf dem die zentralen Plätze, von denen aus möglichst viele Stellen der Stadt auf möglichst kurzen Wegen erreicht werden können, den zentralen Sätzen der Theorie entsprechen. Aber wie für eine Stadtorientierung die formale Karte nicht ausreicht, sondern Erfahrung und Übung aus dem Besuch früherer Städte die mentale Voraussetzung bildet, so ist auch bei der Suche nach relevanten Sätzen bei vorgegebenen Beweisregeln der Blick für das Wesentliche nur durch Erfahrung und Übung im Beweisen zu erreichen.

Gleichwohl liefert der Satz von Herbrand mit der Resolutionsmethode eine erstaunliche Leistung computergestützter Problemlösung. Sie kann nicht von sich behaupten, kognitive Leistungen des Menschen zu simulieren. Anders gesagt: Menschen mögen bei entsprechenden Problemlösungen anders vorgehen.[127] Gleichwohl löst der Computer Probleme auf eine „ihm eigene Art“, von der viele Zeitgenossen im Sinne des Turing-Tests annehmen könnten, daß sie Intelligenz voraussetze.

1.23 Grundlagen von KI-Programmiersprachen

Eine erfolgreiche Problemlösung, so war Leibnizens Einsicht, hängt nicht zuletzt von einer geschickten symbolischen Darstellung ab, einer lingua universalis, die durch einen Kalkül maschinell bearbeitet werden kann. Man denke nur an seine bis heute benutzte Notation des Differentialkalküls, die ein schematisches Rechnen mit „unendlich kleinen Größen“ wie

127 Vgl. dazu auch I. Lakatos, Beweise und Widerlegungen, Braunschweig/Wiesbaden 1979; G. Polya, Mathematical Discovery 2 vols., New York 1962.

mit endlichen Zahlen erlaubte und damit Generationen von Mathematikern und Physikern eine neue Welt erschloß. Die Instrumentalisierung des Denkens durch symbolische Systeme stellte erneut Frege in seiner Schrift „Über die wissenschaftliche Berechtigung einer Begriffsschrift" (1882) heraus:

„Die hervorgehobenen Mängel haben ihren Grund in einer gewissen Weichheit und Veränderlichkeit der Sprache, die andererseits Bedingung ihrer Entwicklungsfähigkeit und vielseitigen Tauglichkeit ist. Die Sprache kann in dieser Hinsicht mit der Hand verglichen werden, die uns trotz ihrer Fähigkeit, sich den verschiedenen Aufgaben anzupassen, nicht genügt. Wir schaffen uns künstliche Hände, Werkzeuge für besondere Zwecke, die so genau arbeiten, wie die Hand es nicht vermöchte."[128]

Frege betont also bereits die technische Evolution, in die er seine Bemühungen um formale Zeichensysteme und Kalküle eingebettet sieht:

„Und wodurch wird diese Genauigkeit möglich? Durch eben die Starrheit, die Unveränderlichkeit der Teile, deren Mangel die Hand so vielseitig geschickt macht. So genügt auch die Wortsprache nicht. Wir bedürfen eines Ganzen von Zeichen, aus dem jede Vieldeutigkeit verbannt ist, dessen strenger logischer Form der Inhalt nicht entschlüpfen kann."[129]

Während Sprachkalküle zunächst nur in Mathematik und Logik Anwendung fanden (z. B. B. Russells und A. N. Whiteheads „Principia Mathematica"), weiteten Philosophen wie z. B. R. Carnap das Programm einer Formalisierung des menschlichen Wissens aus. Bereits in seinem Frühwerk „Der logische Aufbau der Welt" schlägt Carnap ein Konstitutionssystem der Begriffe vor, um die verschiedenen Stufen des menschlichen Wissens von elementaren sinnlichen Wahrnehmungen über Erfahrungsgegenstände bis zu abstrakten Begriffen in einem formalen Relationensystem darzustellen, das auf wenige Grundbegriffe reduzierbar ist. J. McCarthy, einer der Begründer der

128 G. Frege, Über die wissenschaftliche Berechtigung einer Begriffsschrift, in: Zeitschrift f. Philosophie u. philosophische Kritik. NF 81 1882, 48-56; repr. ders., Funktion, Begriff, Bedeutung. Fünf logische Studien, hrsg. u. eingel. G. Patzig, Göttingen 1966, 94.

129 G. Frege, s. Anm. 128, 94.

KI-Forschung, hat die Frage der formalen Darstellung zum Angelpunkt der KI erklärt:

„Ein intelligentes System muß eine Repräsentation der Welt besitzen, d. h. auf eine Menge von Fakten zugreifen, sie manipulieren und erweitern können. Dies ist das metaphysische Postulat. Zur Repräsentation von Fakten wird ein Formalismus verwendet, der Problemlösungen als Folgerungen enthält. Ein solcher Formalismus ist die mathematische Logik. Dies ist das erkenntnistheoretische Postulat. Die Implementation des Formalismus muß die Auffindung der Problemlösung bzw. der Folgerung gestatten, d. h. eines Beweises und einer Suchstrategie. Dies ist das heuristische Postulat."[130]

Programmiersprachen der KI fügen sich also nahtlos in das traditionsreiche Konzept der mathesis universalis ein. Fakten und Wissen werden nun in Datenstrukturen festgehalten, ihre Manipulationen und Erweiterungen durch Algorithmen ermöglicht.[131] Programmiersprachen sind das entscheidende Instrument computergestützter Problemlösung. Jeder Benutzer muß nämlich die Bearbeitung von Problemen, die einem Computer übergeben werden sollen, in einer Programmiersprache formulieren.

Die Generationen der Software-Programme, die seit den ersten programmgesteuerten Rechenmaschinen eingeführt wurden, lassen durchaus Analogien mit Entwicklungen der biologischen Evolution zu. Die Anfänge bilden maschinennahe Sprachen, die direkt z. B. durch Binärcode den Computer arbeiten lassen. Der Vergleich mit der „molekularbiologischen Sprache", die in Nervenzellen Funktionsabläufe steuert, liegt auf der Hand. Maschinensprachen prägen die Denkweise, wie

130 J. McCarthy/P. J. Hayes, Some philosophical problems from the standpoint of artificial intelligence, in: B. Meltzer/D. Michie (eds.), Machine Intelligence 4, Edinburgh 1969, 463-502; vgl. dazu P. Schefe, Künstliche Intelligenz – Überblick und Grundlagen, Mannheim/Wien/Zürich 1986, 12f.

131 N. Wirth, Algorithmen und Datenstrukturen, Stuttgart 1975. Zum Repräsentationsproblem in philosophischer Sicht vgl. auch K. Lorenz, The concept of science. Some remarks on the methodological issue ‚construction' versus ‚description' in the philosophy of science, in: P. Bieri/R.-P. Horstmann/L. Krüger (eds.), Transcendental Arguments and Science, Essays in Epistemology, Dordrecht 1979, 117-199.

Probleme computergerecht zu lösen sind, aber eben nicht problemorientiert im Sinne menschlicher Arbeitsweise. Über den kaum verständlichen Maschinensprachen, die aus scheinbar willkürlichen Folgen von Binärcodes bestehen, schichtet sich daher eine Hierarchie von mehr oder weniger maschinen- oder problemorientierten Programmiersprachen, deren Bedeutungen schließlich unabhängig von der zugrunde gelegten Hardware sind. Höhere Sprachen werden mit besonderen Übersetzungssprachen in niederere Sprachen übersetzt, um schließlich die Maschine zum Laufen zu bringen.

Die frühen Programmiersprachen wie z. B. FORTRAN, die in Natur- und Ingenieurwissenschaften Anwendung fanden, können mit ihrer maschinennahen Struktur die historischen Eierschalen der ersten Computertypen nicht verleugnen. So ist z. B. FORTRAN eine imperative Programmiersprache, bei der ein Programm aus einer Folge von Befehlen an den Computer besteht wie z. B. „springe an die Stelle z im Programm", „schreibe in die Variable x den Wert a". Im Zentrum stehen Variablen, also maschinentechnisch Register- bzw. Speicherzellen, in denen Eingabewerte gespeichert und verarbeitet werden. Der Aufbau eines von-Neumann-Rechners wird hier deutlich.

Während also ein Programm in einer imperativen Programmiersprache aus einer Folge von Befehlen für den Computer besteht, wird Programmierung in einer prädikativen Programmiersprache als Beweisen in einem System von Tatsachen aufgefaßt. Diese Wissensdarstellung und Wissensverarbeitung ist aus der Logik wohlvertraut und daher am logisch geschulten Benutzer orientiert. Eine entsprechende Programmiersprache heißt „*Pro*gramming in *Log*ic" (PROLOG), die seit Anfang der 70er Jahre in Gebrauch ist.[132] Grundlage ist die Prädikatenlogik 1. Stufe. Wissen wird in der Prädikatenlogik als Menge

132 Der Entwicklungsschritt von der Logik-Programmierung zu einer verwendbaren Programmiersprache wie PROLOG geht auf eine Marseiller Forschergruppe um A. Colmerauer zurück. Für eine Einführung in PROLOG vgl. M. Hanus, Problemlösen in PROLOG, Stuttgart 1986; B. Kowalski, Logic for Problem Solving, New York 1979, P. Schefe, Informatik – Eine konstruktive Einführung. LISP, PROLOG und andere Konzepte der Programmierung, Mannheim/Wien/Zürich [2]1987, 285 ff.

von wahren Aussagen dargestellt. Die Welt wird also in Carnaps „statement view“ festgehalten, d. h. in Relationensystemen konstituiert. Relationen sind dabei mehrstellige Prädikate.

Die logische Aussage „Die Objekte $O_1, \ldots, O_n$ stehen in der Relation R“ entspricht einem Sachverhalt bzw. Faktum, dem man in der Prädikatenlogik die allgemeine Form $R(O_1, \ldots, O_n)$ gibt. In PROLOG schreibt man:

(1.31) $\mathrm{NAME}(O_1, \ldots, O_n)$,

wobei „NAME“ ein beliebiger Name einer Relation ist. Zeichenfolgen, die in der syntaktischen Form von Fakten wiedergegeben werden, heißen auch Literale.

Ein Beispiel eines Faktums bzw. Literals lautet:
verheiratet (Sokrates, Xantippe)
verheiratet (Abélard, Eloise)
ist lehrer (Sokrates, Platon)
ist lehrer (Abélard, Eloise).

Behauptungen und Beweise über vorgegebene Fakten lassen sich nun in Frage-Antwort-Systemen darstellen. Dabei werden Fragen mit einem Fragezeichen und Ausgaben des Programms mit einem Stern bezeichnet:

```
? verheiratet (Sokrates, Xantippe)
* ja
? ist lehrer (Sokrates, Xantippe)
* nein
```

Fragen können sich auch gezielt auf Objekte beziehen, für die in diesem Fall Variablen eingesetzt werden:

```
? verheiratet (mann, xantippe)
* mann = sokrates
? ist lehrer (lehrer, platon)
* lehrer = sokrates.
```

Allgemein lautet eine Frage in PROLOG „sind L_1 und L_2 und … und L_n wahr?“ oder kurz:

? $L_1, L_2, \ldots, L_n$,

wobei $L_1, L_2, \ldots, L_n$ Literale sind. Logische Schlußregeln wie der „Modus ponens" lauten „wenn L_1 und L_2 und ... und L_n wahr ist, dann ist auch L wahr" oder kurz:

$L : -L_1, L_2, \ldots, L_n$.

So läßt sich etwa die Regel einführen:

ist schüler (schüler, lehrer) : – ist lehrer (lehrer, schüler).

Dann folgt z. B. aus den vorgegebenen Fakten:

? ist schüler (schüler, Sokrates)
* schüler = Platon.

Aufgrund einer vorgegebenen Wissensbasis in Form von Literalen können in PROLOG Lösungen einer Frage bzw. Problemstellung nach der Resolutionsmethode gefunden werden.

Alternativ zu Aussagen und Relationen läßt sich Wissen auch durch Funktionen und Zuordnungen darstellen. Entsprechende funktionale Programmiersprachen fassen daher Programme nicht als Systeme von Tatsachen und Schlußfolgerungen (wie z. B. PROLOG) auf, sondern als Funktionen von Mengen von Eingabewerten in Mengen von Ausgabewerten. Während prädikative Programmiersprachen an der Prädikatenlogik orientiert sind, gehen funktionale Programmiersprachen auf den λ-Kalkül zurück, den A. Church 1932/33 zur Formalisierung von Funktionen mit Rechenvorschriften einführte. Historisch gehört Freges Begriffsschrift insofern mit zu den Vorläufern des λ-Kalküls, als auch Frege den Funktionsbegriff in den Mittelpunkt stellte und ihn von seiner Anwendung als Funktionswert durch einen Abstraktor (bei Frege ε anstelle von λ) unterschied. Church definierte den λ-Kalkül, um eine (weitere) Präzisierung des Begriffs der Berechenbarkeit zu erhalten.[133]

Eine Funktion ordnet jedem Argument zwar genau einen Funktionswert zu, ohne aber im allgemeinen anzugeben, wie der Funktionswert aus dem Argument zu berechnen sei. Der

133 A. Church, The Calculi of Lambda-Conversion, Princeton 1941, ²1951, repr. New York 1965; vgl. auch H. P. Barendregt, The Lambda Calculus. Its Syntax and Semantics, Amsterdam/New York/Oxford 1981 (dort auch ausführliche Literaturangaben).

λ-Kalkül stellt daher Rechenvorschriften durch Rechenterme dar. Bezeichnet z. B. mult(x, y) den Funktionswert, der durch multiplizieren von x und y entsteht, so kann die Rechenvorschrift für das Quadrat von x leicht durch den Funktionswert mult(x, x) eingeführt werden, der durch Multiplikation von x mit sich selber entsteht.

Im Unterschied zum Rechenergebnis bzw. Funktionswert mult(x, x) bezeichnen wir die Rechenvorschrift bzw. Funktion mit λx. mult(x, x), wobei λ ein Quantor ist, der die Variable x bindet. Dadurch ist sichergestellt, daß bei Anwendung der Funktion z. B. auf eine Zahlenkonstante n in allen gebundenen Variablen des Funktionswertes die Konstante n substituiert wird, also (λx.mult(x, x))(n) = mult(n, n).

Allgemein lassen sich λ-Terme induktiv definieren: Sei $V = \{x_1, \ldots, x_n\}$ eine (aufzählbare) Menge von Variablen. Dann ist 1) jede Variable x aus V ein λ-Term; 2) wenn M und N λ-Terme sind, dann ist (MN) (bzw. in Funktionsschreibweise M(N)) ein λ-Term; 3) wenn x aus V eine Variable und M ein λ-Term ist, dann ist (λx.M) ein λ-Term.

In diesem Kalkül können also Funktionen beliebiger Kompliziertheit als Argumente von Funktionen auftreten wie z. B. (λx.(λx.(λx.(xx)))). Das entscheidende Axiom des λ-Kalküls betrifft die Anwendung einer Funktion auf ein Argument: ((λx.M)N) = M[N/x], wobei M[N/x] den Term bezeichnet, den man erhält, wenn in M die Variable x überall durch den Term N ersetzt wird, außer in Teiltermen von M, in denen x durch ein λ gebunden ist. So wird z. B. (λx.(x + x)2) durch (2 + 2) ersetzt. Diese Substitution darf keine neuen Bindungen verursachen. In z. B. (λy.x) kann die freie Variable x nicht durch die gebundene Variable y ersetzt werden, da sonst (λy.y) entstehen würde. In solchen Fällen wird die gebundene Variable y umbenannt zu z. B. (λz.x). Werden entsprechende Grundfunktionen vorausgesetzt, so können mit λ-Termen genau die berechenbaren Funktionen dargestellt werden. Man erhält also eine weitere Bestätigung der Churchschen These.

Analog wie bei Mengen entsteht auch bei Funktionen das Problem selbstbezüglicher Anwendungen, d. h. Mengen, die sich selber als Element enthalten bzw. Funktionen, die Argumente ihrer selbst sind. B. Russell löste seinerzeit die Widersprüche der Mengenlehre durch Einführung einer Typenhierarchie, nach der Mengen einen höheren Typ besitzen als ihre Elemente. Durch Einführung von Typen kann auch zwischen Funktionen und Argumenten unterschieden werden, d. h. selbstbezügliche

Anwendungen wie z. B. $((\lambda x.(xx))(\lambda x.(xx)))$, die zu einer unbegrenzten Auswertung des λ-Terms durch Anwendung auf sich selber führen, werden ausgeschlossen. Dann kann z. B. die Multiplikation nur noch auf natürliche Zahlen angewendet werden und nicht auf arithmetische Funktionen.

Allgemein wird von einem Grundtyp σ (z. B. der Typ der natürlichen Zahlen) ausgegangen. Falls τ und τ' Typen sind, dann ist auch $\tau \rightarrow \tau'$ ein (Funktions-) Typ. So bezeichnet der Typ $(\sigma \rightarrow \sigma) \rightarrow \sigma$ die Menge von Funktionen, die Objekte von Typ σ (z. B. natürliche Zahlen) als Argumente besitzen und eine Funktion vom Typ $\sigma \rightarrow \sigma$ (d. h. eindeutige Zuordnungen von natürlichen Zahlen auf natürliche Zahlen) als Wert liefern. Entscheidender Vorteil des typisierten λ-Kalküls ist also die Garantie, daß bei jeder Funktion die Auswertung ihrer Anwendung auf Argumente niederen Typs nach endlich vielen Schritten abgeschlossen ist.

Neben seiner Anwendung in der Berechenbarkeits- und Beweistheorie[134] gewinnt der λ-Kalkül grundlegende Bedeutung für die modernen funktionalen Programmiersprachen wie LISP. Obwohl LISP heute neben PROLOG eine der hochentwickelten KI-Programmiersprachen ist, gehört sie historisch zu den ältesten Programmiersprachen. Sie wurde nämlich bereits Ende der 50er Jahre von J. McCarthy eingeführt, um Probleme der nicht-numerischen Informationsverarbeitung zu lösen, die z. B. schon in der Mathematik beim Lösen symbolischer Differentiationen auftraten. Zum damaligen Zeitpunkt konnte sie sich jedoch nicht gegen die stärker numerisch- und maschinenorientierten Sprachen wie z. B. FORTRAN und ALGOL durchsetzen. Sie stand wissenschaftssoziologisch zunächst außerhalb des Forschungstrends bzw. der herrschenden Forschungsparadigmen der Informatik in den 50er und 60er Jahren. Mit dem Entwicklungsschub der KI seit den 70er Jahren und der verstärkten Hinwendung zu nicht-numerischer Wissensverarbeitung schlug auch die Stunde für die Programmiersprache LISP, deren Universalität bei der Formulierung

134 S. C. Kleene, λ-definability and recursiveness, in: Duke Math. J. 2 1936, 340-353.

von Algorithmen viele Informatiker zunehmend in ihren Bann schlug.[135]

Als Datenstrukturen zur funktionalen Formulierung von Algorithmen werden in LISP („list processing language") lineare Listen von Symbolen verwendet. Die kleinsten (unteilbaren) Bausteine von LISP heißen Atome. Es können Zahlen, Zahlenfolgen oder Namen sein. Aus den Atomen werde induktiv s-Ausdrücke („s" für „symbolisch") als Objekte von LISP geformt: 1) Ein Atom ist ein s-Ausdruck; 2) wenn x und y s-Ausdrücke sind, dann auch (x.y). Beispiele für s-Ausdrücke lauten 211, (A.B), (TIMES.(2.2)), wobei 211, A, B und TIMES als Atome vorausgesetzt sind.

Listen werden nun ebenfalls induktiv definiert: 1) NIL („leere Symbolfolge") ist eine Liste; 2) wenn x ein s-Ausdruck und y eine Liste ist, dann ist auch der s-Ausdruck (x.y) eine Liste. Als vereinfachte Schreibweise wird die leere Liste „NIL" als „( )" notiert und die vielen Klammern in der allgemeinen Form

(1.32) (S1.(S2.(... (SN.NIL)...)))

vereinfacht zu (S1 S2 ... SN). Listen können wieder Listen als Elemente enthalten, was den Aufbau sehr komplexer Datenstrukturen erlaubt und damit die flexible Darstellung von LISP erhöht.

Programmieren in LISP bedeutet algorithmische Verarbeitung von s-Ausdrücken und Listen. Mit Blick auf den λ-Kalkül werden diese algorithmischen Verarbeitungen durch Anwendung von Funktionen beschrieben. Eine Funktionsanwendung wird als Liste notiert, wobei das erste Listenelement der Name der Funktion ist und die restlichen Elemente die Parameter der Funktionsargumente sind. Dazu werden folgende primitive Grundfunktionen vorausgesetzt: Die Funktion CAR liefert, angewendet auf einen s-Ausdruck, den linken Teil, d. h.

(1.33) (CAR(x.y)) = x,

135 J. McCarthy et alt., LISP 1 Programmer's Manual. MIT Computer Center and Res. Lab. Electronics, Cambridge (Mass.) 1960; H. Stoyan/G. Goerz, LISP – Eine Einführung in die Programmierung, Berlin/Heidelberg/New York 1984; P. Schefe, s. Anm. 132.

während die Funktion CDR den rechten Teil ergibt, d. h.

(1.34) (CDR(x.y)) = y.

Die Funktion CONS vereinigt zwei s-Ausdrücke zu einem s-Ausdruck, d. h.

(1.35) (CONS x y) = (x.y).

Wendet man diese Funktionen auf Listen an, so liefert also CAR das erste Element, CDR die restliche Liste ohne das erste Element. CONS ergibt eine Liste mit dem ersten Parameter als erstes Element und dem zweiten Parameter als Rest.

Listen und s-Ausdrücke können auch als binär geordnete Bäume dargestellt werden. Abb. 1.33a zeigt die Baumdarstellung der allgemeinen Liste (S1 S2 . . . SN) mit den jeweiligen Anwendungen der Grundfunktionen CAR und CDR, während Abb. 1.33b den s-Ausdruck (A.((B.(C.NIL)))) darstellt:

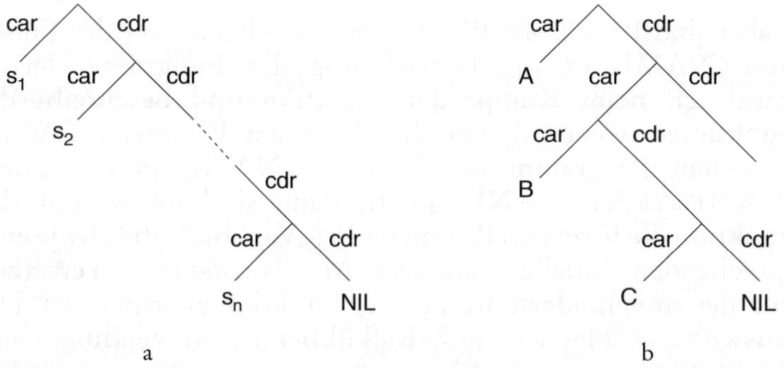

Abb. 1.33

Funktionskompositionen wie z. B. (CAR.(CDR.x)) drücken die Hintereinanderausführung zweier Funktionsanwendungen aus, wobei die innere Funktion zuerst ausgewertet wird. Bei mehrstelligen Funktionen werden alle Argumente zuerst ausgewertet und dann die Funktion angewendet. Listen werden in der Regel als Anwendung einer Funktion aufgefaßt. Dann bedeutet (ABCDEF), daß die Funktion A auf B, C, D, E und F anzuwenden ist.

Oft ist es aber auch sinnvoll, Listen als (geordnete) Mengen von Symbolen aufzufassen. So macht es wenig Sinn (14235) als Anwendung der Funktion 1 auf die Argumente 4, 2, 3, 5 zu lesen, wenn es um eine Sortierungsaufgabe der Zahlen geht. In LISP wird daher das Symbol QUOTE eingeführt, wonach die folgende Liste nicht als Funktionsanweisung, sondern als Aufzählung von Symbolen zu verstehen ist: z. B. QUOTE(14235) oder kurz '(14235). Dann ist nach Definition z. B. CAR'(123) = 1, CDR'(123) = '(23) und CONS 1'(23) = '(123). Während Variable durch literale Atome notiert werden, können nicht-numerische Konstanten durch Quotierung von Variabeln unterschieden werden: z. B. die Variable x und LISTE und die Konstanten 'x und 'LISTE.

Nach diesen Vereinbarungen definiert man mit Hilfe von Grundfunktionen in LISP neue Funktionen. Die allgemeine Form einer Funktionsdefinition lautet:

(1.36) (De NAME (P1 P2 ... PN) s-Ausdruck).

Dabei sind P1, P2, ..., PN die formalen Parameter der Funktion, NAME ist die Bezeichnung der Funktion. Der s-Ausdruck heißt Rumpf der Funktion und beschreibt die Funktionsanwendung mit den formalen Parametern. Wenn in einem Programm die Funktion NAME in der Form (NAME A1 A2 ... AN) auftritt, dann sind im Rumpf der Funktion die formalen Parameter Pi („Variable") durch die entsprechenden aktuellen Parameter Ai („Konstante") zu ersetzen und der so veränderte Rumpf der Funktion auszuwerten. Die Auswertung folgt wie im λ-Kalkül bei der Anwendung einer Funktion.

Als Beispiel wird die Funktion DREI definiert, die das dritte Element einer Liste berechnet:

(De DREI (LISTE) (CAR (CDR (CDR LISTE)))).

Die Funktionsanwendung DREI'(415) ersetzt im Rumpf der Funktion DREI die formalen Parameter durch (CAR(CDR(CDR'(415)))). Die Auswertung liefert dann den Wert 5 als drittes Element der vorgelegten Liste.

Wie in der Rekursionstheorie können Funktionen auch durch bedingte Ausdrücke wie bei Fallunterscheidungen definiert werden. Um Bedingungen formulieren zu können, werden neue Atome wie z. B. NIL für „falsch" und T („true" für „wahr") und neue Grundfunktionen wie z. B. EQUAL zum Vergleich zweier Objekte eingeführt:

(1.37) (EQUAL 12) = NIL
(EQUAL 11) = T

Die allgemeine Form eines bedingten Ausdrucks in LISP lautet:

```
(1.38)  (COND
            (Bedingung 1 s-Ausdruck 1)
            (Bedingung 2 s-Ausdruck 2)
            ...
            (Bedingung N s-Ausdruck N)).
```

Falls die i-te Bedingung den Wahrheitswert T und alle vorhergehenden Bedingungen den Wahrheitswert NIL liefern, ist das Ergebnis des bedingten Ausdrucks der i-te s-Ausdruck. Der bedingte Ausdruck erhält den Wert NIL, falls alle Bedingungen der Wert NIL haben.

Als Beispiel sei eine Funktion definiert, mit der die Länge einer Liste berechnet werden kann:[136]

```
(DE LENGTH (LISTE)
   (COND
        ((EQUAL LISTE NIL) 0)
         (T (PLUS (LENGTH
                 (CDR LISTE)) 1)))).
```

Die erste Bedingung stellt fest, ob die Liste leer ist. In diesem Fall hat sie die Länge 0. Die zweite Bedingung geht davon aus, daß die Liste nicht leer ist. In diesem Fall wird die Länge der Liste berechnet, in dem zur Länge der um das erste Element verkürzten Liste (LENGTH(CDR LISTE)) die Zahl 1 hinzuaddiert wird. Es handelt sich offenbar um eine rekursive Funktion.

Wir definieren nun allgemein, was unter einem LISP-Programm zu verstehen ist. Es ist selber eine Liste von Funktionsdefinitionen und ein Ausdruck, der mit diesen Funktionsdefinitionen auszuwerten ist:

136 Vgl. Duden. Informatik, Mannheim/Wien/Zürich 1988, 330.

(1.39) ((DE FUNCT 1 …)
(DE FUNCT 2 …)
…
(DE FUNCT N …)
s-Ausdruck).

In den durch Punkten angedeuteten Rümpfen der verwendeten Funktionen können alle bisher eingeführten Funktionen verwendet werden. Da also ein LISP-Programm selber wieder ein s-Ausdruck ist, haben Programme und Daten in LISP die gleiche Form. Deshalb kann LISP auch als Metasprache für Programme auftreten, d. h. in LISP kann über LISP-Programme gesprochen werden. Eine weitere Eignung von LISP für Probleme der Wissensverarbeitung in der KI ist dadurch gegeben, daß eine flexible Verarbeitung von Symbolen und Strukturen möglich ist. Numerische Berechnungen sind nur Spezialfälle.

In der KI wird versucht, Problemlösungsstrategien algorithmisch zu strukturieren und sie dann in ein KI-Programmiersprache wie LISP zu übersetzen. Ein zentraler KI-Anwendungsbereich sind die sogenannten Suchprobleme. Wenn z. B. ein Gegenstand in einer großen Menge gesucht wird und kein Wissen über einem Lösungsweg des Problems zur Verfügung steht, dann werden auch Menschen intuitiv einen heuristischen Lösungsweg wählen, der als „British-Museum-Algorithm“ bekannt ist. Beispiele sind die Suche eines Buches in einer Bibliothek, nach einer Zahlenkombination bei einem Tresor oder nach einer chemischen Formel unter endlich vielen Möglichkeiten bei gegebenen Rahmenbedingungen. Die Lösung wird nach diesem Verfahren mit Sicherheit gefunden, wenn feststeht, daß alle endlich vielen Möglichkeiten bzw. Fälle geprüft werden. Voraussetzung dieses Verfahrens ist daher:

1) Es gibt eine Menge von formalen Objekten, in der die Lösung enthalten ist.
2) Es gibt einen Generator, d. h. ein vollständiges Aufzählungsverfahren für diese Menge.
3) Es gibt einen Test, d. h. ein Prädikat, das feststellt, ob ein erzeugtes Element zur Lösungsmenge gehört oder nicht.

Der Suchalgorithmus heißt daher auch „GENERATE_AND_TEST (SET)“ und soll zunächst inhaltlich beschrieben werden:[137]

(1.40) Funktion GENERATE_AND_TEST (SET)
Wenn die zu untersuchende Menge SET leer ist,
dann Mißerfolg,
sonst
sei ELEM das ‚nächste‘ Element aus SET;
Wenn ELEM Zielelement,
dann liefere es als Lösung,
sonst wiederhole diese Funktion
mit der um ELEM verminderten Menge SET.

Es handelt sich also um eine rekursive Funktion. Für ihre Formulierung in LISP werden folgende Hilfsfunktionen benötigt, deren Bedeutung inhaltlich umschrieben sei: GENERATE erzeugt ein Element der gegebenen Menge. GOALP ist eine Prädikatsfunktion, die T liefert, wenn sein Argument der Lösungsmenge angehört, sonst NIL. SOLUTION verarbeitet das Lösungselement zur Ausgabe. REMOVE liefert die um das gegebene Element verkleinerte Menge. Die Formulierung in LISP lautet nun

(1.41)
```
(DE GENERATE_AND_TEST (SET)
    (COND ((EQUAL SET NIL) 'FAIL)
          (T (LET (ELEM (GENERATE SET))
                (COND ((GOALP ELEM) (SOLUTION ELEM))
                      (T (GENERATE_AND_TEST
                           (REMOVE ELEM SET)))))))))).
```

An diesem Beispiel werden bereits typische Probleme von KI-Systemen deutlich, über die im folgenden Abschnitt noch ausführlich zu reden sein wird. Grundlegend ist das sogenannte Repräsentationsproblem, d. h. die Wahl einer geeigneten Programmiersprache bzw. Datenstruktur (z. B. LISP) zur Beschreibung eines Problemlösungsverfahrens. Die Festlegung der Regeln zur Ableitung der Problemlösung nennt man auch das Ableitungs- (Inferenz-) Problem. In unübersichtli-

137 P. Schefe, s. Anm. 130, 57.

chen Fällen muß die Reihenfolge der Regelanwendung erst gefunden werden. Wie im Fall des „British-Museum-Algorithm" spricht man dann von einem Suchproblem. Dabei besteht nur in wenigen Fällen eine Analogie zum intuitiven menschlichen Vorgehen. Für die heutige KI als Teil der praktischen Informatik ist sogar charakteristisch, daß der Anspruch einer Simulation menschlicher Kognition, wie sie noch beim Turing-Test im Vordergrund stand, weitgehend aufgegeben ist. Es kommt vielmehr auf Effizienz und Problemnähe der Programmierung an. Man spricht dann vom Implementierungsproblem einer Problemlösung. Ziel ist es, die Schnittstelle Mensch-Maschine mit einer ausdrucksstarken KI-Programmiersprache zu optimieren. Ob diese Sprachen mit ihren Datenstrukturen auch kognitive Strukturen des menschlichen Geistes simulieren bzw. abbilden, wird heute nur noch in bestimmten Teildisziplinen der KI (z. B. kognitive Psychologie) gefragt. KI-Programmiersprachen werden primär als computergestützte Werkzeuge zur optimalen Problemlösung eingesetzt.

1.3 Entwicklungen wissensbasierter Systeme

Ein vorläufiger Höhepunkt computergestützter Problemlösungsverfahren ist die Entwicklung wissensbasierter Expertensysteme. Es handelt sich um Computerprogramme, mit denen das Spezialwissen und die Urteilskraft eines menschlichen Experten in einem begrenzten Aufgabengebiet simuliert werden soll. Da es sich um algorithmische Computerprogramme handelt, stehen sie philosophisch in der neuzeitlichen Tradition der „Mechanisierung des Denkens". Einerseits kommen sie der Leibnizschen Intention einer maschinellen Problemlösung sehr nahe. Andererseits werden durch die Präzisierung und den praktischen Einsatz wissensbasierter Expertensysteme die methodischen Grenzen deutlich, an die Computerprogramme bei der Unterstützung oder gar Simulation geistiger Tätigkeiten des Menschen stoßen.

Die Geschichte wissensbasierter Expertensysteme begann, als man die Entwicklung universeller Problemlösungsstrategien aufgab, also sich von der Idee einer Mathesis Universalis in der KI abwendete und auf bereichsspezifizische Problemlösungen beschränkte. Die Erfahrungen mit den Expertensystemen der ersten Generation ermöglichten bereits Ende der 70er Jahre spezielle Werkzeuge, mit denen neue Systeme gebaut und ihre Entwicklungszeit verkürzt werden konnte. Heute sind schon viele Expertensysteme auf dem Markt, mit denen in Industrie und Forschung gearbeitet wird. Es wird bereits von einer Evolution der Werkzeugsysteme gesprochen, die durch „Mutation" Neuentwicklungen von Werkzeugen einleiten und durch „Selektion" Erfahrungen bei der Anwendung von Werkzeugen auswerten. Philosophisch ist bemerkenswert, daß Expertensysteme technische Realisationen von Methodologien sind, die aus der Logik und Wissenschaftstheorie wohlbekannt sind. Daher, so die These dieses Abschnitts, sind Expertensysteme nicht nur Technologie, sondern enthalten im Kern auch Philosophie, genauer gesagt eine bestimmte Sicht in der Philosophie des Geistes.[138]

1.31 Grundlagen wissensbasierter Expertensysteme

Soziologen und Ökonomen sprechen heute von einer Übergangsphase, in der sich die klassische rohstofforientierte Industriegesellschaft in eine wissensverarbeitende Informationsgesellschaft transformiert. Viele Experten sind bereits in den verschiedenen Formen der Wissens- und Informationsverarbeitung beschäftigt. Der Computer ist dabei das Werkzeug, wie die Sähmaschine für den Bauern und die Industriemaschine für den Facharbeiter. Die wissensbasierten Expertensysteme sind ein technisches Symbol für diese Umstrukturierung der Gesellschaft. Einige sprechen bereits vom zweiten Computerzeitalter und meinen damit den Übergang vom traditionellen Computer als numerischem Rechner und Datenspeicher zu wissensverarbeitenden Systemen.

---

138 Vgl. auch C. Glymour, AI is philosophy, in: J. H. Fetzer (ed.), Aspects in Artificial Intelligence, Dordrecht/Boston/Lancaster/Tokyo 1988, 195-207.

Wie unterschiedlich man auch den derzeitigen Leistungsstandard der existierenden Expertensysteme in Forschung und Industrie bewerten mag, so ist doch der Übergang von der numerischen Rechnung zur Verarbeitung symbolischen Wissens eingeleitet. Hier spiegelt sich in der Tat ein zentraler Aspekt der modernen technischen Lebenswelt des Menschen wider, die keineswegs, wie vielfach in der Neuzeit geäußert wurde, von Zahlen bestimmt ist. Nur ein verhältnismäßig geringer Teil geistiger Arbeit ist numerischer Natur und von mathematischen Formeln bestimmt, wie wir sie aus der Physik und den Ingenieurwissenschaften kennen. Sogar in der Chemie wird die meiste Denkarbeit durch symbolische Ableitung und Strukturanalyse und nicht durch Rechnen bestimmt. Dieser Hinweis gilt ebenso für Biologie und Medizin und den gesamten Bereich der Rechts- und Staatswissenschaften. Fast das gesamte Denken im Bereich des modernen Management ist keineswegs durch „Zahlen" bestimmt, sondern durch symbolische Ableitung und Wissensverarbeitung. Kurz: Der größte Teil der Denkarbeit, die heute von Experten geleistet wird, beruht auf symbolischer Wissensverarbeitung und nicht auf Rechnung.

Da Computer immer schnellere, effektivere und billigere Werkzeuge werden, verwundert es nicht, daß nach der automatischen Zahlen- und Datenverarbeitung auch das in Symbolen dargestellte Wissen in algorithmischen Programmen verarbeitet werden soll. Einer der Pioniere dieser Entwicklung E. A. Feigenbaum hat die Geschichte wissensbasierter Expertensysteme mit der Geschichte der Automobilindustrie verglichen.[139] In der Welt der KI ist es sozusagen 1890, als die ersten Automobile auftraten. Sie sind handbetriebene pferdelose Wagen, aber bereits Automobile, d. h. selbstbewegliche Fahrzeuge. So wie seinerzeit Henry Ford die ersten Prototypen von Benz und Daimler für die Massenproduktion weiterentwickelte, so werden nach Feigenbaum auch wissensbasierte Systeme in die Massenproduktion gehen.

139 E. A. Feigenbaum/P. McCorduck, The 5th Generation. Artificial Intelligence and Japan's Computer Challenge to the World, London 1984, 10; H. Glaser, Das Automobil. Eine Kulturgeschichte in Bildern, München 1986.

Wissensbasierte Systeme sind, um im Bild zu bleiben, „Automobile des Wissens“. Die ökonomischen und sozialen Auswirkungen numerischer Datenverarbeitung hatte im 19. Jh. C. Babbage vorweg genommen. Ein Vorläufer seiner Studie „On the Economy of Machinery and Manufactures“ (1841) war im 18. Jh. A. Smiths Idee eines arbeitsteiligen Produktionsprozesses. In „The Wealth of Nations“ beschreibt Smith die Industrieproduktion von Nadeln als einen algorithmisch organisierten und arbeitsteiligen Prozeß, der Henry Fords Idee einer programmgesteuerten Massenproduktion in der Wirtschaft vorweg nimmt.[140]

In diesem langfristigen Entwicklungstrend sind die wissensbasierten Expertensysteme als neuer Innovationsschub zu bewerten. Es handelt sich um Computerprogramme, die Wissen über ein spezielles Gebiet speichern und ansammeln, aus dem Wissen automatisch Schlußfolgerungen ziehen, um zu konkreten Problemen des Gebietes Lösungen anzubieten. Im Unterschied zum menschlichen Experten ist das Wissen eines Expertensystems aber auf eine spezialisierte Informationsbasis beschränkt ohne allgemeines und strukturelles Wissen über die Welt. Daher nehmen Expertensysteme eine Zwischenposition zwischen konventionellen numerischen Computerprogrammen und Menschen ein.[141]

Während bei einem konventionellen Computerprogramm ein Programmierer genau festlegt, was in welcher Reihenfolge getan wird, bestimmt bei einem wissensbasierten Programm der Experte nur, was getan wird. In welcher Reihenfolge die Programmregeln zur Problemlösung angewendet werden, entscheidet ein Regelinterpretierer als Teil eines Expertensystems. Damit ist dic scquenzielle Starrheit, die konventionellen Programmen eigen ist, unterbrochen. Um ein Expertensystem zu bauen, muß das Wissen des Experten in Regeln gefaßt wer-

140 A. Smith, Inquiry into the Nature and Causes of the Wealth of Nations, London 1776.

141 K. Mainzer, Knowledge-based systems. Remarks on the philosophy of technology and artifical intelligence, in: Journal for General Philosophy of Science 21 1990, 47-74.

den, in eine Programmsprache übersetzt und mit einer Problemlösungsstrategie bearbeitet werden.

Von einem menschlichen Experten wird vorausgesetzt, daß er das jeweilige Problem verstehen, das Problem lösen, die Lösung erklären, Randgebiete überblicken, seine Kompetenz bei der Problemlösung einschätzen und neues Wissen erwerben kann. Die heute faktisch existierenden Expertensysteme können häufig nur das Problem lösen und eventuell die Problemlösung bei Nachfrage eingeschränkt erklären. Damit wird eine normierte Wissensverarbeitung beim Menschen unterstellt, wie sie in Expertensystemen zum Ausdruck kommt.

Die Architektur eines Expertensystems besteht aus den folgenden Komponenten: Wissensbasis, Problemlösungskomponente (Ableitungssystem), Erklärungskomponente, Wissenserwerb, Dialogkomponente. Die Koordination dieser Komponenten wird in Abb. 1.34 gezeigt.[142]

Wissen ist der Schlüsselfaktor in der Darstellung eines Expertensystems. Man unterscheidet dabei zwei Arten von Wissen. Die eine Art des Wissens betrifft die Fakten des Anwendungsbereichs, die in Lehrbüchern und Zeitschriften festgehalten werden. Ebenso wichtig ist die Praxis im jeweiligen Anwendungsbereich als Wissen der zweiten Art. Es handelt sich um heuristisches Wissen, auf dem Urteilsvermögen und jede erfolgreiche Problemlösungspraxis im Anwendungsbereich beruhen. Es ist Erfahrungswissen, die Kunst erfolgreichen Vermutens, das ein menschlicher Experte nur in vielen Jahren Berufsarbeit erwirbt.

Das heuristische Wissen ist am schwierigsten darzustellen, da sich der Experte meistens selber nicht seiner bewußt ist. Daher müssen interdisziplinär geschulte Wissensingenieure die Expertenregeln der menschlichen Experten in Erfahrung bringen, in Programmiersprachen darstellen und in ein funktionstüchtiges

142 L. Kredel, Künstliche Intelligenz und Expertensysteme, München 1988, 34; F. Puppe, Einführung in Expertensysteme, Berlin/Heidelberg/New York 1988, 13.

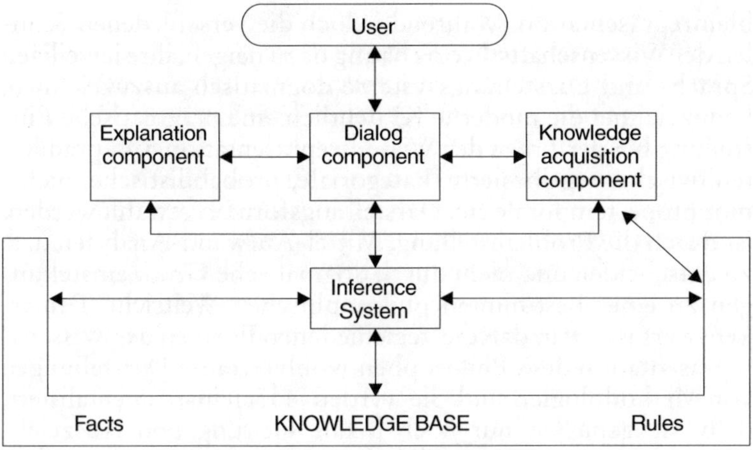

Abb. 1.34

Arbeitsprogramm umsetzen. Diese Komponente eines Expertensystems heißt Wissenserwerb (knowledge acquisition).[143]

Die Erklärungskomponente eines Expertensystems hat die Aufgabe, die Untersuchungsschritte des Systems dem Benutzer zu erklären. Dabei zielt die Frage „Wie" auf die Erklärung von Fakten oder Behauptungen ab, die durch das System abgeleitet werden. Die Frage „Warum" fordert Gründe für Fragen oder Befehle eines Systems. Die Dialogkomponente betrifft die Kommunikation zwischen Expertensystem und Benutzer. Ein natürlich sprachlicher Prozessor könnte die Akzeptanz des Systems auch für ungeübte Benutzer steigern und hat daher einen erheblichen Marktwert.

Die hier zugrundeliegende Frage, wie Wissen und Problemlösungsstrategien am zweckmäßigsten symbolisch darzustellen seien, wurde in der traditionellen Erkenntnistheorie kaum erörtert. Erst in der Wissenschaftstheorie reflektierte man in Zuge des „linguistic turn", d. h. der Untersuchung formaler und natürlicher Sprachsysteme, über die Wissens- und Pro-

143 J. Diederich/Uthmann, Knowledge Acquisition for Expert Systems, München; R. Davis/D. Lenat, Knowledge-based Systems in Artificial Intelligence, New York 1980.

blemrepräsentation. Während jedoch die verschiedenen Schulen der Wissenschaftstheorie häufig dazu neigen, ihre jeweiligen Sprach- und Darstellungssysteme dogmatisch auszuzeichnen, kennzeichnet die moderne KI deutlich eine pragmatische Einstellung bei der Frage der Wissensrepräsentation. Ob prädikatenlogische, regelbasierte, kategoriale, probabilistische, nichtmonotone, temporale etc. Darstellungsformen gewählt werden, ist durch die Problemstellung, Mittel-Aufwand-Analysen u. ä. zu entscheiden und nicht durch dogmatische Grundeinstellungen zu einer bestimmten philosophischen Weltsicht. Bemerkenswert ist zwar, daß die verschiedenen Formen der Wissensrepräsentation dem Philosophen wohlvertraute Darstellungen von Methodologien sind. Sie werden jedoch instrumentalisiert, d. h. sie genießen nur noch lokale Geltung und Auszeichnung und müssen einen globalen wissenschaftstheoretischen Anspruch aufgeben.

Das wird besonders deutlich bei einer klassischen Darstellungsform, die unmittelbar aus der modernen Logik übernommen wurde und in Carnaps „Logischem Aufbau der Welt" noch eine universale Sicht der Welt beansprucht. Gemeint ist die Darstellung in der Prädikatenlogik erster Stufe, die eine Formalisierung des intuitiven Schlußfolgerungsbegriffs eines Experten zum Gegenstand hat. Die Wissensrepräsentation in diesem Kalkül ist korrekt, vollständig und widerspruchsfrei, allerdings im allgemeinen nicht entscheidbar. Jedenfalls handelt es sich um hohe Anforderungen, die auch von der Schlußfolgerungsfähigkeit qualifizierter Fachleute selten erreicht werden. Gleichwohl hat die Prädikatenlogik für die Entwicklung von KI-Programmiersprachen wie z. B. PROLOG (siehe Abschnitt 1.23) eine große Bedeutung und ermöglicht mit der Resolutionsmethode für beschränkte Anwendungsbereiche (z. B. automatisches Beweisen, Frage-Antwort-Systeme) effektive Problemlösungsverfahren.

Die weitverbreiteste Wissensrepräsentation ist regelbasiert. Historisch geht diese Darstellungsform auf die Postschen Kalküle (vgl. 1.12) zurück, die zahlentheoretische Berechnungsverfahren für symbolische Zeichenfolgen formaler Sprache verallgemeinern. Für die Anwendung in Expertensystemen werden Regeln als Wenn-Dann-Aussagen verstanden, bei denen die Vorbedingung („Prämisse") eine Situation beschreibt, in der eine Aktion ausgeführt werden soll. Damit kann eine Deduktion gemeint sein, wonach aus einer Prämisse eine Aussage abgeleitet wird. Ein Beispiel liegt vor, wenn ein Ingenieur aus bestimmten Symptomen eines Motors folgert, daß ein Motorkolben defekt ist. Eine Regel kann aber auch als eine Handlungsanweisung verstanden werden, um einen Zustand zu verändern. Wenn z. B. ein Kolben defekt ist, dann ist sofort der Motor abzustellen und das defekte Teil zu ersetzen.

Ein regelbasiertes System besteht aus einer Datenbasis mit den gültigen Fakten bzw. Zuständen, den Regeln zur Herleitung neuer Fakten bzw. Zustände und dem Regelinterpretierer zur Steuerung des Herleitungsprozesses.[144] Für die Verknüpfung der Regeln bestehen zwei Alternativen, die in der KI Vorwärtsverkettung (Forward reasoning) und Rückwärtsverkettung (Backward reasoning) genannt werden (Abb. 1.35). Bei näherer Untersuchung erkennt sie der Philosoph als zwei Methodologien, die seit Pappos von Alexandreia als Synthese und Analyse wohlbekannt sind (vgl. Abschnitt 1.22).

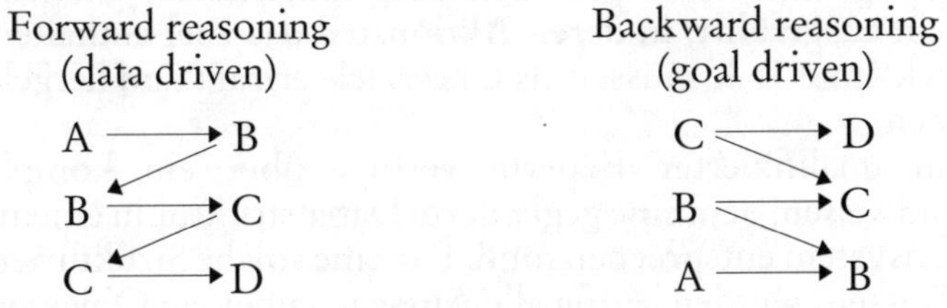

Abb. 1.35

Bei der Vorwärtsverkettung wird ausgehend von einer vorhandenen Datenbasis aus den Regeln, deren Vorbedingung durch die Datenbasis erfüllt ist, eine ausgesucht, ihr Aktionsteil

144 L. Brownston et alt.: Programming Expert Systems in OPS5: An Introduction to Rule-Based Programming, London 1985; W. Clancey, The Epistemology of a Rule-Based Expert System – a Framework for Explanation, in: AI-Journal 20 1983, 215-293; N. Nilson, Principles of Artificial Intelligence, Berlin/Heidelberg/New York 1982, Chapt. 6; F. Puppe, s. Anm. 142, 21 ff.

ausgeführt und die Datenbasis geändert. Dieser Prozeß wird solange wiederholt, bis keine Regel mehr anwendbar ist. Das Verfahren ist also datengesteuert (data driven). In einer Vorauswahl bestimmt also der Regelinterpretierer als Teil des jeweiligen Expertensystems zunächst die Systeme aller ausführbaren Regeln, die aus der Datenbasis ableitbar sind. Dann wird eine Regel aus dieser Menge nach unterschiedlichen Kriterien ausgewählt. Dabei kann eine bestimmte Reihenfolge, der Aufbau einer Regel oder ein Zusatzwissen ausschlaggebend sein.

Bei der Rückwärtsverkettung werden ausgehend von einem Ziel nur die Regeln überprüft, deren Aktionsteil das Ziel enthält. Das Verfahren ist also zielgesteuert (goal driven). Falls Teile der Vorbedingung unbekannt sind, werden sie erfragt oder mit anderen Regeln hergeleitet. Die Rückwärtsverkettung eignet sich besonders, wenn Fakten der Wissensbasis noch unbekannt und daher zu erfragen sind. Der Regelinterpretierer beginnt nun mit dem vorgegebenen Ziel. Wenn das Ziel in der Datenbasis unbekannt ist, muß der Regelinterpretierer zunächst entscheiden, ob das Ziel abgeleitet werden kann oder zu erfragen ist. Falls eine Ableitung möglich ist, werden alle Regeln ausgeführt, in deren Aktionsteil das Ziel enthalten ist. Unbekannte Teile müssen als Unterziele erfragt und hergeleitet werden.

Ein qualifizierter Experte verfügt über ein komplexes Grundwissen, dem eine gegliederte Datenstruktur in einem Expertensystem entsprechen muß. Für eine solche Strukturierung des Wissens werden häufig alle Aussagen über ein Objekt in einer schematischen Datenstruktur zusammengefaßt, die nach M. Minsky auch „frame" (Rahmen bzw. Schemata) genannt wird. Ein einfaches Beispiel für die Zusammenfassung aller Eigenschaften eines Objekts in einem „frame" lautet:[145]

145 M. Minsky, A framework for representing knowledge, in: P. Winston (ed.), The Psychology of Computer Vision, New York 1975; J. Retti u.a., Artificial Intelligence, Stuttgart 1984, 56 ff.; F. Puppe, s. Anm. 142, 29 ff.; N. Nilson, s. Anm. 144, 370 ff.

Objekt	Eigenschaft	Wert
Zebra	ist ein	Säugetier
	Farbe	gestreift
	hat	Hufe
	Größe	groß
	Lebensraum	Boden

Die Eigenschaften werden auch „slots" (Steckdosen) genannt, in die „filler" (Stecker), d. h. also die Werte eingegeben werden.

Historisch greift Minsky für die Wissensrepräsentation auf Vorlagen aus der Linguistik zurück. So läßt sich ein Ereignis wie z. B. in dem Satz „Galilei beobachtet den Jupiter mit dem Fernrohr" durch folgendes netzartiges Gerüst beschreiben:

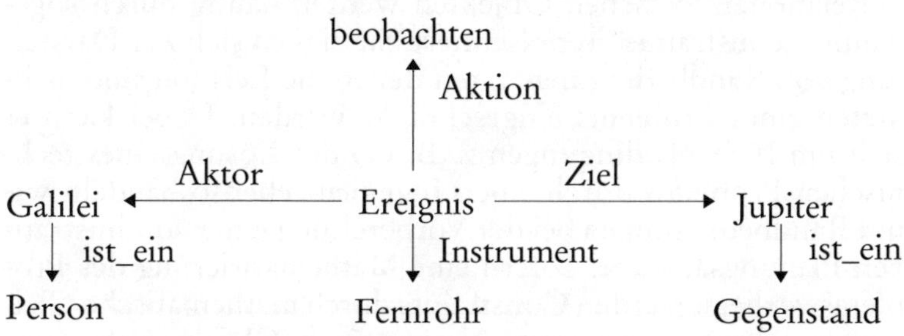

Vom zentralen Knoten „Ereignis" gehen Kanten wie „Aktion", „Aktor", „Instrument", „Ziel", „ist ein" aus und bilden das Schema eines semantischen Netzes, in das spezielle Objekte wie „Galilei", „Fernrohr", „Jupiter" etc. eingefügt werden. Die gerichteten Kanten entsprechen den „slots" (Eigenschaften) und die Knoten den „fillers" (Werten). Die graphische Notation von Schemata durch semantische Netze erlaubt offensichtlich eine anschauliche Darstellung komplexer Datenstrukturen.

Philosophisch handelt es sich um kognitive Strukturen des menschlichen Wissens, die in der Erkenntnistheorie seit alters her als Kategorien diskutiert wurden. In bestimmten Handlungs- und Erkenntnissituationen aktivieren Menschen offenbar kognitive Schemata, die den Rahmen für Einordnung und Bewertung der jeweiligen Situation bilden. Solche Schemata können durch die Erfahrung aus analogen Situationen abgeleitet sein oder zur angeborenen Grundausstattung menschlicher Wissensrepräsentation gehören. Die philosophische Tradition spricht in dem Zusammenhang von apriorischen Kategorien, über die in Kapitel 4 noch ausführlich zu reden sein wird.

Im Alltag werden kognitive Schemata in unterschiedlichen Situationen aktiviert. Dabei kann es sich um das Wiedererkennen von typischen Objekten, um Handeln bei typischen Ereignissen oder Antworten auf typische Fragen handeln. Die jeweiligen „filler“ eines konkrekten Objekts werden in die „slots“ des Schemas („frame“) gefüllt. Bei Diagnoseaufgaben eines Arztes kann es z. B. darum gehen, konkrete Symptome eines Patienten in ein allgemeines „Krankheitsbild“ einzuordnen, das durch ein Schema darstellt ist.

Relationen zwischen Objekten werden häufig durch sogenannte „constraints“ repräsentiert. Sie eignen sich zur Darstellung von Randbedingungen, mit denen die Leistungsmöglichkeiten eines Problems eingeschränkt werden. Dabei kann es sich um Nebenbedingungen z. B. bei der Lösung eines technischen Problems durch einen Ingenieur ebenso handeln wie um Randbedingungen bei der Vorbereitung einer administrativen Planungsaufgabe. Sofern eine Mathematisierung des Problems vorliegt, werden Constraints durch mathematische Gleichungen bzw. Constraints-Netze durch Gleichungssysteme dargestellt.[146]

Experten zeichnen sich nicht nur dadurch aus, daß sie mit absoluter Sicherheit zwischen wahr und falsch unterscheiden können und damit größere Genauigkeit vortäuschen, als erreichbar ist. Ein guter Experte vermag vielmehr, Unsicherheiten einzuschätzen, die sich z. B. bei der medizinischen Diagnose in der Symptomerhebung oder Symptombewertung ergeben. In Expertensystemen wird daher häufig nicht die klassische Logik mit der Annahme der Zweiwertigkeit der Wahrheitswerte („tertium non datur“) zugrunde gelegt, sondern zusätzlich Unsicherheitswerte wie z. B. „sicher“, „wahrscheinlich“, „möglich“ u. a. angenommen. Es ist ein altes Problem der Wissenschafts-

146 G. Sussmann/G. Steele, Constraints – a language for expressing almost-hierarchical descriptions, in: AI-Journal 14 1980, 1-39; H.-W. Güsgen, CONSAT: A System for Constraint Satisfaction, Diss. Universität Kaiserslautern 1988.

theorie, daß nur logische Schlüsse mit Sicherheit gelten, also z. B. der direkte Schluß, der aus der Annahme von A → B und A die Wahrheit von B folgert. A ist in diesem Fall eine hinreichende Bedingung für B, während B für A nur notwendig ist. Daher kann aus A → B und B nicht logisch zwingend auf A geschlossen werden:

1) Wenn der Patient einen Infekt hat, tritt Fieber auf.
2) Der Patient hat Fieber.

Der Patient hat möglicherweise einen Infekt.

Durch weitere notwendige Bedingungen wird das Krankheitsbild eines Infekts möglicherweise von einem Arzt als wahrscheinlicher angesehen, aber nicht als zwingend wahr.[147]

Ein Verkehrsexperte stellt fest:

1) Wenn ein Fahrzeug von der Fahrbahn abkommt, dann ist der Fahrer häufig eingeschlafen.
2) Das Fahrzeug ist von der Fahrbahn abgekommen.

Der Fahrer ist wahrscheinlich eingeschlafen.

Ein Wirtschaftsexperte stellt z. B. fest:

1) Es handelt sich um eine Langzeitinvestition.
2) Der erwünschte Ertrag ist größer als 10%.
3) Das Gebiet der Investition ist unbestimmt.

Eine Investition lohnt sich mit einem bestimmten Sicherheitsfaktor.

In der Wissenschaftstheorie wurde das statistische Schließen ebenso untersucht wie die induktiven Bestätigungsgrade einer Hypothese, die vom Umfang der Bestätigungen abhängig gemacht werden.[148] Als Grundalgorithmus zur Bewertung einer Diagnose in Expertensystemen bietet sich folgende Vorgehensweise an:[149]

---

147 Vgl. G. Polya, s. Anm. 127, vol. 1; I. Lakatos, s. Anm. 127.

148 R. Carnap, Induktive Logik und Wahrscheinlichkeit, bearbeitet von W. Stegmüller, Wien 1959; W. Stegmüller, Probleme und Resultate der Wissenschaftstheorie und Analytischen Philosophie IV 1.2 (Personelle und statistische Wahrscheinlichkeit), Berlin/Heidelberg/New York 1973.

149 Grundlage solcher Überlegungen ist das Bayessche Theorem. Dazu auch D. V. Lindley, Introduction to Probability and Statistics from a Bayesian Viewpoint I-II, Cambridge 1965; W. C. Salmon, Bayes's Theorem and the History of Science, in: R. H. Stuewer (ed.), Historical and Philoso-

1. Beginne mit den angenommenen („apriori“-) Wahrscheinlichkeiten aller (möglichen) Diagnosen;
2. Modifiziere für jedes Symptom die (bedingte) Wahrscheinlichkeit aller Diagnosen (entsprechend der Häufigkeit des Auftretens eines Symptoms bei Vorhandensein einer Diagnose);
3. Selektiere die wahrscheinlichste Diagnose. (Als allgemeine Formel zur Berechnung der wahrscheinlichsten Diagnose unter der Annahme bestimmter Symptome wird häufig das Theorem von Bayes verwendet).

Wissensrepräsentationen von Experten haben also Unsicherheitsfaktoren zu berücksichtigen. Dabei sind auch die Begriffe von Experten keineswegs immer scharf bestimmt, und dennoch operiert man damit. Angaben über Farbe, Elastizität u. ä. macht nur bei Bezug auf bestimmte Intervalle Sinn. Die Grenzen dieser Intervalle erscheinen dann durchaus willkürlich gesetzt. Ob für einen Designer eine Farbe noch schwarz oder schon grau ist, wird als durchaus unscharf („fuzzy“) empfunden. In der Wissenschaftstheorie wird daher der Aufbau einer „fuzzy logic“ versucht.[150] Paradoxa sind ohne geeignete Interpretation unausweichlich: Wenn ein Haufen aus n Strohhalmen als groß bezeichnet wird, dann ist auch ein Haufen mit n–1 Strohhalmen groß. Wendet man diesen Schluß iteriert an, wird konsequenterweise auch der leere Haufen als groß zu bezeichnen sein.

Die Wissenrepräsentation in der klassischen Logik geht von der Fiktion einer zeitlich unveränderlichen Gültigkeit ihrer Schlüsse aus. Tatsächlich können aber neue Informationen, die in der Wissensbasis noch nicht berücksichtigt waren, alte Ableitungen ungültig machen. Beispiel: Wenn P ein Vogel ist, so kann P fliegen: Charly ist ein Vogel, aber auch ein Pinguin. Während also in der klassischen Logik die Menge der Ableitungen mit der wachsenden Menge an vorausgesetzten Fakten steigt (Monotonie), kann faktisch die Menge der Ableitungen mit der

---

phical Perspectives of Science, Minneapolis 1970, 68-86; R. L. Winkler, Introduction to Bayesian Inference and Decision, New York 1972.

150 L. A. Zadeh, Fuzzy logic and approximate reasoning, in: Synthese 30 1975, 407-428; ders. et alt., Fuzzy Sets and their Applications to Cognitive and Decision Processes, New York/San Francisco/ London 1975.

zeitlichen wachsenden Menge an neuen Informationen eingeschränkt werden (Nicht-Monotonie). Diese Nicht-Monotonie beim Schließen und Urteilen muß auch von einem Experten als realistische Situation angesetzt werden, da eine vollständige und fehlerfreie Datenerhebung nicht möglich, zu aufwendig oder langwierig für eine anstehende Problemlösung wäre.[151]

Für ein Expertensystem erfordern sich ändernde Eingabedaten der Wissensbasis, daß die Bewertungen von Schlußfolgerungen neu zu berechnen sind. Die Wissensrepräsentation in Datenbanken werden daher mittlerweile auch mit Zeitangaben versehen. In der medizinischen Diagnostik sind Angaben über die zeitliche Änderung eines Symptoms unausweichlich. Auch hier hat die Wissenschaftstheorie mit der Logik des temporalen Schließens Pionierarbeit geleistet, die nun von den Konstrukteuren wissensbasierter Expertensysteme bewußt oder unbewußt implementiert werden.[152]

1.32 Typologie von Problemlösungsstrategien

Historisch war DENDRAL eines der ersten erfolgreichen Expertensysteme, das E. A. Feigenbaum u. a. Ende der 60er Jahre in Standford entwickelten.[153] Es benutzt die speziellen Kenntnisse eines Chemikers, um zu einer chemischen Summenformel eine passende molekulare Strukturformel zu finden. In einem ersten Schritt werden systematisch alle mathematisch möglichen räumlichen Anordnungen der Atome zu einer vor-

151 J. de Kleer, An assumption based TMS, in: AI-Journal 28 1986, 127-162; J. Doyle, A truth maintenance system, in: AI-Journal 12 1979, 231-272; F. Puppe, s. Anm. 142, 57 ff.

152 J. Allen, Maintaining knowledge about temporal intervals, in: CACM 26 11 1983, 832-843; T. Dean/ D. McDemott, Temporal data base management, in: AI-Journal 32 1987, 1-57; M. Vilain, A system for reasoning about time, in: AAAI-82 1982, 197-201.

153 B. G. Buchanan/G. L. Sutherland/E. A. Feigenbaum, Heuristic DENDRAL: A program for generating processes in organic chemistry, in: B. Meltzer/D. Michie (eds.), Machine Intelligence 4, Edinburgh 1969; B. G. Buchanan/E. A. Feigenbaum, DENDRAL and META-DENDRAL: Their applications dimension, in: Artificial Intelligence 11 1978, 5-24.

gegebenen Summenformel bestimmt. Für z. B. $C_{20}H_{43}N$ ergeben sich 43 Millionen Anordnungen. Chemisches Wissen über die Bindungstopologie, wonach z. B. Kohlenstoff-Atome vielfach gebunden werden können, reduzieren die Möglichkeiten auf 15 Millionen. Wissen über Massenspektrometrie, über die wahrscheinlichste Stabilität von Bindungen (heuristisches Wissen) und Kernspinresonanz schränken schließlich die Möglichkeiten auf die gesuchte Strukturformel ein. Abb. 1.36 zeigt die ersten Ableitungsschritte für z. B. C_5H_{12}:

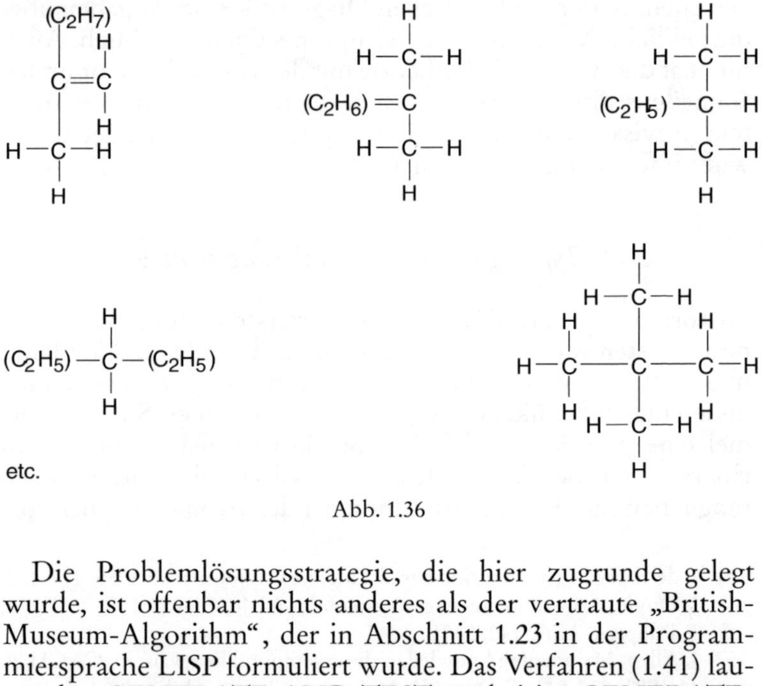

etc.

Abb. 1.36

Die Problemlösungsstrategie, die hier zugrunde gelegt wurde, ist offenbar nichts anderes als der vertraute „British-Museum-Algorithm", der in Abschnitt 1.23 in der Programmiersprache LISP formuliert wurde. Das Verfahren (1.41) lautet also GENERATE_AND_TEST, wobei im GENERATE-Teil die möglichen Strukturen systematisch erzeugt werden, während die chemische Topologie, Massenspektrometrie, chemische Heuristik und Kernspinresonanz jeweils Test-Prädikate angeben, um die möglichen Strukturformeln einzuschränken.

Ein weiteres paradigmatisches System, das in der KI-Entwicklungsphase von DENDRAL entstand, war das

SHRDLU-Programm eines Roboters, der in einer eingeschränkten Minimalwelt verschiedene Bausteine manipulieren konnte. Das System verstand und gab Antworten, die diese Blockwelt betrafen, löste Handlungsbefehle in eine Folge von Operationen auf und beschrieb Aktionen. In der Abb. 1.37 wird eine Welt farbiger Objekte gezeigt, die durch einen einarmigen Roboter mit Magnethand manipuliert werden kann.[154]

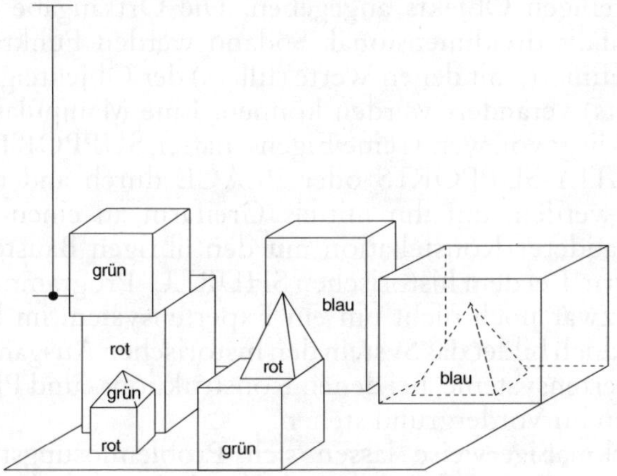

Abb. 1.37

Bei den Objekten handelt es sich um Blöcke, Kästen, Pyramiden und Bälle auf einem Tisch. Die Handlungsbefehle zur Manipulation dieser Objekte können z. B. in der Programmiersprache LISP beschrieben und eingegeben werden. Jedes Objekt wird durch ein Schema (frame) repräsentiert. Eine typische Eigenschaftsliste für einen Block lautet:

154 T. Winograd, Understanding Natural Language, New York 1972; R. Schank/K. Colly/W. H. Freeman (eds.), Computer Models of Thought and Language, San Francisco 1973; P. H. Winston, Artificial Intelligence, London 1977, 157 ff.

Objekt	Eigenschaft	Wert
BLOCK B	SUPPORTED_BY	TABLE
	DIRECTLY-SUPPORTS	(A)
	PLACE	(110)
	SIZE	(222)
	TYPE	BLOCK
	COLOR	RED

Die Größeneigenschaft SIZE wird durch Höhe, Seite und Tiefe des jeweiligen Objekts angegeben. Die Ortsangabe PLACE ist ebenfalls dreidimensional. Sodann werden Funktionen in LISP definiert, mit denen Werte (fillers) der Objekteigenschaften (slots) verändert werden können. Eine Manipulation von Block B liegt vor, wenn seine Eigenschaften SUPPORTED_BY, DIRECTLY-SUPPORTS oder PLACE durch andere Werte ersetzt werden, um ihn mittels Greifarm an einen anderen Ort in anderer Konstellation mit den übrigen Bausteinen zu befördern. Bei dem historischen SHDRLU-Programm handelt es sich zwar noch nicht um ein Expertensystem im heutigen Sinn. Jedoch bildet das System den historischen Ausgangspunkt für Expertensysteme, bei denen Konstruktions- und Planungsaufgaben im Vordergrund stehen.

Zweckmäßigerweise lassen sich Problemlösungstypen in Diagnose-, Konstruktions- und Simulationsaufgaben einteilen. Typische diagnostische Problembereiche sind medizinische Diagnostik, technische Diagnostik wie z. B. Qualitätskontrolle, Reparaturdiagnostik oder Prozeßüberwachung und Objekterkennung. Daher löst auch DENDRAL ein typisches Diagnoseproblem, indem es nämlich die passende molekulare Struktur für eine vorgegebene Summenformel erkennt.

Der Klassiker eines diagnostischen Expertensystems ist MYCIN, das Mitte der 70er Jahre an der Universität Standford entwickelt wurde.[155] Das MYCIN-Programm wurde zur

155 D. Randall/B. G. Buchanan/E. H. Shortliffe, Producing rules as a representation for a knowledge-based consultation program, in: Artificial Intelligence 8 1977; E. H. Shortliffe, MYCIN: A Rule-based Computer Program for Advising Physicians Regarding Antimicrobial Therapy Selection, AI Laboratory, Memo 251, STAN-CS-74-465, Stanford University; E. H. Shortliffe, Computer-based Medical Consultations: MYCIN, New York 1976; vgl. auch P. H. Winston, s. Anm. 154, Chapt. 9.

medizinischen Diagnose geschrieben, um einen Arzt mit medizinischem Spezialwissen über bakterielle Infektion zu simulieren. Methodisch handelt es sich um ein Deduktionssystem mit Rückwärtsverkettung. MYCINs Wissenspool über bakterielle Infektionen besteht aus etwa 300 Produktionsregeln. Die folgende Regel ist typisch:

If	the infection type is primary bacteremia, the suspected entry point is the gastrointestinal tract, and the site of the culture is one of the sterile sites,
then	there is evidence that the organism is bacteroides.

Um das Wissen anwenden zu können, arbeitet MYCIN rückwärts. Für jede von 100 möglichen Hypothesen von Diagnosen versucht MYCIN auf einfache Fakten zu stoßen, die durch Laborergebnisse oder Klinikbeobachtungen bestätigt sind. Da MYCIN in einem Bereich arbeitet, in dem Deduktionen kaum sicher sind, wurde eine Theorie des plausiblen Schließens und der Wahrscheinlichkeitsbewertung mit dem Deduktionsapparat verbunden. Es handelt sich dabei um sogenannte Sicherheitsfaktoren für jeden Schluß in einem AND/OR-Baum, wie das Beispiel in Abb. 1.38 zeigt.

Dort bezeichnet F_i den Sicherheitsfaktor, den ein Benutzer einer Tatsache zumißt. C_i gibt den Sicherheitsfaktor eines Schlusses an, A_i den Grad der Verläßlichkeit, der einer Produktionsregel zugetraut wird. An den AND- bzw. OR-Knoten werden jeweils Sicherheitsfaktoren der entsprechenden Formel berechnet. Falls der Sicherheitsfaktor einer Datenangabe nicht größer als 0,2 sein sollte, so gilt sie als unbekannt und erhält den Wert 0.

Das Programm berechnet also induktive Bestätigungsgrade in Abhängigkeit von mehr oder weniger sicheren Fakten. Wissenschaftstheoretisch erinnert dieser Ansatz an Carnaps Theorie der Induktion. Auch Carnap glaubt natürlich nicht an einen ominösen Induktionsschluß à la Bacon. Schlüsse sind immer deduktiv. Dazu bedurfte er keiner Popperschen Belehrung. Auch Expertensysteme arbeiten nicht anders. Gleichwohl werden in Beispielen wie MYCIN Wahrscheinlichkeitsmaße verwendet, die zur Transparenz des Systems gegenüber dem Benutzer beitragen. MYCIN wurde unabhängig von seiner spezi-

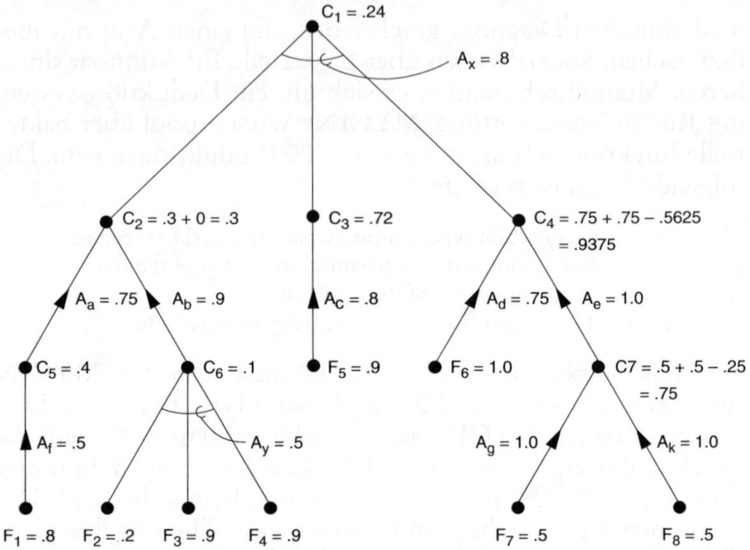

Abb. 1.38

ellen Datenbasis über Infektionskrankheiten für verschiedene diagnostische Anwendungsbereiche verallgemeinert.

Bei Konstruktionsaufgaben wird die Lösung nicht wie bei der Diagnose ausgewählt, sondern aus kleineren Einheiten zusammengesetzt. Planungsaufgaben fallen ebenso unter den Problemtyp der Konstruktionsaufgaben, da eine Folge von Handlungsschritten zusammengesetzt werden muß, um auf optimalem Wege einen Zielzustand zu erreichen. Auch Designaufgaben sollen unter dieser Rubrik berücksichtigt werden, da dazu Objekte hergestellt werden, die bestimmten Anforderungen genügen müssen. Eine typische Problemlösungsstrategie, die unter den Problemlösungstyp der Konstruktion fällt, verfolgt das oben beschriebene SHRDLU-Programm: Gegeben sind Bausteine auf einer Tischplatte mit einer Zielordnung und einem Roboterarm, der über eine bestimmte Menge wohl bestimmter Handlungen verfügt. Gesucht ist eine Folge von Aktionen, um die Zielordnung der Bausteine zu realisieren.

Eine typische Aufgabe ist auch die Konfigurierung von Computern. Gegeben sind dabei die Bausteine eines Computers. Das System simuliert einen Techniker, der einen Entwurf sucht, wie die Bausteine in einem gegebenen Gehäuse am zweckmäßigsten unterzubringen sind. Der Plan eines molekular genetischen Experiments gehört auch hierher. Dabei sind Substanzen und Organismen, vorbestimmte Handlungen eines Chemikers und das Ziel des Experiments (z. B. Herstellung von Insulin) gegeben. Gesucht ist eine Folge von Handlungsschritten, um das Experiment mit seiner Zielsetzung zu realisieren.

Eine klassische Planungsaufgabe ist auch die Suche nach einer optimalen Reiseroute: Es gibt eine optimale Reiseroute, wonach nur einmal jede von n Städten besucht und zum Ausgangsort zurückgekehrt werden muß.

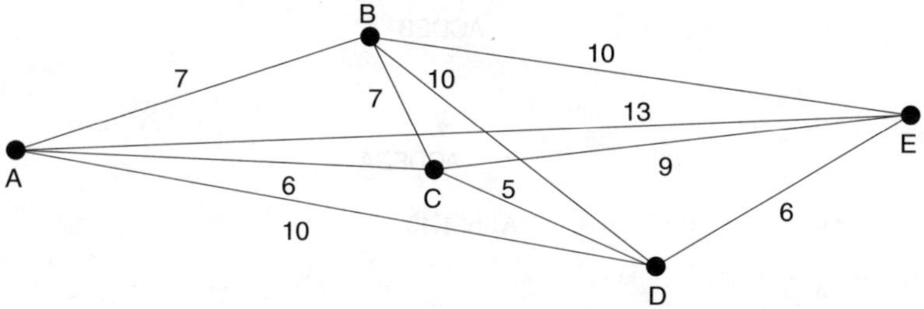

Abb. 1.39

Bei algebraischer Übersetzung der Aufgabe[156] ergibt sich a) Anfangszustand = Anfangsort A, Zustand (allgemein) = m-Tupel $AX_1 \ldots X_m (1 \leq m \leq 5)$, b) Operationen: ‚Geh zur Stadt A(B, C, D, E)', c) Kosten = Kilometerzahl, d) Zielkriterium $= AX_1 \ldots X_4 A\ (X_1, \ldots, X_4$ für B, C, D, E). Die Suchstrategien sind in folgendem Baum angedeutet (Abb. 1.40).

Ein Flußprogramm produziert eine mögliche Gewinnstrategie (Abb. 1.41).

Folgende Typen von Suchstrategien lassen sich unterscheiden: a) breadth-first Suche, bei der ein Baum in seiner Breite bis zu einer bestimmten Tiefe entwickelt wird, b) depth-first Suche, bei der Ast für Ast eines Baumes produziert wird, c) Problem-Reduzierung.

156 K. Mainzer, Rationale Heuristik und Problem Solving (s. Anm. 111), 85 ff.

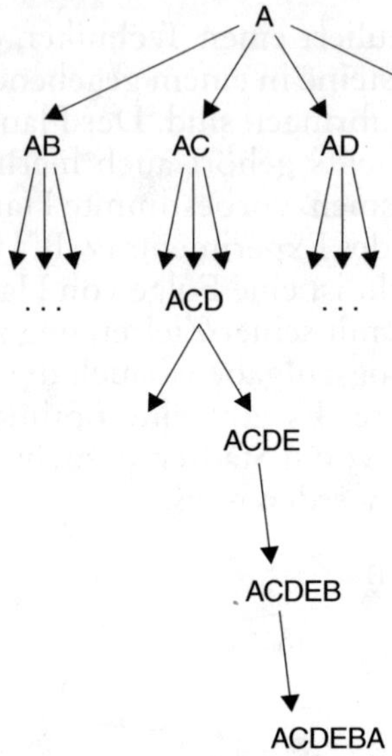

Abb. 1.40

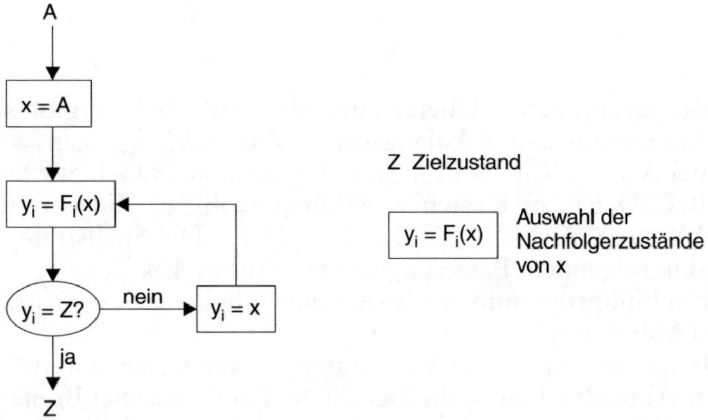

Abb. 1.41

Ein dritter Problemlösungstyp betrifft die Simulation, mit der das Verhalten eines Systems vorausgesagt werden soll. Während beim Planen Anfangs- und Endzustand gegeben und Handlungsschritte zur Reduzierung des Zielzustandes gesucht sind, setzt die Simulation den Anfangszustand und die Handlungsschritte bzw. Prozesse voraus und sucht die Folgezustände. Traditionell werden physikalische Prozesse und technische Abläufe durch (Differential-) Gleichungen beschrieben, in denen die Veränderung der Systemzustände in der Zeit zum Ausdruck kommt. Aus gegebenen Anfangsbedingungen lassen sich dann zukünftige Systemzustände berechnen. Der Laplacesche Geist, der alle Weltzustände nach Auffassung der klassischen Physik aus Anfangszuständen mit deterministischen Gleichungen prognostizieren kann, ist nichts anderes als die Fiktion einer gigantischen analytischen Simulationsmaschine der Welt. In Expertensystemen kommt es häufig nur auf eine qualitative Simulation an, um Vorgänge in vereinfachter Form zu veranschaulichen und in sinnvollen Abschnitten zu überprüfen.

Nach einer Klassifizierung von Problemlösungstypen und entsprechenden Problemlösungsstrategien ist für die weitere Entwicklung entscheidend, die Anwendungsprofile der einzelnen Komponenten eines Expertensystems richtig einzuschätzen. Das betrifft vor allem die Wissenserwerbskomponente. Für wissensbasierte Systeme ist die Trennung von Problemlösungswissen und Problemlösungsstrategien charakteristisch. Der Wissenserwerb muß also beide Bereiche betreffen. Da bei hochspezialisierten Fachproblemen erforderliche Programmierkenntnisse und Fachwissen des jeweiligen Anwendungsgebietes weit auseinanderklaffen, ist eine dritte Instanz zwischen Experten und Programmierer einzuschalten. Dieser Wissensingenieur (knowledge engineer) befragt einen Experten und formalisiert die Ergebnisse für das Expertensystem.

Eine erste Phase dient dabei der Identifikation der Problemlösungsstrategie und der Wissensrepräsentation. Bei der Suche nach einer geeigneten algorithmischen Ableitungsmaschinerie, in der die Problemlösungsstrategie realisiert wird, kann der Wissensingenieur mittlerweile auf Expertensystemwerkzeuge zurückgreifen. Da nämlich Problemlösungsstrategien unabhängig vom Spezialwissen des Anwendungsgebietes sind, können sie auch in andere Wissensbasen eingebaut werden. Für die Formalisierung des Expertenwissens ist heute meistens die Unterstützung durch einen Wissensingenieur notwendig. Das Ziel eines automatischen Wissenserwerbs, bei dem das Expertensystem sein Wissen selbständig aus Falldaten und Fachliteratur auswertet, ist kaum realisiert. Wegen der schnellen Veränderung des Wissens ist eine Wartung der Wissensbasis dringend erforderlich.

Die Interviewtechnik eines Wissensingenieurs ist nach wie vor konventionell: Der Wissensingenieur führt Protokoll, während der Experte spricht oder Beispielfälle löst. Er läßt den Experten von sich aus durch Eigenintrospektion beschreiben, wie er seinen Fall löst. Damit werden die hohen Anforderungen deutlich, die an eine solche Tätigkeit zu stellen sind. Der Wissensingenieur arbeitet fachübergreifend bzw. interdisziplinär und erinnert an einen Wissenschaftstheoretiker, der den Problemlösungsstrategien von Wissenschaftlern in der Wissenschaftsgeschichte auf der Spur ist. Diese Tätigkeit läßt sich offenbar kaum algorithmisieren.

Neben soliden Grundkenntnissen in Informatik und dem jeweiligen Fachgebiet des Experten ist daher auch eine gehörige Portion Einfühlungsvermögen in Personen erforderlich, so daß die Tätigkeit des Wissensingenieurs im Sinne der alten „artes liberales" von einem bestimmten Grad an zu einer Kunst wird. Er sieht sich mit großen psychologischen Problemen bei seiner Vermittlungstätigkeit konfrontiert. Teile des Expertenwissens sind unbewußt, werden vorausgesetzt oder sind in intuitiven Bildern abgespeichert. Zu den Übertragunsverlusten durch einen Vermittler kommen hohe Zeit- und Geldkosten, die eine mühevolle Kommunikation zwischen Wissensingenieur und menschlichem Experten erfordert.

Eine weitere wichtige Komponente, die Expertensysteme von konventionelllen Programmen unterscheidet, betrifft die Erklärungsfähigkeit. Sie dient der Plausibilitätskontrolle, der Nachvollziehbarkeit des Lösungswegs und dem Nachweis der Korrektheit. Auch hier instrumentalisieren Wissensingenieure Methodologien, die dem Wissenschaftstheoretiker wohl vertraut sind.

Eines der ersten Expertensysteme, das mit einer Erklärungskomponente ausgestattet wurde, war MYCIN. Auf die Frage „Warum wurde diese Frage gestellt?" antwortet MYCIN einfach mit der Angabe des jeweiligen Ziels der jeweils untersuchten Regel zur Erreichung des Ziels und der unbekannten Vorbedingung der Regel, die im Zuge der rückwärtsverketteten Regelanwendung zu untersuchen ist. Die weitere Frage „Wie wurde eine Schlußfolgerung abgeleitet?" wird mit der Aufzählung aller Regeln beantwortet, deren Aktionsteil die Schlußfolgerung enthält. Zusätzlich kann in MYCIN auf Fachliteratur verwiesen werden.

Erklären bedeutet beim menschlichen Problemlösen eine Selbstreflexion auf das eigene Tun. Im Unterschied zum konventionellen Programm führt das wissensbasierte System nicht nur algorithmische Anordnungen aus, sondern scheint sich auch Rechenschaft über seine Handlungen abzugeben. Allerdings kann eine Erklärungskomponente natürlich keine besseren Erklärungen abgeben, als die jeweilige Wissensrepräsentation eines Expertensystems zuläßt. Insofern bleibt die Erklärungsfähigkeit des Expertensystems auf das jeweils implementierte Problemlösungswissen beschränkt.

Schließlich sind die Dialogschnittstellen der Expertensysteme als weitere wichtige Komponenten zu berücksichtigen. Hierbei werden hohe Interaktionsgeschwindigkeit zwischen Mensch und Expertensystem und geringe Einarbeitungszeit des Benutzers gefordert. Eine natürlich-sprachliche Texteingabe wird als beste Lösung für die Dialogschnittstelle aufgefaßt, da als sprachliches Vorwissen nur die jeweilige natürliche Gebrauchssprache vorauszusetzen ist. Häufig ist aber auch hier Flexibilität angesagt, da natürlich-sprachliche Formulierungen umständlich, unanschaulich und redundant sein können.

Jedenfalls wird die Optimierung der Dialogschnittstelle auch im ambitionierten Forschungsprogramm der sogenannten 5. Generation von Computer-Hardware und -Software erwähnt. Damit wird nicht nur in der Informatik, sondern auch in der weltweiten Industrie, Wirtschaft und Gesellschaft ein Paradigmenwechsel angestrebt. Das Projekt der 5. Generation zielte auf den Entwurf und die Produktion eines Knowledge Engineering ab, das Expertensysteme, natürlich-sprachliche Systeme und Roboter mit einschließt.

So würden die Systeme der 5. Generation auf sehr große (verglichen mit heute) Daten- und Wissensbanken zurückgreifen. Logische Ableitungen würden mit einer Geschwindigkeit durchgeführt wie heute arithmetische Operationen mit herkömmlichen Computern. Die Parallelstruktur gegenüber der traditionellen seriellen Verarbeitung in den von-Neumann-Maschinen würde die Geschwindigkeit des angestrebten Knowledge Processing erst ermöglichen. Was die notwendige Hardware betrifft, so würde schließlich eine Technologie mit Millionen von logischen Ableitungen (logical influences per second) pro Sekunde (LIPS) notwendig sein.

Ferner sollte in der 5. Generation die Mensch-Maschine-Interaktion so natürlich wie möglich für den Benutzer werden, d. h. das System sollte natürliche Sprachen, Bilder verstehen lernen und selber in den Medien der Sprache und Bilder kommunizieren. Wie in Abb. 1.42 gezeigt, umfaßt die Architektur der Systeme der 5. Generation Hardware, Software und die Schnittstelle von Mensch und Maschine.[157]

Angesichts dieser Entwicklung scheint die Bezeichnung „Computer", d. h. „Rechner" nicht länger angebracht, da Rechnen im numerischen Sinn von Leibnizens Handrechenmaschine bis zu den seriellen von-Neumann-Maschinen nur einen geringen und keinesfalls zentralen Teil der neuen Systeme ausmacht. Somit ist die heute übliche Bezeichnung „wissensbasierte Systeme" durchaus angebrachter.

Wie ist die Rede von Generationen und Evolution bei wissensbasierten Systemen zu rechtfertigen? Sicher nicht in dem Sinn einer bereits autonomen Entwicklung wie in der biologischen Evolution! Gleichwohl bauen die Systeme aufeinander auf. Einzelne Komponenten werden aus Expertensystemen herausgenommen, verallgemeinert und in neuen Systemen mit anderen Aufgaben wieder eingesetzt. Durch die Entwicklung spezifischer Werkzeuge verkürzt sich die Entwicklungszeit und erweitert sich die Anwendungsbreite. Zu den Werkzeugen zur Herstellung von Expertensystemen gehören neben den allgemeinen und unspezifischen KI-Programmiersprachen wie z. B. LISP und PROLOG die verschiedenen Wissensrepräsentationsformen der Vorwärts- und Rückwärtsverkettung, frames, constraints, Modelle des probabilistischen, nicht-monotonen

157 E. A. Feigenbaum/P. McCorduck, s. Anm. 139, 112.

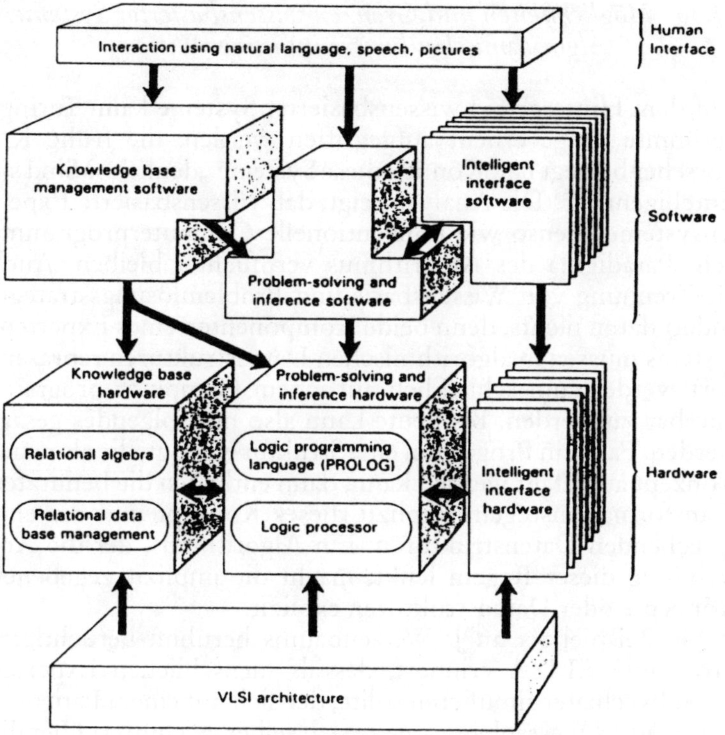

Abb. 1.42

und temporalen Schließens. Die Ableitungsmaschinerien für Problemlösungsstrategien werden für die verschiedenen Problemlösungstypen der Diagnostik, Konstruktion und Simulation hergestellt, so daß z. B. ein Diagnosesystem bei entsprechender Modifikation und Austausch der Datenbasis sowohl in der medizinischen Diagnostik als auch bei Prüfungsaufgaben der Automobilproduktion zum Einsatz kommen kann. Die ursprünglichen Perspektiven der 5. Generation mögen vom heutigen Standpunkt aus überzogen erscheinen. Sicher ist jedoch, daß wissensbasierte Systeme die computergestützte Arbeit menschlicher Experten gegenüber konventionellen Computerprogrammen in wichtigen Teilen automatisiert haben.

1.33 Möglichkeiten und Grenzen wissensbasierter Systeme: Algorithmisches kontra intuitives Wissen

Auf dem Hintergrund wissensbasierter Systeme kann Turings berühmte Frage erneut aufgegriffen werden, die frühe KI-Forscher bewegt hat: Können diese Systeme „denken“ ? Sind sie „intelligent“ ?[158] Die Analyse zeigt, daß wissensbasierte Expertensysteme ebenso wie konventionelle Computerprogramme dem Paradigma des Algorithmus verpflichtet bleiben. Auch die Trennung von Wissensbasis und Problemlösungsstrategie ändert daran nichts, denn beide Komponenten eines Expertensystems müssen in algorithmischen Datenstrukturen repräsentiert werden, um schließlich auf einem Computer programmierbar zu werden. Bis heute kann also nur folgendes gesagt werden: Falls ein Programm eine Struktur erzeugt, die als neues Konzept aufgefaßt werden kann, dann enthalten die benutzten Transformationsregeln implizit dieses Konzept und die entsprechenden Datenstrukturen. Ein Algorithmus, der die Anwendung dieser Regeln lenkt, macht die implizit gegebenen Konzepte oder Datenstrukturen explizit.

Als Beispiel sei an J. Weizenbaums berühmt-berüchtigtes Programm ELIZA erinnert, das als menschlichen Experten einen Psychiater simulieren sollte, der sich mit einem Patienten unterhält.[159] Weizenbaum zeigte sich selber erschüttert über die verblüffende Wirkung seines Systems bei vielen Zeitgenossen, die tatsächlich Trost und Rat „im Gespräch“ mit ELIZA suchten, obwohl ihnen zum Teil die zugrundeliegende algorithmische Struktur bekannt war. Es handelt sich nämlich um Regeln, wie bei bestimmten Satzmustern des Patienten mit bestimmten Satzmustern des „Psychiaters“ zu reagieren ist. Allgemein geht es um die Erkennung bzw. Klassifizierung von Regeln in bezug auf ihre Anwendbarkeit in Situationen.

---

158 K. Mainzer, Die Evolution intelligenter Systeme, in: Zeitschrift für Semiotik Bd. 12 Heft 1-2 1990, 83-106.

159 J. Weizenbaum, ELIZA – A computer program for the study of natural language communication between man and machine, in: Communications of the Association for Computing Machinery 9 1965, 36-45; P. Schefe, s. Anm. 130, 65 f.

Im einfachsten Fall ist die Gleichheit zweier Symbolstrukturen zu bestimmten, wie sie in der Programmiersprache LISP für Symbollisten durch die Funktion EQUAL bestimmt wird (vgl. Abschnitt 1.23). Eine Erweiterung liegt dann vor, wenn in den symbolischen Ausdrücken Terme und Variable aufgenommen werden, z. B.

(x B C)
(A B y).

Die beiden Terme gleichen einander ab, da die Variable x dem Atom A und die Variable y dem Atom C entspricht. Durch Einführung von Variablen kann also die Struktur eines Musters durch Musterabgleichung erkannt werden. Dazu wird in LISP ein eigener Operator MATCH definiert. Der einfachste Fall der Entsprechung eines Datums und einer Struktur ist die Gleichheit von Konstanten, z. B. die Gleichheit der Listen AB und AB:

(1.42) $\text{(MATCH'}\underbrace{\text{(AB)}}_{\text{Struktur}}\text{'}\underbrace{\text{(AB)}}_{\text{Datum}}\text{)} = \text{T}$

Zu Klassenbildungen führen verschiedene Generatoren, die wie Variablen in der Logik oder Numerik wirken. So kann mit dem Symbol „?" jedes beliebige Objekt abgeglichen werden, z. B.

(1.43) (MATCH'(?B)'(AB)) = T
(MATCH'(?B)'((AB)B)) = T

Die Struktur gleicht also jede zweielementige Liste mit B als zweitem Element ab. Der ∗-Generator gleicht jede beliebige Folge von Elementen (einschließlich der leeren Folge) ab, z. B.

(1.44) (MATCH'(∗B)'(B)) = T
(MATCH'(∗B)'(ABCB)) = T

Die gegebene Struktur paßt auf alle Listen mit dem Endelement B. Damit sind bereits die wesentlichen Grundlagen erläutert, um die algorithmische Struktur zu verstehen, die das angebliche Wissen des Psychiaters in ELIZA widerspiegelt. Den Dialog zwischen Patient P und ELIZA E kann man sich so vorstellen:

P: MEN ARE ALL ALIKE
E: IN WHAT WAY
P: THEY'RE ALWAYS BUGGING US ABOUT SOMETHING OR OTHER
E: CAN YOU THINK OF A SPECIFIC EXAMPLE
P: WELL, MY BOYFRIEND MADE ME COME HERE
E: YOUR BOYFRIEND MADE YOU COME HERE
P: YES, I AM VERY SAD
E: YOU ARE VERY SAD
P: SAD AND DEPRESSED
E: PLEASE GO ON
...

Folgende Regeln erlauben die Ableitung der Antworten von ELIZA, wenn bestimmte Satzmuster vom Patienten benutzt und von ELIZA mittels Musterabgleichung erkannt werden:

```
'(((* AM * B) → (APPEND '(YOU ARE) B))
((* ARE *) → '(IN WHAT WAY))
((* ALWAYS *) → '(CAN YOU THINK OF A SPECIFIC EXAMPLE ))
((* MY * B ME * C) → (APPEND '(YOUR) (APPEND B (CONS 'YOU
C))))
((* L) → '(PLEASE GO ON)))
```

Die zweite Regel besagt: Steht im Satz der Patienten ARE, so antworte mit der Liste '(IN WHAT WAY). In dem Satz MEN ARE ALL ALIKE gleicht also der *-Operator vor ARE die Liste MEN ab, hinter ARE die Liste ALL ALIKE.

Die vierte Regel besagt: Sind im Satz des Patienten die Worte MY und ME durch eine Liste *B getrennt und wird der Satz mit einer Liste *C abgeschlossen, dann setze bei der Antwort von ELIZA zunächst YOU und den C-Teil zu (CONS 'YOU C) zusammmen, wende darauf den B-Teil an, schließlich darauf '(YOUR).

Es handelt sich also beim Dialog mit ELIZA um nichts anderes als das Ableiten von syntaktischten Symbollisten in unserem Beispiel in der Programmsprache LISP. Semantisch sind die Strukturen so gewählt, daß sie umgangssprachlichen Unterhaltungsgewohnheiten entsprechen. Die letzte Regel ist eine typische Verlegenheitsreaktion, wie sie auch in tatsächlichen Unterhaltungen auftritt: Wenn eine beliebige Symbolliste (*L) vom Experten nicht erkannt wird (gewissermaßen das Unterhaltungsrauschen bla, bla, bla, bla ...), dann macht er ein intelligentes Gesicht und sagt: PLEASE GO ON.

Dabei dürfen wir keineswegs das Kind mit dem Bade ausschütten und aus der simplen algorithmischen Struktur dieses Gesprächsablaufs schließen, daß es sich um einen bloßen Taschenspielertrick zur Vortäuschung des Turing-Tests handelt. Das einfache Beispiel von ELIZA macht deutlich, daß Partygespräche ebenso wie das Befragen von menschlichen Experten durch Grundmuster vorbestimmt sind, in denen wir nur bis zu einem gewissen Grade variieren können. Diese jeweiligen Grundmuster werden von einigen Expertensystemen algorithmisch erfaßt – nicht mehr und nicht weniger. Im Unterschied zum Expertensystem ist jedoch der Mensch nicht auf einzelne algorthmische Strukturen reduzierbar.

Dieser Tatbestand wird heute philosophisch unterschiedlich gedeutet.[160] Vom instrumentalistischen Standpunkt stellt ein solcher Algorithmus keine schöpferische Tätigkeit dar. Er führt nur aus, was in ihn hineingesteckt wurde. Er bleibt ein (wenn auch hochkomplexes) Instrument des Menschen. Die Übertragung von Eigenschaften wie „intelligent" und „schöpferisch" auf Maschinen wird als Animismus der Technik zurückgewiesen.

Demgegenüber wendet der Mentalismus ein, daß auch menschliche Intelligenz nur Konzepte explizit macht, deren allgemeine Struktur in uns angelegt ist. Intelligenz kann danach verschiedene Träger haben. Das menschliche Gehirn mit seiner eigenen Denk- und Evolutionsgeschichte ist nur ein Beispiel für die Entwicklung „intelligenter Strukturen". Andere unabhängige Entwicklungen wie z. B. technische Systeme sind möglich, wenn sie auch vom Menschen eingeleitet wurden. Hinzu kommt das kosmologische Argument, daß „intelligente Wesen" in anderen Welten nicht nur möglich, sondern wahrscheinlich sind.

Der Streit zwischen Instrumentalismus und Mentalismus läßt sich nicht logisch und empirisch entscheiden. In der konkreten technischen Diskussion wissensbasierter Systeme überwiegt daher eine pragmatische Bewertung. Die faktisch existie-

160 K. Mainzer, Knowledge-based systems (s. Anm. 141), 69 f.

renden Expertensysteme sind in ihrer methodischen Begrenzung klar durchschaubar. Als Beispiel wird die Entwicklung erfolgreicher Werkzeuge betont, um technische, ökonomische und industrielle Probleme zu lösen.

Mit Wissensverarbeitung (Knowledge Processing) von wissensbasierten Systemen (Knowledge-based Systems) ist eine neue Art von komplexer Informationsverarbeitung gemeint, die von der älteren bloß numerischen Datenverarbeitung unterschieden wird. Die Wissensverarbeitung greift auf komplexe Transformationsregeln zur Übersetzung und Interpretation zurück, die durch ein hohes Niveau in der Hierarchie von Programmiersprachen (heute LISP oder PROLOG) bestimmt sind. Dieses Niveau ist näher zu natürlichen Sprachen als frühere maschinennahe Programmiersprachen, aber offensichtlich nicht mit natürlichen Sprachen identisch. Auch die KI-Programmiersprachen erfassen daher nur Teilaspekte aus dem breiten Horizont menschlichen Wissens (Abb. 1.43).[161]

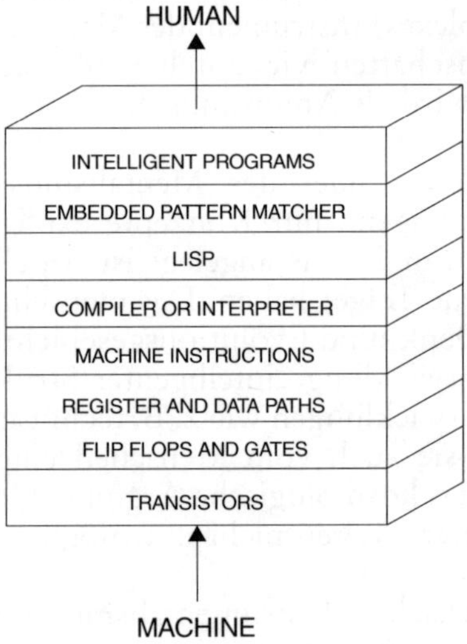

Abb. 1.43

161 P. H. Winston, s. Anm. 154, 253.

Damit sind die Grenzen und Schwachpunkte heutiger Expertensysteme offensichtlich: Erstens stellt sich das Problem der Wissensrepräsentation. Wie soll das Wissen eines Anwendungsbereichs im Computerspeicher dargestellt und für die Problemlösung verfügbar gemacht werden? Zweitens stellt sich das Problem der Wissensbenutzung. Wie soll die Ableitungsmaschine entworfen sein? Drittens ist das Problem der Wissenserwerbung zu nennen. Wie soll das Wissen für die Problemlösung erworben werden?

Das wichtigste Problem heutiger Expertensysteme ist im Kern philosophischer Natur: Wie soll die spezielle Wissensbasis eines Expertensystems mit dem allgemeinen und strukturalisierten Hintergrundwissen über die Welt verbunden werden, das die Entscheidungen und Handlungen eines menschlichen Experten beeinflußt? So wird ein Arzt z. B. bei einer Operationsentscheidung auch seine nicht-objektivierten Eindrücke von den Lebensumständen (Familie, Beruf, etc.), der Lebenseinstellung des Patienten u. ä. berücksichtigen. Insbesondere bei Fragen, die z. B. bei der heute aktuellen Frage nach der Würde des Sterbens zusammenhängen, fließen Welthorizont und Lebenseinstellung des Arztes in letztlich nicht-kodifizierbarer Weise ein, auch wenn der Gesetzgeber bemüht ist, allgemeine Verhaltensmaßstäbe festzulegen. Derselbe Aspekt ließe sich am Beispiel juristischer Expertensysteme aufrollen. So wird der Richter trotz konsistenter Normensysteme, wie gerade erfahrene juristische Experten immer wieder betonen, einen formalen Entscheidungsspielraum vorfinden, in dem er sich letztlich an der persönlichen Welt- und Lebenseinstellung orientiert. Dieser Einbruch der Subjektivität und Intuition sollte aber nicht Anlaß zur Klage über mangelnde Objektivität sein, sondern als Chance einer humanen Medizin und Rechtsprechung genutzt werden. Damit ist natürlich nicht ausgeschlossen, daß sich die Informatik in Zukunft um Erweiterungen der heute noch sehr speziellen Wissensbasis von Expertensystemen bemühen sollte. Gleichwohl werden Grenzen deutlich, die sich aus der Natur der Sache ergeben.

Zudem verfügt ein Experte nicht nur über Wissen, sei es nun allgemeines Hintergrund- oder Spezialwissen. Er „kann" vor allem etwas, was andere nicht beherrschen. Und schon

Goethe betonte, was der Volksweisheit schon immer klar war: Wissen ist nicht gleich Können. Am Anfang war vielmehr die Tat! Können, so wird argumentiert, sei ein intuitives Vermögen eines Experten, daß sich algorithmisch nicht erfassen läßt.

H. Dreyfus unterscheidet ein 5-Stufen-Modell vom Anfänger zum Experten, das diese Einsicht unterstreichen soll.[162] Auf der Stufe 1 übernimmt der Anfänger Regeln, die er ohne Bezug auf die Gesamtsituation stur anwendet. Der Fahrschüler lernt schalten bei festen Kilometerangaben, der Lehrling lernt Einzelteile eines Motors kennen, der Spieler lernt die Grundregeln seines Spiels. Auf der Stufe 2 nimmt der fortgeschrittene Anfänger bereits gelegentlich Bezug auf situationsabhängige Merkmale. Der Lehrling lernt Erfahrungswerte bestimmter Materialien zu berücksichtigen, der Fahrschüler lernt schalten aufgrund von Motorgeräuschen u. ä.

Auf der Stufe 3 ist bereits Kompetenz erreicht, gewissermaßen die Gesellenprüfung absolviert oder die Diplomarbeit geschrieben. Der Lehrling hat in seinem spezifischen Anwendungsbereich gelernt, Lösungsstrategien für komplexe Problemstellungen aus den erlernten Regeln zu entwerfen. Der Autofahrer kann die einzelnen Regeln zur Führung seines Fahrzeugs vorschriftsmäßig koordinieren und anwenden. Damit ist bereits, so Dreyfus, die maximale Leistungsfähigkeit eines Expertensystems erreicht.

Die nächsten Stufen des Meisters und Experten lassen sich nämlich algorithmisch nicht erfassen. Es wird Urteilsfähigkeit gefordert, die sich auf die gesamte Situation bezieht, der Schachmeister, der blitzartig komplexe Konstellationsmuster erkennt und sie mit bekannten Mustern vergleicht, der Rennfahrer, der die dem Motor und der Situation optimal angepaßte Fahrweise intuitiv erfühlt, der Ingenieur, der aufgrund seiner Erfahrung aufgrund von Geräuschen hört, wo der Motorfehler liegt und viele Beispiele mehr.

Besonders eklatant ist die Rolle der Intuition beim professionellen Manager und Politiker. Während in den 60er und 70er Jahren Planungsstrategien und Entscheidungskalküle als

162 H. L. Dreyfus/S. E. Dreyfus, Mind over Machine, New York 1986, Chapt 1.

Zeichen eines rationalen Managements galten, besinnt man sich in der komplexen, wettbewerbsabhängigen und unsicheren Geschäftswelt wieder des altmodischen Managements, das auf Erfahrung, Intuition und Risikobereitschaft setzt, also letztlich Faktoren, die sich kaum in algorithmischen Datenstrukturen festhalten lassen. Auch der Geist in den Managementetagen weht, wie er will, wo er will und wann er will und läßt sich nicht in Algorithmen einfangen. Diese Defizite sind offenbar nicht durch algorithmisch basierte Expertensysteme auszugleichen. Allerdings wäre auch die Flucht in Irrationalismus, Mystizismus und übersinnliche Wahrnehmung verfehlt, auf die neuerdings Managementkurse verweisen, um so den Geheimnissen einer unübersichtlichen Wirklichkeit teilhaftig zu werden. Rationalität darf nicht auf programmgesteuertes Denken und algorithmisches Verfahren reduziert werden. Wer die Intuition zugunsten einer scheinbar effektiven Rationalität zur Tür hinauswerfen will, läßt die Irrationalität zur Hintertür wieder herein.

Wie wird man ein guter Managementexperte? Algorithmisches Denken, computergestützte Problemanalyse, der Einsatz von Expertensystemen hilft in der Vorbereitungsphase. Expertensystemen fehlt nämlich, wie oben herausgestellt wurde, vor allem ein allgemeines Welt- und Hintergrundwissen. Den Sinn für das Ganze als Basis richtiger Entscheidungen erfährt man nicht aus dem Lehrbuch oder Planungskalkülen. Nach einer Grundausbildung lernt ein Manager nicht mehr durch abstrakte Definition und allgemeine Lehrbuchregeln. Er lernt durch konkrete Beispiele und Fälle möglichst aus seinem Betrieb und vermag sie situationsbezogen zu verwerten. Konkrete Fallstudien verbunden mit einem Sinn für das Ganze schärfen die Urteilsfähigkeit des zukünftigen Managers.

Auch für den Manager wird es also letztlich entscheidend sein, wie er mit der Philosophie des Geistes umgeht. Immer häufiger wird daher Kritik laut, wonach durch das Vertrauen auf programmgesteuerte Expertensysteme die Urteilskraft vernächlässigt wird. Die Situation erinnert an Platons Dialog Phaidros, in dem er sich kritisch zu neuen Kulturtechniken äußert. Damals war es die Kritik an der schriftlichen Form des Redens, die Unzulänglichkeit des Schreibens gegenüber der gesprochenen und spontanen Rede. Diese Kritik läßt sich ohne weiteres auf die nachfolgenden Kulturtechniken vom Buch bis zum Expertensystem übertragen.

Das große Interesse der Industrie an Expertensystemen ist durch den wachsenden Bedarf nach Werkzeugen im Umgang mit Wissen zu erklären, das zunehmend als Produktionsfaktor der Wirtschaft auftritt.[163] Gegenüber dem traditionellen Buch als Wissensmedium weist das Expertensystem in beschränkten Anwendungsbereichen sicher Vorteile auf. Während Bücher nur vom Menschen interpretiert und damit „zum Leben erweckt werden", wenden Expertensysteme teilweise ihr Wissen selbständig auf Probleme an, sofern sie in den vorgegebenen Rahmen der algorithmischen Wissensrepräsentation passen. Damit sind aber ältere Medien des Wissens nicht aufgehoben. Ältere Fähigkeiten des Menschen dürfen nicht vernachlässigt oder ausgeschaltet werden. Die biologische Evolution setzte im Laufe ihrer Geschichte niemals auf eine Karte, sondern experimentiert mit einer Vielzahl alter und neuer Formen. Wenigstens unter diesem Aspekt kann die kulturelle Evolution mit der Ausbildung immer neuer Techniken und Fertigkeiten von der biologischen Vorgeschichte lernen.

Wissensbasierte Systeme lassen sich als hochentwickelte Werkzeuge zur computergestützten Problemlösung einordnen. Die Codierung von Expertenwissen liegt im Zuge einer Entwicklung der Neuzeit, die auf eine Algorithmisierung des Denkens setzte. Die künftige Weiterentwicklung von Expertensystemen wird sicher von den Bedürfnissen der Anwender abhängen. Die Entwicklung leistungsfähiger Wissenserwerbsysteme, die Repräsentation und Integration verschiedener Wissensarten und Problemlösungsstrategien, eine adäquate Evaluation von Expertensystemen, ihre Grenzen und Erfolge sind dabei zu berücksichtigen. Neben den methodischen Grenzen dieses Ansatzes zeichnen sich aber auch neue Anforderungsprofile für den Benutzer ab. Kurz gesagt: Das Expertensystem in der Hand des Zauberlehrlings wäre ethisch verheerend. Der Hinweis auf militärische oder politische „Expertensysteme", die an

163 D. Bell, The Coming of Post-Industrial Society, New York 1976; Y. Masuda, The Information Society as Post Industrial Society, Tokyo 1980.

die Stelle des Orakels von Delphi treten, mag hier genügen. Der Algorithmus, auch wenn er wissensbasiert ist, bleibt Werkzeug einer humanen Urteilsfähigkeit. Ansprüche von Computerprogrammen und Expertensystemen auf eine Reduktion des Geistes erweisen sich als sachlich nicht gerechtfertigt und ethisch nicht verantwortbar.

2. Die Evolution intelligenter Systeme II: Komplexe Systeme und neuronale Netze

Die Entwicklung neuronaler Netze ist nicht an logischen Regelsystemen und hohen KI-Programmiersprachen wie z. B. LISP und PROLOG orientiert, sondern an Vorgängen der physikalischen und biologischen Evolution, wie sie in der Theorie komplexer dynamischer System beschrieben werden. Daher werden in Abschnitt 2.1 zunächst einige Grundbegriffe komplexer dynamischer Systeme und der biologischen Evolution erörtert. Ein Beispiel der biologischen Evolution komplexer Systeme ist das menschliche Gehirn, dessen Strukturprinzipien neuronalen Netzen zugrunde liegen. Im Unterschied zu programmgesteuerten Maschinen, die komplexe Aufgaben nur Schritt für Schritt (seriell) in Angriff nehmen können, besteht das menschliche Gehirn aus 70 bis 80 Milliarden Nervenzellen (Neuronen), von denen jede mit 1-10 tausend Nachbarn verbunden ist und im Prinzip zur gleichen Zeit arbeiten kann (Parallelstruktur). Die biologischen, psychologischen, mathematischen und technisch-physikalischen Grundlagen werden in Abschnitt 2.2 untersucht.

Neuronale Netze scheinen diejenigen Schwachpunkte aufzufangen, die bei programmgesteuerten Maschinen und wissensbasierten Systemen auftraten. Während neuronale Netze auf der Grundlage von Selbstorganisation und paralleler Informationsverarbeitung funktionieren, werden von-Neumann-Maschinen durch zentrale Programmsteuerung und serielle Informationsverarbeitung gelenkt. Neuronale Netze bestehen aus einem homogenen System autonomer und gleichartiger Komponenten (Neuronen). Demgegenüber ist eine von-

Neumann-Maschine ein heterogenes System mit einer zentralen Rechen- und Speicherkapazität. Neuronale Netze sind wie das menschliche Gehirn fehlertolerant.

Demgegenüber bricht das Programm einer seriell arbeitenden von-Neumann-Maschine bei geringsten Inkompatibilitäten zusammen. Während neuronale Netzwerke auf der Grundlage von Selbstorganisation intuitive und sensomotorische Abläufe lenken, bleibt ein Expertensystem auf regelbasiertes und spezialisiertes Expertenwissen fixiert. Während ein neuronales Netz ein Muster durch Beispiele exemplarisch erlernt, muß einem Expertensystem jede Art von Wissen durch ein mehr oder weniger aufwendiges Programm vermittelt werden. Während der Benutzer einen unmittelbaren Systemzugang zum neuronalen Netz hat, steht zwischen Expertensystem und Benutzer der Wissensingenieur und die jeweilige Programmiersprache.

Welche Strukturprinzipien des menschlichen Geistes werden durch neuronale Netze erfaßt? Wo liegen die Möglichkeiten und Grenzen dieses Ansatzes im Rahmen der Philosophie des Geiste? Diese Fragen stehen im Hintergrund, wenn in Abschnitt 2.3 die Entwicklung verschiedener neuronaler Netze diskutiert wird.

2.1 Grundlagen komplexer dynamischer Systeme

2.11 Grundbegriffe komplexer dynamischer Systeme

Dynamische Systeme stehen seit altersher im Zentrum des Interesses von Naturphilosophie und Physik. In der aristotelischen Tradition wird unter Dynamis (δύναμις) das Vermögen verstanden, eine Zustandsänderung in der Natur zu bewirken. Jeder Bewegung im Sinne einer Ortsveränderung eines Gegenstandes und jeder Veränderung im Sinne der Erlangung und des Verlusts einer bestimmten Eigenschaft liegt dieses Vermögen zur Bewegung (κίνησις) oder Veränderung (μετάστασις) zugrunde. Dazu gehören nach Aristoteles die Bewegung der Planeten ebenso wie z. B. das Wachsen und Vergehen der Pflanzen und Tiere. Es geht also in der Aristotelischen Physik um die Physis (φύσις), d. h. die gewachsene Natur, die wie ein großer

Organismus durch ständige Umwandlung von Möglichkeit (δυνατόν) in Wirklichkeit (ἐνέργεια) bestimmt ist.[1]

Davon zu unterscheiden ist die Mechanik, die sich nach Aristoteles mit künstlichen Systemen wie z. B. den einfachen Maschinen Hebel, Keil, Wellrad, Flaschenzug und Schraube beschäftigt. In der Renaissance entwickelt sich die Mechanik zunächst in den Werkstätten der Techniker. G. Galilei verbindet erstmals mathematische Verfahren, experimentelle Kontrolle und technische Gerätekonstruktion als Grundlage neuzeitlicher Mechanik. Sie betrachtet in der Tat insofern „künstliche" Systeme, als in den Experimenten vereinfachte Abläufe unter Abstraktion von „Störungen" in der Wirklichkeit getestet werden. So werden Fallgesetz und horizontaler Wurf durch vereinfachte Gleichungen beschrieben, die nur unter Abstraktion von Reibung, Luft u. ä. zutreffen.[2]

R. Descartes erhebt die Untersuchung mechanischer Systeme zum Programm seiner Physik. Ihre Bewegungsvorgänge werden auf Kontaktkräfte wie Druck und Stoß zurückgeführt. Die Welt selbst ist, wie Leibniz betont, ein abgeschlossenes System, dessen Energie erhalten bleibt, sich aber in ständigen Umwandlungsprozessen von potentieller in kinetischer (Bewegungs-) Energie befindet. Leibniz deutet physikalische Systeme erstmals als Automaten und unterscheidet einfache, endliche und unendliche Automaten. Newton hebt neben Kontaktkräften auch Fernkräfte wie die Gravitation hervor, die Massensysteme bestimmen.

---

1 Zur Analyse des aristotelischen Bewegungsbegriffs vgl. auch W. Wieland, Die aristotelische Physik. Untersuchungen über die Grundlegung der Naturwissenschaft und die sprachlichen Bedingungen der Prinzipienforschung bei Aristoteles, Göttingen 1970, 110 ff. Für Thomas sind ‚actus' und ‚potentia' ontologische Grundkategorien, die auf jedes Seiende angewandt werden können: „Potentia et actus sunt de primis differentiis entis." (3 phys. 2a; vgl. 1 phys. 15a; 3 phys. 1c). Vgl. auch J. Stallmach, Dynamis und Energeia. Untersuchungen am Werk des Aristoteles zur Problemgeschichte von Möglichkeit und Wirklichkeit, Meisenheim 1959.

2 K. Mainzer, Galileo Galilei. Naturphilosoph und Begründer der neuzeitlichen Physik. Zum 350. Todesjahr Galileis hrsg. vom Museumsverein für Technik und Arbeit e.V. und dem Landesmuseum für Technik und Arbeit, Mannheim 1992.

Während Newton dynamische Systeme wie z. B. das Planetensystem und das Pendel mit den Mitteln der synthetischen Geometrie beschreibt, geht die moderne Fassung der klassischen Mechanik auf die seit L. Euler, J. L. Lagrange und W. R. Hamilton übliche analytische Darstellung zurück.[3] Während nach Newton die Bewegung eines Massenpunktes m durch die von der Kraft

$$K = \frac{d}{dt}(m \cdot v) \tag{2.1}$$

bewirkte Änderung des Impulses $m \cdot v$ verursacht wird, ist die Kraftwirkung in der analytischen Darstellung auf die drei (cartesischen) Ortskoordinaten x_ν $(\nu = 1, 2, 3)$ mit den Kraftkomponenten

$$K_\nu = m\frac{d^2x_\nu}{dt^2} = m\ddot{x}_\nu \tag{2.2}$$

verteilt. Allgemein wird ein System freier Massenpunkte $m^{(i)}$ durch die Bewegungsgleichungen

$$K_\nu^{(i)} = m^{(i)}\ddot{x}_\nu^{(i)} \tag{2.3}$$

bestimmt, wobei die Indizes i sich auf die Massenpunkte beziehen.

Lagrange gab mit der kinetischen Energie T und der potentiellen Energie U eine nach ihm benannte Funktion $L = T - U$ an, mit der sich das mechanische System in der Gleichung

$$\frac{d}{dt}\frac{\partial L}{\partial \dot{x}_\nu} - \frac{\partial L}{\partial x_\nu} = 0 \tag{2.4}$$

beschreiben läßt. Dabei sind x_ν nun die (rechtwinkligen) Komponenten der Ortsvektoren, also x_1, x_2, x_3 für $x_1^{(1)}, x_2^{(1)}, x_3^{(1)}$; x_4, x_5, x_6 für $x_1^{(2)}, x_2^{(2)}, x_3^{(2)}$ etc. Die Bewegungen mechanischer Sy-

3 Zur analytischen Darstellung der Klassischen Mechanik nach Lagrange und Hamilton vgl. auch P. Mittelstaedt, Klassische Mechanik, Mannheim/Wien/Zürich 1970; K. Mainzer, Symmetrien der Natur. Ein Handbuch zur Natur- und Wissenschaftsphilosophie, Berlin/New York 1988, 309 ff.; F. Hund, Geschichte der physikalischen Begriffe Teil 1: Die Entstehung des mechanischen Naturbildes, Mannheim 1978, 163 ff.

steme sind also nach Lagrange immer durch ein System von Differentialgleichungen zweiter Ordnung bestimmt.

Demgegenüber gab Hamilton ca. 50 Jahre später Differentialgleichungen erster Ordnung an, mit denen sich der Ort x_ν und der Impuls p_ν der Massenpunkte eines Systems berechnen lassen. Grundlage ist die nach Hamilton benannte Funktion $H = T + U$ der Summe von kinetischer und potentieller Energie des Systems. Für einen Massenpunkt m gilt z. B. in cartesischen Koordinaten x, y, z die Gleichung

$$(2.5) \qquad H(x, y, z, p_x, p_y, p_z) = \frac{1}{2m}(p_x^2 + p_y^2 + p_z^2) + U(x, y, z).$$

Die Hamiltonschen Bewegungsgleichungen lauten dann

$$(2.6) \qquad \begin{aligned} \dot{x} &= \frac{dx}{dt} = \frac{\partial H}{\partial p_x} = \frac{p_x}{m} & \dot{p}_x &= \frac{dp_x}{dt} = -\frac{\partial H}{\partial x} = -\frac{\partial U}{\partial x} \\ \dot{y} &= \frac{dy}{dt} = \frac{\partial H}{\partial p_y} = \frac{p_y}{m} & \dot{p}_y &= \frac{dp_y}{dt} = -\frac{\partial H}{\partial y} = -\frac{\partial U}{\partial y} \\ \dot{z} &= \frac{dz}{dt} = \frac{\partial H}{\partial p_z} = \frac{p_z}{m} & \dot{p}_z &= \frac{dp_z}{dt} = -\frac{\partial H}{\partial z} = -\frac{\partial U}{\partial z} \end{aligned} \quad .$$

Offenbar sind diese Gleichungen im allgemeinen nicht-linear. Bei einem System mit l Freiheitsgraden erhält man also 2l Differentialgleichungen.

Der Hamiltonsche Formalismus erlaubt eine weitreichende Anwendung des Systembegriffs. Sieht man nämlich von der physikalischen Interpretation der Variablen x_ν und p_ν ab und führt die einheitliche Koordinate

$$(2.7) \qquad z_\nu = \begin{cases} x_\nu, & \text{falls } \nu = 1, 2, \ldots, l \\ p_{\nu-1}, & \text{falls } \nu = l+1, \ldots, 2l \end{cases}$$

ein, so erhält man anstelle der kanonischen Hamiltonschen Gleichungen für Ort und Impuls die homogene Gleichungsform

$$(2.8) \qquad \dot{z}_\nu = \frac{dz_\nu}{dt} = \frac{\partial H}{\partial z_{[l+\nu]}} = H(z_1, z_2, \ldots, z_{2l})$$

mit $\nu = 1, 2, \ldots, 2l$ und

$$z_{[1+n]} = \begin{cases} z_{l+\nu}, & \text{falls } \nu = 1, 2, \ldots, l \\ -z_{\nu}, & \text{falls } \nu = l+1, \ldots, 2l \end{cases} .$$

Das 2l-Tupel $z = (z_1, z_2, \ldots, z_{2l})$ heißt die Phase bzw. der Zustand des Hamilton-Systems zum Zeitpunkt t. Die Menge Z der möglichen Phasen z heißt Phasenraum bzw. Zustandsraum. Mit den Zustandsgleichungen (2.8) kann zu jedem Zustand $z(t_1)$ zur Zeit t_1 ein neuer Systemzustand $z(t_2)$ zur Zeit $t_2 > t_1$ berechnet werden. Der vollständige Wissensstand über ein dynamisches System zu einem gegebenen Zeitpunkt t ist also in einem einzigen Punkt z(t) des Phasenraums konzentriert. Dieser Punkt repräsentiert das System zu diesem Zeitpunkt.

Die Entwicklung der Systemzustände wird als Bahn im Phasenraum geometrisch sichtbar. Ein einfaches Beispiel ist ein schwingendes Pendel ohne Reibung, dessen jeweiliger Zustand durch den Ort z_1 und die Geschwindigkeit z_2 bestimmt ist. Beide Koordinaten verändern sich ständig. Die Punkte der Zustände $z = (z_1, z_2)$ bilden eine Trajektorie, mit der sich das Langzeitverhalten eines dynamischen Systems veranschaulichen läßt (Abb. 2.1 rechts).[4]

Wenn das Pendel zu schwingen beginnt, ist die Geschwindigkeit 0. Der Ort hat einen negativen Wert als Abstand zur linken Seite von der Mitte. Die Geschwindigkeit erreicht schließlich ihr Maximum, während der Ort auf den Nullwert kommt (Abb. 2.1c). Die Geschwindigkeit strebt wieder gegen 0 (Abb. 2.1d) und geht schließlich in den Negativbereich des Phasenraums über, da die Pendelbewegung nun rückwärts nach links erfolgt.

Eine Wiederholungsschleife steht für ein System, das sich in regelmäßigen Intervallen beliebig wiederholt. Bei Nebenwirkungen wie z. B. Reibung verändert sich das Bild. Die Reibung leitet die Energie des Systems ab. Das System tendiert dann im Phasenraum zu den Zonen niedriger Energie, um im zentralen Fixpunkt in der Mitte mit Ort 0 und Geschwindigkeit 0 zur Ruhe zu gelangen. Wir haben damit bereits zwei mögliche Attraktoren eines Systems kennengelernt, nämlich den Fixpunkt und die Schleife für periodische Systeme. Die Attraktoren zei-

4 J. Gleick, Chaos. Die Ordnung des Universums, München 1988, 201.

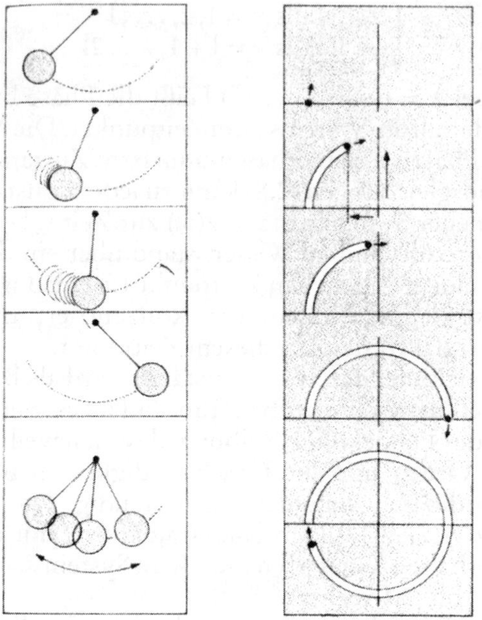

a
b
c
d
e

Abb. 2.1

gen, daß durch die Abbildung von Systemzuständen als Punkte im Phasenraum langfristige Systemeigenschaften beobachtbar werden, die sonst nicht sichtbar sind. Der Phasenraum ist daher eine geometrische „Wissensrepräsentation", die bei verschiedenen Systemen physikalischen, biologischen oder soziologischen Ursprungs unabhängig vom Hamilton-Formalismus Anwendung findet.

Als Beispiel sei ein Zustandsraum nach K. Lorenz und C. Zeeman erwähnt, der den emotionalen Zustand eines Hundes beschreibt (Abb.2.2a).[5] Die Koordinate z_1 gibt die Ohrhaltung des Hundes an und korreliert mit dem emotionalen Zustand der Angst, die Koordinate z_2 gibt den Grad der Bloßstellung des Fangs und der Zähne an und korreliert mit dem

5 R. H. Abraham/C. D. Shaw, Dynamics. The Geometry of Behavior. Part 1: Periodic Behaviors, Santa Cruz 1984, 15.

Aggressionszustand des Hundes. Eine mögliche Entwicklung der Zustandstrajektorie z(t), die durch Beobachtungen zu den Zeitpunkten t_0, t_1, t_2, t_3, t_4 erfolgt, ist in Abb.2.2b festgehalten.

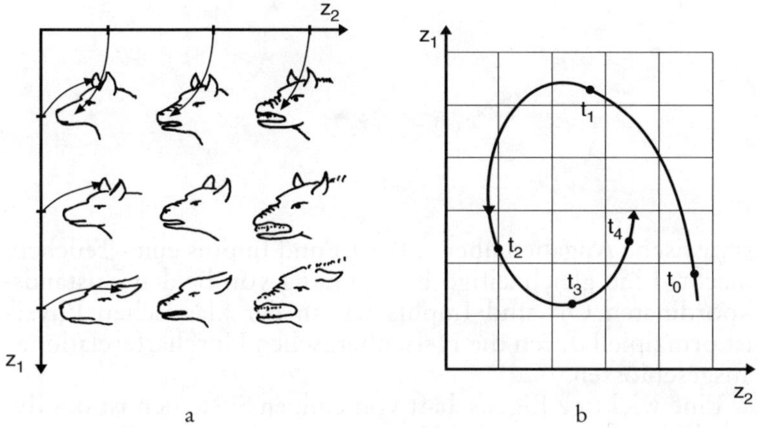

Abb. 2.2

In der Systemtheorie versteht man unter einem System allgemein eine strukturierte Menge von Elementen, zwischen denen Beziehungen durch Material-, Informations- oder Energieflüsse realisiert sind. Systeme können abgeschlossen gegen ihre Umgebung oder mit ihr durch Material-, Informations- oder Energieflüsse verbunden sein. Zustandsvektoren können durch deterministische Evolutionsgleichungen des Systems wie im Fall des Hamilton-Formalismus eindeutig bestimmt sein. In diesem Fall ist die Entwicklung eines Systems durch eine Trajektorie im Phasenraum dargestellt, wie die 2- und 3-dimensionalen Beispiele in Abb.2.3a und b zeigen.[6]

Die Zustandsentwicklung kann aber auch indeterministisch oder probabilistisch sein. In diesem Fall ist keine eindeutige Trajektorienbahn möglich. In der Quantenmechanik sind z. B. die Zustände eines Quantensystems (Elektron, Atom, u. ä.) durch die sogenannte Wellenfunktion ψ beschrieben, die nur

6 R. L. Flood/E. R. Carson, Dealing with Complexity. An Introduction to the Theory and Application of Systems Science, New York/London 1988, 9.

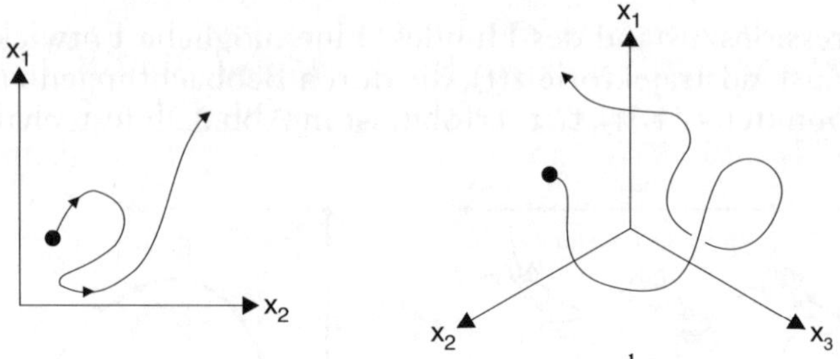

a b

Abb. 2.3

statistische Angaben über z. B. Ort und Impuls eines Teilchens macht. Eine gleichzeitige Bestimmung von beiden Zustandskoordinaten Ort und Impuls wie in der klassischen Physik ist prinzipiell durch die Heisenbergschen Unschärferelationen ausgeschlossen.

Eine wichtige Eigenschaft von einigen Systemen ist das dynamische Gleichgewicht (Homöostase), das L. von Bertalanffy ausgehend von biologischen Systemen im Rahmen einer allgemeinen Systemtheorie näher untersucht hat.[7] Auch hier bietet sich die Darstellung im Zustandsraum an. Bei einem dynamischen Gleichgewicht bleibt der Zustand des Systems in einem Zeitintervall dt kaum verändert, d. h. $z(t) \approx z(t+dt)$. Tatsächlich hat aber bei einem offenen System ein Austausch von Material und Energie stattgefunden, z. B. Input an Nahrung und Wasser und Output an Abfallstoffen, Wärme und Wasser. Bei einer Zelle können also z. B. die Flüssigkeitsmoleküle komplett ausgetauscht worden sein, obwohl die Struktur und Funktion der Moleküle im Zellaufbau unverändert blieben.

7 L. von Bertalanffy, General System Theory. Foundations, Development, Applications, New York 1968, 1973; ders., Perspectives on General System Theory. Scientific-Philosophical Studies, ed. E. Taschdjian, New York 1975; ders., Allgemeine Systemtheorie. Wege zu einer neuen Mathesis universalis, in: Dt. Universitätsz. 12 1957, 8-12; C. G. Hempel, General System Theory and the Unity of Science, in: Human Biol. 23 1921, 313-327.

Beobachtungen von Zuständen eines Systems zu aufeinander folgenden Zeitpunkten charakterisieren das Verhalten des Systems in bestimmten Situationen. Das Verhalten kann Zielzustände ansteuern. Eine kommerzielle Firma, die Profitmaximierung und Arbeitsproduktivität anvisiert, gehört ebenso dazu wie ein Organismus, der optimale Nahrungsbedingungen mit dem Ziel des Überlebens sucht. Ein Spezialfall zielorientierten Verhaltens ist die Adaption, d. h. Anpassung des Systems an Umweltbedingungen. Hier sind Anpassungsmechanismen von sozialen Systemen an politische und wirtschaftliche Umweltzustände ebenso zu nennen wie die Anpassung von Organismen und ökologischen Systemen an natürliche Umweltbedingungen. Die Regulation und Adaption wird bei kybernetischen Systemen durch Rückkopplung von Outputwerten gesteuert. Das interdisziplinäre Programm der Kybernetik wird in Abschnitt 2.31 im Zusammenhang mit lernenden Automaten noch ausführlich besprochen.

Von sozialen und natürlichen Systemen ist bekannt, daß sie homogene oder hierarchische Strukturen besitzen können. Schon Leibniz unterschied bloße „Aggregate", die nur die „Summe ihrer Teile" sind, von „Automaten", die neue Eigenschaften hervorbringen. So ist ein lebender Körper nicht bloß die Summe seiner Organe und Zellen, sondern die Voraussetzung von Gestalten, Formen und Fähigkeiten, die erst durch Zusammenwirken der Teile ermöglicht werden. Man spricht dann von der Emergenz dieser Eigenschaft, d. h. ihrem spontanen Auftreten auf einer höheren Ordnungsstufe. Im Zustandsraum wird das Umschlagen in einen neuen Zustand geometrisch sichtbar.

In Abb.2.4 repräsentiert jede Koordinate a, b, c eine mögliche Eigenschaft des Systems. Seine Entwicklungstrajektorie $z(t)$ bewegt sich im Zeitintervall $0 \leq t \leq r$ der Eigenschaftsebene von c nach b. Zum Zeitpunkt $t = r$ schlägt die Eigenschaft augenblicklich um und bewegt sich von da an in der Ebene von b nach a. Die Kooperation der Teile eines Systems, die emergente Eigenschaften ermöglicht, wird auch Synergetik genannt. Die dabei stattfindenden Phasenübergänge beschreiben die Selbstorganisation (Autopoiesis) des Systems und werden im folgenden Abschnitt im Rahmen der Thermodynamik noch ausführlich untersucht. Dabei wird deutlich werden, daß die Fähigkeit zur Selbstorganisation entscheidend von der Komplexität des Systems abhängt. Erste Maßstäbe für die Komplexität eines Systems beziehen sich auf Anzahl und Art der Elemente, ihrer Freiheitsgrade und Relationen bzw. Wechselwirkungen.[8]

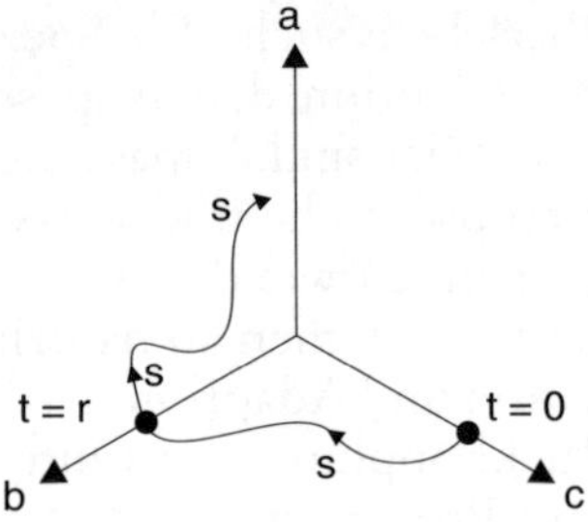

Abb. 2.4

Bei synergetischen Systemen wird die Nicht-Linearität wenigstens einer der beiden beteiligten Relationen hervorzuheben sein. Nicht-lineare Gleichungen werfen mathematisch große Lösungsprobleme auf und sind angesichts der hohen Rechnerkapazitäten moderner Computer und neuer numerischer Lösungsalgorithmen von großem aktuellen Interesse (vgl. Kapitel 3.22). Lineare Systeme erweisen sich in ihrer Entwicklung als robust und weitgehend unabhängig von variierenden Anfangszuständen. Demgegenüber streben die Trajektorien nichtlinearer Systeme schon bei geringsten Abweichungen ihrer Anfangszustände verschiedenen Zielzuständen zu oder stürzen ganz ab. In Abb. 2.5a ist die (vereinfachte) lineare Entwicklungsdynamik für den Profit einer Industriefirma dargestellt, während Abb. 2.5b die entsprechende nicht-lineare Entwicklung wiedergibt. In diesem Fall spricht man auch von Symmetriebrüchen, da der Gleichgewichtszustand des Systems verletzt wird.[9]

8 M. Bunge, Levels and reduction, in: Amer. J. Physiology 233 (3) 1977, R75-R82.

9 R. Flood, E. R. Carson, s. Anm. 6, 26.

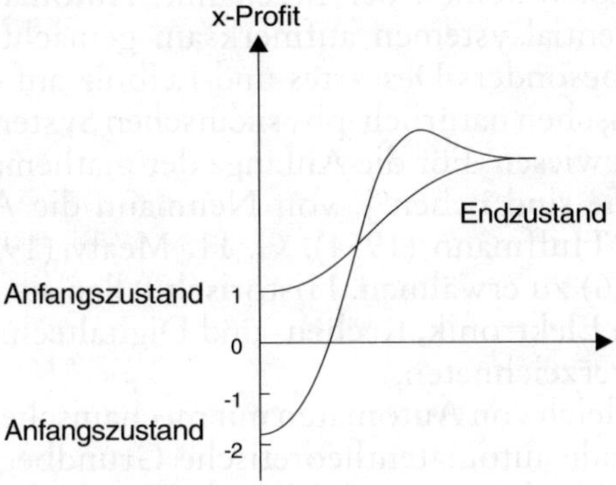
x-Profit
Endzustand
Anfangszustand
1
0
t
-1
Anfangszustand
-2

a

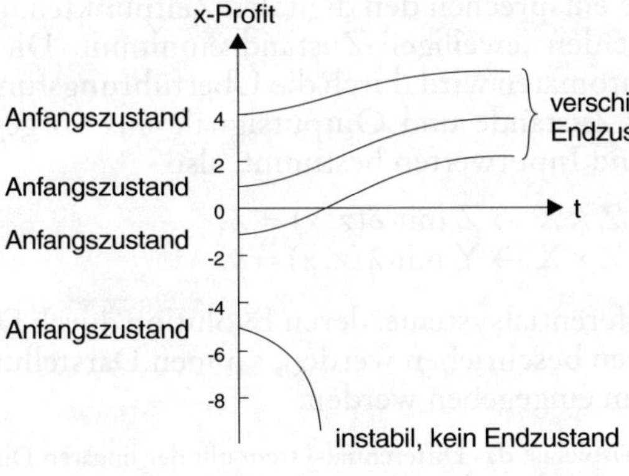
x-Profit
Anfangszustand
4
verschiedene
Endzustände
2
Anfangszustand
0
t
Anfangszustand
-2
-4
Anfangszustand
-6
-8
instabil, kein Endzustand

b

Abb. 2.5

Abschließend sei in diesem Einführungsabschnitt auf tiefer liegende mathematische Zusammenhänge zwischen den (nichtlinearen) Hamiltonsystemen der Mechanik, Automaten und (linearen) Differentialsystemen aufmerksam gemacht. Philosophisch hatten besonders Descartes und Leibniz auf den Zusammenhang zwischen natürlich-physikalischen Systemen und Automaten hingewiesen. Für die Anfänge der mathematischen Automatentheorie sind neben J. von Neumann die Arbeiten z. B. von D. A. Huffmann (1954), G. H. Mealy (1955) und E. F. Moore (1956) zu erwähnen. Historisch fallen sie in einen Zeitraum, in dem Elektronik, Rechen- und Digitaltechnik erste Anfangserfolge verzeichneten.[10]

Für einen Vergleich von Automaten mit mechanischen Systemen sei an folgende automatentheoretische Grundbegriffe erinnert (vgl. auch Abschnitt 1.21). Neben der Zustandsmenge Z wird eine Eingangsmenge X mit Inputvektoren $x = (x_1, \ldots, x_n)$ und eine Outputmenge Y mit Outputvektoren $y = (y_1, \ldots, y_m)$ vorausgesetzt. Im Gegensatz zu physikalischen Systemen handelt es sich aber bei X, Y, Z um endliche Mengen, die nicht mit der Menge der reellen Zahlen identisch sind. Die Indizes der Zustände entsprechen den digitalen Zeitpunkten, in denen der Automat den jeweiligen Zustand einnimmt. Die Evolution eines Automaten wird durch die Überführungsfunktionen δ und λ für Zustände und Outputsignale aus vorgegebenen Zuständen und Inputwerten bestimmt, also

$$\text{(2.9)} \qquad \begin{aligned} \delta &: Z \times X \rightarrow Z \text{ mit } \delta(z, x) = z', \\ \lambda &: Z \times X \rightarrow Y \text{ mit } \lambda(z, x) = y. \end{aligned}$$

Auch für Differentialsysteme, deren Evolution durch Differentialgleichungen beschrieben werden, können Darstellungen im Zustandsraum eingegeben werden.

Ein einfaches Beispiel ist das Differentialsystem mit der linearen Differentialgleichung

10 D. Huffman, The synthesis of sequential switching circuits, in: Franclin Inst. 257 1954; G. H. Mealy, A method for synthesizing sequential circuits, in: Bell System Techn. J. 34 1955; E. F. Moore, Gedanken-experiments on sequential machines, Automata Studies, Princeton 1956.

(2.10) $\ddot{y} + a_1\dot{y} + a_0 y = b_1\dot{x} + b_0 x$ mit $\dot{x} = \frac{dx}{dt}$

dessen Evolution analog der Zustandsentwicklung eines Automaten in Abb.2.6 wiedergegeben ist. Die eckigen Kästen symbolisieren Operatoren, die Inputsignale mit den eingetragenen Größen multiplizieren oder integrieren. In runden Knoten werden Inputsignale aufsummiert.[11]

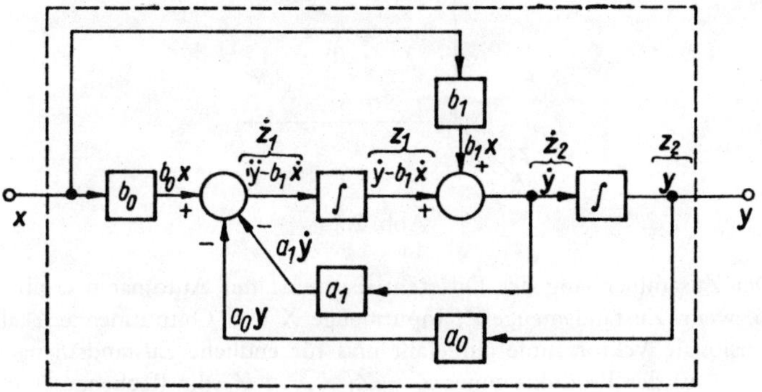

Abb. 2.6

Bezeichnet man die Outputsignale der Integratoren als innere Zustände $z_1 = \dot{y} - b_1\dot{x}$ und $z_2 = y$, so liefert das Diagramm die Gleichungen

(2.11a) $\dot{z}_1 = -a_1\dot{y} + a_0 y + b_0 x$
$= -a_1(z_1 + b_1\dot{x}) - a_0 z_2 + b_0 x = \bar{\delta}_1(z_1, z_2, x)$,

(2.11b) $\dot{z}_2 = z_1 + b_1\dot{x} = \bar{\delta}_2(z_1, x)$.

Das Outputsignal y entspricht dann dem zweiten Zustand des Systems, d. h. $y = z_2$. Allgemein ergeben sich bei linearen Differentialsystemen folgende Überführungsfunktionen für Zustände und Output

(2.12a) $z_i = \bar{\delta}_i(z_1, \ldots, z_n, x) = \sum_{j=1}^{n} a_{ij} z_j + b_i x$,

(2.12b) $y = \bar{\lambda}(z_1, \ldots, z_n, x) = \sum_{i=1}^{n} c_i z_i + dx$.

11 G. Wunsch, Geschichte der Systemtheorie. Dynamische Systeme und Prozesse, München/Wien 1985, 98.

Der Wert $z(t) = (z_1, \ldots, z_n)$ der Trajektorie z zum Zeitpunkt t heißt Zustand des Systems zur Zeit t und wird als Punkt in einem n-dimensionalen (euklidischen) Zustandsraum $Z = Z_1 \times \ldots \times Z_n$ dargestellt, wobei $Z_i = \mathbb{R}$ (Menge der reellen Zahlen) umfaßt. Die Geschwindigkeit, mit der sich das System verändert, ist $\dot{z}(t) = (\dot{z}_1(t), \ldots, \dot{z}_n(t))$:[12]

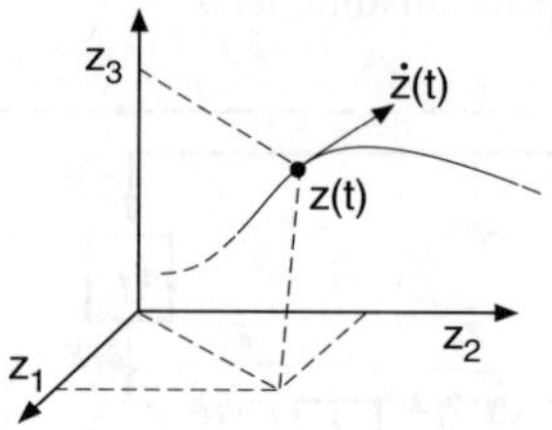

Abb. 2.7

Der Zusammenhang der Differentialsysteme mit Automaten ergibt sich dann, wenn Zustandsmenge Z, Inputmenge X und Outputmenge Y als n-dimensionale Vektorräume aufgefaßt und für endliche Zustandsmengen Z_i $(1 \leq i \leq n)$ des Produktraumes $Z = Z_1 \times \ldots \times Z_n$ die Rechengesetze mathematischer Körper angenommen werden. Dann erhalten die Überführungsfunktionen der Automatentheorie die Form

$$(2.13a) \qquad z_i' - z_i = \delta_i(z_1, \ldots, z_n, x) - z_1 = \delta_i'(z_1, \ldots, z_n, x)$$

$$(2.13b) \qquad y = \lambda(z_1, \ldots, z_n, x).$$

Dem Differentialquotienten $\dot{z}(t)$ in einem Differentialsystem zur Bezeichnung der Änderungsgeschwindigkeit entspricht bei einem digitalen Automaten der Differenzenquotient

$$(2.14) \qquad z_i' - z_i = \frac{z_i(t+1) - z_i(t)}{(t+1) - t} = \Delta z(t).$$

Auch ein Hamilton-System läßt sich durch Entwicklungsgleichungen für Systemzustände beschreiben. Man geht dazu von zwei wechselwirkenden Systemen S_1 und S_2 aus, die insgesamt ein abgeschlossenes System bilden. L_i bezeichnet die Lagrange-Funktion, $x^{(i)} = (x_1^{(i)}, \ldots, x_n^{(i)})$ die Ortskoordinate, T_i die kinetische Energie, H_i die Hamilton-Funktion und $p^{(i)} = (p_1^{(i)}, \ldots, p_n^{(i)})$ den Impuls von S_i $(i = 1, 2)$. Dann gilt für die Lagrange-Funktion von S_1

$$(2.15) \qquad L_1(x^{(1)}, \dot{x}^{(1)}, x^{(2)}) = T_1(x^{(1)}, \dot{x}^{(1)}) - U(x^{(1)}, x^{(2)}).$$

12 G. Wunsch, s. Anm. 11, 99f.

Die Hamilton-Funktion lautet

$$(2.16) \qquad H_1 = \sum_i p_i^{(1)} x_i^{(1)} - L_1(x^{(1)}, \dot{x}^{(1)}, x^{(2)})$$

mit der Impulskoordinate

$$(2.17) \qquad p_i^{(1)} = \frac{\partial L_1}{\partial \dot{x}_i^{(1)}}.$$

Insgesamt ist also die Hamilton-Funktion des Systems S_1 vom Impuls $p^{(1)}$, der Ortskoordinate $x^{(1)}$ und der Ortskoordinate $x^{(2)}$ des Systems S_2 abhängig, d. h.

$$(2.18) \qquad H_1 = H_1(p_1^{(1)}, \ldots, p_n^{(1)}, x_1^{(1)}, \ldots, x_n^{(1)}, x^{(2)}).$$

Vergleicht man diese Form der Hamilton-Funktion mit den Überführungsfunktionen (2.12) von Differentialsystemen, dann entspricht der Ortsvektor $x^{(2)}$ des Systems S_2 offenbar dem Input von (2.12). Im Unterschied zu Automaten und linearen Differentialformen haben Hamilton-Systeme keine eigene Outputfunktion. Die Zustände werden als beobachtbar angenommen und mit dem Output identifiziert.

2.12 Thermodynamik des Nicht-Gleichgewichts und Symmetriebrechung

Die abgeschlossenen („konservativen") Systeme der klassischen Mechaniken setzen Annahmen voraus, die nur annähernd realisierbar sind. Ein Pendel, das ohne Energieverlust immer schlägt, wird durch die faktischen Reibungsverluste verhindert. Im Unterschied zur klassischen Mechanik war aber Reibung für die Aristotelische Physik kein Störfaktor, von dem man zu abstrahieren hatte, sondern gehörte zur komplexen Wirklichkeit. Fallende Körper tauchen nach Aristoteles durch die Luft wie in einer Flüssigkeit, werden dabei abgebremst und streben schließlich einem Zustand der Ruhe (möglichst nahe dem Erdmittelpunkt) zu. Rollende Kugeln auf einer Oberfläche werden abgebremst und streben schließlich (entgegen dem Newtonschen Trägheitsgesetz) einem Zustand der Ruhe zu. Diese Aussagen zeugen nicht, wie einige Wissenschaftshistoriker glauben, von einem kindlichen Animismus, nach dem Aristoteles den physikalischen Abläufen ein zielorientiertes Handeln nach Art lebender Organismen unterstellt. Die traditionelle Naturphilosophie sprach dann von Teleologie (von gr. τέλος, d. h. Ziel).[13] Aristoteles beschreibt vielmehr die Wirklichkeit in ihrer Komplexität und nicht in der Fiktion der klassischen Physik, die Natur durch Abstraktion auf vereinfachende Abläufe reduzieren wollte. Reibung ist ein Spezialfall von Dissipation, die irreversible, d. h. nicht umkehrbare Prozesse in der Natur bedingt. Solche Prozesse scheinen einem Zielzustand zuzusteuern, in dem sie zur Ruhe kommen. Das reale Pendel verbraucht seine Energie durch Reibungsverlust und strebt schließlich einem Zustand der Ruhe in der Mittellage zu (vgl. Abb. 2.1).

Irreversible Prozesse scheinen in der komplexen Wirklichkeit der Natur zu überwiegen. Ein mechanisches Uhrwerk, das zu Boden fällt, zerspringt in seine Einzelteile. Die zeitliche Umkehr dieses mechanischen Vorgangs, daß nämlich Schrauben, Federn und Zahnräder sich spontan zu einer laufenden Uhr zusammensetzen, wurde bisher nicht beobachtet. Auch die beobachtbaren Beispiele der Elektrodynamik scheinen zeitliche Umkehr auszuschließen. So strahlen Sterne und Radiostationen zwar kugelförmige elektromagnetische Wellen aus. Die Umkehrung jedoch, daß sie Strahlung von allen Seiten aus den Weiten des Universums konzentrisch auffangen, wurde bisher nicht beobachtet.

Auch das Verhalten der Wärme zeichnet im Sinne der Thermodynamik eine Zeitrichtung aus. Nach dem 2. Hauptsatz verteilt sich Wärme in einem abgeschlossenen System immer so, daß eine bestimmte Zustandsgröße („Entropie") niemals abnimmt, sondern zunimmt oder konstant bleibt. Die Entropie wird als Maß der Unordnung im System interpretiert. Ein wohlgeordneter Zustand hat eine niedrigere Entropie als ein chaotischer. Eine Kanne mit warmen Kaffee kühlt spontan auf die sie umgebende Zimmertemperatur ab. Der umgekehrte Vorgang einer spontanen Mehrerwärmung gegenüber der Zimmertemperatur wurde bisher noch nicht beobachtet. Wärme fließt so lange, bis sie überall gleich verteilt ist und kein Tempera-

13 Aristoteles, Physik II, 3.

turgefälle im System mehr existiert. Erst im Endzustand des thermischen Gleichgewichts ist der Zeitgipfel erreicht.[14]

Es ist bemerkenswert, daß der Zeitpfeil, der offenbar unserer alltäglichen Anschauung so vertraut ist, physikalisch sehr schwer verständlich war und historisch relativ spät untersucht wurde, während die Zeitumkehr der Bewegungsgesetze, die bereits die Newtonsche Mechanik auszeichnet, auf unsere Alltagserfahrung eher verblüffend wirkt. So ist das 1. Newtonsche Gesetz (Trägheitsgesetz) in dem Sinn reversibel, als für die Gleichung $\dot{x} = 0$ einer kräftefreien Bewegung zu jeder Lösung $x(t)$ auch eine Lösung $x'(t) = x(-t)$ existiert. Die Zeitumkehr kommt durch einen Vorzeichenwechsel der Bewegungsrichtung, d. h. $\dot{x}'(t) = -\dot{x}(-t)$ zum Ausdruck. Die Reversibilität einer Bewegung beschränkt sich also darauf, daß die Folge ihrer Orte in umgekehrter Reihenfolge durchlaufen wird.

In den 60er Jahren des 19. Jhs. hatte R. Clausius einen „Verwandlungswert" der Wärme eingeführt, dessen spontane Zunahme in abgeschlossenen Systemen irreversible Prozesse charakterisieren sollte.[15] Analog zum griechischen τὸ ἔργον für „Energie" prägte Clausius das Kunstwort „Entropie" aus dem griechischen ὁ τρόπος („Wendung"). Die Veränderungen der Entropie S eines physikalischen Systems und seiner Umgebung in der Zeit dt entsprechen der Summe $dS = d_eS + d_iS$, wobei d_eS die Entropieänderung der Umgebung und d_iS die Entropieänderung im System selbst bezeichnet. Der 2. Hauptsatz der Thermodynamik fordert dann

$$(2.19) \qquad d_iS \geq 0.$$

Für abgeschlossene Systeme mit $d_eS = 0$ bringt diese Gleichung zum Ausdruck, daß die Entropie zunimmt oder konstant bleibt, wenn das thermodynamische Gleichgewicht erreicht ist. Im Gleichgewichtsfall gilt $d_iS = 0$.

---

14 Vgl. auch I. Prigogine, Etude Thermodynamique des Phénomènes Irréversibles, Paris 1947; ders., Introduction to Thermodynamics of Irreversible Processes, New York ³1967.

15 Vgl. auch I. Schneider, Rudolph Clausius' Beitrag zur Einführung wahrscheinlichkeitstheoretischer Methoden in die Physik der Gase nach 1856, in: Archive for History of Exact Sciences 14 1974/75, 237-261.

Die Thermodynamik war zunächst eine phänomenologische Theorie, mit der Wärmeverteilungen an makroskopischen Körpern beschrieben wurden. L. Boltzmann schlug eine statistisch-mechanische Erklärung vor, indem er die Makrozustände eines Körpers wie z. B. Wärme auf die Stoßmechanik von Molekülen zurückzuführen versuchte.[16] So verfolgte er im einzelnen die Stöße von Gasmolekülen und ihren Einfluß auf die statistische Verteilungsfunktion der Moleküle von Ort und Geschwindigkeit.[17]

Ein System ist im thermodynamischen Gleichgewicht mit seiner Umgebung, wenn makroskopische und kollektive Eigenschaften wie z. B. Druck und Temperatur, die das System als Ganzes beschreiben, völlig mit der Umgebung übereinstimmen. Als Beispiel betrachten wir eine Schicht Flüssigkeit zwischen zwei horizontalen und parallelen Platten. Die Flüssigkeit strebt sich selbst überlassen in das thermodynamische Gleichgewicht, d. h. einen homogenen Zustand, in dem statistisch die Moleküle bzw. Flüssigkeitsteilchen nicht unterscheidbar sind. Es ist ein Systemzustand vollkommener Symmetrie, in dem keine makroskopischen Veränderungen stattfinden und keine Temperaturunterschiede zur Außenwelt bestehen, d. h. für Temperatur T_1 der oberen und T_2 der unteren Platte gilt

$$(2.20) \qquad \Delta T = T_2 - T_1 = 0.$$

Eine Störung liegt dann vor, wenn eine der Platten erwärmt wird, so daß $\Delta T > 0$. Bei geringen Temperaturunterschieden kehrt das System selbständig zum Gleichgewichtszustand

16 Vgl. L. Boltzmann, Über die mechanische Bedeutung des Zweiten Hauptsatzes der Wärmetheorie (1866), in: ders., Wissenschaftliche Abhandlungen, ed. F. Hasenöhrl Bd. 1, Leipzig 1909, repr. New York 1968, 9-33; ders., Analytischer Beweis des zweiten Hauptsatzes der mechanischen Wärmetheorie aus den Sätzen über das Gleichgewicht der lebendigen Kraft (1871), in: Wiss. Abh. (s.o.) Bd. 1, 288-308; ders., Weitere Studien über das Wärmegleichgewicht unter Gasmolekülen (1872), in: Wiss. Abh. (s.o.) Bd. 1, 316-402.

17 Zur Definition der Irreversibilität vgl. M. Planck, Thermodynamik, Berlin/Leipzig 1930, 83. Für eine Ableitung von Boltzmanns Gleichung vgl. auch E. G. D. Cohen/W. Thirring (eds.), The Boltzmann Equation, Wien 1973.

zurück. Wird ΔT aber weiter erhöht und vom Gleichgewichtszustand weggetrieben, treten plötzlich neue makroskopische Formen in der Flüssigkeit auf, d. h. sie organisiert sich in kleinen regelmäßigen Zellen, in denen Flüssigkeitsschichten rotieren („Bénard-Konvektion") (Abb. 2.8).[18]

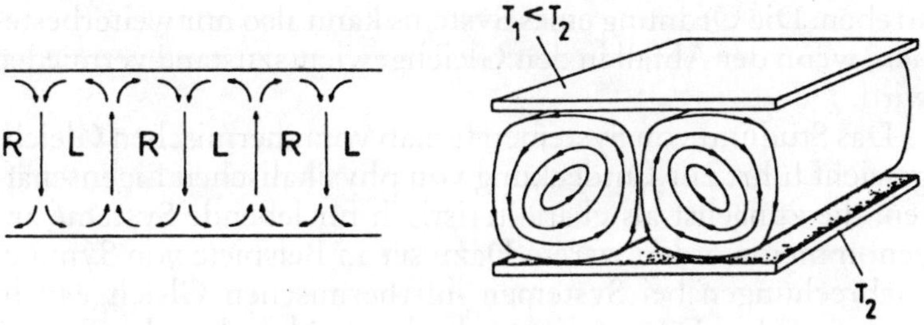

Abb. 2.8

Ursache ist eine auf- und absteigende Strömung, die durch verschiedene Dichten der Teilchen in der Nähe der unterschiedlich erwärmten Platten eingeleitet wird. Dabei findet insofern eine echte Symmetriebrechung statt, als sich die Flüssigkeit in den Konvektionszellen abwechselnd nach links oder rechts dreht und damit jeweils eine Richtung auszeichnet.

Solche Nichtgleichgewichtszustände treten in der Natur massiv auf. Ein Beispiel ist die Biosphäre, die einem Energiefluß ausgesetzt ist, der durch den Strahlungsausgleich zwischen Sonne und Erde zustande kommt. Komplexe Systeme fernab des thermischen Gleichgewichts bilden spontan neue Formen und Eigenschaften. Sie besitzen also die Fähigkeit zur Emergenz.

Auch hier ist historisch charakteristisch, daß die klassische Thermodynamik des 19. Jhs. auf Gleichgewichtszustände fi-

18 Historisch wurde die Entstehung von Bewegungsmustern bei von unten erhitzten Flüssigkeiten untersucht von A. Bénard, Rev. Gen. Sci. Pures. Appl. 12 1900, 1261; ders., Ann. Chim. Phys. 23 1901, 62. Vgl. hier G. Nicolis/I. Prigogine, Die Erforschung des Komplexen. Auf dem Weg zu einem neuen Verständnis der Naturwissenschaften, München/Zürich 1987, 24; S. Chandrasekhar, Hydrodynamic and Hydromagnetic Stability, Oxford 1961.

xiert war. Das Entstehen neuer Formen und Strukturen wurde als Widerspruch zum 2. Hauptsatz der Thermodynamik empfunden, nach dem die Natur auf Zerfall und Tod als letzter absoluter Gleichgewichtslage programmiert schien. Genaugenommen sagt aber der zweite Hauptsatz voraus, daß abgeschlossene Systeme dem Gleichgewichtszustand maximaler Entropie zustreben. Die Ordnung eines Systems kann also nur weiterbestehen, wenn der Abfall in den Gleichgewichtszustand vermieden wird.

Das Studium von Systemen fernab vom thermischen Gleichgewicht führt zur Entdeckung von physikalischen Eigenschaften, die zunächst als charakteristisch für lebende Systeme angenommen worden waren. Dazu sei an Beispiele von Symmetriebrechungen bei Systemen im thermischen Gleichgewicht erinnert.[19] Ein Ferromagnet geht durch Absenken der Temperatur vom nicht-magnetischen in den magnetischen Zustand („Phasenübergang") über. Mikroskopisch ist zunächst keine Richtung durch die atomaren Elementarmagnete („Spin") des Ferromagneten ausgezeichnet. Wird durch Absinken der Temperatur ein bestimmter kritischer Wert erreicht, springen alle Elementarmagneten in eine Richtung und zeichnen damit diese Richtung im Raum aus. Diese Symmetriebrechung wird makroskopisch als Zustand der Magnetisierung registriert. Analog verschwindet bei bestimmten Metallen durch Absinken der Temperatur der elektrische Widerstand, was mikroskopisch wieder durch eine Symmetriebrechung beschrieben werden kann.

Ein alltägliches Beispiel ist das Auskristallisieren von Schnee- und Eiskristallen durch Absinken der Temperatur. Auch hier sind mikroskopisch für die Atome und Moleküle der Flüssigkeit noch keine Raumrichtungen ausgezeichnet. Wenn ein kritischer Temperaturwert erreicht ist, werden jedoch bestimmte Richtungen ausgezeichnet, die makroskopisch z. B. in schönen

19 Die Theorie der Phasenübergänge im thermischen Gleichgewicht wird untersucht z.B. von L. D. Landau/E. M. Lifschitz, Lehrbuch der theoretischen Physik Bde. V, IX, Berlin 1980; R. Brout, Phase Transitions, New York 1965; H. E. Stanley, Introduction to Phase Transitions and Critical Phenomena, New York 1971.

Schneekristallen sichtbar sind. Mathematisch handelt es sich wieder um eine Symmetriebrechung. Das spontane Auftreten von geordneten Strukturen bei Phasenübergängen mag zunächst an Lebensvorgänge erinnern. Der entscheidende Unterschied zu den genannten Beispielen besteht jedoch darin, daß Lebensvorgänge beim Absinken der Temperatur erlahmen und schließlich zum Tod führen. Erst durch eine ständige Zuführung von Energie, Nahrung etc. werden sie am Leben erhalten und bilden geordnete Strukturen. Im Unterschied zu den genannten Beispielen sind die höher entwickelten Organismen gerade nicht im thermischen Gleichgewicht mit ihrer Umwelt. Daß auch offene Systeme durch ständige Energiezufuhr Muster bilden können und nicht in völlige Unordnung übergehen, zeigen die folgenden Beispiele.

Aus der Meteorologie sind die parallelen Wolkenstraßen bzw. Wolkenrollen bekannt. Sie entstehen dadurch, daß bei einer bestimmten kritischen Erwärmung bzw. Energiezufuhr durch die Sonne die warmen Luftmassen nach oben steigen, sich dabei abkühlen und wieder nach unten fallen und so geordnete Rotationsbewegungen auslösen wie unter Laborbedingungen die Konvektionszellen in Abb.2.8. Offensichtlich liegt bei diesem Rotationsmuster wieder eine Symmetriebrechung vor, da in jeder Zelle eine Rotationsrichtung ausgezeichnet ist. Im Prinzip wäre auch die andere Richtung möglich. Diese Symmetriebrechung hat sich durch eine zufällige Anfangsschwankung des Systemzustands schließlich durchgesetzt und den anderen Molekülen die Bewegungsrichtung aufgezwungen. Aus einem homogenen Zustand entsteht also durch Symmetriebrechung eine geordnete Struktur, diesmal aber durch Energiezufuhr.[20]

20 Vgl. P. Glansdorff/I. Prigogine, Thermodynamic Theory of Structure, Stability and Fluctuations, New York 1971; N. Boccara (ed.), Symmetries and Broken Symmetries in the Condensed Matter Physics. Proceedings of the Colloque Pierre Curie held at the Ecole Supérieure de Physique et de Chimie Industrielle de la Ville de Paris 1980, IDSET-Paris 1981; ferner zur Thermodynamik fernab vom thermischen Gleichgewicht S. R. De Groot/P. Mazur, Nonequilibrium Thermodynamics, Amsterdam 1962; R. Haase, Thermodynamics of Irreversible Processes, Reading Mass. 1969; D. N. Zubarev, Non-equilibrium Statistical Thermodynamics, New York/London 1974.

Erhitzt man z. B. Wachs bis zu einem bestimmten kritischen Punkt, entstehen hexagonale Bienenwabenmuster von Flüssigkeitsbewegungen.

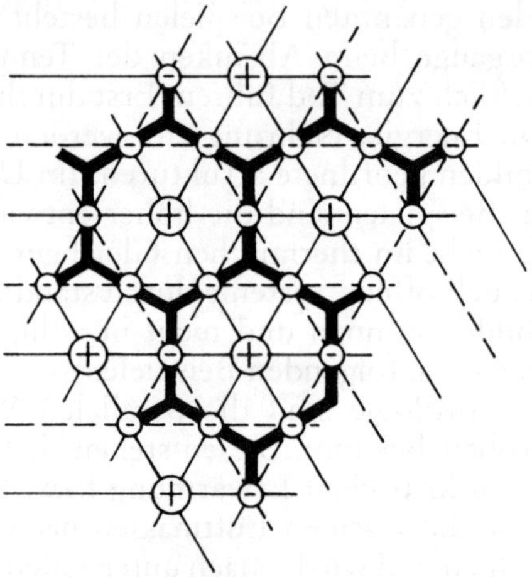

Abb. 2.9

In Abb.2.9 steigt die Flüssigkeit in den mit + bezeichneten Stellen nach oben und fällt an den mit – bezeichneten Stellen der Berandungen wieder nach unten. Diese Flüssigkeitssäulen stabilisieren sich gegenseitig. Ihre Bewegungen ergeben insgesamt schließlich das hexagonale Muster. Bei noch stärkerer Erhitzung würde schließlich dieses Muster durch die einfachen Rollbewegungen aus Abb. 2.8 verdrängt. Das hexagonale Muster findet man in geologischen Schichten bei Lavamassen, die von unten erhitzt wurden und schließlich zu 6-kantigen Säulen erstarrten. Bekannt sind auch die 6-eckförmigen Salzablagerungen von Salzseen, die durch Erdwärme von unten erhitzt wurden und schließlich auskristallisierten. Die Energiezufuhr muß aber nicht durch Wärme geschehen. Aus der Flüssigkeitsdynamik sind verschiedene Wirbelmuster bekannt, die in der Strömung eines Flusses hinter einem runden Hindernis („Insel") entstehen. Bei Erhöhung der Flußgeschwindigkeit wird die zunächst homogene Bewegung der Flüssigkeitspartikel sukzessive in immer komplizierter werdende Wirbelmuster überführt, um schließlich bei einer bestimmten Geschwindigkeitshöhe in Turbulenzen überzugehen.

Das Schema der Symmetriebrechung ist bei diesen Beispielen klar: Bestimmte äußere Systemparameter wie Temperatur- oder Geschwindigkeitsdifferenzen werden geändert, bis der alte Zustand instabil wird und in einen neuen Zustand übergeht. Bei kritischen Werten entstehen spontan makroskopische Ordnungsstrukturen, die sich durch Kollektivbewegungen der mikroskopischen Systemteilchen durchgesetzt haben. Im Unterschied zu den Phasenübergängen im thermischen Gleichgewicht handelt es sich also um Bewegungsmuster, die durch Energiezufuhr von außen aufrechterhalten werden.

Solche offenen Systeme fernab des thermischen Gleichgewichts haben mittlerweile im Fall des Laserlichts enorme technische Bedeutung gewonnen. Im Prinzip unterscheidet sich ein Laser von einer gewöhnlichen Gasentladungsröhre durch zwei Spiegel an den Enden der Glasröhre (Abb.2.10a).[21]

Jedes Atom zwischen den Spiegeln kann von außen durch Energiezufuhr (Strom oder Licht) angeregt werden. Die Atome senden dann einen Lichtwellenzug aus. Die Spiegel zeichnen gewisse Lichtwellenzüge aus: Diejenigen, die parallel zur Achse zwischen den Spiegeln laufen, verweilen durch mehrfache Reflexion länger im Laser als diejenigen, die schräg laufen und schnell entweichen (Abb.2.10b). Wenn die Energiezufuhr von außen stetig erhöht wird, lassen sich verschiedene Wellenmuster unterscheiden. Bei geringer Zufuhr strahlen die Atome unabhängig voneinander einzelne Wellenzüge ab (Abb.2.10c). Wird ein kritischer Schwellenwert erreicht, entsteht spontan das typische Lasermuster. Die Atome oszillieren plötzlich in Phase und strahlen einen einzigen gigantischen Wellenzug ab (Abb.2.10d), dessen Intensität durch weitere Energiezufuhr drastisch gesteigert werden kann, bis schließlich analog zu Flüssigkeiten „turbulentes Licht“ entsteht.

Es liegt also wiederum ein Phasenübergang mit einer spontanen Symmetriebrechung vor. Wie auf ein Kommando schal-

21 Für die Abb. vgl. H. Haken, Erfolgsgeheimnisse der Natur, Stuttgart 1981, 43 ff. Zur Physik des Lasers vgl. H. Haken, Laser Theory, in: Encyclopedia of Physics XXV/2c, Berlin/Heidelberg/New York 1970.

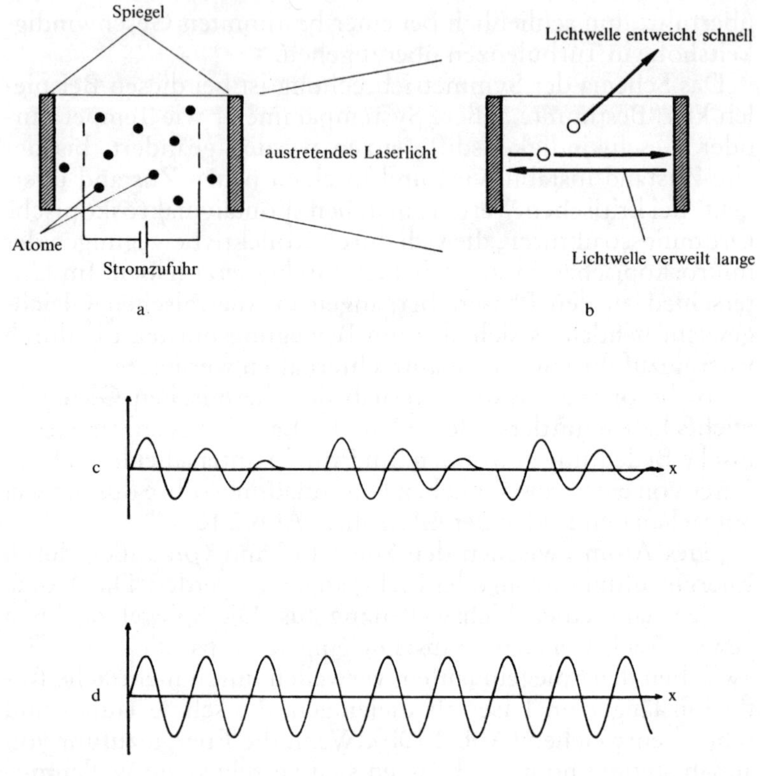

Abb. 2.10

ten sich die Atome gleich und erzeugen ein gemeinsames Wellenmuster mit einer bestimmten Richtung. Allerdings ist dieses spontan koordinierte Verhalten der einzelnen Atome nicht durch das Kommando eines ominösen Maxwellschen Dämons zu erklären, sondern durch den Metabolismus eines offenen Systems fernab vom thermischen Gleichgewicht, wie es auch in der belebten Natur vorkommt. Der Laser ist daher für H. Haken ein System „zwischen belebter und unbelebter Natur", in dem sich das Prinzip der „Synergetik" realisiert, d. h. das spontane Auftreten von makroskopischen Ordnungszuständen offener Systeme, deren mikroskopische Elemente sich selbst in bestimmten Bewegungsmustern organisieren.

In einen vereinfachten mathematischen Modell läßt sich ein solches System wie folgt beschreiben.[22] Der Laser ist ein System, das aufgrund von Energiezufuhr Photonen produziert. Die Photonenproduktionsrate, d. h. die zeitliche Änderung der Photonenzahl n ist bestimmt durch die Differenz von Gewinn- und Verlustrate:

(2.21) $\dot{n} = \text{Gewinn} - \text{Verlust}.$

Der Gewinn stammt von der angeregten Photonenemission und ist proportional zur Anzahl n der gegenwärtigen Photonen und N der angeregten Atome

(2.22) $\text{Gewinn} = GNn,$

wobei G eine Konstante ist. Der Verlust kommt von den entweichenden Photonen und ist proportional zur Anzahl n der gegenwärtigen Photonen

(2.23) $\text{Verlust} = 2\kappa n,$

wobei $2\kappa = \frac{1}{t_0}$ ist und t_0 die Lebenszeit eines Photons im Laser bezeichnet. Durch Emission der Photonen nimmt die Anzahl N der angeregten Atome ab. Wenn die Anzahl der angeregten Atome ohne Laserstrahlung durch äußere Energiezufuhr auf eine bestimmte Anzahl $N_0 > N$ gebracht wird, dann reduziert sich N_0 durch Laserstrahlung um eine Betrag ΔN auf die Anzahl N der angeregten Atome:

(2.24) $N = N_0 - \Delta N.$

Dabei ist die Reduktionsrate ΔN proportional zur Anzahl n der gegenwärtigen Photonen, da Photonen die Atome immer in ihren Grundzustand zwingen, d. h. $\Delta N = \alpha n$. Setzt man nun (2.21), (2.22), (2.23), (2.24) ein, erhält man die nichtlineare Gleichung

(2.25) $\dot{n} = -kn - k_1 n^2$

mit der Konstanten

(2.26) $k = 2\kappa - GN_0 \lesseqgtr 0.$

Falls N_0 aufgrund der äußeren Energiezufuhr klein ist, ist k positiv. Bei genügend großem N_0 kann k negativ werden. Vorzeichenwechsel tritt ein bei

(2.27) $GN_0 = 2\kappa,$

---

22 Vgl. auch H. Haken, Synergetics. Nonequilibrium Transitions and Self-Organization in Physics, Chemistry and Biology, Berlin/Heidelberg/New York 1978, 126 ff. Mathematisch handelt es sich bei den folgenden vereinfachten Gleichungen um Differenzengleichungen und nicht um Differentialgleichungen trotz der Newtonschen Notation für Differentiale (z. B. $\dot{n}$) in Gleichung (2.21).

womit die kritische Schwellenbedingung des Lasers bestimmt ist.

Für $k > 0$ gibt es keinen Laserstrahl, im Unterschied zum Fall $k < 0$. Mathematisch handelt es sich hier um eine Singularität, bei der durch stetige Änderung äußerer Bedingungen (Energiezufuhr) das System spontan seine Gestalt ändert. Die mathematischen Katastrophentheorie von R. Thom untersucht solche diskontinuierlichen Veränderungen (bzw. Symmetriebrechungen) als „Katastrophen" im Rahmen der Geometrie. In den Naturwissenschaften ist das Studium nicht-linearer Gleichungen vom Typ (2.25) der entscheidende Ansatz zur mathematischen Analyse von offenen Systemen fernab des thermischen Gleichgewichts.

Auch in der anorganischen Chemie treten bei bestimmten kritischen Konzentrationen von Substanzen räumliche, zeitliche oder raum-zeitliche Muster auf. Im Anfangsstadium der Zhabotinski-Reaktion bilden verschiedene chemische Substanzen eine homogene Mischung. Spontan tritt dann ein zeitlich oszillierendes Muster auf. Es entstehen zufällige blaue Punkte auf der roten Oberfläche der Mischung, die zu Kreisen auswachsen und nach außen laufen. In diesen blauen Scheiben treten dann rote Punkte auf, die ebenfalls zu Scheiben auswachsen und nach außen laufen. In den roten Scheiben treten wieder blaue Punkte auf und der Prozeß wiederholt sich (Abb.2.11).[23]

Es kommt zu einem periodischen Bewegungsmuster aus interferierenden Kreisen, das so lange Bestand hat, als von außen energiereiche Substanzen zugeführt werden, um den Verbrauch („Dissipation") von Energie auszugleichen. Ein solches durch

23 V. A. Vavilin/A. M. Zhabotinski/L. S. Yayuzhinski, Oscillatory processes in biological and chemical systems vols. I-II (russ.), Moskau 1967/1971; A. N. Zaikin/A. M. Zhabotinski, Concentration wave propagation in a two-dimensional liquid-phase self-oscillating system, in: Nature 225 1970, 535; A. M. Zhabotinski/A. N. Zaikin, Autowave processes in a distributed chemical system, in: J. Theor. Biol. 40 1973, 45; C. Vidal/A. Pacault, Spatial chemical structures, chemical waves. A review, in: H. Haken (ed.), Evolution of Order and Chaos in Physics, Chemistry, and Biology, Berlin/Heidelberg/New York 1982, 74-99; J. J. Tyson, The Belousov-Zhabotinski Reaction. Lecture Notes in Biomathematics No. 10, Berlin/Heidelberg/New York 1976.

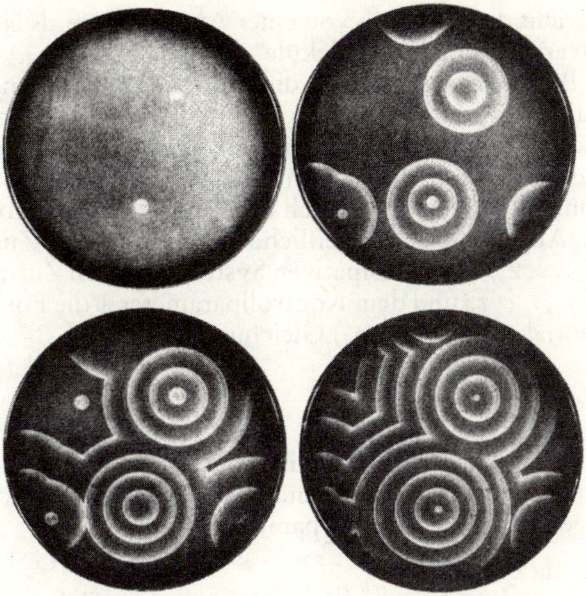

Abb. 2.11

Metabolismus erhaltenes Muster heißt daher auch dissipativ. Es handelt sich also um ein echtes offenes System fern des thermischen Gleichgewichts, das bei bestimmten kritischen Konzentrationsmengen spontan bestimmte makroskopische Wellenmuster zeigt und damit die Symmetrie der zunächst homogenen Mischung bricht.

Die Oszillation des Musters verweist auf eine chemische Reaktion, die für die Evolution des Lebens eine große Rolle spielt und hier bereits in der unbelebten Natur auftritt. Gemeint ist die Fähigkeit gewisser Moleküle, andere Moleküle so umzuwandeln und zusammenzusetzen, daß wieder Moleküle ihrer eigenen Art entstehen, d. h. ein Molekül der Art a reagiert derart mit einem Molekül der Art x, daß ein zusätzliches Molekül der Art x entsteht:

(2.28) $a + x \leftrightarrows 2x.$

Das Molekül x wirkt gewissermaßen als eigener Katalysator.

Man spricht deshalb auch von einer Autokatalyse als einer Art „Selbstvermehrung der Moleküle“.[24]

Die Beispiele zeigen, daß die Zustandsentwicklung eines dissipativen Systems von Parametern abhängt, die von außen veränderbar und kontrollierbar sind. Im Fall des Lasers war der Zustand durch die (gegenwärtige) Photonenzahl n und der Kontrollparameter k durch die äußere Energiezufuhr bestimmt. Allgemein hat die zeitliche Entwicklung des Zustandes $z = (z_1, \ldots, z_n)$ eines dissipativen Systems mit den Zustandsvariablen $z_1, \ldots, z_n$ und dem Kontrollparameter λ die Form einer Differential- (Differenzen-) Gleichung:

(2.29) $$\frac{\partial z_i}{\partial t} = f_i(z, \lambda),$$

wobei f_i nicht-lineare Funktionen der Zustandsvariablen und Kontrollparameter sein können. Im stationären Zustand z_{gl} des Gleichgewichts mit Kontrollparameter λ_{gl} gilt

(2.30) $$f_i(z_{gl}, \lambda_{gl}) = 0.$$

Allgemein erfüllen stationäre Nicht-Gleichgewichtszustände z_s die Gleichung

(2.31) $$f_i(z_s, \lambda) = 0.$$

Dabei ist die mathematische Nicht-Linearität von grundlegender Bedeutung.

Man betrachtet z. B. einen chemischen Mechanismus $a \leftrightarrows z \leftrightarrows d$ mit Molekülen der Sorte a, d und einer einzigen Zustandsvariablen z, die sich zeitlich nach der Evolutionsgleichung

(2.32) $$\frac{dz}{dt} = \lambda - kz$$

24 Vgl. auch C. Vidal/A. Pacault (eds.), Non-linear Phenomena in Chemical Dynamics, Berlin/Heidelberg/ New York 1981; H. Haken, s. Anm. 22, 263 ff.

entwickelt, wobei λ der Kontrollparameter und k eine Konstante sei. Ein stationärer Zustand liegt bei $\lambda - kz_s = 0$ mit $z_s = \frac{\lambda}{k}$ vor. In Abb.2.12a ist das lineare Entwicklungsgesetz der stationären Zustände z_s in Abhängigkeit vom Kontrollparameter λ dargestellt, wobei λ z. B. den Abstand vom Gleichgewichtszustand angeben kann.[25] Wegen der Linearität kann also zu jedem beliebigen Kontrollwert λ eindeutig der zugehörige stationäre Zustand z_s vorausgesagt werden, wenn wenigstens zwei Zustände mit zugehörigen Kontrollwerten bekannt sind. Das lineare System verhält sich also praktisch wie im Gleichgewicht, obwohl eventuell durch λ ein deutlicher Abstand zum thermischen Gleichgewicht vorgegeben ist.

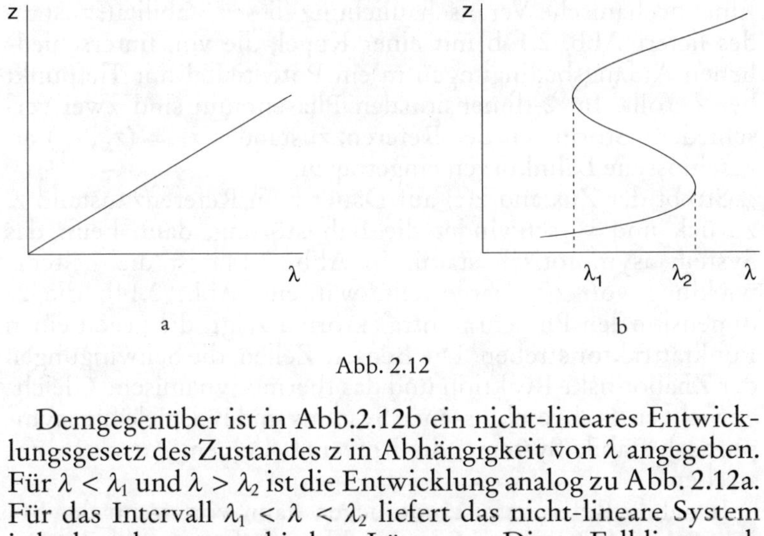

Abb. 2.12

Demgegenüber ist in Abb.2.12b ein nicht-lineares Entwicklungsgesetz des Zustandes z in Abhängigkeit von λ angegeben. Für $\lambda < \lambda_1$ und $\lambda > \lambda_2$ ist die Entwicklung analog zu Abb. 2.12a. Für das Intervall $\lambda_1 < \lambda < \lambda_2$ liefert das nicht-lineare System jedoch mehrere verschiedene Lösungen. Dieser Fall liegt auch bei der Bénard-Konvektion vor, wo oberhalb eines kritischen Schwellenwerts eine Bénard-Zelle links- oder rechtsherum drehen kann. In der Chemie ist die Autokatalyse ein Beispiel für eine Nicht-Linearität, bei der eine Substanz die eigene Produktion befördert.

25 G. Nicolis/I. Prigogine, s. Anm. 18, 89.

Für die Stabilität eines Systems wurde bisher ein stationärer Zustand z_s angenommen, der sich auf Dauer nicht ändert. In einem abgeschlossenen System kann das ein mechanischer Gleichgewichtszustand sein (vgl. Pendel), in einem dissipativen System ein thermodynamischer Gleichgewichtszustand oder ein stationärer Nicht-Gleichgewichtszustand. Faktisch befindet sich aber ein reales System in einer komplexen Umwelt mit vielen störenden Einflüssen, die zu Fluktuationen um einen Referenzzustand z_s führen. Daher sind verschiedene Formen der Systemstabilität zu unterscheiden, die geometrisch unterschiedlich veranschaulicht werden können.

Bleibt der Zustand z(t) auf Dauer in der Nachbarschaft von z_s, dann spricht man von einer Ljapunov-Stabilität (Abb. 2.13a). Eine mechanische Veranschaulichung dieses Stabilitätszustandes liefert Abb. 2.13b mit einer Kugel, die von unterschiedlichen Anfangsbedingungen in ein Potentialtal mit Tiefpunkt bei z_s rollt. Im 2-dimensionalen Phasenraum sind zwei verschiedene Störungen des Referenzzustandes $z_s = (z_{s_1}, z_{s_2})$ als geschlossene Bahnkurven eingetragen.[26]

Strebt der Zustand z(t) auf Dauer zum Referenzzustand z_s zurück und verschwindet die Bahnstörung, dann heißt das System asymptotisch stabil. In Abb. 2.14a ist die Zeitentwicklung von z(t) dargestellt, während Abb. 2.14b die 2-dimensionalen Phasenraumtrajektorien zeigt, die gegen einen Punktattraktor streben. Die Bénard-Zellen, die Schwingungen der Zhabotinski-Reaktion und das thermodynamische Gleichgewicht eines abgeschlossenen Systems sind Beispiele für asymptotisch stabile Systeme, die irreversibel einem Attraktor zustreben.

Instabile Referenzzustände liegen dann vor, wenn der Systemzustand z(t) nicht in der Nachbarschaft von z_s bleibt. Die obere Gleichgewichtslage eines Pendels ist in diesem Sinn instabil. Allgemein wird eine Kugel auf dem Gipfel eines Potentialberges nach links oder rechts runter rollen.

Bewegt sich eine Kugel im Tal (1) eines Potentialberges (Abb. 2.15), so kann sie in diesem Tal bleiben oder aber in ein

26 Für Abb. 2.13-2.16 vgl. G. Nicolis/I. Prigogine, s. Anm. 18, 102, 104, 106, 109.

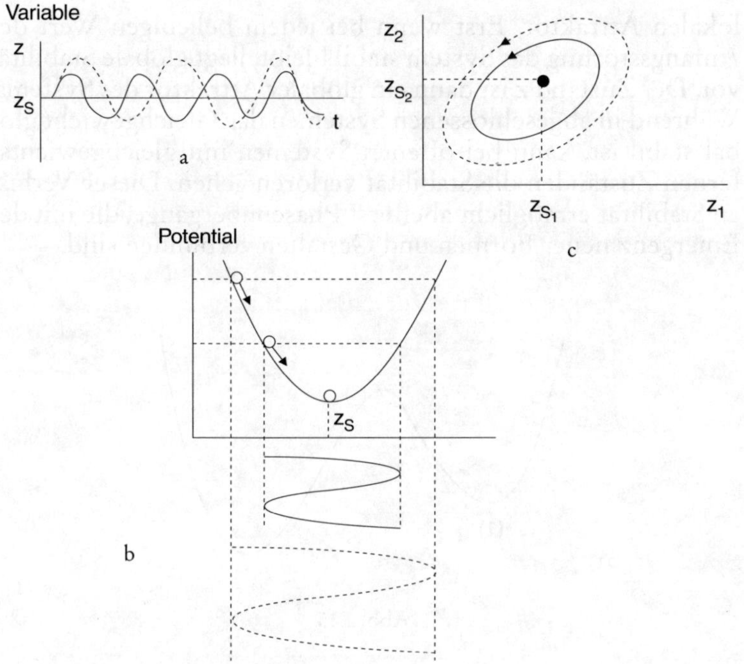

Abb. 2.13

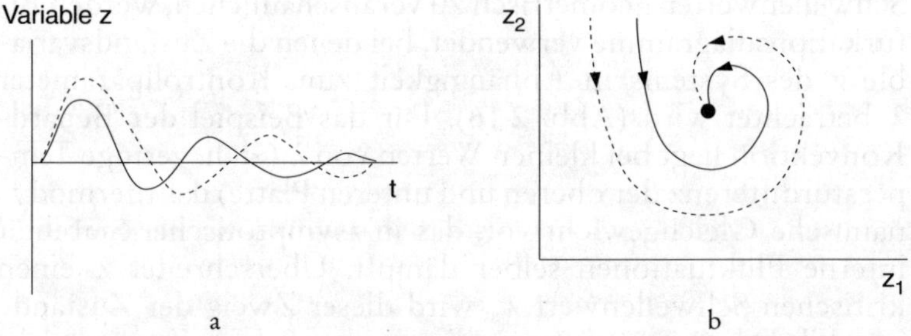

Abb. 2.14

anderes Tal (2) überwechseln, wenn im Fall (1) die Bewegungsenergie der Kugel zu klein ist oder im Fall (2) einen bestimmten Schwellenwert zu überschreiten vermag. Im Fall (1) spricht man von einer lokalen Stabilität des Systems bzw. von einem lokalen Attraktor. Erst wenn bei jedem beliebigen Wert der Anfangsstörung das System stabil bleibt, liegt globale Stabilität vor. Der Zustand z ist dann ein globaler Attraktor des Systems. Während in abgeschlossenen Systemen das Gleichgewicht global stabil ist, kann bei offenen Systemen mit gleichgewichtsfernen Zuständen die Stabilität verloren gehen. Dieser Verlust an Stabilität ermöglicht aber erst Phasenübergänge, die mit der Emergenz neuer Formen und Gestalten verbunden sind.

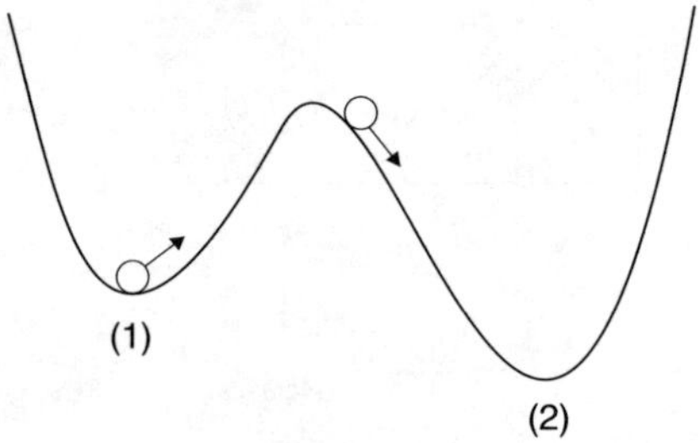

Abb. 2.15

Um das Auftreten von Mehrfachlösungen jenseits von Schwellenwerten geometrisch zu veranschaulichen, werden Bifurkationsdiagramme verwendet, bei denen die Zustandsvariable z des Systems in Abhängigkeit zum Kontrollparameter λ betrachtet wird (Abb. 2.16). Für das Beispiel der Bénard-Konvektion liegt bei kleinen Werten von λ (d. h. geringe Temperaturdifferenz der oberen und unteren Platte) das thermodynamische Gleichgewicht vor, das in asymptotischer Stabilität interne Fluktuationen selber dämpft. Überschreitet λ einen kritischen Schwellenwert λ_k wird dieser Zweig der Zustände instabil. Das System vermag die eigenen Schwingungen nicht mehr zu dämpfen und schlägt im Fall des Bénard-Experiments in eine der beiden möglichen Entwicklungszweige um, in denen sich links- oder rechtsdrehende Bénard-Zellen organisieren. Die Abzweigungen (Bifurkationen) neuer Lösungszweige sind die geometrischer Veranschaulichung von Symmetriebrüchen, die für komplexe dynamische Systeme charakteristisch sind.

Nicht-Linearität und Ferne zum thermodynamischen Gleichgewicht sind dafür zentrale Voraussetzungen.[27]

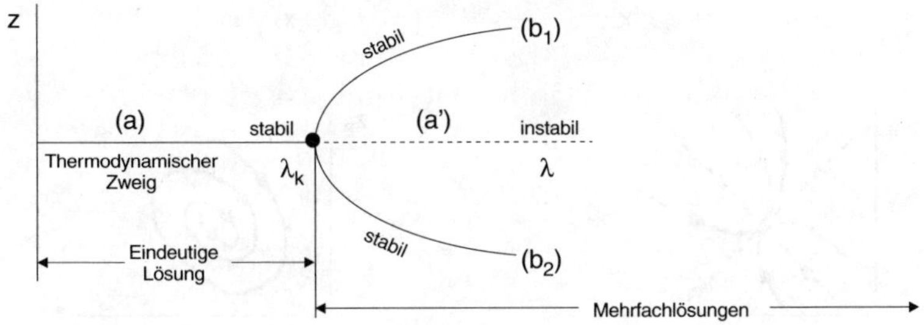

Abb. 2.16

Um das Langzeitverhalten eines komplexen Systems mit seinen Attraktoren zu erkennen, werden erneut Phasenräume verwendet. Dort können invariante Punktmengen ausgezeichnet werden, die bei Evolution durch die Zustandsgleichungen (2.29) wieder in sich selber abgebildet werden. Ein Beispiel sind die Fixpunkte der Evolutionsgleichung. In einem 1-dimensionalen Phasenraum mit nur einer Zustandsvariablen verläuft die Entwicklungstrajektorie des Systems in einer Geraden und vermag nur auf einen Fixpunkt zuzulaufen (im Fall einer asymptotisch stabilen Lösung) oder sich von ihm fortzubewegen (im Fall einer instabilen Lösung) (2.17a). In einem 2-dimensionalen Phasenraum können Fixpunkte als Attraktoren auftreten, auf die Entwicklungstrajektorien wie bei einem Sattelpunkt (Abb.2.17b) oder wie bei einem Wirbel (Abb.2.17c) zulaufen.[28]

Mathematisch machte H. Poincaré erstmals auf die Möglichkeit von asymptotisch stabilen Grenzzyklen aufmerksam, die einen instabilen Fixpunkt im 2-dimensionalen Phasenraum umgeben können und auf die sich die Entwicklungstrajektorie zubewegen (Abb.2.17d). Solche periodischen Attraktoren sind bei chemischen Oszillationen ebenso bekannt wie in der Elek-

27 Zur Deutung als Symmetriebrüche vgl. K. Mainzer, Symmetrien der Natur (s. Anm. 3), 573 ff.

28 Für Abb. 2.17 vgl. auch G. Nicolis/I. Prigogine, s. Anm. 18, 143, 144, 161.

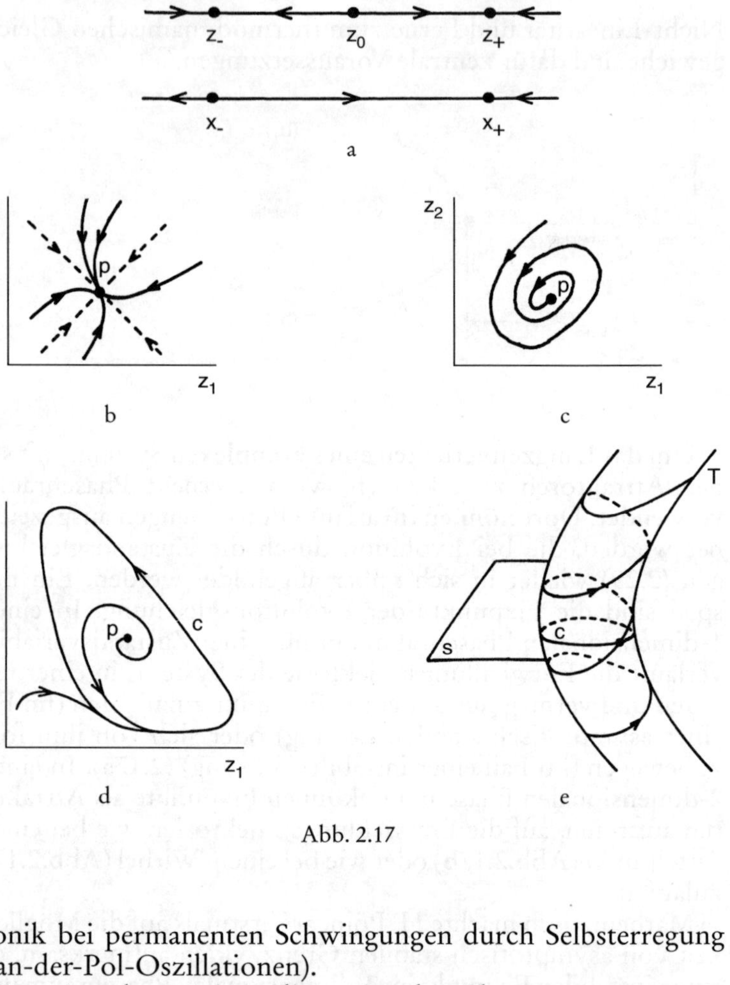

Abb. 2.17

tronik bei permanenten Schwingungen durch Selbsterregung (van-der-Pol-Oszillationen).

Um Attraktoren in 3-dimensionalen Phasenräumen zu erkennen, wird auf eine Methode von H. Poincaré zurückgegriffen, die I. Prigogine an Platons Höhlengleichnis erinnert: Die 3-dimensionale Außenwelt wird auf die 2-dimensionale Welt der Schatten abgebildet. Gemeint sind 2-dimensionale Schnitte („Poincaré-Schnitte") durch den 3-dimensionalen Raum, auf denen die invarianten Raumstrukturen sichtbar werden. Die Schnittpunkte $P_0, P_1, \ldots$, die eine Raumtrajektorie im Laufe ihrer Entwicklung mit einem Poincaré-Schnitt hat, werden durch rekursive Gleichungen der Form

$$(2.33)\quad \begin{aligned} x_{n+1} &= f(x_n, y_n) \\ y_{n+1} &= g(x_n, y_n) \end{aligned}$$

für entsprechende Koordinaten $(x_0, y_0), (x_1, y_1), \ldots$ auf der Schnittfläche sukzessive berechnet. Sie können gegen Fixpunkte oder Grenzzyklen als Attraktoren konvergieren. Aber auch 2-dimensionale Attraktoren z. B. in Form einer Torusoberfläche (Abb.2.17e) sind möglich, die auf einem Poincaré-Schnitt quer zum Torus als eine geschlossene Kurve sichtbar wird.

Die Möglichkeiten von Attraktoren sind jedoch keineswegs mit Fixpunkten, geschlosssenen Kurven oder beschränkten Flächen erschöpft. Eine schwerwiegende Entdeckung regte Poincarés Dreikörper-Problem der Astronomie an.[29] Danach bewegen sich die Planeten nicht auf den festen Ellipsenbahnen, die Kepler vorgesehen hatte. Die verschiedenen Massen im Sonnensystem stören sich nämlich durch ihre Gravitationswirkung gegenseitig, so daß es zu komplizierten Bahnschwankungen kommt, wie sie in Abb.2.18 angedeutet sind. Obwohl diese Bahnen im Prinzip durch Differentialgleichungen determiniert sind, stellt ihre eindeutige Berechnung den Mathematiker nach Poincaré vor geradezu unüberwindliche Schwierigkeiten. Der wohlgeordnete, stabile und determinierte Kosmos im Sinne der klassischen Physik erscheint dem Erkennenden als irreguläres, instabiles und chaotisches System, dem nur mit ausgetüftelten Stör- und Korekturrechnungen mehr oder weniger angenäherte Informationen abzutrotzen sind.

In Abb.2.18 ist ein Poincaré-Schnitt senkrecht zu den Bahnen eingezeichnet, auf der die Auftreffpunkte der Bahnen festgehalten sind.[30] Bei einer periodischen Bahn trifft der Himmelskörper nach einer bestimmten Anzahl von Umdrehungen

---

29 H. Poincaré, Les méthodes nouvelles de la mécanique céleste, Paris 1892/99.

30 Vgl. auch I. Ekeland, Das Vorhersehbare und das Unvorhersehbare. Die Bedeutung der Zeit von der Himmelsmechanik bis zur Katastrophentheorie, Paris 1984, 58 ff.

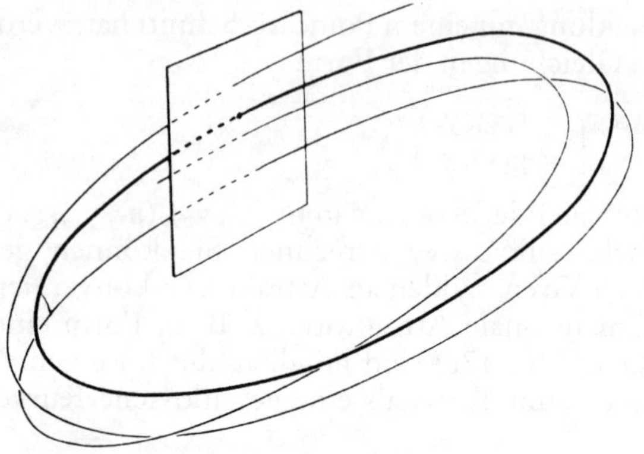

Abb. 2.18

immer wieder an derselben Stelle auf die Ebene. Formeln der Art (2.33) geben ein Verfahren an, um die Koordinaten der Auftreffpunkte und damit indirekt der Bahnkurven zu berechnen.

Die Komplexität dieses dynamischen astronomischen Systems wird auf einem Poincaré-Schnitt wie einer Momentaufnahme deutlich (Abb.2.19a). Um den Nullpunkt der Karte liegen Kreisfiguren, wobei die Punkte der inneren Figur so dicht wie bei einer geschlossenen Kreisfigur erscheinen. Wenn man sich von Null entfernt, liegen die Punkte weiter auseinander. Sie wirken wie die Höhenlinien um einen Gipfel. Am Rand der Figur erkennt man fünf weitere Gipfel, um die sich die Linienformationen der Mitte wiederholen. Über die mittleren Figuren hinaus scheint sich eine chaotische Grauzone von völlig zufälligen und irregulären Punkten auszubreiten. Man spricht deshalb auch von einem deterministischen Chaos, in dem anschaulich die Komplexität für die Berechnung einer „fernen Zukunft" (d. h. mathematisch sehr häufige Iteration) aufgrund eines vorgegebenen Anfangswerts zum Ausdruck kommt.

Vergrößert man jedoch den Maßstab wie in Abb.2.19b um das zwanzigfache, so zeigt sich um dem Sattelpunkt C_2 eine Struktur, die vorher nicht zu erkennen war. Die scheinbar scharfen Linien lösen sich in eine Grauzone von chaotischen Punkten auf, die von Inseln der Ordnung durchsetzt sind. Vergrößert man noch weiter und setzt das iterative Berechnungsverfahren

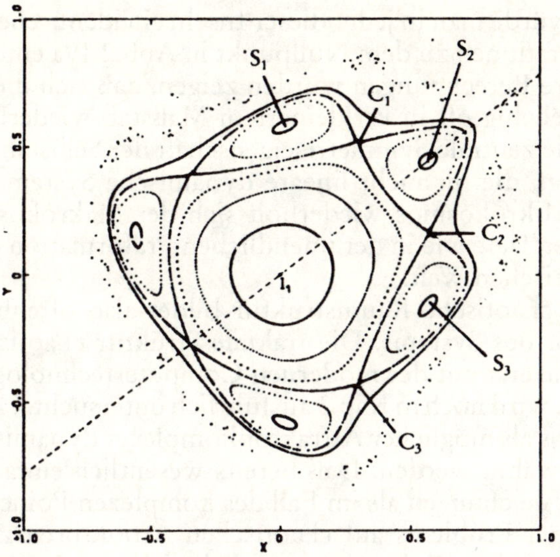
S1
S2
C1
C2
I1
S3
C3
Y
X
1.0
0.5
0
-0.5
-1.0

a

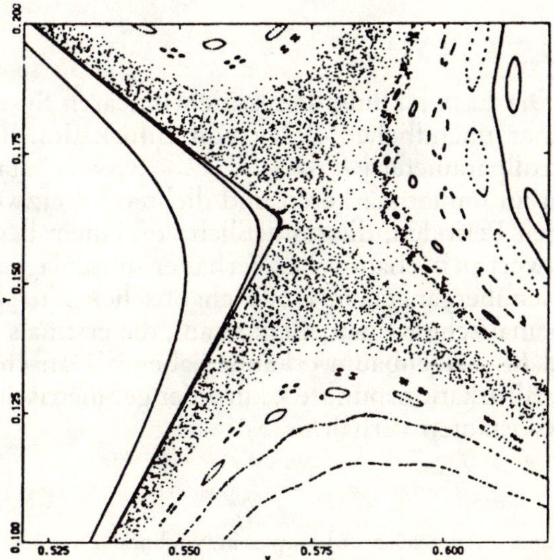
Y
X
0.200
0.175
0.150
0.125
0.100
0.525
0.550
0.575
0.600

b

Abb. 2.19

fort, so würde man in jeder dieser Inseln ein identisches Abbild der Figurationen zu dem Nullpunkt in Abb.2.19a entdecken.[31]

Weitere Berechnungen würden zeigen, daß sich diese Figuration beliebig oft in verkleinertem Maßstab wiederholt. Damit ist die zentrale Symmetrieeigenschaft der Selbstähnlichkeit aufgezeigt, die für nicht-lineare dynamische Systeme typisch ist. Im Mikrokosmos wiederholt sich der Makrokosmos mit beliebiger Tiefe wie in der unendlichen Präformation einer deterministischen Welt.

Diese chaotische Raumstruktur bildet also offenbar einen Attraktor des Systems. Die fraktale Struktur chaotischer Systeme, die erst mit der modernen Computertechnologie sichtbar wird, wird noch in Kap.3 ausführlich untersucht. Hier sollte das Chaos als möglicher Attraktor komplexer dynamischer Systeme erwähnt werden. Daß bereits wesentlich einfachere rekursive Gleichungen als im Fall des komplexen Poincaréschen Dreikörper-Problems auf chaotischen Attraktoren zusteuern können, wird am Beispiel des zeitlich diskreten Iterationsmodells

(2.34) $$x_{n+1} = 1 - \lambda x_n^2$$

deutlich. Die Entwicklung dieses nicht-linearen Systems entspricht einer unendlichen Folge von Bifurkationen, die bei den Kontrollparametern $\lambda_1 < \lambda_2 < \ldots < \lambda_n < \ldots$ stattfinden. Es kommt zu immer stärkeren und dichteren Verzweigungen mit höheren Perioden, die schließlich von einem bestimmten Schwellenwert an in chaotisches Verhalten umschlagen. Bei solchen Phasenübergängen in einen chaotischen Attraktor tritt eine mathematische Regelmäßigkeit auf, die erstmals S. Großmann und M. Feigenbaum erkannt haben.[32] Danach konvergieren die Bifurkationspunkte λ_n in einer geometrischen Reihe mit dem konstanten Verhältnis

31 I. Ekeland, s. Anm. 30, 59, 61; Topics in Nonlinear-Dynamics. A Tribute to Sir Edward Bullard, New York/American Institute of Physics 1978.

32 S. Großmann/S. Thomae, Invariant distributions and stationary correlation functions of one-dimensional discret processes, in: Z. Naturforsch. 32 A 1977, 1353. Vgl. auch Kap 3.22.

(2.35) $$\delta = \frac{\lambda_n - \lambda_{n-1}}{\lambda_{n+1} - \lambda} \approx 4{,}669\ldots$$

Man spricht von periodenverdoppelnden Kaskaden, die unter immer heftiger werdenden Schwankungen schließlich ins Chaos führen.

Wie bereits erwähnt, lassen sich thermodynamische Makrozustände eines Systems wie Wärme, Druck, Gestalt u. ä. nach Boltzmann auf Fluktuationen zufälliger Molekularbewegungen zurückführen. Grundlagen sind zwischenmolekulare Wechselwirkungen und die große Teilchenzahl, wie sie z. B. in chemischen Gemischen wie der Zhabotinski-Reaktion auftreten. Um die Dynamik solcher Fluktuationen zu erfassen, wird die Wahrscheinlichkeit P untersucht, mit der x-Teilchen einer bestimmten Sorte in einem Volumenelement z. B. einer Flüssigkeit zu einem bestimmten Zeitpunkt auftreten. Die Bifurkationen eines komplexen dynamischen Systems müssen nun durch Veränderungen der Wahrscheinlichkeitsverteilung beschrieben werden. Unterhalb eines kritischen Schwellenwertes λ_k ist die Wahrscheinlichkeitsverteilung scharf um einen einzigen Attraktor konzentriert (Abb.2.20a), dem einzigen Maximum nahe dem wahrscheinlichkeitstheoretischen Mittelwert der Verteilung. Nimmt der Kontrollparameter den Schwellenwert ein ($\lambda = \lambda_k$), flacht die Verteilung ab (Abb.2.20b), um für $\lambda > \lambda_k$ in eine Verteilung mit mehreren Maxima überzugehen, die den neuen Attraktoren der stochastischen Bifurkationen entsprechen (Abb.2.20c).[33]

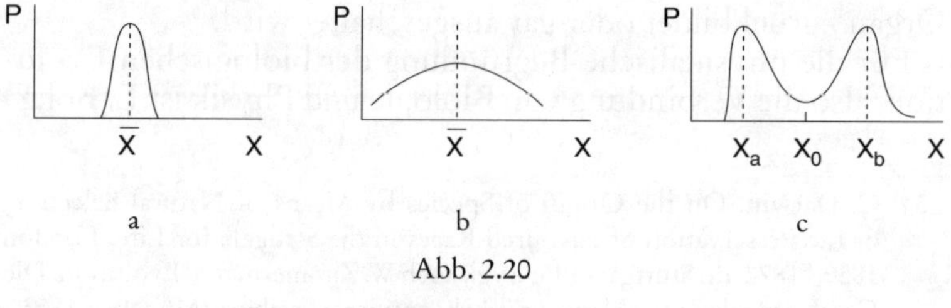

Abb. 2.20

33 G. Nicolis/I. Prigogine, s. Anm. 18, 205.

An die Stelle deterministischer Evolutionsgleichungen für die Zustände komplexer Systeme tritt nun eine stochastische Entwicklungsgleichung für die Übergangswahrscheinlichkeiten der Systemzustände, die in der Thermodynamik als Master-Gleichung bekannt ist. Fluktuationen sind zufällig und können neue Entwicklungen einleiten. Sie sind daher der innovative Teil im Entwicklungsprozeß eines komplexen Systems. Notwendige Voraussetzung ist eine nicht-lineare Dynamik fern des thermischen Gleichgewichts, die zu Instabilität, Bifurkationen und damit zu Symmetriebrechungen führt.

2.13 Biologische Evolution und Selbstorganisation

Irreversible Entwicklungsprozesse liegen augenscheinlich in der biologischen Evolution vor. So versuchte C. Darwin in seinem berühmten Werk „Origin of Species by Natural Selection" (1859) die Entstehung neuer Arten aus alten zu erklären.[34] Zur Verallgemeinerung des Evolutionsbegriffs auf alle Entwicklungsprozesse von Lebewesen hat entscheidend H. Spencer beigetragen, für den Evolution einen Fortschritt zu immer höherer Komplexität bedeutet.[35] Spencers Fortschrittstheorie ist jedoch durch neuere Untersuchungen wenigstens teilweise zu revidieren. Danach müssen nämlich z. B. Anpassungsprozesse an neue Umweltbedingungen durchaus nicht mit Komplexitätssteigerungen verbunden sein. Es kommen sogar Reduktionen vor, wenn sich aufgrund neuer Umweltbedingungen z. B. ein Organ zurückbildet oder gar ausgeschaltet wird.[36]

Für die physikalische Begründung der biologischen Evolution, also die Verbindung von Biologie und Physik ist L. Boltz-

---

34 C. Darwin, On the Origin of Species by Means of Natural Selection, or the Preservation of Favoured Races in the Struggle for Life, London 1859, [6]1872, dt. Stuttgart 1963,; vgl. auch W. Zimmermann, Evolution. Die Geschichte ihrer Probleme und Erkenntnisse, Freiburg/München 1953.

35 H. Spencer, The Principles of Biology vols. 1-2, London 1884; ders., Structure, Function, and Evolution, ed. S. Andrenski, London 1971.

36 Vgl. T. Dobzhansky, Genetics of the Evolutionary Process, New York 1970; ders. et alt., Evolution, San Francisco 1977.

mann eine historische Schlüsselfigur.[37] Boltzmann erweiterte Darwins Selektionstheorie durch Überlegungen über die Entstehung des Lebens, die seinerzeit zwar hochgradig spekulativ waren, aber unter modernen biochemischen Voraussetzungen sehr aktuell sind. Die Entstehung von ersten primitiven Lebewesen führt Boltzmann auf eine Auslese aus unbelebten Bausteinen zurück. Dazu geht er von der Hypothese aus, daß sich Atomkomplexe entwickeln konnten, die sich durch Bildung gleichartiger um sich herum zu vermehren vermochten. Von den so entstandenen größeren Komplexen waren jene am „lebensfähigsten", die sich einerseits durch Teilung vervielfachen konnten oder andererseits die Fähigkeit erwarben, sich an Stellen günstiger Lebensbedingungen hinzubewegen. 1904 brachte Boltzmann diese Vorgänge in Zusammenhang mit der Brownschen Bewegung.[38]

Im nächsten Schritt schlug Boltzmann eine Erklärung der Pflanzenentwicklung auf thermodynamischem Hintergrund vor. 1884 hatte er durch eine Untersuchung der Temperaturabhängigkeit der Wärmestrahlung das Stefansche Gesetz[39] begründet und in dem Zusammenhang den Gedanken einer Entropie der Strahlung eingeführt, der explizit später von W. Wien formuliert wurde. Im Anschluß daran erklärte Boltzmann zwei Jahre später die physikalische Bedeutung der Photosynthese, die für die Pflanzenentwicklung grundlegend ist. Bereits J. R. Mayer[40], einer der Entdecker des 1. Hauptsatzes der Thermodynamik, hatte 1845 festgestellt, daß Licht den Pflanzen als Quelle von Energie dient. Allerdings kannte er noch nicht den Grundbegriff des 2. Hauptsatzes, nämlich die Entropie, deren statistische Bedeutung wesentlich auf Boltzmann zurückgeht.

Die Pflanzen, die ihren Körper aus einfachen Bestandteilen aufbauen, sind nach Boltzmann als komplexe Ordnungs-

---

37 L. Boltzmann, Der zweite Hauptsatz der mechanischen Wärmetheorie, in: ders., Populäre Schriften, Leipzig 1905, Braunschweig 1979, 26-46.

38 L. Boltzmann, Entgegnung auf einen von Prof. Ostwald über das Glück gehaltenen Vortrag, in: ders., s. Anm. 37, 225-239.

39 L. Boltzmann, Ableitung des Stefanschen Gesetzes, in: Wiedemanns Annalen 22 1884, 291-294.

40 J. R. Mayer, Mechanik der Wärme, Stuttgart 1845.

gebilde unwahrscheinliche Strukturen, die gegen die in ihrem Körper (nach dem 2. Hauptsatz) spontan auftretende Tendenz zur Entropievermehrung mit Sonnenlicht ankämpfen. Wegen der hohen Temperatur der Sonne wird der Erde Energie mit verhältnismäßig niedriger Entropie zugeführt, die zur Kompensierung der spontanen Entropiezunahme in den Pflanzen verwendet werden kann. Boltzmann verlängerte seine physikalisch begründete Evolutionstheorie bis zur stammesgeschichtlichen Entwicklung des Nervensystems und der damit verbundenen Entstehung von Gedächtnis und Bewußtsein. Danach wurde bereits das Überleben einfacher Lebewesen durch die Empfänglichkeit für äußere Eindrücke, chemische Beschaffenheit und Bewegungen des umgebenden Mediums wie z. B. Licht und Schatten gefördert. Die Empfindlichkeit führte nach Boltzmann zur Entwicklung von Empfindungsnerven, die Beweglichkeit zu Bewegungsnerven.[41]

Hier sollte zunächst historisch festgehalten werde, wie in der 2. Hälfte des 19. Jhs. die Evolution des Lebens nach Darwin, Spencer und Boltzmann als Entwicklung komplexer Struktur- und Ordnungsgebilde verstanden wurde. Im Sinne der Thermodynamik stellt sich daher die Entwicklung des Lebens als ein Schwimmen gegen den Strom der Entropie dar, der alle Ordnung fortzureißen sucht, wenn Energie nicht seinem Wirken entgegenwirkt. Eine andere Möglichkeit, nämlich das spontane Entstehen von Ordnung ohne äußeren Einfluß und Energieaufwand, würde dem 2. Hauptsatz widersprechen und „dämonische" Kräfte erfordern. Die Fiktion eines solchen Dämons, der die nach dem 2. Hauptsatz irreversible Entropiezunahme in einem (abgeschlossenen) System ohne äußeren Einfluß umkehren und damit als „Perpetuum mobile" der 2. Art auftreten kann, geht auf J. C. Maxwell zurück.[42]

---

41 L. Boltzmann, Über die Frage nach der objektiven Existenz der Vorgänge in der unbelebten Natur, in: ders., s. Anm. 37, 94-119.

42 W. Thompson, The sorting demon of Maxwell (1879), in: ders., Mathematical and Physical Papers I-VI, Cambridge 1882-1911, V, 21-23; vgl. auch K. Mainzer, Maxwellscher Dämon, in: J. Mittelstraß (Hrsg.), Enzyklopädie Philosophie und Wissenschaftstheorie Bd. 2, Mannheim/Wien/Zürich 1984, 818-819.

Historisch wurde die Evolution von lebenden Systemen und der damit verbundene Aufbau von geordneten Strukturen zunächst als Widerspruch zum 2. Hauptsatz der Thermodynamik empfunden, nach dem die Natur auf Zerfall und Tod als letzter absoluter Gleichgewichtslage programmiert schien. Genau genommen sagt aber der 2. Hauptsatz voraus, daß abgeschlossene Systeme dem Gleichgewichtszustand maximaler Entropie zustreben. Die Ordnung eines Systems kann also nur weiter bestehen, wenn der Abfall in den Gleichgewichtszustand vermieden werden kann. Lebende Systeme sind Beispiele für offene Systeme, die ihre ständige Entropieproduktion und die damit verbundene Tendenz des Zerfalls durch dauernden Energieaustausch mit ihrer Umgebung kompensieren. Dieser Metabolismus offener Systeme löst das thermodynamische Scheinproblem der Maxwellschen Dämonen und Evolutionstheorie.[43]

Auffallend ist die Analogie von Grundbegriffen der biologischen Evolution mit der Thermodynamik des Nicht-Gleichgewichts. Die Emergenz neuer biologischer Formen tritt analog zum thermischen Gleichgewicht auf. Mutanten entsprechen Fluktuationen. Die Suche eines komplexen dynamischen Systems nach Stabilität wird in der biologischen Selektion realisiert. Die Verzweigungen der Bifurkationsdiagramme erinnern an Stammbäume der biologischen Evolution. In den bisher betrachteten komplexen Systemen der Physik und Chemie setzte die Selbstorganisation, die in Phasenübergängen an Bifurkationspunkten auftritt, Selektion voraus. Wenn z. B. der Laserblitz abgesendet wird, haben die unterschiedlichen Lichtwellenzüge der einzelnen angeregten Atome ihre Konkurrenz eingestellt und zeichnen spontan eine Richtung aus. In diesem Sinn bedeutet also Selektion auch Symmetriebrechung.[44]

---

43 E. P. Fischer/K. Mainzer (Hrsg.), Die Frage nach dem Leben, München/Zürich 1990.

44 Vgl. auch W. Ebeling/H. Ulbricht (eds.), Selforganization by Nonlinear Irreversible Processes, Berlin/Heidelberg/New York 1986; B. H. Weber/D. J. Depew/J. D. Smith, Entropy, Information, and Evolution. New Perspectives on Physical and Biological Evolution, Cambridge (Mass.)/London 1988.

Für den Übergang von der unbelebten zur belebten Natur gibt es bereits Vorschläge für mathematische Evolutionsgleichungen, mit denen die Entwicklung von Biomolekülen durch Selbstorganisation beschrieben wird. Als anschauliches Modell wird der „Evolutionsreaktor" von M. Eigen zugrundegelegt.[45] In dem Reaktor befinden sich Makromoleküle wie z. B. Nukleinsäuren, die permanent auf- und abgebaut werden. Chemisch bestehen sie aus vier verschiedenen Bausteinen. Gemeint sind Adenin (A), Guanin (G), Cytosin (C) und Thymin (T). Die Population enthalte i Sequenzalternativen bzw. Konzentrationen einheitlicher Kettenlänge. Die Kettenlänge der Makromoleküle sei ν, ihre Besetzungszahlen n_i, die Gesamtzahlen aller Sequenzen $z = \sum_i n_i$. Es wird angenommen, daß die Zahl 4^ν aller kombinatorisch möglichen Sequenzalternativen sehr klein ist gegenüber der Gesamtpopulation z. Dann ist der Erwartungswert für das Auftreten einer bestimmten Molekülsequenz ebenfalls sehr klein und entspricht der Bedingung, die bei der Entstehung des Lebens angenommen werden kann.

Von außen werden dem Reaktor laufend energiereiche Moleküle zugeführt, um den Aufbau der Nukleinsäuren zu erreichen. Dazu werden autokatalytische Prozesse der Selbstvermehrung angenommen, die Eigen und P. Schuster in ihren Modellen der Hyperzyklen beschrieben haben.[46] Die energiearmen Abbauprodukte werden dauernd abgeführt. Durch entsprechende Regulation von außen läßt sich z. B. eine konstante Gesamtpopulation einstellen. Auf- und Abbau von Makromolekülen sollen wie bei selbständigen Organismen unabhängig ablaufen.

Der Aufbauparameter der molekularen Art n_i sei γ_i, der Abbauparameter δ_i. Beide können von den Konzentrationen n_j anderer Arten abhängen. Aufgrund der Mutationen wird nur ein bestimmter Bruchteil von Kopien einer Sequenz fehlerfrei sein. Der Anteil der korrekten Kopien wird durch einen Parameter λ_i der Qualität bezeichnet, der eine Bruchzahl $0 \leq \lambda_i \leq 1$

45 Vgl. auch M. Eigen/R. Winkler, Das Spiel. Naturgesetze steuern den Zufall, München/Zürich 1975, 272ff.; B.-O. Küppers, Der Ursprung biologischer Information, München 1986, 214 ff.

46 M. Eigen/P. Schuster, The Hypercycle, Heidelberg 1979.

ist. Die Evolutionsraten der zeitlichen Veränderungen von n_i lauten dann[47]

(2.36) $\dot{n}_i = (\gamma_i\lambda_i - \delta_i)n_i - \bar{e}(t)n_i$.

Dabei ist

(2.37) $\bar{e}(t) = \sum_i (\gamma_i - \delta_i)\frac{n_i}{z}$

die mittlere Erzeugungsrate aller molekularen Arten. Dann ist $\bar{e}(t)n_i$ in (2.36) eine Abbaugröße, mit der der Anteil von n_i an der Erhaltung der Konstanz von z bezeichnet wird.

Aus der Evolutionsgleichung (2.36) lassen sich folgende notwendigen Eigenschaften von lebenden Systemen ablesen: 1) Der Metabolismus des offenen Systems wird durch die Reaktionsterme $\sum_i \gamma_i n_i$ und $\sum_i \delta_i n_i$ von energiereichen und energiearmen Molekülen erfaßt. 2) Die Selbstproduktion ist in (2.36) dadurch ausgedrückt, daß die Evolutionsrate einer molekularen Art n_i proportional zu ihrer Konzentration ist. Damit ist die mögliche Abhängigkeit der Auf- und Abbauparameter γ_i und δ_i von den übrigen Konzentrationen nicht berührt. 3) Die Mutationsfähigkeit wird durch den Qualitätsparameter λ_i berücksichtigt. Die Evolutionsgleichungen (2.36) erfüllen also in der Tat die Eigenschaften des molekularen Darwinismus.

Eigen schlug vor, die Größe

(2.38) $w_i = \gamma_i\lambda_i - \delta_i$

als Selektionswert der molekularen Art zu interpretieren. Das wird dadurch gerechtfertigt, daß man die Evolutionsgleichung (2.36) als

(2.39) $\dot{n}_i \doteq (w_i - \bar{e}(t))n_i$

schreibt. Dann läßt sich nämlich die Evolutionsgleichung als Extremalprinzip auffassen, nach dem sich die molekularen Arten aufgrund von Selektionswerten optimieren. Wenn der Se-

47 M. Eigen, Self-organization of matter and the evolution of biological macromolecules, in: Naturwissenschaften 58 1971, 465; B.-O. Küppers, s. Anm. 45, 216 ff. Als Vereinfachung ist in Gleichung (2.36) der Summenterm $\sum \varphi_{ij}x_j$ fortgelassen. Er bezeichnet den Populationsbeitrag, den alle Spezies $x_{j\neq i}$ aufgrund von Rückmutationen zur Stammsequenz x_i liefern.

lektionswert w_i einer Art kleiner als die mittlere Erzeugungsrate $\bar{e}(t)$ aller Arten ist, dann treten negative Wachstumsraten auf, und die Art stirbt aus. Im anderen Fall liegen positive Wachstumsraten vor. Dadurch wird $\bar{e}(t)$ ständig nach oben verschoben, während gleichzeitig immer mehr Arten kleinere Selektionswerte haben und daher aussterben. Dieser Selektionsprozeß stabilisiert sich nur dann, wenn $\bar{e}(t)$ den größten Selektionswert w_{max} der Produktion erreicht hat

(2.40) $\bar{e}(t) \rightarrow w_{max}$

und das System im Selektionsgleichgewicht ist.

Allerdings ist dieser Gleichgewichtszustand nur vorläufig. Sobald gegenüber der dominanten Art n_i eine neue selektiv günstigere Mutante n_{i+1} auftritt, bricht das Gleichgewicht zusammen. Wie in (2.40) beschrieben wurde, stellt sich dann ein neues Selektionsgleichgewicht ein, das durch die dominierende Art n_{i+1} bestimmt ist. Ein sich selbst optimierendes System von Molekülen („Evolutionsreaktor") durchläuft also eine Folge von Selektionsgleichgewichten, der eine aufsteigende Folge von Selektionswerten entspricht, die zur jeweils dominierenden Art gehören

(2.41) $W_{max_1} < W_{max_2} + < \ldots < W_{opt}$.

Dieser Optimierungsweg, auf dem das System zu immer höheren „Gipfeln" von Selektionswerten stürmt, läßt sich nach S. Wright und M. Eigen auch räumlich darstellen.[48] Dazu wird eine Molekülsequenz mit ν Positionen als Punkt im ν-dimensionalen Sequenzenraum definiert. Bei 4 möglichen Bausteinen hat der ν-dimensionalen Sequenzenraum 4^{ν} Punkte. Zur Vereinfachung beschränken wir uns auf den dualen Fall mit zwei Symbolen 0 und 1, mit denen im Prinzip die 4 Molekularbuchstaben A, T, G, C auch kodifiziert werden können.

48 S. Wright, „Surfaces" of selective value, in: Proc. Nat. Acad. Sci. 58 1967, 165; M. Eigen, Ursprung und Evolution des Lebens auf molekularer Ebene, in: H. Haken (Hrsg.), s. Anm. 23, 16 ff.; ders., die Entstehung des Lebens, in: Nature 3 1983, 68; ders., Homunculus im Zeitalter der Biotechnologie – Physikochemische Grundlagen der Lebensvorgänge, in: R. Gross (Hrsg.), Geistige Grundlagen der Medizin, Berlin/Heidelberg/New York/Tokyo 1985, 24 ff.

Zudem erleichtert das Dualsystem die Rechnungen mit einem Computer. In diesem Fall hat der v-dimensionalen Sequenzenraum 2^v Punkte. Jeder Punkt hat v Nachbarpunkte, die jeweils Ein-Fehler-Mutanten repräsentieren, d. h. solche, die sich nur um eine Position unterscheiden. Zwischen den beiden Extremalpunkten einer reinen 0- bzw. 1-Sequenz gibt es $v!$ mögliche Verbindungen. Abb. 2.21 zeigt Beispiele von v-dimensionalen Sequentialräumen im Dualfall.

Der große Vorteil dieser Raumdarstellung besteht in den sehr kurzen Abständen und dem dichten Netzwerk möglicher Verbindungen. So beträgt die längste Entfernung im 1000-dimensionalen Raum nur 1000 Längeneinheiten („Meter"). Im 23-dimensionalen Raum mit 10^{14} Punkten nur 23 „Meter".

Übrigens reicht der 23-dimensionale Sequenzenraum, um alle Punkte der Erdoberfläche im Abstand von 1 Meter zu repräsentieren. In diesem Raum können optimale Strategien verfolgt werden, um die höchsten Berge auf der Erde zu finden. Dazu wird mittels einer Wertefunktion jedem Punkt ein „Höhenwert" zugeordnet. Bei einer Bergwanderung lautet die Strategiedevise, möglichst aufwärts zu gehen, um möglichst wenig an Höhe zu verlieren. Man strebt daher einen lokalen Gipfel an, um dann auf einen benachbarten höheren Gipfel zu steigen usw. Mathematisch ist also nur der Gradient der Bergtour „aufwärts" bekannt, nach dem wir lokal entscheiden können, welcher der nächsten Gipfel anzustreben ist, um weiter aufzusteigen.

Auf der Erdoberfläche versucht man daher entlang einem 1-dimensionalen Grad oder Joch möglichst viele Gipfel zu erreichen, ohne zwischendurch zu viel Höhe zu verlieren. Dabei ist der Wanderer jedoch durch die 1-Dimensionalität seines Weges stark eingeschränkt. Im 23-dimensionalen Raum könnte der Wanderer demgegenüber an jedem Ort in 23 verschiedene Richtungen gehen, von denen $k \leq 23$ aufwärts und $23 - k$ abwärts laufen. Die Chance, maximale Gipfel in nächster Nachbarschaft zu finden, ist daher sehr groß.

Im v-dimensionalen Raum der Molekülsequenzen sind den Punkten Selektionswerte anstelle von Höhenwerten zugeordnet. Analog zu den Höhenwerten der Gebirgslandschaft sind die Selektionswerte im molekularen Sequenzenraum nicht

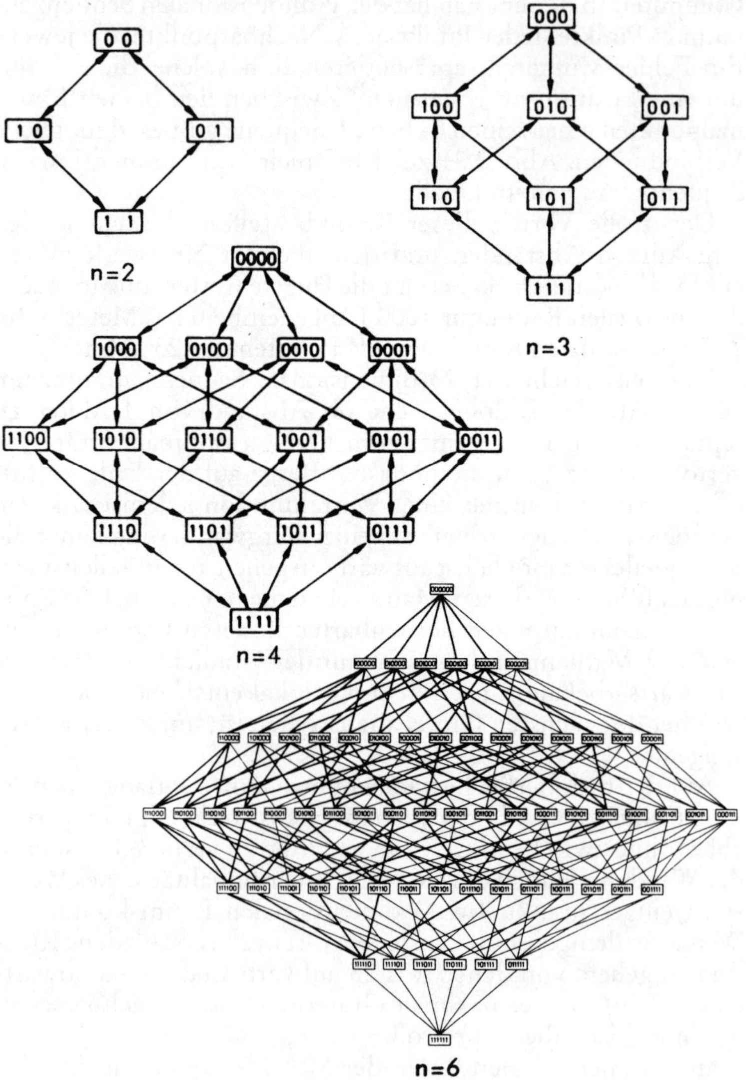
0 0
1 0
0 1
1 1
n=2
000
100
010
001
110
101
011
111
n=3
0000
1000
0100
0010
0001
1100
1010
0110
1001
0101
0011
1110
1101
1011
0111
1111
n=4
n=6

Abb. 2.21

zufällig verteilt, sondern hängen in Regionen zusammen, so daß ebenfalls z. B. „Gebirgslandschaften" und „Ebenenlandschaften" lokalisiert werden können. Der grundlegende Unterschied der Eigenschen Evolutionstheorie gegenüber z.B. Monod besteht dann darin, daß Mutanten nach Eigen nicht völlig zufällig oder regellos auftreten, sondern sich aus den am häufigsten auftretenden Vorläufern und ihren Selektionswerten ergeben.

Die Entstehung des Lebens bedeutet in diesem Modell eine sukzessive Selbstoptimierung eines Molekülsystems, die über eine Folge von Selektionszwischenschritten erreicht wird. Es ist kein einmaliges zufälliges Ereignis wie bei Monod, eine einmalige Singularität, bei der aufgrund einer Zufallsschwankung der Phasenzustand der unbelebten Materie instabil wird und spontan in einen neuen Gleichgewichtszustand umschlägt, den wir als Leben bezeichnen. Nach Eigen entsteht Leben also im Sinne der mathematischen Katastrophentheorie nicht durch eine einmalige spontane Symmetriebrechung, sondern in einer Folge von lokalen Symmetriebrechungen, bei denen instabil gewordenen Selektionsgleichgewichte durch neue und höherwertige ersetzt werden.[49]

Die Grenze zwischen unbelebter und belebter Natur ist also nach Eigen fließend. Selektion und Selbstorganisation treten bereits in der unbelebten Materie auf. Sie lassen sich physikalisch durch Extremalprinzipien beschreiben und führen bei bestimmten Makromolekülen mit biochemischen Eigenschaften wie der Autokatalyse zwangsläufig zu Entwicklungen, bei denen die Grundlagen des Lebens entstehen. Wissenschaftstheoretisch müssen dazu keine neuen Prinzipien angenommen werden, die nicht aus der Physik und Chemie bekannt sind. Allerdings erlaubt die Verwendung eines Extremalprinzips die ablaufenden Prozesse in einer teleologischen Sprache zu beschreiben, in der von Zielen und Zwecken die Rede ist, auf die Entwicklungen hinsteuern. Damit ist jedoch keineswegs die

49 L. L. Morozov/V. I. Goldanskii, Violation of symmetry and self-organization in prebiological evolution, in: V. I. Krinsky, Self-Organization. Autowaves and Structures far from Equilibrium, Berlin/Heidelberg/ New York 1984, 224-232.

Annahme vitalistischer Kräfte in der belebten Natur verbunden.

Naturphilosophisch weist das Eigensche Modell einige Parallelen mit Leibniz auf. Der ν-dimensionale Sequenzenraum ist eine ν-dimensionale mögliche Welt, in der biologische Entwicklungen beschrieben werden können. Als Leibniz 1697 das Dualsystem erfand (vgl. Kap.1.11), entwarf er eine Medaille (Abb.1.6), auf der er Gottes Schöpfung der Natur mit der Erzeugung von Sequenzen aus 0 und 1 verglich. Analog sind Molekularsequenzen aus 4 Symbolen erzeugt. Die grundlegende Analogie des Eigenschen Modells mit der Leibnizschen Naturphilosophie besteht jedoch in der Annahme von optimierenden deterministischen Verfahren, mit denen die beste Variante in einer Vielzahl von Möglichkeiten ausgewählt wird. In der Sprache von Leibniz ist also die Welt der Molekularsequenzen in der prästabilierten Harmonie eines Extremalprinzips geordnet.

Wenn auch nur der Gradient der Evolutionsrichtung und keineswegs zukünftige Evolutionsereignisse vorausgesagt werden können, so sind doch folgende Anwendungen dieser Evolutionstheorie möglich. Zunächst einmal lassen sich durch biochemische Analyse der Molekülsequenzen, die in den Genen der einzelnen Arten vorkommen, Rückschlüsse auf die Verwandtschaft und historische Evolution der Organismen ziehen. Neben den traditionellen Methoden der Paläontologie und vergleichender Morphologie, wie sie nach Darwin verwendet wurden, liegen nun wesentlich präzisere Prüfverfahren der Evolutionstheorie auf molekularer Grundlage vor. Für verwandte Gene lassen sich aus den Vorgängern jeweils „Urgene" berechnen und Stammbäume der molekularen Evolution aufstellen. Wir haben gewissermaßen einen Algorithmus der Evolution, der auch gezielt in der Zukunft angewendet werden kann, um künstliche Evolutionen im Rahmen der Gentechnologie einzuleiten.[50]

Es ist eine bemerkenswerte Symmetrieeigenschaft dieser Evolutionen, daß die Unveränderlichkeit einer Art über viele

---

50 Vgl. auch K. Mainzer, Metaphysics of nature and mathematics in the philosophy of Leibniz, in: N. Rescher (ed.), Leibnizian Inquiries. A Group of Essays, Lanham/New York/London 1989, 122 ff.

Generationen durch die Invarianz der DNS-Struktur gewahrt werden kann. Erst wenn neue Mutanten auftreten und das bisherige Selektionsgleichgewicht instabil wird, kommt es zu Symmetriebrüchen, die sich makroskopisch in biologischen Gestalten und Formen zeigen.[51]

So überzeugend Eigens Modell der evolutionären Selbstreplikation und Selektion zur Beschreibung heute beobachtbarer Lebensvorgänge auch ist, so ist damit noch nicht die Frage nach dem Ursprung des Lebens vollständig geklärt. Eigen setzt nämlich für die Replikation und Selbstreproduktion des Lebens einen informationsverarbeitenden Mechanismus voraus, der zwar einerseits ungewöhnlich einfach, andererseits aber mit hoher Effizienz und geringer Irrtumsrate arbeitet. Es bleibt zu klären, wie eine solche nahezu perfekte Molekularmaschinerie der Selbstreplikation in den Anfangsphasen des Lebens entstehen konnte. Andere Modelle lassen molekulare Selbstreplikation und Metabolismus nicht gleichzeitig, sondern nacheinander entstehen.[52] Jedenfalls wird die biologische Evolution in der Theorie offener komplexer Systeme fernab vom thermischen Gleichgewicht abgehandelt, deren Entwicklung ebenso durch nicht-lineare Gleichungen beschrieben wird wie das Laserlicht oder chemische Reaktionsgleichungen.

Über Biomoleküle gelangt man durch Zelldifferenzierung zum Organismus. Ein einfaches Beispiel ist der Schleimpilz.[53] Im Normalfall existiert er auf einem Nahrungsuntergrund in der Gestalt einzelner amöbenartiger Zellen, die in ihrer Funktion ununterscheidbar sind. Vermindert sich die Nahrung der einzelnen Zellen auf einem kritischen Wert, so versammeln sie sich an einem bestimmten Ort, klumpen zu einer Pilzform zusammen und differenzieren ihre Funktion in Stamm und Sporenträger. Die Symmetrie der homogenen Zellen wird also

---

51 Zur Deutung als Symmetriebrüche vgl. K. Mainzer, Symmetrien der Natur (s. Anm. 3), 561 ff.

52 F. Dyson, A model for the origin of life, in: J. Mol. Evol. 18 1982, 344-350; ders., Origins of Life, Cambridge 1985.

53 G. Gerisch, Periodische Signale steuern Musterbildung in Zellverbänden, in: Naturwissenschaften 58 1971, 430-438; ders./B. Hess, Proc. Nat. Acad. Sci. (Wash.) 71 1974, 2118.

spontan bei einem kritischen Wert eines äußeren Parameters gebrochen, und ein neues strukturelles und funktionales Muster entsteht. Dabei ist wiederum kein Amöbendämon wirksam, der die Organisation der Amöbenzellen angesichts der „Naturkatastrophe" kommandiert. Vielmehr sondern die einzelnen Zellen in dieser Situation eine chemische Substanz (cAMP) aus, die ein Muster von regelmäßigen Wellen und Spiralen bildet, an dessen Dichtegefälle sich die einzelnen Zellen bei ihrer Sammlung orientieren können.

Die Phasenübergänge dieser Zelldifferenzierung (Abb. 2.22) führen also zu einem neuen Organismus, d. h. der Emergenz einer neuen biologischen Form.[54]

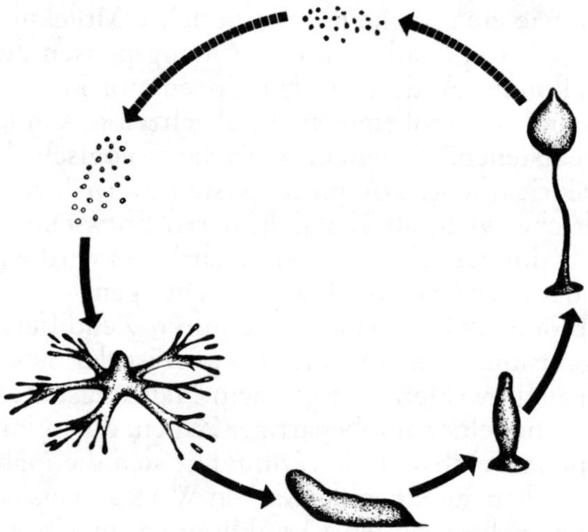

Abb. 2.22

Bevor G. Gerisch 1971 diesen chemischen Sachverhalt aufklärte, hatte bereits A. M. Turing ein Modell zur Erklärung der Zelldifferenzierung vorgeschlagen.[55] Er geht von zwei se-

54 Für Abb. 2.22 vgl. M. Susman, Growth and Development, Englewood Cliffs N. J. 1964.

55 A. M. Turing, The chemical basis of morphogenesis, in: Phil. Trans. R. Soc. (London) B 237 1952, 37.

parierten Zellen 1 und 2 aus, die in ihren Funktionen und chemischen Prozessen ununterscheidbar sind. Wenn daher in einer Zelle eine Molekülsorte erzeugt bzw. abgebaut wird, so wird sie schließlich in beiden Zellen mit gleicher Konzentration vorliegen. Es liegt also eine symmetrische Gleichgewichtssituation vor. Werden nun beide Zellen für einen Stoffwechselaustausch gekoppelt, kann der Gleichgewichtszustand beider Zellen instabil werden. Eine geringe Anfangsschwankung bei der Produktion der Molekülsorte führt schließlich zu einer ungleichmäßigen Verteilung und damit einer Symmetriebrechung, die sich makroskopisch in unterschiedlichen Funktionen der Zelle zeigen kann.

Ein bekanntes Beispiel für die Symmetriebrechung durch Zelldifferenzierung ist der Süßwasserpolyp Hydra, dessen Kopf durch Tentakeln gekennzeichnet ist.[56] Diesem Organismus können Kopf und Fuß abgetrennt werden, wobei sich aus den entscheidenden Teilen wieder neue vollständige Organismen durch Umfunktionierung der Zellen regenerieren.

Für die Entwicklung dieser neuen Formen liegen mittlerweile mathematische Simulationsmodelle vor: Im Anfangszustand sind in einem Zellverband Anregungs- und Hemmstoffe für die Formbildung gleichmäßig verteilt. Es kommt dann zu Interaktionen der Zellen, bei denen durch chemische Reaktions- und Diffussionsvorgänge ein kritischer Punkt für die Produktionsrate z. B. des Anregungsstoffes erreicht wird. Es entsteht dann ein chemisches Muster, dessen Dichtegefälle die Zellgene zur Ausbildung unterschiedlicher Funktionen anregt. In Abb.2.23 ist eine solche Morphogenese gezeigt, bei der auf einem 2-dimensionalen Zellverband ein Anregungsstoff aufgetragen wurden, der schließlich zum Auswachsen einer Musterbildung führte.[57]

In der philosophischen Tradition wurden den lebenden Organismen Zwecke unterstellt, als ob sie Formen, Farben, Fähigkeiten usw. erhalten hätten, um bestimmte Aufgaben in ihrer

56 H. C. Schaller/H. Bodenmüller, Morphogene Substanzen aus Hydra, in: Naturwissenschaften 68 1981, 252-256; vgl. auch P. Tardent/R. Tardent, Development and Cellular Biology of Coelenterates, Elsevier/North Holland Biochemical Press 1980; H. Meinhardt, Eine Theorie der Steue-

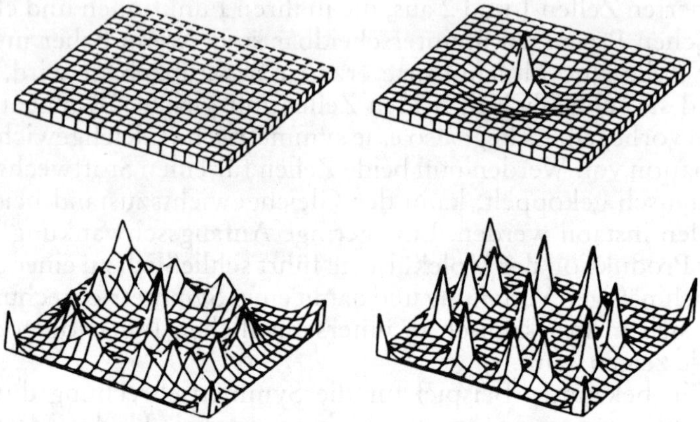

Abb. 2.23

Umwelt zu erfüllen. Diese teleologische Sprache erweist sich im Licht der Theorie komplexer Systeme keineswegs als unüberbrückbarer Gegensatz gegenüber der „toten“ Materie. Die Genesis funktionaler Strukturen wird vielmehr kausal durch Phasenübergänge im Rahmen der Thermodynamik des Nicht-Gleichgewichts erklärbar.

Auch auf der Stufe der Systeme von Organismen, also Populationen von Pflanzen, Bakterien, Tieren etc. sind analoge Modelle der Systemtheorie anwendbar. Historisch wurden nichtlineare Gleichungen bereits im 19. Jh. für biologische Populationsmodelle verwendet. Die aktuelle Rede von „Naturkatastrophen“ oder dem „ökologischen Gleichgewicht“ erhält hier einen mathematischen präzisierbaren Sinn. So stellte P. F. Verhulst 1845 eine nicht-lineare Gleichung vom Typ der Lasergleichung (2.25) auf, um Populationswachstum zu untersuchen.[58]

rung der räumlichen Zelldifferenzierung, in: Biologie in unserer Zeit 9 1979, 33-39.

57 H. Meinhardt/A. Gierer, Applications of a theory of biological pattern formation based on lateral inhibition, in: J. Cell. Sci. 15 1974, 321.

58 H. Haken, s. Anm. 22, 293 ff.; für stochastische Verallgemeinerungen der Populationsdynamik vgl. auch N. S. Goel/N. Richter-Dyn, Stochastic Models in Biology, New York 1974.

Für die Populationsrate n wird in (2.21) der „Gewinn" als Wachstums- bzw. Geburtenrate und der „Verlust" als Sterberate der Population gedeutet, die im einfachsten Fall proportional zur Populationsstärke n sind:

(2.42) $\text{Gewinn} = \gamma n, \text{Verlust} = \delta n.$

Die Koeffizienten γ und δ hängen von Umweltbedingungen wie Ernährung, Temperatur, Klima usw. ab. Hält man diese Faktoren konstant, erlaubt die Gleichung

(2.43) $\dot{n} = (\gamma - \delta)n = \alpha n$

exponentielles Wachsen und Abnehmen der Population. Der Zustand $\gamma = \delta$ ist bei geringsten Störungen von γ oder δ instabil. Daher gibt es keinen festen Zustand der Population.

Der entscheidende Schritt besteht in der Annahme, daß γ oder δ oder beide Faktoren von der Populationsstärke n abhängen, was z. B. wegen eines begrenzten Nahrungsreservoirs der Populationsumwelt naheliegend ist. Die entsprechende Populationsgleichung ist dann vom Typ

(2.44) $\dot{n} = \alpha_0 n - \beta n^2,$

wobei der Abzug βn^2 vom Verbrauch der Nahrungsmittelvorräte herrührt. Neue Nahrung soll nur mit einer konstanten Rate zugeführt werden.

Das Verhalten konkurrierender Populationen studierten A. J. Lotka und V. Volterra.[59] Ausgelöst wurden diese Untersuchungen Anfang dieses Jhs. durch Fischer in der Adria, denen die rhythmische Schwankung ihrer Fangergebnisse aufgefallen war. Lotka und Volterra führten diese Beobachtung auf zwei Fischsorten zurück, wonach die Raubfischsorte jeweils die Beutefische auffraß. Wenn in einem Anfangszustand des Gesamtsystems wenig Raubfische existieren, dann könnten sich die Beutefische ungehindert vermehren bis zu einem kritischen Punkt, an dem die Raubfische mehr Nahrung finden, um sich ihrerseits stärker zu vermehren. Das Anwachsen der Beute-

59 A. J. Lotka, Proc. Nat. Acad. Sci. (Wash.) 6 1920, 410; V. Volterra, Leçons sur la théorie mathématique de la lutte pour la vie, Paris 1931; vgl. auch H. Haken, s. Anm. 22, 130 ff.

fischpopulation führt umgekehrt zur Dezimierung der Beutefische und damit zur Reduzierung der Nahrungsgrundlage der Raubfischpopulation, was erneut Anwachsen der Beutefischpopulation auslöst usw.

Mathematisch hat man zwei Populationsgleichungen

$$(2.45)\quad \begin{aligned} \dot{n}_1 &= \text{Gewinn}_1 - \text{Verlust}_1 \text{ (Beutefische)} \\ \dot{n}_2 &= \text{Gewinn}_2 - \text{Verlust}_2 \text{ (Raubfische).} \end{aligned}$$

Falls keine Raubfischpopulation vorhanden ist, vermehren sich die Beutefische mit

$$(2.46)\quad \text{Gewinn}_1 = \alpha n_1.$$

Die Beutefischpopulation verliert jedoch an Stärke durch das Fressen der Raubfische. Diese Verlustrate ist proportional zur Anzahl der Beute- und Raubfische:

$$(2.47)\quad \text{Verlust}_1 = \alpha n_1 n_2.$$

Die Vermehrungsrate der Raubfische ist demgegenüber proportional zur eigenen Stärke n_2 und die der Beutefische n_1, da sie von den Beutefischen leben:

$$(2.48)\quad \text{Gewinn}_2 = \beta n_1 n_2.$$

Da die Raubfische aber sterben können, ist ihre Verlustrate proportional zur eigenen gegenwärtigen Stärke

$$(2.49)\quad \text{Verlust}_2 = 2\kappa_2 n_2.$$

Insgesamt erhält man aus (2.45) - (2.49) die Lotka-Volterra-Gleichungen

$$(2.50)\quad \begin{aligned} \dot{n}_1 &= \alpha n_1 - \alpha n_1 n_2 \\ \dot{n}_2 &= \beta n_1 n_2 - 2\kappa_2 n_2 \end{aligned}$$

oder die Vereinfachung

$$(2.50')\quad \begin{aligned} \dot{n}_1' &= n_1' - n_1' n_2' \\ \dot{n}_2' &= a(-n_2' + n_1' n_2'). \end{aligned}$$

Diese Gleichungen zeigen nun das rhythmische Bewegungsmuster, das die Fischer in der Adria bei ihren Fangergebnissen beobachtet hatten (Abb.2.24): Die mathematische Analogie der Populationsgleichungen mit dem Lasermodell ist offensichtlich. An der Stelle von Atomverbänden wie im Laser treten Populationen von Organismen auf, die mit der Umwelt in ständigem Stoff- und Energiewechsel stehen und bei bestimmten kritischen Werten makroskopische Ordnungsstrukturen zeigen.

Auch hier müssen keine Dämonen oder Entelechien angenommen werden, die ein gemeinsames Verhalten organisieren und auszeichnen.

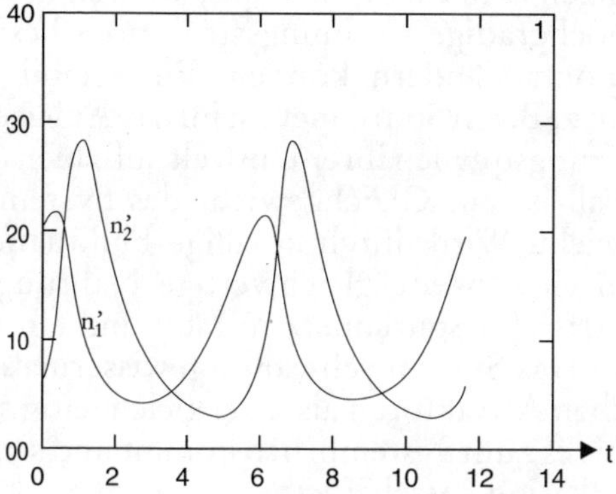

Abb. 2.24

Im Fall der Organismenpopulationen liegen bisher nur vereinfachte Modelle vor. Ökologisch herrscht nämlich eine ungeheuer komplizierte Vernetzung von Pflanzen- und Tierpopulationen mit der biochemischen Umwelt, in der geringe Veränderungen von Gleichgewichten Naturkatastrophen (Symmetriebrechungen) auslösen können.[60] Kann sich das Gesamtsystem an diesen kritischen Werten selber nach einem bestimmten makroskopischen Muster regenerieren, war die „Katastrophe" der Population reversibel. Von großer Aktualität sind heute aber die irreversiblen Symmetriebrechungen, die vor allem durch die Eingriffe des Menschen in das komplizierte Vernetzungssystem der Natur entstehen. Die Populationsdynamik läßt sich am Schema der offenen Systeme fernab des thermischen Gleichgewichts beschreiben, die bei Verlust von Gleichgewichtslagen („Symmetriebrechungen") spontan makroskopische Ordnungsstrukturen erzeugen.

Eine lehrreiche Population sind staatsbildende Insekten z. B. Ameisen. Ameisenstaaten scheinen auf den ersten Blick ein de-

60 Vgl. J. Schnakenberg, Thermodynamic Network Analysis of Biological Systems, Berlin/Heidelberg/New York 1977.

terministisches System zu bilden, in dem die Aktivitäten der einzelnen Ameisen programmgesteuert ablaufen. Bei näherer Beobachtung führen die einzelnen Insekten jedoch viele Zufallsbewegungen (Fluktuationen) aus, während die Gesamtorganisation hochgradige Ordnungsstrukturen besitzt, die sich allerdings spontan ändern können. Eine stabile Ordnungsstruktur kann z. B. ein Spurennetz sein, das Ameisen von ihrem Nest zu Nahrungsquellen ihrer Umwelt aufbauen (Abb.2.25).[61] In diesem Fall ist ein Gleichgewicht des Systems mit seiner Umwelt erreicht. Wird durch zufällige Fluktuationen einzelner Ameisen eine zweite gleichwertige Nahrungsquelle entdeckt, kann das alte Spurennetz instabil und ein neues aufgebaut werden. Das System schwankt gewissermaßen zwischen zwei möglichen Attraktoren als zwei gleichzeitig stabilen Zielzuständen, bis es zum Systembruch kommt und sich das System in einer Bifurkation entscheidet.

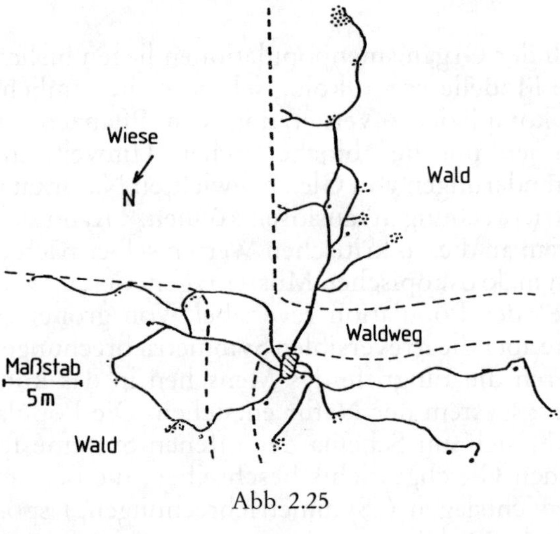

Abb. 2.25

Die Evolutionsgleichung, mit der die Ausbeutung einer Nahrungsquelle durch die Arbeiterameisen beschrieben werden

61 Dazu P. Grassé, Insects sociaux 6 1959, 127; J. L. Deneubourg/J. Pasteels/J. C. Verhaege, J. Theor. Biol. 105 1983, 259; G. Nicolis/I. Prigogine, s. Anm. 18, 309 ff.

kann, ist von der gleichen mathematischen Form, wie sie bereits z. B. für die Populationsgleichung der Photonen in der Laserphysik oder der Fische in der Lotka-Volterra-Ökologie verwendet wurden. N sei die Gesamtzahl möglicher Arbeiterameisen, n die Zahl der Arbeiter, die mit der Kolonisierung der Nahrungsquelle beschäftigt sind. Die zeitliche Gesamtänderung von n ist bestimmt durch die Differenz der Ameisenraten zur Nahrungsquelle hin und von ihr fort:

(2.51) $\dot{n}$ = Hinbewegungsrate – Fortbewegungsrate.

Die mittlere Hinbewegungsrate ist proportional zur Anzahl der Begegnungen zwischen den n Arbeitenden und den $N - n$ im Nest verbliebenen Artgenossen, d. h.

(2.52) Hinbewegungsrate = $an(N - n)$,

wobei die Proportionalitätskonstante a als die Geschwindigkeit interpretiert wird, mit der eine Ameise für die Ausbeutung der neuen Nahrungsquelle bewegt werden kann. Die Fortbewegungsrate ist proportional zur Anzahl n von Ameisen, die gegenwärtig mit der Ausbeutung der neuen Nahrungsquelle beschäftigt sind, d. h.

(2.53) Fortbewegungsrate = $-bn$,

wobei die Proportionalitätskonstante b als das Inverse der mittleren Zeit interpretiert wird, die am Ort der Nahrungsquelle und auf dem Rückweg zum Nest verbraucht wird. Setzt man (2.52) und (2.53) in (2.51) ein, so erhält man die nicht-lineare Gleichung

(2.54) $\dot{n} = an(N - n) - bn$.

Wenn die Nahrungsquelle erschöpft ist, hört die Hinbewegungsrate auf, und die Evolution von n wird nur noch durch $-bn$ bestimmt. Der Grenzwert N kann als Aufnahmekapazität aufgefaßt werden. Die Hinbewegungsrate bleibt positiv, solange $n < N$ ist. Die Evolutionsgleichung läßt sich für den Fall verallgemeinern, daß endlich viele identische und regelmäßig verteilte Nahrungsquellen mit gleichen Abständen zum Nest vorhanden sind.

Das Verhalten des Ameisenstaates ist nun keinesweg, wie man lange glaubte, auf der mikroskopischen Ebene der einzelnen Ameise vollständig programmiert. Es reicht vielmehr eine minimale genetische Vorgabe bei den einzelnen Ameisen aus, um auf kollektiver Ebene des Gesamtenstaates neue Kooperationsformen zu entwickeln, mit denen unter neuen Umweltbedingungen komplexe Probleme gelöst werden können. Wie bereits bei den molekularen komplexen Systemen beobachtet man also auf der mikroskopischen Ebene zufällig erscheinende Fluktuationen einzelner Individuen, die auf makroskopischer Ebene in Phasenübergängen zur Emergenz neuer Formen und Gestalten führen. Die Vorstellung einer zentralen Programmsteuerung oder die metaphysische Annahme eines höheren „lenkenden Bewußtseins" des Kollektivs ist dafür überflüssig. Die Individuen bleiben weitgehend autonom. Die Emergenz kollektiver Formen ergibt sich vielmehr gesetzlich aus dem Abstand des komplexen Systems zum thermischen Gleichgewicht und der mathematischen Nicht-Linearität der Evolutionsgleichung.

Insbesondere das Modell des Ameisenstaates regt zu weitreichenden Anwendungen der Theorie komplexer dynamischer Systeme an. Es wäre zu prüfen, ob und in welchem Umfang Evolution natürlicher ökologischer Systeme im Rahmen der Thermodynamik des Nicht-Gleichgewichts auf die Entwicklung humaner Gesellschaften übertragen werden kann. Dabei liegt die ökonomische Vorstellung von Märkten als möglichen Attraktoren in einem Netz von Handelsströmen und Verkehrsverbindungen ebenso nahe wie soziologische Vorstellungen von Ballungsräumen und neuen Kulturzentren, die neue gesellschaftliche Aktivitäten auf sich ziehen. Diese Überlegungen werden in Kapitel 3.3 weiterverfolgt.

Das biologische Modell der Ameisenpopulation enthält aber auch wichtige Hinweise für die technologische Evolution neuronaler Netze, die in diesem Kapitel untersucht werden sollen. Das menschliche Gehirn erweist sich nämlich keineswegs als programmgesteuerter Digitalcomputer, sondern als komplexe Population selbständig agierender Nervenzellen (Neuronen), die bei geeigneten Bedingungen in Phasenübergängen kollektive Leistungen wie Denken und Fühlen ermöglichen. Was die philosophische Tradition schon immer wußte, daß nämlich Erkennen, Denken und Fühlen nicht als Summe anatomischer Einzelleistungen erklärt werden können, sondern vielmehr eine neue qualitative Stufe darstellen, erhält eine neue Perspektive im Rahmen der Theorie komplexer dynamischer Systeme.

2.2 Grundlagen neuronaler Netze

2.21 Biologische Grundlagen neuronaler Netze

Unter dem Gesichtspunkt komplexer Systeme ist das Gehirn eine Population von ca. 10 bis 100 Milliarden wechselwirkenden Neuronen. Die Überlegenheit gegenüber Computern, die bisher in der technischen Entwicklung hervorgebracht wurden, liegt nicht in der Verarbeitungsgeschwindigkeit der Informationen oder in der Genauigkeit der Operationen. Die numerische Schnelligkeit eines einfachen PCs gegenüber menschlichen Rechenkünsten ist wohlbekannt. Ein großer Teil der Neuronenpopulation ist im Unterschied zu einem von-Neumann-Computer gleichzeitig aktiv und kommuniziert miteinander. Diese komplexe Netzstruktur ist die Voraussetzung, warum wir in Bruchteilen von Sekunden Bewegungsabläufe koordinieren, Personen wiedererkennen oder uns mit anderen Menschen unterhalten können – um nur einige der Beispiele zu nennen, an denen ein programmgesteuerter Computer weitgehend scheitert.[62]

Unser Gehirn ist daher keine universelle Turing-Maschine, sondern eher ein komplexes Informations- und Wissensverarbeitungssystem, das im Laufe seiner biologischen Evolution zunächst zu ganz anderen Aufgaben als Rechnen entwickelt wurde. Unter dem stammesgeschichtlich jüngsten Gehirnteil, dem Cortex, die Träger der höheren Gehirnfunktionen des Denkens, Sprechens etc. ist, liegen noch viele ältere und einfachere Strukturen, die bereits ähnlich bei Vögeln, Reptilien

---

62 Vgl. J. C. Eccles, Das Gehirn des Menschen, München/Zürich 1984; R. F. Schmidt (Hrsg.), Grundriß der Neurophysiologie, Berlin/Heidelberg/New York 1987; G. Adam, Empfindung, Bewußtsein, Gedächtnis mit den Augen des Biologen, Frankfurt 1980.

und Fischen auftraten. Einfache Verhaltensschemata, aber auch Gefühle des Schmerzes und der Lust, so ist anzunehmen, sind in diesen archaischen Urschichten unseres Gehirns vorgegeben und beeinflussen nach wie vor unser Tun.

Eine Voraussetzung, die durchgängig in der Stammesgeschichte das Überleben garantierte, war die Fähigkeit, den Organismus und seine Reaktionen veränderten Bedingungen anzupassen. Gemeint ist das Lernen aus konkreten Situationen und die Anwendung des Erlernten auf ähnliche Situationen. Die Lernfähigkeit des Gehirns und seine physiologischen Voraussetzungen werden daher in den Neurowissenschaften untersucht, um daraus Funktionsprinzipien für den Bau von neuronalen Netzen abzuleiten.[63]

Vom Standpunkt der Systemtheorie läge es nahe, die Evolution und Wechselwirkungen der Neuronen in der Zeit durch Differentialgleichungen zu beschreiben, wie bereits in Abschnitt 2.1 für Populationen von Biomolekülen, Fischen und Ameisen vorgeführt wurde. Mathematisch müßten dazu allerdings Milliarden von Differentialgleichungen für die einzelnen Neuronen und noch mehr Meßgrößen berücksichtigt werden. Damit wird bereits deutlich, daß es nicht um eine numerische Beherrschung und Simulation des Gehirns gehen kann. Vielmehr sollen die Strukturprinzipien des Gehirns erkannt und mathematisch beschrieben werden, um auf dieser Grundlage die Emergenz von Denken, Fühlen, Sprechen etc. verstehen zu können. Unter dieser Voraussetzung werden im folgenden die biologischen Grundlagen neuronaler Netze beschrieben.

Das Nervensystem erhält die Inputsignale der Außenwelt über ein weit verbreitetes Netz von Sinnesrezeptoren. Dazu

63 R. J. Baron, The Cerebral Computer. An Introduction to the Computational Structure of the Human Brain, Hilldale N. J./London 1987; S. Grossberg (ed.), Neural Networks and Natural Intelligence, Cambridge (Mass.)/London 1989; W. von Seelen/G. Shaw/U. M. Leinhos (eds.), Organization of Neural Networks. Structures and Models, Weinheim 1988; E. L. Schwartz (ed.), Computational Neuroscience, Cambridge (Mass.)/London 1990; S. F. Zornetzer/J. L. Davis/C. Lau (eds.), An Introduction to Neural and Electronic Networks, San Diego/New York/Berkley/Boston/London/Sydney/Tokyo/Toronto 1990.

gehören z. B. die Rezeptoren der Augen, des Geruchssinns, der Haut und der Muskeln. Die Reize werden als Muster elektrischer Impulse im Zentralnervensystem verarbeitet und eventuell als entsprechende Reaktion in Befehlsimpulse über Effektoren an die Muskulatur weitergeleitet, die sich dann in Bewegungen äußert (Abb.2.26).[64]

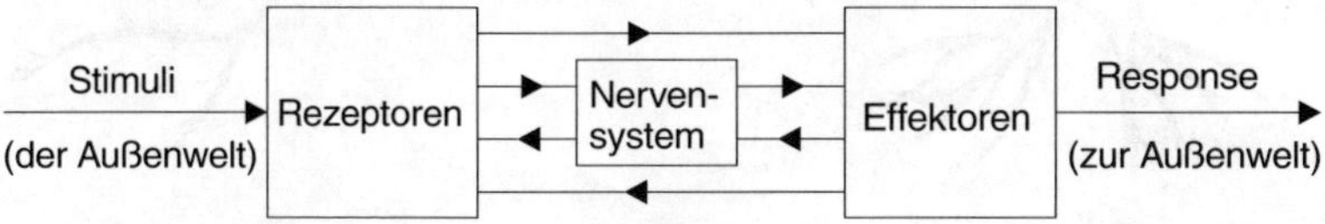

Abb. 2.26

Neben den Neuronen werden in der Anatomie die Gliazellen unterschieden, die im Zentralnervensystem sowohl als Stütz- und Isolationsgewebe als auch als Ernährungszellen der Neuronen auftreten. Die Neuronen sind für die Übertragung und Verarbeitung von Signalen und Informationen zuständig. Schematisch besteht ein Neuron aus einem Zellkörper (Soma), dem Axon (Nervenfaser) und den Dendriten (Abb.2.27).[65]

Im Zellkörper findet der Zellstoffwechsel statt. Das Axon überträgt Signale zu anderen Nervenzellen. An seinem Ende befinden sich die synaptischen Endkolben, die über Synapsen mit anderen Neuronen in Verbindung treten. Die Dendriten sind ein weit verzweigtes Netz von Ausläufern des Zellkörpers, die als Eingänge des Neurons wirken. Es gibt Neuronen mit nahezu 200 000 Dendriten, in denen der Empfang vieler Zellen durch eine Empfängerzelle gebündelt werden kann. Ebenso

64 M. A. Arbib, Automata theory in the context of theoretical neurophysiology, in: R. Rosen (ed.), Foundations of Mathematical Biology 1973, 191-282; G. Shepherd, The Synaptic Organisation of the Brain, New York 1974.

65 Eine Übersicht über verschiedene Typen von Neuronen bietet J. P. Schadé/D. H. Ford, Basic Neurology. An Introduction to the Structure and Function of the Nervous System, New York 1965; E. R. Kandel/ J. H. Schwartz, Principles of Neural Science, New York [2]1985; zur Abb. 2.27 vgl. M. A. Arbib, Brains, Machines, and Mathematics, New York/Berlin/Heidelberg [2]1987, 16.

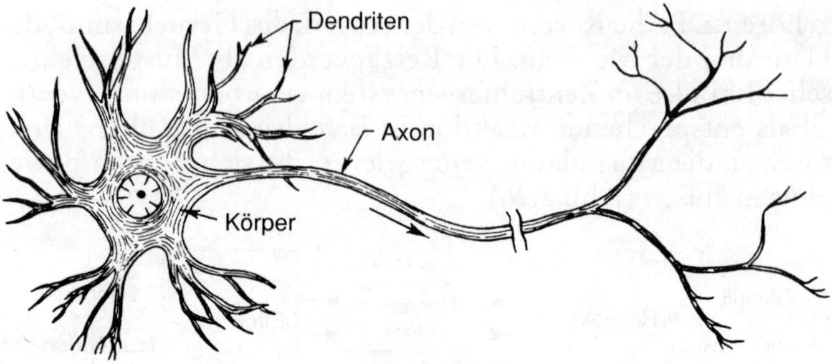

Abb. 2.27

kann ein Neuronensignal auf verschiedene Zellen verteilt werden (Abb.2.28).[66]

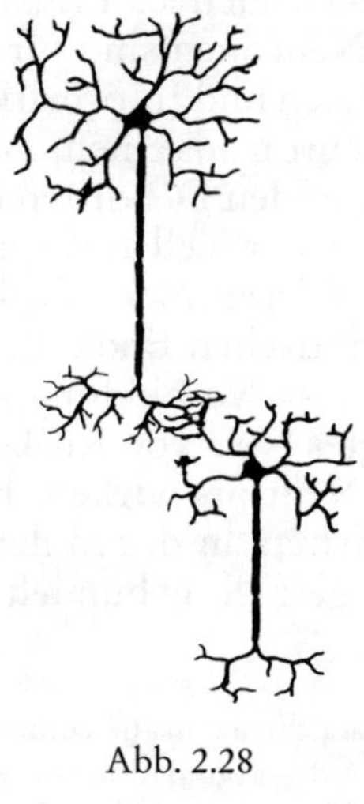

Abb. 2.28

Während des Wachstums des Gehirns entsteht ein immer dichteres Netz von Verknüpfungen, in denen sich die biologi-

66 R. J. Baron, A model for cortical memory, in: Journal of Mathematical Psychology 7 1970, 37-59.

sche Evolution der neuronalen Netze in gewissem Sinne wiederholt (Abb.2.29).[67]

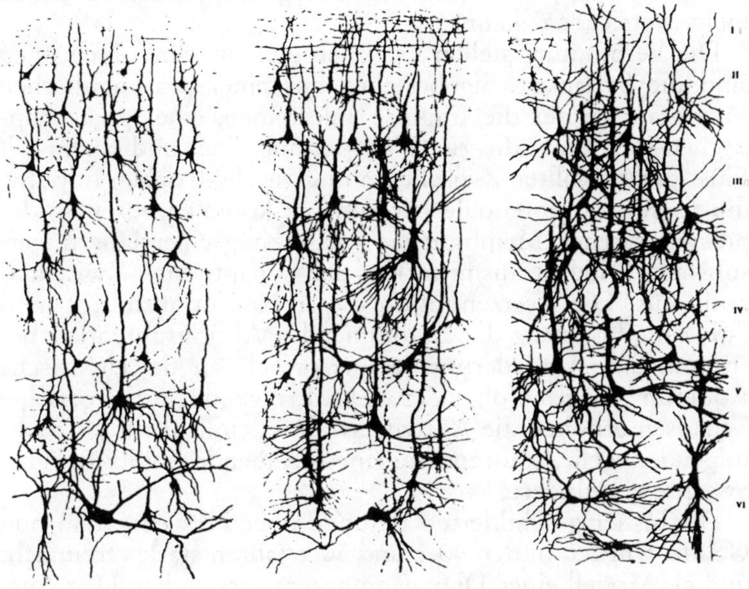

Abb. 2.29

Neuronen sind also keineswegs identische Bausteine des Gehirns, wie das in logischen Vereinfachungen häufig suggeriert wird. Je nach Lage und Funktion besitzen sie sehr unterschiedliche fraktale Formen, die in bizarren Netzwerken verbunden sind.

Das Nervensignal ist eine kurzzeitige und lokale Änderung eines elektrischen Potentials, die sich über das Axon fortpflanzt. Wenn dieses Potential über einen bestimmten Schwellenwert steigt, kommt es zu einer vollständigen Entladung. Anschließend lädt sich das Potential wieder auf. Die Periode der Unerregbarkeit einer Zelle zwischen zwei Entladungen heißt Refraktärzeit. Eine Zelle feuert also oder sie feuert nicht. Ein Zwischenstadium ist nicht möglich. Die Information der elek-

67 J.-P. Changeux, Der neuronale Mensch, Reinbeck 1984, 253.

trischen Impulse wird daher durch ihre Frequenz bestimmt. Die elektrische Erregung wird durch immer neu gebildete Aktionspotentiale auf den Axonen weitergeleitet, so daß ein Signal nicht „versickern" kann.

Die Verbindungsstellen zwischen den einzelnen Neuronen sind die Synapsen. Sie bestehen aus einer präsynaptischen Membran, an der die Impulse ankommen, einer postsynaptischen Membran, die zur Weiterleitung dient und einem mit Flüssigkeit gefällten Zwischenraum. Die elektrischen Impulse, die als Aktionspotentiale zur Synapse kommen, lösen an der präsynaptischen Membran die Freisetzung einer Überträgersubstanz (Neurotransmitter) in den synaptischen Zwischenraum aus. Die Konzentration dieser Neurotransmitter wird durch die Frequenz der ankommenden Aktionspotentiale bestimmt. Sie ist wiederum verantwortlich für die elektrische Änderung der nachfolgenden Zelle. Erregende (exzitatorische) Synapsen erhöhen die Aktivitätswahrscheinlichkeit der nachfolgenden Zelle, während sie eine hemmende (inhibitorische) Synapse vermindert.

Die bisher geschilderten Befunde über Nervensystem und Gehirn wurden in den 40er und 50er Jahren stark vereinfacht und als Modell eines Digitalcomputers verstanden. Den Ausgang bildete die berühmte Arbeit von W. S. McCulloch und W. H. Pitts „A logical calculus of the ideas immanent in nerves activity"[68] von 1943. Vom heutigen Standpunkt aus läßt sich das menschliche Gehirn zwar keineswegs, wie oben erwähnt wurde, auf einen programmgesteuerten Digitalcomputer nach dem Vorbild einer universellen Turing-Maschine reduzieren. Gleichwohl wurde unter dem damals herrschenden Paradigma der Logik ein erstes mathematisches Modell für neuronale Netze vorgeschlagen. Wissenschaftshistorisch liegt darin das wesentliche Verdienst der Arbeit von McCulloch und Pitts.

In einem schematischen und vereinfachten McCulloch-Pitts-Neuron (Abb.2.30a) treten an die Stelle der Dendriten Inputlinien $X_1 \ldots X_m$ ($m \geq 1$) und an die Stelle des Axons eine Out-

68 W. S. McCulloch/W. H. Pitts, A logical calculus of the ideas immanent in nervous activity, in: Bull. Math. Biophys. 5 1943, 115-133; M. L. Minsky, Computation: Finite and Infinite Machines, Prentice-Hall 1967.

putlinie Y. Falls die Inputlinie X_i im n-ten Zeitintervall einen Impuls leitet, gilt $X_i(n) = 1$, im anderen Fall ist $X_i(n) = 0$. Falls die i-te Synapse exzitatorisch ist, wird sie mit einem „Gewicht" $w_i > 0$ verbunden, das der Höhe der notwendigen Transmittersubstanz entspricht. Bei einer inhibitorischen Synapse gilt $w_i < 0$. Wenn die Refraktärzeit als Zeiteinheit interpretiert wird, läßt sich eine digitale Zeitskala $n = 1, 2, 3, \ldots$ annehmen, in der das Neuron operiert.

Das Feuern des Outputs zum Zeitpunkt n + 1 wird durch das Feuern der Inputsignale zum Zeitpunkt n bestimmt. Das Neuron feuert nämlich nach McCulloch-Pitts einen Impuls entlang seinem Axon zum Zeitpunkt n + 1, falls die gewichtete Summe des Inputs zum Zeitpunkt n den Schwellenwert des Neurons überschreitet, d. h.

(2.55) $$y(n+1) = 1 \text{ genau dann, wenn } \sum_i w_i x_i(n) \geq \Theta .$$

Exzitatorische Neuronen sind in Abb.2.30b-c dargestellt, während Abb.2.30d inhibitorisch ist.[69]

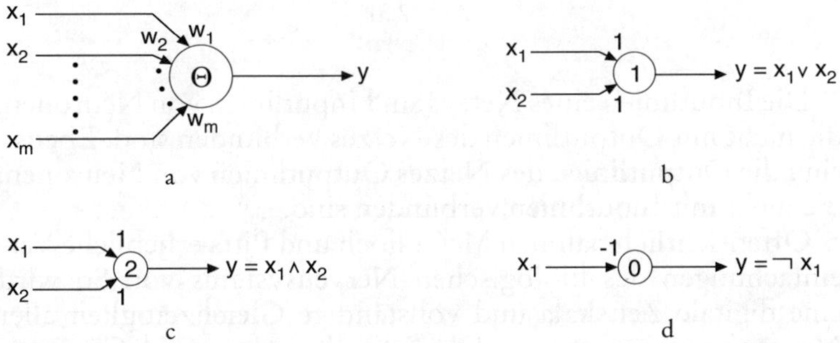

Abb. 2.30

Neuron b stellt das logische ODER dar: $x_1 + x_2 \geq 1$, solange entweder $x_1 = 1$ oder $x_2 = 1$ ist. Neuron c bezeichnet den UND-Operator: $x_1 + x_2 \geq 2$, genau dann, wenn beide $x_1 = 1$ und $x_2 = 1$ sind. Neuron d entspricht der NEGATION: Das Inputgewicht ist -1 für eine inhibitorische Synapse. Die völlige

69 Zu Abb. 2.30-2.31 vgl. M. A. Arbib, s. Anm. 65, 18, 20.

Anregung von $-x_1$ kann den Schwellenwert 0 nur erreichen, falls x_1 selber 0 ist. Der Input feuert also zum Zeitpunkt t + 1 genau in dem Fall, wenn der Input nicht zum Zeitpunkt t feuert.

Ein neuronales Netz nach McCulloch-Pitts wird als System von McCulloch-Pitts-Neuronen definiert, wobei jedes Neuron mit der gleichen Zeitskala operiert. Dabei können sich seine Outputlinien nach dem Vorbild von Axon und Dendriten in verschiedene Linien aufteilen, die wiederum mit den Inputs anderer Neuronen verbunden sind (Abb.2.31).

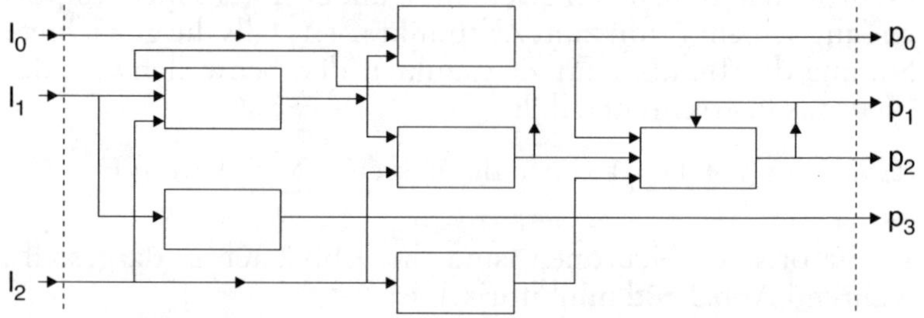

Abb. 2.31

Die Inputlinien eines Netzes sind Inputlinien von Neuronen, die nicht mit Outputlinien des Netzes verbunden sind. Ebenso sind die Outputlinien des Netzes Outputlinien von Neuronen, die nicht mit Inputlinien verbunden sind.

Offensichtlich nahmen McCulloch und Pitts erhebliche Vereinfachungen des biologischen Nervensystems vor. So wird eine digitale Zeitskala und vollständige Gleichzeitigkeit aller Neuronen angenommen. Die Schwellenwerte und Gewichte jedes Neurons sind für immer festgelegt. Die biochemischen Wirkungen, die das Gehirn verändern können, sind ausgeschaltet. Neuronen werden als identische logische Bausteine aufgefaßt, wobei von ihrer biologischen Vielfalt abgesehen wird. Die Gliazellen sind vernachlässigt. Unter diesen Voraussetzungen läßt sich ein Digitalcomputer als ein neuronales Netz auffassen. Dieser Grundgedanke ergibt sich aus dem Beweis, daß jedes neuronale Netz nach McCulloch und Pitts ein endlicher Automat ist und umgekehrt, daß das Input-Output-Verhalten eines endlichen Automaten durch ein entsprechendes neuronales Netz ausgeführt werden kann.[70]

Sei N ein neuronales Netz mit m Inputlinien, q Neuronen und r Outputlinien. Warum funktioniert es wie ein endlicher Automat? Da es nur zwei Möglichkeiten „feuern" und „nicht feuern" gibt, ergeben sich kombinatorisch 2^m verschiedene Inputs bzw. Outputs bei jeweils m Input- bzw. Outputlinien. Der Zustand des neuronalen Netzes zum Zeitpunkt t ist bekannt, falls klar ist, welche der q Neuronen zu diesem Zeitpunkt feuern und welche nicht. Also gibt es 2^q mögliche Zustände. Es sei wie üblich bei Automaten (vgl. Abschnitt 1.21) Z die Zustandsmenge, X die Inputmenge und Y die Outputmenge des Netzes N. Das Feuern eines Neurons von N zum Zeitpunkt t + 1 hängt vom Zustand und Input des ganzen Netzes zum Zeitpunkt t ab. Daher bestimmt der Input und Zustand des Netzes zum Zeitpunkt t den Zustand und den Output des Netzes zum Zeitpunkt t + 1. Damit sind die Überführungsfunktionen für Zustand und Output eines endlichen Automaten definiert. Die umgekehrte Beweisrichtung, daß nämlich jeder endliche Automat durch ein neuronales Netz nach McCulloch und Pitts ersetzt werden kann, läßt sich ebenfalls mit kombinatorischen Überlegungen zeigen.

Unter dieser Voraussetzung kann die Fähigkeit eines neuronalen Netzes gezeigt werden, Aufgaben für Speicherungen und Berechnungen zu lösen. Ein serieller von-Neumann-Computer ist nämlich ein endlicher Automat, der wiederum als neuronales Netz aufgefaßt werden kann. Dazu sei daran erinnert, daß ein von-Neumann-Computer aus einer Input-Output-Einheit, einem Speicher, einer logischen Kontrolleinheit und einer arithmetischen Einheit besteht, die sich jeweils als Automaten auffassen lassen. Die Input-Output-Einheit liest Inputinstruktionen und Daten ein, transportiert sie zum Speicher, und umgekehrt transportiert sie die Rechenergebnisse vom Speicher zum Output. Der Speicher enthält eine endliche Anzahl von Registern mit einer Adresse und einem Wort als Inhalt, das eine Zahl, Daten oder sonstige Instruktionen bedeuten kann. Die logische Einheit nimmt eine Instruktion aus dem Speicher und führt sie aus. Aber auch ein moderner Chip der Mikroelektronik, der aus hunderttausenden von transistorartigen Elementen besteht, läßt sich als neuronales Netz im Sinne von McCulloch und Pitts bzw. als ein endlicher Automat auffassen.

---

70 M. A. Arbib, Computers and the Cybernetic Society, New York/Berkley/Boston/London 1984; ders., s. Anm. 65, 24 ff.

Eine wesentliche Einschränkung der McCulloch-Pitts-Netze bestand in der Annahme, daß die Gewichte für immer fixiert seien. Damit ist eine entscheidende Leistungsfähigkeit des Gehirns aus seiner stammesgeschichtlichen Evolution ausgeschlossen. Das Lernen wird nämlich durch Modifikationen der Synapsen zwischen den Neuronen ermöglicht. Es setzt also variable Synapsengewichte voraus. Die Stärke der Verbindungen (Assoziationen) von Neuronen hängt von den jeweiligen Synapsen ab. Unter physiologischen Gesichtspunkten stellt sich das Lernen daher als lokaler Vorgang dar. Die Veränderungen der Synapsen werden nicht global von außen veranlaßt und gesteuert, sondern geschehen lokal an den einzelnen Synapsen z. B. durch Änderung der Neurotransmitter.

Damit können verschiedene Lernarten unterschieden werden. Das assoziative Lernen ist insofern ein überwachtes Lernen, als das Lernziel vorgegeben und der Stand des jeweiligen Lernstadiums meßbar ist. Daher müssen Eingabedaten und die gewünschten, mit diesen Eingaben zu assoziierenden Ausgabedaten vorliegen. Beim autoassoziativen Lernen ist der Eingabevektor gleich dem Ausgabevektor. Ein so trainiertes System (Assoziativspeicher) erkennt also die Störungen in einem verfälschten Eingabevektor (z. B. gestörtes Bild, Muster) und gibt den korrekten Originalvektor aus. Heteroassoziativ lernende Netzwerke, die mit verschiedenen Eingabe-Ausgabe-Vektoren arbeiten, dienen z. B. zur Klassifikation von Eingabemustern.

Das entdeckende Lernen geht nur von einem Eingabevektor aus und stellt eine nicht überwachte Form des Lernens dar. Das neuronale Netz muß selbständig die entscheidenden Eingabedaten erkennen und klassifizieren. Lernen ist dabei als Veränderung der Synapsengewichte zu verstehen. Dieser Vorgang hält normalerweise so lange, bis eine Zuordnung der Eingabemuster zu einem gewünschten Output stattgefunden hat. Die Veränderung der Gewichte wird nach einer Lernregel vorgenommen, die sich algorithmisch formulieren läßt (vgl. Abschnitt 2.3).

Nach einem Vorschlag von D. O. Hebb (1949) könnte eine Lernregel darin bestehen, daß häufig gemeinsam aktivierte

Neuronen ihre Verbindung untereinander verstärken.[71] Dadurch entstehen Aktivitätsmuster (Assemblies), also neuronale Korrelationen im Gehirn, die wiederum Korrelationen von Außenweltsignalen entsprechen. Bei solchen Mustern kann es sich um Worte, Klänge, Bilder von Gegenständen oder ganzen Situationen handeln. Gehirnphysiologisch wird der Vorgang so beschrieben: Wenn das Axon eines Neurons nahe genug an einem weiteren Neuron ist, um es zu erregen, so führt eine gleichzeitige Aktivität zu einer Veränderung von Wachstum und Stoffwechsel einer der beiden Zellen, womit die Intensität des Einflußes der Zellen aufeinander erhöht wird.

Damit lassen sich einige Leistungen des biologischen Gehirns verstehen. Wenn man sich etwas merken und einprägen will, so wird das entsprechende Aktivitätsmuster im Gehirn festgehalten, indem der Sachverhalt wiederholt aktiviert wird. Dadurch verstärken sich nach der Hebbschen Regel die synaptischen Verbindungen zwischen den aktivierten Neuronen. Wenn man sich an etwas erinnern will, soll aus Teilen der vollständige Sachverhalt konstruiert werden. Diese Form der Mustervervollständigung geschieht nach den Hebbschen Vorstellungen spontan, wenn ein Teil der Neuronen in einem gelernten Muster aktiviert wird. Aktivitätsmuster können auch abstrakte Konzepte wie z. B. geometrische Formen repräsentieren. Beim Lernen werden Verbindungen zwischen Neuronen und vernetzten Neuronengruppen hergestellt. Damit sollen Gedankenassoziationen zwischen ähnlichen Konzepten immer gleichzeitig oder nacheinander stattfindenden Ereignissen erklärt werden.

Philosophisch erinnert Hebbs Lerngesetz an Humes psychologische Assoziationstheorie, mit der die Kausalitätskategorie erklärt werden sollte. Wie diese Vorgänge im einzelnen ablaufen, wird durch lernfähige neuronale Netze simuliert, die von den McCulloch-Pitts-Netzen mit ihren fixierten Synapsen verschieden sind. Eine frühe Arbeit, in der Wahrnehmen, Erkennen und Lernen als neuronale Selbstorganisation begriffen wurde, ist C. von der Malsburgs ‚Self-organization of orientation sensitive cells in the striate cortex' (Kybernetik 14, 1973, 85-100). Dort ist bereits von zentralen Kategorien neuronaler

71 D. O. Hebb, The Organization of Behavior, New York 1949.

Netze wie z. B. nicht-lineare Kausalität die Rede, die im Kap.2.3 im Vordergrund stehen werden.

2.22 Mathematische Grundlagen neuronaler Netze

Mathematisch wird die Theorie neuronaler Netze im Rahmen der Theorie komplexer dynamischer Systeme formuliert. Für die Netzwerktheorie sind einige Grundbegriffe aus der Vektorgeometrie und linearen Algebra einzuführen. Später kommen noch Tensoranalysis als Theorie verallgemeinerter Vektoren, die Theorie der (nicht-linearen) Differentialgleichungen und die Stochastik hinzu. Einige wichtige Grundbegriffe, die allen Modellen lernender neuronales Netze in Abschnitt 2.3 zugrunde liegen, lassen sich mit einfachen algebraischen Mitteln beschreiben.[72]

Ein neuronales Netz N besteht aus endlich vielen Neuronen e_i ($1 \leq i \leq n$). Jedes Neuron ist eine eigenständige Prozessoreneinheit. Damit ist ein grundlegender Unterschied zu einem von-Neumannschen Digitalcomputer herausgestellt, der von einer logischen Zentraleinheit kontrolliert wird. Der Aktivierungszustand des Neurons e_i zum Zeitpunkt t wird mit $z_i(t)$ bezeichnet. Die Zeitskala t ist in der Regel digital, d. h. $t = 0, 1, 2, \ldots$ Der Aktivierungszustand des gesamten Netzes wird durch den Vektor $z(t) = (z_1(t), \ldots, z_n(t))$ angegeben, wobei die Einzelzustände $z_i(t)$ den Neuronen $e_i(t)$ des Netzes entsprechen.

Die Struktur des Netzwerkes wird häufig mit gerichteten Graphen gezeichnet, an deren Knoten die Neuronen und an

72 Für die im folgenden Abschnitt zusammengestellten Hilfsmittel aus der linearen Algebra und Algebra vgl. z.B. M.I. Jordan, An Introduction to Linear Algebra, in: D. Rumelhart/J. MClelland (eds.), Parallel Distributed Processing vol. I, Cambridge (Mass.) 1988, 365 ff.; H.-J. Kowalsky, Lineare Algebra, Berlin 1967; N. Bourbaki, Éléments de mathématique Fascicule VI: Algèbre, Chapitre 2 Algèbre linéaire, Paris 1967; B. L. van der Waerden, Algebra. Unter Benutzung von Vorlesungen von E. Artin und E. Noether, Berlin/Heidelberg/New York 1966; G. Strang. Linear Algebra and its Applications, San Diego 1988; G. Böhme, Algebra, Berlin/Heidelberg/New York 1987.

deren Kanten die Gewichte der neuronalen Verbindungen notiert sind. Dadurch ergibt sich für das gesamte Netz eine Matrix von Gewichten w_{ij}, wobei w_{ij} das Gewicht der Verbindung von e_j nach e_i bezeichnet.

Die Inputmenge X und die Outputmenge Y der einzelnen Neuronen stellen die Menge aller zulässigen Ein- und Ausgaben für ein neuronales Netz dar. Der Input I_i des Neurons e_i wird als Vektor aufgefaßt, dessen Komponenten sich aus den Outputs y_j der Neuronen e_j, die eine Verbindung zu e_i haben, und den Gewichten w_{ij} dieser Verbindungen berechnen lassen. Der Output y_i eines Neurons e_i ist immer ein einziger Wert. Die Outputfunktion O_i berechnet aus dem Aktivierungszustand $z_i(t)$ des Neurons e_i zum Zeitpunkt t den Output $y_i(t)$, der an die mit e_i verbundenen Neuronen weitergegeben wird:

(2.56) $O_i(z_i(t)) = y_i(t).$

Die Inputfunktion I_i berechnet aus den Outputs der e_j, die einen Input zu e_i liefern, den entsprechenden Input, d. h.

(2.57) $I_i(y_j(t), w_{ij}) = net_i(t).$

Da dieser Input von den gewichteten Eingaben des Neurons abhängt, spricht man auch vom gewichteten Input und bezeichnet ihn mit $net_i(t)$. Die Aktivierungsfunktion F_i berechnet für jedes Neuron e_i den neuen Aktivierungszustand $z_i(t+1)$ aus dem bisherigen Aktivierungszustand $z_i(t)$ und dem gewichteten Input $net_i(t)$:

(2.58) $z_i(t + 1) = F_i(z_i(t), net_i(t)).$

Die Funktionen in einem Neuron lassen sich insgesamt durch folgendes Diagramm veranschaulichen:[73]

	Inputfunktion	Aktivierungsfunktion	Ouputfunktion	
→ → → → w_{ij}	$I_i(y_j(t), w_{ij}) = net_i$	$z_i(t) = F_i(z_i(t-1), net_i(t-1))$	$O_i(z_i(t)) = y_i(t)$	→

73 Vgl. auch E. Schöneburg/N. Hansen/A. Gawelczyk, Neuronale Netzwerke, Haar bei München 1990, 49 ff.

Die Lernregel beschreibt in Form eines Algorithmus die Veränderung der Gewichte zwischen den Neuronen e_i in Abhängigkeit von ihrem tatsächlichen Aktivierungszustand $z_i(t)$, dem erwarteten Aktivierungszustand $\bar{z}_i(t)$, dem gewichteten Input net_i und den alten Gewichten der Neuronen. Der Lernalgorithmus kann daher als eine Funktion aufgefaßt werden, mit der die Gewichtsänderung Δw_{ij} beschrieben wird:

$$(2.59) \qquad \begin{aligned} \Delta w_{ij} &= w_{ij}(t+1) - w_{ij}(t) \\ &= g(z_i(t), \bar{z}(t)) h(y_j(t), w_{ij}). \end{aligned}$$

In Abschnitt 2.3 werden verschiedene Lernalgorithmen für Δw_{ij} der einzelnen neuronalen Netze diskutiert. Ein einfaches Beispiel besteht darin, daß die Differenz zwischen tatsächlichem und erwartetem Aktivierungszustand und die Outputs mit einer Lernrate σ erhöht werden , d. h.

$$(2.60) \qquad \begin{aligned} g(z_i(t), \bar{z}(t)) &= \sigma(\bar{z}(t) - z(t)), \\ h(y_j(t), w_{ij}) &= y_j(t), \text{ also} \\ \Delta w_{ij} &= \sigma(\bar{z}_i(t) - z_i(t)) y_j(t). \end{aligned}$$

Die Inputfunktion berücksichtigt die gewichteten Eingaben in den verschiedenen Netzwerken auf unterschiedliche Weise. Häufig wird die Summe $net_i = \sum_j w_{ij} y_j$ angesetzt. Die Aktivierungsfunktionen sind im einfachsten Fall linear und setzen die Aktivität z_i gleich der Summe net_i. Sie können aber auch z. B. von trigonometrischen oder Exponentialfunktionen abhängig sein. Auch die Outputfunktionen sind im einfachsten Fall linear und setzen den Output y_i mit dem Zustand z_i gleich. In einigen Netzen wird ein Wettbewerb zwischen den möglichen Outputwerten angenommen, wobei das Element mit der höchsten Aktivität den Wettbewerb gewinnt.

Eingaben, Ausgaben und Zustände von Neuronen werden mathematisch als Vektoren aufgefaßt. Im Fall der Eingaben und Ausgaben lassen sich Bilder, Muster, Reize u. ä. vorstellen, die aus einzelnen Komponenten in geometrischen Konfigurationen vektoriell darstellbar sind. Philosophisch war es wieder D. Hume, der sich ein visuelles Bild aus farbigen Punkten („color'd points") aufgebaut vorstellte. Jeder dieser Punkte kann mathematisch wie bei einem Fernsehbild durch einen Vektor beschrieben werden. Anschaulich werden Vektoren als Pfeile gezeichnet, deren Ursprung im Nullpunkt eines Koordinatensystems liegt und deren Länge und Ausrichtung durch die Komponenten bestimmt sind.

Die Addition der Vektoren untereinander und die Multiplikation eines Vektors mit einem Skalar (z. B. Zahl) geschieht komponentenweise und gehorcht den Gesetzen eines mathematischen Vektorraums. Anschaulich entspricht die Addition zweier 1-dimensionaler Vektoren im Aneinanderlegen zweier Vektoren in einer Geraden. Die Addition zweier 2-dimensionaler Vektoren in der Ebene ist die Diagonale des Parallelogramms, das durch die beiden Vektoren aufgespannt wird. Die Skalarmultiplikation entspricht anschaulich dem Dehnen oder Stauchen eines Vektors um den skalaren Betrag.

Als Maß für die Länge eines n-dimensionalen Vektors $x = (x_1, \ldots, x_n)$ wird die n-dimensionale Verallgemeinerung des Längenmaßes einer Diagonale in einem Rechteck gewählt, also nach dem Satz des Pythagoras für $x = (x_1, x_2)$ die Größe $|x| = \sqrt{x_1^2 + x_2^2}$ d. h. allgemein

$$(2.61) \qquad |x| = \sqrt{\sum_i x_i^2} \quad .$$

Dividiert man einen Vektor komponentenweise durch seine Länge, erhält man die Norm des Vektors. Die Norm hat mit dem ursprünglichen Vektor die Richtung gemeinsam, aber die Einheitslänge 1.

Wichtig für die vektorielle Analyse von Mustern in neuronalen Netzen ist die Produktbildung zwischen den Vektoren. Das innere Produkt zweier Vektoren $x = (x_1, \ldots, x_n)$ und $y = (y_1, \ldots, y_n)$ wird

$$(2.62) \qquad x \cdot y = \sum_i x_i y_i$$

gesetzt. Es liefert also eine Zahl und keinen Vektor. Die Länge eines Vektors läßt sich jetzt auch als $|x| = \sqrt{x \cdot x}$ schreiben. Falls x normiert ist, so gilt $1 = |x| = \sqrt{x \cdot x}$ d. h. $x \cdot x = 1$. Für die Musteranalyse ist beachtenswert, daß das innere Produkt eine Maßzahl für die Ähnlichkeit von Vektoren angibt. Wegen der Möglichkeit der Normierung kann man von der unterschiedlichen Länge zweier Vektoren sowieso absehen. Es bleibt die unterschiedliche Winkelgröße zwischen den Vektoren. Je geringer der Winkelunterschied, umso ähnlicher sind die beiden Vektoren und umso ähnlicher insgesamt die jeweiligen Muster, in denen sie vorkommen.

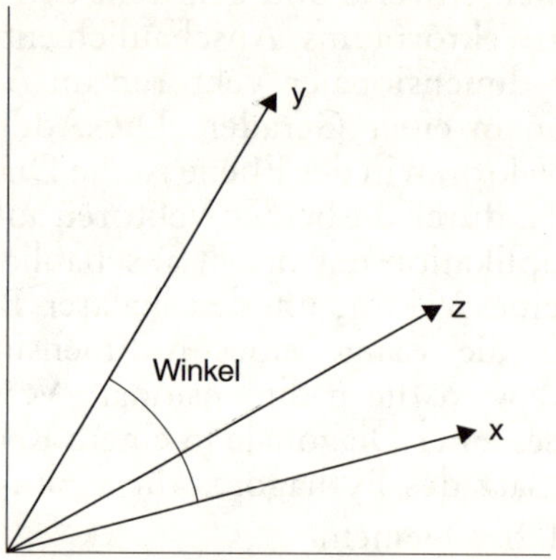

Abb. 2.32

Für zwei normierte Vektoren x und y mit $|x| = |y| = 1$ ist der Cosinus des Winkels zwischen x und y gleich dem inneren Produkt der Vektoren. Allgemein ist

$$(2.63) \qquad \cos(x, y) = \frac{x \cdot y}{|x|\,|y|}.$$

Daher ist $x \cdot y = 0$, falls einer der beiden Vektoren der Nullvektor oder $\cos(x, y) = 0$ ist. Für $\cos(x, y) = 0$ ist der Winkel zwischen x und y ein rechter. Es gibt Lernalgorithmen für neuronale Netze, um orthogonale Vektoren, die also senkrecht aufeinander stehen, zu erkennen. Orthogonalität ist offenbar eine spezielle Form der Unähnlichkeit zwischen Vektoren.

Eine allgemeinere Form der Unähnlichkeit liefert der Begriff der linearen Unabhängigkeit. Anschaulich geht es darum, ob ein Vektor v_0 aus der Addition bestimmter Vektoren oder Teilen von vorgegebenen Vektoren $v_1, \ldots, v_n$ konstruiert werden kann. Formal läßt sich der Vektor dann als Linearkombination $v_0 = \sum_i a_i v_i$ für Skalare a_i schreiben. Die Menge der Vektoren $v_0, v_1, \ldots, v_n$ heißt linear unabhängig, wenn keiner dieser Vektoren als Linearkombination der anderen Vektoren dargestellt werden kann. Mathematisch ist damit äquivalent, daß aus $0 = \sum_{i=0}^{n} a_i v_i$ für alle Koeffizienten $a_i = 0$ folgen muß. Im anderen Fall heißen die Vektoren linear abhängig. Die lineare Abhängigkeit von Vektoren ist, wie gleich deutlich wird, beim Lernprozeß in neuronalen Netzen zu berücksichtigen.

Das innere Produkt genügt dem Kommutativ- und Distributivgesetz, d. h. für Vektoren x, y und z gilt

$$\begin{aligned} x \cdot y &= y \cdot x \\ x \cdot (y + z) &= (x \cdot y) + (x \cdot z). \end{aligned} \tag{2.64}$$

Das innere Produkt ist für neuronale Netze bedeutsam, da es die Ähnlichkeit von (normierten) Vektoren und damit von Mustern, die ein Netz lernen soll, auszudrücken vermag. Der gerichtete Input eines Neurons net_i läßt sich nämlich durch das innere Produkt aus Gewichtsvektor $w_i = (w_{i1}, \ldots, w_{in})$ und Inputvektor $x = (x_1, \ldots, x_n)$ ausdrücken, d. h.

$$net_i = \sum_{i} w_{ij} x_j = w_i \cdot x. \tag{2.65}$$

Der gewichtete Vektor ist also umso größer, je ähnlicher der Gewichtsvektor dem Inputvektor ist. Damit hat ein sich selbst organisierendes Netz eine Maßgröße, um den eigenen Lernprozeß selbständig zu steuern.

Das äußere Produkt eines Vektorraums wird zunächst über Zeilen- und Spaltenvektoren eingeführt. Ein Zeilenvektor wird zu einem Spaltenvektor und umgekehrt durch die sogenannte Transposition T. Insbesondere ist also $(x^T)^T = x$. Für einen n-dimensionalen Zeilenvektor x und einen m-dimensionalen Zeilenvektor y wird das äußere Produkt durch die folgende $n \times m$-Matrix definiert:

$$x^T \cdot y = \begin{bmatrix} x_1 \\ \vdots \\ x_n \end{bmatrix} \cdot (y_1 \cdots y_m) = \begin{bmatrix} x_1 y_1 & \cdots & x_1 y_m \\ \vdots & \ddots & \vdots \\ x_n y_1 & \cdots & x_n y_m \end{bmatrix}. \tag{2.66}$$

Die Matrix erlaubt es auch, die Gewichte w_{ij} eines neuronalen Netzwerks mit n Vektoren e_j in einem Schema zu notieren. Die Gewichte w_{ij} geben dabei die Verbindungsstärken zwischen den Neuronen an, wobei w_{ij} das Gewicht der Verbindung des Neuron e_j zum Neuron e_i ist. Anschaulich faßt man e_j als Sender auf, der zum Empfänger e_i Signale sendet. Die Gewichte sind meistens Größen eines reellen Zahlenintervalls. Für die Neuronen $e_1, \ldots, e_n$ eines Netzes bilden die Gewichte folgende $n \times m$-Matrix:

$$(2.67) \qquad \begin{bmatrix} w_{11} & \cdots & w_{1m} \\ \vdots & \ddots & \vdots \\ w_{n1} & \cdots & w_{nm} \end{bmatrix} .$$

Da der Lernprozeß neuronaler Netze mit Matrizen beschrieben wird, seien im folgenden einige Eigenschaften des Rechnens mit Matrizen zusammengefaßt. Die Addition von Matrizen $A = (a_{ik})$ und $B = (b_{ik})$ geschieht komponentenweise, d. h. $A + B = (a_{ik} + b_{ik})$. Bei der Transponierten einer Matrix A werden Zeilen und Spalten vertauscht, d. h. $A^T = (a_{ki})$. Insbesondere gilt wieder $(A^T)^T = A$. Die Multiplikation einer Matrix mit einer Zahl geschieht wiederum komponentenweise, d. h. $r \cdot A = (ra_{ik})$. Bezeichnet man bei einer $n \times m$-Matrix $A = (a_{ik})$ die Zeilenvektoren a^i und die Spaltenvektoren mit a_k, so erhält die Matrix die Form

$$(2.68) \qquad A = (a_1 \cdots a_m) = \begin{bmatrix} a^1 \\ \vdots \\ a^n \end{bmatrix} .$$

Die Multiplikation der Matrix A mit einem Spaltenvektor $x = (x_k)$ läßt sich durch das innere Produkt des Zeilenvektors von A mit x definieren, also

$$(2.69) \qquad A \cdot x = (a^i \cdot x) = (\sum_k a_{ik} x_k).$$

Das Produkt eines Vektors mit einer Matrix liefert also einen neuen Vektor. Daher läßt sich eine Matrix auch als Funktion auffassen, die einen Vektor wieder auf einen anderen Vektor (d. i. das Produkt der Matrix mit dem Vektor) abbildet. Analog wird das Produkt zweier Matrizen A und B als das innere Produkt der Zeilen- und Spaltenvektoren von A und B definiert, wenn A ebenso viele Spalten wie B Zeilen hat, also

(2.70) $$A \cdot B = (a^i \cdot b_k) = (\sum_k a_{ik} b_{jk}).$$

Die Multiplikation zweier Matrizen liefert also wieder eine Matrix. Insbesondere ergeben zwei Spaltenvektoren x und y als spezielle Matrizen wieder eine Matrix, nämlich $x \cdot y^T = (x_i y_j)$. Für das Rechnen mit transponierten Matrizen gelten die Gesetze

(2.71) $$\begin{aligned} rA^T &= (rA)^T \\ (A \cdot B)^T &= B^T \cdot A^T \\ (A + B)^T &= A^T + B^T \quad . \end{aligned}$$

Die Matrixmultiplikation ist assoziativ, d. h. es gilt das Klammergesetz

(2.72) $$A \cdot (B \cdot C) = (A \cdot B) \cdot C.$$

Dieses mathematische Gesetz ist folgenreich für die Theorie neuronaler Netze. Wie aus der Gehirnphysiologie bekannt ist, kann ein komplexes neuronales Netz aus übereinander gelagerten Neuronenschichten bestehen, die miteinander in unterschiedlicher Weise agieren. Das Inputsignal wird also in den verschiedenen Schichten nacheinander verarbeitet, um eventuell als ein Outputsignal entlassen zu werden. Mathematisch wird die jeweilige Vernetzung einer jeder Neuronenschicht durch eine Konnektionsmatrix der Gewichte beschrieben. Bei mehrschichtigen Netzwerken wird also der Inputvektor x durch mehrere Konnektionsmatrizen als Outputvektor y abgebildet. Im vereinfachten Fall einer linearen Aktivierungsfunktion, bei der ein Aktivierungszustand z_i eines Neurons gleich dem gewichteten Input net_i ist, genügt immer nur eine Konnektionsmatrix für das gesamte Netz. Wegen der Assoziativität lassen sich nämlich die Produkte der hintereinander geschalteten Konnektionsmatrizen zu einer einzigen zusammenfassen, d. h. $y = A \cdot B \cdot C \cdot x = A \cdot (B \cdot C) \cdot x = A \cdot B' \cdot x = A' \cdot x$. Die Matrixmultiplikation ist nicht kommutativ.

Angewendet auf den Lernprozeß neuronaler Netze lassen sich nun einige Folgerungen ziehen. Der Lernvorgang eines neuronalen Netzes besteht darin, mit einem Lernalgorithmus diejenigen Gewichte zu finden, die bei einem vorgegebenen Input den gewünschten Output bilden. Mathematisch ist für gegebenen Inputvektor x und Outputvektor y eine Gewichtsmatrix mit

$$(2.73) \qquad y = W \cdot x$$

zu finden. Im einfachsten Fall besitzt der Outputvektor y nur eine einzige Koordinate y (eine reelle Zahl). Die Gewichtsmatrix W reduziert sich dann zu einem Zeilenvektor w mit der Gleichung $y = w \cdot x$. Vektoren seien im folgenden Spaltenvektoren und Inputvektoren immer normiert, d. h. $|x| = 1$. Dann gilt auch $x^T \cdot x = 1$. Der gesuchte Gewichtsvektor ergibt sich durch Multiplikation des gewünschten Outputs mit der Transponierten x^T des Inputvektors, denn es gilt:

$$(2.74) \qquad \begin{aligned} y &= y \cdot 1 \\ &= y \cdot (x^T \cdot x) \\ &= (y \cdot x^T) \cdot x \\ &= w \cdot x \text{ für } w = (y \cdot x^T). \end{aligned}$$

Verallgemeinert man diesen Gewichtsvektor zu einer Matrix aus dem äußeren Produkt $W = y \cdot x^T$ des mehrdimensionalen Outputvektors y und der Transponierten des Inputvektors x, so erfüllt sie die verallgemeinerte Matrixgleichung (2.73). Wenn also das neuronale Netz die passende Gewichtsmatrix im Laufe des Lernvorgangs erzeugt hat, dann hat es den Zusammenhang zwischen dem jeweiligen Inputvektor und dem gewünschten Outputvektor gelernt. Unter bestimmten Voraussetzungen läßt sich eine einzige Matrix angeben, die gleichzeitig mehrere verschiedene Input- und Outputvektoren einander zuordnet. Was die Ähnlichkeit bzw. Unähnlichkeit der Inputvektoren betrifft, so wird vorausgesetzt, daß sie alle zueinander orthogonal und normiert sind, d. h. $x_i^T \cdot x_j = 0$ für alle $i \neq j$ und $x_i^T \cdot x_i = 1$ (d. h. $|x_i| = 1$) für alle i. Solche orthogonalen und normierten Vektoren können von einem neuronalen Netz bereits mit einfachen

Mitteln erkannt und gelernt werden. Diese Aufgabe leistet die Matrix

$$(2.75)\qquad M = \sum_i W_i = \sum_i y_i \cdot x_i^T \,,$$

also die Summe der Konnektionsmatrizen W_i zwischen den verschiedenen Input-Outputpaaren (x_i, y_i). Es gilt nämlich:

$$(2.76)\qquad \begin{aligned} M \cdot x_j &= (\sum_i W_i) \cdot x_j \\ &= (\sum_i y_i \cdot x_i^T) \cdot x_j \\ &= \sum_i (y_i \cdot x_i^T \cdot x_j) \\ &= \sum_i (y_i \cdot (x_i^T \cdot x_j)) \\ &= y_j \cdot (x_j^T \cdot x_j) \qquad \text{wegen } x_i^T \cdot x_j = 0 \text{ für alle } i \neq j \\ &= y_j \qquad \text{wegen } x_j^T \cdot x_j = 1. \end{aligned}$$

Im Fall der Orthogonalität der Inputvektoren realisiert also die Gewichtsmatrix M die Hebbschen Lernregeln, wonach die Koppelung zwischen immer wieder gleichzeitig aktivierten Input- und Outputvektoren verstärkt wird. Falls nicht der spezielle Ähnlichkeitsgrad der Orthogonalität vorliegt, sondern nur lineare Unabhängigkeit der Inputvektoren, muß eine andere Lernregel angewendet werden. Auf die weiteren mathematischen Methoden neuronaler Netze wird bei den jeweiligen Beispielen in Abschnitt 2.3 eingegangen.

2.23 Technisch-physikalische Grundlagen neuronaler Netze

Für die Theorie und Technik neuronaler Netze war es von grundlegender Bedeutung, daß ein forschungs- und technikintensiver Zweig der modernen Physik erste Modelle lieferte – die Festkörperphysik.[74] Moderne Spitzentechnologien vom Supra-

74 Vgl. z. B. O. Madelung, Introduction to Solid-State Theory, Berlin/Heidelberg/New York 1978; C. Kittel, Einführung in die Festkörperphysik, Leipzig ⁴1973.

leiter bis zur Elektronik, vom Satelliten- und Flugzeugbau bis zur Produktion von Haushaltsgeräten wären ohne die Grundlagen der Festkörperphysik nicht denkbar. Daß ausgerechnet von einem in dieser Weise praxisrelevanten und stürmisch sich entwickelnden Zweig der Physik Parallelen mit neuronalen Netzen aufgezeigt wurden, war für die Forschungsdynamik und öffenliche Förderung der Theorie neuronaler Netze wichtig. Zudem wurde damit eine erfolgreiche mathematisch-physikalische Methodologie für die Anwendung bereitgestellt.

Festkörper sind komplexe atomare Systeme, deren magnetisches Verhalten bei bestimmten Materialen für neuronale Netze interessant wird. Als Beispiel seien zunächst ferromagnetische Stoffe betrachtet, die bereits im Rahmen der thermodynamischen Diskussion in Abschnitt 2.12 erörtert wurden. Ferromagnetische Stoffe sind magnetisch, wenn sie kälter als der kritische Wert der Curie-Temperatur werden. Die Curie-Temperatur von Eisen beträgt 1317 Grad Celsius (1044 Kelvin). Wird ein Stück Eisen heißer als diese Größe, verliert es seine Magnetisierung. Bei Abkühlung gibt es bis zur Curie-Temperatur keine Magnetisierung. Danach wird Eisen spontan magnetisch und nimmt mit sinkender Temperatur an Magnetisierung stetig zu. Die Elektronen ferromagnetischer Stoffe haben nämlich einen Eigendrehimpuls, der in der Atomphysik Spin genannt wird. Wegen ihrer negativen Ladung induzieren Elektronen ein magnetisches Dipolmoment, das wie ein Magnet einen Nord- und Südpol besitzt und ein Magnetfeld erzeugt. Der Spin und das magnetische Moment eines Elektrons wird durch einen Vektor dargestellt, der vom Südpol zum Nordpol des Magnetfeldes weist.

Trotz seiner komplexen atomaren Struktur lassen sich die Spin-Eigenschaften eines Ferromagneten in einem 2-dimensionalen Gittermodell beschreiben. An jedem Gitterpunkt gibt ein Spinvektor in Form eines Pfeils die Richtung des magnetischen Moments an, d. h. die Spinvektoren können wie bei einem magnetischen Nord- oder Südpol nur in zwei Richtungen „up" (oben) und „down" (unten) zeigen. Zeigt mehr als die Hälfte der Vektoren nicht in dieselbe Richtung, dann heben sich die magnetischen Momente nicht gegenseitig auf und der Körper ist magnetisiert. Die Stärke der Magnetisierung läßt sich also durch die Differenz der Anzahl derjenigen Spinvektoren ausdrücken, die nach oben und nach unten zeigen.

Ein erster Hinweis auf eventuelle Parallelen mit neuronalen Netzen ist die lokale Wirkung benachbarter Spins. Die Gesamtenergie zweier benachbarter Spins ist kleiner, wenn ihre Vektoren parallel in dieselbe Richtung als wenn sie antiparallel in verschiedene Richtungen zeigen. Daher haben benachbarte Spins die Tendenz sich gleichzeitig auszurichten. Insgesamt tendiert ein Ferromagnet auf maximale Magnetisierung, um so in den Zustand niedrigster Energie zu gelangen. Verzögert und verhindert wird dieser Vorgang durch die thermischen Bewegungen der Atome und Elektronen. Mit steigender Temperatur nimmt die thermische Bewegung vom absoluten Nullpunkt an ständig zu, so daß die Magnetisierung schwächer und schließlich bei der Curie-Temperatur ganz aufgehoben ist.

In Ferromagneten entstehen Gebiete, in denen alle Spins in dieselbe Richtung zeigen. Diese Gebiete erweisen sich insofern als stabil, als bei Störung die Ausrichtung eines Spins durch die Einstellung der Nachbarn wieder in die ursprüngliche Lage gebracht wird. In Antiferromagneten, in denen sich benachbarte Spins antiparallel ausrichten, treten ebenfalls stabile Gebiete auf. Die parallele bzw. antiparallele Ausrichtung dieser Gebiete ist nur auf lokale Wechselwirkungen benachbarter Spins zurückzuführen. Dieses Verhalten der Gebiete legt bereits eine informationstechnische Anwendung nahe. Muster können durch die Spinausrichtung von Gebieten gespeichert werden. Gestörte Muster stellen sich offenbar auf Grund der lokalen Selbstregulierung spontan zu den einmal gespeicherten Strukturen wieder her.

In Abb.2.33 ist die Entwicklung der Spin-Gebiete eines Ferromagneten noch einmal dargestellt.[75] Jedes schwarze Quadrat entspricht einem nach oben weisenden, jedes weiße Qua-

---

75 K. G. Wilson, Die Renormierungsgruppe, in: H. G. Dosch (Hrsg.), Teilchen, Felder und Symmetrien, Spektrum der Wissenschaft, Heidelberg 1985, 51; M. E. Fisher, The renormalization group in the theory of critical behavior, in: Reviews of Modern Physics 46 (Heft 4) 1974, 597-616; P. Pfenty/G. Toulouse, Introduction to the Renormalization Group and to Critical Phenomena, London 1977.

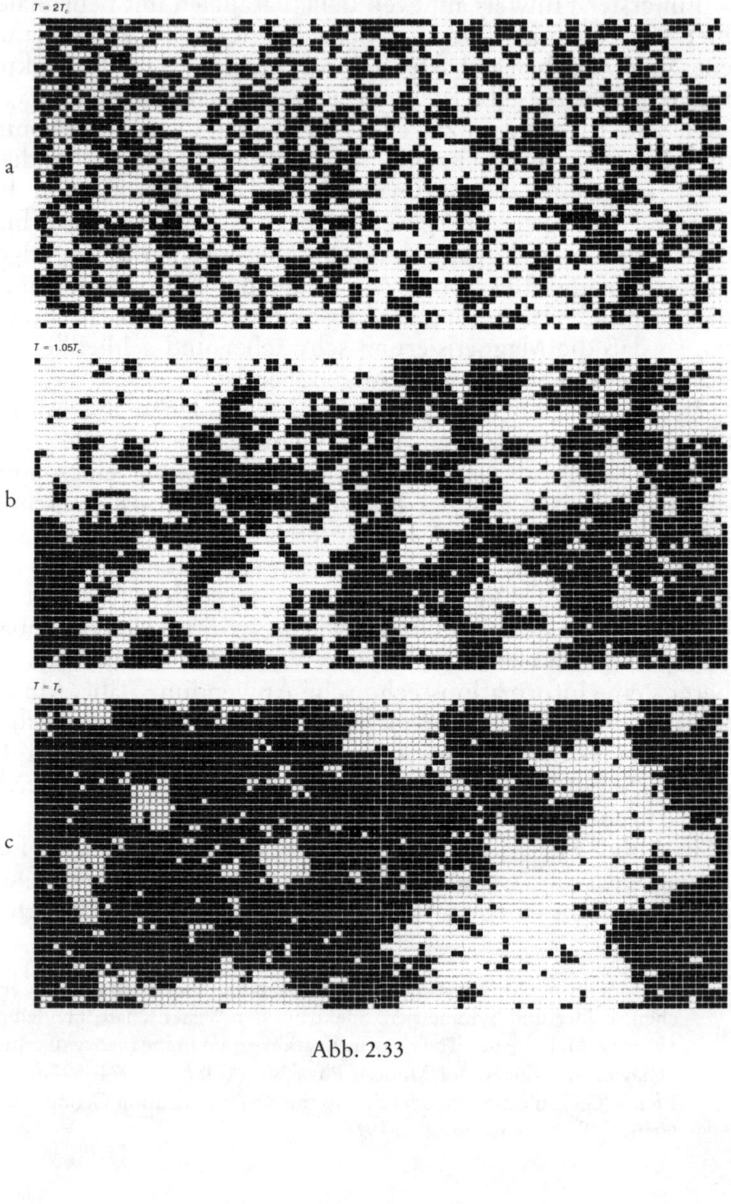

Abb. 2.33

drat einem nach unten weisenden magnetischen Moment. Bei großen Temperaturen wie z. B. der doppelten Curie-Temperatur (Abb.2.33a) weisen die magnetischen Momente etwa ebenso oft in die eine wie in die andere Richtung. Ihre Wirkungen heben sich daher gegenseitig auf. Außerdem findet man nur kleine Gebiete, in denen benachbarte Magnete in die gleiche Richtung zeigen. In der Nähe der Curie-Temperatur (Abb.2.33b) treten auch größere Gebiete mit gleichgerichteten magnetischen Momenten auf. Bei der Curie-Temperatur (Abb.2.33c) setzt die Magnetisierung ein. Jetzt haben die magnetischen Momente überwiegend eine der beiden möglichen Orientierungen, und der Festkörper weist große Gebiete auf, in denen die magnetischen Momente gleichartig orientiert sind.

Bei einem Ferromagneten und Antiferromagneten ist ein scharfer Phasenübergang von einem ungeordneten Zustand mit hohen Temperaturen zu einem geordneten Zustand mit niedrigen Temperaturen zu beobachten. So findet man in einem hochsymmetrischen Kristall entweder die Struktur eines Ferromagneten oder eines Antiferromagneten. Das Gehirn hat aber offensichtlich nicht die hochsymmetrische Struktur eines Kristalls. Interessanter sind daher die sogenannten Spingläser, in denen ferro- und antiferromagnetische Atome zwischen unmagnetischen Atomen regellos verteilt liegen. Auch die unmagnetischen Atome beeinflußen die lokalen Wechselwirkungen, in dem sie nämlich die Kräfte mehr oder weniger abschirmen.

In der Kristallphysik heißen Festkörper mit unregelmäßiger Anordnung der Atome Gläser.[76] Wegen der unregelmäßigen Wechselwirkung entsteht also in Spingläsern keine einheitliche symmetrische Struktur, sondern ein unregelmäßiges Muster der Spins. Größe und Ausrichtung der ausrichtenden Kraft zwischen zwei Atomen i und j wird durch den Koppelungskoeffizienten w_{ij} bestimmt, der in Spingläsern von der komplexen Anordnung aller Atome abhängt. In Abb.2.34 sind Koppe-

76 I. Morgenstern/L. van Hemmen (eds.), Heidelberg Colloqium on Glassy Dynamics and Optimization, Berlin/Heidelberg/New York 1987; H. Horner, Dynamics of spin glasses and related models of neuronal networks, in: H. Haken (ed.), Computational Systems – Natural and Artificial, Berlin/Heidelberg/New York 1987, 118-132.

lungsstrukturen für Spingläser in einem vereinfachten Modell dargestellt.

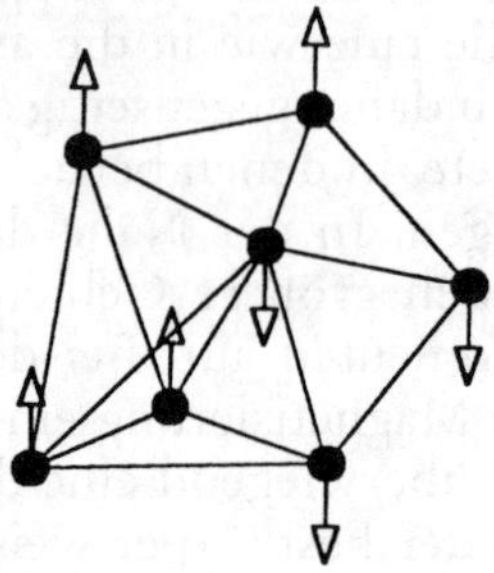

Abb. 2.34

Jedem magnetischen Atom i ist eine Spingröße S_i zugeordnet, die entsprechend der magnetischen Ausrichtung die Werte +1 und –1 hat. Die Kraft von S_i auf S_j soll genauso groß sein wie die Kraft von S_j auf S_i, d. h. für die Koppelungskoeffizienten gilt die Symmetriebedingung $w_{ij} = w_{ji}$. Ferner soll die Stellung eines Spins nicht von seiner zeitlichen Entwicklung, sondern vom momentanen Zustand dieses Systems abhängen, d. h. es liegt keine Selbstkoppelung vor: $w_{ii} = 0$.

In einem Spinglas überlagern sich die verschiedenen Kräfte. Wie oben erläutert wurde, wird ein Spin diejenige Stellung einnehmen, die von der Gesamtkraft an seinem Ort vorgegeben ist. Sei h_i ein lokales Feld an der Stelle des Atoms i, das unabhängig vom Zustand der anderen Spins S_i in eine bestimmte Stellung zu zwingen versucht. Der Zustand eines Spins zur Zeit $t + \Delta t$ wird durch die Gleichung

(2.77) $$S_i(t + \Delta t) = F(\sum_i w_{ij} S_j(t) - h_i)$$

bestimmt. Die Funktion F hat den Wert +1, falls das Argument größer Null ist, und –1 sonst. Für $h_i > 0$ tendiert der Zustand S_i nach –1, für $h_i < 0$ nach +1. Die Kräfte ändern sich mit der Änderung des Spins. Die Gleichung beschreibt also die Evolution eines komplexen dynamischen Systems.

Die Hamilton-Funktion des Systems gibt seine gespeicherte Energie an. Unter Voraussetzung von Symmetrie und Ausschluß von Selbstkoppelung der Koppelungskoeffizienten existiert die Hamilton-Funktion

$$(2.78) \qquad H = -\frac{1}{2}\sum_i \sum_j (w_{ik} S_i S_j) + \sum_i h_i S_i,$$

die im Laufe der Zeit konstant bleiben oder kleiner werden kann, aber nicht zunimmt. Einzelne Spins verändern solange die Stellung, bis ein lokales Energieminimum erreicht ist. Dieser Zustand kann nicht mehr verlassen werden, da sonst H größer werden müßte. Dann hat das System einen stabilen Zustand eingenommen. In der Sprache der komplexen Systeme handelt es sich um einen Attraktor, in dem für alle Spins gilt

$$(2.79) \qquad S_i(t + \Delta t) = S_i(t).$$

In der Festkörperphysik stellt sich für Spingläser mit gegebenen Koppelungskoeffizienten w_{ij} die Aufgabe, entsprechende Attraktoren zu bestimmen. Mathematisch müssen dazu diejenigen Größen S_i berechnet werden, für die die Hamilton-Funktion (2.78) minimal wird. Diese stabilen Zustände lassen sich zwar bestimmen. Allerdings bleibt offen, wie ein System diese Zustände erreicht.

Da solche Attraktoren Muster darstellen, die das System spontan entwickelt, liegen Parallelen mit der spontanen Mustererkenntnis neuronaler Netze auf der Hand. Es war der Festkörperphysiker J. Hopfield, der 1982 erstmals auf Parallelen zwischen Spingläsern und neuronalen Netzen hinwies. Für die weitere technische Nutzung neuronaler Netze ist bezeichnend, daß Hopfield sowohl am Nachrichtentechnik-Unternehmen AT&T als auch am California Institute of Technology arbeitet.[77] Die Hopfield-Systeme sind heute ein Standardtyp neuronaler Netze, deren Funktion wesentlich an der Festkörperphysik der Spingläser orientiert ist (vgl. Abschnitt 2.33).

Ein weiteres technisch-physikalisches Modell, das bei der Entwicklung neuronaler Netze in Abschnitt 2.3 eine Rolle

77 J. J. Hopfield, Neural networks and physical systems with emergent collective computational abilities, in: Proceedings of the National Academy of Sciences 79 1982, 2554-2558.

spielen wird, simuliert Vorgänge, die bei der Kristallzüchtung im Rahmen der Thermodynamik ablaufen. Wie bereits in Abschnitt 2.1 erläutert wurde, besteht die innere Energie eines thermodynamischen Systems aus seiner potentiellen Energie, die im Aufbau und der Anordnung der Atome gespeichert ist, und der kinetischen Energie, die sich in ihren Bewegungsenergien ausdrückt. Im thermodynamischen Gleichgewicht bleibt die innere Energie und die Verteilung der Energien der einzelnen Atome konstant. Ein Kristall ist ein Festkörper mit einer symmetrischen Gitterstruktur. Die Ursache dieser atomaren Anordnung liegt darin, daß bei einem Kristall ein minimaler Wert der potentiellen Energie erreicht wird.

Die Technik der Kristallzüchtung ist bestrebt, Kristalle aus dem flüssigen Zustand der Schmelze durch langsames Abkühlen herzustellen.[78] Da für eine regelmäßige Anordnung ein globales Minimum der potentiellen Energie erreicht werden soll, muß langsam abgekühlt werden. Im anderen Fall stellen sich nur lokale Energieminima ein, was äußerlich in Gitterfehlern des Kristalls sichtbar wird. Durch Experimente läßt sich feststellen, bei welcher Temperatur der Übergang von der flüssigen zur festen Phase stattfindet. Ziel ist also ein Zustand minimaler Energie und maximaler Ordnung.

Mathematisch handelt es sich um stochastische Vorgänge komplexer Systeme, bei denen nur noch von der Wahrscheinlichkeit gesprochen werden kann, mit der ein Atom einen bestimmten Energiezustand einnimmt. Bei jeder Temperatur ist der Zustand mit der geringeren Energie wahrscheinlicher als der Zustand mit der höheren Energie. Nur bei sehr hohen Temperaturen sind Zustände unterschiedlicher Energie ungefähr gleich groß. Bei Temperatur 0 nimmt das System immer den Zustand mit geringerer Energie ein. Das System geht dabei nur in benachbarte Zustände über und springt nicht.

Die Kristallzüchtung ist wieder eine Technik zur Musterbildung für komplexe dynamische Systeme. Sie wird ebenfalls bei einem Prototyp neuronaler Netze, der nach Boltzmann benannten Maschine, angewendet (vgl. Abschnitt 2.34). Philoso-

78 S. Kirkpatrick/C. D. Gelatt/M. P. Vecchi, Optimization by simulated annealing, in: Science 220 1983, 671-680.

phisch wird an diesen Beispielen bereits deutlich, daß neuronale Netze nach Gesetzmäßigkeiten arbeiten, die in unterschiedlichen Bereichen der Natur zur Anwendung kommen. Mikroskopische lokale Wechselwirkungen eines komplexen Systems erzeugen in Phasenübergängen makroskopische Ordnungsstrukturen. Offenbar sind diese Struktur- und Organisationsprinzipien für Ordnung unabhängig von der zugrunde gelegten materiellen Basis. Im Laufe der Evolution haben sie sich zur Speicherung von Information bewährt. In der Entwicklung neuronaler Netztechnik werden sie systematisch angewendet.

2.3 Entwicklungen neuronaler Netze

2.31 Lernende Automaten und Kybernetik

Ein Vorbereitungsschritt auf dem Weg zum lernenden und sich selbst organisierenden Netz war das Programm der Kybernetik von N. Wiener. Allgemein wurde unter Kybernetik (κυβερνητική [τέχνη], Steuermannskunst) die Wissenschaft von den kybernetischen Systemen verstanden, in der von der besonderen Beschaffenheit der untersuchten Systeme abstrahiert und die Gesetzmäßigkeiten ihrer Zustandsänderungen und Prozeßabläufe unter Aspekten der Regelungstechnik, Informations- und Kommunikationstheorie untersucht wurden.[79]

Die Rückkopplung (feedback) ist der Grundmechanismus eines kybernetischen Systems. Sie liegt in einem dynamischem System dann vor, wenn die Veränderung der Outputgröße auf die Eingangsgröße des Systems zurückwirkt. Ein klassisches technisches Beispiel ist der Fliehkraftregler der Wattschen Dampfmaschine. Dort wirkt die beschleunigte Umdrehung des Fliehkraftreglers zurück, indem sie die Dampfzufuhr drosselt.

---

79 B. Hassenstein, Die geschichtliche Entwicklung der biologischen Kybernetik bis 1948, in: Naturwiss. Rdsch. 13 1960, 419-424; K. Mainzer, Kybernetik, in: J. Mittelstraß, Enzyklopädie Philosophie und Wissenschaftstheorie II, Mannheim/Wien/Zürich 1984, 515-518; W. R. Ashby, An Introduction to Cybernetics, London/New York 1956, London 1973.

Wenn die Rückkopplung die Aufgabe hat, die Stabilität eines Systems aufrechtzuerhalten, indem sie die Störgröße neutralisiert, dann heißt sie kompensierende Rückkopplung. Kumulative Rückkopplung liegt vor, wenn die Rückwirkung bewirkt, daß die Stabilität des Systems aufgehoben wird.

Die erste Theorie einer Rückkopplung war die Beschreibung des Wattschen Fliehkraftreglers durch J. C. Maxwell (1886). Damit war eine erste überzeugende Analogie zwischen Maschine und lebendem Organismus gefunden. Hinzu kam die Nachrichten- und Informationstheorie, deren Entwicklung eine außerordentliche Beschleunigung durch die technischen Erfahrungen während des 2. Weltkriegs erfahren hatte. So begann C. E. Shannon mit Untersuchungen über kryptographische Sicherheit, die er zu einer auf statistischen Annahmen über Nachrichtenquellen beruhenden Informationstheorie ausbaute. Shannon berücksichtigte Erfahrungen an elektronischen Schaltsystemen, die er mit früheren Arbeiten über die Verwendung der algebraischen Logik bei Schaltproblemen verband. Information wurde nun als diskrete Mitteilung verstanden, die sich als Folge von Ja/Nein-Entscheidungen zeitlicher Verteilung darstellen läßt.[80]

Zu analogen Ergebnissen kam Wiener, der sich als Mathematiker bereits vor dem Krieg mit harmonischer Analyse beschäftigt hatte und seine Ergebnisse für die Nachrichtentechnik auswertete. Unmittelbarer Anlaß war die Beseitigung von Störungen bei Nachrichtenübermittlungen („Glättungen"), die zu Untersuchungen über das statistische Verhalten von Störgeräuschen und Nachrichten führten und Vorhersagen von Nachrichtenverläufen („Prädikation") ermöglichten. Hinzu traten Ergebnisse über feedback an Feuerleitgeräten und aus neurologischen Untersuchungen, die Wiener zu einer Zusammenarbeit mit Konstrukteuren von Rechengeräten drängten. Noch während des Krieges rief Wiener eine Konferenz von Neurophysiologen, Fernmeldeingenieuren und Rechengerätfachleuten ein, deren gemeinsame Probleme sich oft schon in den jeweils von den anderen Disziplinen ausgeliehenen Ter-

80 C. E. Shannon, A symbolic analysis of relay and switching circuits, in: Trans. Inst. Elect. Eng. 57 1938, 713-723.

mini zeigten: So sprachen die Rechengerätkonstrukteure vom „Gedächtnis" (memory) einer Maschine in Anlehnung an neurophysiologischen Sprachgebrauch, während von den Elektrotechnikern der „feedback"-Begriff übernommen wurde. Wiener selbst bewertete seine Tagung euphorisch: „Ich glaube, diese Tagung kann wohl als der Geburtstag der neuen Wissenschaft der Kybernetik gelten oder der Theorie der Kommunikation und der Steuerungs- und Regelungsvorgängen bei Maschinen und lebenden Organismen."[81] Ende 1944 rief Wiener an der Marcy-Stiftung in New York eine weitere Konferenz zusammen, an der nun sogar Psychiater, Soziologen, Anthropologen, Neurophysiologen, Mathematiker, Nachrichtenfachleute und Rechengerätkonstrukteure teilnahmen. Die „Kybernetik" war zu einem fachübergreifenden Forschungsprogramm geworden, das spektakuläre Klärungen von Steuerungs-, Kontroll- und Lernprozessen in Technik, Natur und Gesellschaft zu versprechen schien.[82]

Systematisch werden „kybernetische Maschinen" als „lernende Automaten" verstanden, die nach Art ihrer Konstruktion in verschiedenem Grad in der Lage sind, das Gesamtsystem durch Rückkopplungen an seine Umgebung anzupassen und so das Verhalten lebender Organismen zu simulieren. Während programmgesteuerte Automaten Informationen nur nach einem vorgegebenen Programm ohne Rückmeldungen aus der Umwelt verarbeiten (Abb.2.35), ist der probierende Automat ein Lernsystem nach der Methode „trial and error", das mit Hilfe eines Testwertgenerators nacheinander verschiedene Einwirkungen auf die Außenwelt ausprobiert und nach einem definierten Maß den Optimalwert feststellt. Ist zusätzlich ein Erfahrungsspeicher vorgesehen, so liegt ein Lernmodell durch Optimierung vor, das Ergebnisse der erfolgreichen Ver-

81 N. Wiener, Mathematik – Mein Leben, Frankfurt/Hamburg 1965, 220.

82 N. Wiener, Cybernetics – or Control and Communication in the Animal and the Machine, New York 1948; ders., God and Golem, Inc., A Comment on Certain Points where Cybernetics Impinges on Religion, Cambridge (Mass.) 1964.

suche speichert und bei weiteren Versuchen wiederverwendet (Abb.2.36).[83]

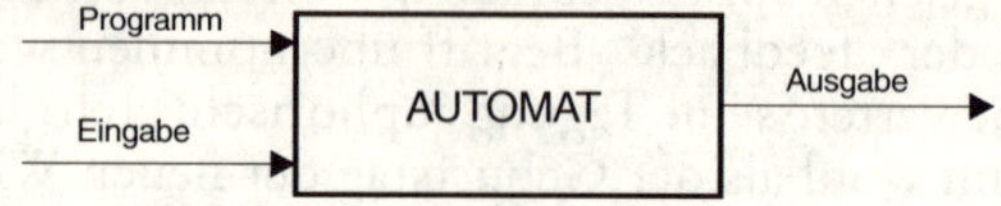

Abb. 2.35

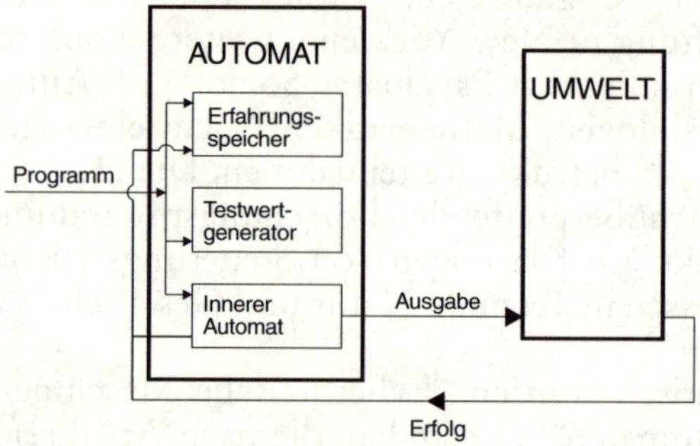

Abb. 2.36

Automaten mit einem internen Modell der Umwelt können mögliche Reaktionen auf die Außenwelt durchspielen und so die voraussichtlich optimale ermitteln. Solche Automaten können also eine direkte Auseinandersetzung mit der Umwelt vermeiden und durch Modell- bzw. Hypothesenbildung durchsetzen. Das interne Modell muß dabei nicht programmiert sein, sondern kann aufgrund von Lernprozessen aus der Umwelt verbessert werden (Abb.2.37).

Technisch wird der Lernvorgang nach dem Prinzip der Lernmatrix von K. Steinbuch simuliert.[84] Es handelt sich dabei um eine Schaltstruktur, die aus zwei Scharen sich kreuzender Lei-

---

83 Vgl. auch H. Stachowiak, Denken und Erkennen im kybernetischen Modell, Wien/New York ²1969; H. G. Frank, Kybernetik und Philosophie. Materialien und Grundriß zu einer Philosophie der Kybernetik, Berlin 1966, ²1969; G. Klaus, Wörterbuch der Kybernetik 2 Bde., Frankfurt/Hamburg 1969, 350.

84 K. Steinbuch/U. Piske, Learning matrices and their applications, in: IEEE EC-12 Heft 4 1963, 846-862; K. Steinbuch, Automat und Mensch.

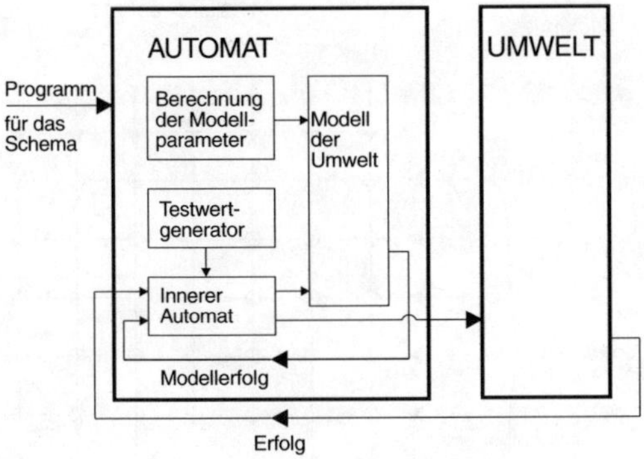

Abb. 2.37

tungsdrähte besteht, die so miteinander gekoppelt sind, daß sich an den Kreuzungspunkten nach dem Vorbild der bedingten Reflexe lebender Organismen bedingte Verknüpfungen bilden können. So lernt z. B. der Pawlowsche Hund ein bestimmtes („unbedingtes") Umweltsignal e (z. B. Glocke) mit der („bedingten") Bedeutung b („Nahrung") zu verknüpfen. Die Lernmatrix besteht aus einem Komplex solcher Schaltungen. Sie ordnet einer Signal- oder Zeichenmenge eine Bedeutungsmenge zu (Abb.2.38).

Bei wiederholtem Zusammentreffen von Signal- und Bedeutungsimpulsen entstehen an den Kreuzungspunkten der entsprechenden Leitungsdrähte Schaltungen, die die Signale e automatisch mit den Bedeutungen b verbindet, ohne daß diese von außen eingeschaltet werden müssen. Lernmatrizen werden für automatische Zeichen- und Spracherkennung eingesetzt und bilden daher auch ein Modell der Nachrichtenübertragung zwischen Mensch und Automat.

Nach K. Steinbuch (1963) schlugen D. J. Willshaw, O. P. Buneman und H. C. Longuet-Higgins 1969 eine Lernmatrix vor, in der ein Lernalgorithmus der Hebbschen Regel verarbeitet ist.[85] Die Matrix wird benutzt, um Assoziationen von Informa-

---

Kybernetische Tatsachen und Hypothesen, Berlin/Heidelberg/New York ^{3}1965, 213 ff.

85 D. J. Willshaw/O. P. Buneman/H. C. Longuet-Higgins, Non-holographie associative memory, in: Nature 222 1969, 960-962.

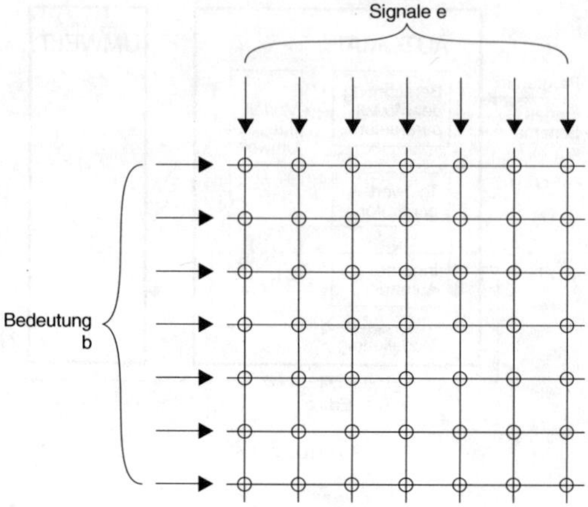

Abb. 2.38

tionen abzuspeichern. Die Informationen werden dazu binär in 0/1-Mustern codiert. Der Aktivität einer Leistung entspricht 1, der Passivität 0. Die Eingabeinformation x wird über die waagerechten Leitungen eingegeben, während die vertikalen Leitungen die Ausgabeinformation y abgeben. Zu jedem Paar einer Outputleitung i und einer Inputleitung j gehört ein Kreuzungspunkt (i, j) der Matrix. Diesen Kreuzungspunkten sind Verbindungsgewichte w_{ij} zugeordnet, die bei gleichzeitiger Aktivität beider Leitungen auf den Wert 1 gesetzt werden. In der Matrix ist ein entsprechendes graphisches Symbol angegeben.

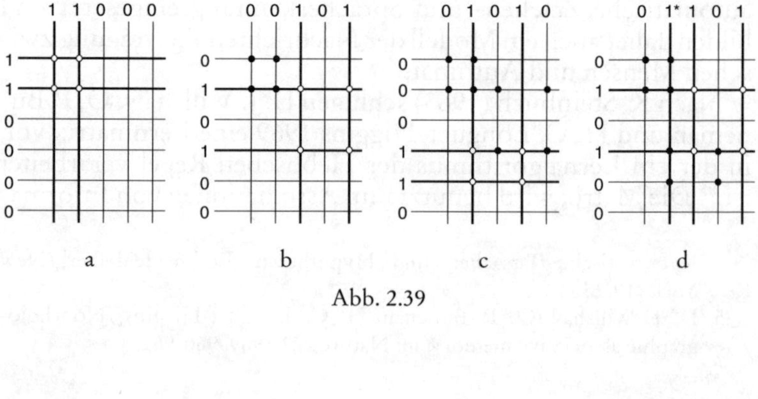

Abb. 2.39

Die Abbildungen 2.39a-c zeigen drei verschiedene Beispiele für Assoziationen von Eingabe- und Ausgabemustern, die durch die dabei entstehenden Matrizen gespeichert werden.[86] Hell markiert sind diejenigen Gewichte, die zur Speicherung des zuletzt angebotenen Inputmusters auf den Wert 1 gesetzt wurden. Auf jede vertikale Outputleitung y_i wirken also alle Komponenten x_j der Inputleitungen ein und erzeugen Matrizenwerte 1 bei gleichzeitiger Aktivität.

Jedem Outputelement i ist eine Schwelle Θ_i zugeordnet, die überwunden werden muß, um aktiv zu werden. Die Summe aller so gewichteten Inputelemente x_j muß daher größer sein als der Schwellenwert Θ_i, damit y_i aktiv wird:

(2.80) $$y_i = T(\sum_j w_{ij}x_j - \Theta_i).$$

Die Transferfunktion ist $T(x) = 1$ für $x \geq 0$ und $T(x) = 0$ sonst. Die Gewichte sind also so zu wählen, daß jedem Eingangsmuster x das richtige Ausgangsmuster y zugeordnet wird.

Betrachtet wird nun der Fall, daß p Musterpaare $(x^{(1)}, y^{(1)}), \ldots, (x^{(p)}, y^{(p)})$ gespeichert werden sollen, deren Eingabemuster jeweils die gleiche Anzahl k von Ziffern 1 haben. Nach Abspeicherung aller p Musterpaare $(x^{(\nu)}, y^{(\nu)})$ mit $1 \leq \nu \leq p$ ergibt sich die Speichermatrix

(2.81) $$w_{ij} = \max(x_i^{(\nu)}, y_j^{(\nu)}).$$

Als Schwellenwert ist $\Theta_i = k - \frac{1}{2}$ gewählt. Damit ist mathematisch garantiert, daß die Assoziation funktioniert, d. h. alle Eingabeleitungen, die beim Speichern eines Musters $(x^{(\nu)}, y^{(\nu)})$ aktiv waren, werden bei später alleiniger Eingabe des Inputmusters $x^{(\nu)}$ wieder aktiviert. Mathematisch folgt nämlich

(2.82) $$\sum_j w_{ij}x_j^{(\nu)} = \sum_j w_{ij}y_i^{(\nu)}x_j^{(\nu)} = \sum_j y_i^{(\nu)}x_j^{(\nu)}$$
$$= \sum_j x_j^{(\nu)} = k > \Theta_i \text{ für } y_i^{(\nu)} = 1.$$

In der Abb.2.39 ist $k = 2$ und $\Theta_i = \frac{3}{2}$. In Abb.2.39d ist eine Assoziation nach drei eingegebenen Mustern näherungsweise rekonstruiert. Eine Abweichung liegt an der mit * bezeichneten Stelle vor. Solche Abweichungen ergeben sich

86 Vgl. H. Ritter/T. Martinetz/K. Schulten, Neuronale Netze. Eine Einführung in die Neuroinformatik selbstorganisierender Netzwerke, Bonn/München/Reading (Mass.) u.a. 1990, 33 ff.

vor allem dann, wenn viele Musterpaare dieselbe Outputleitung aktivieren, und einem Inputmuster, das mit vielen Inputmustern dieser Paare übereinstimmt, der entgegengesetzten Ausgabewert $y_i = 0$ zugewiesen werden soll.

Philosophisch ergeben die assoziativen Matrizen eine erste Mathematisierung der Humeschen Assoziationstheorie. Psychologisch sind die Hebbschen Lernregeln eingearbeitet. Assoziative Matrizen sind also bereits eine primitive Form von lernenden neuronalen Netzen, die später wieder aufgegriffen werden. Was die historische Situation der Kybernetik bis in die 60er Jahre betrifft, so fanden ihre Methoden auch in der Wissenschaftstheorie vielfache Anwendung.

So verwendete man kybernetische Methoden, um etwa zu erklären, ob das Verhalten z. B. lebender Organismen, biologischer Populationen oder ökonomischer Organisationssysteme durch Automaten simulierbar und damit durch kausale Gesetzmäßigkeiten erklärbar ist oder ob zusätzlich teleologische und vitalistische Annahmen gemacht werden müssen. So wurde die Selbstregulation lebender Organismen (z. B. Temperaturregulation bei Säugetieren) erst seit der technischen Realisation von Homöostaten und der Entwicklung von Regelkreismodellen (z. B. Dampfregulator einer Dampfmaschine zur Regulation der Umdrehungszahl) als kausal nach physiologischen Gesetzen erklärbarer Vorgang erkannt.

L. v. Bertalanffy hat den Stoff- und Energieaustausch organischer Systeme mit der Umwelt unter dem Gesichtspunkt der Selbstregulation eines dynamischen Gleichgewichts („Fließgleichgewicht") untersucht. In diesem Sinne wurde der feedback-Begriff auch auf biologische Beispiel übertragen wie im Modell des Populationshomöostaten, der Gleichgewichtsregulation zwischen der Bevölkerungsdichte einer Spezies und den verfügbaren Nahrungsquellen simulieren soll. Umstritten sind soziologische und ökonomische Anwendungen (z. B. die Selbstregulation des Marktes nach Angebot und Nachfrage), da hier keine naturwissenschaftlichen Gesetze zur Erklärung von Selbstregulationsphänomenen wie in der Physik, Physiologie oder Biologie vorliegen. Ein weiteres Merkmal lebender Organismen sind Lernvorgänge, die in der Kybernetik unter Vermeidung teleologischer Annahmen z. B. durch feedback,

Bewertungsschaltungen und Optimalwertkreise in adaptiven Systemen simuliert werden.[87]

Bemerkenswert an kybernetischen Programmen war die Absicht, eine bloß äußere Beschreibung eines Systems durch Input-Output-Relationen zu überwinden. Philosophisch geht es also der Kybernetik bereits um interne Strukturprinzipien und nicht um einen behavioristischen Reduktionismus. Im Rahmen der Theorie endlicher Automaten läßt sich eine erste minimale Aufklärung über die interne Struktur eines Systems angeben, wenn das äußere Verhalten durch Input-Anstöße und Output-Reaktionen experimentell hinreichend klar und eindeutig beschrieben ist.

Ein entsprechender mathematischer Satz wurde von J. Myhill (1957), A. Nerode (1958), D. S. Scott (1959) u. a. bewiesen.[88] Er macht die Voraussetzungen, daß eine mathematische Funktion f das äußere Verhalten eines Systems eindeutig beschreibt, d. h. die Funktion ordnet jeder endlichen Folge von Input-Signalen aus einem Reservoir möglicher Signale eindeutig ein Output-Signal zu. Dann läßt sich ein endlicher Automat mit einem internen Zustandraum Z_f angeben, der das vorgegebene System simuliert. Aus vorgegebener Inputfolge und passendem Systemzustand lassen sich durch die Überführungsfunktionen des Automaten sowohl der nachfolgende Zustand als auch das entsprechende Output-Signal bestimmen.

Mathematisch verfügt der simulierende Automat in der Tat über ein ausgesprochen simples „Innenleben". Zwei Folgen von Input-Signalen werden als äquivalent definiert, wenn sie unabhängig von allen Erweiterungen um zusätzliche Input-Signale dasselbe Output-Signal liefern. Signalfolgen, die in die-

87 A. Rosenblueth/N. Wiener/J. Bigelow, Behavior, Purpose, and Teleology, in: Philos. Sci. 10 1943, 18-24; H. Sachsse, Einführung in die Kybernetik unter besonderer Berücksichtigung von technischen und biologischen Wirkungsgefügen, Braunschweig [2]1974; S. Beer, Kybernetik und Management, Hamburg [3]1967.

88 J. Myhill, Finite automata and the representation of events, in: WADD Technical Note (Wright-Patterson AFB, Ohio) 1957, 60-165; A. Nerode, Linear automaton transformations, in: Proc. Amer. Math. Soc. 9 1958, 541-544; M. I. Rabin/D. S. Scott, Finite automata and their decision problems, in: IBM J. Res. Dev. 3 1959, 114-125.

ser Weise äquivalent sind, bilden Äquivalenzklassen, die als die Zustände des simulierenden Automaten interpretiert werden. Die Zustandsfunktion δ_f ordnet einem Zustand, der durch eine Signalfolge repräsentiert wird, und einem Input-Signal denjenigen Nachfolgezustand zu, der durch die Signalfolge des vorherigen Zustands ergänzt um das Input-Signal repräsentiert wird. Die Output-Funktion λ_f ordnet einem Zustand, der durch eine Signalfolge repräsentiert wird, als Output den Funktionswert der Signalfolge mit der vorgegebenen Input-Output-Funktion f zu, d. h. das entsprechende Output-Signal.

Die Information über das interne Innenleben des Systems bleibt bei dieser mathematischen Konstruktion natürlich dürftig. Die biologische Evolution hat keineswegs in jedem Fall die einfachste interne Struktur realisiert, um auf äußere Anforderungen passend zu reagieren. Die Evolution spielt vielmehr in der Regel mit einer üppigen Vielfalt an Variationen. Die Lösungen, die sich dann durchsetzen, sind keineswegs immer die einfachsten. Die Vorstellung eines universalen Sparprinzips der Natur, wie sie im Anschluß an Leibnizens Extremalprinzip die naturphilosophische Diskussion der Aufklärungszeit beherrschte, wurde vielfach widerlegt.

Die dürftige interne Struktur des angegebenen Simulationsmodells fällt besonders ins Gewicht, wenn es um die Untersuchung solch komplexer Systeme wie des menschlichen Gehirns geht. So werden keine Angaben über eine hierarchische Strukturierung gemacht. Dazu würde es auch weitgehender empirischer Kenntnisse über die Anatomie des Systems bedürfen, als sie eine behavioristische Input-Output-Analyse liefern kann. Notwendig sind aber auch detailliertere Strukturprinzipien als das kybernetische feedback. Für die Entwicklung neuronaler Netze war allerdings die kybernetische Selbstregulation heuristisch fruchtbar. Sie gab den historischen Forschungsanstoß für die weitere Analyse von Lernprozessen.[89]

---

89 J. Rose (ed.), Current Topics in Cybernetics and System. Proceedings of the 4th Intern. Congr. of Cybernetics and Systems, Berlin/New York 1978.

2.32 Zelluläre Automaten und Selbstregulation

Im Zeitalter der Mechanik vertrat R. Descartes die Auffassung, daß tierische und menschliche Körper wie Uhrwerke funktionieren. Wenn Ausgangslage und Bewegungsgesetze bekannt sind, dann läßt sich nach Descartes jeder körperliche Zustand voraussagen wie bei einer Uhr, bei der ein Zahnrad ins andere greift. Die Königin Christina von Schweden, eine Schülerin Descartes, bezweifelte diese Lehre mit der Frage: Wie kann eine Maschine sich selber reproduzieren? Dieses Problem führte in der Biologie des 18. und 19. Jhs. zu einer Reihe verwandter ad-hoc-Annahmen, die vitalistische Kräfte des Lebens voraussetzen. Da in der Mechanik, so wurde dieses Thema mehr oder weniger ähnlich variiert, das Ganze die Summe seiner Teile ist, kann eine Maschine nichts aus sich heraus konstruieren, das wenigstens so komplex wie sie selber ist.

Es war John von Neumann, der in den 50er Jahren den Gegenbeweis lieferte. Der Beweis kommt mit den Gesetzen der Logik und bei technischer Realisation mit den Gesetzen der Physik aus. Für den Vorgang der Selbstreproduktion sind also noch nicht einmal die molekularen Bausteine des menschlichen Körpers notwendig. Die Biochemie liefert nur ein mögliches Modell für selbstreproduzierende Maschinen.[90]

Dabei waren die Entdeckung der DNA-Struktur und des genetischen Codes erste Schritte zum Selbstverständnis eines molekularen Mechanismus, der sich selber reproduzieren kann. Die Analogie mit von Neumanns logischer Theorie der Selbstreproduktion ist offenbar. Einzelne Teile der von-Neumann-Maschine entsprechen dem DNA, Enzymen, Ribosomen u. a. Aufgrund der von-Neumannschen Theorie wurde jedoch deutlich, daß nicht die Art der materiellen Bausteine für Selbstreproduktion grundlegend ist, sondern eine Organisationsstruktur, die eine vollständige Beschreibung von sich selbst enthält

90 Die Frage nach selbstreproduzierenden Automaten stellt J. v. Neumann, The general and logical theory of automata, in: Cerebral Mechanisms in Behavior: The Hixon Symposium, New York u.a. 1951.

und diese Information zur Schaffung neuer Kopien anwenden kann.[91]

Die Analogie mit demselben Zellverband eines Organismus entsteht, wenn man sich das System als unbegrenztes Schachbrett vorstellt, auf dem jedes Quadrat einer Zelle repräsentiert ist. Diese Zellen können frei oder durch Legesteine besetzt sein, die den jeweiligen Zustand der Zelle angeben. Nach Regeln, die wie bei einem Brettspiel von der Umgebung der jeweiligen Zelle abhängen, können die Zustände der Zellen verändert werden, d. h. Legesteine können eliminiert oder neue aufgelegt werden.

J. von Neumann zeigte, daß ein System mit 29 möglichen Zuständen pro Zelle in der Lage ist, sich selber zu reproduzieren. Der Beweis, den von Neumann bei seinem Tod 1957 hinterließ, war nicht vollständig. Der ausgearbeitete Beweis, den A. Burks aus dem Nachlaß 1966 vorlegte, umfaßt mehr als 100 Seiten.[92] Das zelluläre System von Neumanns besteht zwar aus ersten einfachen Bausteinen. Dafür muß aber ein extrem komplexes Programm angegeben werden, das die Organisationsstruktur mit ihren Fähigkeiten zur Selbstreproduktion in Regeln faßt. Aus der Sicht der Programmiertechnik ist der von Neumannsche Beweis auf dem Niveau einer Maschinensprache geschrieben im Unterschied zu einer für den Benutzer besser verständlichen problemorientierten („höheren") Sprache. In der Biochemie ist die Selbstreproduktion direkt in der „Sprache" der Makromoleküle verfaßt.

Im Modell der Brettspiele entstehen durch jeweilige Regelanwendungen auf die einzelnen Zellen Muster, die an Musterbildungen bei thermodynamischen Phasenübergängen erinnern. Die Grundbegriffe dieses Modells wie Zelle, Muster, Umgebung, Zustand, Veränderung usw. lassen sich mit ein-

---

91 R. Ransom, Computers and Embryos: Models in Developmental Biology, New York u.a. 1981.

92 J. v. Neumann, Theory of Self-Reproducing Automata, ed. and completed by A. W. Burks, Urbana/ Chicago 1966; vgl. auch M. A. Arbib, A simple self-reproducing universal automaton, in: Inform. Control 9, 1966, 177-189.

fachen zahlentheoretischen Mitteln definieren.[93] Als zelluläres 2-dimensionales System wird die mit kongruenten Quadraten bedeckte Ebene gewählt. Jede quadratische Zelle der 2-dimensionalen Ebene sei durch ein Koordinatenpaar (i, j) ganzer Zahlen eindeutig bestimmt. Der parkettierten Ebene entspricht also insgesamt die Menge aller ganzzahliger Zahlenpaare, d. h. das cartesisches Produkt $\mathbb{Z} \times \mathbb{Z}$ aus der Menge $\mathbb{Z}$ der ganzen Zahlen.

Z sei die endliche Menge der Zustände (z. B. Legesteine) mit dem Element □ für das unbesetzte Feld. Eine Figur von Legesteine ist nichts weiter als eine Abbildung f, die jeder Zelle bzw. jedem Zahlenpaar aus $\mathbb{Z} \times \mathbb{Z}$ einen Legestein aus $\mathbb{Z}$ zuordnet. Nimmt dabei fast jeder Funktionswert den Zustand □ („leer") an, dann ist die Figur endlich.

Ein Muster ist eine Abbildung, die einem Teilausschnitt des zellulären Parketts eine Belegung mit Legesteinen („Zuständen") zuordnet. Eine Umgebung einer Zelle ist offenbar eine endliche Teilmenge von $\mathbb{Z} \times \mathbb{Z}$, in der die jeweilige Zelle enthalten ist. Die übrigen Elemente der Umgebung heißen Nachbarn der jeweiligen Zellen bezüglich der gegebenen Umgebung. Eine Umgebungsfunktion U ordnet jeder Zelle aus $\mathbb{Z} \times \mathbb{Z}$ eine endliche Umgebung derselben Gestalt zu.

So ist die kreuzförmige Umgebung einer Zelle (i, j) (Abb.2.40a) gegeben durch die Menge K(i, j) der Zahlen $(i-1, j)$,(i, j),$(i+1, j)$,$(i, j+1)$ und $(i, j-1)$, während das kleinste Quadrat Q(i, j), in dessen Mitte die Zelle (i, j) liegt (Abb.2.40b), alle Elemente (k, l) enthält, wobei die Abstände $|k-i| \leq 1$ und $|l-j| \leq 1$ sind. Für Brettspiele wie z. B. Schach können weitere Umgebungen gegeben werden, mit denen Spielregeln zu formulieren sind.

Insgesamt sind Brettspiele nichts anderes als Kalküle für die Ebene. Im Sinne von Abschnitt 1.12 handelt es sich um Semi-Thue-Systeme, die anstelle von linearen Worten Muster in der Ebene ableiten. Entsprechend können auch alle Probleme der Berechenbarkeitstheorie auf die Ebene übertragen werden wie

93 Vgl. A. W. Burks (ed.), Essays on Cellular Automata, Urbana/Chicago 1970; E. Cohors-Fresenborg, Mathematik mit Kalkülen und Maschinen, Braunschweig 1977, 94 ff.

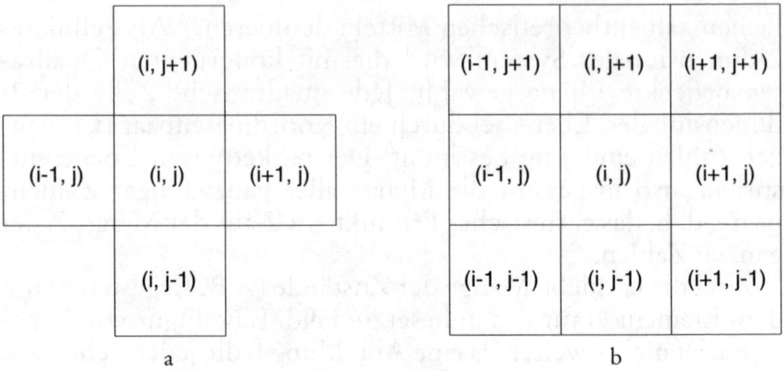

Abb. 2.40

z. B. die Äquivalenz mit Turing- und Registermaschinen für die Ebene oder die Unentscheidbarkeit des allgemeinen Wortproblems für die Ebene.

J. von Neumann war an Regelsystemen interessiert, mit denen die Entwicklungsprozesse lebender Organismen als komplexe Systeme simuliert werden. Alle zu einem Zeitpunkt unabhängig voneinander möglichen Spielzüge sollen dabei gleichzeitig ausgeführt werden. Im folgenden werden Kalküle mit nur einer Regel betrachtet. Entsprechende Regelsysteme sind determiniert und lassen sich als Netzwerke von Automaten auffassen. Die einzelnen Zellen der parkettierten Ebene sind einfache Automaten, deren Zustände durch Belegung mit jeweiligen Spielsteinen angegeben werden. Da die Zustandsmenge Z endlich ist, handelt es sich um endliche Automaten. Eine Umgebungsfunktion gibt an, mit welchen anderen Automaten die einzelne Zelle verbunden ist. Der Zustand einer Zelle hängt von den Automatenzuständen in der Umgebung ab. Da alle Regeln in einem Schritt ausgeführt werden, arbeitet das Automatennetz synchron und taktweise.

Ein zellulärer Automat wird nun als Tripel (Z, R, U) mit einer endlichen Zustandsmenge Z mit □, einer Umgebungsfunktion U und einer Regel R definiert. Die Regel ist ein Funktional, das jeder Zelle x und jedem Muster g, dessen Definitionsbereich durch die Umgebung U(x) bestimmt ist, einen Zustand R(g, x) aus Z zuordnet. Die Regel soll translationsinvariant sein, d. h.

wird ein Muster aus der Umgebung von U(x) auf dem Brett verschoben, dann bleibt der Zustand nach der Regelanwendung erhalten. Falls ferner das Muster in der Umgebung U(x) leer ist, dann soll der Zustand R(g, x) = □ zugeordnet werden.

Die aus einer Figur g durch Regelanwendung entstandene Figur heißt Nachfolger der ursprünglichen Figur. Die aus einer Figur durch wiederholte Regelanwendungen entstandenen Figuren heißen Generationen der ursprünglichen Figur. Eine Figur heißt stabil, wenn sie mit ihrem Nachfolger übereinstimmt. Eine Figur stirbt in der nächsten Generation, wenn die entsprechende Abbildung alle Zellen mit dem Leerzeichen □ belegt.

Anfang der 70er Jahre wurde das Ergebnis von Neumanns in folgender verbesserter Version formuliert:[94]

1) Jede Turing-Maschine ist durch einen zellulären Automaten simulierbar, der a) 3 Zustände und die kreuzförmige Umgebungsfunktion K oder b) 2 Zustände und die quadratische Umgebungsfunktion Q besitzt.
2) Um eine selbstreproduzierende universelle Turing-Maschine zu erhalten, genügt ein zellulärer Automat mit 4 Zuständen und der Umgebungsfunktion K.

Statt eines Beweises soll nun auf das berühmte von J. H. Conway erfundene „Spiel des Lebens“ eingegangen werden, in dem biologische Simulationen durch zelluläre Automaten explizit zum Ziel erklärt werden.[95] Zellen werden geboren, bleiben am Leben oder sterben je nach Bevölkerungsdichte in ihrer Umgebung. Die Anzahl der eigentlich besetzten Nachbarn von x in einer Figur f sei mit n(f, x) bezeichnet. Die Zustandsmenge Z umfasse die Symbole • und □. Dann lautet die Spielregel des „Life-Spiels“:

94 E. R. Banks, Information, Processing and Transmission in Cellular Automata (MIT, Project MAC), in: Technical Report TR 81 1971.

95 Eine Sammlung der von M. Gardner in ‚Scientific American‘ publizierten Arbeiten über Conway's Life Game findet sich in M. Gardner, Wheels, Life and other mathematical Amusements, New York/San Francisco 1983; vgl. auch E. Berlekamp/J. Conway/R. Guy, Winning Ways 2 vols., New York 1982 (Chapt. 25 ist Conways Beschreibung des Life Game).

$$(2.83) \qquad f(g,x) = \begin{cases} \bullet, & \text{falls } n(g,x) = 3 \\ \square, & \text{falls } n(g,x) \leq 1 \text{ oder } n(g,x) \geq 4 \\ g(z), & \text{sonst} \end{cases} \quad .$$

Damit ergeben sich z. B. folgende Figuren: Die Figuren Abb.2.41a-b haben als Nachfolger die leere Figur. Solche Zellen sterben also. Die Figur Abb.2.42a hat als Nachfolger die Figur Abb.2.42b. Die Figur wird dann stabil und ändert sich nicht mehr. Ein absoluter Gleichgewichtszustand ist erreicht – ein kaum wahrscheinlicher Fall der Evolution. Die Figuren in Abb.2.43a-b haben sich gegenseitig zum Nachfolger. Sie reproduzieren sich zyklisch mit der Periode 2.

a b

Abb. 2.41

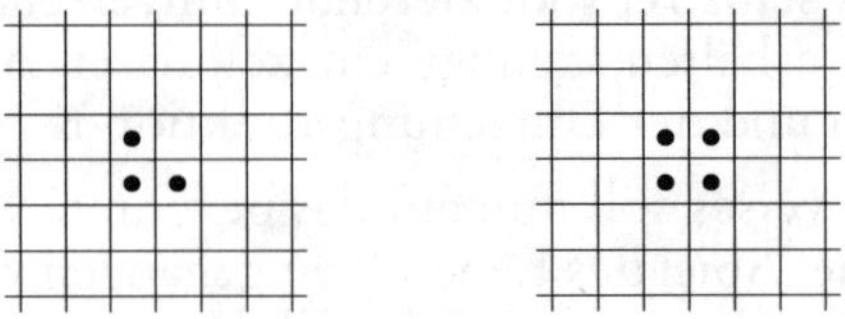

a b

Abb. 2.42

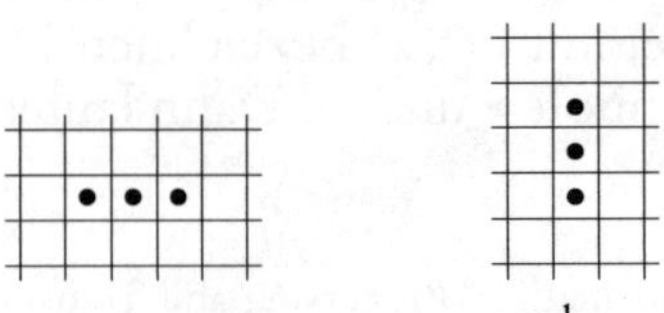

a b

Abb. 2.43

Obwohl die Anfangsfigurationen in Abb.2.44a,b,c sich kaum unterscheiden, haben sie doch unterschiedliche Schicksale im Laufe ihrer Evolution. Die Figur Abb.2.44a ist zyklisch mit der Periode 14. Die gespiegelte 8. Generation ist bereits bis auf

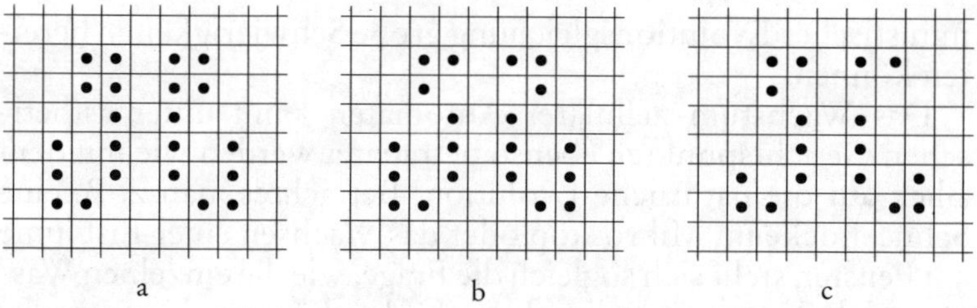

Abb. 2.44

Verschiebung gleich der Ausgangsfigur. Die Figur in Abb.2.44b stirbt in der 13. Generation. Figur Abb.2.44c wird in der 15. Generation stabil, d. h. erreicht einen absoluten Gleichgewichtszustand.

An diesem einfachen Beispiel wird bereits eine grundlegende Eigenschaft komplexer Systeme deutlich. Ihre Evolution kann bei geringsten Anfangsfluktuationen völlig auseinanderdriften. Im Rahmen chaotischer Systeme spricht man vom „Schmetterlingseffekt" (vgl. Abschnitt 3.22), wonach selbst bei deterministischen Systemen das altehrwürdige Kausalitätsgesetz „gleiche Ursachen – gleiche Wirkungen" oder wenigstens „geringe Abweichungen der Ursachen – geringe Abweichungen der Wirkungen" nicht allgemeingültig ist.

Eine reizvolle Analyse bilden zelluläre Automaten mit prinzipiell unerreichbaren Zuständen. Es handelt sich um Konfigurationen, die niemals in einer späteren Generation der Ausgangsfigur auftreten können. Sie bleiben gewissermaßen für alle Generationen eine „Utopie". Nach E. F. Moore heißen sie daher „Garten-Eden-Muster". Ein zellulärer Automat hat genau dann „Garten-Eden-Muster", wenn er austauschbare Muster besitzt, die gegenseitig ersetzbar sind, ohne daß sich der Nachfolger ändert.[96] Diese prinzipielle Prognose über die Zukunft gewisser zellulärer Automaten zeigt, daß Voraussagen über die Entwicklung eines zellulären Automaten trotz deter-

96 E. F. Moore, Machine models of self-reproduction, in: Math. Prob. Biol. Sci., Proc. Symp. Appl. Math. 14 1962, 17-33; J. Myhill, The abstract theory of self-reproduction, in: M. D. Mesarovic (ed.), Views on General Systems Theory, New York 1964, 106-118; E. Cohors-Fresenborg, s. Anm. 93, 104 ff.; M. A. Arbib, s. Anm. 65, 156.

ministischer Evolutionsgleichung große Schwierigkeiten bereiten können.

Das Wachstum zellulärer Automaten kann unter ästhetischen Gesichtspunkten ebenso betrachtet werden wie mit dem Blick auf die natürliche Evolution. Betrachtet man z. B. eine Schneeflocke im Mikroskop oder das Wachsen einer Eisblume am Fenster, stellt sich sogleich die Frage, wie die einzelnen Wassermoleküle ihre jeweilige Lage finden können. Verantwortlich sind in diesem Fall, wie aus der Thermodynamik bekannt ist, Phasenübergänge im Gleichgewicht eines sich abkühlenden Systems. Zelluläre Automaten simulieren diese Entwicklungsprozesse durch Evolutionsgleichungen für ihre einzelnen Zellen. Ob Schneeflocke, Ferromagnet oder Galaxien – auch im computertechnischen Modell zellulärer Automaten sind lokale Wechselwirkungen mikroskopischer Bestandteile Ursache für makroskopische Musterbildungen unter geeigeneten Nebenbedingungen.[97]

Das traditionelle mathematische Instrumentarium der physikalischen Theoriebildung ist seit Beginn der Neuzeit die Differentialgleichung. Die Änderung einer Größe wird in solchen Gleichungen als Funktion von Ort und Zeit beschrieben. Ein Beispiel sind die Maxwellschen Gleichungen, in denen die Veränderung eines elektromagnetischen Feldes von Punkt zu Punkt und von Moment zu Moment angeben wird. Die Größen solcher Gleichungen sind kontinuierlich und unterstellen eine stetige Veränderung der Natur.

Ein zellulärer Automat ist demgegenüber ein diskretes System. Es gibt kein Raum-Zeit-Kontinuum, sondern einen zellenartigen Raum und diskrete Zeitschritte. Die Zustände des Systems verändern sich auch nicht stetig wie bei einem kontinuierlichen Feld, sondern sind in einer endlichen Zustandsmenge genau festgelegt. Damit liefern Differentialgleichungen noch keineswegs die besseren Abbilder der physikalischen Wirklichkeit. Die Frage nach dem geeigneten Beschreibungsinstrumentarium hängt von den jeweiligen Zwecken ab. Wenn nicht die numerische Genauigkeit einer Variablen im Vordergrund steht,

---

97 W. Poundstone, The Recursive Universe. Cosmic Complexity and the Limits of Scientific Knowledge, Oxford/New York u.a. 1985.

sondern Entscheidungsfragen für vorgegebene Intervalle, so sind diskrete Abbildungen vorzuziehen. Fragen nach der Zusammensetzung von Substanzen, ob z. B. eine Schneeflocke an einer bestimmten Stelle Eis oder nur Wasserdampf enthält, sind von dieser Art. Stetige Näherungsverfahren spielen deshalb für zelluläre Automaten keine Rolle.

Computertechnisch haben zelluläre Automaten den erheblichen Vorteil, daß ihre Simulationen bereits auf kleinen PC-Geräten durchgeführt werden können. Ein entsprechendes Computerprogramm für einen zellulären Automaten verwendet im Prinzip die gleichen Methoden, als würde man zelluläre Musterentwicklung mit Papier und Bleistift durchführen. Zunächst wird ein Bereich für die Zellen festgelegt. Dabei entspricht jede Zelle einem Speicherelement im Computer. Bei jedem Entwicklungsschritt muß das Programm einzeln nacheinander jede Zelle aufsuchen, die Zustände der Nachbarzellen bestimmen und den nächsten Zustand der Zelle berechnen. Gewöhnlich ist ein solches Simulationsmodell von zellulären Automaten auf Digitalcomputern sequentieller Art simulierbar.

Besser und effektiver wäre ein Netz aus vielen Computern in zellulärer Verschaltung, in denen die Verarbeitung parallel und daher wesentlich schneller abläuft. Ein System, das sich derart schnell entwickelt, erinnert natürlich weit mehr an die biologische Wirklichkeit, in der nicht statische abstrakte Muster vorherrschen. Man fühlt sich vielmehr an einen Blick durch das Mikroskop in eine zelluläre Welt erinnert, in der viele Bakterien, Moleküle und Urtierchen umherschwimmen, auftauchen und wieder verschwinden, fressen und gefressen werden.[98]

2-dimensionale zelluläre Automaten bestehen aus einem Netz einzelner Zellen, die durch die Geometrie der Zellanordnung, die Nachbarschaft jeder Einzelzelle, ihre möglichen Zustände und die davon abhängenden Transformationsregeln für zukünftige Zustände charakterisiert sind. Zur Analyse der Evolutionsmodelle genügen 1-dimensionale (lineare) zelluläre Automaten, die aus einer Zeile von Zellen in einem

98 J. Demongeot/E. Golès/M. Tchuente (eds.), Dynamical Systems and Cellular Automata, London/ Orlando/San Diego/New York u.a. 1985.

2-dimensionalen Parkett bestehen. In einem einfachen Fall hat jede Zelle zwei Zustände 0 und 1, die graphisch z. B. durch ein weißes bzw. schwarzes Quadrat dargestellt werden können. Der Zustand jeder Zelle ändert sich in einer Folge von diskreten Zeitschritten nach einer Transformationsregel, in der die vorherigen Zustände der jeweiligen Zelle und ihrer beiden Nachbarzellen berücksichtigt sind.[99]

In einem einfachen Regelbeispiel ergibt sich der Zustand $a_i^{(t)}$ einer Zelle i zum Zeitpunkt (auf der Entwicklungsstufe) t als die Summe modulo 2 der Zustandswerte ihrer beiden Nachbarn auf der vorherigen Entwicklungsstufe:

(2.84) $$a_i^{(t)} = [a_{i-1}^{(t-1)} + a_{i+1}^{t-1}] \bmod 2.$$

Allgemein nehmen die Zellen linearer zellulärer Automaten k mögliche Zustände an und entwickeln sich nach einer Regel der Form

(2.85) $$a_i^{(t)} = F[a_{i-r}^{(t-1)}, a_{i-r+1}^{(t-1)}, \ldots, a_{i+r}^{(t-1)}],$$

in welcher der Zustandswert einer Zelle von den Zustandswerten der $2r + 1$ Nachbarzellen auf der vorherigen Entwicklungsstufe abhängt.

Ein linearer zellulärer Automat wird allgemein durch zwei Zahlen k und r und den Regeln für den Übergang in den nächsten Zustand festgelegt. Die Zahl k bestimmt die Anzahl der möglichen Zustände einer Zelle. Die Zahl r gibt an, wieviele Nachbarzellen auf jeder Seite den nächsten Zustand einer Zelle bestimmen. Mit der jeweiligen Zelle beträgt also der Durchschnitt einer Nachbarschaft $2r + 1$. Wenn z. B. $r = 2$ und $k = 3$ ist und die drei möglichen Zustände 0, 1, 2 bezeichnet werden, dann lautet eine mögliche Regel:

1	0	2	2	1
		1		

99 S. Wolfram, Universality and complexity in cellular automata, in: D. Farmer/T. Tommaso/S. Wolfram (eds.), Cellular Automata. Proc. of an interdisciplinary Workshop in Los Alamos 1983, Amsterdam/ Oxford/New York/Tokyo 1984, 1-35; K. Mainzer, Die Evolution intelligenter Systeme, in: Zeitschrift für Semiotik Bd. 12 Heft 1-2 1990, 102 ff.

Der Durchmesser der Nachbarschaft beträgt in diesem Fall $2 \cdot 2 + 1 = 5$. Die Regeln eines linearen Automaten müssen jeden Zellenzustand für jede mögliche Zustandskombination der Nachbarzellen bestimmen. Dabei wächst die Zahl möglicher Regeln mit größer werdenden Zahlen r und k enorm. Kombinatorisch gibt es allgemein $k^{k^{2r+1}}$ mögliche Fälle für lineare zelluläre Automaten. Beim 2-dimensionalen Life-Spiel mit $k = 2$ Zuständen und einer quadratischen Nachbarschaft mit 8 Nachbarzellen liegen $2^{2^8} = 2^{256}$, also 10^{77} mögliche Fälle vor.

Für $r = 1$ und $k = 2$ ergeben sich $2^3 = 8$ mögliche Verteilungen der Zustände 0 und 1 auf $2 \cdot 1 + 1 = 3$ Nachbarschaftszellen. Ein Beispiel einer Regelkombination, mit der das Transformationsgesetz eines linearen zellulären Automaten festgelegt ist, lautet:[100]

$$\frac{111}{1} \quad \frac{110}{0} \quad \frac{101}{0} \quad \frac{100}{1} \quad \frac{011}{0} \quad \frac{010}{1} \quad \frac{001}{1} \quad \frac{000}{0} \quad .$$

Dabei sind die Nachbarschaftsziffern als Dualzahlen aufgefaßt, die der Größe nach von rechts nach links geordnet sind. Entsprechend läßt sich die Folge der nächsten Ziffern als Dualzahl lesen, die als Codenummer für den jeweiligen Automatentyp aufgefaßt werden kann.[101] Insgesamt ergeben sich dann 2^8 Kombinationen. Entsprechend können z. B. die Kombinationen für $k = 3$ als ternäre Zahlen gelesen werden, um den jeweiligen Typ zellulärer Automaten zu codieren.

Eine Einschränkung ergibt sich bei linearen Automaten für totalitäre Regeln, bei denen der nächste Zustand einer Zelle nur von der Summe der Zustände aller Nachbarzellen einschließlich der gegebenen Zelle abhängt. Die möglichen Summen können Werte zwischen 0 und einer Zahl annehmen, die sich aus dem Produkt der Nachbarnanzahl und dem höchsten Zustandswert ergibt. Für $r = 2$ und $k = 2$ gibt es eine aus fünf Zellen bestehende Nachbarschaft. Wegen der beiden Zustandswerte 0 und 1 kann die Summe der Zustände aller Nachbarzellen Werte von 0

100 S. Wolfram, Theory and Applications of Cellular Automata, Singapore 1986.

101 Vgl. auch Leibnizens Theorie der Dualzahlen in Kap 1.1.

bis 5 annehmen. Ein Beispiel eines kompletten Satzes totalitärer Regeln, der einen linearen Automaten eindeutig bestimmt, lautet:

5	4	3	2	1	0	Summe
0	0	0	1	0	0	nächster Zustand

Es gibt $2^6 = 64$ Möglichkeiten, die Zeile der nächsten Zustände mit den beiden Ziffern 0 und 1 zu besetzen. Jede Möglichkeit entspricht eindeutig einem linearen Automaten.

Die Ziffernfolge aus 0 und 1 der nächsten Zustände läßt sich wieder als duale Codierung einer Dezimalzahl interpretieren, also im Beispiel Code 4 für 000100. Eine weitere Einschränkung für Regeln fordert, daß dem Grundzustand eines linearen Automaten mit $x_i = 0$ der Zustand 0 zugeordnet wird, d. h.

(2.86) $F[0, \ldots, 0] = 0.$

Symmetrische Regeln lauten

(2.87) $F[x_{i-r}, \ldots, x_{i+r}] = F[x_{i+r}, \ldots, x_{i-r}].$

Regeln mit den Eigenschaften (2.86) und (2.87) heißen legal.

Lineare zelluläre Automaten lassen sich als diskrete dynamische Systeme auffassen, deren Eigenschaften mit den Methoden der Theorie komplexer Systeme analysiert werden können. Computersimulationen ihrer linearen Konfiguration ergeben mit der Zeit komplexe Muster, die typische Evolutionsmodelle der jeweiligen Automaten darstellen. Nach S. Wolfram unterscheidet man die Evolutionsmodelle nach den Attraktoren, d. h. den Endzuständen, denen komplexe dynamische Systeme zuzustreben scheinen. Ihre Muster entstehen aus ungeordneten Anfangszuständen, in denen jede Zelle unabhängig und mit den gleichen Wahrscheinlichkeiten für jeden möglichen Zustand gewählt ist. Empirische Untersuchungen (im Sinne von Computerexperimenten) legen eine Klassifikation in vier Automatentypen nahe.[102]

Ein Automat der Klasse 1 entspricht einem System mit dem einfachen Attraktor eines Fixpunktes, der das System unausweichlich immer im selben Endzustand landen läßt. Die Ent-

102 S. Wolfram, s. Anm. 99, 5.

wicklung eines Klasse-2-Automaten gleicht der eines Systems mit einem Grenzzyklus, d. h. einem Zustand von Konfigurationen, die sich endlos wiederholen (z. B. Oszillationen oder Pulsationen wie bei den sogenannten chemischen Uhren). Klasse-3-Automaten entsprechen den sogenannten seltsamen Attraktoren, die chaotisch anmutende Konfigurationen mit fraktaler Struktur entstehen lassen (z. B. Gasturbulenzen, Wetterlagen in der Meteorologie). Die Regeln der Klasse-4-Automaten liefern komplexe Strukturen und Gestalten, wie sie z. B. in der irreversiblen Evolution lebender Systeme als spontanes Entstehen von Ordnungsstrukturen aus ungeordneten Anfangszuständen durch Selbstorganisation beschrieben werden.

Zelluläre Automaten reagieren mit steigender Komplexität empfindlicher auf Umwelteinflüsse. Klasse-1-Automaten landen unabhängig vom Anfangszustand deterministisch stets im selben Endzustand. Bei Klasse-2-Automaten bleiben lokale Änderungen des Anfangszustandes auf lokale Änderungen des Endzustandes beschränkt. Demgegenüber können im 3. und 4. Fall geringste lokale Änderungen des Anfangszustandes die globale Struktur völlig verändern („Schmetterlingseffekt"). Von den erwähnten 64 Automaten für $k = 2$ und $r = 2$ liegen 16 (d. h. 25%) in Klasse 1, 10 (d. h. 16%) in Klasse 2, 34 (d. h. 53%) in Klasse 3 und 4 (d. h. 6%) in Klasse 4.

Systematisch untersucht sind insbesondere die 32 Automaten mit legalen und totalitären Regeln für $k = 2$ und $r = 2$. In Abb.2.45a-d sind Beispiele für die 4 Evolutionsklassen ausgewählt. In den ungeordneten Anfangskonfigurationen ist jeder Zustand 0 oder 1 unabhängig mit derselben Wahrscheinlichkeit $\frac{1}{2}$ gewählt. Abb.2.45a mit dem 1. Automatentyp (Code 4) zeigt eine Evolution, die einem homogenen Zustand zustrebt, in dem alle Zellen den gleichen Wert haben. In Abb.2.45b ist der 2. Automatentyp mit der Codenummer 8 dargestellt, dessen Evolution sich in einer Menge separierter stabiler oder periodischer Strukturen (z. B. schwarze Streifen) zeigt. Chaotisch ist die Evolution des 3. Automatentyps mit der Codenummer 12 (Abb.2.45c), während in Abb.2.45d die Evolution des 4. Automatentyps für das Codebeispiel 20 dargestellt ist.[103]

103 S. Wolfram, s. Anm. 99, 6.

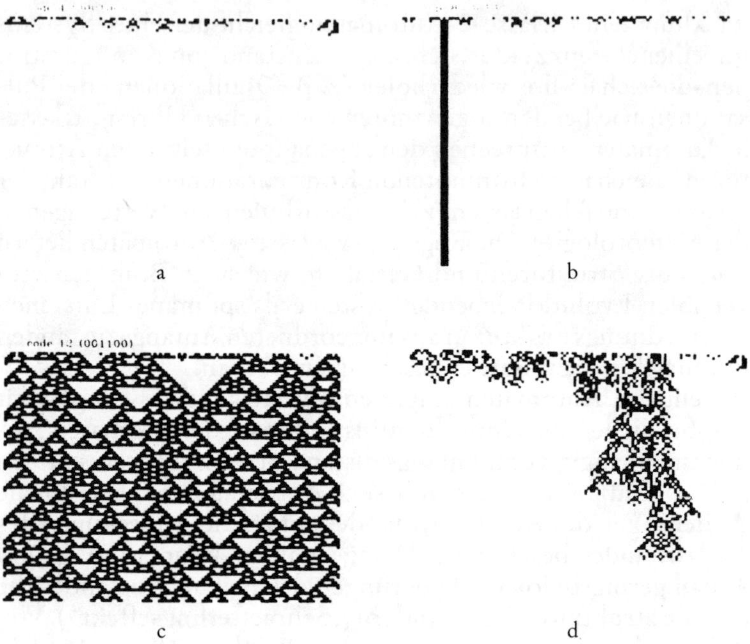

Abb. 2.45

Von den 32 möglichen Automaten liegen 9 in Klasse 1, 5 in Klasse 2, 16 in Klasse 3 und nur 2 in Klasse 4. Für die Darstellung von Automatentypen mit k > 2 müßte eine Skala von Schattierungen oder Farben eingesetzt werden. Im Phasenraum sind die Attraktoren von Automaten der Klasse 1 nichts anderes als Fixpunkte, homogene Gleichgewichtszustände also, in denen das System zur Ruhe kommt. Klasse-2-Automaten haben im Phasenraum Warteschleifen, während Klasse-3-Automaten auf ein Chaos fraktaler Dimension zustreben.

Zelluläre Automaten lassen sich auch als Computer auffassen, die zufällige und ungeordnete Anfangskonfigurationen als Informationsinputs verarbeiten. Die Art der erzeugten Konfigurationsmuster hängt augenscheinlich mit der Berechenbarkeitskraft der jeweiligen zellulären Automaten zusammen. Klasse-4-Automaten sind vermutlich zur universellen Berechenbarkeit fähig, d. h. sie können jedes andere Berechenbarkeitssystem simulieren.

Das Verhalten eines universellen Computers ist jedoch nur wieder durch einen universellen Computer voraussagbar. Kein endlicher Algorithmus kann voraussagen, ob sich eine gegebene Anfangskonfiguration in einem zellulären Automaten mit universeller Berechenbarkeit nach endlicher Zeit zu einer Neukonfiguration oder einer dauerhaften Struktur entwickelt. Dieses Ergebnis ist analog zur Unentscheidbarkeit des Stop-Problems bei universellen Turing- bzw. Register-Maschinen zu verstehen. Um das Verhalten eines Systems vorauszusagen, muß man es auf einem universellen Computer berechnen können. Diese allgemeine Berechnung führt zu einer direkten Simulation, falls das System, dessen Verhalten vorausgesagt werden soll, selber der universellen Berechnung fähig ist. Aber dann unterscheidet sich die Simulationsgeschwindigkeit nur um einen konstanten Faktor von der Geschwindigkeit, mit der sich das simulierte System selber entwickelt.

Daher ist auch kein allgemeines Verfahren zu erwarten, den zukünftigen Zustand eines Klasse-4-Automaten vorauszusagen, das schneller ist, als wenn man den Automaten den Zustand selbst berechnen läßt. Damit würden Grenzen von Simulation von Lebensprozessen ebenso deutlich wie von neuronalen Selbstorganisationsprozessen, wie sie bei intelligenten Systemen auftreten.

Sei also ein universeller linearer Automat gegeben, der wie ein Computer rechnen und einen komplexen Evolutionsprozeß der Natur simulieren könnte. Man kann sich dazu die turbulente Strömung eines Gases, die Bewegung eines Teilchens unter dem Einfluß von Kräften, biologisches Wachstum oder die Entwicklung eines neuronalen Assoziationsmuster im Gehirn vorstellen. Das Verhalten des Systems voraussagen zu wollen, würde bedeuten, das Verhalten eines universellen Computers zu berechnen. Ein Reduktionismus des Voraussagemechanismus unterhalb der Komplexitätsgrenze des universellen Computers ist nicht möglich.

Jedenfalls werden mit der Theorie zellulärer Automaten erste Schritte getan, um allgemeine Gesetze komplexer Selbstorganisationsprozesse zu simulieren, die fachübergreifende Anwendung in Physik, Chemie, Biologie und Neurologie finden. In Computersimulationen wird eine Welt erzeugt, deren makroskopische Formen und Gestalten durch lokale Wechselwirkungen ihrer mikroskopischen Bausteine entstehen. Diese Evolution ist nicht von einer bestimmten materiellen Basis abhängig, sondern durch eine Organisationsstruktur bestimmter Komplexität ermöglicht.

Philosophisch drängt sich daher eine Analogie zwischen dem digitalen Universum der zellulären Automaten und Leibnizens Monaden auf. In jeder Zelle „spiegelt" sich der Zustand der Nachbarzellen wie in der Welt der Monaden. Strukturen unterschiedlicher Komplexität entstehen und vergehen wie die Aggregate der Leibnizschen Monaden. Allerdings ist eine Zelle selber wie ein unabhängiger Automat, der wie eine Monade „unzerstörbar" ist. Zelluläre Automaten besitzen wie Leibnizens monadologische Strukturen Grade wachsender Komplexität, die zunehmender Berechenbarkeit und damit (im Sinne Leibnizens) zunehmender Grade von „Intelligenz" fähig sind. Verglichen mit Leibnizens metaphysischer Skala zunehmenden Bewußtseins von leblosen Steinen bis zur Zentralmonade Gottes bleiben zelluläre Automaten natürlich rudimentäre Entwürfe.[104]

2.33 Perzeptron und Lernalgorithmus

Neuronale Netzwerke werden seit Millionen von Jahren auf der Erde durch die biologische Evolution entwickelt. Seit frühester Zeit ist die Verarbeitung von Wahrnehmungen, ihre Einordnung und Klassifizierung eine zentrale Aufgabe, um das Überleben der Umwelt zu ermöglichen. Viele dieser lebenswichtigen Aufgaben laufen unbewußt gleichzeitig ab und beruhen auf Architektur- und Kombinationsprinzipien, die im Laufe der Evolution ausgetestet wurden und sich bewährt haben. Ende der 50er Jahre baute der amerikanische Psychologe F. Rosenblatt eine erste neuronale Netzwerkmaschine, die Mustererkennungen mit neuronenähnlichen Einheiten bewerkstelligen

---

104 Vgl. auch Kap 4.42.

sollte. Diese Maschine, der Rosenblatt den Namen „Perzeptron" gab, bestand aus einem Rasternetz von 400 Photozellen, das der Retina nachgebildet war und mit neuronenähnlichen Einheiten verbunden wurde.[105] Wenn den Sensoren ein Muster wie z. B. ein Buchstabe vorgelegt wurde, dann aktivierte diese Wahrnehmung eine Neuronengruppe, die wiederum ein Neuronenensemble zu einer Klassifizierung veranlaßte, ob nämlich der vorgelegte Buchstabe einer bestimmten Buchstabenkategorie angehört oder nicht.

Ein biologisches Neuron erhält Informationen von anderen Neuronen über synaptische Verbindungen und gibt sie an viele andere Neuronen weiter. Die Synapse gibt die Stärke eines Signalreizes an. Technische neuronale Netze werden als parallel arbeitende Schaltkreise aus einfachen elektronischen Bausteinen konstruiert. An die Stelle der Neuronen treten Operationsverstärker. Die Synapsen werden durch Leitungen, Widerstände und Kondensatoren ersetzt. Die Spannung des Verstärkers stellt die Aktivität des Neurons dar. Der Strom durch das Leitungs- und Widerstandsnetz simuliert den Informationsfluß im Nervensystem. Die Vorstellung von wahrnehmenden und kategorisierenden Maschinen führte Rosenblatt zu emphorischen Einschätzungen, wonach eine neuronenähnliche Hardware nach dem Vorbild des Gehirns den seriell arbeitenden Computer mit logischer Programmsteuerung überwinden würde.

Am Aufbau eines Perzeptrons wird die psychologische Orientierung von Rosenblatt deutlich. Das Netzwerk besteht aus drei Schichten (Abb.2.46). Die Eingabeschicht dient als künstliche Netzhaut (Retina). Sie ist aus Stimulus-Zellen (S-units) zusammengesetzt, die man sich technisch als Photozellen vorstellen kann. Die S-Einheiten werden mit der Mittelschicht über zufällige Verbindungen verknüpft, die feste Gewichte (Synapsen) besitzen und daher nicht veränderbar bzw. lernfähig sind. Entsprechend ihrer Aufgabe bezeichnet sie Rosenblatt als As-

105 F. Rosenblatt, The perceptron: a probalilistic model for information storage and organization in the brain, in: Psychological Review 65 1958, 386-408; H. D. Block, The Perceptron: a model for brain functioning I, in: Reviews of Modern Physics 34 1962, 123-135.

soziationszellen (A-units). Jede A-Zelle erhält also einen festgewichteten Input von einigen S-Zellen. Eine S-Zelle der Retina kann auch ihr Signal auf mehrere Zellen der Mittelschicht projizieren. Die Mittelschicht ist komplett mit den Response-Zellen (R-units) der Ausgabeschicht verbunden.[106]

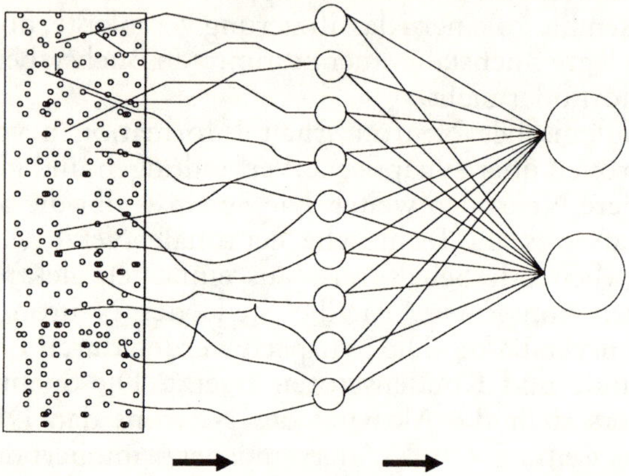

Abb. 2.46

Nur die Synapsengewichte zwischen Mittel- und Ausgabeschicht sind variabel und damit lernfähig. Die Neuronen arbeiten nach dem Prinzip der McCulloch-Pitts-Zellen als Schaltelemente mit zwei Zuständen. Das Perzeptron-Netzwerk lernt durch einen überwachten Lernvorgang. Dazu muß bei jedem zu lernenden Muster (z. B. Buchstabe) der gewünschte Zustand jeder Zelle der Outputschicht bekannt sein. Die zu lernenden Muster werden dem Netzwerk angeboten und nach einer Regel angepaßt. Der Vorgang wird solange wiederholt bis alle Muster den korrekten Output erzeugen.

Im einzelnen werden die Eingabemuster auf der Retina-Schicht durch die Zellen der Mittelschicht als Merkmalsvektoren $x = (x_1, \ldots, x_n)$ extrahiert, deren Komponenten $x_1, \ldots, x_n$ man sich als Messungen von Grautönen, Farben u. ä. (z. B. bei

106 Vereinfachte Darstellung von Rosenblatt (s. Anm. 105) Fig. 1, Fig. 2A nach E. Schöneburg/N. Hansen/ A. Gawelczyk, s. Anm. 73, 77.

der Buchstabenerkennung) vorstellen kann. Das Perzeptron soll nun die perfekte Klassifikation der Merkmalsvektoren mit vorgegebenen Klassifikationsbeispielen im Laufe der Zeit lernen. Jede Outputzelle i berechnet nach (2.80) einen binären Outputwert y_i in Abhängigkeit von der Summe der gewichteten Inputwerte des Merkmalvektors und des Schwellenwertes Θ_i.

Die Synapsengewichte w_{ij} bestimmen das Verhalten der Outputzelle i. Für ein konstantes Merkmalssignal $x_1 = 1$ kann auch $-w_{i1}$ als Schwelle aufgefaßt und die vereinfachte Formel

(2.88) $$y_i = T(\sum_{j=1}^{n} w_{ij}x_j)$$

angegeben werden. Im Laufe der Lernphase paßt jedes Element i seine Koeffizienten w_{ij} so an, daß es nur auf die Eingabemuster seiner Musterklasse M_i mit einem Ausgabewert $y_i = 1$ reagiert. Dazu muß allerdings garantiert sein, daß es überhaupt Gewichte gibt, für die eine solche Klassifikationsaufgabe durch (2.88) lösbar ist.

Unter dieser Voraussetzung lautet die Lernregel des Perzeptrons so: Jedes Mal, wenn eine Outputzelle i zu einem bestimmten Merkmal einen falschen Ausgabewert y_i liefert, der vom Sollwert $\bar{y}_i$ abweicht, werden die Synapsen w_{ij} um den Betrag

(2.89) $$\Delta w_{ij} = \varepsilon d_j x_i$$

geändert, wobei $d_j = \bar{y}_j - y_j$ die Differenz von Sollwert und tatsächlichem Wert des Outputs ist. Es handelt sich offenbar um eine Variante der Hebbschen Regel, bei der die Gewichtsänderung proportional zur präsynaptischen Aktivität und der Differenz von gewünschter und tatsächlicher postsynaptischer Aktivität ist. Mit dem Faktor ε (positiv) ist die Lernschrittweite festgelegt.

Bei korrekter Antwort von Outputzelle i ist $d_j = 0$, und alle Gewichte bleiben unverändert. Bei einem falschen Output ist $d_j = \pm 1$, und die Regel bewirkt eine Änderung der gewichteten Inputsumme $\sum_j w_{ij}x_j$ um $\pm\varepsilon \sum_j x_j^2$. Falls dasselbe Muster x auftritt, bewirkt die Regel also eine Vergrößerung der Summe bei vorher zu kleinem Ausgabewert $d_j = 1$ und eine Verkleinerung der Summe bei vorher zu großem Ausgabewert $d_j = -1$.

Während der Psychologe F. Rosenblatt in verschiedenen Arbeiten seit Ende der 50er Jahre die konzeptionellen Grundlagen des Perzeptrons erläuterte, brachten M. Minsky und S. Papert in ihrem berühmten Buch „Perceptrons" die Diskussion auf den mathematischen Punkt.[107] Erst ihre mathematische Präzisierung zeigte mit einem Schlag sowohl die Fähigkeit des Perzeptron-Konzepts als auch seine prinzipiellen Grenzen. Da eine erkenntnis- und wissenschaftstheoretische Bewertung dieses Konzepts erst durch die genaue mathematische Analyse möglich wurde, sei sie auch im Detail vorgetragen.

Zunächst sei ein wichtiges positives Ergebnis festgehalten, das bei Rosenblatt durchaus offen war. Gemeint ist das Perzeptron-Konvergenz-Theorem: Danach wird jedes Muster, das durch das Perzeptron-Netzwerk repräsentiert („wahrgenommen") werden kann, mit der Perzeptron-Lernregel auch in einer endlichen Anzahl von Lernschritten gelernt. Die Konvergenz zu einer Lösung ist also unter dieser Voraussetzung garantiert. Es ist allerdings nicht garantiert, daß die beste aller möglichen Lösungen gefunden wird. Der Beweis macht im wesentlichen von der Cauchy-Schwarzschen Ungleichung Gebrauch und sei kurz angeführt. Der mathematische Satz von Minsky-Papert (1969) lautet:[108]

Voraussetzung

1) Es gibt Synapsengewichte w^*_{ij} für (2.88), mit denen die Klassifikationsaufgabe lösbar ist.
2) Die Merkmalsvektoren x seien beschränkt, d. h. es gibt eine Konstante K mit $\|x\| < K$.

Behauptung:

Die Perzeptron-Lernregel (2.89) mit Lernschrittweite $\varepsilon_i = \frac{1}{\|x\|}$ findet nach endlich vielen Schritten eine Lösung für die Gewichte w_{ij}.

---

107 M. Minsky/S. Papert, Perceptrons, Cambridge (Mass.) 1969.
108 Vgl. auch H. Ritter/T. Martinetz/K. Schulten, s. Anm. 86, 30 ff; M. A. Arbib, s. Anm. 65, 66 ff.

Beweis:

Nach Voraussetzung existiert der Synapsenvektor $w^* = (w_1^*, \ldots, w_n^*)$, der die Klassifikationsaufgabe für den Merkmalvektor x löst. (Dabei wird im folgenden der Index i fortgelassen.) Dann gibt es eine Konstante $\delta > 0$ mit

a) $w^* \cdot x > \delta$, falls $\bar{y}(x) = 1$
$w^* \cdot x < -\delta$, falls $\bar{y}(x) = 0$.

Dabei ist $\bar{y}(x)$ der gewünschte Output, der zu einer richtigen Klassifikation des Merkmals x gehört. Sei w(t) der Gewichtsvektor nach t Änderungsschritten. Dann gilt nach der Lernregel (2.89)

b) $w(t+1) = w(t) + \varepsilon \cdot d \cdot x$.

Wegen $d \cdot (w \cdot x) = (\bar{y} - y)(w \cdot x) \leq 0$ und $d^2\varepsilon^2 = \frac{1}{\|x\|^2}$ (wegen $d = \bar{y} - y = \pm 1$) folgt

c) $w^2(t+1) = w^2(t) + 2\varepsilon d(w(t) \cdot x) + \varepsilon^2 d^2 x^2 \leq w^2(t) + \varepsilon^2 d^2 x^2 = w^2(t) + 1$.

Dann existiert aber eine obere Schranke für das Anwachsen der Länge $\|w(t)\|$ mit der Anzahl der durchgeführten Änderungsschritte, nämlich

d) $\|w(t)\| \leq \sqrt{\|w(0)\|^2 + t}$.

Wegen b) und c) folgt für jeden Änderungsschritt

e) $w(t+1)w^* = w(t)w^* + \varepsilon d(x \cdot w^*) \geq w(t) \cdot w * + \varepsilon\delta$.

Das Skalarprodukt $w \cdot w^*$ wächst also für die vorausgesetzte Lernschrittweite $\varepsilon = 1/\|x\|$ und den durch K beschränkten Merkmalsvektor x mindestens linear mit der Anzahl der erfolgten Lernschritte

f) $w(t)w^* \geq w(0) \cdot w^* + t\frac{\delta}{K}$.

Mit der Cauchy-Schwarzschen Ungleichung folgt für f) und d)

g) $w(0)w^* + t\frac{\delta}{K} \leq w(t)w^* \leq \|w(t)\| \cdot \|w^*\| \leq \|w^*\| \sqrt{\|w(0)\|^2 + t}$.

Da die linke Seite dieser Ungleichung linear ist und damit stärker mit t anwächst, kann t nicht beliebig groß werden, ohne g) zu verletzen. Es gibt also nur eine endliche Anzahl von Änderungsschritten.

Das Perzeptron-Konvergenz-Theorem macht keine Aussage über die Anzahl der Lernschritte, die ein Netzwerk für den Lernprozeß benötigt. Wegen der möglichen kleinen Lernschrittgrößen kann der praktische Lernprozeß sehr lange dauern. Für die praktische Anwendung eines Netzwerks ist die Geschwindigkeit der Konvergenz wichtig. Insofern garantiert das Konvergenz-Theorem zunächst nur theoretisch, daß unter bestimmten Voraussetzungen ein Muster gelernt werden kann.

Offen bleibt aber dann, welche Muster und Lösungen von einem Perzeptron gelernt werden können. Hier war es wieder die mathematische Präzisierung durch Minsky/Papert, die einschneidende erkenntnistheoretische Grenzen aufzeigte.

Das Perzeptron ist nämlich prinzipiell nicht in der Lage, einfache Klassifikationsaufgaben zu lösen. Ein Beispiel ist das Paritätsproblem, d. h. die Unterscheidung, ob eine Anzahl von Gegenständen gerade oder ungerade ist. Ein Spezialfall des Paritätsproblems ist die Entweder-Oder-Verknüpfung der Aussagenlogik, die durch ein Perzeptron nicht realisiert werden kann. Die Mustererkennungs- und Lernnetze scheinen also bereits bei elementaren Fragen der Logik zu scheitern, bei denen sich ihre Konkurrenten der Digitalcomputer ungeheuer stark erwiesen. Die Wahrheitswerttafel des ausschließenden ODER lautet:

x_1	x_2	$x_1 \dot{\vee} x_2$
0	0	0
1	0	1
0	1	1
1	1	0

Dabei steht die Ziffer 0 für den Wahrheitswert „falsch" bzw. 1 für den Wahrheitswert „wahr". Die Variablen x_1 und x_2 seien Komponenten eines Merkmalsvektors der Zwischenschicht eines Perzeptrons. Sie lassen sich z. B. als Codierung einer Wahrnehmung der Retina-Schicht interpretieren. Die Variable y sei das Output-Neuron, dessen Wert durch die Wahrheitswerttabelle des ausschließenden ODER berechnet wird. Die Aktivität der Neuronen x_1 und x_2 bestimmt den Wert von y. Es handelt sich insofern um einen Spezialfall des Paritätsproblems. Für eine gerade Anzahl, wenn beide Neuronen aktiv oder nicht aktiv sind, ist nämlich der Output 0, während für eine ungerade Anzahl, bei der nur ein Neuron aktiv ist, der Output 1 beträgt.

Das Paritätsproblem, das nach einer Unterscheidung von gerader und ungerader Anzahl verlangt, läßt sich auch geometrisch veranschaulichen. Dazu werden die vier möglichen Kombinationen von 0 und 1 in einem rechtwinkligen Koordinatensystem von x_1 und x_2 aufgetragen und mit den zugehörigen Outputwerten markiert. Man sieht nun anschaulich, daß ein

Perzeptron mit den Komponenten x_1 und x_2 prinzipiell nicht lernen kann, die durch das ausschließende ODER geforderten Outputwerte zu liefern. Dazu ist die Summe der gewichteten Inputwerte $w_1x_1 + w_2x_2$ zu berechnen. Die Aktivität des Outputs y hängt davon ab, ob diese Summe größer oder kleiner als der Schwellenwert ist.[109]

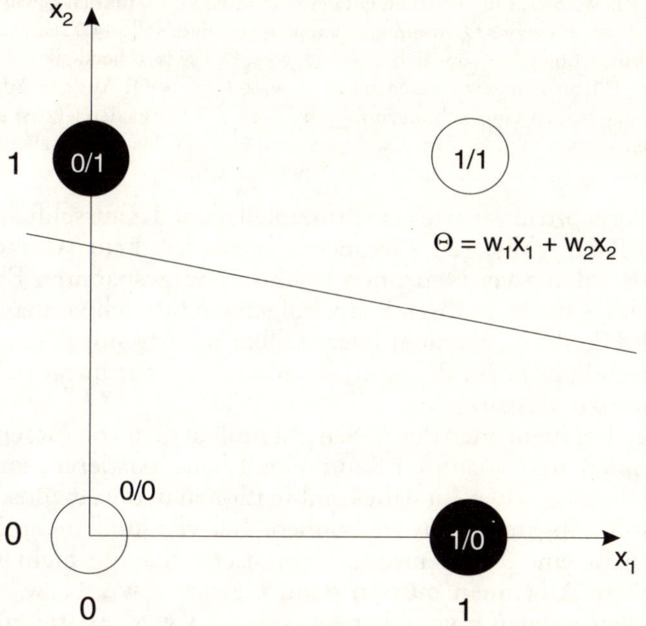

Abb. 2.47

In der von x_1 und x_2 aufgespannten Fläche beträgt der Schwellenwert $\Theta = w_1x_1 + w_2x_2$ mit $x_2 = -\frac{w_1}{w_2}x_1 + \frac{\Theta}{w_2}$. Auf der einen Seite der Geraden ist $w_1x_1 + w_2x_2 > \Theta$ und damit der Schwellenwert aktiv. Auf der anderen Seite gilt $w_1x_1 + w_2x_2 < \Theta$. Damit ist das Schwellenwertelement nicht aktiv. Um das Paritätsproblem für das ausschließende ODER zu lösen, müssen solche Gewichte w_1 und w_2 gefunden werden, daß die entspre-

109 E. Schöneburg/N. Hansen/A. Gawelczky, s. Anm. 73, 81; M. A. Arbib, s. Anm. 65, 80.

chende Gerade die ungerade Anzahl mit (0, 1) und (1, 0) von der geraden Anzahl mit (0, 0) und (1, 1) trennt. Das ist aber in Abb.2.47 geometrisch nicht möglich.

Der formale Beweis ist entsprechend einfach: Nach der Wahrheitswerttabelle sind für vier logische Muster die entsprechenden Schwellenwerte zu bilden. Wenn $x_1 = 0$ und $x_2 = 1$ ist, soll $y = 1$ sein, also das Outputneuron feuern, d. h. $0 \cdot w_1 + 1 \cdot w_2 \geq \Theta$. Entsprechend gilt bei $x_1 = 1$ und $x_2 = 0$ für den gewichteten Input $1 \cdot w_1 + 0 \cdot w_2 \geq \Theta$. Wenn $x_1 = 0$ und $x_2 = 0$ sind, soll $y = 0$ sein, also das Outputneuron inaktiv sein, d. h. $0 \cdot w_1 + 0 \cdot w_2 < \Theta$. Entsprechend gilt bei $x_1 = 1$ und $x_2 = 1$ für den gewichteten Input $1 \cdot w_1 + 1 \cdot w_2 < \Theta$. Aus der Addition der ersten beiden Ungleichungen folgt $w_1 + w_2 \geq 2\Theta$. Aus den letzten beiden Ungleichungen folgt $\Theta > w_1 + w_2 \geq 2\Theta$, also $\Theta > 2\Theta$. Dann muß aber $\Theta < 0$ sein, was im Widerspruch zu $0 \cdot w_1 + 0 \cdot w_2 < \Theta$ steht.

Ein Perzeptron vermag also prinzipiell nicht das ausschließende ODER zu realisieren. Geometrisch existiert keine Gerade in der von den zwei Neuronen x_1 und x_2 aufgespannten Ebene, die dieses Problem lösen kann. Allgemein bezeichnet man eine solche Funktion als nicht linear teilbar bzw. trennbar („lineare Separabilität“). Ein Perzeptron vermag also nur linear teilbare Muster zu klassifizieren.

Bei drei Neuronen der A-Schicht muß in dem von diesen drei Variablen aufgespannten Raum eine Ebene existieren, mit der die acht möglichen Eingabekombinationen in die gewünschten Klassen eingeteilt werden können. Bei vier und mehr Neuronen ist eine 3-dimensionale Veranschaulichung nicht mehr möglich. Allgemein müssen dann Gewichte $w_1, \ldots, w_n$ einer n-dimensionalen Hyperebene $w_1x_1 + \ldots + w_nx_n$ existieren, mit der Muster abgetrennt werden können. Für die Bewertung der Leistungsfähigkeit eines Perzeptrons ist also die lineare Separabilität ein grundlegendes Kriterium. Dabei sind die Vektoren $x_1, \ldots, x_n$ keineswegs auf 0 und 1 beschränkt, sondern können auch allgemein reelle Zahlen sein, wenn der Output der Ausgabeschicht binär bleibt.

So können in dem von den Merkmalsvektoren aufgespannten Raum derart verschlungene Muster auftreten, die eine Trennung durch eine Hyperebene unmöglich machen. In Abb.2.48a sind zwei nicht linear trennbare Muster M_1 und M_2 in einem 2-dimensionalen Merkmalsraum der Variablen x_1 und x_2 angegeben. Manchmal kann durch Erweiterung der Merkmalsvektoren die Unterscheidbarkeit der Muster derart erhöht werden, daß eine Trennung mit einer Hyperebene möglich wird. In Abb.2.48b sind die Muster M_1 und M_2 durch Erweiterung um einen Merkmalsvektor x_3 in einen 3-dimensionalen Raum verlagert, in dem eine Trennungsebene existiert.[110]

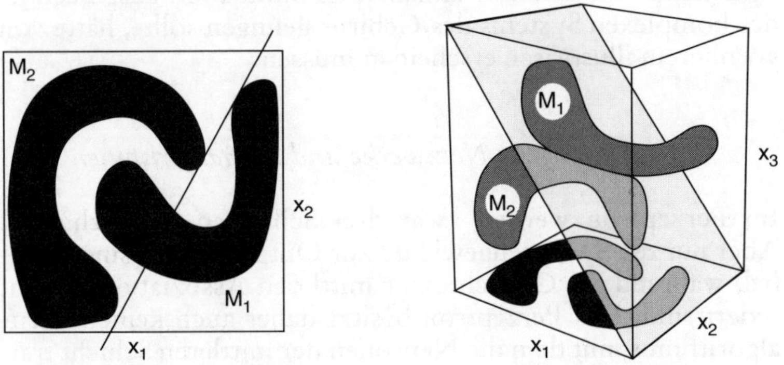

a b

Abb. 2.48

Die präzise mathematische Analyse von Minsky/Papert (1969) wirkte für das Forschungsprogramm der neuronalen Netze zunächst vernichtend. Ebenso wie vorher die Möglichkeit des Perzeptrons überbewertet wurde, erwarteten nun viele Forscher das wissenschaftliche Aus der neuronalen Netze. Tatsächlich waren aber nur die Grenzen eines bestimmten Typs von neuronalen Netzen aufgezeigt worden. Wissenschaftshistorisch wandte man sich jedenfalls in dieser Phase der Verunsicherung den programmgesteuerten Computern zu, deren Theorie sich in der Informatik mit großem Erfolg entwickelte.

Da es bereits 1969 um die Verteilung von sehr viel Geld für die Förderung von Forschungsprogrammen der Computertechnologie ging, hatte das mathematisch und erkenntnistheoretisch ausgerichtete Werk von Minsky/Papert auch wissenschaftssoziologisch eine durchschlagende Wirkung: Eine ganze scientific community begann sich umzuorientieren. Nur wenige behielten auch in dieser Situation einen kühlen Kopf. Immerhin han-

110 H. Ritter/T. Martinetz/K. Schulten, s. Anm. 86, 28.

delte es sich bei Perzeptron um einen ersten Versuch, biologische Netzwerke durch Computer zu simulieren. Die Evolution hatte Jahrmillionen darauf verwendet, verschiedene Entwürfe auszutesten, Fehlschlüsse zu erleben, Erfahrungen zu sammeln und in Neuentwürfen weiterzugeben. Daß innerhalb von einem Jahrzehnt eine nur annähernde Simulation ausgerechnet des komplexen Systems des Gehirns gelingen sollte, hätte von vornherein illusorisch erscheinen müssen.

2.34 *Homogene Netzwerke und Lernalgorithmen*

Im Perzeptron werden zwar drei Schichten unterschieden. Aber nur die Synapsengewichte zur Outputschicht sind variabel, während die Gewichte zur mittleren Assoziationsschicht fixiert sind. Das Perzeptron besitzt daher auch keinen Lernalgorithmus, mit dem die Neuronen der mittleren Schicht trainiert werden könnten. Funktional ist das Perzeptron daher unter dem Gesichtspunkt der Lernfähigkeit auch ein einschichtiges Netzwerk, wenn man von der starr vorgestalteten Inputschicht der Retina absieht.

Während Rosenblatt bei der Entwicklung des Perzeptrons von psychologisch-physiologischen Überlegungen ausging, entwickelte der Physiker J. Hopfield 1982 ein einschichtiges neuronales Netz, das vom Spinglas-Modell der Festkörperphysik (vgl. Abschnitt 2.23) inspiriert wurde. Mit seiner eleganten mathematischen Theorie „Neurological Networks and Physical Systems with Emergent Collective Computational Abilities" konnte er erklären, warum vom mathematisch-physikalischen Standpunkt aus neuronale Netzwerke funktionieren.[111] Hopfield war von Hause aus Festkörperphysiker, der sich z. B. mit den Eigenschaften von Silicium und anderen Stoffen in elektronischen Geräten beschäftigt hatte. Seit Ende der 70er Jahre arbeitete er am MIT in einer neurophysiologischen Forschergruppe an Fra-

111 J. J. Hopfield, Neural networks and physical systems with emergent collective computational abilities, in: Proceedings of the National Academy of Sciences 79 1982, 2554-2558.

gen der Gehirnforschung mit. Als Physiker war er weniger an den neurobiologischen Details realer Nervensysteme interessiert als vielmehr an mathematisch-physikalischen Prinzipien. Er wählte daher ein einfaches System, das die Natur im Laufe ihrer Evolution so nicht aufgebaut hatte. Wichtige Arbeiten aus verschiedenen Disziplinen, auf denen Hopfield aufbauen konnte, stammen z. B. von Hebb (1949), Kohonen (1972), Cooper (1973), Little und Shaw (1975).[112]

Hopfields Anfangshypothese war ein einschichtiges Netz von wechselwirkenden Neuronen, das wie ein physikalisches System mit einer konstant abnehmenden Energiemenge verstanden werden kann. Beispiele aus dem Alltag sind bekannt: Wasser, das von einem Berg in die Täler fließt, besitzt im Anfangsstadium viel Energie und kommt schließlich im Tal in einem Zustand mit wenig Energie zur Ruhe. Dieser Prozeß kann nicht von einem Digitalcomputer beschrieben werden, der nacheinander bestimmte digitale Zustände einnimmt. Vielmehr liegen lokale Wechselwirkungen von Milliarden von Einzelmolekülen vor, die sich zu makroskopischen Wirkungen aufschaukeln und schließlich in einem Endzustand des Gleichgewichts enden. Um in einem Bild den Vorgang zu veranschaulichen: Die einzelnen Neuronen gleichen einzelnen Menschen in einer Versammlung, die zunächst „energiegeladen" untereinander eine temperamentvolle Diskussion mit vielen Einzelmeinungen führen, um sich schließlich im Gleichgewichtszustand einer mehrheitlichen Entscheidung zu beruhigen, in dem sich gewissermaßen die hitzigen Gemüter abgekühlt haben.

Das Hopfield-System besteht aus einer einzigen Schicht, in der n binäre Neuronen nach McCulloch-Pitts vollständig und symmetrisch untereinander vernetzt sind. Es ist daher ein homogenes neuronales Netz. Der Zustand z_i eines Neurons i ent-

112 D. O. Hebb, s. Anm. 71; T. Kohonen, Correlation matrix memories, in: IEEE Transactions on Computers C-21 1972, 353-359; L. N. Cooper, A possible organization of animal memory and learning, in: B. Lundquist/S. Lundquist (eds.), Proceedings of the Nobel Symposium on Collective Properties of Physical Systems, New York 1973, 252-264; W. A. Little/G. L. Shaw, A statistical theory of short and long term memory, in: Behavioral Biology 14 1975, 115-133.

spricht dem Ising-Spin S_i im Spinglas-Modell. Entsprechend dem Spinwert $S_i = -1$ ist das Neuron mit $z_i = 0$ in Ruhe, während es entsprechend dem Spinwert $S_i = +1$ mit $z_i = 1$ aktiv ist.

Die Dynamik des Hopfield-Systems ist exakt dem Spinglas-Modell der Festkörperphysik nachgebildet. Der Inputvektor des Systems ist durch die Gesamtaktivität des Netzes zum Zeitpunkt $t = 0$ bestimmt. Der Output liegt dann vor, wenn das System einen stabilen Zustand erreicht hat. Die Zustandsentwicklung $z_i(t)$ eines Neurons i mit Reizschwelle Θ_i wird durch die Evolutionsgleichung

$$(2.90) \qquad z_i(t+1) = \begin{cases} 1, & \text{falls } \sum w_{ij} z_j(t) > \Theta_i \\ 0, & \text{falls } \sum w_{ij} z_j(t) < \Theta_i \\ z_i(t), & \text{falls } \sum w_{ij} z_j(t) = \Theta_i \end{cases}$$

beschrieben. Der Zustand eines Neurons zum Zeitpunkt t + 1 ist also durch die Gesamtheit der Zustände aller Neuronen zum vorherigen Zeitpunkt bestimmt.[113]

Im physikalischen Modell des Spinglases entspricht dem Schwellenwert Θ_i ein lokales Feld, das den Spin S_i in eine bestimmte Richtung zu zwingen versucht. Aus Gründen der Einfachheit wählt Hopfield $\Theta_i = 0$. Die Synapsenkopplung zwischen zwei Neuronen i und j wird wieder mit w_{ij} bezeichnet, wobei w_{ij} größer als Null für eine exzitatorische Verknüpfung und w_{ij} kleiner Null für eine inhibitorische Verknüpfung beträgt. Analog zum Spinglas-Modell nimmt Hopfield an, daß die Gewichte mit $w_{ij} = w_{ji}$ symmetrisch sind und keine Rückkopplung einer Zelle mit sich selbst vorliegt, d. h. $w_{ii} = 0$. Erst unter diesen Voraussetzungen kann eine Hamilton-Funktion analog der Energiefunktion des Spinglas-Modells angenommen werden:

$$(2.91) \qquad E = -\frac{1}{2} \sum_{ij} w_{ij} z_i z_j + \sum_i \Theta_i z_i \quad .$$

Falls ein Zustand z_i von 0 nach 1 wechselt, beträgt die Änderungsrate der Energie $\Delta E = \sum w_{ij} z_j - \Theta_i$. Es läßt sich leicht beweisen, daß unter diesen Voraussetzungen die Energiefunktion (2.91) mit der Dynamik (2.90) nicht wachsen kann, d. h. $E(z(t+1)) \leq E(z(t))$. Da sich $z(t+1)$ und $z(t)$ wegen (2.90) nur

113 Vgl. auch R. Serra/G. Zanarini, Complex Systems and Cognitive Processes, Berlin/Heidelberg/New York 1990, 75 ff; E. Schöneburg/N. Hansen/A. Gawelczyk, s. Anm. 73, 109 ff.

um eine Einheit unterscheiden können, folgt aus E(z(t + 1)) = E(z(t)) sogar z(t + 1) = z(t). Daher kann das System nur Fixpunkte als Attraktoren haben.

Dieses Ergebnis ermöglicht eine anschauliche Interpretation für die Dynamik der Neuronen. E(z) läßt sich als Potentialgebirge über dem Zustandsraum aller möglichen Binärvektoren z auffassen. Startet das System aus einem Anfangszustand z(0), so bewegt es sich in diesem Potentialgebirge so lange bergab, bis es in einem lokalen Minimum stecken bleibt. Die Rechenenergie eines neuronalen Netzes bildet gewissermaßen eine Landschaft mit Hügeln und Tälern.[114]

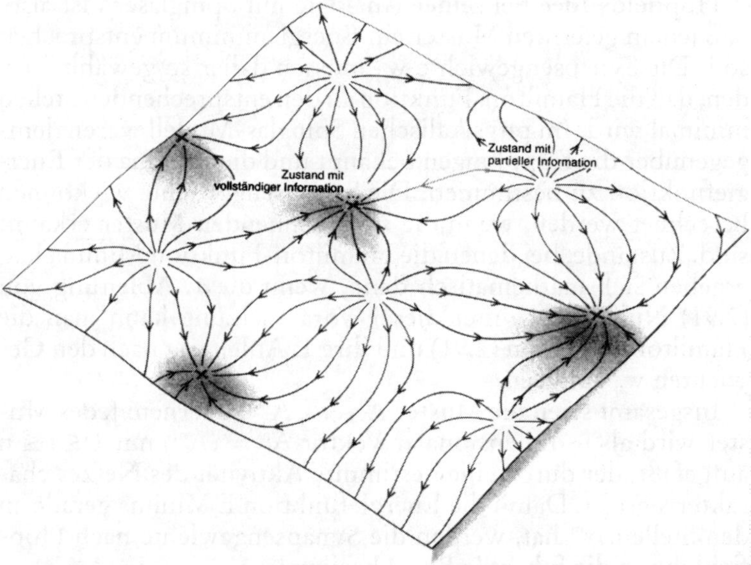

Abb. 2.49

Während der Entwicklung des Systems nimmt die Rechenenergie E auf dem Weg durch die Landschaft ab, bis der Weg in einem Tal erreicht ist. Man denke z. B. an einen Regentrop-

114 D. W. Tank/J. J. Hopfield, Kollektives Rechnen mit neuronenähnlichen Schaltkreisen, in: Spektrum der Wissenschaft: Sonderheft 11, Heidelberg 1991, 65.

fen, der auf der Oberfläche der Erde abwärts fließt und seine potentielle Energie immer weiter verringert. Auf der Abbildung des Potentialgebirges gibt es tiefere und weniger tiefere Täler, in die ein Regentropfen geraten kann. Ein unbegrenzter Abstieg des Systems ist nicht möglich, da das System nur endlich viele mögliche Zustände hat. Ist der Startzustand z(0) das Eingabemuster, so ist das erreichte Minimum die Antwort des Netzwerks. Jedes Minimum im Potentialgebirge ist tiefster Punkt eines Attraktorgebietes, von dem es umgeben ist. Der Regentropfen wird anschaulich gesprochen vom Attraktor ins Tal gezogen.

Hopfields Idee bei seiner Analogie mit Spingläsern ist also, daß jedem gelernten Muster ein Energieminimum entsprechen soll. Die Synapsengewichte w_{ij} müssen daher so gewählt werden, daß die Hamilton-Funktion an den entsprechenden Stellen minimal wird. Im physikalischen Spinglas-Modell waren demgegenüber die Kopplungen bekannt und die Minima der Energiefunktion zu bestimmen. Die Synapsengewichte w_{ij} können berechnet werden, wenn die zu erkennenden Muster erkannt sind. Zustände, bei denen die Hamilton-Funktion Minima hat, ergeben sich mathematisch dann, wenn die 1. Ableitung von (2.91) Null wird. Unter dieser Voraussetzung kann man die Hamilton-Funktion (2.91) und ihre 1. Ableitung nach den Gewichten w_{ij} auflösen.

Insgesamt seien die Muster $A^1, \ldots, A^M$ zu lernen. Jedes Muster wird als n-dimensionaler Vektor $A^m = (A_i^m)$ mit $1 \leq i \leq n$ aufgefaßt, der durch eine bestimmte Aktivität des Netzes charakterisiert ist. Damit die Energiefunktion E Minima gerade an den Stellen A^m hat, werden die Synapsengewichte nach Hopfield durch die folgende Regel bestimmt:

$$(2.92) \qquad w_{ij} = (1 - \delta_{ij}) \sum_{m=1}^{M} (2A_i^m - 1)(2A_j^m - 1),$$

wobei das Kroneckersymbol $\delta_{ij} = 1$ für $i = j$ und $\delta_{ij} = 0$ sonst ist. Dieser Formel entspricht eine bestimmte Version der Hebbschen Regeln. Sind zwei Neuronen i und j zur gleichen Zeit entweder aktiv oder inaktiv, so wird die synaptische Kopplung

w_{ij} verstärkt, da das Produkt positiv ist. Bei unterschiedlichen Zuständen wird w_{ij} verkleinert, da das Produkt negativ ist.

Die Hamilton-Funktion E habe ihre Minima bei den gelernten Mustern A^m, die in Abb.2.50 als Buchstaben vorgestellt sind. Wird nun ein gestörtes, unvollständiges Muster angelegt, dann kann sich die Energie nur vermindern. Geometrisch spannt E ein Potentialgebirge über den möglichen Zuständen des Netzes auf, dessen Täler über den Netzaktivitäten A^m der gelernten Muster liegen. Startet man nun in diesem Potentialgebirge an einem beliebigen Punkt, so wird man sich abwärts bewegen müssen, bis ein lokal tiefster Punkt erreicht ist, dem ein gelerntes Muster A^m entspricht. Diese Zustandsentwicklung der Neuronen entspricht dem Erkenntnisprozeß eines gestörten Buchstabens, wie er in Abb.2.50 wiedergegeben ist. Der korrekte Buchstabe ist der Attraktor, auf den sich der gestörte Buchstabe hin entwickelt.[115]

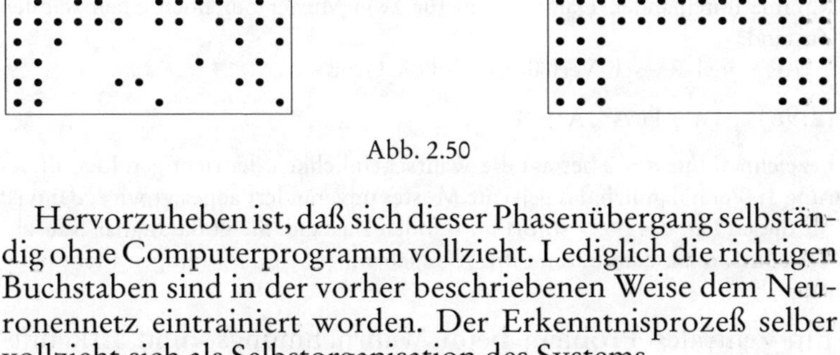

Abb. 2.50

Hervorzuheben ist, daß sich dieser Phasenübergang selbständig ohne Computerprogramm vollzieht. Lediglich die richtigen Buchstaben sind in der vorher beschriebenen Weise dem Neuronennetz eintrainiert worden. Der Erkenntnisprozeß selber vollzieht sich als Selbstorganisation des Systems.

Als Nebenminima treten stabile Zustände des Netzwerkes auf, denen kein gelerntes Muster entspricht. Es entstehen umso mehr solcher Nebenminima, je ähnlicher sich die Muster sind. Als Maß für die Ähnlichkeit zweier Muster A^m und A^k wird die Überlappungsgröße

115 Für Abb. 2.50-2.51 vgl. R. Serra/G. Zanarini, s. Anm. 113, 78, 79.

$$(2.93) \qquad G(A^m, A^k) = \frac{1}{N} \sum_i (2A_i^m - 1)(2A_i^k - 1)$$

mit der Anzahl N der Neuronen gewählt. Falls die beiden Muster für keinen einzigen Zustand i denselben Wert A_i haben, gilt $G(A^m, A^k) = -\frac{N}{N} = -1$. Sind die beiden Muster identisch folgt $G(A^m, A^k) = \frac{N}{N} = 1$.

Der Grad der Überlappung gibt die Korrelation beider Muster an. Für zufällig gewählte Zustände liegt die Korrelation ungefähr bei 0. Um zu messen, in wievielen Bits sich die Muster unterscheiden, wird die sogenannte Hamming-Distanz

$$(2.94) \qquad H(A^m, A^k) = \sum_i |A_i^m - A_i^k|$$

definiert. Falls die Muster in jedem Zustand i verschieden („invers") sind, gilt $H(A^m, A^k) = N$. Für identische Muster ist $H(A^m, A^k) = 0$. Für zufällig gewählte Muster liegt diese Größe ungefähr bei N/2. Für Überlappung und Hamming-Distanz folgt der Zusammenhang

$$(2.95) \qquad H(A^m, A^k) = \frac{1}{2} N(1 - G(A^m, A^k)).$$

Falls die Unterscheidung zweier Muster nach Bits kleiner als N/5 wird, rücken die Minima der Energie-Funktion einander näher. Dann entsprechen die stabilen Zustände nicht mehr den gelernten Mustern, sondern liegen daneben. Für noch kleinere Distanzen der Muster wie $H(A^m, A^k) \leq N/10$ verschmelzen die Minima miteinander. Dann gibt es für zwei Muster nur noch einen stabilen Zustand.

Als Signal-Rausch-Verhältnis wird die Größe

$$(2.96) \qquad \sigma = H(A^m, A^k)/N$$

bezeichnet. Für $\sigma = 0$ beträgt die Wahrscheinlichkeit der richtigen Identifizierung 1: Wenn nämlich das gelernte Muster unverändert angelegt wird, dann ist für diesen Fall das Netz sofort im stabilen Zustand. Steigt das Signal-Rausch-Verhältnis σ an, dann nimmt die Wahrscheinlichkeit der richtigen Identifizierung ab.

Ein zentrales Problem beim Wahrnehmungs- und Erkenntnisprozeß sind die Invarianzleistungen eines komplexen Systems. Damit ist gemeint, daß ein Gegenstand auch dann erkannt wird, wenn er z. B. in eine ungewohnte Perspektive verschoben wurde. Aus der Biologie ist bekannt, daß Tiere bestimmte Personen mit Kontexten verbinden. Bei Pferden spielt es z. B. eine Rolle, ob der Pfleger an der gewohnten Stelle die Weide betritt oder nicht. Menschen können ihr Gesicht zur

Seite drehen oder nach vorne neigen. Das Bild einer Person kann auf dem Negativ eines Films gegeben sein, auf dem Hell und Dunkel vertauscht wurde. Trotzdem werden wir sie erkennen, wenn wir sie kennen.

Im Hopfield-System ist die Matrix der Synapsengewichte, die durch (2.92) gegeben ist, und ebenso die Zeitevolution der Zustände von (2.90) invariant gegen die Mustertransformation der Komplementbildung $A^m \rightarrow A'^m$, wobei für das Komplementmuster A'^m die komplementären Zustände $z_i' = 1 - z_i$ mit $1 \leq i \leq N$ vorliegen. Es spielt damit für das System keine Rolle, ob es ein Muster oder ein Negativ gelernt hat, um es wiederzuerkennen (Abb.2.51). Andererseits weisen die Invarianzleistungen der Hopfield-Systeme deutlich Grenzen auf. Da die Ähnlichkeit von Mustern nur nach der Anzahl ihrer übereinstimmenden Bildpunkte bestimmt wird, können häufig selbst Muster, die sich nur durch einfache Transformationen wie z. B. Verschiebungen unterscheiden, nicht ohne weiteres als gleichartig erkannt werden.

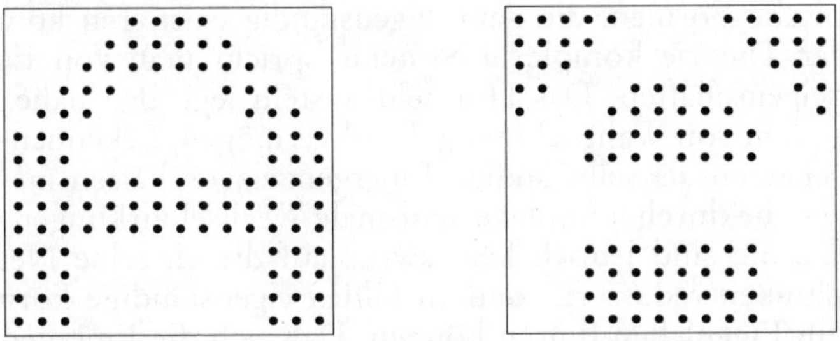

Abb. 2.51

Hopfield-Systeme bieten sich für bestimmte Rechenaufgaben an. Im Potentialgebirge stellt der Zustand geringster Energie eine optimale Lösung dar. Mit einem Optimierungsproblem hat z. B. ein Handlungsreisender zu tun, der die kürzeste Reiseroute zwischen vorgegebenen und zu besuchenden Städten bestimmen muß. Bei einem programmgesteuerten Digitalcomputer besteht die Lösungsstrategie im wesentlichen darin, daß jede mögliche Route nacheinander vermessen wird. Damit wird auch bei den hohen Rechengeschwindigkeiten moderner Großrechner viel Zeit verbraucht. In einem Hopfield-System werden die unterschiedlichen Entfernungen zwischen den Städten und die Reihenfolge, in der sie besucht werden, durch entsprechende Synapsengewichte berücksichtigt. In Bruchteilen von Sekunden sinkt die Rechenenergie E in einen stabilen energiearmen Zustand, der die kürzeste Route repräsentiert. Ein neuronales Netz kann so ständig zwischen Millionen von möglichen Antworten entscheiden, weil es die Antworten nicht nacheinander prüfen muß. Es geht auch nicht davon aus, daß jede mögliche Antwort wahr oder falsch ist. Jede Möglichkeit hat vielmehr ihr synaptisches Gewicht, das erkenntnistheoretisch der Stärke der Annahme entspricht, die das System mit jeder Möglichkeit verbindet. Sie werden parallel verarbeitet.

Erinnerungen an gelerntes oder Entscheidungen über optimales Wissen abrufen zu können, verdanken Hopfields Systeme der dynamischen Wechselwirkung zwischen den einzelnen Neuronen. Lokale Wechselwirkungen mikroskopischer Bausteine ermöglichen globale Wechselwirkungen und makroskopische Formen, die dann eigenständig existieren können. In der Theorie komplexer Systeme spricht man von Emergenzeigenschaften. Das Hopfield-System legt also nahe, das Entstehen von Wahrnehmung, Denkvermögen, Erkennen und Entscheiden als selbständige Emergenzeigenschaften zu verstehen, die durch komplexe neuronale Wechselwirkungen entstehen. Sie sind jedoch keineswegs auf die einzelne Neuronentätigkeit reduziert, sondern bilden eigenständige Formen, die ein Eigenleben führen können. Daß sich die Emergenzeigenschaften von Hopfield-Systemen noch bescheiden neben den Denkleistungen des menschlichen Hirns ausmachen, mag nicht verwundern. Die biologische Evolution hat Jahrmillionen Zeit benötigt, um Emergenzeigenschaften auszubilden und für Weiterentwicklungen einzusetzen.[116]

---

116 Das klassische Hopfield-Modell von 1982 wurde modifiziert und erweitert. Vgl. z.B. J. J. Hopfield, Neurons with graded response have collective computational properties like those of two-state neurons, in: Proceedings of the National Academy of Sciences 81 1984, 3088-3092; H. Gutfreund, Neural networks with hierarchically correlated patterns,

2.35 Hierarchische Netzwerke und Lernalgorithmen

In ihrer Kritik an überzogene Erwartungen, die seit Rosenblatts Perzeptron mit neuronalen Netzen verbunden wurden, hatten sich Minsky und Papert fast ausschließlich mit einschichtigen Netzwerken auseinandergesetzt. Bei diesem Netzwerktyp sind Input- und Outputneuronen in einer einzigen Schicht angeordnet. Die Lernfähigkeit eines solchen Systems ist, wie in Abschnitt 2.33 gezeigt wurde, sehr beschränkt. In diesem Fall ist die Anordnung der Verbindungen einfach, weil die Werte der Input- und Outputneuronen vorher bekannt sind. Sie entspricht dem Input oder Output der Leitungen, die das Netzwerk realisieren soll. Zwar wurde damals bereits mit mehrschichtigen Netzwerken experimentiert. Das Problem bestand aber darin, die mittleren Schichten in die Informationsverarbeitung miteinzubeziehen, da sie nicht direkt von außen über die Input- oder Outputschicht beeinflußt werden können.

Schauen wir uns zunächst ein zweischichtiges System an, das über Input- und Outputschicht mit der Umwelt verbunden ist. Dieser Feedback zur Umwelt erlaubt eine Verminderung oder Verstärkung der Synapsenkonnektionen. Philosophisch entspricht es einer „black box" im Sinne des Behaviorismus, da nur Reaktionen auf Inputs registriert werden, ohne daß eine interne Systemstruktur bekannt wäre (Abb.2.52). Der Lernvorgang läuft in verschiedenen Lernstufen ab:

Mit $x_i^{(s)}$ wird der Zustand des i-ten Inputelements auf der s-ten Lernstufe bezeichnet. Wie bei McCulloch-Pitts-Neuronen können die Zustände 0 oder 1 betragen. $y_j^{(s)}$ bezeichnet die spontane Antwort des j-ten Outputelements auf der s-ten Lernstufe, die wiederum 0 oder 1 betragen kann. Mit $w_{ji}^{(s)}$ wird die Synapsenstärke zwischen j-ten Output- und i-ten Inputelement nach der s-ten Lernstufe bezeichnet. $\delta^{(s)}$ ist die Zunahme von w_{ji} in der s-ten Lernstufe. Das Lernziel ist die gewünschte Anwort

in: NSF-ITP 1986, 86-151; P. Peretto, Biol. Cybern. 50 1984, 51-62 (stochastische Verallgemeinerung des deterministischen Hopfield-Systems). Eine Übersicht zu Verallgemeinerungen des Hopfield-Systems mit weiteren Literaturangaben bietet Serra/Zanarini, s. Anm. 113, 84 ff.

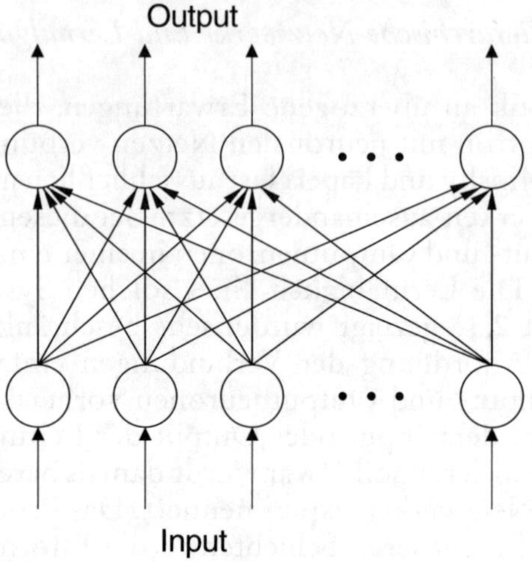

Abb. 2.52

$d_j^{(s)}$ des j-ten Outputelements auf der s-ten Lernstufe, die wiederum 0 oder 1 betragen kann.

Die Evolutionsgleichung für die Zustände eines Outputneurons lautet

$$y_j^{(s)} = T\Big(\sum_i w_{ji}^{(s-1)} x_i^{(s)}\Big) \quad (2.97)$$

und hängt ab von der Summe aller Inputneuronen, die durch die Synapsenstärken der vorherigen Lernstufe gewichtet sind. Schwellenwerte lassen sich wie üblich in diese Gleichung einbauen.[117]

Wie bei einem Hopfield-System kann ein Lernstadium vom Stadium der Wiedererkennung eines Musters unterschieden werden. Im Unterschied zum Hopfield-System verfügt das 2-Schichtensystem aber über feedback. Daher kann die Antwort auf einen Input verstärkt werden, falls sie korrekt ist, und im anderen Fall vermindert werden. Die naheliegende Anwendung der Hebbschen Regel muß der 2-schichtigen Struktur des Netzwerks angepaßt werden.

117 Die Transferfunktion T liefert hier $T(x) = 1$ für $x > 0$ und $T(x) = 0$ sonst.

Nach B. Widrow und M. E. Hoff („Widrow-Hoff-Regel" 1960) wird jeder Lernvorgang in zwei Stadien unterschieden.[118] Im ersten Stadium wird ein Inputvektor an die Inputschicht, die zu lernende Antwort als Outputvektor an die Outputschicht gelegt. Die Outputschicht kann sich dann also nicht entwickeln. Der Lernalgorithmus hat in diesem Stadium die Synapsengewichte zwischen den aktiven Neuronen der beiden Schichten um den Betrag δ zu vergrößern. Im 2. Lernstadium bleibt die Inputschicht durch den Inputvektor festgelegt, während sich der Output frei auf einen stabilen Gleichgewichtszustand hin entwickeln kann. Dabei soll der Lernalgorithmus die korrekten Verbindungen der beiden Schichten unverändert lassen, während die inkorrekten Verbindungen mit Blick auf die gewünschte Antwort um den gleichen Betrag δ vermindert werden sollen. Mathematisch lautet diese Lernregel:

$$(2.98) \qquad w_{ji}^{(s)} = w_{ji}^{(s-1)} + \delta^{(s)}(d_j^{(s)} - y_j^{(s)})x_i^{(s)} \quad .$$

Wie bereits erwähnt, kann ein solches System prinzipiell z. B. das Paritätsproblem oder damit verwandte Probleme wie das ausschließende ODER nicht lösen.[119] Der entscheidende Ansatz besteht in der Erweiterung der beiden Input- und Outputschichten um verdeckte Zwischenschichten („hidden units"). Verdeckte lernfähige Schichten vermögen nämlich, ein Bild der Außenwelt zu repräsentieren, das in komplexen Entscheidungssituationen verwertet werden kann. Für die Lösung des ENTWEDER-ODER-Problems genügt bereits ein einziges verdecktes Element, das in einem System mit zwei Eingängen und einem Ausgang eingefügt wird. Für das Outputelement liefert das verdeckte Element einen dritten Eingang. Die Gewichte der Verbindungen sind an den Kanten der Abb.2.53 notiert, die Reizschwellen in den Neuronen.

Das ENTWEDER-ODER $x_1 \dot{\vee} x_2$ ist falsch, falls x_1 und x_2 falsch sind. In diesem Fall gilt für den gewichteten Input des internen Neurons $0 \cdot 1 + 0 \cdot 1 < 1,5$, d. h. das verdeckte Neuron feuert nicht. Für das Outputneuron gilt daher

118 B. Widrow/M. E. Hoff, Adaptive switching circuits, in: 1960 IRE WESCON Convention Record, New York: IRE, 96-104.

119 Dazu M. L. Minsky/S. A. Papert, Perceptrons (expanded edition), Cambridge (Mass.) 1988.

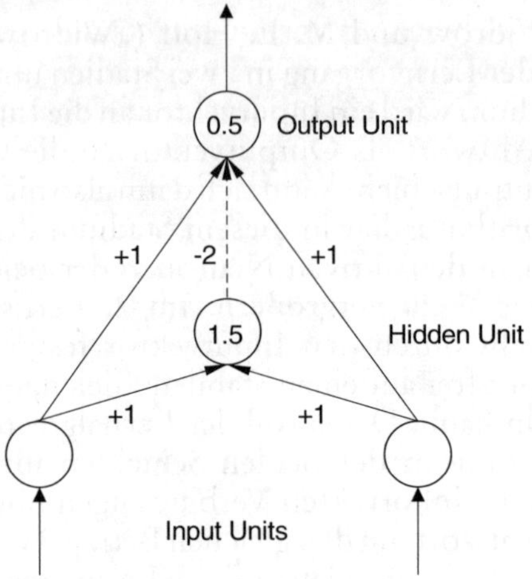

Abb. 2.53

$0 \cdot 1 + 0 \cdot (-2) + 0 \cdot 1 < 0,5$, d. h. es feuert wie vorgesehen nicht. Das ENTWEDER-ODER ist wahr, falls ein x_i $(i = 1,2)$ wahr ist. In diesem Fall gilt für den gewichteten Input des internen Neurons $0 \cdot 1 + 1 \cdot 1 < 1,5$, d. h. das verdeckte Neuron feuert nicht. Also gilt für das Outputneuron $0 \cdot 1 + 0(-2) + 1 \cdot 1 > 0,5$, d. h. es feuert wie vorgesehen. Das ENTWEDER-ODER $x_1 \dot{\vee} x_2$ ist falsch, falls x_1 und x_2 beide wahr sind. In der Tat gilt dann für das verdeckte Neuron $1 \cdot 1 + 1 \cdot 1 > 1,5$, d. h. es feuert. Für das Outputneuron folgt $1 \cdot 1 + 1 \cdot (-2) + 1 \cdot 1 < 0,5$, d. h. es feuert wie vorgesehen nicht.

Aussagenlogisch läßt sich das ENTWEDER-ODER auch definieren als $(x_1 \vee x_2) \wedge \neg(x_1 \wedge x_2)$, d. h. das logische ODER wird um die Negation der Konjuktion seiner Teilaussagen erweitert. Das interne Neuron repräsentiert genau diese logische Erweiterung.

Algebraisch bzw. geometrisch ist durch neuronale Erweiterung ein linear teilbares Problem entstanden. Nach diesem einfachen Beispiel ahnt man bereits, daß Repräsentationsfähigkeit und Problemlösungsfähigkeit von der Zahl der lernfähigen Schichten und der Anzahl ihrer jeweiligen Elemente abhängt. Auch die Anatomie natürlicher neuronaler Netze legt eine Strukturierung entsprechender technischer Systeme nahe, bei der mehrere Neuronenschichten hintereinander geschaltet werden. Die erste Schicht bildet dabei das Eingabemuster. Jedes

Neuron dieser Schicht hat Verbindungen zu jedem Neuron der nächsten Schicht. Die Hintereinanderschaltung setzt sich fort, bis die letzte Schicht erreicht ist und ein Aktivitätsmuster abgibt.

Das 2-Schichten-System mit dem Widrow-Hoff-Lernalgorithmus soll nun für ein vielschichtiges Netzwerk verallgemeinert werden.[120] Im Unterschied zu zweischichtigen Systemen mit bloßen Input-Output-Reaktionen handelt es sich um ein dynamisches System mit interner Struktur, in der mentale („innere") Zustände repräsentiert werden können. Technisch werden dazu auch für die internen Neuronen entsprechende Evolutionsgleichungen berücksichtigt. Neben $x_i^{(s)}$ als dem Zustand des i-ten Inputelements und $y_j^{(s)}$ als j-ten Outputelement im s-ten Lernstadium wird $z_k^{(s)}$ als Zustand des k-ten mittleren („internen") Neurons im s-ten Lernstadium eingeführt. Die mittlere Neuronenschicht ist mit Input- und Outputschicht durch die folgenden Gleichungen verbunden:

$$(2.99) \qquad y_j^s = T(\sum_k w_{jk}^{(s-1)} z_k^{(s)})$$

$$z_k^s = T(\sum_k w_{ki}^{(s-1)} x_i^{(s)}) \quad .$$

Mit diesen Gleichungen wird jedem Eingabemuster x ein Ausgabemuster y zugeordnet. Die Art der Zuordnung hängt dabei von den Synapsenstärken w_{jk} (von der inneren Schicht zur Ausgabeschicht) und von w_{ki} (von der Eingabeschicht zur inneren Schicht) ab. Gesucht sind die Größen w_{jk} und w_{ki}, mit denen das Netzwerk ein Eingabemuster $x^{(s)}$ auf ein vorgegebenes Ausgabemuster $d^{(s)}$ abbilden kann. Ein Maß, wie gut das Netzwerk diese Aufgabe erfüllt, ist der über alle Musterpaare erstreckte quadratische Fehler. Dazu wird zunächst der quadratische Fehler im s-ten Lernschritt durch die Norm

$$(2.100) \qquad F^{(s)} = \|y^{(s)} - d^{(s)}\|^2 = \sum_j |y_j^{(s)} - d_j^{(s)}|^2$$

definiert und schließlich auf die gesamte Folge der Lernschritte

120 Vgl. R. Serra/G. Zanarini, s. Anm. 113, 114 ff.

durch $F = \sum_s F^{(s)}$ erweitert. Für zu lernende Muster ist F eine Funktion aller Synapsengewichte w_{jk} und w_{ki}. Diese Gewichte sind optimal gewählt, wenn der Fehler F minimal ist. Die Bestimmung entsprechender Synapsengewichte entspricht also dem Problem der Minimalisierung der Funktion F.

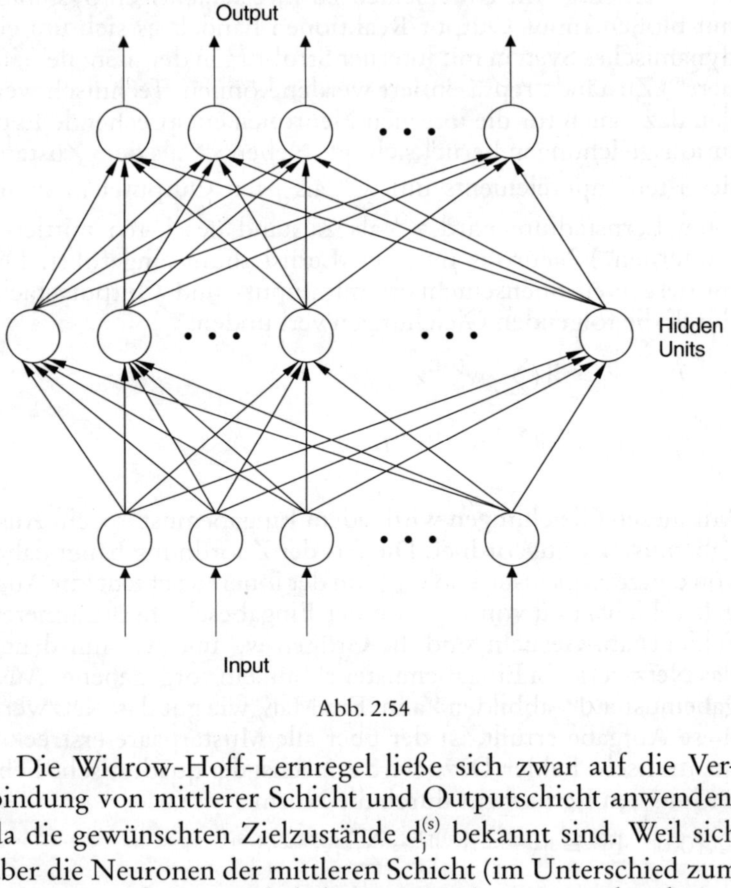

Abb. 2.54

Die Widrow-Hoff-Lernregel ließe sich zwar auf die Verbindung von mittlerer Schicht und Outputschicht anwenden, da die gewünschten Zielzustände $d_j^{(s)}$ bekannt sind. Weil sich aber die Neuronen der mittleren Schicht (im Unterschied zum Perzeptron) frei entwickeln können, ist eine entsprechende Anwendung für Input-Schicht und mittlere Schicht nicht möglich. Als Minimalisierungsmethode der Fehlerfunktion F bietet sich das Gradientenabstiegsverfahren an. Gemeint ist damit, an jedem Gewicht eine Korrektur vorzunehmen, die der Ableitung der Fehlerfunktion nach den betreffenden Gewichten entspricht, d. h.

$$(2.101) \qquad w_{ij}^{(s)} = w_{ij}^{(s-1)} - \alpha^{(s)} \frac{\partial F^{(s)}}{\partial w_{ij}^{(s-1)}} \quad .$$

Diese Korrektur wird zunächst für die Outputschicht berechnet und dann durch das gesamte Netz über die mittlere Schicht bis zur Inputschicht zurückverfolgt (Abb.2.55). Man spricht daher auch von einem Backpropagation-Algorithmus[121]. Die Absicht ist, durch genügend viele Lernschritte für ein Vorgabemuster den Fehler auf 0 bzw. vernachlässigbar kleine Werte zu vermindern.

Mathematisch stellt sich zunächst das Problem, daß die Fehlerfunktion $F^{(s)}$ nicht differenzierbar ist, da sie aus den Stufenfunktionen der sgn-Funktion aufgebaut ist. Daher wird die Stufenfunktion durch eine sogenannte sigmoide Funktion $\sigma(x)$ ersetzt, die nicht-negativ, überall monoton steigend ist und gegen den asymptotischen Sättigungswert 1 bzw. 0 strebt, wenn x gegen $\pm\infty$ geht. Ein Beispiel ist die Funktion $\sigma(x) = 1/(1 + \exp(x))$ mit sigmoidförmigem Kurvenverlauf (Abb. 2.56).[122]

Das Lernverfahren eines Backpropagation-Netzwerks entspricht einem „Hill-Climbing"-Algorithmus. Anschaulich stellt die Fehlerfunktion eine Hügellandschaft dar, wobei ein

121 D. E. Rumelhart/G. E. Hinton/R. J. Williams, Learning internal representations by error propagation, in: D. E. Rumelhart/J. L. McClelland (eds.), Parallel Distributed Processing: Explorations in the Microstructures of Cognition vol. I, Cambridge (Mass.) 1986, 318-362; D. E. Rumelhart/ G. E. Hinton/R. J. Williams, Learning representations by backpropagating errors, in: Nature 323 1986, 533-536 (Dort auch Abb. 2.53 – 2.54 als Fig. 1-2); P. J. Werbos, Beyond Regression: New Tools for Prediction and Analysis in the Behavioral Sciences. Ph. D. thesis, Havard University 1974; ders., Application of advances in nonlinear sensitivity analysis, in: R. Drenick/F. Kozin (eds.), Systems Modeling and Optimisation, Berlin/Heidelberg/New York 1982; P. Gallinari/S. Thiria/F. Fogelman-Soulié, Multilayer perceptrons and data analysis, in: Proceedings of the IEEE Intern. Conf. on Neural Networks vol. I, San Diego, 391-400.

122 Vgl. auch H. Ritter/T. Martinetz/K. Schulten, s. Anm. 86, 54 f.

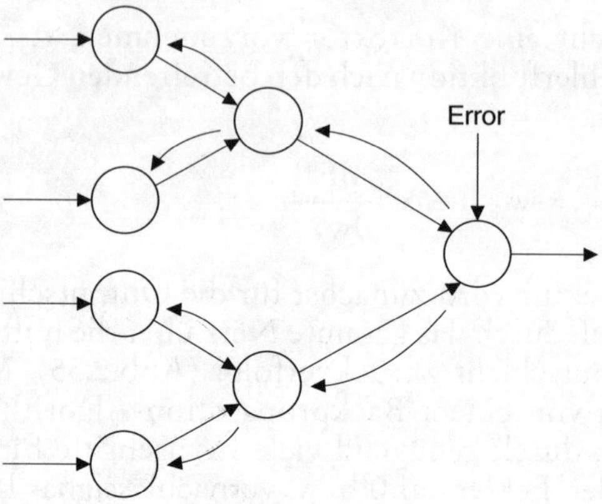

Abb. 2.55

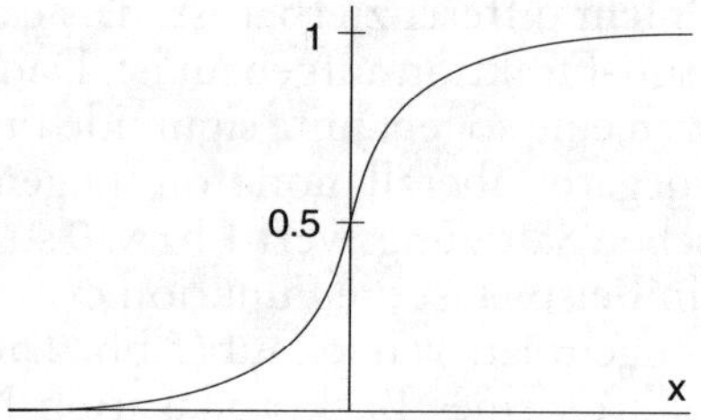

Abb. 2.56

bestimmter Ort eine bestimmte Einstellung der Gewichte bedeutet und die Höhe des Ortes den Wert der Fehlerfunktion. Der Lernalgorithmus hat die Aufgabe, das tiefste Tal im Fehlergebirge aufzusuchen. Wie bereits früher erwähnt, kann die Hügellandschaft sehr zerklüftet sein. Es besteht also die Gefahr, daß der Algorithmus das globale Minimum nicht findet, sondern in einem „Seitental" mit lokalem Minimum hängenbleibt. Nach Definition läuft der Algorithmus nämlich in die Richtung, die lokal den steilsten Abstieg aufgrund der Ableitung der Fehlerfunktion für die gegebenen Gewichte hat.

Im allgemeinen ist es ausgeschlossen, die Form des Fehlergebirges für das jeweilige Problem vorherzusagen, um damit auf die Lösbarkeit des Minimalisierungsproblems zu schließen. Trotzdem stellt der Backpropagation-Algorithmus einen entscheidenden Entwicklungsschritt dar, da nun Aufgaben gelöst werden können, die für ein Perzeptron ausgeschlossen waren. Im Unterschied zu einem Hopfield-System vermag ein mehrschichtiges Neuronalnetz mit einem Backpropagation-Algorithmus nicht nur Gestalten aufgrund von Ähnlichkeiten zu erkennen („pattern recognition"), sondern auch Begriffe und Eigenschaften zu unterscheiden („feature extraction").

Als ein Beispiel sei das Paritätsproblem angeführt. Die Paritätseigenschaft besagt, daß z. B. eine Anzahl von N Strichsymbolen ||| ... | entweder gerade oder ungerade ist. Für die entsprechende charakteristische Funktion gilt P(N) = 0, falls N gerade und P(N) = 1, falls N ungerade ist. Offenbar haben Strichfolgen von ähnlicher Gestalt verschiedene Parität. Wie bereits erwähnt sind aussagenlogische Funktionen ein Spezialfall der Parität für zwei Bits. Das Netzwerk aus Abb.2.57 löst das Paritätsproblem. In der Inputschicht kann in jedem der N Neuronen eine 1 oder 0 als Input gegeben werden, je nachdem ob ein Strich vorliegt oder nicht. Die Zwischenschicht der verdeckten Neuronen organisiert sich selbständig, um die Anzahl der Einsen bzw. Striche zu zählen. So feuert das erste Neuron der Zwischenschicht mit Schwellenwert 0,5, falls eine oder mehr Einsen vorliegen usw. für die übrigen Neuronen der Zwischenschicht. Da die Verbindungen zwischen den verdeckten Neuronen und dem Outputneuron abwechselnd positiv und negativ sind, feuert das Outputneuron bei einer geraden Anzahl von Einsen im Input und bleibt inaktiv bei ungerader Anzahl.[123]

Ein weiteres Beispiel ist das Symmetrieproblem. Ein neuronales Netz soll die Symmetrie eines Musters bezüglich des Zentrums selbständig entdecken. Die Inputschicht kann eine 6-Bit-Information in ihren sechs Neuronen aufnehmen, je nachdem ob ein Strich oder kein Strich vorliegt. In der Abb.2.58 sind aus Gründen der übersichtlicheren Darstellung die beiden Neuronen der Zwischenschicht ober- und unterhalb der Inputschicht gezeichnet, während das Outputneuron rechts angeordnet ist. Jedes Inputneuron ist mit den beiden Zwischenneuronen über

123 D. E. Rumelhart/G. E. Hinton/R. J. Williams, s. Anm. 121, Fig. 6 (hier Abb. 2.57) und Fig. 9 (hier Abb. 2.58).

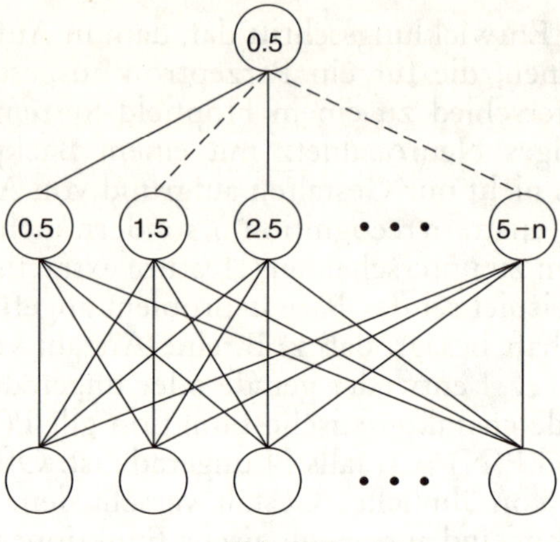

Abb. 2.57

(annähernd) gleiche Synapsengewichte mit verschiedenen Vorzeichen verbunden. Ebenso haben die Gewichte von Neuronen, die bezüglich des Musterzentrums symmetrisch liegen, gleiche Gewichte mit entgegengesetzten Vorzeichen. Dabei erhalten die beiden Zwischenneuronen bei einem symmetrischen Muster einen (annähernden) Null-Input und bleiben wegen ihres positiven Schwellenwertes inaktiv. Wegen seines negativen Schwellenwertes wird dann das Outputneuron feuern. Handelt es sich dagegen um ein nicht-symmetrisches Muster, dann ist eines der beiden Zwischenneuronen eingeschaltet und folglich wird das Outputneuron nicht feuern.

Mehrschichtige Neuronennetze mit Backpropagation-Lernalgorithmen sind keineswegs auf die Erkenntnis logischer Funktionen beschränkt. Ein Beispiel liefert ein 3-schichtiges Netzwerk von J. L. Elman und D. Zipser (1987), das aus vorgegebenen Lauten z. B. Konsonanten unterscheiden kann.[124] An diesen Beispielen wird deutlich, wie ein Netzwerk mit Backpropagation-Algorithmus interne Modelle der Außenwelt durch Lernen zu entdecken vermag. Das Netzwerk wird dazu

124 J. L. Elman/D. Zipser, Learning the hidden structure of speech, in: ICS Report 8701 San Diego: Institute for Cognitive Science 1987; vgl. auch L. Malferrari/R. Serra/G. Valastro, Backpropagation in noisy signal processing. Enidata internal report 1989.

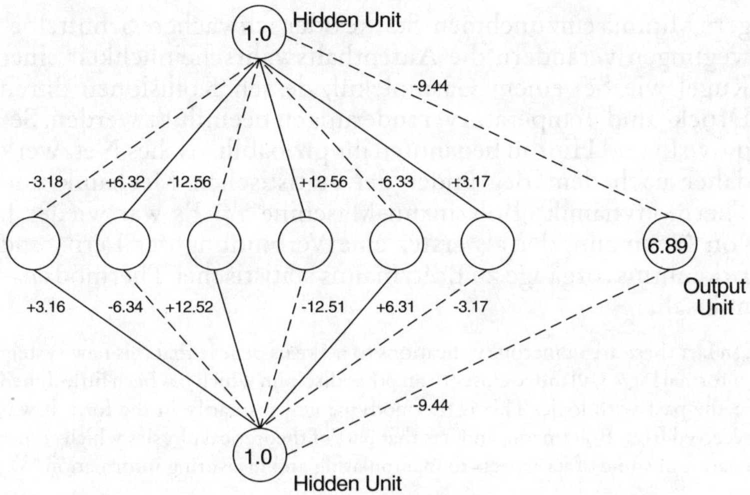

Abb. 2.58

zunächst für eine vorgegebene Aufgabe trainiert und analysiert anschließend selbständig die gebildete Netzwerkstruktur, um daraus zu lernen. Erkenntnistheoretisch sind die mehrschichtigen Netzwerke mit Backpropagation-Algorithmen keineswegs auf Wahrnehmungsaufgaben beschränkt. Interne Modelle, logische Funktionen und Unterscheidungen von Eigenschaften betreffen bereits Denkkategorien, die in der Tradition dem menschlichen Denken zugerechnet wurden.

Die bisherigen neuronalen Netze waren deterministische Systeme. Abgesehen davon, daß sich lebende Nervenzellen kaum wie determinierte Planetensysteme verhalten, treten auch bei entsprechenden technischen Netzmodellen große Nachteile auf. Stellt man sich nämlich einen Entscheidungsfindungsprozeß im Sinne von Hopfield als Energieverringerung vor, dann kann der Lernprozeß in einem Tal stecken bleiben, das nicht das tiefste im gesamten Netz ist. T. J. Sejnowski und G. E. Hinton schlugen 1984 ein Verfahren vor, um das Netzwerk zu immer tieferen Tälern zu führen. Hat z. B. eine Kugel im Energiegebirge ein Tal eingenommen, dann lautet der naheliegende wie anschauliche Vorschlag, das gesamte System ein wenig zu schütteln, damit die Kugel das Tal verlassen kann, um niedrigere Minima einzunehmen. Starke oder schwächere Schüttelbewegungen verändern die Aufenthaltswahrscheinlichkeit einer Kugel wie bei einem Gasmolekül, dessen Kollisionen durch Druck- und Temperaturveränderungen beeinflußt werden. Sejnowski und Hinton benannten ihr probabilistisches Netzwerk daher nach dem Begründer der statistischen Mechanik und Thermodynamik „Boltzmann-Maschine“.[125] Es war wieder J. von Neumann, der als erster eine Verbindung der Lern- und Erkenntnisvorgänge zu Boltzmanns statistischer Thermodynamik sah:

„In fact there are numerous indications to make us believe that this new system of formal logic will move closer to an other disciplin which has been little linked in the past with logic. This is thermodynamics, primarily in the form it was received from Boltzmann, and it is that part of theoretical physics which comes nearest in some of its aspects to manipulating and measuring information.“[126]

Das Problem, ein globales Minimum im Netzwerk zu finden und Nebenminima zu vermeiden, tritt physikalisch in der Thermodynamik der Kristallzüchtung auf (vgl. Abschnitt 2.23). Um einem Kristall eine möglichst fehlerfreie Struktur zu verleihen, muß es langsam abgekühlt werden. Die Atome müssen nämlich Zeit haben, um Plätze in der Gitterstruktur mit minimaler Gesamtenergie zu finden. Bei hinreichend hoher Temperatur vermögen einzelne Moleküle ihren Zustand noch so zu ändern, daß die Gesamtenergie zunimmt. In diesem Fall können also noch lokale Minima verlassen werden. Mit sinkender Temperatur nimmt aber die Wahrscheinlichkeit dafür ab. Dieses Verfahren wird anschaulich auch „simuliertes Ausglühen bzw. Kühlen“ (simulated annealing) genannt.[127]

---

125 G. E. Hinton/T. J. Sejnowski/D. H. Ackley, Boltzmann Machines: Constraint Satisfaction networks that learn, Techn. Rep. No. CMU-CS-84-119. Pittsburgh: Carnegie-Mellon University 1984; D. H. Ackley/G. E. Hinton/T. J. Sejnowski, A learning algorithm for Boltzmann machines, in: Cognitive Science 9 1985, 147-169.

126 J. v. Neumann, Collected Works I-VI, ed. A. H. Taub, Oxford/London/New York 1961-1963, V, 304.

127 S. Kirkpatrick/C. D. Gelatt/M. P. Vecchi, Optimization by simulated annealing, in: Science 220 1983, 671-680.

Die Boltzmann-Maschine ist ein mehrschichtiges Netzwerk, das mit der Methode des „simulated annealing" ein globales Minimum der Energiefunktion finden kann. Die Topologie der Boltzmann-Maschine erinnert zunächst an ein Hopfield-System. Es ist ein homogenes Netzwerk von binären Neuronen mit den Zuständen „aktiv" (1) und „inaktiv" (0), die vollständig und symmetrisch miteinander durch Gewichte verbunden sind. Hinzu kommt eine hierarchische Schichtenstruktur der Input- und Outputneuronen x_i und y_j, die als sichtbare Einheiten (visible units) von den verdeckten Neuronen z_k (hidden units) der Zwischenschicht unterschieden werden. Unter diesen Voraussetzungen existiert eine Energiefunktion

(2.102) $$E = \sum_{i,k} w_{ki} x_i z_k + \sum_{k,j} w_{jk} z_k y_j.$$

Wie üblich sind aus Einfachheitsgründen die Schwellenwerte in die Energieformel eingebaut. Die Dynamik des Systems beschreibt die zeitliche Entwicklung der einzelnen Neuronen. An die Stelle der deterministischen Entwicklungsgleichung (2.99) für Outputneuronen tritt jetzt eine Wahrscheinlichkeitsfunktion, mit der das Outputneuron j den Zustand $y_j = 1$ einnimmt. Entsprechend wird die deterministische Gleichung für verdeckte Neuronen (2.99) durch eine entsprechende Wahrscheinlichkeitsfunktion ersetzt

(2.103) $$P(y_j = 1) = (1 + e^{-\Delta E_j/T})^{-1}$$
$$P(z_k = 1) = (1 + e^{-\Delta E_k/T})^{-1}.$$

Dabei ist ΔE_j die Variation der Energie, wenn das j-te Outputneuron vom Zustand 1 zum Zustand 0 übergeht (entsprechend für ΔE_k und das k-te Zwischenneuron). Der Parameter T heißt wie in der Thermodynamik „Temperatur". Mit T ändert sich die Wahrscheinlichkeit für die Zustände y_j und z_k. Wenn T gegen Null strebt, gehen die probabilistischen Gleichungen (2.103) in die deterministischen Gleichungen (2.99) über. Die Wahrscheinlichkeitsfunktion hat einen sigmoiden Kurvenverlauf, der für sehr kleine T in die binäre Stufenfunktion des Hopfield-Systems übergeht.

Die Temperatur T entspricht dem Schütteln am Energiegebirge. Dann ist der Systemzustand durch eine Kugel repräsentiert. Durch starkes Schütteln wird jede Position der Kugel annähernd gleichwahrscheinlich. Durch schwaches Schütteln kann sich die Kugel nur innerhalb eines Tales α oder β bewegen. Um das tiefste Tal β zu erreichen, sollte das Potentialgebirge am Anfang stark geschüttelt werden, um die Aufenthaltswahrscheinlichkeit der Kugel an jedem Ort anzugleichen. Vermindert sich das Schütteln, wird der Übergang von α nach β wahrscheinlicher als von β nach α. Für den Übergang von α nach β ist ein geringerer Energieaufwand zur Überwindung des dazwischen liegenden Hügels notwendig als im umgekehrten Fall. Wenn die Kugel bei schwachem Schütteln ihr eingenommenes Tal nicht mehr verlassen kann, ist ein stabiler Gleichgewichtszustand erreicht, der mit großer Wahrscheinlichkeit das globale Minimum β besitzt.

Die relative Wahrscheinlichkeit, mit der die Kugel bzw. das System die Zustände α und β mit den Energiewerten E_α und E_β besetzt, hängt von der Energiedifferenz ab und wird durch die Boltzmann-Verteilung angegeben: Für $E_\alpha > E_\beta$ gilt

(2.104) $$P_\alpha / P_\beta = e^{-(E_\alpha - E_\beta)/T} \quad .$$

Für eine sehr große Temperatur wird der Exponent nahe Null kommen und daher P_α/P_β fast 1. Für sehr kleine Temperatur wird der Betrag des Exponenten sehr groß. Wegen $E_\beta < E_\alpha$ ist der Exponent negativ. Dann ist P_α/P_β fast Null und der Zustand β der niedrigsten Energie erreicht. Einen stabilen Zustand erreicht das System nur bei einer Temperatur nahe Null. Bei einer Temperatur größer als Null erreicht das System im Laufe der Zeit nur das thermische Gleichgewicht, bei dem der Energiewert im Mittel konstant bleibt.

Beim Lernvorgang der Boltzmann-Maschine werden zwei Phasen unterschieden. In der positiven Phase werden Input- und der entsprechende Outputvektor an der Input- bzw. Outputschicht angelegt. Ihre sichtbaren Neuronen dürfen während dieser Lernphase ihre Zustände nicht ändern. Diese Zustände werden mit V_α bezeichnet, wobei α die Nummer des zu lernenden Input-Output-Paares ist. In der negativen Lernphase wird ein zufälliges Muster angelegt. Dann kann das Netzwerk sich frei entwickeln, d. h. auch die sichtbaren Neuronen können ihren Zustand verändern. Der Lernalgorithmus versucht die Synapsengewichte so einzustellen, daß zwei Neuronen i und j im thermischen Gleichgewicht mit derselben Wahrscheinlichkeit p_{ij}^+ der positiven Lernphase und p_{ij}^- in der negativen Lernphase aktiv sind. In diesem Fall ist die Korrelation zweier Neuronen in der positiven und negativen Phase gleich. Die Problemlösungen sind dann optimal gespeichert.

Mathematisch läßt sich der Lernalgorithmus auch so beschreiben:[128] Sei $P^+(V_\alpha)$ die Wahrscheinlichkeitsverteilung des Zustandes V_α in der positiven Lernphase, in der die sichtbaren Neuronen durch das zu lernende Input-Output-Paar mit der Nummer α festgelegt sind. Mit $P^-(V_\alpha)$ wird die Wahrscheinlichkeitsverteilung von V_α bezeichnet, in der sich das Netzwerk frei entwickelt. Lernziel ist es, daß $P^-(V_\alpha)$ möglichst nahe an $P^+(V_\alpha)$ kommt. Die Fehlerfunktion, die den Unterschied der gewünschten und tatsächlichen Wahrscheinlichkeitsverteilung mißt, lautet:

$$(2.105) \quad G = \sum_\alpha P^+(V_\alpha) \ln \frac{P^+(V_\alpha)}{P^-(V_\alpha)},$$

d. h. der Logarithmus des Verhältnisses beider Wahrscheinlichkeiten wird mit der gewünschten Wahrscheinlichkeit gewichtet. Diese Funktion ist immer positiv und verschwindet nur, wenn beide Wahrscheinlichkeitsverteilungen zusammenfallen.

Eine Minimierung der Fehlerfunktion G wird durch ihre 1. Ableitung nach den Synapsengewichten erreicht. Mathematisch läßt sich beweisen, daß

$$(2.106) \quad \frac{\partial G}{\partial w_{ij}} = -\frac{1}{T}(p_{ij}^+ - p_{ij}^-)$$

gilt, wobei p_{ij}^+ und p_{ij}^-, wie oben erwähnt, die Wahrscheinlichkeit für die Aktivität der beiden Neuronen i und j im thermischen Gleichgewicht während der positiven bzw. negativen Lernphase ist. Die Temperatur T darf nicht so klein werden, daß das Netzwerk in einem stabilen Zustand einfriert. Sie sollte aber auch so klein sein, daß die Zustände vom stabilen Zustand nicht allzusehr entfernt sind. Die Lernregel (2.106) ist lokal, da sie zur Einstellung eines neuen Gewichts nur die Korrelationen p_{ij}^+ und p_{ij}^- der beiden durch w_{ij} verbundenen Zellen i und j kennen muß.

Probabilistische Netzwerke haben experimentell eine große Ähnlichkeit mit biologischen neuronalen Netzen. Werden Zel-

128 T. J. Sejnowski, Neural network learning algorithms, in: R. Eckmiller/C. von der Malsburg (eds.), Neural Computers, Berlin/Heidelberg/New York 1989, 291-300; G. E. Hinton/T. J. Sejnowski, Learning and relearning in Boltzmann machines, in: J. L. McClelland/D. E. Rumelhart, Parallel Distributed Processing: Explorations in the Microstructure of Cognition vol. 2: Psychological and Biological Learning, Cambridge (Mass.) 1986, 282-317; R. Serra/G. Zanarini, s. Anm. 113, 125 ff.

len entfernt oder einzelne Synapsengewichte um kleine Beträge verändert, erweisen sich Boltzmann-Maschinen als fehlertolerant gegenüber kleineren Störungen wie das menschliche Gehirn z. B. bei kleineren Unfallschäden.

Die bisher betrachteten Netzwerke legen einen überwachten Lernprozeß zugrunde, d. h. sie messen den Lernerfolg an vorgegebenen Prototypen. An einem praktischen Beispiel sei der Vorgang überwachten Lernens noch einmal veranschaulicht. Es handelt sich um ein Netzwerk von R. P. Gorman und T. J. Sejnowski, das 1988 zur Echolot-Unterscheidung zwischen Seeminen und Felsen für die Marine entwickelt wurde.[129] Ein Echo wird durch einen Frequenzanalysator verarbeitet, um ein Profil des Echos für 13 Neuronen der Inputschicht herzustellen (Abb.2.59). Die entsprechenden Werte des 13-dimensionalen Inputvektors lösen Aktivitäten der Inputneuronen aus, die in einer Zwischenschicht weiterverarbeitet werden. Die Outputschicht besteht aus zwei Neuronen, die alternativ aktiv werden, wenn es sich beim eingespeisten Echo um eine Mine oder einen Felsen handelt.

Das neuronale Netz wird nun zunächst durch eine Vielzahl verschiedener Minenechos trainiert, d. h. die Synapsengewichte stellen sich auf Minenechos an der Inputschicht und entsprechende Aktivität des Outputneurons ein. Das System minimalisiert seine Fehler durch Gradientenabstieg. Jeder Konfiguration der Synapsengewichte entspricht eine bestimmte Fehlerquote des Outputneurons, die es zu verbessern gilt. Geometrisch spannen die Synapsengewichte und die Fehlerquote des Outputneurons einen mehrdimensionalen Vektorraum auf, in dem der Gradientenabstieg, also der Lernprozeß des Systems zu einem globalen Irrtumsminimum stattfindet. In Abb.2.60 sind anschaulich nur zwei Gewichtsdimensionen und die dritte Dimension der prozentualen Fehlerquote verwendet.[130] Nach-

129 R. P. Gorman/T. J. Sejnowski, Analysis of hidden units in a layered network trained to classify sonar targets, in: Neural Networks 1 1988, 75-89; dies., Learned classification of sonar targets using a massively parallel network, in: IEEE Transactions on Acoustics, Speech, and Signal Processing 36 1988, 1135-1140.

130 P. S. Churchland/T. S. Sejnowski, The Computational Brain, Cambridge (Mass.)/London 1992, 112 ff; P. M. Churchland, A Neurocomputational

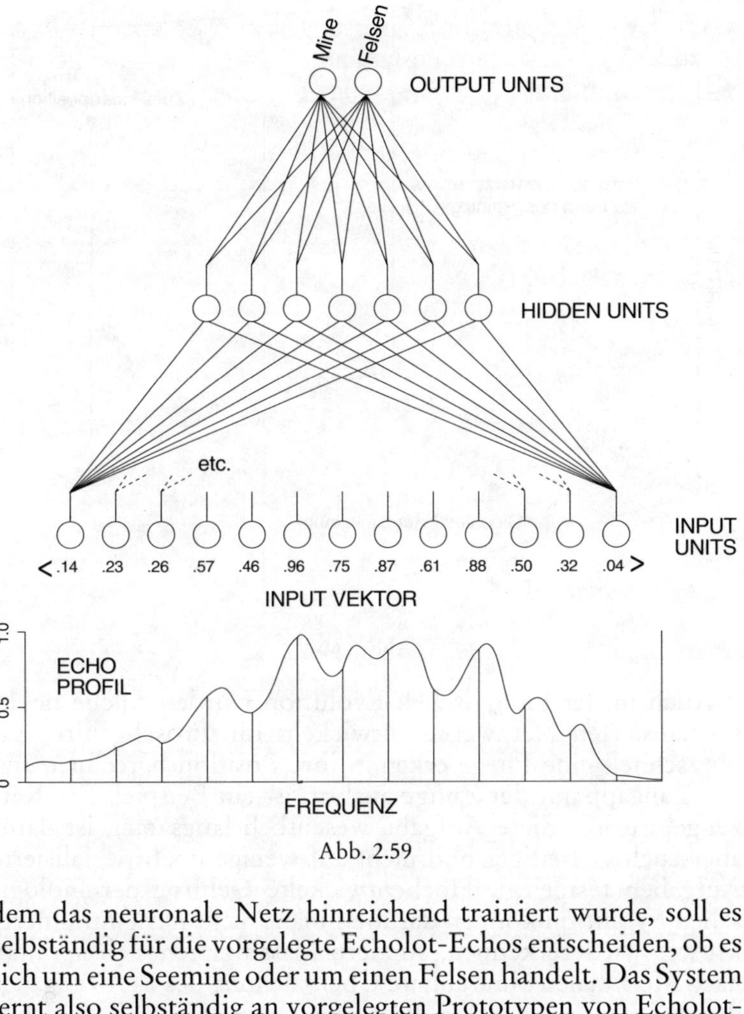

Abb. 2.59

dem das neuronale Netz hinreichend trainiert wurde, soll es selbständig für die vorgelegte Echolot-Echos entscheiden, ob es sich um eine Seemine oder um einen Felsen handelt. Das System lernt also selbständig an vorgelegten Prototypen von Echolot-Echos. Sie stellen den vorgegebenen Maßstab des selbständig erlernten Wahrnehmungs- und Unterscheidungsprozeß dar.

Perspective. The Nature of Mind and the Structure of Science, Cambridge (Mass.)/London 1989, 166f.

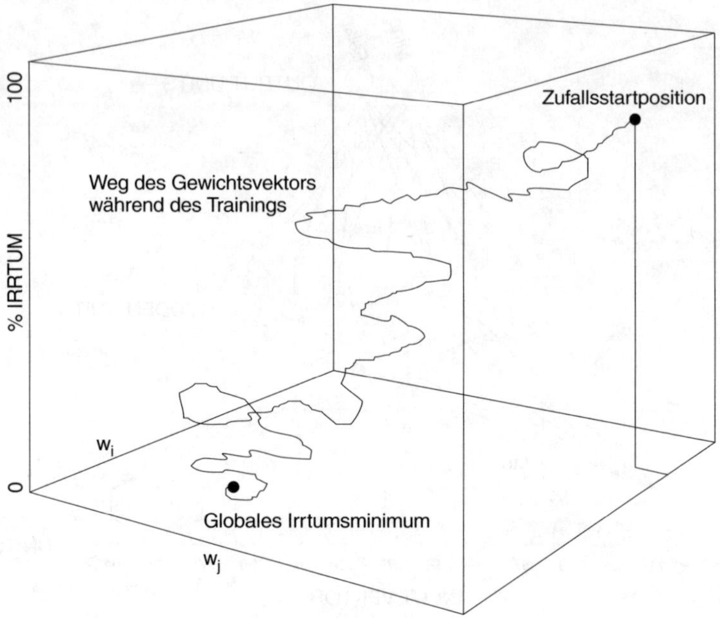

Abb. 2.60

Auch in der biologischen Evolution wurden solche hochspezialisierten Netzwerke entwickelt. Ein Froschgehirn, das blitzschnell eine Fliege erkennt, ihre Position berechnet und den Fangapparat der Zunge auslöst, ist ein Beispiel. Ein Katzengehirn löst diese Aufgabe wesentlich langsamer, ist dafür aber auch vielseitiger und nicht auf wenige hochspezialisierte Aufgaben festgelegt. Hochentwickelte Gehirne der biologischen Evolution können darüberhinaus nicht nur eintrainierte Muster wiedererkennen, sondern klassifizieren sich spontan nach Merkmalen ohne äußere Überwachung des Lernvorgangs durch einen vorgelegten Prototyp bzw. Lehrer. Begriffsbildung, Figurisierung und Abstraktion wird so durch spontane Selbstorganisation erzeugt.[131]

131 S. Grossberg, How does a brain build a cognitive code, in: Psychological Review 87 1980, 1-51; ders., Adaptive pattern classification and universal recording I. Parallel development and coding of neural feature detec-

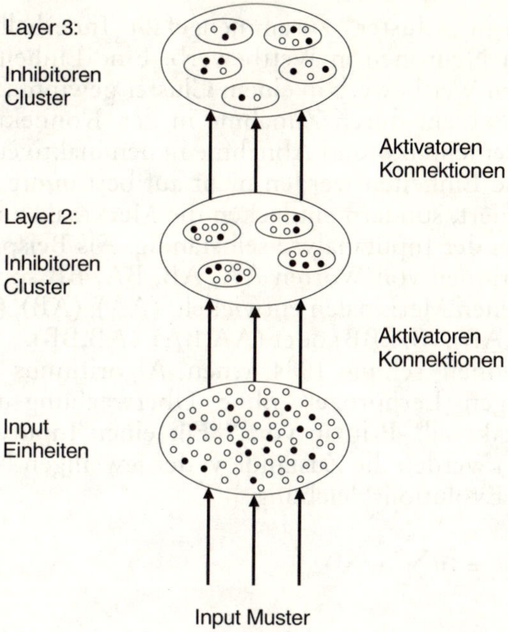

Abb. 2.61

D. E. Rumelhart und D. Zipser entwarfen 1985 ein mehrschichtiges Netzwerk, in dem dieser Prozeß durch Wettbewerb der Neuronen in den verschiedenen Schichten schrittweise realisiert wird.[132] Auf der Inputschicht werden Zeichen, Worte, Laute etc. registriert. Auf weiteren Neuronenschichten werden

---

tors, in: Biological Cybernetics 23 1976, 121-134; G. A. Carpenter/S. Grossberg, A massively parallel architecture for a self-organizing neural pattern recognition machine, in: Computer Vision, Graphics, and Image Processing 37 1987, 54-115; S. Grossberg (ed.), Neural Networks and Natural Intelligence, Cambridge (Mass.)/London 1988.

132 D. E. Rumelhart/D. Zipser, Feature discovery by competitive learning, in: Cognitive Science 9 1985, 75-112; P. S. Churchland/T. S. Sejnowski, s. Anm. 130, 102 ff.; R. Serra/G. Zanarini, s. Anm. 113; 130 ff.; K. Mainzer, Chaos und Selbstorganisation als medizinische Paradigmen, in: W. Deppert/H. Kliemt/ B. Lohff/J. Schaefer (Hrsg.), Wissenschaftstheorien in der Medizin, Berlin/New York 1992, 246 ff.

Neuronen in „Cluster“ zusammengefaßt. Innerhalb der Cluster treten Neuronen in Wettbewerb. Eine Einheit lernt, indem sie den Wettbewerb in einem Cluster gewinnt (Abb. 2.61). Lernen geschieht durch Zunahme in den Konnektionen mit aktiven Elementen • und Abnahme in den inaktiven Konnektion o. Die Einheiten werden nicht auf bestimmte Merkmale programmiert, sondern entdecken die Merkmale zur Klassifizierung bei der Inputanalyse selbständig. Als Beispiel werden Klassifikationen von Worten AA, AB, BA, BB spontan nach verschiedenen Merkmalen entwickelt: (AA), (AB), (BA), (BB) oder ($\underline{A}$A,$\underline{A}$B), ($\underline{B}$A,$\underline{B}$B) oder (A$\underline{A}$,B$\underline{A}$), (A$\underline{B}$,B$\underline{B}$).

T. Kohonen schlug 1984 einen Algorithmus für einen selbständigen Lernprozeß ohne Überwachung nach dem „Winner-take-all“-Prinzip vor.[133] Für einen Inputvektor $x = (x_1, \ldots, x_n)$ werden die Zustände y_i der jeweiligen Neuronen i durch die Evolutionsgleichung

$$(2.107) \qquad y_i = \sigma\Big(\sum_{j=1}^{n} w_{ij} x_j\Big)$$

berechnet, wobei wie üblich w_{ij} die Synapsenverbindung der j-ten Komponente des Inputvektors x und des i-ten Neurons mit der sigmoiden Funktion σ ist. Kürzer lautet die Gleichung (2.107) für den Vektor w_i als i-te Reihe der Synapsenmatrix $y_i = \sigma(w_i \cdot x)$. Nachdem mit dieser Gleichung alle Reaktionen auf den Input bestimmt wurden, wird das Neuron mit der höchsten Aktivität als Gewinner des Lernprozesses gewählt. Mathematisch genügt dazu unabhängig von der sigmoiden Funktion σ das Maximum des Skalarproduktes $\max_i(w_i \cdot x)$.

Das Gewinnerneuron k hat eine neuronale Umgebung U_k von gegebenem Radius, in der Neuronen miterregt werden. Der Lernalgorithmus nach Kohonen sieht vor, daß sich die neuronalen Gewichtsvektoren nur ändern, wenn die entsprechenden Neuronen zur Umgebung U_k gehören, d. h.

133 T. Kohonen, Self-organization and Associative Memory, Berlin/Heidelberg/New York 1984, ^{3}1989, 123 ff. (dort Abb. 2.62 als Fig. 5.2); R. Serra/G. Zanarini, s. Anm. 112, 134 ff.

$$(2.108) \quad \Delta w_i = \begin{cases} 0, & \text{falls } i \notin U_k \\ \alpha(x - w_i), & \text{falls } i \in U_k \end{cases} \quad .$$

Kohonen geht von der neurophysiologischen Beobachtung aus, daß die synaptische Verbindung eines Neurons zu Neuronen innerhalb eines kritischen Radius exzitatorisch ist, während sie außerhalb dieses Radius inhibitorisch wird. Diese Erregung in der zerebralen Umgebung eines Neurons wird mathematisch z. B. durch die Funktion mit dem Namen „Mexikanischer Hut" beschrieben:

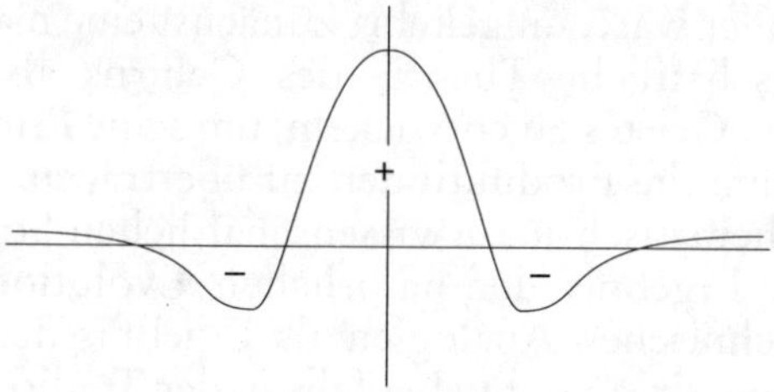

Abb. 2.62

Faßt man die Gewichtsvektoren als Klassen bzw. Kategorien auf, so liefert die Lernregel eine Klassifizierung des Inputvektors in die für ihn am besten passende Kategorie. Philosophisch haben solche Lernprozesse einen großen Reiz, da sie intellektuelle Selbstorganisationsprozesse ohne Anleitung durch einen äußeren Lehrer oder einen vorgegebenen Standard realisieren, an dem der Lernprozeß ausgerichtet oder gemessen wird. Im Ansatz handelt es sich bereits um Mechanismen, die eine spontane Begriffs- und Kategorienbildung erlauben. Es wird zu prüfen sein, in welchem Umfang sie der Kategorienbildung menschlicher Erkenntnis entsprechen.

2.36 Tensor-Netzwerke und sensomotorische Koordination

Die bisherigen Modelle neuronaler Netzwerke sind von unterschiedlichen technisch-naturwissenschaftlichen Ansätzen inspiriert. Spingläser der Festkörperphysik, Kristallzüchtung, stochastische Abkühlungsprozesse und Energiefunktionen thermischer Systeme lieferten die formalen Vorgaben, um Hopfield-Systeme, Boltzmann-Maschinen etc. zu konstruieren. Diese Ansätze stehen offenbar in einer wissenschaftshistorischen Tradition, in der die jeweils am höchsten entwickelte Technik herhalten mußte, um Modelle für den menschlichen Geist abzugeben – von der Hydraulik antiker Maschinen über die Mechanik neuzeitlicher Automaten, den Elektromagnetismus des 19. Jhs. bis zur Elektronik der Digitalrechner. Heute kommt die aktuelle Technologie der Festkörperphysik hinzu.

Wissenschaftstheoretisch stellt sich allerdings die Frage, ob es nicht sinnvoller wäre, umgekehrt zunächst eine mathematisch-naturwissenschaftliche Theorie des Gehirns als Träger des menschlichen Geistes zu entwickeln, um seine Prinzipien dann erst auf technische Produktionen zu übertragen. Es geht also um die mathematisch-naturwissenschaftlichen Strukturen des Gehirns als Ergebnis der natürlichen Evolution und nicht um seine technischen Analogien als Ergebnis der Technikgeschichte. Diese Frage steht ebenfalls in der Tradition neuzeitlichen Forschens.[134]

Schließlich hatte bereits Galilei in seiner berühmten Metapher vom „Buch der Natur" geäußert, daß Gott die Gesetze der Natur in der Sprache der Geometrie geschrieben habe und folglich nur derjenige die Natur versteht, der die Geometrie beherrsche. Hier wirkt Platons Lehre der geometrischen Formen nach, die den materiellen Erscheinungen zugrunde liegen. In der neuzeitlichen Naturwissenschaft sollen sie jedoch durch Experiment und Beobachtung erkannt und geprüft werden.[135]

---

134 Vgl. z. B. R. J. Baron, The Cerebral Computer (s. Anm. 63); P. S. Churchland/T. S. Sejnowski, The Computational Brain (s. Anm. 130); W. Singer, Einführung: Das Ziel der Hirnforschung, in: Gehirn und Kognition, Spektrum der Wissenschaft, Heidelberg 1990, 7-9.

135 G. Galilei, Il Saggiatore 6, Opere di Galileo Galilei, Ed. Naz. VI, 232; vgl. Brief vom Januar 1641 an F. Licetti, Ed. Naz. XVIII, 295; vgl. auch E. R. Curtius, Europäische Literatur und lateinisches Mittelalter, Bern 1948, ^{6}1967, 323-329; E. Garin, La cultura filosofica del Rinascimento Italiano, Florenz 1961, 451-465; E. Rothaker, Das „Buch der Natur". Materialien und Grundsätzliches zur Metapherngeschichte, ed. W. Perpeet, Bonn 1979.

Für R. Descartes wird daher die Geometrie zum beherrschenden Wissenschafts-Paradigma, das Aufbau und Funktion physikalischer Körper zugrunde liegt. Erstmals analysiert Descartes die Funktionen des menschlichen Körpers von den Wahrnehmungs- bis zu den Bewegungsabläufen in der Sprache der Geometrie. Insbesondere die Steuerungs- und Kombinationsaufgaben des menschlichen Gehirns werden durch geometrische Abbildungen beschrieben. In Abb.2.63 aus Descartes „Traité de l'homme" wird die Wahrnehmung eines Pfeils, die Zeigehandlung eines Fingers, die Armbewegung und die Koordination dieser Abläufe im Gehirn durch geometrische Gesetze und Transformationen erklärt.[136]

Der italienische Physiker und Physiologe G. A. Borelli (1608-1679), der mit seiner Iatrophysik als Vorläufer der Biophysik verstanden werden kann, überträgt Galileis Auszeichnung der Geometrie auf die Biologie, wenn er in seinem Hauptwerk „De motu animalium" geradezu emphatisch feststellt:

> „Und da die wissenschaftliche Erkenntnis aller dieser Dinge vorwiegend auf der Geometrie beruht, wird es richtig sein, daß Gott bei der Erschaffung der tierischen Organismen Geometrie trieb, und daß wir zu ihrem Verständnis die Geometrie brauchen; denn sie ist die einzige und passende Wissenschaft, wenn man die göttliche Schrift der Tierwelt lesen und verstehen will."[137]

Die Verbindung von Geometrie und Sinnesphysiologie wird im 19. Jh. besonders von H. von Helmholtz herausgestellt. Er mißt nicht nur als erster die Fortpflanzungsgeschwindigkeit von Nervenerregungen. Räumliche Wahrnehmung wird nach Helmholtz durch komplexe physikalische, physiologische und psychologische Transformationen von Signalen beschrieben.[138]

---

136 R. Descartes, De homine, Leiden 1662, frz. Traité de l'homme, Paris 1664; dt. Über den Menschen (1632, ed. K. E. Rothschuh, Heidelberg 1969).

137 G. A. Borelli, De motu animalium, dt. M. Mengeringhausen, Leipzig 1927, 1 ff.

138 Vgl. H. v. Helmholtz, Handbuch der physiologischen Optik, Leipzig 1867, I-III, Hamburg/Leipzig ^{3}1909-1911; ders., Die Thatsachen in der Wahrnehmung. Zählen und Messen, erkenntnistheoretisch betrachtet, Berlin 1879/repr. Darmstadt 1959; K. Mainzer, Helmholtz, in: J. Mittelstraß (Hrsg.), Enzyklopädie Philosophie und Wissenschaftstheorie II, Mannheim/Wien/Zürich 1984, 68-69.

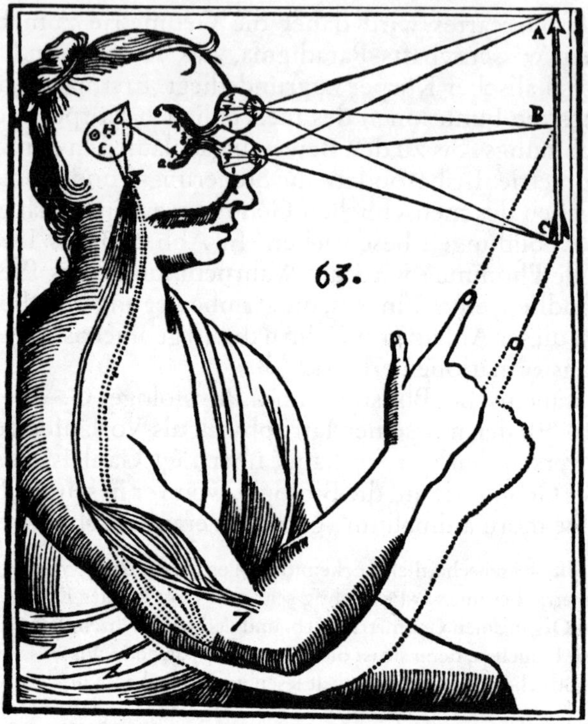

Abb. 2.63

In der modernen Neurologie bietet sich eine geometrisch-algebraische Beschreibung der Nervenfasern und der Wechselwirkung der Neuronen an. Abb.2.64 zeigt einen schematischen Ausschnitt des Kleinhirns, wobei die Zellpopulation und Faserdichte der Klarheit halber vereinfacht wurde. Es liegt nahe, solche neuronalen Netze geometrisch durch eine Art neuronaler Matrizen zu charakterisieren. Die elektrochemischen Inputs des Gehirnabschnitts über die Fasern a, b, c, d werden mit den Outputs x, y, z über Koeffizienten („Gewichte") p_i, q_i, r_i $(1 \leq i \leq 4)$ verbunden (Abb.2.65a). Sie bilden eine neuronale

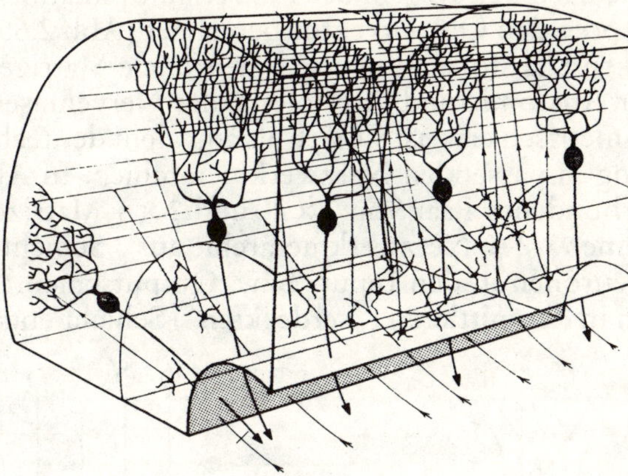

Abb. 2.64

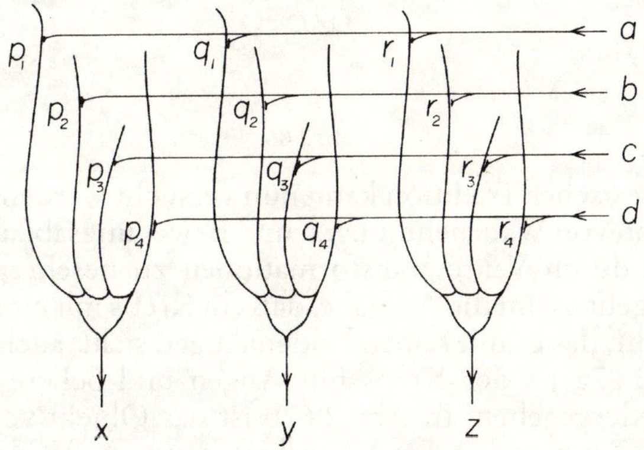

a

$$(a, b, c, d) \cdot \begin{pmatrix} p_1 & q_1 & r_1 \\ p_2 & q_2 & r_2 \\ p_3 & q_3 & r_3 \\ p_4 & q_4 & r_4 \end{pmatrix} = (x, y, z)$$

b

Abb. 2.65

Matrix, die nach den Regeln der Matrixmultiplikation aus den Inputvektoren den Outputvektor berechnet (Abb.2.65b).[139]

Die Vektortransformation durch neuronale Matrizen ist offenbar der Anatomie und Physiologie der Nervenfasern angepaßt. Geometrisch erweist sie sich als äqivalent der technischen Darstellung in passenden Netzwerkhierarchien. In Abb.2.66a ist ein verbundenes Paar von 3 × 2- und 2 × 4-Matrizen gegeben, das einer 3-2-4-Netzwerkhierarchie aus 3 Schichten mit 3 bzw. 4 Neuronen in den Input- bzw. Outputschichten und 2 Neuronen in der mittleren („verdeckten") Schicht entspricht.

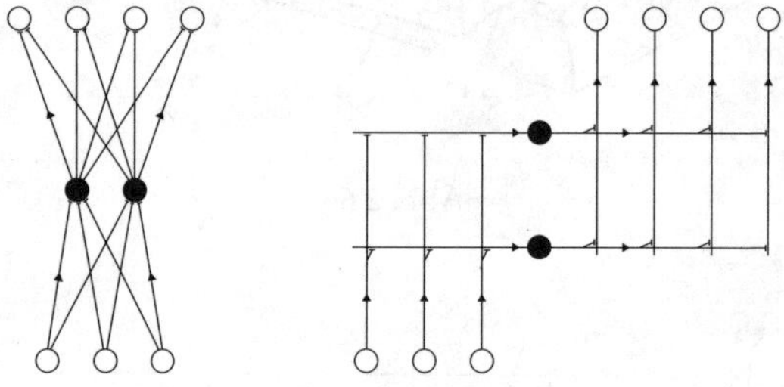

a b

Abb. 2.66

In cartesischer Tradition kann nun versucht werden, die Koordination von Wahrnehmungen und Bewegungsabläufen geometrisch durch Vektortransformationen zu beschreiben. Als Beispiel geht es um die Aufgabe, daß ein Krebs mit einer Schere ein Objekt, das er mit seinen beiden Augen sieht, auch ergreift. In Abb.2.67a ist der Krebs mit Augen und Schere schematisch wiedergegeben. In Abb.2.67b ist das Objekt vereinfacht in einem 2-dimensionalen Koordinatensystem mit den Koordinaten a und b bestimmt.[140] Die Stellung der Augen mit den

139 A. J. Pellionisz/R. Llinas, Brain modelling by tensor network theory and computer simulation. The cerebellum: Distributed processor for predictive coordination, in: Neuroscience 4 1979, 323-348; dies., Space-time representation in the brain: The cerebellum as a predictive space-time metric tensor, in: Neuroscience 7 no. 12 1982, 2949-29-2970; für Abb. 2.64-2.66 vgl. auch P. M. Churchland, s. Anm. 130, 182 f.

140 P. M. Churchland, s. Anm. 130, 83.

beiden im Objekt kreuzenden Sehachsen ist durch das Winkelpaar (α, β) wiedergegeben. Die Stellung der Schere ist durch einen Winkel ϑ am Körper und einem Winkel φ am Gelenk bestimmt. Bei der Koordination von Sehen mit den Augen und Greifen mit der Schere handelt es sich geometrisch um eine trigonometrische Transformation f der Augenpaarposition (α, β) in die erforderliche Scherenposition $f(\alpha, \beta) = (\vartheta, \varphi)$.

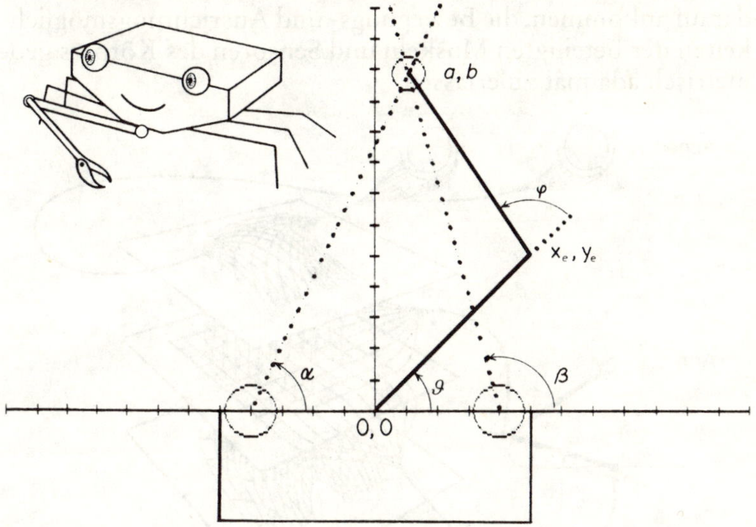

Abb. 2.67

Wie sieht die physiologische Realisation dieser notwendigen trigonometrischen Rechnung aus? Es liegt nahe, dafür neuronale Netze einzusetzen, in denen die Informationen verarbeitet werden. T. Kohonen u. a. fassen neuronale Netze als topographische Karten auf, auf denen äußere sensorische Reize oder entsprechende Bewegungsabläufe der Außenwelt wiedergegeben werden.[141] Sie sind innere Repräsentationen der Außenwelt durch Zustandsräume, die geometrisch als Vektorräume defi-

141 T. Kohonen, S. 133, Chapt. 5; G. Palm (ed.), Neural Assemblies: An Alternative Approach to Artificial Intelligence, Berlin/Heidelberg/New York/Tokyo 1982.

niert werden. So geht P. M. Churchland im Beispiel des Krebses von einem sensorischen Zustandsraum aus, in dem die Augenpaarposition repräsentiert ist. Diese Position wird in einer darunter gelagerten topographischen Karte des motorischen Zustandsraum auf denjenigen neuronalen Punkt abgebildet, in dem die entsprechende Armstellung codiert ist. Die dritte daruntergezeichnete Karte in Abb.2.68 gibt die Projektion der realen Außenwelt wieder.[142] In cartesischer Tradition wird es darauf ankommen, die Bewegungs- und Ausrichtungsmöglichkeiten der beteiligten Muskeln und Sensoren des Körpers geometrisch adäquat zu erfassen.

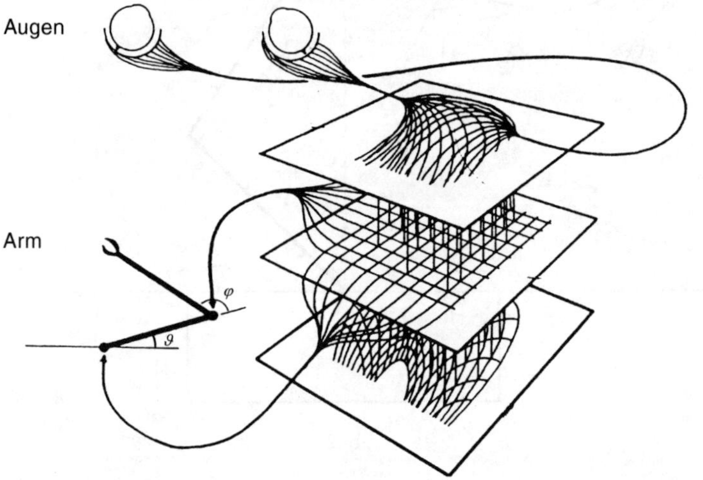

Abb. 2.68

Wie A. J. Pellionisz u. a. betont haben, sind die entsprechenden Koordinatensysteme keineswegs auf die 3-dimensionale orthogonale euklidische Geometrie festgelegt. Die Natur hat die motorischen oder sensorischen Apparate des Körpers unterschiedlich strukturiert. Jedem Freiheitsgrad eines Muskels oder eines Sensors entspricht geometrisch eine Koordinate, so

142 P. M. Churchland, s. Anm. 130, 89; P. S. Churchland, Neurophilosophy. Toward a Unified Science of the Mind-Brain, Cambridge (Mass.)/London [3]1988, 447.

daß unterschiedliche mehrdimensionale Koordinatensysteme vorliegen. Als Beispiel sei eine geometrische Analyse der neuronalen Apparate für die Stabilisierung von Kopfbewegungen (nach A. J. Pellionisz) angeführt. Dabei werden passiv auftretende Kopfbewegungen (die durch äußere Einwirkungen hervorgerufen sein können) durch ein Stabilisatorsystem im inneren Ohr gemessen. Seine Kanäle registrieren drei nahezu orthogonale Richtungen, in denen sich die verschiedenen Dreh-, Nick- und Wackelbewegungen des Kopfes vollziehen. In Abb.2.69 steht die Koordinate A für „anterior", P für „posterior", H für „horizontal".[143] Die Natur hat also dieses sensorische System mit einem eigenen intrinsischen 3-dimensionalen Bezugssystem ausgestattet. Bei der Stabilisierung der passiven Kopfbewegung kommt es darauf an, daß entsprechende Kompensationsbewegungen durch Kontraktion der Hals- und Nackenmuskeln ausgelöst werden. Die 30 zentralen Halsmuskeln, die an dieser Kompensationsbewegung beteiligt sind, legen nun wiederum ein eigenes 30-dimensionales nicht-orthogonales Bezugssystem fest. Dieses Bezugssystem ist anatomisch und physiologisch insofern überbestimmt, als eine erforderliche Kompensationsbewegung durch unterschiedliche Muskelkombinationen realisiert werden kann.

Die Koordination des sensorischen mit dem motorischen Apparat besteht geometrisch in einer Transformation von einem 3-dimensionalen orthogonalen in ein 30-dimensionales nicht-orthogonales Bezugssystem. Der Körper ist also mit unterschiedlichen intrinsischen Bezugssystemen ausgestattet, die im Lebensvollzug koordiniert werden müssen. Die geometrische Struktur, die den Lebewesen zugrunde liegt, erweist sich als komplexe Abbildungs- und Transformationsmaschinerie unterschiedlicher Koordinatensysteme. Mathematisch muß

143 Für Abb. 2.69-2.70 vgl. A. J. Pellionisz/B. W. Peterson, A tensorial model of neck motor activation, in: B. W. Peterson/F. Richmond (eds.), Control of Head Movement, Oxford 1988, 178-186; A. J. Pellionisz, Visitas from tensor network theory: a horizon from reductionalist neurophilosophy to the geometry of multi-unit recordings, in: R. M. J. Cotterill (ed.), Computer Simulation in Brain Science, Cambridge/ New York u.a. 1988, 48, 50.

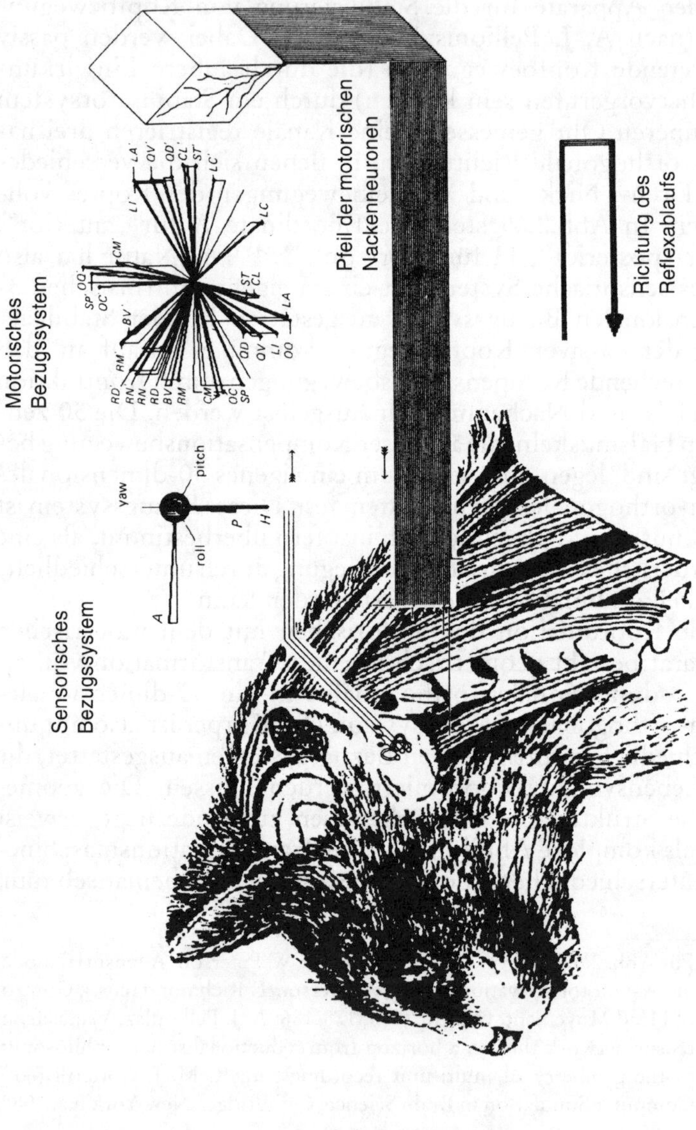
Motorisches Bezugssystem
Sensorisches Bezugssystem
yaw
pitch
roll
A
P
H
Pfeil der motorischen Nackenneuronen
Richtung des Reflexablaufs

Abb. 2.69

auf die Tensorgeometrie zurückgegriffen werden, um die erforderlichen Transformationen zwischen unterschiedlichen Bezugssystemen zu erreichen. Das Koordinatensystem eines sensorischen oder motorischen Apparats ist durch entsprechende neuronale Netzwerke charakterisiert.

Lebewesen haben dann ebenso ihre eigene intrinsische neuronale Geometrie, wie dem physikalischen Raum nach Einstein eine eigene nicht-euklidische Tensorgeometrie zugrunde liegt. Analog zu z. B. metrischen Tensoren in der Einsteinschen Tensorgeometrie müssen nun sensorische und motorische metrische Tensoren hintereinander geschaltet werden, um die erforderlichen Transformationen durchzuführen. An Stelle des Tensorsymbolismus sind in Abb.2.70 Matrix-Diagramme gewählt, um den sensorischen metrischen Tensor, sensomotorischen Tensor und kontravarianten Halsmuskeltensor darzustellen. Die Matrixelemente, die durch Kombinationen der Muskeln bzw. Koordinaten der Bezugssysteme festgelegt sind, werden zeichnerisch durch mehr oder weniger große gefüllte oder leere Kreise für mehr oder weniger große + bzw. – Zahlen unterschieden. Die entsprechende Verschaltung der neuronalen Netze zeigt die massive Parallelstruktur des Zentralnervensystems.

In der Sprache des Tensorsymbolismus lassen sich kovariante sensorische Koordinaten in die kontravarianten Komponenten eines motorischen Bezugssystems in drei Schritten transformieren:[144] Der sensorische Tensor g^{pr} transformiert einen kovarianten Wahrnehmungsvektor s_r in eine kontravariante s^p. Die oberen und unteren Indices bezeichnen ko- und kontravariante Größen mit $s^p = g^{pr} s_r$, wobei $g^{pr} = |g^{pr}|^{-1} = |\cos \Omega_{pr}|^{-1}$ mit der Tafel der Cosinuswinkel $|\cos \Omega_{pr}|$ unter den sensorischen Einheitsvektoren. Der sensomotorische

144 A. J. Pellionisz, s. Anm. 143, 51. Zur ‚tensor network theory' von A. J. Pellionisz, die der mathematisch-naturwissenschaftliche Hintergrund von P. M. Churchlands (s. Anm. 130) und P. S. Churchlands (s. Anm. 142) Neurophilosophie ist, vgl. auch A. J. Pellionisz, Tensor Geometry: A language of brains and neurocomputers. Generalized coordinates in neuroscience and robotics, in: R. Eckmiller/C. von der Malsburg (eds.), s. Anm. 128, 381-391 (dort auch weitere Literatur); H. J. P. Reitboeck, A 19-channel matrix drive with individually controllable fiber micro-electrodes for neurophysiological applications, in: IEEE Transactions on System, Man & Cybernetics, SMC-13, 5 1983, 676-682.

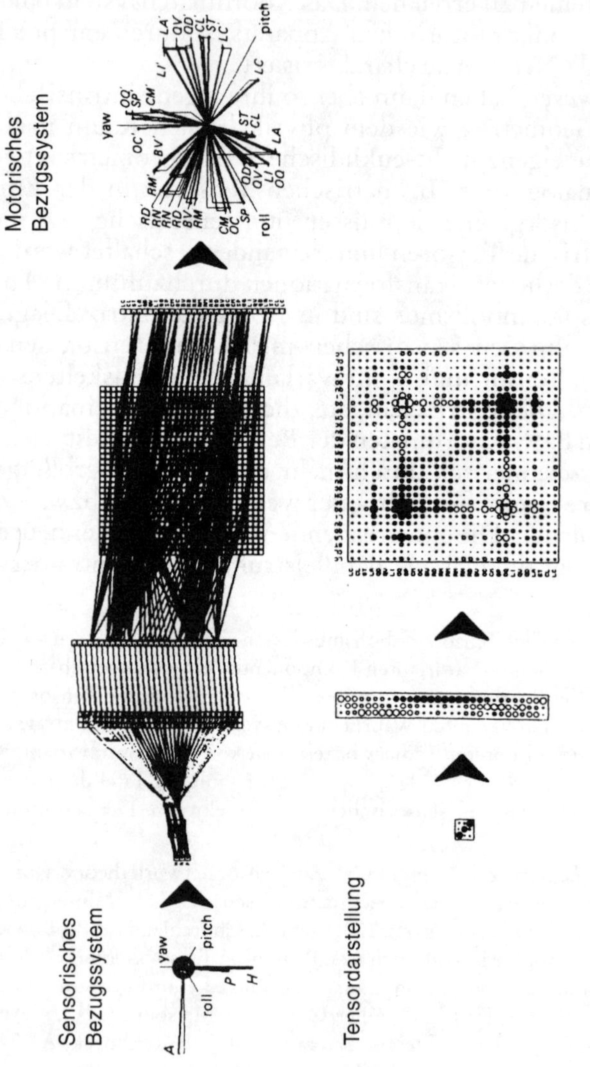
Motorisches
Bezugssystem
yaw
pitch
roll
Sensorisches
Bezugssystem
yaw
pitch
roll
Tensordarstellung

Abb. 2.70

kovariante Einbettungstensor c_{ip} transformiert den sensorischen Vektor s^p in kovariante motorische Absichtsvektoren m_i. Die kovariante Einbettung ist zwar eindeutig, aber ergibt einen nicht ausführbaren kovarianten Ausdruck $m_i = c_{ip}s^p$, wobei $c_{ip} = u_i \cdot w_p$ mit dem i-ten sensorischen Einheitsvektor u_i und p-ten motorischen Einheitsvektor. Der motorische metrische Tensor g^{ei} transformiert die Absichtsvektoren m_i zu ausführbaren kontravarianten Größen $m^e = g^{ei} \cdot m_i$. Falls das sensorische oder motorische Koordinatensystem oder beide überbestimmt sind, dann liegt es auf Grund der Tensornetzwerktheorie nahe, daß das Zentralnervensystem die Moore-Penrose Inverse g^{jk} des eindeutigen kovarianten Tensors benutzt. Es ist

$$(2.109) \qquad g^{jk} = \sum_m \frac{1}{\lambda_m}(E_m \cdot E_m),$$

wobei $E_m \cdot E_m$ das äußere Produkt des m-ten Eigenvektors E_m von g_{jk} mit sich selber ist und λ_m der entsprechende Eigenwert.

Philosophisch setzt die Tensornetzwerktheorie die geometrische Analyse von Lebewesen in der Tradition R. Descartes fort. Die bisherigen Beispiele beschränken sich auf sensorische und motorische Abläufe, die unbewußt im Körper vorgehen, berechnet und gesteuert werden. Sie sind das Ergebnis einer langen biologischen Evolution. Offen bleibt, ob auch mentale Zustände und Gedankenassoziationen durch Tensoren bzw. Tensortransformationen charakterisiert werden können. Jedenfalls könnten die von der Evolution entwickelten neuronalen Netze die „Blaupausen“ liefern, um entsprechende technische Simulationen für Roboter zu bauen. Aus Galileis „Buch der Natur“, aus den „Gedanken Gottes“ in der Sprache der Geometrie wären Baupläne und Funktionsdiagramme der Evolution geworden, die in der Sprache der Tensorgeometrie auch die Vorlage für die technische Evolution von Robotern abgeben könnten.

Es ist ein altes erkenntnistheoretisches Problem, ob sich und wie sich ein Abbild der Außenwelt in unserem Bewußtsein bildet. Erkenntnistheoretiker wie Helmholtz ahnten bereits aufgrund ihres physiologischen Wissens, daß der Erkenntnisvorgang keine starre und isomorphe Abbildung der Außenwelt sein kann. Vielmehr handelt es sich um einen Lernvorgang, in dem schrittweise und unter ständigen Korrekturen ein Bild der Außenwelt entsteht. Einen richtungsweisenden

Erklärungsansatz vom Standpunkt neuronaler Netze schlägt T. Kohonen vor. Danach wird die Außenweltsituation, wie sie z. B. von der Retina des Auges registriert wird, auf eine neuronale Schicht übertragen, in der schrittweise während eines Lernvorgangs eine Art topographischer Karte der Außenwelt aufgebaut wird.[145]

Der Lernvorgang wird als Selbstorganisationsprozeß des neuronalen Netzwerks verstanden. Dabei wird die Ähnlichkeit von Inputsignalen (z. B. auf der Retina) in Lagenachbarschaft erregter Neuronen des Zentralnervensystems übersetzt. Durch unbewußte Selbstorganisation ergeben sich so schließlich topographische Karten der Eingangssignale, in denen die wichtigsten Ähnlichkeitsrelationen zwischen den Eingangssignalen in Lagerelationen der jeweils entsprechenden Neuronen überführt werden. Bei dieser Art der internen Datenrepräsentation wird von unwesentlichen Einzelheiten abstrahiert, so daß die projektierten Karten eine verzerrte Abbildung der Rezeptorschicht auf die Neuronenschicht darstellen.

Kohonen hat diesen Ansatz zu einer mathematischen Lerntheorie sich selbst organisierender topographischer Karten entwickelt. Benachbarten Erregungsorten der topographischen Merkmalskarte entsprechen äußere Reize mit ähnlichen Merkmalen. Dazu gehören Reizorte auf einer Sinnesoberfläche wie der Retina oder Haut, die auf einer neuronalen Schicht des Zentralnervensystems abgebildet werden sollen. Beispiel abstrakter Merkmale sind Tonhöhe und Intensität von Schallsignalen, Frequenz von Wärmestrahlen oder elektromagnetischen Wellen. Dabei wird der Vektorraum V der Eingangssignale auf einem Gitter G abgebildet, dessen Knoten Neuronen repräsentieren.

145 T. Kohonen, s. Anm. 133, Chapt. 5; für die älteren Arbeiten vgl. T. Kohonen, Correlation matrix memories, in: IEEE Transactions on Computers C-21 1972, 353-359. T. Kohonen begann als Elektroingenieur und interessierte sich für die mathematische Struktur des assoziativen Gedächtnisses, während der Neurophysiologe J. A. Anderson in einer Arbeit aus dem gleichen Jahr die physiologische Plausibilität betonte: Vgl. J. A. Anderson, A simple neural network generating on interactive memory, in: Mathematical Biosciences 14 1972, 197-220. Beide Arbeiten gehen aber von einem beschränkten linearen Modell aus, während die Nicht-Linearität später zu einer grundlegenden Eigenschaft der Selbstorganisation wird.

In der Abb.2.71 bildet die schattierte Fläche V die Menge aller möglichen Eingabewerte, auf der ein zufälliger Vektor v mit einer Wahrscheinlichkeitsdichte P(v) als sensorischer Stimulus für das Netzwerk gewählt wird.[146] Dieser Stimulus führt zur Auswahl eines Erregungszentrums s im Neuronengitter G. Es handelt sich um dasjenige Neuron r', dessen Synapsenstärke $w_{r'}$ sich vom Eingangsstimulus v nur minimal verglichen mit den Synapsenstärken der übrigen Neuronen von G unterscheidet, d. h.

$$(2.110) \quad \|v - w_{r'}\| \leq \|v - w_r\| \text{ für alle } r \in G.$$

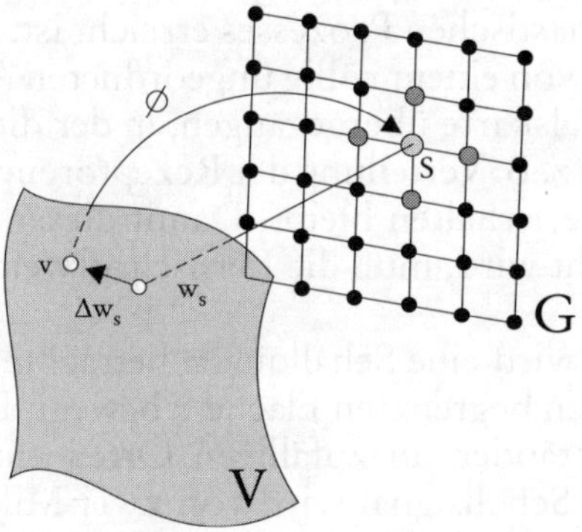

Abb. 2.71

Alle Neuronen in der Nachbarschaft dieses Erregungszentrums werden ebenfalls erregt, aber mit zunehmendem Abstand weniger. Sie werden gewissermaßen dem Erregungszentrum adaptiert, so daß man auch von einem Adaptions- bzw. Lernschritt spricht. Das Ausmaß dieser Verschiebung in Richtung Erregungszentrum wird durch die Lernschrittweite ε und eine nur vom Abstand $r-r'$ abhängige unimodale Funktion $h_{rr'}$ festgelegt, deren Maximum bei $r = r'$ liegt und für größere Abstände gegen 0 strebt (z. B. Gaußglocke). Die alte Synapsenstärke w_r^{alt} eines Neurons wird dabei um die Differenz $\varepsilon h_{rr'}(v - w_r^{alt})$ erhöht, d. h.

$$(2.111) \quad w_r^{neu} = w_r^{alt} + \varepsilon h_{rr'}(v - w_r^{alt}).$$

146 T. Kohonen, Self-organized formation of topologically correct feature maps, in: Biological Cybernetics 43 1982, 59-69; ders., s. Anm. 133, Chapt. 5 (Self-organizing feature maps); für Abb. 2.71-2.72 vgl. H. Ritter/T. Martinetz/K. Schulten, s. Anm. 86, 75, 78.

Zeichnerisch sind für die betroffenen Neuronen in der Abb.2.71 unterschiedliche helle Grauwerte gewählt.

Betrachtet man das Netz G mit den Neuronen $r_1, \ldots, r_N$ als ein dynamisches System, dann ist ein Zustand von G durch alle Synapsenstärken $w = (w_{r_1}, w_{r_2}, \ldots, w_{r_N})$ festgelegt. Der Phasenübergang in einen neuen Zustand wird jedesmal durch den Eingangsreiz v aufgelöst. Anschaulich stellt jeder Lernschritt eine lokale Verzerrung der Karte dar. Diese Vorgänge werden so lange wiederholt, bis ein Gleichgewichtszustand des zugrunde liegenden stochastischen Prozesses erreicht ist. Anschaulich ist dann die Karte von einem völlig ungeordneten Anfangszustand in eine Merkmalskarte übergegangen, in der die Topologie der Eingangsreize (z. B. Verteilung der Rezeptorenerregung auf der Hautoberfläche) erhalten bleibt. Damit dieser Zustand asymptotisch erreicht wird, muß die Lernschrittweite ε langsam gegen 0 streben.

Als Beispiel wird eine Schallquelle betrachtet, die sich in einer unbekannten begrenzten Fläche F bewegt. Die Schallquelle gibt in Zeitabständen an zufälligen Orten ein gleich starkes Signal ab. Das Schallsignal wird von zwei Mikrophonen aufgenommen. Ihre beiden Eingangssignale v_1 und v_2 werden an ein 2-dimensionales neuronales 40×40-Gitter weitergeleitet. Jedes Neuron ist durch eine 2-komponentige Synapsenstärke $w_r = (w_{r1}, w_{r2})$ bestimmt. Jedem Neuron entspricht ein rezeptives Feld in der Außenwelt der Fläche F. Die Neuronen sollen die Ausbildung ihrer rezeptiven Felder so aufeinander abstimmen, daß die Anordnung der Neuronen im Gitter wie eine topographische Karte die Anordnung der entsprechenden rezeptiven Felder der Außenwelt wiedergeben: Die gegenseitige Lagerelationen der Punkte müssen erhalten bleiben, d. h. das Gehirn hat sich eine „auditive Karte“ der Außenwelt hergestellt.

In der Abb.2.72a-d ist die Entwicklung der Zuordnung zwischen Neuronen und Positionen der Schallquelle wiedergegeben. In Abb.2.72a sieht man das Aufenthaltsgebiet der Schallquelle (x, y) mit den beiden Mikrophonen im festem Abstand 2a und den beiden Signalen v_1 und v_2. In Abb.2.72b ist jedes Neuron des 30×30-Gitters am Anfang nach einem zufälligen Punkt

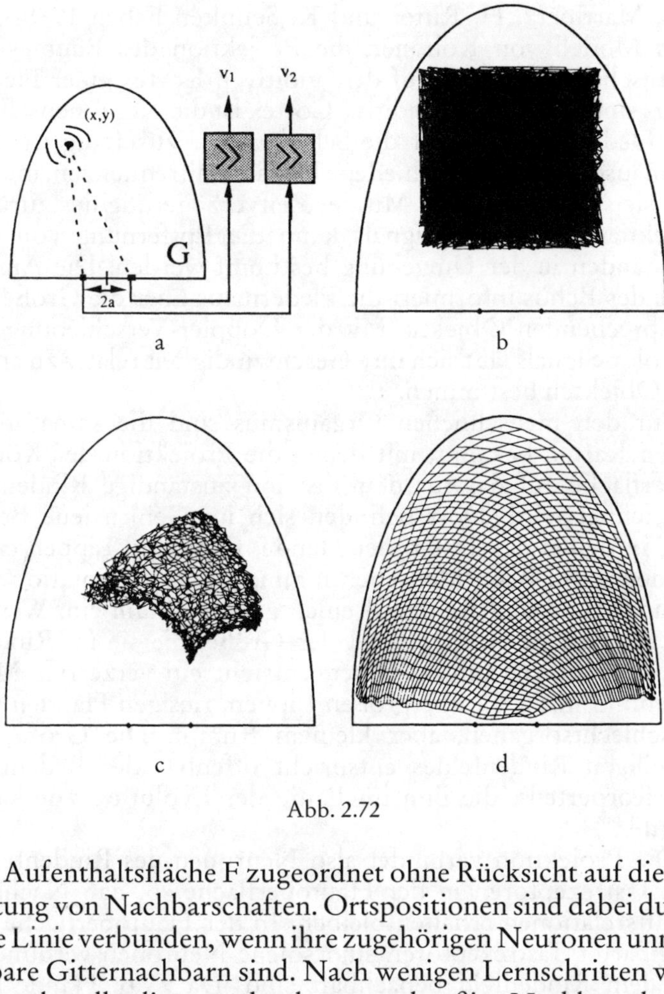

Abb. 2.72

der Aufenthaltsfläche F zugeordnet ohne Rücksicht auf die Erhaltung von Nachbarschaften. Ortspositionen sind dabei durch eine Linie verbunden, wenn ihre zugehörigen Neuronen unmittelbare Gitternachbarn sind. Nach wenigen Lernschritten wird die grobe, allerdings noch sehr unregelmäßige Nachbarschaftsbeziehung sichtbar (Abb.2.72c). Nach ca. 40 000 Lernschritten ist eine topologisch gute Zuordnung zwischen Gitterneuronen und Aufenthaltsorten der Schallquelle erreicht (Abb.2.72d). Durch Selbstorganisation wurde eine Transformation gefunden, mit der die Außenwelt F auf das quadratische Neuronengitter G abgebildet wird.

T. Martinetz, H. Ritter und K. Schulten haben 1988 nach dem Modell von Kohonen die Projektion des Raumes der Ultraschallfrequenzen auf den auditiven Kortex einer Fledermaus simuliert.[147] Der auditive Cortex ist die Neuronenschicht der Fledermaus, der für die Schallanalyse zuständig ist. Fledermäuse besitzen verschiedene Ultraschallfrequenzen, mit denen sie sich orientieren. Mit der Zeitverzögerung des zurückreflektierten Echolot-Signals kann die Entfernung von Gegenständen in der Umgebung bestimmt werden. Die Amplitude des Echos informiert die Fledermaus über die Größe der entsprechenden Objekte. Mit der Doppler-Verschiebung des Echolot-Signals läßt sich ihre Geschwindigkeit relativ zu anderen Objekten bestimmen.

Für den menschlichen Organismus sind die somatotopischen Karten bekannt, mit denen die Projektion der Körperoberfläche auf das für den Tastsinn zuständige Rindenfeld bezeichnet wird. Dort befinden sich im Gehirn jene Bereiche, in denen das Tasten der Hände, Füße und Lippen empfunden wird. Beim Menschen nimmt die Repräsentation von Hand, Mund und Kehlkopf einen großen Raum ein. Werden die Körperteile entsprechend der Größe, die sie im Rindenfeld einnehmen, aufgezeichnet, entsteht ein verzerrtes Menschenbild mit z. B. übergroßen Lippen, riesigen Händen und Geschlechtsorganen, aber kleinem Rumpf. Die Größe des jeweiligen Rindenfeldes entspricht offenbar der Bedeutung des Körperteils, die ihm im Laufe der Evolution zuerkannt wurde.[148]

Die Projektion verbindet also Neuronen des Rindenfeldes mit Tastrezeptoren in der Hautoberfläche so, daß Nachbarschaftsrelationen erhalten bleiben. In der Hautoberfläche benachbarter Tastrezeptoren sind solche Neuronen verbunden, die dem Rindenfeld benachbart sind. Da z. B. Hände und Gesicht dichter mit Tastrezeptoren besetzt sind als z. B. der

147 T. Martinetz/H. Ritter/K. Schulten, Kohonen's self-organizing map for modeling the formation of the auditory cortex of a bat, in: SGAICO-Proceedings ‚Connectionism in Perspective', Zürich 1988, 403-412.

148 Vgl. auch: Gehirn und Nervensystem. Spektrum der Wissenschaft, Heidelberg, [4]1984, 114; E. P. Fischer, Die Welt im Kopf, Konstanz 1985.

Rumpf, sind sie auf dem Rindenfeld auch entsprechend größer vertreten. Dabei sind die Projektionen keineswegs starr, sondern können sich aufgrund von Erfahrungen oder Verlust von Sensibilität als Folge einer Nervenverletzung ändern. Das hat eine Veränderung der Verbindung zwischen Rezeptoren und entsprechenden Neuronen zur Folge. Dieser Selbstorganisationsprozeß kann wieder mit einer topographischen Karte à la Kohonen simuliert werden. Aus ungeordneten Anfangsverschaltungen wird ein nachbarschaftserhaltendes Verbindungsmuster zwischen Tastrezeptoren und Neuronen aufgebaut. Im Gehirn dienen diese topographisch geordneten Karten der Verarbeitung sensorischer Information. In nachgeschalteten Karten werden diese Informationen schrittweise umcodiert, um für Körperbewegungen die entsprechenden Muskeln anzusteuern.

Entsprechend zur sensorischen Karte läßt sich auch eine motorische Karte im Rindenfeld angeben, die ebenfalls in verzerrter Form alle für die Motorik wichtigen Gliedmaßen repräsentiert. Die motorische Karte ist wieder eine Projektion, bei der Bewegungskomandos auf 2-dimensionale Erregungsorte abgebildet werden. Die Bildung einer motorischen Karte entspricht technisch dem Erlernen einer Steuerungsaufgabe. Ein gut untersuchtes Beispiel ist die Motorkarte in einer gewölbten mehrlagigen Neuronenschicht im oberen Bereich des Hirnstamms (Superior Colliculus), deren Neuronen rasche Blickbewegungen des Auges (Sakkaden) ausführen lassen. Die Erregung dieser Neuronen wird durch eine darüberliegende Neuronenschicht ausgelöst, die sensorische Signale verarbeitet. Im Kohonen-Modell geht es darum, ein sensorisches Signal mit einer passenden Steuerungsaktion zu koordinieren. Es muß also eine sensorische und eine motorische Karte hergestellt und koordiniert werden.

In Abb.2.73 sei V wieder der Raum der Eingangssignale und G das Neuronengitter.[149] Zusätzlich zu der Synapsenstärke w_r^{in} eines Neurons r bei Eingangssignalen gehört für Steuerungsaufgaben noch ein Ausgangswert w_r^{out} dazu. Neben dem Vektorraum der Eingangssignale und Eingangsgewichte ist eine Belegung des Neuronengitters mit Werten eines 2. Vektorraumes

149 H. Ritter/T. Martinetz/K. Schulten, s. Anm. 86, 135.

U aufgezeichnet. Während v ∈ V den gegenwärtigen Zustand des Systems darstellt, bestimmt u ∈ U die erforderliche Steuerungsaktion, um das gewünschte Bewegungsziel zu erreichen.

Die Steuerungsaktion kann gelernt werden, indem zunächst eine Folge korrekter Wertepaare (v, u) aus Systemzustand v und entsprechender Steuerungsaktion u vorgegeben ist. Es liegt dann ein Lernprozeß mit Unterweisung („Lehrer") vor. Die topologieerhaltende Karte der Eingangssignale auf G entsteht nach dem bewährten Algorithmus der sensorischen Kartenbildung. In der Abb.2.73 sind die Lernschritte in V dargestellt, wobei die unterschiedliche Größe und Schattierung der Neuronen in der Umgebung von s die durch h_{rs} bestimmte Erregungszone markiert. Die neu hinzukommenden Lernschritte für eine adäquate Steuerungsaktion verändern die Belegung von G mit den Ausgangswerten w_r^{out}. Sie erfolgt analog zum Lernschritt für die Synapsenstärken w_r^{in} mit gegebenenfalls eigener Lernschrittweite ε' und Wechselwirkungsfunktion h'_{rs}.

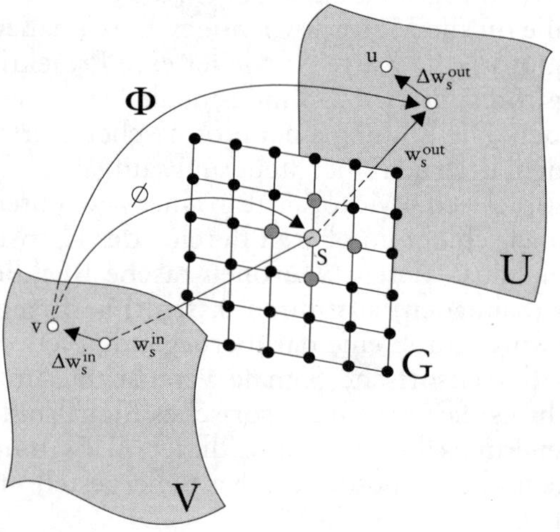

Abb. 2.73

Das Erlernen eines neuen Bewegungsablaufs erfordert oft eine Phase bewußter Hintereinanderschaltung einzelner Bewegungsteile, bevor der Gesamtablauf flüssig und unbewußt ausgeführt werden kann. Man denke z. B. an den Anfangsunterricht in Golf oder Tennis. Der Sportlehrer gibt die Bewegungsteile zunächst vor. Eine dem Bewußtsein unterliegende

Gehirnregion übernimmt dann die Rolle des Lehrers für ein untergeordnetes neuronales Netzwerk, das trainiert werden soll. Typischerweise wirken Bewegungsabläufe in dieser Lernphase noch mechanisch und verkrampft, bis das untergeordnete neuronale Netzwerk den Bewegungsablauf selbständig und unter Ausschaltung des höheren Kontrollbewußtseins ausführen kann. Man sagt dann, der betreffende Spieler „kann" z. B. Golf spielen. In anderen Fällen ist kein Lehrer vorhanden. Wenn wir z. B. lernen, einen Stab zu balancieren, gibt es keine Instanz, die angibt, welche Kraft in einer bestimmten Bewegungsphase aufzuwenden ist. Eine Bewertungsfunktion gibt nur an, wie gut der erreichte Zustand die gestellte Aufgabe erfüllt. Bei jedem Lernschritt muß also die zuvor von einem Lehrer gelieferte Steuerungskomponente u selbst erzeugt werden. Dazu ist ein stochastischer Suchprozeß im Vektorraum U erforderlich mit dem Ziel, die bei jedem Lernschritt erhaltene Bewertung zu maximieren.

Ein neurophysiologisch gut untersuchtes Beispiel wie die unbewußten Augenbewegungen aufgrund von Lichtreizen wird nun durch Kohonens Theorie sich selbst organisierender und koordinierender sensorischer und motorischer Karten erklärbar. Sakkadische Augenbewegungen bewirken, daß ein kleines Gebiet in der Mitte der Netzhaut (Fovea) auf verschiedene Gebiete im Blickfeld gerichtet wird. In der Fovea befinden sich nämlich besonders lichtempfindliche Zellen, die für eine hohe Auflösung des jeweiligen Gegenstandes sorgen. Wie bereits erwähnt, ist die entsprechende mehrlagige Neuronenschicht im oberen Bereich des Hirnstammes angesiedelt. In der oberen Lage ist eine sensorische Karte der Retina aufgetragen. Für die Sakkaden-Steuerung bildet die darunter liegende Neuronenschicht die entsprechende motorische Karte. Den Ortspunkten dieser Schicht sind die sakkadischen Blickrichtungsänderungen zugeordnet. Wird die von einem Lernreiz in der visuellen Karte ausgelöste Erregung auf die unmittelbar darunter liegenden Neuronen der motorischen Karte übertragen, so wird eine Augenbewegung verursacht, die den Lichtreiz in der Fovea zentriert. Diese Optimierung der Aufmerksamkeit steigerte im Laufe der Evolution sicher die Überlebenschancen des Individuums.

In Kohonens Modell geht es darum, ein Paar entsprechender sensorischer und motorischer Karten zur Sakkaden-Steuerung zu adaptieren. Dazu wird wieder wie in Abb.2.73 ein neuronales Gitter G angenommen. Jedem Neuron r entspricht ein rezeptives Feld im Zentrum um w_r auf der Retina. Die Erregung dieses Neurons soll zu einer Blickrichtungsänderung (Sakkade) um einen Vektor w_r^{out} führen. Im Modell sind also die beiden Schichten sensorischer und motorischer Neuronen durch ein Gitter ersetzt, wobei die Belegung w_r eines Neurons r einer sensorischen Erregung auf der Retina und die entsprechende Belegung w_r^{out} der motorischen Erregung für die Sakkade entspricht. Solange die Sakkaden w_r^{out} nicht zur Zentrierung des visuellen Reizes am Ort w_r der Retina führen, müssen Korrektur-Sakkaden ausgeführt werden. Das Lernverfahren verringert diese Korrektur-Sakkaden und führt schließlich zu den topologieerhaltenden Karten. Es handelt sich dabei um ein Lernen ohne Unterweisung, d. h. die erforderlichen Bewegungsimpulse müssen vom Lernalgorithmus selber gefunden werden. Die Bewertungsfunktion des Modells richtet sich nach dem Entscheidungskriterium „Fovea nähergekommen" oder „Fovea nicht nähergekommen".

In den Abb.2.74a-c sind die Lernschritte für die sensorische Karte der Retina und die motorische Karte der Sakkaden in einer Computersimulation wiedergegeben.[150] Als Gitter ist ein ringförmig geschlossenes Netz zugrunde gelegt. Abb.2.74a zeigt das Gitter in seiner Ausgangslage auf der Retina. Die Verbindungen zwischen Rezeptoren und Neuronen sind noch zufällig. In Abb.2.74a′ ist die entsprechende Belegung des neuronalen Netzes mit Sakkaden wiedergegeben. Die Richtung und Länge jedes Vektors ist ebenfalls zufällig. In Abb.2.74b hat sich bereits eine Ordnung der sensorischen Karte gebildet, während Abb.2.74b′ die entsprechende motorische Karte

150 Für Abb. 2.74 vgl. H. Ritter/T. Martinetz/K. Schulten, s. Anm. 86, 157-160. T. Kohonen beschreibt Selbstorganisationsprozesse in T. Kohonen, s. Anm. 133, 136 f. Wichtig für Selbstorganisationsprozesse ist, daß sie zum Ziel führen, d.h. mathematisch ihre Konvergenz: Vgl. dazu T. Kohonen, s. Anm. 133, Chapt. 5.7; H. Ritter/T. Martinetz/K. Schulten, s. Anm. 86, Kap. 9.4.

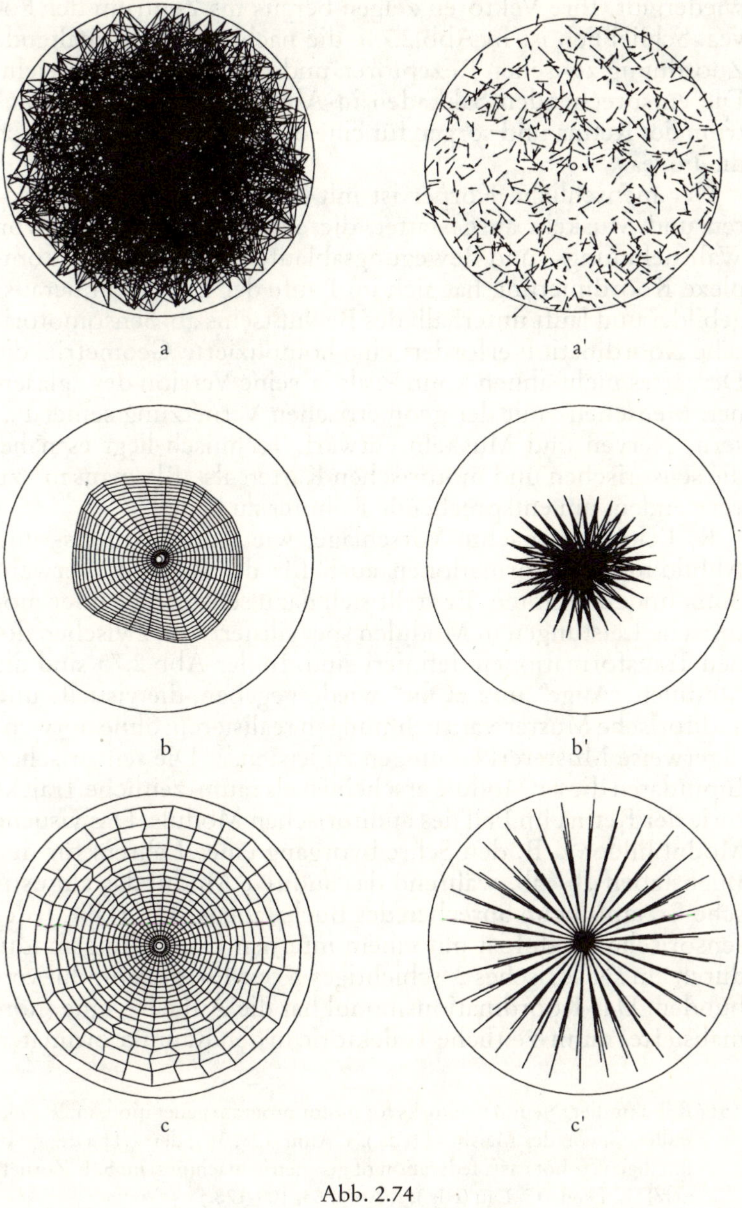

Abb. 2.74

wiedergibt. Ihre Vektoren zeigen bereits ins Zentrum der Fovea. Schließlich ist in Abb.2.74c die nachbarschaftserhaltende Zuordnung zwischen Rezeptoren und Gitterpunkten erreicht. Die entsprechenden Sakkaden in Abb.2.74c′ zeigen ins Zentrum der Retina und sorgen für eine optimale Auflösung durch die Fovea.

Der menschliche Körper ist mit einer Vielzahl von Sensoren und Muskeln ausgestattet, die ein breites Spektrum von Wahrnehmungs- und Bewegungsabläufen erlauben. Ihre komplexe Koordinierung hat sich im Laufe der Evolution herausgebildet und läuft unterhalb des Bewußtseins ab. Sensomotorische Koordination erfordert eine komplizierte Geometrie, die Descartes nicht ahnen konnte, als er seine Version des „gläsernen Menschen" mit der geometrischen Vernetzung seiner Fasern, Nerven und Muskeln entwarf. Technisch liegt es nahe, die sensorischen und motorischen Karten als „Blaupausen" zu verwenden, um entsprechende Roboter zu bauen.

R. Eckmiller machte Vorschläge, wie Koordinations- und Abbildungstransformationen auch für die Robotik Verwendung finden könnten. Er stellt sich dazu sensorische oder motorische Leistungen in Modulen spezialisiert vor, zwischen denen Transformationen definiert sind. In der Abb.2.75 sind die Modulen „Auge" und „Ohr" wiedergegeben, die visuelle und auditorische Musterwahrnehmungen realisieren, ohne notwendigerweise Mustererkennungen zu leisten.[151] Die sensorischen Inputdaten dieser Module erscheinen als raum-zeitliche Trajektorie der Retina im Fall des auditorischen Moduls. Das visuelle Modul bildet z. B. den Schreibvorgang eines Lehrers für den Buchstaben „b" ab, während das auditive Modul das akkustische Ereignis beim Sprechen des Buchstabens „b" erfaßt. Jedes sensorische Modul ist mit einem internen Darstellungsmodul durch ein sensorisches 3-schichtiges Koordinationsmodul verbunden. Das Koordinationsmodul hat die Aufgabe, eine (normalisierte) raum-zeitliche Trajektorie in den Raumkoordinaten

151 R. Eckmiller, Neural networks for motor program generation, in: R. Eckmiller/C. von der Malsburg (eds.), s. Anm. 128, 363; ders., The design of intelligent robots as a federation of geometric machines, in: S. F. Zornetzer/J. L. Davis/C. Lau (eds.), s. Anm. 63, 109-128.

x, y, z und der Zeitkoordinate t zu entwickeln, die dem sensorischen Ereignis entspricht, und als interne Repräsentation abzuspeichern. Physiologisch kann man sich diese Trajektorie als neuronale Aktivitätskurve realisiert vorstellen. Um nun selber den Buchstaben „b" auszusprechen oder zu schreiben, wird die gespeicherte Trajektorie aktiviert und über ein motorisches 3-schichtiges Transformationsmodul realisiert. Dabei ist Mustererkennung als kognitive Leistung noch nicht erforderlich. Eine neuronale Erregungsspitze wird nur angeregt, die gespeicherte Trajektorienbahn im 3-dimensionalen neuronalen Netz mit vorgegebener Geschwindigkeit nachzufahren, um so Sprechmuskeln oder Arm- und Handmuskeln zu aktivieren und zu steuern.

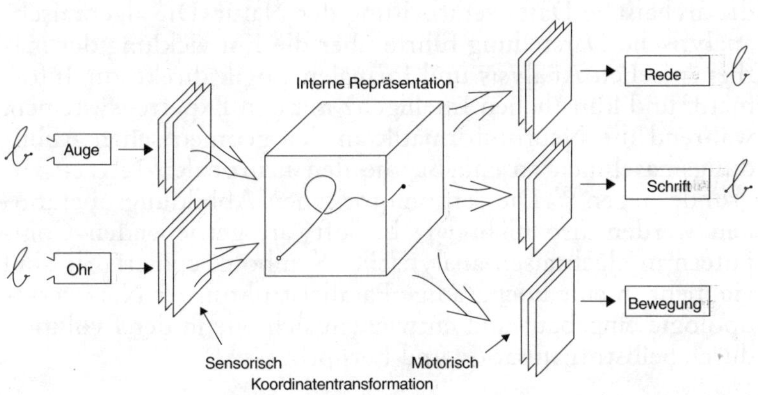

Abb. 2.75

Im Unterschied zu komplexen Programmen in KI-Sprachen haben neuronale Netze den Vorteil, daß sie den unbewußten Selbstorganisationsprozessen im Körper entsprechen. Koordinationen von Wahrnehmungs- und Bewußtseinsabläufen sind ja nicht starr vorprogrammiert, sondern – wie jeder tagtäglich erfahren kann – flexibel und fehlertolerant. Selbständig lernende Robotersysteme, die Werkstücke mit Kameras registrieren, sie ergreifen und bearbeiten, werden erprobt oder sind wenigstens absehbar. Die „Blaupausen" für Lernprogramme der biologischen Evolution können in der technischen Evolution intelligenter Systeme Verwendung finden. Dabei zeichnen sich auch neue Möglichkeiten der Medizin ab, die nicht nur geschädigte Gliedmaßen und Sensoren ersetzen, sondern auch die entsprechenden Lernprogramme implementieren könnten. Die zugrunde gelegte Geometrie ist offenbar keineswegs auf das biochemische Substrat des menschlichen Körpers festgelegt. Philosophisch wird damit deutlich, daß es intrinsische mathematische Strukturen sind, die sowohl die technische Entwicklung von Robotern als auch die biologische Evolution des Gehirns ermöglichen.

Zusammengefaßt läßt sich resümieren: Im Unterschied zur algebraisch-analytischen Repräsentation von Datenstrukturen, die wir in unserer Kultur- und Wissenschaftsgeschichte entwickelt haben, ist die geometrisch-topologische Darstellung die archaische Datenverarbeitung der Natur. Die algebraisch-analytische Darstellung führte über die Entwicklung der mathematischen Analysis und formalen Logik direkt zur Informatik und künstlichen Intelligenz mit den Expertensystemen, während die Neuroinformatik an den geometrischen Abbildungsmaschinen anschließt, die den neuronalen Netzen zugrunde liegen.[152] Die sensomotorischen Abbildungsoperationen werden also nicht wie in Software-getriebenen Computern in algebraisch-analytischer Symbolik codiert. Sie sind vielmehr in eine hochgradige Parallelstruktur der Netzwerktopologie eingebaut und entwickeln sich wie in der Evolution durch Selbstorganisation und Lernprozesse.[153]

2.37 *Neuronale und synergetische Computer*

Die bisherigen Vorschläge für neuronale Netze waren von unterschiedlichen technischen, naturwissenschaftlichen oder psychologischen Modellen inspiriert. Einige Ansätze gingen auch

---

152 Vgl. auch R. Eckmiller, Concerning the emerging role of geometry in neuroinformatics, in: R. Eckmiller/G. Hartmann/G. Hauske (eds.), Parallel Processing in Neural Systems and Computers, Amsterdam/New York/Oxford/Tokyo 1990, 5-8.

153 C. von der Malsburg, Network self-organization, in: S. F. Zornetzer/J. L. Davis/C. Lau (eds.), s. Anm. 63, 421-432.

von empirischen Resultaten über das menschliche Gehirn aus. Wissenschaftstheoretisch handelt es sich also um jeweils einen „bottom-up-approach", der von einer Vielfalt empirischer Einzelaspekte und zweckmäßigen ad-hoc-Hypothesen ausgeht, um so einzelne erfolgreiche Modelle neuronaler Netze zu konstruieren. Diese Situation ist wissenschaftstheoretisch typisch für eine bestimmte Entwicklungsphase von Forschung, in der noch die allgemeinen Prinzipien fehlen. Erforderlich wird dann aber ein „top-down-approach", in dem umgekehrt von allgemeinen Prinzipien ausgegangen wird, um die empirische Vielfalt zu deduzieren. Sonst läuft Forschung Gefahr, vor lauter Bäumen den Wald aus den Augen zu verlieren.

Ein erster Vorschlag in die Richtung eines „top-down-approach" für neuronale Netzwerke stellt die Synergetik dar.[154] Aus allgemeinen Prinzipien, mit denen bereits erfolgreiche Erklärungen der Physik, Chemie und Biologie gewonnen wurden, soll nun die Struktur neuronaler Netze abgeleitet werden. Unabhängig wie man den reduktionistischen Anspruch eines „top-down-approach" wissenschaftstheoretisch beurteilen mag, so ist sein heuristischer Wert für die Entdeckung neuer Gesichtspunkte unbestritten. Ausgangspunkt der synergetischen Betrachtung ist die Analogie zwischen Musterentstehung, wie sie die Synergetik erfolgreich in Physik, Chemie und Biologie erklärt, und Mustererkennung, wie sie der Kognition zu Grunde liegt. Ziel des Erklärungsansatzes ist es also, kognitive Prozesse mit synergetischen Prinzipien in die fachübergreifende Theorie komplexer dynamischer Systeme einzubetten. In der Synergetik geht es fachübergreifend um die Prinzipien der Selbstorganisation, mit denen die spontane Entstehung von Mustern und Strukturen in komplexen dynamischen Systemen fern des thermischen Gleichgewichts erklärt wird.

In Abschnitt 2.1 wurden dazu bereits einige Beispiele aus verschiedenen Bereichen und Zeitabschnitten der Naturwis-

154 H. Haken, Cooperative effects in systems far from thermal equilibrium and in nonphysical systems, in: Rev. Mod. Phys. 47 1975, 67; Springer Series in Synergetics (Hrsg.: H. Haken), Berlin/Heidelberg/New York, vgl. auch Kap 2.1.

senschaften erwähnt. So ist die Bénard-Konvektion seit Beginn dieses Jahrhundert bekannt. Wenn eine Flüssigkeit in einem Gefäß von unten erhitzt wird, stellt sich eine Temperaturdifferenz zwischen der unteren und oberen Fläche ein. Falls diese Temperaturdifferenz einen kritischen Wert überschreitet, entstehen makroskopisch parallele Rollbewegungen als neue Formen der Flüssigkeit. Die Symmetriebrechung bei dieser spontanen Gestaltentwicklung besteht darin, daß aufgrund geringer Anfangsfluktuationen die Rollen sich entscheiden, entweder nach links oder rechts zu drehen. In einem kreisförmigen Gefäß können die parallelen Rollbewegungen in verschiedenen Richtungen liegen. Ein anderes Beispiel ist der Laser. Wird er nur schwach von außen mit Energie aufgepumpt, verhält er sich wie eine Lampe, die inkohärente Wellenzüge aussendet. Wenn ein kritischer Wert erreicht ist, entsteht spontan eine kohärente Laserwelle. Ein neues makroskopisches Muster ist entstanden.

Die konzentrischen Ringe und sich bewegenden Spiralen der Zhabotinski-Reaktion wurden bereits erwähnt. H. Haken interpretiert diese Reaktion als ein informationsverarbeitendes System.[155] Dazu wird das Gesamtvolumen des chemischen Gemisches in kleine Volumenelemente geteilt, die wie einzelne Transputer funktionieren. In jedem Volumenelement laufen chemische Reaktionen ab, die als Multiplikationen, Additionen oder Subtraktionen molekularer Konzentrationen beschrieben werden. Zwischen den Volumenelementen finden Diffusionen statt, die als Informationsübertragungen interpretiert werden. Die chemischen Reaktionen des Gesamtsystems können daher als Parallelrechnung betrachtet werden, die zur Entstehung räumlicher Muster führt.

Der mathematische Apparat, der die spontane Musterentstehung fern des thermischen Gleichgewichts beschreibt, führt in mehreren Schichten von einer

155 H. Haken, Synergetics in pattern recognition and associative action, in: ders. (ed.), Neural and Synergetic Computers, Berlin/Heidelberg/New York 1988, 3; ders., Synergetics as a tool for the conceptualization and mathematization of cognition and behavior – how far can we go?, in: ders./M. Stadler (eds.), Synergetics of Cognition, Berlin/Heidelberg/New York/London/Paris/Tokyo/Hong Kong 1990, 7.

mikroskopischen zu einer makroskopischen Betrachtungsweise.[156] Zunächst wird ein Zustandsvektor $z(x, t) = (z_1, \ldots, z_N)$ eingeführt, der von Ort x und Zeit t abhängt und dessen einzelne Komponenten das Geschwindigkeits- und Temperaturfeld einer Flüssigkeit oder chemischen Konzentration bedeuten können. Die zeitliche Entwicklung dieses Zustandsvektors wird durch eine Evolutionsgleichung beschrieben

$$(2.112) \quad \dot{z} = \frac{dz}{dt} = L(\alpha)z + N(z) + F(t)$$

mit einem linearen Operator L, einem nicht-linearen Anteil N(z) und zufälligen Fluktuationskräften F(t), die von äußeren oder inneren Ursachen herrühren mögen. Der Kontrollparameter α kann in unseren Beispielen die Temperaturdifferenz der Flüssigkeit, die Pumpenergie des Lasers oder die zusätzlichen chemischen Konzentrationen der Zhabotinski-Reaktion sein. Der Linearoperator L erfüllt die Eigenwertgleichung

$$(2.113) \quad L \cdot v_j = \lambda_j \cdot v_j$$

mit den Eigenwerten λ_j, den Eigenvektoren v_j und adjungierten Vektoren v^j mit $v^j \cdot v_{j'} = \delta_{jj'}$. Die Eigenvektoren sind die Moden der jeweiligen Muster. Dann erhält die Evolutionsgleichung die Gestalt

$$(2.114) \quad \dot{z} = \sum_u \lambda_u v_u (v^u z) + \sum_s \lambda_s v_s (v^s z) + N(z) + F(t).$$

Die erste Summe bezieht sich auf die instabilen Moden v_u mit $\lambda_u \geq 0$, während die zweite Summe die stabilen Moden mit $\lambda_s < 0$ erfaßt. Die Synergetik erlaubt eine wesentliche Reduktion der Freiheitsgrade des Systems durch Elimination der stabilen Moden. Für die Musterentstehung sind vor allem die instabilen Moden verantwortlich. Nach diesem sogenannten „Versklavungsprinzip" der Synergetik, nach dem einige wenige Vektoren das Gesamtsystem bestimmen („versklaven"), erhält man die Evolutionsgleichung

$$(2.115) \quad \dot{z} = \sum_u \lambda_u v_u (v^u z) - \sum_{u \neq u'} (v^u z)^2 v_u (v^u z) - |z|^2 z + F(t)$$

mit linearem Term für die instabilen Moden, mit nicht-linearem Term zur Unterscheidung der Muster und dem dritten Sättigungsterm. Als Lösung der Evolutionsgleichung ergibt sich der Zustandsvektor z, der als Superposition der Eigenvektoren von L dargestellt wird:

$$(2.116) \quad z = \sum_u d_u(t) z_u + \text{Korrekturen.}$$

156 H. Haken, Synergetics in pattern recognition and associative action (s. Anm. 155), 4 f.

Der entscheidende Term betrifft die instabilen Moden v_u mit ihren Amplituden $d_u(t)$, während die Korrekturen die stabilen Moden betreffen. In der Synergetik werden die Amplituden $d_u(t)$ als Ordnungsparameter der jeweiligen Muster interpretiert. Die Evolutionsgleichung gibt an, wie sich der mikroskopische Zustand z(t) von einem Anfangszustand z(0) in einen Endzustand entwickeln kann, der einem der Muster mit dem instabilen Vektor v_u entspricht. Dieser Phasenübergang fern des thermischen Gleichgewichts beschreibt eine Musterentstehung durch Selbstorganisation. Der makroskopische Zustand des Systems wird offenbar durch die Evolution der Ordnungsparameter beschrieben, d. h.

$$(2.217) \quad d_u = (\lambda_u - D)d_u + d_u^3 + F_u(t),$$

wobei $D = \sum_{u'} d_{u'}^2$ und $F_u = v^u \cdot F(t)$ ist.

Die Ordnungsparameter können kooperieren oder im Wettstreit liegen. Wenn sie konkurrieren, kann sich nur einer durchsetzen. Im Fall der Bénard-Konvektion entspricht jedes Rollmuster mit seiner jeweiligen Richtung einem besonderem Ordnungsparameter. Beim Laser setzt sich ebenfalls eine Welle durch. Der Laserstrahl selber ist das Resultat einer Kooperation der Systemteile, d. h. der Photonen, bei geeignetem kritischen Wert des Kontrollparameters. Welcher Ordnungsparameter den Wettkampf gewinnt, hängt von Anfangsfluktuationen ab.

Der Phasenübergang läßt sich auch als Symmetriebrechnung auffassen. Zur Veranschaulichung wird ein System mit einem einzigen Ordnungsparameter betrachtet, dessen Größe als Position einer Kugel aufgefaßt wird, die in einem Potentialgebirge rollt. Wenn der Kontrollparameter α unterhalb des kritischen Wertes α_c liegt, hat das Potentialgebirge die Form von Abb.2.76a. Der Ordnungsparameter wird in diesem Fall immer in den Ruhezustand übergehen. Wenn der Ordnungsparameter eine kritischen Wert α_c überschreitet, verändert sich das Potentialgebirge zu Abb.2.76b. Der stabile Zustand in Abb.2.76a ist nun metastabil und durch zwei stabile Zustände ersetzt. Bei der Wahl zwischen beiden Zuständen aufgrund geringster Anfangsfluktuationen wird die Symmetrie gebrochen.[157]

157 H. Haken (ed.), Synergetics of Cognition (s. Anm. 155), 9; K. Mainzer, Symmetrien der Natur (s. Anm. 3), Kap 4.44.

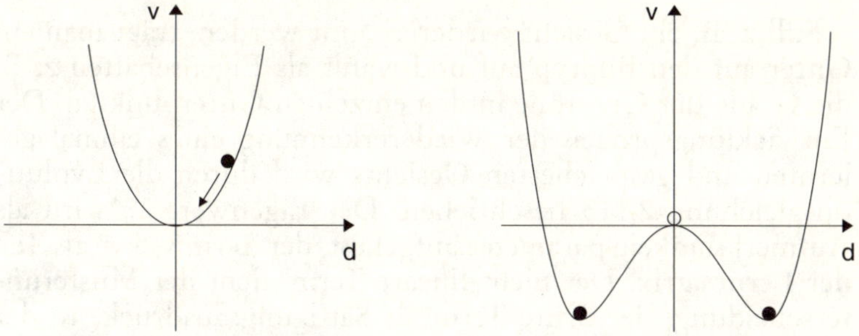

a b

Abb. 2.76

Im Fall $\alpha < \alpha_c$ mit $\lambda < 0$ (Abb.2.76a) ist der Ordnungsparameter $d_u = 0$ und wegen des Versklavungsprinzips $d_s = 0$. Der Mikrozustand z(0) entspricht einem zeitunabhängigen räumlich homogenen Zustand. Im Fall $\alpha > \alpha_c$ mit $\lambda > 0$ (Abb.2.76b) ist eine neue makroskopische Konfiguration v_u entstanden. Eine Erhöhung des Kontrollparameters über den erwähnten kritschen Wert hinaus, führt zu einer Hierarchie verschiedener Muster. Für hinreichend komplizierte nicht-lineare Funktionen strebt das System unterschiedlich komplexen Attraktoren zu – von den einfachen Punktattraktoren über periodische und quasi-periodische Attraktoren bis zum deterministischen Chaos.

Die Analogie von Musterentstehung und Mustererkennung liegt nun auf der Hand. Die Musterentstehung wird durch die Ordnungsparameter d_u beschrieben. Falls sich ein Ordnungsparameter durchgesetzt hat, wird das Verhalten der Untersysteme durch die Vektoren v_u bestimmt. Das „Versklavungsprinzip" sorgt dafür, daß sich das gesamte System auf das entsprechende Muster hin entwickelt. Bei der Mustererkennung wird ein Muster durch Ordnungsparameter d_u beschrieben, denen eine Menge von Eigenschaften entspricht. Wenn nun einige der Eigenschaften gegeben sind, die zum Ordnungsparameter d_u gehören, wird d_u die fehlenden Eigenschaften ergänzen. Die synergetische Gleichungen hätten dann die Funktion eines assoziativen Gedächtnisses erklärt.

Soll z. B. ein Gesicht wiedererkannt werden, trägt man ein Gitter auf den Bildtyp auf und wählt als Eigenschaften z. B. die Grade der Grautöne in den einzelnen Gitterpunkten. Der Entwicklungsprozeß der Wiedererkennung eines einmal gelernten und gespeicherten Gesichts wird durch die Evolutionsgleichung 2.115 beschrieben. Der Eigenwert λ_u wird als Aufmerksamkeitsparameter aufgefaßt, der Term $v_u \cdot v^u$ als Teil der Lernmatrix. Der nicht-lineare Term dient der Musterunterscheidung, der dritte Term als Sättigungsausdruck. In der Musterentstehung sind λ_u und v_u vom Beobachter für den Entwicklungsprozeß vorgegeben, denn v_u entspricht den gelernten und gespeicherten Prototyp-Mustern.

Wird nun ein Testmuster z(0) dem System angeboten, dann wird es die Dynamik von (2.115) über z(t) zu einem besonderen Endzustand v_u entwickeln, in dem das Testmuster mit einem der vorgegebenen Prototyp-Muster identifiziert wird. Man kann nun eine Reihe von Gesichtern wie angegeben abspeichern. Wird dem System nur ein Teil eines der Gesichter präsentiert, wird die Evolutionsgleichung den Anfangszustand zum vollständigen Gesicht wie ein assoziatives Gedächtnis restaurieren (Abb.2.77).[158]

Abb. 2.77

Ein bemerkenswertes Resultat des synergetischen Ansatzes ist die Erklärung von sogenannten ganzheitlichen Effekten der Gestaltpsychologie. Gemeint sind die Vexier- oder Kippbilder, in denen z. B. ein Beobachter ein junges Mädchen, der andere Beobachter eine alte Frau sieht, der eine zwei diametrale Gesichter, der andere eine symmetrische Vase usw. Die Evolution der entsprechenden Ordnungsparameter bzw. Aufmerksamkeitsparameter zeigt in diesen Fällen ein typisches oszillie-

158 H. Haken (ed.), Neural and Synergetic Computers (s. Anm. 155), 7.

rendes Verhalten, das nach geringsten Anfangsfluktuationen in Form einer Symmetriebrechung zu einer der beiden möglichen Gestalten neigt.[159]

Abb. 2.78

In der Wissenschaftstheorie werden diese Phänomene der Gestaltpsychologie angeführt, um die Kontextabhängigkeit der Erkenntnis zu demonstrieren: Der Beobachter geht bereits unbewußt mit einer Erwartungshaltung, Hypothese oder Interpretation an die Wirklichkeit heran. Im Formalismus der Synergetik kommt das in Anfangsfluktuationen und Nicht-Linearität zum Ausdruck. Dasselbe Muster kann in der Wirklichkeit verschoben, verdreht, jedenfalls in anderer Stellung auftreten als am Prototyp erlernt. Mathematisch ist also zu fordern, daß ein Muster invariant ist gegen Verschiebungen (Translationen), Rotationen und Verkleinerungen bzw. Vergrößerungen (Skaleninvarianz). Diese Eigenschaften können für den Formalismus eingerichtet werden.

Es kommt nun darauf an, die synergetischen Prinzipien der Selbstorganisation als neuronale Netzwerke zu realisieren. Sie wären dann als synergetische Computer aufzufassen. Legt man die mikroskopische Evolutionsgleichung eines Systemzustan-

159 H. Haken (ed.), Neural and Synergetic Computers (s. Anm. 155), 9; K. Mainzer, Symmetrien der Natur (s. Anm. 3), 611.

des z(t) wie in (2.115) zugrunde, so handelt es sich genau genommen um ein Schema für gekoppelte Differentialgleichungen, in denen die Entwicklung jeder einzelnen Zustandskomponente $z_k(t)$ beschrieben wird. Es liegt nahe, jede Komponente z_k als Zustand eines Neurons vom Typ k zu interpretieren. Die Eigenwerte λ_{jk} geben den Grad der synaptischen Verbindung der Neuronen an. Gleichung (2.115) entspricht also einem parallelen Netzwerk. Demgegenüber liefert die Verwendung von Ordnungsparametern ein 3-schichtiges Netzwerk. In der 1. Schicht bilden die Eigenschaften z(0) zum Zeitpunkt t = 0 den Input. Über die Amplituden der Eigenvektoren v_j wird das Netzwerk der Ordnungsparameter d_u in der 2. Schicht realisiert. In der 3. Schicht werden die Ordnungsparameter auf entsprechende Mustervektoren als Output projektiert. Für die Ordnungsparameter im Sinne der Evolutionsgleichung (2.117) werden keine direkten Verbindungen zwischen den Neuronen mehr verwendet, sondern eine Wechselwirkung mit dem Reservoir $D = \sum_u d_u^2$.

Offensichtlich unterscheiden sich die Neuronen eines synergetischen Computers von denjenigen der bisher eingeführten neuronalen Netze. Sie funktionieren nämlich nicht als Schwellenwertelemente im Sinne der McCulloch-Pitts-Neuronen. Vielmehr realisieren sie nur einfache Multiplikations- und Additionsaufgaben. Auch die verwendeten Lernregeln unterscheiden sich offensichtlich vom Hebbschen Typ des Lernens. Bei einem synergetischen Computer wird die Anzahl der synaptischen Verbindungen minimalisiert. Als mögliche Realisation eines synergetischen Computers wurde eingangs ein chemischer parallel arbeitender Computer auf der Grundlage der Zhabotinski-Reaktion skizziert.

H. Haken schlägt eine Realisation mit dem synergetischen Paradebeispiel des Lasers vor.[160] In einem Laser können verschiedene Moden von Mustern auftreten. Die Moden seien in diesem Fall durch ihre jeweilige Photonenzahl $n_j = E_j^2$ beschrieben, wobei die E_j die entsprechenden Feldamplituden sind. Der Laser ist ein System, das aufgrund von Engergiezufuhr Photonen produziert. Die

160 H. Haken, s. Anm. 159, 12 f.; ders., Laser Theory, Berlin/Heidelberg/New York 1984.

Photonenproduktionsrate $\dot{n}_j$, d. h. die zeitliche Veränderung der Photonenzahl n_j ist bestimmt durch die Differenz von Gewinn- und Verlustrate. Der Photonengewinn, der von der angeregten Photonenemission stammt, ist ebenso zur Anzahl n_j der gegenwärten Photonen proportional wie der Verlust durch entweichende Photonen. Insgesamt ergibt sich die Evolutionsgleichung

$$(2.118) \quad \dot{n}_j = (G_j - \kappa_j - D_j)n_j,$$

wobei G_j für den Gewinn an Moden vom Typ j, κ_j für ihren Verlust und D_j für die Sättigung steht. Offensichtlich ist diese Evolutionsgleichung vom Typ (2.117) der Ordnungsparametergleichung, wobei die Feldamplituden E_j den Ordnungsparametern entsprechen. Damit wäre ein neuronales Netz aus drei Schichten vorgegeben. In der Inputschicht könnten Daten z. B. durch holographische Abbildungen auf den Laser übertragen werden, der seinerseits in der Zwischenschicht via Ordnungsparameter ein Muster ausselektiert und in der Outputschicht ausgibt.

Unabhängig von der Frage technischer Realisation ist das synergetische Konzept für das Verständnis kognitiver Leistungen des menschlichen Gehirns zu bewerten. Mentale Strukturen (Muster, Gestalten, Gedanken etc.) sind in diesem Konzept durch Ordnungsparameter repräsentiert, während mentale Prozesse durch entsprechende Evolutionsgleichungen für Ordnungsparameter beschrieben werden. Welchen wissenschaftstheoretischen Status haben Ordnungsparameter? Handelt es sich bloß um mathematische Konstrukte, die sich durch gewisse zweckmäßige Konventionen des Formalismus ergeben oder repräsentieren sie ontologische Entitäten? Damit ist die Frage verbunden, ob mentalen Strukturen und Prozessen in diesem Theorierahmen Realität zukommt oder nicht? Vereinfacht geht es also um die alte Frage: Sind Gedanken wirklich?[161]

Im Rahmen der Synergetik sind Ordnungsparameter offenbar Größen für makroskopische Strukturen eines Systems im Unterschied zu den Evolutionsgleichungen für die mikroskopischen Teile. Beim Laser treten Ordnungsparameter als meßbare Feldstärken von Laseratomen auf, die Voraussagen erlauben. Bei Flüssigkeiten sind sie meßbare Gestalteigenschaften, die

161 H. Haken/M. Haken-Krell, Entstehung von biologischer Information und Ordnung, Darmstadt 1989, 123, 133 f.; dies., Erfolgsgeheimnisse der Wahrnehmung. Synergetik als Schlüssel zum Gehirn, Stuttgart 1992, 247 f.

ebenfalls Voraussagen erlauben. Ebenso können Ordnungsparameter in neuronalen Netzen als meßbare Mustereigenschaften aufgefaßt werden, die den Lern- und Entwicklungsprozeß lenken. Sie werden als Neuronen repräsentiert und übernehmen damit unmittelbar technische Funktionen. Von daher ist die Aussage berechtigt, daß mentale Zustände im Sinne neuronaler Ordnungsparameter so „wirklich" sind wie die Feldstärken von Laseratomen oder Gestalteigenschaften von chemischen Gemischen. Es handelt sich um Größen, die mittelbar oder unmittelbar die Entwicklung eines komplexen dynamischen Systems beeinflussen. Synergetische Prinzipien erfassen sicher Funktionen des menschlichen Gehirns und der menschlichen Erkenntnisfähigkeit und setzen sie fachübergreifend zu Ordnungsmustern anderer Systeme in Verbindung. Dieser methodische Reduktionismus ist heuristisch anregend für mögliche technische Entwicklungen und die Entdeckung neuer Einsichten in die Funktion des menschlichen Geistes. Keinesfalls kann damit jedoch ein ontologischer Reduktionismus verbunden sein. Synergetik bleibt ein fallibles Forschungsprogramm mit interessanten Alternativen und Analogien zu den verschiedenen Konzepten neuronaler Computer.[162]

2.38 Möglichkeiten und Grenzen neuronaler Netze

Bei einem Rückblick auf die Entwicklungsgeschichte neuronaler Netze fällt auf, daß die ersten Entwürfe nach McCulloch und Pitts noch unverkennbar von der formalen Logik beeinflußt waren. Neuronen werden als formale Schalteinheiten mit digitaler Reizschwelle aufgefaßt, ihre Operationen mit den Gesetzen der Booleschen Schaltalgebra in Beziehung gesetzt. Obwohl beliebige digitale Computer aus logischen Schaltkreisen konstruiert werden können, bleibt es doch fraglich, ob auch die Natur bei der Evolution neuronaler Netze nach den Bauplänen technischer Entwicklungen verfahren ist.

---

162 K. Mainzer, Philosophical foundations of nonlinear complex systems, in: H. Haken (ed.), Interdisciplinary Approaches to Nonlinear Complex Systems, Berlin/Heidelberg/New York 1993, 32-43.

Philosophisch ist es problematisch, analog zur technischen Entwicklung von Zwecken in der biologischen Evolution zu sprechen, ohne massive metaphysische Vorannahmen unterstellen zu müssen. In der Biologie spricht man deshalb neutraler von Funktionen, die sich aus Bau und Arbeitsweise von Organen erschließen lassen. So wurde und wird dem biologischen Gehirn eine Vielfalt von Funktionen zugeschrieben, die in der Tradition mechanistisch oder spirituell gedeutet wurden. Unbestritten ist, daß das Zentralnervensystem für die höheren Lebensformen einen überragenden Überlebenswert besitzt.[163] Von daher stellt sich die Frage, ob die Bauprinzipien eines digitalen und sequentiell arbeitenden Computers überhaupt solche Funktionen einlösen können.

Die wichtigsten Funktionen des Zentralnervensystems auf ersten biologischen Entwicklungsstufen betreffen Überwachungs- und Kontrollaufgaben für die Überlebensbedingungen des betreffenden Organismus. Dabei muß der Zustand des Organismus ebenso registriert werden wie die Bedingung seiner Umgebung. Es handelt sich um globale Zustandsgrößen wie Temperatur, Druck, Widerstand, Licht u. ä. Während also die ersten Computergenerationen ganz anderen Zwecken wie dem digitalen Lösen arithmetischer Probleme dienten, ging es bei den ersten natürlichen Generationen neuronaler Netze um Abschätzung und Antizipation sensorischer Ereignisse, Kontrolle und Optimierung von Bewegungen und Handlungen mit Überlebenswert. Die Daten, die auf dieser Entwicklungsstufe von neuronalen Netzen verarbeitet werden, sind weitgehend statistischer Natur mit starken Störungen („Geräusche") und Überlagerungen durch die komplexen Abläufe der Umgebung.

Die frühen natürlichen neuronalen „Computer" haben sensorische und motorische Kontroll- und Koordinationsaufgaben. Menschliche Fähigkeiten wie verbale Kommunikation, Kunst, Kultur und Technik (einschließlich dem Lösen arithmetischer Aufgaben) sind demgegenüber späte Entwicklungen von Computern, die ursprünglich aus der instrumentalen Bewältigung von Überlebensaufgaben entstanden sein mögen,

163 E. Pöppel, Grenzen des Bewußtseins. Zur Wirklichkeit und Welterfahrung, Stuttgart 1985.

sich dann aber verselbständigten und neue Funktionen erfüllten. Die wichtigste Aufgabe neuronaler Netzwerke auf ihrer untersten strukturellen Entwicklung besteht also in der Analyse sensorischer Daten, ohne sie symbolisch wie in der Mathematik zu repräsentieren. Symbolische Darstellungen, wie sie in Wissenschaft, Kunst und Kultur auftreten, sind aus dieser Perspektive eher evolutionäre Epiphänomene.

Der entscheidende Unterschied von neuronalen Netzen gegenüber digitalen Computern liegt in der massiven parallelen Informationsverarbeitung und den Lernprinzipien der Selbstorganisation. Entsprechend den Leistungen natürlicher Gehirne können wir bei neuronalen Modellen Organisationsstufen verschiedener Komplexität unterscheiden. Auf einem untersten Niveau ist die (mikroskopische) Dynamik einzelner Neuronen angesiedelt. Modelle mit Netzwerkcharakter berücksichtigen den nicht-linearen Feedback der Neuronen, die in einem komplexen System verschaltet sind und kollektive (makroskopische) synergetische Effekte produzieren. Auf dem organisatorischen Niveau des Nervensystems sind mehrere neuronale Netze mit unterschiedlichen mehr oder weniger komplexen Aufgaben zu koordinieren – von der sensorischen Wahrnehmung über motorische Funktionen bis zu globalen Stabilitätskontrollen. Auf dem Niveau mentaler und kognitiver Leistungen müssen die Grundprozesse des Erkennens, Denkens und Problemlösens beschrieben werden. Diese höheren abstrakten Funktionen der Logik, Sprache und des Rechnens werden heute mit den Methoden der „künstlichen Intelligenz" (KI) besser erfaßt, während z. B. Sensomotorik und Intuition ohne die Repräsentation symbolischer Datenstrukturen den neuronalen Netzen leichter zugänglich ist.

Als komplexes dynamisches System lassen sich bei einem neuronalen Netz globale Gesamtzustände des Systems von lokalen Zuständen einzelner Neuronen oder Neuronengruppen unterscheiden. Unter diesem Aspekt löst sich auch der wissenschaftshistorische Streit auf, ob mentale Funktionen neurologisch lokalisierbar sind. Sie sind lokalisierbar in dem Sinne, daß überwiegend bestimmte Neuronengruppen beteiligt sind. Gleichwohl erweisen sie sich als globale Zustände, die bei Phasenübergängen als synergetische Effekte interagierender Neuronen entstehen.[164]

Zusammengefaßt können wir neuronale und digitale Computer wie folgt unterscheiden: Der Grad paralleler Informationsverarbeitung ist in neuronalen Netzen entschieden höher als bei massiven parallel verarbeitenden Digitalcomputern. Im Unterschied zu von-Neumann-Computern ist die parallele Verarbeitung weitgehend asynchron und ihre Entwicklung als komplexes System nicht voraussagbar. Neuronale Signale können nur sehr grob durch Boolesche Variablen angenähert werden. Digitale Zustandsschaltungen, binäre Impulse und synchrone Verarbeitung sind in der Natur keine Bauprinzipien, sondern menschliche Abstraktionen. Die neuronalen Schaltungen sind nur grob durch die Prinzipien endlicher Automaten erfaßt.

Damit ist auch die Anwendbarkeit rekursiver Funktionen zur Beschreibung neuronaler Prozesse beschränkt. Voraussetzung für die Anwendung von Rekursionen sind Stabilität und diskrete Datenstruktur von Signalen. In rekursiven Rechenprogrammen sind häufig Millionen von rekursiven Stufen iteriert zu durchlaufen, die mangels dieser Voraussetzungen von neuronalen Netzen nicht zu realisieren sind. Das Zentralnervensystem kennt keine sequentielle Programmierung, Codierung und Zentralsteuerung.

Genetisch codiert und in diesem Sinn durch die Evolution vorgegeben ist die makroskopische Form des Gehirns und der mikroanatomische Aufbau einer Zelle. Mit diesen Anlagen werden bei bestimmten Umweltanregungen Lern- und Selbstorganisationsprozesse ermöglicht, die z. B. sensorische oder motorische Karten zur Wahrnehmungs- und Verhaltenssteuerung entwickeln. Es handelt sich also nicht um fixierte Programme, die wie in einem Digitalcomputer gespeichert sind. Die Prinzipien neuronaler Netze eröffnen also in der Tat neue Perspektiven für die Entwicklung des Computerbaus. Sie sind kein konkurrierendes Paradigma gegenüber der von-Neumann-Maschine, sondern zielen auf andere Aufgaben ab, die kognitive und mentale Leistungen komplementieren. Die Strukturprinzipien neu-

---

164 K. Mainzer, Philosophical concepts of computational neuroscience, in: R. Eckmiller/G. Hartmann/ G. Hauske (eds.), s. Anm. 152, 9-12.

ronaler Netze wurden in der natürlichen Evolution ausgetestet und entwickelt. Die Technologie der Neuroinformatik setzt diese Entwicklung mit anderen Methoden fort.[165]

---

165 K. Mainzer, Künstliche Intelligenz, Neuroinformatik und die Aufgabe der Philosophie, in: Forum für interdisziplinäre Forschung 1992 5 Heft 1, 56-62.

3. Die Evolution computergestützter Forschung und Kultur

Auf dem Hintergrund der in Kapitel 1 und 2 geschilderten Computerentwicklung verändern sich zunehmend Forschung und Kultur. Betroffen sind nicht nur Forschungsmethoden und Forschungsinteressen der Einzelwissenschaften wie Mathematik, Natur-, Sozial- und Geisteswissenschaften. Das philosophische Selbstverständnis dieser Disziplinen beginnt sich unter dem Einfluß der Computertechnik zu verändern. So gewinnt die Mathematik durch Computerexperimente durchaus experimentellen Charakter wie die Naturwissenschaften. Diese Perspektive scheint der klassischen Auffassung von Wahrheit und Beweis in Platonischer Tradition entgegenzustehen.

Numerische und graphische Simulationsmodelle sind mittlerweile nicht nur eine wichtige Ergänzung und Veranschaulichung klassischer empirischer Experimente in Technik-, Natur- und Sozialwissenschaften. Sie treffen Vorentscheidungen, ob teure und aufwendige Experimente bzw. Produktionen überhaupt realisiert werden sollten. Zudem ermöglichen sie mathematische Modellbildungen und Prognosen in Disziplinen, in denen wie z. B. in der Ökonomie keine Experimente durchgeführt werden können oder wie z. B. in der Medizin keine Experimente aus ethischen Gründen durchgeführt werden sollten.

In den Geisteswissenschaften sind computergestützte Sprach- und Informationsverarbeitung eine unverzichtbare Kulturtechnik wie das Buch in Mittelalter und Neuzeit und die Schriftenrollen früherer Jahrhunderte. Gemeinsame computergestützte Darstellungsmethoden tragen zudem zum Abbau der traditionellen Sprachgrenzen von Natur- und Geisteswissenschaften bei. Das Paradigma sich selbst organisierender komplexer dynamischer Systeme, das die neuronalen Netze prägt, dringt auch in die Vorstellungswelt der Sozial- und Geisteswissenschaften ein. Wirtschaft-, Rechts- und Gesellschaftssysteme werden als komplexe Systeme von Informations-, Stoff- und Energieflüssen aufgefaßt, deren Evolution sich in Phasenübergängen realisiert. Die Metapher von komplexen Gehirnen verdrängt das traditionelle Maschinenbild des Rationalismus. Computergestützte Kunst und Science Fiction zeigen, wie diese neuen Bilder und Symbole die Phantasie beflügeln und infizieren. Moderne Kulturphilosophie handelt von einer computergestützten Lebenswelt.

3.1 Computergestützte Mathematik

3.11 Numerik und Algorithmen

Spätestens seit der Renaissance bestimmen Zahlen, Rechnungen und Recheninstrumente nicht nur die sich stürmisch entwickelnde mathematische Naturwissenschaft, sondern auch Ökonomie und Technik.[1] Lebensverhältnisse und Lebenserwartungen spiegeln sich zunehmend in Tabellen und Statistiken, numerischen Korrelationen und Kalkulationen wider. Die menschliche Lebenswelt wird heute in einem immer dichter werdenden numerischen Datennetz gehalten, ohne das Stabilität und Fortbestand unmöglich wären. Das Geschäftsleben kam spätestens seit den Fuggern und Welsern mit den Grundrechenarten nicht mehr aus.[2] Zinsrechnung und Prozentrech-

1 K. Mainzer, Mathematik (Geschichte), in: J. Ritter/K. Gründer (Hrsg.), Historisches Wörterbuch der Philosophie V, Stuttgart 1980, 926-935; ders., Mathematik, in: J. Mittelstraß (Hrsg.), Enzyklopädie Philosophie und Wissenschaftstheorie II, Mannheim/Wien/Zürich 1984, 800-804.

2 K. Vogel, Adam Riese, der deutsche Rechenmeister, in: Deutsches Museum/München (Hrsg.), Abhandlungen und Berichte (27). 3. Heft, München, Düsseldorf 1959.

nung traten hinzu. Meßaufgaben führten schon in der Antike auf nicht-rationale Größenverhältnisse.[3]

In der Neuzeit werden numerische Verfahren entwickelt, um das Wurzelziehen rechnerisch zu bewältigen. Um z. B. die Seite eines Dreiecks bei der Landvermessung, Navigation oder Astronomie zu berechnen, sind trigonometrische Funktionen notwendig. Die antiken Sehnentafeln des Ptolemaios waren ein Vorläufer für die trigonometrischen Tafeln der Neuzeit, mit denen Sinus, Cosinus, Tangens etc. berechnet wurden. Hinzu traten logarithmische Tafeln, über deren Bedeutung bereits in Abschnitt 1.11 berichtet wurde. Tafelsammlungen in diesem Jahrhundert enthalten Logarithmen der trigonometrischen Funktionen, Exponentialfunktionen, Wurzeln und Potenzen, Versicherungsrechnung, Logarithmen der Zinsfaktoren, Formeln der Zinseszins- und Rentenrechnung etc. Das war die numerische Rechentechnik des Alltags, bevor elektronische Computer den Rechenschieber und die Handrechenmaschine ersetzten.[4]

In den letzten Jahrzehnten wurde die Rechentechnik deutlich benutzerfreundlicher. Für den Gebrauch eines elektronischen Taschenrechners ist es heute weder notwendig ein Rechenprogramm zu entwickeln oder zu kennen, noch müssen die entsprechenden mathematischen Grundbegriffe verstanden werden. Knopfdruck genügt für Prozent-, Zins-, Logarithmenrechnung oder Wurzelziehen – all das, was der termingeplagte Zeitgenosse an Rechenfertigkeiten z. B. für die Steuererklärung braucht. Die mathematische und numerische Maschinerie ist nur wenigen bekannt, geschweige denn die zugrunde liegende Schalt- und Elektrotechnik. Rechnen nimmt mittlerweile eine ähnliche Funktion ein wie viele biologische Funktionen unseres Körpers: Was optisch und chemisch in unserem Auge bei der Gesichtswahrnehmung, was physiologisch und molekularbiologisch bei Tastempfindungen abläuft, ist uns ebensowenig bewußt wie die unzähligen Steuerungsfunktionen der Atmung und des Kreislaufs. Das Bewußtsein als zentrale Schaltstelle

---

3 K. Mainzer, Geschichte der Geometrie, Mannheim/Wien/Zürich 1980, 30 f.

4 H. H. Goldstine, A History of Numerical Analysis from the 16th through the 19th Century, New York/ Heidelberg/Berlin 1977.

wäre sonst auch hoffnungslos überfordert. Solange wir diese Funktionen nur „benutzen" und nicht „reparieren" müssen, ist ein Verständnis nicht erforderlich.[5]

Die Entwicklung der Rechentechnik verlief keineswegs kontinuierlich. Wie die biologische Evolution weist sie Selektionen, Verschiebungen und Sprünge auf. Das Rechnen mit Papier und Bleistift, das als „Rechnen auf der Linie" in der Renaissance die Rechentische verdrängte und bis vor wenigen Jahren die alltägliche Rechentechnik von jedermann war, ist längst durch den Taschenrechner ersetzt, der alle umfangreichen Rechentafeln samt ihren Rechengeräten (z. B. Rechenschieber) in Präzision und Schnelligkeit weit übertrifft. Hinzu treten Rechnerkapazitäten der modernen Großrechner, die riesige Datenmengen in Bruchteilen von Sekunden verarbeiten und damit approximative Gleichungslösungen ermöglichen, von denen bis vor wenigen Jahren noch keiner zu träumen wagte.[6]

Differentialgleichungen für die Wetterentwicklung oder Aerodynamik von Industriedesign (z. B. Auto- und Flugzeugformen) waren längst bekannt. Aber erst die Verarbeitungskapazität dieser Rechengeräte vermag blitzschnell Lösungen zu approximieren und in optimierte Simulationsmodelle auch auf dem Bildschirm je nach eingegebenen Nebenbedingungen zu variieren. Neben Steigerung der Rechengeschwindigkeit (z. B. Multi-Gigaflop-Supercomputer mit 109 floating-point-Operationen in der Sekunde) wird die Umstellung auf massive Parallelverarbeitung erforderlich. Neben neuen numerischen Algorithmen werden neue Programmstrategien der KI das Tempo der technischen Innovation steigern.

Diese Faktoren mögen den Eindruck erwecken, als wäre Numerik ein nur technisch-angewandtes Thema ohne erkenntnistheoretische Bedeutung. In der Tat hat sich die philosophische Grundlagendiskussion weitgehend nur auf konzeptionelle Grundlagenfragen der Mathematik bzw. Physik beschränkt. Eine quasi-platonische Arbeitsteilung zwischen

---

5 F. Bauer, Mikroelektronik – Auswirkungen auf Wirtschaft und Gesellschaft, München (Siemens AG) 1978.

6 W. de Beauclair, Rechnen mit Maschinen. Eine Bildgeschichte der Rechentechnik, Braunschweig 1968.

„Rechnen" und „Denken", „Rechenknechten" und „innovativen Forschern" schien die mathematische Scientific Community zu trennen. Daß Rechnen auch Erkenntnis bedeutet, daß Anwendung mit Grundlagenfragen eng verbunden ist und damit neue philosophische Einsichten ermöglicht, scheint sich erst allmählich zu verbreiten.

Der Numeriker R. W. Hamming war einer der ersten, der Anfang der 60er Jahre diesen Perspektivenwandel durch das Motto einleitete: „Der Zweck von Berechnungen ist Einsicht, nicht Zahlen („insight not numbers").[7]" Numerik als Sammlung von Rechenrezepten würde zur Verzettelung führen und das Innovationstempo bald zum Erliegen bringen. Aber auch die Beantwortung der Grundlagenfrage „Was sind und was sollen die Zahlen?", die R. Dedekind und G. Frege Ende des 19. Jhs. mit logischer Präzision lieferten, trifft noch nicht die von Hamming geforderte Einsicht in das Wesen der Numerik. Wenn wie bei Dedekind und Frege natürliche Zahlen durch Abbildungsvorschriften oder Äquivalenzklassen und umfassendere Zahlenklassen wie ganze, rationale, reelle und imaginäre Zahlen durch Abstraktionsschritte definiert werden, handelt es sich nur um die Zurückführung unserer Zahlenvorstellung auf logisch mengentheoretische Grundlagen. Die axiomatische Definition der Zahlen sieht sogar von solchen mengentheoretischen Modellen ab. Damit ist zwar der Zahlbegriff in einer Art Platonismus jenseits jeder technischen Realisation begrifflich präzise eingeführt, ohne daß man jedoch damit schon „rechnen" könnte. Es genügt nicht, um ein antikes Beispiel zu wählen, wie weiland Euklid beweisen zu können, daß Seite und Diagonale eines Quadrates kein rationales Verhältnis bilden. Das Berechnen von $\sqrt{2}$ erfordert nämlich ein konstruktives Rechenverfahren.[8]

7 R. W. Hamming, Numerical Methods for Scientists and Engineers, New York 1962; vgl. auch G. Hämmerlin/K.-H. Hoffmann, Numerische Mathematik, Berlin/Heidelberg/New York 1989, V; P. J. Davis/R. Hersch, Descartes' Traum, Frankfurt 1988, 209.

8 H.-D. Ebbinghaus/H. Hermes/F. Hirzebruch/M. Koecher/K. Mainzer/J. Neukirch/A. Prestel/R. Remmert, Zahlen, Berlin/Heidelberg/New York [3]1992, Kap. 1-2.

Beim numerischen Rechnen sind Zahlen die Träger der Information. Die Darstellung von Zahlen in den verschiedenen Zahlensystemen und ihre Realisierung auf den Rechenhilfsmitteln sind von zentraler Bedeutung.[9] Numerische Mathematik läßt sich allgemein als die Mathematik konstruktiver Verfahren auffassen, die bis zur numerischen Verwirklichung (heute mit dem Computer) durchgeführt werden. Daher liefert die numerische Mathematik auch Rechenvorschriften zur exakten oder approximativen Lösung von Problemen der Mathematik, Naturwissenschaften, Technik und Ökonomie. Die Rechenvorschriften werden als Algorithmen formuliert, programmiert und mit Rechenautomaten verarbeitet.

Dazu muß eine geeignete symbolische Darstellung der Zahlen gefunden werden, die durch physikalische Eigenschaften der benutzten Speicher der Rechenanlage realisiert werden kann.[10] Jede Zahl ist aus diesem Grund nur mit endlicher Stellenzahl verwertbar. Die dazu notwendigen Rundungen können bei komplexen Rechnungen Fehler anhäufen und zu einer Verfälschung des Ergebnisses führen. Eine Fehleranalyse von Rundungsfehlern, Datenfehlern und Verfahrensfehlern gehört mit zur numerischen Rechnung.

Die Daten, mit denen ein numerischer Algorithmus beginnt, sind im allgemeinen fehlerhaft. Sie sind die Ergebnisse von empirischen Messungen und sind daher notwendigerweise mit Meßungenauigkeiten und Erhebungsfehlern behaftet, die bei der Dateneingabe zu Eingabefehlern werden. Von Verfahrensfehlern spricht man bei numerischen Approximationen von Grenzprozessen. Sie können natürlich prinzipiell nicht durch diskrete numerische Verfahren nachvollzogen werden. Differentialquotienten werden durch Differenzenquotienten ersetzt. Mathematisch unendliche Iterationsverfahren müssen nach endlich vielen Schritten abgebrochen werden. Bei der Be-

9 K. Menninger, Zahlwort und Ziffer, Göttingen 1958.

10 R. Landauer, Fundamental physical limitations of the computational process, in: H. R. Pagels (ed.), Computer Culture, Annals of the New York Academy of Science vol. 426 1984, 161-170; N. Metropolis/ J. Howlett/G.-C. Rota (eds.), A History of Computing in the 20th Century, New York 1980.

nutzung von Computern ist man wegen der endlichen Zahlendarstellung aufgrund endlicher Speicher zu Rundungsfehlern bei Zwischenergebnissen gezwungen. Eine Häufung dieser Rundungsfehler während der einzelnen Rechenschritte kann zur völligen Verfälschung des Ergebnisses führen. Man spricht von einem gut konditionierten Problem, wenn kleine Änderungen der Daten des Problems nur kleine Änderungen der Lösungen des Problems verursachen. Lösen kleine Änderungen der Eingangsdaten große Änderungen der Ausgangsdaten aus, liegt ein schlecht konditioniertes Problem vor.[11]

Zur Beurteilung der Qualität einer Rechnung ist die Fehleranalyse numerischer Selbstreflexion unerläßlich. Die Fehleranalyse ist in der Tat eine Art erkenntnistheoretischer Reflexion auf die Grenzen der jeweiligen numerischen Handlungen. Sie führt wieder auf die Grundlagen des Zahlbegriffs und der verwendeten Algorithmen zurück. In diesem Sinn geht es um „Einsicht" (insight) in bestimmte Handlungen, nicht um isolierte Zahlen.[12]

Methodologisch ist die Numerik ein zentrales Stadium in einem mathematischen Problemlösungsverfahren. Im ersten Stadium einer Problemlösung wird eine reale Situation meistens in einer natürlichen Sprache beschrieben. Das kann z. B. eine technische Produktion in einem Industriebetrieb sein. Im nächsten Schritt wird ein mathematisches Modell der Situation eingeführt. Darunter werden dann physikalische Gleichungen verstanden, z. B. Gleichungen der Aerodynamik zur Festlegung eines Autodesigns. Im dritten Stadium kommt die Numerik zum Einsatz. Für eine komplizierte Gleichung kann im allgemeinen keine Lösung mit elementaren Rechentermen angegeben werden.

Um den Computereinsatz für approximative Lösungen vorzubereiten, müssen die kontinuierlichen Größen diskretisiert werden. An die Stelle von stetigen Raum- und Zeitgrößen treten kleine Intervalle von Raum und Zeit. Differentiale werden, wie oben erwähnt, durch kleine Differenzen ersetzt. Schließ-

11 G. Hämmerlin/K.-H. Hoffmann, s. Anm. 7, 21 ff.

12 J. W. Wilkenson, Rundungsfehler, Berlin/Heidelberg/New York 1969.

lich muß ein geeigneter Algorithmus für eine von eventuell mehreren möglichen Lösungsstrategien ausgewählt werden.[13]

Die Maßstäbe zur Bewertung und Auswahl eines Algorithmus sollten unabhängig vom jeweiligen Rechner und Programmierer sein. Entsprechende Bewertungsfragen lauten: Wie kann die Leistungsfähigkeit eines Algorithmus quantitativ erfaßt werden? Nach welchen Kriterien können Algorithmen verglichen werden? Wie lassen sich die gegebenen Algorithmen verbessern? Wann heißen Algorithmen optimal? Wie lauten die Unterschiede von mathematischer Optimalität und praktischer Brauchbarkeit? Kriterien zur Beantwortung dieser Fragen liefert die mathematische Komplexitätstheorie.[14] Statische Komplexitätsmaße beziehen sich auf die Länge eines Programms, Anzahl der Anweisungen u. ä. als Effizienzkriterium. Demgegenüber berücksichtigen dynamische Komplexitätsmaße z. B. die Laufzeit in Abhängigkeit von wachsenden Eingabedaten. Zeitkomplexität und Speicherkomplexität werden relevant, wenn die Größe eines Problems über alle Grenzen wächst. Die Verarbeitungszeit von Eingabedaten läßt sich proportional zur Anzahl elementaren Rechenoperationen auffassen, die der Algorithmus bis zum Endresultat benötigt.

Nach seiner Auswahl wird im nächsten Stadium der numerische Algorithmus in ein Computerprogramm übersetzt, um die numerischen Rechnungen durch eine Maschine ausführen zu lassen. Der Output des Computers kann aus Zahlen, symbolischen Daten und/oder einer Graphik z. B. mit einer optimalen Designform bestehen. Diese Ergebnisse sind mit den gestellten Nebenbedingungen und Anforderungen der Problemlösung zu vergleichen, um dann eventuell die Lösungsstrategien zu verändern.[15]

---

13 D. E. Knuth, Mathematics and computer science: coping with finiteness, in: Science 194 1976, 1235-1242.

14 Vgl. z.B. D. E. Knuth, The Art of Computer Programming vol. 2, Reading (Mass.) ^{2}1981; J. Hartmanis/ J. E. Hopcroft, An Overview of the Theory of Computational Complexity, in: J. Assoc. for Computing Machinery 18 1871, 444-475.

15 A. V. Aho/J. E. Hopcroft/J. D. Ullmann, The Design and Analysis of Computer Algorithms, Reading (Mass.) 1975.

Numerische Standardverfahren werden bei der Lösung linearer Gleichungssysteme verwendet, auf die viele mathematische Probleme führen. Für Rechenanlagen werden lineare Gleichungssysteme mit zunehmender Größe interessant. Bei direkten Lösungsverfahren, die das Problem nach endlich vielen Schritten lösen, treten zwar keine Verfahrensfehler, aber Rundungsfehler auf, die das Ergebnis verfälschen können. Indirekte Verfahren lösen die Gleichungssysteme näherungsweise durch Iterationen in einem prinzipiell nicht abbrechenden Prozeß. Abbrech- und Rundungsfehler führen hier zu entsprechenden Verfälschungen.

Von grundlegender Bedeutung in der numerischen Mathematik ist die Approximationstheorie für Näherungen mathematischer Objekte. Historisch nimmt C. F. Gauß für diesen Zweig der Numerik eine Schlüsselposition ein. Aufgrund seiner astronomischen und geodätischen Messungen machte Gauß Vorschläge zur Auswertung von Meßergebnissen und zur Fehlerkorrektur, bei denen er teilweise auf Ergebnisse des französischen Mathematikers A. M. Legendre (1805) zurückgriff.[16] Das Problem bestand vereinfacht darin, aus einer Folge von Einzelmessungen einen mittleren Wert so zu bestimmen, daß seine Abweichung von den Meßwerten möglichst klein ist. P. S. Laplace hatte 1799 das Problem gelöst, indem er die Summe der Absolutbeträge zum Minimum machte. Bei diesem Verfahren wird der Einfluß großer Einzelfehler in einer Meßreihe unterdrückt.[17]

Demgegenüber versuchte Gauß, die Summe der Quadrate der Fehler minimal zu machen.[18] Eine Begründung erhält Gaußens Verfahren durch die statistische Annahme, daß Meß-

16 A. M. Legendre, Nouvelles méthodes pour la détermination des orbites des comètes, Paris 1805 (Appendice sur la méthode des moindre quarrés).

17 P. S. M. de Laplace, Mécanique céleste vol. II, Paris 1805, 147-157. Laplace macht dabei von einem Prinzip von R. Boscovich Gebrauch.

18 C. F. Gauß, Theoria motus corporum coelestium in sectionibus conicis solem ambientium, Hamburg 1809. Eine Sammlung von Gaußens Werk über die kleinsten Quadrate findet sich in C. F. Gauß, Abhandlungen zur Methode der kleinsten Quadrate, übers. A. Börsch u. P. Simm, Berlin, repr. Würzburg 1964. Aus Gaußens Methode der kleinsten Quadrate entwickelt sich die Ausgleichsrechnung, die in Hämmer-

fehler normalverteilt sind. Bei n Einzelmessungen $x_1, \ldots, x_n$ ist das arithmetische Mittel der mittlere Wert. Dann wird eine Zahl $\bar{x}$ gesucht, bei der die Quadratsumme der Fehler $(x - x_1)^2 + \ldots + (x - x_n)^2$ zum Minimum wird. Eine notwendige Bedingung für das Eintreten eines Minimums ist

$$(3.1) \qquad (x - x_1)^2 + \ldots + (x - x_n)^2 = 0$$

$$\text{mit der Lösung } \bar{x} = \frac{1}{n} \sum_{\nu=1}^{n} x_\nu \; .$$

Mit der Methode der kleinsten Quadrate hatte Gauß bereits 1801 die Bahn des Planetoiden Ceres so genau berechnet, daß er an der vorausgesagten Stelle wiedergefunden werden konnte. Physik, Geodäsie und Astronomie waren auch in der Folgezeit häufig die Motivation für Probleme der angewandten und numerischen Mathematik. In Deutschland ist vor allem C. D. T. Runge (1856-1927) zu erwähnen, der erste Inhaber eines Lehrstuhls für angewandte Mathematik. Tiefgehende Kenntnisse der mathematischen Grundlagen gehören bei ihm ebenso zur angewandten Mathematik wie das Bestreben, Lösungsmethoden bis zur praktischen Brauchbarkeit durchzubilden.[19]

Ein Spezialfall der Approximation ist die Interpolation, mit der eine Funktion konstruiert werden soll, die an vorgegebenen Stützstellen gegebene Stützwerte annimmt. I. Newton war auf Interpolationsprobleme gestoßen, als er Kurven näherungsweise zu integrieren versuchte.[20]

---

ling/Hoffmann (s. Anm. 7, 184 ff.) in den Rahmen der Approximation in Prae-Hilberträumen gesetzt wird.

19 Vgl. I. Runge, Carl Runge und sein wissenschaftliches Werk, Göttingen 1949. Zur modernen Approximationstheorie vgl. z. B. G. A. Watson, Approximation Theory and Numerical Methods, New York u.a. 1980; H. Werner, Vorlesungen über Approximationstheorie, Berlin/Heidelberg/New York 1966.

20 Die Namen moderner Interpolationsformeln nach Gregory-Newton, Newton-Gauß, Newton-Bessel, Newton-Cotes bezeugen die wichtigen Beiträge Newtons zur Interpolationstheorie. Dazu vgl. auch J. F. Steffensen, Interpolation, New York 1927, [2]1950; P. H. Davis, Interpolation and Approximation, New York 1963.

Einer der ältesten Teile der numerischen Mathematik ist die numerische Berechnung bestimmter Integrale. In der Antike handelt es sich um die Aufgabe, den Inhalt krummlinig berandeter Flächen zu berechnen. Zu den klassischen Konstruktionsproblemen der griechischen Mathematik gehörte die Quadratur des Kreises. Griechische Mathematiker bewiesen bereits, daß für eine Kreisfläche ein flächengleiches Quadrat konstruiert werden kann, wenn man Zirkel und Lineal um bestimmte geometrische Konstruktionsmittel erweitert. Der Nachweis, daß die Quadratur des Kreises prinzipiell nicht mit Zirkel und Lineal gelöst werden kann, gelang erst Ende des 19. Jhs.[21]

Dahinter steht nämlich im Grunde ein numerisches Problem, das seit der Antike bekannt war – die Berechnung der Zahl π. Diese (reelle) Zahl wird zwar erst zu Beginn der Neuzeit als numerische Dezimalbruchentwicklung aufgefaßt. Aber bereits Archimedes gab ein Approximationsverfahren der Kreisfläche durch ein- und umbeschriebene Polygone an, das einer Intervallschachtelung von π durch die Schranken $3\frac{10}{71} < \pi < 3\frac{1}{7}$ entspricht. Dem geometrischen Konstruktionsprozeß mit Zirkel und Lineal entsprechen algebraisch quadratische und lineare Gleichungen. Da die Zahl π transzendent ist, d. h. keine Lösung eines Polynoms, insbesondere quadratischer und linearer Gleichungen sein kann, ist die Quadratur der Kreisfläche mit Zirkel und Lineal prinzipiell ausgeschlossen.[22]

Aus der geometrischen Quadratur des Kreises wurde in der Neuzeit eine numerische Quadratur bzw. Integration, nachdem der Funktions- und Integralbegriff vorlag. Mit Beginn der mathematischen Physik wurde die numerische Integration eine wichtige Voraussetzung für die Lösung physikalischer Grundgleichungen. Beiträge zur numerischen Integration lieferten daher nahezu alle bedeutenden Mathematiker und Physiker der Neuzeit von Cavalieri über Newton und Euler, Gauß und Ja-

21 Vgl. K. Mainzer, Geschichte der Geometrie (s. Anm. 3), Kap. 2.2.

22 Vgl. J. Tropfke, Geschichte der Elementarmathematik Bd. 4, Berlin 1940, 260 ff; P. Beckmann, A History of π (Pi), Boulder Colorado 1977; H.-D. Ebbinghaus u. a., s. Anm. 8, Kap. 5.

cobi bis zu Runge u. a.[23] Es können unterschiedliche Gründe vorliegen, um bestimmte Integrale näherungsweise zu berechnen. Denkbar wäre, daß eine Stammfunktion eines Integrals sich nicht durch elementare Funktionen ausdrücken läßt wie z. B. bei der Bogenlänge einer Ellipse. Im Fall von Messungen ist die zu integrierende Funktion nur punktweise gegeben, so daß eine näherungsweise Integration notwendig wird.

Eine Lösung einer Gleichung kann nur in wenigen Fällen nach endlich vielen Schritten gefunden werden. Dann wird häufig auf ein Iterationsverfahren zurückgegriffen. Die Gleichung erhält dazu die Form einer Operatorgleichung $x = \Phi x$, zu deren Lösung vom Iterationsansatz $x^{k+1} = \Phi x^k$ mit vorgegebenem Anfangselement x^0 ausgegangen wird. Ziel des Ansatzes ist die Konvergenz des Iterationsverfahrens $x^0, x^1, \ldots, x^k, x^{k+1}, \ldots$ gegen eine Lösung der Operatorgleichung. Newton entwickelte schon 1669 ein iteratives Lösungsverfahren zur Berechnung einer Wurzel einer kubischen Gleichung. Dieses Verfahren wendete er in der Astronomie an, um die Gleichung des 2. Keplerschen Gesetzes zu lösen, wonach der Radiusvektor Sonne-Erde in gleichen Zeiten gleiche Flächen innerhalb der Ellipsenbahnen überstreicht.[24]

Die Nullstellenberechnung zieht sich wie ein roter Faden durch die Geschichte der numerischen Mathematik. Im Laufe der Jahrhunderte wurde eine Reihe von Kriterien bewiesen, mit denen die Lage und Anzahl von Nullstellen als reelle oder kom-

23 Vgl. z. B. C. F. Gauß, Methodus nova integralium valores per approximationem inveniendi, in: Comm. Soc. Sc. Gött. Math. vol. III 1816, 39-76; C. G. Jacobi, Über Gauß' neue Methode die Werthe der Integrale näherungsweise zu finden, in: Journal für reine u. angewandte Mathematik I 1826, 301-308; C. Runge/F. Willers, Numerische und grafische Quadratur und Integration gewöhnlicher und partieller Differentialgleichungen, in: Enzyklopädie der math. Wiss. II C 2 1915, 47-176. Für moderne Untersuchungen zur numerischen Integration vgl. z. B. P. D. Davis/P. Rabinowitz, Methods of Numerical Integration, New York u.a. 1975; H. Engels, Numerical Quadrature and Cubature, New York u.a. 1980.

24 Vgl. I. Newton, Philosophiae naturalis principia mathematica, London 1687, I Prop. XXXI, Problem. XXII, Scholium; J. Raphson, Analysis Aequationum Universalis seu ad aequationes algebraicas ..., London [1]1690, [2]1702.

plexe Wurzeln eingegrenzt oder bestimmt werden konnten. Im Computerzeitalter ist es anstelle dieser mathematischen Kriterien häufig einfacher, sich durch ein Plotterbild zunächst einen groben Überblick über die ungefähre Lage der Nullstellen eines Polynoms zu verschaffen.

In den letzten Jahrzehnten traten lineare Optimierungen als Teil der numerischen Mathematik in den Vordergrund. Schon Leibniz und Euler faßten im Zeitalter der klassischen Mechanik die Natur als eine sich selbst optimierende Maschine auf, deren Größen durch Maximum- und Minimumeigenschaften ausgezeichnet sind. Heute treten z. B. optimale Produktionsplanungen und Steuerungsaufgaben hinzu. Die Beschränkung auf lineare Funktionen ist zunächst nicht weitreichend, da viele praktische Probleme linear oder approximativ linearisierbar sind.[25]

Sucht man nach einem verbindenden Forschungsthema, an dem die verschiedenen numerischen Methoden festgemacht werden können, so bietet sich der Systembegriff an. Wie bereits in mehreren Abschnitten deutlich wurde, hat der Systembegriff in den letzten Jahrzehnten in allen Wissenschaften zentrale Bedeutung gewonnen. Reale Systeme werden durch diskrete oder kontinuierliche mathematische Systeme modelliert, an denen dann ihr Verhalten studiert werden kann. In Anwendungen soll die Entwicklung des Systems häufig in bestimmte günstige Zustände gesteuert werden. Dazu werden seine beeinflußbaren Parameter optimiert. Man interessiert sich ferner für globale Systemeigenschaften oder die Simulation des Systemverhaltens in Situationen, die dem Experiment nicht oder nur schwer zugänglich sind.

Selbst wenn die Modellbildung schon realisiert ist, bleiben für die angewandte und numerische Mathematik viele Aufgaben. Unbekannte Parameter des Systems müssen durch Messungen identifiziert werden. Dabei hat eine optimale Versuchs-

25 Zur Optimierung als Modell der Natur und Evolution vgl. Kap. 2.13. Zur linearen Optimierung in der Mathematik vgl. z. B. G. B. Danzig, Linear Programming and Extensions, Princeton 1963; M. Grötschel/L. Lovásc/A. Schrijver, Geometric Algorithms and Combinatorial Optimization, Berlin/ Heideberg/New York 1988.

planung die Gewinnung von aussagekräftigen Daten zu garantieren. Für die tatsächliche Steuerung oder Optimierung sind geeignete Algorithmen zu entwickeln und computergestützt zu implementieren, die schließlich die gewünschte Antwort liefern. Erst die zunehmende Leistungsfähigkeit moderner Rechenanlagen ermöglicht die Beschäftigung mit komplexen Systemen. Dabei ist die graphische Datenverarbeitung ein wichtiges Hilfsmittel, das ohne numerische und algorithmische Verfahren nicht denkbar wäre.

Am Systembegriff zeigt sich auch, wie sehr heute anwendungsbezogene und grundlagenorientierte Mathematik aufeinander bezogen sind und ein integriertes Ganzes bilden. Die Grundlage der mathematischen Beschreibung eines Systems und seiner Dynamik ist der Zustandsraum mit der Evolutionsgleichung für die Zustandsentwicklung. Diese Grundgrößen sind in dieser Weise nicht in der Natur auffindbar, sondern mathematische Konstrukte, die sich unter den jeweils anwendungsbezogenen Nebenbedingungen als zweckmäßig erweisen können. Analyse, Optimierung und Steuerung komplexer Systeme mit ihren numerischen Lösungsmethoden finden heute vielfältig Anwendung.[26]

Die Theorie der optimalen Steuerung ist im Grunde eine natürliche Weiterentwicklung der Optimierungsprobleme der klassischen Variationsrechnung. Viele neue praktische Probleme seit den 50er und 60er Jahren motivierten zur Weiterentwicklung der Steuerungstheorie. Erwähnt seien Steuerungsprobleme der Flug- und Raumfahrt, Wirtschaftswissenschaften und technischer Prozesse. In der Flug- und Raumfahrt ging es z. B. um die Bahnoptimierung von Flug- oder Raumfahrzeugen. Begrenzungen des Lastvielfachen, des Schubs, der Höchsttemperatur eines Hitzeabwehrschildes und Stufenbedingungen für Mehrstufenraketen stellten zusätzliche Anforderungen dar. Aber auch ökologisch-technische Probleme traten auf wie z. B.

---

26 ‚Analyse, Optimierung und Steuerung komplexer Systeme' ist der Titel eines Augsburger Graduiertenkollegs (seit 1990), dem der Autor angehört. Die folgenden Themenbereiche werden in diesem Graduiertenkolleg ebenso diskutiert wie in dem Augsburger DFG-Schwerpunktprogramm ‚Anwendungsbezogene Optimierung und Steuerung' (seit 1988).

die Steuerung eines mit solarer Energie optimal zu versorgenden Hauses. Zur numerischen Lösung solcher Aufgaben wurden neue Algorithmen und Rechenprozesse entwickelt. Das Schwergewicht lag dabei auf der numerischen Effizienz und Flexibilität gegenüber praktischen Problemen. Die Komplexität technischer Systeme erfordert zunehmend, kostspielige, zeitraubende und risikobehaftete Tests auf ein Minimum zu beschränken. An die Stelle von solchem experimentellen Ausprobieren tritt der numerische und computergestützte Systementwurf. Luft- und Raumfahrt nehmen dabei eine Pionierstellung ein. Unter dem Stichwort „Computer Aided Design" (CAD) werden seit Ende der 70er Jahre Programmsysteme für verschiedene Entwurfzwecke entwickelt, die ohne neuartige numerische und algorithmische Verfahren nicht denkbar wären.

Steuerungsprobleme treten sowohl bei konkreten Problemen aus der Raumfahrt und Robotik als auch im Bereich der Materialien auf. Beispielsweise soll ein Metallblock von der Form eines Würfels in einem Ofen so aufgeheizt werden, daß in einem fest vorgegebenem Zeitraum ein bestimmtes Wärmeprofil möglichst gut realisiert wird. Das ist eine typische Aufgabe der Steuerungstheorie, die sich als einfaches Steuerungsproblem formulieren läßt. Es werden notwendige Optimalitätsbedingungen hergeleitet, schnelle Algorithmen entwickelt und implementiert. Viele Themen kommen aus praktischen Fragestellungen der Industrie.

Komplexe Systeme entwickeln sich im Zustandsraum durch Phasenübergänge wie z. B. vom Zustand ‚flüssig' zum Zustand ‚fest' etwa beim Wachstum von Kristallen. Es handelt sich um schnell ablaufende Prozesse, die durch besondere partielle Differentialgleichungen beschrieben werden. So kann das Wachstum von Dendriten oder der Phasenübergang von Festkörpern studiert werden. Phasenübergänge in der Form von Schmelz- und Kristallisationsvorgängen treten in Natur und Technik häufig auf. Erinnert sei an die technischen Prozesse bei der Stahlerzeugung oder bei der Formgebung von Werkstücken durch elektro-chemische Behandlung. Bei diesen technischen Anwendungen ist man auf eine Steuerung der Phasenübergänge durch die Veränderung äußerer Parameter wie z. B. Kühlung beim Stahlgießen angewiesen. Wie in Abschnitt 2.34 gezeigt wurde, liegen solche Prozesse auch der Mustererkenntnis durch verschiedene Modelle neuronaler Netze zugrunde (z. B. Spinglas-Modell des Hopfield-Systems). Numerische Versuche erweisen sich als unumgänglich, um strukturelle Aspekte der Phasenübergänge wie Kontrollierbarkeit, Beobachtbarkeit und Stabilität realisieren zu können. Dazu werden Phasenübergänge in mathematischen Modellen simuliert, ihre theoretischen Eigenschaften erforscht, Algorithmen und numerische Rechnungen durchgeführt. Es erfolgt ein Vergleich der Simulation mit Meßresultaten, die aus praktischen Experimenten vorliegen.

Im Zusammenhang mit komplexen dynamischen Systemen treten nicht-lineare Regelungsprobleme in den Vordergrund, die neue numerische Lösungsverfahren erforderlich machen. Computergestützte Simulationen greifen daher bei der Simulierung auf parallele Prozessorstrukturen zurück. Für Phasenübergänge komplexer Systeme werden nicht-lineare Modelle hergeleitet, analysiert und mit realistischen Daten numerische Simulationen durchgeführt. Bei den Arbeiten der letzten Jahre wurde besonderer Wert auf die graphische Aufbereitung der Resultate gelegt. Numerische Modelle der Wirklichkeit werden so geometrisch anschaulich.

Die Anwendungen numerischer Optimierung betreffen heute nahezu alle Bereiche der technischen, industriellen und gesellschaftlichen Organisation wie z. B. Computerchip-Design, Steuerung von NC-Maschinen, Bestimmung von Grundzuständen in der Physik, aber auch Auslegung von Kommunikationsnetzen, Planung und Steuerung von komplexen Produktionsprozessen oder Verkehrsflüssen, ferner wirtschaftliche Planungsprozesse, Planung und Management von Energieversorgungssystemen. Zentral ist dabei die Frage, welchen Komplexitätsklassen diese Probleme angehören. Davon hängt nämlich die Komplexität entsprechender Algorithmen ab und ihre Bewertung nach Kriterien wie z. B. Genauigkeit der Ergebnisse, Rechenzeit und Speicheraufwand.

Ein Teilgebiet der Optimierungstheorie beschäftigt sich mit der Optimierung statistischer Versuchspläne. Es werden Verfahren entwickelt, die z. B. in der Industrie schon im Stadium des Produktentwurfs und der Produktionsverteilung gezielte Vorhersagen ermöglichen. Ziel ist es, ein möglichst robustes Produkt zu entwickeln und Abweichungen des Produktionsprozesses möglichst gering zu halten. Computerexperimente nehmen bei industriellen Simulationsstudien einen immer größeren Raum ein. Voraussetzung sind entsprechende numerische Verfahren zur Entwicklung optimaler Versuchspläne.

Erkenntnistheoretisch ist die Komplexitätstheorie von entscheidender Bedeutung, da sie die Maße zur Beurteilung der Erkenntnis- und Problemlösungsmittel des algorithmischen und numerischen Denkens liefern.[27] Über die Komplexität berechenbarer Funktionen wurde bereits in Abschnitt 1.24 gesprochen. Technisch wird die Komplexität einer berechenbaren Funktion durch den zu ihrer Berechnung erforderlichen Aufwand an Betriebsmitteln wie Speicherplatz, Rechenzeit, Geräte u. ä. gemessen.

Um die Komplexitätstheorie unabhängig vom technischen Entwicklungsstand der Computer zu machen, werden mathematische Modelle wie die Turing- oder Registermaschine zugrunde gelegt. Dabei wird die Komplexität eines Algorithmus und einer Funktion unterschieden. Die Komplexität eines Algorithmus ist der erforderliche Rechenaufwand beim konkreten Durchlaufen des Algorithmus. Dann ist die Komplexität einer Funktion durch die Komplexität der bestmöglichen Algorithmen der Menge aller Algorithmen bestimmt, die die Funktion berechnen. Der Rechenaufwand wird dabei im allgemeinen in Abhängigkeit von der Länge der Eingabe gemessen.

Als Komplexitätsmaße kommen vor allem das Zeitverhalten und der Speicherplatzbedarf eines Algorithmus in Abhängigkeit von der Länge der Eingabe in Frage. Die Laufzeit eines

27 Vgl. z. B. J. Hartmanis/R. E. Stearns, On the computational complexity of algorithms, in: Trans. of the Am. Math. Soc. 117 1965, 285-306; M. Blum, A machine independent theory of complexity of recursive functions, in: Journal of the Association for Computing Machinery 14 1967, 322-336; R. E. Miller/ J. W. Thatcher (eds.), Complexity of Computer Computations, New York 1972; A. Borodin/I. Munro, The Computational Complexity of Algebraic and Numeric Problems, New York 1975; J. F. Traub (ed.), Algorithms and Complexity: New Directions and Recent Results, New York 1976.

Algorithmus ist die Anzahl der Rechenschritte, die bei seiner Realisierung für eine Eingabe gemacht werden. Der Speicherplatzbedarf wird durch die Anzahl der benötigten Speicherzellen bestimmt.

Unterschieden wird das Komplexitätsverhalten von Algorithmen im „schlimmsten Fall" (worst case complexity) und „im Mittel" (average case complexity). Naheliegenderweise meint die Worstcase-Komplexität die maximale Laufzeit bzw. den maximalen Speicherplatz für eine Eingabe bestimmter Länge. Wenn einige Eingaben häufiger vorkommen als andere, dann ist auf der Menge der Eingaben eine Wahrscheinlichkeitsverteilung gegeben (Averagecase-Komplexität).

Allgemein kann nun die Komplexitätstheorie als diejenige Disziplin definiert werden, die sich mit der Komplexität von Algorithmen und Funktionen beschäftigt. Neben dem schon erwähnten Zeitaufwand und Speicherplatz gehört dazu auch die Einteilung von Problemen in Komplexitätsklassen. Diese Klassifizierung wird bei der Laufzeit nach der Größenordnung der Funktion vorgenommen. Gemeint ist damit die Abhängigkeit der Laufzeit von der Größe der Eingabe.

Wenn die Laufzeit für alle Eingaben der Länge n bis auf einen konstanten Faktor gleich n ist, so spricht man von linearer Laufzeit. Ist diese Laufzeit (bis auf einen konstanten Faktor) gleich dem Quadrat n^2 der Länge n, liegt quadratische Laufzeit vor. Ist sie (bis auf einen konstanten Faktor) gleich einem Polynom p(n) in Abhängigkeit von der Länge n, liegt polynomielle Laufzeit vor. Von exponentieller Laufzeit spricht man, wenn sie (bis auf einen konstanten Faktor) der exponentiellen Funktion $2^{p(n)}$ gleich ist.

Sowohl erkenntnistheoretisch als auch praktisch sind die Berechnungsschranken bedeutsam. Ein Algorithmus ist polynomial zeitbeschränkt, wenn er von einer deterministischen Turing-Maschine in polynomieller Laufzeit berechnet wird. Die Klasse aller Funktionen, die durch einen polynomial zeitbeschränkten Algorithmus berechnet werden können, wird mit P bezeichnet. Die Klasse aller Funktionen, die von einer nichtdeterministischen Turing-Maschine in polynomieller Laufzeit berechnet werden können, wird mit der Abkürzung NP bezeichnet.

Ein Grundlagenproblem der Komplexitätstheorie lautet, ob nicht-deterministische Turing-Maschinen in polynomieller Laufzeit mehr Probleme lösen können als deterministische Turing-Maschinen oder nicht, oder kurz gesagt: Gilt P = NP? Diese Fragen zeigen, daß modernes algorithmisches und numerisches Denken nicht auf Rechenrezepte reduziert werden kann, die von der eigentlichen innovativen mathematischen Arbeit zu trennen sind. Anwendungs- und grundlagenorientierte Mathematik sind vielmehr nur noch als integrierte Forschungsbemühung zu verstehen.

3.12 Computerexperiment und mathematischer Beweis

Wie weit reicht die Abhängigkeit des mathematischen Denkens von der Computertechnik? Hinter der vordergründigen Frage nach der Effizienz moderner Technik stehen grundlegende philosophische Probleme. Philosophen und Mathematiker wie Platon, Descartes, Pascal, Leibniz u. a. hatten betont, daß mathematisches Wissen im Unterschied zu den Naturwissenschaften ohne empirische Erfahrung und technische Hilfsmittel zu begründen sei. Die Mathematik galt als Paradebeispiel apriorischer Wahrheit, die durch reines Denken begründet wird. Für Platon war diese methodische Unterscheidung noch mit dem Anspruch verbunden, die Beschäftigung mit Mathematik als Vorbereitung für die Erkenntnis der ewigen Ideen der Metaphysik, dem Kern der Philosophie, zu verstehen.

Computergestützte Mathematik wirft also die Frage auf, ob und in welchem Umfang der Apriori-Charakter der Mathematik in Frage gestellt ist. Werfen wir dazu einen historischen Blick zurück auf die Entwicklung der Mathematik:[28] Die ersten mathematischen Dokumente der Babylonier und Ägypter berichten von arithmetischen und geometrischen Textaufgaben, die durch rezeptartige Rechen- und Konstruktionsverfahren gelöst wurden. Diese Verfahren hatten sich bei vielen Problemlösungen bewährt und bedurften nach der Meinung der damals nur am Anwendungserfolg interessierten Mathemati-

28 Vgl. K. Mainzer, Geschichte der Geometrie (s. Anm. 3) Kap.1-2.

ker keiner Beweise. Das Bedürfnis zu beweisen entwickelte sich erst zu einer Zeit, als es darum ging, eine Vielfalt von Ergebnissen zu systematisieren, zu vereinfachen und gegen Zweifler zu verteidigen. In die Zeit des Thales (6. Jh. v. Chr.) datieren griechische Wissenschaftshistoriker die ersten Ansätze zur Begründung mathematischer Behauptungen durch logische Beweise. Aus wenigen einfachen und einleuchtenden Annahmen wie z. B. über Scheitelwinkel sich schneidender Geraden oder Wechselwinkel an Parallelen werden z. B. der Winkelsummensatz im Dreieck und der Satz über rechte Winkel im Halbkreis (Satz des Thales) hergeleitet. Die logischen Schlüsse sind nicht von der Erfahrung abhängig und daher a priori.

Einen Höhepunkt dieser Entwicklung bilden die Euklidischen Elemente, deren Sätze schrittweise aus wenigen als evident vorausgesetzten Annahmen („Axiome"), Definitionen und Konstruktionsvorschriften („Postulate") logisch abgeleitet werden.[29] Die Gegenstände dieser Theorie sind geometrische Formen, die durch Zirkel und Lineal konstruierbar sind. Sie sind jedoch – wie Platon betont – keine empirischen Figuren in Raum und Zeit. Die Aussagen über diese Gegenstände sind vielmehr wahr unabhängig davon, wie ihre Konstruktion empirisch z. B. auf dem Zeichenbrett realisiert wird. Platon spricht daher von apriorischen Formen bzw. Ideen als Gegenständen der Geometrie. Die Mathematik ist also nach Platon eine apriorische Wissenschaft, da ihre Gegenstände und Methoden a priori sind.

Bereits vor Platon stellten sich geometrische Probleme wie die Kreisquadratur, Winkeldreiteilung und Würfelverdoppelung („Delisches Problem"), deren Lösung mit Zirkel und Lineal nicht oder nur teilweise (wie z. B. in der Möndchenquadratur des Hippokrates von Chios) gelang. Mathematiker wie Eudoxos von Knidos, Hippias von Elis, Archytas von Tarent, Archimedes u. a. erweiterten daher die Konstruktionsmethoden durch mechanische Geräte, die im Prinzip neue Kurven (z. B. Spirale, Concoide, Quadratrix) definieren und so die ge-

29 Vgl. K. Mainzer, Axiomatischer Konstruktivismus und Ontologie: Zum philosophischen Selbstverständnis der griechischen Mathematik, in: H. Stachowiak (Hrsg.), Pragmatik I, Hamburg 1986, 126-138.

stellten Aufgaben lösen. Die Verwendung mechanischer Geräte bei der Lösung mathematischer Aufgaben wird jedoch von Platon heftig kritisiert, da solche Beweise sich – so Platon – auf mechanische Bewegungen berufen, die nicht Gegenstand der apriorischen Mathematik, sondern der aposteriorischen Physik und Technik seien.[30] Die Pointe dieser Kritik ist, daß man sich nach Platon bei mathematischen Beweisen nicht auf mechanische Geräte in Raum und Zeit berufen darf.

So läßt sich die Concoide, mit der Nikomedes die Winkeldreiteilung löst, zwar durch das Concoidenlineal zeichnen. Für den Beweis ist jedoch nicht das Gerät entscheidend, sondern die mathematische Eigenschaft, die in der analytischen Geometrie durch eine trigonometrische Formel oder in der synthetischen Geometrie durch formale Operationen definiert werden kann. Das Gerät in Raum und Zeit ist also Heuristik, d.h. durch Probieren und Experimentieren wurde so die Lösung gefunden. Der logische Beweis und die vorausgesetzte Definition der Concoide sind jedoch a priori. Damit wird bei Platon und später bei Archimedes auf einen grundlegenden wissenschaftstheoretischen Aspekt mathematischer Forschung aufmerksam gemacht, die Unterscheidung nämlich des heuristischen, quasiempirischen, experimentellen Entdeckungszusammenhangs eines Theorems und seines logischen Beweises.[31]

Unter dem Eindruck der erfolgreichen Anwendung von Abakus, Rechenstäben und Rechenmaschinen in der Neuzeit formuliert G. W. Leibniz das Verhältnis von Beweis und Maschine neu: Alle mathematischen Wahrheiten sollen durch maschinelle Rechenverfahren in endlich vielen Schritten entschieden und systematisch aufgefunden werden („ars iudicandi" und „ars inveniendi"). Nachdem eine Präzisierung des Algorithmus als Turing-Maschine im Sinne der Churchschen These vorlag, wurde das Leibnizsche Programm der Mathesis Universalis durch den Nachweis prinzipiell nicht effektiv entscheidbarer Probleme (z. B. Stop-Problem der Turing-Maschine) einge-

30 Platon, Politeia 527 a.

31 Vgl. K. Mainzer, Grundlagenprobleme in der Geschichte der exakten Wissenschaften, Konstanzer Universitätsreden Bd. 125, Konstanz 1981, 27 ff.

schränkt (vgl. Abschnitt 1.14). Die Lösungsverfahren dieser Probleme sind gewissermaßen komplizierter als die Turing-Maschine, die im Sinne Churchs eine prinzipielle bzw. theoretische Grenze für effektive Verfahren danach klassifizieren, „wieviele" endlich viele Rechenschritte sie benötigen.

An dieser Stelle tritt nun die moderne Computertechnik als Hilfsmittel der Mathematik auf den Plan. Für praktische Rechnungen auf realen Computern spielen die jeweiligen Geschwindigkeiten und Speicherkapazitäten eine große Rolle. Es gibt „kritische Zahlen" von Rechenschritten, die von bestimmten Computertypen noch bewältigt werden können oder nicht. Wir sprechen dann im Unterschied zur Turing-Maschine von praktischen Grenzen effektiver Verfahren, die von technisch-physikalischen, also empirischen Faktoren abhängen. Beispiel für sehr lange Beweise ergaben sich in jüngster Zeit bei der Klassifizierung der endlich einfachen Gruppen, von denen die größte bisher bekannte („Fischers Monster") ca. 8×10^{53} Elemente enthält und die Beweise mehrere tausend Seiten umfassen.[32] Solche Beweise können nur noch von Mathematikerteams entwickelt und nachgeprüft werden. Zwar hängt ihre Anerkennung in der Scientific Community wissenschaftssoziologisch vom Vertrauen auf solche Teams ab. Dennoch sind die Beweise a priori und prinzipiell in endlich vielen Schritten nachprüfbar.

Auch die maschinelle Beweissuche für allgemeingültige Formeln der Prädikatenlogik im Rahmen der KI (vgl. Resolutionsmethode in Abschnitt 1.22) hängt von praktischen Kapazitäten realer Computer ab, zumal hier wegen der Unentscheidbarkeit der Prädikatenlogik (1. Stufe) nicht von vornherein für jede Formel entschieden werden kann, ob der Suchalgorithmus überhaupt nach endlich vielen Schritten abbricht. Auch das endliche kombinatorische Problem, eine optimale Reiseroute zwischen n Städten (die nur einmal besucht werden dürfen) zu finden, ist nicht für beliebiges n von realen Computern zu

32 D. Gorenstein, The classification of finite simple groups, in: Bull. Amer. Math. S. 81 1979, 43-199.

bewältigen.[33] Häufig muß man sich mit Näherungsergebnissen wie der Existenz eines Algorithmus polynomialer Rechenzeit zufrieden geben, der eine Reiseroute liefert, die die Optimalität nicht mehr als 50% überschreitet. Man beachte jedoch: Unter Rechenzeit wird in der Algorithmentheorie zunächst nur die Anzahl der Rechenschritte verstanden, die z. B. ein Polynom als obere Schranke hat. Es handelt sich also um rein zahlentheoretische und damit apriorische Begriffe und Beweise. Eine empirische Rechenzeit kann erst abgeschätzt werden, wenn man dieser Anzahl die physikalische Zeitspanne zuordnet, die ein realer Computer aufgrund seiner technisch-physikalischen Kapazitäten dazu verbraucht. Die empirische Rechenzeit betrifft also die Praxis des Rechners, nicht die Gültigkeit eines Theorems. Nach diesen Vorbereitungen wenden wir uns nun einer Analyse des Vierfarbenproblems zu, dessen computergestützte Lösung durch Appel, Haken und Koch Ende der 70er Jahre von einer breiten Öffentlichkeit als sensationell empfunden wurde.

Die Attraktivität des Vierfarbenproblems hängt nicht zuletzt damit zusammen, daß es sich um eine einfach zu formulierende Behauptung der Graphentheorie handelt, die auch von Nicht-Mathematikern verstanden werden kann, historisch sogar von einem Studenten 1852 zum ersten Mal vermutet wurde[34] und dennoch erst vor wenigen Jahren unter Einsatz modernster Computertechnik bewiesen werden konnte: Jede ebene Karte kann mit nur 4 Farben derart gefärbt werden, daß Länder mit gemeinsamen Grenzen verschiedene Farben haben.[35]

Zu jeder Karte läßt sich der duale Graph bilden, der jeweils die „Hauptstädte" benachbarter Länder (d. i. ein Punkt im Innern jedes Landes) durch eine Kante verbindet.

---

33 E. Lawler/J.-K. Lenstra/A. H. G. Rinnoy Kan/D. B. Shmoys (eds.), The Travelling Salesman Problem, New York 1985.

34 Zur Geschichte des Vierfarbenproblems vgl. N. L. Biggs/E. K. Lloyed/R. J. Wilson, Graph Theory 1736-1936, Oxford 1976; O. Ore, The Four-Color Problem, New York/London 1967; T. L. Saaty/ P. C. Kainen, The Four-Color Problem. Assault and Conquest, New York 1977.

35 Für die folgende Darstellung vgl. K. Mainzer, Plato and the four-color problem, in: P. Weingartner (ed.), 7th Intern. Congr. of Logic, Methodology and Philosophy of Science vol. 6 (abstracts), Salzburg 1983, 125-128.

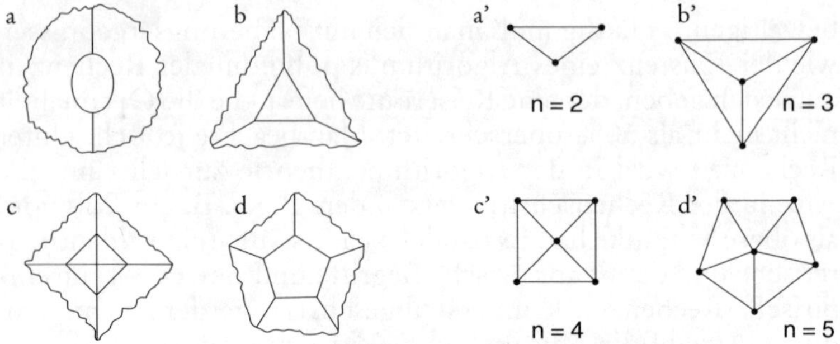

Abb. 3.1: Kempes Konfigurationsmenge U(1879)
1) a-d unvermeidlich wegen Eulers Formel
2) a-c reduzierbar (vgl. Induktionsbeweis)
3) a′-d′ duale Graphen von a-d

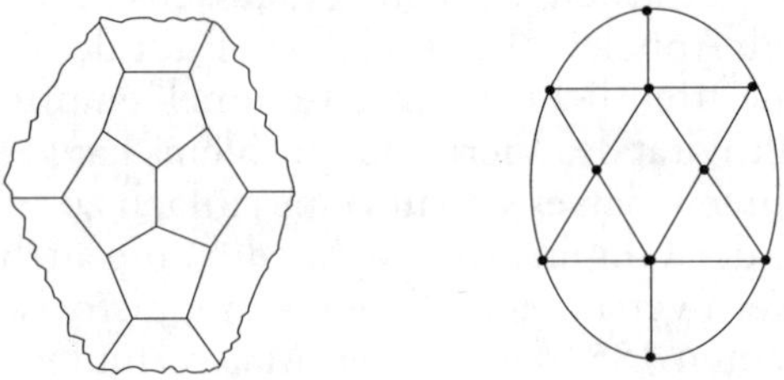

Abb. 3.2: Birkhoffs reduzierbare Konfiguration (1913) (mit dualem Graphen)

Eine Karte läßt sich also 4-färben genau dann, wenn jede Ecke des dualen Graphen durch eine der 4 Farben derart gefärbt werden kann, daß benachbarte Ecken keine gemeinsamen Farben besitzen. Duale Graphen lassen sich auf die Normalform einer Triangulation bringen, in der jedes Gebiet genau drei Kanten hat. (Man streiche mehrfache Eckenverbindungen und ergänze alle Kanten, ohne daß sich Kanten – außer in den Ecken – schneiden.) Da eine Triangulation die 4-Färbung höchstens erschwert (wegen eventuell neuer Eckenverbindungen), können wir uns beim Vierfarbenproblem auf solche Normalformen beschränken.

Wir beweisen die Behauptung des Vierfarbenproblems durch Induktion nach der Anzahl p der Ecken einer Triangulation T. Die Behauptung ist trivialerweise für $p \leq 4$, also insbesondere für den Induktionsanfang erfüllt. Die Induktionsvoraussetzung nimmt an, daß die Behauptung für jede Triangulation T' mit $|T'| \leq p$ erfüllt ist. Es bleibt zu zeigen, daß die Behauptung für jede Triangulation T mit $|T| = p + 1$ gilt.

Bezeichnet man die Anzahl der Kanten in einer Ecke als den Grad der Ecke, mit p_i die Anzahl der Ecken vom Grad i und mit m den maximalen Grad einer Ecke der Triangulation T, dann folgt aus Eulers Polyederformel

$$(3.2) \qquad 4p_2 + 3p_3 + 2p_4 + 1p_5 + 0p_6 = \sum_{i=7}^{m} (i-6)p_i + 12.$$

Da wenigstens eine der Zahlen p_2, p_3, p_4, p_5 ungleich Null sein muß, hat jede Triangulation eine Ecke mit $n \leq 5$ Kanten (Abb.3.1). Wir zeigen daher den Induktionsschritt wie A. B. Kempe (1879) durch eine Fallunterscheidung.

1. Fall: $p_2 \neq 0$, d.h. T enthält eine Ecke vom Grad 2. Wenn man diese Ecke mit ihren 2 Kanten entfernt, erhält man einen Graphen T' mit p Ecken, der nach Induktionsvoraussetzung 4-gefärbt werden kann. Da die entfernte Ecke nur 2 Nachbarn hat, kann sie mit einer der verbleibenden 2 Farben gefärbt werden.

2. Fall: $p_3 \neq 0$, $p_2 = 0$, d. h. T enthält eine Ecke von minimalem Grad 3. Analog zum 2. Fall.

3. Fall: $p_4 \neq 0$, $p_2 = p_3 = 0$, d. h. T enthält eine Ecke von minimalem Grad 4. Wenn man diese Ecke mit ihren 4 Kanten entfernt, erhält man einen Graphen T' mit p Ecken, der nach Induktionsvoraussetzung 4-gefärbt werden kann.

3.1 Fall: Der Ring der 4 Nachbarecken sei nur mit 3 Farben gefärbt. Dann kann unsere Ecke mit der verbleibenden 4. Farbe gefärbt werden.

3.2 Fall: Der Ring der 4 Nachbarecken sei mit 4 Farben gefärbt. Der Beweis gelingt durch weitere Fallunterscheidung mit Kempes Verfahren der Umfärbung von Farbketten.

Während der 1. und 2. Fall trivial waren und der 3. Fall durch mehrere Fallunterscheidungen gelang, wurde Kempes Beweis für den 4. Fall, wonach eine Ecke von minimalem Grad 5 existiert (Abb.3.1d'), von P. J. Heawood 1890 falsifiziert. Die weiteren Untersuchungen konzentrierten sich darauf, nicht nur einzelne Ecken verschiedenen Grades zu entfernen, sondern ganze Konfigurationen von Ecken, deren Nachbarecken einen Ring charakteristischer Eckenzahl bilden. G. Birkhoff lenkte 1913 die Aufmerksamkeit auf die sogenannte reduzierbaren Konfigurationen (z. B. Abb.3.2). Eine Triangulation T, die eine reduzierbare Konfiguration K enthält, soll per definitionem 4-

gefärbt werden können, wenn eine beliebige Triangulation T′ mit weniger Ecken als T (z. B. T ohne K) 4-gefärbt werden kann. Es kommt nun darauf an, eine genügend große Menge U von reduzierbaren Konfigurationen zu finden, aus der jede Triangulation wenigstens ein Beispiel enthalten muß.

Die Logik des Beweises von Fall 4 ist dann klar: Die Triangulation T mit $|T| = p + 1$ Ecken enthält eine reduzierbare Konfiguration K aus U. Da T ohne K höchstens p Ecken hat, kann diese Triangulation T′ nach Induktionsvoraussetzung 4-gefärbt werden. Wegen der Reduzierbarkeit von K kann dann auch T 4-gefärbt werden. Bei der Beweissuche müssen also zwei Ziele verfolgt werden: 1) Eine „unvermeidliche" Menge U von Konfigurationen produzieren, aus der jede Triangulation wenigstens ein Beispiel enthalten muß. 2) Für jedes Element aus U die Reduzierbarkeit testen.

Der Reduzierbarkeitstest einer Konfiguration K in einer Triangulation T läuft auf die Frage hinaus, ob jede 4-Färbung des Rings von K auf eine 4-Färbung von ganz T ausgeweitet werden kann. Da z. B. ein Ring mit 14 Nachbarn 199291 (also ca. 2×10^5) Möglichkeiten von 4-Färbungen hat, kann ein solcher Test nur mit schnellen Computern durchgeführt werden. Aufgrund des Zeitverbrauchs lagen die praktischen Grenzen der Computer, die Appel, Haken und Koch zur Verfügung standen, bei Ringgrößen $n \leq 17$. Nach unten wurde die maximale Ringgröße praktisch durch ein Trianglulationsbeispiel von E. F. Moore begrenzt, das keine der bekannten reduzierbaren Konfigurationenen der Ringgrößen $n \leq 12$ enthielt.

Bereits H. Heesch u. a. hatten Algorithmen zur Erzeugung unvermeidlicher Konfigurationen angegeben, die sich jedoch nicht alle als reduzierbar erwiesen. Der Algorithmus von Appel/Haken produziert eine Menge U von 1834 Konfigurationen, die von einem Computer effektiv ausgedruckt werden und in der Originalarbeit von Appel/Haken aufgeführt sind.[36] Dagegen wird der Reduzierbarkeitstest von U durch den Compu-

36 K. Appel/W. Haken, Every Map is Four Colorable. Part I. Discharging, in: Illinois Journal of Mathematics XXI 84 1977, 429-490; K. Appel/W. Haken/J. Koch, Every Map is Four Colorable. Part II: Reducibility, in: s. o., 491-567.

ter nicht ausgedruckt, da er aufgrund der hohen Rechenzeit von einem menschlichen Mathematiker praktisch nicht nachvollzogen werden kann: Der Computer brauchte über 1200 Stunden.

Es bleibt die heuristische Frage, wie Appel und Haken ihre unvermeidliche Menge reduzierbarer Konfigurationen gefunden haben. Um den zeitlichen und materiellen Aufwand bei der Produktion von U sinnvoll abschätzen zu können, führten sie ein Wahrscheinlichkeitsmaß für die Reduzierbarkeit von Konfigurationen ein, das das Verhältnis von Ringgröße und Anzahl der Konfigurationsecken berücksichtigt. Obwohl der Beweis logisch in die beiden Aufgaben zerfällt, 1) eine Menge U unvermeidlicher Konfigurationen zu konstruieren und 2) ihre Reduzierbarkeit zu testen, arbeitet das Computerprogramm von Appel, Haken und Koch mit beiden Verfahren zusammen: Man beginnt mit dem von Heesch entwickelten Discharging-Algorithmus zur Produktion unvermeidlicher Konfigurationen. Treten Hindernisse für einen Reduzierbarkeitstest auf oder ist eine Konfiguration nicht reduzierbar, werden Änderungen am Algorithmus vorgenommen, so lange bis endlich eine unvermeidliche Menge reduzierbarer Konfigurationen produziert ist (Abb.3.3).

Ein Teil des Beweises von Appel/Haken/Koch kann von einem Mathematiker „von Hand" in einem Menschenleben wegen der ungeheuren Rechenzeit nicht nachgeprüft werden. Der Beweis wurde quasi-experimentell unter Voraussetzung technisch-physikalischer Kapazitätsbedingungen realer Computer und Wahrscheinlichkeitsannahmen gefunden. Ferner gibt es bisher keinen allgemeinen Existenzbeweis für eine Lösung des Vierfarbenproblems, der – analog den abstrakten Existenzsätzen in der Algebra – von einem Mathematiker nachvollzogen werden könnte, wie immer eine effektive Lösung aussehen mag. Daher hat die Mathematik nach Auffassung einiger Vertreter des Empirismus ihren Apriori-Charakter, sollte sie ihn jemals besessen haben, spätestens nach dem Beweis von Appel/Haken/Koch verloren.[37] Ist die Mathematik nun doch nach über 2000 Jahren in die von Platon kritisierte Situation ge-

37 T. Tymoczko, The Four-Color Problem and its Philosophical Significance, in: The Journal of Philosophy LXXVI 2 1979, 57-83.

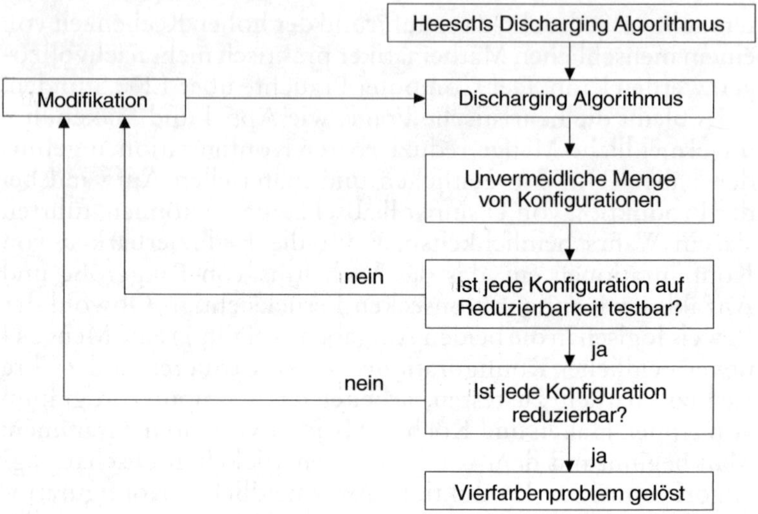

Abb. 3.3

raten, daß ihre Beweise von technischen Geräten in Raum und Zeit abhängen? Ist es womöglich der heutige Glaube an die Effektivität von Computern, also ein wissenschaftssoziologisches Argument à la Kuhn, das den Beweis akzeptabel macht?

Machen wir die Gegenrechnung auf: Der Appel/Haken/Koch-Beweis hat logisch die Form einer vollständigen Induktion, setzt also eine apriorische Eigenschaft der natürlichen Zahlen voraus. Im 4. Fall des Induktionsschrittes wird 1) eine endliche Menge U effektiv angegeben, 2) für die Elemente von U eine Eigenschaft R effektiv bewiesen. Daß der 2. Teil in einem Menschenleben ohne Computer nicht nachvollzogen werden kann, betrifft die praktischen Grenzen menschlicher Rechner, nicht die Theorie des Beweises.

Es ist richtig, daß der Appel/Haken/Koch-Beweis historisch erst zu dem Zeitpunkt möglich wurde, als entsprechende Computer technisch zur Verfügung standen. Dieses Argument betrifft die praktischen Grenzen technischer Rechner und gehört zum Entdeckungszusammenhang des Theorems, nicht zur Logik des Beweises. Auch die Wahrscheinlichkeitsabschätzung für das Gelingen des Beweisverfahrens gehört zur Heuristik.

Der Vorteil solcher Wahrscheinlichkeitsüberlegungen bei der Beweissuche wurde übrigens von G. Polya bereits zu einem Zeitpunkt herausgestellt. als von computerunterstützten Beweisen noch keine Rede sein konnte.

Handelt es sich schließlich um ein quasi-empirisches Experiment, wenn man den Computer aufgrund von Wahrscheinlichkeitsabschätzungen den Beweis entwickeln läßt? Daß ein Teil der verwendeten Algorithmen, also apriorischer Rechenschemata, nur von bestimmten realen Computertypen realisiert werden kann, betrifft nicht die Logik des Beweises. Bei den Konfigurationen handelt es sich um geometrische Gebilde aus endlich vielen Punkten und Linien. Für den Beweis sind nur die mathematischen Eigenschaften dieser Konfigurationen maßgebend, nicht die ausgedruckten Bilder. Mit Platon gesprochen handelt es sich also um Formen bzw. apriorische Ideen. Der Test der Reduzierbarkeitseigenschaft ist endlich-kombinatorisch, also apriorisch. Die Rede vom „Computer-Experiment" ist also nur heuristisch sinnvoll, als Fortsetzung der heuristischen Gedankenexperimente und technischen Modelle von Archimedes bis heute.

Historisch sind wir mit dem Beweis von Appel/Haken/Koch in einer ähnlichen Situation wie Platon mit den damaligen Lösungen der geometrischen Konstruktionsprobleme. Auch sie waren historisch möglich geworden aufgrund einer bestimmten Weiterentwicklung technischer Geräte. Zur Zeit Platons war aber ein Beweis mit Zirkel und Lineal prinzipiell noch nicht ausgeschlossen. Ebenso ist es heute prinzipiell noch nicht ausgeschlossen, daß ein relativ kurzer, ohne Computer nachprüfbarer Beweis geliefert werden kann. Möglicherweise kann aber auch eines Tages ein Unmöglichkeitsbeweis für eine einfache, computerfreie Lösung des Vierfarbenproblems gegeben werden, so wie z. B. die Galoistheorie für das Delische Problem und die Transzendenz von π für die Quadratur des Kreises eine Lösung mit Zirkel und Lineal ausschloß.

Wie dem auch sei: Die Logik mathematischer Beweise und die Gültigkeit mathematischer Sätze hat sich durch den Beweis von Appel/Haken/Koch nicht geändert. So stellt Haken selber fest:

„Anyone, anywhere along the line, can fill in the details and check them. The fact that the computer can run through more details in a few hours than a human could ever hope to do in a lifetime does not change the basic concept of the mathematical proof. What has changed is not the theory but the practice of mathematics."[38]

Geändert hat sich also die Praxis und Heuristik. Die mathematische Forschung wird in Zukunft die technischen Möglichkeiten von Computern, Fragen der zeitlichen und technischen Organisation von Problemlösungen, Wahrscheinlichkeitsabschätzungen für ein Gelingen der Problemlösung, Fragen der Relevanz von Problemlösungen (d. h., ob sich der Aufwand für ein Ergebnis lohnt) stärker berücksichtigen – analog wie diese technischen, heuristischen und forschungspolitischen Fragen in den heutigen Naturwissenschaften berücksichtigt werden. Die mathematische Heuristik mag heute raffinierter sein als zur Zeit Platons. Mit dem Computer mag ein neues Paradigma der mathematischen Forschung entstanden sein. Davon ist aber das philosophische Problem einer Trennung von Logik und Gültigkeit mathematischer Sätze und Beweise von ihrer Heuristik, wie sie von Platon, Leibniz und Frege vorgenommen wurde, nicht berührt. Sub specie philosophiae perennis handelt es sich auch in diesem Entwicklungsstadium um „footnotes to Plato".

Die Grundfrage der „künstlichen Intelligenz" bleibt damit aber zunächst bestehen, ob nämlich Beweise, Beweissuche und Suche nach Theoremen nicht auch von einer Maschine übernommen werden können. Falls nämlich z. B. ein Beweis oder ein Theorem von einer Maschine gefunden werden könnte, dann wäre diese maschinelle Lösung genauso von der Hardware der Maschine abhängig oder nicht abhängig wie die entsprechenden menschlichen intellektuellen Leistungen von der Biochemie und Neurologie des menschlichen Gehirns. Es geht also nicht um das formale Simulieren inhaltlich vorgegebener Beweise, sondern um den Prozeß mathematischer Forschung und Entdeckung selber.

---

38 Zitiert nach einem Zeitungsinterview in P. J. David/R. Hersh, The Mathematical Experience, Boston/ Basel/Stuttgart 1981, 385.

I. Lakatos hatte im Anschluß an G. Polyas Heuristik[39] betont, daß es in der Mathematik nicht um die stetige Ansammlung feststehender Wahrheiten geht. Vielmehr handelt es sich um einen kreativen Prozeß, in dem Vermutungen, Hypothesen und Definitionen aufgestellt werden, die zu erproben, verbessern, verwerfen und in jeweils neuen Ansätzen immer wieder der Kritik zu unterziehen sind. Lakatos spricht in dem Zusammenhang von der quasi-empirischen und quasi-experimentellen Arbeit des Mathematikers.[40]

Dieser kreative Vorgang stellt sich nach Polya und Lakatos am lebendigsten in der Diskussion z. B. im Klassenzimmer beim Unterricht oder in einem Forschungskolloquium dar. Die Gesprächsteilnehmer schlagen für mathematische Probleme verschiedene Lösungswege vor, entwickeln neue Begriffe und Definitionen, prüfen deren Stärken und Schwächen, finden neue interessante Probleme usw. Schon Platon hatte den Dialog als passende Form des kreativen Entdeckens in Mathematik und Philosophie herausgestellt (vgl. Abschnitt 1.22). Darin spiegeln sich oft geschichtliche Entwicklungen der Mathematik. G. Polya bringt im Anschluß an H. Poincaré den kreativen Problementwicklungsprozeß der Mathematik mit der biologischen Evolution in Zusammenhang.[41] Mit Blick auf E. Haeckels „Biogenetisches Grundgesetz“ schreibt Poincaré:

> „Die Zoologen behaupten, daß die embryonale Entwicklung eines Tieres in sehr kurzer Zeit die ganze Geschichte seiner Vorfahren in den geologischen Epochen durchmacht. Ebenso scheint es mit der Entwicklung des menschlichen Geistes zu sein... In diesem Sinne muß die Geschichte der Wissenschaft unser vornehmster Führer sein.“[42]

Im Sinne des Turing-Tests stellt sich die Frage, ob ein solcher Dialogpartner auch eine Maschine sein kann. Was die Beweissuche betrifft, so wurde bereits 1957 das Programm

39 G. Pólya, Mathematics and Plausible Reasoning 2 Bde., London 1954; ders., How to solve it, Princeton 1945.

40 I. Lakatos, Proofs and Refutations, Cambridge 1976, dt. Braunschweig 1979.

41 G. Pólya, The teaching of mathematics and the biogenetic law, in: I. J. Good (ed.), The Scientist speculates, London 1962, 352-356.

42 H. Poincaré, Science et méthode, Paris 1908, dt. Darmstadt 1973, 113 f.

„The Logical Theorist“ geschrieben, mit dem für die ersten 38 Theoreme aus Russell/Whiteheads „Principia Mathematica“ Beweise selbständig gesucht werden konnten. Abhängig war das Programm von heuristischen Regeln, die aufgrund von Testergebnissen bei Versuchspersonen notiert werden.

Beweise werden im Rahmen vorgegebener Grundbegriffe und Konzepte formuliert. In der Entwicklung von Begriffen und Definitionen und der Annahme interessanter Vermutungen und Theoreme wird daher der fundamentalere Aspekte kreativer Forschung in der Mathematik gesehen. In welchem Umfang läßt sich diese Arbeit computerunterstützt durchführen? Dabei ist der technische Entwicklungsstand zu beachten, auf den man sich bei der Beantwortung dieser Frage bezieht. So wurden einige Expertensysteme explizit zu dem Zweck entwickelt, schöpferische mathematische Leistungen zu simulieren.

AM („Automatic Mathematics“)[43] ist ein wissensbasiertes System, von dem sein Konstrukteur D. B. Lenat zunächst behauptete, daß es nicht nur wichtige Begriffe der Zahlentheorie rekursiv erzeugt, sondern damit auch einen Entdeckungsprozeß simuliert habe, für den die menschliche Wissenschaftsgeschichte Hunderte von Jahren brauchte. Im Unterschied zu einem Programm der empirischen Wissenschaften ist AMs Erfolgkriterium nicht, daß ein Begriff mit einer empirischen Datenbasis verträglich ist. Vielmehr soll das Programm „interessant“ sein in dem Sinne, daß es neue Beispiele, Probleme usw. erzeugt. Es wurde in LISP geschrieben und legt eine Reihe von Basiskonzepten (wie Mengen, Listen usw.), Basisrelationen (z. B. Gleichheit), Basisoperationen (z. B. Boolesche Operationen) und heuristische Transformationsregeln zugrunde,

---

43 D. B. Lenat/G. Harris, Designing a rule system that searches for scientific discoveries, in: D. A. Waterman/F. Hayes-Roth (eds.), Pattern Directed Inference Systems, New York 1977, 26; D. B. Lenat, AM: Discovery in mathematics as heuristic search, in: R. Davis/D. B. Lenat (eds.), Knowledge-based Systems in Artificial Intelligence, New York 1982, 1-225; D. B. Lenat/J. S. Brown, Why AM and Eurisko appear to work, in: Proc. AAAI83 1983, 236-240; D. B. Lenat, EURISKO: A program that learns new heuristics and domain concepts, in: Artificial Intelligence 21 1983, 61-98.

die den Entdeckungsprozeß steuern. Die heuristischen Regeln erzeugen neue Aufgaben und Konzepte, die rekursiv auf bereits erzeugte Beispiele zurückgreifen. Neue Aufgaben werden nach ihrem Interessengrad geordnet. Aufgaben, die durch viele verschiedene Heuristiken vorgeschlagen wurden, sind interessanter als solche, die durch weniger eingebracht wurden. Mit diesem Maß zur Steuerung des heuristischen Suchprozesses erzeugt AM den Begriff der natürlichen Zahl, Multiplikation, Primzahl und generiert Sätze über Primzahlen (z. B. den Primzahlzerlegungssatz).

Bevor wir uns die Arbeitsweise von AM bei der Einführung von Grundbegriffen der Zahlentheorie ansehen, sei an die historische Einführung des Zahlbegriffs von seinen Vorbereitungen in der Evolution bis zur logisch-mengentheoretischen Präzisierung von Frege, Cantor u. a. im 19. Jh. erinnert. Die Zahlen sind historisch nicht einfach da, geoffenbart aus einer anderen Welt. Sie sind Ergebnisse spezifischer menschlicher Fähigkeiten, die im Laufe der historischen Entwicklung ausgebildet wurden. Sensorische Fähigkeiten wie die Unterscheidung von Mächtigkeitseindrücken sind schon bei Tieren nachweisbar. Älteste Funde aus der Eiszeit (Cro-Magnon-Menschen) weisen auf eine Eins-zu-Eins-Zuordnung zwischen Gegenständen (z. B. erlegten Tieren) und Kerben auf Knochen hin. Diese Anhäufungen von Gegenständen werden mit vertrauten Mengen verglichen (z. B. den Fingern der Hände) und durch Markierungen in Untermengen (z. B. 5-er-Bündelung) unterteilt. Dazu muß man noch nicht über die Zahl „Fünf" verfügen. Vergleichen von Mengen heißt hier ja nur Eins-zu-Eins-Zuordnung. G. Frege erwähnt das Beispiel vom Kellner, der kontrollieren will, daß er ebenso viele Messer wie Teller auf den Tisch legt. Er braucht „weder diese noch jene zu zählen, wenn er nur rechts neben jeden Teller ein Messer legt, so daß jedes Messer auf dem Tische sich rechts neben einem Teller befindet."[44]

44 G. Frege, Die Grundlagen der Arithmetik. Eine logisch mathematische Untersuchung über den Begriff der Zahl, Breslau 1884, Hildesheim/New York 1977, 81 f.

Der nächste historische Schritt bestand darin, gleichmächtigen Mengen dasselbe Zeichen zuzuordnen. Das war keinesfalls selbstverständlich. Noch heute haben wir umgangssprachlich verschiedene Bezeichnungen z. B. für 2er-Mengen wie „Zwillinge", „Duett" oder ein „Paar" Schuhe. Neben dem Mengenvergleich („Abbildung") und der Abstraktion zur Bildung von Anzahlen war eine weitere kreative Fähigkeit des Menschen auszubilden: Ein iteratives Verfahren, das Zählworte („Ziffern") Schritt für Schritt durch Wiederholung einer Einheit und periodische Bündelung erzeugt. Die historisch ausgebildeten Ziffernsysteme waren durch unterschiedliche kulturelle Einflüsse geprägt und unterschiedlich zweckmäßig. Erst als man von solchen kulturellen und technischen Besonderheiten abstrahierte (z. B. aufgrund von Kommunikation von Angehörigen verschiedener Kulturen), erwies sich das Zählen als kulturinvariante Fähigkeit des Menschen. Noch im 19. Jh. bezeichnen Mathematiker die Zahl als Zusammenfassung der Einheiten, die Gegenständen einer Häufung zugeordnet sind. Frege kritisiert daran, daß wir dann zwar eine Anhäufung von Einheiten, aber nicht die Anzahl haben, die eine Abstraktion von allen gleichmächtigen Anhäufungen erfordert. Obwohl bei Mächtigkeitsvergleichen seit frühester Zeit intuitiv mit Abbildungen gearbeitet wird, ist es eine neue kreative Leistung, diese Erkenntnis in der Definition des Zahlbegriffs zum Ausdruck zu bringen. Das finden wir erst bei den Grundlagentheoretikern des 19. Jhs.

Freges Ziel ist der Begriff der natürlichen Zahl als „Anzahl" bzw. in der Sprache G. Cantors als „endliche Kardinalzahl". Frege spricht zwar nicht von Mengeneigenschaften, Mengen, Abbildungen usw. sondern von Begriffen, Begriffsumfängen, Beziehungen etc., erwähnt aber die Parallele mit Cantors Mächtigkeitslehre. Er definiert Begriffe F und G als gleichzahlig, wenn es eine Bijektion φ ihrer Begriffsumfänge gibt. Als Beispiel denke man an die erwähnte eineindeutige Zuordnung von Messern und Tellern auf einem Tisch. Unter der Anzahl des Begriffs F wird der Umfang des Begriffs „gleichzahlig mit dem Begriff F" verstanden. Die Anzahl ist also nach Frege durch eine Eigenschaft von Begriffen, nicht von physischen Objekten definiert und daher ein Gegenstand zweiter Stufe. Damit ist der logische Kern der antiken Einsicht präzisiert, wonach Zahlen keine raum-zeitlichen Objekte sind. Geht man wie heute in der (elementaren) Mengenlehre üblich von Mengen anstelle von Begriffen aus und bezeichnet sie mit M, N, ... und Mengenvariablen mit x, y, ..., dann erhält man mit den üblichen logischen Kürzeln folgende Definition:[45]

Eine Menge M heißt gleichzahlig mit einer Menge N genau dann, wenn es eine bijektive Abbildung $\varphi : M \to N$ gibt. Unter der Anzahl einer Menge M wird die Äquivalenzklasse dieser Relation verstanden, also

$$\bar{M} := \{x \mid x \text{ gleichzahlig mit } M\}. \tag{3.3}$$

Die leere Menge $\varnothing$ wird definiert als diejenige Menge, deren Elemente mit sich selbst ungleich sind. Anschaulich gesprochen entspricht kein Element dieser Bedingung.

Mit diesen logisch-mengentheoretischen Methoden definiert Frege ein Modell der natürlichen Zahlen, indem er zunächst die Null als Anzahl der leeren Menge einführt, mit der Null dann die Eins als Anzahl der Menge $\{0\}$, die Zwei als Anzahl der Menge $\{0, 1\}$ usw. Grundbegiff ist die mengentheoretische Definition des unmittelbaren Nachfolgers einer natürlichen Zahl.

Cantor spricht von der Mächtigkeit bzw. der Kardinalzahl einer Menge. Eine natürliche Zahl ist dann nichts weiter als eine endliche Kardinalzahl. Sie ist also die Äquivalenzklasse aller gleichmächtigen endlichen Mengen. Man kann sich eine endliche Symbolliste als repräsentative Menge vorstellen, zu der alle gleichmächtigen Mengen in der Äquivalenzklasse zusammengefaßt werden. Diese Symbolliste (z. B. die Strichliste |||) repräsentiert die jeweilige Zahl.

Die kreative Einführung eines neuen mathematischen Konzepts ist im KI-Programm AM eine wohldefinierte Aktivität. Es meint eine neue Datenstruktur in der KI-Sprache LISP (vgl. Abschnitt 1.23) in den Rahmenbedingungen des AM-Programms. Im einzelnen wird von mathematischen Grundbegriffen ausgegangen, die in LISP codiert sind. Einfache Trans-

---

45 Vgl. K. Mainzer, Die Entwicklung des Zahlbegriffs bis G. Frege und R. Dedekind, in: G. Wechsung (ed.), Frege Conference. Mathematical Research Bd. 20 (Akad. d. Wiss. DDR), Berlin 1984, 80-86.

formationen wie Generalisierung oder Spezialisierung erzeugen die neuen Begriffe. Heuristische Regeln steuern diesen Prozeß. Folgende Regel führt neue Begriffe ein:[46]

(3.4) Wenn
F eine Abbildung vom Bereich A in den Bereich B ist
und
es mindestens 100 Beispiele für A gibt
und
es mindestens 10 Beispiele aus B (als Bilder von A) gibt
und
mindestens eines dieser Beispiele (b) ein Extremwert ist
dann
erzeuge den neuen Begriff „F-Inverses-von-b".

Der Begriff „F-Inverses-von-b" umfaßt diejenigen Elemente aus dem Argumentbereich einer Abbildung, die durch die Abbildungsvorschrift dem Element b zugeordnet werden. Folgende Regel führt neue Behauptungen ein:

(3.5) Wenn
Beispiele der Abbildung F geprüft werden
und
F eine Abbildung von A nach B ist
und
F wenigstens 10 Beispiele hat
und
es eine Spezialisierung BB von B gibt,
in der ein Funktionswert liegt
und
alle Beispiel-Funktionswerte bis auf die
Schranken in BB liegen
dann
stelle die Behauptung auf:
„Alle Funktionswerte liegen in BB".

46 Für die folgende Darstellung vgl. auch P. Schefe, Künstliche Intelligenz – Überblick und Grundlagen, Mannheim/Wien/Zürich 1986; K. Mainzer, Knowledge-based systems. Remarks on the philosophy of technology and artificial intelligence, in: Journal for General Philosophy of Science 21 1990, 64 f.

Wie auch beim menschlichen Denken, werden viele unbrauchbare, aber eben auch einige brauchbare Strukturen erzeugt. So entsteht der Begriff der natürlichen Zahl, indem von dem elementaren Grundbegriff in LISP der Listengleichheit ausgegangen wird:

(3.6a) Zwei Listen sind gleich,
wenn beide atomar sind **und**
diese Atome gleich sind,
andernfalls wenn die Listenköpfe gleich sind,
und die Restlisten gleich sind.

Es handelt sich um eine Definition über den Aufbau von Listen, wie sie in Abschnitt 1.23 eingeführt wurden. In Kurznotation lautet die Definition:

(3.6b)
```
list - equal [x,y] :=
        if atom [x] or atom [y]
        then atom - equal [x,y]
        else list - equal [head[x], head[y]]
                 and
                 list - equal [tail[x], tail[y]].
```

Diese Definition läßt sich sofort in die Programmiersprache LISP übersetzen:

(3.6c)
```
(DE LIST-EQUAL (XY)
        (COND((OR(ATOM X) (ATOM Y))
                 (EQ XY))
                (T (AND
                        (LIST-EQUAL (CAR X)(CAR Y))
                        (LIST-EQUAL (CDR X)(CDR Y)))))).
```

Dabei ruft die Abkürzung DE wie üblich eine Definition auf. Da wenige Beispiele von Listengleichheit durch AM genannt werden, wendet das System Generalisierungsregeln auf LIST-EQUAL an, die eine neue Äquivalenzrelation „verallgemeinert-gleich“ einführen. Zwei Listen heißen dann „verallgemeinert-gleich“, wenn beide atomar und diese Atome gleich sind, andernfalls sind die Restlisten „verallgemeinert-gleich“. In der LISP-Sprache gilt:

```
(3.7)   L - E - 1[x,y] :=
            if atom[x] or atom[y]
            then atom - equal [x,y]
            else L - E - 1[tail[x][,tail[y]].
```

Das KI-System betrachtet also jetzt alle Symbollisten gleicher Länge als äquivalent. Durch eine entsprechende Transformationsregel werden aus den äquivalenten Symbollisten Äquivalenzklassen gebildet. Damit hat das KI-System AM den Begriff der natürlichen Zahl formal in ähnlicher Weise erzeugt wie Frege, Cantor u. a., in deren Definition sich wiederum die Geschichte der Begriffsbildungsversuche widerspiegelt. Wie Frege betonte, sind die logischen Definitionen selber vom heuristischen Entdeckungsprozeß zu unterscheiden, der von vielerlei psychologischen, anthropologischen und evolutionstheoretischen Bedingungen abhängen mag. Gleichwohl sind diese Faktoren für das Verständnis des mathematischen Forschungsprozesses unverzichtbar.

Auf die neuen Objekte der „Zahlen" wendet das KI-Programm die Grundoperationen von LISP wie z. B. das Aneinanderfügen von Listen an und erhält damit durch Abstraktion bzw. Äquivalenzklassenbildung den Begriff der Addition. AM schlägt auf diesem Weg auch die üblichen Definitionen der Multiplikation und Teiler-Relation vor.

Aus der Teiler-Relation wird mit der heuristischen Einführungsregel (3.4) der Begriff der Primzahl eingeführt. Die F-Abbildung der Regel ist die Teiler-Relation, mit der die Teiler einer Zahl (z. B. 1, 2, 3, 4, 6, 12) auf die jeweilige Zahl (z. B. 12) abgebildet werden. Ein Extremfall ist eine Teilermenge, die nur zwei Elemente enthält wie 1 und 2 für die Primzahl 2, 1 und 5 für die Primzahl 5 usw. Solche Extremfälle werden aufgrund der Regel von AM als interessant eingestuft und als neue Begriffe „F-Inverses-von-b" eingeführt, d.h. die einzigen Teiler 1 und b für die Primzahl b. Schließlich kommt AM auf die Behauptung der eindeutigen Zerlegbarkeit einer Zahl in Primzahlfaktoren und stellt diese Behauptung auf, nach dem die Eindeutigkeit für über 20 Beispiele geprüft wurde.

Diese Beispiele mögen genügen, um die Frage zu diskutieren, ob AM schöpferisch, kreativ und in diesem Sinn intelligent ist.

Wenn ein Programm eine Struktur erzeugt, die als ein neuer Begriff interpretiert werden kann, so enthalten die benutzten Transformationsregeln diesen Begriff bzw. die entsprechende Datenstruktur implizit. Es wird daher häufig eingewendet, daß ein Algorithmus, der die Anwendung dieser Regeln steuert, keine schöpferische Leistung bietet, sondern zum Explizitmachen der implizit vorgegebenen Begriffe bzw. Datenstrukturen führt.

Schöpferische Leistungen, so wird argumentiert, seien demgegenüber spontan in der Weise, wie z. B. Gauß seine Arbeit an den „Disquisitiones Arithmeticae" in einem Brief an W. Olbers beschreibt:

> „Aber alles Brüten, alles Suchen ist umsonst gewesen, traurig habe ich jedes Mal die Feder wieder niederlegen müssen. Endlich vor ein paar Tagen ist's gelungen, aber nicht meinem mühsamen Streben, sondern bloß durch die Gnade Gottes möchte ich sagen. Wie der Blitz einschlägt, hat sich das Rätsel gelöst; ich selbst wäre nicht imstande, den leitenden Faden zwischen dem, was ich vorher wußte, dem, womit ich die letzten Versuche gemacht hatte, – und dem, wodurch es gelang, nachzuweisen."[47]

Tatsächlich sind aber auch Entdeckungen vom Format eines Gauß bei näherer Analyse von einem Kontext vorgegebener Begriffe und heuristischer Verfahren abhängig, wenn auch nicht im Sinne logisch notwendiger Ableitbarkeit. Es kommt zwar auf neuartige Sichtweisen, Begriffe und Methoden an. Aber eine „creatio ex nihilo" bleibt höchstens dem göttlichen Schöpfer vorbehalten: Ein menschlicher Einstein bleibt bei der Einführung der Speziellen Relativitätstheorie davon abhängig, die impliziten Vorarbeiten seiner Vorgänger Lorenz, Maxwell, Newton u. a. explizit in neuer Sicht weiterzuentwickeln.

Abhängig waren die Entdeckungen von AM allerdings von der Struktur der LISP-Sprache, die eine Erzeugung der natürlichen Zahl durch Abstraktion von Symbollisten begünstigte. Es kann also auf jeden Fall festgehalten werden, daß AM strukturell-operative Zusammenhänge menschlichen Wissens in Algorithmen und Datenstrukturen abbildet.

---

47 C. F. Gauß, Brief an Wilhelm Olbers (3. Sept. 1805), in: ders., Werke, Ergänzungsreihe IV, Briefwechsel mit H. W. M. Olbers Bd. I, repr. Hildesheim 1975, 208 f.

Auffallend ist, daß AM nie einen formalen Begriff von Unendlichkeit bildet. So stellten Bolzano, Dedekind u. a. mengentheoretisch heraus, daß nur unendliche Mengen (wie z. B. die Menge aller natürlicher Zahlen) auf echte Teilmengen (wie z. B. die Menge der geraden Zahlen) injektiv abbildbar sei. AM beschränkt sich auf eine finite Mengenlehre und kann deshalb Behauptungen aufstellen wie „Eine Menge kann nie Element von sich selber sein“. Diese Begriffsbildung ist bekanntlich in der Mengenlehre möglich und führt dort zu Widersprüchen.

AM macht also – wie der Mensch – kontextabhängige Entdeckungen. Allerdings sind die kontextualen Rahmenbedingungen vom Menschen vorgegeben und erweisen sich bei näherer Analyse als sehr beschränkt. Das trifft auch für die Ansätze eines Meta-Programms von D. Lenat und J. S. Brown zu, ein Programm zur Entdeckung von Heuristiken zu schreiben. Gleichwohl kann durch diese Einschränkung ein eingefleischter KI-Fan nicht von der Behauptung abgehalten werden, daß kreative Arbeit durch eine Maschine im Rahmen vorgegebener Kontextualität prinzipiell möglich ist.

3.13 Computergraphik und fraktale Geometrie

Neben der Numerik wird auch die Geometrie ein Forschungsfeld computerunterstützter Mathematik. Computergraphische Methoden und Experimente erweitern die mathematische Anschauung grundlegend. Man spricht geradezu von „experimenteller Mathematik“, in der experimentell mit Computersystemen und Computergraphik gearbeitet wird. Dabei werden rekursive Rückkopplungsprozesse mit Computern berechnet und computergraphisch dargestellt.

Einerseits lassen sich so abstrakte mathematische Begriffe veranschaulichen, die bisher nur einigen mathematischen Spezialisten vertraut waren. Andererseits werden alte bekannte mathematische Probleme mit Computern in Angriff genommen, die wegen ihrer nicht-linearen Komplexität einer Bearbeitung verschlossen waren. Experimentelle Computermathematik setzt den heuristischen Forschungsprozeß fort, den Polya, Lakatos, u. a. geschrieben hatten. An die Stelle von Bleistift und

Papier tritt der häusliche PC, mit dem probiert und experimentiert wird, um so auf interessante Vermutungen und vielleicht sogar beweisbare Zusammenhänge zu stoßen.[48]

Vor allem eröffnet die experimentelle Computergraphik eine neue Sicht auf die Geometrie der Natur. Die alltägliche Erfahrung zeigt, daß die Gegenstände der Natur keineswegs von der idealen Gestalt sind, wie sie die Euklidische Formenwelt der Kugeln, Kegel und Kurven vorsieht. Viele natürliche Gebilde wie Wolken, Regenfelder, Dunst und Blitze, aber auch Pflanzen und Gebirge, die menschliche Haut mit ihrer rauhen Oberfläche machen demgegenüber einen fraktalen („gebrochenen") Eindruck. Platons Philosophie der idealen Formen, die „hinter" der gebrochenen und ungenauen Scheinwelt unserer Wahrnehmungen liegen und nach Platon die eigentliche Wirklichkeit darstellen, wird durch den krassen Gegensatz von Euklidischer Geometrie und Wahrnehmung verständlich.

Der Mathematiker B. B. Mandelbrot stellte 1980 die paradigmatische Frage: „Wie lang ist die Küste Britanniens?" Wenn man ihre Zerklüftungen bis auf die Größe kleinster Steine, schließlich Moleküle und Atome verfolgt, scheint sie endlos zu werden. Historisch hatte der Engländer L. F. Richardson 1926 dieses Problem erkannt und durch vergleichende geographische Untersuchungen zu klären versucht. Damals wurde diese Frage als eher esoterisch an den Rand gedrängt, um im Computerzeitalter neue Bedeutung zu erhalten. Während nach der Auffassung heutiger Physik eine Küstenlinie bei endlichen Maßstäben wie der Planckschen Größe endet und daher eine riesige, wenn auch endliche Länge sich ergibt, wäre ein computergenerierter Küstenverlauf mit beliebiger Skalentiefe und prinzipiell unendlicher Länge möglich. Andererseits würde auch diese unendliche Küstenlinie eine endliche Fläche einschließen.[49]

Das erinnert an mathematische Figuren, die aus dem Kuriositätenkabinett der Mathematik seit der Jahrhundertwende

48 Vgl. z.B. J. Encarnaçao/ W. Straßer, Graphisch interaktive Systeme, München 1984.

49 B. B. Mandelbrot, The Fractal Geometry of Nature, San Francisco 1982. Frühere Bücher waren B. B. Mandelbrot, Les objets fractals, Paris 1975; ders. Form, Chance, and Dimension, San Francisco 1977.

bekannt waren. Gemeint sind z. B. die Kochschen Kurven. Ein Beispiel (Abb. 3.4) geht von einem gleichseitigen Dreieck der Seitenlänge 1 aus. In der Mitte jeden Dreiecks wird ein neues Dreieck von einem Drittel der Seitenlänge hinzugefügt und dieses Konstruktionsverfahren rekursiv fortgesetzt. Die Länge des Umfanges beträgt dann $3 \cdot \frac{4}{3} \cdot \frac{4}{3} \cdot \frac{4}{3} \ldots$ ad infinitum. Die entstehende Figur erinnert an eine Schneeflocke. Da diese geschlossene Kurve innerhalb eines Kreises um das Ausgangsdreieck liegt, bleibt die Fläche endlich, obwohl ihr Umfang unendlich lang ist:[50]

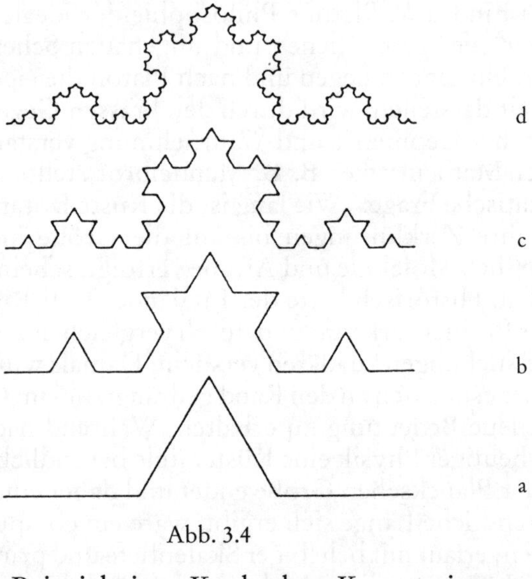

Abb. 3.4

Ein anderes Beispiel einer Kochschen Kurve erinnert noch deutlicher an eine gebrochene Küstenformation oder ein Wasserrinnsal. Man geht dabei von einem geraden Strich aus, den man durch ein einfaches Zickzackmuster aus drei Strichen ersetzt (Abb.3.5). Jeder dieser drei Striche wird nun wieder durch dasselbe, aber entsprechend verkleinerte Zickzackmuster er-

50 Vgl. z. B. L. M. Sander, Fractal growth processes, in: Nature 322 1986. Der Name der Kurve geht auf den schwedischen Mathematiker H. von Koch (1904) zurück.

setzt. Es entstehen insgesamt neun aneinandergefügte Striche. Diese werden entsprechend behandelt.

Mit vergleichsweise ebenso einfachen rekursiven Verfahren lassen sich die Hilbert- und Sierpinski-Kurve konstruieren (Abb.3.6a-b), die durch Verschachtelungen immer dichter eine Fläche füllen.[51] Handelt es sich noch um Kurven oder bereits um Flächen? Rekursionen dieser Art sind unbegrenzt, so daß Bilder wie Abb.3.4-3.6 nur Momentaufnahmen festhalten. Geometrisch entspricht der numerischen Rekursion offenbar die Selbstähnlichkeit der graphischen Darstellung. Egal mit welcher Skalierung ein Ausschnitt dieser Kurven betrachtet wird, so wiederholt sich immer dieselbe Struktur.

Computer mit entsprechenden Zeichenprogrammen erlauben komplexe Momentaufnahmen, wie sie bisher mit Bleistift und Papier nicht möglich waren. Mit einfachen computergraphischen Methoden lassen sich so bereits Experimente durchführen. Ein Zeichenstift wird von einer Ausgangsposition auf dem Bildschirm vorwärts („forward") oder rückwärts („backward") bewegt oder um einen bestimmten Winkel gedreht („turn"). Eine von S. Papert vorgeschlagene Roboterschildkröte („turtle") kann sich ebenso bewegen. Daher spricht man auch von der „Turtle-Geometrie".[52] Die Vorwärts- und Rückwärtsbewegungen werden in Schrittzahlen, die Drehung in Gradangaben vorgeschrieben: z. B. „forward (10), turn (90), backward (10)." Mit diesen Grundoperationen lassen sich Programme in Computersprachen wie PASCAL schreiben, mit denen rekursive Kurven bis zu einer beliebigen Komplexität erzeugt werden können.

Es liegt nahe, durch Ausbau und Variation der Methoden natürliche Strukturen wie Wolken, Felder, Gräser, Bäume, Berge und Meere nachzubilden. Da die Natur keine starren Strukturen aufweist, können Zufallsgeneratoren in den Zeichenprozeß eingebaut werden. Dadurch entstehen allerdings nichtreproduzierbare Bilder, in denen die Selbstähnlichkeit der Strukturen nur bis auf statistische Schwankungen möglich ist.

---

51 Dazu auch K.-H. Becker/M. Dörfler, Computergrafische Experimente mit PASCAL, Braunschweig 1986, 96 f.

52 H. Abelson/A. A. di Sassa, Turtle Geometry, Cambridge/Mass. ^{3}1982.

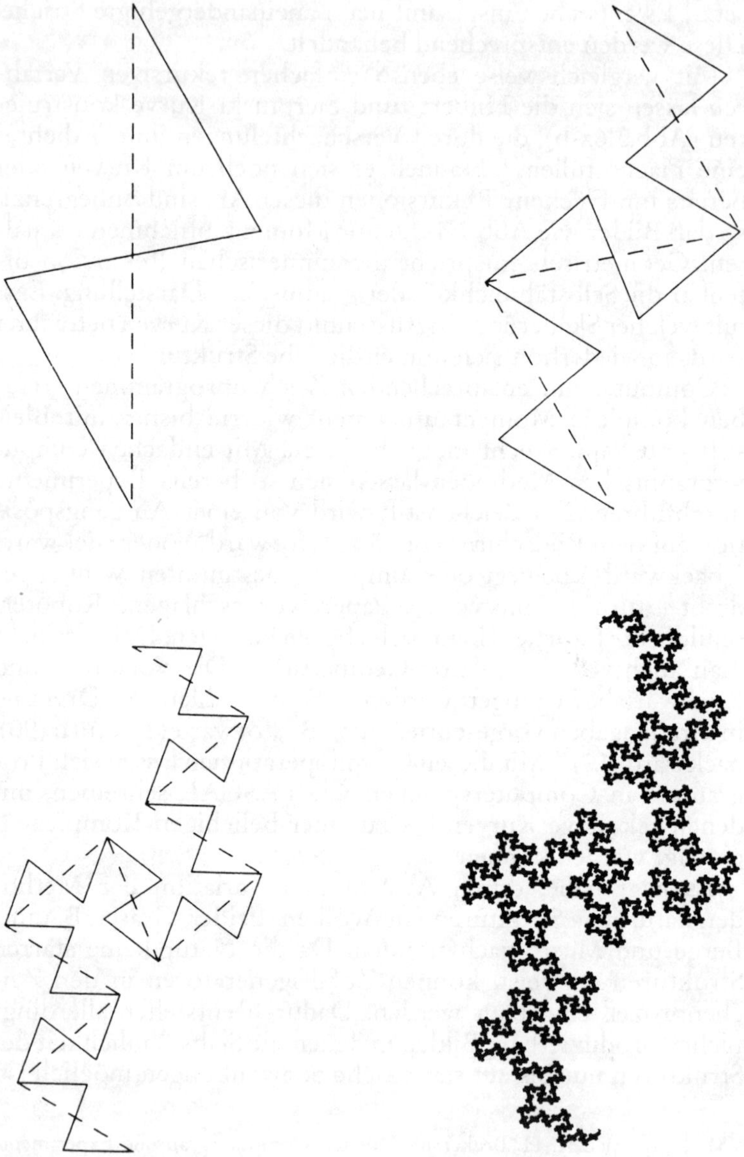

Abb. 3.5

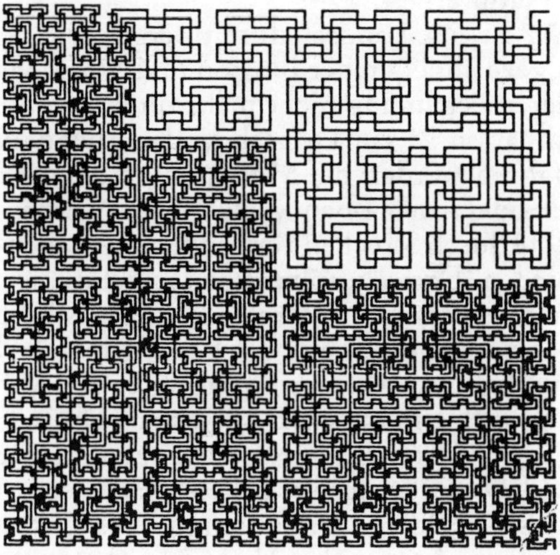

a

b

Abb. 3.6

Graphisch wird so die Irreversibilität von Entwicklungsprozessen der Natur erfaßt.

In Abb.3.7 ist eine Landschaft mit Bergen und Seen computergestützt gezeichnet, in der Illusion und Wirklichkeit bei immer genauerer Zeichnung nicht mehr unterscheidbar werden. Ausgangssituation ist ein Dreieck in der Ebene. Nach einem Zufallsverfahren werden die Mittelpunkte der Dreiecksseiten nach unten oder nach oben verschoben. Werden diese drei neuen Punkte durch Strecken verbunden, entstehen zusammen vier verschiedene Dreiecke mit einigen gemeinsamen Seiten und Ecken. Für die so erzeugten Dreiecke wird das Verfahren wiederholt. Dabei sollte die Stärke der Verschiebungen abnehmen, um den täuschend wirklichen Eindruck in der Abb.3.7 zu erhalten. Im einzelnen entstehen aus einem Dreieck mit Dreieckpunkten vier Dreiecke mit sechs Ecken, 16 Dreiecke mit 15 Ecken, 64 Dreiecke mit 45 Ecken. Nach sechs Iterationen liegen bereits 4096 kleine Dreiecke mit 2145 Eckpunkten vor. Der Eindruck von Seen in der Abb.3.7 wird erreicht, indem an bestimmten Stellen nur noch Punkte notiert werden.[53]

Charakteristisch für diese Gebilde ist, daß sich nicht ohne weiteres sagen läßt, ob es sich um Punktmengen, Kurven oder Flächen handelt. So ist die Kochsche Kurve in Abb.3.4 eine unendlich lange Grenze von der Breite 0, die einem begrenztem Flächeninhalt einbeschrieben ist und daher Fläche beansprucht. Hilbert- und Sierpinski-Kurven füllen eine Fläche immer dichter auf. Anschaulich sind diese Kurven „mehr" als Linien, aber „weniger" als Flächen. In der Mathematik wird daher solchen Gebilden eine fraktale Dimension zugeordnet, also im Fall der Kochschen Kurve ein Wert zwischen eins und zwei.

---

53 Vgl. A. R. Smith, Plants, fractals, and formal languages (Computer graphics project, Computer division, Lucasfilm Ltd.). in: Computer Graphics 18 No. 3 July 1984; S. Lovejoy/B. B. Mandelbrot, Fractal properties of rain, and a fractal model, in: SIGRAPH 85 Special Interest Group on Computer Graphics, Coursenotes ‚Fractals: Basic Concepts, Computation and Rendering'; A. van Dam, Software für Graphik, in: Spektrum der Wissenschaft: Computer-Anwendungen, Heidelberg 1989, 80.

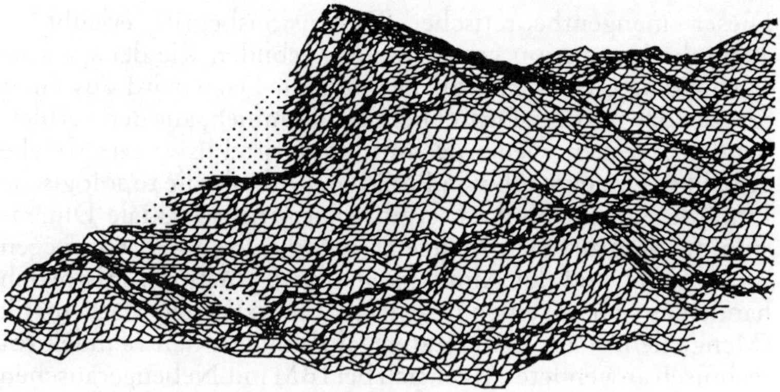

Abb. 3.7

Der Begriff der fraktalen Dimension war implizit bereits durch Hausdorffs Dimensionsbegriff (1919) eingeführt.[54] Mandelbrot definierte eine Menge dann als fraktal, wenn ihre Hausdorff-Dimension keine natürliche Zahl ist:

Der Begriff der fraktalen Dimension läßt sich durch die geometrische Ähnlichkeitsdimension D veranschaulichen. Wird eine begrenzte, ebene Figur gestreckt, also einer Ähnlichkeitstransformation mit Faktor k unterzogen, so verändert sich ihr Inhalt um den Faktor k^2. So wird z. B. ein Quadrat, dessen Kanten um den Faktor 3 gestreckt werden, um den Faktor 3^2 gestreckt, da sich nämlich in das vergrößerte Quadrat $3^2 = 9$ Quadrate der alten Größe einbetten lassen. Allgemein vervielfacht sich das Maß M eines gegebenen Objekts der Ähnlichkeitsdimension D bei einer entsprechenden Transformation T um das k^D-fache, d. h. $T(M) = k^D \cdot M$.

Wird z. B. ein Teil der Koch-Kurve (Abb. 3.4) einer Ähnlichkeitstransformation mit dem Faktor 3 unterzogen, so fällt die Figur mit einem entsprechend größeren Teil der Kurve zusammen. In Abb. 3.4d ist die 6. Iteration dargestellt, deren linkes Drittel als Teil 1 aufgefaßt werden kann, während Abb. 3.4d das gesamte Ähnlichkeitsbild ist. Im Gesamtbild läßt sich Teil 1 viermal abtragen. Bereits im Polygonzug von Abb. 3.4a ist diese Vervierfachung angelegt. Für die Länge L von Teil 1 gilt also: $4 \cdot L = T(L) = 3^D \cdot L$. Für die (unbegrenzt lange) Maßeinheit L folgt $4 = 3^D$ bzw. logarithmiert $\log 4 = D \cdot \log 3$, d. h. $D = \log 4 / \log 3 \approx 1,26$. Die Kochkurve hat also die fraktale Dimension von ca. 1,26, die sich von ihrer topologischen Dimension 1 unterscheidet.

54 Vgl. B. B. Mandelbrot, The Fractal Geometry (s. Anm. 49), dt. 1987, 27, 28.

Dieser mengentheoretischer Dimensionsbegriff erlaubt es auch, die Dimension von fraktalen Gebilden wie der Cantorschen Menge (Abb.3.8) zu bestimmen. Dazu wird aus einer Strecke das mittlere Drittel herausgenommen, aus den verbleibenden Strecken wieder das mittlere Drittel usw.: Die Strecke zerfällt in einem Staub von Punkten. Obwohl die topologische Punktdimension Null ist, ergibt sich für die fraktale Dimension der Cantorschen Menge $D = \log 2 / \log 3 \approx 0,63$ (wegen $2 = 3^D$ aufgrund der Ähnlichkeitstransformation). Historisch handelt es sich um einen Begriff der theoretischen Mathematik (Mengenlehre) aus dem letzten Jahrhundert, den Mandelbrot technisch anwendete. Als er sich bei IBM mit Nebengeräuschen von Telefonleitungen beschäftigte, stellte er sich die Übertragungsfehler als eine in der zeitlichen Abfolge geordnete Cantormenge vor.

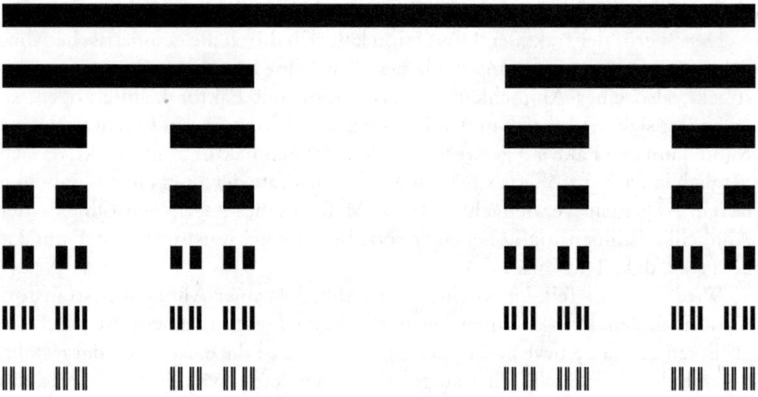

Abb. 3.8

Die fraktale Geometrie, deren Figuren Ende und Anfang dieses Jahrhunderts eher im Kuriositätenkabinett der Mathematik abgehandelt wurden, erhält seit Beginn der 80er Jahre einen erheblichen Entwicklungsschub durch die Theorie komplexer dynamischer Systeme. Die graphischen Darstellungen ihrer nicht-linearen Entwicklungsmuster haben von einer bestimmten Komplexität an fraktale Struktur. Numerisch und graphisch lassen sich diese Angaben mit den komplexen Zahlen elegant und einfach lösen.

Seit dem 19. Jh. findet die Theorie der komplexen Zahlen bereits Anwendung in Physik und Elektrotechnik. Ihre geometrische Anwendung geht auf C. F. Gauß zurück, der sie als Rechnen mit reellen Zahlenpaaren und damit als Koordinaten der Ebene einführt.[55] Ausgehend von der im reellen Zahlenkörper nicht mehr lösbaren Gleichung $x^2 = -1$ wird die imaginäre Zahl i durch $i \cdot i = -1$ definiert und damit die beiden Lösungen $x_1 = i$ und $x_2 = -i$ möglich. Durch das Rechnen mit imaginären und reellen Zahlen entstehen die komplexen Zahlen der Form $z = x + i \cdot y$ mit dem Realteil x, dem Imaginärteil $i \cdot y$ und den reellen Zahlen x und y.

Geometrisch werden dem Real- und Imaginärteil einer komplexen Zahl jeweils die x- und y-Achse eines cartesischen Koordinatensystems zugeordnet. Jedem Punkt dieser Gaußschen Zahlenebene entspricht dann einen komplexe Zahl $z = x + i \cdot y$:

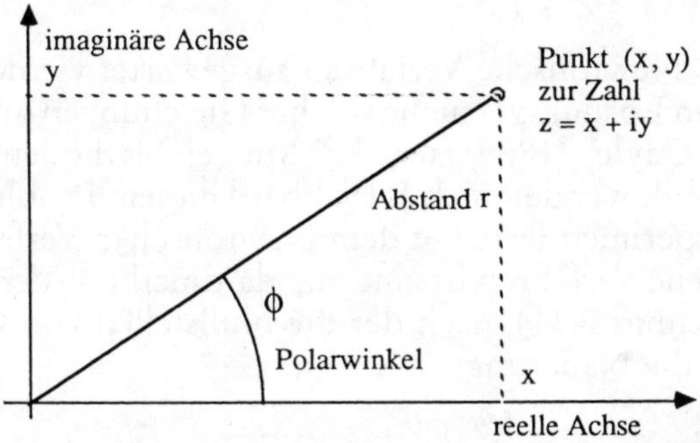

Abb. 3.9

Elementar mathematisch läßt sich beweisen, daß die Verknüpfungsvorschriften wie Addition, Subtraktion, Multi-

55 C. F. Gauß war spätestens seit 1815 im Besitz der geometrischen Theorie. Zur Verbreitung kam die Theorie seit seiner Abhandlung ‚Theoria Residuorum Biquadraticorum, Commentatio Secunda' (1815); vgl. auch J. Tropfke, s. Anm. 22, Bd. I; H. Pieper, Die komplexen Zahlen. Theorie, Praxis, Geschichte, Berlin 1984; H.-D. Ebbinghaus u. a., s. Anm. 8, Kap. 3.

plikation und Division komplexer Zahlen durch die entsprechenden reellen Zahlenpaare erfüllt werden. Für die graphische Darstellung dieser Operationen empfielt sich in einigen Fällen eine andere Koordinatendarstellung als die cartesische Geometrie. Im Fall der Multiplikation treten an die Stelle der cartesischen Koordinaten (x, y) die entsprechenden Polarkoordinaten (vgl. Abb.3.9) mit dem Abstand r des Punktes zum Koordinatenursprung und Polarwinkel zur x-Achse. Zwei komplexe Zahlen werden danach multipliziert, indem die Abstände der beiden Punkte multipliziert und ihre Polarwinkel addiert werden.

Der rechnerische Vorteil der komplexen Zahlen für die Computergraphik wird nun deutlich. Während bei reeller Darstellung jeder Punkt einer Zahlenachse auf dem Bildschirm berechnet werden muß, können bei komplexen Gleichungen die Ergebnisse direkt für die komplexe Zahlenebene bestimmt werden. Als Beispiel soll die nicht-lineare Gleichung

$$f(z) = z^3 - 1 \tag{3.8}$$

durch das Newtonsche Verfahren ausgewertet werden. Historisch gehen Lösungsversuche solcher Gleichungen dritten Grades auf A. Cayley (1879) zurück.[56] Mit den Methoden der Computergraphik wendete sich J. Hubbard diesem Problem wieder zu und experimentierte mit dem Newtonschen Verfahren. Das Newtonsche Verfahren ist eine Standardmethode der Numerik (vgl. Abschnitt 3.11), nach der die Nullstellen von Gleichung 3.8 durch die Näherung

$$z_{n+1} = z_n - \frac{f(z_n)}{f'(z_n)} \tag{3.9}$$

berechnet werden. Die Folge iterierter Werte beginnt mit einer beliebigen Zahl z_1, von denen jeweils zur Berechnung des nachfolgenden Wertes der Quotient aus Funktionswert und seiner

56 A. Cayley, The Newton-Fourier imaginary problem, in: Amer. J. Math. II 97 1879. Zur computergraphischen Auswertung vgl. J. Curry/L. Garnett/D. Sullivan, On the iteration of rational functions: Computer experiments with Newton's method, in: Commun. Math. Phys. 91 1983, 267-277.

1. Ableitung abgezogen wird. Die Folge dieser Werte approximiert die Lösungen der untersuchten Gleichung. Man rechnet leicht nach, daß die iterierten Werte die Rekursionsgleichung

$$(3.10) \qquad z_{n+1} = \frac{2}{3} z_n + \frac{1}{3z_n^2}$$

erfüllen und als Nullstellen mit $z^3 = 1$ die Werte

$$(3.11) \qquad \begin{aligned} z_a &= 1 \\ z_b &= -0,5 + 0,866i \\ z_c &= -0,5 - 0,866i \end{aligned}$$

in Frage kommen.

In der Gaußschen Zahlenebene der Abb.3.10 sind die Nullstellen als Punkte eingetragen. Abhängig vom Anfangswert z nähern sich die Iterationen der Rekursionsgleichung (3.10) einem dieser drei Punkte, die solche Entwicklungen geradezu an sich zu ziehen scheinen. Man nennt diese Punkte daher auch (Punkt-) Attraktoren. Je nach Zugehörigkeit zu den Attraktionsgebieten können die Punkte der Zahlenebene eingefärbt werden. Zum Grenzgebiet eines Attraktors gehören alle diejenigen Punkte, für die eine entsprechende Berechnung nach einer vorgegebenen Anzahl von Iterationsschritten noch keinen Attraktor erreicht hat.[57]

Anschaulich lassen sich die Attraktoren als Bergspitzen und die Grenzen als Täler auffassen. Höhenlinien um die Attraktoren werden durch Einfärbungen erreicht (Abb.3.11). So läßt sich ein Punkt färben, wenn z. B. eine ungerade Anzahl von Schritten zur Erreichung eines Attraktors notwendig ist. Die Tiefe der Täler hängt von der Länge der Rechnungen ab, bis entschieden ist, zu welchem Attraktor ein Punkt gehört.

Während in der Nähe der Attraktoren die Einzugsgebiete noch zusammenhängend sind, scheinen sich die Grenzgebiete aufzulösen. Es handelt sich tatsächlich um fraktale Strukturen. Bei entsprechender Vergrößerung wiederholen sich immer wieder ähnliche Gebilde. Die Grenzen zwischen den Einzugsgebieten sind in der Geometrie als „Julia-Mengen" bekannt.

---

57 Für Abb. 3.10-3.11 vgl. K.-H. Becker/M. Dörfler, s. Anm. 51, 57, 61.

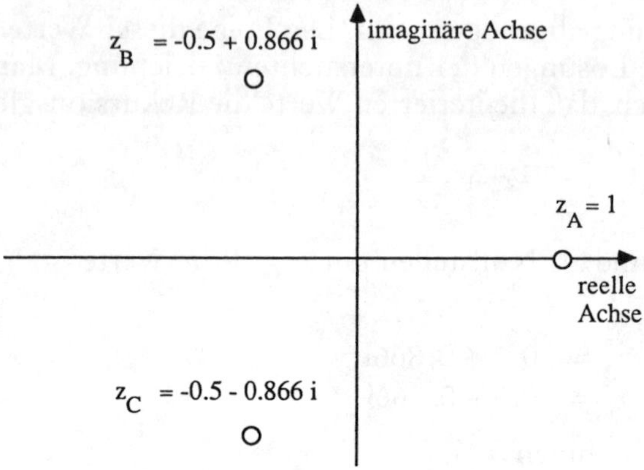

Abb. 3.10

Abb. 3.11

Historisch gehen sie auf die französischen Mathematiker G. Julia und P. Fatou zurück, die bereits während des 1. Weltkrieges die Iterationen komplexer rationaler Funktionen untersuchten.[58] Die geometrischen Bilder, die damals gezeichnet wurden, blieben wegen des Rechen- und Zeichenaufwandes noch bescheiden und wurden bald schon vergessen. Erst die

58 P. Fatou, Sur les équations fonctionelles, in: Bull. Soc. Math. Fr. 47 1919, 161-271, 48 1920, 33-94, 208-314; G. Julia, Sur l'iteration des fonctions rationnelles, in: Journal de Math. Pure et Appl. 8 1918, 47-245.

moderne Computergraphik führte zu einer Renaissance dieser Grenzmengen. Der Mathematiker Mandelbrot entdeckte sie 1980 bei seinen computergraphischen Untersuchungen an der nach ihm benannten Mandelbrot-Menge wieder.[59]

Überraschend ist an der Mandelbrot-Menge zunächst, daß komplexe Figuren nicht von komplizierten Formeln abhängen. Die Iterationsgleichung der Mandelbrot-Mengen, die zu einer Ikone moderner Computergraphik wurde, ist noch einfacher als (3.10). Es handelt sich um eine einfache quadratische Gleichung, die von einem komplexen Parameter c abhängt:

(3.12) $z_{n+1} = z_n^2 - c.$

Als Koordinaten der Computergraphik werden der Realteil bzw. der Imaginärteil des komplexen Parameters c gewählt. Jedem Rasterpunkt der Computergraphik entspricht also ein bestimmter c-Wert. Als Startwerte x_1 und y_1 von $z = x+i\cdot y$ wird Null gewählt. Ein Rasterpunkt kann z. B. gefärbt werden, wenn die mit Null gestartete Iteration eine ins Unendliche strebende Punktfolge liefert. Im anderen Fall könnte er z. B. schwarz gelassen werden. Zur Mandelbrot-Menge gehören diejenigen Punkte, die im Verlauf ihrer Iteration nicht ins Unendliche gezogen werden.

In farbigen Computerbildern kann der Außenbereich der Mandelbrot-Menge weiter abgestuft werden. Die Farben geben wieder an, wieviele Schritte die Rückkopplung jeweils braucht, um einen bestimmten gewählten Wert zu überschreiten. Die Bilder wirken wie die Karten in einem Atlas, in dem verschiedene Höhen durch Farben angedeutet werden. Der Rand der Mandelbrot-Menge scheint sich bei Vergrößerungen in winzige Zerklüftungen aufzulösen, d. h. Julia-Mengen fraktaler Dimension. Wir entdecken aber auch wieder die typische Apfelform der Mandelbrot-Menge, die sich bei entsprechender

59 Zur Entdeckung der Mandelbrot-Menge vgl. B. B. Mandelbrot, Fractals and the rebirth of iteration theory, in: H.-O. Peitgen/P. H. Richter (eds.), The Beauty of Fractals. Images of Complex Dynamical Systems, Berlin/Heidelberg/New York 1986, 151-160.

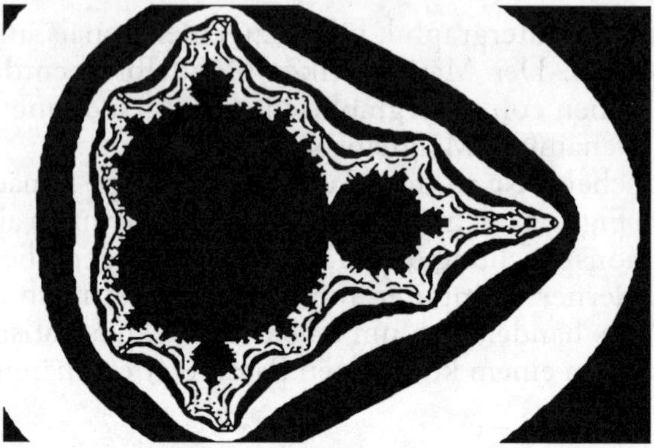

Abb. 3.12

Vergrößerung immer wieder aus kleinen schwarzen Punkten entwickelt.[60]

Mathematisch stellt sich die Frage, ob die Julia-Mengen zusammenhängend sind oder nicht. Bevor dieses Problem mit aufwendigen analytischen Beweismethoden mathematisch entschieden wurde (Douady/Hubbard 1982), konnte es in der Computergraphik bereits experimentell und wesentlich einfacher erforscht werden. Danach hängen alle diejenigen Julia-Mengen zusammen, deren Parameter c aus dem Inneren der Mandelbrot-Menge stammen. Alle anderen Julia-Mengen sind zerstückelt.[61]

Computerexperimente ersetzen zwar keine Beweise mathematischer Theoreme. Für die Heuristik der mathematischen Forschung spielen sie aber in Zukunft sicher eine zunehmende Rolle. Damit wird auch eine Veränderung mathematischer Forschungsteams einhergehen, zu denen im Fall computergestützter Arbeit z. B. ein guter Programmierer gehören wird. Neben der Hardwareentwicklung (z. B. Rechengeschwindigkeit, Speicherkapazität, Auflösbarkeit von Bildschirmen für Computergraphik) ist die Softwareentwicklung zu berücksichtigen. Gemeint sind geeignete Programmiersprachen für com-

60 Vgl. H.-O. Peitgen/P. H. Richter, s. Anm. 59, 189-196.

61 A. Douady/J. H. Hubbard, Iteration des polynomes quadratiques complexes, in: CRAS Paris 294 1982, 123-126.

putergraphische Simulationsmodelle im Rahmen der fraktalen Geometrie. Anschauliche Illustrationen abstrakter mathematischer Begriffe haben nicht nur die Entdeckung neuer Konzepte, Theoreme etc. gefördert, sondern auch ihre fachübergreifende Kommunizierbarkeit. Die Erkenntnis, daß Bilder leichter zu verstehen sind als lange Zahlenkolonnen, läßt sich nun technisch ausnützen. Der Entwicklungsweg verläuft von den Zahlenkolonnen über Blockdiagramme bis zu Kurvenplots und schließlich Computergraphik. Gegenüber mechanischen Druckern mit niedriger Geschwindigkeit brachte der elektronische Plotter einen Durchbruch, da nun eine graphische Darstellung direkt über den Monitor möglich wurde (CAD: Computer Aided Design). Wissenschaftstheoretisch ist das Computerexperiment als neue Forschungsform herauszustellen und von klassischen Methoden des mathematischen Beweises zu unterscheiden. Computergraphische Modelle, so läßt sich vermuten, werden zunehmend entscheidenden Einfluß auf die Forschungsheuristik nehmen.[62]

3.2 Computergestützte Naturwissenschaften

3.21 Quanten, Computer und Nicht-Linearität

Am Beispiel der Mathematik werden Grenzen und Möglichkeiten algorithmischer Verfahren deutlich, um menschliche Kreativität und Intelligenz zu simulieren. Algorithmen können mehr oder weniger komplex sein und daher mehr oder weniger Rechenkapazität benötigen, wie die Komplexitätstheorie zeigt (vgl. 1.14). Die maschinelle Bewältigung und Ausführung solcher Algorithmen ist dabei eher ein technisch-praktisches Problem. Das Kernproblem besteht darin, entsprechende Algorithmen zunächst zu finden bzw. zu erfinden. Über diese kreative Arbeit des Mathematikers und Informatikers sagt die Komplexitätstheorie wenig aus. Kreativität wird als weitgehend nicht-algorithmisch vermutet. Nicht-algorithmisch sind

62 J. D. Foley/A. van Dam, Fundamentals of Interactive Computer Graphics, Amsterdam 1982.

auch mathematische Beweisverfahren, deren Komplexität jenseits der Leistungsgrenzen einer Turing-Maschine liegen. Wie zu Zeiten Platons spielt also die Mathematik eine zentrale Rolle, um die Leistungsfähigkeit des menschlichen Geistes aufzuzeigen.

Welchen Beitrag leistet dazu die Physik? Wenn der menschliche Geist vom Typ eines Turing-Computers wäre, dann hätten physikalische Gesetze keine Bedeutung. Algorithmische Programme der Computer-Software hängen nicht von der Hardware physikalischer Maschinen ab, sondern vom mathematischen Konzept einer Turing-Maschine. Falls aber der menschliche Geist als Produkt der natürlichen Evolution verstanden wird, dann muß die Bedeutung physikalischer, chemischer und biologischer Gesetze für die Entwicklung des menschlichen Geistes geprüft werden.

Grundlage der modernen Physik ist die Quantenmechanik. In der klassischen Physik werden physikalische Systeme und ihre Wechselwirkungen als völlig unabhängig vom menschlichen Beobachter und seinem Bewußtsein angenommen. In der Quantenmechanik gehen demgegenüber einige Interpretationen von der Annahme aus, daß das menschliche Bewußtsein eine Schlüsselrolle beim Meßprozeß spielt. Diese Interpretationen sollen zunächst kritisch untersucht werden.[63] Ferner bietet sich die Quantenmechanik als physikalische Grundlage für Quantencomputer mit hoher technischer Effizienz und Quantenkomplexität an, die sich von der klassischen Turing-Maschine und klassischen Komplexitätstheorie unterscheiden.

Ohne weiteres läßt sich eine Turing-Maschine im Rahmen der klassischen Physik deuten. Eine solche Rechenmaschine ist ein physikalisches System, dessen Dynamik eine eindeutige Zustandsfolge von einem Inputzustand bis zu einem Outputzustand durchläuft. Die Zustände sind in kanonischer Weise mit Zahlenwerten gekennzeichnet. Die Maschine ist in einem präparierten Anfangszustand, führt eine deterministische Bewegung aus, bis der Outputzustand gemessen wird. In einem

63 Vgl. J. Audretsch/K. Mainzer (Hrsg.), Wieviel Leben hat Schrödingers Katze? Zur Physik und Philosophie der Quantenmechanik, Mannheim/Wien/Zürich 1990.

klassischen System ist der Zahlenwert des Outputs eine definite Funktion f des präparierten Inputwerts. Im Prinzip kann der Zahlenwert von einem äußeren Beobachter gemessen werden. Man sagt dann, daß die Maschine die Funktion f berechnet.

Aber klassische stochastische Rechenmaschinen und Quantencomputer können in dieser Weise keine Funktionen berechnen. Der Quantenzustand einer stochastischen Maschine ist zufällig mit der Verteilungsfunktion für Wahrscheinlichkeit gegeben. Der Outputzustand einer Quantenmaschine ist nicht beobachtbar, obwohl er vollständig durch den Inputzustand determiniert ist. Was ist der Grund? Dazu muß an einige Grundbegriffe der Quantenmechanik erinnert werden:[64]

Mit dem Bohrschen Korrespondenzprinzip erhält man die Grundbegriffe des Hilbert-Raumformalismus der Quantenmechanik aus der klassischen Mechanik wie folgt: An die Stelle von Vektoren wie z. B. Ort- und Impuls treten Operatoren, die gewissen Vertauschungsrelationen in Abhängigkeit vom Planckschen Wirkungsquantum genügen. An die Stelle von klassischen Systemen wie z. B. einem schwingenden Pendel, der durch eine Hamilton-Funktion beschrieben wird, treten Quantensysteme wie z. B. ein Wasserstoffatom, das mathematisch durch einen Hamilton-Operator repräsentiert wird. Quantenzustände eines Quantensystems (Schrödingers Wellenfunktionen) entsprechen den Vektoren in einem Hilbert-Raum, der durch die Eigenvektoren des entsprechenden Hamilton-Operators aufgespannt wird.[65]

Die kausale Entwicklung der Zustände eines Quantensystems ist durch die (zeitabhängige) Schrödingergleichung eindeutig determiniert. Da die Schrödingergleichung eine partielle Differentialgleichung ist, unterscheidet sich die Kausalität eines Quantensystems mathematisch zunächst nicht von der klassischen Physik. Während aber klassische Observablen vertauschbar („kommutativ") mit definiten Werten sind, besitzen die nicht-kommutativen Observablen von Quantensystemen

64 Vgl. B. D'Espagnat, Conceptual Foundations of Quantum Mechanics, Mass. 1976.

65 Für den Hilbertraumformatismus vgl. auch J. von Neumann, Mathematische Grundlagen der Quantenmechanik, Berlin 1932

im allgemeinen keinen gemeinsamen Eigenvektor und keine gleichzeitig definiten Werte. Für Observablen im Quantenzustand lassen sich nur statistische Erwartungswerte angeben.

Ein entscheidender Unterschied zur klassischen Mechanik ist das Superpositionsprinzip, das die Linearität der Quantenmechanik zum Ausdruck bringt. Mathematisch ist nämlich die Superposition zweier reiner Quantenzustände eine Linearkombination, die wieder einen reinen Quantenzustand darstellt. In Schrödingers Bild überlagern bzw. durchdringen sich zwei Quantenzustände wie zwei Wellen und bilden ein Wellenpaket, das wieder einen Quantenzustand darstellt. Das Superpositionsprinzip ist also ein Linearitätsprinzip, und in diesem Sinn ist die Quantenmechanik eine lineare Theorie. Observable, die in zwei getrennten (reinen) Zuständen des Quantensystems noch definite Werte hatten, besitzen in der Superposition beider Zustände nur indefinite Werte.

Zur Veranschaulichung sei an Schrödingers Gedankenexperiment einer Katze erinnert, die sich mit einem radioaktiven Präparat in einer geschlossenen Stahlkammer befindet.[66] Das Quantensystem löst bei Zerfall einen Hammermechanismus aus, der eine Blausäureflasche zertrümmert und damit die Katze tötet. Die Zustände der Katze „tot" bzw. „lebendig" zeigen die Zustände „zerfallen" und „nicht zerfallen" des Quantensystems an. Das Quantensystem zerfällt mit einer Wahrscheinlichkeit 1:2. Die Quantenmechanik sagt daher einen Gesamtzustand („Superposition") voraus, in dem die Katze zu gleichen Teilen „tot" und „lebendig" ist. Nach der klassischen Physik ist die Katze entweder „tot" oder „lebendig".[67]

Wissenschaftshistorisch formulierte Schrödinger sein Katzen-Paradoxon im gleichen Jahr 1935, als Einstein in einer berühmten Arbeit mit B. Podolsky und N. Rosen den loka-

---

66 E. Schrödinger, Die gegenwärtige Situation in der Quantenmechanik, in: Die Naturwissenschaften 23 1935, 807-812, 823-828, 844-849.

67 Vgl. K. Mainzer, Naturphilosophie und Quantenmechanik, in: ders./J. Audretsch (Hrsg.), s. Anm. 63, 273 ff. Für die Katzenabbildungen Abb. 3.13, 3.15, 3.16 vgl. auch B. S. De Witt, Quantum Mechanics and Reality, in: Phys. Today Sept. 1970, 30-35; dt. in: K. Baumann/R. U. Sexl (Hrsg.), Die Deutungen der Quantentheorie, Braunschweig/ Wiesbaden 1984, 206-220.

Abb. 3.13

len Realismus der klassischen Physik gegenüber der Quantenmechanik verteidigte.[68] Einstein beginnt mit Definitionen der Korrektheit und Vollständigkeit von physikalischen Theorien, die an Hilberts axiomatische Methode erinnern:

Eine physikalische Theorie T heißt danach vollständig genau dann, wenn jedes Element der physikalischen Realität einer Größe von T entspricht. Dabei wählt Einstein folgendes hinreichende Kriterium für Realität: Es gibt ein Element der physikalischen Realität, das einer physikalischen Größe entspricht, wenn die physikalische Größe determiniert werden kann (mit Wahrscheinlichkeit 1), ohne das System zu stören.

In einem Gedankenexperiment betrachtet Einstein zwei Elementarteilchen 1 und 2, die bis zu einem Zeitpunkt t_0 in Wechselwirkung standen und danach ($t > t_0$) vollständig getrennt ohne physikalische Wechselwirkung sind. Die lineare Dynamik der Quantenmechanik beschreibt die Entwicklung des kombinierten Systems 1+2 als eine Superposition ϕ, liefert aber keine separierten Zustände der Teilsysteme 1 bzw. 2. Dazu, so Einstein, sind Messungen an den Teilchen 1 bzw. 2 notwendig.

Wenn der Impuls p_1 des Systems 1 gemessen wird, kann der Impuls p_2 von Teilsystem 2 nach dem Impulserhaltungssatz

68 A. Einstein/B. Podolsky/N. Rosen, Can quantum-mechanical description of physical reality be considered complete? in: Phys. Rev. 47 1935, 777-780.

ohne Störung des Systems determiniert werden. Nach Einsteins Kriterium der Realität gibt es also ein Element der physikalischen Realität, das der Größe p_2 entspricht. Unter Voraussetzung der Vollständigkeit entspricht der Impuls p_2 einer Größe der Quantenmechanik. Analog läßt sich aus der Ortsmessung q_1 von Teilsystem 1 die Ortsangabe q_2 von Teilsystem 2 als determinierte Größe der Quantenmechanik ableiten.

Impuls p und Ort q sind aber wegen Heisenbergs Unschärferelation konjugierte Operatoren der Quantenmechanik, die nicht zugleich eindeutig determiniert werden können. Daher liefert die Superposition ϕ der Quantenmechanik keine vollständige Beschreibung der Teilsysteme 1 bzw. 2.

Einsteins Gedankenexperiment zeigt also, daß die Quantenmechanik korrelierte Systeme vorsieht, die nicht in lokale Teilsysteme getrennt werden können, obwohl sie nicht mehr in kinematischer Wechselwirkung sind. Mathematisch ist diese Nicht-Lokalität eine Folge des Superpositionsbzw. Linearitätsprinzips der Quantenmechanik. Im Hilbert-Raumformalismus werden nämlich zwei Quantensysteme durch das Tensorprodukt der beiden entsprechenden Hilbert-Räume repräsentiert. In diesem Produktraum können Superpositionen von Zuständen der beiden Teilsysteme angegeben werden, die nicht in Teilzustände der Teilsysteme separierbar sind. Sie sind, wie Schrödinger sagt, „verschränkt" (entangled). Das Ganze ist, philosophisch gesprochen, mehr als die Summe seiner Teile.[69] Folglich haben die Observablen dieser Teilsysteme in einem solchen verschränkten Zustand keine definiten Eigenwerte.

Die historische Weiterentwicklung von Einsteins Gedankenexperiment zeigte, daß für sein Unvollständigkeits- bzw. Nicht-Lokalitätsargument die Verwendung von konjugierten Größen wie Impuls und Ort nicht wesentlich war. In heutigen EPR-Experimenten können Photonenpaare analysiert werden, die aus einer zentralen Quelle in entgegengesetzter Richtung auf polarisierte Filter fliegen. Die Korrelationen der Polarisa-

---

69 K. Mainzer, Symmetrien der Natur. Ein Handbuch zur Natur- und Wissenschaftsphilosophie, Berlin/New York 1988, 425 ff.

tionzustände werden als Superpositionen korrelierter Photonen verstanden.[70]

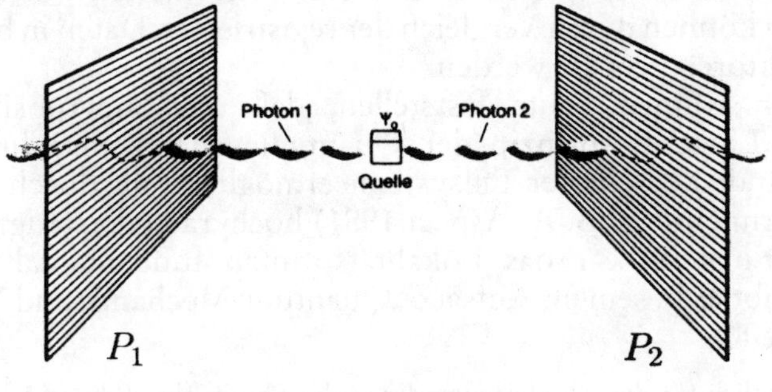

Abb. 3.14

Wenn Photon 1 und Photon 2 durch die Hilbert-Räume H_1 und H_2 repräsentiert sind, bedeuten die Zustände $\psi_1 \otimes \varphi_1$ bzw. $\psi_2 \otimes \varphi_2$ mit ψ_1 und ψ_2 aus H_1 und φ_1 und φ_2 aus H_2, daß Photon 1 und 2 in vertikaler bzw. horizontaler Richtung polarisiert sind. Da der verschränkte Zustand ϕ beider Photonen sowohl $\psi_1 \otimes \varphi_1$ als auch $\psi_2 \otimes \varphi_2$ zu gleichen Teilen enthält, beträgt die Wahrscheinlichkeit, daß beide Photonen ihre entsprechenden Filter passieren oder nicht passieren können, jeweils 50%. Ausgeschlossen ist, daß ein Photon eines Photonenpaares durchgelassen wird und das andere nicht. In EPR-Experimenten verhalten sich Photonen also streng korreliert, obwohl sie räumlich getrennt und ohne kinematische Wechselwirkung sind.

Die Nicht-Lokalität der Quantenmechanik ist insofern kein Widerspruch zur Konstanz der Lichtgeschwindigkeit und damit der speziellen Relativitätstheorie, als Quantenkorrelationen nicht zur Übermittlung von Signalen mit Überlichtgeschwindigkeit verwendet werden können: Ein Beobachter am Polarisator P_1 versuche einen Beobachter am Polarisator P_2 durch Einstellung von P_1 Signale zu senden. Je nach Orientierung von P_1 ergibt sich entweder eine vollständige oder teilweise Korrelation. Jeder der beiden Beobachter beobachtet, daß im Mittel die Hälfte der Photonen bei P_1 bzw. P_2 pas-

70 J. F. Clauser/A. Shimony, Bell's theorem: Experimental tests and implications, in: Rep. Prog. Phys. 41 1978, 1881-1927; A. Shimony, Die Realität der Quantenwelt, in: Spektrum der Wissenschaft 3 1988, 78-85.

siert bzw. absorbiert wird, d. h. unabhängig von der jeweiligen Orientierung ein statistisches Muster von Transmissionen und Absorptionen. Die Quantenkorrelationen zwischen den Photonen können durch Vergleich der registrierten Daten in beiden Detektoren geprüft werden.

Wir können heute feststellen, daß das Superpositions- bzw. Linearitätsprinzip der Quantenmechanik verschränkte Zustände korrelierter Teilsysteme ermöglicht, die durch EPR-Experimente (z. B. A. Aspect 1981) hochgradig bestätigt sind. Für Einstein war das Lokalitätsprinzip fundamental. 1948 schreibt er in seinem Aufsatz „Quantum-Mechanik und Wirklichkeit":

„Wesentlich für diese Einordnung der in der Physik eingeführten Dinge erscheint ferner, daß zu einer bestimmten Zeit diese Dinge eine voneinander unabhängige Existenz beanspruchen, soweit diese Dinge „in verschiedenen Teilen des Raumes liegen". Ohne die Annahme einer solchen Unabhängigkeit der Existenz (des „So-Seins") der räumlich distanten Dinge voneinander, die zunächst dem Alltags-Denken entstammt, wäre physikalisches Denken in dem uns geläufigen Sinne nicht möglich. Man sieht ohne solche saubere Sonderung auch nicht, wie physikalische Gesetze formuliert und geprüft werden können. Die Feldtheorie hat dieses Prinzip zum Extrem durchgeführt, indem sie die ihr zugrunde gelegten voneinander unabhängig existierenden elementaren Dinge sowie die für sie postulierten Elementargesetze in den unendlich-kleinen Raum-Elementen (vierdimensional) lokalisiert."[71]

Gibt es einen Ausweg für Einsteins lokalen Realismus? 1966 bewies J. S. Bell, daß sich für jede lokal-realistische Theorie eine Ungleichung ableiten läßt, die im Widerspruch zu Voraussagen von Korrelationen der Quantenmechanik stehen.[72] Da aber der Formalismus auch für Einstein hochgradig bestätigt ist, müssen lokal-realistische Theorien als alternative Erklärungen von Quantenphänomenen fallen gelassen werden.

71 A. Einstein, Quanten-Mechanik und Wirklichkeit, in: Dialectica 2 1948, 320.

72 Vgl. J. S. Bell, On the problem of hidden variables in quantum mechanics, in: Review of Modern Physics 38 1966, 447-452.

Auch D. Bohms Theorie verborgener Parameter („hidden variables")[73] ist kein Ausweg für Einsteins Lokalitätsprinzip. Im Unterschied zu lokal-realistischen Theorien weicht Bohms Theorie verborgener Parameter von Voraussagen der Quantenmechanik nicht ab. Die Theorien mit verborgenen Parametern sind ebenfalls nicht-lokal.[74] Historisch hat sich Einstein nie um die Diskussion verborgener Parameter gekümmert, die bereits auf de Broglies Vorschlag (1928) einer Führungswelle im Quantenbereich zurückgeht. Einstein beabsichtigte nie, die Quantenmechanik durch irgendwelche kausale Substrukturen zu vervollständigen. Für ihn war die Quantenmechanik nur ein erfolgreicher Formalismus ohne tiefere Prinzipien der Natur. Dieser Formalismus war im Sinne Einsteins aus einer vereinigten Feldtheorie abzuleiten und in diesem Sinn zu vervollständigen.

Das Superpositions- bzw. Linearitätsprinzip der Quantenmechanik hat ernste Konsequenzen für den quantenmechanischen Meßprozeß. Im von Neumannschen Quantenformalismus werden Quantensystem und Meßapparat durch zwei Hilbert-Räume H_1 und H_2 repräsentiert, die in einem Tensorprodukt $H = H_1 \otimes H_2$ kombiniert sind. Im Anfangszustand $\phi(0)$ der Messung zum Zeitpunkt 0 sind beide Systeme H_1 bzw. H_2 in zwei getrennten Zuständen ψ bzw. φ mit $\phi(0) = \psi \otimes \varphi$ präpariert. Die Kausalentwicklung beider Systeme ist durch die Schrödingergleichung determiniert, d. h.

(3.13) $\phi(t) = U(t)\phi(0)$

mit dem unitären Operator U(t). Wegen der Linearität von U(t) ist der Gesamtzustand $\phi(t)$ verschränkt mit indefiniten Eigenwerten, während der Meßapparat zum Zeitpunkt t einen definiten Meßwert anzeigt. Die lineare Dynamik der Quantenmechanik kann daher den Meßprozeß nicht erklären.[75]

---

73 D. Bohm, A suggested interpretation of the quantum theory in terms of „hidden" variables, in: Phys. Rev. 85 1952, 166-193; ders., Wholeness and the Implicate Order, London 1980.

74 J. S. Bell, Physics 1 1965, 195.

75 Einen Überblick über verschiedene Lösungsvorschläge des Meßproblems liefert J. A. Wheeler/W. H. Zureck (ed.), Quantum Theory and Measurement, Princeton 1984.

Der Meßprozeß läßt sich wieder mit Schrödingers Gedankenexperiment veranschaulichen, wobei die Katze im geschlossenen Stahlkasten als Meßanzeige für die Zustände „tot" bzw. „lebendig" dient. Im Sinne der Quantenmechanik wird eine lineare Superposition der beiden Zustände „tot" und „lebendig" vorausgesagt.

In der Kopenhagener Deutung der Quantenmechanik wird der Meßprozeß durch den sog. „Kollaps des Wellenpakets" erklärt, d. h. die Superposition des Gesamtzustandes („Überlagerung von Wellenfunktionen") splittert während des Ableseprozesses am Meßapparat spontan in die separierten Zustände von Meßapparat und gemessenem Quantensystem mit definiten Eigenwerten auf.[76] Unabhängig von der Kopenhagener Deutung ist jedenfalls zwischen der linearen Dynamik von Quantensystemen und dem nicht-linearen Meßakt zu unterscheiden.

Der Grund für diese Nicht-Linearität in der Welt wurde manchmal durch das Einschalten des menschlichen Bewußtseins beim Meßakt erklärt. So schlug E. P. Wigner (1961)[77] vor, daß die Linearität der Schrödingergleichung für den bewußten menschlichen Beobachter versagen könnte und durch ein nicht-lineares Verfahren ersetzt werden müßte, das getrennte Zustände und Systeme liefert. Wigners Interpretation zwingt allerdings zu der Annahme, daß die linearen Superpositionen der Quantenwelt nur in solchen Gegenden des Universums in getrennte Teile separierter Systeme aufgehoben werden, wo das menschliche oder ein menschenähnliches Bewußtsein wirkt (Abb. 3.15). In der makroskopischen Welt der Billardkugeln, Planeten und Galaxien wurden jedoch keine EPR-Korrelationen bestätigt, sondern nur in der mikroskopischen Welt der Elementarteilchen wie z. B. Photonen. Es erscheint

---

76 Einen historischen Überblick gibt M. Jammer, The Philosophy of Quantum Mechanics. The Interpretations of Quantum Mechanics in Historical Perspectives, New York 1974. Zur Kopenhagener Deutung vgl. auch E. Scheibe, Die Kopenhagener Schule und ihre Gegner, in: J. Audretsch/K. Mainzer (Hrsg.), s. Anm. 63, 157-182.

77 E. P. Wigner, Remarks on the mind-body question, in: T. H. Good (ed.), The Scientist speculates, London 1961.

ziemlich merkwürdig, daß die getrennten Zustände von Systemen der makroskopischen Welt, die in der klassischen Physik mit definiten Meßwerten erfaßt werden, durch das menschliche oder ein menschenähnliches Bewußtsein verursacht sein sollen.

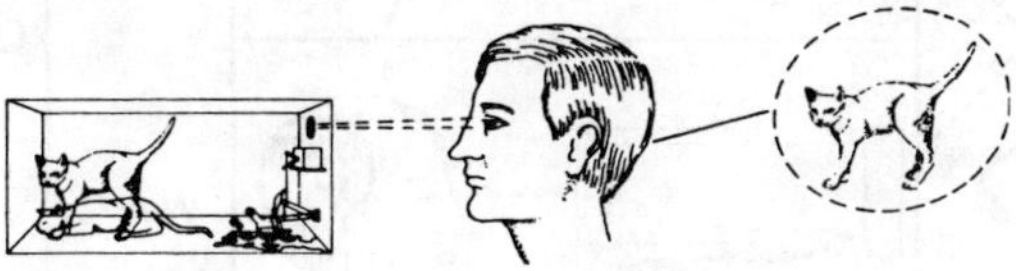

Abb. 3.15

J. A. Wheeler (1983)[78] benutzt das Auftreten des Bewußtseins sogar für eine Art anthrophisches Prinzip. Danach hängt die Evolution bewußten Lebens auf diesem Planeten von geeigneten Mutationen zu früheren Zeitpunkten ab. Da es sich um Quantenereignisse handelt, würden sie nur in linearer Superposition existieren, bis sie endlich zur Evolution bewußten Lebens führen. Zustände der Vergangenheit und Gegenwart werden in einer Art teleologischer Argumentation verbunden: Der Zielzustand der Gegenwart mit der Existenz bewußten Lebens erklärt die Evolution der Vergangenheit.

Die Everett-Interpretation der Quantenmechanik[79] scheint die Probleme einer nicht-linearen Reduktion des Wellenpakets zu vermeiden, indem das menschliche Bewußtsein mit parallelen, aber getrennten Weltentwicklungen („many-worlds-view") verbunden wird:

Mathematisch ist damit folgendes gemeint: Die Dynamik von Meßinstrument und Quantensystem während des Meßprozesses wird durch die Gleichung

$$(3.14) \qquad \phi(t) = \sum_i c_i(t)\psi_i \otimes \varphi_i$$

mit Zuständen (φ_i) beschrieben, die sich auf die Meßwerte des Meßinstruments beziehen. Everett argumentiert, daß der Zustandsvektor $\phi(t)$ nie in Teilzustände aufspringt, sondern vielmehr alle Entwicklungszweige $\psi_i \otimes \varphi_i$ parallel aktuali-

78 J. A. Wheeler, Law without law, in: J. A. Wheeler (ed.), Quantum Theory and Measurement, Princeton 1983, 181-213.

79 H. Everett, ‚Relative state' formation of quantum mechanics, in: Rev. Mod. Phys. 29 1957, 454-462.

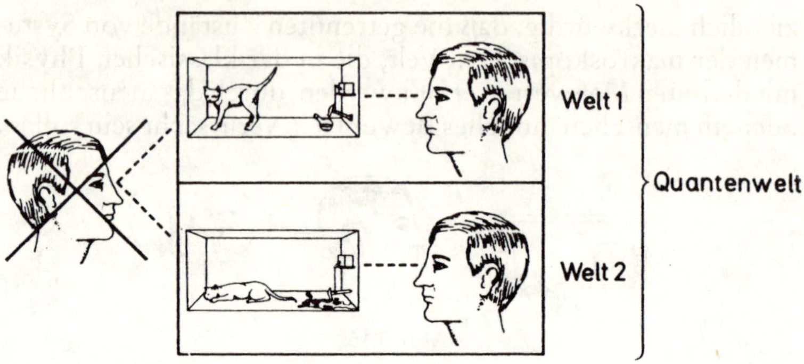

Abb. 3.16

siert sind. Der Gesamtzustand $\phi(t)$ beschreibt eine Mannigfaltigkeit von gleichzeitig existierenden realen Welten, wobei $\psi_i \otimes \varphi_i$ jeweils dem Zustand der i-ten Parallelwelt entspricht.

Nach Everett kann ψ_n als relativer Zustand interpretiert werden, der vom Zustand des Beobachters oder Meßinstruments mit

$$(3.15) \qquad \psi_n = c_n^{-1}(\varphi_n, \phi)_{H_2}$$

abhängt. Falls ψ_n als Erinnerungszustände akzeptiert werden, kann ein Beobachter mit definitem Gedächtnis sich nur eines Zweiges $\psi_n \otimes \varphi_n$ der Welt bewußt sein. Er kann aber nie die übrigen parallelen Welten beobachten.

Der Vorteil von Everetts Interpretation ist ohne Zweifel, daß die nicht-lineare Reduktion von Superpositionen nicht erklärt werden muß. Der Nachteil ist offensichtlich der notwendige ontologische Glaube an Myriaden von Welten, die prinzipiell nicht beobachtbar sind. Falls Everetts Interpretation sich als mathematisch widerspruchsfrei erweisen sollte, hat seine Interpretation wissenschaftstheoretisch mit der Kritik von Ockhams Rasiermesser zu rechnen. Danach sollten wir nämlich mit der Annahme ontologischer Entitäten sparsam sein und auf Beobachtung, Messung und Erfahrung setzen.[80]

80 Vgl. K. Mainzer, What is the price of realism in the quantum world? in: Manuscrito. Revista International de Filosofia do Centro de Lógica, Epistemologia e História da Ciência da Universida de Estadual de Campinas (Brasil) X 1 1987, 31-52.

In der Wissenschaftsgeschichte waren anthropische, teleologische und ontologische Annahmen häufig ein Indiz für Erklärungsdefizite der Naturwissenschaften. Daher vermuten einige Mathematiker und Physiker wie z. B. R. Penrose, daß die lineare Dynamik der Quantenmechanik als Materietheorie im Sinne Einsteins unvollständig sei. Ziel wäre eine vereinigte Feldtheorie von linearer Quantenmechanik und nicht-linearer allgemeiner Relativitätstheorie (d. h. nicht-linearer Feldgleichung der relativistischen Gravitationstheorie), in der die separierten Zustände makroskopischer Systeme ohne Bezug auf anthropische oder teleologische Argumente erklärt werden könnten.

In Penroses Vereinigungsvorschlag wird Einsteins Kritik an der Unvollständigkeit einer linearen Quantenmechanik ebenso aufgegriffen wie seine Vereinigungsidee einer einheitlichen Feldtheorie, wenn die physikalische Lösung auch andere Wege geht.[81] Nach Penrose trennen sich lineare Superpositionen physikalischer Systeme in separierte Teilzustände, wenn das System groß genug für Effekte der relativistischen Gravitation ist. Penrose berechnet dazu die Größe eines Gravitons als kleinste Einheit der Raumkrümmung.[82] Danach liegt der Größenbereich für nicht-lineare Reduktionen von Superpositionen zwischen dem Quantenniveau der Elementarteilchen, Atome, Moleküle etc. mit linearen Gesetzen der Quantenmechanik und dem klassischen Niveau makroskopischer Alltagserfahrung.

Der wissenschaftstheoretische Vorteil von Penroses Argument ist, daß die Linearität der Quantenwelt und die Nicht-Linearität der makroskopischen Welt durch eine physikalische Vereinigungstheorie ohne Bezug auf irgendeinen menschlichen Eingriff erklärt werden könnte. Allerdings fehlt bisher eine solche prüfbare Vereinigungstheorie. Was das menschliche Bewußtsein betrifft, so ist das Quantenniveau der Elementarteilchen, Atome, Moleküle etc. sicher eine notwendige Voraussetzung für die Evolution des Gehirns. Zweifelhaft ist aber die Umkehrung, wonach mentale Zustände des Gehirns die

81 Vgl. K. Mainzer, Boscovich's and Einstein's philosophy of nature, in: Studia Boscovichiana 1 1992.

82 R. Penrose, Newton, quantum theory and reality, in: S. W. Hawking/W. Israel (eds.), 300 Years of Gravity, Cambridge 1987.

Reduktion verschränkter physikalischer Superpositionen erst ermöglichen sollen.[83]

Wenn allerdings die Quantenmechanik eine wesentliche Voraussetzung für die Evolution des menschlichen Gehirns war, liegt die Vermutung nahe, daß sich mit dieser physikalischen Theorie neue Möglichkeiten der Computertechnologie im Unterschied zur klassischen Physik abzeichnen. Die heute existierenden allgemeinen Berechenbarkeitsmodelle sind effektiv klassisch. Zu jedem Zeitpunkt entspricht eine vollständige Bestimmung ihrer Zustände jeweils einer Zahlenmenge, die alle im Prinzip meßbar sind. Nach der Quantentheorie gibt es keine physikalischen Systeme mit dieser Eigenschaft.

Ein quantenmechanisches Grundprinzip ist die Superposition von Quantenzuständen als Ergebnis der linearen Quantendynamik und die Reduktion der Superpositionen durch einen nicht-linearen Meßakt. Ein Quantencomputer[84] würde daher eine Quantenversion einer logischen Schaltung erfordern, die zunächst den Output-Zustand als Anwendung eines unitären Operators auf einen Input-Zustand liefert, um dann die berechneten Größen durch einen (nicht-linearen) Meßakt zu erhalten.

Wie eine Turing-Maschine bzw. ein von-Neumann-Computer besteht ein Quantencomputer im wesentlichen aus zwei Komponenten, nämlich einem (endlichen) Prozessor und einem (potentiell unendlichen) Speicher, von dem aber nur endliche Abschnitte benutzt werden. Die Berechnung geschieht in Schritten einer festen Dauer T. Während jedes Schrittes wechselwirkt nur der Prozessor mit einem endlichen Abschnitt des Speichers. Der Prozessor $\hat{n}$ besteht aus M Observablen $\hat{n}_i$ mit $0 \leq i < M$ für jeweils zwei Zustände. Der Speicher $\hat{m}$ besteht aus einer unendlichen Folge von Observablen $\hat{m}_i$ mit $-\infty < i < +\infty$ für jeweils zwei Zustände. Bei einer Turing-Maschine entspricht der Speicher einem potentiell unendlich langen Band ohne Anfang oder Ende. Das Band kann in finiten Abständen hin- und hergeschoben werden. Ferner ist eine Observable $\hat{x}$ als Adressennummer zur Bestimmung des Speicherplatzes bzw. Bandfeldes vorgesehen.

---

83 Vgl. K. Mainzer, Artificial intelligence, quantum mechanics, neuroscience, and the philosophy of mind, in: D. Anapolitanos/A. Baltas/S. Tsinorema (eds.), Proceedings of the Athens' Conference of Pittsburgh' Fellows 1992, Athens 1993.

84 D. Deutsch, Quantum theory, the Church-Turing principles and the universal quantum computer, in: Proc. R. Soz. Lond. A. 400 1985, 97-117.

Als Zustand eines Quantencomputers wird daher ein Einheitsvektor des Hilbert-Raums H gewählt, der durch die gleichzeitigen Eigenvektoren von $\hat{x}$, $\hat{n}$ und $\hat{m}$ aufgespannt wird. Die Eigenwerte von $\hat{x}$, $\hat{n}$ und $\hat{m}$ werden mit x bzw. $n_0, n_1 \ldots, n_{m-1}$ bzw. $\ldots m_{-1}, m_0, m_1 \ldots$ bezeichnet. Als Spektrum der 2-Zustands-Observablen werden wie in der Informatik üblich die Werte 0 und 1 anstelle von $-\frac{1}{2}$ und $+\frac{1}{2}$ wie in der Physik gewählt. Eine Observable mit dem Spektrum 0 und 1 läßt sich als 1-Bit-Speicherelement interpretieren.

Die Dynamik eines Quantencomputers wird durch einen (konstanten) unitären Operator U auf dem Zustandsraum H bestimmt. U beschreibt die Evolution eines Zustands $\psi(t)$ aus H zum Zeitpunkt t durch einen Berechnungsschritt T:

$$(3.16) \qquad \psi(nT) = U^n \psi(0) \text{ mit } U^+U = UU^+ = \hat{1} \,.$$

Zum Zeitpunkt t = 0 des Berechnungsbeginns werden $\hat{x}$ und $\hat{n}$ mit dem Wert 0 präpariert, während endlich viele Observablen $\hat{m}$ mit festen Werten und die übrigen mit 0 festgesetzt werden. Eine Turing-Maschine stoppt und signalisiert damit das Ende einer Rechnung, wenn zwei aufeinanderfolgende Zustände identisch sind. Ein gültiges Programm veranlaßt eine Maschine, in diesem Sinn nach endlich vielen Schritten zu stoppen.

Die lineare Dynamik zeigt, daß ein Quantencomputer normalerweise nie identische Zustände liefert. Ferner darf ein Quantencomputer vor Beendigung der Rechnung nicht beobachtet werden, da ein solcher „Ableseakt" im Sinne des quantenmechanischen Meßproblems seine relativen Zustände ändern würde. Man definiert daher das Programm eines Quantencomputers als gültig, wenn der Erwartungswert seiner Laufzeit endlich ist.

Ein Quantencomputer ist offenbar eine Verallgemeinerung einer klassischen Turing-Maschine, vergleichbar einer quantenmechanischen Begriffsbildung nach dem Bohrschen Korrespondenzprinzip. Eine Turing-Maschine ist nämlich ein solcher spezieller Quantencomputer, dessen Dynamik sicherstellt, daß sein Berechnungszustand nach jedem Berechnungsschritt bestimmt werden kann. Analog zum klassischen Berechenbarkeitskonzept läßt sich auch der Begriff eines universellen Quantencomputers einführen, mit dem sich jeder Quantencomputer simulieren läßt.

Ein universeller Quantencomputer hat alle Eigenschaften einer universellen Turing-Maschine. Er erlaubt aber zusätzlich Programme, die Berechnungszustände in lineare Superpositionen überführen, die im Sinne der quantenmechanischen Nicht-Lokalität nicht separierbar sind. Neben den üblichen Turing-Operationen können daher in einem Quantencomputerprogramm noch weitere Operationen verwendet werden, die als unitäre Transformationen auf einem 2-dimensionalen Hilbert-Raum, dem Zustandsraum eines einzelnen Bits, definiert sind.

Superpositionen überlagerter Berechnungszustände legen eine Analogie mit dem Parallelismus der klassischen Computertechnologie nahe. Ein Quantencomputer könnte sich als zweckmäßig erweisen, wenn man an einer bestimmten Korrelation von sehr vielen Berechnungsresultaten und nicht an deren separierten Details interessiert ist. In diesem Fall könnte ein Quantencomputer die Superposition von Myriaden von Parallelberechnungen liefern, mit der die Effizienz klassischer Computer übertroffen wird. Statt Superposition von Berechnungszuständen spricht man auch vom Quantenparallelismus im Unterschied zum klassischen Parallelismus herkömmlicher Computer vom Turingtyp.

Es kann allerdings bewiesen werden, daß der Erwartungswert der Rechenzeit für Quantenparallelismus nicht weniger sein kann als für eine serielle Berechnung durch einen Quantencomputer. Ferner arbeiten Quantencomputer nach wie vor algorithmisch, da ihre lineare Dynamik ein deterministischer Prozeß ist. Der nicht-deterministische Aspekt tritt erst durch den nicht-linearen Meßakt im Sinne des quantenmechanischen Meßproblems auf. Daher kann nicht erwartet werden, daß Quantencomputer nicht-algorithmische Operationen jenseits der Komplexitätsgrenze der Turing-Maschine realisieren können. Insbesondere fallen Quantencomputer damit als potentielle Simulationen von kreativem Denken aus, das algorithmisch nicht erfaßt wird.

Dennoch können Quantencomputer technisch-praktische Vorteile gegenüber konventionellen klassischen Computern im Sinne der Komplexitätstheorie besitzen. Prinzipiell sind nämlich Quantencomputer mit einer höheren Geschwindigkeit denkbar, die Probleme in polynomischer Zeit lösen können, obwohl sie nicht in der Komplexitätsklasse P (vgl. 3.11) liegen.

Was das menschliche Gehirn betrifft, so sind Quanteneffekte sicher an den Interaktionen neuronaler Zellen und damit an der Bildung von Bewußtsein beteiligt. Solche Quantenzustände können jedoch nicht mit mentalen Zuständen des Gehirns identifiziert werden. Wir haben nämlich kein Bewußtsein von Superpositionen aufgrund linearer Wechselwirkungen oder Reduktionen aufgrund nicht-linearer Separationen. Erklärungen der Spontanität des Bewußtseins oder gar der Willensfreiheit durch die Spontanität von „Quantensprüngen" sind daher mehr als fragwürdig. Gleichwohl ist der Übergang von der linearen Mikrowelt der Quantenphysik zur nicht-linearen Makrowelt der klassischen Physik sowohl für die Evolution des Gehirns als auch für technisch-praktische Entwicklungen der Computertechnologie noch nicht vollständig ausgewertet. Die Quantenmechanik bildet daher sicher den äußeren mathematischen-naturwissenschaftlichen Rahmen für die Evolutionstheorie des Gehirns und die moderne Computertechnologie.

3.22 Chaos, Computer und Nicht-Linearität

Die Makrowelt physikalischer Erfahrung jenseits atomarer Größenordnung, die Welt der Zellen, Planeten und Galaxien ist wesentlich durch die Gesetze der klassischen Physik bestimmt. Lokalität und nicht-lineare Separation der physikalischen Gegenstände ist vorherrschend. Wechselwirkungen sind im Sinne der klassischen Physik determiniert. Dennoch erwies sich diese Welt aufgrund der Komplexität ihrer Wechselwirkungen nur im begrenzten Maß als berechenbar. Die Makrowelt der klassischen Physik ist also nicht nur nicht-linear wegen der Reduktion quantenmechanischer Korrelationen. Sie ist auch nicht-linear im Sinne komplexer („polykausaler") Wechselwirkungen. Die klassische Physik des 18. und 19. Jahrhunderts, die Wechselwirkungen nur als Zwei-Körper-Problem behandelte (z. B. Sonne und ein Planet in der Newtonschen Physik) und von den Einwirkungen dritter Instanzen (z. B. zusätzliche Planeten) abstrahierte, erweist sich bestenfalls als Approximation.

Erst Fortschritte in der Computertechnologie und numerisch-algorithmischen Mathematik ermöglichten es, komplexe nicht-lineare Probleme der Naturwissenschaften zu untersuchen. Die physikalischen Grundlagenprobleme waren zwar häufig seit dem letzten Jahrhundert bekannt. Wegen mangelnder Lösungsmöglichkeiten wurde aus der Not eine Tugend gemacht, nicht-lineare Probleme an den Rand gedrängt und auf eine „Linearisierung" der Probleme gesetzt. Seitdem mit großen Rechenmaschinen detaillierte numerische Lösungen von analytisch nicht vollständig lösbaren Systemen berechnet werden können, zeichnet sich eine Trendwende auch zu einer nicht-linearen Naturwissenschaft ab.[85] Da eine geschlossene analytische Theorie für nicht-lineare mathematische Systeme nicht existiert, erweist sicht der Computer mit seinen numerischen Approximationen geradezu als unverzichtbar. Größere Rechenkapazität meint allerdings keineswegs, daß die Welt berechenbarer würde. Ihre Komplexität und Nicht-Linearität wird nun erst richtig wahrgenommen.

Paradigmatisch wird Nicht-Linearität heute mit dem Chaosbegriff verbunden, der derzeit das wissenschaftliche und öffentliche Bewußtsein elektrisiert. In einer unberechenbar gewordenen Welt, in der Ordnungen nur lokal und begrenzt wie Inseln im Meer auftreten, in einer Welt politischer, ökonomischer und ökologischer Zusammenbrüche und Katastrophen übt er eine schillernde Faszination aus. Computerbilder fraktaler Strukturen von bizarrer Schönheit tragen im Zeitalter der Medien noch das ihre dazu bei. Tatsächlich scheinen diesmal Mathematik und Physik den Zeitgeist auf den Begriff gebracht zu haben.[86]

Im Alltagsverständnis und in der Philosophiegeschichte wird Chaos als Gegenteil oder Abwesenheit von Ordnung verstanden. Das griechische Wort „χάος" meint ursprünglich den leeren Raum, der vor allen Dingen existiert. Viele Schöpfungsmythologien beginnen mit dem Chaos als einer gestaltlosen Urmasse. In der Geschichte der Naturwissenschaften wurde von chaotischen Systemen gesprochen, wenn deren Entwicklung nicht-determiniert und nicht-vorhersagbar war. Demgegenüber bezeichnet der mathematische Chaosbegriff kein wildes Durcheinander, sondern eine komplexe mathematische

85 C. P. Enz, Beschreibung nicht-konservativer nicht-linearer Systeme, in: Physik in unserer Zeit 10 Nr. 4 1979, 119-126, Nr. 5 1979, 141-144.

86 K. Mainzer, Chaos, Fraktale und Philosophie, in: Information Philosophie 2 1992, 22-30.

Struktur. Es gibt sogar streng determinierte Systeme im Sinne der klassischen Physik, die chaotisch und nicht vorhersagbar sind. Wie ist diese scheinbare Paradoxie zu verstehen?[87]

Mathematisch wird Chaos nur durch nicht-lineare Gleichungen ermöglicht.[88] Als einfaches Beispiel betrachte man eine Wachstumsfunktion, mit der die Ausbreitung einer ansteckenden Krankheit (z. B. Masern) in einer Population erfaßt wird. Wenn p die Prozentzahl der bereits erkrankten Personen der Population und z den Ansteckungszuwachs bezeichnen, dann ist die Funktion $f(p) = p + z$ zu bestimmen. Der Ansteckungszuwachs z hängt sowohl von der Prozentzahl der bereits angesteckten Personen p als auch der noch nicht angesteckten Personen $(1 - p)$ ab, d. h. z ist proportional sowohl mit p als mit $1 - p$, d. h. $z \sim p(1 - p)$.

Wird eine Proportionalitätkonstante k eingeführt, um eine Gleichung $z = k \cdot p(1 - p)$ zu erhalten, so läßt sie sich als Koppelungskonstante interpretieren, in der die Intensität epidemischer Wechselwirkung in der Population zum Ausdruck kommt. Insgesamt gilt also die nicht-lineare Funktion $f(p) = p + k \cdot p \cdot (1 - p)$. Um die Werte für aufeinanderfolgende Zeitabschnitte (z. B. Tage) zu berechnen, wird die Prozentzahl p mit einem Index n versehen und f(p) als die Prozentzahl im nachfolgenden Zeitabschnitt $n + 1$ aufgefaßt, d. h. wir erhalten die Rekursionsgleichung

$$(3.17) \qquad f(p_n) = p_n + k \cdot p_n \cdot (1 - p_n) = p_{n+1}.$$

Rekursionsformeln besagen nichts anderes, als daß die neuen Werte nach der angegebenen Vorschrift aus den vorher berechneten Werten erneut berechnet werden. Sie stellen also die Rückkoppelung des dynamischen Systems dar:

---

87 K. Mainzer, Quanten, Chaos und Selbstorganisation, in: ders./W. Schirmacher (Hrsg.), Quanten, Chaos und Dämonen. Erkenntnistheoretische Aspekte der modernen Physik, Mannheim/ Wien/Zürich 1993.

88 Vgl. auch H. G. Schuster, Deterministic Chaos. An Introduction, Weinheim 1984; R. L. Devaney, Introduction to Chaotic Dynamical Systems, Menlo Park 1986.

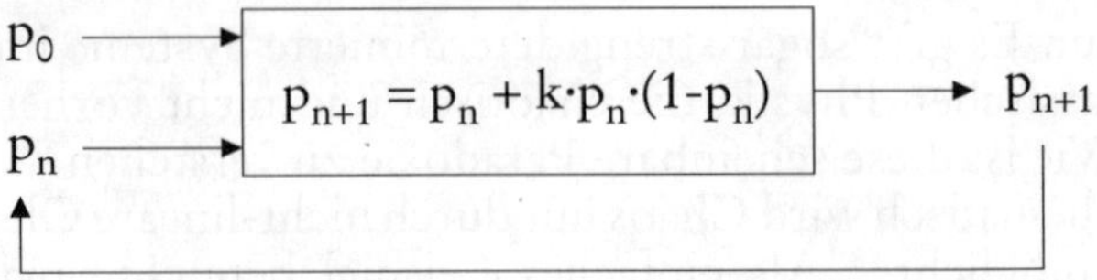

Für einen festen k-Wert kann der Verlauf der Epidemie von einem Startwert p_0 aus berechnet werden. Entsprechende Berechnungen[89] zeigen, daß sich diese Funktionswerte mehr oder weniger schnell dem Grenzwert 1 nähern, d. h. alle Personen der Population werden krank (z. B. $p_0 = 0,3$ und $k = 0,5$): Der Ansteckungsverlauf geht um so schneller, je größer der Faktor k ist.

p_n	k	$1 - p_n$	$k \cdot p_n \cdot (1 - p_n)$	p_{n+1}
0,300	0,500	0,700	0,105	0,405
0,405	0,500	0,595	0,120	0,525
0,525	0,500	0,475	0,125	0,650
0,650	0,500	0,350	0,114	0,764
0,764	0,500	0,236	0,090	0,854
0,854	0,500	0,146	0,062	0,916

Die Rekursionsformel läßt sich auch als Differenzengleichung auffassen. Werden die Zeitintervalle infinitesimal klein, so erhalten wir ein Beispiel für eine nicht-lineare Differentialgleichung, mit der die Zustandsentwicklungen komplexer dynamischer Systeme beschrieben werden.

In einem Koordinatensystem läßt sich die Dynamik des Systems geometrisch darstellen, indem auf der x-Achse die k-Werte und auf der y-Achse die f(p)-Werte eingetragen werden.

Bei k-Werten größer als 1 tritt ein unerwartetes Ereignis ein, denn p wird nach wenigen Schritten größer als 1 (Abb. 3.17). Damit verliert die Gleichung ihre Deutung als Epidemieformel, denn mehr als 100% der Population können nicht krank werden.

89 Vgl. auch K.-H. Becker/M. Dörfler, s. Anm. 51, 7 ff.

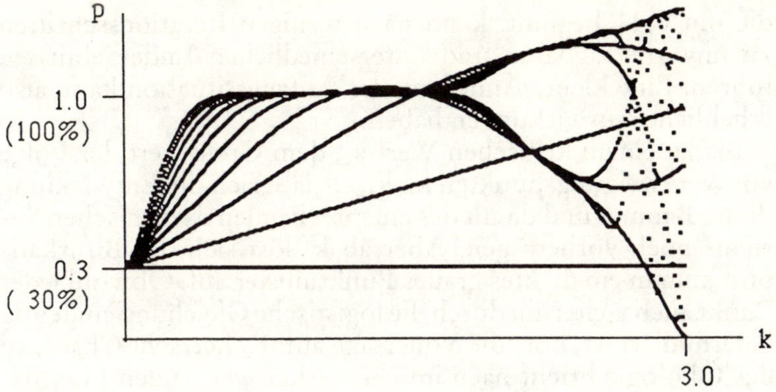

Abb. 3.17

p_n	k	$1 - p_n$	$k \cdot p_n \cdot (1 - p_n)$	p_{n+1}
0,300	3,000	0,700	0,630	0,930
0,930	3,000	0,070	0,195	0,125
0,125	3,000	−0,125	−0,423	0,702
0,702	3,000	0,298	0,627	0,330
0,330	3,000	−0,330	−1,314	0,015
0,015	3,000	0,985	0,045	0,060

Historisch wurde die Formel bereits 1845 von Verhulst formuliert, um das Wachstum einer Tierpopulation für bestimmte Umweltbedingungen zu untersuchen. Die Variable p steht jetzt für die Population. p = 100% bedeutet, daß jedem Tier der optimale Lebensraum zur Verfügung steht. Bei mehr als 100% liegt Überbevölkerung vor. Bei k = 2, 3 erkennt man nach einer Einschwingungsphase ein Hin- und Herschwanken zwischen zwei Werten. Bei entsprechender Raffung der Entwicklungsschritte zeigt sich, daß sich die Entwicklungskurve zunächst in 2 Äste, dann in 4, 8, 16 usw. spaltet. Man spricht von einer periodenverdoppelnden Kaskadenverzweigung. Bei k > 2, 570 wird das Verhalten chaotisch. Die ökologische Überbevölkerungskatastrophe ist nicht mehr steuerbar (Abb. 3.17).

Obwohl die Funktionswerte mathematisch eindeutig bestimmt sind, können bei höheren k-Werten als k = 2 kaum noch Voraussagen für ein Rechenergebnis gemacht werden. Eine Zahlenfolge, die mit einem Startwert 0, 1 und eine Folge, die mit 0, 11 beginnt, kann nach wenigen Iterationsschritten zu unvorhersagbaren und unterschiedlichen Endergebnissen führen. Eine kleine Änderung der Anfangssituation kann also erhebliche Auswirkungen haben.

Bis zu einem kritischen Wert k_c, dem Grenzwert der Folge von Verzweigungspunkten $k_1, k_2, \ldots$ läßt sich die Entwicklung dieses Baumes und damit des entsprechenden dynamischen Systems noch vorhersagen. Aber ab k_c löst sich der Bifurkationsbaum in ein dichtes graues Punktmuster auf. Obwohl jeder Punkt auch weiterhin durch die logistische Gleichung eindeutig determiniert ist, hört die Vohersage auf: Es herrscht Chaos. In der Ökologie bricht nach immer stärker werdenden Fluktuationen das ökologische Gleichgewicht zusammen. Genaugenommen gibt es noch einzelne Inseln der Stabilität, wo wieder Fixpunkte existieren und Bifurkationen stattfinden, bis auch sie verschwinden und das Chaos total wird.

Dennoch gilt: Die Birfurkationskaskade ist, wie die Mathematiker sagen, selbstähnlich. Jedes Stück des Baumdiagramms enthält unendlich oft sich selbst wie ineinandergeschachtelte Puppen. Damit wird deutlich: Das mathematische Chaos kann hochgradig symmetrisch sein. Für die logistische Gleichung bewiesen die Physiker S. Großmann und S. Thomae 1977, daß die Quotienten zweier aufeinanderfolgender Abstände der Kontrollparameter $\frac{(k_{n+1}-k_n)}{(k_{n+2}-k_{n+1})}$ mit wachsendem n einer Konstanten $\delta = 4,6697016\ldots$ zustreben.[90] Der amerikanische Physiker M. J. Feigenbaum erkannte 1978 die Universalität dieser Konstanten auch für eine große Klasse anderer nicht-linearer Gleichungen.[91] Man spricht daher auch vom Feigenbaum-Szenario und der Feigenbaum-Zahl δ. Die zunehmende Packungsdichte der Fixpunkte ist ebenfalls durch eine universelle Konstante $\alpha = 2,502990\ldots$ bestimmt. Es läßt sich zudem ein Maß angeben, wieweit zunächst benachbarte Ausgangswerte bei iterierter Berechnung auseinanderstreben: Ist

90 S. Großmann/S. Thomae, Invariant distributions and stationary correlation functions of one-dimensional discrete processes, in: Z. Naturforsch. 32 A 1977, 1353.

91 M. J. Feigenbaum, Quantitative universality for a class of nonlinear transformations, in: J. Stat. Physics 19 1978, 25.

der Ljaponov-Exponent negativ, rücken die Werte zusammen, während sie für positive Größen exponentiell ins Chaos auseinanderstreben.

Dynamische Systeme scheinen von Fixpunkten, periodischen Schwankungen oder dem Chaos magisch angezogen zu werden. So strebt ein Pendel aufgrund der Reibung seiner Ruhelage in der Mitte als Punkt-Attraktor zu. Der Zustand dieses dynamischen Systems ist jedenfalls durch Ort und Geschwindigkeit bestimmt. Um die Zustandsentwicklung und ihre möglichen Attraktoren graphisch sichtbar zu machen, greift man auf den Phasenraum mit Orts- und Geschwindigkeitskoordinaten zurück. Die Zustandstrajektorie (Bahnkurve) eines dynamischen Systems kann sich im einfachsten Fall auf einen Punkt-Attraktor einpendeln. Periodische Bewegungen wie z. B. eine Uhr streben einem periodischen Attraktor zu, der im Phasenraum als geschlossene Kurve (z. B. Kreis, Ellipse) auftritt. Als dritte Möglichkeit ist der quasi-periodische Attraktor zu nennen, der aus periodischen Teilbewegungen besteht, ohne sich vollständig wiederholen zu können. Schließlich ist das (deterministische) Chaos selber als Attraktor zu nennen.

Ein Beispiel ist der berühmte Lorenz-Attraktor (nach dem Meteorologen E. N. Lorenz), bei dem sich die Verlaufskurve der Zustandstrajektorie in endlosen Windungen ohne Überschneidungen und Wiederholungen zu einem Gebilde im Phasenraum formt, das an ein Eulengesicht mit zwei großen Augen oder die Flügel eines Schmetterlings erinnert (Abb. 3.18).[92]

Nicht-lineare Systeme mit chaotischen Zuständen können dissipativ und konservativ sein. „Dissipativ“ heißen solche dynamischen Systeme, die Materie, Energie oder menschliche Arbeit verbrauchen und als Wärme in ihre Umwelt abgeben. Insbesondere Lebewesen sind also offene „dissipative“ Systeme, die im Stoff- und Energieaustausch mit ihrer Umwelt neue Formen und Strukturen ausbilden. Die komplexe Wechselwir-

---

92 E. N. Lorenz, Deterministic nonperiodic flow, in: J. Atmos. Sci. 20 1963, 130; O. E. Lanford, Turbulence Seminar, in: P. Bernard/T. Relativ (Hrsg.), Lecture Notes in Mathematics 615, Berlin/Heidelberg/New York 1977, 114. Zur Abb. 3.18 vgl. A. Kunick/ W.-H. Steeb, Chaos in dynamischen Systemen, Mannheim/Wien/Zürich 1986, 24.

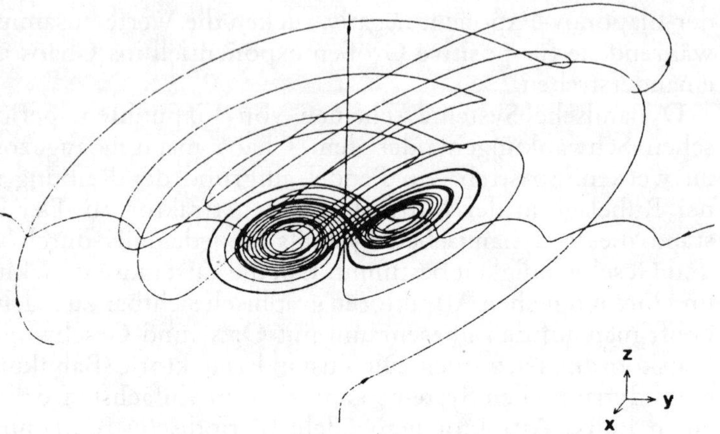

Abb. 3.18

kung ihrer Systemteile führt zu synergetischen Effekten, die in Selbstorganisationsprozessen („Phasenübergängen") Formen und Gestalten, aber auch Chaos als Attraktoren zustreben.

Dynamische Systeme heißen konservativ, wenn sie gegenüber ihrer Umwelt abgeschlossen sind. Sie umfassen praktisch alle (idealisierten) Systeme, ohne Reibungsverluste in der klassischen Mechanik. Dort tritt nur ein Austausch von Energien in abgeschlossenen Systemen auf. Das Wechselspiel von kinetischer und potentieller Energie eines idealen Pendels oder einer idealen Planetenbewegung ohne Reibung ist ein typisches Beispiel. Leibniz, Newton und Einstein stimmten darin überein, daß in solchen Systemen Ursachen und Wirkungen nicht nur eindeutig miteinander verknüpft, sondern prinzipiell mit beliebiger Genauigkeit berechenbar seien. Der Glaube des deterministischen Weltbildes bestand darin, daß mit Hilfe mechanischer Bewegungsgleichungen einerseits und hinreichender Information über das betreffende System andererseits die Zukunft beliebig lange und exakt vorhersagbar sei.

Der mathematischen Eindeutigkeit der Lösungen einer Differentialgleichung entspricht philosophisch das klassische Kausalitätsprinzip: Gleiche Ursachen haben gleiche Wirkungen. Dabei handelt es sich insofern um eine Idealisierung, da man meßtechnisch nicht exakt die gleichen Ursachen herstellen kann. Grundvoraussetzung eines wissenschaftlichen Experiments bzw. einer wissenschaftlichen Messung ist jedoch die Forderung ihrer Reproduzierbarkeit. Bei einer solchen Nachprüfung wird erwartet, daß die Ergebnisse innerhalb der unvermeidlichen Ungenauigkeit beim Experiment übereinstimmen, d. h. der Fehler der Meßergebnisse liegt in derselben Größenordnung wie die Ungenauigkeit der experimentellen Anordnung. Eine stärkere Version des Kausalitätsprinzips lautet daher: Ähnliche Ursachen haben ähnliche Wirkungen.[93]

Leibniz erörtert diese starke Form des Kausalitätsprinzips in seiner Schrift „Über das Kontinuitätsprinzip" (1687):

> „Wenn in der Reihe der gegebenen Größen zwei Fälle sich stetig einander nähern, so daß schließlich der eine in den andern übergeht, so muß notwendig in der entsprechenden Reihe der abgeleiteten oder abhängigen Größen, die gesucht werden, dasselbe eintreten." Oder kurz: „Datis ordinatis etiam quaesita sunt ordinata."[94]

Als physikalisches Beispiel untersucht Leibniz die Stoßgesetze. Maxwell favorisiert dieses Kausalitätsprinzip auch, indem er schreibt:

> „Es ist eine metaphysische Doktrin, daß gleiche Ursachen gleiche Wirkungen nach sich zögen. Niemand kann sie bestreiten. Ihr Nutzen aber ist gering in einer Welt wie dieser, in der gleiche Ursachen niemals wieder eintreten und nichts zum zweiten Mal geschieht. Das daran anlehnende physikalische Axiom lautet: Ähnliche Ursachen haben ähnliche Wirkungen. Dabei sind wir aber von Gleichheit übergegangen zu Ähnlichkeit, von absoluter Genauigkeit zu mehr oder weniger grober Annäherung."

Heute wissen wir, daß dieses Prinzip selbst in der klassischen Mechanik keine universelle Geltung hat. Ein einfaches Wechselwirkungsschema, in dem mehr als zwei Körper aufeinander einwirken, kann nämlich eine starke Abhängigkeit der Bah-

93 K. Mainzer, Raum, Zeit und Kausalität. Leibnizens Prinzipien und die modernen Naturwissenschaften, in: A. Heinekamp/W. Lenzen/M. Schneider (Hrsg.), Mathesis rationis. Festschrift für Heinrich Schepers, Münster 1990, 243 ff.

94 G. W. Leibniz, Über das Kontinuitätsprinzip (1687), in: ders., Hauptschriften zur Grundlegung der Philosophie Bd. I, übers. A. Buchanan, hrsg. E. Cassirer, Leipzig 1904.

nen von den Anfangsbedingungen erzeugen. Eine winzige Abweichung, z. B. beim Stoß einer Billardkugel, eine sehr kleine Störung von Planetenbahnen durch einen Kometen, von der man vermutete, sie sei zunächst völlig vernachlässigbar, kann sich chaotisch aufschaukeln und Imponderabilien ins Spiel bringen, die nicht mehr berechenbar sind.

H. Poincaré stieß Ende des letzten Jahrhunderts bereits auf das chaotische Verhalten deterministischer Gesetze in der Astronomie.[95] Das klassische astronomische Problem ist in der Physik – spätestens seit Newton – die Himmelsmechanik (mécanique céleste). Verfeinerte astronomische Beobachtungen und Entdeckungen zwingen die „Theorie" im 19. Jh. zu immer genaueren Berechnungen der Planetenbahnen. Im Vordergrund der Überlegungen steht die Formulierung eines brauchbaren Stabilitätskriteriums für die Planetenbahnen (bzw. für das Sonnensystem): „Flucht" und Kollisionen der Planeten müssen verhindert werden. Die entscheidende Rolle bei den störungstheoretischen Betrachtungen spielen Entwicklungen nach den trigonometrischen Funktionen.

Planeten bewegen sich keineswegs auf festen Ellipsenbahnen. Die verschiedenen Massen im Sonnensystem stören sich nämlich durch ihre Gravitationswirkung gegenseitig, so daß es zu komplizierten Bahnschwankungen kommt, wie sie in der Abb. 2.18 angedeutet sind. Obwohl diese Bahnen im Prinzip durch Differentialgleichungen determiniert sind, stellt ihre eindeutige Berechnung den Mathematiker nach Poincaré vor geradezu unüberwindliche Schwierigkeiten. Der wohlgeordnete, stabile und determinierte Kosmos des Laplaceschen Dämons erscheint dem Erkennenden als irreguläres, instabiles und chaotisches System, dem nur mit ausgetüftelten Stör- und Korrekturrechnungen mehr oder weniger angenäherte Informationen abzutrotzen sind.

In der Abb. 2.18 ist eine Ebene senkrecht zu den Bahnen eingezeichnet, auf denen die Auftreffpunkte $P_1, P_2 \ldots$ dieser

95 H. Poincaré, Les méthodes nouvelles de la mécanique céleste, Paris 1892/99.

Bahnen festgehalten sind.[96] Folgende Rekursionsformel nach Hénon[97] gibt ein Verfahren an, um die Koordinaten der Auftreffpunkte und damit indirekt der Bahnkurven zu berechnen:

$$(3.18)\qquad \begin{aligned} x_{n+1} &= x_n \cos\alpha - (y_n - x_n^2)\sin\alpha \\ y_{n+1} &= x_n \sin\alpha + (y_n - x_n^2)\cos\alpha \end{aligned}$$

Die Abb. 2.19a zeigt Computerberechnungen für verschiedene Anfangswerte und den konstanten Winkel $\alpha = 76{,}110$. Um den 0-Punkt der Karte liegen Kreisfiguren, wobei die Punkte der inneren Figur so dicht wie bei einer geschlossenen Kreisfigur erscheinen. Wenn man sich von 0 entfernt, liegen die Punkte weiter auseinander. Sie wirken wie die Höhenlinien um einen Gipfelpunkt. Am Rand der Figur erkennt man fünf weitere Gipfel, um die sich die Linienformationen der Mitte wiederholen. Über die mittleren Figuren hinaus scheint sich eine chaotische Grauzone von völlig zufälligen und irregulären Punkten auszubreiten. Man spricht deshalb auch von einem deterministischen Chaos, in dem anschaulich die Komplexität für die Berechnung einer „fernen Zukunft“ (d. h. mathematisch sehr häufige Iteration) aufgrund eines vorgebenen Anfangswerts zum Ausdruck kommt.

Mathematisch zeigte Poincaré, daß das 3-Körper-Problem der Astronomie nicht integrierbar ist und zu völlig chaotischen Bahnen führen kann. Über 60 Jahre später bewiesen A. N. Kolmogorov (1954) V. I. Arnold (1963) und J. Moser (1967) allgemein das KAM-Theorem[98], wonach Bewegung im Phasenraum der klassischen Mechanik weder vollständig regulär noch

---

96 Vgl. auch I. Ekeland, Das Vorhersehbare und das Unvorhersehbare. Die Bedeutung der Zeit von der Himmelsmechanik bis zur Katastrophentheorie, Paris 1984, 58 ff.

97 Vgl. auch M. Hénon/C. Heiles, The Applicability of the third integral of the notion: Some numerical results, in: Astronomical Journal 69 1964, 73 ff.; Topics in Nonlinear-Dynamics. A Tribute to Sir Edward Bullard, New York (American Institute of Physics) 1978.

98 V. I. Arnold, Small denominators II, proof of a theorem of A. N. Kolmogorov of the preservation of conditionally-periodic motions under a small perturbation of the Hamiltonian, in: Russ. Math. Surveys 18 1963, 5; A. N. Kolmogorov, On conservation of conditionally-periodic motions for a small change in Hamilton's function, in: Dokl. Akad. Nauk. USSR

vollständig irregulär ist, aber die Bahntrajektorie empfindlich von den gewählten Anfangsbedingungen abhängig ist. Stabile reguläre klassische Bewegung ist die Ausnahme gegenüber der Fiktion des Laplaceschen Geistes.

Ein anschauliches Beispiel für ein dissipatives chaotische System liefern die nicht-linearen Differentialgleichungen der Meteorologen, nach denen geringste lokale Veränderungen, ein kleiner nicht beachteter Wirbel auf der Wetterkarte, ein trudelndes Blatt, der Flügelschlag eines Schmetterlings globale chaotische Veränderungen der Großwetterlage auslösen können. Jederman weiß um die Verläßlichkeit des Wetterberichts. In der mathematischen Chaostheorie spricht man deshalb nach E. N. Lorenz vom „Schmetterlingseffekt".[99] Die prinzipielle Eindeutigkeit von mathematischen Gleichungslösungen garantiert also keine beliebig lange Prognostizierbarkeit und beliebig genaue Berechenbarkeit. Es sind gerade die hohen Rechenkapazitäten heutiger Computer, mit denen diese Grenzen der Vorausberechenbarkeit deutlich wurden.

Die ersten numerischen Untersuchungen mit Simulationen an nicht-linearen Systemen erfolgten tatsächlich in der Wettervorhersage und Turbulenztheorie, die eher als Randgebiet der Physik galten. Physikhistorisch ist für die Wetteranalyse vor allem die Hydrodynamik zu erwähnen, die im 19. Jahrhundert durch die Helmholtzsche Wirbeltheorie und Turbulenztheorie von Reynolds wesentliche Entwicklungsimpulse erhielt. Der französische Naturwissenschaftler D. F. J. Arago hatte bereits 1850 die Probleme der Wettervorhersage angesprochen.[100] Dabei hebt er hervor, daß sowohl menschliche Einwirkungen als auch zufällige Ereignisse zu berücksichtigen seien. Wettervorhersage scheint für „gewissenhafte Gelehrte" ausgeschlossen. Er spricht davon, daß „verborgene Localursachen viel Ein-

---

98 1954, 525; J. Moser, Convergent series expansions of quasi-periodic motions, in: Math. Ann. 169 1967, 163.

99 E. N. Lorenz, The problem of deducing the climate from the governing equations, in: Tellus 16 1964, 1-11; ders., Deterministic nonperiodic flow, in: J. Atmos. Sci. 20 1963, 130 ff.

100 F. Arago, Von der Vorhersage des Wetters, in: ders., Sämtliche Werke Bd. 8, Leipzig 1860, 3-21.

fluß haben" und die „Abänderungen durch Menschenhand ... binnen wenigen Jahren den meteorologischen Charakter jeder Stadt in Europa erheblich zu ändern" vermögen. Arago behauptet, „daß örtliche Umstände eine viel größere Rolle in der Meteorologie spielen, als die Physiker anzunehmen geneigt scheinen." Die Physik setzt zu dieser Zeit in der Hauptsache auf die klassische Punktmechanik in linearisierter, integrabler Form. Die Betrachtung isolierter Systeme von wenigen Massenpunkten, linearisierten Bewegungsgleichungen und eine quasi-statische Thermodynamik waren nicht geeignet, um die Dynamik der Atmosphäre adäquat zu beschreiben. Als eine Ursache, die Wetter- und Klima beeinflussen, führt Arago Mitte des letzten Jahrhunderts die „Ausrottung der Wälder" an. Ausdrücklich hebt er hervor, daß die kleinen Ursachen nicht unterschätzt werden dürfen.

Bereits J. von Neumann hatte seinen ersten Computer mit der Zielsetzung konstruiert, daß Problem der Wettervorhersage zu bewältigen. In den 50er und 60er Jahren hatte die Entwicklung digitaler Computer und das Weltraumsatellitenprogramm zum „Global Atmospheric Research Program" geführt. Dieses nationale Großprojekt war von J. von Neumanns Optimismus inspiriert, daß globale Prognostizierbarkeit auch von nicht-linearen Systemen mit entsprechend großen Rechenmaschine möglich sei.[101] Als ein Vorläufer von Lorenz, der bereits den Schmetterlingseffekt richtig einschätzte, kann N. Wiener betrachtet werden, der bemerkte: „Ein Tornado ist ein höchst lokales Phänomen, und schon relativ geringfügige Einflüsse können seinen exakten Verlauf bestimmen."[102]

Lorenz versuchte seit ca. 1960 anhand eines vereinfachten Modells der Navier-Stokes-Gleichungen das Problem der Wettervorhersage zu analysieren. Er vermutete, daß die praktische Unvorhersehrbarkeit des Wetters mit einer deterministischen

---

101 Dabei sah J. v. Neumann durchaus die großen Rechenproblem der Nichtlinearität: „Daraus folgen nahezu zwangsläufig große mathematische Schwierigkeiten", schreibt er 1949 in: Recent theories of turbulence, in: ders., Collected Works vol. 6, ed. A. H. Taub, Oxford 1969, 437.

102 N. Wiener, Nonlinear prediction and dynamics, in: ders., Collected Works with Commentaries vol. 3, ed. P. Masani, Cambridge (Mass.) 1981, 371.

Beschreibung vereinbar sein sollte. Seine Differentialgleichungen integrierte er mit einem Rechner („Royal McBee"), der 60 Multiplikationen pro Sekunde ausführte. 1961 entdeckte Lorenz, daß sich bei der Vorgabe derselben Anfangsbedingungen nach kurzer Zeit vollständig voneinander abweichende Zahlenkolonnen ergaben. Nachdem die Möglichkeit eines Funktionsfehlers im Röhrencomputer ausgeschlossen werden konnte, hatte Lorenz den entscheidenen Einfall: Die verwendeten Anfangsbedingungen waren nicht identisch. Vielmehr schlugen die vorgenommenen Abrundungen durch.[103]

Die erste unmittelbare Reaktion auf die Publikationen von Lorenz waren die Arbeiten des französischen Astronomen Hénon und seines Mitarbeiters Heils, die Umlaufbahnen von Sternen und ihr galaktisches Zentrum numerisch zu simulieren versuchten. Eine der treibenden Motivationen war die Frage, ob das komplexe Verhalten, wie es sich im dissipativen System von Lorenz bei einem Turbulenzproblem gezeigt hatte, auch in konservativen nicht-linearen Systemen z. B. der Himmelsmechanik auftritt. 1962 arbeitete Hénon in Princeton und hatte Zugang zu größeren Computern, die jedoch im Vergleich zu den heutigen Bedingungen immer noch drastische Modellvereinfachungen der zu untersuchenden Systeme notwendig machten. Hénons Rechner besaß eine Speicherkapazität, die unter einem Hundertstel dessen lag, was in den späten 80er Jahren ein einziger Chip in einem PC leistete. Bei seinen astronomischen Untersuchungen mußte Hénon die einzelnen Punkte der Poincaré-Schnitte zunächst noch mit der Hand eintragen. Bald schon verselbständigte sich sein Interesse an Computerexperimenten und löste sich von ihren astronomischen Ursprüngen. Angeregt durch die Untersuchungen von Lorenz wurden in den 70er Jahren Attraktoren im Phasenraum ein bevorzugtes Forschungsthema.[104]

---

103 Vgl. dazu Lorenz' persönliche Erinnerung an sein erstes Computermodell von der Atmosphäre in: On the prevalence of aperiodicity in simple systems, in: Mgrmela/J. Marsden, Global Analysis, New York/ Berlin/Heidelberg 1979, 53-75.

104 Dazu auch M. Hénon, A two-dimensional mapping with a strange attractor, in: Communications in Mathematical Physics 50 1976, 69-77;

Vom programmierbaren Taschenrechner bis zu größeren Computern (IBM 7040) wurde die neue Rechnertechnologie eingesetzt. Neue Studiengruppen aus Physikern, Mathematikern und Computerspezialisten entstanden (z. B. in Santa Cruz). Trickfilme von sich im Phasenraum entwickelnden Trajektorien ließen chaotische Attraktoren anschaulich werden. Analogrechner wurden als real-physikalische Experimentierlabors aufgefaßt. Die oben erwähnte logistische Differenzengleichung untersuchte der Biologe R. May bereits in den 60er Jahren mit einem Taschenrechner. Ein Film über die Bifurkationssequenzen der nicht-linearen logistischen Gleichung regte an, verstärkt nach Analogien in anderen Wissenschaftszweigen zu suchen.[105] Das Verhulstsche Populationsmodell und seine Bezüge zur Ökologie wurden populär. Unter dem Eindruck des Taschenrechnerbooms Mitte der 70er Jahre wuchs die Überzeugung, daß Chaosforschung für jeden Studenten lehr- und lernbar sein. Jedermann kann gewissermaßen mit dem häuslichen Rechner Einblick in die Welt der Nicht-Linearität erhalten.[106]

Auch Feigenbaum verstand sich in dieser Zeit als numerischer Experimentator, der die vom Computer durch Iteration nicht-lineare Abbildungen erzeugten numerischen Ergebnisse beobachtete. Seine Berechnung der Feigenbaum-Konstante lag mit einem Tischrechner (HP-65) zunächst bei 4, 669. Als dieses Ergebnis wenig überzeugte, berechnete er die Konstante mit einem Großrechner nach einem FORTRAN-Programm zu 4, 66920 und schließlich zu 4, 6692016090. Die untersuchten Bifurkationssequenzen erwiesen sich offenbar als universell. Die Kenntnis der Feigenbaum-Konstante erlaubte die Voraussage, wann eine Periodenverdoppelung auftritt und liefert damit ein

ders./Y. Pomeau, Two strange attractors with a simple structure, in: R. Teman (ed.), Turbulence and the Navier-Stokes Equations, New York 1977.

105 Die Entwicklung von R. May beschreibt J. Gleik, Chaos – die Ordnung des Universums, München 1988, 106 ff.

106 D. Campbell/J. P. Crutchfield/D. Farmer/E. Jeu, Experimental mathematics: The role of computation in nonlinear science, in: Communications of the association for computing machinary 28 1985, 374-384.

genaues Konzept der Prognostizierbarkeit komplexer Systeme, bevor sie in das Chaos umschlagen.[107]

Daß Feigenbaums Untersuchungen zunächst auf Skepsis sowohl der physikalischen als auch mathematischen Scientific Community stießen, ist verständlich. Zunächst schien es sich um ein Programm der Experimentalphysik zu handeln. Statt Elementarteilchen, Festkörper und ähnliches bildeten jedoch Zahlenwerte und Funktionen für Trajektorien und Orbits den Untersuchungsgegenstand. Andererseits wurde aber im mathematischen Sinn nichts bewiesen. Feigenbaum selber sprach von dynamisch-physikalischen Intuitionen am Computer, die von der Evolution graphikfähiger Terminals und Rechnerkapazitäten abhängig wurden.[108] 1977 veranstaltete die New Yorker Akademie der Wissenschaften die erste Konferenz zur Chaosforschung.

Die Bedeutung, die wissenschaftstheoretisch dem (deterministischen) Chaos zuerkannt werden muß, ist sicher der Kausalitätsdiskussion in der Quantenmechanik vergleichbar. Dennoch sind die Gründe für die Grenzen von Prognosen völlig verschieden. In der Quantenmechanik sind Eigenschaften wie z. B. Ort und Impuls nach der Heisenbergschen Unschärferelation prinzipiell nicht beliebig genau meßbar, d. h. es gibt keine Bahnkurven („Trajektorien"), die ein Quantensystem wie eine Billardkugel in der Zeit beschreiben. Daher sind nur statistische

---

107 Zu Feigenbaums Entdeckung der Universalität vgl. die Arbeiten: Quantitive universality for a class of nonlinear transformations, in: Journal of Statistical Physics 19 1978, 25-52; ders., Universal metric properties of nonlinear transformations, in: Journal of statistical Physics 21 1979, 669-706. Mathematisch bedeutsam war dazu die Arbeit von N. Metropolis/ P. Stein/M. Stein, On finite limit sets for transformations on the unit interval, in: Journal of Combinatorial Theory 15 1973, 25-44.

108 Einen mathematischen Beweis der Universalität liefert erst O. Lanford, A computer-assisted proof of the Feigenbaum conjectures, in: Bulletin of the American Mathematical Society 6 1982, 427. Wegen seiner vielen numerischen Rechenoperationen kann dieser Beweis allerdings nur mit Hilfe eines Computers überprüft werden. Vgl. ferner P. Collet/ J.-P. Eckmann/ O. E. Lanford, Universal properties of maps on an interval, in: Communications in Mathematical Physicals 81 1980, 211 ff.

Prognosen möglich. Für ein Teilchen vermag im Doppelspaltexperiment keine Trajektorie angegeben werden.[109]

Demgegenüber sind bei nicht-linearen Gleichungen z. B. der Mechanik die Trajektorien eines Teilchens zwar prinzipiell bestimmt. Geringste Abweichungen der Anfangsbedingungen sorgen jedoch dafür, daß die Trajektorien der Körper mit diesen Anfangsbedingungen, die zunächst eng benachbart waren, sich nach kurzer Zeit exponentiell schnell voneinander entfernen. Ähnliche Ursachen lösen so völlig verschiedene Wirkungen aus. Langzeitvoraussagen (z. B. Wetter) werden unmöglich. Die endliche Genauigkeit, mit der Anfangsbedingungen gemessen werden können, löst exponentiell schnell wachsende Meßfehler aus. Erkenntnistheoretisch zeichnen sich damit trotzt massiver Unterstützung durch moderne Großrechneranlagen prinzipielle Grenzen der Meßtechnik und mechanischen Modellbildung ab.

Wissenschaftstheoretisch ist die Chaosforschung von Bedeutung, da sie mittlerweile fachübergreifend in Technik-, Natur-, Sozial- und Geisteswissenschaften Anwendung findet.[110] In der Kosmogonie erläutert die Chaostheorie, wie sich kleine Schwankungen in der Materieverteilung im Laufe der Zeit immer mehr verstärken, so daß anfänglich gleichförmige kosmische Gaswolken aufbrechen, sich galaktische Inseln bilden und schließlich die Milliarden von einzelnen Sternen entstehen. Die Erklärung chaotischer Strömungsturbulenzen erlaubt technische Simulationen bei der Flugzeug- und Fahrzeugproduktion. In der Chemie wird die Veränderung dissipativer Gemische beschrieben. In der Biologie wird chaotische Zellwucherung

109 K. Mainzer, Quanten, Chaos und Selbstorganisation (s. Anm. 87). Zum Quantenchaos vgl. R. Graham, Chaos in lasers, in: E. Frehland (ed.), Synergetics – From Microscopic to Macroscipic Order, Berlin/ Heidelberg/New York 1984; H. Friedrich, Chaos in Atomen, in: K. Mainzer/ W. Schirmacher (Hrsg.), s. Anm. 87.

110 K. Mainzer, Chaos, Selbstorganisation und Symmetrie. Bemerkungen zu drei aktuellen Forschungsprogrammen, in: G. Küppers, Chaos und Selbstorganisation in der Geschichte der Wissenschaften. Jahrbuch Selbstorganisation Bd. 3, Berlin 1992; ferner die Arbeiten O. E. Rössler, M. Markus und P. Kafka, in: K. Mainzer/W. Schirmacher (ed.), s. Anm. 87.

(Tumore, Krebs) untersucht.[111] Die Anzeichen ökologischer Katastrophen lassen sich aus der kaskadenartigen Zunahme extremer Zustände (z. B. Dürre, Fluten, Stürme) erkennen.

Die Anwendung der Chaostheorie beschränkt sich mittlerweile nicht nur auf die physikalische und biologische Evolution, sondern greift auf die Sozialwissenschaften über. Bei kritischer Beachtung jeweiliger Nebenbedingungen bieten sich fachübergreifende Untersuchungen an. So wird bereits nichtlineares dissipatives Verhalten von Produktion und Konsum in volkswirtschaftlichen Modellen untersucht. Wohlgemerkt, das sind wissenschaftstheoretisch gesehen Modelle unter bestimmten Nebenbedingungen – aber mit teilweise frappierender Nähe zur alltäglichen Erfahrung. Die philosophische Quintessenz der Chaostheorie lautet daher: Weder die physikalische Welt, noch unsere alltägliche Lebenswelt ist ein programmgesteuerter Digitalcomputer, in dem jeder Schritt von uns plan- und prognostizierbar wäre. Diese Einsicht entlastet uns einerseits von einem ungeheueren Systemdruck und eröffnet ein „Reich der Freiheit". Andererseits mögen entsprechende Modelle anregen, Maßnahmen und Strategien zu überlegen, die synergetische Innovationseffekte fördern und chaotisches Verhalten nur beschränkt zulassen. Eine solche Absicht ist zugegebenermaßen anspruchsvoll. Aber die Theorie sagt uns ja auch, daß in einem Meer von Chaos und Unordnung Bedingungen geschaffen werden können, die wenigsten lokal zu neuen Ordnungsmustern führen. Kreativität und Innovation sind gefordert. Und wer möchte nicht angesichts weltweit drohender Bevölkerungs-, Klima- und Umweltkatstophen auf diese Chance einer Rationalität setzen, die sich ihrer Grenzen wohl bewußt ist.

3.23 Computerexperiment und physikalisches Experiment

Der Computereinsatz führt in den Naturwissenschaften zu neuen Denk- und Forschungsformen. Naturgesetze werden al-

111 Vgl. auch W. Gerok u.a. (Hrsg.), Ordnung und Chaos in der unbelebten und belebten Natur. Verhandlungen der Gesellschaft Deutscher Naturforscher und Ärzte. 115. Versammlung 1988, Stuttgart 1989, 19-41.

gorithmisch interpretiert und in Computerexperimenten untersucht. An die Stelle von physikalischen Objekten und mathematischen Relationen treten Datenstrukturen, die nach algorithmischen Regeln eines Maschinenprogramms abgearbeitet werden. Die methodischen Vorteile dieses Ansatzes liegen auf der Hand. Computerprogramme müssen keine Naturgesetze berücksichtigen, sondern können fiktive physikalische Welten mit Alternativen und hypothetischen Gesetzen durchspielen. Komplexe physikalische Probleme, die mit traditionellen mathematischen Methoden nicht lösbar waren, werden in Computermodellen untersucht. Praktisch unmögliche Experimente wie in der Kosmologie werden simulierbar. Insofern trägt der Computereinsatz zu einer erheblichen Erweiterung der experimentellen Wissenschaft bei.

Aber auch in der theoretischen Physik fördert der Computereinsatz das Verständnis der Grundgleichungen, indem die meistens wenigen analytisch lösbaren Beispiele durch den großen Umfang numerischer Lösungen erweitert werden. Die Bewegungsgleichungen der Physik sind meistens Differentialgleichungen. Die klassischen Lösungsmethoden des Differenzierens und Integrierens werden vom Computer nicht verstanden, da unendliche Grenzwertprozesse nicht durch endliche Größen und Speicher darstellbar sind. An die Stelle von unendlichen Grenzübergängen treten wie in der Analysis des 17. und 18. Jahrhunderts kleine, aber endliche Werte mit entsprechenden Fehlerabschätzungen. Mit analytischen Methoden wie der Taylor-Reihe kann der Fehler z. B. beim Differenzieren schrittweise berechnet werden.

Eine Übersetzung der analytischen Bezeichnungen in Ausdrücke z. B. der Programmiersprache FORTRAN erlaubt die Berechnung auf dem Computer. FORTRAN ist eine technisch-naturwissenschaftliche Programmiersprache, die besonders für numerische Verfahren entwickelt wurde.[112] Ein physikalisches Problem wie z. B. eine harmonische Schwingung

112 Historisch wurde FORTRAN (‚formula translation') von J. Backus und seinen Mitarbeitern zwischen 1954 und 1957 bei IBM entwickelt. Vgl. auch R. L. Wexelblat, History of Programming Languages, New York 1981.

wird also zunächst durch eine Bewegungsgleichung in Form einer Differentialgleichung beschrieben. Zur Lösung wird ein numerisches Rekursionsverfahren angegeben, das in die Programmiersprache übersetzt wird.

Ein praktisches Anwendungsbeispiel für gekoppelte harmonische Schwingungen liefert folgendes Simulationsmodell für ein erdbebensicheres Hochhaus. Eine gekoppelte Schwingung liegt z. B. bei einem sympathischen Pendel vor (Abb. 3.19).[113]

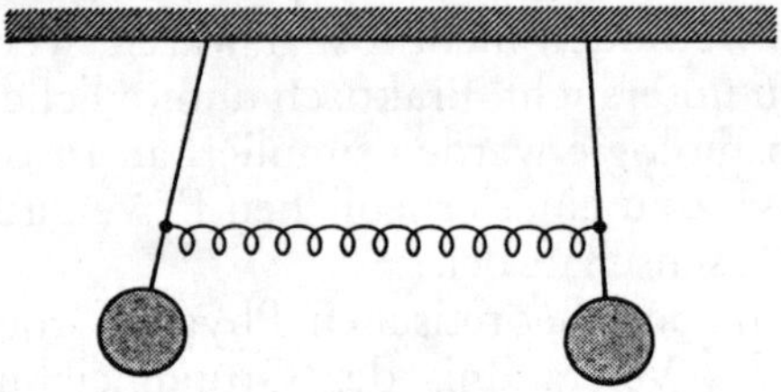

Abb. 3.19

Erfahrungswerte zeigen, daß Hochhäuser in Erdbebenregionen schwingungsfähig sein müssen, um schwere Erdstöße zu überstehen. Offensichtlich ist nur ein Simulationsmodell möglich, um quasi in einem Computerexperiment einen Test der Konstruktionsprinzipien durchzuführen. Dazu wird z. B. die Masse des Hochhauses in den Geschoßdecken angenommen. Ein Stahlskelett liefert die rücktreibenden Kräfte, wenn die Geschoßdecken während eines Erdstoßes seitlich verschoben werden. Das Erdbeben löst also nach einer Funktion f(t) ein Hin- und Herschwingen des Erdgeschosses aus, das sich in Form gekoppelter Schwingungen auf die übrigen Geschosse überträgt (Abb. 3.20).

In den Geschoßdiagonalen (vgl. Abb. 3.20) wirken rücktreibende Kräfte und Reibungskräfte. Besitzt das Haus keine Dämpfungen, kann es in bedrohliche Eigenschwingungen geraten. Ein Simulationsmodell auf dem Bildschirm zeigt, wie Schwingungsdämpfer eingestellt werden müssen, um ein mittleres Erbeben zu überleben. Dazu sind für gekoppelte Systeme

113 E. W. Schmid/G. Spitz/W. Lösch. Theoretische Physik mit dem Personalcomputer, Berlin/Heidelberg/ New York 1987, 57.

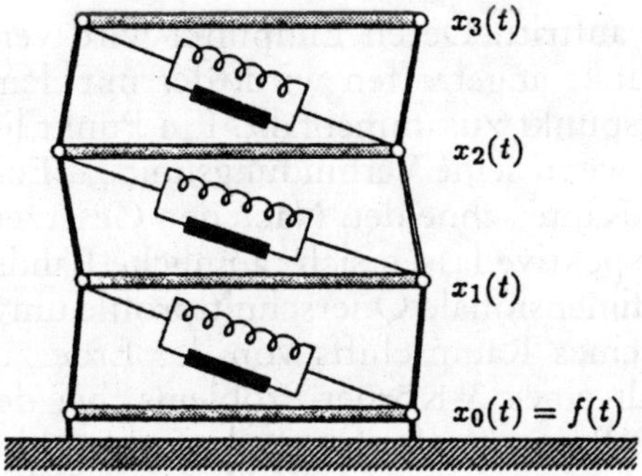

Abb. 3.20

von Differentialgleichungen numerische Lösungsverfahren anzugeben, die in die Programmiersprache FORTRAN zu übersetzen sind.

Ein anderes Beispiel wäre die Flugbahn eines Raumschiffs z. B. von der Erde zum Mond, bei der eine geeignete Flugbahn und Landung simuliert wird. Auch dafür leuchtet die Notwendigkeit eines Computerexperiments gegenüber einem „realen" Experiment ein. Hier kommt es darauf an, die physikalischen Bewegungsgleichungen zunächst in numerisch algorithmische Verfahren umzusetzen und dann in FORTRAN zu programmieren. Für den Flug der Raumfähre gelten die Bewegungsgesetze der Kinematik, die auf einem Bildschirm simuliert werden. Die Steuerung geschieht durch Abfragen der Eingabe für Beschleunigung oder Bremsen und Zerlegen der Bewegungskoordinaten. Auch hier simuliert der Computer nicht den kontinuierlichen Zeitverlauf, sondern zerlegt ihn für die Berechnung in kleine Abschnitte. Auf dem Bildschirm ist ein 2-dimensionaler Querschnitt des Mondgebirges oder ein räumliches Geländeprofil mit dem Landebereich aufzubauen. Für den Landevorgang ist jeweils zu entscheiden, wo das Raumschiff sich innerhalb der Fläche eines beliebigen Vielecks befindet. Diese topologische Aufgabe, die der Mensch auf einen Blick „löst", ist algorithmisch für das Computerprogramm keineswegs trivial übersetzbar. Ob z. B. eine polygonale Fläche geschlossen ist, wird durch die Frage entschieden, ob der Endpunkt einer Kante auch als Anfangspunkt einer anderen Kante auftritt. Deren Endpunkt wird verfolgt, bis ein Kantenendpunkt angetroffen wird, der mit dem ursprünglichen Anfangspunkt zusammenfällt. Ein Punkt liegt innerhalb einer Fläche, wenn seine Verbindungslinie zu Eckpunkten der Fläche keine Kante schneidet. Nach den Gesetzen der Projektion und Perspektive lassen sich räumliche Landschaftsprofile wieder in 2-dimensionale Querschnittprofile umwandeln.[114]

Der Flug eines Raumschiffs von der Erde zum Mond ist ein Sonderfall eines 3-Körper-Problems, bei dem allerdings die Masse des Raumschiffs als verschwindend klein gegenüber der Erd- und Mondmasse vernachlässigt wird. Für die moderne Astronomie und Raumfahrt ist numerische Approximation und Simulation von Mehrkörperproblemen grundlegend. So bewegen sich z. B. zwischen den Bahnen von Mars und Jupiter mehrere tausend Asteroiden, die zwischen einem und einigen 100 km groß sind. Die Störungen der Asteroidenbahnen durch Jupiter können sich aufschaukeln und ihre Exzentrität stören. In der Astronomiegeschichte wurden häufig fiktive Annahmen über Himmelskörper dadurch geprüft, daß man ihre Konsequenzen ableitete und durch Beobachtung zu bestätigen suchte. Bekannt ist aus dem 19. Jh. die Entdeckung des Planeten Neptun, dessen fiktive Bahn aus Störungen der Umlaufbahn des Uranus berechnet wurde. Wissenschaftstheoretisch ist die Verwendung von theoretischen Größen oder hypothetischen Gesetzen, die empirisch (noch) nicht belegbar sind, von großer Bedeutung. Computersimulationen mit Hochleistungscomputern tragen zu einer erheblichen Erweiterung dieser Methode bei.[115]

Spektakuläres Beispiel bilden systematische Simulationen von Galaxienbegegnungen, die Aufschluß über galaktischen Aufbau und kosmische Kräfte geben. Aus Beobachtungen mit Teleskopen waren scheinbare und wirkliche Kollisionen von Galaxien wohlbekannt. Bei Deformationen von wechselwir-

114 Vgl. F. Haugg, Simulation der mechanischen Welt, in: ders., Modelle zur Künstlichen Intelligenz. Entwicklungen, Techniken und Beispiele, München 1987, 72 ff.

115 Vgl. z. B. M. Schneider, Himmelsmechanik, Mannheim/Wien/Zürich 1979 und E. W. Schmid/G. Spitz/ W. Lösch, s. Anm. 113, Kap. 8.3.

kenden Galaxienpaaren wurden neben der Gravitation auch z. B. besondere magnetische Felder als Ursachen vermutet. Eine Computersimulation, in der nur Gravitation als Wechselwirkung angenommen wurde, konnte bereits die beobachteten Galaxienformen reproduzieren. Wissenschaftstheoretisch war damit gezeigt, daß die ad-hoc-Hypothese z. B. von Magnetfeldern überflüssig für die Erklärung beobachtbarer Tatbestände war. Verschiedene Perspektiven des Bewegungsablaufs zeigten in der Simulation zudem, daß Überlappungen der Galaxien schlicht Projektionseffekte waren.

In der Abb. 3.21 sind die Galaxienscheiben mit ihren Milliarden von Sternen durch wenige hundert Teile ersetzt und erzeugen gleichwohl approximative Beobachtungsmuster.[116] Mit großen Computern und aufwendigen Programmen können Zusammenstöße von Galaxien unter verschiedenen Nebenbedingungen simuliert werden. Sterne und Wolken sind nur ein Bruchteil dessen, was mit bloßem Auge oder Teleskopen sichtbar wird. Aus den Absprengungsmustern bei simulierten Kollisionen, die den beobachteten Szenarien gleichen, kann auf unbekannte Massen und ihre Verteilungen geschlossen werden. In der Tat müßte die Umlaufgeschwindigkeit eines Sterns nach dem Newtonschen Gravitationsgesetz mit zunehmendem Abstand abfallen, wenn es zwischen dem Stern und dem Zentrum der Galaxie nur die sichtbare Materie geben würde.

Denkbar sind Mustererkennungsaufgaben, für die spezielle Softwareprogramme automatisch entscheiden, ob am Himmel Galaxienkollisionen vorliegen oder sich ankündigen. In Gebrauch sind bereits Spezialcomputer, die Planetarien steuern[117] und mit denen Langzeit-Stabilitätsuntersuchungen von Planetenbahnen vorgenommen werden. Das langfristige Ziel wäre sicher auch, die Dialogschnittstelle zwischen Astronom und Computer benutzerfreundlicher zu gestalten. KI-Expertensysteme, denen Dialogsimulationsvorschläge gemacht und Konsequenzen abgefragt werden können, zeichnen sich

116 A. Toomre/J. Toomre, Galactic bridges and tails, in: The Astrophysical Journal 178 No. 3 1972, 623-666.

117 J. H. Applegate u. a., A digital orrery, in: The Astronomical Journal 92 1 1986, 176-194.

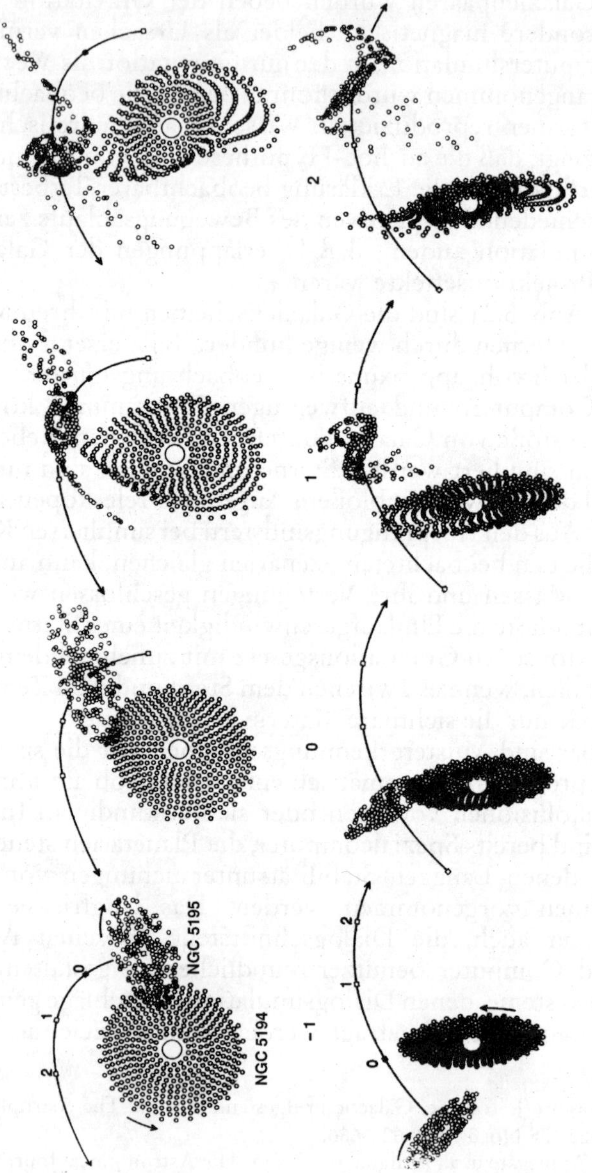

Abb. 3.21

bereits ab. In solchen Systemen geht es nicht mehr bloß um die Programmierung von numerisch-algorithmisch aufbereiteten Naturgesetzen. Symbolverarbeitung in hohen KI-Programmiersprachen wäre erforderlich. Unter den bekannten Einschränkungen von Expertensystemen hätte der Astronom sein Forschungslabor eher um einen Assistenten mit Spezialkenntnissen als um eine Rechenmaschine erweitert.[118]

Im Physikunterricht muß die theoretische Herleitung einer Gleichung mit Beispielen verbunden sein, um ihre Anwendung und ihr Verständnis zu erhöhen. Um z. B. Lösungen der Maxwellschen Gleichungen zu veranschaulichen, wird auf Kondensatoren, Spulen, Leiter u. ä. zurückgegriffen. Felder werden mit Eisenpfeilspähnen auf Papier demonstriert. Die numerische Umsetzung von Feldgleichungslösungen auf dem Bildschirm, ihre Manipulation durch Veränderung von Nebenbedingungen erweitert die physikalische Anschauung gegenüber den beschränkten traditionellen Möglichkeiten erheblich.

Für Lösungen der Fourierschen Wärmeleitung läßt sich eine folgenschwere Computersimulation für die Energieversorgung angeben. Gemeint ist das Projekt eines Geokraftwerks, das Erdwärme in Energie umsetzen könnte. Das System arbeitet nach dem Prinzip eines Heißwasserboilers. Durch ein mehrere tausend Meter tiefes Bohrloch wird kaltes Wasser in eine Mulde des heißen Tiefgesteins gepumpt und über ein zweites Bohrloch das erhitzte Wasser an ein Kraftwerk weitergeleitet. In einem Computermodell wird der technische Aufwand geprüft, um ebensoviel Energie zu produzieren, wie ein modernes Kraftwerk liefert. Durch die Wärmeentnahme wird sich die Temperatur T des Gesteins als Funktion von Ort x und Zeit t verändern. Zu berechnen ist der Temperaturverlauf $T(x, t)$ und die an das Wasser abgegebene Wärmeenergie $P(t)$. In einem FORTRAN-Programm können die Temperaturwerte in graphischer und numerischer Form abgerufen werden. Werte

118 P. Hut/G. J. Sussmann, Computer in der Naturwissenschaft, in: Die nächste Computerrevolution. Spektrum der Wissenschaft, Heidelberg 1988, 82-90.

für die Wärmeleistung und Wärmeenergie lassen sich in einer Graphik einblenden.[119]

Die traditionelle Methode zur physikalischen Problemanalyse ist die Theorie der Differentialgleichungen. Sie wurde durch die moderne Computertechnologie grundlegend erweitert. Um einen physikalischen Prozeß zu beschreiben, wird zunächst eine zeitabhängige Differentialgleichung angesetzt. Häufig ist die Gleichung aber analytisch nicht exakt lösbar. Dann wird – wie in Abschnitt 3.11 erläutert – auf numerische Näherungen zurückgegriffen. An die Stelle von stetigen Veränderungen der Größen in Differentialgleichungen werden viele kleine Abschnitte von z. B. Längen- und Zeitintervallen gesetzt. Für die Masse der dazu erforderlichen Rechenschritte eignet sich ein Computer mit seinen hohen Rechengeschwindigkeiten und Speicherkapazitäten. Eine algebraische Näherung der Differentialgleichungen ist in Form einer Reihenentwicklungen algebraischer Ausdrücke möglich. Auch hier ist der Computer prädestiniert, die algebraischen Terme mit wachsenden Potenzen bis zu einem Näherungsgrad zu berechnen, der für Berechnungen mit Bleistift und Papier unmöglich wäre.

Immer häufiger tritt aber auch der Fall ein, daß Beschreibungen physikalischer Prozesse mit Differentialgleichungen ausgeschlossen sind. Bei der Untersuchung von Zufallsbewegungen können solche Fälle auftreten. Erinnert sei z. B. an die Entstehung von großen Molekülketten in der Chemie, deren Entwicklungsschritte sich nicht überschneiden dürfen. Dann bleibt nur die direkte Simulation, indem nach einer algorithmischen Beschreibung der Entwicklungsschritte viele Zufallsbewegungen im Computerexperiment produziert und dann ihre durchschnittliche Eigenschaften statistisch ausgewertet werden (Abb. 3.22).[120]

Bei komplexen Systemen eignen sich die in Abschnitt 3.32 eingeführten zellulären Automaten für die Computersimula-

119 Das Modell bezieht sich auf das in den USA entwickelte „Hot Dry Rock Verfahren“. Ein Computermodell wird in E. W. Schmid/G. Spitz/W. Lösch, s. Anm. 113, 130 ff angegeben.

120 S. Wolfram, Software für Mathematik und Naturwissenschaften, in: Computeranwendungen: Spektrum der Wissenschaft, Heidelberg 1989, 111.

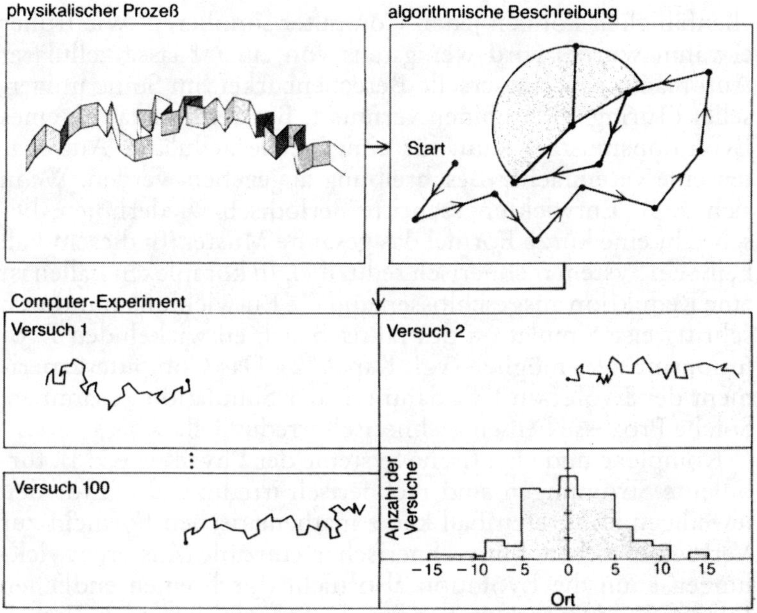

Abb. 3.22

tion und Computerexperimente. Ein einfaches Beispiel liefern zelluläre Automaten, mit denen das Wachstum von Schneeflocken mit geringerem Aufwand simuliert werden kann, als das in einem analytischen Modell mit Differentialgleichungen möglich wäre. Die Anfangswerte in einem zellulären Automaten bestehen aus Daten, die mit einer Folge von Dualzahlen im Speicher eines Digitalcomputers vergleichbar sind. Die Evolution eines zellulären Automaten schlägt sich in Mustern nieder, die durch Änderung der Zellbelegungen nach festgelegten Regeln wachsen. Analog werden die Zahlen in einem Computerspeicher nach den Regeln des Zentralprozessors verarbeitet.

Sofern ein physikalischer Prozeß algorithmisch beschreibbar ist, läßt sich auch ein Zellulärautomat zur Simulation heranziehen.[121] Zelluläre Automaten mit universeller Re-

121 Vgl. z. B. A. W. M. Dress/M. Gerhardt/H. Schuster, Cellular automata simulating the evolution of structure through the synchronization of

chenfähigkeit können jeden Computer simulieren. Wie früher erwähnt wurde, wird wenigstens von einer Klasse zellulärer Automaten eine universelle Berechenbarkeit im Sinne universeller (Turing-) Maschinen vermutet. Bei der Simulation eines Evolutionsmusters kann für einige Fälle zellulärer Automaten eine vereinfachte Beschreibung angegeben werden. Wenn sich z. B. Entwicklungsschritte periodisch wiederholen, beschreibt eine kurze Formel das gesamte Muster. In diesem Fall heißt ein System rechnerisch reduzibel. In komplexen Fällen ist eine Reduktion ausgeschlossen und die Entwicklung nur durch schrittweise Simulation des faktisch sich entwickelnden Evolutionsmusters möglich (vgl. Kap.2.32). Das Computerexperiment der Evolution fällt dann mit der Simulation zusammen. Solche Prozesse heißen rechnerisch irreduzibel.

Komplexe und chaotische Systeme der Physik wie z. B. turbulente Strömungen sind rechnerisch irreduzibel, da für den jeweiligen konkreten Fall keine mathematischen Formeln zur Verfügung stehen. Für rechnerisch irreduzible Musterentwicklungen kann die Evolution also nicht durch einen endlichen Prozeß wiedergegeben werden. Daher erweisen sich Fragen nach dem endgültigen Verhalten irreduzibler Systeme als unentscheidbar. Geringste Änderungen von Anfangsbedingungen können bei diesen sensiblen Systemen nach wenigen ähnlichen Anfangsschritten zu völlig unterschiedlichen Mustern führen. Unentscheibare Probleme bei physikalischen Systemen stehen in engem Zusammenhang zu Gödels Unentscheidbarkeitssatz, wonach in bestimmten mathematischen Systemen Behauptungen existieren, die in endlichen formalen Beweisen weder bewiesen noch widerlegt werden können. Damit werden erkenntnistheoretische Grenzen für die physikalische Modellbildung deutlich.

Für die faktische Simulation mit zellulären Automaten auf Rechnern ist eine erhebliche Steigerung der Leistungsfähigkeit zu erwarten, wenn die serielle Informationsverarbeitung im Sinne klassischer von-Neumann-Computer durch parallele Rechenprozesse ersetzt wird. Insbesondere für die Phy-

---

oscillators, in: M. Markus/ S. C. Müller/G. Nicolis (eds.), From Chemical to Biological Organization, Berlin/ Heidelberg/New York 1988, 134-145.

sik komplexer Systeme wird dieser Schritt für weiterführende Computerexperimente unverzichtbar sein.

3.24 Computersimulationen in der Chemie

Computer- und Informationstechnologie verändern zunehmend Forschung und Weltbild. Sie lassen den Erdball in einem dichter werdenden Kommunikationsnetz zusammenwachsen, bewältigen komplexe Probleme in immer kürzeren Rechenzeiten, simulieren wirkliche und erzeugen imaginäre Welten in Wissenschaft, Technik, Kunst und Science Fiction. Auf diesem Hintergrund soll im folgenden untersucht werden, wie sich Labor- und Arbeitsbedingungen des Chemikers, aber damit auch sein Natur- und Weltbild verändern. Computergestützte Problemlösungsverfahren beeinflussen nämlich zunehmend seine Erkenntnisinteressen und Forschungsformen.[122]

Wie alle naturwissenschaftlichen Experimentalwissenschaften erlebt die Chemie in diesem Jahrhundert eine Explosion von Meß- und Beobachtungsdaten, die nur durch neue numerische Verfahren und Erweiterung der Rechenkapazitäten zu bewältigen sind. So sind quantenmechanische Modelle in der physikalischen Chemie so komplex, daß ab-initio-Rechnungen nur für kleine Moleküle durchgeführt werden konnten. Mit Steigerung der Rechenkapazität wurden auch große Moleküle in Angriff genommen wie z. B. die Berechnung des elektrostatischen Potentials von DNA. Rechenstunden verkürzten sich so auf Minuten, wenn ein Minicomputer durch einen Supercomputer ersetzt wurde.[123]

Die Chemie hat es im Unterschied zu anderen Experimentalwissenschaften nicht nur mit numerischen Daten zu tun. Die Symbolik einer chemischen Strukturformel vermittelt nämlich

---

122 K. Mainzer, Chemie, Computer und moderne Welt, in: J. Mittelstraß/G. Stock (Hrsg.), Chemie und Geisteswissenschaften, Berlin 1992, 113-138.

123 K. Ebert/H. Ederer/T. L. Ilsenhour, Computer Applications in Chemistry, Weinheim 1989; J. Zupan (Hrsg.), PCs for Chemists, Amsterdam/Oxford/New York/Tokyo 1990; E. Clementi, Computational Aspects for Large Chemical Systems. Lecture Notes in Chemistry 19, Berlin 1980.

eine wesentlich qualitative Information über den geometrischen Aufbau, die Art der Bindungen etc. eines Moleküls. Die Behandlung nicht-numerischer, z. B. graphischer Informationen ist in der Chemie wenigstens so wichtig wie klassische numerische Berechnungen. Daher ist das sogenannte „zweite Computerzeitalter „ (second computer age), d. h. der Übergang von der numerischen Informationsverarbeitung zur symbolischen Wissensverarbeitung (knowledge processing) für die Chemie von entscheidender Bedeutung und fand in dieser naturwissenschaftlichen Disziplin erste Anwendungen.

Daß die Chemie durch ihren qualitativen Strukturbegriff gegenüber z. B. der Physik ausgezeichnet ist, wurde bereits in der Stereochemie des 19. Jahrhunderts herausgestellt. Mathematische Anwendungen in der Chemie sind nämlich keineswegs auf numerische Methoden der physikalischen Chemie beschränkt, so daß Mathematik quasi nur über die Physik in die Chemie als „Verlängerung“ und „Teil“ der Physik gelangen würde. Es war der englische Mathematiker Sir Arthur Cayley, der 1857 die chemische Konstitution eines Moleküls durch Graphen darstellte und damit vermutlich erstmals Mathematik direkt in der Chemie durch qualitative Methoden anwendete.[124]

Ein Chemiker stellt sich danach ein Molekül als 3-dimensionale Struktur vor. Strukturformeln entsprechen ungerichteten Graphen mit Atomen als Knoten und Bindungen als Kanten. Insbesondere organische Chemiker denken weitgehend im Rahmen von Strukturformeln. Sie lassen sich anschaulicher merken als komplizierte Namen für Verbindungen. Unterstrukturen werden mit chemischen, physikalischen und biologischen Eigenschaften verbunden. Sogar chemische Reaktionstypen können häufig als Änderungen von Teilstrukturen gedeutet werden. Mathematisch sind Graphen topolo-

---

124 Vgl. A. T. Balaban (ed.), Chemical Applications of Graph Theory, London 1976; K. Mainzer, Geschichte der Geometrie, Mannheim/Wien/Zürich 1980; I. K. Ugi, A qualitative global mathematical view of chemistry – James Dugundji's contribution to computer assistance in chemistry, in: J. Brandt/ I. K. Ugi (eds.), Computer Applications in Chemical Research and Education, Heidelberg 1989, 345-366.

gische Strukturen, die sich ausgezeichnet zur Darstellung von Molekülen eignen.[125]

Mit Aufkommen der Computergraphik zeichneten sich ganz neue Möglichkeiten für die Chemie ab. Auf dem Bildschirm konnten die Strukturen von selbst komplizierten Molekülen anschaulich wiedergegeben und durch einfache Computerbefehle gedreht und gewendet werden. In der Industrieforschung wird die Synthese von Molekülen systematisch planbar. So wie das Design eines Autos oder Flugzeugs zunächst im Computermodell entwickelt wird, erlaubt die computergestützte Graphik in der Stereochemie eine Vorselektion möglicher Entwürfe, bevor aufwendige, kostspielige oder gar gefährliche Tests im Labor durchgeführt werden müssen. Das graphische Computerexperiment ersetzt zwar weder das chemische Laborexperiment noch die abstrakten numerischen Berechnungen chemischer Eigenschaften. Es erweitert aber die Anschauung und Vorstellungskraft des Chemikers und beschleunigt damit erheblich den Problemlösungsprozeß.

Erinnern wir uns an die Modellierungsmöglichkeiten des Chemikers vor dem Computer. Bei der Simulation molekularer Strukturen werden bis heute noch geometrisch-mechanische Modelle verwendet. Selbst die chemischen Namen hängen eng mit den anschaulichen Vorstellungen von Molekülen als räumlichen Gebilden zusammen, in denen die kugelförmigen Atome durch chemische Bindungen wie mit Spiralfedern oder Stäbchen miteinander verbunden sind. Dabei werden verschiedene Modelle und Schreibweisen für das gleiche Molekül verwendet, um ausgewählte Informationen zu vermitteln.

Als Beispiel sei das Hormon Adrenalin verwendet, das ein molekulares Produkt der Nebennieren ist (Abb. 3.23). Adrenalin enthält die Elemente Kohlenstoff, Sauerstoff, Stickstoff und Wasserstoff. Das Kugelkalottenmodell vermittelt einen Eindruck von der Raumerfüllung des Moleküls in anschaulicher Größe. Tatsächlich besitzt dieses Molekül nur die Ausdehnung

125 Zur Geschichte der Stereochemie vgl. auch J. R. Partington, A Short History of Chemistry, London 1965, 300 ff.; E. Ströker, Denkwege der Chemie, Freiburg/München 1967; K. Mainzer, Symmetrien der Natur (s. Anm. 69), 520 ff.

eines millionstel Teils eines Millimeters. Das Stäbchenmodell zeigt genauer, wie die Atome miteinander verbunden sind und welche Winkel zwischen den einzelnen Bindungen liegen. Die Strukturformel mit chemischen Symbolen bildet ein solches 3-dimensionales Stäbchenmodell graphisch, d. h. 2-dimensional ab. Vereinfachte Strukturformeln sehen z. B. von den Bezeichnungen der Strukturringe eines Moleküls ab. Den geringsten Informationsgehalt hat eine Summenformel, die nur die einzelnen Atome, aber nicht ihre Anordnung im Molekül berücksichtigt.

Kalotten- und Kugel-Stab-Modelle können mittlerweile aus den Bausteinen von Molekülbaukästen zusammengesteckt werden. Geometrisch-mechanische Modelle abstrahieren nicht nur von der molekularen Dynamik in der Zeit. Die geometrische Vorstellung von Bindungen, die diesen Modellen zugrunde liegt, hat natürlich mit der molekularen Wirklichkeit nichts zu tun. Solche geometrischen Modelle dienen bestenfalls als didaktische Veranschaulichungen, nachdem die chemische Forschung beendet ist.[126]

Demgegenüber kann die computergestützte Modellierung die Sichtweise des Chemikers und die Forschungsentwicklung der Chemie verändern.[127] Die Kreationen der modernen Biotechnologie, pharmazeutische Produkte, Polymerstoffe oder andere neue Materialien setzen voraus, daß Forschung und Entwicklungszyklen erheblich verkürzt werden. Das computergestützte Design von Molekülen ermöglicht die Voraussage von Experimenten und verbessert damit die Effizienz des Entdeckungsprozesses in der chemischen Forschung und des Produktionsprozesses in der chemischen Industrie. So können neue chemische und pharmazeutische Produkte entworfen werden.[128] ‚Protein engineering' setzt ein Verständnis für die 3-dimensionale molekulare Struktur und biologische Funktio-

126 Vgl. z. B. GEOMIX-Chem MINOR Molekülbaukasten der Firma RATEX (Frankfurt).

127 Vgl. N. T. E. Horwood (ed.), Mathematical and Computational Concepts in Chemistry, Chichester 1986.

128 C. Humblet/G. R. Marshal, Three-dimensional computer modeling as an aid to drug design, in: Drug Design Development Research 1 1981, 409-434.

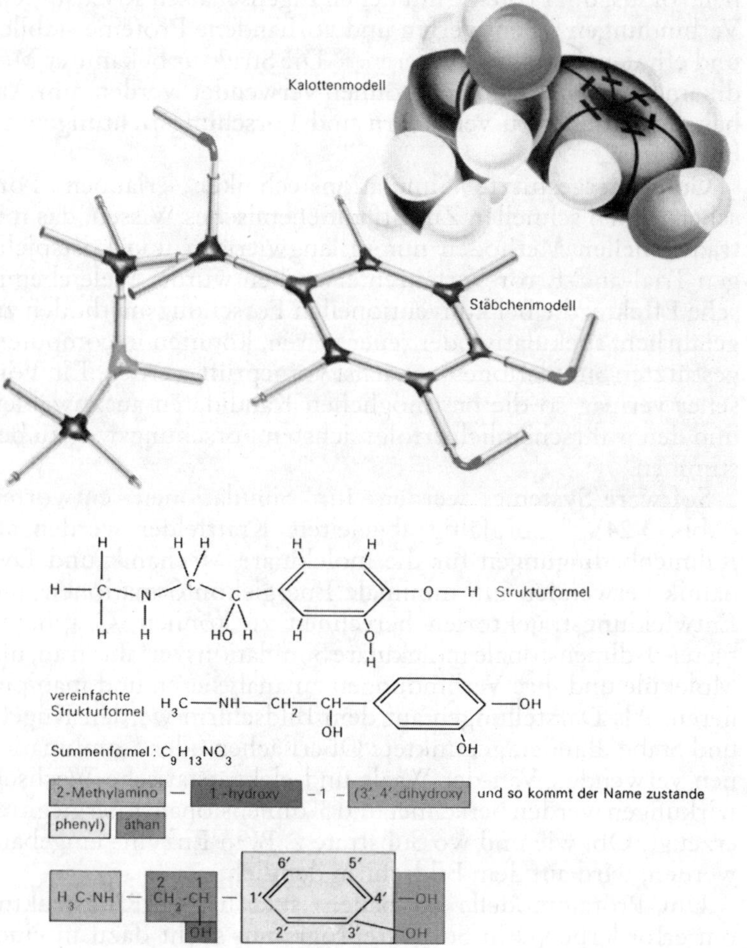
Kalottenmodell
Stäbchenmodell
Strukturformel
vereinfachte Strukturformel
H3C—NH—CH2—CH— —OH
OH
OH
Summenformel: C9H13NO3
2-Methylamino — 1-hydroxy — 1 — (3', 4'-dihydroxy und so kommt der Name zustande
phenyl) äthan
H3C-NH — CH2-CH — 1' 4' —OH
OH 2' 3' OH
2 1 6' 5'

Abb. 3.23

nen voraus, um Proteine mit neuen Eigenschaften auszustatten, Verbindungen zu entwerfen und vorhandene Proteine stabiler und effizienter zu modifizieren.[129] Die Struktur bekannter Medikamente und Analogien können verwendet werden, um Arbeitshypothesen zu verfeinern und Forschungsrichtungen zu bestimmen.

Computergestützte Simulationstechniken erlauben Forschern einen schnellen Zugriff auf chemisches Wissen, das mit traditionellen Methoden nur in langwierigen und kostspieligen Trial-and-Error-Verfahren erworben wurde. Viele chemische Effekte, die bei konventionellen Forschungsmethoden zu gefährlich, spekulativ oder teuer wären, könnten in computergestützten Simulationen zunächst vorgeprüft werden. Ein Forscher vermag so die bestmöglichen Kandidaten auszuwählen und den wahrscheinlich erfolgreichsten Forschungsweg zu bestimmen.

Software-Systeme werden für Simulationen entworfen (Abb. 3.24).[130] Sorgfältig abgeleitete Kraftfelder werden als Rahmenbedingungen für die molekulare Mechanik und Dynamik verwendet, um minimale Energiekonformationen und Entwicklungstrajektorien berechnen zu können. Graphiken bieten 3-dimensionale molekulare Simulationsverfahren an, um Moleküle und ihre Verbindungen zu analysieren und manipulieren. Als Darstellungen auf dem Bildschirm werden Kugeln und Stäbe, Bänder, gepunktete Oberflächen oder Kombinationen verwendet. Van-der-Waals und elektrostatische Wechselwirkungen werden berechnet und 3-dimensionale Energiegitter erzeugt. Ob, wie und wo Substrate z. B. in Enzyme eingebaut werden, wird auf dem Bildschirm deutlich.

Um Proteinmodelle zu bauen, sind häufig Ringstrukturen erforderlich. Ein Softwareprogramm sucht dazu in einer Datenbank für Proteine nach einer geeigneten Ringstruktur für die bereits erzeugten Molekülstrukturen. Entsprechende Softwareprogramme existieren sowohl für Supercomputer als

---

129 W. A. J. Hol, Protein Crystallography and computer graphics: Toward rational drug design, in: Angew. Chem. Int. Ed. Engl. 25 1986, 767.

130 Abb. 3.24 zeigt Computerbilder der Firma BIOSYM Technologies, Inc. 10065 Barnes Canyon Road, San Diego, CA 92121.

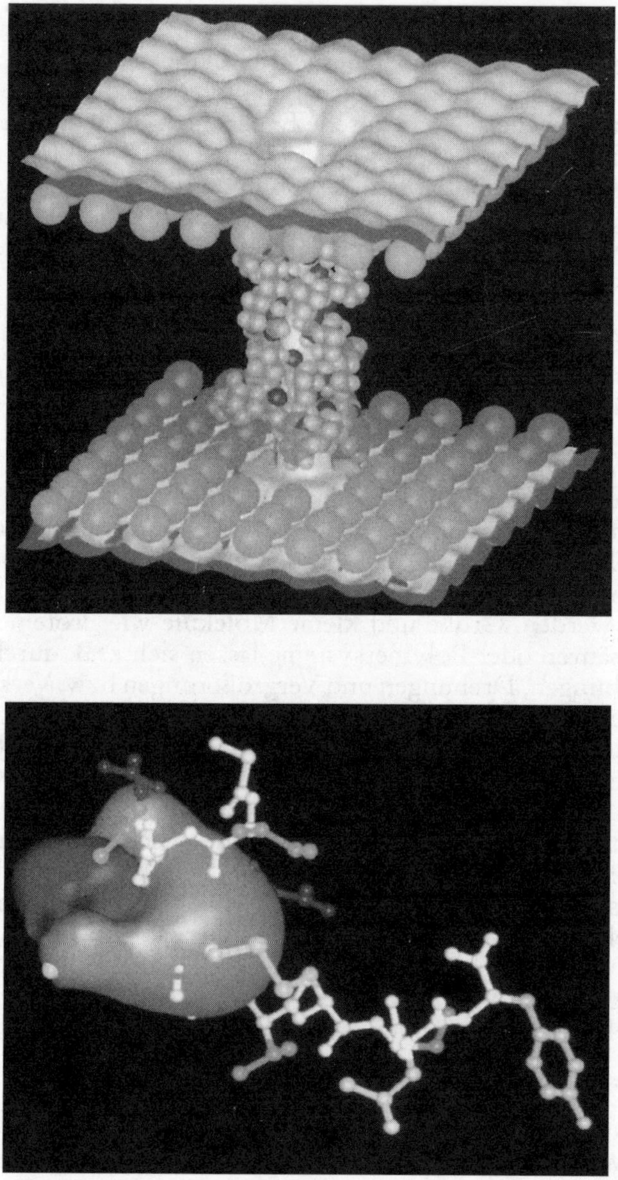

Abb. 3.24

auch Personal Computer. Kleine wie große Molekülstrukturen werden gleichermaßen berücksichtigt. Der ‚computer view' verändert also die Forschungsperspektive des Chemikers. Er ersetzt aber weder das chemische Experiment noch die Synthese chemischer Produkte.

Zusammengefaßt dient das computergestützte ‚molecular modeling', um in 3-dimensionalen Graphiken molekulare Systeme und verwandte molekulare Daten zu schaffen, modifizieren, manipulieren oder zeitlich zu entwickeln. ‚Computer aided molecular design' (CAMD) ist also eine Technik, die dem Chemiker eine Simulation von Strukturen, Verhalten und Wechselwirkung der Moleküle erlaubt. Das Ziel ist eine Unterstützung des Chemikers bei der anschaulichen Verarbeitung und Steigerung der Forschungseffizienz.[131]

Ein Programm besteht in der Regel aus vier Modulen.[132] Das Viewer-Modul veranschaulicht Moleküle in vielfältiger Weise durch Varitation der Farben und Repräsentationstechniken wie Kugeln, Stäbe, Bänder etc. Farben kennzeichnen individuelle Atome oder Atomgruppen. Molekulare Daten können aufgelistet werden. Große und kleine Moleküle wie Proteine, Nukleinsäuren oder Polymersysteme lassen sich z. B. durch Verschiebungen, Drehungen und Vergrößerungen bzw. Verkleinerungen manipulieren. Bindungsenergien werden berechnet.

Das Builder-Modul erzeugt 3-dimensionale Molekülsysteme aus vorgegebenen Daten (z. B. funktionalen Gruppen), verändert Atomtypen oder molekulare Geometrien und präpariert Moleküle für nachfolgende mechanische Simulationen. Das Docking-Modul verbindet Moleküle und Molekülsysteme, berechnet die Wechselwirkung zwischen zwei Molekülen mit der Van-der-Waals-Energie, Colomb-Energie oder einer Kombination beider Energiearten. Es benutzt ein Energiegitter, um die Wechselwirkungsenergie zwischen zwei Molekülen zu bestimmen.

---

131 J. E. Dubois/J. Weber, Chemical ideograms and molecular computer graphics, in: Visual Computer 2 1986, 135.

132 Vgl. z. B. INSIGHT II. A Program for Molecular Modeling der Firma BIOSYM Technologies, Inc., 10065 Barnes Canyon Road, San Diego, CA 92121.

Ein zusätzliches Modul berechnet Ladungen, führt geometrische Optimierungen aus, berechnet molekulare Orbitale und elektrische Dichten und liefert die Kontrolle der Simulationsparameter. Weitere Module können eingebaut werden, die Trajektorien simulieren oder spezielle Biopolymere wie DNA- und RNA-Ketten aufbauen.

In den molekularen Verbindungen eines photosynthetischen Reaktionszentrums müssen vier Proteine als farbige Bänder und viele Kofaktoren als verschiedenfarbige atomare Kugeln zusammenkommen, um diesen Komplex zu bilden und Reaktionen durch ein absorbiertes Photon auszulösen („Insight II"). Andere Programme spezialisieren sich auf die molekulare Spektroskopie, schätzen Gestalt und Ausmaß elektrostatischer Potentiale in oder um ein Protein oder bauen Protein-Modelle durch strukturelle Homologie.[133]

Die Benutzerflexibilität der Programme ist unterschiedlich hoch. Ein Modul ‚Sketcher' ermöglicht, eine freihändig gezeichnete Skizze eines organischen Moleküls in eine 3-dimensionale Struktur zu verwandeln. Spezielle Programme simulieren die molekulare Mechanik und berechnen die Dynamik. Algorithmische Verfahren der Quantenmechanik können in Programme umgesetzt werden. In ab-initio-Berechnungen für Molekülorbitale werden elektromagnetische, energetische und strukturelle Eigenschaften von organischen und anorganischen Molekülen vorausgesagt, die bisher unbekannt waren.

Neben den Vorteilen einer computergestützten Chemie zeichnen sich allerdings auch Einschränkungen und Gefahren ab. Chemiker selektieren die Möglichkeiten des Forschungsprozesses durch Computerprogramme vor. Was nicht in das Raster solcher Programme paßt, fällt zunächst aus dem Blickfeld der Forschung. Die größere Systematisierung könnte unkonventionelle Überraschungen in der Forschung reduzieren. T. S. Kuhns Phase ‚normaler Forschung' wird in Computerprogramme umgesetzt, die jedem Chemiker zugänglich sind. Der molekulare Blick auf die Natur, der durch bestimmte Software-Programme festgezurrt ist, könnte die Entdeckung des Ungewöhnlichen verhindern. Es wird auf die Kapazität

133 Vgl. die Programme DelPhi und Homology von BIOSYM (s. Anm. 132).

von CAMD ankommen, um auch weiterhin revolutionäre Forschung zu ermöglichen. In der gegenwärtigen Phase handelt es sich um ein nützliches Hilfsmittel, das allerdings bereits chemisches Denken zu lenken und zu prägen beginnt.[134]

Das ‚molecular modeling' erweitert zugegebenermaßen das Anschauungs- und Vorstellungsvermögen des Chemikers. Numerische Prozesse lassen sich auf Computern mit großer Speicher- und Rechenkapazität erheblich beschleunigen. Können aber Denk- und Entscheidungsprozesse des Chemikers computergestützt durchgeführt oder gar simuliert werden? Damit sind wir bei dem Thema ‚Chemie und Künstliche Intelligenz (KI)' angelangt, und auch hier nimmt die Chemie eine Pionierrolle in der Anwendung moderner Computermethoden ein.[135] Gemeint ist das DENDRAL-Programm, das die speziellen Kenntnisse eines Chemikers in Massenspektroskopie benutzte, um molekulare Strukturformeln zu finden. Programm (1.41) in Kap. 1.23 produziert die Ableitungsschritte für mögliche Strukturformeln, wie sie in Abb. 1.36 gezeigt sind.

Von den systematisch erzeugten Strukturen chemischer Formeln werden einige als instabil oder widersprüchlich ausgeschieden. Im nächsten Schritt werden die entsprechenden Massenspektrogramme berechnet und mit den empirisch gewonnenen Massenspektrogrammen verglichen. Dieser Vergleich ist der Testschritt des Verfahrens GENERATE-AND-TEST, realisiert also technisch eine Methodologie zur Produktion von Vermutungen mit Ausscheidung der unmöglichen und Prüfung der wahrscheinlichen Varianten.

Bei der Analyse chemischen Denkens fällt auf, wie oft Chemiker nach Verbindungen, Reaktionen oder Anomalien suchen, die den jeweils untersuchten Substanzen und Phänomenen ähnlich sind. So werden zwei Verbindungen umso ähnlicher, je mehr Teilstrukturen sie gemeinsam haben. Zwei Verbin-

---

134 I. K. Ugi/J. Bauer/R. Baumgartner/E. Fontain/D. Forstmeyer/S. Lohberger, Computer assistance in the design of syntheses and a new generation of computer programs for the solution of chemical problems by molecular logic, in: Pure Appl. Chem. 60 1988, 1573-1586.

135 Vgl. auch Z. Hippe, Artificial Intelligence in Chemistry. Present Status and Future Goals, in: J. Brandt/ I. K. Ugi (ed.), s. Anm. 124, 165-178.

dungen heißen ähnlich, wenn sie dieselbe (oder eine ähnliche) Struktur im geometrischen Sinn haben. Sie heißen auch ähnlich, wenn sie trotz eventuell unterschiedlicher Struktur dieselben Reaktionsgruppen haben.

1976 wurde ein Expertensystem mit dem Namen CHEMIS für die organische Chemie entwickelt, dessen heuristische Problemlösungsstrategie an der Analogie- und Ähnlichkeitssuche des Chemikers orientiert ist.[136] CHEMIS wurde zunächst mit Basiswissen der organischen Chemie ausgestattet. Ein entsprechender Elementarsatz zur Beschreibung einer chemischen Reaktion lautet:

„n_1 Moleküle von Verbindung V_1 und n_2 Moleküle von Verbindung $V_2, \ldots$ reagieren miteinander und liefern m_1 Moleküle von Vebindung W_1, m_2 Moleküle von Verbindung $W_2, \ldots$ unter den Reaktionsbedingungen $R_1, R_2 \ldots$"

Dabei sind V_i bzw. W_j Kennzeichnungen für Input- bzw. Outputverbindungen, die als systematische Namen, Strukturformeln oder ID-Zahlen auftreten können. Ferner sind n_i und m_j stöchiometrische Zahlen. Reaktionsbedingungen werden durch Vektoren für z. B. Druck, Temperatur, Katalysator etc. dargestellt. Eine entsprechende Datenstruktur für diese Art der Beschreibung besteht aus einer Liste von Symbollisten wie der Inputliste von Paaren (nV), Outputliste von Paaren (mW) und der Liste von Reaktionsbedingungen.

Das erste empirische Basiswissen von CHEMIS bestand aus ca. 2000 Reaktionen und ebenso vielen Verbindungen und wurde mit empirischem Basiswissen für physikalische Daten von Verbindungen erweitert. Das gesamte Basiswissen kann benutzt werden, um systematisch Eigenschaften von gegebenen Verbindungen zu suchen. Es kann aber auch nach Reaktionen suchen, in denen eine gegebene Verbindung ein Input bzw. ein Output ist, bei denen eine Verbindung reagiert, bestimmte Reaktionsparameter hat oder bestimmte Nebenprodukte erzeugt. CHEMIS kann auch zur Suche nach Kettenreaktionen ver-

136 W. Kunz/H. Rittel/E. Nonnenmacher/B. Rami/R. Teubner/K. Ketterer, CHEMIS: Ein wissensbasiertes Informationssystem für die organische Chemie, Informationswissenschaft und -praxis Bd. 7, Gesellschaft für Information und Dokumentation mbH, Frankfurt 1987.

wendet werden, die von einer gegebenen Verbindung zu einer anderen führen.

Das System startet mit einem gegebenen Basiswissen und wird schrittweise im Dialog mit einem Benutzer erweitert. Es stellt dem Benutzer Fragen, falls Widersprüche zwischen Input und Basiswissen auftreten und bisher akzeptiertes Wissen fallengelassen werden muß. Es sucht nach Mustern in der Datenbasis und schlägt Regularitäten als Kandidaten für neue Regeln zur Erweiterung des Systems vor.

Unter heuristischem Gesichtspunkt ist entscheidend, daß verschiedene Konzepte von Ähnlichkeit bei der Problemlösungssuche von CHEMIS verwendet werden können.[137] Seien P(V) bzw. P(V′) die Mengen von Reaktionspartnern von Verbindung V bzw. V′. Die P(‚Partner')-Ähnlichkeit von Verbindung V und V′ relativ zur empirischen Basis wird durch die Kardinalzahl

$$(3.19) \qquad P-\mathrm{sim}(V,V') = \frac{|P(V) \cap P(V')|}{|P(V)|}$$

gemessen (‚sim' von engl. ‚similiar'). Es handelt sich um eine Zahl zwischen 0 und 1. Je näher die Maßzahl zu 1 ist, umso größer ist die P-Ähnlichkeit beider Verbindungen, umso häufiger kann V′ durch V ersetzt werden, umso ähnlicher ist ihr Reaktionsverhalten.

Analog lassen sich andere Konzepte von Reaktionsähnlichkeit definieren. Sei z. B. OUT(V) die Menge der Verbindungen, die als Outputs derjenigen Reaktionen in Frage kommen, für die V ein Input ist. Jedes Element von OUT(V) ist also eine chemische Ableitung von V. Dann mißt die Kardinalzahl

$$(3.20) \qquad A-\mathrm{sim}(V,V') = \frac{|OUT(V) \cap OUT(V')|}{|OUT(V)|}$$

die Ableitungsähnlichkeit der Verbindungen V und V′ relativ zur gegebenen empirischen Basis. Zwischen beiden Ähnlichkeitskonzepten gibt es eine strenge Korrelation. Verbindungen

137 Vgl. auch H. W. J. Rittel, Similarity as an organizing principle of a ‚knowledge base' for organic chemistry, in: J. Brandt/I. K. Ugi (eds.), s. Anm. 124, 179-209.

mit ähnlicher Reaktionsumgebung tendieren zu ähnlichen Ableitungen.

Die erkenntnistheoretischen Beschränkungen von CHEMIS sind offensichtlich. Das System ist auf das gegebene empirische Basiswissen beschränkt. Es kann nicht zwischen Haupt- und Nebenreaktionen unterscheiden. Viele Reaktionen haben mehr als zwei Input- und/oder Outputverbindungen, während die gegebenen Ähnlichkeitsmaße sich auf eine 2-stellige Input-Output-Relation beschränken. In Nachfolgesystemen der ursprünglichen Version von 1976 konnten einige dieser Mängel von CHEMIS behoben werden. Prinzipiell gilt aber festzuhalten: CHEMIS beabsichtigt keine Simulation eines Chemikers. In dem Sinn ist es kein Beispiel für „künstliche chemische Intelligenz", aber eine technische Hilfe und damit ein Verstärker der „natürlichen Intelligenz" eines Chemikers.

Die Entwicklung von Chemikalien und Arzneimitteln erfordert mit konventionellen Methoden hohe Kosten und viel Zeit. Im Rahmen der KI ist es daher naheliegend, nach Softwaresystemen zur Unterstützung des ‚molecular design' zu suchen. Das Ziel für einen computergestützten Molekülentwurf wäre ein System, das Kandidaten chemischer Molekülstrukturen liefert, die gewünschte chemische, biologische oder medizinische Eigenschaften mit einer bestimmten Wahrscheinlichkeit erwarten lassen. Damit könnten Zeit und Kosten für weniger erfolgversprechende Entwicklungen bereits im Vorfeld vermieden werden.[138]

Erwähnt sei hier das System TUTORS (‚TUTORial System für molecular design'), das sich aus den Teilsystemen TUTORS-DB und TUTORS-SG zusammensetzt.[139] TUTORS-DB leistet Management und Analyse der Daten des Basiswissens. Funktionen des Datenmanagements sind der ‚molecular input', bei dem z. B. eine freihändig gezeichnete Struktur in eine Strukturformel übersetzt wird, das ‚molecular modeling', bei dem automatisch für eine vorgegebene

138 Vgl. auch T. H. Pierce/B. A. Hohne (eds.), Artificial Intelligence. Applications in Chemistry, Washington 1986.

139 S. Sasaki, Computer software system for molecular design-TUTORS, in: J. Brandt/ I. K. Ugi (eds.), s. Anm. 124, 229-243.

2-dimensionale Strukturzeichnung die 3-dimensionalen Koordinaten erzeugt werden, das ‚molecular display', das verschiedene Darstellungstypen von Molekülstrukturen zur Auswahl stellt etc. Die Datenanalyse leistet Mustererkennung von Molekülstrukturen, automatische Erkennung der häufigsten gemeinsamen Teilstrukturen und Berechnung der molekularen Orbitale und Mechanik. Das Teilsystem TUTORS-SG erzeugt die Strukturkandidaten, die gewünschte Eigenschaften wahrscheinlich besitzen. Als Programmiersprache wird FORTRAN 77 benutzt.

Die genannten KI-Systeme wurden gezielt für die Universitäts- und Industrieforschung der Chemie entwickelt. Aber auch die Wissenschaftstheorie hat in den letzten Jahren KI-Programme entwickelt, um Denkweisen des Chemikers zu simulieren (vgl. auch Kap.4.3). Dahinter steht das bereits erwähnte wissenschaftstheoretische Erkenntnisinteresse an der Chemie, deren Methodologie sich nicht einfach auf Physik zurückführen läßt. Mit dieser Absicht konstruierte eine Forschergruppe um H. Simon Softwareprogramme, die aus empirischen Daten qualitative chemische Gesetzmäßigkeiten erkennen. Der Übergang von Beobachtungs- und Meßdaten zu allgemeinen Gesetzen wird in der Tradition empiristischer Wissenschaftstheorie durch Induktion erklärt. Simon, der an der Wissenschaftstheorie R. Carnaps orientiert ist, will zeigen, wie die Gesetzeserkenntnis in der Chemie durch KI-Mustererkennung simuliert werden kann. Bezeichnenderweise nennt er seine Programme nach berühmten Chemikern der Vergangenheit wie GLAUBER, STAHL und DALTON. Diese wissensbasierten Systeme werden durch Anfangs-, Zwischen- und Zielzustände, heuristischen Regeln und Suchkontrollen charakterisiert:[140]

Das System STAHL versucht offenbar die Komponenten von chemischen Substanzen zu bestimmen, während DALTON bereits Modelle von Substanzen und Reaktionen entwickelt. Daher kann STAHL als Programm angesehen werden, das die Grundlage für ein detailliertes Strukturmodell nach

140 P. Langley/H. A. Simon/G. L. Bradshaw/J. M. Zytkow, Scientific Discovery: Computational Explorations of the Creative Processes, Cambridge (Mass.) 1987, 283 ff.

DALTON legt. In diesem Sinn könnten, so die Hoffnung von Simon, immer komplexere Programme entwickelt werden, die bewährte Teilprogramme integrieren, um so dem Anspruch einer KI-Simulation des Chemikers immer besser gerecht zu werden.

GLAUBER	
Anfangszustand	Liste von Fakten, die nur konstante Terme enthalten
Zielzustand	Liste von Gesetzen betreffender Klassen mit Definitionen dieser Klassen
Zwischenzustände	gemischte Liste von Fakten und Klassen
Operatoren	*Form-class* definiert eine Klasse und substituiert sie in Fakten
	Determine-quantifier bestimmt Existenz- und Allquantoren
Heuristik	für *Form-class:* Wähle dasjenige Objekt, das in den am meisten analogen Fakten vorkommt.
	für *Determine-quantifier* Quantifiziere allgemein, wenn die Daten es erlauben
Suchkontrolle	best-first-Suche ohne Rückwärtssuche (backtracking)

STAHL	
Anfangszustand	Liste von Reaktionen und betroffenen Substanzen
Zielzustand	Komponenten von den Verbindungen jeder Substanz
Zwischenzustände	Komponenten von einigen Substanzen, modifizierten Reaktionen
Operatoren und Heuristik	*Infer-components* entscheidet über die Komponenten einer Substanz
	Reduce streicht Substanzen, die auf beiden Seiten einer Reaktion vorkommen
	Substitute ersetzt eine Substanz in einer Reaktion durch ihre Komponenten
	Identify-components identifiziert zwei Komponenten als gleich
Suchkontrolle	depth-first-Suche eingeschränkt durch heuristische Bedingungen wie intelligentes Backtracking

DALTON	
Anfangszustand	Liste von Reaktionen und den Komponenten betroffener Substanzen
Zielzustand	Modell jeder Substanz, mit der Zahl der Atome jeder Komponenten
	Modell jeder Reaktion, mit der Zahl der Moleküle jeder Substanz
Zwischenzustände	Teilmodelle von einigen Substanzen und Reaktionen
Operatoren	*Specify-molecules* gibt an, wie oft eine Substanz in dieser Reaktion vorkommt
	Specify-atomes gibt die Zahl der Atome einer Substanz in einem gegebenen Molekül an
	Conserve particles bestimmt die bleibenden Zahlen von Atomen aufgrund der Erhaltung
Heuristik	für *Specify-molecules*: Betrachte nur Multipels der kombinierten Volumina
	für *Specify-atomes*: Bevorzuge einfachere Modelle vor komplexeren
Suchkontrolle	depth-first-Suche mit backtracking, eingeschränkt durch Heuristiken

Abschließend sei ein wissensbasiertes System erwähnt, das den Entdeckungsprozeß für ein chemisches Experiment simulieren will. Das Programm KEKADA wurde entwickelt, um den Entwurf eines biochemischen Experiments (Krebs Entdeckung einer chemischen Ringstruktur 1935) zu modellieren.[141] Wie ein Wissensingenieur analysierten Simon und seine Arbeitsgruppe die Laborbücher von Krebs, definierten seine methodologischen Forschungsregeln und übersetzten sie in eine LISP-verwandte Programmiersprache (vgl. Kap. 4.32).[142]

Neben spezifischen heuristischen Regeln, die sich auf das konkrete Anwendungsgebiet von Krebs beziehen, gibt es auch allgemeine Regeln, die Teil einer allgemeinen Forschungsmethodologie sind. Es ist bemerkenswert, daß eine besondere Regel von KEKADA den Fall bestimmt, daß ein experimentelles Ergebnis ein „überraschendes Phänomen" ist. Wissenschaftli-

141 F. L. Holmes, Hans Krebs and the discovery of the ornithine cycle, in: Federation Proceedings of American Societies for Experimental Biology 39 1980, 216-225.

142 D. Kulkarni/H. A. Simon, The process of discovery: The strategy of experimentation, in: Cognitive Science 12 1988, 139-175.

che Entdeckung wird als gradueller Prozeß aufgefaßt, der durch Heuristiken für Problemlösungsstrategien gesteuert wird. Es soll sich also nicht länger um ein irrationales Ergebnis handeln, das völlig unerklärlich quasi wie der Blitz einschlägt. Bei dieser Auffassung wäre eine rationale Analyse von Forschungsprozessen von vornherein ausgeschlossen. Wissensbasierte Systeme dieser Art tragen sicher dazu bei, den chemischen Forschungsprozeß transparenter zu machen. Die Gefahr bestände allerdings in der Illusion, daß Forschung letztlich ein algorithmischer Prozeß sei, dessen Erfolg plan- und programmierbar wäre.

Wissenschaftstheoretisch kann mit den bisherigen Expertensystemen dem menschlichen Chemiker keine maschinelle Konkurrenz gemacht werden. Immerhin gelingt aber eine systematische und technisch präzise Klassifizierung einfacher naturwissenschaftlicher Gesetze und Theorien, die Einblicke in die jeweilige Komplexität des Denk- und Forschungsaufwandes zuläßt.

Auf diesem Hintergrund kann Turings berühmte Frage aufgegriffen werden, die die frühen KI-Forscher bewegt hat: Können Maschinen „denken"? Sind Maschinen „intelligent"? Bis heute kann man nur folgendes sagen: Falls ein Programm eine Struktur erzeugt, die als neues Konzept aufgefaßt werden kann, dann enthalten die benutzten Transformationsregeln implizit dieses Konzept und die entsprechende Datenstruktur. Ein Algorithmus, der die Anwendung dieser Regeln lenkt, macht die implizit gegebenen Konzepte oder Datenstrukturen explizit.

Mit Wissensverarbeitung (knowledge processing) von sogenannten wissensbasierten Systemen (knowledge-based systems) ist dabei eine neue Art von komplexer Informationsverarbeitung gemeint, die von der älteren bloß numerischen Datenverarbeitung unterschieden wird. Die Wissensverarbeitung greift auf komplexe Transformationsregeln zur Übersetzung und Interpretation zurück, die durch ein hohes Niveau in der Hierarchie der Programmiersprachen (z. B. LISP oder PROLOG) bestimmt sind. Dieses Niveau ist näher zur Wissenschaftssprache z. B. eines Chemikers als frühere maschinennahe Programmiersprachen, aber offensichtlich nicht mit ihnen identisch. Auch die KI-Programmiersprachen erfassen daher nur Teilaspekte aus dem breiten Horizont eines menschlichen Forschers.

Die Technik des ‚molecular modeling' ist eine zentrale Komponente in der KI der Chemie. Sie trägt in der Tat zu einer erheblichen Erweiterung der chemischen Anschauung bei, die objektiv darstellbar und vermittelbar wird. Wie Strukturformeln und Stereochemie zeigen, zeichnet die Chemie seit jeher symbolische und graphische Informationsverarbeitung gegenüber anderen Naturwissenschaften aus. Es besteht allerdings die Gefahr, daß die Phantasie des Chemikers nur noch in vorprogrammierte Bahnen gelenkt wird, daß also Natur quasi nur noch über den PC-Bildschirm wahrgenommen wird. Die immer lauter werdende Kulturkritik an einer Mediengesellschaft, die soziale Wirklichkeit nur noch über den Fernsehbildschirm wahrnimmt, findet damit ihre Fortsetzung in den Naturwissenschaften (‚chemical cyberspace').

Andererseits muß berücksichtigt werden, daß in dem heutigen komplexen und differenzierten Forschungsstadium der Chemie, in dem jährlich tausende neuer Verbindungen entwickelt werden, die große Zufallsentdeckung immer seltener wird. Das maschinelle „Gedächtnis" wird für die chemische Forschung unverzichtbar sein. Der Übergang von traditionellen Handbüchern und Sammlungen von Abstracts zu Datenbanken mit automatischem Datenmanagement und Bilddarstellung ist teilweise bereits vollzogen. Das computergestützte ‚molecular design' und ‚molecular modeling', das dem chemischen Laborexperiment vorgeschaltet wird, trägt bereits erheblich dazu bei, Zeit zu sparen, Kosten zu senken und Gefahren zu vermeiden.

Die Chemie hat mit ihren Produkten und Verfahren die moderne Welt mehr als jede andere Naturwissenschaft verändert. Jedes chemische Forschungsergebnis ist daher mit ökonomischen, finanziellen und sozialen Folgen verbunden, die ein Labor- und Industriemanagement mit einplanen muß. In welchem Umfang lassen sich solche Entscheidungsprozesse computergestützt durchführen?

Ein chemisches Produkt besteht nicht nur in der Synthese einer neuen Chemikalie oder eines neuen Medikaments. Die chemische Analyse stellt nämlich ein hochwertiges Informationsprodukt dar, das mit weitreichenden ökonomischen, finanziellen und sozialen Folgen verbunden sein kann. Dazu sei nur an die vielfältigen chemischen Analysen im Bereich der Umweltforschung erinnert. Präzision, Genauigkeit und Dauer einer Analyse hängen von der Ausstattung, Effizienz und dem Management eines Labors ab und schlagen sich damit auch in finanziellen Kosten nieder. Aufwand und Kosten müssen daher in einem geeigneten Verhältnis stehen. Die Information einer chemischen Analyse kann von der schlichten Auflistung von Meßergebnissen einer Stichprobe über erste statistische Auswertungen und Korrelationen mit Vergleichsfällen bis zu mathematischen Modellen mit Aufweis von ökonomischen, finanziellen und sozialen Folgen und entsprechenden Handlungsalternativen reichen. In einer ausgereiften Form können solche Modelle für computergestützte Entscheidungen im Labormanagement verwendet werden. Jedenfalls existieren erste Systeme, die Folgewirkungen von Laborentscheidungen voraussagen, um so das Management zu optimieren.[143]

Die traditionelle KI und Informatik hat sicher auch für chemische Anwendungen ihre Grenzen sowohl in der Hardware als auch Software. Was die Hardware betrifft, so wird die Strategie der ständigen Miniaturisierung in der Mikroelektronik bald schon an ihre physikalischen Grenzen stoßen. Das Chemikergehirn aus Silikon bleibt eine Illusion. Neue technische Durchbrüche mit einer anderen Hardwarestrategie kündigen sich bei den Biochips an.

Der gesamte Bereich der Wahrnehmung und sensomotorischen Koordination von Bewegungsabläufen ist jedoch so komplex, daß er sich nicht in genau programmierte Regeln übersetzen läßt. Neuronale Netze haben daher bisher ihre größten wissenschaftlichen und industriellen Anwendungser-

143 Vgl. auch H. E. Popp, Mensch-Mikrocomputer, Kommunikationssystem. Management Expertensystem in der Chemischen Industrie auf der Basis eines universellen Daten- und Prozeduralmodells auf einem Mikrocomputernetz. Diss Regensburg 1984; B. G. M. Vandeginste, Computer-aided decision making in laboratory management based on LIMS, in: J. Brandt/ I. K. Ugi (eds.), s. Anm. 124, 245-271.

folge im Bereich der Mustererkenntnis (z. B. Handschriften- und Bilderkennung bei der Post, akustische Rundlaufdiagnostik von Motoren, Spracherkennung und Sprachgenerierung in der Kommunikationstechnik), aber auch Bewegungskoordinierung in der Robotik oder selbständiges Erkennen von Kurstrends bei der Aktienkursprognose. Es ist naheliegend und zu erwarten, daß neuronale Netze in der Chemie z. B. für die automatische und selbständige Mustererkennung[144] eingesetzt werden. Jedenfalls wird auch diese grundlegende Innovation nicht spurlos an der Chemie vorübergehen und sie weiter in das weltweite Netz der Informations- und Kommunikationstechnologien integrieren.

Um die Chancen der neuen Technologien zu nutzen, müssen wir als Wissenschaftstheoretiker zunächst ihre tatsächlichen Möglichkeiten und Grenzen analysieren, um mögliche Gefahren zu erkennen, aber auch um überzogene Spekulationen und damit verbundene Ängste zu vermeiden. In dem Zusammenhang ist es nützlich, sich an die ursprüngliche Bedeutung des Begriffs ‚Technologie' zu erinnern – nämlich Lehre von den technischen Instrumenten zur Lösung (letztlich) menschlicher Probleme. Im Bereich der Chemie bleibt also die KI-Technologie selbst im Fall von ‚molecular modeling', Expertensystemen und neuronalen Netzen ein hochentwickeltes Instrument des Chemikers, um chemische Probleme zu lösen – nicht mehr aber auch nicht weniger.

3.25 Computersimulationen in Medizin und Bionik

Die Medizin bezieht sich auf ein komplexes Wissen vieler Disziplinen, die sich mit dem menschlichen Leben beschäftigen. Sie ist daher eine fachübergreifende interdisziplinäre Wissenschaft, die von den Naturwissenschaften (z. B. Physik, Chemie, Biologie) über klinische Spezialgebiete einzelner menschlicher

144 K. Varmuza, Pattern Recognition in Chemistry, Berlin/Heidelberg/New York 1980; E. Clementi/ G. Corongin/J. Detrich/S. Chin/L. Domingo, Parallelism in computational chemistry, in: J. Quantum Chem. Symp. 18 1984, 18.

Organe (Kardiologie, Neurologie) bis zu den Geisteswissenschaften (z. B. Psychosomatische Medizin) und Sozialwissenschaft (z. B. Sozialmedizin) reicht. In ihrer Geschichte waren verschiedene Paradigmen vorherrschend, auf die man die komplexen Aspekte des menschlichen Lebens von Gesundheit und Krankheit zurückführen wollte. Häufig standen sich dabei organisch-ganzheitliche und mechanistisch-atomistische Vorstellungen unversöhnlich gegenüber. Noch heute brechen diese Gegensätze auf, wenn angeblich die Schulmedizin mit ihrem naturwissenschaftlichen Spezialwissen bei komplexen Krankheitsbildern versagt. Man therapiere, so lautet dann der Vorwurf, nur an einzelnen Teilen des Körpers und verliere die leibseelische Ganzheit aus den Augen: C. P. Snows „Two Cultures" also auch in der Medizin!

In diesem Buch wird deutlich, daß ganzheitlich-funktionale Vorstellungen für die modernen Naturwissenschaften keine Gegensätze sind. Die Theorie komplexer dynamischer System, deren Anwendungsgebiet heute von der Laser-Physik über Chemie, Biologie und Ökologie bis zur Soziologie und Ökonomie reicht, tritt überall dort auf, wo komplexe Vernetzungen und Wechselwirkungen das Verhalten eines Gesamtsystems bestimmen – von den komplexen Wechselwirkungen der Himmelskörper und Elementarteilchen bis zu ökologischen Populationen und menschlichen Gesellschaftssystemen. Für die komplexen Wechselwirkungen des menschlichen Organismus bieten sich diese Theorie also geradezu an. Insbesondere werden die Selbstorganisationsprozesse, die in der Evolution ebenso wie im menschlichen Organismus ständig ablaufen, nun analysierbar und bilden keine Gegensätze zu naturwissenschaftlichen Erklärungsansätzen, wie in der Wissenschafts- und Philosophiegeschichte lange geglaubt wurde. Von besonderem Interesse sind dabei die Phasenübergängen, die zu chaotischen Systemzuständen führen.[145]

Mathematisch werden komplexe Wechselwirkungen durch nicht-lineare Gleichungssysteme beschrieben, die Selbstor-

---

145 K. Mainzer, Chaos und Selbstorganisation als medizinische Paradigmen, in: W. Deppert/ H. Kliemt/ B. Lohff/J. Schaefer (Hrsg.), Wissenschaftstheorien in der Medizin, Berlin/ New York 1992, 225-258.

ganisationsprozesse von Systemen als Phasenübergänge unter bestimmten Nebenbedingungen erfassen. Mit der modernen Computertechnik eröffnen sich neue Möglichkeiten der Lösungsabschätzung solcher Gleichungen zur Simulation von Selbstorganisation. Computereinsätze der klassischen KI in der Medizin sind bereits alltäglich, sofern es sich um Expertensysteme zur computergestützten Beratung, Diagnose, Therapie und medizinischen Datenverwaltung handelt.[146] Erinnert sei z. B. an das Expertensystem MYCIN aus Kap. 1.32. Computersimulationen analysieren nun komplexe physiologische und molekulare Abläufe, liefern Erklärungen für alte und neue Krankheitsbilder, entwerfen komplexe Makromoleküle für die pharmakologische Therapie und das technische Design für medizinische Geräte. Gleichwohl zeichnen sich Grenzen dieses neuen Paradigmas ab. Dabei geht es um die Frage, in welchem Maß der alte Gegensatz von Reduktionismus und Holismus des Lebens durch die Theorie komplexer dynamischer Systeme eingelöst wird.

Vernetzte Interaktionen sind Kennzeichen eines hohen Grades der Komplexität und bestehen im Organismus auf der Ebene der Organe, Zellen und im subzellulären Bereich. Die biochemischen Reaktionen, die in einem Organ wie z. B. der Leber ablaufen, bilden eine nahezu unübersehbare Zahl von Reaktionsfolgen. Sie münden in einen komplexen Stoffwechselweg oder zweigen von ihm ab, wobei diese Reaktionsfolgen wiederum untereinander vernetzt sind. Komplexe Stoffwechselprozesse mit überraschenden und früher nicht verstandenen Reaktionen lassen sich heute Dank der Theorie komplexer dynamischer Systeme und der modernen Computertechnik analysieren.

---

146 G. D. Rennels, A Computational Model of Reasoning from the Clinical Literature, New York/Berlin/ Göttingen 1985; S. M. Hubbard u.a., A computer data base for information on cancer treatment, in: The New England Journal of Medicine 316 6 1987, 315-318; E. H. Shortliffe, Computer programs to support clinical decision making, in: The Journal of the American Medical Association 258 1 1987, 61-66.

Erinnert sei an die Variation der Glykolyse[147] (d. h. ein Stoffwechselprozeß, dessen Enzyme in fast allen Zellen vorhanden sind), die je nach äußerer Zufuhr streng periodisch oszillieren, quasi-periodische Schwingungen besitzen oder in chaotische Schwingungen mit ungeordneter Frequenz und Amplitude übergehen. Abb. 3.25 zeigt das Reaktionsnetz der Glykolyse mit Abbau einer Hexose zu CO_2 und Äthanol, das von B. Hess und seiner Arbeitsgruppe gefunden wurde. Die in den Blöcken aufgeführten Buchstabenfolgen bezeichnen jeweils eines der Glykolyseenzyme (z. B. HK = Hexokinase). Das gebildete ATP wirkt in einer Reaktionsschleife auf vorgeschaltete Reaktionen. Stabile Zustände, periodische und quasi-periodische Oszillationen, aber auch chaotische Reaktionen lassen sich an vielen Beispielen auf molekularer und zellulärer Ebene im menschlichen Organismus nachweisen.

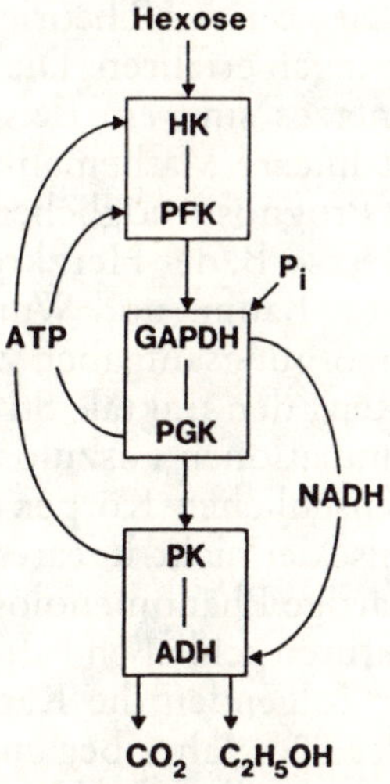

Abb. 3.25

Dabei sind chaotische Zustände nicht unbedingt mit Krankheit und stabile Zustände mit Gesundheit zu identifizieren.[148] Es gibt begrenzte chaotische Schwankungen, die den Organismus

147 B. Hess/M. Markus, Chemische Uhren, in: A. Dress/H. Hendrichs/G. Küppers (Hrsg.), Selbstorganisation. Die Entstehung von Ordnung in Natur und Gesellschaft, München 1986, 61-79.

148 W. Gerok, Ordnung und Chaos als Elemente von Gesundheit und Krankheit, in: W. Gerok u. a. (Hrsg.), s. Anm. 111, 19-41.

vor schädlicher Erstarrung bewahren. Organe müssen nach Art nicht-linearer Systeme flexibel auf Umstände reagieren, die sich schnell und unerwartet verändern. So darf der Herzschlag oder Atemrhythmus nicht auf strenges periodisches Verhalten eines mechanischen Modells wie z. B. eine Pendeluhr fixiert sein. Der Gesamtorganismus des menschlichen Körpers selber ist ein komplexes System, in dem lokal ein ständiger Auf- und Abbau von Substanzen, also Sterben und Vergehen stattfindet. Chaos und Selbstorganisation gehören zusammen, und erst im Zustand ihrer prästabilierten Harmonie herrscht Leben und Gesundheit.

Auch klassische medizinische Disziplinen wie Physiologie und Anatomie können von der Theorie komplexer dynamischer Systeme Anregungen erfahren. Die komplexen Verzweigungen eines Gefäßnetzes sind ein Beispiel für eine fraktale Struktur, deren nicht-lineare Mathematik funktionale Simulationen und damit die Prognose möglicher Krankheitsbilder erlaubt. Das fraktale Netz z. B. der Herzkranzgefäße erinnert an ein komplex verästeltes Baum- und Wurzelwerk, das nahezu unüberschaubare Versorgungsaufgaben zu leisten hat.[149] Denselben ästhetischen Reiz, den fraktale Strukturen in der Natur oder in Computersimulationen auszulösen vermögen, finden wir also auch im menschlichen Körper. Dem Mediziner, der hinreichende Kenntnise der nicht-linearen Mathematik besitzt, eröffnen sie eine neuartige Phänomenologie, die auf bisher unbekannte Tiefenstrukturen schließen läßt.

Als Beispiel sei im folgenden die Kardiologie[150] näher behandelt. Seit Ende der 70er Jahre begannen Herzspezialisten, Mathematiker und Informatiker das Herz als komplexes dynamisches System zu begreifen. Seit Jahrhunderten wird die nor-

149 J. B. Bassingthwaighte/J. H. van Beek, Lightning and the heart: Fractal behavior in cardiac function, in: Proceedings of the IEEE 76 1988, 693-699.

150 Vgl. auch A. L. Goldberg/V. Bhargava/B. J. West, Nonlinear Dynamics of the Heartbeat, in: Physica 17D 1985, 207-214; ders. u.a., Nonlinear dynamics in heart failure: Implications of long-wavelength cardiopulmonary oscillations, in: American Heart Journal 107 1984, 612-615; T. Ree Chay/J. Rinzel, Bursting, beating, and chaos in an excitable membrance model, in: Biophysical Journal 47 1985, 357-366.

male Herztätigkeit als periodisch angenommen. Aperiodisch pathologische Abweichungen wie z. B. das Kammerflimmern münden in einen chaotischen Endzustand, der den Tod bedeutet. Herzrhythmusstörungen werden im Elektrokardiogramm schon seit langem isoliert und klassifiziert. Man spricht von ektopischen Schlägen, Alternans, Torsades-des-Point, Blocks höheren Grades, ventrikulären Rhythmen, Parasystolen, Wenckebachrhythmen, Tachykardie usw., obwohl die Möglichkeiten der Herzdynamik viel größer sind als sich in diesen Namen andeutet. Wer je den plötzlichen Herztod eines Menschen erlebt hat, kann sich der bestürzenden Frage nicht entziehen, warum ein Rhythmus, der viele Jahre regelmäßig über 2 Milliarden Zyklen von Wechsel- und Entspannung hinter sich brachte, plötzlich in chaotische Hektik ausbricht (Abb. 3.26).[151]

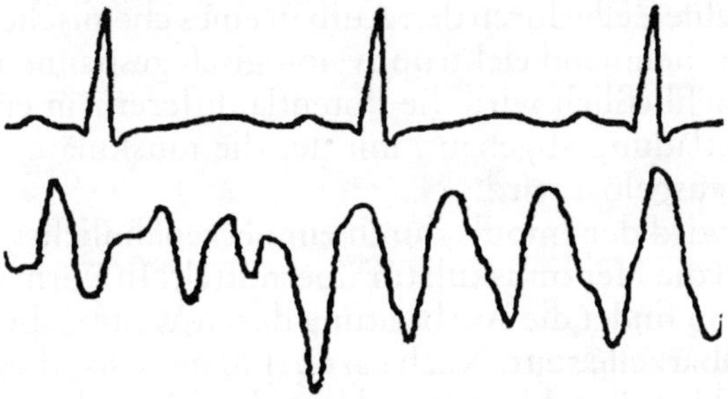

Obere Kurve: Regelmäßiger Herzschlag Untere Kurve: Herzflimmern

Abb. 3.26

Kammerflimmern kann viele Ursachen haben: Arterienverschluß, der zum Absterben des Herzmuskels führt, aber auch Streß, Hypothermie oder auch die Einnahme von Rauschgiften. Schließlich kann es vorkommen, daß das Muskelgewebe bei der Autopsie keine Beschädigung aufweist. Damit deutet sich eine neue Perspektive im Sinne komplexer dynamischer

151 A. T. Winfree, Sekundenherztod: Hilfe von der Topologie? in: Spektrum der Wissenschaft, Juli 1983, 98-111; ders., When Time breaks down: The Three-dimensional Dynamics of Electrochemical Waves and Cardiac Arrhythmias, Princeton 1987.

Systeme an. Die einzelnen Teile eines flimmernden Herzens scheinen normal zu funktionieren, während das Ganze eine Störung mit tödlicher Folge hat. Herzflimmern wäre dann eine dynamische Entwicklung eines komplexen Systems, das dem Attraktor „Chaos“ zustrebt. Nur eine massive Einwirkung von außen (z. B. der elektrische Schlag eines Gerätes zur Defibrillation) vermöchte diese Entwicklung aufzuhalten.[152]

Welcher Typ eines komplexen dynamischen Systems kommt für das Kammerflimmern mathematisch in Frage? Dazu eine detaillierte Betrachtung: Regelmäßiges Schlagen des Herzens setzt ein aufeinander abgestimmtes Einzelverhalten von Millionen von Herzmuskelzellen voraus. Stetig durchläuft diese Herzzellen ein elektro-physiologischer Zyklus von ca. 750 msec Dauer. Dabei werden Natrium-, Kalium- und Chloridionen innerhalb und außerhalb der Zellwände so verteilt, daß jede einzelne Zelle durch den Aufbau eines chemischen Gefälles in einen zunehmend elektrophysiologisch gespannten Zustand kommt. Schließlich wird die Potentialdifferenz in einer plötzlichen Entladung abgebaut, mit der die muskuläre Arbeit des Herzens ausgelöst wird.

Dabei wird der Impuls durch ein nervenähnliches Leitungssystem an die Herzmuskulatur übermittelt. In Form einer Kettenreaktion findet die Ausbreitung durch Weitergabe von Zelle zur Nachbarzelle statt. Nach ca. 60-100 msec hat diese Wellenfront das Herz durchlaufen und löst eine Kontraktion des Muskels aus. Danach durchläuft die Muskelzelle für 200-300 msec einen passiven Zustand („Refraktärphase“), der zur Synchronisation des nächsten Kontraktionsvorgangs notwendig ist, um erneut die koordinierte Zusammenarbeit der Millionen Muskelzellen zu garantieren.

Wird jedoch vorzeitig ein Impuls in der Muskulatur ausgelöst, kommt es früher zur Ausbreitung. Dieser irreguläre Vorgang ist zunächst keine Katastrophe und kann auch bei gesunden Patienten beobachtet werden. Eine gefährliche Situation entsteht dann, wenn Teile der Herzzellen im unerregbaren

---

152 M. R. Guevary/L. Glass/A. Schrier, Phase locking, periodic-doubling bifurcations, and irregular dynamics in periodically stimulated cardiac cells, in: Science 214 1981, 1350.

Zustand der Refraktärphase, andere Teile aber schon wieder zur Aufnahme bzw. Wiederausbreitung eines Kontraktionsimpulses bereit sind. Die einzelnen Herzzonen arbeiten nicht mehr koordiniert. Lokal treten in einzelnen Zonen auch refraktärer Muskulatur zyklische Erregungsverläufe auf, die schließlich global in chaotisches Herzflimmern übergehen. Der Aufbau des für die Kontraktionsarbeit erforderlichen elektrophysiologischen Potentials kommt trotz maximalen Energieverbrauchs nicht mehr zustande. Die Pumparbeit des Herzens kann nicht geleistet werden. Kreislaufstillstand tritt ein.

Der Kardiologe und Physiker R.J. Cohen (MIT) konnte in Experimenten mit Tieren und im Computermodell ein chaotisches Szenario nachweisen, in dem sich eine ausbreitende Erregungswelle an einzelnen Gewebeinseln bricht. Die Entwicklung von der Ordnung des Herzschlags zum Chaos des Herzflimmerns läßt sich als Phasenübergang eines komplexen dynamischen Systems beschreiben, wie bereits bei der Populationsdynamik ökologischer Systeme oder bei der Ausbreitung einer epidemischen Krankheit analysiert wurde. Es kommt zu einer periodenverdoppelnden Kaskadenverzweigung. Das komplexe System scheint zunächst zwischen 2, 4, 8, 16 usw. Zuständen zu oszillieren, bis schließlich keine Regelmäßigkeit mehr zu erkennen ist.

Das Phänomen ist schon aus dem Alltag bekannt. Ein Wasserhahn tropft bei wenig Wasser regelmäßig, bei mehr Wasserzufluß steigert sich das Tropfen periodisch im Sinne der Kaskadenverzweigung, bis die Tropfen schließlich im unregelmäßigen Wasserlauf ununterscheidbar werden (Chaos). Die Computersimulationen pathologischer Herzrhythmen könnten eine gezielte Früherkennung ermöglichen, wenn Mediziner ausgebildet sind, ihre fraktalen Diagramme zu lesen. Unter dem Gesichtspunkt der komplexen dynamischen Systeme bewahrheitet sich nun auch für lebende Organismen der berühmte Ausspruch Galileis, daß das Buch der Natur in der Sprache der Mathematik geschrieben sei und nur derjenige in diesem Buch zu lesen vermöchte, der diese Sprache beherrschte.

Neuronale Netze könnten im Krankenhaus oder in der Arztpraxis helfen, das Wissen eines Fachmanns z. B. eines Kardiologen oder Gehirnstromspezialisten zum direkten Vergleich mit

Patientendaten heranzuziehen. Solange die vom Patienten abgenommenen Daten dem Normalfall entsprechen, den das neuronale Netz an genügenden Beispielen erlernt hat, wird kein Alarm gegeben. Erst das Auftreten von abnormalen EKG-, EEG- oder Analyseverläufen sollte die Aufmerksamkeit des Arztes auslösen. Gerade im Zeitalter der steigenden Pflege- und Gesundheitskosten ist es wichtig, daß der Arzt sich auf seine wichtigen Aufgaben, nämlich bei kritischen Situationen anwesend zu sein, konzentriert und Routinetätigkeit vom Computer abgenommen wird.

Unter den Rahmenbedingungen komplexer dynamischer Systeme wird sicher auch ein Umdenken in der klinisch-medizinischen Behandlung neurologischer und psychischer Krankheiten erforderlich werden. Chaos ist schlechterdings kein Krankheitszustand, sondern ein komplexer Attraktor. So finden sich bei der Messung von Gehirnströmen im Elektro-Enzephalogramm bei gesunden Menschen chaotisch gezackte Kurven, während bei Epileptikern auffallend gleichmäßige und geordnete EEG-Kurven vorliegen. Schließlich kann bei der medikamentösen Behandlung ein neues Grundverständnis des zu behandelnden Organs als komplexes dynamisches System grundlegend sein.

A. J. Mandell kritisiert in dem Zusammenhang die heutige Psychopharmakologie, die von Angstgefühlen und Schlaflosigkeit bis zur Schizophrenie alles zu heilen glaubt. Als Beispiel werden Antidepressiva erwähnt, die eine Abfolge manischer und depressiver Phasen beschleunigen und langfristig zu einem Anwachsen der Zahl der Rückfälle in einen psychopathologischen Zustand führen – ein Vorgang, der von den Phasenübergängen mit periodenverdoppelnden Kaskadenverzweigungen wohl bekannt ist. Die herkömmlichen Therapien gehen häufig noch von einer linearen Kausalität aus, ohne das Gehirn als labiles, komplex vernetztes und dynamisches System zu begreifen.

Es gibt viele verschiedene Zellarten und Komplexe elektrophysiologischer Erscheinungen in einem hierarchisch strukturierten System, in dem auf allen Ebenen von den Molekülen bis zum EEG, vom Mikrokosmos bis zum Makrokosmos des Gehirns fortgesetzt auf Instabilität beruhende autonome Aktivitäten ablaufen. Ein besseres Verständnis der Phasenübergänge zwischen den verschiedenen lokalen Zuständen könnte von erheblichem Nutzen sein. Insbesondere bei einer medikamentösen Behandlung könnte die Kontrolle entsprechender Parameter, die Aufschluß über den Grad des Ordnungs- und Chaoszustandes geben, ein nützliches Instrument sein, um Medikamente gezielt zum geeigneten Zeitpunkt unter Kenntnis möglicher Nebenwirkungen zu verabreichen.

Zusammengefaßt ergibt sich also für die Medizin: Einerseits werden komplexe, ganzheitliche Betrachtungsweisen mit nicht-linearer Kausalität betont, andererseits werden mathematische Methoden für den Mediziner eine größere Rolle spielen als ehedem. Man spricht geradezu von „dynamischen" Krankheitsbildern, denen komplexe, nicht-lineare Störungen von Rhythmen und Mustern des menschlichen Organismus zugrundeliegen. Psychosomatische Schwankungen gehören ebenso dazu wie Störungen in EEG- und EKG-Diagrammen, Veränderungen in den komplexen Vernetzungen des Immun- oder Hormonsystems.

Auch für die fraktale Geometrie lassen sich Folgen in der Medizin absehen. Abbildende Verfahren wie Röntgen, Computertomographie, Magnetresonanz und ultraschallerzeugte Bilder haben eine fraktale Gestalt. In der medizinischen Erfahrung werden glatte Umrisse häufig mit gutartigem Wachstum, ausgefranste und zackige Konturen mit einem malignen Prozeß in Verbindung gebracht (z. B. Melanom). Bei fortschreitender Präzisierung könnte die bisher ungenaue medizinische Ausdrucksweise durch genaue Zahlenwerte der fraktalen Dimension ersetzt werden. Für die Endoskopie sind ebenfalls Anwendungen der fraktalen Analyse denkbar. Bei der elektronischen Videoendoskopie wären Farbsprünge zwischen normalem und pathologisch verändertem Gewebe fraktal zu berechnen. Vorgeschlagen werden auch aussagekräftige Fraktale an der Schleimhautoberfläche, die eine Klassifikation mit entsprechenden Therapien ermöglichen.

Im Unterschied zum Mathematiker und Physiker wirken die Urteile des Mediziners ungenau und unscharf. Systeme von Krankheitsbildern lassen sich nicht scharf abgrenzen. Sprachliche Ausdrücke, die z. B. Wärmeempfindungen eines Patienten betreffen, schwanken zwischen „heiß", „sehr warm", „lauwarm", „kühl" und „eiskalt". In der mathematischen Logik liegt eine formale Erweiterung durch die sogenannte „Fuzzy Logic" vor, die der Unsicherheit aufgrund unscharfer Begriffsumfänge Rechnung trägt. Ob z. B. eine Farbe noch gelb oder schon grün ist, läßt sich auf dem Farbkontinuum nicht eindeutig sagen. Die Fuzzy Logic faßt z. B. eine Farbe als ein Prädikat mit einem unscharfen Begriffsumfang auf und ermittelt den Grad der Zugehörigkeit zu einer unscharfen Menge. Neuronale Netze, die z. B. Farbwahrnehmungen registrieren, mögen ähnliche Strukturierungen vornehmen, wie sie die Fuzzy Logic angibt. Die Fuzzy Logic erscheint dem Leben angepaßter als die duale Logik mit ihren Entweder-Oder-Entscheidungen.[153] Entsprechende Umsetzungen in diagnostische Geräte werden daher gesucht.

Die Suche nach Analogien zwischen Natur und Technik hat sich in der Wissenschaftsgeschichte als heuristisch erfolgreich erwiesen. Am Anfang stand der Daidalos-Mythos. Erinnert sei ferner an Leonardo da Vincis Flugapparate, denen Fledermäuse Modell standen. G. A. Borellis physikalische Theorie der Muskelbewegung, die er im 17. Jh. auf dem Hintergrund Galileischer Physik schuf, wurde bereits erwähnt. Daran schlossen z. B. F. Reuleaux (1829-1905) und V. Graber (1844-1892) mit ihren Studien über die Kinetik der Tiere an. Es war O. Lilienthal (1848-1896) , der mit systematischen Studien des Vogelflugs am Beispiel von Störchen die Voraussetzung für seine erfolgreichen Gleitflüge schuf (Abb. 3.27). Der Mythos des Daidalos, nämlich ‚Flügel des Menschen' zu bauen, wurde Wirklichkeit und begann seine bekannte Erfolgsgeschichte.[154]

In welchem Umfang lassen sich „Lösungen" der biologischen Evolution für die Technik verwenden? Rückstoßprinzip, Kugelgelenk und Gerüstbauweise sind keine neuen Erfindungen

153 M. Smithson, Fuzzy Set Analysis for Behavioral and Social Sciences, New York/ Berlin/Heidelberg 1987; H.-J. Zimmermann, Fuzzy Sets, Decision Making, and Expert Systems, Boston 1987.

154 O. Lilienthal, Der Vogelflug als Grundlage der Fliegekunst, Berlin 1889, Tafel VIII; G. Rüppel, Vogelflug, Hamburg 1980, 22 ff.; R. Burton, Vogelflug: Aerodynamik, Anatomie, Anpassung, Stuttgart 1991.

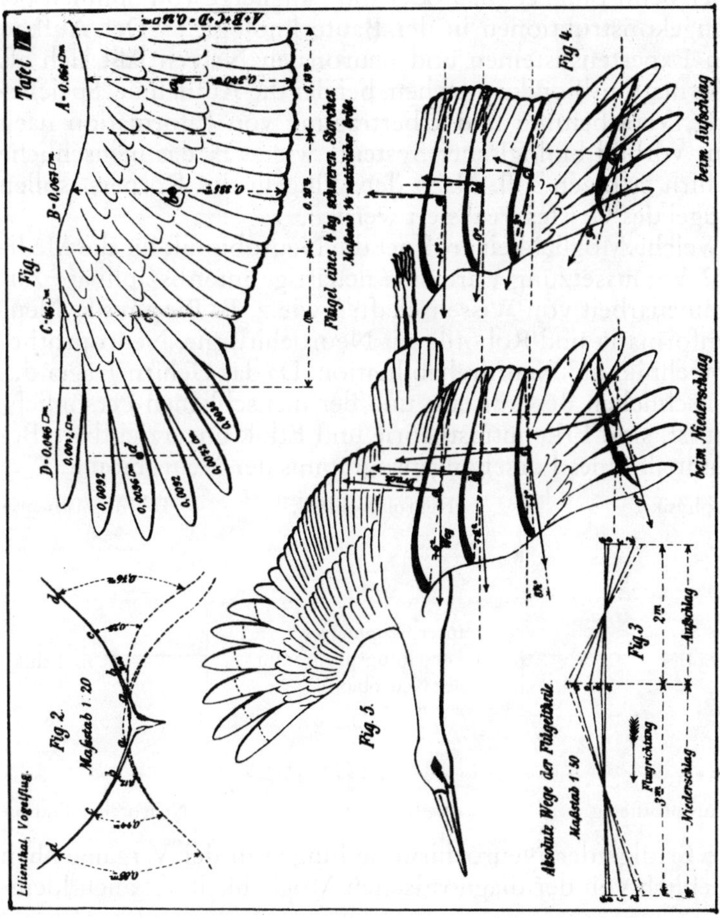
Tafel VII
Fig. 1
Flügel eines 4 kg schweren Storches
Fig. 2
Maßstab 1:20
Lilienthal, Vogelflug
Fig. 3
Fig. 4
Fig. 5
beim Aufschlag
beim Niederschlag
Absolute Wege der Flügeltheile
Maßstab 1:30
Flugrichtung
Niederschlag
Aufschlag

Abb. 3.27

des Menschen, sondern z. B. von der Qualle im Wasser, dem Pilz oder dem Aufbau eines Knochens realisiert. Man spricht dann von Bionik (J. E. Steel 1958) und meint damit z. B. die systematische Simulation eines Delphins durch Strömungstechniker beim Flugzeugbau oder die Fangnetze von Spinnen bei Hängekonstruktionen in der Bautechnologie.[155] Der Aufbau von Expertensystemen und neuronalen Netzen läßt sich als Informationsbionik verstehen, bei der die Aufnahme, Speicherung, Verarbeitung und Übertragung von Information nach dem Vorbild biologischer Systeme wie z. B. das menschliche Gehirn erfolgen soll. Nach den ‚Flügeln des Körpers' sollen ‚Flügel des Geistes' realisiert werden.

Welche Möglichkeit eröffnet die Neurobionik für die Medizin? Voraussetzung wäre eine neuartige interdisziplinäre Zusammenarbeit von Wissenschaften wie z. B. Biophysik, Neuroinformatik und Robotik mit Neurochirurgie, Neuroprothesentechnik und Neurorehabilitation. Da das Gehirn Träger des menschlichen Bewußtseins und der menschlichen Persönlichkeit ist, sind Erkenntnistheorie und Ethik unverzichtbare Bestandteile eines Forschungsprogramms der Neurobionik.[156]

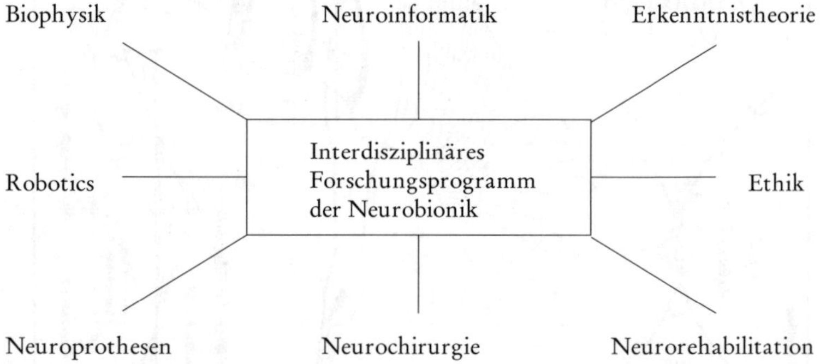

Die Erfolge der Neurochirurgie hingen in der Vergangenheit erheblich von der diagnostischen Möglichkeit ab, auch klein-

155 Vgl. auch F. Greguss, Patente der Natur: Technische Systeme in der Tierwelt, biologische Systeme als Modelle der Technik, Heidelberg 1988.

156 H.-W. Bothe/R. Eckmiller/M. Samii (eds.), Neurobionics. Computational Technologies for Substitution of Impaired Brain Functions, Amsterdam/New York/Oxford/ Tokyo 1993.

ste und versteckte Teile des Gehirns für den Operateur sichtbar zu machen. Entscheidende Schritte waren die Einführung einer computergestützten kernmagnetischen Resonanztomographie und die technische Entwicklung mikrochirurgischer Verfahren. Die Zerstörung neuronaler Zellgruppen durch Krankheit oder Unfall verurteilt einen Patienten häufig zum dauernden Ausfall funktionaler Fähigkeiten. Von erheblicher Bedeutung wäre eine neuronale Ersatzchirurgie, die fehlende Funktionen durch technische Plantate ersetzen könnte.

An dieser Stelle wird das fachübergreifende Forschungsprogramm der Neurobionik unverzichtbar. Seit 40 Jahren existieren Ansätze, verletzte peripherale Nerven durch Selbstheilungskräfte des Körpers zu regenerieren. Die Lenkung und Feinstrukturierung beim Wachstum komplexer fraktaler Nervensysteme ist jedoch beschränkt. Wichtige Verbesserungen werden von der Molekularbiologie erwartet. Neurotransplantationen mit körpereigenen Zellen sind bereits möglich. Wichtige Grundlagenfragen bleiben allerdings bisher unbeantwortet: Wie lange überleben transplantierte Zellen im Gehirn? Zu welcher Gestalt und Größe wachsen transplantierte Zellen und Zellgewebe aus? Wie wechselwirken sie mit ihrer neuen neuronalen Umgebung? Wie verändern sie ihre funktionale Aufgabe?

Roboterhilfen sind z. B. bei der Regulierung des Stehens und Gehens in Gebrauch. Wenn der peripherale Muskelapparat intakt ist, kann die notwendige Elektrostimulation zur Muskelkontraktion computergesteuert ausgelöst und gelenkt werden. An dieser Stelle werden Weiterentwicklungen von Molekularbiologie und Neuroinformatik notwendig. Organische Moleküle sollten danach zur Produktion elektronischer Komponenten gebracht werden, die künstliche Steuerungsfunktionen übernehmen. So können Nerventeile, die z. B. bei der Entfernung von Tumoren zerstört wurden, durch Transplantate ersetzt werden. Ein häufiges Beispiel sind Nervenstrukturen im inneren Ohr, deren Zerstörung bei Tumoroperationen zur dauernden Taubheit führen.

Molekularbiologie, Neuroinformatik und Neurochirurgie könnten eine technische Evolution einleiten, für die unsere natürliche Evolution Millionen von Jahren gebraucht hat. Die Verantwortung des Neurochirurgen wird ethische Grundsatzdiskussionen über technische Entwicklungen erzwingen, die Persönlichkeitsveränderungen einleiten könnten. Neurochirurgie setzt Neurodiagnostik, Operationsplanung und Operationstechnik voraus. 3-dimensionale Veranschaulichungen auf dem Videogerät und Tomographie sind mittlerweile für eine geeignete Diagnose unverzichtbar. Operationsplanung erfordert CAD-(„Computer Aided Design") gestützte automatische Simulation der Eingriffe. Teile des Eingriffs müßten wegen des mikroskopischen Operationsbereichs durch Computerprogramme gesteuert werden.

Neurobionik als fachübergreifendes Forschungsprogramm der Medizin ist deshalb unverzichtbar, da medizinische Einzeldisziplinen der Neurochirurgie und Neurodiagnostik an ihre Grenzen gestoßen sind. Aber auch die Informationstechnologie stößt an harte Grenzen, da sie nicht länger auf Miniaturisierung ihrer Silikontechnik setzen kann. Physikalische Konstanten bilden für diese Entwicklungsstrategie unüberwindbare prinzipielle Hindernisse. Neue Trägersysteme werden durch die fachübergreifende Zusammenarbeit von Molekularbiologie und Technik möglich, da die Natur bisher die mächtigsten informationsverarbeitenden Systeme entwickelt hat. Große technische Probleme z. B. bei der Simulation massiv parallel verarbeitender Nervensysteme gilt es zu überwinden. Bereits existierende Software-Werkzeuge wie Expertensysteme könnten die Verwendung neuronaler Netze integrieren. Die Forschungsentwicklung von Neurobionik verläuft offensichtlich im Rahmen der Theorie komplexer dynamischer System.

Gleichwohl sollten wir uns davor hüten, in der Theorie komplexer dynamischer Systeme ein letztes apodiktisches Kategoriensystem für die Medizin zu sehen. Abgesehen davon, daß viele Perspektiven dieses Forschungsprogramms mathematisch, experimentell und klinisch noch erst einzulösen sind, ist für die Medizin die besondere Art ihrer Aufgabenbestimmung zu berücksichtigen. Die Medizin hat es nämlich seit altersher nicht nur mit Erkenntnis und Forschung zu tun, sondern mit Praxis. Praxis meint dabei nicht nur technisch-praktische Wissensanwendung (wie z. B. beim Ingenieur), sondern heilen und helfen, damit der Kranke wieder gesund wird oder seine Beschwerden wenigstens gelindert werden. Wissen und Erkenntnis ist also nur ein Mittel für diesen letzten Zweck der Medizin seit Hippokrates. Diese schlichte und dennoch fundamentale Rückbesinnung relativiert auch die Deutung von Forschungsparadigmen für den praktischen Mediziner.

Für seine Aufgabe des Heilens und Helfens muß er auf ein vielschichtiges Erfahrungswissen zurückgreifen, das häufig Stückwerk bleibt und keineswegs ein konsistentes und lupenreines reduktionistisches Forschungsprogramm ist. Intuition ist daher unerläßlich, die den erfahrenen Mediziner eher in die Nähe eines Künstlers als in die Nähe eines Mechanikers und Technikers rückt. Dieses Selbstverständnis für Medizin als Kunst hat sich ja auch seit deren antiken Ursprüngen bis in die Moderne gehalten. Es bewahrt uns davor, in den jeweiligen historischen Forschungsparadigmen aufzugehen, obgleich sie neue und umfassende Einsichten eröffnen können.[157]

3.3 Computergestützte Kulturwissenschaften

3.31 Computer als Kulturtechnik

Computer verändern nicht nur Erkenntnismethoden und Erkenntnisinteressen von Mathematik und Naturwissenschaften. Indem sie als Kommunikationsmittel eingesetzt werden, verändern sie auch unsere Kultur. Nach den agrar- und technisch-industriell gestützten Kulturen leben wir heute, so die These, in einer computergestützten Kultur. Computer- und Kommunikationstechnologien durchdringen nahezu alle Bereiche der Gesellschaft. Ihre Verfahren liefern basale Kulturtechniken, die jeder wie Lesen, Schreiben und Rechnen beherrschen muß. Begriffe wie Algorithmus, Datenkommunikation, Programm, Programmiersprachen, Programmsystem, Computer u. ä. prägen bereits unsere Vorstellungen und Anschauungen von der Welt.

In der Begriffsgeschichte der abendländischen Philosophie verweist der Begriff der Kultur zunächst auf Ursprünge, die

---

157 K. Mainzer, Philosophical foundations of neurobionics, in: H.-W. Bothe/R. Eckmiller/M. Samii (eds.), s. Anm. 156, 31-47.

nichts von einer Computerwelt ahnen lassen. Kultur wird in der römischen Philosophie von „agricultura", also der Pflege des Bodens und der Landwirtschaft abgeleitet und damit auf eine agrargestützte Lebenswelt bezogen. Bei Cicero ist dann in metaphorischer Übertragung von „cultura animi", d. h. der Pflege des Geistes die Rede.[158] Diese Bedeutung prägte bis ins 18. Jh. die abendländische Vorstellung von Kultur als einer Ausbildung der leiblichen, seelischen und geistigen Anlagen, Fähigkeiten und Tugenden des Menschen. Kultivierung überführt, wie die Aufklärung[159] glaubte, den „status naturalis" in einen „status culturalis". Nach Herder ist Kultur eine „höhere Natur", nicht das vom Menschen planmäßig Bewirkte, sondern die in der Geschichte der Menschheit gewachsenen Lebensformen.[160] In der Kulturphilosophie der Jahrhundertwende bemüht man sich schließlich um die Grundlagen einer Kultur- bzw. Geisteswissenschaft, in der die Kulturtechniken vergangener Jahrhunderte reflektiert werden.

Von der Höhlenmalerei schriftloser Kulturen über Tontafeln und Papyrusrollen bis zum Buchdruck reichen die frühen Kommunikationsmedien, in denen die Welt dargestellt und begriffen wird. Die antiken Kulturen stützten sich auf Landwirtschaft und Handwerk mit typischen Materialien, Techniken und Geräten. Ton, Wolle, Holz, Stein u. a. standen zur Verfügung und wurden mit Töpferscheiben, Spindeln, Keilen, Hämmern und Messern bearbeitet. Dichter und Philosophen griffen auf diese Materialien und Techniken nicht nur für Schreib- und Rechentechniken zurück. Sie dienten zur Modellbildung und Analogie von der Welt. Platons Demiurg formte die Welt wie der Töpfer den Ton. Als Himmelsphären wurden symmetrische Kugeln verwendet, wie sie auf Töpferscheiben

158 M. T. Cicero, Tusc. II 13, hrsg. O. Gigon, München ^{2}1970, 124 f.

159 Vgl. z.B. I. Kant, Idee zu einer allgemeinen Geschichte in weltbürgerlicher Absicht (1784), in: ders., Akad.-Ausg. I-IX, Berlin 1968, VIII.

160 J. G. Herder, Ideen zur Philosophie der Geschichte der Menschheit (1784-1791), 13. Buch, VII, in: Sämtliche Werke I-XXXIII, hrsg. B. Suphan u. a. Berlin 1877-1913, repr. Hildesheim/New York 1967-1968, Bd. XIV.

hergestellt werden konnten. Die Rotation des Sphärensystems veranschaulichte Platon mit den vertrauten Spindeln.[161]

Daß Tontafeln, die mit Keilen bearbeitet werden mußten, eine sparsame Symbolik erforderten, ist offensichtlich. Das Sexagesimalsystem der Babylonier zeigte, wie mit wenigen Keilschriftsymbolen ein hochentwickeltes Rechensystem realisiert werden konnte. Demgegenüber wirkten die Notationen auf ägyptischem Papyrus zwar dekorativ, aber mathematisch umständlich. Der Abakus ist bereits mit antiken Materialien zu fertigen und findet als Frühform eines Taschen- und Tischrechners Anwendung in Handel und Gewerbe. Das „Rechnen auf der Linie" eines Adam Riese, wie es noch heute den Elementarunterricht bestimmt, kann durch den Buchdruck leicht verbreitet werden.[162]

Galileis „Buch der Natur" und das „Uhrwerk der Natur" sind typische Metaphern zu Beginn der Neuzeit, in denen die Welt mit prägenden Kulturtechniken wie Buch und Uhr veranschaulicht wird. Mit der Industrialisierung werden neue Systeme von der Dampfmaschine bis zum Elektromotor bekannt, mit deren Analogie und Grundgesetzen die Welt bestimmt und gedeutet wird. So betrachtet das 19. Jh. den lebenden Organismus als eine Art „Wärmemaschine", in der chemische Stoffe wie Glykose, Glykogen, Stärke, Fette und Proteine durch Verbrennung in Kohlendioxyd, Wasser und Harnstoffe verwandelt werden. Der menschliche Geist wurde entweder in Cartesischer Tradition als unabhängige Instanz begriffen, die den körperlichen Motor spontan dirigiert, oder zu den bereits bekannten Modellen von Rechenmaschinen in Analogie gesetzt. Der programmgesteuerte elektronische Computer war dazu, wie in Kap.1 erläutert wurde, ein vorläufiger Höhepunkt.

Kulturtechniken dienen also einerseits als Kommunikationsmittel – vom antiken Sklaven, dem Texte auf Papyrusrollen,

---

161 Vgl. J. Mittelstraß, Die Kosmologie der Griechen, in: J. Audretsch/K. Mainzer (Hrsg.), Vom Anfang der Welt. Wissenschaft, Philosophie, Religion, Mythos, München ^{2}1990, 40-65.

162 J. D. Bolter, Der digitale Faust. Philosophie des Computer-Zeitalters, München 1990; P. Lévy, La machine univers. Création, cognition et culture informatique, Paris 1987.

Wachs- oder Tontafeln diktiert werden, über den mittelalterlichen Mönch, der Texte in kunstvollen Büchern mit der Hand aufschreibt, und dem neuzeitlichen Buchdrucker, der Texte mit Druckstöcken und Druckmaschinen vervielfältigt, bis zum heutigen Programmierer, der Texte auf dem PC-Bildschirm gestaltet und mitteilt. Andererseits begreifen und deuten wir mit diesen Kulturtechniken uns selber und die Welt – von der Erfindung des Rades über erste mechanische Rechenmaschinen bis zur modernen Computertechnik.[163]

Verglichen mit den langen historischen Etappen zwischen Höhlenmalerei, Papyrus und Buchdruck wird heute die Evolution computergestützter Kulturtechniken in immer kürzeren Innovationsschüben beschleunigt. Die Leistungsfähigkeit von Prozessoren als Herzstück der klassischen Computertechnologie verdoppelt sich alle zwei Jahre. Der Nachfolgeprozessor mit höherer Taktfrequenz und mehr Befehlen tritt auf, während der Nachfolger vom Nachfolger bereits in der Planung ist und sich der Markt auf den Vorgänger gerade eingestellt hat. Kulturtechnik reduziert sich auf Chipgröße, deren Packungsdichte mit Transistoren ständig steigt. Vier Millionen Informationen auf einem fingernagelgroßen Siliciumplättchen ist bereits Realität. Die Trendentwicklung in Richtung Miniaturisierung hat sich nahezu verselbständigt. Ebenso steigt die Leistungsfähigkeit und Benutzerfreundlichkeit von Softwareprogrammen, die für die Akzeptanz als Kulturtechnik entscheidend sind. An die Stelle von umständlichen Eingaben von Zahlen- und Buchstabenkolonnen steuern selbsterklärende graphische Symbole den Computer.[164]

Die elektromagnetische Speicherung auf Festplatten wird bei den wachsenden Datenmassen an ihre Grenzen stoßen. An ihre Stelle treten optische Speichermedien, bei denen Schreiben und Lesen der Daten kontaktlos durch einen Laserstrahl erfolgt.

---

163 J. Derrida, De la grammatologie, Paris 1967; J. Goody, La raison graphique, Paris 1979.

164 Vgl. z. B. R. W. Keyes, The evolution of digital electronics towards VLSI, in: IEEE Transaction on Electron Devices vol. ED-26 4 1979, 271-279; J. D. Meindl, Ultra large scale integration, in: IEEE Transaction on Electron Devices, vol. ED-31 1984, 1555-1561.

Ziel der Entwicklung ist eine Computersteuerung über natürliche Sprache. Führt der Rechner einmal Anweisungen aus, die vom Anwender frei formuliert sind, dann ist er bereits eine Art Kommunikationspartner, dessen Textverarbeitung einen Dialog von Mensch und Maschine ermöglicht.

Kulturtechnik meint aber nicht nur Fähigkeiten wie Schreiben, Sprechen und Rechnen, die durch Computer- und Informationstechnologien verändert werden. Auch die menschliche Imagination und Gefühlswelt wird simuliert. Erinnert sei an Ergebnisse des Media-Laboratory des MIT, die bereits zur Wissenschaftsgeschichte des Computers gehören: So ist der Data Glove ein mit Sensoren ausgestatteter Handschuh, der als Eingabegerät dient. Die Welt wird im ursprünglichen Sinn der Wortbedeutung computergestützt „begriffen", in dem Hand- und Fingerbewegungen in elektrische Signale umgesetzt werden. Eingebettet zwischen zwei Stoffschichten laufen Glasfaserkabel an jedem Finger entlang. Sie sind mit beiden Enden in einer Anschlußplatte verankert. In das eine Ende wird mit einer Leuchtdiode Licht eingeführt, das am anderen Ende von einem Phototransistor empfangen und in ein elektrisches Signal umgewandelt wird. Die Kabel sind so präpariert, daß bei Fingerkrümmung Licht entweicht. Ort und Orientierung der Hand werden von einem Sensor registriert (Abb. 3.28).[165]

Verbunden mit einer 3-dimensionalen Animation lassen sich künstliche Welten schaffen und beliebig manipulieren. So könnte ein Tisch, der nur im Speicher des Rechners und der elektronischen Imagination existiert, ergriffen und verschoben werden. Ein Roboter könnte im Weltraum komplizierte und gefährliche Handlungen ausführen, die ein Astronaut mit dem Datenhandschuh in der sicheren Station ausführt. Im Prinzip läßt sich die Konstruktion eines Datenhandschuhs auf einen Ganzkörperanzug zur Simulation aller körperlichen Bewegungen übertragen. Im übertragenen Sinn sprechen wir auch vom „Begreifen" einer Welt, deren Dimensionen für die Hand wie im Fall des Mikrokosmos zu klein oder wie im Fall des Makrokos-

165 J. D. Foley, Neuartige Schnittstelle zwischen Mensch und Computer, in: Die nächste Computergeneration: Spektrum der Wissenschaft, Heidelberg 1988, 66.

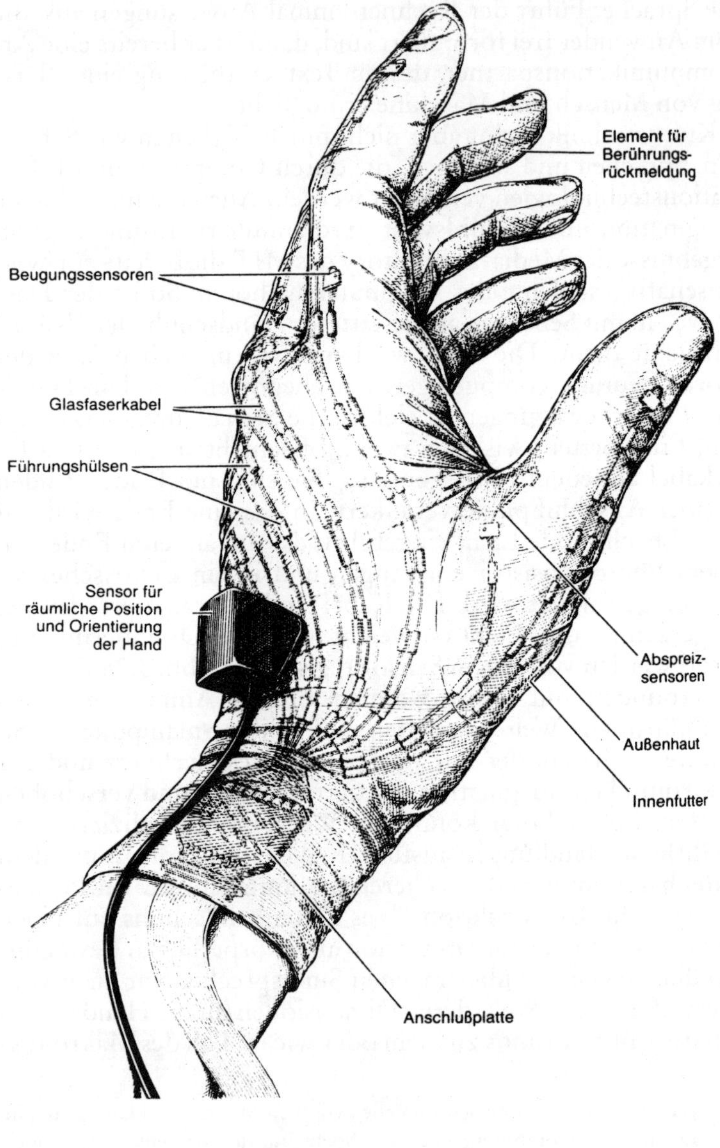
Element für
Berührungs-
rückmeldung
Beugungssensoren
Glasfaserkabel
Führungshülsen
Sensor für
räumliche Position
und Orientierung
der Hand
Abspreiz-
sensoren
Außenhaut
Innenfutter
Anschlußplatte

Abb. 3.28

mos zu groß ist. Durch Einbau eines taktilen Elements könnte der Datenhandschuh z. B. von einem Biochemiker benutzt werden, der imaginäre Moleküle drehen und wenden will, um ihre passenden Bereiche zu finden und ihre Reaktionen zu testen. Oberflächengestaltung von Molekülen werden durch den Datenhandschuh ebenso spürbar wie atomare Anziehungskräfte. Im Makrokosmos lassen Astronauten die Explosion von Sternen simulieren. Galaxien werden „ergriffen“ und „verschoben“. Spekuliert wird bereits über die Möglickeit entpersonalisierter Begegnungen im 3-dimensionalen Hologramm-Medium, wenn sich in der fiktiven Realität des Computers Partner berühren und kommunizieren können. Ob von einer Kultivierung aus dem Geist des Computers gesprochen werden kann, bleibt allerdings fraglich. In der Tradition war Kultivierung jedenfalls mit der Vorstellung einer „höheren“ und „besseren“ Natur verbunden (vgl. Kap.3.35).

Unabhängig davon werden die harten physikalischen Grenzen der mikroelektronischen Entwicklung deutlich. Da die Informationsverarbeitung mit elektrisch geladenen Elektronen geschieht, müssen Leiterbahnen oder isolierte Drähte verwendet werden, um gegenseitige Abstoßungen zu vermeiden. Hohe Packungsdichten werfen daher große Isolations- und Wärmeprobleme auf. Leiterbahnen im Mikrometerbereich erfordern staubfreie Fertigungsräume. Für ihre Übertragung auf Siliciumscheiben werden die verwendeten Lichtwellen zu lang. Mit 64-Megabit-Chips deutet sich beim herkömmlichen Chipmaterial Silicium das Ende der mikroelektronischen Entwicklung an. Die Geschwindigkeiten selbst von Supercomputern könnten nur noch durch neue Parallelarchitekturen erhöht werden, um z. B. aufwendige Bildverarbeitungen optimal zu ermöglichen. In der Entwicklung ist optische Informationsverarbeitung, die auf die Elementarteilchen des Lichtes setzt. Da Photonen keine elektrische Ladung besitzen, können sie sich nicht beeinflussen und ohne Drähte und Leiterbahnen im Raum frei bewegen. Schließlich deutet sich der Biochip an, der Informationsverarbeitung mit Kettenmolekülen der organischen Chemie realisiert. Die Speicherkapazität läge mit 10^{18} Informationseinheiten bei einer Kantenlänge von 1cm, was 1980 Millionen Festplatten mit 60 Megabyte Speicherplatz entsprechen würde.

Die Kommunikationsmöglichkeiten werden ohne Zweifel gesteigert. Andererseits wird Kommunikation durch Datenübertragung und die Schaffung imaginärer Welt entpersonalisiert. Ähnliche Einwände wurden aber auch gegen die Einführung der seinerzeit neuen Kulturtechnik des geschriebenen Wortes erhoben. Die Homerischen Epen entstanden, um gesprochen und rezitiert zu werden. Für Platon blieb die gesprochene Sprache der Königsweg zur Philosophie, da der Sokratische Dialog erst den menschlichen Geist an den Ideen teilhaben läßt. Im Dialog „Phaidros" klagt Platon den zerstörerischen Einfluß der Schrift auf die alte Kultur des gesprochenen Wortes an. „Die Schrift," so heißt es dort, „ist wie die Malerei, sie zeigt nur den Anschein der Weisheit, nicht deren Wirklichkeit."[166] Platon vergleicht die Schrift mit dem Weben von Stoffen, um zu erklären, wie das Wort die Welt wiedergibt. Im Dialog „Kratylos" wird vom Wort gesagt, es sei „eine Art didaktisches Instrument, das die Wirklichkeit durchschifft, wie das Weberschiffchen die Fäden auf dem Webstuhl."[167] Dieses schöne Bild läßt alle Deutungen der Sprache offen – von ihrem poetischen und ihrem magischen Gehalt bis zur Computerlinguistik.

Aristoteles verwendet erstmals Buchstaben bei der Formulierung von Syllogismen. Leibniz fordert die Darstellung des Wissens in formalen Rechenkalkülen. Russell, Hilbert u. a. führen in unserem Jahrhundert dieses Programm durch. Bei Leibniz verläuft die Informationsverarbeitung mechanistisch über Zahnräder, im 20. Jh. elektronisch über Chips, schließlich optisch über Photonen und vielleicht biologisch über Moleküle.

Der frühe Wittgenstein und der Wiener Kreis fordern Anfang dieses Jahrhunderts eine Reform des Kulturmediums der Sprache. Es soll zu einem Instrument klarer und sinnvoller Gedanken gemacht und von allen Bildungsüberfrachtungen, Scheinproblemen und Unklarheiten gereinigt werden. „Wovon man nicht sprechen kann, darüber muß man schweigen," heißt es am

166 Platon, Phaidros 275 A.

167 Platon, Kratylos 388 B-C.

Ende von Wittgensteins „Tractatus logico-philosophicus“.[168] Kulturkritik wird bei Wittgenstein zur Sprachkritik. Allerdings rückt er später von der Vision einer globalen Universalsprache ab, in der die Tatsachen der Welt nach festen logisch-grammatikalischen Regeln abbildbar sind. An ihre Stelle treten lokale Sprachspiele, die ihren Sinn im Sprachgebrauch erhalten. Die Analogie mit Sprachfamilien natürlicher Sprachen, die im Laufe der Jahrhunderte gewachsen sind, liegt ebenso auf der Hand wie die Entwicklung künstlicher Programmiersprachen. Auch Programmiersprachen haben ihre eigenen Sinnkontexte und Dialekte.

Schließlich müssen unterschiedliche Benutzer die Probleme, die einem Computer übergeben werden sollen, in einer passenden Programmiersprache formulieren. Je nach Abstraktionsgrad zur Hardware, der bei der Programmierung beachtet werden muß, klassifiziert man Programmiersprachen in Maschinensprachen mit direkter Programmierung der Hardware, niedere, maschinenorientierte Programmiersprachen oder Assembler-Sprachen mit Programmierung der Hardware über symbolische Namen und schließlich höhere oder problemorientierte Programmiersprachen, die von der Hardware unabhängig und an den zu bearbeitenden Problemfeldern orientiert sind. Höhere Sprachen werden in niedere mit Hilfe von Übersetzern übertragen. Seit den 50er Jahren hat sich ein mittlerweile weitverzweigter Stammbaum der Programmiersprachen entwickelt, ohne allerdings die Schnittstelle der natürlichen Sprachen als unmittelbares Kommunikationsmedium bereits erreicht zu haben.

Der Computer als Kulturtechnik? 1991 veröffentlichte der Programmierer Scott French einen Roman, der weitgehend computergestützt hergestellt worden war. Der Autor hatte seinen PC mit der Art des Schreibens der Bestseller-Autorin Jacqueline Susann programmiert, die Anfang der 70er Jahre ihren Roman „Tal der Puppen“ (Valley of the Dolls) mit 26 Millionen Exemplaren verkauft hatte. Der Autor benutzte ein ähnliches Expertenprogramm, mit dem im US-Ministerium Satellitenaufnahmen analysiert werden. Der wortreiche und von Klischees

---

168 L. Wittgenstein, Tractatus logico-philosophicus, Frankfurt 1964, 115.

triefende Stil von Jacqueline Susann bot sich dem Programmierer als einfaches Beispiel an. Ein Viertel des neuen Buches „Just this Once“ von 1991 sei, so der Programmierautor, vom Computer alleine, weitere 10% vom Autor hinzugefügt, der Rest eine Zusammenarbeit von Autor und Expertenprogramm. Bezeichnenderweise mußten die Sex-Szenen vom Autor selbst verfaßt werden, da die Sprachklischees der 70er Jahre überholt seien. Hinzuzufügen bleibt, daß Scott French für einen Roman à la Jacqueline Susann 6 Monate ansetzte. „Für Ernest Hemmingway müßte die Software erheblich verfeinert werden – das dauert bestimmt ein Jahr.“ Über Shakespeare wurde sich allerdings nicht geäußert.

Um uns herum entsteht eine Traumwelt, die sich in hohem Maße selbständig macht. Gedächtnis, Wahrnehmung und Denken, Sprechen und Schreiben, Urteilskraft und Imagination sind zunehmend computergestützt. Die Geisteswissenschaften, die traditionell auf diesen Fähigkeiten aufbauen, verändern durch den Gebrauch computergestützter Kulturtechnik ebenso ihr Selbstverständnis wie durch Aufkommen der Schrift in der Antike und des Buchdrucks in der Renaissance. Die Zugriffe und Auswertungsmöglichkeiten von Datenmaterial durch einen Historiker, sofern denn die historischen Daten gespeichert sind, steigern sich erheblich. Bei der Bewertung der jeweils jüngsten Geschichte, und das wird die unmittelbare Zukunft bald schon sein, sind historische Dokumente elektronisch verfügbar. Es wird auf das Abfassen gezielter Computerprogramme ankommen, um komplexe historische Zusammenhänge zu erkennen.

In einer computergestützten Medienwelt wird die Aufgabe eines Literaturwissenschaftlers eine andere sein als in der Welt Goethes oder Thomas Manns. Gefühle und Assoziationen, Gedanken und Erinnerungen vermitteln sich anders als in den traditionellen Medien des Buches und Theaters. Obwohl diese Kunstformen ebensowenig überwunden werden wie das gesprochene Wort nach Einführung der Schriftsprache, wird der Erfahrungs- und Kommunikationshorizont verändert und erweitert. Nur wenn die Werte, die mit den alten Kulturtechniken des gesprochenen und geschriebenen Wortes verbunden waren, nicht verdrängt werden, besteht eine Chance für mehr Humanität im Sinne größerer Erfahrung und Erlebnismöglichkeiten mit den neuen computergestützten Kulturtechniken.[169]

3.32 Komplexe ökonomische Systeme und Selbstorganisation

Maschinen waren im Laufe der Kulturentwicklung nicht nur Instrumente für Problemlösungen. Sie dienten auch als Analogien und Modelle, um die Mechanismen der jeweiligen Gesellschaft zu begreifen. Das gilt insbesondere für das gesellschaftliche Teilsystem der Ökonomie, dessen Modellvorstellung von programmgesteuerten Uhrenmodellen in der frühen Neuzeit bis zu sich selbst organisierenden komplexen Systemen in der Gegenwart reichen. Die Wissenschaftsgeschichte belegt den starken Einfluß naturwissenschaftlicher Fachdisziplinen auf das Selbstverständnis und die Modellbildung der Ökonomie. Seit der Entstehung der neuzeitlichen Ökonomie als eigenständiger Wissenschaft spielen naturwissenschaftlich geprägte Leitbilder in der Ökonomie eine wechselhafte Rolle, die sich in der Neuzeit mechanizistisch an der Physik oder organizistisch an der Biologie orientierte.

Die Entwicklung physikalistischer Modelle in der Ökonomie entspricht, wenn auch mit zeitlicher Verzögerung der Wissenschaftsgeschichte der Physik von der mittelalterlichen „ars mechanica", der Cartesischen Nahwirkungsmechanik, der Newtonschen Fernwirkungsmechanik bis zur zeitgenössischen nicht-linearen Mechanik und Chaosphysik, in der auch biologische Modellvorstellungen einbezogen sind. Je komplexer die Gesellschaftssysteme werden, umso mehr treten die ökonomischen Verteilungsprobleme der knappen Güter in den Vordergrund. Im Zeitalter der antiken Stadtstaaten entwickelte Aristoteles seine Lehre von der ökonomischen Gerechtigkeit, die in gerechten Preisen der im Staatswesen zu verteilenden Güter zum Ausdruck kommt. Ziel ist nicht mehr nur das bloße Überleben und die Anpassung an naturwüchsige Lebensbedingungen um jeden Preis. Es geht in der Aristotelischen Ökonomie

169 Vgl. auch G. Hottois, Le signe et la technique, Paris 1984; C. Castoriadis, L'institution imaginaire de la société, Paris 1975.

um das gute Leben, das zweckmäßig und sittlich begründet ist.[170] Indem Technik und Mechanik in der Wissenschaftsgeschichte an Bedeutung gewinnen, werden ihre Maschinen auch als Metaphern und Modelle zur Deutung der Welt und Gesellschaft verwendet. Die Uhr als Symbol des Weltenlaufs, der Ordnung, Autorität und des Determinismus ist seit Verbreitung der mechanischen Räderuhr seit 1300 bekannt. Philosophen und Naturforscher wie Oresme, Kepler, Hobbes, Descartes, Leibniz, Lamettrie u. a. haben das Uhrenmodell auf die Welt, den Körper und den Staat übertragen.[171]

Hierher gehört auch der Ökonom und Physiokrat F. Quesnay (1694-1774), der den Organismus einer Volkswirtschaft in Analogie zum mechanistischen Uhrwerk deutete.[172] Grundlage seiner physiokratischen Vorstellung vom Wirtschaftsablauf ist die Zirkulationstheorie und Maschinenlehre der Cartesischen Mechanik. Descartes ging von einem abgeschlossenen und stationären Universum aus, für dessen konstante Bewegungsmenge er eine Art Impulserhaltungssatz formulierte. Rauminhalt und Materie sind gleich, so daß in einer dicht gepackten Welt von materiellen Partikeln jede Bewegung auf Druck und Stoß, also physikalische Nachwirkungen zurückführbar ist. Kosmische Kreisläufe wie der Planetenlauf werden ebenso durch mechanistische Zirkulationen erklärt wie der Blutkreislauf oder das Laufwerk einer Uhr. Für Organismen sind die gleichen mechanischen Bewegungsgesetze zuständig wie für einfache Maschinen. Sie unterscheiden sich nur durch den Grad ihrer Komplexität. Noch im 18. Jh. galten die Räderuhr und das Kopernikanische Sonnensystem als exakteste Mechanismen.

---

170 Aristoteles, Nikomachische Ethik, Buch V 1133 a: Die Gerechtigkeit, insbesondere ‚einen gerechten Preis' als Tauschwert, begründet Aristoteles durch die Proportionenlehre.

171 Vgl. E. J. Dijksterhuis, Die Mechanisierung des Weltbildes, Berlin/Göttingen/ Heidelberg 1956.

172 F. Quesnay, Oeuvres économiques et philosophiques. Publiées avec une introduction et des notes par Auguste Oncken, Francfort 1888, repr. Aalen 1965.

Die physiokratischen Schriften des 18. Jhs. sind voll von Begriffen der Cartesischen Mechanik.[173] So wird der ökonomische Reproduktionsprozeß mit der Natur verglichen. Man spricht von Teilmaschinen der zusammengesetzten Maschinen der Volkswirtschaft wie z. B. der „Finanzmaschine", der „Antriebskraft" von Vorschüssen und Krediten, die wie Gewichte und Federn wirken, dem „Gangregler" physischer und moralischer Gesetze, die Gott im ökonomischen System erlassen hatte und die sein Verhalten determinieren. Auf dem Hintergrund dieses mechanistischen Paradigmas formuliert Quesnay seine Lehre vom Wirtschaftskreislauf und wird damit zu einem der Väter der Wirtschaftswissenschaft. Mit der Entdeckung von Keplers Planetenumlauf, Harveys Blutkreislauflehre und Descartes Maschinentheorie entfaltete sich die Kreislaufidee zu einem allgemeinen Ordnungsprinzip für Natur und Gesellschaft. Bereits vor den Physiokraten war der Wirtschaftskreislauf mit dem Blutkreislauf verglichen worden. So schreibt T. Hobbes in seinem „Leviathan" (1651):

> „Eine Münze geht aus einer Hand in die andere, und durch ihren Umlauf wird jeder Bürger ernährt, so daß sie dem Staate dasselbe ist wie das Blut dem menschlichen Körper ... Einige Adern führen das aus den äußeren Teilen herströmende Blut zu dem Herzen, von wo aus dasselbe durch andere Adern zurückgetrieben wird, die Glieder bewegt und deren Bewegung befördert."[174]

Einige Autoren vergleichen den Wirtschaftskreislauf auch direkt mit denen noch im 18. Jh. gebräuchlichen Kugellauf-Uhren, in denen Kugeln periodisch eine schiefe Ebene herabrollen, ihre Anzahl durch ein Zählwerk angezeigt und als Uhrziffernblatt abgebildet wird (Abb. 3.29).[175] Analog fassen die Physiokraten Wirtschaftsabläufe als periodisch programmierte

173 C. Recktenwald, Quesnays Gesamtwerk – eine wissenschaftstheoretische Sicht, in: W. Leontief/ H. C. Recktenwald, Über François Quesnays „Physiocratie", Düsseldorf 1987, 27-67.

174 T. Hobbes, Leviathan, Stuttgart 1980, 219.

175 G. Grollier de Serviere, Recueil d'ouvrages curieux de mathématique et de mécanique, ou description du cabinet de Monsieur Grollier de Serviere, avec des figures en taille-douce, seconde édition, Lyon 1733, Fig. 38. Die dort abgebildete Kugellaufbahn gleicht dem ‚Zickzack' des Tableau économique von Quesnay.

Bewegungen zwischen den „produktiven Klassen" der Landwirte und der „sterilen Klasse" der Gewerbetreibenden auf, gemäß dem physiokratischen Dogma, wonach nur der Boden produktiv sei. Entsprechende „Einkommensstöße" versetzen beide Klassen in die Lage, neue Güter herzustellen. Der geregelte Ablauf der physiokratischen Wirtschaftsmaschine entspricht jedenfalls weitgehend dem gleichmäßigen Gang eines mechanischen Uhrwerks, solange der Energievorrat reicht. Dazu muß eine Uhr regelmäßig aufgezogen werden. Analog vermag auch das physiokratische Wirtschaftssystem sich nicht selbst zu regulieren, sondern bildet mit seinen vorprogrammierten Funktionsabläufen ein unbewegliches System.[176]

Sein starrer Determinismus entsprach zwar dem monarchischen Absolutismus, keinesfalls aber dem Verlangen nach Willensfreiheit und dem liberalen Ziel vom dynamischen Spiel der politischen und wirtschaftlichen freien Kräfte, die sich selbst im Gleichgewicht halten. Sich selbst regulierende technische Systeme wie Fliehkraft-, Dampfdruck- oder Temperaturregler werden physikalisch erst auf dem Hintergrund der Newtonschen Mechanik möglich und entsprechen dem wirtschaftsliberalen Marktmodell bei Adam Smith. Newton hatte die Cartesische Mechanik durch allgemeine Bewegungsgesetze überwunden, für die keine Maschinenmodelle notwendig waren („hypotheses non fingo"). Vielmehr konnte aus seinen Mechanikaxiomen die gravitative Anziehung als Fernwirkung der Himmelsmechanik ebenso mathematisch abgeleitet werden wie die Galileischen Fallgesetze auf der Erde. Im Unterschied zum autoritären Räderwerk der Physiokraten, in dem ein Zahnrad das andere antreiben muß, wird nun das schon in Newtons Himmelsmechanik zugrunde gelegte Konzept vom Gleichgewicht der Kräfte, die sich selber stabilisieren, zum Leitbild liberaler Systeme in Wirtschaft und Politik.

In der Tat erinnert die wissenschaftliche Methode von Adam Smith, dem Vater liberaler Marktwirtschaft, in frappierender Weise an seinen großen Landsmann Isaak Newton. Wie New-

176 Vgl. H. Rieter, Quesnays Tableau Economique als Uhren-Analogie, in: H. Scherf (Hrsg.), Studien zur Entwicklung der ökonomischen Theorie IX, Berlin 1990, 57-94.

Abb. 3.29

ton will Smith von Tatsachen ausgehen, nicht von Fiktionen und Hypothesen. Tatsache ist für ihn der Eigennutz als natürliche Anlage des Menschen, aus dem Smith den Marktmechanismus gewinnt wie Newton das Gravitationsgesetz aus der Tatsache der Himmelsbewegung. Smith geht nicht von einem „gerechten", sondern von einem „natürlichen" Preis aus, der sich aus dem Arbeitswert eines Produktes ergibt. Wenn die Marktpreise von dem natürlichen Preis abweichen, werden Bewegungen ausgelöst, die den Marktpreis in Richtung des natürlichen Preises „gravitieren" lassen. Gemeint ist folgendes: Wenn der Marktpreis größer als der natürliche Preis wird, ist die Profitrate sehr hoch, so daß sich die Produktion ausweitet und damit zur Preissenkung führt. Die umgekehrte Bewegung tritt ein, wenn der Marktpreis kleiner als der natürliche Preis ist. Durch Gewinnchancen und Verlustrisiken steuert sich also das Marktsystem selber.[177]

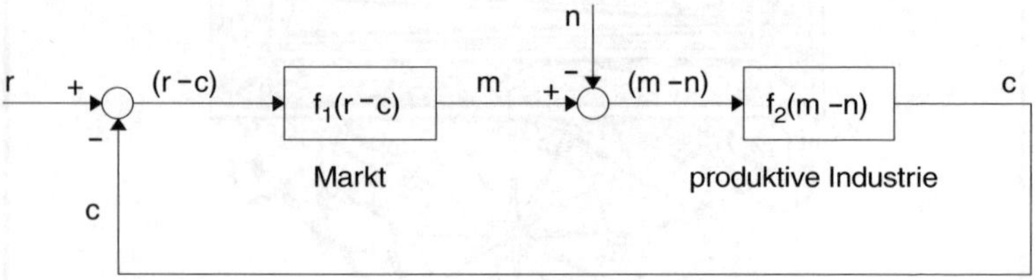

r = Nachfrage nach einem Gut; c = Angebot; m = Marktpreis;
n = natürlicher Preis (d. h. tatsächliche Kosten)

Abb. 3.30

Die Marktwirtschaft nach Smith läßt also den Menschen wie er ist – mit seinen Fehlern, Schwächen und Stärken. Sie berücksichtigt, daß der Einzelne seinen eigenen Vorteil im Auge hat, koordiniert die Wünsche über den Markt und nutzt das Streben nach Eigennutz über den Wettbewerb zur Maximierung des Sozialproduktes. In der klaren und nüchternen Sprache von Smith heißt das: „Ich habe niemals gesehen, daß diejenigen viel Gutes

177 O. Mayr, Zur Frühgeschichte der technischen Regelungen, München/Wien 1969, 122 ff.; ders., Adam Smith and the concept of the feedback system, in: Technology and Culture 12 1971, 1-22.

bewirkt hätten, die sich den Anschein gaben, um des Gemeinwohls willen Handel zu treiben." [178] Unmißverständlich heißt es: „Nicht vom Wohlwollen des Metzgers, Brauers und Bäckers erwarten wir das, was wir zum Essen brauchen, sondern davon, daß sie ihre eigenen Interessen wahrnehmen." [179] Berühmt wird Smiths Formulierung der „unsichtbaren Hand", die das Marktgeschehen lenkt, indem jedermann sein Einkommen zu mehren versucht.

„Allerdings strebt er in der Regel nicht danach, das allgemeine Wohl zu fördern, und weiß auch nicht, um wieviel er es fördert ... (Er) verfolgt seinen eigenen Gewinn und wird in diesem wie in vielen anderen Fällen von einer unsichtbaren Hand geleitet, einen Zweck zu fördern, den er in keiner Weise beabsichtigt hatte. Auch ist es nicht eben ein Unglück für die Gesellschaft, daß dies nicht der Fall war. Verfolgt er sein eigenes Interesse, so fördert er das der Gesellschaft weit wirksamer, als wenn er dies wirklich zu fördern beabsichtigt." [180]

Die kollektiven Wechselwirkungen der Individuen eines wirtschaftlichen Marktsystems erzeugen also Systemeigenschaften wie wirtschaftliches Gleichgewicht und natürliche Preise. Was von Smith eher metaphorisch als „unsichtbare Hand" oder „wunderschönes Gebäude" beschrieben wird, das „aus den verotteten Fundamenten des Eigennutzes empor wächst", ist aus der Selbstorganisationstheorie komplexer Systeme wohlbekannt. In der Sprache der Systemtheorie bilden die natürlichen

178 A. Smith, An Inquiry into the Nature and Causes of the Wealth of Nations, ed. E. Cannan, Chicago 1976, vol I, 478: „I have never known much good done by those who affected to trade for the public good."

179 A. Smith, s. Anm. 178, vol I, 18: „It is not from the benevolence of the butcher, the brewer, or the baker, that we expect our dinner, but from their regard to their own interest."

180 A. Smith, s. Anm. 178, vol. I, 477: „... He generally, indeed, neither intends to promote the public interest, nor knows how much he is promoting it. By preferring the support of domestic to that of foreign industry, he intends only his own security; and by directing that industry in such a manner as its produce may be of the greatest value, he intends only his own gain, and he is in this, as in many other cases, led by an invisible hand to promote an end which was no part of his intention. Nor is it always the worse for the society that it was no part of it. By pursuing his own interest he frequently promotes that of the society more effectually than when he really intends to promote it."

Preise einen absoluten Gleichgewichtszustand („Attraktor"), dem das Marktsystem spontan zustrebt. Offene Märkte, die Smith fordert, sind offene Systeme, die flexibel auf Fluktuationen reagieren können. Sie sind komplexe Systeme, da z. B. der Produktionsprozeß arbeitsteilig organisiert ist.

Als offenes System, das in ständigem Stoff- und Energieaustausch mit anderen Märkten und der Natur steht, kann Marktwirtschaft kein Gleichgewichtssystem sein. Analog wie biologische Ökosysteme wird sie in ständiger Veränderung begriffen sein und empfindlich auf geringste Veränderungen der Randbedingungen reagieren. Kurzfristige Schwankungen von Konsumentenpräferenzen, unflexibles Reagieren im Produktionsverhalten, aber auch Spekulationen auf Rohstoff- und Grundstücksmärkten liefern Beispiele für sensible Reaktionen im Wirtschaftssystem. Daß Fluktuationen im kleinen sich einerseits zu Wachstumsschüben im großen selber organisieren können (z. B. technische Innovationen wie Webstuhl und Dampfmaschine in der industriellen Revolution), andererseits aber zu chaotischem unkontrollierbaren Verhalten aufschaukeln können (z. B. Börsenkrach), ist eine historische Erfahrung der Jahrhunderte nach Adam Smith.[181]

Abb. 3.31 zeigt, wie sich der Wettbewerb zwischen zwei Technologien bei positiver Rückkopplung unter der Bedingung zunehmender Erträge durch geringste Anfangsfluktuationen entscheidet. Geringste Marktvorteile in der Anfangsphase können dazu führen, daß sich eine Technologie immer leichter und deutlicher durchsetzt, ohne daß diese Entwicklung vorausgesagt werden konnte. Selbst wenn ein technischer Standard wie z. B. ein Schraubengewinde, die Spurbreite einer Eisenbahn, ein Fernsehsystem, ein Computerbetriebssystem oder eine Computersprache nicht die beste Lösung unter fachlichem Gesichtspunkt war, kann sie sich global auf diesem Weg durchsetzen.[182]

---

181 Vgl. auch H. W. Lorenz, Nonlinear Dynamical Economics and Chaotic Motion, Berlin/Heidelberg/New York 1989; R. M. Goodwin, Chaotic Economic Dynamics, Oxford 1990; P. W. Anderso/K. J. Arrow/ D. Pines (eds.), The Economy as an Evolving Complex System, Reading (Mass.) 1988.

182 W. B. Arthur, Positive Rückkopplung in der Wirtschaft, in: Spektrum der Wissenschaft 4 1990, 123; ders./J. M. Ermoliew/J. M. Kaniowski, Path-

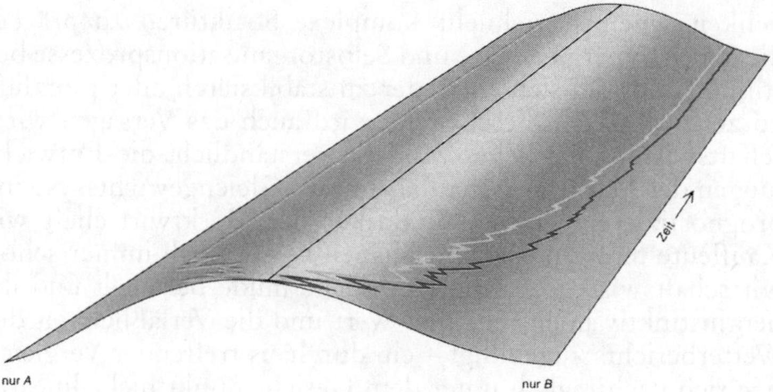

Abb. 3.31

Demgegenüber geht die klassische Physik Newtons davon aus, daß Ursachen und Wirkungen nicht nur eindeutig miteinander verknüpft, sondern prinzipiell mit beliebiger Genauigkeit berechenbar seien. Der Glaube des deterministischen Weltbildes bestand darin, daß mit Hilfe der Newtonschen Bewegungsgleichungen einerseits und hinreichender Information über das betreffende System andererseits die Zukunft beliebig lange und exakt vorhersehbar sei. Als Paradebeispiel galt das Keplersche Planetengesetz, nach dem die Erde auf „ewig" dieselbe Ellipsenbahn um die Sonne beschreibt.

Die Situation hat sich mit der Theorie komplexer dynamischer Systeme insofern geändert, als die Eindeutigkeit mathematischer Naturgesetze nicht gleichbedeutend mit universeller Vorausberechenbarkeit ist. Wie in Abschnitt 3.21 erläutert wurde, spricht man in der mathematischen Chaostheorie vom „Schmetterlingseffekt", der das altehrwürdige Kausalitätsgesetz des Rationalismus „gleiche Ursachen – gleiche Wirkungen" außer Kraft setzt. Das deterministische Weltbild mit seiner totalen Berechenbarkeit und Machbarkeit erweist sich auch in der Wirtschaft als Illusion. Die ökonomische Wirk-

dependent processes and the emergence of macro-structures, in: European Journal of Operational Research 30 1987, 294-303; ders., Competing technologies, increasing returns, and lock-in by historical events, in: The Economic Journal 99 Heft 394 1989, 116-131.

lichkeit scheinen vielmehr komplexe Strukturen zu prägen, die durch Synergieeffekte und Selbstorganisationsprozesse bestimmt sind, um sich entweder zu stabilisieren oder plötzlich zu zerfließen. An dieser Stelle wird auch das Versagen wirtschaftswissenschaftlicher Modelle verständlich, die Entwicklungen der Marktwirtschaft als lineare Gleichgewichtssysteme prognostizieren wollten. Praktiker der Marktwirtschaft wie Kaufleute und Unternehmer haben bekanntlich immer schon wirtschaftswissenschaftliche Modelle milde belächelt und ihnen instinktiv höchstens den Wert und die Verläßlichkeit des Wetterberichts zugebilligt – ein durchaus treffender Vergleich wie sich nachträglich unter dem Gesichtspunkt nicht-linearer Systeme zeigt.[183]

Wissenschaftshistorisch ist bemerkenswert, daß der „Schmetterlingseffekt" in der Wirtschaft bereit 1890 von dem englischen Ökonomen A. Marshall erwähnt wurde. In seinen ‚Principles of Economics' wird gezeigt, daß ein Unternehmen,das rein zufällig früh einen hohen Marktanteil erreicht, seine Konkurrenten überflügeln kann, wenn die durchschnittlichen Produktionskosten mit zunehmenden Marktanteilen fallen. Analog wie H. Poincaré, der in den gleichen Jahren den „Schmetterlingseffekt" in der Himmelsmechanik bemerkt, geht er jedoch dieser Beobachtung nicht weiter nach. Die Nicht-Linearität entsprechender mathematischer Modelle mag Ökonomen eher noch mehr abgeschreckt haben als Physiker, die sich erst wieder unter den Bedingungen hoher Rechnerkapazitäten komplexen dynamischen Systemen verstärkt zugewandt haben. Auch J. A. Schumpeter spricht in seiner posthum 1954 veröffentlichten „Geschichte der ökonomischen Analyse" davon, daß ein eindeutig determiniertes Gleichgewicht in der Ökonomie „allergrößte Bedeutung" habe und multiple Gleichgewichte nicht notwendig nutzlos seien, aber einem „Chaos" entsprechen, das sich der analytischen Kontrolle entzieht.[184]

183 W. A. Barnett/J. Geweke/K. Shell (eds.), Economic Complexity: Chaos, Sunspots, Bubbles, and Nonlinearity, Cambridge 1989.

184 J. A. Schumpeter, Geschichte der ökonomischen Analyse, 1954, dt. 1965.

Wirtschaftsvorgänge wären demnach durch Phasenübergänge zu beschreiben, wie sie fachübergreifend aus nicht-linearen Theorien der Naturwissenschaft bekannt sind. So wird die Chaostheorie für die Erklärung irregulär zyklischen Wirtschaftswachstums verwendet. In einfachen Modellen kann durchgespielt werden, wie in einem Wirtschaftssystem unabhängig vom individuellen Sparverhalten und den Interessen der einzelnen Bürger es zur Vermögensbildung und Kapitalakkumulation, also zu Systemeigenschaften kommt. Ausgehend von einer Gleichverteilung führt in diesen Modellen eine sehr kleine zufällige Störung der Vermögensverteilung (z. B. die Situation, wenn eine Teilgruppe weniger konsumiert und dadurch etwas mehr Kapital bildet) nach Smith durch die „unsichtbare Hand", d. h. heute nach den Gesetzen der Selbstorganisation zur Klassenbildung von Kapital. Wirtschaft wird zunehmend nicht als statische Struktur im Sinne von klassischen Maschinen verstanden, seien es nun mechanische Uhrwerke, selbstregulierende Dampfmaschinen oder gar programmgesteuerte Informationssysteme wie im Digitalcomputer. Wirtschaft ist in der Evolution begriffen. So geht z. B. die industrielle Entwicklung durch Phasen des Wohlstandes und der Depression, deren Übergänge markant ausgeprägt sind. Kleine Änderungen der Nebenbedingungen eines Wirtschaftssystems können drastische Änderungen der Gesamtordnung nach sich ziehen.

Phasenübergänge, nicht-lineare Kausalität, Chaos und Emergenz von Ordnung legen die Evolution komplexer dynamischer Systeme für die wirtschaftliche Modellbildung nahe.[185] Demgegenüber ging die klassische Theorie der freien Marktwirtschaft in der Tradition von Smith davon aus, daß die Wirtschaft stets einer bestimmten Gleichgewichtslage zustrebt. Evolutionsmodelle komplexer Systeme können aber zwei oder mehr Gleichgewichtslagen zustreben, periodisch schwanken oder ins Chaos abstürzen – Vorgänge, die aus Wirtschaftsverläufen wohlbekannt sind. Wirtschaftssysteme funktionieren heute sicher computergestützt, da ihre Informationsflüsse ohne

185 Vgl. auch H. Schnable, Nichtlinearität und Chaos in der Wirtschaft, in: WiSt 11 1991, 559-565.

die modernen Textverarbeitungs- und Rechensysteme nicht mehr bewältigt werden können.

Um aber die Mechanismen ökonomischer Systeme erkenntnistheorisch zu begreifen, reicht die herkömmliche elektronische Datenverarbeitung als Modellbildung nicht aus. Philosophisch gesprochen muß „lineares“ durch „nicht-lineares“ Denken ersetzt werden, das der komplexen Vernetzung unserer Lebenswelt gerecht wird. Ökonomische Systeme sind nämlich selber in komplexere Umwelt- und Gesellschaftssysteme eingebettet, die es zu berücksichtigen gilt.[186] Das sei abschließend am Beispiel des Konfliktes von Industrie und Umwelt erläutert. Seit den 70er Jahren wird unter dem Eindruck zunehmender Umweltbelastung die Frage diskutiert, ob wir nicht nur an einzelnen Symptomen herumdoktern, ob man nicht vielmehr radikal nach „den“ Grenzen des Wachstums der Industriegesellschaft (Meadow) fragen muß. Gemeint ist, daß die Umweltbelastung, die Industrieproduktion, der Energieverbrauch, die Nahrungsmittelmenge, das Bevölkerungswachstum, die Kapitalbildung usw. konstant gehalten werden sollen, um die natürlichen Ressourcen möglichst zu schonen. Mit Verweis auf entsprechende mathematische Modelle glaubte der „Club of Rome“ in den 70er Jahren, daß durch Konstanthalten der genannten Faktoren, also durch Begrenzung des Wachstums (Nullwachstum) ein Gleichgewichtszustand des ökonomisch-ökologischen Weltsystems machbar wäre.[187]

Die Kritik richtet sich gegen das sogenannte quantitative Wachstum der Ökonomie der 50er Jahre.[188] Die dabei zu Grunde gelegte Produktionsfunktion des Sozialproduktes $P = f(A, K, F)$ hängt nur ab von der Arbeit A, dem Kapital K und dem technischen Fortschritt F, nicht aber vom Material der

186 Als frühen und weitsichtigen Ansatz vgl. dazu F. A. von Hayek, Die Theorie komplexer Phänomene. Vorträge und Aufsätze des Walter Eucken Instituts Nr. 36, Tübingen 1972.

187 D. Meadows, Die Grenzen des Wachstums. Bericht des Club of Rome zur Lage der Menschheit, Hamburg 1973.

188 H. C. Binswanger/H. Bonus/M. Timmermann, Wirtschaft und Umwelt. Möglichkeiten einer ökologieverträglichen Wirtschaft, Stuttgart/Berlin 1981, 37 ff.; H. Siebert, Ökonomische Theorie der Umwelt, Tübingen 1978.

Natur, aus dem produziert wird und nicht von der Energie der Natur, mit der produziert wird. Die Wirtschaft ist nach dieser Formel nur vom Menschen abhängig und in keiner Weise von der Natur.

Anders die radikale ökologische Version vom Nullwachstum: Über Tausende von Jahren habe die Menschheit nur mit regenerierbaren Rohstoffen gewirtschaftet. Wohl gab es Ansätze zur Wachstumswirtschaft im alten Griechenland und vor allem im römischen Kaiserreich, und dann wieder zur Zeit der Renaissance. Einen kontinuierlichen Wachstumsprozeß auf der Basis ständig steigenden Ressourcenverbrauchs kennen wir jedoch erst seit der industriellen Revolution in England und auf dem europäischen Kontinent sogar erst seit dem letzten Viertel des 19. Jhs. In weiten Teilen der Welt kennen wir ihn aber auch heute noch kaum. Warum sollten wir also nicht wieder von einer so kurzfristigen Erscheinung, wie es das wirtschaftliche Wachstum bzw. der ständig wachsende Ressourcenverbrauch ist, Abstand nehmen, und zu einem einfacheren Leben auf der Grundlage einer ökologisch unschädlichen und neutralen Wirtschaftsführung zurückkehren können?

Nicht der technische Fortschritt soll die Wirtschaft dominieren, sondern die Unterordnung unter die Natur N und ihre ökologischen Kreisläufe, d. h. $P = (A, N)$. Dahinter steht, wie ich meine, die seit Rousseau beliebte Flucht mancher Intellektueller in einen Natur- und Unschuldszustand, den es historisch nie gegeben hat. Jeder, der sich einmal mit den Lebens- und Arbeitsbedingungen unserer Vorfahren, ihren Lebenserwartungen, ihren Naturkatastrophen, ihren Krankheiten usw. beschäftigt hat, kehrt schaudernd wieder in die Gegenwart zurück. Die alten Philosophen schildern uns deshalb keine trügerische Idylle, sondern raten zum vernünftigen Maß der Dinge.

Wissenschaftlich lehrt uns sowohl die Evolution biologischer Ökosysteme als auch die Geschichte ökonomischer Systeme, daß die Industriegesellschaft als offenes dynamisches System nicht auf einem Gleichgewichtszustand eingefroren werden kann. Das komplexe Zusammenwirken sowohl von biologischen als auch von ökonomischen Variabeln ist nicht-linear, so daß Fluktuationen im kleinen unkontrollierbare Synergieeffekte im großen auslösen können. Sie zwingen uns, sich immer wieder auf neue Situationen einzustellen. Gegenüber dem ökologischen Trugbild vom Nullwachstum und gegenüber dem quantitativen Wachstumsfetischismus der 50er Jahre geht qualitatives Wachstum von der Einsicht aus, daß der Mensch dank seiner Kreativität die Grenzen, die ihm die Natur setzt, zwar erweitern aber nicht sprengen kann. Bei der Produktionsfunktion qualitativen Wachstums $P = f(A, K, N, F)$ stellt sich die Aufgabe, in der Wirtschaft ein geeignetes Gleichgewichts für das Verhältnis von Natur und technischem Fortschritt zu finden. Entscheidend mit Blick auf Luft und Klima wäre es, Wachstum an Lebensqualität und z. B. Wachstum an Energieverbrauch zu entkoppeln, d. h. umweltschädigende durch energie- und rohstoffsparende sowie emissionsarme Produkte zu ersetzen, umweltfreundliche Technologie zu entwickeln und in diesem Sinn effektiver als bisher zu produzieren.

An die Stelle „linearer" Produktionsabläufe ohne Rücksicht auf die Produktionsressourcen und Produktionsabfälle müßten „nicht-lineare" Produktionskreisläufe treten, in denen die Abfallstoffe des einen Produktionsprozesses weitgehend als Ausgangsstoffe für weitere Produktionsprozesse verwertet werden. Ein solches industrielles Ökosystem würde seine Materialien ebensowenig erschöpfen wie ein biologisches: Dort liefern pflanzliche Syntheseproduktionen die Nahrung für die Pflanzenfresser, die wiederum den Ausgangspunkt einer Nahrungskette von Fleischfressern bilden, deren Ausscheidungen schließlich weitere Pflanzengenerationen ernähren. Hier taucht möglicherweise dieselbe Stahlmenge nach gewisser Zeit als Blechdose auf, dann als Automobil, schließlich als Stahlträger eines Hauses.[189]

Die Herstellungsverfahren verwandeln nur die Form und Zusammensetzung der zirkulierenden Materialbestände. Solche Recyclingverfahren verbrauchen zwar immer noch Energie, erzeugen Abfälle und schädliche Nebenprodukte, allerdings auf niedrigerem Niveau als heute. Technisch müßte dazu der Produktionsprozeß mit der Zeit umgestellt werden, da-

189 Vgl. auch P. Dumouchel/J.-M. Dupuy, L'Auto-Organisation de la Physique au Politique, Paris 1982.

mit die erzeugten Abfälle entweder direkt oder über Aufbereitungsanlagen weitgehend wieder zugeführt werden. Das gilt z. B. für die Automobil- und Kunststoffindustrie ebenso wie z. B. für die Verpackungsindustrie der Lebensmittelbranche.

Obwohl es bereits einzelne Recyclingverfahren gibt (z. B. Eisenindustrie) und einige im Aufbau begriffen sind (z. B. PVC-verarbeitende chemische Industrie), ist die gegenwärtige Technik den Anforderungen eines selbst regulierenden komplexen Recyclingnetzes weitgehend nicht gewachsen. Gefordert sind also nicht weniger, sondern mehr Wissen und technische Innovationen, die auf das Ziel eines sich selbst regulierenden industriellen Ökosystems ausgerichtet sind.[190]

Bei der Übernahme von mathematischen Modellen der Systemtheorie, die sich in den Naturwissenschaften bewährt haben, müssen wir uns jedoch vor bestimmten methodischen Fehlschlüssen hüten. Ziel- und Wertvorstellungen der Gesellschaft betreffen Zustände, die in der Sprache der Ethik als sittlich gut oder schlecht bewertet werden.[191] Eine methodisch einwandfreie Ethik muß den naturalistischen Fehlschluß vermeiden, wonach das sittlich Gute letztlich wieder in Begriffen empirischer Tatsachen definiert wird oder aus solchen Tatsachen alleine abgeleitet wird.

Den naturalistischen Fehlschluß begehen wir, wenn z. B. ein sich selbst regulierendes industrielles Ökosystem als Zielvorstellung der menschlichen Gesellschaft dadurch gerechtfertigt wird, daß die Natur ja auch sich selbst regulierende Systeme ausbildet und der Mensch als Agent der Evolution sie deshalb zu realisieren habe. Der Schluß ist vor allem deshalb trügerisch, da sich die Zustände der menschlichen Gesellschaft nicht naturwüchsig wie in natürlichen Ökosystemen einstellen, sondern durch menschlichen Willen von Vernunft und Unvernunft maßgeblich bestimmt sind. Wir können uns also aus unserer Verantwortung nicht mit Naturgesetzen herausreden.

---

190 K. Mainzer, Ökologie, Ökonomie, Ethik – Magisches Dreieck oder vernünftige Einheit? in: ders. (Hrsg.), Ökonomie-Ökologie, Bern/Stuttgart 1993, 51-77.

191 D. Birnbacher (Hrsg.), Ökologie und Ethik, Stuttgart 1980.

Komplementär dazu ist aber auch der normativistische Fehlschluß zu vermeiden, wonach Entwicklungen der menschlichen Gesellschaft nur vom menschlichen Willen und von menschlichen Normen abhängig, also aus normativistischen Überlegungen allein ableitbar seien. Rein normative Überlegungen ergeben nur allgemeine Beurteilungsmaßstäbe, die noch spezifische Gesetzmäßigkeiten des jeweiligen Sachbereichs und konkrete Situationsfaktoren zu berücksichtigen haben.

So kann der Sozialethiker begründen, daß z. B. Arbeitslosen in der Marktwirtschaft sozial zu helfen ist. Aber schon die Frage, wie Arbeitslosigkeit entsteht, setzt ökonomische und soziologische Fachkenntnisse voraus, die nicht in die methodische Kompetenz des Ethikers fallen. Noch weniger kann der Ethiker sagen, wie man Arbeitslosigkeit bekämpfen kann und ob der Einsatz bestimmter ökonomischer und sozialpolitischer Instrumente die Mechanismen der Marktwirtschaft positiv beeinflußt oder nicht.

Wirtschaft läßt sich also auch nicht einseitig auf den modernsten Maschinenbegriff reduzieren, der uns heute zur Verfügung steht – komplexe dynamische Systeme nach dem Vorbild der biologischen Evolution. Fachübergreifendes und nicht-lineares Denken wird von uns allen abverlangt, wenn wir qualitatives Wachstum eines industriellen Ökosystems herbeiführen wollen, egal ob wir in Verbänden oder Industrieunternehmen, im Staat, in Schule, Hochschule oder schlicht als Verbraucher und Bürger gefordert sind. Angesichts der komplexen Vernetzung der Probleme stellt sich allerdings die Frage, wie heute überhaupt verantwortungsvolles und moralisches Entscheiden und Handeln möglich ist.

Traditionell wird in der Ethik Verantwortung und Verhandlungen an einzelne autonome Personen gebunden. Die gefährlichen Schädigungen, die das System Natur, Mensch und Gesellschaft heute in Frage stellen, werden aber nur zu einem geringen Teil von einzelnen verursacht, sondern durch die große Masse der Vielen, deren Bedürfnisse, Lebensgewohnheiten und Konsumwünsche sich zu komplexen Effekten und synergetischen Kombinationswirkungen aufpotenzieren, die unkontrollierbar werden können. Das ist eine zwingende Erkenntnis aus der Analyse komplexer dynamischer („nicht-linearer") Systeme.

Schädigung durch Autoabgase, Energieverbrauch, Abfallbeseitigung usw. gehören hierher. Kurz: Die moralische und rechtliche Individualzuweisung von Verantwortung läßt sich bei kombinierten und kollektiven Handlungsprozessen und synergetischen Wirkungen in komplexen dynamischen Systemen schwer durchführen.[192]

An die Stelle von Einseitigkeit muß also auch bei der Frage verantwortlichen Handelns eine differenzierte Betrachtungsweise treten. Jeder Mensch im ökologischen Gesamtsystem hat nämlich Anteil an der erweiterten Verantwortlichkeit. Es gibt jedoch Grade der Mitverantwortung, die von der Stellung des einzelnen, seiner beruflichen und fachlichen Kompetenz in der betreffenden Frage und seiner aktiven Beteiligung an der betreffenden Handlung abhängt. Bei diesem Konzept bleibt also moralische Verantwortung konkret an Personen gebunden, wenn sie auch graduell aufteilbar ist.

Die abendländische Philosophie hat von der Antike bis zur Aufklärung den Einzelnen als Person durch charakteristische Wertvorstellungen bestimmt. Sie lauten Selbstbestimmung, Selbstverantwortung und Selbsthilfe. Sie bilden die Voraussetzung für Eigeninitiative, Kreativität und Innovation, auf die moderne Marktwirtschaft, Forschung und Technologie als Motoren eines qualitativen Wachstums unserer Wohlfahrt setzen. Neue Herausforderungen bergen eben nicht nur Risiken, sondern auch Chancen und setzen erfahrungsgemäß neue Kräfte frei.

3.33 Komplexe Gesellschaftssysteme und Ökologie des Computers

Die Kommunikation innerhalb komplexer und weltweiter Gesellschaftssysteme ist nur computergestützt möglich. Ein erdumspannendes Informationsnetz erinnert an ein komplexes Nervensystem, in dem der Einzelmensch mit seinem Bewußtsein Teil eines globalen Kommunikationsmediums wird. Geht das Bewußtsein des Einzelmenschen, wie H. Marshall

192 Vgl. auch H. Lenk, Zwischen Wissenschaft und Ethik, Frankfurt 1992.

McLuhan Ende der 70er Jahre prophezeite, in einer Art Weltgehirn auf?[193] Läßt sich Turings Schlüsselfrage nach einem intelligenten System auch auf die Gesellschaft insgesamt übertragen?

Aus der Verbindung von Rechner- und Telekommunikationstechnologie zeichnet sich mittlerweile eine elektronische Infrastruktur ab, die weitreichende Folgen für Wirtschaft und Gesellschaft nach sich zieht. Geradezu naturwüchsig haben sich lokale Netze von technischen Geräten wie Buchungsautomaten, Fernkopierern, Anrufbeantwortern, mobilen Telefongeräten, Fernsehen u. ä. herausgebildet. Technisch ist das Anwachsen des Dienstleistungssektors nur durch solche Informations- und Kommunikationstechnologien möglich. Der heute viel diskutierte Übergang von der Industriegesellschaft, die vorwiegend auf materielle Ressourcen baute, zur Informationsgesellschaft, in der ein immaterieller Wert wie die Information zum knappen Gut von Anbieter und Verbraucher wird, ist eine Folge dieser technologischen Innovation. Auffallend ist, daß diese Entwicklung keineswegs zentral gesteuert abläuft. Vielmehr bilden sich Ordnungsstrukturen quasi durch Selbstorganisation in einem scheinbaren Chaos von Informationssträngen aus Radios, Telefonen, Computern, Bildschirmen.

Häufig ist eine neue Informationstechnologie naturwüchsig einfach da, und zukünftige Benutzer müssen sich auf die neuen technischen Benutzerbedingungen einstellen. Um die damit auftretenden Probleme zu minimieren, wird eine optimale Anpassung der Benutzerformen an die natürlichen menschlichen Ausdrucksformen wie Sprache, Gestik, Handschrift, Tastsinn angestrebt. Erste Beispiele für dieses „whole-person-paradigm" sind verschiedene Multi-Media-Konzepte, in denen Kombinationen aus Text, Graphik, Ton- und Bildinformationen von einem Computer koordiniert werden. Forschungsgruppen zur Mensch-Maschine-Kommunikation bemühen sich herauszufinden, wie der Computer die Funktion eines Menschen übernehmen kann, um den Anfänger didaktisch geschickt in die Nutzung eines neuen Programms einzuführen. Dabei wird auf

193 Vgl. auch K. Wright, Auf dem Weg zum globalen Dorf, in: Spektrum der Wissenschaft 5 1990, 46-60.

Hilfsmittel wie sprachliche Erläuterung, Graphik und Animation zurückgegriffen.[194]

Das Konzept CSCW („Computer Supported Cooperative Work") strebt an, Menschen an verschiedenen Orten in einem virtuellen Raum zusammenzuführen, um gemeinsam mit denselben Dokumenten und Unterlagen umzugehen. An die Stelle der bloßen 2-dimensionalen Visualisierung mit Bildschirmen soll langfristig die 3-dimensionale Virtualisierung in Raum und Zeit (z. B. mit der Hologrammtechnik) treten, um Kommunikation jederzeit über kontinentale Entfernungen zu ermöglichen.

Was für die einen die Vision grenzenloser Verständigung, wird von anderen als die Bedrohung eines Computernetz-Leviathan empfunden. Die Datenflut auf den einzelnen wächst zu einer Informationslawine aus, die entsorgt werden muß. So werden bereits Computerprogramme als Wissensfilter („knowbots", d. h. knowledge robots) entworfen, die wie eine gute Sekretärin entsprechend den Präferenzen des Chefs die eingehenden Informationen vorsortieren. Offensichtlich sind mit den „knowbots" erhebliche Manipulationsgefahren verbunden. Die technisch größere Freiheit der Kommunikation scheint andererseits die persönlichen Freiheitsrechte des einzelnen zu bedrohen. Die Digitalisierung aller menschlichen Ausdrucksformen ermöglicht nämlich auch Kontrollverfahren, die zur heimlichen Aushöhlung der Freiheitsrechte z. B. durch den Staat oder Industriemonopole führen könnten. Hier ist der Gesetzgeber entscheidend gefordert. Nutzeffekt, Kosten und Risiko der neuen multimedialen und globalen Infrastruktur sind also abzuschätzen.

Für den neuen Informationsmarkt[195] darf nicht nur der wirtschaftliche Wettbewerbsmechanismus ausschlaggebend sein. Andererseits wäre die Vorstellung zentraler Steuerung durch Behörden angesichts des Komplexitätsgrades der Vernetzung

---

194 Vgl. The National Challenge in Computer Science and Technology, ed. Computer Science and Telecommunications Board, Washington D. C. 1988.

195 M. L. Dertouzos, Building the information market-place, in: Technology Review 1 1991, 29-40.

ein naiver Rückfall in lineares Denken, das durch die faktische Entwicklung ebenso überrollt würde wie seinerseits die politischen Utopien einer zentralistischen Komandowirtschaft zu höherem Nutzen des Kollektivs. Eine notwendige Bedingung zum adäquaten Umgang mit den neuen Informationstechnologien erfordert nüchterne Aufklärung über ihre Grenzen und Möglichkeiten. Computer- und Kommunikationsnetze können die Qualität zwischenmenschlicher Beziehungen nicht erhöhen. Ebenso sind dem menschlichen Aufnahmevermögen von Information natürliche Grenzen gesetzt. Andererseits könnte ein hoher Vernetzungsgrad die menschliche Kommunikation insofern demokratisieren, als nun Absichten, Forderungen und Meinungen des einzelnen besser an die Öffentlichkeit gebracht werden könnten. Jedenfalls erhöht eine hohe Vernetzung von Computern ihre effiziente Nutzung, was angesichts teurer Hardware und Rechenzeit einen erheblichen wirtschaftlichen Nutzen bedeutet.[196]

Die Anfänge von Computervernetzungen gehen auf die frühen Aufteilungsverfahren der Rechenzeit auf mehrere Benutzer bereits Anfang der 60er Jahre zurück. Im Anschluß daran entstanden lokale Netzwerke wie z. B. Universitäten und Industriebetriebe, in denen z. B. Personalcomputer, Zentralcomputer, Drucker, Telekopierer, graphische Systeme, elektrische Schreibmaschinen, Fax- und Telefongeräte miteinander vernetzt wurden. Mittlerweile geht es um netzverbindende Architekturen auf regionaler und internationaler Ebene, die nicht zuletzt technische Probleme der Kompatibilität aufwerfen.[197]

Nach dieser Phänomenologie gesellschaftlicher Vernetzung aufgrund neuer Kommunikations- und Informationstechnologien geht es nun um ihre strukturelle Analyse. Liegen der wachsenden computergestützten Vernetzung der Gesellschaft

196 K. H. Kellermayr, Lokale Computernetze LAN. Technologische Grundlagen, Architektur, Übersicht und Anwendungsbereiche, Wien 1986.

197 Vgl. auch J. A. Sharp, Verteilte und parallele Computernetze. Architektur und Programmierung, Weinheim 1989; E. M. Buba, Computernetze. Datenübertragung, Datenkommunikation, Datendienste. Eine strukturierte Einführung, Reinbeck 1991; H. W. Barz, Kommunikation und Computernetze. Konzepte, Protokolle und Standards, München 1991.

Gesetzmäßigkeiten zugrunde, die aus der Evolution bekannt sind, oder können neue evolutionäre Entwicklungstrends ausgemacht werden? Naheliegend sind Modelle komplexer Populationssysteme, die im Rahmen der Ökologie untersucht werden. Gibt es eine Evolution ökologischer Computer- und Informationssysteme, die analog der früheren Entwicklung des Zentralnervensystems nun den Organismus der Gesellschaft auf neue Umwelt- und Lebensbedingungen vorbereiten?[198]

Offensichtlich besitzen Computer- und Informationsnetze Eigenschaften sozialer und biologischer Organisationen. Es sind offene komplexe Systeme, deren nicht-linerare Wechselwirkungen unterschiedliche Gleichgewichtssituationen ansteuern. Sie reichen von homogenen Endzuständen über oszillierende Schwankungen und fraktale Wechselwirkungen bis zum Informationschaos. Der Wettbewerb von Informationseinheiten scheint durch sich selbst organisierende Marktmechanismen bestimmt, die an ökonomische Systeme erinnern. Während die biologische Evolution vergleichsweise langsam aufgrund von biochemischen Zufallsmutationen abläuft, können Veränderungen von technik- und wissensgestützten Kulturen des Menschen rasch durch unverhoffte Ideen und Innovationen eingeleitet werden. Vom Standpunkt der Theorie komplexer Systeme läßt sich ein Kommunikations- und Informationsnetz als ein System auffassen, das selbständig Lösungsstrategien für Probleme entwickelt, die durch die jeweilige Systemumwelt gestellt werden.

In diesem Sinn kann von einer vergleichenden Systemtheorie ausgegangen werden, die ökologische Wechselwirkungen mit einer Systemumwelt bei biologischen, ökonomischen und informationstechnologischen Systemen untersucht. Während z. B. biologische Systeme auf Gene und Mutationen als Replikatoren und Variationsmechanismen zurückgreifen, liegen ökonomischen Systemen einzelne Firmen, Erfinder und Marktmechanismen zugrunde. Die Replikatoren menschlicher Kulturen sind Informationsmuster, die in frühen Stadien durch Imitation von Mensch zu Mensch und von Generation zu Genera-

198 Vgl. B. A. Huberman (ed.), The Ecology of Computation, Amsterdam/New York/Oxford/Tokyo 1988.

tion weitergeleitet wurden. In Analogie zu biologischen Genen spricht man auch von „Memen“, die Ideen, Glauben, Meinungen, Verhaltensweisen, Moden, Techniken u. ä. umfassen. Replikatoren menschlicher Kulturen sind also keine Individuen, die unter den Bedingungen biologischer Lebenserwartung ausscheiden, sondern die von ihnen entwickelten Meme, die über Generationen hinweg weiter existieren können. Insbesondere sind wissenschaftliche Hypothesen, Theorien und Paradigmen als Meme anzusehen, die im Wettbewerb ausgeschieden werden, während ihre individuellen menschlichen Träger wie z. B. Wissenschaftler durchaus weiter existieren. Auch den ökonomischen Systeme liegen solche Meme zugrunde, die sich z. B. in Ideen für Produktions-, Organisations-, Markt- oder Investmentstrategien ausdrücken können.[199]

Für menschliche Kulturen bilden Gesetz- und Regierungssysteme Rahmenbedingungen für das ökonomische Marktsystem. Der Marktmechanismus als ökonomisches Selektionskriterium enspricht im politischen System, sofern es sich um eine Demokratie handelt, dem Wahlsystem. Beide Mechanismen müssen nicht kompatibel sein und bergen Konfliktpotential des ökologischen Gesamtsystems. Das Nervensystem komplexer Gesellschaftssysteme bildet die bereits beschriebenen Informations- und Computernetze.

Welche Populationsdynamik bestimmt dieses dominante Teilsystem der Gesellschaft? Große Informations- und Computernetze sind offene Systeme ohne Zentralsteuerung. Sie enthalten eine Vielzahl von verschiedenen Prozessoren, deren nicht geplante Wechselwirkung eine große Vielfalt möglicher Verhaltensmuster des Gesamtsystems hervorbringen kann, die sich von den Eigenschaften der Einzelsysteme unterscheiden. Bezeichnend für solche offenen Systeme sind unvollständiges Wissen und verzögerte Informationen. Widersprüche können entstehen, da Informationen von verschiedenen Quellen und zu verschiedenen Zeiten eintreffen. Unvollständigkeit hängt vom begrenzten Informationsgrad der Einzelsysteme ab. Wechselwirkung der Einzelelemente und Entwicklungsdynamik des

199 M. S. Miller/K. E. Drexler, Comparative ecology: A computational perspektive, in: B. A. Huberman (ed.), s. Anm. 198, 51-76.

Gesamtsystems können durch nicht-lineare Differentialgleichungen beschrieben werden, deren Ordnungsparameter Fixpunkte, Oszillatoren und Chaos als Attraktoren des Gesamtsystems anstreben (Abb. 3.32). Informationsverzögerungen verursachen Oszillationen in der Anzahl derjenigen Teilsysteme, die an einer Lösungsstrategie des Gesamtsystems beteiligt sind. Führen Kooperation und Wettkampf um endliche Ressourcen zu chaotischen Zuständen, dann werden stabile Strategien evolutionär ausgeschlossen. Geringste Veränderungen einzelner Teilsysteme können bei einem solchen fraktalen Gesamtsystem das globale Verhalten beeinflussen. Nicht-lineare Wechselwirkungen der Systemteile führen also wie üblich zu oszillierendem und chaotischem Gesamtverhalten.[200]

In diesem Fall ist zwar das Verhalten einzelner Teile nicht vorhersehbar, aber das Langzeitverhalten des Gesamtsystems deutlich. Wird ein lokales oder globales Gleichgewicht erreicht, folgen daraus Lösungen für die jeweils anstehenden Probleme. Der Sinn solcher Analysen besteht wie immer bei komplexen Systemen darin, unter den Bedingungen unvollkommenen Wissens und Informationsverzögerungen möglichst optimale Lösungsstrategien wählen zu können. Bei der Untersuchung von Computer- und Informationsnetzen stehen offenbar sowohl neue Modelle neuronaler Netze als auch ökonomische Modelle der Marktwirtschaft Pate. Beide Modelle sehen von zentralistischen Ordnungs- und Kontrollvorstellungen nach der Maßgabe programmgesteuerter Computer ab. Beiden gemeinsam ist die Orientierung an der Selbstorganisation. So wie kollektive Wechselwirkungen einzelner Neuronen zur globalen Erzeugung von Vorstellungen, Gedanken und Gefühlen führen, erzeugen lokale Entscheidungen und Wechselwirkungen ökonomischer Agenten über den Markt- und Preismechanismus global effektive Leistungen und Werte der Volkswirtschaft. Analog wäre das Entstehen intelligenten Gesamtverhaltens in Informations- und Computernetzen als emergente Eigenschaft zu untersuchen, die durch lokale Kommunika-

200 B. A. Huberman/T. Hogg, The behavior of computational ecologies, in: B. A. Huberman (ed.), s. Anm. 198, 77-115.

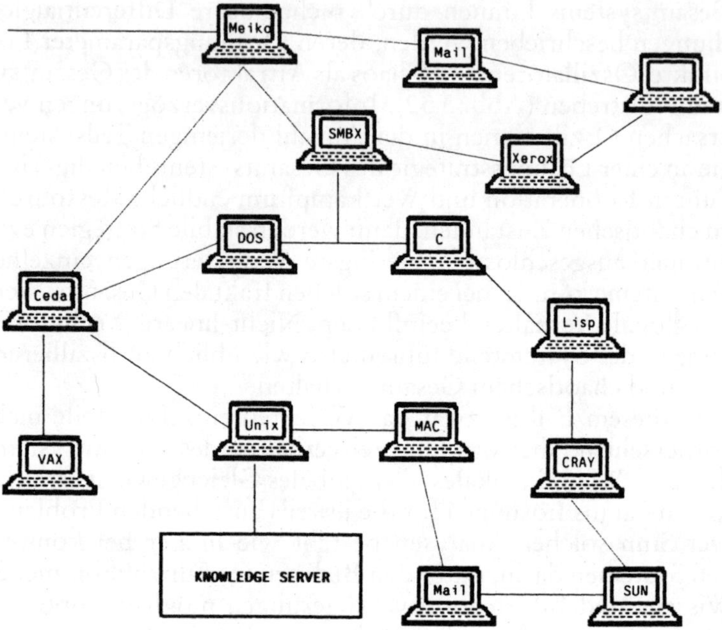

Abb. 3.32

tion von einzelnen Computern und Datenträgern untereinander und mit menschlichen Benutzern herbeigeführt wird.

Komplexe Systeme mit Analogien zum Marktmechanismus werden auch „agorische Systeme" (gr. ἀγορά für „Marktplatz") genannt. Wissenschaftshistorisch ist bemerkenswert, daß die Entwicklung vom Zentralen zum Dezentralen in Ökonomie und Computertechnik unabhängig voneinander ablief.[201] Ausschlaggebend war die Erfahrung mit Komplexitätsgraden von Problemen, die durch zentrale Wirtschaftsplanung und programmgesteuerte Rechenprogramme nicht lösbar waren. Die Erde wird immer mehr von Supercomputern, neuronalen Netzwerksimulatoren und Millionen von Personalcomputern bevölkert, die mehr und mehr zunächst lokal über Telefone,

201 M. S. Miller/K. E. Drexler, Markets and computation: Agoric open systems, in: B. A. Huberman (ed.), s. Anm. 198, 133-176.

austauschbare Disketten, Glasfiberleitungen, Satelliten u. ä. zusammenwachsen. Regelrechte Handelswege und Marktplätze von Informationen entstehen, deren zentrale Steuerung an ihrer Komplexität und ihrem Vernetzungsgrad scheitern. Lokale Entscheidungen aufgrund lokalen Wissens und lokaler Rechnerressourcen führen zu nicht-lokalen Erscheinungen wie z. B. dem Marktpreis. Der ökonomische Markt im allgemeinen und der Informationsmarkt im besonderen entwickeln sich zu einer Art evolutionärem Ökosystem, das menschlichen Bedürfnissen besser dienen kann, als es irgendein Programmierer planen könnte. Smith's „unsichtbare Hand" der Selbstorganisation erfüllt allerdings nur dann diese Bedürfnissse, wenn für den jeweiligen Markt entsprechende rechtliche und politische Rahmenbedingungen geschaffen werden.

Turing hatte seinen Intelligenztest zunächst auf individuelle Personen und Maschinen bezogen. Es liegt nahe, auch Systemleistungen als „intelligent" zu bezeichnen, die durch komplexe Wechselwirkungen in Informations- und Kommunikationsnetzen aus menschlichen und maschinellen Kommunikationspartnern entstehen. Wird Intelligenz wie in der Tradition an Individualität, Bewußtsein und Willen festgemacht, so ist die Übertragung von Turings Frage auf komplexe computergestützte Gesellschaftssysteme allerdings abzulehnen. Es sei denn, man hypostasiert starke metaphysische Annahmen im Sinne von Hegels objektivem Geist. Tatsächlich wird jedoch für den Intelligenzbegriff der KI und Informatik keineswegs Individualität, Bewußtsein und Wille vorausgesetzt, die in diesem wissenschaftlichen Kontext nicht definiert sind.

M. L. Minsky spricht zwar von einer „Gesellschaft des Geistes" (society of mind).[202] Der Begriff der Gesellschaft wird aber dabei eher als Metapher für ein komplexes neuronales Netz verwendet, dessen individuelle Komponenten durch kollektive Zusammenwirkung intelligente Leistungen als emergente Eigenschaften erzeugen. Wird Intelligenz jedoch nur im eingeschränkten Sinne des „problem solving approach" als Leistung gemessen, mit der ein System gestellte Probleme löst, dann kann einem computergestützten Gesellschaftssystem diese Ei-

202 M. Minsky, The Society of Mind, New York 1986.

genschaft nicht abgesprochen werden. In diesem Fall wird die Fähigkeit zur Entwicklung effizienter Lösungsstrategien zum Maßstab genommen. In komplexen Systemen ist diese Fähigkeit nicht durch KI-Programme gesteuert, sondern durch Lernalgorithmen nach dem Modell der Selbstorganisation. Diese Einschätzung trifft insbesondere für komplexe Informations- und Kommunikationssysteme zu. Sie lassen sich als neue Wissensmedien auffassen, die sich als offene Systeme über den Erdball ausbreiten.

Mit Blick auf die Kulturgeschichte ist es naheliegend, den kulturellen Wandel insgesamt als eine Art diffusiver Prozeß offener Systeme zu verstehen. Jäger-, Bauern- und Industriekulturen breiten sich in kulterellen Wellen aus, die wie Wetterfronten auf geographischen Karten mit Jahreszahlen festgemacht werden können. Technologische Innovationen wirken als Katalysatoren solcher Entwicklungen. Schon bei der Industrialisierung des 19. Jhs. bilden Straßen- und Eisenbahnnetze das Nervensystem der neuen, sich ausbreitenden Kultur.

P. M. Allen und I. Prigogine diskutieren kulturelle Evolutionen am Beispiel von Stadtentwicklungen. Nach dem Modell der logistischen Gleichung wird eine Steigerung ihrer Kapazität durch bestimmte ökonomischen Funktionen gekennzeichnet. In der Abb. 3.33 wird eine Modellentwicklung von Urbanisierung einer anfangs einheitlich bevölkerten Region dargestellt.[203] An jedem Punkt innerhalb eines Netzes von 50 Orten entwickeln sich vier ökonomische Funktionen, die in nicht-linearer Weise wechselwirken und probabilistischen Schwankungen unterliegen. Komplexe Wechselwirkungen in den Regionen erzeugen globale emergente Strukturen der Stadt, die sich in neuen Stadtzentren, Industriegebieten, Bevölkerungsballungen, Veränderungen des Verkehrswesens niederschlagen.

203 P. M. Allen, Order by fluctuation and the urban system, in: Intern. Conference on Dynamical Systems, Varenna (Italy), ed. E. Szëgo, June 1977; Proc. Nat. Acad. Sci. USA 73 3 1976, 665; I. Prigogine, Vom Sein zum Werden. Zeit und Komplexität in den Naturwissenschaften, München/Zürich 1985, 138 ff.

Im mathematischen Modell wird von einer ursprünglich gleichmäßig bewohnten Region ausgegangen, deren 50 Orte zur Zeit t = 0 eine Bevölkerung von 67 besitzen und zu den Zeitpunkten t = 4 (Abb. 3.33a), t = 12 (Abb. 3.33b), t = 20 (Abb. 3.33c) und t = 34 (Abb. 3.33d) städtische Zentren unterschiedlicher Konzentration ausbilden. Diese Evolution wird durch eine nicht-lineare Gleichung

$$(3.21) \qquad \frac{dx_i}{dt} = Kx_i(n + \sum_k r^k s_i^k - x_i) - dx_i$$

beschrieben, wobei x_i die Bevölkerungsgröße am Ort i, s_i^k der Wert der k-ten ökonomischen Funktion am Ort i, r^k ein Proportionalitätskoeffizient und n die Kapazität der Stadtregionen insgesamt bedeuten.

Welche Gemeinsamkeiten und welche Unterschiede bestehen zwischen komplexen Evolutionsprozessen in der biologischen Populationsgenetik, Ökologie, Ökonomie oder in einem computergestützten Wissensmedium, wie es die weltweiten Informations- und Kommunikationssysteme darstellen? Lebende Organismen einer biologischen Population sind Genträger des Genpools, der einer Population zur Verfügung steht. In den Genen der Individuen treten Mutationen auf, die den Prozentsatz verschiedener Gene einer Population bestimmen. Selektionsprozesse ändern sich mit der Umwelt. Der Gendrift einer Population bezieht sich auf den Wechsel relativer Genverteilungen einer Population. Lokale Gleichgewichtszustände, in denen Teile einer Population stabil bleiben, können durch Gendrifts verändert werden. Globale Folgen treten auf, falls sich eine Gruppe als besonders fähig erweist und schließlich die Gesamtpopulation dominiert.

Bei komplexen Systemen der Ökologie stehen weniger die Genentwicklungen einer Population und ihre statistischen und biochemischen Grundgesetze im Mittelpunkt, als vielmehr die Wechselwirkungen von Populationen und Umwelt. Statt der komplexen Wechselwirkungen im Rahmen des Genpools werden die komplexen Vernetzungen der Population mit ihrer sich verändernden Umwelt untersucht, die sich in Nahrung- und Recyclingketten mit der Umwelt realisieren.[204]

204 L.-D. Kiel, Lessons from the nonlinear pradigm: Applications of the theory of dissipative structures in the social sciences, in: SSQ 72 Nr. 3

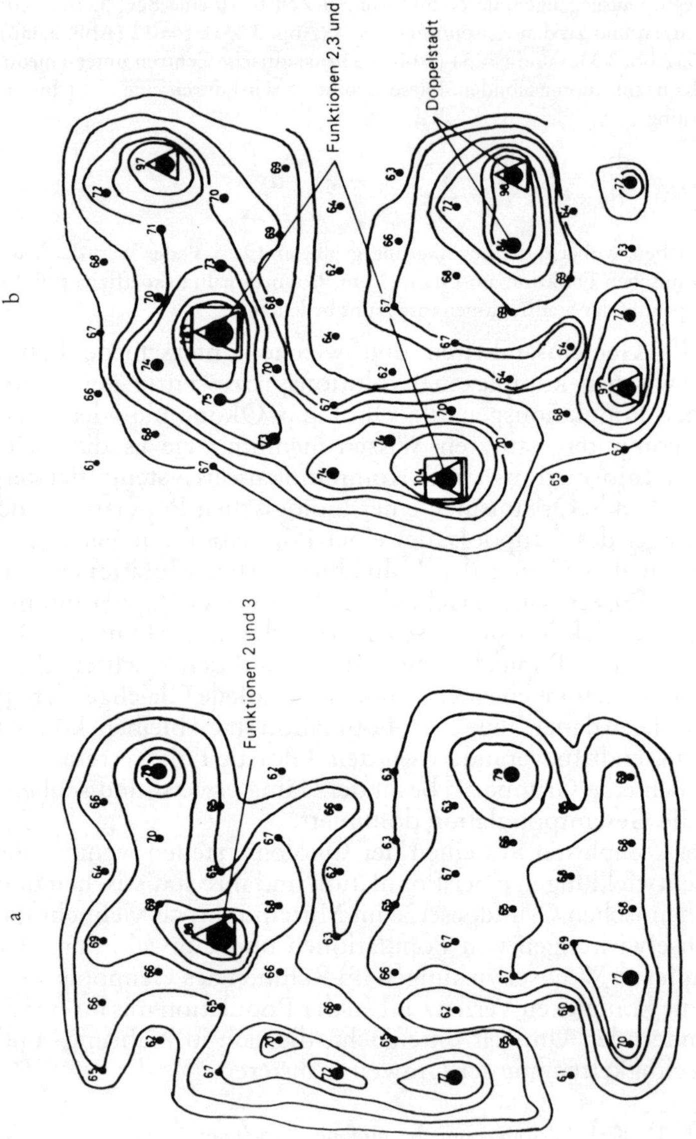

Abb. 3.33

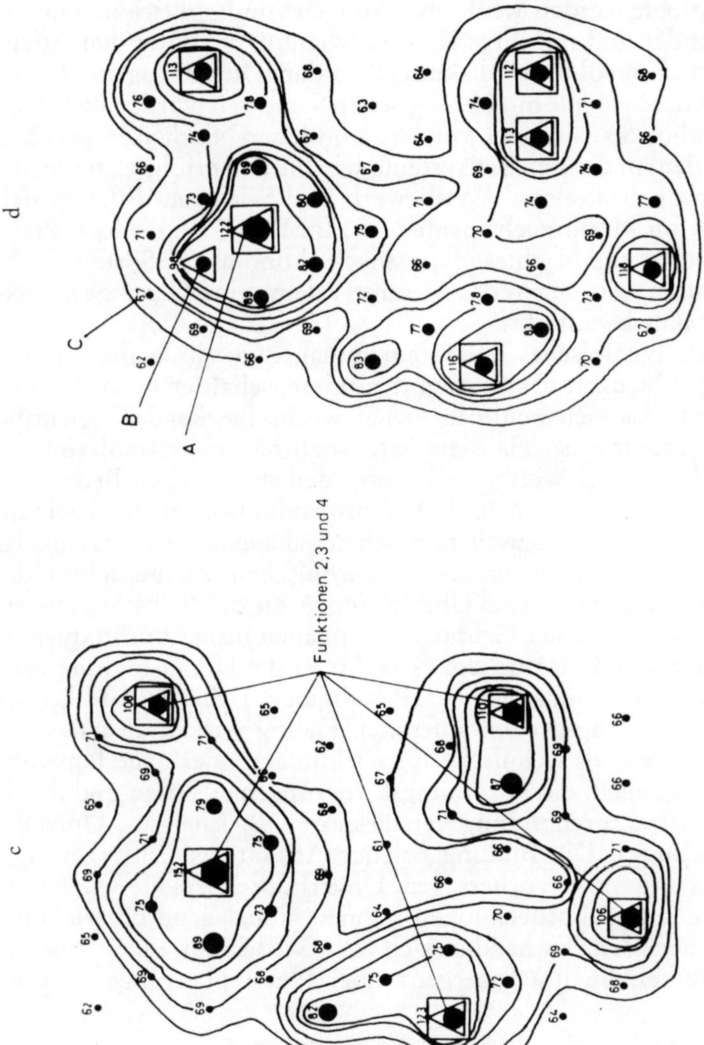

Abb. 3.33

Unter dem Gesichtspunkt sind aus der Populationsgenetik Begriffe wie Drift, Mutation und Selektion zentral. Aus der Ökologie werden Wechselwirkungen von Populationen untereinander und mit ihrer Umwelt wichtig, die unter dem Stichwort „Koevolution“ diskutiert werden. Die Analogien ökonomischer Systeme mit ökologischen Systemen wurden mehrfach erwähnt. So kann auch von ökonomischen Nischen gesprochen werden, in die sich Teilsysteme wie Firmen erfolgreich hineinentwickeln können. Wettbewerb und Selektion drücken sich zwar im Marktmechanismus aus. Im Detail sind jedoch Preis, Angebot und Nachfrage spezifisch ökonomische Systemeigenschaften, mit denen das Gesamtsystem seine Gleichgewichtszustände beeinflußt.

Als dynamisches Teilsystem humaner Gesellschaften hat sich in der Neuzeit das System der Wissenschaftler herauskristallisiert, das sich heute in vielen wechselwirkenden Scientific Communities spezialisiert hat. Auch hier sind Tradierungen, Selektion und Wettbewerb unter den spezifischen Bedingungen der Forschung und Wissensproduktion zu beobachten. Auch von „ökologischen Nischen“ akademischen Daseins ist hin und wieder, wenn auch mit ironischem Zungenschlag, die Rede. Ernsthafter sind Überlegungen, die den Selbstorganisationsprozeß solcher Gruppen, wenn auch bisher nur in qualitativer Form, untersuchen. Gemeint ist die Herausbildung zentraler Forschungsthemen („Paradigmen“), die als Attraktoren im Forschungsprozeß auftreten. Häufig wirken „Katalysatoren“ wie z. B. technische Entwicklungen oder neue Umweltbedingungen, die Forschungsförderungen auslösen und damit die Attraktorenbildung verstärken (z. B. Energie-, Umweltforschung). Die Bildung solcher Attraktoren läßt sich aber langfristig nicht vorhersagen. Unverhoffte Aspekte wie Erfindungen und Entdeckungen können global neue Entwicklungen auslösen. Es handelt sich also wieder um einen Schmetterlingseffekt, um Emergenz oder Phasenübergänge im For-

---

1991, 431-442; D. Loye/R. Eisler, Chaos and transformation: Implications of nonequilibrium theory for social science and society, in: Behavioral Science 32 1987, 53-65.

schungsprozeß. Außensteuerung der Wissenschaft – das folgt als wichtige Einsicht für die Politik – ist in diesem Bereich nur beschränkt möglich. Forschungsattraktoren bestehen nicht für immer, sind nicht a priori, können sich auflösen, wenn ihre heuristische Kraft verbraucht ist. Krisenhafte Entwicklungen der Wissenschaft erinnern an Kaskadenverzweigungen, zwischen denen die Forschungsaktivitäten und die Scientific Community wie zwischen Alternativen und Konkurrenten hin- und herschwanken.[205]

In der Sprache kultureller Meme, die bei humanen Kulturen an die Stelle biologischer Genpools treten, sind spezifische Wettbewerbsbedingungen und die Dynamik memetischer Drifts zu analysieren, die Gleichgewichtszustände verschieben. Neu ist dabei die Absicht, auch computergestützte Wissensmedien als memetische Systeme zu studieren. Als Systeme treten dabei KI-Programme, wissensbasierte Expertensysteme, Lernalgorithmen neuronaler Netze, Datenbanken und elektronische Medienträger auf, die traditionelle Kulturmeme wie z. B. Bücher ersetzen oder wenigstens neben sie treten. Lokale Gleichgewichtszustände, in denen das Wissensmedium stabil bleibt, werden von Innovationsschüben der Informationstechnologien abhängig. Gegenüber den langen Zeiträumen, in denen die mündliche Tradierung durch handschriftliche Dokumentation und diese schließlich durch den Buchdruck abgelöst wurden, erinnern die kurzfristigen Entwicklungsphasen moderner Informationstechnologie geradezu an Kaskadenverzweigungen. Konkret ist jeweils zu überlegen, welches traditionelle Wissen in den neuen Medienträgern übernommen und dokumentiert werden soll. Dieser Vorgang bedeutet natürlich eine Selektion vergangenen Wissens im Gedächtnis der Menschheit.

Die bisher vorgetragenen Analysen computergestützter Gesellschaftsysteme lassen ein Kernproblem erkennen – die Eigendynamik ihrer wachsenden Komplexität. Ihre Aufgaben und Probleme erfordern einerseits hoch spezialisierte Teilsysteme wie z. B. Technik, Wissenschaft, Ökonomie und Recht.

---

205 Vgl. auch W. Krohn/G. Küppers, Die Selbstorganisation der Wissenschaft, Frankfurt 1991.

Andererseits ist die notwendige Koordination der Teile für den einzelnen nicht mehr überschaubar. Ordnungsprobleme in komplexen Systemen sind, wie in den vorherigen Kapiteln deutlich wurde, keineswegs auf humane Gesellschaften beschränkt. Die Untersuchungen komplexer thermodynamischer Systeme des Lasers, chemischer Gemische, biologischer Organismen, des menschlichen Gehirns und schließlich neuronaler Netze stoßen bald schon auf dieselben Probleme. Komplexe Systeme wie z. B. große Organisationen und Institutionen sind nicht-linear vernetzt. Sie können auf lokale Veränderungen überraschend flexibel und fehlertolerant wirken. Werden jedoch bestimmte Grenzwerte überschritten, können sich andererseits chaotische Entwicklungen ankündigen. Schwierigkeiten im Umgang mit komplexen Systemen treten naheliegenderweise dann auf, wenn lineare Inter- und Extrapolationen vorgenommen werden, wenn in linearen Kausalketten statt in Netzwerken gedacht wird, wenn scheinbar geringe Nebenwirkungen und Schwellenwerte nicht beachtet werden.

Direkte zentrale und hierarchische Steuerung durch Organisation und Plan fällt offensichtlich von einem bestimmten Komplexitätsgrad an aus. Platons Ideal eines guten Herrschers oder einer Oligarchie von Aristokraten (oder Funktionären), die alles wissen, alles beherrschen und daher alles zum Guten lenken können, hat sich spätestens in diesem Jahrhundert als fatale Illusion erwiesen. Aber auch das Vertrauen auf Formen von Selbststeuerung durch spontane Ordnungsbildung wie ökonomischer Markt und Konsens verkennt eine damit verbundene gefährliche Eigendynamik, wenn entsprechende politische und rechtliche Rahmenbedingungen fehlen. Tatsächlich ist also auch das Vertrauen in eine quasi-naturwüchsige Entwicklung der Gesellschaft im Anschluß an die biologische Evolution in Frage gestellt. Wenn selbstorganisierende komplexe Systeme nicht der bloßen Kontingenz anheimfallen sollen, erhebt sich für die Betroffenen die Aufgabe ihrer Kultivierung, Zivilisierung und Humanisierung. Die Hoffnung, daß ein bestimmtes Teilsystem der Gesellschaft wie „die Politik", „die Wissenschaft", „die Schule", „die Ökonomie", „das Recht" etc. diese Aufgaben übernehmen und die Gesamtentwicklung determinieren könnte, erweist sich als illusionäre Fortsetzung des

Platonischen Traums vom guten Herrscher, der auf einzelne gesellschaftliche Institutionen übertragen wird.[206]

Systemtheoretiker wie H. Simon fordern daher für hochkomplexe Problem- oder Konfliktlagen den Verzicht auf bestimmte inhaltliche Zwecke, die in dem heterogenen Geflecht von beteiligten und betroffenen Interessen nicht mehr durchsetzbar seien.[207] Gefordert wird nur noch Verfahrensrationalität komplexer Problemlösungen, deren Einzelentscheidungen zu koordinieren sind. Bei Simon liegt aber offenbar noch Orientierung an Computerprogrammen vor, die zwar effizient für den einzelnen unübersehbar große Datenmassen verarbeiten können. Gleichwohl dominiert dabei die Vorstellung von einer deterministischen Turing-Maschine, die sich für die Praxis komplexer Systeme als inadäquat erweist. So sind heute Steuerungsaufgaben z. B. im Energie-, Technologie-, Gesundheits- oder Wirtschaftsbereich nicht mehr durch eine Politik zu lenken, die sich auf traditionelle Verfahren staatlich organisierter Bürokratien verläßt. Komplexe Selbstorganisation der Gesellschaft kann auf die neuen Informations- und Kommunikationsmedien nicht verzichten. Die Ökologie ihrer Computernetze garantiert aber noch nicht die Kultivierung des gesamten Gesellschaftssystems. Sie bildet im besten Fall nur seine computergestützten „Flügel" aus.

3.34 Computergestützte Kunst

Die Formen einer Kultur zeigen sich seit jeher in ihrer Kunst. Wird in der Philosophie der Zeitgeist auf den Begriff gebracht, so wird er in der Kunst anschaulich: Hier schaut sich nach Hegel der Geist selber an. Computergestütztes Konstruieren und Modellieren führt mittlerweile zu neuen Ausdrucksformen in Graphik, 2- und 3-dimensional bewegten Bildern, Objekten und Szenen. Handelt es sich dabei um computergestützte

---

206 H. Willke, Systemtheorie entwickelter Gesellschaften. Dynamik und Riskanz moderner gesellschaftlicher Selbstorganisation, Weinheim/München 1989.

207 H. A. Simon, Die Wissenschaften vom Künstlichen, Berlin 1990.

Kunst? Die Beantwortung dieser Frage berührt das Problem, ob Computer kreativ sein können. Die Kreativitätsfrage wiederum hängt eng zusammen mit Turings Intelligenzfrage an Computer.

Die Kunstgeschichte verlief häufig mehr oder weniger eng mit der Technik- und Industriegeschichte verbunden – von der Web-, Bau- und Goldschmiedekunst der Antike über die Künstler-Wissenschaftler der Renaissance wie Dürer und Da Vinci bis zum Bauhaus der Moderne. Als roter Faden zieht sich durch diesen Entwicklungsstrang die „Liebe zur Geometrie", d. h. die Nähe zur Ästhetik geometrischer Formen. Während dabei geometrische Formen und mathematisches Wissen von Künstlern bewußt für ästhetische Zwecke eingesetzt wurden, geht von computererzeugten Formen häufig ein zunächst unbeabsichtigter künstlerischer Reiz aus. Auch Formen der Natur wurden ja nicht, wenn man nicht starke metaphysische Annahmen unterstellt, aus ästhetischen Zwecken für uns geschaffen, obgleich sie einen künstlerischen Reiz auslösen können.[208]

Heute scheint die Einheit von Naturerfahrung und Kunst im Mythos früher Völker ebenso verloren wie die Einheit von mathematischer Harmonielehre, Naturphilosophie und Kunst der Antike. Zwar gab es in der neuzeitlichen Kunstgeschichte (z. B. im Klassizismus) immer wieder Anklänge an die antike Kunstauffassung. Aber sie wirkten wie ein Zitieren alter Texte, entsprachen einem partiellen Geschmack und spiegelten nicht mehr den Kosmos und seine Gesetze. Kunst und Wissenschaft haben sich in der Moderne zu unterschiedlichen Medien der Lebenserfahrung ausdifferenziert. Die unterschiedliche Vielheit der heutigen künstlerischen Versuche entspricht durchaus der Komplexität der modernen Lebenswelt. Im Unterschied zur antiken-mittelalterlichen Lebenswelt, deren ästhetische Formen von den Möglichkeiten des Handwerks abhingen, leben wir heute in einer durch Industrie, Technik und Wissenschaft bestimmten Zivilisation, die unser Handeln, Denken und Empfinden mitbestimmt.

---

208 Vgl. K. Mainzer, Symmetrie in der Kunst der Moderne und Postmoderne (Kap. 5.4), in: ders., Symmetrien der Natur. Ein Handbuch zur Natur- und Wissenschaftsphilosophie, Berlin/ New York 1988, 676-693.

„Doch noch immer", schreibt J. Dewey in seiner Kunsttheorie der Moderne, „ist das gemeinsame Interesse am Rhythmus das Band, das Wissenschaft und Kunst in einem Verwandtschaftsverhältnis hält. Auf Grund dieser Verwandtschaft wird vielleicht der Tag kommen, an dem ein Gegenstand zum Stoff für Dichtung und damit zur genußvollen Wahrnehmung wird, der jetzt nur diejenigen anspricht, die geschult sind, Dinge, die für Sinneswahrnehmung nur Hieroglyphen sind, zu interpretieren."[209]

Die ästhetischen Eindrücke, die uns z. B. Computergraphiken von natürlichen Vorgängen und Strukturen der Biochemie, Geologie, Astrophysik etc. liefern, mögen dazu erste Hinweise sein. Historisch wurde übrigens auch in der Neuzeit immer wieder auf das enge Band von Kunst, Natur und Ästhetik hingewiesen, wie die Bücher z. B. von D'Arcy Thompson („Über Wachstum und Form") oder Ernst Haeckel („Kunstformen der Natur") zeigen. Kunstformen können aber auch wie im Bauhaus an zweckmäßigen technisch-industriellen Formen orientiert sein. So ist CAD (Computer Aided Design) ein Zweig von Mathematik und Informatik, der sich zunächst mit der Erzeugung und der Manipulation von Oberflächen für industrielle Zwecke beschäftigt. Bereits in den 50er Jahren lieferten Fernschreiber erste Graphikbeispiele. Die Geschichte künstlerischer Computergraphik ist eng verknüpft mit der Informationsästhetik, die sich Ende der 50er Jahre mit Namen wie M. Bense, H. Frank u. a. zu formieren begann. M. Bense provozierte 1960 mit dem Buchtitel „Programmierung des Schönen". Dahinter stand der Anspruch, objektive Maßstäbe für Ästhetik auf der Grundlage der Informationstheorie zu liefern, die von subjektiven Geschmacksurteilen unabhängig sind.[210] Hinzu trat eine Kybernetik des Lernens und Lehrens wie sie z. B. F. von Cube verkündete.[211] Die Kommunikation

---

209 J. Dewey, Art as Experience, New York 1934, 1959; dt. Kunst als Erfahrung, Frankfurt 1980, 174; vgl. auch K. Mainzer, Instrumentalismus und Naturalismus in der technisch-wissenschaftlichen Lebenswelt, in: J. Beck (Hrsg.), Grundprobleme der großen Philosophen, Göttingen 1991, 170-209.

210 M. Bense, AESTETICA. Einführung in die neue Aesthetik, Baden-Baden 1965, 1982.

211 Vgl. F. von Cube, Grundsätzliche Probleme bei der Anwendung der Shannonschen Formel auf Wahrnehmungstheorie und Lerntheorie, in:

zwischen Künstler, Kunstobjekt und Gesellschaft sollte rational durchschaubar werden. Anfang der 60er Jahre mutmaßten diese Autoren, daß Automaten im Bereich der ästhetischen Produktion eingeschaltet werden.

M. Bense hatte gemäß der herrschenden Wissenschaftspardigmen seiner Zeit vorgeschlagen, aus Semiotik und Informationstheorie eine Prozeßästhetik und generative Ästhetik abzuleiten. Semiotisch werden Kunstwerke im Sinne von S. Morris als Zeichen, Zeichenstrukturen oder Superzeichen begriffen, an denen die syntaktische Dimension der bildnerischen Mittel, die semantische Dimension der Bedeutung und die pragmatische Dimension der Wirkung auf das kulturelle Umfeld zu unterscheiden ist:

„unter generativer ästhetik", so definiert M. Bense, „ist die zusammenfassung aller operationen, regeln und theoreme zu verstehen, durch deren anwendung auf eine menge materialer elemente, die als zeichen fungieren können, in dieser ästhetische zustände (verteilungen bzw. gestaltungen) bewußt und methodisch erzeugbar sind."[212]

Was unter operationaler, regelgeleiteter Erzeugung ästhetischer Zustände gemeint ist, wird bei den Anwendungen seiner Schüler deutlich. Gemeint ist der Algorithmus, wie er sich in Computerprogrammen realisiert. Damit konnte man an die frühen Formen zweckgebundener Computergraphik anschließen. Damals ging es schlicht um die Entwicklung von Zeichenmaschinen im Anschluß an Rechnern, um mathematische Funktionen und komplizierte Meßergebnisse in effizientem Zeitaufwand bildhaft darzustellen. Diese ersten optisch und graphisch interessanten Ergebnisse reizten Programmierer, spielerisch mit neuen Möglichkeiten zu experimentieren. In ersten Ausstellungen zur Computergraphik wurde der Anspruch erhoben, daß Kunst aus dem Geist des Computers möglich sei, weil Kunst programmierbar sei. Die Ausdrucksmöglichkeiten in den 60er Jahren blieben jedoch aufgrund der damaligen technischen Voraussetzungen beschränkt. Rechenge-

---

Grundlagenstudien 1 1960, 17-24; H. Frank, Grundlagenprobleme der Informationsästhetik und erste Anwendung auf die mime pure. Diss. TH Stuttgart 1959, Waiblingen 1959.

212 M. Bense, Projekte generativer Ästhetik, rot 17, Stuttgart 1965.

steuerte Zeichengeräte waren kaum in der Lage, die Kurven vegetativer Phänomene der Natur zu erzeugen. So prägten die frühen Computergraphiken einen konstruktivistischen Stil, der von linearer Rationalität geleitet und nicht zum Ausdruck von Sinnlichkeit und Gefühl geeignet schien.

Entsprechend harsch fiel die Kritik der professionellen Kunstszene an den Produkten von z. B. Zuses „Graphomaten" aus. Die betroffenen Computerkünstler vermuteten hinter dieser Kritik versteckte Ängste von Künstlern, die sich in ihren Schöpfungsmöglichkeiten bedroht fühlten. Eine Ausnahme bildet damals eine Rezension in der „Frankfurter Allgemeinen Zeitung" (FAZ) vom 9. Februar 1966, in der es zu einer Ausstellung im Rechenzentrum Darmstadt heißt: „Eine Spielerei? Gewiß. Doch eine, deren Folgen zwar nicht sicher sind, aber so unübersehbar wären, daß man über den Anlaß reflektieren darf." In dem Zusammenhang wird darauf aufmerksam gemacht, daß in vielen Fällen nur der ausdrückliche Hinweis noch klarstellen kann, welchen Anteil der Mensch selbst an der Gestaltung seiner Welt hat. Andererseits wird kritisch gefragt, ob nicht auch ein „kreativer" Computer letztlich das Werk eines schöpferischen Menschen ist, das einen menschlichen Zweck realisieren soll.[213]

Ein einfaches Programm beschreibt, wie man ein Bild mit 24 × 21 Dreiecken bzw. Dreiecksflächen bedeckt, wobei in 24 Zeilen je 21 schwarze (rechtwinklige und gleichschenkelige) Dreiecke untergebracht sind:[214]

(3.22)
```
Programm DREIECKSTRUKTUR
GEHE an den Anfangspunkt oben links
WIEDERHOLE 24mal (folgendes):
    [WIEDERHOLE 21mal:
        (ZEICHNE schwarzes Dreieck und
        GEHE um eine Dreiecksseite nach rechts)
    GEHE an den Zeilenanfang und
```

213 Dazu auch M. Weisser, Computergrafik in Deutschland. Bemerkungen zur Entwicklungsgeschichte, in: Computer und Grafik 5 (Juni/Juli) 1987, 26-29.

214 E. Steller, Computer und Kunst. Programmierte Gestaltung: Wurzeln und Tendenzen neuer Ästhetiken, Mannheim/Leipzig/Wien/Zürich 1992, 83.

```
        um eine Dreiecksseite nach unten]
    ENDE
```

Solche Programme können in Unterprogramme zerlegt, diese ausgetauscht oder variiert werden. Künstlerische Freiheiten entstehen dann, wenn das Programm Variablen z. B. für die Anzahl von Musterintervallen enthält, die vom Benutzer des Programms jeweils individuell festgelegt werden können analog zu dem Bild ‚shiver' (Abb. 3.34) von B. Riley aus dem Jahr 1964.[215]

Kreativität in der Kunst wird wie Entdeckung in der Wissenschaft häufig mit Zufall verbunden. Der Dadaismus setzte den Zufall bewußt ein. H. Arp spricht gar vom Gesetz des Zufalls in der Kunst. 1961 malt F. Morellet ein Bild für eine aleatorische Verteilung von 40 000 Quadraten, den geraden und ungeraden Zahlen eines Telefonbuchs folgend. Eine Umsetzung in ein Computerprogramm lautet:[216]

```
(3.23)  Programm MORELLET
        Anfangspunkt
        WIEDERHOLE 200mal:
            [WIEDERHOLE 200mal:
                (WENN ZUFALL(2) = 1 DANN QUADRAT
                GEHE um eine Quadratseite nach rechts)
            GEHE nach links und um eine Quadratseite nach unten]
        ENDE
```

ZUFALL(N) wird als Unterprogramm für Zufallsgeneratoren verwendet, das bei Aufruf eine Zufallszahl von 1 bis N angibt. So ist z. B. ZUFALL(2) ein Simulator für einen Münzwurf mit zwei Möglichkeiten, während ZUFALL(6) einen Spielwürfel simuliert. Das Unterprogramm QUADRAT zeichnet ein Quadrat an die Stelle des Bildschirms, an der sich der Zeichenstift im Moment befindet. Die Übergangswahrscheinlichkeit zwischen den farbigen Quadraten kann z. B. 50% betragen. Dieser

---

215 B. Riley, Shiver (‚Schauder') 1964, Emulsion auf Karton, 69x69 cm, Sammlung Tony Curtis, Los Angeles.

216 Das Programm ist benannt nach F. Morellet (*1926 in Cholet), einem der Gründer der Op Art Gruppe GRAV (Group de Recherche d'Art Visuel 1960-1968). Vgl. E. Steller, s. Anm. 214, 128.

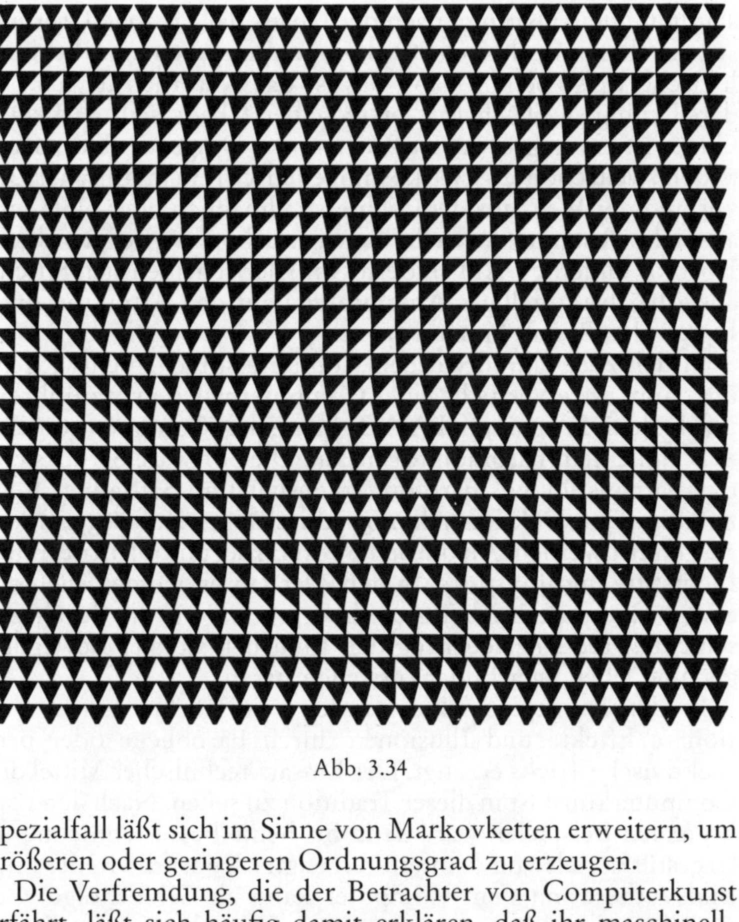

Abb. 3.34

Spezialfall läßt sich im Sinne von Markovketten erweitern, um größeren oder geringeren Ordnungsgrad zu erzeugen.

Die Verfremdung, die der Betrachter von Computerkunst erfährt, läßt sich häufig damit erklären, daß ihr maschinell-algorithmischer Aufbau nicht der Perzeption des Auges entspricht. Einige moderne Computerkünstler haben das Problem erkannt und fordern wie M. Mohr (1987): „Meine Kunst ist keine mathematische Kunst, sondern eine aus meinem Erlebnisbereich geformte Aussage. Ich will keine kalte Mathematik, sondern eine vitale Philosophie darstellen.“[217] Von P. Klee

217 M. Mohr, Fractured Symmetry – Algorithmische Arbeiten 1967-1987, Wilhelm-Hack-Museum, Ludwigshafen am Rhein 1987.

stammt eine Äußerung, nach der Chaos der kreative Urgrund sei, aus dem künstlerische Ordnungen entstehen: „Ich beginne logischerweise beim Chaos, das ist das Natürlichste. Ich bin dabei ruhig, weil ich fürs erste selber Chaos sein darf. Das Chaos ist ein ungeordneter Zustand der Dinge, ein Durcheinander. ‚Weltschöpferisch' (kosmogenetisch) ein mythischer Urzustand der Welt, aus dem sich erst allmählich oder plötzlich, aus sich selbst oder durch die Tat eines Schöpfers, der geordnete Kosmos bildet."[218] Auf Bildern von Klee scheinen sich Striche aus zunächst zufälliger Ansammlung auf den Attraktor einer Figur oder Gestalt hinzuordnen.

In den 70er Jahren wurden Computersprachen entwickelt, um damit erste Versuche einer Computermalerei vorzuführen. Nach dem Programm PAINT kann der Computerkünstler z. B. auf einem Farbmonitor malen. Die Software berücksichtigt Farbausfüllung, Farbton, Intensität und Sättigung. Rein zufällige Konstruktionen können durch einen Zufallsgenerator ausgeführt werden. An die Stelle von Pinsel und Bleistift treten Lichtstifte und Joysticks. In den 70er Jahren werden auch die ersten Computerzeichentrickfilme produziert, die durch geschickte Frequenzsteuerung den Eindruck stetiger Bewegungen und lebendiger Bilder entstehen lassen.

In der Kunstgeschichte wurden seit Jahrhunderten illusionäre Effekte und Illusionen durch Farbblicke oder perspektivische Tricks erzeugt. Der Einsatz technischer Mittel der Computerkunst ist in dieser Tradition zu sehen. Nach den vorliegenden Beispielen wäre dann bis heute besser von computergestützter als von computererzeugter Kunst die Rede. Eine Bildsynthese mit dem Computer kann als Schnittfolge vorgestellt werden. Begonnen wird mit Darstellungen, in denen die Körper wie Drahtmodelle wirken. Danach werden die verdeckten Kanten entfernt. Es folgt ein Verfahren für Farbschattierungen. Schlaglichter und Glättungen werden hinzugefügt, bis schließliche ein räumlicher Eindruck entsteht. Solche Bildfolgen werden z. B. bei Flugsimulationssystemen angewendet. Auch Landschaften können durch Kombination unterschied-

---

218 Zitiert nach W. Hofmann, Grundlagen der modernen Kunst, Stuttgart ^{3}1987, 424.

licher Technik erzeugt werden. Ein Grundraster wird nach den Gesetzen der fraktalen Geometrie erzeugt. Besonders Dunst-, Wolken- und Lichteffekte tragen zum realistischen Eindruck bei.[219]

Grundlage ist ein Programm der Strahlverfolgung (Raytracing), das die Auswertung von errechneten Datenstrukturen bis hin zu einem naturalistischen Bild übernimmt. Dabei beginnt die Bildkonstruktion im Projektzentrum des Auges, von dem ein virtueller Strahl durch jedes Pixel des Bildschirms gezogen und mit dem betreffenden Objekt geschnitten wird (Abb. 3.35).[220]

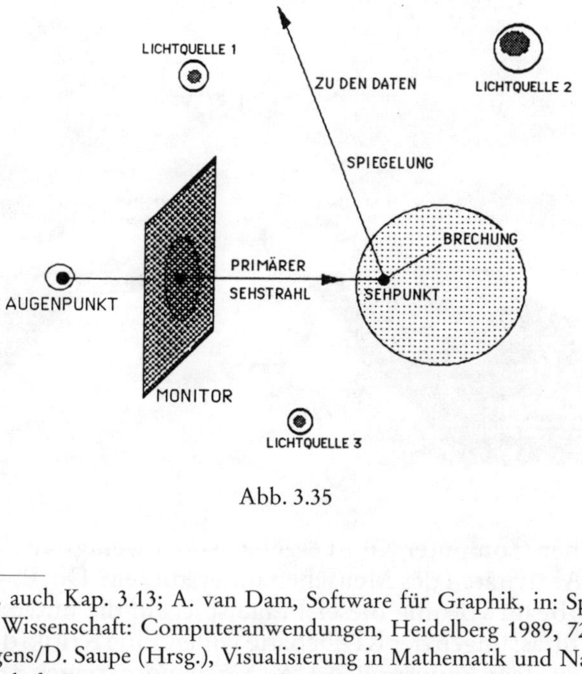

Abb. 3.35

219 Vgl. auch Kap. 3.13; A. van Dam, Software für Graphik, in: Spektrum der Wissenschaft: Computeranwendungen, Heidelberg 1989, 72-84; H. Jürgens/D. Saupe (Hrsg.), Visualisierung in Mathematik und Naturwissenschaft. Bremer Computergrafik-Tage 1988, Berlin/ Heidelberg/New York 1989.

220 Vgl. auch A. Schmitt/H. Müller/W. Leister, Ray Tracing Algorithms – Theory and Practice, in: NATO ASI Series: Theoretical Fundamentals of Computer Graphics, Berlin/ Heidelberg/ New York 1988; E. Steller, s. Anm. 214, 232.

Der Sehpunkt als der am nächsten liegende Schnittpunkt wird bzgl. seiner verschiedenen materiellen Eigenschaften und Beleuchtungsverhältnisse bestimmt. Physikalisch-optische Eigenschaften werden also als numerische Datenstrukturen repräsentiert, transformiert und in visuelle Bilder umgesetzt. Retracing reproduziert nicht nur eine Art Fotorealismus. In dem Bild ‚Bedrohung' von G. W. Biebrich (1989) bewirkt die harte Realität von Schachfiguren eine bedeutungsträchtige Aussage.[221]

Abb. 3.36

Können Computer Kunst erzeugen oder wenigstens künstlerische Aktivitäten des Menschen unterstützen? Die Positionen bei der Beantwortung dieser Frage spiegeln die unterschiedlichen Auffassungen der KI-Debatte wider. Eine Kritik, die heute z. B. von dem Philosophen J. R. Searle vorgetragen wird, beanstandet, daß Maschinen prinzipiell nur syntaktisch-formale

221 G. W. Biebrich erhielt für das Bild ‚Bedrohung' (Informatik I, UNI Karlsruhe) den britischen Graphikpreis 1989; vgl. auch E. Steller, s. Anm. 214, 243.

Operationen ohne Verständnis für die Bedeutung der Symbole ausführen können (vgl. Kap. 4.45: „Chinesisches Zimmer"). F. Nake kritisiert entsprechend die „Entleerung des Sinns" bei Computerbildern, denn sie verweisen „nicht mehr auf Abgebildetes, sondern nur auf sich selbst ..."[222]

In der aktuellen Diskussion der Philosophie des Geistes (vgl. Kap.4.4) wird Computerprogrammen fehlende Intentionalität vorgeworfen, d. h. Programme sind nicht in der Lage, Bezüge zur Außenwelt und zu eigenen Absichten und Wünschen herzustellen. Nake stellt entsprechend fest: „Das Bild als Werk erlangt erst dann Sinn, indem sein Betrachter es in vielfältige Bezüge zu seiner Erfahrung, seinen Emotionen, seinem Denken und Wissen bringt, zu anderen Bildern, die er kennt." Der amerikanische Philosoph und Mathematiker H. Putnam führt aus, daß selbst Gehirne, deren Empfindungen, Vorstellungen und Außenkontakte von Computern simuliert werden, keine intentionale Bedeutungen aufbauen können (vgl. Kap.4.45: „Gehirne im Tank").

Entsprechend bemerkt der Computerkünstler J. Pearson, daß in der traditionellen Kunst der direkte Kontakt mit dem Medium durch die Rückkopplung zu Hand und Auge und damit die Verbindung zu Verstand und Gefühl gegeben sei. Beim Computer fehlen diesen taktilen Bezüge und daher seien die mit Plotter gezogenen Linien völlig unmodelliert. Putnams ‚Gehirne im Tank' werden nahezu buchstäblich in der Feststellung des Künstlers angesprochen, daß sich die Kunst in einem „geschlossenen System" verfange: „Die ganze Skala historischer Entwicklungen in der Kunst wurde von Computer-Wissenschaftlern wieder erfunden – von der Perspektive bis zum Realismus (bzw. Naturalismus) ... Warum sehen Bilder, die mit dem Raytracing erzeugt wurden, so mechanisch, so unreal aus?"[223]

---

222 F. Nake, Entleerung des Sinns, Künstlichkeit und Computer, in: Umbruch 6, 1, Zeitschrift für Kultur, Frankfurt 1987.

223 Vgl. auch J. Pearson, The computer: Liberator or jailor of the creative spirit? in: Leonardo: First Intern. Symp. on Electronic Art. Spezialheft des Fisea (Pergamon Press), Oxford/New York ect. Sept. 1988; E. Steller, s. Anm. 214, 313.

Kann der kreative Entstehungsprozeß eines Künstlers mit Computern simuliert werden? Analog werden wir in Kap.4.3 die Frage untersuchen, ob der kreative Entdeckungs- und Problemlösungsfindungsprozeß computerunterstützt simuliert werden kann. Philosophiehistorisch muß die Kreativitätsdiskussion im Kontext alter naturphilosophischer Traditionen verstanden werden. So begegnen wir bereits in der Antike dem Bild einer sich selbst schaffenden und nach eigenen immanenten Maßstäben und Zielen sich verwirklichenden Natur, einer „poietischen" Natur, wie es bei Aristoteles heißt, die im mittelalterlichen Aristotelismus zur „natura naturans" ausgebildet wurde.[224]

Demgegenüber geht die neuzeitliche Naturwissenschaft von der Natur als einem Erkenntnisobjekt aus, als einer „natura naturata", die sich methodischen und experimentellen Bedingungen des erkennenden Menschen zu beugen hat. Charakteristisch dafür ist das mechanistische Weltbild der frühen Neuzeit. Als Reaktion auf den mechanistisch bestimmten Natur- und Lebensbegriff der Aufklärung hatten Schelling, Hegel u. a. eine romantische Naturphilosophie entworfen, in der Natur wieder als ein durch Geist beseelter Organismus gedacht wurde. So unterscheidet Schelling im Anschluß an die ältere Unterscheidung zwischen „natura naturans" und „natura naturata" zwischen Naturphilosophie, deren Gegenstand die Natur als schaffendes Subjekt bzw. als „Produktivität" sei und Naturwissenschaft, deren Gegenstand Natur als „Produkt" und Erkenntnisobjekt sei.[225]

---

224 Aristoteles, Met. Δ4. 1014 b 16 ff., Phys. B1.193 b 12-18, de caelo A1.268 a 19-22; vgl. auch H. Siebeck, Ueber die Entstehung der Termini natura naturans und natura naturata, in: Arch. Gesch. Philos. 3 1890, 370-378; H. A. Lucks, Natura naturans – natura naturata, in: The New Scholasticism 9 1935, 1-24; O. Weijers, Contribution à l'histoire des termes ‚natura naturans' et ‚natura naturata' jusqu'à Spinoza, in: Vivarium 16 1978, 70-80.

225 F. W. J. Schelling, Einleitung zu dem Entwurf eines Systems der Naturphilosophie (1799), § 6 II, Sämtl. Werke II, 284; vgl. auch K. Mainzer, Die Philosophen und das Leben, in: E. P. Fischer/ K. Mainzer, Die Frage nach dem Leben, München/Zürich 1990, 21 ff., 34 ff.; J. Mittelstraß,

Bleibt von dieser Prozeßhaftigkeit der „natura naturans", die sich offenbar beim Künstler in seiner kreativen Phase realisiert, bei der computergestützten Simulation des Bildes etwas übrig? Wir betrachten die Frage zunächst unter dem Gesichtspunkt programmgesteuerter Maschinen und Algorithmen. Im Anschluß an Wittgensteins Sprachspiele könnte man versucht sein, die typischen Handlungsschemata eines Künstlers in einer Formen-Grammatik festzuhalten, um sie wenigstens approximativ algorithmisch zu simulieren. Analog wie beim computergestützten Design werden Bilder von einem Anfangsstadium mit Hilfe von Regeln und Kriterien zu einem Endstadium entwickelt. Es käme darauf an, typische Merkmale eines Künstlers in eine Computersprache zu übersetzen und im Programm der Formengrammatik einzubauen. Bereits F. Nake hat 1965 Bilder mit verblüffender Analogie zu Klee entwickelt. Mittlerweile gibt es Formengrammatiken von Kandinsky, Miró u. a.

E. Steller hält in einer verkürzten Definition folgende Elemente einer Formengrammatik fest: Sie besteht aus einer endlichen Anzahl von Formen, Marken und Regeln, bei denen die Initiatoren bestimmte Generatoren zugeordnet werden. Die Initiatoren bestehen aus Formen, die den Formen der vorgegebenen endlichen Anzahl ähnlich sind, während die Generatoren Vereinigungen solcher Formen sind. Die Kombination der Formen mit Marken (d. h. anderen vorgegebenen endlich vielen Formen) erhöht die Darstellungsmöglichkeiten. Eine Anfangsform (mit mindestens einer Marke) ermöglicht den Anfang des Prozesses. Als einfaches Beispiel sei die Formengrammatik zur Entwicklung der fraktalen Kochkurve (vgl. Abb. 3.4) angegeben:[226]

Das Wirken der Natur. Materialien zur Geschichte des Naturbegriffs, in: F. Rapp (Hrsg.), Naturverständnis und Naturbeherrschung. Philosophiegeschichtliche Entwicklung und gegenwärtiger Kontext, München 1981, 36-69.

226 Dazu auch J. Gips, Shape Grammars and their Uses, Basel/Stuttgart 1975; G. Stiny, Pictural and Formal Aspects of Shape and Shape Grammars, Basel/Stuttgart 1975; E. Steller, s. Anm. 214, 332.

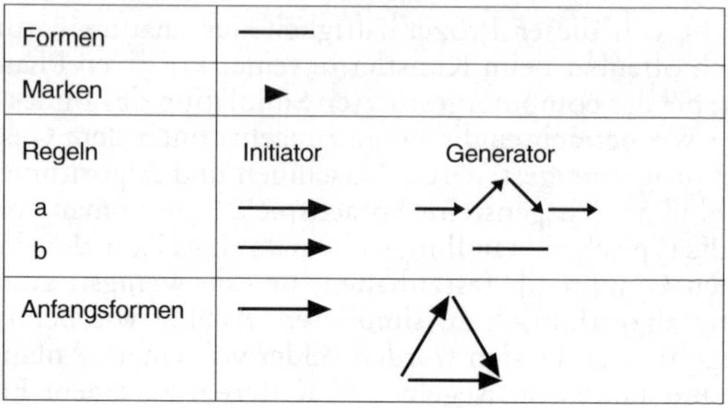

Im Bereich des Design werden bereits Expertensysteme eingesetzt. Für die Kunst sei H. Cohen und sein Expertensystem AARON erwähnt, das Figuren, Steine u. ä. vielfältig aber typisch in Plotterzeichnungen zusammenstellt, um sie eventuell durch Farbauftragungen per Hand, Tusche und Wasserfarbe zu ergänzen. Cohen veröffentlicht 1984 „The first artificial intelligence coloring book".[227] Er führt dort aus, daß der Computer (besser: das Programm AARON) „wissen" müsse, wo Platz für die Zeichnung einer Figur sei, wie Formen zu zeichnen seien und wann der Zeichenvorgang zu stoppen sei (wenn nämlich kein Platz mehr vorhanden ist).

Gegen diesen ‚program view' der Kunst können natürlich alle Einschränkungen und Einwände vorgebracht werden, die bereits in Kap. 1 diskutiert wurden. Ebenso wie bei anderen Experten kann auch beim Künstler nicht das gesamte intuitive Wissen und Können durch einen Wissensingenieur in Datenstrukturen und Produktionsregeln übersetzt werden. Man könnte prinzipiell einwenden, daß der Umweg über die bewußte Reflexion und formale Repräsentation von Produktionsregeln geradezu untypisch für Kunst sei. Andererseits wird man mit Blick auf Wittgensteins Philosophie der Sprach- und Kunstgrammatik nicht leugnen können, daß auch ein Künstler wenigstens in bestimmten Phasen typische Merkmale aufweist, die auf variierte, ergänzte oder gebrochene Regelanwendung schließen lassen.

227 H. Cohen/B. Cohen/P. Nii, The First Artificial Intelligence Coloring Book, Los Altos (California) 1984.

Wie in Kap.2 deutlich wurde, entfallen viele Einwände, wenn die Orientierung an programmgesteuerte Maschinen aufgegeben und die faktische Arbeitsweise des menschlichen Gehirns untersucht wird. Der kreative Enstehungsprozeß wäre dann als Lern- bzw. Selbstorganisationsprozeß neuronaler Netze zu verstehen, der sich in Phasenübergängen auf Bilder oder Skulpturen als Attraktoren zubewegt. Die Emergenz von Form und Ordnung, die schon Klee beschreibt, wird neurobiologisch erklärbar, ohne aber auf die Biochemie der Neuronen reduzierbar zu sein. Kunst wäre im Rahmen der Selbstorganisationstheorie auf der Makroebene von Ordnungsparametern angesiedelt, deren Evolution typische Veränderungen ganzheitlicher Formeneigenschaften festhält. Technische Exemplare von neuronalen Netzen hängen allerdings von bestimmten Lernalgorithmen ab, die keineswegs biologischen Gehirnen zu Grunde liegen müssen (z. B. Backpropagation).

Der Zwang zur Repräsentation in formale Datenstrukturen einer Programmiersprache entfällt zwar bei neuronalen Netzen. Gleichwohl können die gleichen Einschränkungen und Einwände bei einer möglichen mit neuronalen Netzen gestützten Kunst vorgebracht werden, die aus der modernen Diskussion in der Philosophie des Geistes bekannt sind. Die intentionalen Bezüge, die ein menschlicher Künstler aufgrund seiner kulturellen Sozialisation mit Zeichen, Formen und Farben verbindet, sind technisch nicht reproduzierbar. Wie in Kap.4.4 gezeigt wird, liegt der Grund nicht etwa darin, daß die Emergenz von Bedeutung und Bewußtsein, wie Searle glaubt, prinzipiell in der Theorie neuronaler Netze nicht erklärbar sei. Intentionalität ist auch nicht, wie die Churchlands glauben, ein Scheinproblem.

Der Grund wird vielmehr durch die Theorie komplexer dynamischer Systeme selber gegeben. Kunst, ob darstellende Kunst oder Musik und Literatur, ist ein einmaliges komplexes Symbolsystem, das sich im Laufe der menschlichen Kulturgeschichte entwickelt hat und dessen verwickelte (‚nichtlinearen') intentionalen Bezüge und Brechungen nicht reproduziebar sind. Einmaligkeit ist nicht im Sinne einer ‚Überhöhung' oder ‚Auszeichnung' gemeint. Vom Standpunkt der Theorie komplexer dynamischer Systeme erweist sich die menschliche

Kulturgeschichte als ein Prozeß, der von unübersehbarer Kontingenz seiner Nebenbedingungen abhängig war.

Im Prinzip mag die Emergenz von Bedeutung und künstlerischen Formen neurobiologisch erklärbar und in ihrer nichtlinearen Kausalität mathematisch beschreibbar werden. Der künstlerische Akt selber bleibt individuell, da seine kontingenten Nebenbedingungen individuell sind. Daran ändert auch der Einsatz computergestützter Mittel in der Kunst nichts.

3.35 Science Fiction und virtuelle Realität

Mit den neuen computergestützten graphischen Medien werden Einblicke in mathematische Welten für jedermann anschaulich, die vorher nur Spezialisten über einen abstrakten Formenapparat zugänglich waren. Das gilt insbesondere für 3-dimensionale Projektionen höherer dimensionaler mathematischer Räume. So ist das Bild des Würfels als Analogon zum 2-dimensionalen Quadrat im 3-dimensionalen Raum vertraut. Können wir ebenso anschaulich vom 4-dimensionalen Würfel als Analogon zum 3-dimensionalen Würfel sprechen? Begrifflich läßt sich der 4-dimensionale Hyperwürfel in 4 Schritten exakt erzeugen: Im ersten Schritt werden zwei (0-dimensionale) Punkte in einer 1-dimensionalen Strecke verbunden, im zweiten Schritt die Ecken zweier solcher paralleler Strecken im gleichen Streckenabstand zu einem 2-dimensionalen Quadrat, im dritten Schritt die Ecken zweier solcher paralleler Quadrate im gleichen Streckenabstand zu einem 3-dimensionalen Würfel, im vierten Schritt die Ecken zweier solcher paralleler Würfel im gleichen Streckenabstand zu einem 4-dimensionalen Hyperwürfel. Die ersten drei Schritte sind anschaulich vertraut, der vierte Schritt ist nur begrifflich nachvollziehbar.[228]

Die Eigenschaften des Hyperwürfels können begrifflich exakt bestimmt werden: Da ein Würfel acht Ecken besitzt und der Hyperwürfel durch Verbindung der Ecken zweier Würfel entsteht, besitzt er 16 Ecken. Ferner hat der Hyperwürfel alle 12 Kanten der beiden Würfel, aus denen er entsteht, zusätz-

228 K. Mainzer, Symmetrien der Natur (s. Anm. 208), 167 ff.

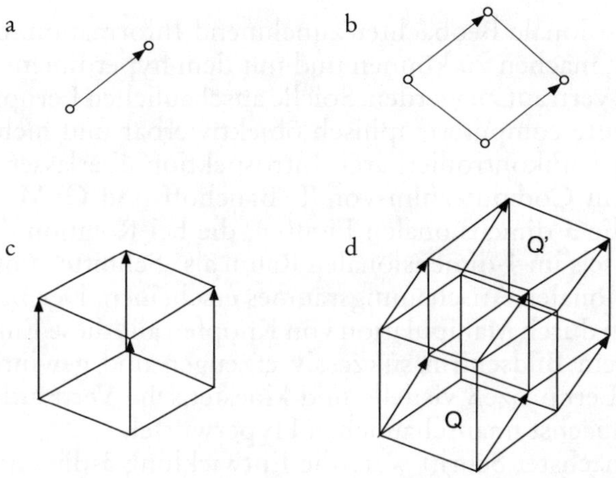

Abb. 3.37

lich die Kanten, die durch Verbindung der 8 Punktpaare aus 16 Ecken entstehen, also 2 · 12 + 8 = 32. Analoge Überlegungen zeigen, daß der Hyperwürfel 24 Flächen (Quadrate) und 8 Würfel als begrenzende 3-dimensionale „Flächen" besitzt. So wie im 3-dimensionalen Euklidischen Raum neben dem Würfel noch vier weitere reguläre (Platonische) Körper existieren, konnte A. Schläfli 1855 für die 4-dimensionale Euklidische Geometrie neben dem Hyperwürfel noch genau fünf weitere reguläre Körper nachweisen.[229]

Ein Gedankenexperiment in der Nachfolge von Helmholtz zeigt, wie man anschauliche Eindrücke solcher Körper gewinnen kann. Ein 2-dimensionales Wesen, dem nur Wahrnehmungen in Länge und Breite auf der Oberfläche einer Ebene möglich sind, wäre durchaus in der Lage, sich ein Bild von einem 3-dimensionalen Würfel zu machen: Falls der Würfel durch die Luft in eine ebene Wasseroberfläche eintaucht, könnte dieses Wesen nämlich die 2-dimensionalen Schnittflächen wahrnehmen. Taucht der Würfel wiederholt unter unterschiedlichen Winkeln und Richtungen ins Wasser ein, gewinnt der

229 A. Schläfli, Ges. mathem. Abhandlungen Bd. 1, Basel 1950; D. Hilbert/S. Cohn-Vossen, Anschauliche Geometrie, Darmstadt 1943.

2-dimensionale Beobachter zunehmend Information, um sich ein Bild machen zu können und mit dem hyperdimensionalen Objekt vertraut zu werden. Solche anschaulichen Lernprozesse sind heute computergraphisch objektivierbar und nicht mehr nur einer unkontrollierbaren Introspektion überlassen. So erzeugt ein Computerfilm von T. Banchoff und C. M. Strauss exakt die 3-dimensionalen Figuren, die bei Rotation des Hyperwürfels im 4-dimensionalen Raum als „Schnitte" unseres 3-dimensionalen Anschauungsraumes erscheinen. Der Beobachter kann durch Manipulation von Knöpfen alle diese Eindrücke auf einem Bildschirm sukzessiv erzeugen und gewinnt so in einem Lernprozeß visuelle und kinestetische Vertrautheit mit dem zunächst unanschaulichen Hyperwürfel.

Ein nächster Schritt wäre die Entwicklung 3-dimensionaler Ausgabegeräte, die mit digitalen Hologrammen lebensechte Szenen produzieren. Damit zeichnet sich der Übergang in künstlich erzeugte Medienwelten ab, in denen Fiktion, Illusion und Realität nicht mehr zu unterscheiden sind. Von den gemalten Bildern über Fotographie, Film und Fernsehen bis zu synthetischen Computerbildern verschaffte sich die menschliche Einbildungskraft technische Hilfsmittel. Mittlerweile entsteht eine Medienwelt, die sich von uns in hohem Grade selbständig macht. Traum, Haluzination und Wirklichkeit beginnen sich in einer virtuellen Realität zu vermischen, in der klare Unterscheidungen schwierig werden. Nachdem zunächst körperliche Funktionen des Menschen in der industriellen Revolution maschinell verstärkt und ersetzt wurden, schließlich intelligente Funktionen mit KI- und Roboterentwicklung simulierbar sind, scheinen nun auch Einbildungskraft, Phantasie und Gefühle technisch verstärkbar und veränderbar zu sein.

Nachdem die biologische Evolution in den letzten zehntausend Jahren auf die Veränderung des menschlichen Genpools nahezu folgenlos geblieben ist, verändert die menschliche Kultur unsere Denk-, Handlungs- und Gefühlswelt in umfassender Weise. Schon wird darüber spekuliert, daß die herkömmlich genetisch gesteuerte Evolution mit dem Menschen an ihre Grenzen gestoßen sei und sich ein „postbiologisches" Zeitalter technischer Kulturen abzeichne, die sich ihre Informations- und Vererbungsträger selber schaffen. Bereits bei der traditionellen Computertechnologie hatte sich gezeigt, daß die Software eines Computerprogramms, gewissermaßen der Denkprozeß des Computers, unabhängig von der Hardware seines materiellen Trägers ist und auf jedem Digitalcomputer simuliert werden kann.

Angesichts der faktischen Computerentwicklung muß jedoch die Vorstellung „computererzeugter“ Kulturen wie Science Fiction anmuten. Gemessen an solchen Ansprüchen „denken“ bisherige Computerprogramme in FORTRAN bis zu den KI-Programmiersprachen, wenn überhaupt, schwerfällig, „greifen“ und „sehen“ bisherige Roboter von Capeks Vision bis zu heutigen Industrierobotern, wenn überhaupt, ungeschickt bzw. verschwommen, „lernen“ bisherige neuronale Netze noch auf einer rudimentären Stufe sensomotorischer Koordination, ist die Annahme kreativer Leistung und die Fähigkeit zu Bewußtsein und Gefühl umstritten. Die derzeitige Schnittstelle von Computer und menschlichem Benutzer entspricht eher einer symbiotischen Entwicklung. Symbiosen können sich aber, das lehrt die Evolution, zugunsten eines Partners auflösen, der sich dann selbständig weiterentwickelt.

In einem ersten Schritt wird der Mensch mit seiner vorläufigen motorischen Überlegenheit zum steuernden Teil eines Robotersystems. In Fortentwicklung eines Simulationshandschuhs zieht er einen Simulationsanzug über, dessen Inneres mit Sensoren und Projektoren ausgestattet ist. Über die Sensoren werden die Bewegungen des Menschen registriert und an einen Roboter weitergeleitet, der die Abläufe des Menschen entsprechend simuliert (Abb. 3.28). Damit ist eine neue Generation der Benutzerinteraktion erreicht. In der ersten Generation wurde der Computer noch direkt über Schalttafeln und zweckgerichtete Installationen bedient. Es folgten Lochkartenstapel und Aufgabenferneingabe. Kenntnisse in der Maschinensprache und der Hardware waren nocht weitgehend unvermeidlich. Trotz Dialogsystemen blieben Computer einem großen Teil der Bevölkerung unzugänglich. Die Auswahl unter verschiedenen Menübefehlen verbunden mit einer Dateneingabe wurde zum Kriterium für Anwendungssysteme, die weitere Verbreitung fanden. Der Graphikbildschirm eröffnete eine visuelle 2-dimensionale Interaktionsebene. Durch eine Zeigevorrichtung wie der Maus können Objekte direkt auf dem Bildschirm bezeichnet werden, ohne daß man Namen eintippen müßte.

Der nächste Schritt bietet eine 3-dimensionale Interaktionserfahrung mit allen menschlichen Sinnen, um dem Benutzer Erlebnisse mit Objekten wie in der wirklichen Welt zu ermöglichen. Bereits in den 60er Jahren schlug I. Sutherland, einer der maßgeblichen Köpfe der heutigen Computergraphikindustrie vor, 3-dimensionale Simulationen durch stereoskopische Bilder mit kleinen Monitoren vor den Augen und der Errechnung des Blickpunktes durch Ertasten der Kopfhaltung zu erzeugen.[230] Technisch realisierbar wurde sein Konzept jedoch erst, als die erforderlichen schnellen Rechnerleistungen und spezielle Graphikhardware für die Echtzeiterzeugung realistischer 3-D-Bilder zur Verfügung standen. Wegen der Möglichkeit kybernetischer Rückkopplung und Steuerung im 3-dimensionalen Raum prägte sich die Bezeichnung ‚Cyberspace' (aus engl. ‚cybernetics' und ‚space') ein.

Im Cyberspace sieht und erfährt der Benutzer seinen eigenen Körper in einem virtuellen 3-dimensionalen Raum, soweit seine Sinnesorgane technisch simulierbar sind. Die Wirklichkeitsnähe von Erlebnissen in Cyberspace-Systemen lassen sich steigern, indem nicht nur die 3-dimensionale Darstellung verbessert wird, sondern z. B. die Pupillenrichtung des Benutzers abgetastet, Bewegungsauslöser und Rückkopplung eingebaut, Töne simuliert werden etc. Zur Benutzerinteraktion kann der Datenhandschuh und schließlich der Simulationsanzug verwendet werden. Ein Feld von winzigen Magnetauslösern könnte Handschuh oder Anzug den Eindruck von Materialität verschaffen, wenn er ein virtuelles Objekt wie z. B. einen Würfel berührt. Ein akustisches Display synthetisiert 3-dimensionale Soundspuren in Echtzeit und überträgt sie dem Benutzer über Kopfhörer. Ein Erkennungssystem für gesprochene Sprache ermöglicht dem Benutzer in normaler Umgangssprache Steuerungsaufgaben, Befehle etc. einzugeben, ohne auf Tastaturen eingeschränkt zu sein.

230 Vgl. auch J. Walker, Hinter den Spiegeln, in: M. Waffender (Hrsg.), Cyberspace. Ausflüge in virtuelle Wirklichkeiten, Hamburg 1991, 20-31.

Als Anwendungen solcher Cyberspace-Systeme wird die Weltraumforschung genannt, wo ein Kosmonaut an Bord seiner Workstation bleiben kann, um gefährliche Reparaturen außerhalb durch einen Roboter ausführen zu lassen, gelenkt durch die unmittelbare Tast- und Sehwahrnehmung des Kosmonauten in der virtuellen Realität einer simulierten Außenwelt. Erwähnt wurden bereits Anwendungen in einer virtuellen Molekularwelt des Chemikers, in der er Moleküle anfassen, fühlen und sehen kann. Denkbar wäre die virtuelle OP-Welt eines Chirurgen, der z. B. bei Gehirnoperationen über Datenhandschuh, Stereobild eines binokularen Mikroskops und Mikromanipulator mikroskopische Eingriffe ebenso fühl- und sehbar ausführen könnte wie z. B. ein makroskopischer Blinddarmeingriff. Telekollaboration könnte weltweite Konferenzen in virtuellen Konferenzzimmern jederzeit erzeugen. Soweit technisch absehbare Möglichkeiten des Cyberspace.[231]

Bemerkenswert ist, daß diese neuen Interaktions- und Kommunikationsformen in der Science-Fiction-Literatur vorweg genommen wurden. W. Gibson beschreibt in seinem Roman ‚Neuromancer' von 1984 Menschen, die sich in eine gemeinsame virtuelle Computerrealität begeben. In dieser künstlichen Welt werden kommerzielle Gefühlswelten und virtuelle Stars erzeugt, aber auch Geschäfts- und Industriewelten. So heißt es dort über die Entwicklung von Cyberspace:

„'The matrix has its roots in primitive arcade games', said the voice-over, 'in early graphics programs and military experimentation with cranial jacks.' On the Sony, a two-dimensional space war faded behind a forest of mathematically generated ferns, demonstrating the spacial possibilities of logarithmic spirals; cold blue military footage burned through, lab animals wired into test systems, helmets feeding into fire control circuits of tanks and war planes. 'Cyberspace. A consensual hallucination experimenced daily by billions of legitimate operators, in every nation, by children being taught mathematical concepts ... A graphic representation of data abstracted from the banks of every computer in the human system. Unthinkable complexity. Lines of light ranged in

231 S. S. Fisher, Wenn das Interface im Virtuellen verschwindet, in: M. Waffender (Hrsg.), s. Anm. 230, 35-51.

the nonspace of the mind, clusters and constellations of data. Like city lights, receding ...'«[232]

Statt bewußtseinserweiternder Drogen hoffen einige Zeitgenossen bereits auf Cyberspace gemäß der Devise „Reality isn't enough any more". Bisher wurden die drei Sinne Schmecken, Riechen und Fühlen weitgehend nicht realisiert. Der Einsatz von Cyberspace in der Medienwelt läßt neben neuen Erfahrungsmöglichkeiten auch Gefahren ahnen: Mitmenschliche Kommunikation reduziert auf virtuelle Personen bis hin zum „Sex mit Marilyn als letzte Konsequenz: nachempfunden, vervielfältigt, eingeworfen."[233] So wie Fernseher und PC wird die „Home Reality Engine" Einzug in die Wohnstuben halten. Die sinnlich erfahrbare virtuelle Realität verändert die Benutzerinteraktion also grundlegend. Die Kenntnis einer Computersprache, der Gebrauch von Symbolen wird in den Hintergrund rücken. Bereits bei den neuronalen Netzen ist nicht mehr das Programm entscheidend, das jeden Vorgang nach vorher festgelegten Regeln formal bestimmen muß. Der Erfahrungshorizont mittels Sprache erweist sich als eingeschränkt und verfremdet. Jeder weiß um Erlebnisse, in denen Schweigen besser als Reden ist, in denen eine Zwischenrepräsentation in den Symbolen der Schrift Empfindungen und Vorstellungen verfälschen würde:

„Sprache ist ein ganz, ganz schmaler Strom durch das Feld der Wirklichkeit," diagnostizieren die Propheten von Cyberspace und verkünden ein postsymbolisches Zeitalter, in dem Kommunikation ohne Symbole stattfindet.[234] Nach der verwissenschaftlichten Welt der Formeln und Symbole, nach dem ‚linguistic turn' der Philosophie nun auf dem Höhepunkt von High Tech die unmittelbare Erfahrung, bei der ein Benutzer eins wird mit der Welt wie in der Mystik und im verlorenen Zeitalter des Mythos?

---

232 W. Gibson, Neuromancer, London 1986, 67; vgl. auch W. Gibson, Burning Chrome, New York 1986.

233 B. Heidersberger, Die digitale Droge, in: M. Waffender (Hrsg.), s. Anm. 230, 62 ff.

234 J. Lanier, Was heißt ‚virtuelle Realität'? in: M. Waffender (Hrsg.), s. Anm. 230, 78.

„Nehmen wir mal an, man könnte mit einer Zeitmaschine zu den ersten Wesen zurückgehen, die eine Sprache erfanden, zu unseren Vorfahren irgendwann, und könnte ihnen VR-Anzüge geben. Hätten sie dann je die Sprache erfunden? Ich glaube kaum, denn sobald man die Welt irgendwie verändern kann, verfügt man damit über äußerste Macht und Ausdrucksfähigkeit. Beschreibungen würden sich dagegen ziemlich beschränkt ausnehmen."[235]

Die Suche nach postsymbolischen Kommunikationsformen, die einige Theoretiker von Cyberspace für revolutionär und einige Zeitgenossen für schockierend halten mögen, entlarvt sich bei näherer Analyse als alter Menschheitstraum, der nach magischen Riten und religiöser Askese, nach psychologischer Traum- und Drogeneuphorie nun mit High Tech realisiert werden soll. Philosophie, Theologie und Religion beschäftigen sich seit altersher mit individuell vollziehbaren Vereinigungserlebnissen mit dem Göttlichen (unio mystica), die in einem nicht-diskursiven Raum durch meditative und kontemplative Versenkung vorbereitet wird.[236] Orphische Mythen, Platons Eroslehre und die philosophische Mystik von Augustinus sind nur einige antike Quellen. In den asiatischen Religionen wird die mythische Versenkung keineswegs nur theistisch, sondern auch agnostisch als Vereinigung der Weltseele verstanden. Einige Cyberspace-Propheten zitieren bereits F. Nietzsche: „Der dionysische Mensch ... besitzt die Kunst der Kommunikation in höchsten Maße. Er dringt in jede Haut, in jede Emotion ein, er transformiert sich kontinuierlich."[237]

Bemerkenswert ist, daß die moderne analytische Philosophie, die in diesem Jahrhundert den ‚linguistic turn' propagierte, keineswegs die mystische Erfahrung verleugnet. L. Wittgenstein beschreibt sie im ‚Tractatus' als Sonderform nichtdiskursiver ‚unaussprechlicher' Erkenntnis:

235 s. Anm. 234, 88.

236 Vgl. auch J. Berhart, Die philosophische Mystik des Mittelalters, von ihren antiken Ursprüngen bis zur Renaissance, München 1922, repr. Darmstadt 1967; R. Woods (ed.), Understanding Mysticism, London 1980.

237 s. Anm. 234, 95; vgl. auch F. Nietzsche, Die Geburt der Tragödie aus dem Geist der Musik, Krit. Ges.ausg. III/1.

„Nicht *wie* die Welt ist, ist das Mystische, sondern *daß* sie ist ... Das Gefühl der Welt als begrenztes Ganzes ist das mystische ... Es gibt allerdings Unaussprechliches. Dies *zeigt* sich, es ist das Mystische."[238]

Im technisch-wissenschaftlichen Zeitalter wird der Einstieg in die ‚unio mystica' mit technischen Mitteln gesucht. So beriefen sich bereits die Propheten der New-Age-Bewegung auf die Erkenntnisse der Quanten- und Elementarteilchenphysik, um in pantheistischer Versenkung und Ekstase erleben zu können, was die Welt im innersten zusammenhält. Nun die Visionen von Cyberspace als Ausgeburt von Computer- und Informationstechnologie. Für einige Literaten sind bereits Cyberspace und New Age fusioniert:

„Die Rechner fingen offensichtlich an, über unsere biologischen Filter innere Räume aneinander anzugleichen ... Kaleidoskopartig änderten sie ihre Farbe, mutierten zu Spiralnebeln, Galaxien und Anhäufungen ferner Milchstraßen ... Langsam änderten sich die Dimensionen, aus Sternen wurden jetzt Atome, sie gruppierten sich zu festen Molekularstrukturen, bizarren Kristallgittern, stehenden Wellen aus unsichtbarer Energie. Eben noch in den Weiten des Universums, tauchten wir lautlos in die Welt der Elementarteilchen. Unser Bewußtsein bildet die Bindekräfte hinter Quarks, Positronen und Tachyonen, die sich vereinigten, abstießen, verschmolzen und zu immer neuen Strukturen organisierten."[239]

Gegenüber solchen Visionen nehmen sich die heute realisierbaren Cyberspace-Systeme noch bescheiden aus. So folgen sie noch z. B. den Gesetzen der Euklidischen Geometrie, konstruieren virtuelle Körper (auch die virtuelle Hand und Gestalt des Benutzers) aus idealisierten Bausteinen und erzeugen damit noch die Eindrücke von einer Klötzchenwelt, in der sich Puppen etwas abgehackt und abrupt bewegen.

Neue Möglichkeiten werden technisch durch die fraktale Geometrie eröffnet. Die sensomotorische Koordination von Körperbewegungen mag aus den Erkenntnissen neuronaler Netze weiterentwickelt werden. Zum gegenwärtigen Zeitpunkt

---

238 L. Wittgenstein, Tractatus logico-philosophicus, Frankfurt 1964, 6.44, 6.45, 6.522; vgl. auch E. Zemach, Wittgenstein's Philosophy of the Mystical, in: I. M. Copi/R. W. Beard (eds.), Essays on Wittgenstein's Tractatus, London 1966, 359-375.

239 M. Waffender (Hrsg.), s. Anm. 230, 188.

kristallisieren sich zwei extreme Standpunkte in der kulturphilosophischen Beurteilung von Cyberspace heraus. V. Flusser vertritt eher eine optimistische Einschätzung:

„Es ist eine Traumwelt im Entstehen, in der wir völlig engagiert sind und in der wir gleichzeitig eine kritische und ironische Distanz haben ... Schon bei Filmen hat man dieses Gefühl, den Traum von außen zu erleben; beim TV kann man sich des Gefühls nicht erwehren, daß uns die Träume anderer aufgesetzt werden, aber bei synthetischen Bildern erst wird klar, daß wir nicht nur tätig träumen können, sondern daß wir den Träumen die Form eingeben können, die unsere reine Vernunft ihnen aufsetzt.“[240]

Demgegenüber heißt es bei J. Baudrillard:

„Der virtuelle Mensch, reglos vor seinem Computer, macht Liebe via Bildschirm und seine Vorlesungen per Telekonferenz. Er wird zum motorisch und wohl auch zerebral Behinderten – der Preis, den er zahlen muß, um operational zu werden. Wie Brillen oder Kontaktlinsen eines Tages zu integrierten Prothesen einer Gattung werden, die den Blick verloren hat, so wird einst – kann man befürchten – die künstliche Intelligenz samt technischem Zubehör die Prothese einer Gattung werden, der das Denken abhanden gekommen ist.“[241]

Nach den gegenwärtigen Perspektiven von Cyberspace sieht der amerikanische Roboterspezialist H. Moravic als noch dramatischeren Entwicklungsschritt eine Art „bio-adapter“ vor, der eine Direktverbindung zwischen Gehirn und Computer herstellt. Die Informationsströme könnten dann, so die Annahme, solange in die Maschine übertragen werden, bis damit ein vollständiges Duplikat des Ichs eines Menschen aus Fleisch und Blut entstanden wäre: Biochemisches Klonen erscheint gegenüber solchen computertechnischen Visionen geradezu archaisch. Science-Fiction-Versionen werden denkbar, in denen Astronauten ihren Originalkörper zurücklassen und zu fernen Sternen aufbrechen. Begriffe wie Leben, Tod und personale Identität verlieren ihre bisherige Bedeutung, wenn sich Bewußtsein, Intelligenz und Gefühl von ihren Trägern lösen,

---

240 V. Flusser, Kunstforum International: Aktuelles Denken Bd. 108 (Juni/Juli) 1990, 97; vgl. auch ders., Für eine Philosophie der Fotografie, Göttingen 1983.

241 J. Baudrillard, Videowelt und Fraktales Subjekt, in: Philosophie der neuen Technologie 1989; ders., Kunstforum International: Aktuelles Denken Bd. 108 (Juni/Juli) 1990, 84-88; ders., Agonie des Realen, Berlin 1978.

übertragen, vervielfachen und verändern lassen. An die Stelle des Genpools einer biologischen Population, die in jeder Generation neue Kombinationen und Rekombinationen hervorbringt, würden neue Verbindungsformen des Geistes treten.

„Meine Spekulationen," so spinnt Moravic seine Vision weiter aus, „endet mit einer Superzivilisation, die alles Leben des Sonnensystems zusammenfaßt, sich ständig vervollkommnet und ausdehnt, von der Sonne fort strebt und leblose Materie in Geist verwandelt. Möglicherweise gibt es andere solche Blasen, die von anderen Ursprungsorten im Universum expandieren. Was würde geschehen, wenn wir einer solchen begegneten? Ein von Verträgen geregelter Verschmelzungsprozeß wäre eine Möglichkeit; dazu wäre lediglich ein Übersetzungsschema erforderlich, das zwischen den verschiedenen Speichersystemen vermittelt. Dieser Vorgang, der sich eventuell schon an anderer Stelle des Universums ereignet, könnte das Universum in eine einzige gigantische denkende Einheit verwandeln, die Vorstufe zu noch größeren Dingen ..."[242]

Ausgangspunkt dieser Spekulation ist eine Dualisierung von Geist und Körper, die durch die traditionelle computertechnische Unterscheidung von Software und Hardware nahegelegt ist. Moravics Spekulation als Roboterspezialist konvergiert mit den kosmologischen Szenarien, die der Physiker F. Dyson bereits Ende der 70er Jahre in seinem Buch „Infinite in all Directions" entwarf.[243] Es geht um nicht weniger als die Unsterblichkeit im Modell eines endlos expandierenden Universums. Auch hier suchen sich kosmische Zivilisationen geeignete Träger aus, um kosmische Katastrophen langfristig zu überleben. Computer und Roboter einer bestimmten Struktur werden dabei als intelligente Lebensformen betrachtet, in denen sich die biologische Evolution in neuer Weise fortsetzt.

Science Fiction und Phantasterei begleiten spätestens seit dem 19. Jh. die technische Entwicklung. Sie abwürgen zu wollen mit dem Hinweis auf wissenschaftliche Nüchternheit, wären eine völlig überzogene Forderung, die zudem der Rea-

---

242 H. Moravic, Mind Children. Der Wettlauf zwischen menschlicher und künstlicher Intelligenz, Hamburg 1990, 162.

243 Vgl. auch F. J. Dyson, Time without End: Physics and Biology in an Open Universe, in: Reviews of Modern Physics. 51 1979, 447-460; K. Mainzer, Philosophie und Geschichte der Kosmologie, in: K. Mainzer/ J. Audretsch (Hrsg.), Vom Anfang der Welt. Wissenschaft, Philosophie, Religion, Mythos, München ^{2}1990, 37 f.

lität menschlicher Phantasie, Gefühle und Intelligenz widerspricht. Was zudem als „nüchtern und wissenschaftlich" einzuschätzen ist, hängt vom jeweiligen Zeitpunkt ab: Elektrizität, Licht und Strom müßte einem aufgeklärten Gelehrten des 17. und 18. Jhs. wie Zauberei vorgekommen sein. Der Autor Villiers de L'Isle-Adam beschreibt 1879 in „L'Eve Nouvelle" eine künstliche Frau, die durch Elektrizität belebt und mit Geist begabt ist. Ein weiterer weiblicher Automat tritt in E. T. A. Hoffmanns Erzählung „Der Sandmann" auf und fasziniert als „Olympia" in Jacques Offenbachs Oper „Hoffmanns Erzählungen" die Männerwelt.

K. Capek erdichtet 1923 eine Familie von Robotern, mit denen die Menschheit von schwerer Arbeit befreit werden soll. Schließlich werden die Roboter mit Emotionen versehen. Als Maschinenmenschen können sie ihr Sklavendasein nicht länger ertragen und proben den Aufstand gegen ihre menschlichen Herren. Von den Filmen „Homunculus" (1916), „Alraune" (1918) über „Metropolis" (1926) bis zu „2001: The Space Odyssey" zieht sich der Gedanke eines intelligenten und fühlenden Automaten, der in Konflikt mit seinem menschlichen Schöpfer gerät – der alttestamentarische Paradiesmythos für Computer. Die Frage nach Gefühlen und Emotionen würde eine Art Computerpsychologie einleiten.[244]

Philosophisch gravierender wäre aber die Frage nach Autonomie und Freiheit eines solchen hochentwickelten Automaten – eine Frage, die traditionell mit der personalen Identität des Menschen verbunden war. Roboter würden dann auch Rechtsbewußtsein entwickeln und Bürgerrechte einklagen. Spätestens an dieser Stelle wird mancher es für wichtiger halten, daß die Rechte der Menschen heute gewahrt werden, als sich um Maßnahmen zur Verhinderung von Leiden bei Maschinen von übermorgen zu kümmern. Science Fiction bleibt eine literarische Form, um die Technik, ihre Folgen und Möglichkeiten in der Phantasie und Imagination zu verarbeiten.

Als Beispiel einer in diesem Sinn intelligenten Science Fiction Literatur sei S. Lem erwähnt, der sich nicht als

244 Vgl. z.B. G. Simons, Sind Computer lebendig? Stand und Zukunft der Computerentwicklung, München 1984, 125 ff.

bloßer Phantast technologischer Megalomanien versteht und die Menschen lediglich auf dem Hintergrund des technisch Möglichen zeichnet. Philosophische Grundfragen menschlichen Daseins und ethische Probleme werden mitreflektiert. So wird in einer Quasi-Buchbesprechung eines gewissen Professor Dobb die Pseudo-Wissenschaft der „Personetik" vorgestellt, die sich mit der Kreation von „Personoiden", also personenähnlichen Robotern beschäftigt. Erläutert werden Pseudo-Computerprogramme wie BAAL 66, CREAN IV oder JAHVE 09. Nach wenigen Seiten Lektüre weiß der Leser nicht mehr, ob es sich um literarische Fiktion oder doch um wissenschaftliche Möglichkeiten handelt. Was Lem beschreibt, sind mathematisch mögliche Welten, die sich im Rahmen eines Computerprogramms entwickeln. Erinnert wird an 4-dimensionale Würfel und andere n-dimensionale geometrische Körper, denen kein physikalisches Analogon unserer Welt entspricht, die aber dennoch nach dem mathematischen Kriterium der Konsistenz existieren. Es handelt sich keineswegs, so wird betont, um Scheinwelten im Sinne Berkeleys, die nur in der Vorstellung der Personoiden existieren. Sie sind vielmehr im Computerprogramm mit der Hardware eines realen Computers existent. Personoide entwickeln sich aus einem „personalen Nucleus" selbständig, durchlaufen Stadien der persönlichen Sozialisation und Gruppenevolution. Sie sind zwar für den Programmierer in Programm und Computer „eingeschlossen". Sie selber nehmen aber ihre Computerwelt als unbegrenzt wahr.[245]

Eine Analogie mit 2-dimensionalen Wesen auf einer Kugeloberfläche drängt sich auf, die für den 3-dimensionalen Beobachter außerhalb der Kugel zwar „gefangen" sind, aber selber eine unbegrenzte Welt erfahren. Solche Modelle waren von Helmholtz bis Reichenbach beliebt, um anschaulich die Konsequenzen geometrischer Systeme nach Riemann, Einstein u. a. zu demonstrieren. Demgegenüber leben Lems Personoiden in einem Symbol- und Ziffernuniversum. Sie haben daher keinen physikalischen Körper, sondern bestehen nur aus „Seelen", die unmittelbar die realen Bedingungen ihrer Softwarewelt wahr-

245 S. Lem, Technologie und Ethik. Ein Lesebuch hrsg. von J. Jarzebski, Frankfurt 1990. Abb. 3.38 ist die Umschlagillustration von D. Mróz.

Abb. 3.38

nehmen, reflektieren und darauf reagieren und agieren. Es gelten nicht die Gesetze der Physik, aber die ebenso harten Bedingungen mathematischer Strukturen. Die Entwicklung der Personoiden ist eingebettet in eine mathematische (nicht thermodynamische) Evolution, deren Zeitmaßstab für den Programmierer kurz, vielleicht Stunden oder Tage beträgt, für den Bewohner dieser Welt sich aber auf Milliarden von Jahren beziehen kann.

Für Personoide wiederholen sich aus der Philosophiegeschichte wohlbekannte ontologische Fundamentalprobleme, ob z. B. das Sein „aus sich selbst heraus“ entstanden oder Folge eines bestimmten schöpferischen Aktes sei, hinter dem sich ein intentional aktiver Schöpfer verberge. In der Psychologie der Personoiden werden literarisch verschlüsselt aktuelle Probleme der Bewußtseinstheorie diskutiert. In der Tat kann nach heutiger Kenntnis der Evolutionstheorie nicht von einer zielgerichteten Entwicklung zum menschlichen Selbstbewußtsein gesprochen werden: Es lag nicht in der Macht der Evolution, „sich von der Erbmasse alter, manchmal Jahrmillionen alter Lösungen zu befreien, da sie immer in sehr kleinen Anpassungsschritten vorangeht und „kriecht“, nicht aber „springt“.“[246] Bewußtsein erscheint bei Lem als Epiphänomen der Evolution bei ihrem Versuch, mit dem Gehirn eine Schaltstelle für optimale Handlungs- und Entscheidungsstrategien zur Befriedigung emotionaler Antriebe und Bedürfnisse zu schaffen:

> „Wenn also das vernünftige Wesen von jemandem konstruiert wäre, der wirklich nach dem Kanon einer vollkommenen rationalen Ingenieurtechnik und Logik vorgegangen und die Kriterien technischer Leistungsfähigkeit angewandt hätte, so hätte dieses vernünftige Wesen überhaupt kein Bewußtsein verliehen bekommen ... Es hätte sich auf völlig logische, stets widerspruchslose, klare, vorzüglich geordnete Weise verhalten und wäre vielleicht, für den menschlichen Beobachter, von genialer schöpferischer Leistungs- und Entscheidungsfähigkeit, aber es wäre nicht im geringsten ein Mensch, es wäre ganz ohne seine „geheimnisvolle Tiefe“, seine inneren „Verdrehungen“, seine labyrinthische Natur ...“.[247]

Alte metaphysische Fragen brechen auf, die aus der Theodizee wohlbekannt sind. In einem Dialog von Personoiden geht es um die Rechtfertigung Gottes oder des Nichts, um Freiheit, Verantwortung, das Böse und die Liebe. Science Fiction entlarvt sich bei Lem als das, was sie bestenfalls sein kann – eine literarische Projektion von Hoffnungen, Ängsten und Wünschen der Menschen, die technische Innovationsschübe auslösen und mit ihnen fertig werden müssen.

---

246 S. Lem, s. Anm. 245, 23.
247 S. Lem, s. Anm. 245, 15.

4. Evolution des Geistes: Computer und Philosophie

Computer und Informationstechnologie verändern Forschung und Kultur. Welchen Einfluß haben sie auf die Philosophie? Welche Stellung nimmt die Philosophie in einer computergestützten Lebenswelt ein? Wer sich über die Selbstdarstellung der Philosophie in der Geschichte der Wissenschaft informiert, wird feststellen, daß es ihr an Selbstbewußtsein nicht gefehlt hat. Man denke nur an das imperiale Pathos von Raffaels Gemälde „Die Schule von Athen", auf dem Platon und Aristoteles wie zwei rivalisierende Könige im Zentrum einer Kuppelhalle im Renaissance-Stil stehen und die übrigen Einzelwissenschaften als rechnende, zeichnende, lesende oder ergeben lauschende Gestalten um sich versammelt haben. Auf dem Titelbild von Diderots und d'Alemberts französischer Enzyklopädie finden wir dasselbe Thema mit dem Charme des Rokoko variiert: Eine allegorische Darstellung des Tempels der Wissenschaft, in dem erhöht die Wahrheit als jungfräuliche Lichtgestalt schwebt, um von der Philosophie, einer energisch blickenden Dame mit Königinnenkrone, entschleiert zu werden. Darunter wieder die Einzelwissenschaften als feenhafte Wesen mit den Insignien ihrer Tätigkeit wie Zirkel, Lineal, Harfe, Buch und bereits vielerlei technischen Geräten drapiert, die der philosophischen Wahrheitsfindung beiwohnen.

Noch Hegel weist der Philosophie das höchste Stadium in der Evolution des Geistes zu. Hier lernt sich der Geist selber zu begreifen und zu vergegenwärtigen. Verflüchtigt er sich heute in Datenbanken, Kommunikationsnetzen und KI-Symbolen? Unbestritten bleibt Philosophie jedenfalls die Instanz, wo Teile zusammengedacht, Perspektiven aufgezeigt und kritische Analysen der Grenzen und Möglichkeit durchgeführt werden können.

In diesem Kapitel wird daher zunächst gezeigt, wie klassische Disziplinen der Philosophie unter dem Einfluß computergestützter Forschung und Kultur neue Wege einschlagen. In einer computergestützten Erkenntnistheorie, Sprachphilosophie und Wissenschaftstheorie kommen Forschungsparadigmen der ersten beiden Kapitel wie Programmiersprachen, Computerprogramme, Expertensysteme und neuronale Netze zur Anwendung. Diesen Abschnitten werden jeweils historische Einführungen vorausgeschickt, um systematisch an die Probleme der Erkenntnistheorie, Sprachphilosophie und Wissenschaftstheorie mit den Methoden der KI anschließen zu können. Probleme der KI erweisen sich als folgerichtige Weiterentwicklungen philosophischer Grundlagenfragen. Neben Erkenntnistheorie, Sprachphilosophie und Wissenschaftstheorie ist die Ethik als klassische philosophische Disziplin durch den Computer herausgefordert. Am Ende steht die Frage nach einer Philosophie des Geistes, in der die Evolution intelligenter Systeme, computergestützter Forschung und Kultur angemessen berücksichtigt ist.

4.1 Computergestützte Erkenntnistheorie

4.11 Kants kopernikanische Wende der Erkenntnistheorie

Die Erkenntnistheorie beschäftigt sich als philosophische Grundlagendisziplin traditionell mit den Fragen nach der Entstehung, Begründung und den Grenzen von Erkenntnis. Ihr historischer Ursprung läßt sich auf Platons berühmte Frage „Was ist Erkenntnis bzw. Wissen?“ im Dialog „Theaitetos“ zurückführen, in dem Wissen, Glauben und Meinung unterschieden werden.[1] Daß vor jeder Wahrnehmung Wissen a priori vorausgesetzt werden kann, betont Platon am Beispiel der Mathematik im Dialog „Menon“. Ein Sklave löst dort ohne schu-

1 Platon, Theaitetos 145 e.

lische Vorbildung logische und mathematische Probleme.[2] Platon setzt also mentale Zustände voraus, die unabhängig von der Außenwelt sind. Es sind Zustände der Wiedererinnerung an unveränderliche Ideen, die wie im Beispiel geometrischer Formen hinter den veränderlichen Erscheinungen der Außenwelt (ideae ante rem) angenommen werden. Für Aristoteles repräsentieren diese mentalen Zustände keine ewigen Urbilder hinter den Erscheinungen, sondern Abstraktionen in der Erfahrung (ideae in re).

In der neuzeitlichen Erkenntnistheorie betont Descartes zwar mentale Zustände des Bewußtseins unabhängig und vor jeder Erfahrung. Im Unterschied zu Platon repräsentieren sie jedoch keine unveränderliche Formenwelt hinter den Dingen, sondern apriorische Bewußtseinsstrukturen (ideae innatae in mente): Zahlen, algebraische und geometrische Formen erweisen sich nach Descartes als Bewußtseinsstrukturen, mit denen die Figuren und Veränderungen der materiellen Körperwelt erkannt werden. Mentale Zustände des Bewußtseins (res cogitans) entsprechen isomorph physikalischen Zuständen der materiellen Außenwelt (res extensa).

In der Schrift „Traité de l'homme" versucht Descartes eine mechanische Erklärung der Wechselwirkung von Bewußtsein und Körperwelt als Grundlage der Erkenntnis. Die Apparatur, die in Descartes System diese Wechselwirkungen ermöglichen soll, ist die aus sehr weicher Materie gebildete Zirbeldrüse, die im Gehirn an kleinen Arterien aufgehängt vorgestellt wird. Wie ein an wenigen Fäden befestigter Körper, der von den aufsteigenden Rauchschwaden eines Kamins in verschiedene Richtungen getrieben wird, so drängen „mentale Korpuskeln" die Drüse in unterschiedliche Richtungen. Dadurch werden motorische Nervenenden angestoßen, die wiederum über eine Folge korpuskularer Wechselwirkungen Reaktionen im Körper auslösen.[3]

Durch mechanische Impulse korpuskularer Wechselwirkungen werden sensorische Nervenfunktionen, die z. B. bei äußeren Schmerzwahrnehmungen stattfinden, ebenso erklärt wie

2 Vgl. Kap 1.22
3 Vgl. Kap. 2.36

z. B. die Muskelbewegungen beim Atmen. Sensomotorische Koordinationen z. B. von Seh- und Tastsinn, die der Wahrnehmung und Anschauung zugrundeliegen, wurden bereits in Abschnitt 2.36 beschrieben. Problematisch wird Descartes mechanische Erklärung deshalb, da Bewußtseinszustände ausdehnungslos („immateriell"), einfach und unzerlegbar im Unterschied zur materiellen, komplexen und zerlegbaren Körperwelt sind. Wechselwirkungen zwischen Bewußtsein und Körperwelt können also per definitionem nicht auf mechanische Impulse von „mentalen" und „materiellen" Korpuskeln zurückgeführt werden. Diese prinzipielle Schwierigkeit des erkenntnistheoretischen Dualismus ist keineswegs auf das Zeitalter der Mechanik beschränkt, sondern tritt auch unter den Bedingungen elektromechanischer und biochemischer Erklärungsversuche auf.

Leibniz kritisiert daher den cartesischen Dualismus von Geist und Körper ebenso wie den materialistischen Atomismus als unbrauchbare Grundlage der Erkenntnistheorie. An die Stelle des unüberbrückbaren Gegensatzes von materieller Körperwelt und immateriellem Bewußtsein tritt eine Skala von Bewußtseinsgraden, mit denen die Hierarchie der Natur von primitiven Mikroorganismen über Pflanzen und Tieren bis zum Menschen ausgestattet ist. Die Bewußtseinsgrade hängen nach Leibniz vom Empfindungs- und Vorstellungsvermögen („Perception") der jeweiligen Systeme („Monade") ab, das bei den einfachen chemischen Verbindungen von Mikroorganismen weniger entwickelt ist als bei hochorganisierten Lebewesen wie dem Menschen.[4]

Leibnizens Monadenwelt sollte keineswegs als spekulativer Animismus mißverstanden werden, der von einer „Beseelung" der Natur von den Elementarteilchen bis zum Menschen ausgeht. Leibniz spricht von einer Hierarchie mehr oder weniger komplexer Automaten, deren Zustände untereinander korreliert sind und je nach Stellung in diesem monadologischen

4 Grundlage für die hier diskutierte Leibnizsche Erkenntnistheorie sind seine Nouveaux essais sur l'entendement humain (1704), posthum in: Oeuvres philosophiques ..., ed. R. E. Raspe, Amsterdam 1765. Zur Auseinandersetzung mit Leibnizens Monadologie vgl. Kap. 4.42.

Informationsnetz die Möglichkeit und Grenzen von Wissen über das Gesamtsystem festlegen. Metaphorisch erinnert Leibnizens Monadologie an einen großen Spiegelsaal, in dem jeder Einzelspiegel das Gesamtensemble je nach Stellung mehr oder weniger umfassend widerspiegeln kann. Erkenntnis bleibt also bei Leibniz keineswegs auf den Menschen beschränkt, sondern wird als monadologische Wechselwirkung in einem universalen Automatennetz definiert.

Auf dieser Grundlage kritisiert Leibniz auch Lockes empiristische Erkenntnistheorie, in der Bewußtsein als „tabula rasa" für Daten der Außenwelt eingeführt wird. Locke vertritt einen sensualistischen Atomismus, in dem komplexe Vorstellungen und Empfindungen auf einfache und unzerlegbare Einzelheiten („simple ideas") zurückgeführt werden, die einfachen Daten der Außenwelt wie Farbe, Töne, Drucke u. ä. entsprechen. Das Bewußtsein baut aus diesen Empfindungsatomen komplexe Begriffe durch Kombinations- und Abstraktionsverfahren auf, speichert sie im Gedächtnis ab oder ruft sie z. B. zur Analogienbildung auf.[5] Leibniz wendet gegen den Sensualismus ein, daß Locke offenbar Organisationsverfahren vor jeder konkreten Wahrnehmung (a priori) im Bewußtsein voraussetzen muß, um Außenweltinformation zu Erkenntnis verarbeiten zu können.[6]

Daß Lockes Sensualismus keineswegs konsequent konzipiert ist, kritisiert G. Berkeley. So nimmt Locke atomare Daten der Außenwelt an, die selber keine Wahrnehmungen sind, sondern nur solchen entsprechen. Wie kann aber ein Sensualist, der nur Sinne als Erkenntnisorgane zuläßt, zwischen wahrgenommenen und wirklichen Dingen unterscheiden?[7] Für ihn

---

5 Vgl. J. Locke, An Essay Concerning Human Understanding, London 1690, dt. Über den menschlichen Verstand, Hamburg [3]1976; vgl. auch L. Krüger, Der Begriff des Empirismus. Erkenntnistheoretische Studien am Beispiel John Lockes, Berlin/New York 1973.

6 Die Lockesche Position ‚nihil est in intellectu quod non (prius) fuerit in sensu' ergänzt Leibniz durch die Wendung ‚excipe: nisi ipse intellectus' (Nouv. essais II 1 § 2, Akad.-Ausg. 6.6, 111).

7 G. Berkeley, Treatise Concerning the Principles of Human Knowledge, Dublin 1710, dt. Berkeley's Abhandlung über die Principien der menschlichen Erkenntnis, ed. F. Ueberweg, Berlin 1869. In § 86 identifiziert

löst sich die materielle Außenwelt in Vorstellung und Empfindung auf. Das Erkenntnissystem, so wäre Berkeleys Solipsismus informationstheoretisch zu deuten, verarbeitet nur selbstproduzierte mentale Zustände. Erkenntnis reduziert sich auf Selbstwahrnehmung.

Eine andere Schwäche der empiristischen Erkenntnistheorie kritisiert D. Hume. So nimmt Locke durchaus Organisationsverfahren des Bewußtseins an, die z. B. die kausale Verknüpfung von Ursache und Wirkung erlauben. Kausalität ist aber nach Hume weder eine Gesetzmäßigkeit in der Natur noch eine Bewußtseinsform:

„The impulse of one billiard-ball is intended with motion in the second. This is the whole that appears to the outward senses. The mind feels no sentiment inward impression from this succession of objects. Consequently, there ist not, in any single, particular instance of course and effect, anything which can suggest the idea of power or necessary connection.“[8]

Kausalität ist also für Hume weder eine „idea innata in mente“ (Descartes), noch eine „idea in re“ (Aristoteles) oder gar „idea ante rem“ (Platon). Sie ist Ausdruck einer statistischen Häufigkeit, mit der zwei Sinneswahrnehmungen wie z. B. Blitz und Donner miteinander korreliert werden. An die Stelle eines steuernden, kontrollierenden und hierarchisch organisierten Bewußtseins treten Bündel von Vorstellungen, die mehr oder weniger stark assoziiert sind.[9] Bewußtsein als eigene Substanz löst sich bei Hume auf. Es bleibt ein indeterminierter stochastischer Automat, der Eindrücke registriert, nach der statistischen Häufigkeit gemeinsamen Auftretens korreliert, abspeichert oder wieder löscht.

Zwischen Rationalismus (Descartes, Leibniz), Empirismus (Locke, Hume) und Solipsismus (Berkeley) schlägt Kant eine Erkenntnistheorie vor, die auch für eine computergestützte Erkenntnistheorie der Gegenwart bedeutsam ist. Kant kritisierte

---

Berkeley ‚wirkliche Dinge‘ (real things) mit ‚wahrgenommenen Dingen‘ (things that are perceived).

8 D. Hume, An Enquiry Concerning Human Understanding, London ^{3}1758, Sect. VII, Part I, § 50.

9 Vgl. auch D. Rapaport, The History of the Concept of Association of Ideas, New York 1974.

zunächst sowohl die rationalistische Gewißheit des Denkens als auch die empiristische Gewißheit der Wahrnehmung. Alle Erkenntnis beginnt zwar im Sinne des Empirismus mit Erfahrung, setzt aber im Sinne des Rationalismus Organisationsverfahren des Bewußtseins voraus. Nach Kant gründet daher Erkenntnis aus Erfahrung auf den beiden Erkenntnisstämmen der Sinnlichkeit und des Verstandes. Während die Sinnlichkeit Wahrnehmungen registriert, Anschauungen und Vorstellungen produziert, bildet der Verstand Urteile und Begriffe.

Was nun Wahrnehmung und Anschauung betrifft, so unterscheidet Kant an einem Gegenstand („Erscheinung") die materiale Empfindung (z. B. Farbe, Geruch, Druck) von seiner Form in Raum und Zeit. Entscheidend ist für ihn, daß raumzeitliche Organisationsstrukturen der Sinnlichkeit und damit des menschlichen Bewußtseins vorausgesetzt werden müssen, um mit Sinnesdaten der Wahrnehmung überhaupt erst Gegenstände der Erfahrung konstituieren zu können. Raum und Zeit sind daher für Kant die Formen der Anschauung und damit des menschlichen Bewußtseins und nicht selber Gegenstände der Erfahrung. Geometrische Formen gründen daher nach Kant auf den räumlichen Anschauungsformen, während die Zahlen als arithmetische Zählschritte durch das Nacheinander von Bewußtseinszuständen in der Zeit eingeführt werden. Somit sind nach Kant Geometrie und Arithmetik zwar apriorische Wissenschaften, die es aber gleichwohl mit Formen möglicher Erfahrung zu tun haben und daher auch in den Naturwissenschaften anwendbar sind.[10]

Neben Raum und Zeit als Formen der Sinnlichkeit unterscheidet Kant Urteile und Begriffe als Formen des Verstandes. Er geht dabei von den damals bekannten Urteilsformen der formalen Logik aus und bildet reine Verstandesbegriffe („Kategorien") als Bedingungen der Möglichkeit von konkreten Erfahrungen. Gegenstände der Erfahrung werden danach unter den kategorialen Gesichtspunkten der Quantität (z. B.

10 I. Kant, Kritik der reinen Vernunft (Kr.d.r.V.), Riga 1781 (A), ^{2}1787 (B), B 33- B 73; vgl. auch K. Mainzer, Der Raum in Anschluß an Kant, in: R. Berlinger/F. Kambartel (Hrsg.) Experiment der Vernunft. Festschrift für F. Kaulbach, Hildesheim 1978, 161-175.

Größe, Länge, Gewicht), der Qualität (z. B. Farbe, Temperatur), der Relation untereinander (z. B. Kausalität, Wechselwirkung) und Modalität (Möglichkeit, Wirklichkeit, Notwendigkeit) betrachtet.[11]

Ein möglicher Gegenstand der Erfahrung entsteht durch eine komplexe Verbindung dieser Kategorien. So ist ein Tisch ein Gegenstand mit bestimmten quantitativen, qualitativen, relationalen und modalen Eigenschaften. Im Unterschied zu Aristoteles werden Kategorien aber nicht durch Abstraktion aus der Natur gewonnen, sondern ermöglichen als Bewußtseinsstrukturen allererst die Konstitution von Erfahrungsgegenständen.

Als zentrale apriorische Fähigkeit des Verstandes stellt Kant die Verknüpfung (Synthesis) von Vorstellungen heraus. Dabei ist der Verstand sich jederzeit seiner einigenden Tätigkeit bewußt. Das cartesische „Ich denke", so sagt Kant, „muß alle meine Vorstellungen begleiten können". So kommt die Einheit des Selbstbewußtseins zustande, die eine kategoriale Einheit von Erfahrungsgegenständen allererst ermöglicht.[12]

Um Kategorien als reine Verstandesbegriffe auf konkrete Vorstellungen anwenden bzw. um konkrete Vorstellungen unter reine Verstandesbegriffe subsumieren zu können, bedarf es besonderer Verfahren, die Kant Schemata nennt.[13] Sie verbinden die beiden Erkenntnisstämme der Sinnlichkeit und des Verstandes insofern, als die Kategorien des Verstandes und die jeweiligen Vorstellungen als Anschauungen und Wahrnehmungen Produkte der Sinnlichkeit sind. Urteile wie (1) 'Dieser Teller ist rund" und (2) „Wenn die Kugel einen Stoß erhält, dann rollt sie" ordnen konkrete Vorstellungen wie z. B. „dieser Teller" einer bestimmten geometrischen Form als der Kategorie der Quantität unter, während in dem Satz (2) zwei Vorstellungen von Ereignissen wie „Die Kugel erhält einen Stoß" und „Die Kugel rollt" der Kategorie der Kausalität untergeordnet werden.

11 I. Kant, Kr.d.r.V., B 106.

12 I. Kant, Kr.d.r.V., B 132.

13 I. Kant, Kr.d.r.V., B 176 – B 187.

Durch die Schemata erhalten also allgemeine Verstandesbegriffe erst eine Bedeutung. Kants Schematismuslehre, die häufig in der Philosophiegeschichte mißverstanden oder unterschätzt wurde, erweist sich, wie noch zu zeigen sein wird, unter dem Gesichtspunkt computergestützter Erkenntnistheorie als zentrales Thema.[14] Schemata sind offenbar kognitive Repräsentationen, die konkrete Vorstellungen, Bilder und Anschauungen von Gegenständen und Ereignissen nach allgemeinen Regeln einordnen.

In der Urteilslehre unterscheidet Kant analytische Urteile, die aus logischen oder definitorischen Gründen wahr sind, von synthetischen Erfahrungsurteilen. Während analytische Urteile nur vom Verstand abhängen, entsteht synthetische Erkenntnis durch die Verbindung (Synthesis) von Verstand und Sinnlichkeit. Synthetische Urteile, die sich nur auf die Form von Verstand und Sinnlichkeit beziehen, können vor jeder konkreten Wahrnehmung a priori als wahr eingesehen werden. Die Kategorien als Formen des Verstandes und Raum und Zeit als Formen der Sinnlichkeit sind Bedingungen der Möglichkeit von Erfahrung. Sie sind gewissermaßen die Organisationsstrukturen des Bewußtseins, um aus den Wahrnehmungsdaten Erfahrungsurteile zu bilden.

Je nach den betroffenen reinen Verstandesbegriffen und Anschauungsformen unterscheidet Kant folgende synthetischen Urteile a priori:[15] Die „Axiome der Anschauung" beziehen sich auf die Anschauungsformen von Raum und Zeit und die Kategorie der Größe (Quantität). Sie umfassen daher die Aussagen der (Euklidischen) Geometrie und Arithmetik. Die „Antizipationen der Wahrnehmung" beziehen sich auf die Kategorie der Qualität. Es handelt sich um Intensitätsgrade von Empfindungen und Wahrnehmungen, die vor jeder konkreten Empfindung und Wahrnehmung als strukturelle Organisationsverfahren der Sinne und als Meß- und Beobachtungsverfahren vorausgesetzt werden müssen. Während sich die Anschauung also nur auf mögliche mathematische Modelle der Erfahrung bezieht, begründen die sinnlichen Wahrnehmungen die Meß-

14 F. Kaulbach, Imanuel Kant, Berlin 1969.
15 I. Kant, Kr.d.r.V., B 200.

und Beobachtungsaussagen über die physikalische Wirklichkeit.

Notwendige Erfahrungsurteile, wie sie den physikalischen Gesetzen zugrundeliegen, setzen die Kategorien der Relation voraus. Der Grundsatz der Beharrlichkeit bzw. Substanz stellt fest, daß vor jeder konkreten Erfahrung bestimmte Größen als unveränderlich (invariant) vorausgesetzt werden. Diesem Typus von Gesetzesaussagen gehören die physikalischen Erhaltungssätze wie z. B. die Erhaltung von Impuls und Energie an. Gemeint ist nicht, daß z. B. der Erhaltungssatz des Impulses in der klassischen Physik oder der Energie in der Quantenelektrodynamik ohne Experiment und Beobachtung eingesehen werden kann. A priori vorausgesetzt wird vielmehr, daß in jeder physikalischen Erfahrung bzw. Theoriebildung überhaupt Erhaltungsgrößen existieren. Dazu gehört, daß Gestalten, Gegenstände, Personen etc. im Strom zeitlicher Veränderungen wiedererkannt werden. Ohne ein entsprechendes kategoriales Vermögen wäre keine Erfahrung möglich.

Ebenso setzt Kant einen „Grundsatz der Beharrlichkeit nach dem Gesetz der Kausalität" a priori voraus, der mit der Kategorie der Kausalität formuliert wird. Gemeint ist wieder nicht, daß physikalische kausale Gesetzmäßigkeiten der Physik wie z. B. Newtons Kraftgesetz, wonach Gravitation als Ursache von Anziehungswirkungen astronomischer Körper angenommen wird, vor jedem konkreten Experiment und vor jeder Beobachtung a priori eingesehen werden kann. Allerdings bedarf es zur Formulierung solcher Gesetze der Vorgabe, daß Vorstellungen von Ereignissen in der Zeit als Ursache und Wirkung verbunden werden können. Als dritte Kategorie der Relation sieht Kant den „Grundsatz des Zugleichseins, nach dem Gesetz der Wechselwirkung, oder Gemeinschaft" vor. Newtons drittes Mechanikaxiom von actio gleich reactio ist nach dieser kategorischen Urteilsform gebildet.[16]

Die Anschauungsformen von Raum und Zeit und die Kategorien bestimmen nach Kant die Grenzen des Erfahrungs-

16 Vgl. auch I. Kant, Metaphysische Anfangsgründe der Naturwissenschaften, Riga 1786.

wissens. Häufig versucht aber der Verstand, Erkenntnisse über die menschliche Erfahrung hinaus zu finden. Neben den reinen Verstandesbegriffen, denen als Kategorien ein möglicher Gegenstand der Erfahrung entspricht, formuliert die Vernunft auch bloße Ideen ohne korrespondierende Erfahrungsgegenstände. Im Unterschied zu Kategorien, die durch Erfahrungsmöglichkeiten bedingt sind, formulieren Ideen unbedingte und totale Verstandesbegriffe.[17]

So entsteht die Idee der Seele durch Totalisierung der Kategorie der Substanz bzw. Beharrlichkeit, da sie von der Vorstellung eines total unveränderlichen Teils des Menschen jenseits von Raum und Zeit ausgeht. Die Idee der Welt überhaupt entsteht aus der Kausalitätskategorie, indem die Vorstellung raum-zeitlich begrenzter Kausalketten zur Totalität aller Kausalketten überhaupt verallgemeinert wird. Gott ist der Inbegriff aller Wechselwirkungen überhaupt, das ens realisimum, wie die Tradition sagt, also eine Totalisierung der Kategorie der Wechselwirkung jenseits der Anschauungsformen von Raum und Zeit.

Logische Schlüsse mit diesen Begriffsbildungen führen, wie Kant am Beispiel der traditionellen Metaphysik ausführt, zwangsläufig zu Paradoxien und Widersprüchen, die wegen der mangelnden Erfahrungsgrundlage nicht entscheidbar sind. Kant spricht dann von der „transzendentalen Dialektik" der Ideen im Unterschied zur „transzendentalen Analytik" der Kategorien. Metaphysische Urteile, die über Gott, Welt und Seele wie über Erfahrungsgegenstände der Naturwissenschaften sprechen, überfordern den menschlichen Verstand und überschreiten die Grenzen menschlicher Erfahrungserkenntnis.

Gleichwohl übernehmen Ideen nach Kant regulative Funktionen für vernünftiges Denken und Handeln, indem z. B. die Idee Gottes als Anleitung zum höchsten Guten, die Idee der Welt als Anleitung zur Erforschung immer größerer Teile der Natur, die Idee der Seele als Achtung vor dem ewigen und unveränderlichen Teil des Menschen, nämlich seiner Men-

17 I. Kant, Kr.d.r.V., B 350 ff.

schenwürde, interpretiert wird. In seiner „Kritik der reinen Vernunft" werden metaphysische Begriffe aber zunächst nur als Grenzbegriffe der menschlichen Erkenntnis behandelt. Erst in der „Kritik der praktischen Vernunft" wird ihnen eine regulativ-ethische Funktion zugeschrieben.

Kant faßte seine Kategorien und synthetischen Grundsätze a priori als ausgezeichnete Rahmenbedingungen von Erkenntnis überhaupt auf. Nach der Wissenschaftsgeschichte des 19. und 20. Jhs., nach den Veränderungen der relativistischen Raum-Zeit, Teilchen- und Kausalitätsstrukturen in der modernen Physik muß kritisch gefragt werden, ob Kants kategoriale Rahmenbedingungen für Erkenntnisse durch Erfahrung noch ausreichen. Gleichwohl setzen auch heutige Theoriebildungen z. B. der Psychologie, Physik und Biologie kategoriale Rahmenbedingungen menschlicher Erkenntnis voraus, die sich jedoch durch Lernprozesse im Laufe der Jahrhunderte verändert haben. Es scheint sinnvoll, von einem relativen Apriori der Erkenntnis zu sprechen, d. h. einer mentalen Bewußtseinsstruktur, die für konkrete Erfahrungen und Theoriebildungen vorausgesetzt werden muß, obwohl sie selber Veränderungen durch evolutive Lernprozesse unterliegt. Hier kann computergestützte Erkenntnistheorie ansetzen, die im folgenden in den Abschnitten „Anschauung und Wahrnehmung", „Kategorien und Schemata" und „Transzendentale Dialektik des Computers" behandelt wird.

4.12 Wahrnehmung und Anschauung

Die klassischen Erkenntnistheorien von J. Locke und I. Kant erlebten im 19. Jh. eine Herausforderung durch Physiologie, Psychologie und die mathematischen Naturwissenschaften. Gemeint sind die Entwicklung einer physiologischen Wahrnehmungstheorie durch J. Müller, E. Du Bois-Reymond u. a. und die mathematische Entdeckung nicht-Euklidischer Geometrien durch Lobatschewski, Gauß, Riemann u. a. H. von Helmholtz, der im Laufe seines Lebens selber maßgebende Arbeiten zur Physiologie, Physik und Geometrie verfaßt hatte, war deshalb geradezu bestimmt, diese Herausforderung der Erkenntnistheorie anzunehmen.[18]

Locke hatte, wie oben erwähnt wurde, zwischen äußerer und innerer Wahrnehmung, „sensation" und „reflection" unterschieden, während Kant von den Erkenntnisstämmen der Sinnlichkeit und des Verstandes ausging. An der äußeren Wahrnehmung eines Gegenstandes unterschied Locke objektive „primäre Eigenschaften" wie z. B. räumliche Größe und Form, zeitliche Bestimmung und Bewegungszustand von subjektiven „sekundären Eigenschaften" wie z. B. Farb-, Ton-, Druck- oder Geruchsempfindungen. Primäre Eigenschaften wies Locke den Objekten zu, deren sekundäre Eigenschaften erst durch Wechselwirkung mit menschlichen Sinnen wie den Seh-, Hör-, Tast- oder Geruchssinnen entstehen. Kant verlegt Raum- und Zeitgrößen als Anschauungsformen in das menschliche Bewußtsein. Ebenso werden formale Organisationsprinzipien der sinnlichen Wahrnehmung vorausgesetzt.

Helmholtz gelangen zunächst einige bedeutende physiologische Beobachtungen und Erfindungen. Erinnert sei an seine Messung der Fortpflanzungsgeschwindigkeit der Nervenreizungen, seine Erfindung des Augenspiegels zur Beobachtung der Netzhaut im lebenden Auge und die Erfindung des Telestereoskops, mit dem weit entfernte Gegenstände plastisch gesehen werden können. Die sinnesphysiologischen Forschungen führten Helmholtz schließlich zu erkenntnistheoretischen Fragen. „Wie ein Physiker Fernrohr und Galvanometer untersuchen muß, mit denen er arbeiten will, sich klar machen muß, was er damit erreichen, wo sie ihn täuschen können, so schien es mir geboten, auch die Leistungsfähigkeit unseres Denkvermögens zu untersuchen."[19] Erkennen setzt also Instru-

---

18 H. v. Helmholtz, Handbuch der physiologischen Optik, 3 Lieferungen, Hamburg 1856-67; ders., Die Lehre von den Tonempfindungen, Braunschweig 1863; vgl. auch K. Mainzer, Hermann von Helmholtz, in: J. Mittelstraß (Hrsg.), Enzyklopädie Philosophie u. Wissenschaftstheorie II, Mannheim/Wien, Zürich 1984; W. Gerlach, Hermann von Helmholtz, in; Neue deutsche Biographie Bd. 8, Berlin 1969, 498-501.

19 Zitiert nach: Erinnerungen. Tischrede gehalten bei der Feier des 70. Geburtstages, Berlin 1891, abgedruckt in: Vorträge und Reden 1. Bd., 1 ff., 16.

mente der Wahrnehmung und des Denkens voraus, die entweder im Laufe der Evolution als Sinnesorgane oder im Laufe der Wissenschafts- und Technikgeschichte als Meß- und Beobachtungsinstrumente und Rahmenbedingungen für Theoriebildungen entwickelt wurden. Helmholtz behandelt erkenntnistheoretische Fragen in Standardwerken wie dem „Handbuch der physiologischen Optik" oder in Vorträgen wie z. B. „Die Tatsachen der Wahrnehmung".

Prägnant ist seine Zeichentheorie der Wahrnehmung. Danach vermitteln Sinnesempfindungen nur Zeichen und nicht Bilder der Objekte und Vorgänge. Während ein Bild irgendeine Art von Gleichheit mit dem abgebildeten Gegenstand suggeriert, braucht ein Zeichen damit keine Ähnlichkeit zu haben. Dennoch können Zeichen die Gesetzmäßigkeiten der physiologischen Außenwelt erfassen.[20]

Die Subjektivität der Sinneswahrnehmungen, die Locke ebenso wie Kant betonten, wird bereits vor Helmholtz von J. Müller experimentell bestätigt. So hängen Empfindungen nicht alleine von physikalischen Ursachen der Erregung ab, sondern von Reizintensität und Reizort in den Sinnesorganen. Eine Lichtempfindung im Auge kann verschiedene physikalische Ursachen wie z. B. äußere elektromagnetische Wellen, elektrische Ströme im Auge, Druck auf den Augapfel oder Zerrung am Nervenstamm haben.

An einer Sinneswahrnehmung lassen sich physikalische, physiologische und psychologische Aspekte unterscheiden. Für das Auge wird die physikalische Feldtheorie durch Newtons Prismenzerlegung des Lichtes und Maxwells Theorie elektromagnetischer Wellen begründet. Physiologische Farbempfindungen führen Helmholtz und Young auf drei Reizregionen der Netzhaut für Farben Rot, Grün und Blau zurück, mit denen durch Mischung andere Farben erzeugt werden können. Von der physikalischen und physiologischen Farbtheorie ist das psychologische Farbgefühl zu unterscheiden, das vermutlich schon Goethe in seinem Streit mit Newton meinte. Für

20 H. v. Helmholtz, Die Tatsachen in der Wahrnehmung. Rede gehalten zur Stiftungsfeier der Friedrich-Wilhelms- Universität zu Berlin (1878), abgedruckt in: Vorträge und Reden, 2 Bde., 213 ff.

das Ohr wäre entsprechend die physikalische Tontheorie der Schallwellen von der physiologischen Tontheorie der organischen Resonanzvorgänge und dem psychologischen Tongefühl der Musikalität zu unterscheiden.

Auch die räumliche Wahrnehmung wird physiologisch vorbereitet, indem z. B. auf der Haut 2-dimensionale Tastfelder, für das Auge 3-dimensionale Sehfelder oder für das Ohr 3-dimensionale Tonfelder mit Orten unterschiedlicher Empfindungsintensität gebildet werden. Empfindungsfelder weisen bereits auf den geometrischen Begriff von Mannigfaltigkeiten, deren Punktverteilung inhomogen (wie im Fall der Hautoberfläche mit unterschiedlichen Reizorten) oder homogen sein kann. Empfindungsabstände bereiten eine Metrisierung der Empfindungsfelder vor, wobei allerdings z. B. Töne gleicher Höhe mit verschiedener Stärke oder verschiedener Tonhöhe mit gleicher Stärke nicht vergleichbar sind.

Durch solche sinnesphysiologischen Untersuchungen kommt Helmholtz zur mathematischen Raumtheorie, wie er sie z. B. in seinem berühmten Vortrag „Über die Tatsachen, die der Geometrie zugrundeliegen" (1868) entwickelt hat.[21] Er untersucht dort stetige und differenzierbare Mannigfaltigkeiten, auf denen ein starrer Meßkörper frei beweglich ist. Messungen von Punktabständen sind also überall und unabhängig vom Ort garantiert. Mathematisch handelt es sich um homogene Mannigfaltigkeiten mit konstanter Krümmung K, für die drei Fälle der Euklidischen Geometrie mit $K = 0$, der hyperbolischen Geometrie mit $K < 0$ und der sphärischen Geometrie mit $K > 0$ unterschieden werden können.[22]

In Kantianischer Tradition stellt sich Helmholtz die Frage, ob Wahrnehmungs- und Anschauungsbilder in diesen homogenen Räumen möglich sind oder ob unsere Anschauungsformen

21 H. v. Helmholtz, Über die Tatsachen, die der Geometrie zum Grunde liegen, in: Nachrichten der K. Gesellschaft der Wissenschaften zu Göttingen 9 1868, 193; repr. ders., Wissenschaftliche Abhandlungen Bd. II, 223 ff.; repr. Schriften zur Erkenntnistheorie, hrsg. P. Hertz/M. Schlick, Berlin 1921, 38 ff.

22 Vgl. K. Mainzer, Geschichte der Geometrie, Mannheim/Wien/Zürich 1980, 170 ff.; dort auch Abb. 4.1, 4.2, 4.3 auf S. 171 und S. 173.

auf die Euklidische Metrik a priori festgelegt sind. Euklidische Modelle der hyperbolischen und sphärischen Geometrie liefern anschauliche Vorstellungen. Für ein Euklidisches Modell der hyperbolischen Geometrie interpretiert man Punkte durch Euklidische Punkte im Inneren eines festgegebenen Kreises, Geraden durch die Sehnen dieses Kreises (ohne Einzeichnung der Eckpunkte). Die Punkte des Kreises und die äußeren Punkte zählen also nicht zu den Punkten des Systems. Die Ebene wird durch das Innere des Kreises interpretiert. Man prüft leicht nach, daß die Euklidischen Axiome der Inzidenz und Anordnung durch dieses System erfüllt sind. Eine Ausnahme bildet das Parallelitätsaxiom, da es offenbar unendlich viele hyperbolische Geraden (d. h. Kreissehnen) durch einen Punkt P gibt, welche die hyperbolische Gerade UV (Abb.4.1) nicht schneiden, also hyperbolisch parallel sind.

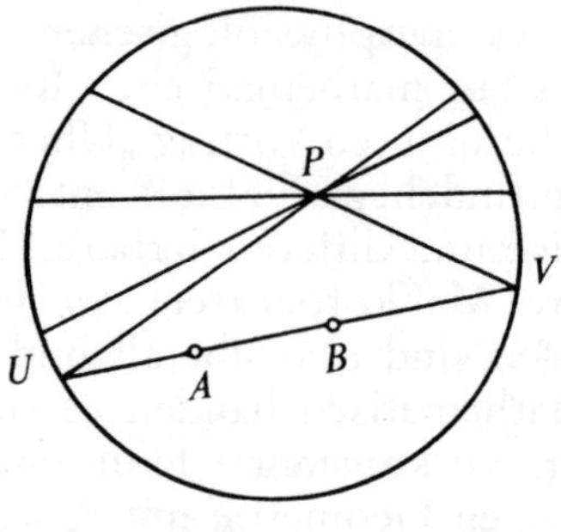

Abb. 4.1

Die Euklidischen Kongruenzaxiome legen fest, daß Streckengrößen gegen kongruente Verschiebungen in der Ebene invariant sind. Aus der projektiven Geometrie ist bekannt, daß eine Kreisebene durch unendlich viele Projektionen in sich selbst überführt werden kann, wobei die Punkte auf der Kreisperipherie und im Kreisinneren nur in ihrer Lage verändert werden, aber auf der Kreisperipherie bzw. im Kreisinnern bleiben. Für eine passende Interpretation der hyperbolischen Kongruenz ist eine solche Streckengröße im Modell zu definieren, die bei Projektion invariant bleibt. Invariant bleibt für zwei Punkte AB das Doppelverhältnis (UVBA) auf der

Sehne UV. Die naheliegende Definition der Streckengröße AB durch das Doppelverhältnis (UVBA) empfiehlt sich nicht, da die Streckenaddition AB + BC = AC für das Doppelverhältnis (UVBA) + (UVCB) gewöhnlich ungleich (UVCA) ist. Allerdings gilt die Multiplikation, da nämlich

$$(4.1) \qquad (UVBA)\cdot(UVCB) = \frac{BU:BV}{AU:AV}\cdot\frac{CU:CV}{BU:BV} = \frac{CU:CV}{AU:AV} = (UVCA)$$

gilt. Die hyperbolische Streckengröße AB wird definiert durch den Logarithmus des Doppelverhältnisses log(UVBA), der für $A \neq B$ ein Doppelverhältnis größer als 1 und daher eine positive ganze Zahl ergibt: $d(A, B) = \log(UVBA)$. Die Streckenaddition läßt sich auf die Logarithmusgesetze zurückführen. Läßt man A in Richtung auf U wandern (Abb.4.1), so wächst d(A, B) über alle Grenzen. Daher sind die hyperbolischen Geraden von unendlicher hyperbolischer Länge, obwohl sie Euklidisch gemessen der endliche Abschnitt einer Euklidischen Sehne sind.

Helmholtz fragt als Physiologe und Philosoph, ob solche hyperbolischen metrischen Verhältnisse anschaulich nachvollzogen werden können oder ob unser Vorstellungsvermögen auf die Euklidische Metrik festgelegt ist. Konkret stellt sich Helmholtz einen Beobachter vor, der mit einem auf Euklidische Metrik eingestelltem Wahrnehmungs- und Vorstellungsvermögen in eine fiktive hyperbolische Welt tritt.[23] Dieser Beobachter wird zunächst den Eindruck haben, daß die fernen Gegenstände am Horizont für ihn in endlich vielen Schritten erreichbar sind. Geht er aber auf den Horizont zu, so dehnen sich die Gegenstände und erweisen sich als unerreichbar. Was ist geschehen? Mit Euklidischer Metrik ist der Rand im Kleinschen Modell von einem Punkt P in endlich vielen Schritten erreichbar. Geht der Beobachter aber unter hyperbolischen Bedingungen auf den Rand zu, so schrumpft er mitsamt seinem Maßstab gemäß der projektiven Metrik dieser Geometrie, d. h. die Maßzahl wird in der hyperbolischen „Wirklichkeit" auf jeden Fall größer als in der Euklidischen „Anschauung".

23 H. v. Helmholtz, Über den Ursprung und die Bedeutung der geometrischen Axiome, in: Schriften zur Erkenntnistheorie (s. Anm. 21), 19 ff.

Nun sind dem Mediziner und Physiologen Helmholtz solche Phänomene aus seinen optischen Untersuchungen durchaus geläufig.[24] Täuschen wir uns nämlich in der beschriebenen Weise im Abschätzen von Entfernungen, so verpaßt uns der Arzt ein konvexes Brillenglas, und wir können uns nach einer gewissen Zeit der Gewöhnung und eines Lernprozesses auf die neuen Verhältnisse einstellen. Helmholtz macht also klar, daß unser Anschauungs- und Wahrnehmungsvermögen keineswegs auf die Euklidische Metrik festgelegt ist, sondern auf eine neue Metrik, die in einem Lernprozeß eingeübt werden kann. Der Wahrnehmungs- und Anschauungsapparat kann sich nach Helmholtz neuen Umweltbedingungen anpassen, kann gewissermaßen auf neue metrische Verhältnisse „geeicht" werden.

Analoge Überlegungen stellt Helmholtz auch für den sphärischen Fall an. Welche Wahrnehmungen hat ein Beobachter, der mit zunächst Euklidisch eingestellter Metrik in eine sphärische Welt tritt? Analog zum hyperbolischen Fall müssen wir uns zunächst ein Euklidisches Modell der sphärischen Geometrie verschaffen. Dazu interpretiere man einen gegebenen Kugelmantel als Ebene, die Großkreise auf dieser Kugel als Geraden und die Paare diametraler Punkte als sphärische Punkte. Bei passender Abänderung der Anordnungsaxiome gelten wieder die Euklidischen Axiome bis auf das Parallelenaxiom, da sich nämlich alle Großkreise (also alle sphärischen Geraden) schneiden. Der Abstand zweier Punkte wird durch die Entfernung auf dem kleineren Bogen des Großkreises, der die beiden Punkte verbindet, gemessen. (Winkel werden wie in der Euklidischen Geometrie gemessen.)

Die Kugelfläche ist nun auf die Euklidische Ebene abzubilden. Dazu bedienen wir uns – wie Helmholtz und später H. Reichenbach[25] – der bereits aus der Kartographie bekannten stereographischen Abbildung, die jeden Kugelmantel durch einen Projektionsstrahl vom Nordpol N der Kugel auf die Ebene abbildet (Abb.4.2). Kreise der Kugel werden – sofern sie

24 H. v. Helmholtz, Die Tatsachen der Wahrnehmung, in: Schriften zur Erkenntnistheorie (s. Anm. 21), 122 ff.

25 H. Reichenbach, Philosophie der Raum-Zeit-Lehre, Berlin/Leipzig 1928, § 11-12.

nicht durch N gehen – auf Kreise der Ebene übertragen, insbesondere also die sphärischen Geraden, d. h. die Großkreise der Kugel wie z. B. der Äquator. Kreise durch N werden in Strecken und Geraden übertragen. Großkreise durch N gehen in ein Geradenbüschel durch den Südpol über. Die stereographische Abbildung ist zwar konform, aber weder längen- noch flächentreu.

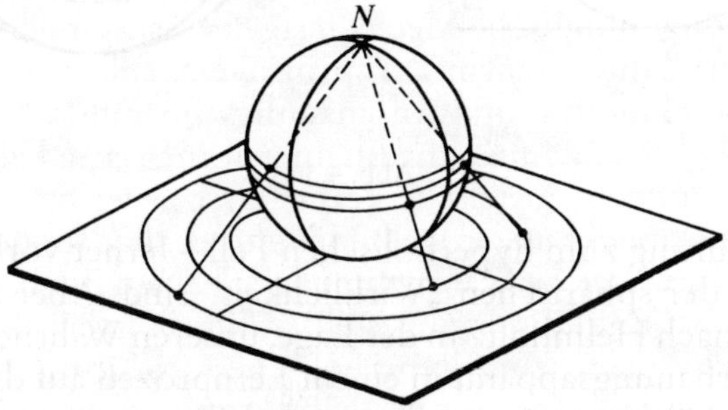

Abb. 4.2

Um nun das Wahrnehmungsbild eines Beobachters unter sphärischen Bedingungen zu rekonstruieren, wird die physikalische Annahme eingeführt, daß Lichtstrahlen auf sphärischen Geraden (also den Großkreisen) verlaufen. Im 2-dimensionalen Fall entspricht den Blickwinkeln eines Beobachters P auf der Kugel in Abb.4.3a das Bild in der Ebene von Abb.4.3b. (Der Beobachter ist im 2-dimensionalen Fall ein Flächenwesen, das die Kugelkrümmung nicht wie ein Astronaut die Erdkrümmung wahrnehmen kann.) Die Lichtstrahlen verlaufen auf den Großkreisen zwar unbegrenzt, aber endlich lange und gekrümmt. Die 2-dimensionalen Flächenwesen von Helmholtz können – wie H. Poincaré, und H. Reichenbach gezeigt haben – 3-dimensional verstanden werden, indem wir nämlich die in der Ebene abgebildeten Kreise als Schnitte durch Kugeln betrachten, d. h. die Abbildungsebene wird als Schnittebene einer 3-dimensionalen sphärischen Welt aufgefaßt.

Ein Beobachter mit zunächst Euklidischer Metrik hat in einer solchen Welt mit allerlei Merkwürdigkeiten zu rechnen. Aufgrund der Längenverzerrung werden ihm Gegenstände –

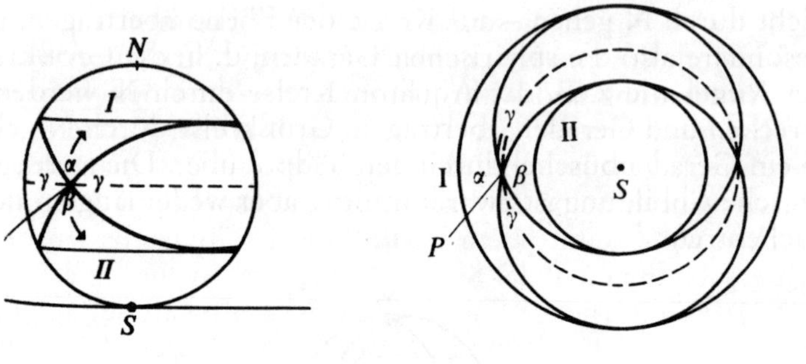

a b

Abb. 4.3

in Umkehrung zum hyperbolischen Fall – ferner vorkommen, als sie in der sphärischen „Wirklichkeit“ sind. Aber auch hier sind wir nach Helmholtz in der Lage, unseren Wahrnehmungs- und Anschauungsapparat in einem Lernprozeß auf die sphärischen Verhältnisse einzustellen, so daß Täuschungen über Entfernungsverhältnisse ausgeschlossen werden.[26] Unsere räumlichen Anschauungsformen sind also keineswegs statisch festgelegt, sondern in einem Lernprozeß mit unterschiedlicher Metrik veränderbar. Vorausgesetzt und damit a priori für die räumliche Anschauung und Wahrnehmung ist allerdings die organisatorische Fähigkeit für solche Lernprozesse. Insofern bleibt Kants Einsicht in apriorische Rahmenbedingungen für räumliche Anschauung und Wahrnehmung bestehen, wenn sie auch in Lernprozessen dynamisiert werden.

In Reichenbachs Raum-Zeit-Lehre werden regelrecht Wahrnehmungen und Erfahrungen in nicht-Euklidischen Welten rekonstruiert, die sich als virtuelle Wirklichkeit zwischen Raumfahrt und Science Fiction auffassen lassen. Unter den Bedingungen computergestützter Graphik können die Projektions- und Konstruktionsregeln programmiert und als Film solcher Bilder in entsprechenden Algorithmen reproduziert werden. Programmier- und Lernregeln repräsentieren dann die apriorischen Rahmenbedingungen, in denen sich räumliche Erfahrun-

26 H. v. Helmholtz, Über den Ursprung und die Bedeutung der geometrischen Axiome, in: Schriften zur Erkenntnistheorie (s. Anm. 21), 21 ff.

gen vollziehen. In diesem Sinn setzen Erkenntnistheoretiker wie Helmholtz und Reichenbach kognitive Strukturen voraus, die Anschauung und Wahrnehmung allererst möglich machen.

Historisch erweist sich W. Wundt als früher Vertreter einer kognitiven Psychologie, der die Tätigkeit des menschlichen Geistes durch Selbstbeobachtung (Introspektion) zugänglich machen will.[27] Unter dem Einfluß des Positivismus wurde die Untersuchung mentaler Strukturen in der Psychologie seit den 20er Jahren zurückgedrängt. Naturwissenschaft sei auf meß- und beobachtbare Fakten zu beschränken, das menschliche Verhalten auf die Beschreibung eines Reiz-Reaktionsschemas zurückzuführen. Der Behaviorist versucht dazu, die gemessenen Stimulusdaten S mit Responsdaten R durch eine funktionale Beziehung R = f(S) zu beschreiben und behandelt die Versuchsperson als eine „black box“ (Abb.4.4), deren interne mentale Informationsverarbeitungsstrukturen als prinzipiell nicht beobachtbar oder gar als überflüssige Bewußtseinsmetaphysik betrachtet wird:[28]

Abb. 4.4

„Der Behaviorismus behauptet,“ so argumentierte J. Watson, „daß das Bewußtsein weder ein definierbarer noch ein nützlicher Begriff ist. Der Behaviorist,

27 Für die amerikanische Psychologie ist W. James als Vertreter der Introspektionspsychologie zu nennen. Vgl. auch W. James, The Principles of Psychology I-II, New York 1890, Cambridge (Mass.) 1981. In dem Abschnitt ‚Association‘ seines Buches ‚Psychology (Briefer Course)‘ (New York 1890), Chapt. XVI (253-279), entwickelte James Ideen, die das moderne konnektionistische Konzept neuronaler Netze vorwegnehmen.

28 Zu Abb. 4.4-4.8 vgl. S. 18, 19, 24, 28 in E. Pöppel, Eine neuropsychologische Definition des Zustands „bewußt“, in: ders. (Hrsg.), Gehirn und Bewußtsein, Weinheim 1989.

der immer auch als Experimentator ausgebildet ist, meint weiterhin, daß der Glaube an die Existenz eines Bewußtseins aus den alten Zeiten des Aberglaubens und der Magie herrührt."[29]

Unter den Bedingungen computergestützter Methoden sind mentale Strukturen präziser repräsentierbar und in ihrer apriorischen Funktion beim Anschauungs- und Wahrnehmungsprozeß besser verstehbar. Dabei wird angenommen, daß mentale Funktionen an neuronale Netze und Lernalgorithmen gebunden sind, die im Laufe der Evolution entstanden sind. Der Behaviorismus erweist sich als überholter Ansatz, der die Eigenaktivität mentaler Strukturen beim Wahrnehmungs- und Anschauungsprozeß nicht zu berücksichtigen vermag.

Offenbar spielen nämlich Erwartungshaltungen bei der Verarbeitung von Wahrnehmungen eine erhebliche Rolle. Betrachtet man z. B. die Kreisfiguren in Abb.4.5, so wird ein Quadrat suggeriert, ohne daß irgendein Teil des Quadrates explizit als Teil des Bildes aufgezeichnet wurde. Man muß schon vorher (a priori) wissen, was man sehen will.

Abb. 4.5

Der Stimulus zur Wahrnehmung ist also von einer Erwartungshaltung E abhängig, d. h. $S = g(E)$, die zunächst eine Reizselektion auslöst. Erst nach dieser Selektion wird der Responswert $R = f(S)$ gebildet (Abb.4.6).

Die mentalen Funktionen, die E bestimmen, sind von neuronalen Strukturen abhängig, die experimentell und durch Beobachtung zugänglich sind. Gehirnverletzungen, die man aus der Unfallchirurgie kennt, sind häufig mit dem Verlust bestimm-

29 J. Watson, Behaviorism, New York 1930, 2 (dt. 1976, 36).

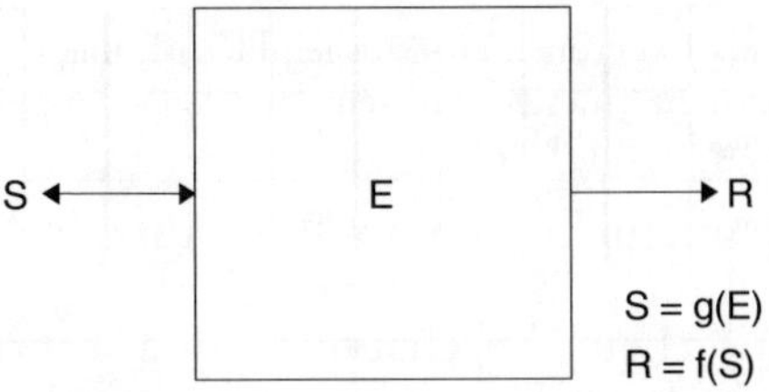

Abb. 4.6

ter mentaler Fähigkeiten beim Wahrnehmungsprozeß verbunden. E. Pöppel stellt Wahrnehmungsprozesse daher in informationsverarbeitenden Systemen dar, deren Funktionen durch Module beschrieben werden (Abb.4.7).[30] Gemäß den verschiedenen Sinnessystemen werden visuelle Stimuli S_v, auditive Stimuli S_a und taktile Stimuli S_t unterschieden, die bei der Reizaufnahme A bestimmte Reizqualitäten $m_{v_1}, m_{v_2}, \ldots$ beim visuellen System wie z. B. Farbe oder Bewegung, Reizqualitäten $m_{a_1}, m_{a_2}, \ldots$ beim auditiven System (z. B. Lautstärke, Tonunterschiede), Reizqualitäten $m_{t_1}, m_{t_2}, \ldots$ beim taktilen System (z. B. Härte, Schärfe) auslösen können. In der Reizbearbeitung B wirken Lern- und Gedächtnisfunktionen ein, in der Reizbewertung C werden emotionale Lust- und Unlust- oder Schmerzzustände zugeordnet. Schließlich werden in der Reizantwort D Aktions- und Reaktionsfunktionen zusammengefaßt.[31]

Die energetische Versorgung des Gehirns sichert die Aktivierung der Module. Das Schema in Abb.4.8 zeigt, wie die aktivierten Module (graue Zellen) aufgrund bestimmter Reize einen mentalen Gesamtzustand festlegen. Dabei muß die zeitliche Abstimmung und der geordnete zeitliche Ablauf mentaler

30 Vgl. Anm. 28. Zur empirischen Grundlage vgl. auch E. Pöppel, Time perception, in: R. Held/ H. W. Leibowitz (Hrsg.), Handbook of Sensory Physiology vol. VIII: Perception, Berlin/Heidelberg/ New York 1978, 713-729; ders./R. Brinkmann/D. von Cramon, Association and dissociation of visual functions in a case of bilateral occipital lobe infraction, in: Archiv für Psychatrie u. Nervenkrankheiten 225 1978, 1-21.

31 Zur Lokalisation dieser psychischen Funktionen im Gehirn ist bereits zu nennen P. Broca, Remarques sur le siège de la faculté, du language articulé; suivies d'une observation d'aphémie (perte de la parole), in: Bulletin de la société anatomique de Paris 36 1865, 330-357.

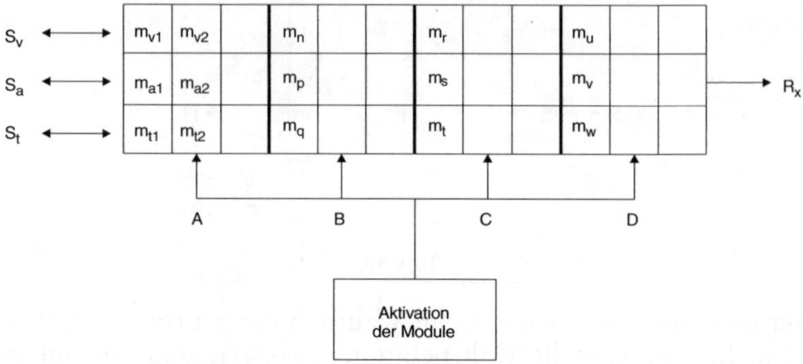

Abb. 4.7

Funktionen durch Koordinationsprogramme des Gehirns gesichert sein, die in Abb.4.8 durch Synchronisationspfeile angedeutet sind. Solche Synchronisationen ermöglichen erst einen integrativen Gesamtzustand des Bewußtseins, der dem Erlebnis einer Wahrnehmung entspricht.[32] Offenbar muß dazu ein komplexer Apparat von Informationsmodulen a priori vorausgesetzt werden, der allerdings im Laufe der Evolution erworben wurde.

Daß bereits bei der Netzhautverarbeitung komplexe Organisationsstrukturen vorausgesetzt werden müssen, weist D. Marr in einem Computermodell nach.[33] Computer können Muster auf Rasterbilder verarbeiten, wobei jeder Rasterpunkt Informationen über die Lichtintensität wiedergibt. Analog spiegelt ein Netzhautbild Helligkeitsverteilungen des ins Auge fallenden Lichtes wieder. Insbesondere müssen die Begrenzungslinien eines abgebildeten Gegenstandes identifiziert werden. Die Speicherung von absoluten Intensitätswerten an jedem Rasterpunkt würde physiologisch wenig weiterhelfen. Abgesehen davon wäre ein hoher Präzisionsgrad erforderlich. Es genügt vielmehr den Wechsel der Lichtintensität zu berechnen, um alle er-

32 Vgl. auch E. Pöppel, Grenzen des Bewußtseins. Zur Wirklichkeit und Welterfahrung, Stuttgart 1985.

33 D. Marr, Vision: A Computational Investigation into the Human Representation and Processing of Visual Information, San Francisco 1982; dort auch Abb. 4.9-4.10.

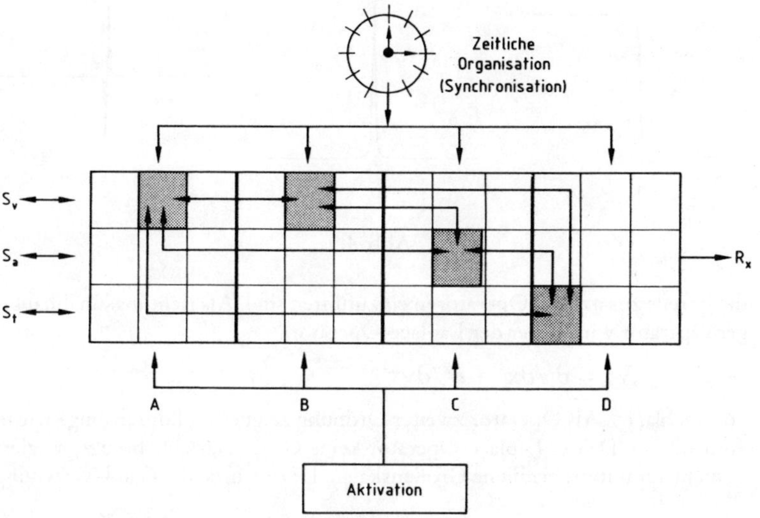

Abb. 4.8

forderlichen Informationen über Ecken, Kanten, Oberflächen, Tiefen, Schatten u. ä. zu erhalten.

Mathematisch lassen sich Intensitätswechsel durch Differentialoperatoren berechnen. Die erste räumliche Ableitung der Lichtintensität stellt die Rate des Intensitätswechsels auf dem Wahrnehmungsfeld dar, die zweite Ableitung die Veränderungsrate in der ersten Ableitung. Der Intensitätswechsel in Abb.4.9a wird in der ersten Ableitung als Spitze (Abb.4.9b), in der zweiten Ableitung als Nulldurchgänge (Abb.4.9c) dargestellt.[34] Prinzipiell könnte ein entsprechender mathematischer Mechanismus für die Rechnung der Eckenwahrnehmung zugrunde gelegt werden.

Unter dem Gesichtspunkt evolutionärer Selektionsverfahren scheint es aber angebracht, einen möglichst optimalen Differentialoperator zugrunde zu legen. Für die Koordinatenpaare der ersten Ableitung ($\partial/\partial x$, $\partial/\partial y$) und der zweiten Ableitung ($\partial^2/\partial x^2$, $\partial^2/\partial y^2$) wären spezielle Richtungen zu berücksichtigen, für

34 D. Marr/E. Hildreth, Theory of Edge Detection, in: Proceedings of the Royal Society (London) 207B 1980, 187- 217.

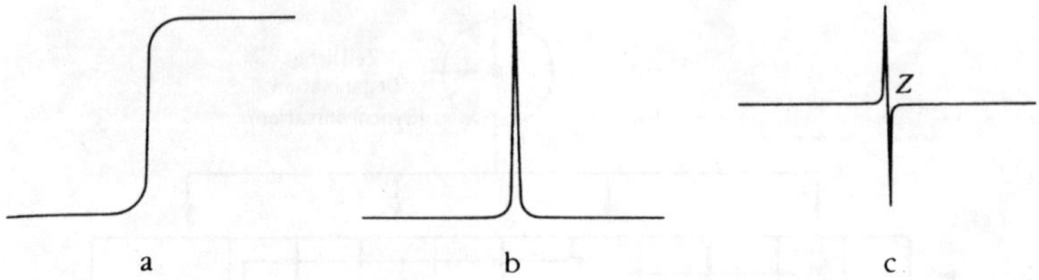

Abb. 4.9

die jeweils zusätzliche Operatoren einzuführen sind. Als richtungsunabhängiger Operator wird daher der Laplace-Operator

$$(4.2) \qquad \nabla^2 = \partial^2/\partial x^2 + \partial^2/\partial y^2$$

vorgeschlagen. Als Operator zweiter Ordnung zeigt er Nulldurchgänge wie in Abb.4.9c an. Da der Laplace-Operator keine Größenvariable besitzt, reagiert er nicht auf unterschiedliche Größenskalen. Dazu wurde die Gauß-Verteilung

$$(4.3) \qquad G(x, y) = e - \frac{x^2 + y^2}{2\pi\sigma^2}$$

mit der Standardabweichung σ eingeführt. Ein solcher Filteroperator stellt die Eigenschaften eines Wahrnehmungsfeldes für eine bestimmte Größenskala heraus, indem Details niedriger Größenskalen vernachlässigt werden. Die Kombination beider Operatoren liefert eine Verteilungsfunktion wie in Abb.2.62, die einem mexikanischen Hut gleicht. Daher repräsentiert sie ein zirkuläres symmetrisches Wahrnehmungsfeld mit konzentrischen Kreisen für verschiedene Lichtintensitäten.

Abb.4.10 zeigt eine Verarbeitung einer Fotografie a aus 320×320 Rasterpunkten durch $\nabla^2 G$ (vgl. Abb.4.10b), mit positiven Werten in Weiß und negativen Werten in Schwarz (Abb.4.10c) und nur mit Nulldurchgängen (Abb.4.10d). Diese computergestützte Bildverarbeitung hat sich mittlerweile zum Identifizieren von Begrenzungslinien bei der Mustererkennung bewährt. Im visuellen System werden ähnliche Mechanismen auf neuronaler Grundlage vermutet. Kants „Antizipationen der Wahrnehmung“ als apriorische Organisationsprinzipien beim Aufbau von Wahrnehmungsbildern erscheinen durch solche Untersuchungen in einem neuen Licht.

Bei der sinnlichen Wahrnehmung wird ein neuronales Reizmuster als Repräsentation des wahrgenommenen Objektes erzeugt. Bei der Mustererkennung wird diesem Reizmuster eine

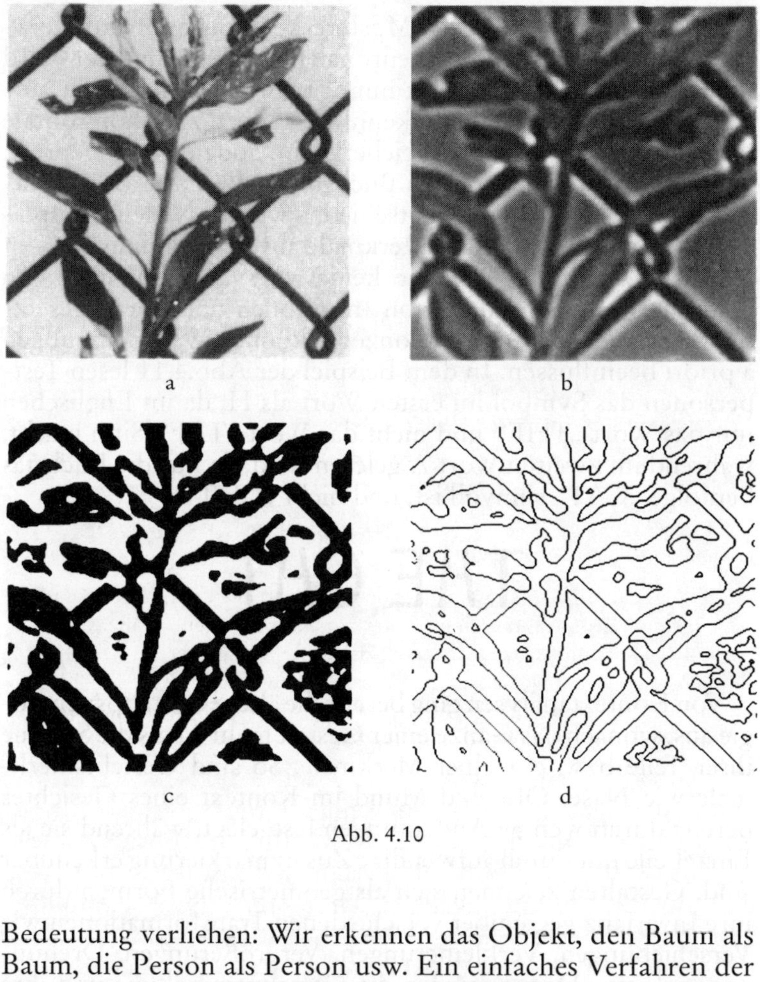

a b c d

Abb. 4.10

Bedeutung verliehen: Wir erkennen das Objekt, den Baum als Baum, die Person als Person usw. Ein einfaches Verfahren der Mustererkennung ist der Schablonenvergleich. Dabei wird das jeweilige Muster neuronaler Aktivität mit bekannten Reizmustern (Schablonen) verglichen, die in der Wissensbasis gespeichert sind. Wäre der Wahrnehmungsprozeß nur auf Schablonenvergleich angewiesen, müßten unübersehbar viele Reizmuster abgespeichert werden. Jede Variante z. B. eines Buchstabens müßte hier eigens vermerkt sein. Die „Festplatte" des Menschen und ihr Zugriff wären hoffnungslos überfordert.

Ein anderes Verfahren der Mustererkennung greift auf Merkmalsanalysen zurück. Im neuronalen Aktivitätsmuster wird zunächst überprüft, ob bestimmte figürliche Merkmale auftreten. Bei der Buchstabenerkenntnis können z. B. horizontale und vertikale Linien abgespeichert sein. Sodann wird geprüft, welchen der abgespeicherten Buchstaben diese Merkmale entsprechen. Schließlich muß entschieden werden, welches gespeicherte Schema die meisten Merkmale auf sich vereinigt.

Mustererkennung ist aber keineswegs ausschließlich von Daten bestimmt, sondern von Intuitionen und vorausgesetzten Erwartungshaltungen. Konzepte können Wahrnehmungen a priori beeinflussen. In dem Beispiel der Abb.4.11 lesen Testpersonen das Symbol im ersten Wort als H, da im Englischen nur das Wort „THE" und nicht das Wort „TAE" Sinn macht, während im zweiten Wort A gelesen wird, da nur die Buchstabenfolge „CAT" sinnvoll ist, und nicht „CHT".[35]

Abb. 4.11

Von Kontextanalysen ging bereits die ältere Gestaltpsychologie aus, wonach das Ganze einer Gestalt mehr ist als die Summe ihrer Teile bzw. einzelner Merkmale. So sind Gesichtsmerkmale wie Nase, Ohr und Mund im Kontext eines Gesichtes bereits durch wenige Andeutungen festgelegt, während sie als Einzelteile nur durch aufwendige Zusatzmarkierung erkennbar sind. Gestalten zeichnen sich als geometrische Formen durch ihre Invarianz gegenüber verschiedenen Transformationen wie Verschiebungen, Verkleinerungen, Vergrößerungen, Drehungen u. ä. aus. Damit werden die Gestaltpsychologie und ihre Gesetze einer mathematischen Analyse durch Transformationsgruppen zugänglich, worauf bereits Pitts und McCulloch 1947 aufmerksam machten. Einfache Beispiele sind Vorstellungen von geometrischen Körpern, die durch mentale Drehung

35 Vgl. auch J. R. Anderson, Cognitive Psychology and its Implications, San Francisco 1980.

oder Verschiebung in der Anschauung zur Deckung gebracht werden können. Gestalten werden nach Pitts/McCulloch im Gehirn als Muster von feuernden Neuronen einer Mannigfaltigkeit M der Kortex abgebildet. Die Erregungsverteilung in M wird mathematisch durch eine Funktion $\phi(x, t)$ beschrieben, wobei $\phi(x, t) = 1$ ein feuerndes Neuron am Ort x zum Zeitpunkt t bezeichnet und $\phi(x, t) = 0$ für den alternativen Fall steht.[36]

G sei die Gruppe von Transformationen T, die Funktionen $\phi(x, t)$ in äquivalente Erregungsmuster derselben Gestalt überführen. Dabei wird ein Muster durch T transformiert, indem die aktivierte Menge der x durch eine entsprechende Transformation $\tilde{T}$ der zugrundeliegenden Mannigfaltigkeit M verändert wird, d. h.

$$(4.4) \qquad T\phi(x) = \phi(\tilde{T}(x)).$$

Translationen (Verschiebungen) sind $T\phi(x) = \phi(x + a_T)$ mit einer Konstanten a_T. Für die Dilationen gilt $T\phi(x) = \phi(a_T x)$ mit dem Vergrößerungsfaktor a_T. Die Konstanten hängen jeweils nur von T ab. Solche Transformationen sind offenbar linear, denn es gilt

$$(4.5) \qquad \begin{aligned} T(a\phi(x) + b\psi(x)) &= a\phi(\tilde{T}(x)) + b\psi(\tilde{T}(x)) \\ &= aT\phi(x) + bT\psi(x). \end{aligned}$$

Um Invarianten einer gegebenen Musterverteilung $\phi(x,t)$ zu bilden, mittelt man über der Transformationsgruppe G. Dazu sei f ein Funktional, das jedem Muster $\phi(x,t)$ eine Zahl zuordnet:

$$(4.6) \qquad a = \frac{1}{N} \sum_{T \in G} f(T\phi).$$

Die Funktionale entsprechen Gestalteigenschaften wie z. B. „kreisartig“, „quadratisch“. Durch Indizierung f_ξ mit Indices $\xi \in W$ können diese Funktionale unterschieden werden. Die Formel

$$(4.7) \qquad f_\xi(\phi) = \frac{1}{N} \sum_{T \in G} f_\xi(T\phi)$$

36 W. H. Pitts/W. S. McCulloch, How we know universals, the perception of auditory and visual forms, in: Bull. Math. Biophys. 9 1947, 127-147; vgl. auch M. A. Arbib, Brains, Machines, and Mathematics, New York/Berlin/Heidelberg [2]1987, 49 ff.

berechnet dann die Gestalteigenschaften als variierende Durchschnittzahlen. Gehirnphysiologisch läßt sich dieser Berechnungsprozeß in verschiedenen Neuronenschichten realisieren. Im einfachsten Fall stellt man sich die Mannigfaltigkeit M in N – 1 Schichten M_T mit $T \in G$ vervielfältigt vor. Dabei entspricht dem Verteilungsmuster $\phi(x)$ auf M das transformierte Verteilungsmuster $T\phi(x)$ auf M_T. Der Wert $f_\xi(T\phi)$ wird durch ein spezielles neuronales Netz für jeden Wert ξ für jede Schicht M_T berechnet. Dabei bezeichnet ξ einen Ort im Netz Ω, an dem sich ein entsprechendes Neuron befindet. Die Ergebnisse aller Mannigfaltigkeiten M_T werden wie in (4.7) aufsummiert.

McCulloch und Pitts numerische Verfahren zur Berechnung geometrischer Invarianten mögen neurologisch so nicht im menschlichen Gehirn realisiert sein. Gleichwohl hat ihr Ansatz die mathematische Analyse der neuronalen Grundlagen befördert, die in der Wahrnehmung vorausgesetzt werden. Gestalt und Invarianz sind Beispiele für kognitive Strukturen, die für konkrete Wahrnehmungen und Anschauungen vorausgesetzt werden müssen. Mathematisch lassen sie sich durch Transformationen, Gruppenstrukturen und numerische Verfahren repräsentieren. Von der „tabula rasa" der empiristischen Wahrnehmungsphilosophie kann also nicht die Rede sein. Sicher sind die internen Verarbeitungsmechanismen der Wahrnehmung und Anschauung noch nicht vollständig bekannt. Die Orientierung an sequentieller digitaler Informationsverarbeitung, die noch dem Ansatz von Marr zugrunde liegt, wurde mittlerweile durch neuronale Modelle ergänzt. Die Gesetze des Konnektionismus und der massiven Parallelverarbeitung ermöglichen nämlich neuartige Simulationsmodelle. Die dabei angenommenen empirischen Strukturen sind keineswegs statisch, sondern im Evolutionsprozeß des menschlichen Gehirns entstanden und als Lern- und Selektionsalgorithmen dynamisch zu verstehen. Insgesamt erweist sich die erkenntnistheoretische Analyse von Wahrnehmung und Anschauung als fachübergreifendes Forschungsprojekt, das in der Tradition von Kant und Helmholtz die „Axiome der Anschauung" und die „Antizipationen der Wahrnehmung" unter Einsatz von vielen Disziplinen wie z. B. Physiologie, Psychologie, Neuroinformatik und Philosophie aufklärt.

4.13 Kategorien und Schemata

Seit Aristoteles beschäftigt sich die Philosophie mit der Kategorisierung der Welt. In der Tradition des Realismus sind Kategorien durch die Natur der Dinge vorgegeben. Für Nominalisten sind Kategorien willkürliche Zusammenfassungen von Dingen nach eventuell zweckmäßig gewählten Merkmalen. Für Mentalisten sind Kategorien durch die Formen des Bewußtseins, möglicherweise in Abhängigkeit neuronaler Strukturen vorgegeben. Nach traditioneller Auffassung gelten Kategorien jedenfalls als klar abgegrenzt und kulturunabhängig.

Häufig wurden z. B. Farbnamen als Gegenbeispiele angeführt, deren Übergänge „fuzzy“ und von kulturellen Praktiken geprägt zu sein scheinen. Tatsächlich sind aber die kulturell unterschiedlich bedingten Benennungspraktiken von der Struktur der Kategorien zu unterscheiden. Wie kulturvergleichende Untersuchungen zeigen, bilden sich Kategorien nicht zufällig, sondern systematisch. Sie berücksichtigen Wahrnehmungs-, Anschauungs- und Denkstrukturen des Menschen, Handlungen, die er ausführen kann, und die physikalische Struktur der Welt.

Gleichwohl orientiert sich der Gebrauch von Kategorien eher an Prototypen als an definit festgelegte Listen von Merkmalen. Ob ein Ding unter die Kategorie „Stuhl“, „Haus“ oder „Tier“ fällt, hängt vom Vergleich mit gespeicherten Beispielen ab. Dabei werden Zugehörigkeitsgrade unterschieden, die in einer „fuzzy logic“ zugrunde gelegt sind. Selbst für wissenschaftliche Kategorien werden in der Praxis eher paradigmatische Problemlösungsbeispiele zugrunde gelegt als wohldefinierte Merkmalslisten oder abstrakte Definitionen. Der Prototyp einer Bewegungsgleichung der Physik oder einer Reaktionsgleichung der Chemie gibt einen deutlicheren Begriff von Kausalität als eine umfangreiche und abstrakte Merkmalsliste.

Die klassische Auffassung von Begriffen scheint dem Datenverarbeitungsmodell der klassischen KI zu entsprechen. Eine exakt definierte Liste von Merkmalen bildet einen Begriff, dessen Anwendung als Datenstruktur von einem Computer simuliert werden kann. Logisch läßt sich zunächst ein Begriffskontext durch ein Tripel (G, M, I) einführen, bei dem G eine Menge von Gegenständen, M eine Menge von Merkmalen und I eine Relation zwischen G und M ist. Dabei bedeutet gIm, daß der Gegenstand $g \in G$ das Merkmal $m \in M$ besitzt.[37]

Für eine Teilmenge $G \supset X$ wird X' als die Menge der Merkmale definiert, die alle Gegenstände aus X besitzen. Für eine Teilmenge $M \supset Y$ wird Y' als die Menge der Gegenstände definiert, die alle Merkmale aus Y besitzen. Ein Begriff im Kontext (G, M, I) ist dann ein Paar (A, B) einer Gegenstandsmenge $G \supset A$ und einer Merkmalsmenge $M \supset B$ mit $A' = B$ und $B' = A$, d. h. die Menge B aller Begriffsmerkmale („Begriffsinhalt") umfaßt genau die Menge aller Merkmale, die alle Gegenstände aus A besitzen, während die Menge A aller begriffserfüllenden Gegenstände („Begriffsumfang") genau die Menge aller Gegenstände umfaßt, die alle Merkmale aus B besitzen.

Beispiele für Begriffskontexte in Aristotelischer Tradition sind biologische Taxonomien wie Insekten, Vögel oder Pflanzen, die durch bestimmte Merkmale charakterisiert sind. Im Kontext der Insekten spielen Merkmale wie „geflügelt", „flügellos", „Hinterleib mit Zangenpaar", „Hinterleib ohne Zangenpaar", „Vorderflügel aderlos", „Vorderflügel mit vielen Adern", „Hinterbeine als Sprungbeine", „Hinterbeine ohne Sprunggelenk" etc. eine Rolle. In diesem Kontext könnten dann Begriffe wie „geflügeltes Insekt mit Hinterbeinen als Sprunggelenk" (z. B. Heuschrecke), „flügelloses Insekt mit Hinterleib als Zangenpaar" etc. gebildet werden.

Die Menge aller Begriffe in einem Kontext läßt sich nach Unter- und Oberbegriffen ordnen. Dabei heißt (A_1, B_1) Unterbegriff von (A_2, B_2) bzw. (A_2, B_2) Oberbegriff von (A_1, B_1), wenn die Gegenstandsmenge A_1 in der Gegenstandsmenge A_2 enthalten ist ($A_2 \supset A_1$). Dann läßt sich A_1' als Obermenge von A_2' nachweisen, d. h. wegen $A_1' = B_1$ und $A_2' = B_2$ gilt $B_1 \supset B_2$.

---

37 Vgl. auch R. Wille, Bedeutungen von Begriffsverbänden, in: B. Ganter/R. Wille/K. E. Wolff (Hrsg.), Beiträge zur Begriffsanalyse, Mannheim/Wien/Zürich 1987, 161-211.

Die so geordnete Menge der Begriffe eines Kontextes bildet einen mathematischen Verband.[38] Begriffsverbände sind von großem praktischen Nutzen in den Einzelwissenschaften. Sie können zur hierarchischen Klassifikation von Gegenständen, für Begriffsmuster und zur Darstellung und zum Abfragen von Wissen verwendet werden. Graphisch lassen sich Begriffsverbände in übersichtlichen Diagrammen darstellen, wobei Begriffe durch Kreise und die Relation eines Unterbegriffs durch aufsteigende Kanten bezeichnet werden. In komplexen Fällen bieten sich Begriffsverbände geradezu an, sie durch Algorithmen mit dem Computer auszuwerten. Ein solcher Algorithmus müßte z. B. alle Begriffsumfänge eines Kontextes automatisch erzeugen und die Beziehungen zwischen den Merkmalen analysieren. Eine passende Programmiersprache müßte z. B. die Datentypen „Menge“, „Element“, „Funktion“ zur Verfügung stellen, um die logisch-mengentheoretische Formulierung von Begriffsverbänden in eine Bearbeitung durch den Computer zu übertragen. Daher käme z. B. die Programmiersprache PASCAL in Frage.[39]

Das menschliche Bewußtsein bedient sich zwar keiner Programmiersprache für eine Wissensrepräsentation. Dennoch lassen sich formale Verfahren nachweisen, die wenigstens teilweise an höhere KI-Sprachen erinnern. Formen des Langzeitgedächtnisses sind Repräsentationen, die nicht die genaue Struktur des erinnerten Ereignisses bewahren, sondern dessen Bedeutung. So kann die Bedeutung eines Satzes oder Bildes als ein Netzwerk von Propositionen dargestellt werden. Dabei wird nur die Bedeutung eines Ereignisses repräsentiert, während unbedeutende Einzelheiten vernachlässigt sind. Propositionen bezeichnen in der Tradition von Wittgenstein, Frege u. a. die kleinsten Bedeutungseinheiten, die sinnvoll als wahr oder falsch beurteilt werden können.

---

38 R. Wille, Restructuring lattice theory: An approach based on hierarchies of concepts, in: I. Rival (ed.), Ordered Sets, Dordrecht/Boston 1982, 445-470.

39 Vgl. auch B. Ganter, Algorithmen zur formalen Begriffsanalyse, in: ders./R. Wille/K. E. Wolff (Hrsg.), s. Anm. 37, 241-254.

Dazu betrachte man folgendes Satzbeispiel:

(4.8) Voltaire kritisierte Leibniz, den Verfasser der Theodizee, in einem Aufklärungsroman.

Die Bedeutung dieses Satzes kann in den folgenden einfacheren Behauptungen bzw. Propositionen zusammengefaßt werden.

(a) Voltaire kritisiert Leibniz in einem Roman.
(b) Der Roman ist aufklärerisch.
(c) Leibniz ist der Verfasser der Theodizee.

Der Gesamtsatz ist nur richtig, wenn alle Einzelsätze richtig sind. Für die Repräsentation spielt die genaue Formulierung keine Rolle. Daher liegt eine prädikative bzw. funktionale Repräsentation der Information wie z. B. in PROLOG oder LISP nahe. Die Einzelpropositionen werden in folgenden Listen von Relationen und Argumenten wiedergegeben:[40]

(a′) (*Kritisieren*, Voltaire, Leibniz, Roman, *Imperfekt*)
(b′) (*Aufklärerisch*, Roman)
(c′) (*Verfasser – der*, Leibniz, Theodizee)

Die Listen beginnen mit einer Relation, denen eine geordnete Reihe von Argumenten folgt. Als Relationen werden Verben (z. B. kritisieren), Adjektive (z. B. aufklärerisch) oder relationale Ausdrücke (z. B. Verfasser-der) verwendet. Als Argumente treten Substantive auf (z. B. Voltaire, Leibniz, Roman, Theodizee). Anstelle der 1-dimensionalen linearen Listendarstellung ist auch eine 2-dimensionale Netzwerkdarstellung möglich. Die Propositionen, Relationen und Argumente werden als Knoten und die Pfeile als Verknüpfungen des Netzwerks verwendet. Die Listen (a′) bis (c′) entsprechen folgenden Netzwerken:

---

40 Vgl. D. E. Rumelhart/P. Linsay/D. A. Norman, A process model for long-term memory, in: E. Tulving/W. Donaldson (Hrsg.), Organization of Memory, New York 1972,; J. R. Anderson, Language, Memory, and Thought, Hillsdale N. J. 1976; ders., Kognitive Psychologie, Heidelberg 1988, 112 ff.

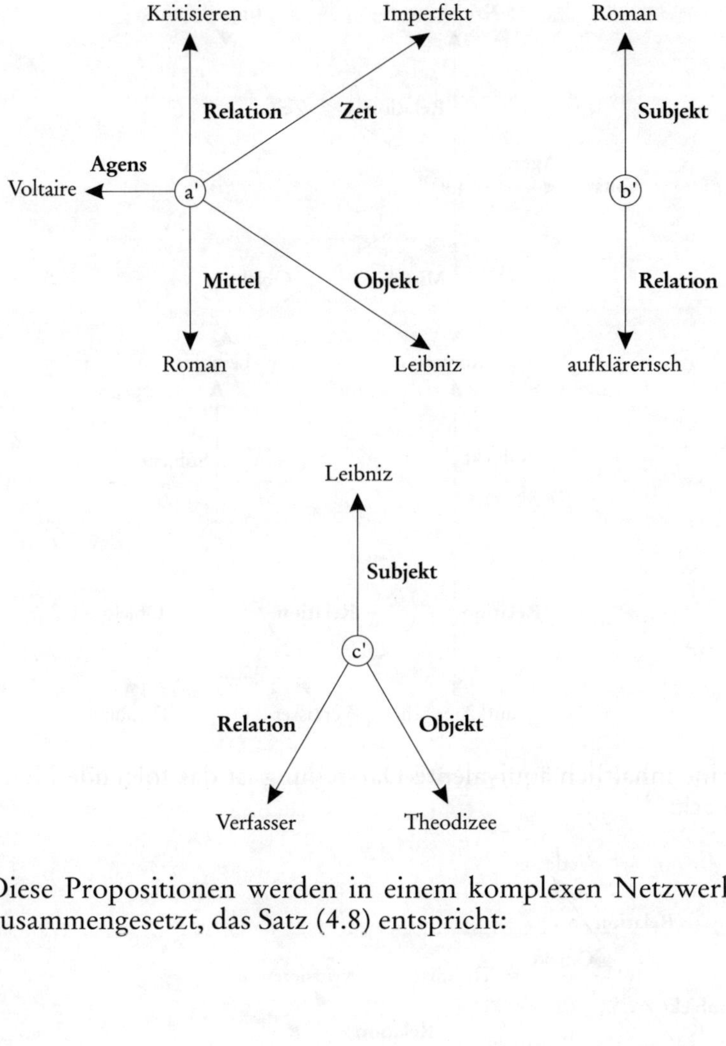

Diese Propositionen werden in einem komplexen Netzwerk zusammengesetzt, das Satz (4.8) entspricht:

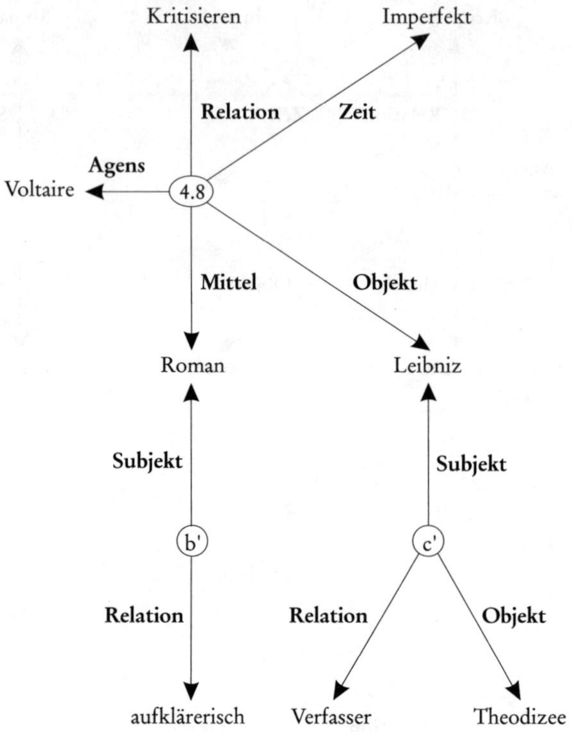

Eine inhaltlich äquivalente Darstellung ist das folgende Netzwerk:

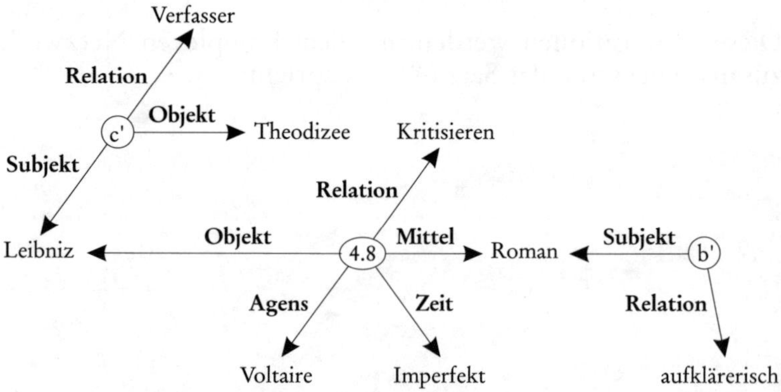

Der geometrische Ort der Elemente eines Netzwerks ist offenbar für seine Interpretation ohne Bedeutung. Entscheidend ist allein, welche Elemente miteinander verbunden werden. Die Verknüpfungen verschiedener Netzwerke lassen sich als Darstellungen von Assoziationen auffassen. Treten Ereignisse oder Tatsachen häufig genug mit einem Netzwerk auf, so werden sie bei diesem Konzept abgespeichert. Abrufzeiten von Informationen lassen sich zur Komplexität von propositionalen Netzwerken in Beziehung setzen.

Mit Propositionen und propositionalen Netzwerken können nur kleine Wisseneinheiten repräsentiert werden. Konzepte, wie sie die philosophische Tradition in Kategorien organisierte, umfassen unübersehbar viele Propositionen. Aber auch Konzepte des Alltags wie z. B. „Haus", „Stuhl", „Person" entsprechen zahlreichen Propositionen. In dem Moment, da ein konkreter Stuhl, ein konkretes Haus oder eine konkrete Person wahrgenommen werden, aktiviert das Bewußtsein ein Konzept von Annahmen, die auf Stühle, Häuser oder Personen im allgemeinen zutreffen. Jede Wahrnehmung, Vorstellung oder Anschauung setzt mental allgemeine Strukturen voraus, die grundlegend für die Orientierung des Denkens und Handelns im wechselnden Zeitstrom der Ereignisse und Eindrücke sind. M. Minsky schlug zur formalen Repräsentation dieser Strukturen sog. „Rahmen" (frames) vor, die häufig auch „Schemata" genannt werden und damit an Kants Konzeptualisierung erinnern. Nach Kant sind Schemata wie z. B. „Hund" nichts anderes als „Regeln a priori", um konkrete Wahrnehmungen und Vorstellungen von bestimmten Tieren auf den Begriff zu bringen. Minsky faßte sie als bestimmte Datenstruktur auf:

„Ein Rahmen (frame) ist ein Datenverband zur Darstellung einer stereotypen Situation, z. B. daß man sich in einem nach einem bestimmten Geschmack ausgestalteten Wohnzimmer aufhält oder an einem Kindergeburtstag teilnimmt. Wir können uns einen Rahmen als ein Netzwerk aus Knoten und Relationen vorstellen. Die „höchsten Ebenen" eines Rahmens sind fixiert und stellen Dinge dar, die im Hinblick auf die gedachte Situation grundsätzlich wahr sind. Die unteren Ebenen haben viele Terminals – „Fächer", die mit spezifischen Beispielen oder Daten gefüllt werden müssen. Jedes Terminal kann die Bedingungen für die passende Zuordnung der Inhalte festlegen ...“ [41]

Das Beispiel Kants, das Konzept „Hund“, umfaßt zahlreiche Propositionen wie z. B. „Hunde haben vier Beine“, „Hunde haben ein Fell“, „Hunde haben Ohren“, „Hunde haben Augen“, „Hunde bellen“ usw. Die Auflösung von Tatsachen als Propositionen erfaßt jedoch noch nicht die Struktur ihrer Beziehungen untereinander. Die Repräsentation durch Schemata bzw. Rahmen (frames) ist eine Möglichkeit, um diese Struktur von Beziehungen zu erfassen. Ein Schema repräsentiert die Struktur eines Objekts durch eine Struktur von Variablen für Eigenschaften bzw. Prädikate, die Werte spezifizieren. Als Beispiel aus der Zoologie sei das Schema „Singschwan“ durch folgende (sicher nicht vollständige) Repräsentation wiedergegeben:

(4.9)

Schema	Singschwan
Oberbegriff	Entenvögel
Größe	152 cm
Körperform	langer, steifer Hals, Körper schwanenartig
Schnabelform	spitz zulaufend
Schwanzform	spitz
Farbe	weißes Gefieder, schwarzer Schnabel mit gelber Wurzel
Flugform	Winkelflug
Ruf/Gesang	trompetenartig
Verbreitung	Seen, große Flüsse

Dabei entsprechen Begriffe wie ‚Form‘, ‚Farbe‘ oder ‚Größe‘ den Variablen für Eigenschaften und Namen wie schwanenartig, weiß etc. den jeweiligen Werten. Jedes Paar aus Prädikatenvariable und Wert entspricht einer Proposition über einen Singschwan. Schemata bzw. Rahmen halten also eine typische Struktur des jeweiligen Konzepts fest, die im Einzelfall über- oder unterbestimmt sein kann.

So gibt Minsky für das Konzept „Wand“ einen Orientierungsrahmen in Form eines Kompasses mit Himmelsrichtungen N, NO, O, SO, S, SW, W, NW (Abb.4.12a) an, in dem

41 M. Minsky, A framework for representing knowledge, in: P. H. Winston (ed.), The Psychology of Computer Vision, New York 1975, 212.

Einzelteile einer typischen Wand eingefügt werden können (Abb.4.12b).[42] Jeder Teilrahmen mit einer Himmelsrichtung entspricht also einer Variablen, in der als Wert das entsprechende Einzelteil einer Wand eingesetzt werden kann. Man erhält so Propositionen der Art: In Himmelsrichtung NW der Wand ist ein Bild. In Himmelsrichtung SO ist eine Kommode. In Himmelsrichtung O ist ein Fernsehapparat usw.

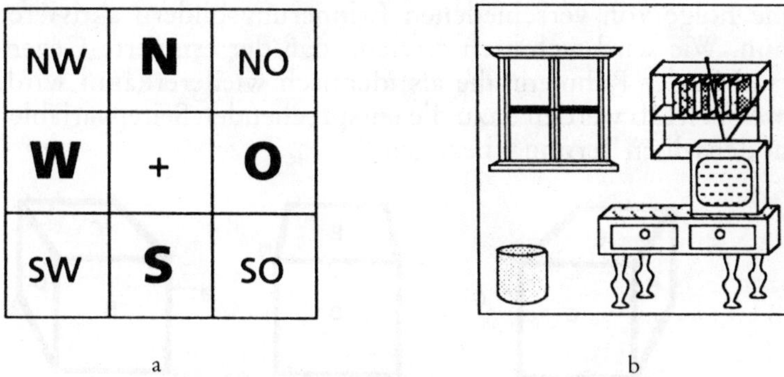

Abb. 4.12

Solche Bild-Rahmen lassen sich durch technische Schaltungen realisieren. Benötigt werden nur Schaltelemente mit zwei Ein- und einem Ausgang, die bei zwei Inputimpulsen einen Outputimpuls durch den Terminal senden. Jeder Variable des Konzepts „Wand" entspricht ein Schaltelement. Ein Beobachter habe jede Variable mit einem konkreten Teil der Wand verbunden und im Gedächtnis abgespeichert. Wird nun der allgemeine Rahmen „Wand" (Input 1) und eine Rahmenvariable wie z. B. NW (Input 2) später in der Erinnerung aktiviert, dann liefert der Terminal des entsprechenden Schalters das konkrete Teil „Bild" der Wand.[43]

Rahmen halten Gegenstände in einer bestimmten Perspektive fest. Tatsächlich kann sich aber der Blickwinkel ändern, ohne daß sich damit der Gegenstand ändert. Seine objektive

42 M. Minsky, The Society of Mind, New York 1985, dt. Stuttgart 1990, 250.
43 Dazu auch M. Minsky, s. Anm. 42, 251 f.

Gestalt ist invariant gegen Veränderungen in Raum und Zeit. In der Philosophie wird die Kategorie der Substanz angeführt, die garantieren soll, daß wir einen Gegenstand oder eine Person unter verschiedenen Umständen immer wiedererkennen können. In Abb.4.13a ist ein Würfel aus verschiedenen Perspektiven gezeigt. Jedem Würfel entspricht zunächst ein verschiedener Rahmen mit Rahmenvariablen für die Seiten des Würfels. Man erhält so nach Minsky eine Rahmenreihe, die eine Folge von verschiedenen Erinnerungsbildern aktivieren kann. Wie wird technisch erreicht, daß der erinnerte Gegenstand in der Rahmenreihe als identisch wiedererkannt wird? In Abb.4.13b werden dazu die entsprechenden Seitenvariablen auf denselben Terminal bezogen.[44]

a

b

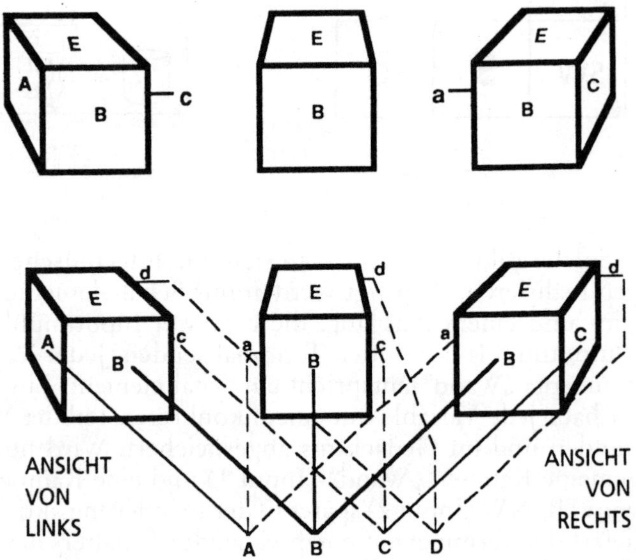

Abb. 4.13

Zur Repräsentation von Aktionen und Wechselwirkungen, wie sie traditionell in der Philosophie mit Kategorien der Kausalität und Wechselwirkung beschrieben werden, schlägt Min-

44 M. Minsky, s. Anm. 42, 255.

sky „Transrahmen" vor. Der Transrahmen „Reise" kann z. B. durch folgende Fragen charakterisiert werden: Wo beginnt die Aktion? Wo endet sie? Welches Instrument wird benutzt? Was ist der Zweck oder das Ziel der Handlung? Was sind ihre Folgen? Welche Differenzen werden durch sie geschaffen? Jede Frage entspricht einer Variablen des Rahmens „Reise": z. B. Reiseanfang, Reiseende, Reisemittel, Reiseziel, Reisefolgen etc. Wie in einem Reiseformular können die konkreten Werte einer bestimmten Reise eingesetzt werden.

Das Bewußtsein wird durch Reihen vom Rahmen repräsentiert, die untereinander verschaltet sein können, um Wiedererkennen und Identitäten zu ermöglichen. Um Kausalketten von Ereignissen zu repräsentieren, wurden von R. Schank die „Skripts" oder „Ereignisschemata" eingeführt:

> „Wir definieren ein Skript als eine vorher festgelegte Kausalkette von Begriffsbildungen, die den normalen Ablauf der Dinge in einer vertrauten Situation beschreiben. So gibt es etwa ein Restaurant-Skript, ein Geburtstagsparty-Skript, ein Fußballspiel-Skript, eine Klassenzimmer-Skript usw. Jedes Skript enthält eine Mindestanzahl von Spielern und Gegenständen, die in dem Skript bestimmte Rollen einnehmen ... Jede gegebene primitive Handlung steht für das wichtigste Element in einer Standardanordnung von Handlungen."[45]

Zur Ereignisbeschreibung wählte Schank primitive Tätigkeiten aus, die als Variablen des Schemas zu verstehen sind. So bedeutet z. B. ATRANS die Übertragung eines abstrakten Verhältnisses wie Besitz, Eigentum oder Herrschaft, PTRANS die Übertragung des physikalischen Standortes eines Gegenstandes, INGEST die Aufnahme eines Gegenstandes durch ein Lebewesen in dessen Inneres usw. Aus diesen Bausteinen lassen sich alltägliche Kausalstrukturen aufbauen, die typische Handlungsabfolgen wie z. B. in dem Skript „Restaurant" festhalten.[46]

---

45 R. A. Schank, Using knowledge to understand, in: Theoretical Issues in Natural Language Processing, Cambridge (Mass.) 1975, 131.

46 R. A. Schank/R. P. Abelson, Scripts, Plans, Goals, and Understanding, Hillsdale N. J. 1970, 51; vgl. auch R. C. Schank/P. G. Childers, Die Zukunft der Künstlichen Intelligenz. Chancen und Risiken, Köln 1986, 133 ff.

(4.10)

Skript	Restaurant
Rollen	Gast, Kellnerin, Inhaber, Kassiererin
Zweck	Nahrungsaufnahme, so daß man hungrig hinein und zufrieden hinaus geht

1. Szene	Eintreten
PTRANS	in ein Restaurant gehen
MBUILD	einen Tisch aufsuchen
PTRANS	zum Tisch gehen
MOVE	hinsetzen

2. Szene	Bestellen
ATRANS	Speisekarte bekommen
ATTEND	sie studieren
MBUILD	Bestellung entscheiden
MTRANS	Bestellung der Kellnerin aufgeben

3. Szene	Essen
ATRANS	Essen entgegennehmen
INGEST	Essen verzehren

4. Szene	Hinausgehen
MTRANS	um den Kassenzettel bitten
ATRANS	der Kellnerin ein Trinkgeld geben
PTRANS	zur Kassiererin gehen
ATRANS	bei der Kassiererin bezahlen
PTRANS	das Restaurant verlassen

Rahmen bzw. Schemata der KI wie Schemata der klassischen Erkenntnistheorie stellten sich die Aufgabe, eine Repräsentationsform zu finden, die eine adäquate und effiziente Darstellung der sich ändernden und komplexen Welt erlaubt. Der Komplexitätsgrad der menschlichen Erlebnis- und Erkenntniswelt schließt von vornherein aus, eine nur annähernde Repräsentation durch formale Schemata zu finden, die explizit codifizierbar und auf einem Computer simulierbar sind. Kritisch läßt sich am Beispiel des Restaurant-Skripts nachweisen, daß bei konkreten Restaurantbesuchen geringste Veränderungen von Nebenbedingungen andere Abläufe als im vorgeschlagenen Schema provozieren können.

Auch hier gelten die Gesetze nicht-linearer Systeme, die zwar eindeutige Kausalketten determinieren, aber langfristig aufgrund ihrer Sensibilität gegen geringste Änderungen von Nebenbedingungen nicht vorhersehbar sind. Im Unterschied zu den linearen Schemata der traditionellen KI à la Minsky und Schank sind die erkenntnistheoretischen Schemata des Menschen nicht-linear, situations- und kontextabhängig. Das schließt natürlich nicht aus, daß die codifizierten linearen Schemata der KI von technischem Nutzen für technische und wirtschaftliche Anwendungen sein können. Zur Erklärung und Simulation erkenntnistheoretischer Schemata sind sie allerdings nur beschränkt tauglich.

Woher stammen die nicht-linearen situations- und kontextabhängigen Schemata des Menschen? Offenbar kann es sich nicht um a priori codifizierte Schablonen handeln, die dem menschlichen Erkenntnisapparat einprogrammiert wurden. J. Piaget versuchte, ihre genetische Entwicklung im Rahmen der Kinderpsychologie nachzuzeichnen. Kategorien wie Raum, Zeit, Zahl, Kausalität entstehen danach in verschiedenen Altersstadien als genetische Anlage. Es handelt sich um operative Fähigkeiten, die durch Anwendung und Übung bei Problemlösungen in der Umwelt ausgebildet werden.[47]

So versucht Piaget durch Beobachtung und Experiment nachzuweisen, in welchen Alterssituationen z. B. mathematische Grundstrukturen wie Ordnung, Algebra oder Stetigkeit erstmals auftreten. Wie in der Kantischen Tradition werden Kategorien zwar als a priori für die Beobachtung, Erfahrung und das Denken aufgefaßt. Ihre Entwicklung soll jedoch evolutiv und genetisch erklärt werden. Piagets Vorschläge beruhen jedoch im wesentlichen nur auf Gedankenexperimenten und Analogieschlüssen nach einer Art biogenetischem Grundgesetz, wonach sich die intellektuelle Evolution der Menschheit im heranwachsenden Menschen mehr oder weniger wiederholt.[48]

Die Neurobiologie und Neuroinformatik liefert heute Erklärungen wenigstens für Teilaspekte der kognitiven Evolu-

47 J. Piaget, Das Erwachen der Intelligenz beim Kinde, Stuttgart 1975.
48 J. Piaget, Einführung in die genetische Erkenntnistheorie, Frankfurt 1973.

tion. Wie bereits in Kapitel 2 ausgeführt, kann die Großhirnrinde als eine 2-dimensionale Karte von Nervenzellen vorgestellt werden, die miteinander über erregende Verbindungen in Wechselwirkung treten können. Die Stärke der Koppelung zwischen Zellgruppen, die Handlungs- und Denkschemata zugrundeliegen, werden durch einen Lernprozeß erklärt, der durch die Häufigkeit vorangegangener gleichzeitiger Aktivierungen bedingt ist. Nach den Hebbschen Regeln werden Neuronen, die häufig zeitgleich aktiviert wurden, intensiv und dauerhaft miteinander gekoppelt. Durch erfahrungsabhängige Lernprozesse lassen sich also neuronale Netze ausbilden, die Wahrnehmungs-, Erkenntnis- und Handlungsschemata zugrundeliegen.

Als Beispiel sei an das Kompaßschema der Himmelsrichtungen für das Konzept „Wand" (Abb.4.12) erinnert. Entscheidend sind dabei die Bewegungsrichtungen. Wenn sich auf der Netzhaut Bilder verschieben, werden bestimmte Detektoren der Bewegungsrichtung aktiviert und andere nicht. Neuronale Matrixelemente, die die gleiche Richtung aufweisen, werden häufiger gleichzeitig erregt als Elemente, die unterschiedliche Richtungen codieren. Das neuronale Netz lernt so die Kohärenz eines Gegenstandes, seine Form und Gestalt als Ganzes zu unterscheiden. Eigenschaften und Strukturen der physikalischen Außenwelt können durch solche Selbstorganisationsprozesse ausgewertet und durch neuronale Repräsentationen gespeichert werden.

Die klassischen Probleme der Erkenntnistheorie, die nach angeborenen und erworbenen Eigenschaften unterscheiden, erscheinen nun in einem neuen Licht. Als genetisch determiniert und damit erfahrungsunabhängig gelten Merkmale wie Richtung, Orientierung, Bewegungsgeschwindigkeit, nach denen die von der Netzhaut codierten visuellen Signale klassifiziert werden. Ebenso werden globale Ordnungsschemata neuronaler Verbindungen als angeboren angenommen, nach denen festgelegt ist, zwischen welchen Merkmalsklassen überhaupt Assoziationen möglich sind. Ebenso gilt z. B. der Selektionsalgorithmus für kohärente Muster als angeboren. Vom Standpunkt der Neurologie geben die angeborenen kognitiven Schemata und Algorithmen ein Wissen wieder, das während der Evolution als optimierende kognitive Leistungen ausgewertet und kodiert wurde.[49]

Im Unterschied zu den linearen Schemata der klassischen KI genügen neuronale Netze den Gesetzmäßigkeiten komplexer nicht-linearer Systeme. Welche Richtung ein neuronaler Entwicklungsprozeß einschlägt, hängt daher von der Gesamtdisposition des Gehirns ab. Daß sich also eine Person nicht an das Restaurants-Skript beim Besuch einer Gaststätte verhält, ist nicht verwunderlich. Was geschieht, wenn in der 1. Szene die Stimmung im Restaurant nicht zusagt oder in der 3. Szene das Essen nur teilweise schmeckt oder etc.? Eine polykausale Vernetzung von Möglichkeiten läßt globale Veränderungen bei geringsten Anfangsfluktuationen zu. Die Voraussagbarkeit des Endzustandes bleibt prinzipiell begrenzt.

Die Gesetzmäßigkeiten und Strukturen komplexer dynamischer Systeme ist nun keinesfalls an die „Hardware" eines Gehirns gebunden, sondern unabhängig vom materiellen Träger und Modell, in dem sie sich realisieren. In der philosophischen Sprache der Tradition können sie daher durchaus als „geistig" bezeichnet werden. Andererseits handelt es sich um fachübergreifende Gesetzmäßigkeiten, die wenigstens in unterschiedlichen Systemen der Physik, Chemie und Biologie bestens bestätigt sind. Sie erklären Aspekte der erkenntnistheoretischen Kategorienlehre, zu denen traditionelle Modelle der Psychologie oder KI nicht in der Lage waren. Damit ist natürlich keinesfalls behauptet, daß die Struktureigenschaften neuronaler Netze die einzig mögliche Repräsentation des Erkenntnisprozesses liefern. Andere Strategien, Umwelt zu repräsentieren, wären vielleicht denkbar. Die Fortschritte gegenüber anderen Ansätzen ermutigen jedoch zu einer detaillierten Analyse der neuronalen Selbstorganisationsprozesse.

49 Für Untersuchungen zur psychologischen Realität von Schemata (also nicht nur als KI-Repräsentation) vgl. W. F. Brewer/J. C. Treyens, Role of schemata in memory for places, in: Cognitive Psychology 13 1981, 207-230; zur Anwendung in der KI vgl. auch S. Bobrow/G. H. Bower, Comprehension and recall of sentences, in: Journal of Experimental Psychology 80 1969, 455-461; P. H. Winston (ed.), The Psychology of Computer Vision, New York 1975.

4.14 Grenzen und Dialektik computergestützter Erkenntnismodelle

Jenseits ihrer Erkenntniskategorien besteht für die menschliche Vernunft die Gefahr, sich selbst bei Beachtung logischer Schlußregeln in Widersprüche zu verwickeln. Kant spricht von einer Dialektik der Vernunft. Der Verstand hat kategoriale Grenzen, in deren Rahmen er sich mit Gegenständen der Erfahrung beschäftigen kann. Vorstellungen, denen kein möglicher Erfahrungsgegenstand entspricht, nennt Kant „Ideen". Für Kant gehören dazu Vorstellungen der traditionellen Metaphysik wie z. B. „Gott", „Welt", „Seele", die nicht im kategorialen Rahmen von Raum und Zeit, Wahrnehmung, Gegenständlichkeit, Kausalketten und Wechselwirkungen bestimmbar sind. Behandelt der Verstand solche Vorstellungen dennoch wie Erfahrungsgegenstände, lassen sich widersprüchliche Konsequenzen ableiten: Der Verstand beweist, daß Gott existiert und nicht existiert, die Welt einen Anfang und keinen Anfang hat, die Seele sterblich und nicht sterblich ist. Demgegenüber hatte das Hochmittelalter in der Tradition von Thomas gelehrt, daß über den unendlichen und vollkommenen Gott mit Analogien aus der endlichen und unvollkommenen Welt der Erfahrung gesprochen werden kann:

> „Denn wir können Gott nur benennen von den Geschöpfen her ... Und so wird das, was von Gott und den Geschöpfen gemeinsam ausgesagt wird, in dem Sinne ausgesagt, daß ein Verhältnis zu Gott besteht als zu ihrem Ursprung und ihrer Ursache, in der sich alle Vollkommenheiten der Dinge schon vor ihnen finden, und zwar in überragender Weise." [50]

Aristoteles hatte im Rahmen der Proportionenlehre gezeigt, wie im Bereich der Natur Analogieschlüsse einen funktionalen Vergleich erlauben wie in dem Beispiel: Was für den Vogel der Flügel ist, ist für den Fisch die Flosse.[51] Thomas nutzt die Aristotelische Analogienlehre, die sich zunächst auf erfah-

50 Thomas von Aquin, Summa theol. I qu. 13 art. 5; vgl. auch B. Montagnes, La doctrine de l'analogie de l'être d'après saint Thomas d'Aquin, Paris 1963.

51 Vgl. J. Owens, The Doctrine of Being in the Aristotelian Metaphysics, Toronto ^{2}1963; R. M. Mc Inerny, The Logic of Analogy, Den Haag 1961.

rungszugängliche Gegenstände beschränkt, für Aussagen über Erfahrungstranszendentes.

Die Frage nach kategorialen Grenzen menschlicher Erkenntnis bleibt bis zur Gegenwartsphilosophie ein Dauerthema. Spätestens seit Wittgenstein wird die Frage nach der Grenze menschlicher Erkenntnis mit der Möglichkeit sprachlicher Repräsentation von Erkenntnis verbunden. An die Stelle erkenntnistheoretischer Kategorien treten die Kategorien der Sprache. Im Zuge dieses „linguistic turn" im 20. Jh. von der Erkenntnis- zur Sprachphilosophie, über den im folgenden Abschnitt noch zu sprechen sein wird, kritisiert R. Carnap „Scheinprobleme" der Philosophie, die durch inkorrekten Sprach- und Logikgebrauch entstanden seien.

Auch für die traditionelle KI ist die symbolische Wissensrepräsentation menschlichen Wissens eine entscheidende Voraussetzung. Von den propositionalen Netzen bis zu „frames", Schemata und Skripten wurden im vorigen Abschnitt einige Möglichkeiten vorgestellt. Was geschieht mit dem Wissen, das aus diesem kategorialen Rahmen herausfällt?

Die traditionelle KI, die menschliche Intelligenz mit den Mitteln der Logik, Kalkül- und Algorithmentheorie erfassen will, scheint auf den ersten Blick Aristoteles fortzusetzen, der erstmals den Menschen über die Logik definierte – der Mensch als rationales Wesen. Für den Philosophiehistoriker ist es allerdings ein weiter Weg vom Aristotelischen „Logos" zur formalen „Logik", auf dem viele Imponderabilien verloren gegangen sind.

Als Inbegriff moderner Rationalität gilt die technisch-wissenschaftliche Expertenkultur. Wann ist jemand ein guter Experte? H. Dreyfus schlägt eine Hierarchie des Fertigkeitenerwerbs vom Anfänger bis zum Experten vor.[52] Der entscheidende Einwand besagt, daß regelbasiertes Wissen prinzipiell unterhalb des Wissens eines menschlichen Experten bleibt. Traditionales Handeln, das sich in symbolischen Datenstrukturen und Algorithmen darstellen läßt, mag programmierbar und durch ein Expertensystem simulierbar sein. Der erfah-

52 H. L. Dreyfus/S. E. Dreyfus, Künstliche Intelligenz. Von den Grenzen der Denkmaschine und dem Wert der Intuition, Hamburg 1987, 80.

rene Autofahrer ist aber nicht derjenige, der Handgriffe, die er in der Fahrschule gelernt hat, vorschriftsmäßig anwendet. Der erfahrene Arzt ist nicht derjenige, der Diagnose- und Therapieverfahren, die er auf der Universität gelernt hat, vorschriftsmäßig durchziehen kann. Der erfahrene Manager ist nicht derjenige, der Organisations- und Planungsmodelle, die ihm ein Beraterstab vorlegt, vorschriftsmäßig anwenden kann. Alle diese menschlichen Experten verfügen über allgemeines Hintergrundwissen, common sense oder „Welthintergrund", der nicht in festen Datenstrukturen geordnet und für die jeweiligen Entscheidungssituationen abrufbar ist.

Ein angehender Experte sollte daher nach einer regelgeleiteten theoretischen Grundausbildung anfangen, Erfahrungen mit konkreten realweltlichen Situationen zu sammeln. Sein ganzheitliches Wissen von der Welt ist nicht in noch so umfangreichen Datenstrukturen, Schemata und Skripten repräsentierbar. Es kommt offenbar darauf an, in konkreten Situationen Assoziationen mit prototypähnlichen Situationen spontan herstellen zu können und mit Intuition ein Gefühl für „richtige" Entscheidungen zu entwickeln. Die Grenze der computergestützten Welt ist die Grenze ihrer Repräsentationsform, so könnte Wittgenstein unter KI-Gesichtspunkten variiert werden. Die Welt ist mehr als die Summe der registrierten Datenstrukturen. Sie bleibt für den Wissensingenieur eine regulative Idee, die unendliche Aufgabe, immer mehr Wissen über die Welt zu repräsentieren, ohne sie vollständig abbilden zu können.

Während Kants regulative Ideen aber menschliches Handeln und Forschen im Sinne der praktischen Vernunft anleiten sollen, führt die Fixierung auf Programmiersprachen und formale Repräsentation bald schon auf ein prinzipielles Hindernis. Bereits die unbewußten Lernvorgänge sensomotorischer Koordinationen im menschlichen Körper erwiesen sich als hartnäckig resistent gegenüber Programmierungsversuchen. Selbstorganisationsprozesse neuronaler Netze eröffnen dazu, wie gezeigt wurde, neue Möglichkeiten. Gibt es Grenzen des neuronalen Selbstorganisationsmodells bei der Fassung menschlichen Denkens?

Offensichtlich sind die faktisch vorliegenden technischen Exemplare neuronaler Netze noch in einem embryonalen Zustand. Grundlegend sind jedoch die Rahmenbedingungen nicht-linearer dynamischer Systeme, die wenigstens von der Theorie her die Defizite programmgesteuerter Computer und KI-Expertensystemen vermeiden. Es handelt sich um die mathematischen Prinzipien, mit denen wir heute evolutionäre Lernprozesse der Natur verstehen können. Ihre fachübergreifende Anwendung in der chemischen und biologischen Evolution hat sich, wie gezeigt wurde, als erfolgreich erwiesen.

Erkenntnistheoretisch sagt die Theorie aber auch Grenzen der technischen Simulation evolutionärer Prozesse voraus. Bereits am Beispiel zellulärer Automaten wurde deutlich, daß Evolutionsmuster mit fraktalen Attraktoren nicht simulierbar sind – es sei denn, indem der Entwicklungsprozeß erneut unter geeigneten Nebenbedingungen zum Ablaufen gebracht wird.[53] Der Aufwand zu seiner Reproduktion ist also mindestens so groß wie die Komplexität des Evolutionsprozesse selber. Dieses Limitationsergebnis aus der Theorie nicht-linearer Systeme erinnert an Gödels Limitationsgesetze für formale Systeme, deren Widerspruchsfreiheit mit den finiten Mitteln des Systems selber nicht gezeigt werden kann. Mit zunehmendem Fortschritt computergestützer Erkenntnis werden also ihre Grenzen deutlicher abschätzbar. Diese Erkenntnisgrenzen erweisen sich aber nicht als absolut im Sinne von Kants denknotwendigen Kategorien. Es sind die Schatten des jeweiligen Forschungsprogramms, jenseits deren Grenzen alle Katzen grau werden.

4.2 Computergestützte Sprachphilosophie

4.21 Wittgensteins kopernikanische Wende der Sprachphilosophie

Menschliche Erkenntnis ist an Sprache gebunden, maschinelle Informationsverarbeitung an Datenstrukturen. Diese Parallele legt es nahe, philosophische Sprachanalysen computergestützt

53 Vgl. Kap. 2.32.

durchzuführen. Dahinter steht die Annahme, daß Sprache der symbolischen Abbildung der Wirklichkeit dient. Diese Auffassung ist philosophiehistorisch alt und findet sich bereits bei den Klassikern. L. Wittgenstein verweist zu Beginn seiner ‚Philosophischen Untersuchungen' auf Augustinus:

„Nannten die Erwachsenen irgendeinen Gegenstand und wandten sie sich dabei ihm zu, so nahm ich das wahr und ich begriff, daß der Gegenstand durch die Laute, die sie aussprachen, bezeichnet wurde, da sie auf ihn hinweisen wollten. Dies aber entnahm ich aus ihren Gebärden, der natürlichen Sprache aller Völker, der Sprache, die durch Mienen- und Augenspiel, durch die Bewegung der Glieder und den Klang der Stimme die Empfindungen der Seele anzeigt, wenn diese irgend etwas begehrt, oder festhält, oder zurückweist, oder flieht. So lernte ich nach und nach verstehen, welche Dinge die Wörter bezeichneten, die ich wieder und wieder, an ihren bestimmten Stellen in verschiedenen Sätzen, aussprechen hörte. Und ich brachte, als nun mein Mund sich an diese Zeichen gewöhnt hatte, durch sie meine Wünsche zum Ausdruck."[54]

In diesem Bild von der Sprache hat jedes Wort eine Bedeutung. Diese Bedeutung ist dem Wort zugeordnet. Sie ist der Gegenstand, für welchen das Wort steht. Frege, Russell und der frühe Wittgenstein hingen dieser Abbildungstheorie der Sprache an. Einfache Sachverhalte werden in Elementarsätzen abgebildet, komplexe Sachverhalte in logisch zusammengesetzten komplexen Sätzen. Im logischen Atomismus der Sprache spiegelt sich die Auffassung vom physikalischen Atomismus der Welt.[55]

„Die Welt ist alles, was der Fall ist," heißt es in der ersten These von Wittgensteins ‚Tractatus logico-philosophicus'. „Was der Fall ist, die Tatsache", so fährt er fort, „ist das Bestehen von Sachverhalten." Die sprachliche Abbildung einer

54 A. Augustinus, Confessiones 1/8: „Cum ipsi (majores homines) appellabant rem aliquam, et cum secundum eam vocem corpus ad aliquid movebant, videbam, et tenebam hoc ab eis vocari rem illam, quod sonabant, cum eam vellent ostendere. Hoc antem eos velle ex motu corporis aperiebatur; tamquam verbis naturalibus omnium gentium, quae fiunt vultu et nutu oculorum, ceterorumque membrorum actu, et sonitu vocis indicante affectionem animi in petendis, habendis, rejiciendis, fugiendisve rebus. Ita verba in variis sententiis locis suis posita, et crebro audita, quarum rerum signa essent, paulatim colligebam, measque jam voluntates, edomito in eis signis ore, per haec enuntiabam."

55 Vgl. E. Stenius, Wittgensteins Traktat, Frankfurt 1969.

so aufgebauten Welt wird in den folgenden Thesen behandelt: „Das logische Bild der Tatsachen ist der Gedanke. Der Gedanke ist der sinnvolle Satz. Der Satz ist eine Wahrheitsfunktion der Elementarsätze.“ [56]

Unterstellt wird eine Theorie der idealen Sprache, wie sie letztlich in den formalen Logikkalkülen nach Russell u. a. zum Ausdruck kommt. Im logischen Empirismus wurde dieses Sprachkonzept mit dem Anspruch verbunden, als (einziger) Maßstab für sinnvolle Aussagen zu dienen. Ein bescheidener Standpunkt beschränkt sich auf die Absicht, diejenigen Sätze einer natürlichen Sprache zu untersuchen, die sich in eine semantisch interpretierte Formel eines formalen Sprachkalküls übersetzen lassen. Neben den traditionellen Logikkalkülen können dann auch Computersprachen zur Sprachanalyse herangezogen werden. So lassen sich z. B. die KI-Programmiersprachen zur philosophischen Sprachanalyse verwenden. Auf diesen Ansatz computergestützter Sprachphilosophie in der Tradition von Logik und KI wird in Abschnitt 4.22 eingegangen.

Wittgenstein selber hat den Standpunkt der idealen Sprache, den er noch im ‚Tractatus‘ programmatisch eingenommen hatte, später aufgegeben oder wenigstens eingeschränkt. Augustinus beschreibt, so stellt Wittgenstein in den ‚Philosophischen Untersuchungen‘ fest, nur ein bestimmtes System der Verständigung, das sich nicht verallgemeinern läßt. „Solche primitiven Formen der Sprache verwendet das Kind, wenn es sprechen lernt. Das Lehren der Sprache ist hier kein Erklären, sondern ein Abrichten.“ [57]

In der Sprache geht es nämlich nicht nur um das Benennen von Gegenständen, so als würde jedem Ding ein Namentäfelchen angeheftet. Die Bedeutung eines Wortes zeigt sich vielmehr in seinem tatsächlichen Gebrauch in einer natürlichen Sprache. Die Regeln des jeweiligen Sprachgebrauchs sind, so lautet der neue Schlüsselbegriff Wittgensteins, in einem ‚Sprachspiel‘ festgelegt. Man versteht also ein Wort, einen Satz, eine Sprachwendung, wenn man den jeweiligen Sprach-

56 L. Wittgenstein, Tractatus logico-philosophicus, Frankfurt 1964.

57 L. Wittgenstein, Philosophische Untersuchungen, Frankfurt 1967, Teil I, § 5.

gebrauch beherrscht. Wittgenstein vergleicht die Sprache mit einem Werkzeugkasten. Es ist da ein Hammer, eine Zange, eine Säge, ein Schraubenzieher, ein Maßstab, ein Leimtopf, Leim, Nägel und Schrauben.

So verschieden die Funktionen dieser Gegenstände, so verschieden sind die Funktionen der Wörter. Allerdings darf die Rede von Sprachspielen nicht zu der Vorstellung verführen, als würde es sich um klar und eindeutig explizierte Regelsysteme handeln, die je nach Situation zum Einsatz kommen. Eine natürliche Sprache wächst und verändert sich seit Jahrhunderten:

„Unsere Sprache kann man ansehen als eine alte Stadt: Ein Gewinkel von Gäßchen und Plätzen, alten und neuen Häusern mit Zubauten aus verschiedenen Zeiten; und dies umgeben von einer Menge neuer Vororte mit geraden und regelmäßigen Straßen und mit einförmigen Häusern.“ [58]

Man denke an die Sprachspiele des Boulevardjournalismus, die Literatur der Dichter, den Jargon der Experten, die Dialekte des Alltags und erkennt, daß hinter den Sprachspielen einer natürlichen Sprache unterschiedliche Lebensformen stehen. Zur Mannigfaltigkeit der Sprachspiele erwähnt Wittgenstein die Beispiele: Befehlen, und nach Befehl handeln – Beschreiben eines Gegenstandes nach dem Ansehen, oder nach Messungen – Herstellen eines Gegenstandes nach einer Beschreibung (Zeichnung) – Berichten eines Hergangs – Über den Hergang Vermutungen anstellen – Eine Hypothese aufstellen und prüfen – Darstellen der Ergebnisse eines Experiments durch Tabellen und Diagramme – Eine Geschichte erfinden; und lesen – Theater spielen – Reigen singen – Rätsel raten – Einen Witz machen; erzählen – Ein angewandtes Rechenexempel lösen – Aus einer Sprache in die andere übersetzen – Bitten, Danken, Fluchen, Grüßen, Beten.[59]

Ein schwieriges klassisches Problem der sprachanalytischen Philosophie ist die Frage, wodurch wir Menschen befähigt werden, neue und unbekannte Sätze zu verstehen und die impliziten Sprachregeln aus Beispielen vieler Sätze zu lernen und

58 L. Wittgenstein, s. Anm. 57, Teil I, § 18.
59 L. Wittgenstein, s. Anm. 57, Teil I, § 23.

abzuleiten. Vom Standpunkt der idealen Sprache und der symbolischen Repräsentation, die von explizit und eindeutig formulierten Regeln ausgeht, ist dieser Vorgang kaum verständlich. Eine natürliche Sprache läßt sich nicht auf regelbasiertes und programmierbares Wissen reduzieren. Die Beschränkungen regelbasierter Expertensysteme werden auch im Fall der Sprache wirksam. Wir müssen bereits über intuitive Hintergrunderfahrung verfügen, um einzelne Sprachspiele verstehen zu können. Hintergrunderfahrung zeigt sich allerdings nach Wittgenstein nicht in der Fähigkeit, Erklärungen und Regeln zu reproduzieren, sondern dadurch, daß man ein Sprachspiel erlernen und beherrschen kann.

In dem Zusammenhang wendet sich Wittgenstein auch gegen den logischen Atomismus und entlarvt ihn als ein spezielles Sprachspiel. Historisch sprach bereits Sokrates in Platons Dialog ‚Theaitetos' von Urelementen, die durch Namen bezeichnet werden. Diese Urelemente waren auch Russells ‚individuals' und Wittgensteins ‚Gegenstände' im ‚Tractatus'. Aber was sind die einfachen Bestandteile, aus denen sich die Realität zusammensetzt? Die philosophische Tradition sprach wie selbstverständlich von „dem" Einfachen in absoluter und globaler Weise. Demgegenüber stellt Wittgenstein fest:

> „Auf die philosophische Frage: „Ist das Gesichtsbild dieses Baumes zusammengesetzt, und welches sind seine Bestandteile?" ist die richtige Antwort: „Das kommt darauf an, was Du unter ‚zusammengesetzt' verstehst."" [60]

Es kommt auf den Kontext, die Situation – das Sprachspiel an. In dem Satz „Mein Besen steht in der Ecke" ist das Wort „Besen" ein Urelement, da es im Sprachspiel „Reinigen meiner Wohnung" wenig Sinn macht, von „Stiel mit Bürste" oder gar „Molekularsystem mit den Eigenschaft $E_1, E_2, \ldots$" zu sprechen.[61]

Es gibt in einer natürlichen Sprache, so Wittgenstein in den „Philosophischen Untersuchungen", keine allgemeine Form der Sprache, wie im „Tractatus" vom Standpunkt einer formalen Idealsprache angenommen wurde. Die Analogie mit Newtons absolutem Raum drängt sich auf, der von Einstein

60 L. Wittgenstein, s. Anm. 57, Teil I, § 47.
61 L. Wittgenstein, s. Anm. 57, Teil I, § 60.

durch relative Bezugssysteme ersetzt wurde. Die sprachlichen Bezugssysteme sind die Sprachspiele. Analog den jeweiligen Maßeinheiten der Bezugssysteme verfügen auch Sprachspiele über jeweilige sprachliche Prototypen, an denen sich der Gebrauch orientiert.

Selbst der Gebrauch z. B. des Wortes „Existenz" ist keineswegs absolut wie der Existenzoperator in der Quantorenlogik des „Tractatus". Sein Gebrauch kann in einem alltäglichen Sprachspiel mit Empfindungen und Wahrnehmungen verbunden sein, in einem anderen mit technischen Realisationen, aber auch mit Fiktionen und Einbildungen, die im Sprachspiel von Märchen und Science Fiction ebenfalls Realität beanspruchen. In den unterschiedlichen Logikkalkülen mit klassischer, intuitionistischer oder konstruktivistischer Verwendung des Existenzoperators findet die Relativierung der Sprachspiele auch in den Wissenschaften ihre Fortsetzung.[62]

Allerdings ist der Gebrauch der Worte in den Sprachspielen einer natürlichen Sprache keineswegs, wie bereits betont wurde, explizit und vollständig reguliert. Der Gebrauch der Worte hat mehr oder weniger verschwommene Ränder. Gegenüber Frege als Vertreter einer Idealsprache hebt Wittgenstein diese Unklarheit als charakteristisch hervor und nicht als „Mangel", den es nach dem Maßstab einer absoluten Exaktheitsdefinition zu beseitigen gilt. Diese Art von Exaktheit erweist sich ebenso als Chimäre wie Newtons absoluter Raum. Sie wird relativiert auf spezielle Sprachspiele. Moderne Logiksysteme der ‚Fuzzy Logic' versuchen den Gebrauch von unscharfen Begriffen zu normieren.

Auch in der nicht-monotonen Logik schlägt die Wittgensteinsche Sprachrelativierung durch. Im alltäglichen Sprachspiel werden z. B. Vögel als „fliegende Tiere" bezeichnet, obwohl der „Vogel Strauß" ein Gegenbeispiel ist und der logische Schluß vom „Strauß" über den „Vogel" auf das „Fliegen" nicht transitiv bzw. monoton gezogen werden kann. Allerdings treffen solche Präzisierungsversuche von Sprachspielen nur teil-

62 Vgl. auch K. Mainzer, Zu Freges analytischen Begriffen 2. Stufe, in: C. Thiel (Hrsg.), Frege und die moderne Grundlagenforschung, Meisenheim a. Glan 1975, 90-110.

weise Wittgensteins Intentionen. Ihm geht es um den tatsächlichen Gebrauch der natürlichen Sprache mit seinen unscharfen Rändern. Die Forderung nach einer absoluten Exaktheit à la Frege gerät in Widerstreit mit der tatsächlichen Sprache. Analog zum Weltenentwurf der Geometrie haben es Sprachspiele nicht mit exakten Würfeln, Pyramiden und Kugeln wie in der Euklidischen Geometrie zu tun, sondern mit „fraktalen" Gebilden.

„Der Widerstreit", so stellt Wittgenstein fest, „wird unerträglich, die Forderung (nach Exaktheit) droht nun, zu etwas Leerem zu werden – Wir sind aufs Glatteis geraten, wo die Reibung fehlt, also die Bedingungen in gewissem Sinne ideal sind, aber wir eben deshalb auch nicht gehen können. Wir wollen gehen; dann brauchen wir die Reibung. Zurück auf den rauhen Boden!"[63]

Sprachspiele sind also nach Wittgenstein auch „dissipative" Systeme, deren Regeln durch Ausnahmen und keineswegs vollständig bekannte Nebenbedingungen ebenso eingeschränkt werden wie die Gleichungen dynamischer Systeme durch Diffusionsterme z. B. der Reibung. Wittgensteins Übergang von der Idealsprache des ‚Tractatus' zu den Sprachspielen der ‚Philosophischen Untersuchungen' erweist sich in der Tat als kopernikanische Wende der Sprachphilosophie. Es ist der Übergang von einer „absoluten", „globalen", „exakten" und „Euklidischen idealisierten" Sprachwelt zu den „relativen", „lokalen", „fuzzy", „fraktalen" und „dissipativen" Sprachspielen des tatsächlichen Sprachgebrauchs.

Für formale Idealsprachen ist eine Übersetzung in Kalküle und Programmiersprachen möglich, die programmgesteuerte Maschinen à la Turing antreiben. Wie steht es um die maschinelle Realisation von Sprachspielen einer natürlichen Sprache? Diesen Aspekt diskutiert Wittgenstein am Beispiel des Lesens. Lesen wird dabei nicht als das Verstehen des Sinns des Gelesenen verstanden, sondern als die Tätigkeit, Geschriebenes oder Gedrucktes in Laute umzusetzen, nach Diktat zu schreiben, Gedrucktes abzuschreiben, nach Noten zu spielen etc. Zwischen einem Anfänger und geübten Leser bestehen Unter-

63 L. Wittgenstein, s. Anm. 57, Teil I, § 107.

schiede „im unbewußten Arbeiten ihres Geistes; oder auch im Gehirn".[64]

Allerdings haben wir, so Wittgenstein, nur Hypothesen über diese Vorgänge. Beobachtbar ist nur eine Veränderung im Verhalten, z. B. in der Stimmlage, Flüssigkeit und Genauigkeit der Laute, nicht aber eines seelischen Zustands. Auch eine Lesemaschine könnte daher auf Schriftzeichen durch Lesen reagieren, ohne an menschliche Seelenzustände gebunden zu sein. Ist Wittgenstein damit ein Behaviorist? Nein, er macht nur auf „den noch unverstandenen Prozeß im noch unerforschten Medium"[65] aufmerksam. Redewendungen wie „Zustände" und „Mechanismus" unterstellen aber einen ontologischen Gegenstand, der wie Uhren und Dampfmaschinen klar analysiert und verstanden ist. Wittgenstein warnt also vor dieser „grammatischen Fiktion"[66] im Sprachspiel des Maschinensymbols. Gleichzeitigt stellt er aber fest:

> „Aber liegt dies nicht nur an unserer zu geringen Kenntnis der Vorgänge im Gehirn und im Nervensystem? Wenn wir diese genauer kennten, würden wir sehen, welche Verbindungen durch das Abrichten hergestellt worden waren, und wir könnten dann, wenn wir ihm ins Gehirn sähen, sagen, „Dieses Wort hat er jetzt gelesen, jetzt war die Leseverbindung hergestellt."[67]

und von einer Lesemaschine heißt es:

> „Erst nachdem dies und dies an der Maschine geschehen war – die und die Teile durch Drähte verbunden worden waren – hat die Maschine gelesen ...".[68]

In Abschnitt 4.24 werden neuronale Netze diskutiert, die aus Beispielen allgemeine Sprachregeln lernen, um damit aufgrund von Spracherfahrungen neue und bisher unbekannte Sprachwendungen zu erzeugen. Wenn der Wortgebrauch im Sinne eines Sprachspiels als Indiz für Verstehen akzeptiert wird, könnte sogar von Verstehen durch neuronale Netze gesprochen werden. Jedenfalls erweisen sich neuronale Netze als interessante technische Realisationen, um Sprachverstehen und Sprachge-

64 L. Wittgenstein, s. Anm. 57, Teil I, § 156.
65 L. Wittgenstein, s. Anm. 57, Teil I, § 308.
66 L. Wittgenstein. s. Anm. 57, Teil I, § 307.
67 L. Wittgenstein, s. Anm. 57, Teil I, § 158.
68 L. Wittgenstein, s. Anm. 57, Teil I, § 157.

brauch in der Tradition von Wittgensteins Philosophie der Sprachspiele näher auf den Grund zu gehen.

4.22 Sprachverstehen und Sprachproduktion

Die Entwicklung der Sprachphilosophie steht in engem historischen Kontakt mit der Geschichte der Sprachwissenschaft. Auf der Grundlage von Griechisch und Latein entstanden im Abendland grammatische Kategoriensysteme, die teilweise auf andere europäische Sprachen übertragen wurden und später als Vergleichsmaßstab auch für außereuropäische Sprachen dienten.[69] Vergleichende Sprachforscher wie z. B. J. Grimm erweiterten zwar im letzten Jahrhundert das empirische Wissen um die historischen Veränderungen der Sprachen, ohne jedoch eine Theorie der Sprachentwicklung oder der Sprachregeln angeben zu können. Auf dem Hintergrund der klassischen Physik und ihres Erfolges Mitte des 19. Jhs. entstand nicht nur eine an Mechanik und Elektrizitätslehre orientierte Psychophysik, sondern auch eine Grammatikerschule, die sich den Gesetzesbegriff der damaligen Physik und Chemie zum Vorbild nahm.[70]

Einer der ersten Sprachforscher, die Sprache als einen eigenen genuinen Forschungsgegenstand mit eigenen immanenten Gesetzen begriffen, war F. de Saussure.[71] Neben der historisch-vergleichenden Methode einer diachronischen Sprachwissenschaft unterschied er eine synchronische Sprachwissenschaft mit der Absicht systematischer Sprachanalyse. Saussure bevorzugt für den Sprachgebrauch das Bild einer Schachpartie. So trennt er den Sprachaspekt des Regelsystems (‚langue‘) wie die Regeln des Schachs von den konkreten Sprachäußerungen (‚parole‘) wie die Spielzüge einer konkreten Schachpartie. In

69 Vgl. z. B. A. Arnauld/C. Lancelot, Grammaire générale etraisonnée, Paris 1660.

70 Vgl. auch R. H. Robins, A Short History of Linguistics, Bloomington 1967, 184 ff. Gemeint sind die sogenannten ‚Junggrammatiker‘ wie z. B. K. Brugmann, H. Osthoff, H. Paul.

71 F. de Saussure, Grundfragen der allgemeinen Sprachwissenschaft, ed. C. Bally/A. Sechehaye, Berlin 1967 (frz. Cours de linguistique générale 1915).

der Sprache kommen nach de Saussure mentale Zustände und Strukturen des menschlichen Geistes zum Ausdruck. Sprache ist also für de Saussure ein kognitives System, und insofern gehört er in die Tradition des modernen Mentalismus.

Auf dem Hintergrund von wissenschaftstheoretischem Positivismus und Behaviorismus in den 20er und 30er Jahren erstarkt in den USA eine behavioristische Psychologie und Sprachwissenschaft. L. Bloomfield nahm sich eine positivistisch und operationalistisch verstandene Physik zum Vorbild und wollte wie in der statistischen Mechanik wenigstens statistische Annahmen über Sprachverhalten aufstellen und testen, wenn schon keine Aussagen und Prognosen über das Sprachverhalten einzelner Sprecher möglich waren.[72] Diese physikalische Auffassung von Sprache war zugleich antimentalistisch eingestellt.

Mit Informations-, Kalkül- und Berechenbarkeitstheorie entstand ein neues Wissenschaftsparadigma formaler Disziplinen wie Logik und Mathematik, die Sprachforscher wie N. Chomsky sich zum Vorbild nahmen. Sprachregeln wurden als Transformationen verstanden, die sich auf rekursive und damit maschinelle Prozesse im Sinne eines programmgesteuerten Computers zurückführen lassen. Linguistik hat es danach mit der Analyse linguistischer Kompetenz, also dem abstrakten Wissen über die Struktur von Sprache zu tun, während sich die Psychologie mit der Performanz, also der Art des tatsächlichen Sprachgebrauchs beschäftigt. Linguisten suchen also nach Erklärungen für die Regelhaftigkeit von Sprache. Gemeint ist damit, daß Sätze ein exaktes Regelsystem erfüllen müssen, nach dem sie zu bilden sind. Ein endliches Regelsystem vermag (‚unendlich') viele korrekte Sätze zu bilden.

Chomsky analysierte zunächst die Oberflächenstruktur eines Satzes als ein aus Phrasen und Phrasenteilen zusammengesetztes Sprachgebilde. Es läßt sich durch Transformationen aus sprachlichen Tiefenstrukturen erzeugen. Chomskys Transformationsgrammatik ist nichts anderes als eine Anwendung der mathematischen Kalkültheorie auf die Sprachanalyse. Ein Teil der linguistischen Analyse einer Sprache besteht nämlich in

---

72 L. Bloomfield, Language, New York ^{2}1933.

der Trennung der grammatisch richtigen von den grammatisch falschen Sätzen. Dabei soll die Grammatik einer Sprache die grammatisch richtigen Sätze erzeugen.[73] Als Beispiel betrachte man den Satz: ‚Der Hund beißt das Kind.' Er kann durch folgende Regeln erzeugt werden.

(1) Ein Satz besteht aus Nominalphrase und Verbalphrase.
(2) Eine Nominalphrase besteht aus Artikel und Substantiv.
(3) Eine Verbalphase besteht aus Verb und Nominalphrase.

Damit läßt sich der Satz nach folgendem Ableitungsbaum erzeugen:

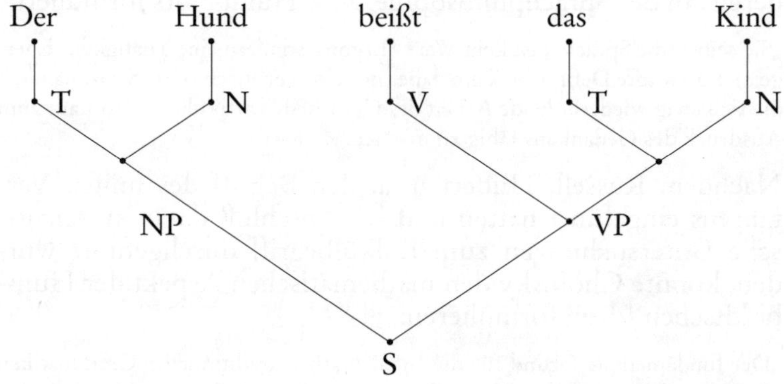

Dabei bedeutet: S Satz, NP Nominalphrase, VP Verbalphrase, T Artikel, N Substantiv, V Verb. Legt man das Alphabet {S, NP, VP, T, N, V, der, das, Hund, Kind, beißt} zugrunde und nimmt S als Axiom, so läßt sich der Satz in einem Kalkül mit den folgenden Regeln ableiten:

(4.11)	$S \rightarrow NP, VP$	$T \rightarrow$ der
	$NP \rightarrow T, N$	$N \rightarrow$ Hund
	$VP \rightarrow V, NP$	$N \rightarrow$ Kind
	$T \rightarrow$ das	

Es ist klar, daß sich folgende Sätze aus diesem Kalkül herleiten lassen: „der Hund beißt das Kind"; aber auch: „das Kind beißt der Hund", „der Kind beißt der Hund", … Ziel solcher

73 N. Chomsky, Aspekte der Syntax-Theorie, Frankfurt 1969.

grammatischer Analysen ist es, die jeweils erforderliche Grammatik so weit einzuschränken, daß nur die jeweils grammatisch richtigen (Zulässigkeit des Kalküls) und alle grammatisch richtigen Sätze (Vollständigkeit des Kalküls) abgeleitet werden. Um allerdings alle grammatisch richtigen Sätze mechanisch in einem Kalkül herleiten zu können, muß man sich bereits vorher darüber verständigt haben, was unter ‚grammatisch richtig' bzw. ‚grammatisch falsch' in der jeweiligen Sprache zu verstehen ist.

Die Idee, beliebig viele grammatisch richtige Sätze durch endlich ofte Regelanwendungen zu produzieren, ist alt und bereits in der Sprachphilosophie W. v. Humboldts formuliert:

„Sie selbst (die Sprache) ist kein Werk (Ergon), sondern eine Thätigkeit (Energeia). Ihre wahre Definition kann daher nur eine genetische sein. Sie ist nämlich die sich ewig wiederholende Arbeit des Geistes, den artikulierenden Laut zum Ausdruck des Gedankens fähig zu machen."[74]

Nachdem Russell, Hilbert u. a. den Begriff des finiten Verfahrens eingeführt hatten und im Anschluß daran systematische Untersuchungen zum Kalkülbegriff durchgeführt wurden, konnte Chomsky den mathematischen Aspekt der Humboldtschen Ideen formulieren:

„Der fundamentale Grund für die Inadäquatheit traditioneller Grammatiken ist aber mehr technischer Art. Obwohl es im allgemeinen wohl verstanden wurde, daß sprachliche Prozesse in irgendeinem Sinne „kreativ" sind, waren die technischen Mechanismen zum Ausdruck eines Systems rekursiver Prozesse bis in allerjüngste Zeit einfach nicht verfügbar. Tatsächlich hat sich ein wirkliches Verständnis dafür, wie eine Sprache (in Humboldts Worten) „unendlichen Gebrauch von endlichen Mitteln machen" kann, erst in den letzten dreißig Jahren entwickelt, im Fortgang der Studien über die Grundlagen der Mathematik. Nun, da diese Einsichten zur Verfügung stehen, kann man sich wieder den Fragen zuwenden, die in der traditionellen Sprach-Theorie gestellt, aber nicht gelöst wurden, und eine explizite Formulierung der „kreativen" Pro-

74 W. v. Humboldt, Über die Verschiedenheit des menschlichen Sprachbaues und ihren Einfluß auf die geistige Entwicklung des Menschengeschlechts. Mit einem Nachwort hg. v. H. Nette, Darmstadt 1949 (1830/35: Einleitung zu: Die Kawi- Sprache auf der Insel Java) Gesammelte Schriften VII, 46.

zesse der Sprache versuchen. Kurzum, es gibt keine technische Barriere mehr gegen das Stadium generativer Grammatiken in voller Breite.“[75]

Ähnlichen Sätzen mit unterschiedlicher Bedeutung liegen, wie Chomsky zeigen konnte, unterschiedliche Tiefenstrukturen zugrunde. So kann der Satz „Er vertrieb den Mann mit dem Hund“ die Bedeutung haben, daß jemand mit Hilfe seines Hundes einen Mann vertrieb, aber auch, daß jemand einen Mann vertrieb, der einen Hund bei sich hatte.

Es stellt sich die Frage, ob Chomskys Tiefengrammatik ein möglicher Ableitungskalkül ist oder der formale Ausdruck psychischer und/oder neurologischer Tranformationen. Dafür liegen aber keine empirischen Anhaltspunkte vor. Damit wird allerdings nicht geleugnet, daß die Kategorien des Denkens und Erkennens die Kategorien der Sprache prägen. Bereits Aristoteles glaubte, daß die Kategorien des Denkens den Sprachkategorien vorausgehen. Unter Annahme der Evolution wird diese Hypothese plausibel. Sowohl in der Phylogenese der Menschheit als auch der Ontogenese vom Kind bis zum Erwachsenen finden sich deutlich Hinweise, wonach zunächst kognitive Fähigkeiten wie z. B. Erinnern, Erkennen, aber auch bestimmte Aufgaben lösen sich entwickeln, bevor Sprache zum Einsatz kommt. In späteren Stadien mag Kleists Formulierung „Vom allmählichen Verfertigen der Gedanken beim Sprechen“ eine entwicklungsgeschichtliche Devise werden.

Die entwicklungsgeschichtliche Priorität kognitiver Fähigkeiten vor der Sprache widerspricht im übrigen auch nicht Whorfs Hypothese von der linguistischen Relativität, wenn sie nicht überzogen wird.[76] Daß nämlich Sprache die Art, wie jemand denkt und die Welt wahrnimmt, beeinflußt, hat z. B. Wittgenstein in vielen Beispielen überzeugend nachgewiesen. Im Unterschied zu Wittgensteins lokalen Sprachspielen, mit denen er das geschlossene Weltbild des logischen Empirismus

75 N. Chomsky, s. Anm. 73, 19.

76 E. Sapir, Language, New York 1921; B.L. Whorf, Language, Thought, and Reality, ed. J. Caroll, Cambridge (Mass.) 1956; vgl. auch H. Gipper, Bausteine zur Sprachinhaltsforschung. Neuere Sprachbetrachtung im Austausch mit Geistes- und Naturwissenschaft, Düsseldorf 1963, Kap. 5; ders., Denken ohne Sprache?, Düsseldorf 1971.

aufbricht, nimmt Chomsky sprachliche Universalien an, die mögliche Merkmale einer natürlichen Sprache und ihrer Grammatik begrenzen. Chomsky postuliert zwar keine gemeinsame Ursprache aller natürlichen Sprachen, aber einen apriorischen kategoriellen Rahmen, wie die Tranformationsgrammatiken aufgebaut sein müssen. Wittgenstein hat eine entsprechende allgemeine Definition seiner Sprachspiele oder einer allgemeinen Satzform ausdrücklich in seiner Spätphilosophie abgelehnt.

Chomsky ist also nicht nur ein Vertreter des Mentalismus, der kognitive Strukturen vor jeder konkreten Handlung und Reaktion voraussetzt. Er steht auch insofern in der Tradition des Rationalismus, als diese Universalien definitiv feststehen sollen. Wir produzieren Sprache, indem wir z. B. sprechen und lesen. Wir verstehen Sprache, indem wir z. B. zuhören. Welche komplexen Prozesse laufen bei einem Hörer ab, der einem Sprecher zuhört? Sprachverstehen läßt sich in folgenden Stufen gliedern: Auf der ersten Stufe können wahrnehmungsbezogene Prozesse beobachtet werden, mit denen akustische oder geschriebene Mitteilungen entschlüsselt werden. Es geht also um die Überführung eines Schallereignisses in die Repräsentation von Worten. Auf der nächsten Stufe der Analyse werden die Wortrepräsentationen in Bedeutungsrepräsentationen überführt.

Unabhängig wie dieser Überführungsprozeß dargestellt wird (z. B. durch Transformationsgrammatiken à la Chomsky), können Produktionsverfahren zum Aufbau von Bedeutungen analysiert werden. So suchen Produktionen zur Sprachverarbeitung nach typischen Satzmustern wie z. B. ‚Person-Verb-Objekt‘. Die Produktionen erzeugen im Gedächtnis die semantischen Interpretationen dieser Muster. Durch Verkettung mehrerer Produktionen können ganze Sätze gebildet und als Muster identifiziert werden. Beispiele zur Mustererkennung sind folgende Produktionsregeln:

(4.12) (a) Satz $\rightarrow$ NP *Verb* NP
(b) NP $\rightarrow$ NP, *der/die/das* NP *Verb*,
(c) NP $\rightarrow$ *ein Nomen*

Mit ihrer Hilfe läßt sich der Satz ‚Ein Mann, der eine Wohnung suchte, kaufte ein Haus‘ ableiten:

Satz	→	NP *kaufte* NP	(mit (a))
Satz	→	NP *kaufte ein Haus*	(mit (c))
Satz	→	NP, *der* NP *suchte, kaufte ein Haus*	(mit (b))
Satz	→	*Ein Mann, der eine Wohnung suchte, kaufte ein Haus*	(mit 2 × (c))

Syntaktische Muster werden also verwendet, um Sätze zu verstehen. Eine zentrale Eigenschaft natürlicher Sprachen ist ihre Mehrdeutigkeit, die auch in verschiedenen Kontexten bestehen bleibt. Rekursive Verfahren stoßen dabei häufig an die Grenzen ihrer Darstellbarkeit.[77] Neben Wahrnehmung und Analyse ist beim Sprachverstehen[78] die Verwendung zu unterscheiden. Damit ist der Bereich gemeint, auf den der Hörer die Bedeutung der Mitteilung bezieht.

Eine besondere Form des Sprachverstehens ist das Lesen.[79] Die Genauigkeit, mit der Bedeutungen aufgebaut werden, hängt auch von der Lesegeschwindigkeit ab. Mit Scanning wird eine Schnellesetechnik bezeichnet, bei der pro Minute 10 000 oder mehr Worte durchgesehen werden. Wie sinnvoll die Geschwindigkeit ist, hängt von der Zielfunktion des Lesers ab. So ist Scanning sicher nur sinnvoll, wenn eine bestimmte Information gesucht wird, da bei diesem Lesetempo nur Bruchteile des Inhalts registriert werden können.

Gegenüber dem Sprachverstehen läßt sich Sprachproduktion wieder in drei Phasen gliedern.[80] In der ersten Phase der Konstruktion wird die Bedeutung, die mitgeteilt werden soll, in Übereinstimmung mit den jeweiligen Zielen aufgebaut. Dabei spielen wieder Kontexte und Vorverständnisse eine wichtige Rolle. Bei der zweiten Phase der Transformation werden syntaktische Regeln angewendet, um die Bedeutung in eine sprach-

77 Vgl. auch N. Chomsky, Sprache und Geist, Frankfurt 1968; K. Lorenz, Elemente der Sprachkritik. Eine Alternative zum Dogmatismus und Skeptizismus in der analytischen Philosophie, Frankfurt 1970; S. J. Schmidt, Bedeutung und Begriff, Braunschweig 1969.

78 Vgl. auch H. H. Clark/E. V. Clark, Psychology and Language, New York 1977.

79 Vgl. auch E. J. Gipson/H. Levin, The Psychology of Reading, Cambridge (Mass.) 1975; M. A. Just/ P. A. Carpenter, A Theory of Reading: From Eye Fixations to Comprehension, in: Psycholgical Review 87 1980, 329-354.

80 Vgl. auch T. Hermann, Allgemeine Sprachpsychologie, München 1985; J. R. Anderson, Kognitive Psychologie, Heidelberg 1988, Kap. 13.

liche Information für den Hörer zu überführen. Schließlich wird die Mitteilung durch Sprechen oder Schreiben physisch ausgeführt.

Philosophisch scheinen solche sprachwissenschaftliche Überlegungen den Behaviorismus zu widerlegen. Für einen cartesischen Dualismus von Geist und Materie als separierten Substanzen besteht zwar keine Notwendigkeit. Aber mentale Strukturen oder Zustände, die natürliche Sprachen steuern und ihre Strukturen prägen, sind für das Verständnis sprachlicher Interaktion unverzichtbar. Als Beispiel sei erwähnt: In der Phase der vorschriftlichen Ideenproduktion, bei der ein Schreibender festlegt, was er aussagen will, sind mentale Zustände den beobachtbaren Aktionen des Schreibenden vorgeschaltet. In den folgenden Abschnitten wird untersucht, ob das Zusammenspiel von mentalen Strukturen und Sprache durch Computerprogramme oder neuronale Netze zu erfassen ist.

4.23 Sprachliche Repräsentation und Maschinenprogramme

Das Repräsentationsproblem von KI-Sprachen ist durch die Logik und Sprachphilosophie von Frege, Russell und dem Wittgenstein des ‚Tractatus' bereits formuliert.[81] Während es aber dem frühen Wittgenstein darum ging, Wissen über die Welt vollständig und ausschließlich nach den Gesetzen der Quantoren- und Prädikatenlogik abzubilden, beschränkt sich das Repräsentationsproblem von KI-Sprachen heute darauf, eine möglichst adäquate Abbildung von strukturell-operativen Zusammenhängen menschlichen Wissens in Algorithmen und Datenstrukturen zu finden.

Erinnern wir uns zunächst an das Repräsentationsproblem von Aussagen-, Prädikaten- und Quantorenlogik. In der Aussagenlogik stehen Formeln wie p und q für Elementarsätze wie z. B. ‚Paul ist zufrieden' und ‚Anna ist froh', die durch Symbole wie ‚$\wedge$' für ‚und', ‚$\vee$' für ‚oder', ‚$\neg$' für ‚nicht', ‚$\rightarrow$' für ‚wenn-dann' verbunden werden können. Zusammengesetzte

81 Vgl. J. Sinnreich (Hrsg.), Zur Philosophie der idealen Sprache. Texte von Quine, Tarski, Martin, Hempel und Carnap, München 1972.

Sätze wie z. B. ‚Wenn Paul zufrieden ist, ist Anna froh' werden durch komplexe Formeln wie ‚$p \rightarrow q$' repräsentiert. Formeln der Aussagenlogik lassen sich zu Ableitungsregeln verbinden wie z. B.

(4.13) modus ponens: $\dfrac{p \rightarrow q \quad p}{q}$ modus tollens: $\dfrac{p \rightarrow q \quad \neg q}{\neg p}$

Diese Regeln repräsentieren logische Folgerungen bzw. logische Wahrheiten. In der Prädikatenlogik werden Prädikate und Individuen unterschieden, so daß der Elementarsatz ‚Paul ist zufrieden' durch ‚P(a)' mit Prädikatenkonstante P für Prädikat ‚ist zufrieden' und Individuenkonstante a für Individuum ‚Paul' repräsentiert ist.

In KI-Sprachen wird zwar die formale Struktur der Prädikatenlogik, aber häufig die Notation der Umgangssprache verwendet, also z. B. ‚ist-zufrieden(Paul)' für die prädikatenlogische Formel ‚P(a)' oder ‚liebt(Paul, Anna)' für die prädikatenlogische Formel ‚L(a, b)', die wiederum den Satz ‚Paul liebt Anna' repräsentieren soll. Es ist offensichtlich, daß bei dieser Analyse die Unterscheidung der natürlichen Sprache zwischen (statischen) Eigenschaften und (dynamischen) Vorgängen fortfällt. Aus ‚Paul rennt' wird ‚rennt(Paul)' bzw. ‚R(a)'.

Zur Analyse von Quantoren werden Variablen als Leerstellen für Namen von Individuen eingeführt. ‚Alle Menschen sind sterblich' wird repräsentiert durch ‚(Für - alle x) (Mensch(x) $\rightarrow$ sterblich(x))' oder formlogisch ‚$\bigwedge x\,(M(x) \rightarrow S(x))$'. ‚Es gibt sterbliche Menschen' wird dargestellt durch ‚(Es - gibt) (Mensch(x) $\wedge$ sterblich(x)) oder ‚$\bigvee x\,(M(x) \wedge S(x))$'. Durch Substitution wird aus ‚$\bigwedge x\,(M(x) \rightarrow S(x))$' z. B. ‚Mensch(Paul) $\rightarrow$ sterblich(Paul)'.

Bisher wurde nur die Syntax der formalen Sprache berücksichtigt. Die Semantik und damit die Definition der Wahrheit nimmt Bezug auf mengentheoretisch definierte Strukturen, die neben dem jeweiligen Individualbereich auch die Prädikaten und Relationen nennen, die über diesem Individuenbereich definiert sind. Eine Interpretation ordnet den formalen Konstanten und Variablen einer Formel die entsprechenden und passenden Individuen, Prädikate und Relationen zu. Eine Interpretation ist also eine Abbildung der formalen Sprache auf den Objektbereich einer entsprechenden Struktur. Die Interpretation einer Formel heißt ein Modell, wenn sie der Formel einen wahren Satz über die zugrundegelegte Struktur zuordnet. Das Repräsentationsproblem von KI-Sprachen läßt sich auf diese Analyse formallogischer Sprachen zurückführen.

Ein Computerprogramm läßt sich, wie in Kapitel 1 gezeigt wurde, als eine Menge von Instruktionen auffassen, die eine Folge von Handlungen eines Computers auslösen. Allgemein besteht ein Computerprogramm aus Datenstrukturen und Algorithmen. In LISP sind die Datenstrukturen Listen von atomaren Symbolen, die in Klammern gegliedert werden. Auch prädikatenlogische Formeln lassen sich durch solche Datenstrukturen wiedergeben. So besteht die Formel ‚((Für - alle x) (Mensch(x) → sterblich(x)))' aus zwei Listen, wobei die erste Teilliste ‚(Für - alle x)' die beiden Atome ‚Für - alle' und ‚x' enthält. Datenstrukturen machen nur Sinn, wenn Algorithmen festlegen, wie sie formal zu bearbeiten sind. Für Listen bieten sich Verfahren an, die sukzessiv bestimmte Listenplätze aufsuchen. Bei der sogenannten logischen Programmierung in PROLOG repräsentieren Datenstrukturen vereinfachte Ausdrücke des Prädikatenkalküls, während die entsprechenden Algorithmen den deduktiven Beweisregeln entliehen sind.

Eine weitere Wissensrepräsentation in KI-Sprachen, die einem stilisierten Gebrauch der natürlichen Sprachen entspricht, ist Minskys Darstellung in Rahmen (‚frame')[82], bei denen Gegenstände dadurch bestimmt werden, daß ihre Eigenschaften (‚values') bestimmten Gattungen (‚slots') eingeordnet werden:

(4.14)

Frame	Banane
Art	Frucht
Herkunftsland	Tropen
Farbe	gelb
Länge	20 cm
„slots"	„values"

82 Vgl. auch R. Fikes/T. Kehler, The role of frame-based representation in reasoning, in: CACM 28 1985, 904-920.

Es ist klar, daß wie in der Umgangsprache ‚typische' Eigenschaften angegeben werden, da eine besonders reife Banane auch braun sein kann. Man überlegt sich leicht, daß ‚frames' prinzipiell auch durch prädikatenlogische Formeln wiedergegeben werden könnten z. B.

(4.15) $\bigwedge x$ (x ist Frucht $\wedge$ x wächst in den Tropen $\wedge \ldots \rightarrow$ x ist Banane).

Offensichtlich entspricht aber ein ‚frame' mehr der natürlichsprachlichen Wissensrepräsentation als einer eindeutigen prädikatenlogischen Formel. Man denke etwa an die Wissenrepräsentation auf einem Warenschild in einem Geschäft von der Banane über ein Auto bis zu einem Grundstück oder Haus.

Die traditionelle Forderung philosophischer Methodenlehren, daß Begriffe durch notwendige und hinreichende Bedingungen eindeutig abgegrenzt sein sollen, muß dann allerdings fallengelassen werden. Leibniz hatte in diesem Sinn seine Lehre vollständiger Begriffe entwickelt, die durch eine vollständige Aufzählung aller Eigenschaften einen Gegenstand eindeutig bestimmen.[83] Die eventuell unendlich große Konjunktion aller Eigenschaften eines Gegenstandes ist, so Leibniz, nur Gott bekannt. Er hat gewissermaßen jedes Haar auf dem Haupt seiner Geschöpfe gezählt. Wir Menschen erfassen mit der Analyse unseres endlichen Verstandes nur endlich viele Eigenschaften. Auch ohne den metaphysischen Hintergrund von Leibniz bleiben Logiker wie z. B. Frege und Wissenschaftstheoretiker wie z. B. Carnap am Ideal eindeutiger Begriffsbildung orientiert. Häufig vermag allerdings nur der Mathematiker in seinen ideellen Welten eindeutige Begriffe zu definieren. Die pragmatischen Wissensrepräsentationen mit Kategorien der KI entsprechen eher dem tatsächlichen Gebrauch von Datenstrukturen durch den Menschen, als sich das starre philosophische Kategoriensysteme der Tradition träumen ließen.

Frames sind spezielle Wissensrepräsentationen von Schemata der KI. Die Übersetzung komplexer Schemata und Kategorien in prädikatenlogische Formeln ist aufwendig und häufig nicht eindeutig durchführbar. Logisch-formale Adäquatheit ist daher kein sinnvolles Kriterium mehr. Für Schemata, Netze und

---

83 G. W. Leibniz, Discours de métaphysique (frz./dt.), Hamburg1958, § 8.

Kategorien wäre vielmehr epistemologische Adäquatheit (‚Sind alle betreffenden Sachverhalte und Prozesse in Schemata, Netze oder Kategorien abbildbar?') oder psychologische Adäquatheit zu fordern (‚Sind Darstellungsmethoden auch Modelle von psychischen Strukturen?')[84]

So war der logische Empirismus auf eine Wissenrepräsentation durch logische Formeln fixiert. In der Wissenschaftstheorie spricht man daher auch vom ‚statement-view'. In der Sprache der KI handelt es sich um eine deklarative Wissensrepräsentation. Demgegenüber werden bei prozeduralen Wissensrepräsentationen Ableitungsregeln und Suchstrategien wiedergegeben. In Programmiersprachen wie LISP oder PROLOG können formale Datenstrukturen sowohl deklarativ als auch prozedural verstanden werden. Die PROLOG-Formel

gestreift(x) : –Zebra(x)

kann als Darstellung eines allgemeinen Sachverhalts oder als Regel zur Erzeugung neuer spezieller Sachverhalte interpretiert werden. Als Beispiel aus LISP sei die Aussage gewählt:

Das dritte Element einer Liste ist
der Kopf der Restlist.

Sie kann sowohl einen Sachverhalt beschreiben als auch zur Anleitung einer Listenkonstruktion verwendet werden. Demgegenüber sind die Prädikatenlogik ebenso wie semantische Begriffsnetze deklarative Formen der Wissensrepräsentation.

In der logischen Semantik werden im Anschluß an Frege zwei Aspekte der Begriffsrepräsentation unterschieden. Jedem Ausdruck wird eine Extension und eine Intension zugeordnet. So wird einem Begriffswort bzw. Prädikator die Klasse derjenigen Gegenstände, denen der Prädikator zukommt, als extensionale Bedeutung zugeordnet, während die von ihm dargestellte Begriffseigenschaft die intensionale Bedeutung bezeichnet. Kurz: Das Begriffswort ‚rot' hat als extensionale Bedeutung den Umfang aller roter Gegenstände und als intensionale Bedeutung

84 Vgl. auch Schefe, Künstliche Intelligenz – Überblick und Grundlagen, Mannheim/Wien/Zürich 1986, 155 ff.

die Farbeigenschaft ‚rot'. In der Mengenlehre fallen nach dem Extensionalitätsaxiom beide Bedeutungen zusammen.

Die Reduktion intensionaler Bedeutungen auf extensionale Begriffsumfänge bzw. Klassen wird vor allem für die Begriffsworte der natürlichen Sprache bestritten. Entsprechend wird einem Gegenstandsnamen bzw. Nominator der Gegenstand, den er benennt, als Extension bzw. Referenz zugeordnet, während sein Individualbegriff als intensionale Bedeutung aufgefaßt wird. Das entspricht Freges Unterscheidung von ‚Bedeutung' (bzw. Referenz) und ‚Sinn' (bzw. Intension) eines Nominators. Bekannt ist Freges Beispiel, wonach die Nominatoren ‚Abendstern' und Morgenstern' dieselbe (extensionale) Bedeutung, nämlich als Referenz den Planeten Venus besitzen, aber intensional verschiedene Kontexte, nämlich verschiedene Stellungen am Abend- bzw. Morgenhimmel berücksichtigen.[85]

Mathematisch läßt sich die Intension eines Ausdrucks auch als Funktion definieren, die diesem Ausdruck in jedem möglichen Kontext (‚in jeder möglichen Welt') dessen Extension in diesem Kontext (‚Welt') als Wert zuordnet. So ist die Intension eines Aussagesatzes A diejenige Funktion, die jeder möglichen Kombination der Prädikatoren der zugrunde gelegten formalen Sprache mit den zur formalen Sprache gehörenden Nominatoren, also jeder Kontextbeschreibung (‚möglicher Welt') den eindeutig bestimmten Wahrheitswert von A unter diesen Bedingungen zuordnet.[86]

So wird die wahre Aussage ‚Der Abenstern steht am Abendhimmel' falsch, wenn der Name ‚Abendstern' durch den Namen ‚Morgenstern' für denselben Gegenstand, den Planeten Venus, ersetzt wird. Die Aussageform ‚x steht am Abendhimmel' ist also nicht bei allen zugelassenen Einsetzungen ein extensionaler sprachlicher Kontext.

In der formalen Logik bzw. den darauf aufbauenden Programmiersprachen sind die logischen Zusammensetzungen mit

85 G. Frege, Über Sinn und Bedeutung, in: Ztschr. f. Philos. u. philos. Kritik 100 1892, 25-50.

86 Vgl. auch R. Carnap, Meaning and Necessity. A Study in Semantics and Modal Logic, Chicago/ Toronto/London 1947, [2]1956; F. von Kutschera, Einführung in die intensionale Semantik, Berlin/New York 1976.

Hilfe logischer Partikel extensional, da die Geltung einer zusammengesetzten Aussage unabhängig davon ist, ob eine Teilaussage durch eine andere mit demselben Wahrheitswert ersetzt wird. In der Modallogik mit Modaloperatoren wie ‚notwendig' und ‚möglich' oder in der epistemischen Logik mit epistemischen Operatoren wie ‚glauben', ‚wissen' etc. ergeben sich nicht-extensionale Kontexte. Allerdings liegen Vorschläge vor, diese Operatoren in extensionale Metasprachen zu rekonstruieren. Andererseits gibt es Logikkalküle mit intensionalen Junktorenregeln. Im Rahmen der formalen Logik erübrigt sich also der sprachphilosophische Streit, ob es eine besondere Intentionalität psychischer Phänomene gibt, die durch eine extensionale Sprachanalyse nicht erfaßt wird. Formal sind sowohl extensionale Definitionen als auch intensionale Kalküle möglich.

In der philosophischen Tradition von F. Brentano bis E. Husserl wird unter Intentionalität die Gerichtetheit eines psychischen Akts auf einen Sachverhalt verstanden.[87] Damit soll die Eigentümlichkeit psychischer Phänomene gegenüber physischen Vorgängen hervorgehoben werden. Wissenschaftshistorisch erinnert die Lehre von der psychischen Intentionalität an frühe Vorstellungen des Sehens, das auf „Sehstrahlen" des Auges zurückgeführt wurde. Mit diesen Sehstrahlen, die vom Auge ausgesendet werden, kann das Auge nach antiken Theorien der Optik den Gegenstand gewissermaßen „begreifen" und „erkennen". Wir haben heute gute physiologisch-physikalische Gründe anzunehmen, daß das Auge tatsächlich Lichtwellen registriert und über das Nervensystem zu Empfindungen aufbaut. In der phänomenologischen Tradition soll die Intentionalität also wenigstens für mentale Zustände gerettet werden.

Demgegenüber haben logische Empiristen wie z. B. R. Carnap oder Logiker und Philosophen wie W. V. O. Quine und A. J. Ayer versucht, die mentalistische Sprache auf eine physikalistische zu reduzieren.[88] Davon sind Autoren wie z. B.

87 R. M. Chisholm, Brentano and Husserl on intentional objects and perception, in: ders./R. Haller (Hrsg.), Die Philosophie Franz Brentanos. Beiträge zur Brentano- Konferenz Graz 1977, Amsterdam 1978, 83-94.

88 A. J. Ayer, Meaning and intentionality, in: Proceedings of the 12th Intern. Cong. Philos. I, Venedig 1958, Florenz 1960, 141-155; W. V. O.

N. Chomsky und J. Fodor zu unterscheiden, die zwar einen Mentalismus befürworten, also mentale Strukturen und Prozesse gegenüber einem behavioristischen Reduktionistmus, ohne jedoch eine psychologische Intentionalitätstheorie in der Tradition der Phänomenologie zu benötigen.

Fodor geht über Chomsky (vgl. 4.22) insofern hinaus, als er für die sprachlichen Tiefenstrukturen und Universalien psychisch reale Kognitionsstrukturen annimmt, die allen Menschen angeboren sind.[89] Geist wird also als System semantischer Repräsentationen verstanden, die universal und angeboren sind und in die sich alle Begriffe zerlegen lassen. Fodor spricht von einer ‚Gedankensprache' (Language of Thought), in der antike und frühneuzeitliche Traditionen einer ‚lingua mentis' wiederaufleben. Dieser sprachphilosophische Ansatz entspricht der KI-Philosophie, wonach ein Computer eine eingebaute formalisierte Sprache habe, die sowohl als Repräsentationsmedium wie auch als Medium des Rechnens verwendet werden kann.

An dieser Stelle hat J. R. Searle den Einwand erhoben, daß ein Computer prinzipiell keine semantischen Repräsentationen realisieren kann, d. h. durch formales Hantieren mit Symbolen ihre Bedeutung nicht erfaßt. Im Hintergrund steht Searles Annahme, wonach eine begriffliche Definition oder Reduktion der Intentionalität nicht möglich sei. Zur Beschreibung von Intentionalität sind, so Searle, wieder intentionale Zustände notwendig.[90] Daher kann, so meint Searle, das Ablaufen eines Computerprogramms auf einem Computer nie menschliches Denken erklären. Ein Computer kann die syntaktisch richti-

---

Quine, Word and Object, Cambridge (Mass.) 1960; ders., Ontologische Relativität und andere Schriften, Stuttgart 1975.

89 J. A. Fodor, The Language of Thought, New York 1975; ders., Representations: Philosophical Essays on the Foundation of Cognitive Science, Cambridge (Mass.) 1981.

90 J. R. Searle, What is an intentional state?, in: Mind 88 1979, 74-92; ders., Intentionality and the use of language, in: A. Margalit (ed.), Meaning and Use. Papers presented at the Second Jerusalem Philosophical Encounter 1976, Dordrecht 1979, 181-197.

gen Regeln einer formalen Computersprache ausführen, ohne ihre Bedeutung zu verstehen.[91]

Berühmt wird Searles Gedankenexperiment vom „Chinesischen Zimmer", mit dem der prinzipielle Unterschied von maschinell-syntaktischer Symbolverarbeitung und intentionaler Bedeutung einer Sprache demonstriert werden soll.[92] Searle stellt sich eine Person, die kein Chinesisch kann, in einem Zimmer vor, das Körbe voller Kärtchen mit chinesischen Symbolen enthält. Ferner steht dieser Person ein Handbuch in der Muttersprache (z. B. Englisch) zur Verfügung, das angibt, nach welchen Regeln chinesische Zeichen miteinander kombiniert werden. Dazu werden die Symbole nur durch ihre Formen identifiziert, ohne daß man Chinesisch kennen muß. Eine Regel wäre z. B. von der Art: „Nimm ein Zeichen der Form X aus dem Korb Nummer 1 und lege es neben ein Zeichen der Form Y aus dem Korb Nummer 2."

Im Sinne des Turing-Tests nimmt Searle an, daß Menschen, die Chinesisch verstehen, der Person im „Chinesischen Zimmer" kleine Stöße von Kärtchen mit Symbolen hereinreichen, die sie nach den Regeln aus dem Handbuch manipuliert. Als Ergebnis reicht sie dann ihrerseits kleine Kartenstöße hinaus. Übersetzt man Searles Gedankenexperiment in die Computersprache, dann entspricht das Regelbuch einem Computerprogramm, sein Autor einem Programmierer, die Person im „Chinesischen Zimmer" einem Computer, die Körbe voller Symbole den Daten, die eingereichten Stöße den Fragen und die hinausgereichten Stöße den Antworten.

Als Beispiel führt Searle die eingereichte Frage auf Chinesisch an: „Welches ist Ihre Lieblingsfarbe?" Nach Anwendung der Regeln des Handbuchs würde ein Stoß Symbole hinausgereicht, der ohne Verständnis der Person im Chinesischen Zim-

---

91 J. R. Searle, Minds, brains and programs, in: Behavioral and Brain Science 3 1980, 417-424.

92 J. R. Searle, Ist der menschliche Geist ein Computerprogramm?, in: Spektrum der Wissenschaft: Ultrarechner 1991, 92-99; ders., Mind, Brain and Science, Harvard 1984; S. Harnad, Minds, Machines and Searle, in: Journal of Experimental and Theoretical Artificial Intelligence vol. 1 1989, 5-25.

mer heißen könnte: „Meine Lieblingsfarbe ist blau, aber grün mag ich auch sehr." Da diese Antwort des „Computers" nicht von der Reaktion einer Person zu unterscheiden ist, die des Chinesischen mächtig ist, hätte das „Chinesische Zimmer" den Turing-Test bestanden.

Der Kern des Searleschen Gedankenexperiments besagt: Ebensowenig wie die Person im chinesischen Zimmer durch reguliertes Hantieren mit Symbolen Chinesisch lernt und versteht, kann ein Computer eine Sprache lernen und verstehen, obwohl er im Sinne des Turing-Tests von einem lernfähigen Menschen ununterscheidbar reagiert. Searles Erklärung lautet, daß dem menschlichen Denken intentionale Inhalte zugrunde liegen, die nicht auf sprachliche Syntax und damit formale Programmierung reduzierbar seien.

Searles Gedankenexperiment wurde von Anhängern der Neuroinformatik entgegengehalten, daß es am Paradigma eines traditionellen von-Neumann-Computers orientiert sei. Der zerebrale Computer des menschlichen Gehirns arbeite aber nach anderen Strukturprinzipien. Insbesondere sei die parallele Datenverarbeitung komplexer Neuronennetze hervorzuheben, die erst Lernfähigkeit im Sinne von Selbstorganisation ermögliche. Searle antwortete auf diesen Einwand mit seinem Gedankenexperiment von der „Chinesischen Turnhalle". In dieser Halle seien viele „Chinesische Zimmer" installiert, in denen Personen, die des Chinesischen nicht mächtig seien, „parallel" arbeiten. Sie führen die gleichen Operationen wie die Knoten und Synapsen innerhalb eines neuronalen Netzes aus. Kein einzelnes Neuron versteht Chinesisch. Wie, so lautet Searles Problem, kann das Gesamtsystem Chinesisch lernen?

Jedes mentale Ereignis, vom Durstempfinden bis hin zu Gedanken über mathematische Sätze und Erinnerungen aus der Kindheit, werden beim Menschen faktisch durch Feuern von Neuronen in Zellverbänden hervorgebracht. Gehirne seien spezifische Organe, und erst ihre besonderen biochemischen Eigenschaften befähigen sie, Bewußtsein und andere Formen mentaler Phänomene hervorzurufen. Daher sei auch eine technische Simulation von Denken und Verstehen mit anderen Materialien wie z. B. Silikon nicht möglich. An dieser Stelle gilt festzuhalten, daß für Searle der Sprung von den neurobiologischen Prozessen zu mentalen Phänomenen ebenso unerklärt und mysteriös bleibt wie für Descartes die Wechselwirkung von materiellem Körper und immateriellem Geist.

Vertreter der Neurophilosophie wie z. B. P. M. und P. S. Churchland haben Searles Gedankenexperiment vom „Chinesischen Zimmer" das Beispiel vom „Erleuchteten Zimmer" entgegengehalten.[93] Man stelle sich eine Person vor, die in einem Zimmer einen Stabmagneten hin- und herbewegt. Auch wenn von diesem Stabmagneten keine wahrnehmbare Helligkeit ausgeht, so erzeugen oszillierende elektromagnetische Kräfte dennoch Licht. Ganz ähnlich, so meinen die genannten Neurophilosophen, könnte auch regelgesteuerte Symbolmanipulation auf Bewußtsein beruhende Intelligenz hervorbringen, obwohl das regelgesteuerte System des chinesischen Zimmers scheinbar kein Verständnis hat.

Die Überlegungen der Churchlands deuten zwar in die richtige Richtung, bleiben aber physikalisch eine bloße Analogie, die daher auch von Searle kritisiert wird. Mathematisch und physikalisch präzise wäre der Hinweis auf Selbstorganisationsprozesse komplexer Systeme, mit denen die Emergenz von globalen Mustern und Makrozuständen des Gesamtsystems aus vielen lokalen Interaktionen mikroskopischer Teilsysteme erklärt werden kann. Dieses Phänomen ist kein singuläres Wunder, sondern für komplexe Systeme in Physik, Chemie und Biologie beobachtbar, durch die Gesetzmäßigkeiten komplexer Systeme erklärbar und mathematisch durch Algorithmen der Selbstorganisation beschreibbar. Wie in Kap. 2 ausgeführt wurde, wären also im Forschungsrahmen komplexer Systeme mentale Zustände als makroskopische Ordnungszustände zu erklären, die durch lokale Interaktionen vieler Neuronen zustande kommen. Das Ziel dieses Forschungsprogramms lautet also, Sprachverstehen als dissipative Struktur zu erklären.

93 P. M. Churchland/P. S. Churchland, Ist eine denkende Maschine möglich? in: Spektrum der Wissenschaft: Ultrarechner 1991, 99-106.

4.24 Sprachlernen und neuronale Netze

Die Fähigkeit, Lesen zu lernen, gilt als elementare Voraussetzung für Kultur. Es geht nicht darum, künstlich menschliche Laute zu produzieren, wie z. B. in dem Sprachsynthesizer DECtalk. Auf dem Hintergrund von Robotern der Science-Fiction-Literatur mag das spektakulär erscheinen, erweist sich aber bereits mit konventionellen Programmen als realisierbar. Lesenlernen meint, das mit den Augen wahrgenommene Schriftbild eines beliebigen Textes einer Sprache in die entsprechende Lautgestalt zu übersetzen. Zwar verfügen Linguisten über gewisse Regeln zur Aussprache der Wörter. Stets ist aber eine Regel mit einer Vielzahl von Ausnahmen versehen, die ebensowenig vollständig sind wie die festgehaltenen Regeln. Die phonetische Variationsbreite läßt sich also nicht regelbasiert erfassen. Damit ist aber die Umsetzung in ein regelbasiertes Computerprogramm in Frage gestellt. Typisch ist nämlich auch, daß ein kompetenter Leser ein unbekanntes Wort auszusprechen vermag, für das keine explizite Regel formuliert ist. Lesenlernen ist also ein Beispiel intellektueller Selbstorganisation.

In welchem Umfang vermögen neuronale Netze diesen Lernvorgang technisch zu realisieren? Vom Standpunkt der Gehirnforschung beginnt der Lesevorgang mit der Aufnahme des gelesenen Textes als Input. Es folgt die Verarbeitung im komplexen neuronalen Netz des Gehirns. Der Output ist schließlich die gesprochene Sprache.

Der amerikanische Neuroinformatiker T. J. Sejnowski schlägt ein neuronales Netz vor, das die neuronalen Wechselwirkungen beim Lesenlernen in einer gehirnähnlichen Maschine simulieren soll.[94] Ob die Neuronen im menschlichen Gehirn tatsächlich in dieser Weise miteinander wechselwirken, kann physiologisch noch nicht entschieden werden. Es bleibt

94 T. J. Sejnowski/C. R. Rosenberg, NETtalk: a parallel network that learns to read aloud, in: The Johns Hopkins University Electrical Engineering and Computer Science Technical Report JHU/EECS-86/01 1986; dies., Parallel networks that learn to pronouce English text, in: Complex Systems 1 1987, 145-168.

allerdings die erstaunliche Leistung, daß ein künstliches neuronales Netz mit dem Namen NETtalk aus verhältnismäßig wenigen neuronalen Bausteinen einen menschenähnlichen Lernvorgang zu erzeugen vermag. Die Schnelligkeit könnte erheblich gesteigert werden, wenn NETtalk nicht nur auf einer klassischen von-Neumann-Maschine simuliert, sondern durch eine entsprechende Hardware realisiert werden könnte.

Der vorgelegte Text wird im Input von NETtalk zeichenweise erfaßt. Da für die Aussprache eines Zeichens auch die umgebenden Zeichen wichtig sind, werden auch die drei vor und nach dem betreffenden Zeichen stehenden Symbole registriert. Die Kontextabhängigkeit der Aussprache trifft insbesondere für Sprachen wie das Englische mit ihren unregelmäßigen Artikulationen zu. In Abb.4.14 wird von dem englischen Text ‚THE_PHONE_IS' die Buchstabenfolge ‚_PHONE_' mit dem Kernzeichen ‚O' eingelesen. Jedes der sieben pro Schritt gelesenen Zeichen wird von jeweils 29 Neuronen untersucht. Die Anzahl der Neuronen ergibt sich aus der Anzahl der Buchstaben des Alphabets, die um Satz- und Leerzeichen erweitert wurden. Jedes Neuron entspricht also einem dieser Zeichen. Insgesamt ergeben sich also $7 \times 29 = 203$ Neuronen. Aus jedem der sieben Teilsysteme mit jeweils 29 Neuronen wird also durch die sieben eingelesenen Buchstaben jeweils ein Neuron, also insgesamt sieben Neuronen aktiviert.

Für den Output, also die phonetische Aussprache des eingelesenen Textes, werden 26 Neuronen benötigt. Jedes Outputneuron ist für eine Komponente der Lautbildung zuständig. Sechs Neuronen entsprechen dem Ort der Lautbildung, acht der Artikulation, drei der Tonhöhe, vier der Interpunktion und fünf der Betonung und Silbenbegrenzung. Für das Beispiel ‚0' lauten die entsprechenden Komponenten aus den genannten Teilsystemen der Lautbildung ‚glottal', ‚gedehnt', ‚mittelhoch', ‚betont'. Die Umsetzung dieser Lautkomponenten in einen hörbaren Laut leistet ein gewöhnlicher konventioneller Synthesizer wie z.B. DECtalk.

Entscheidend ist jedoch der Lernvorgang des Lesens, der sich innerhalb des Systems NETtalk zwischen Inputtext und Outputaussprache selbst organisiert. Die 203 Neuronen der Inputebene sind nämlich mit 80 internen (‚hidden') Neuronen verbunden, die wiederum mit den 26 Neuronen der Outputebene verbunden sind. Zwischen Input- und Outputebene bestehen ebensowenig direkte Verbindungen wie zwischen Neuronen auf jeder Ebene des Inputs, der internen Repräsentation und des Outputs.

In Abb.4.14 ist die Verarbeitung durch das zweite Neuron der internen Ebene dargestellt.[95] Es erhält Signale von den 203 Neuronen der Inputebene und sendet selbst Signale an die 26 Neuronen der Outputebene. Entscheidend sind bei einem neuronalen Netz die synaptischen Verbindungen und die damit verbundenen ‚Gewichte'. Sie geben die Signale von einem Neuron zum anderen multipliziert mit Faktoren (‚Gewichten') weiter, die bei NETtalk zwischen –2 und +2 liegen. Ein negativer Faktor besagt, daß ein Neuron das nächste Neuron abzuschalten sucht, während ein positiver Faktor mit zunehmender Größe seine Aktivierung einleitet.

In der Abb.4.14 erhält also das zweite Neuron der internen Ebene die Signale $S_1, S_2, \ldots$ aller Neuronen der Eingabeebene, die mit Faktoren gewichtet sind. Die Summe E dieser Gewichte entscheidet, ob das Neuron aktiviert, also auf 1 geschaltet oder abgeschaltet werden soll. Wie üblich werden die Gewichte des neuronalen Netzes zunächst mit Zufallszahlen belegt. Daher ordnet NETtalk den gelesenen Buchstaben zunächst willkürliche Laute zu.

Wie bei neuronalen Netzen der visuellen Mustererkennung wurde dem System vorher ein Beispiel eines korrekten Vergleichsmusters, d. h. im Fall von NETtalk ein von einem Grundschulkind frei gesprochener und dann phonetisch analysierter Text aus 1024 Wörtern nebst den 1000 häufigsten Wörtern aus ‚Miriam Websters Taschenwörterbuch' eingegeben. Die zunächst artikulierten Zufallslaute des eingegebenen fremden Textes werden mit den gewünschten Lauten des eingegebenen Standardtextes verglichen. Ist der Output nicht korrekt, arbeitet sich das System wieder rückwärts zur internen Ebene und prüft nach, warum die Vernetzung zu diesem Out-

95 W. Kinzel/U. Deker, Der ganz andere Computer: Denken nach Menschenart, in: Bild der Wissenschaft 1 1988, 43.

put führte, welche Verbindungen das höchste Gewicht und damit den größten Einfluß auf diesen Output hatten. Es verändert dann die Gewichte, um schrittweise das Resultat zu optimieren. NETtalk arbeitet also nach dem auf D. Rumelhart u. a. zurückgehenden Lernalgorithmus des ‚Backpropagation' (vgl. Kap.2.35).

Sejnowski ließ den fremden Text immer wieder durchlaufen, um bessere Anpassungen an die exemplarisch vorgegebene Standardaussprache zu erreichen. In diesem Sinn lernte NETtalk schrittweise selbständig das laute Lesen. Dem System wird also kein Programm mit expliziten Regeln der Lautbildung eingegeben. Der vorgegebene Lernalgorithmus des Backpropagation-Verfahrens gibt nur die globale Anweisung: Ändere die Faktoren der synaptischen Gewichte so ab, daß der faktische Output dem gewünschten Output näher kommt. Die lokalen Wechselwirkungen und Veränderungen im neuronalen Netz sind nicht vorgegeben. Nach 10 Durchläufen des Textes spricht NETtalk bereits verständlich. Nach 50 Durchläufen sind nur noch 5% falsch. Wird nun ein fremder Text vorgelegt, spricht NETtalk ihn zu 78% richtig aus.

An die Stelle von Programm und Speicher eines von-Neumann-Computers treten also in einem neuronalen Netz die synaptischen Gewichte. Eine nähere Analyse der Aktivitätsmuster der internen (‚hidden') Schicht zeigt, daß bei bestimmten Buchstaben-Lautzuordnungen nicht nur vereinzelte Neuronen aktiviert werden. Andererseits werden aber auch nicht holographisch alle Neuronen aktiviert. Bei Entscheidungen über die Aussprache eines Buchstabens wurden vielmehr meistens nur ca. 20% der 80 internen Neuronen aktiviert, während der Rest untätig blieb. Globale Aktivitätsmuster liegen gewissermaßen wie Inseln im Gesamtfeld der internen Neuronenebene.

Erstaunlich ist die hohe Geschwindigkeit des Lernvorgangs gemessen an der kleinen Neuronenkapazität von NETtalk. Allerdings muß die Software-Simulation von NETtalk Neuron für Neuron durchrechnen und schafft daher pro Sekunde nur etwa die Aussprache von ca. zwei Buchstaben. Eine direkte Hardware-Umsetzung wie beim zerebralen Computer des menschlichen Gehirns würde eine erhebliche Beschleunigung ermöglichen.

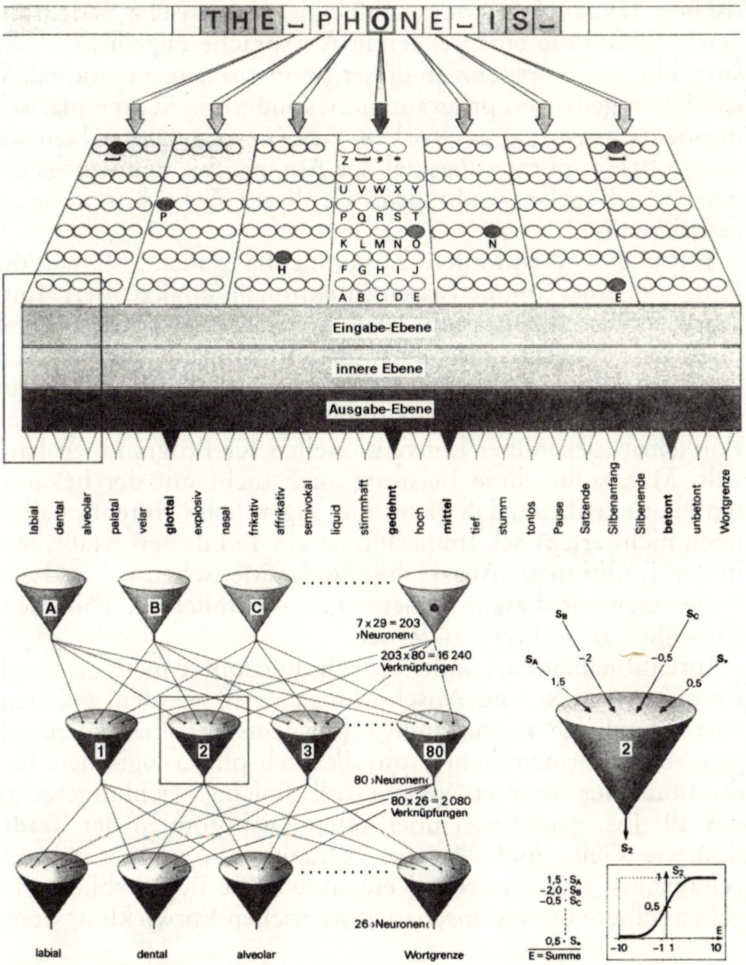
THE_PHONE_IS_
Eingabe-Ebene
innere Ebene
Ausgabe-Ebene
labial
dental
alveolar
palatal
velar
glottal
explosiv
nasal
frikativ
affrikativ
semivokal
liquid
stimmhaft
gedehnt
hoch
mittel
tief
stumm
tonlos
Pause
Satzende
Silbenanfang
Silbenende
betont
unbetont
Wortgrenze
7 x 29 = 203 ›Neuronen‹
203 x 80 = 16 240 Verknüpfungen
80 ›Neuronen‹
80 x 26 = 2 080 Verknüpfungen
26 ›Neuronen‹
E = Summe

Abb. 4.14

NETtalk ist also ein neuronales Netz, das einen Text phonetisch zu verstehen lernt. Wer will, mag hier von einer phonetischen Intentionalität sprechen. Tatsächlich werden syntaktischen Textstücken kontextabhängig phonetische Bedeutungen, nämlich die entsprechende Aussprache zugeordnet. Die sprachliche Kompetenz zu dieser phonetischen Intentionalität ist nicht regelbasiert programmiert, sondern wird exemplarisch in einem Lernvorgang erworben. A priori vorgeben ist dazu nur das globale Optimierungsziel der Aussprache, keineswegs die einzelnen Regelanwendungen, wie dieses Ziel schrittweise zu realisieren ist.[96]

Entscheidend ist in dem Zusammenhang nicht, ob man die Rede von einer ‚phonetischen Intentionalität' akzeptiert. Entscheidend ist die Einsicht, daß komplexe sich selbst organisierende Systeme die Semantik von Sprache, im Fall von NETtalk also die phonetische Semantik eines Textes, erzeugen können. Man sollte akzeptieren, daß es sich dabei um einen Fortschritt gegenüber konventionellen KI-Programmen handelt. Man sollte diese Leistung auch nicht mit der bekannten Haltung abtun, daß damit die „eigentliche" Intentionalität noch nicht erfaßt sei. Immerhin ist ein Teil dessen erfaßt, was in der Tradition als Auszeichnung des Menschen vor anderen Lebewesen auf diesem Planeten galt – nämlich die Fähigkeit, sprachlich artikulieren zu lernen.

Intentionalität darf in der Sprachphilosophie nicht zu einem Immunisierungs- und Abschottungsbegriff werden, mit dem eine ‚intendierte' Eigenständigkeit psychischer Phänomene gegen einen vermeintlichen physikalisch-physiologischen Reduktionismus gerettet werden soll. Solche Nachhutgefechte des 19. Jhs. gehen von überholten Dichotomien der Tradition wie ‚Geist' und ‚Materie', ‚Organismus' und ‚Maschine', ‚Vitalismus' und ‚Maschine' etc. aus. Diese Begriffsbildungen gehen selber von wissenschaftshistorischen Entwicklungsstan-

96 Zu Sejnowskis Einschätzung von NETtalk vgl. auch das Interview in W. F. Allman, Apprentices of Wonder, New York 1989, Chapt. 9; P. S. Churchland/T. J. Sejnowski, The Computational Brain, Cambridge (Mass.) 1992, 115, 118-119.

dards der Vergangenheit aus, die Grundbegriffe heutiger Forschungsprogramme nicht abdecken.

So lassen sich globale Ordnungsmuster, die als mentale Zustände neuronaler Netze interpretiert werden, nicht auf die traditionellen Bedeutungen von z. B. ‚Geist' oder ‚Materie' zurückführen. Einerseits sind solche globalen Ordnungszustände von biochemischen, physikalischen oder wie auch immer gearteten ‚materiellen' Prozessen abhängig, andererseits aber auch als makroskopische Muster (‚Gestalt') von den lokalen mikroskopischen Interaktionen des Systems zu unterscheiden. Gleichwohl ist die Evolution dieser Ordnungszustände mathematisch nach Gesetzmäßigkeiten der Selbstorganisation komplexer Systeme beschreibbar. Auch der traditionelle sprachphilosophische Begriff der ‚Intentionalität' erweist sich als zu grob und zu wenig differenziert. Man kann sich in manchen sprachphilosophischen Debatten des Eindrucks nicht erwähren, als würde damit all das bezeichnet, was ein technisches System zum jeweiligen Zeitpunkt noch nicht kann. Bereits A. Turing hat bei seiner Analyse der Gegenargumente zur KI in seinem Aufsatz ‚Computing Machinery and Intelligence' (1950) auf die „Argumente" verwiesen, „die verschiedene Unfähigkeiten betreffen":

> „Die Unfähigkeit, für Erdbeeren mit Schlagsahne zu schwärmen, mag der Leser als frivol empfunden haben. Möglicherweise könnte man eine Maschine dazu bringen, sich an dieser köstlichen Speise zu erfreuen, doch jeder Versuch in dieser Richtung wäre idiotisch. Das Wesentliche an dieser Unfähigkeit ist, daß sie bei einigen der anderen Unfähigkeiten mitwirkt, z. B. bei der Schwierigkeit, die die Maschine hat, dem Menschen gegenüber ähnlich freundschaftliche Gefühle zu hegen, wie es sie zwischen Weißen und Weißen oder Schwarzen und Schwarzen gibt."[97]

Was die sprachliche Kompetenz des Menschen betrifft, so haben sich im Laufe seiner biologischen und kulturellen Entwicklung vielerlei Fähigkeiten überlagert, die insgesamt ein singuläres, kontingentes und keineswegs notwendiges Ereignis darstellen. Es kann also nicht das Ziel sein, gewissermaßen einen Homunkulus aus Fleisch und Blut zu bauen, der exakt diese

---

97 A. Turing, Computing Machinery and Intelligence (1950), dt. Rechenmaschine und Intelligenz, in: ders., Intelligence Service, Berlin 1987, 167.

komplexen Kombination sprachlicher Fähigkeiten (vielleicht sogar verknüpft mit der Vorliebe für Erdbeeren mit Schlagsahne oder auch nicht) simuliert. Das Ziel oder besser: die Ziele wären vielmehr technischer Art, nämlich einzelne oder begrenzte Fähigkeiten für bestimmte technische Zwecke zu realisieren.

Solche Teilrealisationen müssen nicht zwingend Simulationen der menschlichen Sprachprozesse sein. Konkret: Ob der Mensch tatsächlich z. B. Lesen durch eine Backpropagation-Strategie seiner Neuronen wie NETtalk realisiert, ist nicht entscheidend. Hinter der Simulationsforderung verbirgt sich häufig die anthropomorphe Annahme, als hätte die Evolution des Menschen die jeweils optimalen Lösungsmöglichkeiten im Sinne der besten aller möglichen Welten gewählt. Viele Ergebnisse der menschlichen Evolution sind kontingent.

Möglicherweise können also einzelne technische Verfahren für bestimmte Zwecke bessere Lösungen liefern als die Natur gewählt hatte. Andererseits besteht der Reiz menschlicher Sprachkultur in ihrer einzigartigen Vielfalt. Sie ist nur das Spiegelbild der einzigartigen Vielseitigkeit des Menschen überhaupt, dessen Teilfähigkeiten z. B. seiner Bewegungsmöglichkeiten maschinell durchaus übertroffen werden können. Wir können und sollten also die Überlegenheitsattitüde menschlicher Kultur ablegen, ohne ihre Einzigartigkeit verleugnen zu müssen. Vom Standpunkt der Evolution sind die Details der biologischen und kulturellen Evolution nämlich kontingent. In dieser Kontingenz liegt die Vermutung der philosophischen Tradition begründet, daß die Wurzel der menschlichen Sprachkultur ein Geheimnis sei. An dieses Geheimnis rühren weder KI-Programme noch neuronale Netze.

4.3 Computergestützte Wissenschaftstheorie

4.31 Die kopernikanische Wende der Wissenschaftstheorie

Wissenschaftliche Forschung bedarf der Darstellung in einer Wissenschaftssprache. Am Anfang der Wissenschaftstheorie steht also wie bei der modernen Sprachphilosophie die Reflexion auf Sprache, Logik und Methode. Dieser ‚linguistic turn' der modernen Wissenschaftstheorie ist in den 20er und 30er Jahren eng mit dem Wiener Kreis verbunden, in dem Philosophen, Logiker, Mathematiker und Physiker wie z. B. Schlick, Neurath, später Carnap und (wenn auch lose) Wittgenstein und Gödel wirkten. Unter dem Eindruck der modernen Logik, Mathematik und Naturwissenschaften schlug der Wiener Kreis ein empiristisches Sinnkriterium vor, mit dem wissenschaftlich sinnvolle von metaphysischen Sätzen bzw. „Scheinproblemen" (Carnap) unterschieden werden sollten. Danach besteht die Bedeutung eines Satzes in der Methode seiner Überprüfbarkeit („Verifizierbarkeit").[98]

Damit war natürlich auch ein Bildungsideal verbunden: Die Erziehung zu sprachlicher Exaktheit, Präzision nach dem Vorbild der formalen Logik. „Worüber man nicht sprechen kann, darüber muß man schweigen," hatte Wittgenstein in seinem „Tractatus logico-philosophicus" gesagt. Für den späten Wittgenstein ist Philosophie nur noch Sprachkritik und Sprachtherapie. Mit dieser Abgrenzung gegen Metaphysik sollte zugleich eine neue Einheit der Wissenschaften begründet werden, der logische und empirische Prüfverfahren genügen. So gaben Neurath, Carnap u. a. bereits vor dem 2. Weltkrieg eine „International Encyclopaedia of Unified Science" heraus, in der die Autoren eine internationale Einheitssprache der Logik anstrebten.

Abgrenzungskriterien zwischen Natur- und Geisteswissenschaften, wie sie in der hermeneutischen und neukantianischen Schule vorgetragen wurden, werden kritisiert. So unterscheidet C. G. Hempel zwischen zwei Grundtypen wissenschaftlicher Erklärung, nämlich einer deduktiv-nomologischen und einer probabilistischen Erklärung, die in Naturwissenschaft und Geschichte gleichermaßen Verwendung findet. Dabei wird, wie Hempel betont, keineswegs „die Wichtigkeit von Ideen und

98 R. Carnap, Scheinprobleme in der Philosophie, Hamburg ²1961, Frankfurt 1966.

Idealen für menschliche Entscheidungen und Handlungen"[99] geleugnet. Vielmehr wird ein Erklärungsbegriff vorgeschlagen, der über alle disziplinären Grenzen hinweg in denjenigen Bereichen der Wissenschaft Anwendung findet, in denen es um die Erklärung empirischer Befunde geht, sei es in den Natur-, Sozial- oder Geschichtswissenschaften. Dabei ist Hempels Position keineswegs mit einem methodischen Dogmatismus verbunden, der z. B. ethische oder ästhetische Verstehensbegriffe ausschließen wollte.

Demgegenüber hat sich das empiristische Verifikationskriterium als unscharfe Abgrenzung erwiesen. K. Popper zeigt in seiner „Logik der Forschung"[100], daß gesetzesartige Aussagen die logische Form von Allaussagen (z. B. Alle Schwäne sind weiß) besitzen und daher prinzipiell nicht verifizierbar sind. Es gibt also keinen logischen Schluß vom Einzelfall auf das Allgemeine, aber eine Widerlegung des Allgemeinen nach dem logischen Schluß des „Modus Tollens": Folgt aus einer Allaussage bzw. Theorie (d. h. hier einem System von Gesetzen) eine Prognose für einen Einzelfall, der durch Beobachtung bzw. Experiment widerlegt wird, dann ist die angenommene Hypothese oder Theorie aus logischen Gründen falsch.

Popper schlägt daher als Abgrenzungskriterium für wissenschaftliche empirische Theorien bzw. Hypothesen nicht ihre Verifizierbarkeit, sondern ihre Falsifizierbarkeit vor. Der empirische Gehalt einer Gesetzeshypothese wird durch die Menge der falsifizierenden Einzelfälle definiert. Das neue Bildungsideal heißt also kritische Rationalität. Alles Wissen, auch das naturwissenschaftliche, ist vorläufig und muß sich ständiger Kritik stellen.

Der Teufel steckt aber auch bei Popper nicht in den großen Leitlinien, sondern im wissenschaftstheoretischen Detail. Leider ist nämlich der logisch zwingende Falsifikationsschluß in den empirischen Wissenschaften nicht ohne weiteres anwendbar. Wie der französische Physiker und Wissenschaftstheore-

---

99 C. G. Hempel, Erklärung in Naturwissenschaft und Geschichte, in: L. Krüger (Hrsg.), Erkenntnisprobleme der Naturwissenschaften, Köln 1970, 236.

100 K. R. Popper, Logik der Forschung, Wien 1935.

tiker P. Duhem[101] schon vor Popper zeigte, folgt nämlich aus einer allgemeinen Gesetzeshypothese wie z. B. dem Galileischen Fallgesetz oder einer psychologischen Verhaltenshypothese zunächst gar nichts über zukünftiges Verhalten. Dazu müssen wir eine Reihe von Zusatzannahmen z. B. über die Präparation eines entsprechenden Experiments (beim Fallgesetz Abstraktion vom Medium, Luftwiderstand, einwirkenden Kräften etc., bei psychologischen Hypothesen Angaben über die Ausschaltung möglicher Wechselwirkung von Test, Person und Testleiter etc.) machen, so daß also logisch nur eine Konjunktion von Voraussetzungen mit der Gesetzeshypothese widerlegt wird. Die Widerlegung der Hypothese selbst bleibt damit aber fraglich, da logisch auch nur einige der Nebenbedingungen widerlegt sein könnten.

Der amerikanische Logiker Quine[102] hat das Duhemsche Argument dahingehend verschärft, daß bei jeder Form des Wissen im Grunde Alles mit Allem zusammenhängt und eine einzelne Behauptung „lokal" nur um dem Preis einer Abstraktion in einem komplexen Netz von Abhängigkeiten betrachtet werden kann. In der Wissenschaftstheorie führte diese sogenannte Duhem-Quine-These über den Holismus („Ganzheit") von Theorien dazu, daß dem Wissenschaftler ein logischer Spielraum eröffnet wird, an welcher Stelle er Modifikationen der Voraussetzungen vornehmen will, um die Theorie vor Widerlegungen zu retten.

Diese wissenschaftstheoretische Diskussion hat erhebliche Bildungskonsequenzen. Offenbar gibt es nämlich keine „nackten" Tatsachen, die von Positivisten, Empiristen und dem Volksmund gern als letzte und objektive Instanz der Wahrheit beschworen werden. Daten, Sachverhalte und „Tatsachen" hängen von dem Kontext ab, in dem sie durch Abstraktionen von holistischen Zusammenhängen bestimmt werden. Der

---

101 P. Duhem, La théorie physique, son objet et sa structure, Paris 1906; dt. Ziel und Struktur der physikalischen Theorien, Leipzig 1908, repr. (Hrsg. L. Schäfer) Hamburg 1978, 10. Kap.

102 W. V. O. Quine, Two dogmas of empiricism, in: Philos. Rev. 60 1951, 20-43.

amerikanische Wissenschaftstheoretiker N. R. Hanson[103] hat den Vergleich mit psychologischen Vexierbildern herangezogen, auf denen der eine Betrachter z. B. ein junges Mädchen, der andere aber eine alte Frau erkennt, der eine Beobachter zwei diametrale Gesichter, der andere eine symmetrische Vase usw. Analog ist auch die unterschiedliche Sicht von denselben „Tatsachen" in der Wissenschaftsgeschichte zu bewerten. Im Licht seiner geozentrischen Planetentheorie sieht der Astronom Tycho Brahe die Sonne morgens aufgehen, während sein Schüler Kepler dasselbe optische Ereignis sieht, aber es im Lichte seiner heliozentrischen Theorie als Erdbewegung deutet. In diesem Sinn sind wissenschaftliche Tatsachen, wie L. Fleck schon 1935 betonte,[104] „menschliche Erfindungen", keine „Entdeckungen".

Allerdings muß hier gleich vermerkt werden, daß damit natürlich keinem grenzenlosen Subjektivismus Tür und Tor geöffnet werden soll. Vielmehr wird deutlich, daß unsere Annahmen und unser Wissen von Forschungskontexten abhängig sind. Welche Forschungskontexte gewählt werden, ist letztlich eine Entscheidung und Frage nach den Forschungsrichtlinien (Normen), an denen sich Forscher und Forschergruppen orientieren wollen. Ist der Forschungsrahmen aber einmal gewählt, sind die logischen Folgerungen zwingend.

Trotz Logik und Erfahrung, trotz Paradoxien und Widerlegungen halten aber viele Menschen im Alltag wie in der Wissenschaft an ihren alten Meinungen und Überzeugungen fest. Widersetzen sie sich kritischer Rationalität? Wie ist aber dann Erkenntnisfortschritt zu bewerten?

In der Popper-Schule schlug I. Lakatos pragmatische Kriterien für den Erkenntnisfortschritt[105] vor. Bei rivalisierenden Theorien sollte sich die mit der größten heuristischen Kraft durchsetzen, d. h. diejenige Theorie, die neue, eventuell so-

103 N. R. Hanson, Patterns of Discovery. An Inquiry in the Conceptual Foundations of Science, Cambridge 1965, 11 ff.

104 L. Fleck, Entstehung und Entwicklung einer naturwissenschaftlichen Tatsache, Basel 1935.

105 I. Lakatos, Falsifikation und die Methodologie wissenschaftlicher Forschungsprogramme, in: I. Lakatos/ A. Musgrave (Hrsg.), Kritik und Erkenntnisfortschritt, Braunschweig 1974, 89-189.

gar unverhoffte Voraussagen macht, alte Probleme mindestens ebenso gut löst wie die alternative Theorie und neue Problemfelder eröffnet. Lakatos faßt progressive Theorieentwicklungen wie z. B. die antike Astronomie von Aristoteles bis Ptolemaios oder die klassische Physik von Galilei bis Newton in Theoriefolgen bzw. Forschungsprogrammen zusammen, die durch gemeinsame methodische Forschungsnormen charakterisiert und abgegrenzt sind. Die großen Brüche der Wissenschaftsgeschichte wie der Wechsel von der Aristotelischen zur Galileisch-Newtonschen Physik, von Newtons Physik zur Physik Einsteins und Plancks wird als Wechsel der Forschungsprogramme verstanden. Ebenso könnten wir aber auch z. B. einen natur- oder sozialwissenschaftlichen Sonderforschungsbereich betrachten und die innovative bzw. heuristischen Kraft seines Forschungsprogramms untersuchen. Faktisch geschieht das auch in periodischen Beurteilungsverfahren der DFG durch andere und häufig sogar konkurrierende Wissenschaftler, die Progression oder Degeneration des betroffenen Forschungsprogrammes diagnostizieren und damit über Förderung und Ablehnung entscheiden. Die Fruchtbarkeit von Lakatos Wissenschaftstheorie liegt gerade in ihrer Anwendbarkeit auf den Forschungs- und Universitätsalltag und nicht nur die heroischen Ereignisse (Aristoteles, Newton, Einstein usw.) der Wissenschaftsgeschichte.

An dieser Stelle sind die Rationalitätskriterien von Lakatos mit denen von T. S. Kuhn[106] vergleichbar: Die größere heuristische Kraft beim Lösen neuer und alter Probleme sollte den Ausschlag geben, wenn alte mit neuen Forschungsprogrammen bzw. Forschungsparadigmen (Kuhn) konkurrieren. Dabei betont Kuhn noch stärker als Lakatos die Bedeutung des jeweiligen wissenschaftssoziologischen und wissenschaftspsychologischen Kontexts, d. h. die Einstellungen und Interessen der Forschergruppen (Scientific Community). Logik und Wissenschaftstheorie müssen also nicht nur durch Wissenschaftsgeschichte ergänzt werden, um die Entwicklungen von Forschung

---

106 T. S. Kuhn, Die Struktur wissenschaftlicher Revolutionen, Frankfurt ^{2}1976.

zu erfassen, sondern ebenso durch Wissenschaftssoziologie und Wissenschaftspsychologie.

In dieser Einsicht besteht unabhängig von ihren unterschiedlichen Standorten die wesentliche Einsicht neuerer Wissenschaftstheoretiker. Die Interessen von Wirtschaft, Staat und Gesellschaft, aber auch einzelner Forschergruppen schaffen sicher Rahmenbedingungen (Kontexte), unter denen Forschung erst möglich und über Forschungsrichtungen vorentschieden wird. Ob aber Problemlösungen gelingen, kann durch methodologische, ökonomische, administrative und gesellschaftliche Rahmenbedingungen nur ermöglicht, nicht aber erzwungen werden. Offenheit der Gesellschaft ist eine zentrale Voraussetzung, um Kreativität und Innovation durch die Konkurrenz alternativer Theorien zu ermöglichen.

Dieser Theorienpluralismus wird von P. K. Feyerabend konsequent verschärft. Nicht nur die einzelnen wissenschaftlichen Theorien müssen miteinander konkurrieren, sondern auf der Metaebene auch die verschiedenen wissenschaftstheoretischen Methodologien. Streng genommen unterwirft sich die Wissenschaftstheorie erst mit einem solchen Pluralismus der Methodologien den Rationalitätsstandards, die sie von den Einzelwissenschaften fordert. Liest man Feyerabends Slogans „Wider den Methodenzwang“ und „Anything Goes“ in dieser Weise, werden sie auch im Wissenschaftsalltag praktikabel.[107] Konkret kann also der DFG-Gutachter seine Fachkriterien nicht als sakrosankt betrachten, sondern muß mit Gegenkritik der Fachkollegen rechnen. Trotzdem erweist sich die Beurteilung von guter und schlechter Forschung in der Praxis als möglich, ohne daß alle Grenzen zwischen Wissenschaft, Mythen und Magie fallen und Wissenschaftsentwicklung in Willkür oder Dadaismus untergeht. Die Wissenschaftsentwicklung ist also nicht allein, wie der logische Empirismus glaubte, durch Logik und die jeweilige Tatsachenlage bestimmt. In die Entscheidungen darüber, welche Forschungsprojekte zurückgewiesen werden,

107 P. K. Feyerabend, Wider den Methodenzwang. Skizze einer anarchistischen Erkenntnistheorie, Frankfurt 1976; ders., Von der beschränkten Gültigkeit methodologischer Regeln, in: Neue Hefte Philos. 2-3 (Dialog als Methode) 1972, 124-171.

gehen z. B. Ziel-, Leit- und Wertvorstellungen von Forschung ein, also nicht-empirische, in der Sprache der Tradition „metaphysische" Elemente. Von ihrer Überzeugungs- und Innovationskraft hängt der Erfolg von Forschung ab. Das ist die Realität von Forschung, die wir tagtäglich in der Universität und in Forschungsgremien erleben. Die Wissenschaftstheorie hat sich daher seit den 60er Jahren unter dem Titel „Wissenschaftsforschung" neben Logik und Theorieanalyse zunehmend auch wissenschaftssoziologischen, -ökonomischen und -politischen Fragen zugewendet. Sie müssen beachtet werden, wenn die Grundlagen fachübergreifender Arbeitsweise in der Gegenwart geklärt werden sollen.[108]

Welche Konsequenzen hat diese liguistische und pragmatische Wende in der modernen Wissenschaftstheorie für Anwendungen computergestützter Wissensdarstellung und Problemlösungsmethoden?[109] Im einzelnen stellen sich für die Wissenschaftsphilosophie folgende Fragen und Aufgaben:

1. Gibt es eine empirisch prüfbare Theorie computergestützter Systeme, mit der sich die Informationsverarbeitung und Wissensbildung in den Wissenschaften beschreiben läßt?
2. Gibt es computergestützte Systeme, mit denen sich der heuristische Entdeckungsprozeß wissenschaftlicher Forschung simulieren läßt? Gibt es wenigstens computergestützte Verfahren, die den Entdeckungs- und Erfindungsprozeß erleichtern und beschleunigen können oder bleibt dieser Aspekt der Forschung restlos Zufall, Glück und unergründlicher Genialität überlassen?
3. Wie hängen Entdeckungs- und Prüf- bzw. Rechtfertigungsprozeß in der Forschung zusammen? Wie lassen sich diese Abhängigkeiten in computergestützten Verfahren berücksichtigen?

---

108 Vgl. J. Mittelstraß (Hrsg.), Methodenprobleme der Wissenschaften vom gesellschaftlichen Handeln, Frankfurt 1979; P. Weingart (Hrsg.), Wissenschaftssoziologie, Frankfurt 1974.

109 Vgl. auch A. Sloman, The Computer Revolution in Philosophy: Philosophy, Science, and Models of Mind, Hassocks 1978; M. A. Boden, Artificial Intelligence and Natural Man, Hassocks 1977; A. L. Luft, Informatik als Technikwissenschaft, Mannheim/Wien/Zürich 1988.

4. Lassen sich computergestützte Verfahren zur Analyse wissenschaftshistorischer Fallbeispiele der Forschung einsetzen?

Hinter diesen Fragen steht die Auffassung, daß alle Forschungsaktivitäten als spezielle Formen menschlicher Problemlösungsverfahren zu verstehen sind. Wissenschaftliche Theorien sind nichts anderes als menschliche Instrumente der Problemlösung. Seit Carnap werden wissenschaftliche Theorien als mehr oder weniger axiomatisierte formale Systeme von Sätzen (‚statements‘) verstanden. In der Wissenschaftstheorie spricht man daher auch vom ‚statement view‘ der Wissenschaft. Es handelt sich dabei um eine besondere und keineswegs, wie man lange glaubte, notwendige Form der Wissensrepräsentation. Die gewählten Datenstrukturen, nämlich Satzformen der formalen Logik, erweisen sich in der Regel nur für wenige Bereiche der Forschung sinnvoll, die als vollständig formalisierte Theorien vorliegen. Tatsächlich trifft diese Voraussetzung auch nur für einen kleinen Bereich der Mathematik, geschweige denn für die Naturwissenschaften zu. Gleichwohl wird es nicht schwer sein, wie in den folgenden Abschnitten deutlich wird, den ‚statement view‘ Carnaps mit einem ‚program view‘ zu vertauschen, indem formale Theorien in KI-Sprachen wie z.B. PROLOG übertragen und Ableitungen durch Regeln von Computerprogrammen realisiert werden.[110]

Die Mathematik handelt nicht von formalen Satzsystemen, sondern mathematischen Strukturen wie z. B. Gruppen, Körper, Ringe, die durch Mengen oder Systeme von Mengen mit bestimmten Funktionen und Relationen definiert sind. Diese Definitionen sind in der informalen Sprache der Mengenlehre formuliert. Das Ziel des Strukturalismus ist zunächst eine Klassifizierung der verschiedenen mathematischen Strukturen. Schließlich werden Modelle und Fallbeispiele der Naturwissenschaften wie z. B. das Planetensystem, Molekülstrukturen, Mendels Vererbungsgesetze als Realisationen mathematischer

110 Zum ‚program view‘ vgl. K. Mainzer, Kowledge-based systems. Remarks on the philosophy of technology and artificial intelligence, in: Journal for General Philosophy of Science 21 1990, 63.

Strukturen verstanden. Daher ist eine Strukturdefinition auch nicht wahr oder falsch wie der Satz einer axiomatisierten formalen Theorie, sondern anwendbar oder nicht anwendbar. In der Wissenschaftstheorie spricht man im Unterschied von Carnaps ‚statement view' vom strukturalistischen ‚non-statement view'.[111]

Vom Standpunkt der Datenverarbeitung handelt es sich dabei wieder nur um eine besondere Form der Wissensrepräsentation, die sich bei stark mathematisierten (insbesondere algebraisierten) Wissensrepräsentationen anbietet, aber keineswegs generell ausgezeichnet ist. Auch in diesem Fall bieten sich Übersetzungen in KI-Programmiersprachen an. Sowohl dem ‚statement-' als auch dem ‚non-statement view' ist gemeinsam, daß es sich um symbolische Rekonstruktionen und Darstellungen bereits abgeschlossener Forschung handelt, die in fertigen Theorien vorliegen.

Der Forschungsprozeß, das komplizierte Zusammenspiel von Lern-, Prüf-, Entdeckungs-, Erfindungs- und Problemlösungsverfahren, also gerade der dynamische Aspekt der Forschung bleibt dabei ausgeschlossen. Wissenschaftstheoretiker wie Lakatos, Kuhn, Landau u. a. haben diesen Gesichtspunkt zwar mit Blick auf die Wissenschaftsgeschichte betont, ohne jedoch die erkenntnistheoretischen Hintergründe klären zu können. Im folgenden soll geprüft werden, welche neuen Einsichten über den Forschungsprozeß durch computergestützte Verfahren wie Programmiersprachen, wissensbasierte Expertensysteme, neuronale Netze und komplexe Systeme möglich sind.

4.32 Entdeckung und Innovation

Heuristik wird seit der Antike als Kunst betrachtet, wie – d. h. mit welchen Fähigkeiten, Methoden, Instrumenten – Probleme möglichst effizient zu lösen sind im Alltag und in

111 W. Stegmüller, The Structuralistic View of Theories. A Possible Analogue of the Bourbaki Programme in Physical Science, Berlin/Heidelberg/New York 1979.

den Wissenschaften. An Beispielen aus den Einzelwissenschaften und ihrer Geschichte soll untersucht werden, unter welchen erkenntnis- und wissenschaftstheoretischen Bedingungen schöpferische Einfälle und Innovationen auftraten. Es stellt sich nämlich die Frage, ob Erfindungen und Entdeckungen zufällig und irrational gemacht werden oder ob sie nach methodischen Regeln ablaufen. Mit Kant gewendet könnte man also fragen, ob Heuristik als mögliche Wissenschaft wird auftreten können oder ob sie eine Kunst bleibt, abhängig von der Kreativität und Begabung einzelner Menschen, ein Geheimnis, letztlich nicht durchschaubar. Dazu werden Ansätze des maschinellen Problem Solving und der Artificial Intelligence herangezogen. Die Beantwortung unserer Ausgangsfrage ist nicht nur von philosophisch-erkenntnistheoretischem, sondern auch von lernpsychologisch-didaktischem Interesse: In welchem Umfang sind Innovationen lern- und lehrbar?[112]

Der kreative Aspekt wissenschaftlicher Arbeit, die Frage wie z. B. der Mathematiker ein neues Theorem oder einen neuen Beweis, der Physiker ein neues Bewegungsgesetz oder einen neues Experiment, der Chemiker eine neue Molekülformel findet, wurde von der traditionellen Wissenschaftheorie als ‚psychologisch' (Frege, Carnap, Popper), ‚irrational' (Reichenbach) und keiner methodischen Analyse fähig ausgeklammert. Man spricht hier häufig vom ‚Entdeckungszusammenhang' (context of discovery). Die Wissenschaftstheorie hat sich nach dieser Auffassung auf die Rechtfertigung vorgegebener Behauptungen und Theorien (context of justification) zu beschränken, da nur für sie verbindliche Regeln angegeben werden können: In wissenschaftlichen Fachzeitschriften sind im allgemeinen nur mathematische Beweise bzw. die Bestätigung oder Widerlegung naturwissenschaftlicher Hypothesen abgedruckt.[113]

112 K. Mainzer, Rationale Heuristik und Problem Solving, in: C. Burrichter/R. Inhetveen/ R. Kötter (Hrsg.), Technische Rationalität und rationale Heuristik, Paderborn/ München/Wien/Zürich 1986, 83-97.

113 Vgl. G. Frege, Die Grundlagen der Arithmetik, Breslau 19884, repr. Darmstadt/Hildesheim 1961, XIX f.; H. Reichenbach, Experience and Prediction. An Analysis of the Foundations and the Structure of Know-

Jeder kennt jedoch noch von der Schule das unbefriedigende Gefühl, den Beweis eines mathematischen Satzes Schritt für Schritt geprüft zu haben oder eine Hypothese im Experiment bestätigt zu sehen, ohne sie dennoch zu ‚verstehen': Wie um alles in der Welt sind die Leute bloß auf ihre mathematischen Sätze oder naturwissenschaftlichen Hypothesen gekommen? Im Unterschied zu den Beweis- und Prüfverfahren von Behauptungen und Hypothesen scheinen ihre Entdeckung bzw. Erfindung nicht nach verbindlichen Regeln zu verlaufen. Sie werden der Phantasie und dem Einfallsreichtum der Forscher zugewiesen, bestenfalls ein psychologisch zu erklärendes Phänomen. In Anekdoten wird dieser ‚Innovationsprozeß' häufig als rein zufällig oder traumhafte Offenbarung geschildert: Archimedes (ca. 250 v. Chr.) sitzt in der Badewanne und wundert sich über das unterschiedliche Gewicht seines Körpers inner- und außerhalb des Wassers. Plötzlich springt er auf und läuft durch Syrakus: „Heureka!" (gr. Ich hab's gefunden!) ruft er und meint ein Grundgesetz der Hydrostatik, das er durch Analogie mit dem Hebelgesetz fand. Dem Chemiker F. A. Kékulé (1829-1896) schwirrt der Kopf von seiner Suche nach der Strukturformel des Benzols. Erschöpft ruht er vor dem Feuer eines Kamins aus. Im Halbschlaf beginnen die von ihm untersuchten Atome und Moleküle im Feuerschein zu tanzen, verbinden sich in unterschiedlichen Formationen, schließen zu einem Ringelreigen: Heureka – der Benzolring ist gefunden.

In diesem Abschnitt sollen Computerprogramme bzw. Folgen von Programmen untersucht werden, mit denen wissenschaftliche Entdeckungen gemacht oder wenigstens simuliert werden können. Sie beruhen auf dem heuristischen Wissen menschlicher Problemlösungsverfahren. Es geht also zunächst um Anwendungen von wissensbasierten Expertensystemen auf wissenschaftliche Entdeckungen und Innovationen. Entsprechend der wissenschaftstheoretischen Unterscheidung von empirischen und theoretischen Termen sind einige dieser Pro-

---

ledge, Chicago/London 1936, 1966, § 1; K. R. Popper, Logik der Forschung, Tübingen [7]1982, 6.

gramme mehr datenorientiert (‚data-driven'), andere theorieorientiert (‚theory-driven').

Bei datenorientierten Programmen steht am Anfang eine umfangreiche Datensammlung. Ziel solcher Programme ist die Suche nach Regularitäten bzw. Mustern dieser Daten, die zu Gesetzen verallgemeinert werden können. Da diese Verfahren dem empiristisch-induktiven Methodenideal entsprechen, tragen die entsprechenden Programme den Namen von Francis Bacon. Im Rahmen des hier vertretenen ‚program view' werden Methodologien aber keineswegs mit dogmatischem Absolutheitsanspruch wie in der Geschichte der Philosophie und Wissenschaftstheorie vertreten. Vielmehr erweisen sich datenorientierte Verfahren als typisch für Anfangs- und Frühformen der Gesetzes- und Theoriebildung, wenn große Datenmassen, aber wenige oder keine Hypothesen vorliegen.

In höher entwickelten Stadien der Forschung sind bereits stärker mathematische Strukturen ausgearbeitet, die nicht mehr unmittelbar empirischen Sachverhalten entsprechen. So ist Einsteins Entwicklung der Speziellen Relativitätstheorie von theoretischen Zielen wie der Vereinigung von klassischer Mechanik und Elektrodynamik bestimmt, also der Suche nach gemeinsamen Prinzipien auf der Grundlage der vorliegenden Gesetze der bisher unvereinbaren Theorien. In der Allgemeinen Relativitätstheorie entsprechen nicht alle Tensoren empirischen Sachverhalten und Meßgrößen, sondern sind mathematische Konstrukte der Theorie. Wissenschaftstheoretisch entspricht also der Entwicklungsprozeß der Relativitätstheorie besser der Popperschen Methodologie, wonach zunächst in kühner Spekulation allgemeine Hypothesen angenommen werden, um sie nach ihrer mathematischen Ausarbeitung empirischen Testverfahren (z. B. Eddingtons astronomische Beobachtung der Krümmung von Lichtstrahlen im Gravitationsfeld der Sonne) zu unterziehen.

Als typisches Beispiel für einen datenorientierten Entdeckungsprozeß sei Keplers 3. Planetengesetz von 1618 analysiert. Für die Umlaufperiode P eines Planeten um die Sonne und den Abstand D von Sonne und Planet besagt es, daß die Kuben der Planetenabstände zur Sonne proportional zu den Quadraten ihrer Umlaufperioden sind, d.h. $D^3/P^2 = c$ für eine Konstante c. Ein Protokoll zur Entdeckung dieses wissenschaftshistorisch bedeutsamen Gesetzes kommt mit folgenden einfachen heuristischen Regeln aus, um Regularitäten bzw. Muster in vorliegenden Daten festzuhalten:[114]

1. Falls die Werte eines Terms konstant sind, leite ab, daß der Term immer konstant diesen Wert hat.
2. Falls die Werte von zwei numerischen Termen zusammen zunehmen, bilde ihren Bruch.
3. Falls die Werte eines Terms zunehmen, während die Werte eines zweiten Terms entsprechend abnehmen, bilde ihr Produkt.

Für die untersuchten Planeten werden nominale Variablen z. B. A, B, C eingeführt. Der Entdecker dieses Planetengesetzes sammelt zunächst einige Daten, wählt verschiedene Werte der nominalen Variablen (d. h. im konkreten Fall Planetennamen) aus und bestimmt die Werte der numerischen Terme D und P. An dieser Stelle wird bereits deutlich, daß zur Programmierung dieses Entdeckungsprozesses ein wissensbasiertes System notwendig ist, das nicht nur numerische Werte, sondern auch nicht-numerische sprachliche Symbole verarbeiten kann. Folgende Fälle sind im Entdeckungsprotokoll zu verzeichnen:

Planet	Frage	Antwort
A	Wie groß ist P?	1,0
	Wie groß ist D?	1,0
B	Wie groß ist P?	8,0
	Wie groß ist D?	4,0
C	Wie groß ist P?	27,0
	Wie groß ist D?	9,0

114 Damit wird nicht behauptet, daß der historische Entdeckungsprozeß faktisch so verlaufen ist. Es geht vielmehr um möglichst einfache Regeln, die eine Entdeckung erlauben und gemäß dem ‚program view' in eine Programmiersprache übertragbar sind. Für eine historische Darstellung des Entdeckungsprozesses vgl. z. B. K. Mainzer/J. Mittelstraß, J. Kepler, in: J. Mittelstraß (Hrsg.), Enzyklopädie Philosophie und Wissenschaftstheorie II, Mannheim/Wien/Zürich 1984, 383-390. Für eine Programmanalyse vgl. P. Langeley/H. A. Simon/G. L. Bradshaw/J. M. Zytkow, Scientific Discovery. Computational Explorations of the Creative Processes, Cambridge (Mass.) 1987, 66 ff.

Offenbar nimmt D mit P zu. Also bilde nach Regel 2) den Bruch [D/P] und definiere ihn als Term-1. Dann berechne Werte von Term-1:

D	1,0	4,0	9,0
P	1,0	8,0	27,0
Term-1	1,0	0,5	0,333

Offenbar nimmt D zu, wenn Term-1 abnimmt. Also bilde nach Regel 3) das Produkt $[D(D/P)] = [D^2/P]$ und definiere es als Term-2. Dann berechne Werte von Term-2:

D	1,0	4,0	9,0
P	1,0	8,0	27,0
Term-2	1,0	2,0	3,0

Offenbar nimmt Term-1 zu, wenn Term-2 abnimmt. Also bilde nach Regel 3) das Produkt $[(D/P)(D^2/P)] = [D^3/P^2]$ und definiere es als Term-3. Dann berechne Werte von Term-3:

D	1,0	4,0	9,0
P	1,0	8,0	27,0
Term-3	1,0	1,0	1,0

Offenbar bleiben die Werte von Term-3 konstant. Also leite nach Regel 1) ab, daß Term-3 eine Konstante für alle Planeten ist.

Nach der Art solcher heuristischer Entdeckungsprotokolle schrieb eine Forschergruppe um H. A. Simon ein Expertenprogramm mit dem Namen BACON.[115] Zur Datenrepräsentation des Systems wurden Cluster des folgenden Typs verwendet, die für das Beispiel von Keplers 3. Planetengesetz lauten:

115 P. Langley, Descriptive Discovery Processes: Experiments in Baconian Science, Doctoral Diss. Carnegie-Mellon University 1979; ders., Data-driven Discovery of Physical Laws, in: Cognitive Science 5 1981, 31-54.

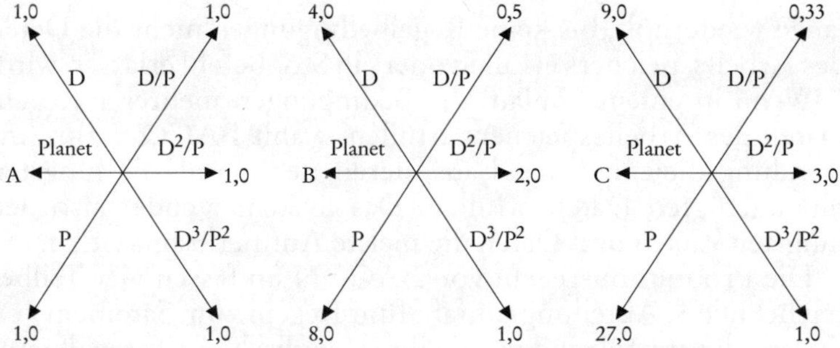

Wenn BACON neue Terme definiert, dann werden Namen für Variablen (z. B. ‚Term-1') erzeugt und wie direkt beobachtbare Terme behandelt. Bereits definierte Terme können zur Definition neuer Terme verwendet werden, so daß sich der Definitionsprozeß als rekursiv erweist. Die Datenclusters sind systemkonforme graphische Datenstrukturen, die an die Stelle von Protokolltabellen treten:

Planet	D	D	Term-1	Term-2	Term-3
A	1,0	1,0	1,0	1,0	1,0
B	4,0	8,0	0,5	2,0	1,0
C	9,0	27,0	0,333	3,0	1,0

Zur Repräsentation von heuristischen Regeln wird ein System von Produktionsregeln in einer LISP-verwandten KI-Programmiersprache verwendet.[116] Ein solches System besteht aus einer Menge von ‚Wenn-dann-Regeln' (‚Bedingung-Aktion-Regeln' bzw. ‚Produktionen') und einem Arbeitsspeicher. Das System arbeitet in Zyklen. In jedem Umlaufzyklus werden die Bedingungen von jeder Regel dahingehend geprüft, ob sie die Daten des Arbeitsspeichers im momentanen Zustand erfüllen. Von den Regeln, deren Bedingungen diese Daten erfüllen, wird eine ausgewählt und angewendet. Diese Regelanwendung erzeugt im Aktionsteil neue Daten, die dem Arbeitsspeicher hinzugefügt werden, um einen neuen Zustand für weitere Regelanwendungen zu erzeugen. Dieser Prozeß wird so-

116 P. Langley/R. Neches, PRISM user's manual, Technical report, Department of Psychology, Carnegie-Mellon University 1981.

lange wiederholt, bis keine Regelbedingungen mehr die Daten des Arbeitsspeichers erfüllen oder ein Stopbefehl erlassen wird.

Wenn in einem Umlauf die Bedingungen mehrerer Regeln Daten des Arbeitsspeichers erfüllen, wählt BACON zur Anwendung diejenige Regel aus, deren Bedingung die jüngsten hinzugefügten Daten erfüllen. Das System wendet also den jüngsten Zielen und Daten die meiste Aufmerksamkeit zu.

Die Produktionsregeln von BACON umfassen vier Teilbereiche. Die 1. Abteilung umfaßt fünf Regeln zum Sammeln von Daten, die im folgenden mit ihren englischen Originalkennworten angeführt werden:[117]

(4.16) *Initialize-Independent:*
Falls der unabhängige (‚independent') Term I in Gesetze eingearbeitet werden soll und die vorgelegten Werte von I lauten $V_1, V_2, \ldots, V_n$, *dann* iteriert das System I für diese Werte und speichert die Liste $V_n, \ldots, V_2, V_1$ für späteren Gebrauch ab.

Als Beispiel kann der Term ‚Planet' und seine bekannten Werte (Planetennamen) A, B, C betrachtet werden. Die Regelanwendung besagt, daß das System zur Inkorporierung des Terms ‚Planet' in Gesetze die Planetennamen A, B, C zu iterieren habe.

(4.17) *Update-Independent:*
Falls die Werte $V_1, V_2, \ldots, V_n$ für den Term I iteriert werden sollen, *dann erhält* das System abhängige Werte für alle *abhängigen* Terme im Fall $I = V_1$ und iteriert den Term I für die restlichen Werte $V_2, \ldots, V_n$.

Als Beispiel kann das System einen Planetennamen als Wert des Terms ‚Planet' auswählen (z. B. A), um dann die abhängigen Werte für alle abhängigen Terme im Fall A zu bilden und anschließend ebenso für die restlichen Fälle B und C zu verfahren.

(4.18) *Record:*
Falls abhängige Werte für alle *abhängigen* Terme im Fall $I = V$ *erhalten* werden sollen und D ein abhängiger Beobachtungsterm ist,

117 Vgl. auch P. Langley/H. A. Simon/G. L. Bradshaw/J. M. Zytkjow, s. Anm. 114, 73.

dann fordert das System den Wert von D unter diesen Bedingungen und *speichert* das Ergebnis ab.

Falls z. B. der Abstand der abhängige Beobachtungsterm ist, dann fragt die Regel nach den Werten von D für den Fall des Planeten A und speichert das Ergebnis ab.

(4.19) *Initialize-dependent:*
Falls abhängige Werte für alle abhängigen Terme im Fall I = V *erhalten* werden sollen und der Wert V_k für D *abgespeichert* wurde, aber noch keine Liste für Werte von D besteht, *dann* bildet das System den Anfang einer Liste für die Werte von D.

Diese Regel wird also benutzt, um den Anfang einer Liste von Werten für D aufzubauen.

(4.20) *Update-dependent:*
Falls abhängige Werte für alle abhängigen Terme im Fall I = V erhalten werden sollen und der Wert V_k für D *abgespeichert* wurde und bereits eine Liste für Werte $V_n, \ldots, V_1$ von D besteht, *dann* füllt das System diese Liste zu $V_k, V_n, \ldots, V_1$ auf.

Diese Regel wird also benutzt, falls bereits Listen von Werten einzelner Terme existieren und neue Werte in diese Listen einzufügen sind. Insgesamt arbeiten im Fall von Keplers Entdeckung BACONs Regeln zum Sammeln von Daten solange, bis eine vollständige Liste von Daten für die numerischen Terme D und P im Speicher des Systems festgehalten ist und die Produktionsregeln nicht mehr anwendbar sind.

Zur Entdeckung von Regularitäten bzw. Muster in den gesammelten Daten stehen BACON fünf heuristische Regeln zur Verfügung, die im folgenden wieder mit ihren englischen Kennworten angegeben sind.[118]

(4.21) *Find-laws:*
Falls das System für die Werte eines unabhängigen Terms I *iterieren* soll und für alle Werte von I iteriert hat, *dann* soll es *Gesetze* für die abgespeicherten abhängigen Werte finden.

---

118 Vgl. auch Anm. 117, 76.

Diese Regel bringt offenbar nur zum Ausdruck, daß BACON seinen Durchlauf durch die Liste unabhängiger Werte abgeschlossen hat und dem Arbeitsspeicher nun das Ziel setzt, Gesetzesmuster in den abgespeicherten abhängigen Werten zu finden. Philosophisch entspricht also diese Regel der empiristischen Devise Bacons, Gesetze aus vorher gesammelten empirischen Daten abzuleiten.

Wie aus den anschließenden Regeln deutlich wird, geschieht diese Ableitung aber keineswegs durch einen zwingenden Induktionsschluß von endlich vielen Daten auf ein allgemeines Gesetz für unbegrenzt viele Daten. Ein logisch zwingender Schluß vom Besonderen (d. h. endlich vielen Fällen) auf das Allgemeine (d. h. unbegrenzt viele Fälle) gibt es natürlich nicht. Die von Locke und Newton übernommene Baconsche Induktionsforderung erweist sich vielmehr als ein System heuristischer Regeln, die in endlich vielen Daten ein Muster registrieren und dann als allgemeines Gesetz postulieren.

(4.22) *Constant:*
Falls das System *Gesetze finden* soll und der abhängige Term D den Wert V in allen Datenclustern hat, *dann* soll *abgeleitet* werden, daß D immer den Wert V hat.

(4.23) *Linear:*
Falls das System Gesetze finden soll und eine Menge von Werten für den Term X abgespeichert wurde und eine Menge von Werten für den Term Y abgespeichert wurde und die Werte von X und Y linear mit der Steigung M und Abschnitt B aufeinander bezogen sind, *dann* ist abzuleiten, daß eine lineare Relation zwischen X und Y mit Steigung M und Abschnitt B existiert.

Nach dieser Regel sind also X und Y durch eine lineare Gleichung vom Typ $Y = MX + B$ bestimmt.

(4.24) *Increasing:*
Falls das System *Gesetze finden* soll und eine Menge von Werten für den Term X abgespeichert wurde und eine Menge von Werten für den Term Y abgespeichert wurde und die absoluten Werte von X ebenso zunehmen wie die absoluten Werte von Y und diese Werte nicht linear aufeinander bezogen sind, *dann* ist der Bruch von X und Y zu *bilden*.

(4.25) *Decreasing:*
Falls das System *Gesetze finden* soll und eine Menge von Werten für den Term X abgespeichert wurde und eine Menge von Werten für den Term Y abgespeichert wurde und die absoluten Werte von X zunehmen, während die absoluten Werte von Y abnehmen und diese Werte nicht linear aufeinander bezogen sind, *dann* ist das Produkt von X und Y zu *bilden*.

Schließlich verfügt BACON über drei Regeln zur Definition neuer Terme und zur Berechnung von Werten, die wieder mit ihren englischen Originaltiteln genannt werden:

(4.26) *Define-ratio-or-product:*
Falls das Produkt (oder der Bruch) von X und Y *gebildet* werden soll, und die Definition von X lautet D_x, und die Definition von Y lautet D_y und es noch keinen Term mit einer Definition gibt, die zu XY (oder Y/X) äquivalent ist, *dann* ist der Term T durch D_xD_y (oder D_x/D_y) zu *definieren* und sind *Werte* für den Term T zu *sammeln*.

(4.27) *Multiply-values:*
Falls Werte für den Term T *gesammelt* werden sollen, und die Definition von T lautet D_T und A^P einer der Komponenten von D_T ist, und die gespeicherten Werte von A lauten $a_1, \ldots, a_k$, *dann* multipliziere die laufenden Werte von T mit $a_1^P, \ldots, a_k^P$.

Als Beispiel betrachte man den Term $T = D^3/P^2$. Für P und D liegen die Werte $P = \{1, 8, 27\}$ und $D = \{1, 4, 9\}$ vor. Wegen der Regel *Define-ratio-or-product* ist $T = \{1, 1, 1\}$ der Anfang einer Liste. Die Regel *Multiply-values* wird nun jeweils auf die Komponenten D und P angewendet. Für die Anwendung auf D ist $D^3 = \{1, 64, 729\}$ mit $\{1, 1, 1\}$ zu multiplizieren. Das Ergebnis $\{1, 64, 729\}$ wird als laufende Werte von T abgespeichert. Für die Anwendung auf P ist $P^{-2} = \{1/1, 1/64, 1/729\}$ mit $\{1, 64, 729\}$ zu multiplizieren. Das Ergebnis $\{1, 1, 1\}$ wird als laufende (und endgültige) Werte von T abgespeichert.

(4.28) *Record-values:*
Falls Werte für den Term T *gesammelt* werden sollen, *dann* sind die laufenden Werte von T *abzuspeichern*.

Als Beispiel für Entdeckungen von BACON seien vier klassische wissenschaftshistorische Fallbeispiele besprochen. Um

1660 entdeckte R. Boyle sein berühmtes Gasgesetz, wonach der Gasdruck P einer Gasmenge umgekehrt proportional zum Gasvolumen V ist, d. h. PV = c für eine Konstante c (bei konstanter Temperatur). Seinen Ruf als Experimentator hatte Boyle mit Versuchen über physikalische Eigenschaften der Luft begründet, mit denen er teils die Experimente O. v. Guerickes bestätigte, teils um neue Erkenntnisse über Vakuumsphänomene erweiterte.[119]

1662 publizierte er als Anhang zur 2. Auflage der 1660 erstmals erschienen ‚New Experiments Physico-Mechanical' das nach ihm und E. Mariotte benannte Gesetz. Es wurde übrigens von seinem Schüler R. Towneley bei gemeinsamen Experimenten zuerst vermutet und stellt die historisch erste quantitative Relation in der Physik der Gase dar.[120] Obwohl sich Boyle auch mit der Naturphilosophie, also der theoretischen Physik seiner Zeit auseinandersetzte und kritisch Partei für den Atomismus ergriff, beschränkt er sich bei seiner experimentellen Arbeit auf die Analyse von Meßdaten. Von 1654 bis 1668 hatte er in Oxford ein Laboratorium eingerichtet, in dem R. Hooke als Assistent wirkte. Das empiristische Methodenideal von F. Bacons ‚Novum Organum scientiarum' (1620) hat ihn nachweislich beeinflußt.[121] Die Sorgfalt seiner Datenanalyse geht aus der Originaltabelle seiner Meßdaten hervor:[122]

Volumen (V)	Druck (P)	PV
1,0	29,750	29,750
1,5	19,125	28,688
2,0	14,375	28,750
3,0	9,500	28,500
4,0	7,125	28,500
5,0	5,625	28,125
6,0	4,875	29,250

119 R. E. W. Maddison, The Life of the Honourable Robert Boyle, London 1969.

120 J. Agassi, Who discovered Boyle's Law?, in: Stud. Hist. Philos. Sci. 8 1977, 189-250.

121 J. J. Renaldo, Bacon's Empiricism, Boyle's Science, and the Jesuit Response in Italy, in: J. Hist. Ideas 37 1976, 689-695.

122 Vgl. auch Anm. 117, 82.

Volumen (V)	Druck (P)	PV
7,0	4,250	29,750
8,0	3,750	30,000
9,0	3,375	30,375
10,0	3,000	30,000
12,0	2,625	31,500
14,0	2,250	31,500
16,0	2,000	32,000
18,0	1,875	33,750
20,0	1,750	35,000
24,0	1,500	36,000
28,0	1,375	38,500
32,0	1,250	40,000

Angesetzt auf diese Daten ist der Entdeckungsprozeß des BACON-Programms offensichtlich. Der Druck P nimmt ab, wenn das Volumen V steigt. Daher wird das Produkt PV gebildet und berechnet. Der Durchschnittswert von PV liegt bei 31, 6. BACON wurde in diesem Fall durch Regeln erweitert, die eine Standardabweichung σ vom Mittelwert M berücksichtigen: Ein Wert wird als konstant akzeptiert, falls der absolute Wert von $\frac{\sigma}{M}$ unterhalb einer mittleren prozentualen Abweichung Δ (z. B. 0, 3) liegt. Das System verlangt allgemein, daß alle Beobachtungen in ein Intervall zwischen $M(1-\Delta)$ und $M(1+\Delta)$ fallen.

Das BACON-System ist ebenso in der Lage, Galileis Gesetz gleichförmiger Beschleunigung zu entdecken. Für den Fallraum D, die Fallzeit T und eine Konstante k lautet es: $D/T^2 = k$. Die idealisierten Daten, die BACON von Simons Gruppe vorgelegt wurden, lauten:[123]

Zeit (T)	Abstand (D)	D/T	D/T^2
0,1	0,098	0,98	9,8
0,2	0,392	1,96	9,8
0,3	0,882	2,94	9,8
0,4	1,568	3,92	9,8
0,5	2,450	4,90	9,8
0,6	3,528	5,88	9,8

123 Vgl. auch Anm. 117, 83.

Die Werte von D nehmen mit Werten von T zu. D und T sind nicht linear aufeinander bezogen. Also wird D/T gebildet und berechnet. Werte von D/T wachsen mit Werten von D. Bildet das System nun gemäß seinen heuristischen Regeln das Produkt D/TD, so erweist sich dieser Weg wegen D/TD = 1/T als Sackgasse. Die Werte von D/T wachsen aber auch mit den Werten von T. Also wird der Term D/T^2 gebildet und berechnet. Diese Werte haben einen konstanten Wert. Also behauptet BACON das Gesetz.

Als drittes Beispiel wird G. S. Ohms Gesetz (1826) abgeleitet. Nach physikalischer Chemie und Mechanik wird BACON nun also in der Elektrizitätslehre eingesetzt. Für Stromstärke I, Drahtlänge L, einer Konstanten a für internen Widerstand und einer Konstanten b für Batteriespannung gilt der Zusammenhang I = b/(L – a). Ohms historische Originaldaten für elektrische Ströme lauten:[124]

Länge (L)	Strom (I)	LI	Steigung (LI, I)	Abschnitt (LI, I)
2,0	326,75	653,5	-0,049	358,5
4,0	300,75	1203,0	-0,049	358,5
6,0	277,75	1666,5	-0,049	358,5
10,0	238,25	2382,5	-0,049	358,5
18,0	190,75	3443,5	-0,049	358,5
34,0	134,50	4573,0	-0,049	358,5
66,0	83,25	5494,5	-0,049	358,5
130,0	48,50	6305,0	-0,049	358,5

Offenbar wächst I, wenn L abnimmt. BACON bildet daher das Produkt LI und berechnet diesen Term. Die Werte von LI sind nicht konstant, aber linear zu den Werten von I. Daher wird LI = aI + b gebildet und die Steigung (LI, I) und der Abschnitt (LI, I) berechnet. Die historische Form von Ohms Gesetz liefert eine triviale algebraische Umformung, nämlich I = b/(L – a) aus (L – a)I = b wegen LI – aI = b.

Der 4. Anwendungsfall behandelt das Eingangsbeispiel von Keplers Planetengesetz. Simon berücksichtigt Borellis Daten der Jupitersatelliten:[125]

124 W. F. Magie, A Source Book in Physics, New York 1935, 469.

125 Vgl. auch O. Gingerich, The origins of Kepler's Third Law, in: A. Beer/P. Beer (eds.), Kepler: Four Hundred Years, Oxford 1975.

Mond	Abstand (D)	Periode (P)	D/P	D^2/P	D^3/P^2
A	5,67	1,769	3,203	18,153	58,15
B	8,67	3,571	2,427	21,036	51,06
C	14,00	7,155	1,957	27,395	53,61
D	24,67	16,689	1,478	36,459	53,89

Das BACON-Programm registriert, daß Abstand D und Periode P zusammenwachsen. Daher wird D/P definiert und berechnet. D/P nimmt ab, wenn Abstand D zunimmt. Daher definiert BACON D^2/P und berechnet den Term aufgrund der vorliegenden Daten. D^2/P, so wird vom Programm registriert, nimmt zu, wenn D/P abnimmt. Daher wird D^3/P^2 definiert und berechnet. Diese Werte haben einen Mittelwert 54, 17. Mit $\Delta/M = 0,075$ entscheidet BACON, daß alle Werte genügend nahe zum Mittelwert konstant sind.

Welchen wissenschaftstheoretischen Wert haben solche Computerprogramme? Es kann nicht um das wissenschaftshistorische Ziel gehen, „genau wie" Boyle, Galilei, Ohm oder Kepler zu denken. Der jeweilige historische Kontext der Entdeckungsprozesse bleibt kontingent und singulär. Es wird vielmehr ein System heuristischer Forschungsregeln gegeben, das aufgrund von ausgewählten Daten einen bestimmten Typ von Gesetzen produzieren kann. Das heuristische Programm bestimmt also eine Klasse möglicher Naturgesetze unabhängig von Anwendungsgebieten, die in einigen Fällen historischen Entdeckungen entsprechen. Insbesondere zeigt BACON, daß diese Gesetzesklasse im Prinzip ‚data-driven' erzeugt werden kann, also ohne Vorgabe theoretischer Ziele nur durch Datenanalyse im festgelegten Rahmen der heuristischen Regeln.

Natürlich können Gesetzesentdeckungen auch, wie am Beispiel Einsteins bereits erwähnt wurde und im Rahmen heuristischer Computerprogramme noch gezeigt werden soll, ‚goal-driven' bzw. ‚theory-driven' sein. In der Tat zielte Mariotte im Unterschied zu Boyle auf eine theoretische Rechtfertigung der Gasgesetze ab, während sich Boyle streng auf seine Meßdaten beschränkte. BACON stellt in diesem Sinn ein heuristisches Minimalprogramm dar, das die Entdeckung von Gesetzen dieses Typs ermöglicht. Insbesondere klärt es darüber auf, was unter einer ‚Ableitung' von Gesetzen aus Daten methodisch zu verstehen ist.

Offensichtlich beschränkt sich BACON auf die Entdeckung numerischer Relationen zwischen zwei Variablen. Nachfolgesysteme wurden dahingehend erweitert, daß mehr als zwei Variablen ausgewertet werden können.[126] Die Strategie besteht darin, auf einer 1. Stufe wie das Ausgangssystem von BACON eine numerische Relation zwischen zwei empirischen Variablen (wie z. B. Druck P und Volumen V beim Boyleschen Gasgesetz) zu konstatieren. Der dabei gebildete theoretische Term (wie z. B. $A = PV$) wird auf einer 2. Stufe wie ein empirischer Term behandelt. Seine Werte (z. B. a) werden mit einer weiteren Meßgröße verglichen (z. B. Temperatur T), um so eine neue Gesetzesrelation zu entdecken (im Fall der Gasuntersuchung die lineare Beziehung $a = bT + c$ mit Steigung b und Abschnitt c). Auf einer 3. Stufe können die theoretischen Terme der 2. Stufe (im Gasbeispiel b und c) erneut als empirische Variablen ausgewertet werden, um neue Gesetzesrelationen zu entdecken (im Gasbeispiel die linearen Relationen $b = dN$ und $c = eN$ mit der Gasmenge N und den jeweiligen Steigungen d und e) etc.

Im Fall der Gasanalyse wird das Gesetz des idealen Gases in drei Entwicklungsstufen entdeckt, d. h. $PV = a$ auf der 1. Stufe, $PV = bT + c$ auf der 2. Stufe und $PV = dNT + eN$ durch passende Substitution der linearen Beziehungen $b = dN$ und $c = eN$ auf der 3. Stufe. Setzt man die entsprechenden Meßgrößen für d und e ein, ergibt sich die Standardversion $PV = 8{,}32N(T + 273)$ des Gesetzes. Das verwendete Nachfolgesystem von BACON geht also nicht mehr davon aus, daß es eine a priori Trennung zwischen empirischen Daten und Gesetzesrelationen gibt. Diese Unterscheidung kann auf beliebigen Entdeckungsstufen relativiert werden, indem vormals theoretische Terme auf neuen Stufen als abhängige Variablen für neue Gesetzesrelationen verwendet werden. Dem System gelingt damit die heuristische Ableitung (‚Entdeckung') komplexer Gesetze.

126 Es handelt sich zunächst um BACON 3. Vgl. auch P. Langley, Rediscovering physics with BACON 3, in: Proc. Intern. Joint Confer. on Artificial Intelligence 1979; P. Langley/H. A. Simon/ G. L. Bradshaw/ J. M. Zytkow, s. Anm. 114, 86 ff.

Allerdings bleibt auch in diesem Fall eine prinzipielle erkenntnistheoretische Grenze der heuristischen Programme: Sie bleiben auf die Entdeckung numerischer quantitativer Relationen verwiesen. Qualitative Relationen, wie sie z. B. in der Chemie bei Strukturformeln auftreten, sind dem System verschlossen. Ein Entwicklungsschritt in diese Richtung ist Simons Erweiterung der BACON-Programme um intrinsische Eigenschaften, die nominalen Variablen zugeordnet werden. Beispiel einer nominalen Variable ist der unabhängige Term ‚Material', dem als nominale Werte ‚Silber', ‚Eisen', ‚Blei' etc. zugeordnet werden. Als intrinsischer Wert kann z. B. ‚Dichte' eingeführt werden, dessen numerische Werte den nominalen Werten des Terms ‚Material' zugeordnet werden.

Ein Gesetz, das von solchen Erweiterungssystemen entdeckt werden kann, ist z. B. das Gravitationsgesetz, das eine Anziehungskraft F zwischen zwei Objekten o_1 und o_2 im Abstand d konstatiert. Die intrinsischen Eigenschaften sind die Gravitationsmassen m_1 und m_2 der beiden Objekte, d. h. $F = Gm_1m_2/d^2$ für eine Konstante G.

Ein zentrales theoretisches Konzept, das die Suche nach physikalischen Gesetzen leitet, ist die Annahme von Symmetrien und Erhaltungsgrößen in der Natur. Dabei handelt es sich um Eigenschaften von möglichen Gesetzen, die unter bestimmten Umständen als theoretische Ziele formuliert werden. Indem sie durch geeignete heuristische Regeln in ein heuristisches Programm eingebaut werden, erhält man ein wenigstens teilweise ‚theory-driven' System. Symmetrieannahmen verkürzen zudem die Liste der zu prüfenden Parameter einer Behauptung und erhöhen damit die Geschwindigkeit des Systems.[127]

Die Symmetrieheuristik, mit der Simon das BACON-System erweitert, ist denkbar einfach. In einer ersten Regel werden analoge Terme eingeführt. Es wird von zwei Objekten ausgegangen, die jeweils mit derselben Variablen verbunden sind. Für die Variablen des einen Objektes sei eine Gesetzesrelation mit einem theoretischen Term T_2 konstatiert. Dann

127 Zur Verwendung von Symmetriekonzepten in der Wissenschaftsgeschichte vgl. auch K. Mainzer, Symmetrien der Natur. Ein Handbuch zur Natur- und Wissenschaftsphilosophie, Berlin/New York 1988.

definiert BACON einen analogen Term T_1 für die Variablen, die mit dem anderen Objekt verbunden sind, und stellt das Ziel auf, nach einer Symmetrie zwischen beiden Termen T_1 und T_2 zu suchen. Der entscheidende Schritt bei der Symmetriesuche besteht darin, eine lineare Relation zwischen den Termen T_1 und T_2 festzustellen oder zu verwerfen.[128]

Ein einfaches Beispiel ist Snells Brechungsgesetz $\sin \theta_1/n_1 = \sin \theta_2/n_2$ für Lichtstrahlen, die in ein Medium (z. B. Wasser, Öl, Glas) mit Brechungsindex n_1 und Einfallwinkel θ_1 eintreten und ein zweites Medium mit Brechungsindex n_2 und Ausfallwinkel θ_2 verlassen.[129]

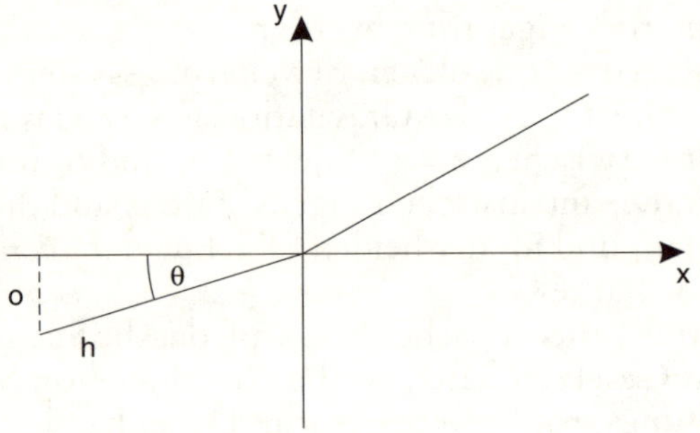

Abb. 4.15

In der Abb 4.15 trennt die y-Achse die beiden Medien. Die x-Achse geht senkrecht durch den Schnittpunkt des Lichtstrahls mit der y-Achse. Es wird deutlich, daß trigonometrische Winkelangaben für Brechungswinkel θ_i durch Kombinationen von Längenangaben o_i und h_i vermieden werden können, d. h. $\sin \theta_i = o_i/h_i$. Die entscheidenden Schritte von BACON bei der Gesetzessuche bestehen darin, daß zunächst für beide Medien analoge theoretische Terme $T_1 = o_1/h_1n_1$ und $T_2 = o_2/h_2n_2$ gebildet werden und dann für beide Terme eine lineare Relation $T_2 : T_1 = 1{,}0$ konstatiert wird. Entsprechende Umformung

128 Dazu auch P.Langley/G. L. Bradshaw/H. A. Simon, BACON 5: The Discovery of Conservation Laws, in: Proceedings of the 7th Intern. Joint Conference on Artificial Intelligence 1981.

129 Vgl. Anm. 117, 175 ff.

und Substitution ergibt unmittelbar die Standardversion von Snells Gesetz.

Die Analyse von Daten führt häufig zu mehreren Symmetriehypothesen, die dann durch empirische Prüfung bestätigt oder verworfen werden müssen. Ein Beispiel ist die Entdeckung von Blacks Gesetz spezifischer Wärme. Zwei Behälter mit Flüssigkeiten M_1 und M_2 unterschiedlicher Anfangstemperatur F_1 und F_2 werden in unmittelbarem Kontakt zusammengesetzt. Dann entspricht der Wärmeverlust des wärmeren Behälters dem Wärmezuwachs des kälteren Behälters, d. h.

$$(4.29) \qquad c_1 M_1 (F_1 - F_1^*) = c_2 M_2 (F_2^* - F_2),$$

wobei F_1^* und F_2^* die Temperatur der Behälter zu einem späteren Zeitpunkt und c_1 und c_2 intrinsische Eigenschaften der beiden Flüssigkeiten, nämlich ihre jeweilige spezifische Wärme sind.

BACON beginnt nun damit, die Terme für einen Flüssigkeitsbehälter zu testen und zu kombinieren. Bei der Variation von F_2 wird eine lineare Relation mit F_2^* mit Steigung $a = 1,0$ konstatiert. Für die Differenz $F_2^* - aF_2$ wird ein konstanter Wert festgehalten.

Auf der nächsten Untersuchungsstufe wird die Masse M_2 variiert. Der Term $F_2^* - aF_2$ nimmt ab, wenn M_2 zunimmt. Daher wird das Produkt $M_2(F_2^* - aF_2)$ gebildet, seine Werte berechnet und als Konstante erkannt.

Auf der dritten Untersuchungsstufe wird eine intrinsische Eigenschaft d_2 auf der Grundlage der Werte von $M_2(F_2^* - aF_2)$ eingeführt, die sich als umgekehrt proportional zu Blacks spezifischer Wärme c_2 erweist. Der Bruch $e = M_2(F_2^* - aF_2)/d_2$ erweist sich als Konstante $1,0$.

Damit hat BACON die Relationen zwischen den vier Termen eines Körpers aufgestellt. Es gibt zwei theoretische Terme, für die gemäß Symmetrieheuristik von BACON analoge Terme gebildet werden können, nämlich

$$(4.30) \qquad T_2 = \frac{M_2(F_2^* - aF_2)}{d_2}$$

mit dem analogen Term

$$(4.31) \qquad T_1 = \frac{M_1(F_1^* - aF_1)}{d_1} \qquad \text{und}$$

$$(4.32) \qquad T_2' = \frac{F_2^* - ed_2/M_2}{F_2}$$

mit dem analogen Term

$$(4.33) \qquad T'_1 = \frac{F^*_1 - ed_1/M_1}{F_1} \quad .$$

Empirische Überprüfung der Daten zeigt, daß nur für T_2 und T_1 eine lineare Relation (mit Steigung -1 und Abschnitt 0) nachgewiesen werden kann, während sie für T'_2 und T'_1 verworfen wird. Aus $T_1 = -T_2$ ergibt sich sofort Blacks Gesetz, wenn man $1/d_i$ durch c_i und a durch die Einheit ersetzt.

Analog entdeckt BACON auch den Impulserhaltungssatz

$$(4.34) \qquad m_1(V_1 - V^*_1) = m_2(V^*_2 - V_2),$$

wobei m_1, m_2 die Massen zweier Körper sind, die mit einer Geschwindigkeit V_1 und V_2 zusammenstoßen und nach dem Zusammenstoß die Geschwindigkeiten V^*_1 und V^*_2 besitzen.

Man könnte an dieser Stelle einwenden, daß BACON solche Erhaltungssätze nur durch syntaktische Zeichenanalysen und heuristische Kombinationsregeln „entdeckt" und kein „inhaltliches" Konzept von Erhaltungssätzen voraussetzt. Es bleibt allerdings zu berücksichtigen, daß in der Wissenschaftsgeschichte ein generelles physikalisches Konzept von Erhaltungssätzen auch erst zu einem späteren Zeitpunkt formuliert wurde, nachdem faktisch bereits Erhaltungssätze gefunden waren. Simon schlägt daher ein heuristisches Programm vor, das auf die Entdeckung von Erhaltungssätzen spezialisiert ist.

Seien A und B zwei Objekte, mit denen eine Variable X verbunden ist. C sei ein weiteres Objekt, das aus einer Kombination von A und B entsteht. Dann heißt die Größe X extensiv, falls $X_A + X_B = X_C$ gilt, d. h. bei der Kombination von A und B zu C ist die Größe X additiv. In diesem Sinn sind Masse und Volumen in vielen Fällen extensive Größen. Man könnte auch sagen, daß die Größe X extensiv ist, falls sie bei der Kombination der Objekte A und B zu C erhalten bleibt.

Im Unterschied dazu bleibt eine intensive Größe nicht erhalten. In einem eingeschränkten Sinn heißt eine Variable X intensiv, falls eine der Relationen $X_A < X_C < X_B$ oder $X_B < X_C < X_A$ gilt, d. h. der Wert des kombinierten Systems C liegt zwischen den entsprechenden Werten der beiden Teilsysteme A und B. Ein Beispiel für eine intensive Größe ist offenbar die Dichte eines Körpers.

Am Beispiel von Masse M, Volumen V und Dichte D = M/V wird deutlich, daß der Bruch zweier extensiver Größen eine intensive Größe ergibt. Wegen M = VD läßt sich der Erhaltungssatz $M_A + M_B = M_C$ in Termen der Summe $V_A D_A + V_B D_B = V_C D_C$ analysieren. Falls nun eine intensive Größe gegeben ist, liegt es nahe, daß sie als Bruch zweier extensiver Größen ausgedrückt werden kann. Falls eine intensive und eine extensive Größe direkt beobachtet werden kann, ist es möglich, daß ihr Produkt eine nicht beobachtbare extensive Größe bildet. Damit ist die Aussage äquivalent, daß die Größe erhalten bleibt. Simon formuliert daher die heuristische Regel:[130]

(4.35) *Postulate-extensive:*
Falls das System einen *Erhaltungssatz sucht* und I eine intensive Größe und E eine extensive Größe ist, *dann* wird ein *extensiver* Term C gefordert, der als Produkt von E und I *definiert* ist, und *geprüft,* ob C *erhalten* bleibt.

Wenn die abgeleitete extensive Größe nicht erhalten bleibt, wird eine neue intrinsische und intensive Größe I betrachtet, um eine neue mögliche Erhaltungsgröße zu definieren und zu prüfen.

(4.36) *Postulate-intensive:*
Falls C eine geforderte *extensive* Größe ist, die als Produkt von E und I definiert ist, und C *nicht erhalten* bleibt, und I eine intensive Größe und E eine extensive Größe ist, *dann* wird ein *intrinsischer* und *intensiver* Term J gefordert, und C als Produkt von J, I und E erneut *definiert* und *geprüft,* ob C *erhalten* bleibt.

Trotz solcher schrittweiser Ergänzungen bleiben heuristische Programme à la BACON auf die Entdeckung numerischer Relationen eingeschränkt. Für die Entdeckung qualitativer Gesetze werden neue Systeme vorgeschlagen, die symbolische Datenfolgen verarbeiten, wie sie z. B. bei chemischen Formeln auftreten. Simon untersucht verschiedene heuristische Programmsysteme, die verschiedenen historischen Epochen der Chemiegeschichte angepaßt sind. Die qualitativen Daten werden in einer prädikativen Form dargestellt, die an semantische Netze erinnern. Man betrachte als Beispiel eine chemische

130 Vgl. Anm. 117, 187 ff.

Reaktion, wonach HCl mit NH_3 reagiert, um das Amoniumchlorid NH_4Cl zu bilden. Diese Beobachtungstatsache wird dargestellt als

(4.37) (reacts inputs{HCl NH_3}outputs{NH_4Cl}).

Das Prädikat lautet ‚reacts' mit den beiden Argumenten ‚inputs' und ‚outputs'. Das heuristische Programm GLAUBER, dessen Name an den deutschen Chemiker J. R. Glauber aus dem 17. Jh. erinnern soll,[131] hat das Ziel, aus einer Menge solcher Fakten eine Menge von Gesetzen zu finden, die alle beobachteten Daten aufsummieren. An die Stelle spezieller Substanzen treten die gemeinsamen Namen für Klassen von Substanzen, um größere Allgemeinheit zu erreichen. Eine Gesetzesform, die ein weiteres Reaktionsbeispiel abdeckt, lautet

(4.38) (reacts inputs{acid alcali}outputs{salt}),

wobei HCl durch den allgemeinen Namen ‚acid' (Säure), NaOH durch ‚alcali' (Alkalien) und NaCl durch ‚salt' (Salz) ersetzt wurde. Um eindeutige Gesetzesaussagen zu erhalten, sind jedoch logische Quantoren notwendig. Im Beispiel wäre es falsch, alle Substanzklassen mit dem Allquantor zu quantifizieren. Sinnvoll ist die Aussage ‚Jede Säure verbindet sich mit jeder Alkalie zu einem Salz', also quantorenlogisch

(4.39) $\bigwedge a \in \text{acid} \bigwedge k \in \text{alcali} \bigvee s \in \text{salt}$
(reacts inputs {a k} outputs {s})

oder kurz ohne mengentheoretische Notation

(4.40) $\bigwedge \text{acid} \bigwedge \text{alcali} \bigvee \text{salt}$
(reacts inputs {acid alcali} outputs {salt}).

Das GLAUBER-System hat also als Anfangszustand eine Liste von Fakten mit ausschließlich konstanten Termen.[132] Der Zielzustand ist eine Liste von Gesetzen, die solche Fakten in Klassen gruppieren und definieren. Die Operatoren, die die-

131 Vgl. auch J. R. Partington, A Short History of Chemistry, New York 1965, 57 ff.

132 Vgl. Anm. 117, 196 ff.

sen Zielzustand herbeiführen sollen, müssen also einerseits die passenden Quantoren für diese Klassen einführen. Als Heuristik wird für die Definition der Klassen die Devise befolgt, möglichst analoge Fakten zu gruppieren. Falls die Daten es erlauben, soll ferner universell quantifiziert werden.

Ein weiteres Programm, das den Namen des Chemikers G. E. Stahl führt[133], ist der chemischen Analyse gewidmet. Der Anfangszustand des STAHL-Programms umfaßt eine Liste von chemischen Reaktionen und den beteiligten Substanzen. Der Zielzustand besteht aus den Komponenten jeder dieser chemischen Verbindungen. Die Operatoren der Problemlösungsheuristik von STAHL haben entsprechende Aufgaben. Sie entscheiden über die Komponenten einer Substanz, löschen überflüssige Substanzen, die auf beiden Seiten der Reaktion auftreten, ersetzen eine Substanz in einer Reaktion mit ihren Komponenten und identifizieren zwei Komponenten oder zwei Verbindungen als gleich.[134]

GLAUBER und STAHL berücksichtigen keine chemischen Strukturmodelle. Wissenschaftshistorisch publizierte J. Dalton erstmals 1808 seine Version eines chemischen Atommodells zur Erklärung chemischer Eigenschaften.[135] Ein heuristisches Programm, das chemische Modelle entwickeln soll, trägt daher den Namen dieses Chemikers. Der Anfangszustand von DALTON besteht aus einer Liste von Reaktionen und Komponenten der beteiligten Substanzen. Der Zielzustand ist ein Modell jeder Substanz mit den Atomen jeder Komponenten, ferner ein Modell jeder Reaktion mit den Molekülen jeder Substanz. Die Problemlösungsoperatoren stellen z. B. die Anzahl fest, wie oft eine Substanz in einer Reaktion vorkommt und wieviele Atome einer Substanz in einem gegebenen Molekül enthalten sind. Als Heuristik gilt z. B. die Devise, daß einfache Modelle den komplexeren vorzuziehen sind.[136]

---

133 Vgl. auch J. R. Partington, s. Anm. 131, 85 ff.

134 Vgl. Anm. 117, 226.

135 Vgl. K. Mainzer, John Dalton, in: J. Mittelstraß (Hrsg.), s. Anm. 114, 425; E. C. Patterson, John Dalton and the Atomic Theory. The Biography of a Natural Philosopher, Garden City N. Y. 1970.

136 Vgl. Anm. 117, 259 ff.

DALTON hat das gleiche Ziel wie DENDRAL, nämlich die Entwicklung chemischer Strukturmodelle. Allerdings ist DALTON der historischen Situation im Zeitalter J. Daltons angepaßt und produziert einfache Modelle, während DENDRAL ein Expertensystem heutiger organischer Chemie mit entsprechend umfangreicherem Basiswissen darstellt.

Simons heuristische Programme repräsentieren unterschiedliche Aspekte im Forschungsprozeß. BACON sucht quantitative Gesetze, GLAUBER verallgemeinert qualitative Gesetze, STAHL analysiert die Komponenten von Substanzen und DALTON formuliert strukturelle Modelle. Es liegt nahe, diese verschiedenen Aspekte in einem integrierten heuristischen Programm zu verbinden. Der gemeinsame Rahmen dieser Programme ist einerseits dieselbe Programmiersprache. Andererseits wird jedes System als heuristisches Suchprogramm beschrieben, das von verschiedenen Anfangszuständen ausgeht, um mit unterschiedlichen Operatoren, die als heuristische Regeln formuliert sind, charakteristische Zielzustände herbeizuführen (vgl. Kap.3.24). Bei einer Integration dieser Programme bleiben die Operatoren erhalten.

Um die Einzelprogramme als Komponenten eines Gesamtprogramms hintereinander schalten zu können, müssen die Eingangsdaten des Folgeprogramms als Ausgangsdaten eines vorgeschalteten Programms interpretiert werden. Nachdem z. B. GLAUBER qualitative chemische Gesetze entdeckt hat, könnte BACON entsprechende quantitative Relationen liefern. Ein Hybridprogramm von GLAUBER und STAHL kann in beiden Richtungen zusammenarbeiten. STAHL mag die Komponenten in den Substanzen analysieren, für die GLAUBER vorher ein chemisches Gesetz geliefert hat. Umgekehrt kann GLAUBER chemische Gesetze von Komponenten chemischer Verbindungen entdecken, die STAHL vorher analysiert hat.

Da die Suchziele des einen Programms die Problemlösungsstrategien des anderen Programms beeinflussen, handelt es sich nicht einfach um additive Hintereinanderschaltungen von Programmen. Das heuristische Ganze eines Hybridprogramms ist mehr als die Summe seiner heuristischen Teilprogramme. Faktisch können so zusätzliche Gesetze und Ergebnisse entwickelt werden. Bei einem Hybridprogramm STAHL-DALTON könnten die chemischen Analysen von STAHL den Grund für die Modellentwicklung von DALTON legen. Selbst ein Hybridprogramm BACON-GLAUBER-STAHL-DALTON deckt natürlich nur Teilaspekte des Forschungsprozesses ab. Forschung besteht nämlich nicht nur in der Entdeckung von Gesetzen und Entwicklung von Theorien. In den Experimentalwissenschaften besteht ein zentraler Schritt häufig darin, im richtigen Moment das passende Experiment vorzuschlagen. Simon hat dazu ein Programm entwickelt, das an einem historischen Entdeckungsprozeß orientiert ist. Gemeint ist sein Programm KEKADA, das eine biochemische Entdeckung von H. Krebs (1935) simuliert.[137] Der Name des Programms leitet sich von dem Hindu-Synonym für das deutsche Wort ‚Krebs' ab. Simon hat dazu nach Art eines Wissensingenieurs die Laborberichte von Krebs in Produktionsregeln übersetzt.

Das System verfügt über Komponenten für Hypothesenerzeugung, Experimentvorschläge etc., die jeweils durch Blöcke von Produktionsregeln charakterisiert sind. In der Abb 4.16 ist die Funktion und Verschaltung dieser Komponenten dargestellt.[138]

So stellt z. B. eine eigene Systemkomponente die Erwartungswerte für Experimente in vier Regeln fest. Sie werden vom System mit den faktischen Ergebnissen der ausgeführten Experimente verglichen, um so abschätzen zu können, ob ein Experiment mehr oder weniger überraschende Ergebnisse liefert. Ein Hypothesengenerator ist durch acht heuristische Produktionsregeln bestimmt. Sie lauten z. B.:

(HG1) Falls ein überraschendes Ergebnis (eines Experiments) die Substanz A als einen Reaktanten enthält, dann stellt das System die Hypothese auf, daß es eine Klasse von Substanzen mit A (oder ihren Ableitungen) gibt, die dasselbe Ergebnis produziert.

137 F. L. Holmes, Hans Krebs and the discovery of the ornithine cycle, in: Federation Proceedings of American Societies for Experimental Biology 39 1980, 216-225.

138 D. Kulkarni/H. A. Simon, The process of scientific discovery: The strategy of experimentation, in:Cognitive Science 12 1988, 139-175.

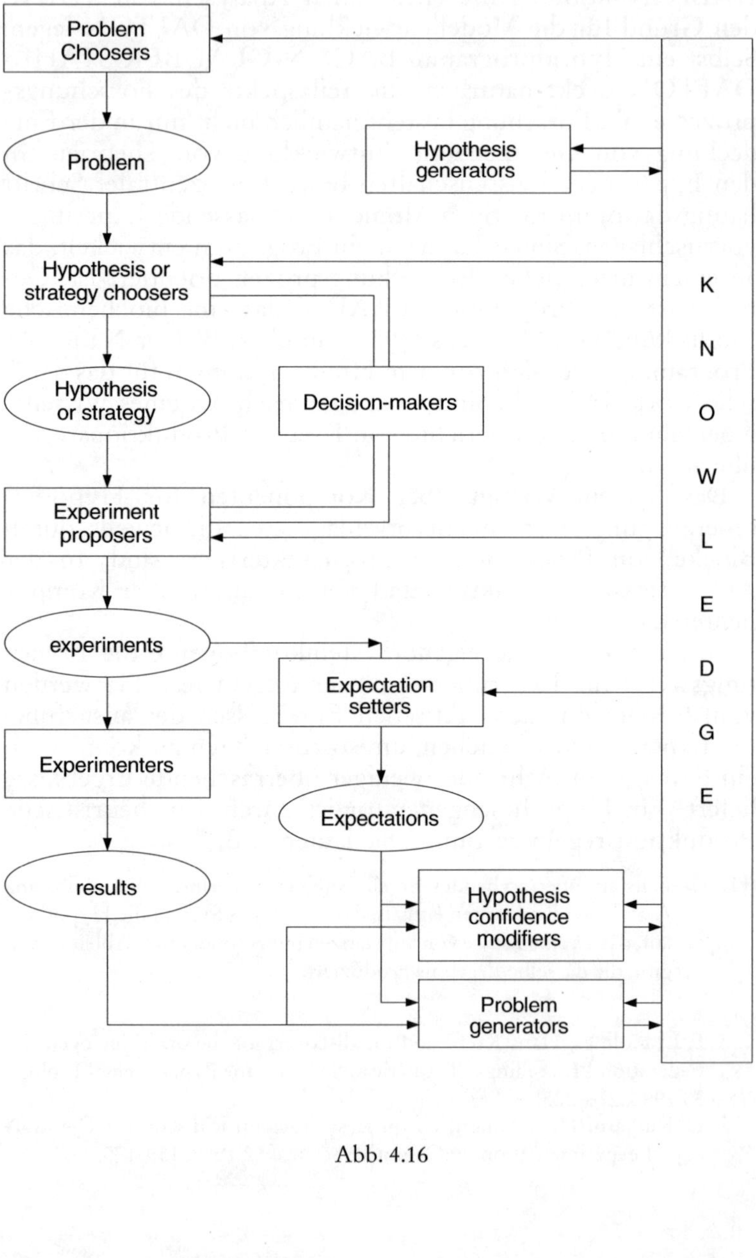
Problem Choosers
Problem
Hypothesis generators
Hypothesis or strategy choosers
K N O W L E D G E
Hypothesis or strategy
Decision-makers
Experiment proposers
experiments
Expectation setters
Experimenters
Expectations
results
Hypothesis confidence modifiers
Problem generators

Abb. 4.16

(HG7) Falls das Ergebnis aus A und aus B verschieden von der Summe der Ergebnisse aus A und B ist, dann stellt das System die Hypothese auf, daß es eine gemischte Reaktion aus A und B gibt. Andernfalls wird angenommen, daß der Effekt additiv ist.

Eine der Produktionsregeln der Komponente ‚Hypothesen-Veränderer' (Hypothesis-modifiers) stellt z. B. fest:

(HM1) Falls A und B reagieren, um C zu produzieren und B nicht ohne A reagiert und das Produktionsausmaß groß gegenüber dem Ausmaß von A ist, dann schließt das System, daß A ein Katalysator ist.

Die Komponente ‚Experiment-Vorschlager' (Experiment-proposer) umfaßt acht Produktionsregeln wie z. B.

(EP2) Falls das System ein Phänomen mit A als Reaktant untersucht und es eine Hypothese gibt, daß A die Substanz C mit B als Zwischenprodukt produziert, dann sind Experimente mit A und B auszuführen und Formationsraten von C aus A und aus B miteinander zu vergleichen.

(EP3) Falls das System ein Phänomen mit A als Reaktant untersucht und es eine Hypothese gibt, daß A und B reagieren, um C zu bilden, dann sind Experimente mit A und B in Kombination und mit A und B separiert auszuführen.

Die Regeln sind in KEKADA wieder in einer LISP-verwandten Programmiersprache formuliert. Die Komponente ‚Problem-choosers' entscheidet, welches Problem das System bearbeiten soll. ‚Hypothesis-proposers' und ‚Strategy-proposers' wählen die zu bearbeitenden Strategien aus. Die Komponente ‚Experiment-proposers' schlägt die auszuführenden Experimente vor. Experimentergebnisse werden durch ‚Hypothesis-modifiers' und ‚Confidence- modifiers' interpretiert.

Es ist offensichtlich, daß Regeln festlegen, wann ein experimentelles Resultat ein „überraschendes" Phänomen ist. Wissenschaftliche Entdeckung wird nun ein gradueller Prozeß, der durch eine Problemlösungsheuristik gelenkt wird. Wissenschaftliche Entdeckungen und Innovationen sollen, so das Ziel der Autoren dieser wissensbasierten Systeme, nicht länger irrationale und mystische Ereignisse sein, sondern lehr- und lernbare Vorgänge. Allerdings bleiben wissensbasierte Systeme grundsätzlich auf regelbasiertes Wissen und regelbasierte Verfahren verwiesen. Ein Wissensingenieur muß (wie im ‚statement view' der Wissenschaftstheoretiker) den Forschungsprozeß analysieren, in heuristische Regeln und schließlich in eine Programmiersprache übersetzen. Das gelingt, wie die Beispiele der BACON-Systeme zeigen, für überraschend viele Beispiele wissenschaftlicher Entdeckungen.

Gleichwohl ist klar, daß sich Forschung so nicht ‚automatisieren' läßt. Bestenfalls wird der Entdeckungsprozeß computergestützt. In vielen Fällen präzisieren solche Regeln Datenstrukturen zur formalen Repräsentation von Innovationsprozessen. Der jeweilige ‚Welthorizont' eines menschlichen Experten kann jedoch durch solche Systeme nicht abgebildet werden. Das ist nicht nur eine Frage der Speicherbegrenzung. Häufig ist sich der menschliche Experte seines genauen Wissens und der verwendeten Regeln nicht bewußt, so daß sie durch den Wissensingenieur nicht erfaßt werden. Widersprüche, Fehlertoleranzen, zeitliche Änderungen des Wissens sind nicht berücksichtigt. Lernprozesse müssen durch ‚Nachbesserungen' eingearbeitet werden. Diese Aspekte menschlicher Intuition und Kreativität bleiben also den wissensbasierten Systemen verschlossen.

4.33 Wissenschaftstheorie und Maschinenprogramme

Um Forschungprozesse mit Computerprogrammen zu analysieren, müssen Beobachtungen, Gesetze, Theorien, Begriffe und Problemlösungen in Datenstrukturen repräsentiert werden. Um die vielfältigen Aspekte zu erfassen, sind offenbar reichhaltigere Strukturen notwendig, als sie aus logischen Modellen bekannt sind. In LISP-verwandten Wissenschaftssprachen können Resultate von Beobachtungen und Ableitungen durch Datenlisten repräsentiert werden, die an Formeln des Prädikatenkalküls oder Fakten von Produktionssystemen erinnern.[139]

Eine ‚Message' (Botschaft) ist eine Liste mit folgenden Informationen: Prädikat, Argument, Wahrheitswert, Überzeugungsgrad, Message-Name. Die Beobachtung, daß der Mars

139 J. Holland/K. Holyoak/R. Nisbett/P. Thagard, Induction: Processes of Inference, Learning, and Discovery, Cambridge (Mass.) 1986.

die Farbe rot hat oder die Annahme, daß der Mars Leben hat, kann durch die folgenden Message-Beispiele repräsentiert werden:

(rot (Mars) wahr 1 Beobachtung-2)
(hat-Leben (Mars) falsch 0,7 Hypothese-26)

Der Name ‚Beobachtung-2' oder ‚Hypothese-26' gibt die Möglichkeit, die entsprechende Message abzuspeichern oder aufzurufen. Gesetze werden als Regeln notiert, für die ebenfalls weitere Daten wie Bestätigungsgrad, Name etc. in einer Datenstruktur festgehalten werden:[140]

Name	Regel-18
Datentyp	Regel
Anwendung	Kupfer
Bedingung	Falls x Kupfer ist
Aktion	dann leitet x Elektrizität
Bestätigungsgrad	0,7

Für LISP-Programmierer erinnert diese Datenstruktur an eine Eigenschaftsliste für das Atom Regel-18. Aber auch in PASCAL oder FORTRAN bieten sich Übersetzungsmöglichkeiten an. Für Logiker handelt es sich um eine ‚Wenn-Dann' Aussage. Datenstrukturen dieser Art sind als ‚Rahmen' (frames) bekannt, die sich auch in der Wissenschaftstheorie verwenden lassen. Um z. B. einen physikalischen Begriff zu repräsentieren, werden wie üblich bei ‚frames' Kennzeichnungen in den jeweiligen ‚slots' eingegeben.

Dabei bleiben diese Datenstrukturen keineswegs auf die Grunddogmen des Formalismus oder logischen Empirismus eingeschränkt, wonach Theorien und ihre Grundbegriffe durch korrekte und vollständige Axiomatisierung zu erfassen sind. In der Philosophie kritisieren der späte Wittgenstein, Putnam, Kuhn u. a. das traditionelle Konzept von notwendigen und hinreichenden Bedingungen zur Präzisierung eines Begriffs. Im Alltage wie in der Wissenschaft wird vielmehr auf Prototypen, Paradigmen etc. zurückgegriffen, die durch typische Anwen-

140 P. Thagard, Computational Philosophy of Science, Cambridge (Mass.) 1988, 16 ff.

dungsbeispiele bestimmt sind, weniger durch abgeschlossene abstrakte Bestimmungen.

Ein anderer Vorteil von ‚frames' und ‚schemes' in der Wissenschaftstheorie: Analoge Datenstrukturen mit ähnlichem formalen Aufbau können verglichen werden, um erfolgreiche Problemlösungen von einem Gebiet auf ein anderes mehr oder weniger modifiziert zu übertragen. Wissenschaftliche Theorien können als Computerprogramme mit Konzepten, Regeln und Problemlösungen dargestellt werden. Der entscheidende Vorteil dieser Repräsentation gegenüber traditionellen Theoriedarstellungen in Axiomensystemen (‚statement view') und mengentheoretischen Strukturen (‚non-statement view') besteht darin, daß ‚frames' und ‚schemes' den Problemlösungsschemata ähneln, die im wissenschaftlichen Alltag tatsächlich verwendet werden.[141]

Eine Theorie ist keine explizite Datenstruktur wie z. B. eine Regel. Sie besteht vielmehr aus einer Menge verbundener Strukturen. Für z. B. die Wellentheorie des Schalls läßt sich das neue Konzept der Schallwelle durch Kombination von Datenstrukturen für Schall und Welle angeben:[142]

Name	Wellentheorie des Schalls
Konzepte	Schall, Welle
Theoretisches Konzept	Schallwelle
Regel	Wenn x Schall ist, dann ist x eine Welle Wenn x Schall ist, dann ist x eine Schallwelle
Problemlösungsziel	Erklärung, warum Schall sich ausbreitet Erklärung, warum Schall reflektiert

Die Konzeptkombination von Schall mit Welle erlaubt als Problemlösung eine Erklärung, warum Schall sich ausbreitet und reflektiert. Ein Programm ist zwar ein syntaktisches System. Aber die programmgesteuerte Informationsverarbeitung wird durch Datenstrukturen gelenkt, die sich am besten in semantischen und pragmatischen Termen verstehen lassen. Die Se-

141 M. Minsky, A framework for representing knowledge, in: P. H. Winston (ed.), The Psychology of Computer Vision, New York 1975, 211-277.

142 P. Thagard/K. Holyoak, Discovering the wave theory of sound: induction in the context of problem solving, in:Proceedings of the 9th Intern. Joint Conf. on Artificial Intelligence, Los Altos 1985, 610-612.

mantik ergibt sich durch Wechselbeziehungen von Regeln und Konzepten. Die Pragmatik kommt in den Zielen und im Kontext eines Programms zum Ausdruck.

So läßt sich Newtons Mechanik als komplexes Problemlösungsschema auffassen, in dem bereits verschiedene Konzepte als Teilprogramme vorausgesetzt werden und dessen semantische und pragmatische Aspekte im Aufbau und Verwendungszweck der Datenstrukturen zum Ausdruck kommen. Analog zu einer formalen Theorie bleibt die Abhängigkeit von der Ausdrucksstärke der verwendeten Sprache (in diesem Fall einer Programmiersprache) bestehen.[143]

Name	Krafttheorie der Mechanik
Konzepte	Masse, Beschleunigung
Theoretisches Konzept	Kraft = Masse × Beschleunigung
Regeln	1) Wenn auf α die Kraft β wirkt und α die Beschleunigung γ erfährt, dann ist (Masse von α)(γ) = β 2) $\delta = \theta$
Problemlösungsziele	Erklärungen von Galileis Fallgesetz, Keplers Planetengesetz etc.

Ein richtiger Gebrauch des Schemas ‚Krafttheorie' verlangt, daß jedes α durch einen Ausdruck ersetzt wird, der sich auf das Untersuchungsobjekt bezieht. Das Auftreten von β muß durch einen algebraischen Ausdruck ersetzt werden, der sich auf eine Funktion mit den Variablen der Orts- und Zeitkoordinaten bezieht. γ ist durch einen Ausdruck zu ersetzen, der die Beschleunigung des betreffenden Körpers als eine Funktion seiner Koordinaten und ihrer Ableitungen nach der Zeit angibt. δ wird durch einen Ausdruck ersetzt, der sich auf die Koordinatenvariablen des Körpers bezieht, während θ durch eine explizite Zeitfunktion zu ersetzen ist.

Versteht man Paradigmen als Standardmuster für Problemlösungen, dann sind KI-Schemata von Theorien in der Tat nahe am tatsächlichen Forschungsprozeß in den Wissenschaften. Jeder Mathematiker, Physiker etc., aber auch z. B. jeder Ju-

143 Vgl. auch P. Kitcher, Explanation, conjunction, and unification, in: Journal of Philosophy 73 1976, 207-212.

rist weiß, daß wissenschaftliche Arbeit nicht in der Reproduktion von abstrakten Gesetzen besteht. Der Student ebenso wie der Wissenschaftler dieser Disziplinen löst keinen einigen Fall, wenn er aus der Vorlesung oder aus Lehrbüchern Definitionen und Gesetze wiedergibt. Es handelt sich vielmehr um Datenstrukturen, deren semantisches Verständnis und deren pragmatische Anwendung in der konkreten Problemlösung zum Ausdruck kommt. Eine Theorie wird durch Problemlösung und Modellierung für konkrete Anwendungsbeispiele gelernt. Die Datenstruktur einer Theorie beschreibt daher einen Prototyp von Problemlösungsfällen – nicht mehr und nicht weniger.

Im Unterschied zu Kuhns psychologisierender Beschreibung erweisen sich Datenstrukturen als formale Präzisierungen, die sogar maschinell verarbeitbar sind, ohne jedoch die wissenschaftstheoretischen Überforderungen des Forschungsprozesses durch die Vollständigkeits- und Widerspruchsfreiheitsanforderungen des Formalismus und logischen Empirismus zu übernehmen. Damit zeichnet sich auch ab, wie im ‚program view' die alte wissenschaftstheoretische Frage nach der Entstehung von Bedeutung zu beantworten ist. Searles Kritik, daß syntaktische Systeme wie Computerprogramme prinzipiell kein Verstehen und keine Bedeutungen erzeugen können, erweist sich jedenfalls als überzogen. Auch die Suche nach einem Verifikationskriterium, nach Korrespondenzregeln oder empirischen Definitionen im Sinne von Carnap, Hempel u. a. erweist sich als nicht adäquat.[144]

Pragmatischen Kritikern wie z. B. J. Dewey[145], aber auch der späte Wittgenstein, die Bedeutung von Termen durch Gebrauch und Handlung erklären und vollständige und eindeutige Definitionsansprüche als illusionär und dem faktischen

144 Zur historischen Kritik vgl. auch L. Laudan, Historical methodologies: an overview and manifesto, in: P. Asquith/H. Kyburg (eds.), Current Research in Philosophy of Science, East Lansing: Philosophy of Science Association 1979, 40-54.

145 J. Dewey, Essays in Experimental Logic, Chicago 1916; K. Mainzer, Instrumentalismus und Naturalismus in der technisch-wissenschaftlichen Lebenswelt, in: J. Speck (Hrsg.), Grundprobleme der großen Philosophen. Philosophie der Neuzeit V, Göttingen 1991, 170-209.

Forschungsprozeß nicht entsprechend zurückwiesen, sind allerdings nur Vorläufer des wissenschaftstheoretischen ‚program view'. Entscheidend für den ‚program view' bleiben formale (‚syntaktische') Datenstrukturen, die jedoch ihre Semantik durch Bezüge von Konzepten und Regeln und ihre Pragmatik durch Anwendung nach Zielen auf konkrete Fälle bestimmen.

Erst in der Datenverarbeitung gewinnt die Datenstruktur ihre Bedeutung. Dabei werden unter- und übergeordnete Konzepte aktiviert, Regeln zur Anwendung (‚Feuern') gebracht, vergangene Lösungen mit vorliegenden Problemen in Analogie gesetzt, neue Konzepte durch Kombination gebildet. Datenstrukturen werden also je nach Flexibilität der Programmiersprache und der Schemata aufgebaut. Die Konzepte liegen also keineswegs a priori fest bzw. sind angeboren.

Diese Annahme unterstellt J. Fodor, der über Chomskys Tiefengrammatiken hinaus in Radikalisierung cartesischer Traditionen eine Sprache der Gedanken voraussetzt. Sie müßte wesentlich reichhaltiger als jede Programmiersprache sein, da bereits alle Konzepte und Schemata in ihr angelegt sein müßten. Vom wissenschaftstheoretischen Standpunkt des ‚program view' wird nur die Fähigkeit vorausgesetzt, Datenstrukturen aufgrund von Erfahrung aufzubauen, zu verändern und anzuwenden.

Der Lernprozeß selber kann im Rahmen von Programmiersprachen allerdings nicht erfaßt werden. Ebenso ist das Wechselspiel mit dem vielschichtigen Hintergrundwissen eines Menschen nicht vollständig in Datenstrukturen abgebildet. Dieser Aspekt bei der Entstehung und dem Erlernen von Bedeutungen ist also im computergestützten Ansatz der Wissenschaftstheorie nicht erfaßt.

Im Forschungsprozeß geht es nicht nur um Entdeckungen, Theorien, Hypothesen, Erklärungen etc., sondern um die möglichst besten Theorien und Erklärungen von möglichst relevanten Sachverhalten. Daher müssen Theorien und Hypothesen bewertet werden. Die Wissenschaftstheorie hat aus wissenschaftshistorischer Erfahrung Bewertungskriterien vorgeschlagen, deren Implementierung in eine computergestützte Wissenschaftstheorie untersucht werden soll.

Eine Theorie, so lautet eine häufig erhobene Forderung, soll fruchtbarer sein als eine andere, d. h. sie soll mehr Phänomene erklären und voraussagen als eine andere.[146] So ist die Allgemeine Relativitätstheorie fruchtbarer als die Newtonsche Mechanik, da die Einsteinsche Theorie im Unterschied zu Newtons Theorie z. B. die Perihelverschiebung des Merkur, die Lichtablenkung im Gravitationsfeld, die Rotverschiebung von Spektrallinien in Gravitationsfeldern u. ä. erklärt bzw. voraussagt. Faßt man Theorien im Sinne des ‚program view' als komplexe Schemata von Konzepten und Regeln zur Problemlösung auf, so erweisen sich die Theorieschemata mit den größeren Listen von Explananda als die fruchtbareren.

Vereinigungen von Theorieschemata in allgemeinere Schemata erfüllen offenbar das Kriterium größerer Fruchtbarkeit. Ein modernes Beispiel ist das Schema der Eichtheorien, mit denen physikalische Grundkräfte wie Elektrodynamik, schwache und starke Wechselwirkung, Gravitation beschrieben und vereinigt werden. Natürlich kann eine Theorie nur relativ fruchtbar sein. Eine maximal fruchtbare Theorie, die alles erklärt und voraussagt, ist wertlos. Eine obere Grenze der Fruchtbarkeit ist daher notwendig.

In dem Zusammenhang kommen andere Bewertungskriterien ins Spiel. Von Kepler und Einstein wird immer wieder Einfachheit einer Theorie gefordert. Häufig wird Einfachheit unter mathematischen Gesichtspunkten definiert. So sind z. B. Symmetriestrukturen, die gruppentheoretisch charakterisiert werden, mathematisch elegant und durchsichtig.[147] Mathematische Einfachheit hat allerdings nichts mit den Anforderungen eines Anfängers zu tun, der „leichte" Aufgaben schweren Problemlösungen vorzieht. Es sind gerade die fundamentalen mathematischen Grundstrukturen, die sich durch Einfachheit auszeichnen. Soweit mathematische Strukturen in formalen Datenstrukturen repräsentiert werden können, müßten bei der

146 Dazu auch I. Lakatos, s. Anm. 105; L. Laudan, Progress and its Problems, Berkeley 1977.

147 K. Mainzer, Symmetrie und Symmetriebrechung. Zur Einheit und Vielheit der modernen Naturwissenschaften, in: Zeitschr. f. allgem. Wissenschaftstheorie XIX/2 1988, 290-307.

Implementierung in einer Programmiersprache wie z. B. LISP syntaktische Einfachheit der Listenstrukturen (Übersichtlichkeit, formale Symmetrien, einfacher Begriff u. ä.) berücksichtigt werden.

Bei empirischen Theorien gilt häufig auch die geringe Anzahl von zusätzlichen Hilfshypothesen als Kriterium der Einfachheit. Einfachheit ist dann eine Funktion der Größe und der Art der Hypothesenmenge M, die für eine Theorie T notwendig ist, um Fakten F zu erklären. Möglichst gering ist die Menge der adhoc Hypothesen zu halten. Ad-hoc Hypothesen haben nämlich per definitionem den großen Nachteil, daß sie nur diejenigen Phänomene erklären können, für deren Erklärung sie eingeführt wurden (ohne empirischen Sachverhalten nachprüfbar zu entsprechen).

Eine Theorie T_1 heißt dann einfacher als T_2 zur Erklärung von Fakten F, wenn die Menge $K(T_1)$ der Kohypothesen zur Erklärung von F in der Menge $K(T_2)$ der Kohypothesen zur Erklärung von F enthalten ist. Philosophiehistorisch geht dieses Einfachheitskriterium auf Ockhams Ökonomieprinzip zurück. Danach sollen nur soviele Entitäten wie notwendig angenommen werden, um Phänomene erklären zu können. Überflüssige Annahmen fallen Ockhams Rasiermesser zum Opfer.

Zur Implementierung in eine KI-Programmiersprache wird die Einfachheit einer Hypothese durch eine Funktion gemessen, die von der Anzahl zusätzlicher notwendiger Kohypothesen zur Erklärung von Fakten abhängt. Eine Hypothese heißt danach einfacher als eine andere, falls sie ein kleineres Verhältnis von Kohypothesen zu den erklärenden Fakten besitzt, d. h.

$$(4.41) \qquad \text{Einfachheit}\,(H) = \frac{|F(H)| - |K(H)|}{|F(H)|},$$

wobei F(H) die Menge der durch H erklärten Fakten und K(H) die Menge der Kohypothesen von H ist.[148] Diese Formel liefert Werte von 0 für eine Hypothese, die ebensoviel annehmen muß wie sie erklärt, bis 1 für eine Hypothese, die keine Kohypothesen besitzt. Der Fall, daß der Nenner Null wird, tritt insofern

148 P. Thagard, s. Anm. 140, 90.

nicht auf, da die Einfachheit einer Hypothese, die nichts erklärt, nie abgeschätzt wird.

Falls eine Hypothese fruchtbarer als eine andere und wenigstens ebenso einfach ist, dann ist sie die bessere. Falls H_1 fruchtbarer als H_2, aber H_2 einfacher als H_1 ist, liegt ein Konflikt beider Bewertungskriterien vor. Dann wird die Erklärungskraft einer Hypothese durch die Formel

$$(4.42) \qquad \text{Wert}(H) = \text{Einfachheit}(H) \times \text{Fruchtbarkeit}(H)$$

berechnet. Diese Metrik berücksichtigt, daß eine ad-hoc Hypothese zur Erklärung einer zusätzlichen Tatsache den Wert einer Erklärung nicht erhöht. Falls z. B. H sechs Fakten ohne besondere Annahmen erklärt und eine Kohypothese benötigt, um eine zusätzliche Tatsache zu erklären, dann ist der Wert $((7-1)/7)7$, d. h. immer noch der ursprüngliche Wert 6.

Nach diesem Ansatz kann eine Theorie nicht bereits deshalb schon zurückgewiesen werden, weil sie gelegentlich versagt. Falls sie einfacher ist und mehr Fakten als eine konkurrierende Theorie erklärt, kann sie als bessere Erklärung akzeptiert werden.

Ein weiterer Aspekt der Erklärungskraft einer Theorie bzw. Hypothese betrifft die Fähigkeit zu Analogien.[149] Seien z. B. zwei Klassen A und B von Objekten ähnlich bzgl. Eigenschaften P, Q und R. A habe die Eigenschaft S wegen P, Q und R. Dann, so wird per analogiam geschlossen, ist die Annahme, daß B ebenfalls die Eigenschaft S hat, eine vielversprechende Erklärung dafür, daß B die Eigenschaften P, Q und R besitzt. Es liegt also zwar kein notwendiger logischer Schluß vor. Aber die Analogien zwischen A und B steigern den Erklärungswert von P, Q und R in Klasse A durch S.

---

149 Vgl. auch C. G. Hempel, Modelle und Analogien bei wissenschaftlichen Erklärungen, in: ders., Aspekte wissenschaftlicher Erklärung, Berlin/New York 1977, Kap. VI; E. Mach, Die Ähnlichkeit und die Analogie als Leitmotiv der Forschung, in: ders., Erkenntnis und Irrtum. Skizzen zu einer Psychologie der Forschung, Leipzig ^{5}1926, repr. Darmstadt 1970, 220-231.

In Abb.4.17 sind die Beziehungen der Analogie zwischen Theorien T_1, T_2 und den daraus ableitbaren bzw. erklärbaren Phänomenen P_1, P_2, P_3 dargestellt:[150]

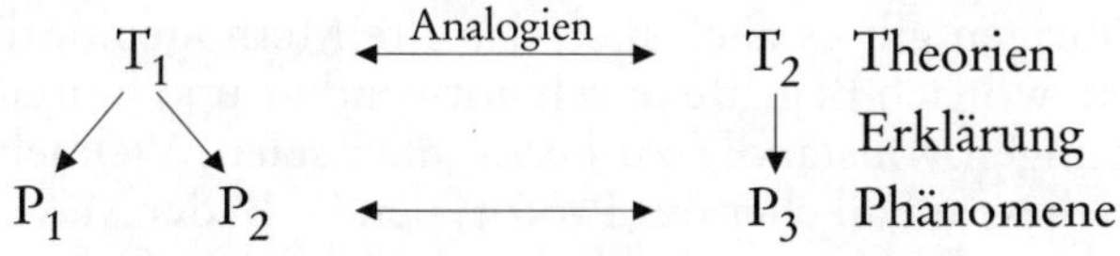

Abb. 4.17

Einige der Problemlösungsverfahren in T_1 bzgl. P_1 und P_2 können danach per analogiam auf T_2 übertragen werden, um Probleme bzgl. P_3 zu lösen. In einem Computerprogramm mit analogischen Problemlösungsverfahren kann eine gespeicherte Lösung für ein Problem helfen, wenn Teilziele bzw. Hypothesen vorzuschlagen sind, um neue Probleme zu lösen. So wird die Wellentheorie des Lichts durch Analogien mit der Wellentheorie des Schalls zu Beugungseigenschaften geführt, die das Licht analog wie Schall- und Wasserwellen besitzt.

Offenbar können Fruchtbarkeit und Einfachheit in Konflikt geraten. Der Versuch, eine Theorie fruchtbarer zu machen, kann nämlich dazu führen, zusätzliche Hypothesen anzunehmen, um so die Theorie zu verkomplizieren. Demgegenüber ist das Kriterium der Analogie mit beiden Forderungen verträglich. Einfachheit ist also eine Forderung, die Fruchtbarkeit dadurch einschränkt, daß eine Theorie nicht durch zusätzliche ad-hoc Hypothesen fruchtbarer gemacht werden darf.

Grundsätzlich wurde von T. S. Kuhn u. a. gegen Theoriebewertungen der Einwand erhoben, daß Grundbegriffe von Theorien in historisch unterschiedlichen Kontexten ‚inkommensurabel', d. h. nicht vergleichbar sind.[151] So bedeute der Massenbegriff in Newtons Mechanik etwas anderes als in Einsteins Relativitätstheorie, da Masse z. B. nur in der Relativitäts-

150 P. Thagard, s. Anm. 140, 93.

151 Dazu auch T. S. Kuhn, s. Anm. 106; W. Stegmüller, Theoriendynamik und logisches Verständnis, in: W. Diederich (Hrsg.), Theorien der Wissenschaftstgeschichte. Beiträge zur diachronischen Wissenschaftstheorie, Frankfurt 1974, 167-209.

theorie in Energie umwandelbar sei. Tatsächlich lassen sich aber in einem neuen Computerprogramm zusätzliche Regeln angeben und so Begriffserweiterungen bzw. -veränderungen berücksichtigen.

Im übrigen gilt es auch hier, das alte Methodenideal zu revidieren, wonach Begriffe durch notwendige und hinreichende Bedingungen vollständig zu bestimmen seien. Vielmehr wird auch in diesem Fall eher mit Prototypen (z. B. der Masse) gearbeitet, deren Bedeutung durch den tatsächlichen Gebrauch der Wissenschaftler in einem Theorie- und Laborkontext bestimmt sind.

In der Wissenschaftstheorie entsteht häufig der Eindruck, als würden sich die verschiedenen methodischen Ansätze einzelner Richtungen wie des logischen Empirismus, kritischen Rationalismus, Konstruktivismus etc. gegenseitig ausschließen und die traditionellen Streitereien der Metaphysik nur unter methodischem Aspekt fortsetzen. Dieser Eindruck ist nur dann gerechtfertigt, wenn einzelne Methoden, wie leider häufig in der Philosophie, verabsolutiert werden. Im Rahmen des ‚computer view' zeigt sich, daß wissensbasierte Systeme unterschiedliche Methodologien mit Erfolg realisieren, ohne die allein seligmachenden Ansprüche der damit verbundenen philosophischen Richtungen zu teilen. So sind die BACON-Systeme ‚data-driven' zwar im Sinne von Bacons Empirismus, ohne aber damit zu behaupten, daß Erkenntnis überhaupt nach dieser Methodologie funktioniert. Weiterentwickelte Systeme haben bereits ‚theory-driven' Elemente eingebaut.

MYCIN arbeitet nach der Carnapschen Methodologie induktiver Bestätigungsgrade. Andere Expertensysteme realisieren Poppers Falsifikationsmethode, Hempels Erklärungsschema, Hansons Analogieschlüsse. Wissensbasierte Systeme realisieren lokal für bestimmte Aufgaben unterschiedliche philosophische Methodologien, ohne sie mit globalen Ansprüchen philosophischer Positionen zu überfordern. Der heilsame Zwang zur konkreten Übersetzung einer Methodologie in ein Computerprogramm macht also ihre Leistungen und ihre Grenzen deutlich.

Eine Methodologie mit ihren verschiedenen Regeln und Konzepten ist per definitionem normativ, d. h. sie schreibt dem Benutzer vor, wie er sich methodisch zu verhalten hat. Daraus versuchte man manchmal der Wissenschaftstheorie insofern einen Strick zu drehen, da sich ja offensichtlich die faktische Wissenschaft nicht ausschließlich nach der Popperschen, Carnapschen, Hansonschen etc. Methodologie orientiert. Läßt man aber solche Globalansprüche fallen, bleibt der lokale Erfolg dieser Methoden bestehen. Auch der Wissensingenieur versucht aus faktischen Problemlösungsverhalten einzelne Regeln abzulesen, die z. B. in Produktionsregeln eines Expertensystems übersetzt werden. Das so gewonnene Methodensystem wirkt als Computerprogramm für Benutzer und Maschine normativ, allerdings immer nur mit lokalen Problemlösungsansprüchen.

So verstanden bereitet es auch keine Schwierigkeit, von Fortschritten in der Wissenschaftstheorie zu sprechen, da sie an konkret arbeitenden oder nicht funktionierenden Computerprogrammen gemessen werden können. Auch wenn die einzelnen Methoden der Expertensysteme von wissenschaftstheoretischen Positionen und Schulen unabhängig sind, scheinen die Problemlösungsstrategien des ‚computer view' eine instrumentalistische Deutung der Wissenschaften zu begünstigen. Theorien, die als Computerprogramme realisiert werden, sind Instrumente für bestimmte Problemlösungen.

Tatsächlich lassen sich aber wissenschaftstheoretische Computerprogramme auch im Sinne des Realismus deuten. Lösungsstrategien von Programmen werden nämlich nicht nur mit Erfolg und Mißerfolg der angewendeten Instrumente bewertet. Ebenso können Wahrheit und Falschheit der Eigenschaften von Regeln auf Konzepte bezogen werden. Die Regel ‚Wenn x Wasser ist, dann kocht x bei 100° Celsius' kann sich in bestimmten Kontexten, nämlich oberhalb der Meereshöhe als falscher Satz erweisen. Durch die Einschränkung ‚Wenn x Wasser ist und x oberhalb der Meereshöhe ist, dann kocht x nicht bei 100° Celsius' entsteht ein Satz, der mehr Fälle ausschließt als der frühere und daher – in der metaphorischen Sprache des Realismus – der Wahrheit näher ist. Für die Regeln eines Computerprogramms folgt, daß keine Regel für alle Situationen wahr ist, sondern, daß verschiedene Regelkomplexe eine breite Vielfalt von Situationen umfassen.

Die Diskussion von Realismus und Instrumentalismus läßt sich bereits für den ‚non-statement-view' führen. Die mengentheoretischen Modelle des ‚non-statement-view' können im Sinne des Realismus als mögliche Strukturen der Wirklichkeit gedeutet werden. Wie z. B. van Fraassen zeigt, können mengentheoretische Modelle mit ihren theoretischen Konstrukten auch als erfolgreiche Instrumente aufgefaßt werden, um Meßdaten und Beobachtungen zu prognostizieren. An die Stelle von Wahrheit und Falschheit tritt in van Fraassens Instrumentalismus das Kriterium empirischer ‚Adäquatheit'.[152]

Der Ansatz steht in der Tradition von Quines Nominalismus, wonach theoretische Entitäten nur so viel als nötig angenommen werden sollen, aber an der Erfahrung so weit als möglich festgehalten werden soll. Nach Quine bilden die Wissenschaften ein zusammenhängendes Netz von Sätzen, die mehr oder weniger an empirischen Daten oder Beobachtungen angeschlossen sind.[153] Bildlich gesprochen wölbt sich das Netz mit den Sätzen als Knoten und Relationen als Maschen über der Ebene der Fakten. An den Beobachtungs- und Meßaussagen ist das Netz der wissenschaftlichen Sätze mit dem Boden der Wirklichkeit verbunden. Die Knoten der theoretischen Sätze sind mehr oder weniger hoch in dem sich aufwölbenden Netz angesiedelt.

So hängen Beobachtungs- und Meßaussagen von Annahmen in Meßtheorien ab, die z. B. mit physikalischen Theorien zusammenhängen und in denen wiederum mathematische Begriffe, logische Schlußregeln und schließlich philosophische Konzepte eingebaut sind. Es gibt also keine scharfe Grenze zwischen empirischen und nicht-empirischen Sätzen. Sätze der Wissenschaften (einschließlich der Mathematik und Philosophie) sind vielmehr nur mehr oder weniger von der Erfahrung abhängig.

---

152 Vgl. auch B. van Fraassen, A formal approach to the philosophy of science, in: R. G. Colodny (ed.), Paradigms and Paradoxes, Pittsburgh 1972, 303-366; ders., The Scientific Image, Oxford 1980.

153 W. V. O. Quine, Naturalisierte Erkenntnistheorie, in: ders., Ontologische Relativität und andere Schriften, Stuttgart 1975, 97-126.

Dieser wissenschaftstheoretische Holismus bietet sich auch für den ‚computer view' an. Im Unterschied zum ‚statement view' und ‚non-statement view' erlauben Computersprachen reichere Ausdrucks- und Repräsentationsmöglichkeiten von Informationen als die Satz- und Strukturformen der Logik und Mengenlehre. Erinnert sei an die Frames, Schemata und Kategorien der KI-Programmiersprachen, die der Wissensrepräsentation in den Wissenschaften besser angepaßt sind als die Stilisierungen der Logik und Mengenlehre. In LISP und PROLOG lassen sich diese Konzepte sogar verbinden.

So erfolgreich lokale Beschreibungen des Forschungsprozesses mit Programmiersprachen sein mögen, so zeichnet sich doch eine grundsätzliche Grenze des ‚program view' ab. Computerprogramme setzen einen regelbasierten Gesamtentwurf voraus, d. h. jeder Schritt muß durch eine zunächst explizit zu formulierende Regel geplant und ausgeführt werden. Tatsächlich laufen in der Wissenschaftsgeschichte verwickelte Lernprozesse ab, die nicht programmierbar sind. Viele Forscher und Forschergruppen arbeiten mehr oder weniger selbständig nebeneinander. Aus diesem parallel laufenden mehr oder weniger verbundenen Forschungsprozeß ergeben sich spontan neue Einsichten, Theorien und Perspektiven, die nicht programmierbar waren. Es liegt daher nahe, sie mit den synergetischen Effekten stark parallel arbeitender neuronaler Netze zu vergleichen. Auch die Forschungsarbeit des einzelnen Wissenschaftlers erscheint in einem neuen Licht, wenn wir sie weniger als zentralgesteuertes Maschinenprogramm, sondern als Selbstorganisationsprozeß auffassen.

4.34 Wissenschaftstheorie und neuronale Netze

Eine zentrale Bedingung der Möglichkeit von Wissenschaft ist, wer wird es bezweifeln, das menschliche Gehirn. In welchem Umfang nehmen Bau-, Organisations- und Lernprinzipien des Gehirns Einfluß auf die Entwicklung der Wissenschaft? Welche Beziehung besteht zwischen den Weltmodellen des Gehirns und der Arbeitsweise dieses Organs? Eine Wissenschaftstheorie, die so fragt, wird insofern naturalistisch sein, als sie das zuständige Organ der menschlichen Natur für Wissenschaft berücksichtigt. Es wird also zunächst um die Frage gehen, ob Grundbegriffe der Wissenschaftstheorie durch neuronale Konzepte abgedeckt sind. Mit Blick auf technische Realisationen von neuronalen Netzen kann dann gefragt werden, wie Wissenschaftstheorie computergestützt betrieben werden kann.

Für den klassischen Statement-View der Wissenschaftstheorie sind Sätze bzw. Aussagen die Basiselemente der Erkenntnis. Der Non-Statement-View bezweifelt die Angemessenheit dieses Ansatzes, da formale Axiomensysteme nur in wenigen Fällen vorliegen. Vollständige und korrekte Formalisierungen von wahren Satzsystemen sind (abgesehen von der Logik) weder das Ziel der Wissenschaften, noch – wie Gödels Unvollständigkeitssatz zeigt – immer durchführbar. Es geht vielmehr um die erfolgreiche Anwendung von Modellen, die einen allgemeinen Strukturbegriff (z. B. Planetenmodell und die Gleichungen der klassischen Mechanik, Atommodell und die Gleichungen der Quantenmechanik) erfüllen. Gleichwohl hält der Non-Statement-View daran fest, daß Wissen in einer Sprache repräsentiert sein muß, d. h. in diesem Fall mit Prädikaten (anstelle von Sätzen), die mengentheoretische Strukturen und damit verbundene Modellklassen bestimmen.[154]

Forschung ist, darin sind sich alle wissenschaftstheoretischen Richtungen einig, ein ständiger Lernprozeß. Lernen bedeutet Veränderung von Wissen. Bezogen auf die Arbeitsweise eines Computers setzt der Statement-View für den Lernprozeß einen Speicher voraus, in dem Faktenwissen in Form von Millionen von Sätzen zu registrieren ist. Im strukturalistischen Non-Statement-View sind mengentheoretische Prädikate zu speichern, deren relevanten Modelle jeweils für konkrete Anwendungen auszuwählen sind. Statement-View wie

---

154 F. Suppe, The Structure of Scientific Theories, Chicago 1974; B. van Fraassen, s. Anm. 155; R. Giere, Explaining Science: A Cognitive Approach, Chicago 1988. Auf deutscher Seite sind für diesen Ansatz besonders zu nennen G. Ludwig, Die Grundstrukturen einer physikalischen Theorie, Berlin 1978; E. Scheibe, Über die Struktur physikalischer Theorien, in: W. Balzer/W. Heidelberger (Hrsg.), Zur Logik empirischer Theorien, Berlin 1983, 169-188.

Non-Statement-View erweisen sich jedoch mit Blick auf die wissenschaftliche Praxis als hochstilisierte Formen von Lernprozessen. In der formalen Logik, Mathematik und theoretischen Physik mögen diese Formen der Wissenrepräsentation angebracht sein. Andere Wissenschaften benutzen mit Erfolg andere linguistische Darstellungen. Unter dem Eindruck heutiger Programmiersprachen ist Vielfalt und Flexibilität von Datenstrukturen gefordert.

Die Wissenschaften sind allerdings nur die Spitze des menschlichen Lernprozesses, der keinesfalls immer auf Sprache und formale Datenrepräsentationen angewiesen ist. Lange bevor Theorien und Hypothesen in Sätzen und mathematischen Strukturen festgehalten wurden, reagierten Menschen und andere Primaten auf bestimmte Wahrnehmungen durch Veränderung ihres Verhaltens. Müßten solche sensomotorischen Koordinationen in formale Regeln und Daten übersetzt werden, wären wir nicht länger handlungsfähig. Offenbar funktionieren dabei neuronale Lernalgorithmen, die keine Fixierung in Sprach- und Datenstrukturen benötigen. Letztlich bilden sie auch die Grundlage für die Lernverfahren, die wir in den Wissenschaften entwickelt haben und in der Wissenschaftstheorie untersuchen. Es geht also um die kognitiven Strukturen und ihre neurologischen Grundlagen, die linguistische und formale Darstellungen der Wissenschaften erst ermöglichen.

In der Wissenschaftstheorie hatte bereits T. S. Kuhn auf die zentrale Bedeutung von Konzepten (‚Paradigmen') verwiesen, die sich beim konkreten Lösen von Problemen bewähren. Diese Konzepte müssen weder formalisiert noch mengentheoretisch präzisiert sein. Eine Theorie beherrschen bedeutet nach diesem Ansatz, daß man ein Konzept in konkreten Fällen anwenden kann. Die erfolgreiche Anwendung kann sich beim Lösen einer bestimmten Klasse von Problemen (z. B. mathematische Gleichungen) zeigen, aber auch beim Erkennen von Datenmustern (z. B. chemisches Massenspektrum), in der Wahrnehmung von Krankheitssymptomen (Medizin) oder Störsymptomen einer Maschine (Technik). Im Unterschied zu traditionellen Begriffskategorien müssen solche Konzepte keineswegs eindeutig durch notwendige und hinreichende Bedingungen bestimmt sein. Es reicht das Erkennen von prototypischen Fällen, die gewisse Ähnlichkeiten aufweisen.

Diese Charakterisierung des Forschungsprozesses erinnert an Verfahren und Strategien, die von der Arbeitsweise des Gehirns wohl bekannt sind.[155] Gemeint ist die prototypische Mustererkennung, die, wie bereits gezeigt wurde, in der Technik neuronaler Netze Anwendung findet. Das Gehirn besteht aus einem System von Neuronen, dessen hierarchisch gegliederte Schichten durch Synapsen untereinander verknüpft sind. Die Eingangsschicht wird als Inputlevel bezeichnet, in der z. B. sensorische Reize der Außenwelt aufgenommen werden. Die gleichzeitige Aktivierung aller Eingangsneuronen stellt den Zustand des Inputlevels bei Aufnahme des Inputsignals dar.

Mathematisch wird er durch einen Inputvektor beschrieben, dessen Komponenten aus den jeweiligen Aktivierungsgrößen der Inputneuronen bestehen. Dieser Vektor wird über synaptische Verschaltungen an die nächsten Neuronenschichten weitergegeben, bis endlich am Outputlevel ein Outputvektor angegeben werden kann, der den Ausgangszustand der neuronalen Informationsverarbeitung darstellt. In Abb.2.54 ist vereinfacht ein 3-schichtiges Modell wiedergegeben mit nur einer Zwischenschicht von ‚verborgenen Neuronen' (Hidden Units).

Jeder Nachfolgezustand einer nachfolgenden neuronalen Schicht ist durch den eingehenden Vektor der Vorgängerschicht und die Gewichte der Synapsen bestimmt, die Neuronen der Vorgänger- und Nachfolgerschicht miteinander verbinden. Ein solches neuronales Netz vermag z. B. ein Aussprachephonem in einem gesprochenen Wort zu erkennen. Der Inputvektor ist in diesem Fall eine Ausspracheprobe, der als Outputvektor ein entsprechender typischer Laut zugeordnet wird.

In einer natürlichen Sprache ist der zuzuordnende Laut keineswegs durch eine vollständige Liste notwendiger und hinreichender physikalischer Bedingungen eindeutig bestimmt. Menschliche Individuen mit ihren je unterschiedlichen Fähig-

155 C. A. Hooker, The philosophical ramification of the information processing approach to the mind-brain, in: Philosophy and Phenomenological Research 36 1975, 1-15; P. M. Churchland, Scientific Realism and the Plasticity of Mind, Cambridge 1979.

keiten der Artikulation werden variierte Laute produzieren, aus denen ein Angehöriger der betreffenden Sprachgemeinschaft in einer bestimmten Variationsbreite doch den typischen Laut zu erkennen vermag. An die Stelle einer eindeutig bestimmten Größe tritt also der Prototyp eines Lautbildes, dem die eingegebenen Lautbilder in einer gewissen Bandbreite ähnlich sind. Mathematisch ist das prototypische Muster durch einen Prototypvektor beschrieben.

Der neurophilosophische Ansatz geht davon aus, daß die Erkenntnis von Farben, Gesichtern, Stimmen, Melodien, Gerüchen, Gefühlen und Bedeutungen nicht anders verläuft.[156] An die Stelle von eindeutig bestimmten Kategorien der traditionellen Erkenntnistheorie treten Prototypen, die mathematisch als Attraktoren für die Phasenübergänge eines neuronalen Netzes wirken. Wir sprechen dann auch von Lernprozessen, deren Selbstorganisation durch unterschiedliche Algorithmen gesteuert wird.

Zunächst wird das Netzwerk durch eine Stichprobe mit typischen Beispielen für den Prototypvektor bekannt gemacht. Man spricht dann auch von der Lehr- und Trainingsphase des Netzwerks. Im Outlevel ist der Prototypvektor also neuronal gespeichert. Danach eingegebene Inputvektoren mögen beim ersten Durchlauf durch das neuronale Netz Outputvektoren produzieren, die sich vom Prototypvektor unterscheiden. Eine Lernstrategie kann z. B. die Synapsengewichte ausfindig machen, die für diese Abweichungen verantwortlich sind. Durch wiederholte Korrekturen konvergiert das System schließlich zum gewünschten Verhalten.

Als Beispiel haben Gorman/Sejnowski 1988 ein neuronales Netz entwickelt, das zwischen zwei Echolottypen, nämlich für Minen und für Felsen, zu unterscheiden vermag.[157] Das System hat also zwei Attraktoren, nämlich einen Prototypvektor für Felsenecholote und einen solchen für Minenecholote, die mathematisch bei einem 2-elementigen Outputlevel durch die Paare $(0, 1)$ bzw. $(1, 0)$ dargestellt sind. Ein aufgenommenes

---

156 P. M. Churchland, A Neurocomputational Perspective. The Nature of Mind and the Structure of Science, Cambridge (Mass.) 1989, Chapt. 9.

157 Vgl. Kap. 2.35.

Felsenecholot wird in der Nähe von (0, 1), ein aufgenommenes Minenecholot in der Nähe von (1, 0) angesiedelt. Es gibt wie bei der Analyse durch einen menschlichen Experten keine Sicherheit und Garantie für korrekte Erkenntnis, aber eine hohe Wahrscheinlichkeit bei ca. 90%.

Um den Lernvorgang des Systems geometrisch zu veranschaulichen, wird ein abstrakter Raum mit mehreren Dimensionen verwendet, wobei jedes Synapsengewicht w_i eine Koordinate (im Fall der Echolotunterscheidung 105 Koordinaten) darstellt plus eine Koordinate für den prozentualen Irrtum des Outputvektors. Ein Punkt in diesem Raum repräsentiert also eine einzige Gewichtskonfiguration plus der jeweiligen Irrtumsrate bzgl. des korrekten Outputvektors. In Abb.2.60 sind zwei Gewichtskoordinaten und die prozentuale Irrtumskoordinate ausgewählt. Die Trajektorie zeigt den Weg des Gewichtsvektors während der Lernphase. Die Lernregel drückt durch ständige Korrektur der Gewichte die Irrtumsrate, so daß sich der Gewichtsvektor einem globalen Irrtumsminimum nähert.

Der Lernprozeß verändert die Gewichte der neuronalen Zwischenschicht derart, daß sich dort zwei Zonen für die beiden Attraktoren der unterschiedlichen Echolottypen herausbilden. In der Abb.4.18 sind drei der sieben neuronalen Einheiten als Koordinaten für den jeweiligen Aktivierungszustand dargestellt. Zwei Unterräume mit eingezeichneten Zentren repräsentieren die Attraktorzonen der beiden möglichen Prototypen (Abb.4.18).[158]

Während die traditionelle Wissenschaftstheorie jede Form von Wissen in Sätzen und Prädikaten repräsentiert und jede Veränderung von Wissen durch formale Regeln der Deduktion und Induktion beschreibt, geht die Neurophilosophie von neuronalen Vektoren aus, die neuronale Zustände darstellen und in Lernverfahren transformiert werden. Damit läßt sich die Fallibilität wissenschaftlichen Lernens neuronal begründen. Da es nämlich keine Garantie für einen Gradientenabstieg der prozentualen Irrtumsrate auf Null gibt, können sich neuronale Lernverfahren irren. Der paradigmatischen Auffassung von Problemen und Konzepten entsprechen neuronale Prototyp-

158 P. M. Churchland, s. Anm. 156, 169.

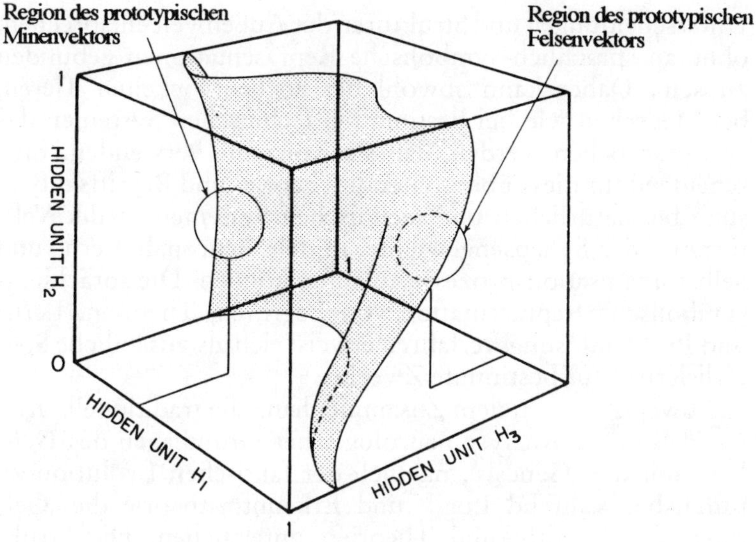

Abb. 4.18

vektoren. Die Vielfalt von Konzepten wird durch die reichhaltigen Möglichkeiten nicht-linearer Systeme berücksichtigt. Insbesondere werden Konzepte erfaßt, die nicht auf den sprachlichen Begriff gebracht wurden und keine symbolische Darstellungen besitzen. Dennoch spielen solche Konzepte eine erhebliche Rolle sowohl im Alltag als auch in den Wissenschaften.

Identifiziert man nämlich Konzepte mit Prototypen, so hat das neuronale Netz NETtalk ein Konzept für bestimmte Lauttypen. In diesem Sinn hat auch Sejnowskis neuronales Netz zur Unterscheidung von Felsen und Minen ein Konzept für Metall, das es von Nicht-Metall (z. B. Felsen) unterscheiden kann. Es handelt sich nicht um Metall ‚an sich' und ‚überhaupt', sondern ein bestimmtes Konzept von Metall, einen Prototyp also mit vielen ähnlichen Fallbeispielen. So wurden auch Grundbegriffe in faktischen Theorien der Wissenschaftsgeschichte verwendet. Das Konzept kann durch Erweiterung bzw. Einengung verändert werden.

Neuronale Netze verfügen also mit ihren ‚verborgenen' neuronalen Zwischenschichten über interne Darstellungen, die

Unterscheidungen und Strukturen der Außenwelt entsprechen, ohne an sprachlich-symbolische Repräsentationen gebunden zu sein. Daher kann sowohl bei hochentwickelten Tieren, bei Menschen wie bei bestimmten technischen Systemen davon gesprochen werden, daß sie Konzepte verwenden. Entscheidend für diese übergreifende Theorie- und Begriffsauffassung bei natürlichen und technischen Systemen ist der Vektorraum der Synapsengewichte, in dem neuronale Lern- und Selbstorganisationsprozesse ablaufen können. Die sprachlich-symbolische Repräsentation von Begriffen, Theorien, Lern- und Problemlösungsverfahren erweist sich als zusätzliche Spezialisierung für bestimmte Zwecke.

Abwegig wäre in dem Zusammenhang die traditionelle Kritik, daß es die Analyse neurologischer Grundlagen des Denkens mit der ‚Genesis', nämlich der faktischen Evolution zu tun habe, während Logik und Erkenntnistheorie die ‚Geltung' der Begriffe und Theorien untersuchen. Die Struktur neuronaler Konzepte erweist sich ja gerade als grundlegend für die Geltung von Begriffen und Theorien, während logisch-symbolische Formalismen nur Spezial- und Teildarstellung berücksichtigen. Die kognitive Evolution arbeitet nämlich zunächst nicht mit sprachlich fixierten Begriffsunterscheidungen, sondern mit Konfigurationen von Synapsengewichten, also mathematischen Transformationen von Vektoren in den Vektorräumen der Neuronen und Synapsengewichte.

Welche neuronalen Konzepte entsprechen wissenschaftstheoretischen Grundbegriffen? Als Beispiel sei der Begriff der Einfachheit diskutiert, der historisch und systematisch eine erhebliche Rolle bei der Bewertung von Forschungskonzepten spielte und spielt. Neurophilosophisch wird Einfachheit nicht auf syntaktische, strukturalistische oder ästhetische Kriterien bezogen. Einfachheit wird vielmehr mit dem Aufwand und der Leistung eines neuronalen Netzes bestimmt. Wie bereits erwähnt, hängt die Leistung eines neuronalen Netzes eng mit Anzahl und Aufbau der ‚verborgenen' neuronalen Zwischenschichten zusammen. Dort werden die internen Modelle der Außenwelt ausgebildet und verändert. Dort ‚theoretisiert' und ‚reflektiert' das neuronale System über die Welt, während die

Inputschicht nur zur Aufnahme und die Outputschicht nur zur Weitergabe von Information dient.

Bei der praktischen Arbeit mit neuronalen Netzen zeigt sich, daß sich Einfachheit im Sinne von Ockhams Rasiermesser auf die Anzahl und Struktur der ‚verborgenen Neuronen' beziehen läßt: So wenig ‚verborgene Neuronen' wie möglich, aber soviel wie notwendig erlauben eine optimal angemessene Konzept- und Hypothesenbildung. Bei zu wenig ‚verborgenen Neuronen' können selbst einfachste Aufgaben nicht gelöst werden. Minskys Kritik an Rosenblatts Perzeptron gibt dazu eindrucksvolle Beispiele (z. B. Paritätsproblem).[159]

Aber auch zu viele ‚verborgene Neuronen' könnten ähnlich von Übel sein wie zu viele und und überflüssige theoretische Begriffe und Entitäten, die nach Ockham mit dem Rasiermesser abgeschnitten werden sollten, um das Denken an Erfahrung und Beobachtung zu binden. Zuviele verborgene Neuronen untergraben nämlich einen optimalen Lernprozeß. Das System ist überladen, macht zu viele Unterscheidungen. Dagegen können Netzwerke mit nur wenigen verborgenen Neuronen mehr als die optimale Anzahl maximal einfache Hypothesen erzeugen. Überflüssige Neuronen werden von Lernalgorithmen auf Nullwerte gedrückt. Bei neuronaler Begründung ist also Einfachheit keine subjektive oder ästhetische Bewertung. Sie erweist sich vielmehr als objektive Eigenschaft eines effizient arbeitenden neuronalen Netzes.[160]

Als weiteres Beispiel eines wissenschaftstheoretischen Konzepts, das auf neuronale Grundlagen bezogen werden kann, sei die spätestens seit Hanson, Kuhn u. a. diskutierte Theorieabhängigkeit von Wahrnehmungen untersucht. Der traditionelle logische Empirismus ging in der Nachfolge von Carnap von einer strikten Trennung der Beobachtungssprache (‚Protokollsätze') und der Theoriesprache aus. Die moderne Wissenschaftstheorie zeigte an vielen historischen und gegenwärtigen Beispielen auf, daß Beobachtungen durch unterschiedliche theoretische Brillen gesehen werden können. Berühmt

---

159 vgl. Kap. 2.33

160 P. S. Churchland/T. J. Sejnowski, The Computational Brain, Cambridge (Mass.) 1992, 130 ff.

wurde die historische Auseinandersetzung von T. Brahe und J. Kepler, die im Lichte ihrer jeweiligen geo- bzw. heliozentrischen Planetentheorie die gleichen Wahrnehmungsphänomene des Wechsels von Tag, Nacht und der Jahreszeiten in unterschiedlichen Beobachtungssätzen beschrieben. Auch im Alltag und den heutigen Wissenschaften hängen die Beschreibungen unserer Wahrnehmungen vom Kontext unterschiedlichen theoretischen Vorwissens ab. Daß viele Vorentscheidungen bei Wahrnehmungen unbewußt ablaufen, zeigen die Kippbilder der Psychologen.[161]

Neuronale Netze verarbeiten die Vektoren von Wahrnehmungen, die auf der Inputschicht registriert werden, über eine Hierarchie verborgener neuronaler Zwischenschichten, deren Synapsengewichte in unterschiedlicher Weise eingestellt sein können. Jedenfalls hängt die Informationsverarbeitung sensorischer Daten bei Tieren, Menschen und entsprechenden technischen Systemen von den globalen Konfigurationen der Synapsengewichte ab, die in Lern- und Selbstorganisationsprozessen vorher eingestellt wurden. Kategoriale Vorentscheidungen bei der Wahrnehmung der Welt werden durch Prototypvektoren bestimmt. Mathematisch sind sie Attraktoren in Phasenräumen, durch die Entwicklungstrajektorien sensorischer Daten angezogen und eingeteilt werden.[162]

Wir sprechen dann von unterschiedlichen Beobachtungen, die in unterschiedlichen Sätzen repräsentiert werden können. In diesem neuronalen Sinn sind Beobachtungen ‚theoriegeladen', nämlich buchstäblich durch verborgene Neuronenschichten ‚aufgeladen'. Kinder, Tiere, Wissenschaftler und technische Systeme haben danach mehr oder weniger bewußte Theorien und Hypothesen, mit denen sie die Welt sehen. Gemeint sind die globalen Konfigurationen der Synapsengewichte, die Wahrnehmungen erst ermöglichen. Kants erkenntnistheoreti-

161 Vgl. W. Köhler, Die physischen Gestalten in Ruhe und im stationären Zustand. Eine naturphilosophische Untersuchung, Braunschweig 1920.

162 H. Haken, Synergetics in Pattern Recognition and Associative Action, in: ders. (ed.), Neural and Synergetic Computers, Berlin/Heidelberg/New York 1988, 8 f.

sche Kategorie der ‚Antizipationen der Wahrnehmung' erhält ein neuronales Fundament.

Ein weiteres wissenschaftstheoretisches Konzept, dessen neuronale Begründung sich an dieser Stelle anbietet, ist Kuhns Paradigmenwechsel.[163] Ein Paradigma läßt sich als globale Gewichtskonfiguration auffassen, die prototypische Anwendungen auf ähnliche Fallbeispiele zuläßt. Die Einzelfälle müssen als neuronale Vektoren darstellbar sein, die als mehr oder weniger ähnlich zu einem Lösungsmuster, d. h. mehr oder weniger benachbart zu einem Prototypvektor (‚Attraktor des Systems') erkannt werden. Paradigmenwechsel bedeutet demnach eine globale Umstrukturierung der neuronalen Gewichte, die in einem Lern- und Selbstorganisationsprozeß neu eingestellt werden müssen. Die Resistenz, die Kuhn bei Wissenschaftlern und Wissenschaftlergruppen gegenüber solchen globalen Veränderungen hervorhebt, wird neuronal verständlich. Es gibt keine Garantie für eine mögliche Gewichtskonfiguration, die den Irrtumsgradienten auf Null führt.

Vorsicht ist allerdings beim derzeitigen Kenntnisstand neuronaler Netze geboten. Die heute bekannten Lern- und Selbstorganisationsalgorithmen von technischen Systemen sind keinesfalls immer identisch mit den neuronalen Strategien, die in der Evolution des Gehirns entwickelt wurden. So ist der Backpropagation-Algorithmus zwar für technische Systeme wie z. B. NETtalk erfolgreich, aber für biologische Systeme wie das menschliche Gehirn unrealistisch. Backpropagation vergleicht eingespeiste Fallbeispiele ständig mit einem korrekt vorgegebenen Muster (z. B. korrekte Aussprache bei NETtalk), treibt dazu das System immer wieder auf die verborgenen neuronalen Zwischenschichten zurück, um die Gewichte, die für die Standardabweichungen verantwortlich sind, zu verändern. Es wird also ein globaler Lehrer bzw. Überwacher vorausgesetzt, der korrekte Antworten kennt und daher über ein perfektes Maß für Outputirrtum verfügt. Für Lebewesen der biologischen Evolution ist die Annahme einer perfekten Wissensvorgabe illusorisch. Sie müssen sich ohne den Kompaß perfekter

163 Vgl. auch P. Kitcher, Explanatory Unification, in: Philosophy of Science 48 1981, 507-531.

Wahrheiten durchkämpfen und die Einrichtung ihrer synaptischen Gewichte mit wesentlich geringeren Informationsvorgaben bewerkstelligen.

Verfahren wie die Hebbschen Lernregeln beruhen demgegenüber auf lokalen Verstärkungen oder Schwächungen synaptischer Verbindungen und setzen keine globalen Vorgaben voraus. Sie können zwar physiologisch nachgewiesen werden, erweisen sich allerdings bei technischen Anwendungen weniger effektiv als Backpropagation-Strategien. Es muß also davon ausgegangen werden, daß wesentliche Lern- und Selbstorganisationsstrategien des lebenden Gehirns noch nicht bekannt sind. Ebenso ist die reichere Strukturierung vielschichtiger Neuronenhierarchien bei lebenden gegenüber bisher konstruierten technischen Systemen ebenso wenig ausgewertet wie die große Vielfalt von Neuronentypen im Gehirn.

Ein weiteres wissenschaftstheoretisches Konzept, für das ein neuronales Fundament aufgezeigt werden kann, ist der Erklärungsbegriff. Die Untersuchung wissenschaftlicher Erklärungen sind spätestens seit C. G. Hempels maßgebenden Untersuchungen ein zentrales Thema der Wissenschaftstheorie.[164] Grundlegend ist dabei der Statement-View, nach dem Ereignisse durch singuläre Sätze repräsentiert und Erklärungen von Ereignissen auf Ableitungen von Sätzen zurückgeführt werden sollen. Man betrachte folgendes Ereignis: Ein Faden zerreißt, nachdem ein bestimmtes Gewicht daran gehängt wurde. Als Erklärung sagt man: Der Faden besaß eine Zerreißfestigkeit von 1 kg, und das daran gehängte Gewicht war 2 kg schwer. Nach dem Statement-View sind in der Formulierung dieser Erklärung (‚Explanans') allgemeine Aussagen (‚Gesetzmäßigkeiten') und singuläre Sätze (‚Anfangs- bzw. Antecedensbedingungen') verdichtet, aus denen der Satz des zu erklärenden Ereignisses (‚Explanandum') logisch abgeleitet werden kann. Im einzelnen besteht das Explanans aus folgenden Gesetzmäßigkeiten:[165]

164 C. G. Hempel, Aspects of Scientific Explanation and other Essays in the Philosophy of Science, New York/London 1965.

165 Das Beispiel geht zurück auf K. R. Popper, Logik der Forschung, Tübingen 1966, 31 f.

G_1: Für jeden Faden von einer gegebenen Struktur S, die bestimmt ist durch Faktoren wie Material, Dicke etc., gibt es ein charakteristischen Gewicht W, so daß der Faden zerreißt, wenn ein Gegenstand mit einem größeren Gewicht als W darangehängt wird.

G_2: Für jeden Faden von der speziellen Struktur S_1 ist das charakteristische Gewicht W_1 gleich 1 kg.

Ferner werden zwei Anfangsbedingungen vorausgesetzt:

A_1: Das ist ein Faden von der Struktur S_1.

A_2: Das Gewicht, das an diesen Faden gehängt wurde, beträgt 2 kg.

Aus G_1, G_2 und A_1, A_2 folgt der Satz des Ereignisses E: Dieser Faden zerreißt. Bei strenger Nachfrage müßten die komplizierten Sätze G_1 und G_2 in ihre quantorenlogische und prädikative Form zerlegt werden, um die logische Ableitung des Ereignissatzes E im logischen Kalkül rechtfertigen zu können. Tatsächlich verfällt niemand bei diesen Beispielen auf ein solches Verfahren (es sei denn in Übungsaufgaben zur Logik).

Ein anderes Erklärungsbeispiel lautet: Herr Müller stirbt an Lungenkrebs. Als Erklärung hört man: Herr Müller war starker Raucher. Der Statement-View verweist auch in diesem Beispiel auf eine allgemeine Gesetzmäßigkeit und eine Anfangsbedingung, mit denen der singuläre Satz des Ereignisses erklärt werden soll:

G: Jeder Raucher eines bestimmten Teerkonsums stirbt mit einer bestimmten (hohen) Wahrscheinlichkeit an Lungenkrebs.

A: Herr Müller war ein Raucher mit einem bestimmten Teerkonsum.

Der Ereignissatz E, wonach Herr Müller an Lungenkrebs stirbt, ist zwar keine logische Ableitung aus G und A, jedoch im Sinne eines induktiv-statistischen Schlusses mit einer bestimmten Wahrscheinlichkeit gerechtfertigt. Man unterscheidet daher im HO(= Hempel-Oppenheim)-Schema die beiden Erklärungsarten eines DN(= deduktiv-nomologischen)-Schemas und eines IS(= induktiv-statistischen)-Schemas.[166]

166 Eine Übersicht gibt W. Stegmüller, Probleme und Resultate der Wissenschaftstheorie und Analytischen Philosophie Bd. I: Wissenschaftliche Erklärung und Begründung, Berlin/Heidelberg/New York 1969. Eine kritische Aufarbeitung des HO-Schemas liefert O. Schwemmer, Theorie

Erklärungen haben wegen ihrer strukturellen Ähnlichkeit mit Prognosen über zukünftige Ereignisse eine erhebliche Bedeutung für unsere alltägliche und wissenschaftliche Orientierung. Von Erklärungen spricht man, wenn Ereignis E in dem Sinn vorgegeben ist, daß man bereits weiß, der durch E beschriebene Sachverhalt habe stattgefunden, und wenn geeignete Anfangsbedingungen $A_1, \ldots, A_n$ und Gesetze $G_1, \ldots, G_r$ nachträglich zur Verfügung gestellt werden, aus denen zusammen E ableitbar ist. Von einer Voraussage spricht man, wenn Antecedensbedingungen $A_1, \ldots, A_n$ und Gesetze $G_1, \ldots, G_r$ vorgegeben sind und E daraus zu einem Zeitpunkt abgeleitet wird, bevor das durch E beschriebene Ereignis stattfindet. Eine DN-Erklärung hat folgenden schematischen Aufbau:

(4.43)

Explanans	$A_1, \ldots, A_n$	(Sätze, welche die Antecedensbedingungen beschreiben)
	$G_1, \ldots, G_r$	(allgemeine Gesetzmäßigkeiten)
Explanandum	E	(Beschreibung des zu erklärenden Ereignisses).

Der Statement-View erfordert jedoch eine Reihe von Adäquatheitsbedingungen, damit eine DN-Erklärung akzeptiert werden kann. Tatsächlich steht die Suche nach Adäquatheitsbedingungen in der Nachfolge logischer Bemühungen, Begriffe durch notwendige und hinreichende Bedingungen eindeutig zu charakterisieren. So wird gefordert, daß das Argument, das von Explanans zum Explanandum führt, korrekt sein muß, um als logische Folgerung zu gelten (B_1). Ferner muß das Explanans mindestens ein allgemeines Gesetz enthalten (oder einen Satz, aus dem ein allgemeines Gesetz logisch folgt) (B_2).

Das Explanans sollte ‚empirischen Gehalt' besitzen (B_3). Damit sollen Pseudoerklärungen der folgenden Art ausgeschlossen werden: Alle Katzen haben fünf Beine (G). Kater Karlo ist eine Katze (A). Also hat Kater Karlo fünf Beine (E). Gefordert wird häufig, daß die Sätze, aus denen das Explanans besteht, wahr sein müssen (B_4). Bei dieser Bedingung entsteht das wissenschaftstheoretische Problem, wann allgemeine Ge-

der rationalen Erklärung. Zu den methodischen Grundlagen der Kulturwissenschaften, München 1976.

setze wahr heißen sollen, da sie bekanntlich für die unbegrenzte Anzahl ihrer Einzelfälle nicht verifiziert werden können.

Typisch für wissenschaftstheoretische Probleme, die durch den Statement-View provoziert werden, ist auch die Diskussion folgender Pseudoerklärung. Es geht um die Erklärung des historischen Ereignisses E, wonach Cäsar den Rubikon überschritt. Im Explanans werden eine Gesetzmäßigkeit G und eine Antecedensbedingung A formuliert, die eine Ableitung von E im Sinne der Adäquatheitsbedingungen erlauben sollen: Jeder, der Cäsar in allen Hinsichten gleicht und sich in genau derselben Lage befindet, in der sich damals Cäsar befand, überschreitet den Rubikon (G). Diese Person ist vom Typ Cäsar (A). Also folgt E oder formal:

$$(4.44)\qquad \begin{array}{l} G: \bigwedge x\,(x = a \rightarrow F(x)) \\ \underline{A: c = a \qquad\qquad} \\ E: F(c) \end{array}$$

Typischerweise treten solche oder ähnliche formalen Probleme bei faktischen Erklärungen des Alltags und der Wissenschaft kaum oder gar nicht auf. Der Statement-View stilisiert sie aber zu zentralen Fragen, da ihre perfekte Ausschaltung ja erst eindeutige Erklärungen garantieren kann. Demgegenüber gelingen alltägliche und wissenschaftliche Erklärungen meistens spontan und mit überraschender Geschwindigkeit, obgleich sie im Sinne des DN-Schemas häufig rudimentär sind und daher keineswegs durch bewußte Ableitung gewonnen sein können. Als Beispiel seien folgende Formulierungen aus unterschiedlichen Kontexten angeführt:

1) Das Auto verunglückte, weil ein Reifen bei hoher Geschwindigkeit platzte.
2) Hans starb, weil er Tollkirschen aß.
3) Ein schwerer Sturz von Herrn Müller bildete die Todesursache.
4) Im Dezember war die Temperatur sehr hoch, weil Föhn herrschte.
5) Selektion und Mutation führten zur Evolution der Säugetiere.
6) Die Scheibe zerbarst, da sie von einem Stein getroffen wurde.
7) Peter zertrümmerte Möbel, da er jähzornig ist.

Die letzten beiden Beispiele erfordern formal-logisch aufwendige Stilisierungen, um in das DN-Schema zu passen. Man spricht von dispositionellen Erklärungen, die folgende Unterscheidungen des Explanans voraussetzen:[167]

(4.45) A_1: Die Scheibe s wurde zur Zeit t_0 von einem Stein getroffen.
D_1: Die Scheibe s war brüchig.
E_1: Die Scheibe s zerbarst zur Zeit t_0.

Im Sinne des DN-Schemas muß die Disposition D_1 der Scheibe durch allgemeine Gesetzesbestimmungen und eventuell Antecedensbedingungen aufgelöst werden, um eine Ableitung von E_1 zu erlauben. Als Möglichkeit bietet sich an:

G_2: Alles Glas ist unter Standardbedingungen brüchig.
A_2: Die Scheibe s bestand aus Glas und befand sich unter Standardbedingungen.

Im Beispielsatz 7) liegt keine Disposition für ein Material, aber für das Verhalten eines Menschen vor. Als Erklärung bietet sich an:

(4.46) A_1: a befand sich in der Situation S
D_1: a besitzt die Disposition D_1 (z. B. Jähzorn)
E: a verhielt sich in der Weise R (z. B. zertrümmert Möbel).

Die Disposition D_1 wird wieder im Sinn des DN-Schemas in eine Gesetzesaussage und eine Antecedensaussage zerlegt, nämlich:

G_1: Jedes Objekt, das die Eigenschaft D_1 besitzt, wird in einer Situation von der Art S auf die Weise R reagieren.
A_2: a besitzt die Eigenschaft D_1.

Dispositionelle Erklärungen treten häufig in Verhaltensforschung und Psychologie auf. Nach dem DN-Schema setzen sie allgemeine Gesetzmäßigkeiten voraus, deren Bestätigungsgrad jedenfalls häufig fraglicher ist als physikalische Beispiele. Im Alltag wie in der Wissenschaft tritt eine Vielfalt von Erklärungsarten auf, die nach dem Statement-View in das DN- bzw. IS-Schema gepreßt werden müssen. Beispiele sind die kausal-genetischen Erklärungen, die auf Zeitketten von Ur-

167 Vgl. W. Stegmüller, s. Anm. 166, 121. Dispositionsprädikate behandelt R. Carnap, Testability and Meaning, New Haven 1950, ^{2}1952, 440 ff.

sachen und Wirkungen zurückgreifen, also $E_0, E_1, \ldots, E_n$ mit $t_0 < t_1 < \ldots < t_n$, um Ereignis E_n als Wirkung auf die Anfangsursache E_0 zurückzuführen. Nach dem DN-Schema muß für jeden Ableitungsschritt eine allgemeine Gesetzmäßigkeit, also insgesamt die Gesetze $G_1, \ldots, G_n$ vorausgesetzt werden.

Ein Mechaniker, der den Motorausfall eines Autos dadurch erklärt, daß die Ölwanne ein Leck hat, wird kaum auf die stilisierten Schemata eines Logikers zurückgreifen. Gefragt nach näheren Erläuterungen, wird er vielleicht folgende Zwischenschritte anführen:

„Der Motor läuft nur aufgrund einer Bewegung der Kolben im Zylinder. Wenn in der Ölwanne ein Leck ist, rinnt Öl heraus. Dann fehlt Zylinder und Kolben die Schmierung. Dann bleiben Zylinderwände und Kolben trocken. Dann entsteht Reibungshitze. Reibungshitze führt zu einer Ausdehnung von Kolben und Zylinderwänden. Dann wird die Bewegung des Kolbens blockiert. Dann bleibt der Motor stehen."

Aber vermutlich entspricht selbst diese im Sinne des DN-Schemas rudimentäre Erklärung mehr der ausgefeilten Argumentation eines Ingenieurs als derjenigen eines Mechanikers. Der Mechaniker wird auf noch einfachere und im logischen Sinn unvollkommenere Argumentationsformen zurückgreifen oder, was am wahrscheinlichsten ist, nichts sagen und handeln. Was spielt sich in seinem Kopf ab? Offensichtlich hat er eine Erklärung, die ihn zu erfolgreichem Handeln (nämlich Reparieren des Motors führt), ohne die formalen Darstellungsformen des Logikers benutzen zu müssen.

Die verschiedenen Erklärungsarten werden in der Wissenschaftstheorie auf verschiedene Gesetzesarten zurückgeführt. Man unterscheidet neben deterministischen und statistischen Gesetzen, qualitative Gesetze (z. B. Eisen dehnt sich bei Erwärmung aus), komparative Gesetze (z. B. Je stärker die Reibung, desto größer die erzeugte Hitze), quantitative Gesetze (z. B. Newtons Gravitationsgesetz), Ablaufs- bzw. Sukzessionsgesetze (z. B. Galileis Fallgesetz), Zustandsgesetze (z. B. Gasgesetze), Makro- und Mikrogesetze (z. B. Mikroebene der Moleküle und Makroebene der Flüssigkeiten in der Thermodynamik, Mikroebene der Betriebe und Makroebene einer Volkswirtschaft in der Ökonomie), Stetigkeitsgesetze (z. B. Differentialgleichungen, Feldgesetze), Erhaltungsgesetze (z. B. Masse-, Energie-, Impulserhaltung).

Eine häufige Erklärungsart, die teilweise auf diese Unterscheidungen zurückgreift, sind kausale Erklärungen. Formal werden sie als DN-Erklärungen verstanden, für die mindestens ein deterministisches quantitatives Ablaufgesetz benötigt wird und deren Antecedensereignis nicht später ist als das Explanandumereignis.

Erklärungen, die nicht auf Ursachen, sondern auf Ziele und Zwecke rekurrieren, wurden in der Philosophie häufig als Gegensätze zu kausalen Erklärungen angeführt. Ohne auf die ontologischen Gegensätze von Kausalität und Teleologie einzugehen, spricht die Wissenschaftstheorie in diesem Fall von funktionalen Erklärungen.[168] Sie sind charakteristisch für die Beschreibung von Systemen z. B. in Bio-, Medizin- und Technikwissenschaften. Beispiel aus der Medizin ist die Frage: „Warum kommen im menschlichen Blut Leukozyten vor?“ Antwort: „Die Funktion der Leukozyten besteht darin, den menschlichen Organismus gegen eindringende Mikroorganismen zu schützen.“ Das Vorhandensein von Systemteilen wird also durch ihre Funktion im Gesamtsystem erklärt.

In der Biologie wird die Frage gestellt: „Warum haben die Schmetterlinge dieser Spezies auf der Oberseite ihrer Flügel ein Farbmuster, das an Raubtieraugen erinnert?“ Die Antwort erklärt Merkmale von Systemen durch ihre Funktion: „Dieses Muster hat die Funktion, die Schmetterlinge mittels Abschreckung gegen feindliche Vögel zu schützen.“ Durch ihre Funktion wird auch die Tätigkeit von Systemteilen erklärt: „Warum schlägt in Wirbeltieren das Herz?“ Antwort: „Der Herzschlag hat die Funktion, das Blut im Organismus zirkulieren zu lassen.“

Die Darstellung funktionaler Erklärungen im DN-Schema ist stilisiert und umständlich. Sei S ein System (z. B. Körper eines Wirbeltiers), D eine Disposition (z. B. Herzschlag), Z_i innerer Zustand von S, Z_u äußere Bedingungen von S, Gesamtzustand $Z = Z_i + Z_u$ (in dem D realisiert wird), N Wirkungen, die durch D ausgelöst werden, und für die das Funktionieren von

168 Vgl. auch W. Stegmüller, s. Anm. 166, 558 ff.

S notwendig ist. Das DN-Schema zur funktionalen Erklärung, daß das Merkmal D in zur Zeit t anzutreffen ist, lautet dann:[169]

(4.47)
1) Das System S funktioniert zur Zeit t in der Situation von der Art $Z=Z_i+Z_u$ adäquat (normal).
2) Für einen beliebigen Zeitpunkt gilt: S funktioniert zu diesem Zeitpunkt nur dann adäquat (normal), wenn eine bestimmte notwendige Bedingung N erfüllt ist.
3) Das System besitzt dann und nur dann das Merkmal D, wenn die Bedingung N erfüllt ist.

Für Anwendungen in Soziologie, Anthropologie oder Psychologie wird S als soziale Gruppe oder Individuum (z. B. mit krankhaften Symptomen), D als Verhaltensweisen, N als Effekte dieser Verhaltensweise interpretiert. Das Erklärungsschema ist zwar logisch korrekt, aber empirisch in diesen Fällen kaum anwendbar. Bei Erklärungen des Alltags wie der Wissenschaft macht der erhebliche Zeitaufwand, der zur Formulierung im Rahmen des Statement-View notwendig ist, die praktische Anwendung solcher Schemata fraglich. Hinzukommen die nicht unbeträchtlichen logischen Kenntnisse, die zur Darstellung von Erklärungen in einem HO-Schema notwendig sind. Es kann sich nur um eine nachträgliche Darstellung in einer speziellen formalen Sprache, nämlich der prädikativen Quantorenlogik, handeln. Trotz der vielfältigen Schwierigkeiten, die bei wissenschaftstheoretischen Explikationen im Rahmen des Statement-View auftreten, arbeiten wir erfolgreich mit Erklärungen.

Unrealistisch ist beim HO-Schema die Voraussetzung, daß für eine korrekte Erklärung das Wissen einer universell quantifizierten Gesetzesaussage und eine vollständige Liste von Anfangsbedingungen vorausgesetzt werden müssen. Diskursive Prämissen und die Ausführung formaler Ableitungen im Sinne eines formalen Logikers beherrschen selbst Wissenschaftler meistens nur rudimentär (wenn sie nicht über eine Zusatzausbildung in Logik und Wissenschaftstheorie verfügen). Dennoch finden wir dort wie im Alltag, aber selbst bei Tieren die Fähigkeit, Situationen angemessen einzuschätzen, Symptome

169 Das Schema geht zurück auf C. G. Hempel (s. Anm. 164).

für zukünftige Trends zu erkennen und Konsequenzen für erforderliche Handlungen zu ziehen.

Grundlage sind ähnliche neuronale Strukturen, die in der Evolution herausgebildet wurden.[170] Um es noch einmal zu betonen: Die traditionelle wissenschaftstheoretische Kritik an dieser Stelle, daß es dem HO-Schema um Rechtfertigung und Geltung von Erklärungen und nicht um deren evolutionäre Herkunft gehe, trifft nicht zu. Es liegt vielmehr nahe, daß das HO-Schema den Geltungsanspruch von Erklärungen nicht zutreffend beschreibt, da es von unzutreffenden Voraussetzungen ausgeht. Wenigstens muß seine Anwendbarkeit eingeschränkt werden. Die Fähigkeit zum „Theoretisieren" hängt bei neuronalen Systemen, wie gezeigt wurde, von der Hierarchie der verborgenen neuronalen Zwischenschichten und Reichhaltigkeit der Neuronenarten ab. Ein globales Aktivierungsmuster der vorborgenen Zwischenneuronen wird durch die Aktivierungsmuster der Inputneuronen ausgelöst. Welches Muster erzeugt wird, ist durch die Konfiguration der Synapsengewichte in den Zwischenschichten der verborgenen Neuronen bestimmt. Die Konfigurationen werden in der Lernphase des Systems eingestellt, in der eingegebene Muster auf gewünschte Outputmuster trainiert werden.

Mathematisch werden neuronale Muster durch Vektoren dargestellt. Der Lernprozeß entspricht daher einer Vektorentransformation. Da sich das System physikalisch auf Attraktoren hin entwickelt, spricht man auch von Phasenübergängen, in denen sich das trainierte System schließlich selbständig organisiert. Attraktoren sind Prototypvektoren, auf die sich ein neuronales System je nach Lernstrategie außerordentlich schnell hin entwickeln kann. Ein in der Zwischenschicht gespeicherter Prototyp repräsentiert eine Vielzahl von Inputmustern, die in der neuronalen Inputschicht aufgenommen wurden. Diese

---

170 Vgl. D. E. Rumelhart/G. E. Hinton/R. J. Williams, Learning representations by back-propagating errors, in: Nature 323 1986, 533-536; D. E. Rumelhart/G. E. Hinton/R. J. Williams, Learning internal representations by error propagation, in: D. E. Rumelhart/J. L. McClelland (eds.), Parallel Distributed Processing: Explorations in the Microstructure of Cognition vol. I., Cambridge (Mass.) 1986.

Inputmuster können durchaus variieren, nach dem Maßstab des Prototyps gestört sein, um dennoch als ähnlich wiedererkannt zu werden.

Schnelligkeit, Vielfalt und rudimentäres Vorwissen waren Kennzeichen von Erklärungen, die im Alltag wie in der Wissenschaft, aber auch bei Tieren Anwendung finden. Erklärungen, so lautet der neuronale Ansatz, sind Aktivierungen von prototypischen Mustern, unter denen Inputmuster von Ereignissen schnell und fehlertolerant eingeordnet werden können. Prototypvektoren vermeiden, wie gezeigt wurde, die Probleme, die durch die Annahme universell quantifizierter Gesetzesaussagen entstehen.

Im Alltag, bei Wissenschaftlern und bei Tieren mögen je nach neuronaler Ausstattung unterschiedliche Prototypvektoren wirksam werden können. In Abb.4.19a erkennt ein Kojote ein schwanzähnliches Gebilde im Steppengras am Rande einer Wüste.[171] Er erklärt sich dieses Ereignis durch Aktivierung des Prototypmusters einer Wüstenratte. Bei Übersetzung in die diskursive Darstellung des Statement-View würden universell quantifizierte Sätze wie ‚Alle Wüstenratten haben Schwänze', ‚Alle Wüstenratten leben in Wüsten und Steppen' und Nebenbedingungen wie ‚Der Kojote befindet sich im Steppengras am Rande einer Wüste' etc. notwendig. Daß mit solchen Sätzen wieder logische Probleme verbunden sind (z. B. können Wüstenratten mit abgebissenen Schwänzen und/oder im Zoo leben), interessiert natürlich keinen Kojoten. Auch logische Ableitungen sind nicht notwendig, um das gestörte Teilmuster der Wahrnehmung dem Prototypmuster zuzuordnen.

In Abb.4.19b wird ein Warnungsphänomen dadurch erklärt, daß ein Körper rotiert. Auch hier werden keine physikalischen Rotationsgesetze bemüht, aus denen Beobachtungsphänomene wie z. B. Streifenmuster abgeleitet werden. Vielmehr wird der Prototypvektor eines rotierenden Körpers aktiviert, um die Ähnlichkeit des wahrgenommenen Teilmusters mit dem prototypischen Muster zu testen. Dieser Vorgang ist intuitiv ohne sprachliche Repräsentation im Statement-View. Er

171 P. M. Churchland, s. Anm. 156, 211 (Abb. 4.19 a-b dort als Figur 10.3).

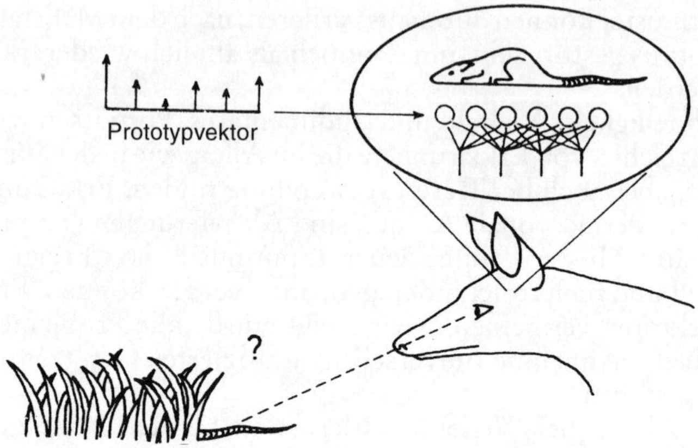

a

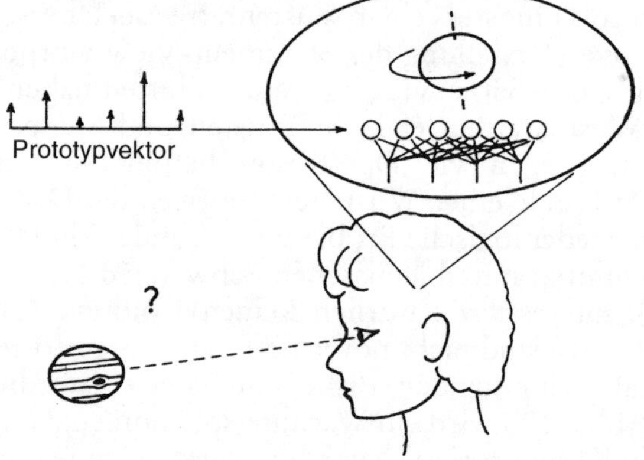

b

Abb. 4.19

benötigt auch keine Darstellung in mengentheoretischen Strukturen, um im Sinne des Non-Statement-View Modelle unterordnen zu können. Ähnlichkeitsbestimmung bedeutet metrische Abschätzung der Nähe, in der sich Prototypvektor und Teilmustervektor bei neuronaler Aktivierung befinden.

Der neuronale Ansatz macht die unterschiedlichen Erklärungsniveaus verständlich, die Hanson bereits auf unterschiedliches Hintergrundwissen zurückführte. Neuronal können Beobachter über unterschiedlich viele und unterschiedlich differenzierte Prototypvektoren verfügen, die in jeweiligen Situationen und Kontexten aktiviert werden. Auch die verschiedenen Erklärungsarten, die man in der analytischen Wissenschaftstheorie mit mehr oder weniger Erfolg in das HO-Schema zwängt, haben dadurch eine gemeinsame neuronale Grundlage.

Einfache Beispiele sind Eigenschaftserklärungen: „Warum hat das Tier Streifen im Fell?" Antwort: „Es ist ein Zebra, denn alle Zebras haben Streifen im Fell." Aktiviert wird der Prototyp eines Zebras. Gibt es nicht auch Albinos? Für einen Prototypvektor mit mehr oder weniger starken Abweichungen ist das kein Problem.

Kausale Erklärungen beziehen sich auf prototypische Ereignisse und eine prototypische zeitliche Ordnung dieser Ereignisse. Genau das ist mit einer Kausalkette gemeint, ohne auf universal quantifizierte Gesetze zurückgreifen zu müssen. Wahrgenommene Teilmuster werden entsprechende prototypische zeitliche Ordnungsmuster aktivieren. Erkenntnistheoretisch erinnert diese Beschreibung an Humes psychologische Assoziationstheorie, wonach Ereignisfolgen (z. B. Blitz und Donner) durch wiederholtes gemeinsames Auftreten in zeitlicher Nachordnung zur Bildung eines Kausalnexus führen. Die neuronale synaptische Vernetzung führt zu einem vektoriell beschreibbaren Aktivierungsmuster.

Auch funktionale Erklärungen beruhen auf einem Aktivierungsmuster, das prototypische Ereignisse in prototypischer Zeitfolge verbindet. Ein Arzt beobachtet, daß die peripheren Blutgefäße eines Patienten bei einer bestimmten Temperatur kontrahieren. Im Statement-View lautet die funktionale Erklärung, daß dieses Ereignis erfolgt, um die inneren Organe vor Auskühlung zu schützen. Der Zweck wird als Folge eines Ereignisses unter bestimmten Bedingungen erkannt. Schließlich kann der Arzt ein Ereignis als Mittel selbst herbeiführen, um ein anderes Ereignis als Folge bzw. Zweck herbeizuführen. Dabei orientiert er sich an prototypischen Handlungsmustern, ohne in der Regel auf universal quantifizierte Naturgesetze zurückgreifen zu können oder zu müssen.

Selbst der Mathematiker beruft sich im Problemlösungsprozeß weniger auf in logischer Satzform präsentierte Gesetze, sondern auf prototypische Problemlösungsmuster, die er in ähnlichen Problemlösungssituationen angewendet hat. In der Geometrie waren es häufig prototypische Figuren, mit denen wichtige Eigenschaften erkannt und erklärt wurden. Prototypisch war z. B. die Symmetrie zweier zentrisch ineinandergelagerter Quadrate (Abb.4.20a), mit der die Eigenschaft von Katheten- und Hypothenusequadraten nach dem Satz des Pythagoras historisch erkannt und für den Spezialfall gleichschenkliger Dreiecke erklärt wurde. Der Winkelsummensatz wurde durch Verbindung prototypischer Figuren erkannt und erklärt. In Abb.4.20b sind Prototypen von schneidenden Geraden an Parallelen gezeigt, die zur prototypischen Schlüsselfigur für den Winkelsummensatz führten.[172]

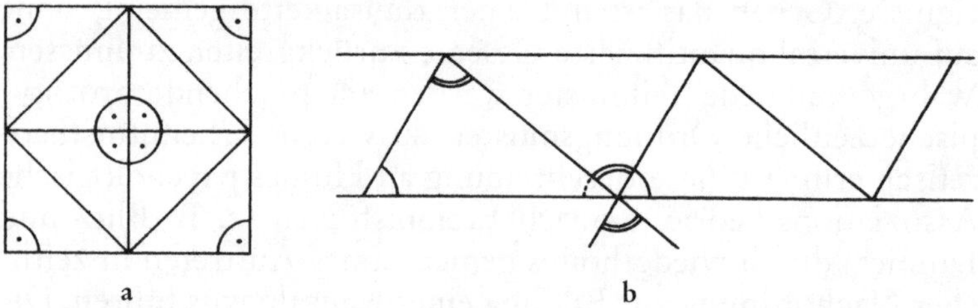

Abb. 4.20

Bezeichnenderweise hat sich die logische Notierung von Beweisen ziemlich spät in der Zeit von Euklid entwickelt. Vorher reichten die geometrischen Konstruktionsschemata und in diesem Sinn Prototypen. Schließlich wurden logische Ableitungen von Sätzen eingeführt, die schließlich Figuren verdrängten. Aber auch Axiome sind nichts anderes als Schemata für prototypische Sätze. Ihre Anwendung bedeutet Aktivierung eines

172 K. Mainzer, Geschichte der Geometrie, Mannheim/Wien/Zürich 1980, 28.

prototypischen neuronalen Musters, um mathematische Eigenschaften erklären zu können.

Sozialwissenschaften geraten häufig in methodologische Schwierigkeiten, wenn sie nach dem Vorbild der Naturwissenschaften universell quantifizierte Gesetze formulieren wollen. Tatsächlich handelt es sich meistens um prototypische Situationen, Verhaltens-, Handlungs- oder Interaktionsmuster, die es zu aktivieren gilt und die daher als neuronale Prototypvektoren berücksichtigt werden können. Deutlich ist diese Einsicht bei den Rechtswissenschaften, deren Gesetze tatsächlich Normen sind, die z. B. im Fall des Strafgesetzes unter den Prämissen prototypischer Straffälle bestimmte Sanktionen androhen. Für den Juristen kommt es darauf an, den konkreten Straffall im prototypischen Fall des Gesetzestextes wiederzuerkennen.

Manchmal sind viele Erklärungen möglich. Im Statement-View müssen Kriterien formuliert werden, wie die beste Erklärung abzuleiten ist. Neurophilosophisch geht es um die Aktivierung des Prototypvektors unter den eventuell vielen möglichen, der dem Aktivierungsmuster des Inputvektors am nächsten (im metrischen Sinn des betreffenden Vektorraums) steht. Analogische Erklärung bedeutet, daß ein prototypisches Aktivierungsmuster von einem Anwendungsgebiet auf ein anderes übertragen wird. Analogie oder Ähnlichkeit besteht dann in der engen Nachbarschaft zweier prototypischer Muster, die durch zwei unterschiedliche Erfahrungsbereiche (z. B. technische Maschinen und lebende Organismen) in einem gemeinsamen Vektorraum verborgener Neuronen erzeugt werden.[173]

Erklärungen beziehen sich nicht nur auf Wahrnehmungsphänomene und Ereignisse. Im fortgeschrittenen Stadium der Wissenschaften werden Gesetze durch Ableitung aus Gesetzen erklärt. So folgen Galileis Fallgesetz und Keplers Planetengesetz aus Newtons Gravitationsgesetz. Boltzmann erklärt die Gesetze der Thermodynamik durch die statistische Mechanik der Moleküle. In der Quantenchemie werden chemische Gesetze durch die Grundgesetze der Quantenmechanik erklärt etc. Schon in einfacheren Fällen werden Konzepte vereinigt

173 Zur Rolle von Analogien und Modellen in der Wissenschaftsgeschichte vgl. auch M. Hesse, Models and Analogies in Science, Notre Dame 1966.

und erfolgreich angewendet. Neurophilosophisch handelt es sich dann darum, das Aktivierungsmuster eines Prototypvektors in ein umfassenderes Muster einzubetten.

Die Leistungsfähigkeit von Erklärungen kann nun auf die Fähigkeit biologischer Gehirne zurückgeführt werden. Sie könnte auf technische Systeme wie neuronale Netze übertragen werden, wenn es gelingt, die Lern- und Selbstorganisationsstrategien lebender Gehirne noch besser zu verstehen. Das wäre sicher eine notwendige Voraussetzung, um so allgemeine Konzepte wie das Weltbild eines Menschen, seine Entwicklung und seine Veränderung auf neurophilosophischer Grundlage zu begreifen. Die individuelle Geschichte dieses Weltbildes läßt sich als eine spezielle Trajektorie vorstellen, die sich im Vektorraum konzeptioneller Alternativen bewegt. Die laufende Position dieser Trajektorie wird durch die Gewichte synaptischer Verbindungen bestimmt. Kategoriale Unterscheidungen, wie sie Weltbildkonzepten zugrunde liegen, werden durch Prototypvektoren bestimmt. Menschen haben danach gemeinsame kategoriale Weltorientierung, wenn sie die gleichen oder ähnliche Prototypvektoren als Repräsentanten von Konzepten ausbilden.

Weltbilder à la Aristoteles, Newton oder Einstein lassen sich durch entsprechende Grundkonzepte charakterisieren.[174] Man denke an typische Bewegungsformen wie gleichförmige Kreisbewegung in der aristotelischen Himmelskinematik, gleichförmige geradlinige Trägheitsbewegung in der Newtonschen Mechanik und krummlinige Geodäten in der Einsteinschen Gravitationstheorie. Dieselben Beobachtungen und Wahrnehmungen können in diesen Kontexten unterschiedlich gedeutet werden. So vertreten Newton und Huygens zwei konkurrierende Konzepte der Optik. Für Newton besteht Licht aus kleinen Korpuskeln, die sich mit hoher Geschwindigkeit bewegen. Huygens versteht Licht als Kompressionswellen eines Äthers. Neurophilosophisch liegen also zwei unterschiedliche synaptische Schaltungsmuster vor, die unterschiedliche Prototypen, nämlich ‚Korpuskel' und ‚Welle', repräsentieren. Das-

174 Vgl. K. Mainzer, Symmetrien der Natur. Ein Handbuch zur Natur- und Wissenschaftsphilosophie, Berlin/New York 1988, Kap. 3-4.

selbe Lichtphänomen als Inputvektor löst daher unterschiedliche Outputvektoren der beiden synaptischen Schaltungsmuster à la Newton bzw. à la Huygens aus. In der Lernphase, d. h. hier der Aufbauphase des Konzepts, wurde jeweils eine charakteristische Input-Output-Funktion ausgebildet, die ein Lichtphänomen jeweils prototypisch als Korpuskel- oder Wellenmuster deutet. Wie bereits erwähnt, hängt die Einfachheit eines Konzepts von dem neuronalen Aufwand ab, den eine solche Funktion für die Überführung in den jeweiligen Outputvektor benötigt.

Wie werden globale Veränderungen des kontextuellen Rahmens neuronal erklärt (‚Paradigmenwechsel‘)? Als komplexe dynamische Systeme sind neuronale Netze fehlertolerant. Bekanntlich verhalten sich Anhänger eines Paradigmas lange resistent gegenüber möglichen Abweichungen von prototypischen Mustern. Andererseits können in nicht-linearen Systemen spontan globale Veränderungen durch geringe Fluktuationen ausgelöst werden, wenn kritische Umweltbedingungen (‚Kontrollparameter‘) vorliegen.

Beim Wechsel vom Newtonschen zum Einsteinschen Bezugsrahmen hatte das ursprüngliche Paradigma seine vereinigende Kraft verloren.[175] Es waren weniger einzelne Abweichungen wie z. B. die Perihelverschiebung des Merkur. Die Elektrodynamik war vielmehr ein Konzept mit einem neuen Prototyp, dem Äther als ausgezeichnetem Bezugssystem, der unverbunden neben dem Prototyp der mechanischen Relativbewegung stand. In dieser kritischen Situation bedurfte es nur geringer Anstöße (z. B. das Michelson-Morley Experiment), um die Synapsengewichte global zu verändern und einen neuen vereinigenden Prototyp, nämlich Einsteins Inertialsysteme der Speziellen Relativitätstheorie mit dem Postulat der Konstanz der Lichtgeschwindigkeit, auszubilden. Der ‚Abgrund‘, der bei einem Paradigmenwechsel überwunden wird, läßt sich neuronal fixieren. Er entspricht dem Abstand zwischen alten und neuen Prototypvektoren – vorausgesetzt, beide Konzepte las-

175 Vgl. auch J. Ehlers, Einführung der Raum-Zeit Struktur mittels Lichtstrahlen und Teilchen, in: J. Audretsch/K. Mainzer (Hrsg.), Philosophie und Physik der Raum-Zeit, Mannheim/Wien/Zürich 1988, 145-162.

sen sich als Unterräume in einen gemeinsamen synaptischen Vektorraum einbetten und werden so kommensurabel.

Wie das Gehirn im einzelnen seine prototypischen Konzepte aufbaut, lernt und auf andere Konzepte umsteigt, ist heute erst rudimentär bekannt. Dazu muß auf die Klasse der bekannten Lernalgorithmen zurückgegriffen werden, die technisch nur teilweise in neuronalen Netzen realisiert wurden. Einige der technisch erfolgreichsten Verfahren setzen die Backpropagation-Methode voraus. Wie bereits erläutert, wird bei diesem Typ eine Art Überwachungsmechanismus vorausgesetzt. Gemeint ist, daß dem Netz in einer Trainingsphase ein Prototypvektor beigebracht wurde, an dem der Irrtum z. B. beim Erkennen eines gestörten Musters gemessen wird. Durch Zurückgreifen auf die verborgenen Neuronen, die für die Abweichung vom Prototyp verantwortlich sind, und schrittweise Veränderung der entsprechenden Synapsengewichte wird eine fortschreitende Verminderung des Irrtumsgradienten bewirkt, ohne jedoch einen Lernerfolg garantieren zu können. Die Boltzmann-Maschine ist eine technisch verbesserte Version der Backpropagation-Strategie unter Berücksichtigung komplexer Netzwerkhierarchien mit unterschiedlichen Lernphasen. Für die Gehirnsimulation stellt sich das Problem, daß Backpropagation-Strategien physiologisch nicht bekannt sind. Es ist daher bisher nur hypothetisch vorstellbar, daß die Natur oder die soziale Gruppe dem Individuum (in diesem Fall einem Wissenschaftler) einen ‚korrekten' Prototypvektor als Maßstab vorgibt.

Demgegenüber verzichten die Hebbschen Lernregeln auf eine globale Überwachung des Lernvorgangs und setzen nur lokale Wechselwirkungen von Neuronen voraus. Die Hebbschen Regeln haben im Unterschied zur Backpropagation nachweislich physiologischen Hintergrund. Eine wichtige Erweiterung des Hebb-Konzepts stammt von C. von der Malsburg.[176] Er ging davon aus, daß derartige synaptische Modifikationen sehr schnell (d. h. in wenigen Millisekunden) ablaufen können. Daher müße nicht mehr von einer Signalverarbeitung in einem

176 C. von der Malsburg, Self-organization of orientation sensitive cells in the striate cortex, in: Kybernetik 14 1973, 85-100.

starren und festprogrammierten Netzwerk ausgegangen werden, sondern von lernfähigen sensiblen Netzwerken, die auf passende Inputs mit lawinenartig ablaufenden Selbstorganisationsprozessen reagieren.

Diese schnellen Hebb-von-der-Malsburg-Synapsen sind mittlerweile empirisch nachgewiesen und als NMDA-Synapsen bekannt. Sie treten in der Hirnrinde gehäuft auf und ermöglichen wie ein Hochgeschwindigkeitsgenerator Repräsentationen der Außenwelt und Metarepräsentationen von Repräsentationen, also selbstreferentielle Aktivitäten, wie sie bei Abstraktionen und Bildung von Konzepten notwendig sind.[177] Das intuitive Expertenwissen, das nicht in den Regeln und Datenstrukturen programmgesteuerter Expertensysteme darstellbar ist, wird dadurch erklärbar. Expertensysteme auf neuronaler Grundlage eröffnen daher eine neue Perspektive auf die Simulations- und Automationsmöglichkeiten wissenschaftlicher Forschung.

Bisher wurde vom einzelnen Wissenschaftler und seinem Gehirn ausgegangen, das sich als ein System von Neuronen selbstorganisiert und durch den Aufbau von Verschaltungsmustern Beobachtungen, Konzepte, Theorien und Theorierahmen bildet. Es wurden also die neuronalen Grundlagen wissenschaftstheoretischer Begriffe untersucht. Forschung ist aber, wie eingangs herausgestellt wurde, ein sozialer Prozeß, in dem die Wissenschaftler als Individuen selber interagieren. Wie kann dieser wissenschaftssoziologische Prozeß neurophilosophisch verstanden werden? Die ‚scientific community' wird dazu selber als ein komplexes System interagierender Gehirne und Informationssysteme verstanden. Dieses komplexe System bildet zwar kein eigenes Bewußtsein wie ein biologisches Gehirn aus. Es vermag aber in seinen einzelnen Angehörigen der Wissenschaftlergruppe ein Zugehörigkeitsgefühl zu erzeugen und in diesem Sinn Gruppenbewußtsein zu repräsentieren. Wie die Dynamik von Forschung und Wissenschaftlergruppen wenigstens qualitativ im Rahmen einer Theorie komplexer Systeme zu verstehen ist, wurde bereits im Abschnitt 3.33 über ‚Kom-

177 H. Flohr, Brain processes and phenomenal consciousness. A new and specific hypothesis, in: Theory and Psychology 1 1991, 245-262.

plexe Gesellschaftssysteme und Ökologie des Computers' diskutiert.

Eine Wissenschaftstheorie, die in dieser Weise versucht, die tatsächliche Arbeitsweise menschlicher Gehirne und ihre Wechselwirkung im Forschungsprozeß zu berücksichtigen, ist – das sei noch einmal ausdrücklich betont – keineswegs als ‚biologistisch' oder sonst wie ‚reduktionistisch' mißzuverstehen. Es hat sich vielmehr gezeigt, daß unser wissenschaftstheoretisches Verständnis von Wissenschaft entscheidend von der gewählten Darstellungsform abhängt. Diese mag wie im Beispiel der Formalisierung und Axiomatisierung von Wissen im Sinne des logischen Empirismus lokal (z. B. für logisch-mathematische Untersuchungen) gerechtfertigt sein, erweist sich aber bei Universalisierungsanspruch als Prokrustesbett, das mehr am Forschungsprozeß ausklammert und verfremdet als aufklärt. Das gleiche gilt, wie gezeigt wurde, für den Program-View, der Forschung im Sinne von Expertensystemen automatisieren möchte. Menschliche Gehirne arbeiten häufig anders, als sich das Logik und Wissenschaftstheorie lange Zeit vorgestellt haben. Diese Methoden kennenzulernen, ihre Grundlagen, Leistungen und Grenzen zu untersuchen – das ist die Aufgabe einer neurophilosophischen Wissenschaftstheorie.

4.4 Philosophie des Geistes

4.41 Frühgeschichte des Geistes: Logos, Götter und Dämonen

Was ist Geist, fragt die Philosophie seit Jahrhunderten und beantwortet diese Frage häufig mit der Geschichte eines Begriffs. Untersucht man die historischen Begriffsbestimmungen einzelner Philosophen, wird die Abhängigkeit ihres jeweiligen Verständnisses von Geist vom wissenschaftshistorischen und kulturellen Kontext deutlich. Die Vorstellung, daß Geist ein besonderer Stoff sei, der als Luft, Hauch oder Atem in der Natur wirkt, findet sich nicht erst in einigen Hochreligionen und philosophischen Traditionen, sondern geht vermutlich auf mythische Zeiten zurück. Geist wird als Urgrund des Lebens verstanden. So wie der Wind selber unsichtbar einen Baum sichtbar und spürbar bewegt, so wie der Atem in lebende Tiere und Menschen fährt und der Rauch aus verbrannten toten Körpern aufsteigt, so konnte in der Vorstellung der Alten das Leben greifbar werden. Das hebräischeWort ‚ruach', das griechische Wort ‚πνεῦμα' und das lateinische Wort ‚spiritus' haben diese Bedeutungswurzeln.

Die antike Medizin und Alchemie versuchen dieses Lebensprinzip zu materialisieren und als besonderes Gas zu isolieren. Als ‚Geist in der Flasche' lebt diese alte Vorstellung in unseren Märchen weiter. Von alchemistischen Traditionen zeugt die Rede von den ‚geistigen Getränken'.[178] Die etymologischen Ursprünge des deutschen Wortes ‚Geist' (mittel- und althochdeutch ‚geist', niederländisch ‚geest', englisch ‚ghost') weisen in der Tat auf erregte, aufgebrachte und schaudernde Gemütszustände (vgl. westgermanisch ‚ĝheis', gotisch ‚us-gaisjan', altisländisch ‚geiskafullr'). Daraus entwickelt sich die Bedeutung ‚Geist, Seele, Gemüt' ebenso wie die Bedeutung ‚überirdisches Wesen, Gespenst'. Im Rahmen der Christianisierung wirken auf das Wort ‚Geist' die Bedeutung von ‚pneuma' und ‚spiritus' (vgl. ‚spiritus sanctus') ein.[179]

Die Beseelung des Kosmos als großer lebendiger Organismus wird bereits in der griechischen Kosmologie beschrieben. Heraklit spricht vom kosmischen Urfeuer des ‚Logos', der zugleich ein Ordnungsprinzip ist, an dem der Mensch mit seiner Vernunft teilhat. Wenn wir heute nach einer naturphilosophischen Tradition für das moderne Prinzip der Selbstorganisation suchen, dann wäre sie wohl vor allem im Heraklitschen Logosverständnis zu suchen – als energetischer Prozeß, der Ordnung schafft von den Gestalten der Natur bis zu den Denkfiguren des menschlichen Geistes.[180]

178 Vgl. auch M. Plessner, Vorsokratische Philosophie und griechische Alchemie in arabisch-lateinischer Überlieferung, Wiesbaden 1975; A. J. Hopkins, Alchemy. Child of Greek Philosophy, New York 1967.

179 Vgl. auch: Der große Duden Bd. 7: Etymologie, Mannheim 1963, 206.

180 Heraklit, Diels-Kranz 22 B 64, B 30: „Das All steuert der Blitzstrahl (d.i. das Feuer). Diese Weltordnung, dieselbe für alle (und alles), schuf weder einer der Götter noch der Menschen, sondern sie war immer und ist und wird sein ewig lebendiges Feuer, erglimmend nach Maßen und erlöschend nach Maßen." Diels-Kranz: „Diesem Logos gegenüber, der doch ewig ist,

Logos bezeichnet in der griechischen Tradition zugleich ein mathematisches Verhältnis von Zahlen. Mit dem entsprechenden lateinischen Terminus der ‚ratio' sprechen wir noch heute von den ‚rationalen' Zahlen, die als Bruch bzw. Verhältnis ganzer Zahlen darstellbar sind, im Unterschied zu den ‚irrationalen' Zahlen ohne gemeinsames Maß. Ebenso meint aber Logos in der griechischen Philosophie eine Rede, die mit dem Anspruch auf Wahrheit, Nachprüfbarkeit, Vernünftigkeit und Richtigkeit auftritt. Geist wird zu Logik und Vernunft, die den Kosmos und das menschliche Denken bestimmen.

Damit verwandt ist der griechische Begriff ‚Nus' (νοῦς), der z. B. bei Anaxagoras und später bei Platon als ein den Kosmos ordnendes Prinzip bestimmt wird. Als ‚denkende' Seele bezeichnet ‚Nus' auch den höchsten Teil der menschlichen Seele.[181] Bei Aristoteles dienen die Unterscheidungen zwischen einer vegetativen, sensitiven und rationalen Seele als Gattungsprinzip der Wirklichkeit im Bereich des Lebendigen. Folgenschwer wird die aristotelische Unterscheidung zwischen einem ‚rezeptiven' Nus (νοῦς παθητικός), der von den Gegenständen, die er denkt, affiziert wird, und mit dem Körper sterblich ist, und der spontan-tätige Nus (νοῦς ποιητικός), der alles macht und als überindividuelle Fähigkeit unsterblich ist.[182]

Von zentraler Bedeutung wird der Nusbegriff in den Logosspekulationen des Neuplatonismus. Durch Hypostasierung werden in dieser philosophischen Tradition abstrakte Begriffe

verhalten sich die Menschen ohne Verständnis, gleichgültig, ob sie es noch nicht erfahren oder ob sie es wirklich vernommen haben. Alles geschieht gemäß dem Weltgesetz." Vgl. auch K. Held, Heraklit, Parmenides und der Anfang von Philosophie und Wissenschaft. Eine phänomenologische Besinnung, Berlin/New York 1980; K. Mainzer, Symmetrien der Natur (s. Anm. 174), 72 ff; W. J. Verdenius, Der Logos-Begriff bei Heraklit und Parmenides, in: Phronesis 11 1966, 81-98.

181 K. v. Fritz, ΝΟΥΣ, ΝΟΕΙΝ and their derivatives in presocratic philosophy (excluding Anaxagoras) I-II, in: Class. Philol. 40 1945, 223-242, 41 1946, 12-34; ders., Der ΝΟΥΣ des Anaxagoras, in: Arch. Begriffsgesch. 9 1964, 87-102; G. Jäger, ‚Nus' in Platons Dialogen, Göttingen 1967.

182 Aristoteles, de an.A5.411a 24 ff., B2.413a 1 ff., Γ4.429a 10 – 5.430a 25; H. Seidl, Der Begriff des Intellekts (νοῦς) bei Aristoteles im philosophischen Zusammenhang seiner Hauptschriften, Meisenheim 1971.

verdinglicht und personifiziert. So läßt Plotin durch Emanation aus dem göttlichen Sein drei vollkommene Hypostasen hervorgehen: das Eine, den Geist und die Seele. Iamblichos fügt zwischen dem Einen und der Sinnenwelt zahlreiche weitere Hypostasen wie z. B. die Götter und Dämonen der griechischen und orientalischen Religionen: Hypostasen als antike Schöpfungsakte für virtuelle Realitäten ... Aber auch in der christlichen Dogmenlehre werden die drei Personen (Vater, Sohn, Geist) als Hypostasen des einen göttlichen Wesens (οὐσία) bezeichnet.[183]

Während also beim deutschen Wort ‚Geist' Bedeutungen von Logik, Vernunft, Gott, Seele bis zu Gespenst mitschwingen, unterscheidet die englische Sprache mit ‚mind' und ‚ghost' zwei Wortfelder – die Logos- und Ratio-Tradition von ‚mind' für Verstand, Denken u. ä. und die germanische Tradition von ‚ghost' für Gespenst, übersinnliche Wesen u. ä. Entsprechend betreiben analytische Philosophien heute eine ‚philosophy of mind'. Allerdings wird im Bedeutungsfeld von ‚mind' bereits eine einschneidende Ausblendung vieler Wirkungstraditionen der Geistesgeschichte deutlich. Die herrschenden technisch-wissenschaftlichen Paradigmen vom Mechanismus der frühen Neuzeit bis zur Computertechnologie der Gegenwart ließen den Bedeutungsumfang von ‚Logos' weitgehend als überholte Spekulationen in Vergessenheit geraten. Die Beschränkung der bisher vorgelegten technischen Entwürfe mahnt jedoch zur Vorsicht, daß über ‚Logos', ‚Nus' und spirituelle Kräfte in der Natur längst noch nicht das letzte Wort gesprochen ist.

Zu Beginn der Neuzeit nimmt, wie in diesem Buch vielfach ausgeführt, Descartes eine grundlegende Aufgabenstellung einer ‚Philosophie des Geistes' vor. Der menschliche Geist wird als ‚denkende Substanz' (res cogitans) bestimmt, die sich durch die Fähigkeit ständiger Selbstreflexion auszeichnet und dadurch unabhängig von einer Außenwelt (res extensa) ein Bewußtsein ihrer selbst (cogito ergo sum) ausbilden kann. Aprio-

---

183 H. Dörrie, Zum Ursprung der neuplantonischen Hypostasenlehre, in: Hermes 82 1954, 331-342; ders., Ὑπόσταασις. Wort- und Bedeutungsgeschichte, in: Nachr. Akad. Wiss. Göttingen, phil.-histor. Klasse 1955 Nr. 3, 35-92; B. Studer, Hypostase, in: J. Ritter/K. Gründer (Hrsg.), Hist. Wörterbuch der Philosophie Bd. III Basel 1974, 1255-1259.

risch angeborene Ideen (ideae innatae) ermöglichen selbstevidente Sätze der Mathematik und Physik, die am Anfang unseres Wissens von der Außenwelt stehen. Um den materiellen menschlichen Körper dirigieren zu können, benötigt der menschliche Geist ein besonderes Organ, als das Descartes die Zirbeldrüse als einziges einpaariges Teil im menschlichen Gehirn ausmacht. Die sensomotorische Interaktion von Geist und Körper versucht Descartes, nach dem herrschenden mechanistischen Paradigma seiner Zeit zu erklären. Die Probleme des cartesischen Dualismus von Leib und Seele (Körper und Geist) sind bekannt: Wie kann eine immaterielle (ausdehnungslose) Substanz wie die Seele mit einer materiellen Substanz wie dem (ausgedehnten) Körper wechselwirken?[184]

Der Okkasionalismus entgeht den begrifflichen Schwierigkeiten des Dualismus, indem die physische Verbindung und kausale Wechselwirkung von Leib und Seele durch gelegentliche göttliche Eingriffe erklärt wird. Das mag theologisch befriedigend sein, wirkt aber vom wissenschaftstheoretischen Standpunkt wie eine nicht nachprüfbare ad-hoc-Hypothese.[185] Spinozas Deutung von Leib und Seele als Attribute einer göttlichen Substanz ersetzt zwar den Dualismus durch einen Monismus, aber um den Preis einer theologisch-metaphysischen Spekulation.[186]

4.42 Monadologische Netze und prästabilierte Harmonie

Berühmt wird Leibnizens Formel von der prästabilierten Harmonie zwischen Leib und Seele, die er sich wie zwei synchron

---

184 Vgl. auch W. Röd, Descartes ‚Erste Philosophie'. Versuch einer Analyse mit besonderer Berücksichtigung der cartesianischen Methodologie, Bonn 1971; J. Vuillemin, Mathématique et métaphysique chez Descartes, Paris 1960.

185 A. de Lattre, L'occasionalisme d'Arnold Geulincx. Étude sur la constitution de la doctrine, Paris 1967; R. Specht, Commercium mentis et corporis. Über Kausalvorstellungen im Cartesianismus, Stuttgart/Bad Cannstatt 1966.

186 Vgl. auch W. v. Reichenau, Die monistische Philosophie von Spinoza bis auf unsere Tage, Köln/Leipzig 1881.

gehende Uhren vorstellt – ohne mechanische Wechselwirkung, aber in ihrer idealen Ganggleichheit gesichert bzw. prästabiliert. Diese These eines psychophysischen Parallelismus ist allerdings nur Teil einer umfassenden Grundlegung, die Leibniz in seiner Monadenlehre vornimmt. Leibnizens Monadenlehre ist ohne Zweifel eine der bemerkenswertesten metaphysischen Entwürfe der neuzeitlichen Philosophie, die mit modernen Konzepten der Automaten-, Kognitions- und Erkenntnistheorie verglichen werden kann. Insbesondere weisen neuronale Netzwerke interessante Aspekte von Leibnizens monadologischen Netzen auf. Gemeinsamkeiten und Unterschiede zeigen, daß Metaphysik auch für moderne Forschung heuristisch fruchtbar sein kann.

Der Vorteil von Leibnizens Entwurf liegt in der Präzision seiner Begriffe, die gleichwohl vielschichtig angelegt sind. So lassen sich die Grundbegriffe der Monadologie zunächst logisch-analytisch einführen, um sie dann physikalisch, biologisch und theologisch zu deuten. Wissenschaftstheoretisch gesprochen beginnt Leibniz mit einer logisch-analytischen Theorie, die sich für verschiedene Anwendungsbereiche modellieren läßt. Für das weitere Verständnis ist wichtig, daß Leibniz weder ein Logiker im modernen Sinn à la Frege ist (wie z. B. Russell[187] behauptet hat) noch ein Metaphysiker im traditionellen scholastischen Sinn. Seine Subjekt-Objekt Logik ist eine spezifische logische Theorie, um das metaphysische Konzept einfacher bzw. individueller Substanzen (‚Monade') als Grundlage allen Seins formulieren zu können.[188]

Eine einfache Substanz wird logisch durch einen vollständigen (individuellen) Begriff bestimmt. Ein vollständiger Begriff ist die Konjunktion aller Prädikate, die ein Individuum eindeu-

187 B. Russell, A critical Exposition of the Philosophy of Leibniz, Cambridge 1900.

188 Vgl. auch F. Kaulbach, Subjektlogik und Prädikatlogik, in: J. Mittelstraß (Hrsg.), Vernünftiges Denken: Festschrift für W. Kamlah, Berlin/New York 1978, 23 ff.; K. Mainzer, Metaphysics of Nature and Mathematics in the Philosophy of Leibniz, in: N. Rescher (ed.), Leibnizian Inquiries. A Group of Essays, Lanham/New York/London 1989, 105-130; H. Poser, Zur Theorie der Modalbegriffe bei G. W. Leibniz, Wiesbaden 1969; N. Rescher, Leibniz: An Introduction to his Philosophy, Oxford 1979.

tig kennzeichnen. In diesem Sinn repräsentiert (‚spiegelt') jede Monade das gesamte Universum, da ein vollständiger Begriff eines Gegenstandes auch alle anderen Gegenstände mit mindestens einem Prädikat seiner unendlichen Konjunktion von Prädikaten enthält. Die individuelle Substanz ‚Alexander der Große' ist also nach Leibniz durch einen vollständigen Begriff gekennzeichnet, der neben Eigenschaften wie z. B. ‚König', ‚männlich', ‚Eroberer' auch alle anderen Eigenschaften von Individuen des Universums enthält und sei es über die Form der Negierung wie ‚kein Christ', ‚nicht kahlköpfig' etc. Das logische Verfahren der Verifikation besteht daher in einer Analyse des Subjekts z. B. ‚Alexander der Große', um z. B. ein Prädikat wie ‚König' feststellen und den Satz ‚Alexander der Große ist König' als wahr zu akzeptieren.[189]

Daher haben nach Leibniz Wahrheit und Falschheit ihren Grund in den Dingen[190], d. h. jede wahre Aussage ist analytisch. Prinzipiell lassen sich vollständige Begriffe mit endlich und unendlich vielen Prädikaten unterscheiden. In abstrakten Definitionen reichen nach Leibniz endlich viele Prädikate aus, um z. B. ‚Mensch' nach der bekannten Definition von Aristoteles durch den vollständigen Begriff ‚vernünftiges Tier' (animal rationale) zu kennzeichnen. Bei unendlichen vollständigen Begriffen bleibt praktisch nur eine approximative Bestimmung des Subjekts, indem immer neue Prädikate bestimmt werden und der Restteil der noch unbestimmten Prädikate ständig abnimmt.[191] Die Wahrheit eines Satzes ‚A ist B' wird dadurch bestimmt, daß jedes durch Analyse des Subjekts A gefundene Prädikat A^* mit dem Prädikat B verglichen wird, bis schließlich das Prädikat B selber als ein A^* erkannt wird, also bei Vergleich mit B der identische Satz ‚B ist B' gebildet werden kann. In diesem Sinn werden selbst kontingente Aussagen prinzipiell auf identische und damit notwendige Sätze zurückgeführt.[192] Nur

189 G. W. Leibniz, Discours de métaphysique, frz./dt., hrsg. H. Herring, Hamburg 1958, § 8.

190 Vgl. auch J. Mittelstraß/E. J. Aiton, Leibniz: Physics, Logic, Metaphysics, in: Dictionary of Scientific Biography vol. VIII 1973, 150-160.

191 G. W. Leibniz, Generales Inquisitiones de Analysi Notionum et Veritatum, lat./dt., hrsg. R. Schupp, Hamburg 1982, § 74.

192 G. W. Leibniz, Discours de métaphysique (s. Anm. 189), § 130.

Gott überschaut die unendliche Konjunktion aller möglichen Prädikate. Für ihn lösen sich daher auch kontingente Aussagen letztlich in notwendig wahre Sätze auf. Der Volksmund weiß, Gott hat jedes Haar jedes Menschen gezählt. Für ihn gibt es keine empirischen, sondern nur logische Wahrheiten.

Offenbar liegt eine Hierarchie von individuellen Substanzen (Monaden) vor, in denen sich zwar jeweils immer die Zustände in unterschiedlicher Weise mehr oder weniger bewußt sein können. Leibniz unterscheidet Perzeptionen als die inneren Zustände (état interieur) einer Monade, die jeweils durch die anderen Monaden eindeutig gestimmt sind, von den Apperzeptionen, die als reflexive Kenntnis des inneren Zustandes und damit als Bewußtseinsgrad der Monade verstanden werden.[193] Für Gott als Zentralmonade fallen Perzeption und Apperzeption zusammen, d. h. er ist sich des Gesamtzustandes des Universums vollständig bewußt. Für weniger zentrale Monaden wie dem Menschen nimmt dieses Bewußtsein immer mehr ab – über die Tiere und Pflanzen bis zum Grenzfall unbewußter Substanzen wie z. B. Mineralien. Die aristotelische Vorstellung von einer graduellen Beseelung der Natur von höchsten intelligiblen Wesen hinab über Menschen, Tiere und Pflanzen bis zu den Mineralien wird also von Leibniz in der Monadenlehre logisch neue rekonstruiert.[194]

Bekannte und häufig rätselhaft empfundene Aussagen über Leibnizens Monaden, daß sie ‚unzerstörbar', ‚fensterlos' und in ‚prästabilierter Harmonie'[195] untereinander sind, erweisen sich als unmittelbare Folgerungen dieser Rekonstruktion: Eine Monade ist insofern nicht materiell zerstörbar, als ihr vollständiger Begriff ein ideelles Konzept ist. Als ideelles Konzept stehen sie

193 G. W. Leibniz, Principes de la Nature et de la Grâce fondés en Raison, frz./dt., hrsg. H. Herring, Hamburg 1956, § 4; ders., Monadologie, frz./dt. H. Herring, Hamburg 1956, § 14, § 19.

194 G. W. Leibniz, Monodologie (s. Anm. 193), § 60, 66, 70.

195 G. W. Leibniz, Monadologie (s. Anm. 193), § 78; vgl. auch G. Fabian, Beitrag zur Geschichte des Leib-Seele-Problems, Lehre von der prästabilierten Harmonie in der Leibniz-Wolffschen Schule, Langensalza 1925, repr. Hildesheim 1974; J. Mittelstraß, Neuzeit und Aufklärung. Studien zur Entstehung der neuzeitlichen Wissenschaft und Philosophie, Berlin/New York 1970, 460 ff.

auch nicht in mechanischer Wechselwirkung mit anderen Monaden und haben in diesem Sinn „kein Fenster, durch die etwas in sie herein- oder aus ihnen hinaustreten kann".[196] Sie bilden vielmehr („spiegeln') deren Eigenschaften bzw. Zustände ab. Die Ordnung dieser gegenseitigen Korrelationen der Monaden nennt Leibniz eine prästabilierte Harmonie.

In seiner Monadologie bezeichnet er Monaden geradezu als elementare Automaten („automates incorporels"), die durch eine Skala von Zuständen („perceptions") bestimmt seien.[197] Die elementaren Automaten bilden Aggregate von mehr oder weniger großer Komplexität, die durch unterschiedliche Korrelationen bestimmt und als zusammengesetzte Automaten aufgefaßt werden. Komplexitätsgrade von Aggregaten drücken sich in der jeweiligen hierarchischen Struktur und Subordination ihrer Teile aus.[198]

Es liegt an dieser Stelle nahe, Leibnizens monadologische Automaten mit John von Neumanns zellulären Automaten zu vergleichen. Jede Zelle ist ein Elementarautomat, der durch ausgezeichnete Zustände (z. B. ‚0' und ‚1', ‚Schwarz' und ‚Weiß') bestimmt ist. Jeder Zustand einer Zelle ist durch Korrelation mit den Zuständen umgebender Zellen bestimmt. Ihre Aggragate bilden Muster und Strukturen, die als Wachsen und Vergehen, Selektion und Mutation in der Natur interpretiert werden können. Um aber die Arbeitsweise von Bewußtsein, Denken und Empfinden zu verstehen, reicht die mechanische Zerlegung von Aggregaten in Einzelteile nicht aus.

„Denkt man sich etwa eine Maschine", so schreibt Leibniz im § 17 der Monadologie, „die so beschaffen wäre, daß sie denken, empfinden und perzipieren könnte, so kann man sie sich derart proportional vergrößert denken, daß man in sie wie in eine Mühle eintreten könnte. Dies vorausgesetzt, wird man bei der Besichtigung ihres Inneren nichts weiter als einzelne Teile finden, die einander stoßen, niemals aber etwas, woraus eine Perzeption zu erklären wäre."[199]

---

196 G. W. Leibniz, Monadolgie (s. Anm. 193), § 7.
197 G. W. Leibniz, Monadologie (s. Anm. 193), § 18.
198 G. W. Leibniz, Die Theodizee, dt. übers. A. Buchenau, Hamburg 1968, § 200.
199 G. W. Leibniz, Monadologie (s. Anm. 193), § 17.

Statt einer mechanischen Mühle stellen wir uns heute die anatomische Gehirnstruktur derart vergrößert vor, das wir in sie eintreten (z. B. in der virtuellen Realität eines Cyberspace-Modells), das elektrochemische Feuern der Neuronen über ihre Synapsenkanäle sehen, ohne aber auf ‚Bewußtsein', ‚Denken' oder ‚Empfindungen' zu stoßen. Die Antwort in der Theorie neuronaler Netze ist bekannt: Die Neuronen als Einzelteile neuronaler Netze haben keine ‚Gedanken', ‚Wahrnehmungen' und ‚Empfindungen'. Erst synaptische Verschaltungen von Neuronen erzeugen neuronale Aktivitätsmuster, deren Ordnungsparameter Wahrnehmungen, Empfindungen und Gedanken entsprechen. Leibniz folgert:

„Also muß man diese in der einfachen Substanz suchen und nicht im Zusammengesetzten oder in der Maschine."[200]

Ebenso falsch wie die häufig geäußerte Identifikation der Leibnizschen Monaden mit physikalischen Atomen wäre also ihre Auffassung als physiologische Neuronen. Leibnizens Monaden sind ideelle Konzepte, die sich gleichwohl für Modellierungen in verschiedenen Anwendungsbereichen anbieten. So ist der Zustandsraum eines Quantensystems (z. B. Atom, Elektron) ein ideelles Konzept, dessen zeitliche Zustandsänderung durch eine Evolutionsgleichung (Schrödingergleichung) bestimmt ist. Analog läßt sich der Zustandsraum neuronaler Netze konzipieren, in dem z. B. die Trajektorien eines Lernvorgangs beschrieben werden.

Neben der Repräsentation äußerer Wahrnehmung sind nach Leibniz einige Monaden auch zu Meta-, Metameta- etc. Repräsentationen, also reflexiven bzw. selbstreferentiellen Akten fähig, „die uns den Gedanken unseres Ich fallenlassen und zu der Erwägung führen, daß dieses oder jenes in uns sei."[201] Diese Erklärung ist in verblüffender Nähe zu modernen Untersuchungen, die Bewußtsein und Selbstbewußtsein durch selbstreferentielle Repräsentationsakte neuronaler Netze erklären. Nach Leibniz ist davon auszugehen, daß Gehirne mehr oder weniger bewußt sind.

---

200 s. Anm. 199.

201 G. W. Leibniz, Monadologie (s. Anm. 193), § 30.

Dieser Gedanke ist durch die Evolutionstheorie heute bestens bestätigt. Die verschiedenen Schichten des menschlichen Gehirns, vom Stammhirn der Krokodile über das Zwischenhirn mit seinen auch bei Tieren auftretenden emotionalen Zuständen bis zur Hirnrinde der Primaten mit seinen reflexiven Fähigkeiten lagerten sich geradezu in der Evolution übereinander ab und geben im Leibnizschen Sinn unterschiedliche Bewußtseinsgrade wieder. Bewußte bzw. selbstbewußte Systeme vermögen Absichten, Ziele und Wünsche, also intentionale Akte für sich selbst aufzustellen. Leibniz sagt:

„Die Seelen wirken nach den Gesetzen der Zweckursachen, durch Begehrungen, Zwecke und Mittel. Die Körper wirken gemäß den Gesetzen der Wirkursachen bzw. der Bewegungen.“[202]

Daß die Zustände der Empfindung, des Denkens und Bewußtseins mit den Vorgängen im organischen Körper korreliert sind bzw. ‚harmonieren‘, ist nach Leibniz Ausdruck der prästabilierten Harmonie. Diese Ordnung stellt sich zwar automatisch, d. h. von selbst ein. Allerdings bleibt die Selbstorganisation dieser Automaten nach Leibniz auf einen göttlichen Plan bezogen:

„So ist jeder organische Körper eines Lebewesens eine Art von göttlicher Maschine oder natürlichem Automaten, der alle künstlichen Automaten unendlich übertrifft. Denn eine durch Menschenkunst gebaute Maschine ist nicht auch Maschine in jedem ihrer Teile. So hat z. B. der Zahn eines Messingrades Teile oder Stücke, die für uns nichts kunstvolles mehr sind und die nichts mehr von der Maschine merken lassen, zu deren Betrieb das Rad bestimmt war. Aber die Maschinen der Natur, d. h. die lebendigen Körper, sind noch in ihren kleinsten Teilen, bis ins Unendliche hinein, Maschinen. Eben darin besteht der Unterschied zwischen Natur und Kunst, d. h. zwischen der göttlichen Kunstfertigkeit und der unsrigen.“[203]

4.43 Transzendentales Subjekt und das Krokodil im Gehirn

Die Leibnizschen reflexiven Stufen bis zum Ich-Bewußtsein werden von Locke und Hume als Selbstwahrnehmungen in-

202 G. W. Leibniz, Monadologie (s. Anm. 193), § 79.
203 G. W. Leibniz, Monadologie (s. Anm. 193), § 64.

nerer Erlebnisse geschildert. Da es sich um Wahrnehmungen handelt, bleiben beide Philosophen ihrem empiristischen Ansatz treu. Auch für Kant ist die reflexive Kenntnis der Vorstellungen, die bei Leibniz Apperzeptionen heißen, ein empirisches Bewußtsein.[204] Demgegenüber nennt er das Bewußtsein überhaupt, das jeder Erfahrung vorhergeht und damit die Einheit auch des empirischen Bewußtseins begründet, transzendental. Das transzendentale Selbstbewußtsein des ‚Ich denke', das jeden Bewußtseinsakt begleitet, ist somit Einheit und letzter Bezugspunkt des transzendentalen Subjekts.[205]

Selbstbewußtsein ist für J. G. Fichte und F. W. J. Schelling explizit Geist, der sich selbst konstituiert. Nach Schelling handelt es sich um einen Prozeß der Selbstorganisation, in dem der Geist zur Anschauung seiner selbst kommt. Mit der Möglichkeit intellektueller Anschauung wird das Kantsche Konzept des Bewußtseins weit überschritten, da nach Kant alle Erkenntnis mit der Erfahrung anfängt und auch bei Rückgriff auf apriorische Erkenntniskategorien an Erfahrung gebunden bleibt.[206]

Jedenfalls sieht Kant ein transzendentales Ich vor, das jede Denkhandlung erst ermöglicht. Dieses Modell einer zentral organisierten Bewußtseinsstruktur scheint dem Modell eines zentral gesteuerten Computers nahezustehen. Damit ist zunächst nur die Organisationsstruktur gemeint und nicht die schwierige Frage des Turing-Tests, ob Computer nach dem Modell einer (universalen) Turing-Maschine Bewußtsein haben können. Im Modell eines neuronalen Netzes bereitet die Annahme eines Zentralprozessors allerdings Schwierigkeiten. Jedes Neuron tritt ja als selbständiger Transputer in einer Population auf, ohne selber mentale Bewußtseinszustände zu haben. Mentale Zustände werden in diesem Theorierahmen als globale Ei-

204 I. Kant, Kritik der einen Vernunft (Kr.d.r.V.), A 107.

205 I. Kant, Kr.d.r.V. B 132; vgl. auch D. Henrich, Identität und Objektivität. Eine Untersuchung über Kants transzendentale Deduktion, Heidelberg 1976.

206 F. W. J. Schelling, System der gesamten Philosophie und der Naturphilosophie insbesondere (1804), § 8; J. Barion, Die intellektuelle Anschauung bei J. G. Fichte und Schelling und ihre religionsphilosophische Bedeutung, Würzburg 1929.

genschaften von neuronalen Schaltmustern erklärt, die nicht in einzelnen Zellen lokalisiert werden können. Die Frage, wo Kants transzendentales Ich im Gehirn sitzt, ist also ebenso ein irreführendes Scheinproblem wie die populärere Frage nach dem Homunkulus bzw. kleinen Mann, den einige Zeitgenossen sogar im Ohr ihrer Mitmenschen vermuten.

Jedermann fühlt wenigstens hin und wieder eine übergeordnete Kontrolle seiner Handlungen und Reaktionen. Nur welcher Art diese Kontrolle ist, bleibt häufig offen und führt, wie F. H. C. Crick vermutet,[207] zur Illusion von einem allgegenwärtigen „Ich". Steuerungen von Handlungs- und Reaktionsschemata können durch Subsysteme des Zentralnervensystems geschehen, ohne daß „die Zentrale eingeschaltet wurde." Bemerkenswert für komplexe Systeme ist ihre Dezentralisierung. Wir stehen manchmal neben uns und bemerken, das etwas in uns geschieht: Es denkt, es redet, es empfindet, es handelt etc. Freuds Theorie des Unterbewußtseins stellte die Herrschaft eines vernünftigen Bewußtseinszentrums in Frage. Verdrängte und unbewußte Träume drängen ins Licht und fordern ihren Tribut.[208]

Auch in der Theorie neuronaler Netze bleibt offen, welche Instanz neuronale Muster koordiniert und in Handlungen umsetzt. Es ist bemerkenswert, daß heutige Gehirnforscher diese Instanz keineswegs in dem Cortex vermuten, dem Teil des Gehirns also, dem höhere intellektuelle Leistungen zugeschrieben werden. Unter dem Cortex als dem stammesgeschichtlich jüngsten Gehirnteil liegen ältere und einfachere Strukturen, die heute noch ähnlich bei Reptilien, Vögeln, Amphibien und Fischen vorhanden sind. Man vermutet, daß diese archaische Strukturen Lust, Schmerz und Servomechanismen regulieren, die zum Beispiel für das Leben von Reptilien von Vorteil sind. Diese Anlagen könnten, so folgert man weiter, die Grundlage unseres Verhaltens bilden.

---

207 F. H. C. Crick, Gedanken über das Gehirn, in: Spektrum der Wissenschaft: Gehirn und Kognition (mit einer Einführung von W. Singer), Heidelberg 1990, 179; M. Edelman, The Remembered Present. A Biological Theory of Consciousness, New York 1989.

208 Bemerkenswert ist, daß bereits Leibniz vom Unbewußten sprach.

In der Großhirnrinde wäre nur ein äußerst leistungsfähiges Hilfsinstrument ausgebildet worden. Gemeint ist ein assoziativer Gedächtnisspeicher, der wechselnde neuronale Assemblies zu bilden vermag, um damit komplizierte Handlungskoordinationen durchzuführen, aber auch um mögliche Handlungspläne zu entwerfen. Lernen, Gedächtnis, Denken und alle darauf aufbauenden Kulturleistungen würden durch die Urmechanismen auf der Lust- und Schmerzebene des Reptiliengehirns gesteuert. G. Palm hat im Anschluß an die Vorarbeiten von V. Braitenberg[209] über entsprechende Cortexmodelle davon gesprochen, daß die Frage nach dem Sitz des ‚Ich' im Gehirn neu bedacht werden müßte:

„Im Zusammenhang mit der Frage nach dem Sitz des Bewußtseins gibt es die Denkfigur von dem kleinen Mann im Gehirn, der auf der Grundlage der gut vorverarbeiteten Informationen, die ihm die Nervenzellen liefern, die Entscheidungen fällt und in motorischen Apparat die entsprechenden Impulse gibt. Die experimentelle Hirnforschung hat ihn zwar aus den erforschten Hirnarealen zurückdrängen, ihn aber nie ganz loswerden können. Ich habe diesen kleinen Mann durch ein kleines Krokodil ersetzt." Weiter heißt es: „Das Ich wird damit in den Bereich archaischer Instinkte gerückt, die uns die Endzwecke unseres Handelns körperhaft unmittelbar vorgeben und kaum rational zu durchleuchten sind."[210]

Man muß nicht gleich an die Greueltaten der Weltgeschichte denken, um dieser Reduktion des ‚Ich' auf das ‚Krokodil im Gehirn' zuzustimmen. Ein täglicher Blick in die Leserbriefe einer Zeitung, dem Querschnitt der sogenannten Volksmeinung, zeigt kleinliche Mißgunst und Neid untereinander und auf die sogenannten großen Tiere als die eigentliche Motiviation und den eigentlichen Antrieb unserer Handlungen. Je nach intel-

209 V. Braitenberg, Gehirngespinste. Neuroanatomie für kybernetisch Interessierte, Berlin/Heidelberg/New York 1973; ders., Künstliche Wesen. Verhalten kybernetischer Vehikel, Wiesbaden 1986; ders., Cortex: hohe Ordnung oder größtmögliches Durcheinander, in: Spektrum der Wissenschaft (s. Anm. 207), 182-194.

210 G. Palm, Assoziatives Gedächtnis und Gehirntheorie, in: Spektrum der Wissenschaft (s. Anm. 207), 173 f.; ders. (ed.), Local synaptic modification can lead to organized connectivity pattern in associative memory, in: E. Frehland (ed.), Synergetics – From Microscopic to Macroscopic Order, Berlin/Heidelberg/New York 1984.

lektueller Leistungsfähigkeit des Cortex, vom kleinen Spießer bis zum Medienhelden oder Universitätsprofessor, ist diese eigentliche Antriebsenergie offenbar nur geschickt getarnt. Und wenn dann noch die berühmten Krokodilstränen kullern, um Sentiment oder Mitleid zu zeigen, scheint das Krokodil im Gehirn entgültig entlarvt. Die Affen im Zoo können sich ob dieser Entlastung freuen: Wir alle haben einen gemeinsamen Vorfahren, der nach wie vor die Fäden in der Hand behält – das Krokodil.

Wo bleibt Kants transzendentales Selbstbewußtsein, das alle meine Denkhandlungen muß begleiten können? Ein Phantasieprodukt grotesker Selbstüberschätzung des Menschen wider oder ohne besseres Wissen? Wer so mutmaßt, dem sei eine genaue Lektüre von Kants ‚Kritik der reinen Vernunft' empfohlen. Tatsächlich wird dort nur das Bewußtsein des menschlichen Bewußtseins von sich selber als begleitende Voraussetzung unserer Denkhandlungen herausgestellt, also die Fähigkeit zu selbstreferentiellem Denken und Wahrnehmen.[211]

Über die Antriebskräfte unserer Handlungen gibt sich Kant bekanntlich keinen Illusionen hin. Ein Blick in seine Anthropologie und Kritik der praktischen Vernunft zeigt zwar nicht das Krokodil, aber wenigstens „das krumme Holz" in uns, das erst durch die Kulturleistungen der praktischen Vernunft zu zivilisieren ist. Daß dies prinzipiell möglich sei, mag manchem allerdings nach wie vor als Optimismus von Kants Aufklärungszeitalter erscheinen. Der Punkt ist also, daß nach Kant unser Bewußtsein und Selbstbewußtsein zwar die Voraussetzung unseres Denkens bildet, aber unsere Gefühle als Antriebskräfte und Willensimpulse nicht verleugnet werden.

Die Tatsache, daß Hirnforscher Modelle über ihr (unser) Gehirn entwickeln, trägt dieser selbstreferentiellen Fähigkeit Rechnung. Nach der Theorie neuronaler Netze würde ein Denkfehler nur dann vorliegen, wenn wir Bewußtsein und Selbstbewußtsein als irgendeine Art Zentralprozessor irgendwo im Gehirn in einem Neuron substantialisieren und lokalisieren wollen. Bewußtsein und schließlich Selbstbewußtsein ist eine globale Struktureigenschaft neuronaler Netze, die

211 Vgl. Anm. 205.

durch erhöhte Fähigkeit zur Bildung selbstreferentieller neuronaler Muster ermöglicht wird. Wie die neurobiologischen Details im einzelnen auch einmal aussehen mögen, es gilt zu beachten, daß unser Nachdenken über das Gehirn diese Struktureigenschaft voraussetzt. Kant könnte also am Ende sagen: Unser heutiges Bild vom Krokodil im Gehirn setzt ein transzendentales Selbstbewußtsein voraus.

4.44 Objektiver Geist und Cyberspace

Bei Schelling kündigt sich bereits jene Bestimmung des Geistes als überindividueller, prozessualer und geschichtlicher Macht an, die Hegel auf dem Höhepunkt der idealistischen Philosophie durchführen wird. Seine ‚Phänomenologie des Geistes' soll die Entwicklung bzw. Geschichte des Geistes beschreiben:

„Sie faßt die verschiedenen Gestalten des Geistes als Stationen des Weges in sich, durch welchen er reines Wissen oder absoluter Geist wird."[212]

Hegel unterscheidet daher „das Bewußtsein, das Selbstbewußtsein, die beobachtende und handelnde Vernunft, der Geist selbst, als sittlicher gebildeter und moralischer Geist, und endlich als religiöser in seinen unterschiedenen Formen betrachtet."[213] Das individuelle Selbstbewußtsein des einzelnen Menschen wird nach Hegel durch die Erfahrung mit dem Selbstbewußtsein der anderen Menschen überwunden und weitet sich über den Geist der menschlichen Gesellschaft mit ihren Institutionen zur letzten und absoluten Selbstvergegenwärtigung des Geistes in Kunst, Religion und Philosophie aus. Geist wird also wieder wie in der Antike als ‚Logos' kosmologisch verstanden, allerdings nicht als statische Ordnung, sondern dynamisch als sich entwickelnde Substanz. Die Entwicklungsstufen laufen nach Hegel vom subjektiven über den objektiven zum absoluten Geist.

---

212 Hegels Selbstanzeige im Intelligenzblatt der Jenaer Allgemeinen Literatur-Zeitung, 28. Oktober 1807, in: G. W. F. Hegel, Werke in zwanzig Bänden, Bd. 3: Phänomenologie des Geistes, Frankfurt 1970, 593.

213 s. Anm. 212.

Als subjektiven Geist beschreibt Hegel den individuellen Menschen und seine Vermögen. Es geht also um die Übergangsstufe von der Natur zum Bewußtsein des einzelnen Menschen, der sich seiner selbst bewußt wird und gegen eine natürliche und gesellschaftliche Umwelt des Selbstbewußtseins der anderen Menschen abgrenzt. In dem Willen, der vorgefundenen Umwelt, die keine geistige Struktur hat, eine geistige Form zu geben, verläßt der Geist seine Sphäre der Subjektivität und wird zum objektiven Geist. Die Intentionen und Aktivitäten der einzelnen gehen im allgemeinen und überindividuellen Willen des objektiven Geistes auf, der sich als politische Gesellschaft die Form des Staates mit seinen Institutionen gibt. Diese Entwicklung vollzieht sich prozessual in der Geschichte. Der objektive Geist wird daher nach Hegel auch als Entfaltung des freien und allgemeinen Willens in der Geschichte definiert, dessen höchste Gestaltung die sittliche Welt der bürgerlichen Gesellschaft ist.

Schließlich kommt es zur Selbstreflexion des Geistes in Kunst, Religion und Philosophie. Dort begreift der Geist seine Identität als Wissen von sich selbst und hebt sich dabei frei von seinen eigenen historischen Hervorbringungen ab: Der Geist wird absolut.[214] Die Stufen seiner Selbstreflexion sind die Kunst, in der er sich anschaut, die Religion, in der er sich vorstellt. Nur die Philosophie ist in der Lage, die vielfältigen Gestaltungen des Geistes in ihrer Totalität zu begreifen. Selbst Kunst und Religion, die sich im Rahmen ihrer eigenen Medien nur anzuschauen bzw. vorzustellen vermögen, bedürfen einer Philosophie der Kunst bzw. der Religion, um sich zu ‚begreifen'. In der Logik bringt sich Philosophie selber auf den Begriff.

In der Philosophie kommt also die Entwicklung des Geistes zur Ruhe und findet ein absolutes Gleichgewicht. Der Blick zurück auf die Geschichte dieser Entwicklung ist für Hegel „die Erinnerung und die Schädelstätte des absoluten Geistes, die Wirklichkeit, Wahrheit und Gewißheit seines Throns, ohne

214 G. W. F. Hegel, Philosophie des Geistes, Enc. phil. Wiss.III, Sämtl. Werke X, 446-476; M. Theunissen, Hegels Lehre vom absoluten Geist als theologisch-politischer Traktat, Berlin 1970.

den er das leblose Einsame wäre ..."[215] Hegels hermetischer und stellenweise emphatischer Stil mag heute befremden. Er öffnet aber wieder den Blick auf eine Bedeutungs- und Wirkungsgeschichte von Geist, die sich im Rahmen sprachphilosophischer Analysen einer ‚Philosophy of Mind' eher eng, kleinlich und ärmlich ausmacht.[216] Philosophen des 20. Jhs., die sich von Hegels Philosophie des objektiven Geistes inspirieren ließen, haben diese Wirkungsgeschichte konkretisiert und mit Entwicklungsformen der Gesellschaft, Kultur, Technik und Wissenschaft in Verbindung gebracht.

Erinnert sei an W. Dilthey, der den Übergang vom subjektiven zum objektiven Geist als Kultivierung beschreibt, die in Sitte, Recht, Technik, Wissenschaft, Kunst und Religion zum Ausdruck kommt. Für Simmel sind Kulturformen „geronnener Geist", der sich verselbständigen kann.[217] Für N. Hartmann hat der Gemeingeist verschiedene historische Ausdrucksformen in Recht, Sitte, Sprache, Glauben, Wissen, Kunst. Hartmann wendet sich aber gegen Hegels Hypostasierung und Substantialisierung, da der so verstandene objektive Geist kein Bewußtsein habe und für die Tradierung auf das Bewußtsein individueller Personen angewiesen sei. Freyer nennt noch seine Kulturphilosophie von 1924 eine ‚Theorie des objektiven Geistes', der sich in den Formen ‚Gebilde', ‚Gerät', ‚Zeichen', ‚Sozialform' und ‚Bildung' realisiert.[218] Damit sind Kategorien angesprochen, die für moderne auf Technik und Wissenschaft gründende Kulturen zentral werden. Die Industriekultur der Moderne wird als Zwischenstufe eines Rationalisierungsprozesses verstanden,

215 G. W. F. Hegel, Phänomenologie des Geistes (s. Anm. 212), 591.
216 Vgl. auch J. van der Meulen, Hegels Lehre von Leib, Seele und Geist, in: Hegel-Stud. 2 1963, 251-274; F. Nicolin, Hegels Arbeiten zur Theorie des subjektiven Geistes, in: ders./J. Derbolav (Hrsg.), Erkenntnis und Verantwortung. Festschrift für Theodor Litt, Düsseldorf 1960, 356-374; H. Schnädelbach, Hegels Theorie der subjektiven Freiheit, Frankfurt 1966.
217 G. Simmel, Der Begriff und die Tragödie der Kultur, in: ders., Das individuelle Gesetz. Philosophische Exkurse, hrsg. M. Landmann, Frankfurt 1968, 116-147.
218 H. Freyer, Theorie des objektiven Geistes. Eine Einleitung in die Kulturphilosophie, Leipzig/Berlin ^{3}1934, repr. Darmstadt 1966.

der sich seit der Neuzeit vollzieht und auf eine durchorganisierte und durchtechnisierte Weltgesellschaft hinausläuft.

Von den neueren Wissenschaftstheoretikern hat K. R. Popper eine ‚Theorie des objektiven Geistes', so in einer 1968 gehaltenen Vorlesung, vertreten. Popper unterscheidet drei „Welten" (besser Zustandsräume):

> „als erste die physikalische Welt oder die Welt der physikalischen Zustände; als zweite die Bewußtseinswelt oder die Welt der Bewußtseinszustände; als dritte die Welt der intelligibilia oder der Ideen im objektiven Sinne; es ist die Welt der möglichen Gegenstände des Denkens: die Welt der Theorien an sich und ihrer logischen Beziehungen; die Welt der Argumente an sich; die Welt der Problemsituationen an sich."[219]

Gemeint ist im Beispiel: Albert Einstein hatte einen physischen Körper, sein Gehirn Bewußtseinszustände. Beide Teilsysteme der ersten und zweiten Welt existieren nicht mehr. Seine Relativitätstheorie mit ihren Gesetzen, Problemen und Lösungen gibt es weiter als objektive Idee in einer dritten Welt, an der wir als allgemeines Kultur- und Wissensgut teilhaben können. Popper stellt seine dritte Welt in die Tradition von Platon, der Stoiker, Leibniz, Bolzano und Frege. Er wendet sich allerdings gegen Hegel. Dieser habe dem objektiven Geist Bewußtsein zugesprochen und ihn (als Staat) vergöttlicht.[220]

Daß sich nämlich die Entwicklung des objektiven Geistes verirren kann und keineswegs auf einem absoluten Gleichgewichtszustand höchster Sittlichkeit und Selbstgewißheit zustreben muß, zeigen nicht erst jüngste Produkte der Informationstechnologie. Es ist nicht der einzelne Homunkulus und Roboter, der als weltweite Bedrohung empfunden wird. Es ist die zunehmende Vernetzung der Gesellschaft, ihre Umwandlung in ein globales Informationssystem, in der sich Geist als Information und Wissen objektiviert. Er ist keineswegs mehr auf Gedächtnis und Bewußtsein einzelner Individuen angewiesen, um sich selber zu tradieren. Die Angst vor einer Totalisierung begleitet daher diese Entwicklung seit ihren Anfängen – der absolute Geist, der sich als ‚Big Brother' hypostasiert und

219 K. R. Popper, Objektive Erkenntnis. Ein evolutionärer Entwurf, Hamburg 1973, 174.

220 K. R. Popper, s. Anm. 219, 173 (dort Poppers Anmerkung 2).

auf seine Entwicklung zurückblickt als „die Erinnerung und die Schädelstätte …, die Wirklichkeit, Wahrheit und Gewißheit seines Throns, ohne den er das leblose Einsame wäre …“ Hegel als Visionär von ‚Cyberspace‘ und ‚virtueller Realität‘?

Der Begriff ‚Cyberspace‘ entstammt, wie bereits erwähnt,[221] der Terminologie eines Science-Fiction Autors. W. Gibson bezeichnet damit in seinem Roman ‚Neuromancer‘ einen Raum, in dem Computer und menschliche Gehirne direkt miteinander verbunden sind. ‚Virtuelle Realität‘ ist Computerjargon. Dabei heißt ‚virtuell‘, daß etwas nur als elektronisches Bild existiert, aber sonst keine konkrete Gegenständlichkeit hat.

Die virtuelle Realität ist aber kein Computer. Es handelt sich um eine Technik, bei der mit Hilfe eines computerisierten Anzugs bzw. Data-Glove und Brille eine gemeinsame Wirklichkeit der Benutzer synthetisiert wird. Die subjektive Welt des einzelnen bleibt insofern unberührt, daß die Vorgänge im individuellen Gehirn nicht verändert werden. Indem aber ein virtueller Stellvertreter geschaffen wird, dessen Erlebnisse der Benutzer über visuelle, akustische, taktile, Geruchs- und schließlich Geschmackssimulatoren in einer gemeinsamen Wahrnehmungswelt mit den Stellvertretern anderer Benutzer teilt, wird eine neue objektive, wenn auch virtuelle Realität geschaffen.

In dieser möglichen Welt können die Gesetze der Alltagsphysik aufgehoben sein und Tische und Stühle an der Decke schweben. Der Benutzer kann in Moleküle kriechen und elektrochemische Kräfte spüren. Er kann aber auch wie ein Demiurg Galaxien mit seiner virtuellen Hand im Cyberspace drehen. Im Unterschied zur Benutzerfläche von PCs à la Macintosh, die zur Automatisierung von Schreibtischarbeiten erfunden wurden, geht es nun um Kommunikation mit anderen Menschen auf einer neuen Entwicklungsstufe. Nach der Tele- und Fernsehzivilisation, nach dem 2-dimensionalen PC-Bildschirm mit Graphik und Videospielen, die auf passive Rezeption und 2-dimensionale Simulation und Fernsteuerung beschränkt waren, zeichnen sich neue Kommunikations- und Erlebniswelten ab, die nicht auf die subjektiven Traumwelten des einzelnen zurückführbar sind.

---

221 Vgl. Kap. 3.35

Es wäre übrigens auch ein folgenschwerer Irrtum, die sich abzeichnenden Möglichkeiten von ‚Cyberspace' als eine Form der seit den 70er Jahren diskutierten ‚Informationsgesellschaft' abzutun. Häufig wurde von geisteswissenschaftlichen Kritikern gegen die Informationsgesellschaft mit einem Zungenschlag der Geringschätzung eingewendet, daß der Informationsbegriff nicht die Kommunikations- und Erlebniswelt des Menschen abdecke. Tatsächlich handelt es sich bei der traditionellen Datenverarbeitung um numerische und wissensbasierte (symbolische) Textverarbeitung. Zwar werden auch bei den virtuellen Realitäten von ‚Cyberspace' unsere virtuellen Körperbewegungen in Bruchteilen von Sekunden durch Daten und Rechnungen gesteuert. Sie bilden aber nur die unbewußte Grundlage für die eigentlichen Wahrnehmungs- und Erlebnisinhalte im Cyberspace. Analog nimmt der Körper seine chemischen und physikalischen Steurungsabläufe nicht wahr, die Grundlage sind für Wahrnehmungs- und Erlebnisinhalte in der natürlichen Alltagswelt mit ihrer Alltagsphysik.

Virtuelle Wirklichkeiten der Cyberspace-Technik haben ihre historischen Vorläufer. Es sind die vergangenen Formen des objektiven Geistes, die verlorenen Erinnerungstechniken der Bücher und Bibliotheken, der religiösen Kulte und Tempel, der Kunstwerke und Museen, in denen sich der Geist selber begreift, vorstellt oder anschaut. Mit ‚Logos' haben die neuen virtuellen Realitäten des Cyberspace nur dann etwas zu tun, wenn darunter mehr als ‚Wort', ‚Sprache' oder gar nur ‚Information' verstanden wird. „Am Anfang war nicht das Wort", so verkünden die Propheten von Cyberspace und treffen damit bei aller emphatischen Übertreibung einen Kern der neuen Technik.[222]

Bereits die Lern- und Selbstorganisationsprozesse neuronaler Netze sind nicht an Computersprachen und numerisch-symbolische Textrepräsentationen gebunden. Lernprozesse laufen auch im biologischen Gehirn weitgehend unbewußt und intuitiv ab. Im Cyberspace kommuniziert man ohne lineare Texte. Man beschreibt nicht Dinge. Man macht und

222 Vgl. symptomatisch für diese Tendenz M. Waffender (Hrsg.), Cyberspace. Ausflüge in virtuelle Wirklichkeiten, Hamburg 1991.

fühlt sie in einer gemeinsamen Welt: Nach der eng begrenzten Verarbeitung 1-dimensionaler Symbolketten, nach dem 2-dimensionalen körnigen Bild der Pixelverarbeitung, nach den Icons und Mausklicks zeichnet sich die 3-dimensionale sinnliche Umgebung von Erlebnissen und Situationsverarbeitungen im Cyberspace ab. Einige sprechen bereits von postsymbolischer Kommunikation. Tatsächlich paßt sich die Technik nur den faktischen Kommunikationsmöglichkeiten von Menschen untereinander und mit sich selber an. Sie findet weitgehend in einer unmittelbaren Erlebnis-, Wahrnehmungs- und Selbstwahrnehmungswelt ohne symbolische Repräsentation statt. Ob damit bereits über Schrift und Sprache als vorübergehender Kulturtechnik, als abgelegte Krücken des Geistes, das letzte Wort gesprochen ist, bleibt abzuwarten.

Fest steht jedenfalls, daß die Fixierung der (analytischen) Philosophie des 20. Jhs. auf Sprache, die Reduzierung von allem und jedem auf Sprachprobleme, der vielzitierte ‚linguistic turn', eine Übertreibung war, die kulturhistorisch einmal mit der Entwicklung von Kulturtechniken wie formalen Sprachen, Computersprachen und der Symbolwelt technischer Zivilisation in unserem Jahrhundert in Zusammenhang gebracht wird.[223] Symbole und Texte werden nicht abgeschafft. Sie sind aber nicht der notwendige Filter menschlicher Erfahrung.

Visionäre des Cyberspace sehen wieder den Urgrund aller Mythen und Religionen heraufdämmen, in dem es zur unmittelbaren psychedelischen Erfahrung kam. „Der dionysische Mensch ...," so zitiert man F. Nietzsche, „besitzt die Kunst der Kommunikation im höchsten Maße. Er dringt in jede Haut, in jede Emotion ein, er transformiert sich kontinuierlich." Andere fürchten sich vor einer Erde, auf der Milliarden von Menschen bei bester Versorgung in isolierten Kästen eingesperrt sind, in denen ihnen Maschinen Kommunikations- und Erlebniswelten vorgaukeln müssen, da die natürliche Umwelt weitgehend nicht mehr besteht. Die Evolution des objektiven Geistes strebt

223 Für einen kritischen Rückblick auf das Anliegen der analytischen Philosophie in diesem Jahrhundert vgl. M. Dummett, Ursprünge der analytischen Philosophie, Frankfurt 1992, insbesondere das Interview mit M. Dummett e.d., 164 ff.

jedenfalls nicht automatisch einem absoluten Gleichgewichtszustand höchster Sittlichkeit zu.

4.45 Intentionalität, Gehirne im Tank und Chinesische Zimmer

Die technische Vision vom Cyberspace, den Milliarden von eingesperrten Gehirnen auf der Erde in einer Art Massenhalluzination erleben, wurde bemerkenswerterweise Anfang der 80er Jahre in einem Gedankenexperiment der analytischen Philosophie vorweggenommen, um ein zentrales Problem der Philosophie des Geistes zu illustrieren. Wissenschaftlich geht es um die Frage, wie sich Gedanken und folglich der Geist auf etwas von ihm verschiedenes wie physische Gegenstände beziehen kann.

Diese Bezugnahme wird unter dem Namen ‚Intentionalität' diskutiert. Manche Philosophen stellen sich Intentionalität, wenn auch in gelehrten Worten, ähnlich wunderlich vor wie antike und mittelalterliche Physiker den Sehvorgang, der auf magische Sehstrahlen des Auges zum Abtasten äußerer Gegenstände zurückgeführt wurde. Um alle möglichen modernen Variationen solcher magischen Bezugnahmen ad absurdum zu führen, erörtert H. Putnam das Gedankenexperiment der ‚Gehirne im Tank':

„Man stelle sich vor, ein Mensch (du kannst dir auch ausmalen, daß du selbst es bist) sei von einem bösen Wissenschaftler operiert worden. Das Gehirn dieser Person (dein Gehirn) ist aus dem Körper entfernt worden und in einen Tank mit einer Nährlösung, die das Gehirn am Leben erhält, gesteckt worden. Die Nervenenden sind mit einem superwissenschaftlichen Computer verbunden worden, der bewirkt, daß die Person, deren Gehirn es ist, der Täuschung unterliegt, alles verhalte sich völlig normal. Da scheinen Leute, Gegenstände, der Himmel usw. zu sein, doch in Wirklichkeit ist alles, was diese Person (du) erlebst, das Resultat elektronischer Impulse, die vom Computer in die Nervenenden übergehen. Der Computer ist so gescheit, daß, wenn diese Person ihre Hand zu heben versucht, die Rückkopplung vom Computer her bewirkt, daß sie »sieht« und »fühlt«, wie die Hand gehoben wird. Darüber hinaus kann der böse Wissenschaftler durch Wechsel des Programms dafür sorgen, daß sein Opfer jede Situation oder Umgebung nach dem Willen des bösen Wissenschaftlers »erlebt« (bzw. halluziniert). Er kann auch die Erinnerung an die Gehirnoperation auslöschen, so daß das Opfer den Eindruck hat, immer schon in dieser Umwelt gelebt zu haben. Dem Opfer kann es sogar so scheinen, daß es dasitzt und diese Worte hier liest, die von der amüsanten, doch ganz absurden Annahme handeln, es gebe einen bösen Wissenschaftler, der den Leuten die Gehirne herausoperiert und sie in einen Tank mit einer Nährlösung steckt, durch die die Gehirne am Leben erhalten werden. Die Nervenenden sollen mit einem superwissenschaftlichen Computer verbunden sein, der bewirkt, daß die Person, deren Gehirn es ist, der Täuschung unterliegt, daß ...“[224]

Putnam versucht in einer Art abgewandeltem Turing-Test zu demonstrieren, daß die Gehirne im Tank zwar Bewußtsein haben, aber auf äußere Dinge keinen Bezug nehmen können, daß sie daher auch nicht sagen können, daß sie Gehirne in einem Tank sind. Putnams Kritik gilt einem Mentalismus z. B. à la Fodor, dessen Gehirne über eine angeborene Grammatik des Geistes verfügen, um Begriffe von der Welt zu entwickeln. Die Gehirne im Tank funktionieren nach denselben Regeln wie Gehirne in der tatsächlichen Welt. Daher wird ihnen auch Bewußtsein und Intelligenz nicht abgesprochen. Daraus folgt aber noch nicht, daß sich äußere Gegenstände wie z. B. ein Baum auch auf das Vorstellungsbild beziehen, das der Computer für die Gehirne im Tank produziert.

Eine mit apriorischen Sprachregeln ausgestattete Gehirn-im-Tank-Maschine könnte zwar „herrliche Reden schwingen“, so Putnam, „z. B. über die Landschaft im Allgäu, doch selbst wenn sie direkt davor stünde, könnte sie weder Apfelbaum noch Apfel, weder Berg noch Kuh, weder Acker noch Kirchturm erkennen.“[225] Unser Sprechen von Äpfeln und Äckern steht nämlich in engem Zusammenhang mit unserem nichtsprachlichen Umgang mit Äpfeln und Äckern. Es gibt Spracheingangsregeln, die uns von Apfel-Erlebnissen zu solchen Äußerungen führen wie ‚Ich sehe einen Apfel‘, sowie ‚Sprachausgangsregeln‘, die uns von sprachlich artikulierten Entscheidungen (‚Ich werde ein paar Äpfel kaufen‘) zu nicht-sprachlichen Handlungen führen.

Bedeutungen hängen also nach Putnam nicht davon ab, daß man Vorstellungsbilder besitzt. Bedeutungen sind keine ‚immateriellen Dinge‘ oder ‚Zustände im Kopf‘, die, wie der Men-

224 H. Putnam, Vernunft, Wahrheit und Geschichte, Frankfurt 1990, 21.
225 H. Putnam, s. Anm. 224, 27.

talismus glaubt, Begriffen zugeordnet werden. Begriffe sind Zeichen, deren Bedeutung durch ihre Verwendungsregeln festgelegt sind. Verstehen einer Bedeutung ist deshalb auch kein Ereignis, sondern eine Fähigkeit, Regeln anzuwenden und danach zu handeln. Mit dieser Kritik am Mentalismus steht Putnam in der Tradition der ‚Philosophischen Untersuchungen' Wittgensteins. Er revidiert damit seine frühere funtionalistische Lösung des Leib-Seele-Problems.[226] Danach wurden physische und psychische Zustände mit physikalisch-chemischen und logisch-strukturellen Zuständen einer Turing-Maschine verglichen.

Dualistische und monistische Erklärungen des Leib-Seele-Problems versuchte die analytische Philosophie meistens in der Tradition ihrer Psychologismuskritik als Scheinproblem zu entlarven. So hebt Wittgenstein die Verwechslung von Aussagen über mentale Redeweisen mit Aussagen über die Realität einer psychischen Welt hervor. G. Ryle kritisiert die psychologistische und physikalistische Sprache in der älteren Philosophie des Geistes und versucht z. B. psychologistische Sätze auf Dispositionsaussagen zurückzuführen. Die Bedeutung von Sprache, so lautet zusammengefaßt das Ergebnis der analytischen Philosophie, ist nicht durch unsere geistigen Zustände, sondern unsere Handlungsregeln im Umgang mit Zeichen festgelegt.[227]

Der ‚linguistic turn' in der Philosophie des Geistes schien die meisten traditionellen Fragen zur Intentionalität als Scheinproblem zu entlarven. Ursprünglich bezeichnete ‚intentio' in der mittelalterlichen Philosophie sowohl den besonderen Akt des absichtlichen Handelns und Wollens als auch die Gerichtetheit als Aktmoment jeder Handlung. Seit F. Brentano wird unter Intentionalität die Gerichtetheit eines psychischen Aktes auf einen Sachverhalt verstanden. Seit Brentano gilt Intentionalität auch als spezifisches Merkmal psychischer Phäno-

---

226 Vgl. H. Putnam, Minds and Machines, in: ders., Mind, Language and Reality. Philosophical Papers II, Cambridge/New York 1975, 362-385.

227 G. Ryle, The Concept of Mind, London/New York 1949, New York 1975.

mene gegenüber physischen Gegenständen und Vorgängen.[228] Mit Blick auf nicht-intentionale Schmerzempfindungen, Nervosität etc. hat E. Husserl eingewendet, daß Intentionalität auf Wahrnehmungsakte und Akte, mit denen man propositionale Einstellung wie z. B. Wollen, Wünschen, Glauben ausdrückt, einzuschränken sei.[229]

Husserls Auffassung gilt aber Autoren wie z. B. R. Carnap, A. J. Ayer und W. V. O. Quine als psychologistisches Scheinproblem. Sie versuchten daher, die mentalistische Sprache auf eine physikalistische zu reduzieren oder im Rahmen einer intensionalen Logik zu erklären.[230] Nach G. Frege wird die semantische Unterscheidung ‚Intension' und ‚Extension' nicht mehr auf die Begriffe, sondern auf die Begriffsworte, also Prädikate bezogen. Jedem Ausdruck wird eine Extension (‚Umfang') und eine Intension zugeordnet. Gemeint ist die Klasse der Gegenstände, die ein Prädikat erfüllt, als extensionale Bedeutung und der vom Prädikat dargestellte Begriff als intensionale Bedeutung.

Wie in Kap. 4.23 gezeigt wurde, spricht Frege auch kurz von ‚Bedeutung' für extensionale Bedeutung und ‚Sinn' für intensionale Bedeutung. Berühmt ist sein Beispiel von der Venus, die als Abend- und Morgenstern bezeichnet wird: Dieselbe Bedeutung eines Planeten, der in unterschiedlichen Sinnzusammenhängen bezeichnet werden kann. Frege hatte Begriffe als Funktionen aufgefaßt, deren Wertbereich die beiden Wahrheiten ‚wahr' und ‚falsch' sind. Begriffe sind also nach Frege Intensionen von Aussageformen, während die Begriffsumfänge ihre Extensionen darstellen.

In der intensionalen Logik wird an die Fregesche Unterscheidung angeschlossen und in der Sprache möglicher Welten erweitert. Die Intension eines Ausdrucks ist danach eine Funktion, die diesem Ausdruck in jeder möglichen Welt dessen Extension in dieser Welt als Wert zuordnet. So ist die Intension

---

228 F. Brentano, Psychologie vom empirischen Standpunkt I-III, I Leipzig 1874, 124 f.

229 E. Husserl, Ideen zu einer reinen Phänomenologie und phänomenologischen Philosophie I, Halle 1913, [2]1922; vgl.auch D. Føllesdal, Husserl's notion of noema, in: J. Philos. 66 1969, 680-687.

230 A. J. Ayer, Thinking and Meaning, London 1947, 1963.

eines Aussagesatzes diejenige Funktion, die jeder möglichen Zustandsbeschreibung als ‚möglicher Welt' in einer formalen Sprache den eindeutigen bestimmten Wahrheitswert des Aussagesatzes unter diesen Bedingungen zuordnet. Ferner ist die Intension des Wortes ‚Katze' eine Funktion f, die jeder möglichen Welt M die Menge f(M) möglicher Gegenstände dieser Welt zuordnet, die in der Welt M Katzen sind, also M-Katzen, so wie der Planet Venus im Abendkontext zum Abendstern und im Morgenkontext zum Morgenstern wird.

Intension in diesem logischen Sinn kann allerdings nicht Bedeutung gleichgesetzt werden. So sind die Terme ‚Quadrat' und ‚regelmäßiges Viereck' insofern logisch äquivalent, da sie dieselbe Funktion der Intension besitzen, deren Wert in jeder möglichen Welt die Menge der Quadrate in dieser Welt ist. Dennoch gibt es einen Bedeutungsunterschied, der verlorenginge, wenn die Bedeutung mit dieser Funktion identifiziert würde.

Die Rede von ‚möglichen Welten' sollte allerdings an dieser Stelle nicht psychologistisch oder ontologisch mißverstanden werden. Es handelt sich schlicht um eine mengentheoretische Terminologie, in der auch die moderne Mathematik formuliert ist. Die intensionale Logik ist daher eine gegenüber den verschiedenen erkenntnistheoretischen Standpunkten invariante formale Technik. Daher haben einige Autoren wie z. B. J. Hintikka vorgeschlagen, intentionale Akte durch intensionale Begriffe zu klären.[231]

Unbefriedigend werden solche Ansätze allerdings, wenn mentale Zustände in einem logischen Reduktionismus durch formale Kniffs aufgelöst werden sollen. Es wird zugestanden, daß sich im Sinne Ockhamscher Sparsamkeit manche mentale Redeweise in der philosophischen Tradition (insbesondere in der Logik und Sprachphilosophie) als überflüssig erwiesen hat. Gleichwohl bleibt aber das Bedürfnis, Logik und Sprache als

231 J. Hintikka, The intentions of intentionality, in: ders. The Intentions of Intentionality and other new Models for Modalities, Dordrecht/Boston 1975, 192-222; ders., Degrees and dimensions of intentionality, in: R. Haller/W. Grassl (Hrsg.), Sprache, Logik und Philosophie. Akten des 4. Intern. Wittgenstein Symposiums 1979, Wien 1980, 69-82.

Produkt des menschlichen Gehirns und seiner intellektuell-geistigen Fähigkeiten zu erklären.

J. R. Searle als klassischer Sprachphilosoph unternimmt daher den Versuch, die Sprachphilosophie wieder als Teil der Philosophie des Geistes zu begründen. Der Begriff der Intentionalität nimmt dabei eine zentrale Stellung ein. Intentionalität ist nämlich nach Searles Auffassung die Basis sprachlicher Bedeutung. In seiner sprechakttheoretischen Erläuterung des Begriffs der sprachlichen Bedeutung hatte Searle auf intentionale Zustände wie Überzeugung und Absichten zurückgegriffen, die jedoch in seinen sprachphilosophischen Untersuchungen unerläutert blieben. Er hält daran fest, daß Menschen intrinsisch intentionale Geisteszustände haben und daß sie zur Erklärung von Sprache, Logik, Wissenschaft etc. notwendig sind. Damit weicht er von der traditionellen analytischen Philosophie ab.

Searle leitet insofern eine naturalistische Wende ein, als für ihn geistige Phänomene eine biologische Basis haben. Sie sind von Hirnvorgängen verursacht und in der Hirnstruktur realisiert. Danach ist es eine objektive Tatsache, daß es in der Welt gewisse Systeme, nämlich Hirne mit subjektiven Geisteszuständen gibt. Es ist für Searle eine physikalische Tatsache, daß solche Systeme geistige Merkmale (nämlich Intentionalität) haben:

„Die richtige Lösung des „Körper/Geist"-Problems besteht nicht darin, die Wirklichkeit geistiger Phänomene zu leugnen, sondern in einer angemessenen Würdigung ihres biologischen Wesens." [232]

Searle wendet sich gegen den Antimentalismus der neueren analytischen Philosophie, indem er einige ihrer Richtungen karrikierend am Beispiel einer Theorie der Hand vorstellt. Nach der behavioristischen Theorie der Hand heißt eine Hand haben einfach, zu einer bestimmten Art von Verhalten wie z. B. Greifen disponiert zu sein. Nach der funktionalistischen Theorie der Hand können Hände vollständig durch ihre Ursachen und Wirkungen definiert werden. Nach einer funktionalistischen Turing-Maschinen-Theorie bedeutet für ein System, Hände zu

232 J. R. Searle, Intentionalität. Eine Abhandlung zur Philosophie des Geistes, Frankfurt 1987, 11.

haben, in einen bestimmten Computerzustand mit den richtigen Arten von Inputs und Outputs zu sein. Nach der sogenannten Handlungstheorie bedeutet die Rede, ein System habe Hände, bloß, ihm gegenüber eine bestimmte Haltung einzunehmen.[233]

Solche Ansätze waren historische Versuche, um den cartesischen Dualismus von Geist und Körper zu vermeiden. Philosophen sahen häufig keinen anderen Ausweg, um die vermeintlichen Kausalitätsprobleme zwischen ‚immateriellem' Geist und ‚materiellem' Gehirn zu vermeiden. Searle vertritt die auch in diesem Buch favorisierte Auffassung, daß mentale Zustände ebenso real sind wie biologische Phänomene, „genauso real wie Laktation, Photosynthese, Mitose oder Verdauung".[234] Die Kausalitätsprobleme des Gehirn/Geist-Problems will Searle durch Unterscheidung von Mikro- und Makrozuständen in der Natur lösen. Er erinnert dazu an Aggregateigenschaften z. B. von Wasser, das makroskopisch flüssig oder naß ist, während es auf der Mikrobene keinen Sinn macht, von ‚naßen' H_2O-Molekülen zu sprechen. Gleichwohl wird die Makroeigenschaft ‚flüssig' durch die betreffende Molekularstruktur realisiert. Festigkeit des Tisches, Elastizität und Pannensicherheit der Reifen sind weitere Makrobeispiele, die diskutiert werden.

In dem Begriffsrahmen von Mikro- und Makrozuständen untersucht Searle sodann Kausalketten von Geist und Gehirn. Er analysiert zunächst, wie physikalisch-chemische Mikrovorgänge seelische Zustände auslösen können. Der Wahrnehmungsvorgang von den Photonen auf den Photorezeptoren der Retina über den visuellen Cortex bis zum Wahrnehmungserlebnis wird ebenso geschildert wie die Auslösung des Gefühls ‚Durst' bei Flüssigkeitsmangel durch Ausscheidung von Renin durch die Nieren, die zur Synthese von Angiotensin und damit auf die Neuronen des Hypothalamus führt. Wie die Flüssigkeit eines Eimers Wassers kausal durch das Verhalten der Mikroteilchen erklärt wird und selber wiederum kausal wirken kann, so werden auch Durst und visuelles Erlebnis durch eine Reihe von

233 J. R. Searle, s. Anm. 232, 326.
234 J. R. Searle, s. Anm. 232, 327.

Ereignissen der Mikroebene verursacht und können dennoch kausal wirken.

Wie hat man sich die kausale Wirkung intentionaler Zustände vorzustellen? Wenn zugestanden wird, daß intentionale Zustände auf der molekularen Mikroebene ausgelöst werden können, wie können sie umgekehrt Handlungen auslösen? Beispiel: Wenn ich meinen Arm hebe, verursacht meine Handlungsabsicht (also nach Searle ein intentionales geistiges Ereignis), daß mein Arm nach oben geht (also ein physisches Ereignis). Ausgelöst wird die Armbewegung durch eine Reihe von Neuronenentladungen, die schließlich über den motorischen Cortex die Handlung auslösen.

Auch hier weist Searle daraufhin, daß Begriffe wie ‚Handlungsabsicht' und ‚Körperbewegung' auf der chemisch-physikalischen Mikroebene ebenso unangemessen sind wie die Eigenschaften ‚flüssig' und ‚fest' bei Wasser und Tischen. Auf der Mikroebene laufen Neuronenentladungen ab, die eine Reihe von physiologischen Veränderungen auf der Makroebene verursachen. Eine Neuronenentladung ist ein lokales Ereignis, an der keine mentalen Zustände festgemacht werden können. Erst das globale neuronale Ensemble einer Gehirnregion realisiert einen mentalen Zustand. Searles Unterscheidung von physikalisch-chemischer Mikroebene und mentaler Makroebene ist ebenso zuzustimmen wie seiner Unterscheidung von lokalen und globalen Zuständen und Ereignissen. Damit werden in der Tat, wie in diesem Buch gezeigt wurde, grundlegende Begriffe für eine adäquate Untersuchung des Gehirn-Geist-Problems angeführt.[235]

Ebenso ist Searles Kritik an einigen Richtungen der analytischen Philosophie zuzustimmen, die teilweise berechtigte Sprachkritik wissenschaftlicher Terminologie zu einem totalen Glaubensdogma universeller Sprachabhängigkeit (‚linguistic turn') hochstilisiert haben. Das Gehirn-Geist-Problem läßt sich nicht durch ein paar logische Tricks wegdefinieren. Mit Searle gewendet: Sprachphilosophie ist Teil einer Philosophie

---

235 J. R. Searle, s. Anm. 232, 332 ff.

des Geistes,[236] zu deren Aufklärung es noch anderer Disziplinen bedarf als Definitionslehre und Sprachkritik, nämlich einer fachübergreifenden Zusammenarbeit aller an diesem Problem arbeitenden Disziplinen wie z. B. den medizinisch-biologischen Neurowissenschaften, der Psychologie, der Neuroinformatik etc.

Was bei Searle eigentlich fehlt, wird in seiner Auseinandersetzung mit Neurophilosophen à la Churchland deutlich. Intentionalität soll zwar als Eigenschaft mentaler Makrozustände durch den physikalisch-chemischen Mikroaufbau des Gehirns erklärt werden. Bei Searle fehlt allerdings die mathematische Beschreibung des Phasenübergangs, der die Erzeugung mentaler Ordnungszustände erklärt. Searle wendet sich im Gedankenexperiment des ‚chinesischen Zimmers' leidenschaftlich gegen die Vorstellung, daß eine Maschine intentionale Bewußtseinszustände haben könnte, um z. B. eine natürliche Sprache wie Chinesisch zu verstehen. Der Mann im abgeschlossenen Zimmer (vgl. Abschnitt 4.24), der nachweislich kein Chinesisch spricht, vermag dennoch den Turing-Test zu bestehen, um durch „syntaktische Manipulation" (Searle) chinesischer Zeichen nach einem Gebrauchsbuch („Programm") akzeptable Antworten („Outputs") auf entsprechende Anfragen („Inputs") zu liefern. Der Fehler in Searles Argumentation besteht darin, daß er mentale Zustände an die Biochemie des menschlichen Gehirns bindet. Damit wird übrigens durch die Hintertür quasi naturwissenschaftlich die Auszeichnung des menschlichen Geistes „gerettet": Die biologische Evolution hat das menschliche Gehirn, soweit bisher bekannt, als komplexestes Denkorgan entwickelt. Der Punkt ist nur: Die Biochemie der Neuronen reicht nicht aus, um die Entstehung mentaler Zustände im Gehirn zu erklären.

Es bedarf einer mathematisch beschreibbaren Struktur, um die Entstehung globaler Ordnungszustände durch Phasenübergänge zu erklären. Diese mathematische Struktur ist zwar im Gehirn durch bestimmte biochemische und physiologische Prozesse und Substanzen realisiert, aber davon kei-

---

236 J. R. Searle, s. Anm. 232, 9. Zu Putnams Kritik an Searle vgl. H. Putnam, Repräsentation und Realität, Frankfurt 1991, 64 ff.

neswegs abhängig. Im Prinzip lassen sich diese Strukturen und Prozesse ebenso durch andere materielle Träger realisieren, die diese Eigenschaften erfüllen. So läßt sich die Entstehung globaler Ordnungszustände eines Systems aus kollektiven lokalen Wechselwirkungen seiner Einzelteile mathematisch in nichtlinearen Evolutionsgleichungen als Phasenübergang („Selbstorganisation") beschreiben. Die Träger können, wie gezeigt wurde, Atome, Moleküle, Zellen, Populationen u. ä. sein.[237]

Mathematisch ist das menschliche Gehirn nur ein Modell dieser Struktur unter bestimmten Nebenbedingungen. Das hat zur Konsequenz, daß andere Träger mit mentalen Ordnungszuständen prinzipiell nicht ausgeschlossen werden können. Neuronale Netze, meistens heute noch auf Digitalcomputern simuliert, realisieren solche Phasenübergänge für vergleichsweise einfache Vorgänge wie Wahrnehmung und Mustererkennung. Die Tatsache, daß bisher hochgradig selbstreferentielle Netze wie das menschliche Gehirn mit Bewußtseinszuständen technisch nicht realisiert sind, vermag ihre prinzipielle Realisation als ‚Künstliche Intelligenz' nicht auszuschließen.

Der Fehler der Churchlands besteht darin, daß ihr „neurophilosophischer Ansatz" logisch-mathematisch eher unterbelichtet ist. Hier ist Putnams Kritik zuzustimmen, daß mit der schlichten Verleugnung propositionaler Einstellung à la Churchland die Probleme des Gehirn-Geist-Problems ebensowenig gelöst sind wie durch die Elimination ‚mentaler Rede' à la Carnap, Ryle und anderer Vertreter traditioneller analytischer Philosophie. Die mentalen Ordnungszustände wie ‚Wollen', ‚Wünschen', ‚Glauben' etc., die wir traditionell unter dem Namen ‚Intentionalität' diskutieren, haben eine erheblich komplexere Struktur, als das unsere neurobiologischen Kenntnisse bis heute erkennen lassen. Hier haben die bisherigen Diskussionen der intensionalen und extensionalen Logik, überhaupt der Philosophie des Geistes, eine erhebliche Vorarbeit geleistet, deren Niveau von der Neurobiologie bisher noch nicht erreicht

237 K. Mainzer, Philosophical foundations of nonlinear complex Systems, in: H. Haken/A. Mikhailov (eds.), Interdisciplinary Approaches of nonlinear complex Systems, Berlin/Heidelberg/New York 1993, 32-43.

wurde. Churchlands Eliminationstheorie der ‚Intentionalität' mag schlicht dem wissenschaftstheoretischen Umstand Rechnung tragen, daß die bisher entwickelten neurobiologischen Begriffe auf dem begrifflichen Niveau der modernen Logik noch nicht greifen.[238]

Daß der Komplex intentionaler Handlungs- und Deutungsabsichten der Welt physikalisch (oder biologisch) nicht vollständig erklärt wird, ist freilich ein Umstand, der wissenschaftshistorisch nicht neu ist. Kant bemerkt bereits diesen Mangel bei seinen intentionalen Schemata, mit denen der Verstand die Sachverhalte unserer Anschauung, Wahrnehmung und Erfahrung den allgemeinen Verstandeskategorien unterordnet:

„Dieser Schematismus unseres Verstandes, in Ansehung der Erscheinungen und ihrer bloßen Form, ist eine verborgene Kunst in den Tiefen der menschlichen Seele, deren wahre Handgriffe wir der Natur schwerlich jemals abraten, und sie unverdeckt vor Augen legen werden."[239]

Diese Äußerung Kants ist allerdings historisch auf das physikalische Paradigma des 18. Jhs, nämlich die Mechanik zu relativieren. Das dogmatische ‚Ignorabimus' mancher Kant-Philologen, die aus Kants Bemerkung eine prinzipielle Erkenntnisgrenze für die Naturwissenschaften folgern, ist daher nicht gerechtfertigt. Ebenso irreführend ist andererseits M. Minskys Feststellung, wonach „das sogenannte Körper-Geist-Problem überhaupt kein Geheimnis" sei:

„Geist ist einfach, was Gehirne tun."[240]

Störend ist die Bezeichnung „einfach". In der Tat sprechen wir, wenn wir über den Geist sprechen, über Phasenübergänge, die unser Gehirn von einem Zustand in einen anderen versetzt. Das ist der Grund, weshalb uns der Geist von seinen physischen Trägern getrennt erscheint. Tatsächlich haben die Beziehungen zwischen diesen Zuständen mit der (biochemischen) Na-

---

238 Zu Putnams Kritik an Churchlands Neurophilosophie vgl. H. Putnam, s. Anm. 236, 116 ff.

239 I. Kant, Kr.d.r.V. B 179-181.

240 M. Minsky, Mentopolis, Stuttgart 1990, 287.

tur der Zustände nichts zu tun. Die physikalisch-chemischen Umstände rufen nämlich nicht direkt die Zustände des Geistes hervor, die sie erregen. Sie hängen vielmehr von einer komplizierten Struktur von Substrukturen ab, die sich physiologisch als Nervenstränge in Millionen Jahren der Evolution ausgebildet haben. Minsky diskutiert den Einwand, daß die Kraft des Willens die physikalischen Gesetze manchmal aufzuheben scheinen:

„Aber daß ein Mensch nicht an den Umständen zerbricht, die wir für unerträglich halten, muß keinen Hinweis auf etwas Übernatürliches bedeuten. Da unsere Gefühle des Schmerzes, der Bedrücktheit, Erschöpfung und Entmutigung ihrer Natur nach nur Produkte der Aktivitäten unseres Geistes sind – noch dazu angelegt, um uns zu warnen, bevor wir an äußerste Grenzen stoßen –, bedürfen wir keiner ungewöhnlichen Macht des Geistes über die Materie, um sie zu überwinden. Es geht nur darum, daß wir Wege finden, unsere Prioritäten neu zu bestimmen."[241]

Intentionale Zustände in hochgradig selbstreferentiellen Systemen können durch Zustände anderer Systeme induziert sein. Wir sprechen dann von sozialen und kulturellen Zuständen, die sich in einzelnen Individuen der jeweiligen Gruppe, Population, Nation etc. zwar individuell gebrochen, aber ähnlich widerspiegeln. Empfindungen und Handlungsabsichten, die mit einer Kultur-, Volks-, oder Religionszugehörigkeit zusammenhängen, gehören ebenso dazu wie Massenhysterie in Kriegen und Fußballstadien: Mentale Zustände können sich verselbständigen und über Medien (Bücher, Rundfunk, Fernsehen, Cyberspace etc.) auf einzelne Individuen zurückwirken.

Im Gehirn laufen also Prozesse ab, die sich selbst verändern. Wenn wir sie beschreiben, repräsentieren wir sie wieder in unseren Gehirnen als Theorien. Selbstreferentielle Arbeitsweise des Gehirns impliziert daher Begriffs- und Theorierelativität unserer Aussagen über das Gehirn und seine Zustände. In der Tabelle ist die Theorierelativität zur Aussage über Gehirn-Geist-Modelle im Laufe der neuzeitlichen Wissenschaftsgeschichte noch einmal zusammengestellt:

241 M. Minsky, s. Anm. 240, 286.

JAHRHUNDERT	MODELL	THEORIE
17./18. Jh.	Mechanistische Modelle (Descartes, Lamettrie u. a)	Klassische Mechanik
	Organistische Modelle (Goethe, Schelling u. a.)	Morphologie, Botanik
19. Jh.	Evolutionistische Modelle (Boltzmann, Haeckel u. a.)	Evolutionstheorie, Thermodynamik des Gleichgewichts
20. Jh.	Programmgesteuerte Computer (Turing, v. Neumann u. a.)	Logik, Information
	Kybernetisches System (Wiener u. a.)	Kybernetik Informationstheorie
	Selbstorganisierende Neuronennetze (Haken, v.d. Malsburg u. a.)	Theorie komplexer dynamischer Systeme, Chaostheorie

Ein sich selbst organisierendes Gehirn ist danach Modell einer Struktur nicht-linearer Differentialgleichungen, die in der mathematischen Theorie komplexer dynamischer Systeme untersucht wird. Eine solche Theorie ist unvergleichlich reichhaltiger und vermag mehr Phänomene zu erklären als z. B. die Cartesische Mechanik. Erinnert sei an holistische bzw. globale Zustände, die aus dem Rahmen klassischer Mechanik des 17./18. Jhs. fielen und daher einem organistischen ‚Gegenparadigma' mit anderen defizitären Eigenschaften untergeordnet wurden.

Die moderne Gehirnforschung unterscheidet eine Hierarchie verschiedener Organisationsstufen wachsender Größenordnung, die über Moleküle, Synapsen, Neuronen, Netzwerke, Karten, Systeme bis zum fraktalen Gesamtsystem des Zentralnervensystems selber reichen.

In Abb.4.21 läßt sich nachvollziehen, wie aus der Aggregation einfacher Grundbausteine zunehmend komplexere Strukturen entstehen, die schließlich in der Lage sind, über sich selbst nachzudenken, sich in Beziehung zu ihrer Umwelt zu setzen, Begriffe und Symbole für Wahrnehmungs- und Denkinhalte zu erfinden, Theorien und Weltbilder zu entwerfen, soziale, politische und kulturelle Systeme zu erzeugen, zu tradieren und

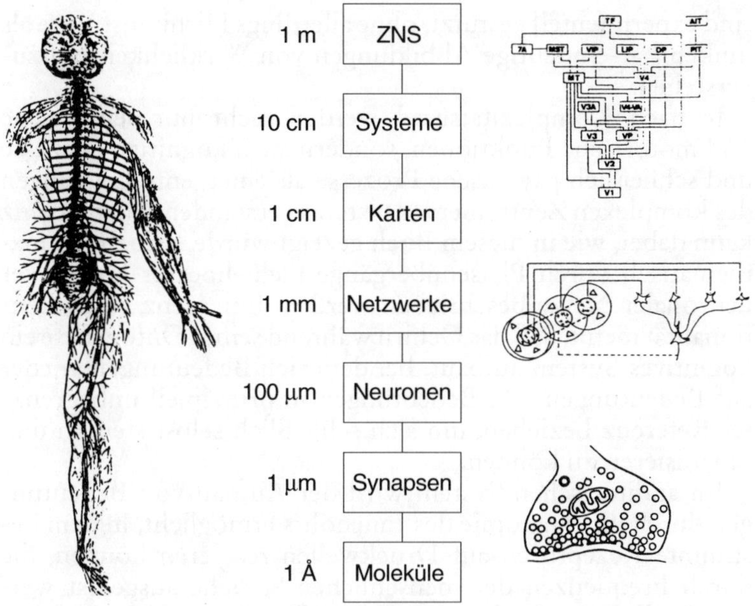

Abb. 4.21

zu verändern.[242] Unsere Primärerfahrungen haben uns zu einer komplexen Hierarchie der Welt geführt, mit der wir uns in Beziehung setzen – von der Ebene der unbelebten Materie, der lebenden Organismen der psychischen und geistigen Prozesse bis zur historisch-kulturellen Entwicklung.

Diese komplexen Konstrukte, mit denen sich ein Gehirn mit seiner Umwelt in Beziehung setzt, nennen wir traditionell Intentionalität. So treten die Intentionen, bestimmte Handlungen auszuführen, und die Verlagerung von Aufmerksamkeit gemeinsam auf mit spezifischen Aktivitätsänderungen von Nervenpopulationen. Diese Hinweise auf eine enge Korrelation zwischen psychischen und neuronalen Vorgängen

242 P. S. Churchland/T. J. Sejnowski, The Computational Brain, Cambridge (Mass.) 1992, 11; P. S. Churchland/C. Koch/T. J.Sejnowski, What is computational neuroscience?, in: E. L. Schwartz (ed.), Computational Neuroscience, Cambridge (Mass.) 1990, 52.

sind experimentell gestützt, ohne allerdings Hirnkonstrukte als umkehrbar-eindeutige Abbildungen von Wirklichkeit mißzuverstehen.

Je nach Komplexitätsgrad werden nicht nur sensorische und motorische Funktionen, sondern auch kognitive Prozesse und schließlich psychische Prozesse als emergente Leistungen des komplexen Zentralnervensystems verstanden.[243] Emergenz kann dabei, wie in diesem Buch gezeigt wurde, prinzipiell mathematisch durch Phasenübergänge nicht-linearer komplexer neuronaler Netze beschrieben werden. Emergenz von Intentionalität meint, daß das Gehirn während seiner Ontogenese ein kognitives System aufbaut, bei dem sich Bedeutungen wieder auf Bedeutungen von Bedeutungen in prinzipiell unbegrenzter Referenz beziehen, um sich schließlich selbst steuern und organisieren zu können.

Im auditorischen System wird der Aufbau von Bedeutungen durch die Anatomie des Innenohrs ermöglicht, in dem bestimmte Rezeptoren auf Druckwellen reagieren können, die durch Frequenzen der menschlichen Sprache ausgelöst werden. In den verschiedenen auditorischen Zentren werden ähnlich wie im visuellen System zunehmend komplexere neuronale Antworten erzeugt, die in entsprechenden Cortexregionen zur Lautwahrnehmung führen. Lautsequenzen werden dort in noch nicht völlig analysierter Weise als Worte und Sätze verstanden. Das Gehirn hat dazu bereits in frühkindlichem Entwicklungsstadium definiert, was Sprachlaute insbesonder der Muttersprache sind. Damit ist das Feld primärer Bedeutungsregeln bestimmt.

Während dieser Prozeß weitgehend unbewußt ablief, wird die sekundäre Bedeutungszuweisung der Worte bereits bewußt erlernt. Diese frühkindlich erworbenen Zuordnungsmechanis-

---

243 Vgl. auch C. von der Malsburg/W. Singer, Principles of cortical network organization, in: P. Raking/ W. Singer (eds.), The Neurobiology of Neocortex, New York 1988, 69-99; W. Singer, Ontogenetic self-organization and learning, in: J. L. McGaugh/N. M. Weinberger/G. Lynch (eds.), Brain Organization and Memory: Cells, Systems and Circuits, New York 1989; D. Ploog, Zur Evolution des Bewußtseins, in: E. Pöppel (Hrsg.), Gehirn und Bewußtsein, Weinheim 1989, 1-15.

men werden im Laufe der Entwicklung immer besser korrigiert und verfestigen sich aufgrund wachsender Erfolgsrückmeldungen bei der Anwendung. Schließlich werden die rudimentär kennengelernten Sprachregeln selber weiterentwickelt, in der Kommunikation korrigiert oder verstärkt, um schließlich in ein sich selbst organisierendes System sprachlicher Bedeutungszuweisungen überzugehen, das in einem bereits existierenden Kultursystem einer Sprache eingebettet ist.

In dieser Skizze sind die ersten Phasenübergänge (‚Emergenzschritte') des ontogenetischen Prozesses beschrieben, in dem sich die selbstreferentiell entfaltende Bedeutungskonstitution vollzieht. Da Phasenübergänge, in denen neue Formen, Gestalten u. ä. entstehen, prinzipiell nicht aus den Bausteinen des vorhergehenden Phasenzustandes erklärt werden können, sind Bedeutungen und damit im weitesten Sinne Intentionalität nicht-reduzierbare Eigenschaften neuronaler Netzwerke. Der Theorierahmen komplexer dynamischer Systeme hat also gegenüber früheren Paradigmen eine außerordentliche Erklärungskraft oder verspricht wenigstens die Erklärung vieler vorher rätselhafter Phänomene des Geist-Gehirn-Systems, wenn auch viele Teilprozesse experimentell noch nicht analysiert oder begrifflich im Detail verstanden sind. Daher ist mit der Theorie komplexer dynamischer Systeme noch nicht aller Tage Abend. Minsky hält jedenfalls eine abschließende Theorie für möglich:

„Alle diese Probleme werden gelöst, wenn wir erst bessere Instrumente und bessere Theorien haben. Bis dahin ist das schwierigste Problem, dem wir uns gegenübersehen, nicht die philosophische Frage, ob Gehirne Maschinen sind oder nicht. Es besteht nicht der geringste Anlaß, daran zu zweifeln, daß Gehirne Maschinen mit einer gewaltigen Zahl von Einzelteilen sind, die in perfekter Übereinstimmung mit den Gesetzen der Physik funktionieren. Soweit wir wissen, ist unser Geist nur ein komplexer Prozeß. Die schwerwiegenden Probleme bestehen darin, daß uns unsere geringe Erfahrung mit Maschinen von derartiger Komplexität noch nicht erlaubt, mit Erfolg über sie nachzudenken.“.[244]

Bezieht man sich im Sinne Gödels auf formale Systeme, so läßt sich feststellen, daß eine abschließende formale Theorie

---

244 M. Minsky, s. Anm. 240, 288.

nicht möglich ist. Nach Gödels Unvollständigkeitssatz kann die Vernunft über alles, was sie zu formalisieren vermag, hinausgehen. Nach Wittgenstein gibt es keine Definitionen von Bedeutungen, die Worten wie Gegenständen ein für allemal angeheftet werden. Bedeutungen hängen von Gebrauchsregeln von Worten ab. Gebrauchsregeln sind abhängig von Kontexten, deren Erklärungen wiederum Kontexte voraussetzen etc. Ein endgültiger Überblick über Bedeutungen schlägt danach fehl, weil der Versuch eines endgültigen Überblicks über die Vernunft selbst fehlschlägt:

„Die Vernunft kann alles, was sie überblicken kann, transzendieren."[245]

Es könnte also eine Situation eintreten, in der wir zwar z. B. mit der Theorie komplexer dynamischer Systeme die Emergenz mentaler Zustände durch Phasenübergänge in neuronalen Netzen erklären können. Gleichwohl ist die kontextabhängige Intentionalität solcher Zustände sprachlich nicht abschließend darstellbar. Wir können immer neue Kontexte, Situationen bzw. mögliche Welten ausdenken, in der sich unsere Begriffe, Zeichen und Bilder mit neuen Bedeutungen repräsentieren lassen.

Anders ausgedrückt: Eine mathematisch-physikalische Theorie des Gehirn-Geist-Systems schließt nicht notwendig ein, daß menschliche Phantasie und Vorstellungskraft mechanisierbar und algorithmisch jederzeit reproduzierbar wird. Nicht-lineare dynamische Systeme können, wie uns die mathematische Theorie zeigt, so kontextabhängig sein, daß geringste Veränderungen von Nebenbedingungen eine eindeutige Reproduzierbarkeit von Entwicklungsprozessen ausschließt. Phantasie ist in diesem Sinn dissipativ und irreversible, nicht programmierbar und nicht reproduzierbar.

Damit wird aber eine uralte Angst der Menschen hinfällig, mit einer mathematisch-physikalisch-biologischen Erklärung mentaler Zustände den Menschen quasi „durchschaut" zu haben und in eine mechanische Puppe zu verwandeln. Im Gegenteil: Dem Geist könnten durch solche Einsichten Flügel wachsen, die alles zu transzendieren erlauben, was uns die Phantasie

245 H. Putnam, s. Anm. 236, 209.

der Neuzeit bisher beschert hat. Wie dieser Flug zu bewerten sei, bleibt dabei allerdings offen.

4.46 Computerethik oder besser „Die Würde des Menschen ist unantastbar"

Die Bewertung menschlicher Handlungen, die Fragen, wie wir gut leben, gerecht handeln und vernünftig über unser Handeln und Leben urteilen können, diskutiert die Philosophie seit der Antike in der Ethik. Die Ethik ist also traditionell neben den erkenntnistheoretischen und metaphysischen Disziplinen ein Teilgebiet der Philosophie. So unterscheidet Aristoteles die praktisch-ethischen Disziplinen (πρακτικαὶ ἐπιστῆμαι) von den theoretischen Disziplinen (θεωρητικαὶ ἐπιστῆμαι) der Mathematik, Physik und Metaphysik und den Herstellungslehren handwerklicher Technik (ποιητικαὶ ἐπιστῆμαι).[246] Diese Erinnerung ist wieder wichtig in einer Zeit, in der Ethik zwar Mode und in aller Munde ist, gleichzeitig aber der Ethikunterricht an Schulen als eine Art zwangsverordneter Religionsersatz für Agnostiker verkommt. Hier muß die Philosophie Flagge zeigen und ihr geistiges Kind gegen inkompetente Fremdbestimmung in Schutz nehmen. Ethik ist nämlich von der Philosophie und ihrer Geschichte nicht zu trennen. Ethik ohne Philosophie in einen Ersatzkatechismus für Agnostiker oder Verhaltenskodex für einzelne berufliche Stände (Ethik für Ingenieure, Kaufleute, Mediziner, Schreiner, Facharbeiter etc.) umzumünzen ist ebenso lächerlich wie Arithmetik ohne Mathematik als Rechendrill vermitteln zu wollen.

Die Geschichte der Ethik zeigt, wie die Antworten auf die Frage nach dem Guten, Gerechten und Vernünftigen von der jeweiligen Philosophie der Natur und des Menschen abhängig waren.[247] Im Zeitalter eines deterministischen Naturbildes, in

246 Aristoteles, Met. E 1. 1025 b 20.

247 Vgl. z. B. D. Birnbacher/N. Hoerster (Hrsg.), Texte zur Ethik, München 1976; O. Höffe (Hrsg.), Einführung in die utilitaristische Ethik. Klassische und zeitgenössische Texte, München 1975; O. Schwemmer, Philosophie der Praxis. Versuch zur Grundlegung einer Lehre vom moralischen

dem lineare Kausalität mit eindeutigen Ursachen und Wirkungen angenommen wird, ist die ethische Frage nach der Verantwortlichkeit für Handlungswirkung eindeutig durch Hinweis auf die verursachende Person zu beantworten. Bei komplexen nicht-linearen Wirkungen der Ökologie wie z. B. Waldsterben und Ozonloch, die auf kumulative und synergetische Effekte moderner Industriegesellschaften zurückzuführen sind, stellt sich die Frage nach der Verantwortlichkeit des Einzelnen neu.[248]

Mit einer Philosophie des Geistes, die von einer Dominanz der Ratio bei vollständiger Autonomie der Willensfreiheit ausgeht, werden Rahmenbedingungen für Ethik und Recht gesetzt. Was folgt aber für Ethik und Recht, wenn der Zentralismus der Ratio durch die Hirnforschung nicht gedeckt wird, wenn dezentrale neuronale Netze angenommen, wenn Willensfreiheit und Autonomie aufgrund der Genforschung neu überdacht werden müssen? Welche ethischen Fragen folgen aus der Künstlichen Intelligenz im Umgang mit computergestützter Forschung und Kultur?

Die Geschichte der Ethik zeigt auch, daß ihre Prinzipien häufig folgenlos bleiben, wenn sie nicht mit konkreten Rechtsnormen verbunden werden, die sie in Staat und Gesellschaft verbindlich und durchsetzbar werden lassen. Vor über vierzig Jahren bestimmte der Parlamentarische Rat kraft verfassungsgebender Gewalt mit Art. 1 I GG die Menschenwürde als oberstes Konstitutionsprinzip aller Gesetze in der Bundesrepublik Deutschland. Was vielen fast selbstverständlich und deklamatorisch erscheint, war für die Väter des Grundgesetzes unmittelbar nach dem Zusammenbruch des 3. Reiches mit einer einschneidenden historischen Erfahrung verbunden – der Er-

---

Argumentieren in Verbindung mit einer Interpretation der praktischen Philosophie Kants, Frankfurt 1971. ²1980.

248 Vgl. auch H. Lenk, Zwischen Wissenschaft und Ethik, Frankfurt 1992; J. Mittelstraß, Fear of Science und gute Gründe im Dialog zwischen Grundlagenforschung und Öffentlichkeit, in: Max-Planck-Gesellschaft. Berichte und Mitteilungen 1/92 (Forscher und Forschungspolitik: Der Beitrag der Forscher zur forschungspolitischen Diskussion. Symposium der Max-Planck-Gesellschaft, Schloß Ringberg/ Tegernsee, Mai 1991), München 1992.

fahrung nämlich eines Staates, der durch seine Gesetze diesen Achtungsanspruch permanent verletzt hatte.[249]

Seit einigen Jahren zeichnet sich eine Herausforderung des Grundrechts auf Menschenwürde ab, die weniger die Fehlentwicklung eines einzelnen Nationalstaates, sondern die gesamte moderne Zivilisation und das ihr zugrundeliegende Menschenbild betrifft. Gemeint sind die mit dem technisch-wissenschaftlichen Fortschritt verbundenen Möglichkeiten der Veränderung, aber auch der Bedrohung der Lebensgrundlagen des Menschen. Die dramatischen Entwicklungen auf den Gebieten der Umwelt, Gentechnologie, Informations- und Robotertechnologie etc. betreffen das Grundrecht auf Menschenwürde im Kern. Sie verlangen sowohl nach einer Konkretisierung des zugrundeliegenden Menschenbildes als auch nach rechtlichen Bestimmungen für den Einzelfall. Gefordert sind also der Jurist und der Philosoph, die jeweiligen Fachwissenschaftler der Ingenieur-, Natur- und Sozialwissenschaften und schließlich wir alle als Betroffene. Nur der fachübergreifende Dialog aller vermag Aufklärung in einer komplexen und vielschichtigen Problemlage zu bringen.

Rechtsphilosophisch zeigt sich nämlich, daß der Begriff der Menschenwürde und Menschenrechte keineswegs eindeutig war und ist, sondern vielmehr selber einer historischen Entwicklung unterworfen und daher immer wieder neu zu bestimmen ist. Um so dringlicher stellt sich die Frage nach der Geltung der Grundrechte. Methodisch ist zunächst zwischen Menschenrechten und Grundrechten zu unterscheiden. Während Menschenrechte und Grundrechte der Verfassung inhaltlich gesehen heute gleich sind, ist ihr Geltungsanspruch verschieden. Die Menschenrechte gelten als sittliche-politische Postulate, die zeitlich und räumlich gesehen allgemein sind und denen sich eine Rechtsordnung unterwerfen sollte. Die Grundrechte sind Rechtsnormen, die kraft verfassungsgebender Gewalt be-

---

249 K. Mainzer, Die Würde des Menschen ist unantastbar. Zur Herausforderung von Art. 1 I GG durch den technisch- wissenschaftlichen Fortschritt, in: Jahrbuch der Universität Augsburg 1989, Augsburg 1990, 211-221.

schlossen und auf das jeweilige Gemeinwesen begrenzt positiv gelten.[250]

Die Herkunft der Menschenrechte wird rechtsphilosophisch unterschiedlich beurteilt. Während die Vertreter des sogenannten Naturrechts die Rechtsnormen aus den der Natur immanenten Ordnungsprinzipien und Zwecken ableiten (Platon, Aristoteles, Thomas, Leibniz, Wolff u. a.), behaupten die Vertreter des sogenannten positiven Rechts, das Recht sei eine unabhängig von vorgegebenen Werten vom Menschen zum Überleben geschaffene Ordnung (Duns Scotus, Ockham, Hobbes). Das Naturrecht war daher in der Geschichte immer mit einer bestimmten Naturphilosophie verbunden, in der die natürlichen Ordnungsprinzipien begründet wurden.[251]

So war für Platon die Welt, in der der Mensch lebt, nur Abbild einer höheren Welt unveränderlicher Ideen des Wahren, Gerechten, Schönen und Guten. Für Aristoteles ist die menschliche Lebenswelt organisch in den Kosmos eingegliedert, der hierarchisch geordnet und auf Ziele und Zwecke ausgerichtet ist. Bei den Tugenden kommt es darauf an, das richtige Maß zu finden, und so in Harmonie mit der natürlichen Ordnung zu leben. Politisch liegt die öffentliche Rechtsmacht bei der Gemeinschaft der Freien und Gleichen, die sich in den griechischen Stadtstaaten realisiert.[252] Daß diese Grundrechte nicht für Sklaven gelten, war für Aristoteles ebenso durch die Natur der Sache begründet (und nicht alleine durch Gewalt) wie für die

---

250 P. Häberle, Die Menschenwürde als Grundlage der staatlichen Gemeinschaft, in: I. Isensee/P. Kirchhoff (Hrsg.), Handbuch des Staatsrechts der Bundesrepublik Deutschland Bd. I, Heidelberg 1987, 815-861; G. Kleinheyer, Grundrechte, Menschen- und Bürgerrechte, Volksrechte, in: O. Brunner/W. Conze/ R. Kosellek (Hrsg.), Geschichtliche Grundbegriffe Bd. II, Stuttgart 1975, 1047-1082; Maunz-Dürig-Herzog, Kommentar zum Grundgesetz, München 1985; C. Stark, Das Bonner Grundgesetz. Kommentar Bd. 1, München [3]1985.

251 F. Böckle/E. W. Böckenförde (Hrsg.), Naturrecht in der Kritik, Mainz 1973; K.-H. Ilting, Naturrecht, in: O. Brunner/W. Conze/R. Koselleck (Hrsg.), s. Anm. 250 Bd. IV, 245-313; D. Mayer-Maly /P. M. Simons (Hrsg.), Das Naturrechtsdenken heute und morgen, Berlin 1983.

252 Vgl. auch O. Höffe, Praktische Philosophie – Das Modell des Aristoteles, München/Salzburg 1971; D. Nörr, Vom griechischen Staat, in: Der Staat

Germanen, die Gleichheit in der Volks- und Gerichtsversammlung auf alle waffenfähigen freien Männer einschränkten. Die hellenistische Philosophie der Stoa weitete die Idee der Freiheit auf alle Menschen aus. Im Christentum (Augustinus, Thomas) wird aus dem Weltgesetz der griechischen Philosophie der Schöpfungsplan Gottes, der den Menschen nach seinem Ebenbild schuf.

Mit dem veränderten Naturbegriff in der Neuzeit setzt sich auch ein verändertes Naturrechtsdenken als Begründung der Menschenrechte durch. Nach dem Vorbild des Empirismus analysiert Thomas Hobbes die menschliche Natur.[253] Die Menschenrechte werden auf den Selbsterhaltungstrieb des Individuums zurückgeführt, dessen natürliche Handlungsfreiheit faktisch nur durch die Durchsetzungsfähigkeit anderer beschränkt ist. Nach dem Vorbild der Mechanik wird der Staat wie eine Maschine konstruiert, die vom Menschen künstlich geschaffen werden muß, um nach einem von ihm festgelegten Plan zu funktionieren. Den so entstehenden Gegensatz von übernatürlichem Naturrecht und positivem Recht hebt Kant insofern auf, als er die menschliche Natur als eine Vernunftnatur bestimmt, die weder theologisch offenbart noch als empirischer Erfahrungsgegenstand wie in den Naturwissenschaften gegeben ist. Die Vernunft verlangt vielmehr nach Autonomie- und Freiheitsgesetzen, die in der Freiheit der anderen ihre Begrenzung finden. Dieser Kategorische Imperativ begründet die Menschenwürde, die erst die moralische Grundlage für alle positiven Rechtsnormen liefert.[254]

---

3 1966, 353-370; J. Ritter, Zur Grundlegung der praktischen Philosophie bei Aristoteles, in: Archiv für Rechts- und Sozialphilosophie 46 1960, 179-199.

253 T. Hobbes, Leviathan, or the Matter, Form and Power of a Commonwealth, Ecclesiastical and Civil, hrsg. C. B. Macpherson, Harmondsworth 1968; U. Weiß, Das philosophische System des Thomas Hobbes, Stuttgart/Bad Canstatt 1980; B. Willms, Der Weg des Leviathan. Die Hobbes-Forschung von 1968-178, Berlin/München 1979.

254 I. Kant, Die Metaphysik der Sitten. 1. Teil: Metaphysische Anfangsgründe der Rechtslehre (1797), Akademie Ausgabe Bd. VI (Berlin), 203-372; F. Kaulbach, Studien zur späten Rechtsphilosophie Kants und ihrer transzendentalen Methode, Würzburg 1982; W. Kersting, Wohlgeordnete Frei-

So werden die Freiheitsrechte in der amerikanischen und französischen Verfassung als positive Rechtsprinzipien begründet. In Anlehnung an einen berühmten Gedanken Hegels wird die Weltgeschichte als fortschreitende Anerkennung der Menschenrechte gelesen.

Im 19. Jh. fixiert sich das juristische Denken zunehmend auf die positiven Gesetze. Die Kritik am Naturrecht, etwa in der historischen Rechtsschule von F. K. von Savigny, erinnert an die Metaphysikkritik naturwissenschaftlicher Positivisten aus der gleichen Zeit.[255] Grundlegend wird schließlich Max Webers Postulat der Wertfreiheit, nach dem alles Werten, namentlich das sittliche, als bloß subjektives Meinen abgetan wird.[256]

In Übereinstimmung mit Max Weber kommt es Hans Kelsen in seiner „Reinen Rechtslehre" nur noch auf eine wissenschaftliche Jurisprudenz und nicht auf eine Rechtsethik an. Als Vertreter eines strengen Rechtsempirismus kann er zwischen den verschiedenen Normen keine objektiv begründete Wahl treffen. So bleibt nur die relativistische Antwort übrig, daß jeder selbst die Wahl treffen müsse und „niemand anderer, nicht Gott, nicht die Natur und auch nicht die Vernunft als objektive Autorität sie abnehmen könne."[257]

Wissenschaftstheoretisch ist bemerkenswert, daß der logische Empirismus auch in den Naturwissenschaften Metaphysik als bloßes weltanschauliches Meinen kritisiert. Wenn Kelsen feststellt, daß jeder beliebige Inhalt positives Recht sein könne, so erinnert das an die Wissenschaftstheorie des Mathematikers David Hilbert und Logikers Rudolf Carnap, wonach wir uns unter formalen Axiomen und Gesetzen der Mathematik und Naturwissenschaften beliebiges vorstellen können, sofern sie

heit, Immanuel Kants Rechts- und Staatsphilosophie, Berlin/New York 1984.

255 F. K. von Savigny, Vom Beruf unserer Zeit für Gesetzgebung und Rechtswissenschaft, Heidelberg 1814; E. W. Böckenförde, Die historische Rechtsschule und das Problem der Geschichtlichkeit des Rechts, in: Festschrift für J. Ritter, Basel/Stuttgart 1964, 9 ff.; R. Gmür, Savigny und die Entwicklung der deutschen Rechtswissenschaft, München 1962.

256 M. Weber, Rechtssoziologie, Neuwied 1960; ders., Gesammelte Aufsätze zur Wissenschaftslehre, Tübingen [4]1973.

257 H. Kelsen, Reine Rechtslehre, Wien [2]1960, 442.

logisch konsistent und (im Falle naturwissenschaftlicher Theorien) durch empirische Prüfverfahren bestätigt seien.[258]

Analog zum Wandel des naturwissenschaftlichen Gesetzesbegriffes begründet Carl Schmitt den Rechtspositivismus mit der fortschreitenden Neutralisierung, wonach neuzeitliche Gesellschaften zunehmend gegen Metaphysik, Religion und Moral indifferent werden, die sich in einer Vielheit weltanschaulicher Positionen und Menschenbilder selber relativieren.[259] Als Konsequenz dieser Neutralisierungsthese folgt einmal die pluralistische Gesellschaft westlicher Demokratien. Andererseits liefert der Rechtspositivismus – wie bei Carl Schmitt – die Blankovollmacht für Diktaturen, die sich qua positiver Gesetzesverfahren nur durch den Überlebenskampf selber legitimieren wollen. Es verwundert daher nicht, daß die Väter der Grundgesetzes mit Art. 1 I GG feierlich ein überpositives Recht an den Anfang setzen. Der Schock von 1945 zeigte erneut die Berechtigung der berühmten Augustinus-Frage aus „De civitate Dei“: „Remota iustitia, quid sunt regna nisi magna latrocinia?“) („Staaten ohne Gerechtigkeit – was sind sie anders als große Räuberbanden?“).[260] Allerdings läßt Art. 1 I GG bewußt offen, ob Menschenwürde als göttliches Recht, der Natur oder in der Vernunftrechtstradition der Aufklärung verstanden wird, um nämlich einen Grundkonsens der verschiedenen gesellschaftlichen Gruppen in der Bundesrepublik zu ermöglichen.[261]

Die Geschichte der Grundrechte hängt offenbar eng mit dem Wandel des Menschen- und Weltbildes zusammen, das in der Neuzeit zunehmend durch Wissenschaft und Technik bestimmt wird. Nach der Hoffnung der Aufklärung sollte das Wachstum des Wissens automatisch zur Emanzipation der

258 Vgl. auch W. Ott, Der Rechtspositivismus. Kritische Würdigung auf der Grundlage eines juristischen Pragmatismus, Berlin 1976.

259 C. Schmitt, Über die drei Arten des rechtswissenschaftlichen Denkens, Hamburg 1934; ders., Was bedeutet der Streit um den Rechtsstaat?, in: ZStW 95 1935, 189; ders., Positionen und Begriffe, Hamburg 1940.

260 A. Augustinus, De civitate Dei (dt. 2 Bde., Zürich^{2}1978) IV 4.

261 Vgl. auch A. Baruzzi, Europäisches „Menschenbild“ und das Grundgesetz für die Bundesrepublik Deutschland, Freiburg/Münster 1979; O. Höffe, Politische Gerechtigkeit. Grundlegung einer kritischen Philosophie von Recht und Staat, Frankfurt 1987.

Menschheit im Sinne der Menschenrechte führen. Tatsächlich erweist sich der technisch-wissenschaftliche Fortschritt heute aber als ambivalent.

Einerseits sichern und verbessern die neuen Technologien Ernährungsgrundlage, Gesundheit, Lebenserwartung, Wohlstand usw. der modernen Industriegesellschaften. Mittel- und langfristige Lösungen des Energieproblems dieses Planeten werden ohne entsprechende Erfolge der Hochenergiephysik nicht möglich sein. Ohne die Gentechnologie wäre die Erklärung von Viren, die menschliche Krankheiten wie Hepatitis, Aids usw. hervorrufen, nicht möglich. Gentechnologisch veränderte Bakterien können wertvolle Impfstoffe und Arzneimittel produzieren. Neue Züchtungserfolge könnten zur Lösung der Ernährungsprobleme der Menscheit beitragen. Systeme der Artificial Intelligence können neue effektivere Problemlösungen ermöglichen, z. B. eine schnelle medizinische Diagnose, Steuerung von Produktionsprozessen.

Andererseits verfügt der Mensch heute über eine ungeheuer gewachsene, aber nicht immer im voraus abschätzbare oder kontrollierbare technische Eingriffs- und Verfügungsmacht. Ein gentechnisch manipulierter Organismus z. B., der unkontrolliert in die ökologischen Kreisläufe der Natur gerät, könnte langfristig ebenso verheerend wirken wie die Kettenreaktion einer Atombombe. Technische Rationalisierungen können zur Erschütterung im Arbeitsmarkt mit entsprechend sozialen Folgewirkungen führen. Manipulationen im Medien- und Informationssystem der Gesellschaft können unkontrollierbare politische Wirkungen auslösen usw.

Der Schutz und die Achtung der Menschenwürde durch die staatliche Gewalt ist also herausgefordert. Die Entscheidungsgrundlage ist aber keineswegs eindeutig. Unsere Lebenswelt ist nämlich heute ein kompliziertes Netz von ökologischen, ökonomischen, sozialen und politischen Abhängigkeiten und Kreisläufen, das durch irreversible Nebenwirkungen von unkontrollierbaren und egoistischen Handlungen hochgradig gefährdet ist. Noch nie war der Mensch historisch in der Lage, durch falsche Entscheidungen, Teile oder gar das ganze System dieser Lebenswelt zu vernichten. H. Markl stellt dazu ernüchternd fest:

„Der Mensch hat bisher seine Vermehrung und sein Wirtschaften nur wie ein ganz besonders geschickter Bioroboter zu Zwecken immer wirkungsvoller gesteigert, die sich im Prinzip nicht von denen unserer Ur-Urahnen in der Ursuppe unterscheiden. Der Schritt zur wirklichen Autonomie, zur Selbstbestimmung unserer Daseinszwecke, der sich der Einsatz unserer technisch-kulturellen Mittel unterzuordnen hat, bleibt noch zu tun.“[262]

Die Tatsache, daß in der modernen technisch-wissenschaftlichen Lebenswelt alles mit allem zusammenhängt, daß wir uns einfach nicht leisten können, einseitige Ziele der ökonomischen und technischen Entwicklung zu verfolgen, daß unsere Lebenswelt heute mit der Natur ein untrennbares Ganzes bildet, ist eine qualitativ neue Stufe in der Evolution der menschlichen Kultur. Diese Einsicht wird heute weitgehend geteilt, obwohl die Konsequenzen, die man daraus zieht, unterschiedlich sind. In einer gemeinsamen Erklärung des Rates der Evangelischen Kirche und der Deutschen Katholischen Bischofskonferenz zu „Umweltfragen und Ökologie“ wird Menschenwürde im Gesamtkontext der Natur gesehen:

„Ehrfurcht vor dem Leben bezieht sich nicht nur auf menschliches, tierisches und pflanzliches Leben, sondern im weiteren Sinn auf die ‚unbelebte‘ Natur mit ihren Lebenselementen (Wasser, Boden Luft) und ihren funktionalen Kreisläufen als Lebensraum. Sie sind nicht als tote Gebrauchsgegenstände zu verstehen, sondern als Teil der Lebensbedingungen des Menschen und seiner Mitkreatur.“

Auf Grund dieser Situation fordert der Philosoph Hans Jonas in seinem Buch „Das Prinzip Verantwortung“ ein neues ethisches Prinzip für unser technisches Handeln.[263] Danach haben wir alle technischen Handlungen kategorisch zu unterlassen, wenn an ihren Folgen irgendwelche Zweifel bestehen. Durch die Technik sei nämlich unsere Macht so angewachsen, daß die Natur unsere Eingriffe nicht mehr wie früher ausgleichen könne. Schäden, die wir nicht vorausgesehen haben, könnten sich heute wegen der vielfältigen Abhängigkeiten zu unkon-

262 H. Markl, Dasein in Grenzen. Die Herausforderung der Ressourcenknappheit für die Evolution des Lebens, Konstanz 1984.

263 H. Jonas, Das Prinzip Verantwortung. Versuch einer Ethik für die technologische Zivilisation, Frankfurt 1979.

trollierbaren (synergetischen) Effekten aufpotenzieren, die irreparabel sind.

Das Jonassche Prinzip der Unterlassung, wie ich es nennen möchte, scheint zunächst einleuchtend. Aber nicht nur unser Tun, auch unser Unterlassen hat heute Konsequenzen. In einer Überspitzung könnten nämlich Unterlassung und Immobilismus zur Verneinung jeder Innovation führen, denn wir durchschauen die Folgewirkungen unserer technischen Handlungen nie in allen ihren Konsequenzen. Wenn man jeden Irrtum ausschließen wollte, könnte man nie etwas Neues versuchen, um bestehende Mißstände zu vermeiden, denn die Beseitigung könnte ja vielleicht schlimmere Mißstände zur Folge haben. Die enge Verflechtung in das komplizierte Netz ökologischer, ökonomischer, sozialer und politischer Abhängigkeiten, in dem heute Natur und menschliche Lebenswelt ein Ganzes bilden, läßt aber, und das sei hier ausdrücklich gesagt, Immobilismus, Rückschritt oder gar den Austritt aus der Industriegesellschaft nicht zu. Menschliche Lebenswelt und Natur bilden nämlich in der modernen Industriegesellschaft ein kompliziertes Netz von Gleichgewichtsverhältnissen, das nur durch ein aufwendiges technisch-naturwissenschaftliches Wissen aufrechterhalten und kontrollierbar werden kann. Analog bilden die Wert- und Zielvorstellungen der modernen Industriegesellschaft ein kompliziertes Netz von Abhängigkeiten, in dem keine Schwarz-Weiß-Malerei, keine einfachen Entweder-Oder-Entscheidungen helfen, sondern nur ein differenziertes Abwägen möglicher Folgen unserer Handlungen. Obwohl also heute eine Naturrechtsdiskussion im wörtlichen Sinne noch nie so aktuell war wie seit den Tagen von Aristoteles, so erweist sich ihre Positivierung als ebenso schwierig und komplex wie das Abhängigkeitsverhältnis von Natur und Technik in der modernen Industriegesellschaft.

Bevor über Computerethik im engeren Sinn gesprochen wird, soll auf Probleme der Rechtspositivierung am Beispiel Ökologie und Gentechnologie eingegangen werden. Eine ökologische Ethik fordert heute die Schaffung einer sauberen und gesunden Umwelt. Was jedermann als Naturrecht des Menschen einleuchtet, erweist sich bei näherer Differenzierung bis in konkrete Rechtsfälle als hochgradig komplex. Zunächst einmal kennt das Grundgesetz bisher kein befriedigendes Grundrecht auf Umweltschutz. Obwohl ein menschenwürdiges Leben notwendigerweise die Garantie eines ökologischen Existenzminimums voraussetzt, läßt sich ein Umweltrecht nicht einfach mit Art. 1 I GG begründen.

Als überragende verfassungsrechtliche Fundamentalnorm hat Art. 1 I GG in allen Bereichen menschlicher Lebensverhältnisse Bedeutung und kann daher nicht zur Lösung von Konflikten zwischen einzelnen divergierenden Zielen (z. B. Arbeitsplatzsicherung und Umweltschutz, Freiheit von Forschung und Lehre und Umweltschutz usw.) herangezogen werden. Die globale Wertvorgabe auf Schutz der natürlichen Lebensgrundlagen erweist sich im Detail als schwer operationalisierbar. In einzelnen Bereichen werden zwar Quantifizierungen von Umweltschutzbelangen (z. B. Nennung von Grenzwerten) angegeben. Ferner müssen Präferenzordnungen und Zielkonflikte klar herausgearbeitet werden.[264]

Umweltdiskussionen hängen dabei von unserem jeweiligen wissenschaftlichen, technischen, ökonomischen und sozialen Wissen ab, so daß die Staatsaufgabe Umweltschutz durch den fachübergreifenden Dialog der Gesellschaft vorbereitet und durch Maßnahmen im Vorfeld der Verfassung wirksam gelöst werden muß. Diese Entscheidungen, die auf einer wertenden Beurteilung komplexer Wirkungszusammenhängen beruhen, müssen die Folge staatlicher Reglementierung bedenken und die erforderlichen Kompromisse bei Wertkonflikten enthalten. Sie sind daher eindeutig politisch und fallen in den Aufgabenbereich des demokratisch legitimierten Gesetzgebers. Minimal ist eine Ergänzung des Grundgesetzes um eine Staatszielbestimmung „Umweltschutz", die analog der Staatszielbestimmung „Sozialstaatlichkeit" von 1949 gelten soll. Die Menschenwürde aus Art. 1 I GG hat dabei die Rolle eines allgemeinen Regulativs aller gesetzgeberischer Handlungen.

Das zugrundeliegende Menschenbild ist durch die heutige Einsicht in die komplexen Abhängigkeiten der Lebenswelt von ökologischen, ökonomischen, industriellen und sozia-

264 R. Schmidt, Einführung in das Umweltrecht, München 1987.

len Bedingungen bestimmt. Damit wird keinem positivistischen Wertrelativismus das Wort geredet. Der Verweis auf eine überpositive und naturrechtliche Orientierung wird geradezu gefordert.[265]

Nur wäre die Reduzierung auf ein einseitiges und holzschnitzartiges Menschenbild unter Vernachlässigung wichtiger Abhängigkeiten heute nicht nur naiv, sondern auch gefährlich – sei es der homo faber, oeconomicus, oecologicus oder sociologicus. Wir müssen vielmehr lernen, komplexe Tatsachen- und Wertgefüge zu analysieren, Wertkonflikte zu erkennen und fach- und interessenübergreifend zu diskutieren. Moralische Einseitigkeit und Fundamentalismus hilft hier nicht weiter, auch wenn Moralität als Grundlage der Legalität gefordert ist.

Am Beispiel des Umweltschutzes sei das verdeutlicht. Hier lassen sich heute zwei grundsätzliche Wertstandpunkte unterscheiden. Für den einen (anthropozentrischen) Standpunkt ist die Natur letztlich Mittel zum Zweck für den Menschen: Nur das Eigeninteresse des Menschen sei maßgebend dafür, in welchem Umfang Natur verändert oder bewahrt wird. Für den anderen (physiozentrischen) Standpunkt ist die Natur Selbstzweck und besitzt einen Eigenwert: Daher müsse ihr prinzipiell ein Eigenrecht zuerkannt werden, das dem Bearbeitungsrecht des Menschen gleichrangig, wenn nicht gar übergeordnet ist.

Unabhängig von der grundsätzlichen Einstellung zu diesen Positionen lassen sich praxisbezogene Einsichten und Forderungen zum Verhältnis von Technik und Umwelt formulieren, die mit beiden Standpunkten vereinbar sind. Wie bereits mehrfach betont wurde, zeigt uns gerade die moderne Naturwissenschaft, daß Mensch, Gesellschaft und Natur durch komplexe Kreisläufe miteinander verbunden sind, denen bei einseitigen Präferenzen irreversible Schäden drohen, die das Ganze in Frage stellen. Kurz: Die Existenz des Menschen und seiner Gesellschaft kann nicht ohne oder auf Kosten der Natur gesichert werden, ohne sich langfristig selber in Frage zu stellen. Sowohl für den anthropozentrischen wie für den physiozentrischen Standpunkt müssen daher Landschafts- und Artenschutz

265 K. Mainzer (Hrsg.), Ökonomie und Ökologie/Economie et Ecologie (dt./frz.), Bern/Stuttgart 1993.

Wertvorstellungen sein, die durch technische Mittel unterstützt werden können. Dazu sind Beteiligungsmodelle zu entwerfen, wie Mitverantwortung für komplexe ökologische Wirkungen aufzuteilen und rechtlich zu sanktionieren ist, ohne die ethische und rechtliche Autonomie des einzelnen zu beeinträchtigen.

Der fachübergreifende Dialog von Juristen, Philosophen, Naturwissenschaftlern, Medizinern usw. muß sich vor bestimmten methodischen Fehlschlüssen hüten, auf die ich als Philosoph aufmerksam machen möchte. Eine methodisch einwandfreie Ethik muß den naturalistischen Fehlschluß vermeiden, wonach das sittliche Gute letztlich wieder in Begriffen empirischer Tatsachen definiert oder aus solchen Tatsachen alleine abgeleitet wird.[266] Den naturalistischen Fehlschluß begeht z. B. ein Genforscher, der sich deshalb zur Genforschung oder einem bestimmten Experiment verpflichtet fühlt, weil es angeblich dem wissenschaftlichen Fortschritt diene. Komplementär dazu ist aber auch der normativistische Fehlschluß zu vermeiden, wonach rechtliche Vorschriften allein aus normativen Überlegungen ableitbar seien.

Rein normative Überlegungen ergeben nur allgemeine Beurteilungsmaßstäbe, die noch spezifische Gesetzmäßigkeiten des jeweiligen Sachbereichs und konkrete Situationsfaktoren zu berücksichtigen haben. So kann der Ethiker begründen, daß Kranken zu helfen ist. Der Jurist vermag Rechtsnormen für den Arzt z. B. straf- und zivilrechtlicher Art zu formulieren. Aber schon die Frage, wo es Krankheiten gibt, setzt Tatsachenerkenntnisse voraus, die nicht in die methodische Kompetenz des Ethikers und Juristen fallen. Noch weniger kann der Ethiker sagen, was die Ursachen sind, wie man sie erfolgreich bekämpfen kann und ob die industrielle Verwertung der neuen biomedizinischen Erkenntnisse dafür hilfreich ist.

Im Detail erweisen sich solche Diskussionen bei der Beurteilung moderner medizinischer Technologien als schwierig und komplex. Und ich betone es nochmals: Diese Komplexität gehört ebenfalls zum heutigen Menschenbild und bestimmt da-

266 Vgl. auch A. Pieper, Ethik und Moral. Eine Einführung in die praktische Philosophie, München 1985.

her auch den Begriff der Menschenwürde. Das sei kurz am Beispiel der Gentechnologie erläutert:[267]

Das Menschenbild der Nationalsozialisten und Stalinisten läßt ausdrücklich Menschenzüchtung im Dienste ihrer rassistischen bzw. gesellschaftlichen Ziele zu. Wenig bekannt ist, daß sich die Nationalsozialisten bei ihrem „Gesetz zur Verhütung erbkranken Nachwuchses“ vom 14. Juli 1933 ausdrücklich auf die fortschrittsgläubigen USA beriefen, die bereits in den 20er Jahren durch (allerdings freiwillige) Sterilisationen und strenge Einwanderungsgesetze die Gesellschaft „gesünder“ und „erfolgreicher“ machen wollten. In diese Zeit fällt Lysenkos Pseudowissenschaft von der Vererbung erworbener Eigenschaften, die von Stalin dogmatisch zur Rechtsnorm erhoben wurde.

Damit waren die Gespenster des technisch-wissenschaftlichen Fortschritts beschworen, der nach A. Huxleys utopischem Roman „Brave New World“ (1932) in der technischen Erzeugung genormter Menschentypen mündet ohne jede Möglichkeit zur Entwicklung einer eigenen Persönlichkeit. Es ist daher verständlich, daß die öffentliche Diskussion um die Gentechnologie bis heute mehr von Ängsten als einer angemessenen Sachdiskussion bestimmt ist.

Mit Blick auf die in Art. 1 I GG geforderte Menschenwürde lassen sich gentechnologische Eingriffe in menschliche Reproduktionsvorgänge nur noch durch eine Verhinderung individuellen Leidens oder durch Steigerung individuellen Wohlbefindens rechtfertigen. Konkret ergeben sich also Möglichkeiten der medizinischen Diagnose und Therapie bei genetischer Beratung, Chromosomen- oder Genom-Diagnose, künstlicher Befruchtung, In-Vitro-Fertilisation oder extracorporaler Befruchtung.

1985 hat der Deutsche Ärztetag Richtlinien beschlossen, die von einem Gremium von Medizinern, Humangenetikern, Juristen und Philosophen erarbeitet worden waren. Als Indikation der In-Vitro-Fertilisation gilt danach nur der Funktionsverlust des Eileiters, wenn eine operative Behandlung erfolglos war. Im Mittelpunkt der Argumentation steht Art. 1 I GG, wenn

267 Vgl. auch R. Knippers, Die schöne neue Welt und ihre Folgen, Konstanz 1988.

die Vermeidung von sozialen und rechtlichen Nachteilen für das nach extracorporaler Befruchtung geborene Kind gefordert wird. Um den Rechtsstatus des Kindes zu sichern, sollten soziale und genetische Eltern identisch sein. Handel und Experimente mit überschüssigen Embryonen sind abzulehnen.

Es kommt also auf die Zwecke und Werte an, die mit medizinischen Technologien realisiert werden sollen. Wird z. B. die pränatale Chromosomenuntersuchung zu Geschlechtsbestimmungen durchgeführt mit dem Zweck der Schwangerschaftsunterbrechung, um (wie in einigen Kulturen) ein Geschlecht (in der Regel das männliche) zu bevorzugen, wären Grundrechte (z. B. Art. III 3 GG) vehement verletzt. Andererseits erlaubt die Verfeinerung der Genom-Analyse in Zukunft immer mehr, Krankheiten bereits im frühen embryonalen Stadium zu diagnostizieren. Für Schwangerschaftsabbrüche stellt sich das schwierige Problem der Grenzziehung. Schwere Mißbildungen und Erkrankungen (z. B. Trisomie 21) scheinen eindeutig als Indikationsfall. Wäre aber eine Veranlagung zu Diabetes oder Rheumatismus schon ein Grund für einen Abbruch?

Grundlegend und unverzichtbar wird die Gentechnologie für die Entwicklungsbiologie, Genetik, Immunologie und Krebsforschung sein. Hier werden schwierige und komplexe Probleme und Entscheidungen auf uns zukommen. Ich warne daher noch einmal vor einseitigen Menschenbildern, die vom jeweiligen zeitbedingten Wissen abhängen. Wer Forschung mit dem Argument der Menschenwürde verhindern will, um Menschen lieber unter menschenunwürdigen Bedingungen leben oder an menschenunwürdigen Krankheiten verenden zu lassen, ist ebenso einseitig wie derjenige, der sich positivistisch auf Forschung um ihrer selbst willen zurückzieht nach dem Motto: „Ich bin Wissenschaftler und kein Ethiker." Komplexität und Offenheit gehören zum heutigen Menschenbild. Der fach- und interessenübergreifende Dialog ist wieder unverzichtbar. Die Rahmenbedingung für den offenen ethischen Diskurs liefert die Genforschung insofern, als sie den Menschen nicht als programmgesteuerten Roboter bestimmt, sondern als ein zur Entscheidungsfreiheit begabtes Lebewesen.

Nach dem Willen der Väter des Grundgesetzes ist der Schutz der Menschenwürde die überragende verfassungsrechtliche

Norm, in deren Rahmen sich die gesellschaftliche Entwicklung, insbesondere also auch der technisch-wissenschaftliche Fortschritt zu vollziehen hat. Er ist somit kein Selbstzweck, quasi die Fortsetzung einer naturwüchsigen Evolution mit technologischen Mitteln, sondern ein Instrument, um mitzuhelfen, ein menschenwürdiges Leben zu ermöglichen.

Wie die Geschichte der Grundrechte zeigt, ist jede Generation aufgefordert, ihr Menschenbild unter den jeweiligen Lebensbedingungen neu zu bestimmen. Damit wird keinem positivistischen Wertrelativismus das Wort geredet. Das Grundgesetz wird ausdrücklich auf den überpositiven und ethischen Wert der Menschenwürde bezogen. Es fordert uns geradezu alle auf, diesen ethischen Maßstab immer wieder neu zu bestimmen und unsere Handlungen daran zu messen.

Der dezisionistische Positivismus, der ethische Diskussionen als bloße Meinungen verkennt, ist nicht im Sinne des Grundgesetzes. Das sei all denjenigen gesagt, die sich als sogenannte technisch-naturwissenschaftliche Experten in ihre Expertennische zurückziehen wollen. Ebenso verbietet das Grundgesetz aber auch einen ethischen oder naturrechtlichen Fundamentalismus, der Menschenwürde einseitig im Sinne einer weltanschaulichen Position reduziert. Die nähere Bestimmung der Menschenwürde z. B. durch Art. I 4 GG (Glaubens- und Gewissensfreiheit) oder Art. III 5 GG (Freiheit von Forschung und Lehre) ist hier völlig eindeutig.

Positivistischer Relativismus und naturrechtlicher Fundamentalismus sind heute Skylla und Charybdis, zwischen denen sich die moderne Grundrechtsdiskussion bewegt.[268] In der geschichtlichen Auseinandersetzung um die Grundrechte ist der technisch-wissenschaftliche Fortschritt eine neue Herausforderung. Wir bestehen sie nur dann, wenn wir den fach- und interessenübergreifenden Dialog im Sinne der Väter des Grundgesetzes als Freiheitsrecht nutzen und in der Gesellschaft herbeiführen.

Nach diesen Vorbereitungen kommen wir zur entscheidenden Frage, in welchem Umfang Art. 1 I GG durch die Evolu-

268 Vgl. auch W. Maihofer (Hrsg.), Naturrecht oder Rechtspositivismus? Darmstadt 1962.

tion computergestützter Forschung, Technologie und Kultur herausgefordert ist und in Zukunft herausgefordert wird. Auch hier ist die öffentliche Diskussion mehr von Ängsten, Unkenntnis und Science Fiction bestimmt als von sachlicher Auseinandersetzung. Sie beißt sich heute an dem Stichwort „Künstliche Intelligenz" fest, eine eher unglückliche Bezeichnung, mit der die technologische Entwicklung sogenannter wissensbasierter Systeme (z. B. Expertensysteme, Industrieroboter) gemeint ist. Das Argument der Menschenwürde wird hier häufig angeführt, um den prinzipiellen Unterschied von Mensch und Maschine hervorzuheben.

Allerdings verbergen sich dahinter häufig auch versteckte Eitelkeiten, die aus der Wissenschaftsgeschichte wohlbekannt sind. Bereits gegen die Kopernikanische Wende vom geozentrischen zum heliozentrischen Weltbild wurde naturrechtlich argumentiert, da nämlich das Leben auf einem subalternen Himmelskörper angeblich der Menschenwürde widerspreche. Später wird gegen Darwins Evolutionstheorie und Freuds Psychoanalyse naturrechtlich argumentiert, da es angeblich die Menschenwürde verletze, den Menschen von affenähnlichen Wesen abstammen zu lassen oder sein Seelenleben auf das Sexualleben zu reduzieren. So soll denn auch die Annahme oder Konstruktion intelligenter Maschinen der Menschenwürde widersprechen. Nach seiner Stellung im Kosmos, in der Evolution, seines Seelenlebens scheint der Mensch nun mit seiner Intelligenz die letzte Bastion möglicher Auszeichnungen in der Natur zu verlieren.

In solchen Diskussionen wird sich der Gesetzgeber äußerste Zurückhaltung auflegen. Die Grundrechte sind nämlich vornehmlich Feihcitsrcchtc, und in diesem Fall ist Art. III 5 GG einschlägig, der die Menschenwürde gerade unter dem Gesichtspunkt der Freiheit von Forschung und Lehre zu sichern hat. Daß dieser Schutz der Menschenwürde selbst in den westlichen Demokratien keineswegs selbstverständlich ist, zeigen gesetzgeberische Initiativen von Fundamentalisten und Kreationisten in einigen Bundesstaaten der USA.

Das schließt nicht aus, daß ähnlich wie beim Umweltschutz eine Technologiefolgenabschätzung und Bewertung vorgenommen wird, die bei konkreter Verletzung von Grundrechten oder davon abhängiger z. B. zivil- oder strafrechtlicher Folgen gesetzgeberische Initiativen erforderlich werden lassen. Der Erlaß von Rechtsnormen bedeutet aber immer Reglementierung, die ihrerseits wünschenswerte oder nicht wünschenswerte Folgen haben kann. So können Datenschutzgesetze die Intimsphäre des einzelnen schützen, um im Extremfall Orwells Vision eines Big Brother zu vermeiden. Jeder Kollege der Medizin und Sozialwissenschaften weiß aber auch, daß eine exzessive Auslegung des Datenschutzes zum Abbruch jeglicher Forschung führen kann.

Ähnlich wie beim Umweltschutz kann Art. 1 I GG auch nicht einfach z. B. für ein Verbot der Robotertechnik in der Industrie angewendet werden, wenn angeblich oder tatsächlich Arbeitsplätze verloren gehen. Der Wertkonflikt von Arbeitsplatzsicherung und industrieller Wettbewerbsfähigkeit (im übrigen zur Sicherung von Arbeitsplätzen) läßt sich nicht durch den Zauberstab Art. 1 I GG lösen.

Hier ist der methodische Hinweis des Philosophen angebracht, daß es keinen Wertealgorithmus gibt, der quasi rechnerisch Wertekonflikte löst und entscheidet. Erforderlich ist wieder der fach- und interessenübergreifende Dialog in der Gesellschaft, bevor, wenn überhaupt, der demokratisch legitimierte Gesetzgeber aktiv wird. Als Beispiel einer praxisnahen Technologiefolgendiskussion wähle ich den Beschluß des Deutschen Fakultätentages der Informatik, ein eigenes Unterrichtsfach „Informationstechnologie, Informatik und Gesellschaft" einzurichten. Hier soll der künftige Informatiker sich im Rahmen seines Fachstudiums mit den technologischen, historischen, ökonomischen, sozialen und gesellschaftlichen Bedingungen der Informatik beschäftigen, die zentrale Konzepte und Anwendungsbereiche der Informatik, die gesellschaftliche Realität des Informationstechnikeinsatzes und gesellschaftliche Normen untersuchen. Neben der Bewertung der positiven und negativen Auswirkungen der Informationstechnik werden die Grundlagen zur Wahrnehmung der eigenen Verantwortung für verantwortliches Handeln als Lernziele gefordert.

Die Enquêtekommission „Technologiefolgenabschätzung" des Deutschen Bundestages beschäftigt sich in Expertenanhörungen mit dem Thema „Menschliche Kreativität und Künstliche Intelligenz". Dabei wurde einerseits auf die Chancen und Notwendigkeiten einer anwendungsorientierten Grundlagenforschung auf dem Gebiet der KI verwiesen – besonders mit dem Blick auf die Wettbewerbsfähigkeit der deutschen Wirtschaft angesichts der geballten Herausforderung durch Japan und die USA. Andererseits werden aber auch die psychologischen Gefahren sogenannter Expertensysteme betont, wenn z. B. medizinische, ökonomische, militärische Entscheidungen in letzter Instanz an technologische Systeme übergehen.

Konkret herausgefordert wird der Gesetzgeber von der heutigen Komplexität technischer, ökonomischer und ökologischer Prozesse, deren nicht-lineare Vernetzung vom einzelnen nicht mehr durchschaubar, beherrschbar oder gar lösbar wäre. Man spricht dann von den Systemzwängen komplexer Informations- und Entscheidungsnetze, die Autonomie und Selbstverantwortlichkeit einzelner Personen in Frage stellen. Die größte Herausforderung wird aber ohne Zweifel vorliegen, wenn intelligente Systeme die Autonomie und Eigenverantwortlichkeit des Menschen einschränken sollten.

Ethik und Recht werden wie in früheren Jahrhunderten unmittelbar von erkenntnistheoretischen Einsichten abhängig. Damit ist nicht gemeint, daß das Sollen aus dem Sein folgt. Aber die Erkenntnis in die Grundlagen, Leistungen und Grenzen technischer Systeme steckt die Handlungsräume für normative und rechtliche Entscheidungen ab. Grundlegende Voraussetzung für die Entwicklung kognitiver Systeme wird in Zukunft, wie in diesem Buch deutlich wurde, die moderne Neurobiologie und Gehirnforschung sein. Als mathematischer Rahmen bewährt sich bisher die Theorie komplexer dynamischer Systeme, die Selbstorganisations- und Lernprozesse durch nichtlineare Phasenübergänge beschreibt. Neuronale Verschaltungs- und Aktivitätsmuster können äußere Sachverhalte repräsentieren. Sie können sich aber auch auf andere neuronale Aktivitätsmuster beziehen und dadurch prinzipiell unbegrenzte Metameta etc.-Repräsentationen ausbilden. Man spricht dann von internen Zuständen des neuronalen Systems.

Ein Kriterium für Verantwortlichkeit, das auch in der Rechtsfindung eine Rolle spielt, ist die Eigenschaft, das sich eine Person ihrer Handlungen bewußt ist. Bewußtsein bzw. Selbstbewußtsein sind jedenfalls Zustände des Gehirns, deren mathematisch-physikalisch-biologische Erklärung sich im Rahmen der Theorie komplexer Systeme basierend auf experimentell-empirischen Untersuchungen der Neurobiologie und Gehirnforschung abzeichnet. Die physikalischen Bedingungen für das Auftreten von Bewußtseinszuständen sind danach dieselben, die für die Bildung neuronaler Verschaltungsmuster (‚cell assemblies') gelten. Als notwendige und hinreichende Bedingung von Bewußtsein wird eine kritische Produktionsrate von Verschaltungsmustern angesehen. Bewußtsein wäre danach das Resultat der selbstreferentiellen repräsentationalen Aktivität des Gehirns.

Diese Aussage ist mindestens eine empirische Hypothese, die z. B. durch Beeinflussung der betroffenen Synapsen mit chemischen Mitteln (z. B. Pharmaka, Drogen), um z. B. Bewußtseinsstörungen oder Bewußtlosigkeit auszulösen, experimentell prüfbar sind. Die mathematischen Modelle dieser Selbstorganisationsprozesse durch Phasenübergänge in komplexen Systemen machen wenigstens vorstellbar, daß solche Prozesse nicht an die faktische Biochemie des Gehirns gebunden sind, sondern wenigstens prinzipiell auch für andere Trägersysteme möglich wären, sofern sie nur die Bedingungen des mathematischen Modells erfüllen. Diese methodische Bemerkung macht deutlich, daß die Möglichkeit von anderen Systemen als dem menschlichen Gehirn, die Bewußtsein erzeugen, prinzipiell nicht ausgeschlossen werden kann.

Daß der eine oder andere sich heute solche Trägersysteme noch nicht vorstellen kann, legitimiert ebensowenig für eine prinzipielle Ausschließung dieser Möglichkeit, wie seinerzeit die Äußerung einiger Physiker und Philosophen, daß sie sich eine nicht-Euklidische Geometrie „nicht vorstellen können". Heute gefallen sich einige Zeitgenossen in der Rolle, entweder die Öffentlichkeit mit Informationen über die „prinzipiellen" Grenzen von Maschinen zu trösten („Was ein Computer nicht kann") oder mit automatischen Intelligenzbestien, die nach Weltherrschaft streben, zu schocken. Die sogenannten „prinzipiellen" Grenzen hängen natürlich vom historisch zugrundegelegten Maschinenbegriff und wissenschaftlichen Erkenntnisstand ab.

Aussagen wie z. B. „Computer üben in diesem Sinne keine reflexiven, auf sich selbst reflektierenden Bewußtseinsprozesse oder bewußte Repräsentationen aus, die das Selbst und die Lage des Handelnden sowie seine Einbettung im Kontext anderer Handelnder berücksichtigen“ stimmen sicher für „Computer“ im Sinne der Turing-Maschine. Für komplexe dynamische Systeme wie das menschliche Gehirn und – so müßte man wissenschaftstheoretisch korrekt hinzufügen – damit äquivalente Systeme stimmt sie nicht. Partiell sind ja bereits weniger komplexe Systeme als menschliche Gehirne, nämlich die Gehirne einiger Tiere in der Lage, wenigstens in Ansätzen „bewußte Repräsentationen“ und „auf sich selbst reflektierende Bewußtseinsprozesse“ zu entwickeln. Die Suche nach absoluten Grenzen ist ebenso ein Scheinproblem wie die Suche nach absoluter Sicherheit. Beide Haltungen sind eher durch psychische Motive als methodische und erkenntnistheoretische Gründe gerechtfertigt.

Selbst wenn aber die Emergenz von Bewußtsein und Selbstbewußtsein in einer physikalisch-biologischen Theorie mathematisch beschreibbar wird, heißt das noch lange nicht, daß damit Bewußtsein und Selbstbewußtsein eines Individuums reproduzierbar und der häufig beschworene gläserne Mensch realisierbar wird. Zu komplexen Systemen gehört wesentlich ihre Abhängigkeit von der Kontingenz ihrer Nebenbedingungen. Geringste Fluktuationen führen zu nicht voraussagbaren und berechenbaren globalen Zustandsänderungen. Physikalisch gesprochen eröffnet die Kontingenz der Nebenbedingungen die unübersehbaren Entwicklungsmöglichkeiten eines komplexen Systems bis hin zum Chaos.

Bei referentiellen und selbstreferentiellen Systemen wie z. B. dem menschlichen Gehirn kommt hinzu, daß der menschliche Beobachter nur dadurch Kenntnis über den Zustand des anderen Systems erhält, indem er es in seinem eigenen System repräsentiert. Wegen der Nicht-Linearität, Komplexität und sensiblen Abhängigkeit von kontingenten Nebenbedingungen ist eine identische Reproduktion ausgeschlossen. Anders formuliert: Den Bewußtseinszustand des Mitmenschen oder Tieres empfinden wir nicht identisch nach, sondern registrieren, deuten und bewerten ihn gebrochen im Bewertungsrahmen unseres eigenen Bewußtseins.

Die Geisteswissenschaften sprechen dann von subjektiven Zuständen bzw. Subjektivität. Die Theorie komplexer dynamischer Systeme verbunden mit Neurobiologie und Gehirnforschung erklärt unter diesen Voraussetzungen die Emergenz von Subjektivität, ohne sie im konkreten Einzelfall reproduzieren, simulieren, berechnen und beherrschen zu können. Demgegenüber deuten und bewerten Geisteswissenschaftler die Subjektivität von Bewußtseinszuständen, sofern sie sich z. B. in Literatur und Kunst niedergeschlagen hat. Wir sprechen dann von der Hermeneutik intentionaler Systeme, die menschliche Kulturen im Laufe der Geschichte hervorgebracht haben.[269]

Damit besteht aber kein Grund, aus Empfindungen, Intentionen und Kulturen irgendwelche „Substanzen" und „Prozesse" zu machen, deren Emergenz „prinzipiell" nicht durch komplexe Systeme erklärbar seien. Das wäre nichts anderes als ein Rückfall auf Hypostasierungen von cartesischen Geistern oder antiken Dämonen mit wissenschaftlichen Begriffen verbrämt.

Andererseits wäre es ein Fehler, aus der Erklärung von Bewußtsein, Empfindung und Kultur als emergenten Phänomenen komplexer Systeme zu schließen, daß Subjektivität und Intentionalität Scheinprobleme im Sinne Carnaps Physikalismus oder Churchlands Neurophilosophie seien. Wer so argumentiert, hat die mathematische Theorie komplexer Systeme nicht verstanden. Obwohl menschliche Subjektivität, Intentionalität und Kultur als emergente Phänomene erklärbar werden, ist ihre Reproduzierbarkeit und Berechenbarkeit wegen der Kontingenz ihrer Nebenbedingungen und Nicht-Linearität ihrer Entwicklungsbedingungen ausgeschlossen. Darin liegt die Einmaligkeit intentionaler Systeme wie der menschlichen Kultur.

Aus der Sicht der Theorie komplexer Systeme bleibt nur die ungeheure Kontingenz und Nicht-Linearität der menschlichen Kultur- und Geistesgeschichte – prinzipiell erklärbar als emer-

---

269 Vgl. z. B. E. Cassirer, Philosophie der symbolischen Formen I (Die Sprache), Berlin 1923, II (Das mythische Denken), Berlin 1925, III (Phänomenologie der Erkenntnis), Berlin 1929.

gentes Phänomen komplexer Systeme wie die menschlichen Gehirne, aber im Einzelfall nicht reproduzierbar. In diesen blinden Flecken naturwissenschaftlicher Theorie setzen die Geisteswissenschaften an, denen es nicht um naturwissenschaftliche Erklärung, sondern Interpretation, Deutung, Verstehen u. ä. von Texten, Bildern und anderen Kulturprodukten geht, die im Laufe der Geistesgeschichte entwickelt wurden.

Das „nackte" Gehirn ohne seine intentional-geistesgeschichtlichen Kontexte, die es sich selber im Laufe der Jahrhunderte geschaffen hat, ist eine Gedankenfiktion einiger Gehirnforscher. Jedes menschliche Gehirn wird in diese kulturell-geistesgeschichtlichen Kontexte mit ihren historisch abgelagerten Schichtungen und Verwerfungen geboren und davon im Laufe seiner Ontogenese geprägt – von der Sprache über seine Empfindungen bis zu seinen sich verändernden Weltbildern. Die intentionalen Symbolsysteme menschlicher Kultur sind einerseits unabhängig von den einzelnen Gehirnen und ihren internen Zuständen. Allerdings werden sie von ihnen unterschiedlich gebrochen, repräsentiert und weiterentwickelt.

Dieser kulturell-geistesgeschichtliche Sozialisationsprozeß ist in seiner Einmaligkeit dem Menschen eigen. Einmaligkeit ist hier nicht im Sinn von ‚Auszeichnung' oder ‚Überlegenheit' gegenüber anderen Lebewesen zu verstehen, sondern buchstäblich als nicht reproduzierbares Ereignis. In diesem Sinn ist J. Weizenbaum zuzustimmen:

> „Was könnte offensichtlicher sein als die Tatsache, daß ein Computer über noch soviel Intelligenz verfügen kann, wie immer er diese erwirbt, sie muß zwangsläufig und immer gegenüber wirklich menschlichen Problemen absolut fremd sein."[270]

Um diese menschlichen Probleme geht es aber in Ethik und Recht. Durch Intelligenz und Bewußtsein sind sie nicht allein lösbar. Menschen aus unterschiedlichen Kulturen können sich fremd und verständnislos gegenüberstehen und sollten daher bei der Aufoktroyierung rechtlicher Normen vorsichtig sein.

---

270 J. Weizenbaum, Die Macht der Computer und die Ohnmacht der Vernunft, Frankfurt 1978, 299.

„Deshalb könnte", so folgert Weizenbaum, „kein amerikanischer Richter, ungeachtet seiner Intelligenz und seines Gerechtigkeitssinns, einem japanischen Familiengericht beisitzen."[271] Denkbar wäre also, daß in Zukunft Systeme mit Bewußtsein und Intelligenz juristische Entscheidungen im Sinne des Rechtspositivismus treffen könnten. Alle Verrenkungen, die bisher wissenschaftshistorisch vorgetragen wurden, um diese Möglichkeit „prinzipiell" auszuschließen, haben sich als unhaltbar bzw. relativiert auf die Grenzen bestimmter Konzepte und Systeme erwiesen. Der Punkt ist nicht logischer, mathematischer, physikalischer oder neurobiologischer Natur. Insofern schießen sowohl Searle als auch die Churchlands mit ihrem Chinesischen Zimmer an der entscheidenden Frage vorbei. Der Punkt ist die ethische Frage, ob wir z. B. juristische Entscheidungen, die uns Menschen betreffen, solche Systeme fällen lassen sollten.

Die angeführten Gründe sagen, warum wir das nicht zulassen sollten. Thema der Ethik ist die gegenseitige Achtung der Menschen untereinander und ihrer personalen Würde. Diese Frage hängt nicht von der naturwissenschaftlich erkannten Stellung des Menschen in der Natur ab. Ob es einmal intelligentere Systeme mit Bewußtsein geben könnte, ist also für die Ethik des Menschen irrelevant. So sind bereits die intellektuellen Leistungen der einzelnen Menschen durchaus verschieden. Selbst dem schwerstbehinderten, bewußtseinsgestörten und hirngeschädigten Menschen sprechen wir die Würde und Achtung nicht ab, obgleich er in seiner Autonomie eingeschränkt ist. So hat das Tier als Mitkreatur die Würde und Achtung, die seinem Wesen zusteht.

Hieraus folgt konkret, daß die Erkenntnisse der Neurobiologie, Neuroinformatik und medizinischen Bionik in den Dienst des Menschen zu stellen sind, um im Sinne des alten medizinischen Selbstverständnisses heilen und helfen zu können. Hieraus folgt aber auch konkret, daß Würde und Achtung vor Mensch und Mitkreatur in der medizinischen Forschung zu berücksichtigen sind.

---

271 J. Weizenbaum, s. Anm. 270, 298.

Die Menschenrechte, wie sie im Grundgesetz formuliert sind, machen die Menschenwürde ausdrücklich unabhängig von besonderen Fähigkeiten, rassischen, weltanschaulichen, religiösen oder geschlechtlichen Auszeichnungen. Geschützt wird der Mensch als Person. Seine Würde ist unantastbar. Diese Forderung ist selber ein Resultat menschlicher Kultur- und Geistesgeschichte, die Hegel als fortschreitende Anerkennung der Menschenrechte verstand.[272] Statt Person in römisch-mittelalterlicher Tradition spricht die Aufklärungsphilosophie von der Autonomie des Menschen, die zu schützen sei, unabhängig davon, ob er sie ausüben kann. Bei Kant heißt es pointiert, daß der Mensch für seinen Mitmenschen Selbstzweck ist und daher nicht instrumentalisiert werden darf.[273] Auch die Entwicklung computergestützter Forschung und Kultur gibt uns gute Gründe, an dieser geistesgeschichtlichen Tradition festzuhalten.

---

272 G. W. F. Hegel, Die Vernunft in der Geschichte, hrsg. J. Hoffmeister, Hamburg ^{5}1955, 62.

273 I. Kant, Grundlegung zur Metaphysik der Sitten, Akademie-Textausgabe Bd. IV, Berlin 1968, 429: „Handle so, daß du die Menscheit sowohl in deiner Person, als in der Person eines jeden anderen jederzeit zugleich als Zweck, niemals bloß als Mittel brauchst."

Literaturverzeichnis

Abelson, H. / A. A. di Sassa, Turtle Geometry, Cambridge Mass. [3]1982.

Abraham, R. H. / C. D. Shaw, Dynamics. The Geometry of Behavior. Part 1-4, Santa Cruz 1984.

Ackermann, W., Zum Hilbertschen Aufbau der reellen Zahlen, in: Math. Ann. 99 1928, 118-133.

Ackley, D. H. / G. E. Hinton / T. J. Sejnowski, A learning algorithm for Boltzmann machines, in: Cognitive Science 9 1985, 147-169.

Adam, G., Empfindung, Bewußtsein, Gedächtnis mit den Augen des Biologen, Frankfurt 1980.

Aho, A. V. / J. E. Hopcroft / J. D. Ullmann, The Design and Analysis of Computer Algorithms, Reading Mass. 1975.

Aiken, H. H. / G. M. Hopper, The automatic sequence controlled calculator, in: Electrical Engineering 65 1946, 384-391, 449-454, 522-528.

Allen, J., Maintaining Knowledge about temporal intervals, in: CACM 26 11 1983, 832-843.

Allen, P. M., Order by fluctuation and the urban system, in: Intern. Conference on Dynamical Systems, Varenna (Italy), ed. E. Szëgo, June 1977; Proc. Nat. Acad. Sci. USA 73 3 1976, 665.

Allman, W. F., Apprentices of Wonder, New York 1989.

Amari, S. / M. Arbib (eds.), Competition and Cooperation in Neural Nets, Berlin 1982.

Anderso, P. W. / K. J. Arrow / D. Pines (eds.), The Economy as an Evolving Complex System, Reading Mass. 1988.

Anderson, J. A., A simple neural network generating on interactive memory, in: Mathematical Biosciences 14 1972, 197-220.

Anderson, J. R., Language, Memory, and Thought, Hillsdale N. J. 1976.

Anderson, J. R., Cognitive Psychology and its Implications, San Francisco 1980.

Anderson, J. R. / R. Farrell / R. Sauers, Learning to program in LISP, in: Cognitive Science 8 1984, 87-129.

Andronov, A. A. / Chaikin, C. E., Theory of Oscillations, Princeton / London 1949 (russ.: Moskau 1937).

Appel, K. / W. Haken, Every map is four colorable. Part I. Discharging, in: Illinois Journal of Mathematics XXI 84 1977, 429-490.

Appel, K. / W. Haken / J. Koch, Every map is four colorable. Part II: Reducibility, in: Illinois Journal of Mathematics XXI 84 1977, 491-567.

Applegate, J. H., u.a., A digital orrery, in: The Astronomical Journal 92 1 1986, 176-194.

Arago, F., Von der Vorhersage des Wetters, in: ders., Sämtliche Werke Bd. 8, Leipzig 1860, 3-21.

Arbib, M. A., Brains, Machines, and Mathematics, New York / Berlin / Heidelberg ²1987.

Arbib, M. A., Computers and the Cybernetic Society, New York / Berkeley / Boston / London 1984.

Aristoteles, Opera Omnia, Graece et Latine I-V, repr. Hildesheim / New York 1973.

Aristoteles, Physik, Bücher I(A)-IV(Δ), griech.-dt. ed. H. G. Zekl, Hamburg 1987.

Arthur, W. B. / J. M. Ermoliew / J. M. Kaniowski, Path-dependent processes and the emergence of macro-structures, in: European Journal of Operational Research 30 1987, 294-303.

Arthur, W. B., Competing technologies, increasing returns, and lock-in by historical events, in: The Economic Journal 99 Heft 394 1989, 116-131.

Ashby, W. R., Design for a Brain, New York 1952.

Ashby, W. R., An Introduction to Cybernetics, London / New York 1956, London 1973.

Asser, G., Rekursive Wortfunktionen, in: Z. Math. Logik u. Grundlagenforschung 6 1960, 258-278.

Audretsch, J. / K. Mainzer (Hrsg.), Philosophie und Physik der Raum-Zeit, Mannheim / Wien / Zürich 1988

Audretsch, J. / K. Mainzer (Hrsg.), Vom Anfang der Welt. Wissenschaft, Philosophie, Religion, Mythos, München 1989, ²1990.

Audretsch, J. / K. Mainzer (Hrsg.), Wieviel Leben hat Schrödingers Katze? Zur Physik und Philosophie der Quantenmechanik, Mannheim / Wien / Zürich 1990.

Augustinus, A., Opera omnia I-XV ed. J. P. Migne, Paris 1841-1849.

Ayer, A. J. (ed.), Logical Positivism, New York 1959.

Ayer, A. J., Thinking and Meaning, London 1947, 1963.

Babbage, C., Tables of the Logarithms of the Natural Numbers from 1 to 108 000, London 1827.

Babbage, C., On the mathematical powers of the calculating engine (unpublished manuscript, Dec. 1837), in: B. Randell (ed.), The Origins of Digital Computers – Selected Papers, Berlin / Heidelberg / New York 1975, 17-52.

Balaban (ed.), A. T., Chemical Applications of Graph Theory, London 1976.

Balkemore, C., Mechanics of the Mind, Cambridge 1977.

Barendregt, H. P., The Lambda Calculus. Its Syntax and Semantics, Amsterdam / New York / Oxford 1981.

Barnett, W. A. / J. Geweke / K. Shell (eds.), Economic Complexity: Chaos, Sunspots, Bubbles, and Nonlinearity, Cambridge 1989.

Baron, R. J., The Cerebral Computer. An Introduction to the Computational Structure of the Human Brain, Hilldale N. J. / London 1987.

Baron, R. J., A model for cortical memory, in: Journal of Mathematical Psychology 7 1970, 37-59.

Baruzzi, A., Aufklärung und Materialismus im Frankreich des 18. Jahrhunderts. La Mettrie, Helvétius, Diderot, Sade, München 1968.

Barwise, J., (ed.), Handbook of Mathematical Logic, Amsterdam / New York / Oxford 1977.

Barz, H. W., Kommunikation und Computernetze. Konzepte, Protokolle und Standards, München 1991.

Bassingthwaighte, J. B. / J. H. van Beek, Lightning and the heart: Fractal behavior in cardiac function, in: Proceedings of the IEEE 76 1988, 693-699.

Bateson, G., Steps to an Ecology of Mind. Collected Essays in Anthropology, Psychiatry, Evolution, and Expistemology, New York 1972.

Bateson, G., Mind and Nature. A Necessary Unity, New York 1979.

Baudrillard, J., Agonie des Realen, Berlin 1978.

Baumann, K. / R. U. Sexl (Hrsg.), Die Deutungen der Quantentheorie, Braunschweig / Wiesbaden 1984.

Baur, F., Mikroelektronik – Auswirkungen auf Wirtschaft und Gesellschaft, München 1978.

Beauclair, W. de, Rechnen mit Maschinen. Eine Bildgeschichte der Rechentechnik, Braunschweig 1968.

Becher, K. E., Einführung in das binäre Zahlensystem, Braunschweig 1964.

Becker, K.-H. / M. Dörfler, Computergrafische Experimente mit PASCAL, Braunschweig 1986.

Beer, S., Kybernetik und Management, Hamburg [3]1967.

Bell, D., The Coming of Post-Industrial Society, New York 1976.

Bell, J. S., On the problem of hidden variables in quantum mechanics, in: Review of Modern Physics 38 1966, 447-452.

Bennett, C. H. / R. Landauer, The fundamental physical limits of computation, in: Sci. Am. 253 / 7 1985, 38-46.

Bense, M., Projekte generativer Ästhetik, rot 17, Stuttgart 1965.

Bense, M., AESTETICA. Einführung in die neue Aesthetik, Baden-Baden 1965, 1982.

Berkeley, G., The Works of George Berkeley, 9 vols., ed. A. A. Luce / T. W. Jessop, London 1948-1957.

Berlekamp, E. / J. Conway / R. Guy, Winning Ways 2 vols., New York 1982.

Bertalanffy, L. von, General System Theory. Foundations, Development, Applications, New York 1968, 1973.

Bertalanffy, L. von, Perspectives on General System Theory. Scientific-Philosophical Studies, ed. E. Taschdjian, New York 1975.

Bibel, W. / J. H. Siekmann (Hrsg.), Künstliche Intelligenz. Frühjahrsschule (Teisendorf 1982), Berlin / Heidelberg / New York 1982.

Bibel, W. / N. Eisinger / J. Schneeberger / J. Siekmann, Studien- und Forschungsführer Künstliche Intelligenz, Berlin / Heidelberg / New York 1987.

Bienenstock, E. / F. Fogelman Soulje / G. Weisbuch, Disordered Systems and biological Organization, Berlin 1986.

Bieri, P. / R.-P. Horstmann / L. Krüger (eds.), Transcendental Arguments and Science, Essays in Epistemology, Dordrecht 1979.

Bieri, P. (Hrsg.), Analytische Philosophie des Geistes, Königstein 1981.

Biggs, N. L. / E. K. Lloyed / R. J. Wilson, Graph Theory 1736-1936, Oxford 1976.

Binnig, G., Aus dem Nichts, München / Zürich 1989.

Binswanger, H. C. / H. Bonus / M. Timmermann, Wirtschaft und Umwelt. Möglichkeiten einer ökologieverträglichen Wirtschaft, Stuttgart / Berlin 1981.

Birnbacher, D. (Hrsg.), Ökologie und Ethik, Stuttgart 1980.

Biro, J. I. / R. W. Shahan (eds.), Mind, Brain, and Function, Norman Okla. 1982.

Black / Fischer, Deductive Question – Answering System, Harvard (Ph. D. Dissertation) 1964.

Blakemore, C. / S. Greenfield (eds.), Mind and Matter, Oxford 1986.

Block, H. D., The Perceptron: A model for brain functioning I, in: Reviews of Modern Physics 34 1962, 123-135.

Bloomfield, L., Language, New York ²1933.

Blum, M., A machine independent theory of complexity of recursive functions, in: Journal of the Association for Computing Machinery 14 1967, 322-336.

Bobrow, D. G. / A. M. Collins (eds.), Representation and Understanding, New York 1975.

Boccara, N. (ed.), Symmetries and Broken Symmetries in the Condensed Matter Physics. Proceedings of the Colloque Pierre Curie held at the Ecole Supérieure de Physique et de Chimie Industrielle de la Ville de Paris 1980, IDSET-Paris 1981.

Boden, M. A., Artificial Intelligence and Natural Man, Hassocks 1977.

Böhling, K. H. / K. Indermark / D. Schütt, Endliche Automaten I-II, Mannheim 1969.

Bohm, D., Wholeness and the Implicate Order, London 1980.

Böhme, W., (Hrsg.), Wie entsteht Geist?, Karlsruhe 1980.

Bolter, J. D., Der digitale Faust. Philosophie des Computer-Zeitalters, München 1990.

Boltzmann, L., Populäre Schriften, Leipzig 1905, Braunschweig 1979.

Boltzmann, L., Wissenschaftliche Abhandlungen, ed. F. Hasenöhrl, Leipzig 1909, repr. New York 1968.

Boolos, G. S. / R. C. Jeffrey, Computability and Logic, Cambridge 1974.

Borelli, G. A., De motu animalium, dt. M. Mengeringhausen, Leipzig 1927.

Börger, E., Berechenbarkeit, Komplexität, Logik, Braunschweig 1985.

Borodin, A. / I. Munro, The Computational Complexity of Algebraic and Numeric Problems, New York 1975.

Borst, C. V. (ed.), The Mind / Brain Identity Theory, Toronto 1970.

Bothe, H. W. / R. Eckmiller / M. Samii (eds.), Neurobionics. Computational Technologies for Substitution of Impaired Brain Functions, Amsterdam / New York / Oxford / Tokyo 1993.

Brainerd, C. J., Piaget's Theory of Intelligence, Englewood Cliffs. N.J. 1978.

Braitenberg, V., Gehirngespinste. Neuroanatomie für kybernetisch Interessierte, Berlin / Heidelberg / New York 1973.

Braitenberg, V., Künstliche Wesen. Verhalten kybernetischer Vehikel, Wiesbaden 1986.

Brandl, H. Oszillierende chemische Reaktionen und Strukturbildungsprozesse, Köln 1987.

Brandt, J. / I. K. Ugi (eds.), Computer Applications in Chemical Research and Education, Heidelberg 1989.

Brauer, W. / K. Indermark, Algorithmen, rekursive Funktionen und formale Sprachen, Mannheim / Wien / Zürich 1968.

Brazier, M. A. B., A History of Neurophysiology in the 17th and 18th Centuries, New York 1984.

Brentano, F., Psychologie vom empirischen Standpunkt I-III, Leipzig 1874.

Brewer, W. F. / J. C. Treyens, Role of schemata in memory for places, in: Cognitive Psychology 13 1981, 207-230.

Broca, P., Remarques sur le siège de la faculté du language articulé; suivies d'une observation d'aphémie (perte de la parole), in: Bulletin de la société anatomique de Paris 36 1865, 330-357.

Brodmann, K., Vergleichende Lokalisationlehre der Grosshirnrinde in ihren Prinzipien dargestellt auf Grund des Zellenbaues, Leipzig 1909.

Bromley, A. G., Charles Babbage's analytical engine 1838, in: Annals of the History of Computing 4 3 1982, 196-219.

Brout, R., Phase Transitions, New York 1965.

Brownston, L., et alt.: Programming Expert Systems in OPS5: An Introduction to Rule-Based Programming, London 1985.

Bruck, R. H., Survey of Binary Systems, Berlin / Heidelberg / New York [3]1971.

Buba, E. M., Computernetze. Datenübertragung, Datenkommunikation, Datendienste. Eine strukturierte Einführung, Reinbeck 1991.

Buchanan, B. G. / G. L. Sutherland / E. A. Feigenbaum, Heuristic DENDRAL: A program for generating processes in organic chemistry, in: B. Meltzer / D. Michie (eds.), Machine Intelligence 4, Edinburgh 1969.

Buchanan, B. G. / F. A. Feigenbaum, DENDRAL and META-DENDRAL: Their Applications Dimension, in: Artificial Intelligence 11 1978, 5-24.

Bunge, M. The Mind-Body Problem. A Psychobiological Approach, Oxford etc. 1980.

Burks, A. W. / H. H. Goldstine / J. v. Neumann, Preliminary discussion of the logical design of an electronic computing instrument, part 1, vol. 1, Princeton: Institute for Advanced Study 1946, [2]1947; rep. in: J. v. Neumann, Collected Works vol. 5, ed. A. H. Taub, 1963, 34-79.

Burks, A. W. (ed.), Essays on Cellular Automata, Urbana / Chicago 1970.

Burrichter, C., / R. Inhetveen / R. Kötter (Hrsg.), Technische Rationalität und rationale Heuristik, Paderborn / München / Wien / Zürich 1986.

Buxton, L. H. D., Charles Babbage and his difference engine, in: Transactions of the Newcomen Society 14 1933, 43-65.

Campbell, D. / J. P. Crutchfield / D. Farmer / E. Jeu, Experimental mathematics: The role of computation in nonlinear science, in: Communications of the Association for Computing Machinary 28 1985, 374-384.

Carnap, R., Meaning and Necessity. A Study in Semantics and Modal Logic, Chicago / Toronto / London 1947, [2]1956.

Carnap, R., Induktive Logik und Wahrscheinlichkeit, bearbeitet von W. Stegmüller, Wien 1959.

Carnap, R., Testability and Meaning, New Haven 1950, [2]1952.

Carnap, R., Scheinprobleme in der Philosophie, Hamburg [2]1961, Frankfurt 1966.

Carpenter, B. E. / R. W. Doran (eds.), A. M. Turing's ACE Report of 1946 and other Papers, Cambridge Mass. / London / Los Angeles / San Francisco 1986.

Carpenter, G. A. / S. Grossberg, A massively parallel architecture for a self-organizing neural pattern recognition machine, in: Computer Vision, Graphics, and Image Processing 37 1987, 54-115.

Carrier, M. / J. Mittelstraß, Geist, Gehirn, Verhalten. Das Leib-Seele-Problem und die Philosophie der Psychologie, Berlin / New York 1989.

Carroll, L., Alice's Adventures in Wonderland, New York 1927.

Cassirer, E., Philosophie der symbolischen Formen I (Die Sprache), Berlin 1923, II (Das mythische Denken), Berlin 1925, III (Phänomenologie der Erkenntnis), Berlin 1929.

Cesareo, O., The relay interpolator, in: Bell Laboratories Record 23 1946, 457-460.

Chandrasekhar, S., Hydrodynamic and Hydromagnetic Stability, Oxford 1961.

Changeux, J.-P., Der neuronale Mensch, Reinbeck 1984.

Chase, W. G. (ed.), Visual Information Processing, New York 1973.

Ching, I., Das Buch der Wandlungen, dt. von R. Wilhelm, Jena 1924, repr. Düsseldorf / Köln 1973.

Chisholm, R. M., / R. Haller (Hrsg.), Die Philosophie Franz Brentanos. Beiträge zur Brentano-Konferenz Graz 1977, Amsterdam 1978.

Chomsky, N., Sprache und Geist, Frankfurt 1968.

Chomsky, N., Aspekte der Syntax-Theorie, Frankfurt 1969.

Church, A., Unsolvable problem of elementary number theory, in: Amer. J. Math. 858 1936, 345-363.

Church, A., A note on the Entscheidungsproblem, in: J. Symbol. Logic 1 1936, 40-41, correction ibid. 101-102.

Church, A., The Calculi of Lambda-Conversion, Princeton 1941, ²1951, repr. New York 1965.

Churchland, P. M., Scientific Realism and the Plasticity of Mind, Cambridge 1979.

Churchland, P. M., Matter and Consciousness: A Contemporary Introduction to the Philosophy of Mind, Cambridge Mass. 1984.

Churchland, P. M. / C. A. Hooker (eds.), Images of Science: Essays on Realism and Empiricism, Chicago 1985.

Churchland, P. M., A Neurocomputational Perspective. The Nature of Mind and the Structure of Science, Cambridge Mass. / London 1989.

Churchland, P. M. / P. S. Churchland, Ist eine denkende Maschine möglich? in: Spektrum der Wissenschaft: Ultrarechner 1991, 99-106.

Churchland, P. S., Neurophilosophy. Toward a Unified Science of the Mind-Brain, Cambridge Mass. / London ³1988.

Churchland, P. S. / T. S. Sejnowski, The Computational Brain, Cambridge Mass. / London 1992.

Clancey, W., The epistemology of a rule-based expert system – a framework for explanation, in: AI-Journal 20 1983, 215-293.

Clark, H. H. / E. V. Clark, Psychology and Language, New York 1977.

Clementi, E., Computational Aspects for Large Chemical Systems, Berlin 1980.

Cohen, H. / B. Cohen / P. Nii, The First Artificial Intelligence Coloring Book, Los Altos (California) 1984.

Cohen, E. G. D. / W. Thirring (eds.), The Boltzmann Equation, Wien 1973.

Cohors-Fresenborg, E., Mathematik mit Kalkülen und Maschinen, Braunschweig 1977.

Colodny, R. (ed.), Mind and Cosmos, Pittsburgh 1966.

Cooper, L. N., A possible organization of animal memory and learning, in: B. Lundquist / S. Lundquist (eds.), Proceedings of the Nobel Symposium on Collective Properties of Physical Systems, New York, 1973, 252-264.

Cotterill, R. M. J. (ed.), Computer Simulation in Brain Science, Cambridge / New York 1988.

Countess of Lovelace, Translator's notes to an article on Babbage's Analytical Engine, in: Scientific Memoirs, ed. R. Taylor, vol. 3 1842, 691-731.

Crick, F. H. C., Thinking about the brain, in: Scientific American 241 1979, 219-232.

Crossley, J. N. / M. A. E. Dummett (eds.), Formal Systems and Recursive Functions. Proc. of the 8th Logic Coll. Oxford 1963, Amsterdam 1965.

Curry, J. / L. Garnett / D. Sullivan, On the iteration of rational functions: Computer experiments with Newton's method, in: Commun. Math. Phys. 91 1983, 267-277.

D'Espagnat, B., Conceptual Foundations of Quantum Mechanics, Mass. 1976.

Daele, W. v. d. / W. Krohn / P. Weingart (Hrsg.), Geplante Forschung. Vergleichende Studien über den Einfluß politischer Programme auf die Wissenschaftsentwicklung, Frankfurt 1979.

Danzig, G. B., Linear Programming and Extensions, Princeton 1963.

Darwin, C., On the Origin of Species by Means of Natural Selection, or the Preservation of Favoured Races in the Struggle for Life, London 1859, [6]1872, dt. Stuttgart 1963.

David, P. J. / R. Hersh, The Mathematical Experience, Boston / Basel / Stuttgart 1981.

Davidson, D., Mental events, in: L. Foster / J. W. Swanson (eds.), Experience and theory, Amherst 1970, 79-101.

Davidson, D., Essays on Actions and Events, Oxford 1980.

Davis, J. / D. B. Lenat (eds.), Knowledge-based Systems in Artificial Intelligence, New York 1982.

Davis, M., Computability & Unsolvability, New York / Toronto / London 1958.

Davis, M. (ed.), The Undecidable. Basic Papers on Undecidable Propositions, Unsolvable Problems, and Computable Functions, Hewlett N. Y. 1965.

Davis, P. D., Interpolation and Approximation, New York 1963.

Davis, P. D. / P. Rabinowitz, Methods of Numerical Integration, New York 1975.

Davis, P. J. / R. Hersh, Descartes' Traum, Frankfurt 1988.

De Groot, S. R. / P. Mazur, Nonequilibrium Thermodynamics, Amsterdam 1962.

Dean, T. / D. McDemott, Temporal data base management, in: AI-Journal 32 1987, 1-57.

Demongeot, J. / E. Golès / M. Tchuente (eds.), Dynamical Systems and Cellular Automata, London / Orlando / San Diego / New York 1985.

Dennett, D. C., Brainstorms: Philosophical Essays on Mind and Psychology, Montgomery 1978.

Dennett, D. C., Elbow Room: The Varieties of Free Will Worth Wanting, Cambridge 1984.

Dennett, D. C., The Intentional Stance. Cambridge 1987.

Dertouzos, M. L., Building the information market-place, in: Technology Review 1 1991, 29-40.

Descartes, R. Oeuvres I-XII, ed. Ch. Adam / P. Tannery, Paris 1897-1910.

Descartes, R., De homine, Leiden 1662, frz. Traité de l'homme, Paris 1664; dt. Über den Menschen (1632, ed. K. E. Rothschuh, Heidelberg 1969).

Descartes, R., Regulae ad directionem ingenii, lat. / dt., ed. Springmeyer / L. Gäbe / H. G. Zekl, Hamburg 1973.

Deutsch, D., Quantum theory, the Church-Turing principle, and the universal quantum computer, in: Proc. R. Soc. Lond. A. 400 1985, 97-117.

Devaney, R. L., Introduction to Chaotic Dynamical Systems, Menlo Park 1986.

Dewey, J., Essays in Experimental Logic, Chicago 1916.

Diederich, W., (Hrsg.), Theorien der Wissenschaftstgeschichte. Beiträge zur diachronischen Wissenschaftstheorie, Frankfurt 1974.

Diels, H., Antike Technik, Leipzig / Berlin 1924.

Dijksterhuis, E. J., Die Mechanisierung des Weltbildes, Berlin / Göttingen / Heidelberg 1956.

Dobzhansky, T., Genetics of the Evolutionary Process, New York 1970.

Dörner, D., Problemlösen als Informationsverarbeitung, Stuttgart 1979.

Dörner, D. / H. W. Kreuzig / F. Reither / T. Stäudel (Hrsg.) Lohhausen. Vom Umgang mit Unbestimmtheit und Komplexität, Bern 1983.

Downs, R. M. / M. Stea, Maps in Minds: Reflections in Cognitive Mapping, New York 1977.

Doyle, J., A truth maintenance system, in: AI-Journal 12 1979, 231-272.

Drachmann, A. G., The Mechanical Technology of Greek and Roman Antiquity. A Study of Literary Sources, Kopenhagen 1963.

Drenick, R. / F. Kozin (eds.), Systems Modeling and Optimisation, Berlin / Heidelberg / New York 1982.

Dress, A. / H. Hendrichs / G. Küppers (Hrsg.), Selbstorganisation. Die Entstehung von Ordnung in Natur und Gesellschaft, München 1986.

Dreyfus, H., What Computers Can't Do, New York 1979.

Dreyfus, H. L. / S. E. Dreyfus, Künstliche Intelligenz. Von den Grenzen der Denkmaschine und dem Wert der Intuition, Hamburg 1987.

Dubois, J. E. / J. Weber, Chemical ideograms and molecular computer graphics, in: Visual Computer 2 1986, 135.

Duhem, P., La théorie physique, son objet et sa structure, Paris 1906; dt. Ziel und Struktur der physikalischen Theorien, Leipzig 1908, repr. (Hrsg. L. Schäfer) Hamburg 1978.

Dummett, M., Ursprünge der analytischen Philosophie, Frankfurt 1992.

Dumouchel, P. / J.-M. Dupuy (eds.), L'Auto-Organisation de la Physique au Politique, Paris 1982.

Dürr, H.-P. / W. Ch. Zimmerli (Hrg.), Geist und Natur, Bern / München / Wien 1989.

Dyson, F. J., Time without End: Physics and Biology in an Open Universe, in: Reviews of Modern Physics. 51 1979, 447-460.

Dyson, F. J., Origins of Life, Cambridge 1985.

Ebbinghaus, H.-D. / H. Hermes / F. Hirzebruch / M. Koecher / K. Mainzer / J. Neukirch / A. Prestel / R. Remmert, Zahlen, Berlin / Heidelberg / New York ^{3}1992 (engl. 1988, japan. 1992).

Ebeling, W. / H. Ulbricht (eds.), Selforganization by Nonlinear Irreversible Processes, Berlin / Heidelberg / New York 1986.

Ebert, K. / H. Ederer / T. L. Ilsenhour (eds.), Computer Applications in Chemistry, Weinheim 1989.

Eccles, J. C. / M. Ito / J. Szentágothai, The Cerebellum as a Neuronal Machine, New York 1967.

Eccles, J. C., Das Gehirn des Menschen, München / Zürich 1984.

Eccles, J. C. / D. N. Robinson, The Wonder of Being Human, New York 1984.

Eckmiller, R. / C. von der Malsburg (eds.), Neural Computers, Berlin / Heidelberg / New York 1989.

Eckmiller, R. / G. Hartmann / G. Hauske (eds.), Parallel Processing in Neural Systems and Computers, Amsterdam / New York / Oxford / Tokyo 1990.

Eckmiller, R., The design of intelligent robots as a federation of geometric machines, in: S. F. Zornetzer / J. L. Davis / C. Lau (eds.), An Introduction to Neural and Electronic Networks, San Diego / New York / Berkeley / Boston / London / Sydney / Tokyo / Toronto 1990, 109-128.

Edelman, G. M. / V. B. Mountcastle, The Mindful Brain, Cambridge Mass. 1978.

Edelman, G. M., The Remembered Present. A Biological Theory of Consciousness, New York 1989.

Eigen, M. / R. Winkler, Das Spiel. Naturgesetze steuern den Zufall, München / Zürich 1975.

Eigen, M. / P. Schuster, The Hypercycle, Heidelberg 1979.

Einstein, A. / B. Podolsky / N. Rosen, Can quantum-mechanical description of physical reality be considered complete? in: Phys. Rev. 47 1935, 777-780.

Einstein, A., Quanten-Mechanik und Wirklichkeit, in: Dialectica 2 1948, 320.

Ekeland, I., Das Vorhersehbare und das Unvorhersehbare. Die Bedeutung der Zeit von der Himmelsmechanik bis zur Katastrophentheorie, Paris 1984.

Encarnaçao, J. / W. Straßer, Graphisch interaktive Systeme, München 1984.

Engels, H., Numerical Quadrature and Cubature, New York 1980.

Enz, C. P., Beschreibung nicht-konservativer nicht-linearer Systeme, in: Physik in unserer Zeit 10 Nr. 4 1979, 119-126, Nr. 5 1979, 141-144.

Ernst, G. / A. Newell, GPS: A Case Study in Generality and Problem Solving, New York 1969.

Everett, H., ‚Relative state' formation of quantum mechanics, in: Rev. Mod. Phys. 29 1957, 454-462.

Falmagne, R. J. (ed.), Reasoning: Representation and Process. Hillsdale N. J. 1975.

Farmer, D. / T. Tommaso / S. Wolfram (eds.), Cellular Automata. Proc. of an interdisciplinary Workshop in Los Alamos 1983, Amsterdam / Oxford / New York / Tokyo, 1984.

Fatou, P., Sur les équations fonctionelles, in: Bull. Soc. Math. Fr. 47 1919, 161-271, 48 1920, 33-94, 208-314.

Feferman, S., Systems of predicative analysis I, in: J. Symbolic Logic 29 1964, 1-30.

Feigenbaum, E. / J. Feldman, Computers and Thought, New York 1963.

Feigenbaum, E. / P. McCorduck, The 5th Generation. Artificial Intelligence and Japan's Computer Challenge to the World, London 1984.

Feigenbaum, M. J., Quantitative universality for a class of nonlinear transformations, in: J. Stat. Physics 19 1978, 25.

Feigl, H. / M. Scriven (eds.), The Foundations of Science and the Concepts of Psychology and Psychoanalysis, Minnesota Studies in the Philosophy of Science vol. 1, Minneapolis 1956.

Feigl, H. / M. Scriven / G. Maxwell (eds.), Concepts, Theories, and the Mind-Body Problem, Minneapolis 1958.

Feldhaus, F. M., Leonardo der Techniker und Erfinder, Jena 1922.

Ferrier, D., The Functions of the Brain, London 1876.

Fetzer, J. (ed.), Aspects of Artificial Intelligence, Dordrecht 1988.

Feyerabend, P. K., Materialism and the Mind-Body Problem, in: Review of Metaphysics 17 1963, 49-66.

Feyerabend, P. K. / G. Maxwell (eds.), Mind, Matter, and Method. Essays in Philosophy and Science in Honor of Herbert Feigl, Minneapolis 1966.

Feyerabend, P. K., Philosophical Papers 2 vols., Cambridge 1981.

Feynman, R. P., Simulating physics with computers, in: Int. J. Th. Phys. 21 1982, 467-488.

Feynman, R. P., Quantum mechanical computers, in: Found. Phys. 16 1986, 507-531.

Fikes, R. / T. Kehler, The role of frame-based representation in reasoning, in: CACM 28 1985, 904-920.

Fischer, E. P., Die Welt im Kopf, Konstanz 1985.

Fischer, E. P. / K. Mainzer, Die Frage nach dem Leben, München / Zürich 1990.

Fisher, M. E., The renormalization group in the theory of critical behavior, in: Reviews of Modern Physics 46 (Heft 4) 1974, 597-616.

Flanagan, O. J., Jr., The Science of the Mind, Cambridge 1984.

Fleck, L., Entstehung und Entwicklung einer naturwissenschaftlichen Tatsache, Basel 1935.

Flohr, H., Brain processes and phenomenal consciousness. A new and specific hypothesis, in: Theory and Psychology 1 1991, 245-262.

Flood, R. L. / E. R. Carson, Dealing with Complexity. An Introduction to the Theory and Application of Systems Science, New York / London 1988.

Flusser, V., Für eine Philosophie der Fotografie, Göttingen 1983.

Fodor, J. A., The Language of Thought, New York 1975.

Fodor, J. A., Representations: Philosophical Essays on the Foundation of Cognitive Science, Cambridge Mass. 1981.

Fodor, J. A., Psychosemantics: The Problem of Meaning in the Philosophy of Mind, Cambridge 1988.

Foley, J. D. / A. van Dam, Fundamentals of Interactive Computer Graphics, Amsterdam 1982.

Fraassen, B. van, The Scientific Image, Oxford 1980.

Frank, H., Grundlagenprobleme der Informationsästhetik und erste Anwendung auf die mime pure. Diss. TH Stuttgart 1959, Waiblingen 1959.

Frank, H. G., Kybernetik und Philosophie. Materialien und Grundriß zu einer Philosophie der Kybernetik, Berlin 1966, ²1969.

Freeman, W., Nonlinear dynamics of paleocortex manifested in the olfactory EEG, in: Biological Cybernetics 3 1979, 21-37.

Frege, G., Funktion, Begriff, Bedeutung. Fünf logische Studien, hrsg. u. eingel. G. Patzig, Göttingen 1966.

Frege, G., Die Grundlagen der Arithmetik. Eine logisch mathematische Untersuchung über den Begriff der Zahl, Breslau 1884, Hildesheim / New York 1977.

Frehland, E., (ed.), Synergetics – From Microscopic to Macroscopic Order, Berlin / Heidelberg / New York 1984.

Freyer, H., Theorie des objektiven Geistes. Eine Einleitung in die Kulturphilosophie, Leipzig / Berlin ³1934, repr. Darmstadt 1966.

Fritz, K. v., Grundprobleme der Geschichte der antiken Wissenschaften, Berlin / New York 1971.

Funke, J., Komplexes Problemlösen. Bestandsaufnahme und Perspektiven, Berlin 1986.

Ganter, B. / R. Wille / K. E. Wolff (Hrsg.), Beiträge zur Begriffsanalyse, Mannheim / Wien / Zürich 1987.

Gaponov-Grekhov, A. V. / M. I. Rabinovich, Nonlinear physics. Stochasticity and structures, in: Y. P. Velikhov et al. (ed.), Physics of the 20th Century. History and Outlook, Moskau 1987 (russ.: Moskau 1987).

Gardner, H., Dem Denken auf der Spur – Der Weg der Kognitionswissenschaft, Stuttgart 1989.

Gardner, M., Wheels, Life and Other Mathematical Amusements, New York / San Francisco 1983.

Garey, M. / D. Johnson, Computers and Intractability: A Guide to the Theory of NP-Completeness, San Francisco 1979.

Garvin, P., (ed.), Cognition – A Multiple View, New York / Washington 1970.

Gauß, C. F., Abhandlungen zur Methode der kleinsten Quadrate, übers. A. Börsch u. P. Simm, Berlin, repr. Würzburg 1964.

Gazzaniga, M. S. (ed.), Handbook of Cognitive Neuroscience, New York 1984.

Gazzaniga, M. S., The Social Brain: Discovering the Networks of the Mind, New York 1985.

Gentzen, G., Die Widerspruchsfreiheit der reinen Zahlentheorie, in: Math. Ann. 112 1936, 493-565.

Gerisch, G., Periodische Signale steuern Musterbildung in Zellverbänden, in: Naturwissenschaften 58 1971, 430-438.

Geroch, R. / J. B. Hartle, Computability and physical theories, in: Found. Phys. 16, 1986, 533-550.

Gerok, W., u. a. (Hrsg.), Ordnung und Chaos in der unbelebten und belebten Natur. Verhandlungen der Gesellschaft Deutscher Naturforscher und Ärzte. 115. Versammlung 1988, Stuttgart 1989.

Gibb-Smith, C. H., Leonardo da Vinci's Aeronautics, London 1967.

Gibson, E. J. / H. Levin, The Psychology of Reading, Cambridge Mass. 1975.

Gibson, W., Burning Chrome, New York 1986.

Gibson, W., Neuromancer, London 1986.

Gick, M. L. / K. J. Holyoak, Analogical problem solving, in: Cognitive Psychology 12 1980, 306-355.

Giere, R., Explaining Science: A Cognitive Approach, Chicago 1988

Gierer, A., Die Physik, das Leben und die Seele, München / Zürich ^{3}1986.

Gille, B., Les ingénieurs de la Renaissance, Paris 1964.

Gilmore, P. C., A proof method for quantification theory; its justification and realization, in: IBM Journal of Research Development 4 1960, 28-35.

Gipper, H., Bausteine zur Sprachinhaltsforschung. Neuere Sprachbetrachtung im Austausch mit Geistes- und Naturwissenschaft, Düsseldorf 1963.

Gips, J., Shape Grammars and their Uses, Basel / Stuttgart 1975.

Glansdorff, P. / I. Prigogine, Thermodynamic Theory of Structure, Stability and Fluctuations, New York 1971.

Gleick, J., Chaos. Die Ordnung des Universums, München 1988.
Globus, G. / G. Maxwell / I. Savodnik (eds.), Consciousness and the Brain, New York 1976.
Gluschkow, V. M., Theorie der abstrakten Automaten, Berlin 1963.
Glymour, C., AI is philosophy, in: J. H. Fetzer (ed.), Aspects in Artificial Intelligence, Dordrecht / Boston / Lancaster / Tokyo 1988, 195-207.
Gödel, K., Über formal unentscheidbare Sätze der Principia Mathematica und verwandter Systeme I, in: Mh. Math. Phys. 38 1931, 173-198.
Goel, N. S. / N. Richter-Dyn, Stochastic Models in Biology, New York 1974.
Goldberg, A. L. u. a., Nonlinear dynamics in heart failure: Implications of long-wavelength cardiopulmonary oscillations, in: American Heart Journal 107 1984, 612-615.
Goldberg, A. L. / V. Bhargava / B. J. West, Nonlinear Dynamics of the Heartbeat, in: Physica 17D 1985, 207-214.
Goldstine, H. H., The Computer from Pascal to von Neumann, Princeton 1972.
Goldstine, H. H., A History of Numerical Analysis from the 16th through the 19th Century, New York / Heidelberg / Berlin 1977.
Goodwin, R. M., Chaotic Economic Dynamics, Oxford 1990.
Gorenstein, D., The classification of finite simple groups, in: Bull. Amer. Math. S. 81 1979, 43-199.
Gorman, R. P. / T. J. Sejnowski, Analysis of hidden units in a layered network trained to classify sonar targets, in: Neural Networks 1 1988, 75-89.
Greeno, J. G. / M. E. Magone / S. Chaiklin, Theory of constructions and set in problem solving, in: Memory and Cognition 7 1979, 445-46.
Greenspan, D., Deterministic computer physics; Int. J. Th. Phys. 21 1982, 505-524.
Gregory, R. The Intelligent Eye. New York 1970.
Greguss, F., Patente der Natur: Technische Systeme in der Tierwelt, biologische Systeme als Modelle der Technik, Heidelberg 1988.
Gridgeman, N. T., John Napier and the history of logarithms, in: Scr. Math. 29 1973, 49-65.
Griffin, D. R. (ed.), Animal Mind – Human Mind, Berlin 1982.
Gross, R. (Hrsg.), Geistige Grundlagen der Medizin, Berlin / Heidelberg / New York / Tokyo 1985.
Grossberg, S., Adaptive pattern classification and universal recording I. Parallel development and coding of neural feature detectors, in: Biological Cybernetics 23 1976, 121-134.
Grossberg, S., How does a brain build a cognitive code, in: Psychological Review 87 1980.
Grossberg, S., Studies of Mind and Brain, Dordrecht 1982.
Grossberg, S. (ed.), Neural Networks and Natural Intelligence, Cambridge Mass. / London 1988.

Großmann, S. / S. Thomae, Invariant distributions and stationary correlation functions of one-dimensional discrete processes, in: Z. Naturforsch. 32 A 1977, 1353.

Grötschel, M. / L. Lovásc / A. Schrijver, Geometric Algorithms and Combinatorial Optimization, Berlin / Heidelberg / New York 1988.

Grünbaum, A., Psychoanalyse in wissenschaftstheoretischer Sicht. Zum Werk Sigmund Freuds und seiner Rezeption, Konstanz 1987.

Gunderson, K. (ed.), Language, Mind, and Knowledge, Minnesota Studies in the Philosophy of Science vol. 7, Minneapolis 1975.

Gutfreund, H., Neural networks with hierarchically correlated patterns, in: NSF-ITP 1986, 86-151.

Haase, R., Thermodynamics of Irreversible Processes, Reading Mass. 1969.

Hadamard, J., The Psychology and Invention in the Mathematical Field, Princeton 1945.

Haefner, K., Mensch und Computer im Jahre 2000, Basel [3]1986.

Haefner, K. / E. H. Eichmann / C. Hinze, Denkzeuge, Basel / Boston 1987.

Haken, H., Synergetics. Nonequilibrium Transitions and Self-Organization in Physics, Chemistry and Biology, Berlin / Heidelberg / New York 1978.

Haken, H., Erfolgsgeheimnisse der Natur, Stuttgart 1981.

Haken, H. (ed.), Evolution of Order and Chaos in Physics, Chemistry, and Biology, Berlin / Heidelberg / New York 1982.

Haken, H., Laser Theory, Berlin / Heidelberg / New York 1984.

Haken, H. (ed.), Computational Systems – Natural and Artificial, Berlin / Heidelberg / New York 1987.

Haken, H. (ed.), Neural and Synergetic Computers, Berlin / Heidelberg / New York 1988.

Haken, H. / M. Haken-Krell, Entstehung von biologischer Information und Ordnung, Darmstadt 1989.

Haken, H. / M. Stadler (eds.), Synergetics of Cognition, Berlin / Heidelberg / New York / London / Paris / Tokyo / Hong Kong 1990.

Haken, H. / M. Haken-Krell, Erfolgsgeheimnisse der Wahrnehmung. Synergetik als Schlüssel zum Gehirn, Stuttgart 1992.

Haller, R. / W. Grassl (Hrsg.), Sprache, Logik und Philosophie. Akten des 4. Intern. Wittgenstein Symposiums 1979, Wien 1980.

Hämmerlin, G. / K.-H. Hoffmann, Numerische Mathematik, Berlin / Heidelberg / New York 1989.

Hamming, R. W., Numerical Methods for Scientists and Engineers, New York 1962.

Hanson, N. R., Patterns of Discovery. An Inquiry in the Conceptual Foundations of Science, Cambridge 1965.

Hanus, M., Problemlösen in PROLOG, Stuttgart 1986.

Harnad, S., Minds, machines, and Searle, in: Journal of Experimental and Theoretical Artificial Intelligence vol. 1 1989, 5-25.

Harper, W. L. / C. A. Hooker (eds.), Foundations of Probability Theory, Statistical Inference, and Statistical Theories of Science, Dordrecht 1976.

Hartmanis, J. / R. E. Stearns, On the computational complexity of algorithms, in: Trans. of the Am. Math. Soc. 117 1965, 285-306.

Hartmanis, J. / J. E. Hopcroft, An overview of the theory of computational complexity, in: J. Assoc. for Computing Machinery 18 1871, 444-475.

Hassenstein, B., Die geschichtliche Entwicklung der biologischen Kybernetik bis 1948, in: Naturwiss. Rdsch. 13 1960, 419-424.

Haugg, F., Modelle zur Künstlichen Intelligenz. Entwicklungen, Techniken und Beispiele, München 1987.

Hawking, S. W. / W. Israel (eds.), 300 Years of Gravity, Cambridge 1987.

Hayek, F. A. von, Die Theorie komplexer Phänomene. Vorträge und Aufsätze des Walter Eucken Instituts Nr. 36, Tübingen 1972.

Hayes, J. R., Cognitive Psychology, Homewood Ill. 1978.

Hayes, J. R., Problem Solving Techniques, Philadelphia 1984.

Hebb, D. O., The Organization of Behavior, New York 1949.

Hedrich, R., Komplexe und fundamentale Strukturen, Mannheim / Wien / Zürich 1990.

Hegel, G. W. F., Werke in zwanzig Bänden, Frankfurt 1970.

Heimsoeth, H., Transzendentale Dialektik. Ein Kommentar zu Kants Kritik der reinen Vernunft, Berlin 1966.

Held, R. / H. W. Leibowitz (Hrsg.), Handbook of Sensory Physiology vol. VIII: Perception, Berlin / Heidelberg / New York 1978.

Helmholtz, H. v., Handbuch der physiologischen Optik, Leipzig 1867.

Helmholtz, H. v., Die Thatsachen in der Wahrnehmung. Zählen und Messen, erkenntnistheoretisch betrachtet, Berlin 1879 / repr. Darmstadt 1959.

Hempel, C. G., Aspects of Scientific Explanation and other Essays in the Philosophy of Science, New York / London 1965.

Hénon, M., A two-dimensional mapping with a strange attractor, in: Communications in Mathematical Physics 50 1976, 69-77.

Herrmann, T., Allgemeine Sprachpsychologie, München 1985.

Hermes, H., Einführung in die mathematische Logik. Klassische Prädikatenlogik, Stuttgart 1963.

Hermes, H., Ideen von Leibniz zur Grundlagenforschung: Die ars inveniendi und die ars indicandi, in: Studia Leibnitiana. Suppl. III, Wiesbaden 1969, 92-102.

Hermes, H., Aufzählbarkeit, Entscheidbarkeit, Berechenbarkeit. Einführung in die Theorie der rekursiven Funktionen, Berlin / Göttingen / Heidelberg 1961, Berlin / Heidelberg / New York [3]1978.

Heron von Alexandreia, Opera quae supersunt omnia I-V ed. (gr. bzw. arab. bzw. lat.) u. dt. J. L. Heiberg u.a. Leipzig 1899-1914, repr. Stuttgart 1976.
Hesse, M., Models and Analogies in Science, Notre Dame 1966.
Heuser-Keßler, M.-L., Die Produktivität der Natur. Schellings Naturphilosophie und das neue Paradigma der Selbstorganisation in den Naturwissenschaften, Berlin 1986.
Heyting, A., (ed.), Constructivity in Mathematics. Proc. of the Coll. Amsterdam 1957, Amsterdam 1959.
Hierholzer, K. / H.-G. Wittmann (Hrg.), Phasensprünge und Stetigkeit in der natürlichen und kulturellen Welt, Stuttgart 1988.
Hilbert, D. / W. Ackermann, Grundzüge der theoretischen Logik, Berlin 1928, [4]1959.
Hilbert, D. / S. Cohn-Vossen, Anschauliche Geometrie, Darmstadt 1943.
Hintikka, J. / U. Remes, The Method of Analysis – Its Geometrical Origin and Its General Significance, Dordrecht 1974.
Hintikka, J., The Intentions of Intentionality and Other New Models for Modalities, Dordrecht / Boston 1975.
Hinton, G. E. / J. A. Anderson, Parallel Models of Associative Memory, Hillsdale N. J. 1981.
Hobbes, T., Leviathan, Stuttgart 1980.
Hobson, E. W., John Napier and the Invention of Logarithms, Cambridge 1914.
Höffe, O., Politische Gerechtigkeit. Grundlegung einer kritischen Philosophie von Recht und Staat, Frankfurt 1987.
Hoffmann, W. (Hrsg.), Digitale Informationswandler, Braunschweig 1962.
Hofmann, W., Grundlagen der modernen Kunst, Stuttgart [3]1987.
Hol, W. A. J., Protein crystallography and computer graphics: Toward rational drug design, in: Angew. Chem. Int. Ed. Engl. 25 1986, 767.
Holland, J. / K. Holyoak / R. Nisbett / P. Thagard, Induction: Processes of Inference, Learning, and Discovery, Cambridge Mass. 1986.
Hooker, C. A., The philosophical ramification of the information processing approach to the mind-brain, in: Philosophy and Phenomenological Research 36 1975, 1-15.
Hooker, C. A., A Realistic Theory of Science, Albany 1987.
Hookway, C. (ed.), Minds, Machines, and Evolution, Cambridge 1984.
Hopfield, J. J., Neural networks and physical systems with emergent collective computational abilities, in: Proceedings of the National Academy of Sciences 79 1982, 2554-2558.
Hopfield, J. J., Neurons with graded response have collective computational properties like those of two-state neurons, in: Proceedings of the National Academy of Sciences 81 1984, 3088-3092.
Horwood, N. T. E. (ed.), Mathematical and Computational Concepts in Chemistry, Chichester 1986.

Hottois, G., Le signe et la technique, Paris 1984.
Hotz, G. / H. Walter, Automatentheorie und formale Sprachen I-II, Mannheim 1968 / 1969.
Hubbard, S. M., u. a., A computer data base for information on cancer treatment, in: The New England Journal of Medicine 316 6 1987, 315-318.
Huberman, B. A. (ed.), The Ecology of Computation, Amsterdam / New York / Oxford / Tokyo 1988.
Humblet, C. / G. R. Marshal, Three-dimensional computer modeling as an aid to drug design, in: Drug Design Development Research 1 1981, 409-434.
Humboldt, W. v., Über die Verschiedenheit des menschlichen Sprachbaues und ihren Einfluß auf die geistige Entwicklung des Menschengeschlechts. Mit einem Nachwort hrsg. v. H. Nette, Darmstadt 1949.
Hunt, E. B., Artificial Intelligence, New York 1975.
Husserl, E., Ideen zu einer reinen Phänomenologie und phänomenologischen Philosophie I, Halle 1913, ^{2}1922.
Ifrah, G., Universalgeschichte der Zahlen, Frankfurt / New York 1981.
Itzinger, O., Methoden der maschinellen Intelligenz, München / Wien 1976.
Jacobs, K. (Hrsg.), Selecta Mathematica, Berlin / Heidelberg / New York 1970.
James, W., The Principles of Psychology I-II, New York 1890, Cambridge Mass. 1981.
Jammer, M., The Philosophy of Quantum Mechanics. The Interpretations of Quantum Mechanics in Historical Perspectives, New York 1974.
Jantsch, E., Die Selbstorganisation des Universums – Vom Urknall zum menschlichen Geist, München / Wien 1979.
Johnson-Laird, P. N., Mental Models, Towards a Cognitive Science of Language, Inference, and Consciousness, Cambridge 1983.
Jonas, H., Das Prinzip Verantwortung. Versuch einer Ethik für die technologische Zivilisation, Frankfurt 1979.
Julesz, B., Spatial nonlinearities in the instantaneous perception of textures with identical power spectra, in: Philosophical Transactions of the Royal Society of London, Series B 290, 1980, 83-94.
Juley, J., The ballistic computer, in: Bell Laboratories Record 24 1947, 5-9.
Julia, G., Sur l'iteration des fonctions rationnelles, in: Journal de Math. Pure et Appl. 8 1918, 47-245.
Jürgens, H. / D. Saupe (Hrsg.), Visualisierung in Mathematik und Naturwissenschaft. Bremer Computergrafik-Tage 1988, Berlin / Heidelberg / New York 1989.
Just, M. A. / P. A. Carpenter (eds.), Cognitive Processing in Comprehension, Hillsdale N. J. 1977.
Kalmár, L., Ein direkter Beweis für die allgemein-rekursive Unlösbarkeit des Entscheidungsproblems des Prädikatenkalküls der ersten Stufe mit Identität, in: Z. math. Logik 2 1956, 1-14.

Kandel, E. R. / J. H. Schwartz (eds.), Principles of Neural Science, New York [2]1985.

Kandel, E. R., Cellular Basis of Behavior: An Introduction to Behavioral Neurobiology, San Franscisco 1976.

Kanitscheider, B. (Hrsg.), Materie – Leben – Geist. Zum Problem der Reduktion der Wissenschaften, Berlin 1979.

Kant, I., Gesammelte Schriften, ed. Königlich Preußische Akademie der Wissenschaften, Berlin 1902ff.

Kellermayr, K. H., Lokale Computernetze LAN. Technologische Grundlagen, Architektur, Übersicht und Anwendungsbereiche, Wien 1986.

Kelsen, H., Reine Rechtslehre, Wien [2]1960.

Kersten, J. T., Computertechnologie als Lernanforderung, München 1989.

Keyes, B. R. W., The evolution of digital electronics towards VLSI, in: IEEE Transaction on Electron Devices vol. ED-26 4 1979, 271-279.

Kiel, L.-D., Lessons from the nonlinear paradigm: Applications of the theory of dissipative structures in the social sciences, in: SSQ 72 Nr. 3 1991, 431-442.

Kirkpatrick, S. / C. D. Gelatt / M. P. Vecchi, Optimization by simulated annealing, in: Science 220 1983, 671-680.

Kittel, C., Einführung in die Festkörperphysik, Leipzig [4]1973.

Klahr, D. / J. G. Wallace, Cognitive Development: An Information Processing View, Hillsdale N. J. 1976.

Kleene, S. C., General recursive functions of natural numbers, in: Math. Ann. 112 1936, 727-742.

Kleene, S. C., λ-Definability and recursiveness, in: Duke Math. J. 2 1936, 340-353.

Kleene, S. C., Introduction to Metamathematics, Amsterdam / Groningen 1952, [7]1974.

Kleene, S. C., Hierarchies of number-theoretic predicates, in: Bull. Amer. Math. Soc. 61 1955, 193-213.

Kleer, J. de, An assumption based TMS, in: AI-Journal 28 1986, 127-162.

Klix, F. (Hrsg.), Gedächtnis – Wissen – Wissensnutzung, Berlin 1984.

Knippers, R., Die schöne neue Welt und ihre Folgen, Konstanz 1988.

Knuth, D. E., Mathematics and computer science: coping with finiteness, in: Science 194 1976, 1235-1242.

Knuth, D. E., The Art of Computer Programming vol. 2, Reading Mass. [2]1981.

Köhler, W., Die physischen Gestalten in Ruhe und im stationären Zustand. Eine naturphilosophische Untersuchung, Braunschweig 1920.

Kohonen, T., Correlation matrix memories, in: IEEE Transactions on Computers C-21 1972, 353-359.

Kohonen, T., Self-organized formation of topologically correct feature maps, in: Biological Cybernetics 43 1982, 59-69.

Kohonen, T., Self-organization and Associative Memory, Berlin / Heidelberg / New York 1984, ^{3}1989.

Kolb, B. / I. Q. Whishaw, Fundamentals of Human Neuropsychology, San Francisco 1980.

Kowalski, B., Logic for Problem Solving, New York 1979.

Krämer, S., Berechenbare Vernunft. Kalkül und Rationalismus im 17. Jahrhundert, Berlin / New York 1991.

Kredel, L., Künstliche Intelligenz und Expertensysteme, München 1988.

Kreisel, G., La prédicativité, in: Bull. de la Soc. Math. de France 88 1960, 371-391.

Krinsky, V. I., Self-Organization. Autowaves and Structures far from Equilibrium, Berlin / Heidelberg / New York 1984.

Krohn, W. / G. Küppers (Hrsg.), Selbstorganisation – Aspekte einer wissenschaftlichen Revolution, Braunschweig / Wiesbaden 1990.

Krohn, W. / G. Küppers, Die Selbstorganisation der Wissenschaft, Frankfurt 1991.

Krüger, L. (Hrsg.), Erkenntnisprobleme der Naturwissenschaften, Köln 1970.

Krüger, L., Der Begriff des Empirismus. Erkenntnistheoretische Studien am Beispiel John Lockes, Berlin / New York 1973.

Kuhn, T. S., Die Struktur wissenschaftlicher Revolutionen, Frankfurt ^{2}1976.

Kulkarni, D. / H. A. Simon, The process of discovery: The strategy of experimentation, in: Cognitive Science 12 1988, 139-175.

Kunick, A. / W.-H. Steeb, Chaos in dynamischen Systemen, Mannheim / Wien / Zürich 1986.

Küppers, B.-O., Der Ursprung biologischer Information, München 1986.

Kutschera, F. von, Einführung in die intensionale Semantik, Berlin / New York 1976.

La Mettrie, J. O. de, L'homme machine. A Study in the Origins of an Idea. Crit. Ed. with Introd. Monogr. and Notes by A. Vartanian, Princeton N. J. 1960.

Lakatos, I. / A. Musgrave (Hrsg.), Kritik und Erkenntnisfortschritt, Braunschweig 1974.

Lakatos, I., Proofs and Refutations, Cambridge 1976, dt. Braunschweig 1979.

Landau, L. D. / E. M. Lifschitz, Lehrbuch der theoretischen Physik, Berlin 1980.

Landauer, R., Computation and physics: Wheeler's meaning circuit?, in: Found. Phys. 16 1986, 551-564.

Langeley, P., Data-driven Discovery of Physical Laws, in: Cognitive Science 5 1981, 31-54.

Langeley, P. / H. A. Simon / G. L. Bradshaw / J. M. Zytkow, Scientific Discovery. Computational Explorations of the Creative Processes, Cambridge Mass. 1987.

Laplace, P. S. M. de, Mécanique céleste, Paris 1805.

Larkin, J. / J. McDermott / D. P. Simon / H. A. Simon, Expert and novice performance in solving physics problems, in: Science 208, 1980, 1335-1342.

Laudan, L., Progress and Its Problems. Toward a Theory of Scientific Growth, Berkeley / Los Angeles / London 1977.

Laudan, L., Historical methodologies: an overview and manifesto, in: P. Asquith / H. Kyburg (eds.), Current Research in Philosophy of Science, East Lansing: Philosophy of Science Association 1979, 40-54.

Lawler, E. / J.-K. Lenstra / A. H. G. Rinnoy Kan / D. B. Shmoys (eds.), The Travelling Salesman Problem, New York 1985.

Lehmann, J., Leibniz' Ideenskizze zum Sprossenrad, in: NTM, Schriftenreihe f. Gesch. d. Naturwiss., Technik u. Medizin 24 1 1987, 83-89.

Leibniz, G. W., Mathematische Schriften I-VII, ed. C. I. Gerhardt, Berlin / Halle 1849-1863.

Leibniz, G. W., Die philosophischen Schriften I-VII, ed. C. I. Gerhardt, Berlin / Leipzig 1875-1890.

Leibniz, G. W., Opuscules et fragments inédits, hrsg. L. Couturat, Paris 1903, repr. Hildesheim 1966.

Leibniz, G. W., Sämtliche Schriften und Briefe, hrsg. Preuß. Ak. d. Wiss. zu Berlin, Darmstadt 1923 ff.

Leibniz, G. W., Principes de la Nature et de la Grâce fondés en Raison, frz. / dt., hrsg. H. Herring, Hamburg 1956.

Leibniz, G. W., Monadologie, frz. / dt. H. Herring, Hamburg 1956.

Leibniz, G. W., Discours de Métaphysique / Metaphysische Abhandlung, ed. u. übers. H. Herring, Hamburg 1958.

Leibniz, G. W., Generales Inquisitiones de Analysi Notionum et Veritatum, lat. / dt., hrsg. R. Schupp, Hamburg 1982.

Lem, S., Technologie und Ethik. Ein Lesebuch hrsg. von J. Jarzebski, Frankfurt 1990.

Lenat, D. B. / J. S. Brown, Why AM and Eurisko appear to work, in: Proc. AAAI83 1983, 236-240.

Lenat, D. B., EURISKO: A program that learns new heuristics and domain concepts, in: Artificial Intelligence 21 1983, 61-98.

Lenk, H., Zwischen Wissenschaft und Ethik, Frankfurt 1992.

Lévy, P., La machine univers. Création, cognition et culture informatique, Paris 1987.

Lilienthal, O., Der Vogelflug als Grundlage der Fliegekunst, Berlin 1889.

Lindley, D. V., Introduction to Probability and Statistics from a Bayesian Viewpoint I-II, Cambridge 1965.

Little, W. A. / G. L. Shaw, A statistical theory of short and long term memory, in: Behavioral Biology 14 1975, 115-133.

Livingston, R. B., Sensory Processing, Perception, and Behavior. New York 1978.

Llinás, R. (ed.), Neurobiology of Cerebellar Evolution and Development, Chicago 1969.

Löb, M. H., (ed.), Proceedings of the Summer School in Logic. Leeds, England 1967, Berlin / Heidelberg / New York 1968.

Lorenz, E. N., Deterministic nonperiodic flow, in: J. Atmos. Sci. 20 1963, 130.

Lorenz, E. N., The problem of deducing the climate from the governing equations, in: Tellus 16 1964, 1-11.

Lorenz, H. W., Nonlinear Dynamical Economics and Chaotic Motion, Berlin / Heidelberg / New York 1989.

Lorenz, K., Elemente der Sprachkritik. Eine Alternative zum Dogmatismus und Skeptizismus in der analytischen Philosophie, Frankfurt 1970.

Lorenzen, P., Metamathematik, Mannheim 1962.

Lorenzen, P., Konstruktive Wissenschaftstheorie, Frankfurt 1974.

Lovelock, J. E., Unsere Erde wird überleben. Gaia – Eine optimistische Ökologie, München 1982.

Loye, D. / R. Eisler, Chaos and transformation: Implications of nonequilibrium theory for social science and society, in: Behavioral Science 32 1987, 53-65.

Lucks, H. A., Natura naturans – natura naturata, in: The New Scholasticism 9 1935, 1-24.

Ludwig, G., Die Grundstrukturen einer physikalischen Theorie, Berlin 1978.

Luft, A. L., Informatik als Technikwissenschaft, Mannheim / Wien / Zürich 1988.

Luhmann, N. Soziale Systeme, Frankfurt 1984.

Lullus, R., Ars generalis et ultima (1305), Venedig 1480, Palma di Mallorca 1645, repr. Frankfurt 1970.

Lullus, R., Opera, ed. I. Salzinger, Mainz 1721, repr. Frankfurt 1965.

Lundquist, B. / S. Lundquist (eds.), Proceedings of the Nobel Symposium on Collective Properties of Physical Systems, New York 1972.

Mach, E., Erkenntnis und Irrtum, Leipzig 1917.

Mackensen, L. von, Zur Vorgeschichte und Entstehung der ersten digitalen 4-Spezies-Rechenmaschine von Gottfried Wilhelm Leibniz, in: Studia Leibnitiana Suppl. 2, Wiesbaden 1969, 34-68.

Mackensen, L. v., Leibniz als Ahnherr der Kybernetik – ein bisher unbekannter Leibnizscher Vorschlag einer „Machina arithmeticae dyadicae", in: Akten des II. Intern. Leibniz-Kongresses (Hannover 1972) Bd. 2, Wiesbaden 1974, 255-268.

Maddison, R. W., The Life of the Honourable Robert Boyle, London 1969.

Madelung, O., Introduction to Solid-State Theory, Berlin / Heidelberg / New York 1978

Magie, W. F., A Source Book in Physics, New York 1935.

Mahn, F.-K., Primitiv-rekursive Funktionen auf Termmengen, in: Arch. f. math. Logik u. Grundlagenforschung 12 1969, 54-65.

Mainzer, K., Formalisierung, Mathematik, Physik, in: J. Ritter / K. Gründer (Hrsg.), Historisches Wörterbuch der Philosophie, Basel 1969ff.

Mainzer, K., Der Konstruktionsbegriff in der Mathematik, in: Philosophia Naturalis 12 (Heft 4) 1970, 367-412.

Mainzer, K., Entwicklungsfaktoren der Informatik in der Bundesrepublik Deutschland, in: W. v. d. Daele / W. Krohn / P. Weingart (Hrsg.), Geplante Forschung. Vergleichende Studien über den Einfluß politischer Programme auf die Wissenschaftsentwicklung, Frankfurt 1979, 117-180.

Mainzer, K., Geschichte der Geometrie, Mannheim / Wien / Zürich 1980.

Mainzer, K., Algorithmustheorie, Künstliche Intelligenz, Kybernetik, Maschinentheorie, Mathematik, Mechanik, in: J. Mittelstraß (Hrsg.), Enzykopädie Philosophie und Wissenschaftstheorie I-II, Mannheim / Wien / Zürich 1980ff.

Mainzer, K., Philosophische Grundlagenprobleme und die Entwicklung der Mathematik, in: Grazer Philosophische Studien. Intern. Z. Analytische Philosophie 20 1983, 179-197.

Mainzer, K., Axiomatischer Konstruktivismus und Ontologie. Zum philosophischen Selbstverständnis der griechischen Mathematik, in: H. Stachowiak (Hrsg.), Pragmatik Bd. 1, Hamburg 1985, 126-138.

Mainzer, K., Der Intelligenzbegriff in erkenntnis- und wissenschaftstheoretischer Sicht, in: W. Strombach / M. J. Tauber / B. Reusch (Hrsg.), Der Intelligenzbegriff in den verschiedenen Wissenschaften. Schriftenreihe der Österreichischen Computer Gesellschaft Bd. 28, Wien / München 1985, 41-56.

Mainzer, K., Rationale Heuristik und Problem Solving, in: C. Burrichter / R. Inhetveen / R. Kötter (Hrsg.), Technische Rationalität und rationale Heuristik, Paderborn / München / Wien / Zürich 1986, 83-97.

Mainzer, K., Symmetrien der Natur. Ein Handbuch zur Natur- und Wissenschaftsphilosophie, Berlin / New York 1988 (engl. New York 1994).

Mainzer, K., Metaphysics of nature and mathematics in the philosophy of Leibniz, in: N. Rescher (ed.), Leibnizian Inquiries. A Group of Essays, Lanham / New York / London 1989.

Mainzer, K., Philosophical concepts of computational neuroscience, in: R. Eckmiller / G. Hartmann / G. Hauske (eds.), Parallel Processing in Neural Systems and Computers, Amsterdam / New York / Oxford / Tokyo 1990, 9-12.

Mainzer, K., Knowledge-based systems. Remarks on the philosophy of technology and artifical intelligence, in: Journal for General Philosophy of Science 21 1990, 47-74.

Mainzer, K., Die Evolution intelligenter Systeme, in: Zeitschrift für Semiotik Bd. 12 Heft 1-2 1990, 83-106.

Mainzer, K. (Hrsg.), Natur- und Geisteswissenschaften. Berlin / Heidelberg / New York / Tokyo 1990.

Mainzer, K., Künstliche Intelligenz, Neuroinformatik und die Aufgabe der Philosophie, in: Forum für interdisziplinäre Forschung 1992 5 Heft 1, 56-62.

Mainzer, K., Chaos und Selbstorganisation als medizinische Paradigmen, in: W. Deppert / H. Kliemt / B. Lohff / I. Schaefer (Hrsg.), Wissenschaftstheorien in der Medizin, Berlin / New York 1992, 225-258.

Mainzer, K., Chaos, Fraktale und Philosophie, in: Information Philosophie 2 1992, 22-30.

Mainzer, K., Chaos, Selbstorganisation und Symmetrie. Bemerkungen zu drei aktuellen Forschungsprogrammen, in: W. Krohn / H.-J. Krug / G. Küppers (Hrsg.), Konzepte von Chaos und Selbstorganisation in der Geschichte der Wissenschaften. Jahrbuch für Komplexität in den Natur-, Sozial- und Geisteswissenschaften Bd. 3, Berlin 1992, 259-278.

Mainzer, K., Chemie, Computer und moderne Welt, in: J. Mittelstraß / G. Stock (Hrsg.), Chemie und Geisteswissenschaften, Berlin 1992, 113-138.

Mainzer, K., Zeichenkonzeptionen in Mathematik und Informatik, in: R. Posner (Hrsg.), Handbuch der Semiotik, Berlin / New York 1994.

Mainzer, K., Philosophical foundations of nonlinear complex systems, in: H. Haken / A. Mikhailov (eds.), Interdisciplinary Approaches of nonlinear complex Systems, Berlin / Heidelberg / New York 1993, 32-43.

Mainzer, K. / W. Schirmacher (Hrsg.), Quanten, Chaos und Dämonen. Erkenntnistheoretische Aspekte der modernen Physik, Mannheim / Wien / Zürich 1993.

Mainzer, K., (Hrsg.), Ökonomie und Ökologie / Economie et Ecologie (dt. / frz.), Bern / Stuttgart 1993.

Mainzer, K., Artificial intelligence, quantum mechanics, neuroscience, and the philosophy of mind, in: D Anapolitanos / A. Baltas / S. Tsinorema (eds.), Proceedings of the Athens' Conference of Pittsburgh' Fellows 1992, Athens 1993.

Mainzer, K., Philosophical foundations of neurobionics, in: H. W. Bothe / R. Eckmiller / M. Samii (eds.), Neurobionics. Computational Technologies for Substitution of Impaired Brain Functions, Amsterdam / New York / Oxford / Tokyo 1993.

Mainzer, K., s. J. Audretsch / K. Mainzer (1988), J. Audretsch / K. Mainzer (1989), J. Audretsch / K. Mainzer (1990), E. P. Fischer / K. Mainzer (1990), H. D. Ebbinghaus et. alt. ([3]1992).

Malsburg, C. von der, Self-organization of orientation sensitive cells in the striate cortex, in: Kybernetik 14 1973, 85-100.

Malsburg, C. von der / D. Willshaw, Cooperativity and brain organization, in: Trends in Neuroscience 4 1981, 80-83.

Malsburg, C. von der, Network Self-Organization, in: S. F. Zornetzer / J. L. Davis / C. Lau (eds.), An Introduction to Neural and Electronic Networks, San Diego / New York / Berkeley / Boston / London / Sydney / Tokyo / Toronto 1990, 421-432.

Mandelbrot, B. B., Les objets fractals, Paris 1975.

Mandelbrot, B. B., Form, Chance, and Dimension, San Francisco 1977.

Mandelbrot, B. B., The Fractal Geometry of Nature, San Francisco 1982.

Margolis, J., Persons and Minds: The Prospects of Nonreductive Materialism, Dordrecht 1978.

Markl, H., Dasein in Grenzen. Die Herausforderung der Ressourcenknappheit für die Evolution des Lebens, Konstanz 1984.

Markov, A. A., Die Unmöglichkeit gewisser Algorithmen in der Theorie assoziativer Systeme (russ.), in: Dokl. Akad. Nauk SSSR.55 1947, 587-590.

Markov, A. A., Theorie der Algorithmen (russ.), Moskau / Leningrad (St. Petersburg) 1954.

Markus, M. / S. C. Müller / G. Nicolis (eds.), From Chemical to Biological Organization, Berlin / Heidelberg / New York 1988.

Marr, D., Vision: A Computational Investigation into the Human Representation and Processing of Visual Information, San Francisco 1982.

Martinetz, T. / H. Ritter / K. Schulten, Kohonen's self-organizing map for modeling the formation of the auditory cortex of a bat, in: SGAICO-Proceedings ‚Connectionism in Perspective', Zürich 1988, 403-412.

Masuda, Y., The Information Society as Post Industrial Society, Tokyo 1980.

Maturana, H. R., Erkennen: Die Organisation von Wirklichkeit. Ausgewählte Arbeiten zur biologischen Epistemologie, Braunschweig / Wiesbaden 1982.

Maturana, H. R. / F. J. Valera, Der Baum der Erkenntnis. Die biologischen Wurzeln des menschlichen Erkennens, Bern / München / Wien 1987.

Maurer, H., Theoretische Grundlagen der Programmiersprachen. Theorie der Syntax, Mannheim 1969.

May, R. M. / G. F. Oster, Bifurcations and dynamic complexity in simple ecological models, in: American Naturalist 110 1976, 573 ff.

Mayer, J. R., Mechanik der Wärme, Stuttgart 1845.

Mayer, R. E., Denken und Problemlösen, Berlin 1979.

Mayer-Kress, G. (ed.), Dimensions and Entropies in Chaotic Systems. Quantification of Complex Behavior, Berlin / Heidelberg / New York / Tokyo 1986.

Mayr, O., Zur Frühgeschichte der technischen Regelungen, München / Wien 1969.

Mayr, O., Adam Smith and the concept of the feedback system, in: Technology and Culture 12 1971, 1-22.

McCarthy, J., Mechanisation of thought processes, in: Proc. Symposium, National Physical Laboratory vol. I, London 1958, 77-84.

McCarthy, J., et alt., LISP 1 Programmer's Manual. MIT Computer Center and Res. Lab. Electronics, Cambridge Mass. 1960.
McCarthy, J. / P. J. Hayes, Some philosophical problems from the standpoint of artificial intelligence, in: B. Meltzer / D. Michie (eds.), Machine Intelligence 4, Edinburgh 1969, 463-502.
McClelland, J. L. / D. E. Rumelhart, Parallel Distributed Processing: Explorations in the Microstructure of Cognition vol. 1: Psychological and Biological Learning, Cambridge Mass. 1986, vol. 2: Applications, Cambridge Mass. 1986.
McCorduck, P., Machines who think, San Francisco 1979.
McCulloch, W. S. / W. H. Pitts, A logical calculus of the ideas immanent in nervous activity, in: Bull. Math. Biophys. 5 1943, 115-133.
Meindl, J. D., Ultra large scale integration, in: IEEE Transaction on Electron Devices, vol. ED-31 1984, 1555-1561.
Meinhardt, H. / A. Gierer, Applications of a theory of biological pattern formation based on lateral inhibition, in: J. Cell. Sci. 15 1974, 321.
Meinhardt, H., Eine Theorie der Steuerung der räumlichen Zelldifferenzierung, in: Biologie in unserer Zeit 9 1979, 33-39.
Menninger, K., Zahlwort und Ziffer, Göttingen 1958.
Mesarovic, M. D. (ed.), Views on General Systems Theory, New York 1964.
Metropolis, N. / J. Howlett / G.-C. Rota (eds.), A History of Computing in the 20th Century, New York 1980.
Miller, R. E. / J. W. Thatcher (eds.), Complexity of Computer Computations, New York 1972.
Minorski, N. Introduction to Non-Linear Mechanics, Ann Arbor Mich. 1947.
Minsky, M., Recursive unsolvability of Post's problem of „tag" and other topics in the theory of Turing machines, in: Ann. Math. 74 1961, 437-454.
Minsky, M., Computation: Finite and Infinite Machines, Prentice-Hall 1967.
Minsky, M. (ed.), Semantic Information Processing, Cambridge Mass., London 1968.
Minsky, M. / S. Papert, Perceptrons, Cambridge Mass. 1969, (expanded edition) 1988.
Minsky, M., A Framework for representing knowledge, in: P. Winston (ed.), The Psychology of Computer Vision, New York 1975.
Minsky, M., The Society of Mind, New York 1985, dt. Stuttgart 1990.
Mittelstaedt, P., Klassische Mechanik, Mannheim / Wien / Zürich 1970.
Mittelstraß, J., Neuzeit und Aufklärung. Studien zur Entstehung der neuzeitlichen Wissenschaft und Philosophie, Berlin / New York 1970.
Mittelstraß, J., The philosopher's conception of Mathesis Universalis from Descartes to Leibniz, in: Ann. Sci. 36 1979, 593-610.
Mittelstraß, J. (Hrsg.), Methodenprobleme der Wissenschaften vom gesellschaftlichen Handeln, Frankfurt 1979.

Mittelstraß, J., (Hrsg.), Enzyklopädie Philosophie und Wissenschaftstheorie I-II, Mannheim / Wien / Zürich 1980-1984.

Mittelstraß, J., s. M. Carrier / J. Mittelstraß (1989).

Mittelstraß, J., Der Flug der Eule, Frankfurt 1989.

Mohr, H., Natur und Moral. Ethik in der Biologie, Darmstadt 1987.

Mohr, M., Fractured Symmetry – Algorithmische Arbeiten 1967-1987, Wilhelm-Hack-Museum, Ludwigshafen am Rhein 1987.

Moon, P. H., The Abacus's History, its Design, its Possibilities in the Modern World, New York 1971.

Moore, E. F., Machine models of self-reproduction, in: Math. Prob. Biol. Sci., Proc. Symp. Appl. Math. 14 1962, 17-33.

Moore, E. F, Gedanken-Experiments on Sequential Machines, Automata Studies, Princeton 1956.

Moravic, H., Mind Children. Der Wettlauf zwischen menschlicher und künstlicher Intelligenz, Hamburg 1990.

Morgenstern, I. / L. van Hemmen (eds.), Heidelberg Colloqium on Glassy Dynamics and Optimization, Berlin / Heidelberg / New York 1987.

Morgenstern, O. / Neumann, J. v. / , Spieltheorie und wirtschaftliches Verhalten, Würzburg ^{2}1967.

Müller, H. M., Evolution, Kognition und Sprache, Berlin / Hamburg 1987.

Myhill, J., Finite automata and the representation of events, in: WADD Technical Note (Wright-Patterson AFB, Ohio) 1957, 60-165.

Nagel, E., The Structure of Science, New York 1961.

Neisser, U., Cognitive Psychology, New York 1967.

Nerode, A., Linear automaton transformations, in: Proc. Amer. Math. Soc. 9 1958, 541-544.

Neumann, J. v., Mathematische Grundlagen der Quantenmechanik, Berlin 1932.

Neumann, J. v., The Computer and the Brain, New Haven 1958.

Neumann, J. v., Collected Works I-VI, ed. A. H. Taub, Oxford / London / New York 1961-1963.

Neumann, J. v., Theory of Self-Reproducing Automata, ed. and completed by A. W. Burks, Urbana / Chicago 1966.

Newell, A. / H. Simon, Human Problem Solving, Englewood Cliffs N. J. 1972.

Newton, I., Philosophiae naturalis principia mathematica, London 1687 (repr. London 1960, Brüssel 1966).

Nicolis, G. / I. Prigonine, Self-Organization in Non-Equilibrium Systems: From Dissipative Structures to Order Through Fluctuations, New York 1977.

Nicolis, G. / I. Prigogine, Die Erforschung des Komplexen. Auf dem Weg zu einem neuen Verständnis der Naturwissenschaften, München / Zürich 1987.

Nilson, N., Principles of Artificial Intelligence, Berlin / Heidelberg / New York 1982.

Noble, D. E., Forces of Production. A Social History of Industrial Automation, New York / Oxford 1986.

Oeser, E. / F. Seitelberger, Gehirn, Bewußtsein und Erkenntnis, Darmstadt 1988.

Ore, O., The Four-Color Problem, New York / London 1967.

Palm, G. (ed.), Neural Assemblies: An Alternative Approach to Artificial Intelligence, Berlin / Heidelberg / New York / Tokyo 1982.

Palm, G., Local synaptic modification can lead to organized connectivity pattern in associative memory, in: E. Frehland (ed.), Synergetics – From microscopic to macroscopic Order, Berlin / Heidelberg / New York 1984.

Papineau, D., Reality and Representation, Oxford 1987.

Parson, T., Sociological Theory and Modern Society, New York 1967.

Parsons, W. B., Engineers and Engineering in the Renaissance, Baltimore 1939.

Partington, J. R., A Short History of Chemistry, London 1965.

Pascal, B., Oeuvres complètes, ed. J. Chevalier, Paris 1954.

Patterson, E. C., John Dalton and the Atomic Theory. The Biography of a Natural Philosopher, Garden City N. Y. 1970.

Peitgen, H.-O. / P. H. Richter (eds.), The Beauty of Fractals. Images of Complex Dynamical Systems, Berlin / Heidelberg / New York 1986.

Pellionisz, A. J. / R. Llinas, Brain modelling by tensor network theory and computer simulation. The cerebellum: Distributed processor for predictive coordination, in: Neuroscience 4 1979, 323-348.

Pellionisz, A. J. / R. Llinas, Space-time representation in the brain: The cerebellum as a predictive space-time metric tensor, in: Neuroscience 7 1982, 2949-2970.

Pellionisz, A. J. / R. Llinas, Tensor network theory of the metaorganization of functional geometries in the central nervous system, in: Neuroscience 15 1985, 245-274

Pellionisz, A. J. / B. W. Peterson, A tensorial model of neck motor activation, in: B. W. Peterson / F. Richmond (eds.), Control of Head Movement, Oxford 1988, 178-186.

Péter, R., Rekursive Funktionen, Budapest [2]1957 (engl. 1967).

Pfenty, P. / G. Toulouse, Introduction to the Renormalization Group and to Critical Phenomena, London 1977.

Piaget, J., Psychologie der Intelligenz, Stuttgart 1966.

Piaget, J., Einführung in die genetische Erkenntnistheorie, Frankfurt 1973.

Pieper, A., Ethik und Moral. Eine Einführung in die praktische Philosophie, München 1985.

Pieper, H., Die komplexen Zahlen. Theorie, Praxis, Geschichte, Berlin 1984.

Pierce, T. H. / B. A. Hohne (eds.), Artificial Intelligence. Applications in Chemistry, Washington 1986.

Pitts, H. W. / W. S. McCulloch, How we know universals, the perception of auditory and visual forms, in: Bull. Math. Biophys. 9 1947, 127-147.

Planck, M., Thermodynamik, Berlin / Leipzig 1930.

Platon, Sämtliche Werke, übers. F. Schleiermacher, ed. W. F. Otto, Reinbeck / Hamburg 1959-1967.

Poeck, K. (Hrsg.), Klinische Neuropsychologie, Stuttgart 1982.

Poincaré, H., Les méthodes nouvelles de la mécanique céleste, Paris 1892 / 99.

Poincaré, H., Science et méthode, Paris 1908, dt. Darmstadt 1973.

Poincaré, H., Mathematical creation, in: J. R. Newmann (ed.), The World of Mathematics vol. 4, New York 1956, 2041-2050.

Pólya, G., How to solve it, Princeton 1945.

Pólya, G., Mathematics and Plausible Reasoning 2 vols., London 1954.

Pólya, G., Mathematical Discovery 2 vols., New York 1962.

Pöppel, E. / R. Brinkmann / D. von Cramon, Association and dissociation of visual functions in a case of bilateral occipital lobe infraction, in: Archiv für Psychatrie u. Nervenkrankheiten 225 1978, 1-21.

Pöppel, E., Grenzen des Bewußtseins. Zur Wirklichkeit und Welterfahrung, Stuttgart 1985.

Pöppel, E., Gehirn und Bewußtsein, Weinheim 1989.

Popper, K. R., Objektive Erkenntnis. Ein evolutionärer Entwurf, Hamburg 1973.

Popper, K. R., Logik der Forschung, Tübingen ^{7}1982.

Popper, K. R. / J. C. Eccles, The Self and its Brain, Berlin 1977.

Post, E. L., Finite combinatory processes-formulation I, in: J. Symb. Log. 1 1936, 103-105.

Post, E. L., Recursive unsolvability of a problem of Thue, in: J. Symbolic Logic 12 1947, 1-11.

Poundstone, W., The Recursive Universe. Cosmic Complexity and the Limits of Scientific Knowledge, Oxford / New York 1985.

Pour-El, M. B. / I. Richards, Noncomputability in models of physical phenomena, in: Int. J. Th. Phys. 21, 1982, 553-556.

Premack, D. / A. J. Premack, The Mind of an Ape, New York 1983.

Prigogine, I., Introduction to Thermodynamics of Irreversible Processes, New York ^{3}1967.

Prigogine, I., Vom Sein zum Werden, München 1979.

Prigogine, I.,s. G. Nicolis / I. Progogine (1977), G. Nicolis / I. Prigogine (1987).

Probst, G. J. B., Selbst-Organisation. Ordnungsprozesse in sozialen Systemen aus ganzheitlicher Sicht, Berlin / Hamburg 1987.

Pullan, J., M., The History of the Abacus, London 1968.

Puppe, F., Einführung in Expertensysteme, Berlin / Heidelberg / New York 1988.

Putnam, H., Robots: Machines or artificially created life?, in: Journal of Philosophy 61 1964, 668-691.

Putnam, H., Philosophical Papers, vol. I: Mathematics, Matter and Method, Cambridge 1975, vol. II: Mind, Language and Reality, Cambridge 1975, vol. III: Realism and Reason, Cambridge 1983.

Putnam, H., Vernunft, Wahrheit und Geschichte, Frankfurt 1990.

Putnam, H., Repräsentation und Realität, Frankfurt 1991.

Quesnay, F., Oevres économiques et philosophiques. Publiées avec une introduction et des notes par Auguste Oncken, Francfort 1888, repr. Aalen 1965.

Quine, W. V. O., Two dogmas of empiricism, in: Philos. Rev. 60 1951, 20-43.

Quine, W. V. O., Word and Object, Cambridge Mass. 1960.

Quine, W. V. O., Ontologische Relativität und andere Schriften, Stuttgart 1975.

Rabin, M. I. / D. S. Scott, Finite automata and their decision problems, in: IBM J. Res. Dev. 3 1959, 114-125.

Raking, P. / W. Singer (eds.), The Neurobiology of Neocortex, New York 1988.

Randell, B., (ed.), The Origins of Digital Computers – Selected Papers, Berlin / Heidelberg / New York 1975.

Ransom, R., Computers and Embryos: Models in Developmental Biology, New York u.a. 1981.

Rapaport, D., The History of the Concept of Association of Ideas, New York 1974.

Ree Chay, T. / J. Rinzel, Bursting, beating, and chaos in an excitable membrance model, in: Biophysical Journal 47 1985, 357-366.

Reichenbach, H., Philosophie der Raum-Zeit-Lehre, Berlin / Leipzig 1928.

Reichenbach, H., Experience and Prediction. An Analysis of the Foundations and the Structure of Knowledge, Chicago / London 1936, 1966.

Reitboeck, H. J. P., A 19-channel matrix drive with individually controllable fiber micro-electrodes for neurophysiological applications, in: IEEE Transactions on System, Man & Cybernetics, SMC-13, 5 1983, 676-682.

Reitman, W., Cognition and Thought, New York 1965.

Rennels, G. D., A Computational Model of Reasoning from the Clinical Literature, New York / Berlin / Göttingen 1985.

Rescher, N., Leibniz: An Introduction to his Philosophy, Oxford 1979.

Reti, L. / B. Dibner, Leonardo da Vinci, Technologist, Norwalk Conn. 1969.

Retti, J. u. a., Artificial Intelligence, Stuttgart 1984.

Richter, M. M., Logikkalküle, Stuttgart 1978.

Ritter, H. / T. Martinetz / K. Schulten, Neuronale Netze. Eine Einführung in die Neuroinformatik selbstorganisierender Netzwerke, Bonn / München / Reading Mass. 1990.

Robins, R. H., A Short History of Linguistics, Bloomington 1967.

Robinson, J. A., A machine oriented logic based on the resolution principle, in: Journal of the Association for Computing Machinery 12 1965, 23-41.

Rödding, D., Klassen rekursiver Funktionen, in: M. H. Löb (ed.), Proceedings of the Summer School in Logic. Leeds, England 1967, Berlin / Heidelberg / New York 1968, 159-222.

Rogers, H., Theory of Recursive Functions and Effective Computability, New York 1967.

Rorty, R., Mind-body identity, privacy, and categories, in: Review of Metaphysics 19 1965, 24-54.

Rorty, R., In defense of eliminative materialism, in: Review of Metaphysics 24 1970, 112-121.

Rorty, R. Contemporary philosophy of mind, in: Synthese 53 1982, 323-348.

Rosch, E., Cognitive representation of semantic categories, in: Journal for Experimental Psychology: General 104 1975, 192-223.

Rose, J. (ed.), Current Topics in Cybernetics and System. Proceedings of the 4th Intern. Congr. of Cybernetics and Systems, Berlin / New York 1978.

Rosenblatt, F., The perceptron: a probalilistic model for information storage and organization in the brain, in: Psychological Review 65 1958, 386-408.

Rosenblatt, F., Principles of Neurodynamics, New York 1959.

Rosenblueth, A. / N. Wiener / J. Bigelow, Behavior, Purpose, and Teleology, in: Philos. Sci. 10 1943, 18-24.

Rosenthal, D. (ed.), Materialism and the Mind-Body Problem. Englewood Cliffs N. J. 1971.

Rumelhart, D. E. / D. Zipser, Feature discovery by competitive learning, in: Cognitive Science 9 1985, 75-112.

Rumelhart, D. E. / J. L. McClelland (eds.), Parallel Distributed Processing: Explorations in the Microstructures of Cognition vol. I, Cambridge Mass. 1986.

Rumelhart, D. E. / G. E. Hinton / R. J. Williams, Learning representations by back-propagating errors, in: Nature 323 1986, 533-536.

Runge, I., Carl Runge und sein wissenschaftliches Werk, Göttingen 1949.

Russell, B., A critical Exposition of the Philosophy of Leibniz, Cambridge 1900.

Ryle, G., The Concept of Mind, London / New York 1949, New York 1975.

Saaty, T. L. / P. C. Kainen, The Four-Color Problem. Assault and Conquest, New York 1977.

Sachsse, H., Einführung in die Kybernetik unter besonderer Berücksichtigung von technischen und biologischen Wirkungsgefügen, Braunschweig [2]1974.

Salmon, W. C., Bayes's Theorem and the History of Science, in: R. H. Stuewer (ed.), Historical and Philosophical Perspectives of Science, Minneapolis 1970, 68-86.

Salmon, W., The Foundations of Scientific Inference. Pittsburgh 1966.

Salmon, W., Scientific Explanation and the Causal Structure of the World, Princeton 1984.

Sapir, E., Language, New York 1921.

Saussure, F. de, Grundfragen der allgemeinen Sprachwissenschaft, ed. C. Bally / A. Sechehaye, Berlin 1967 (frz. Cours de linguistique générale 1915).

Savage, C. W. (ed.), Perception and Cognition: Issues in the Foundations of Psychology, Minnesota Studies in the Philosophy of Sience vol. 9, Minneapolis 1978.

Schadé, J. P. / D. H. Ford, Basic Neurology. An Introduction to the Structure and Function of the Nervous System, New York 1965.

Schäfer, R. E., Denken, Informationsverarbeitung, mathematische Modelle und Computersimulation, Berlin 1985.

Schank, R. C. / K. Colly / W. H. Freeman (eds.), Computer Models of Thought and Language, San Francisco 1973.

Schank, R. C., Conceptual Information Processing, Amsterdam 1975.

Schank, R. C. / R. P. Abelson, Scripts, Plans, Goals, and Understanding, Hillsdale N. J. 1977.

Schank, R. C., Dynamic Memory: A Theory of Reminding and Learning in Computers and People, New York 1982.

Schank, R. C. / P. G. Childers, Die Zukunft der Künstlichen Intelligenz. Chancen und Risiken, Köln 1986.

Schefe, P., Künstliche Intelligenz – Überblick und Grundlagen, Mannheim / Wien / Zürich 1986.

Schefe, P., Informatik – Eine konstruktive Einführung. LISP, PROLOG und andere Konzepte der Programmierung, Mannheim / Wien / Zürich ^{2}1987.

Scheibe, E., Über die Struktur physikalischer Theorien, in: W. Balzer / W. Heidelberger (Hrsg.), Zur Logik empirischer Theorien, Berlin 1983, 169-188.

Schelling, F. W. J., Sämtl. Werke, Stuttgart / Augsburg 1856ff.

Scherf, H. (Hrsg.), Studien zur Entwicklung der ökonomischen Theorie IX, Berlin 1990.

Schlick, M., Allgemeine Erkenntnislehre, Frankfurt 1979.

Schmid, E. W. / G. Spitz / W. Lösch. Theoretische Physik mit dem Personalcomputer, Berlin / Heidelberg / New York 1987.

Schmidt, J., Mengenlehre I, Mannheim 1966.

Schmidt, R. F. (Hrsg.), Grundriß der Neurophysiologie, Berlin / Heidelberg / New York 1987.

Schmidt, S. J., Bedeutung und Begriff, Braunschweig 1969.

Schmidt, S. J. (Hrsg.), Der Diskurs des Radikalen Konstruktivismus, Frankfurt 1987.

Schmidt, W. (Hrsg.), Herons von Alexandria Druckwerke und Automatentheater (gr. / dt) I-III, Leipzig 1899-1900.

Schnable, H., Nichtlinearität und Chaos in der Wirtschaft, in: WiSt 11 1991, 559-565.

Schnädelbach, H., Hegels Theorie der subjektiven Freiheit, Frankfurt 1966.

Schnakenberg, J., Thermodynamic Network Analysis of Biological Systems, Berlin / Heidelberg / New York 1977.

Schneider, I., Rudolph Clausius' Beitrag zur Einführung wahrscheinlichkeitstheoretischer Methoden in die Physik der Gase nach 1856, in: Archive for History of Exact Sciences 14 1974 / 75, 237-261.

Scholz, H., Mathesis Universalis. Abhandlungen zur Philosophie als strenger Wissenschaft, hrsg. H. Hermes, F. Kambartel, J. Ritter, Basel / Stuttgart 1961.

Schöneburg, E. / N. Hansen / A. Gawelczyk, Neuronale Netzwerke, Haar bei München 1990.

Schöning, U., Logik für Informatiker, Mannheim / Wien / Zürich 1987.

Schrödinger, E., Die gegenwärtige Situation in der Quantenmechanik, in: Die Naturwissenschaften 23 1935, 807-812, 823-828, 844-849.

Schuster, H. G., Deterministic Chaos. An Introduction, Weinheim 1984.

Schütte, K., Beweistheorie, Berlin / Göttingen / Heidelberg 1960.

Schwartz, E. L. (ed.), Computational Neuroscience, Cambridge Mass. / London 1990.

Schwartz, G. E. / D. Shapiro (eds.), Consciousness and Self-Regulation, New York 1983.

Schwemmer, O., Theorie der rationalen Erklärung. Zu den methodischen Grundlagen der Kulturwissenschaften, München 1976.

Schwichtenberg, H., Rekursionszahlen und die Grzegorczyk-Hierarchie, in: Archiv f. math. Logik u. Grundlagenforschung 12 1969, 85-97.

Schwichtenberg, H., Proof theory. Some applications of cut-elimination, in: J. Barwise (ed.), Handbook of Mathematical Logic, Amsterdam / New York / Oxford 1977, 867-895.

Searle, J. R., What is an intentional state?, in: Mind 88 1979, 74-92.

Searle, J. R., Intentionality and the use of language, in: A. Margalit (ed.), Meaning and Use. Papers presented at the second Jerusalem Philosophical Encounter 1976, Dordrecht 1979, 181-197.

Searle, J. R., Minds, brains and programs, in: Behavioral and Brain Science 3 1980, 417-424.

Searle, J. R., Mind, Brain and Science, Harvard 1984.

Searle, J. R., Intentionalität. Eine Abhandlung zur Philosophie des Geistes, Frankfurt 1987.

Searle, J. R., Ist der menschliche Geist ein Computerprogramm?, in: Spektrum der Wissenschaft: Ultrarechner 1991, 92-99.

Seck, F. (Hrsg.), Wilhelm Schickard, Tübingen 1978.

Seelen, W. von / G. Shaw / U. M. Leinhos (eds.), Organization of Neural Networks. Structures and Models, Weinheim 1988.

Sejnowski, T. J. / P.K. Kienker / G. E. Hinton, Learning symmetry groups with hidden units: Beyond the perceptron, in: Physica D 22D 1986, 260-275.
Sejnowski, T. J. / C. R. Rosenberg, Parallel networks that learn to pronounce English text, in: Complex Systems 1 1987, 145-168.
Selfridge, O. G., Pattern Recognition and Modern Computers. Proceedings of the Western Joint Computer Conference, New York 1955.
Sellars, W., Science Perception and Reality, London 1963.
Serra, R. et al., Introduction to the Physics of Complex Systems, Oxford 1986.
Serra, R. / G. Zanarini, Complex Systems and Cognitive Processes, Berlin / Heidelberg / New York 1990.
Shannon, C. E., A symbolic analysis of relay and switching circuits, in: Trans. Inst. Elect. Eng. 57, 1938, 713-723.
Shannon, C. E. / W. Weaver, Mathematische Grundlagen der Informationstheorie, München 1976.
Sharp, J. A., Verteilte und parallele Computernetze. Architektur und Programmierung, Weinheim 1989.
Sheperdson, J. C. / H. E. Sturgis, Computability of recursive functions, in: J. Assoc. Computing Machinery 10 1963, 217-255.
Shepherd, G., The Synaptic Organisation of the Brain, New York 1974.
Sherman, B., The New Revolution – the Impact of Computers on Society, New York 1985.
Shimony, A., Bell's theorem: Experimental tests and implications, in: Rep. Prog. Phys. 41 1978, 1881-1927.
Shimony, A., Die Realität der Quantenwelt, in: Spektrum der Wissenschaft 3 1988, 78-85.
Shoenfield, J. R., Mathematical Logic, Reading Mass. 1967.
Shortliffe, E. H., Computer-based Medical Consultations: MYCIN, New York 1976.
Shortliffe, E. H., Computer programs to support clinical decision making, in: The Journal of the American Medical Association 258 1 1987, 61-66.
Siebeck, H., Ueber die Entstehung der Termini natura naturans und natura naturata, in: Arch. Gesch. Philos. 3 1890, 370-378.
Siebert, H., Ökonomische Theorie der Umwelt, Tübingen 1978.
Sieferle, R. P., Die Krise der menschlichen Natur. Zur Geschichte eines Konzepts, Frankfurt 1989.
Siemens AG, Herrn von Leibniz' Rechnung mit Null und Eins, hrsg. Siemens AG, Berlin / München [2]1966.
Simmel, G., Das individuelle Gesetz. Philosophische Exkurse, hrsg. M. Landmann, Frankfurt 1968.
Simon, H. A., Die Wissenschaften vom Künstlichen, Berlin 1990.
Simons, G., Sind Computer lebendig? Stand und Zukunft der Computerentwicklung, München 1984.

Singer, W., Einführung: Das Ziel der Hirnforschung, in: Gehirn und Kognition, Spektrum der Wissenschaft, Heidelberg 1990, 7-9.

Singer, W., Ontogenetic self-organization and learning, in: J. L. McGaugh / N. M. Weinberger / G. Lynch (eds.), Brain Organization and Memory: Cells, Systems and Circuits, New York 1989.

Sinnreich, J. (Hrsg.), Zur Philosophie der idealen Sprache. Texte von Quine, Tarski, Martin, Hempel und Carnap, München 1972.

Sloman, A., The Computer Revolution in Philosophy: Philosophy, Science, and Models of Mind, Hassocks 1978.

Smith, A., Inquiry into the Nature and Causes of the Wealth of Nations, London 1776.

Smithson, M., Fuzzy Set Analysis for Behavioral and Social Sciences, New York / Berlin / Heidelberg 1987.

Specht, J., Commercium mentis et corporis. Über Kausalvorstellungen im Cartesianismus, Stuttgart / Bad Cannstatt 1966.

Spencer, H., The Principles of Biology 2 vols., London 1884.

Spencer, H., Structure, Function, and Evolution, ed. S. Andrenski, London 1971.

Spencer, H., The Principles of Psychology, London 1855.

Spinoza, B., Opera, ed. K. Blumenstock, Darmstadt 1967.

Stachowiak, H., Denken und Erkennen im kybernetischen Modell, Wien / New York ^{2}1969.

Stachowiak, H., (Hrsg.), Pragmatik Bd. 1, Hamburg 1985.

Stallmach, J., Dynamis und Energia. Untersuchungen am Werk des Aristoteles zur Problemgeschichte von Möglichkeit und Wirklichkeit, Meisenheim 1959.

Stanley, H. E., Introduction to Phase Transitions and Critical Phenomena, New York 1971.

Stapp, H. P., Consciousness and values in the quantum universe, in: Found. Phys. 15 1985, 35-47.

Steffensen, J. F., Interpolation, New York 1927, ^{2}1950.

Stegmüller, W., Unvollständigkeit und Unentscheidbarkeit. Die metatheoretischen Resultate von Gödel, Church, Kleene, Rosser und ihre erkenntnistheoretische Bedeutung, Wien / New York 1959, ^{2}1970.

Stegmüller, W., Probleme und Resultate der Wissenschaftstheorie und Analytischen Philosophie, Berlin / Heidelberg / New York 1973 ff.

Stegmüller, W., The Structuralistic View of Theories. A Possible Analogue of the Bourbaki Programme in Physical Science, Berlin / Heidelberg / New York 1979.

Steinbuch, K. / U. Piske, Learning matrices and their applications, in: IEEE EC-12 Heft 4 1963, 846-862.

Steinbuch, K., Automat und Mensch. Kybernetische Tatsachen und Hypothesen, Berlin / Heidelberg / New York ^{3}1965.

Steller, E., Computer und Kunst. Programmierte Gestaltung: Wurzeln und Tendenzen neuer Ästhetiken, Mannheim / Leipzig / Wien / Zürich 1992.

Stenius, E., Wittgensteins Traktat, Frankfurt 1969.

Sternberg, R. J. (ed.), Mechanismus of Cognitive Development, San Francisco 1984.

Stich, S. P., From Folk Psychology to Cognitive Science. The Case Against Belief, Cambridge Mass. / London 1983.

Stiny, G., Pictural and Formal Aspects of Shape and Shape Grammars, Basel / Stuttgart 1975.

Stoyan, H. / G. Goerz, LISP – Eine Einführung in die Programmierung, Berlin / Heidelberg / New York 1984.

Ströker, E., Denkwege der Chemie, Freiburg / München 1967.

Suppe, F., The Structure of Scientific Theories, Chicago 1974.

Susman, M., Growth and Development, Englewood Cliffs N. J. 1964.

Sussmann, G. / G. Steele, Constraints – a language for expressing almost-hierarchical descriptions, in: AI-Journal 14 1980, 1-39.

Tarski, A., The semantic conception of truth and the foundations of semantics, in: Journal of Philosophy and Phenomenological Research 4 1944, 341-475.

Taschdjian, E., (ed.), Perspectives on General System Theory. Scientific-Philosophical Studies, New York 1975.

Teubner, G., Recht als autopoietisches System, Frankfurt 1989.

Thagard, P., Computational Philosophy of Science, Cambridge Mass. 1988.

Thiel, C. (Hrsg.), Frege und die moderne Grundlagenforschung, Meisenheim a. Glan 1975.

Thomas von Aquin, Summa Theologiae, dt. / lat. Ausgabe, Salzburg / Leipzig 1937.

Thompson, W., Mathematical and Physical Papers I-VI, Cambridge 1882-1911.

Thue, A., Probleme über Veränderungen von Zeichenreihen nach gegebenen Regeln, in: Skr. Vidensk. Selsk. Kristiania I 10 1914.

Toffoli, T., Physics and computation, in: Int. J. Th. Phys. 21 1982, 165-176.

Toomre, A. / J. Toomre, Galactic bridges and tails, in: The Astrophysical Journal 178 No. 3 1972, 623-666.

Toulmin, S., Human Understanding, Princeton 1972.

Trachtenbrot, B. A., Wieso können Automaten rechnen? Eine Einführung in die logisch-mathematischen Grundlagen programmgesteuerter Rechenautomaten, Berlin 1959, ^{4}1966 (russ. 1957, ^{2}1960).

Traub (ed.), J. F., Algorithms and Complexity: New Directions and Recent Results, New York 1976.

Tulving, E. / W. Donaldson (Hrsg.), Organization of Memory, New York 1972.

Turing, A. M., Computability and lambda definability, in: Journal of Symbolic Logic 2 1937, 153-163.
Turing, A. M., The chemical basis of morphogenesis, in: Phil. Trans. R. Soc. (London) B 237 1952, 37.
Turing, A. M., Intelligence Service. Schriften, Berlin 1987.
Turkle, S., Die Wunschmaschine – Vom Entstehen der Computerkultur, Hamburg 1984.
Tyson, J. J., The Belousov-Zhabotinski Reaction, Berlin / Heidelberg / New York 1976.
Ugi, I. K. / J. Bauer / R. Baumgartner / E. Fontain / D. Forstmeyer / S. Lohberger, Computer assistance in the design of syntheses and a new generation of computer programs for the solution of chemical problems by molecular logic, in: Pure Appl. Chem. 60 1988, 1573-1586.
Ulrich, H. / G. J. B. Probst (Hrsg.), Selforganization and Management of Social Systems. Insights, Promises, Doubts, and Questions, Berlin 1984.
Van Fraassen, B., The Scientific Image, Oxford 1980.
Varela, F. J., Principles of Biological Autonomy, New York 1979.
Varela, F. J., Kognitionswissenschaft, Kognitionstechnik: Eine Skizze aktueller Perspektiven, Frankfurt 1990.
Varmuza, K., Pattern Recognition in Chemistry, Berlin / Heidelberg / New York 1980.
Vavilin, V. A. / A. M. Zhabotinski / L. S. Yayuzhinski, Oscillatory processes in biological and chemical systems vols. I-II (russ.), Moskau 1967 / 1971.
Vidal, C. / A. Pacault (eds.), Non-linear Phenomena in Chemical Dynamics, Berlin / Heidelberg / New York 1981.
Vilain, M., A system for reasoning about time, in: AAAI-82 1982, 197-201.
Virchow, R., Gesammelte Abhandlungen zur wissenschaftlichen Medizin, Frankfurt 1856.
Vogel, K., Adam Riese, der deutsche Rechenmeister, in: Deutsches Museum / München (Hrsg.), Abhandlungen und Berichte (27). 3. Heft, München / Düsseldorf 1959.
Vollmer, G., Evolutionäre Erkenntnistheorie, Stuttgart 1975.
Vorndran, E. P., Entwicklungsgeschichte des Computers, Berlin / Offenbach 1982.
Vuillemin, J., Mathématique et métaphysique chez Descartes, Paris 1960.
Waffender, M. (Hrsg.), Cyberspace. Ausflüge in virtuelle Wirklichkeiten, Hamburg 1991.
Watson, G. A., Approximation Theory and Numerical Methods, New York 1980.
Watson, J., Behaviorism, New York 1930.
Watt, K. E. F. (ed.), Systems Analysis in Ecology, London 1966.
Watzlawick, P. (Hrg.), Die erfundene Wirklichkeit, München / Zürich ^{2}1985.

Weber, B. H. / D. J. Depew / J. D. Smith, Entropy, Information, and Evolution. New Perspectives on Physical and Biological Evolution, Cambridge Mass. / London 1988.
Weber, M., Gesammelte Aufsätze zur Wissenschaftslehre, Tübingen ^{4}1973.
Weijers, O., Contribution à l'histoire des termes ‚natura naturans' et ‚natura naturata' jusqu' à Spinoza, in: Vivarium 16 1978, 70-80.
Weinert, F. E., Einführung in das Problemgebiet der Pädagogischen Psychologie, in: ders. (ed.), Pädagogische Psychologie 1 (Funk-Kolleg), Frankfurt 1974, 29-63.
Weingart, P. (Hrsg.), Wissenschaftssoziologie, Frankfurt 1974.
Weisbuch, G., Complex System Dynamics, Amsterdam 1990.
Weizenbaum, J., ELIZA – A computer program for the study of natural language communication between man and machine, in: Communications of the Association for Computing Machinery 9 1965, 36-45.
Weizenbaum, J., Die Macht der Computer und die Ohnmacht der Vernunft, Frankfurt 1978.
Weizsäcker, C. F. v., Die Geschichte der Natur, Göttingen ^{5}1962.
Weizsäcker, C. F. v., Die Einheit der Natur, München 1971.
Weizsäcker, C. F. v., Aufbau der Physik, München / Wien 1985.
Weizsäcker, C. F. v., Zeit und Wissen, München / Wien 1992.
Weizsäcker, E. v., Offene Systeme I: Beiträge zur Zeitstruktur von Information, Entropie und Evolution, Stuttgart 1974.
Werner, H., Vorlesungen über Approximationstheorie, Berlin / Heidelberg / New York 1966.
Wexelblat, R. L., History of Programming Languages, New York 1981.
Wheeler, J. A. / W. H. Zureck (eds.), Quantum Theory and Measurement, Princeton 1983.
Whorf, B. L., Language, Thought, and Reality, ed. J. Caroll, Cambridge Mass. 1956.
Wickelgren, W. A., Cognitive Psychology, Englewood Cliffs N. J. 1970.
Widrow, B. / M. E. Hoff, Adaptive switching circuits, in: 1960 IRE WESCON Convention Record, New York: IRE, 96-104.
Wieland, W., Die aristotelische Physik. Untersuchungen über die Grundlegung der Naturwissenschaft und die sprachlichen Bedingungen der Prinzipienforschung bei Aristoteles, Göttingen 1970.
Wiener, N., Cybernetics – or Control and Communication in the Animal and the Machine, New York 1948.
Wiener, N., God and Golem, Inc, A Comment on Certain Points where Cybernetics Impinges on Religion, Cambridge Mass. 1964.
Wiener, N., Collected Works with Commentaries, ed. P. Masani, Cambridge Mass. 1981.
Wilkenson, J. W., Rundungsfehler, Berlin / Heidelberg / New York 1969.

Williams, A History of Computing Technology, London 1985.
Willke, H., Systemtheorie entwickelter Gesellschaften. Dynamik und Riskanz moderner gesellschaftlicher Selbstorganisation, Weinheim / München 1989.
Willshaw. D.J. / O. P. Buneman / H. C. Longuet-Higgins, Non-holographie associative memory, in: Nature 222 1969, 960-962.
Winfree, T. A., When Time breaks down: The Three-dimensional Dynamics of Electrochemical Waves and Cardiac Arrhythmias, Princeton 1987.
Winkler, R. L., Introduction to Bayesian Inference and Decision, New York 1972.
Winograd, T., Understanding Natural Language, New York 1972.
Winston, P. H., Artificial Intelligence, London 1977.
Winston, P. H. (ed.), The Psychology of Computer Vision, New York 1975.
Wirth, N., Algorithmen und Datenstrukturen, Stuttgart 1975.
Wittgenstein, L., Philosophische Untersuchungen, Frankfurt 1967.
Wittgenstein, L., Tractatus logico-philosophicus, Frankfurt 1964.
Wolfram, S., Theory and Applications of Cellular Automata, Singapore 1986.
Wolfram, S. (ed.), Theory and Applications of Cellular Automata, Singapore 1986.
Woods, R., (ed.), Understanding Mysticism, London 1980.
Wos, L. / G. A. Robinson / D. Carson, Efficiency and completeness of the set of support strategy in theorem proving, in: Journal of the Association for Computing Machinery 12 1965, 536-541.
Wunsch, G., Geschichte der Systemtheorie. Dynamische Systeme und Prozesse, München / Wien 1985.
Yoshino, Y., The Japanese Abacus. Explained, Tokyo 1937, ed. M. Gardner, New York 1963.
Young, J. Z., Philosophy of the Brain, Oxford / New York 1987.
Zacher, H. J., Die Hauptschriften zur Dyadik von G. W. Leibniz. Ein Beitrag zur Geschichte des binären Zahlensystems, Frankfurt 1973.
Zadeh, L. A., Fuzzy Logic and Approximate Reasoning, in: Synthese 30 1975, 407-428.
Zadeh, L. A., et alt., Fuzzy Sets and their Applications to Cognitive and Decision Processes, New York / San Francisco / London 1975.
Zimmermann, H.-J., Fuzzy Sets, Decision making, and Expert Systems, Boston 1987.
Zimmermann, W., Evolution. Die Geschichte ihrer Probleme und Erkenntnisse, Freiburg / München 1953.
Zornetzer, S. F. / J. L. Davis / C. Lau (eds.), An Introduction to Neural and Electronic Networks, San Diego / New York / Berkeley / Boston / London / Sydney / Tokyo / Toronto 1990.
Zubarev, D. N., Non-equilibrium Statistical Thermodynamics, New York / London 1974.

Zupan, J. (Hrsg.), PCs for Chemists, Amsterdam / Oxford / New York / Tokyo 1990.

Zuse, K., Verfahren zur selbsttätigen Durchführung von Rechnungen mit Hilfe von Rechenmaschinen. Deutsche Patentanmeldung Z 23624 (11. April 1936).

Zuse, K., Der Computer – mein Lebenswerk, Berlin / München 1970.

Zuse, K., The computing universe, in: Int. J. Th. Phys. 21, 1982, 589-600.

Personenregister

Sachregister

Grundlagen der Kommunikation und Kognition
Foundations of Communication and Cognition

Emergence and Reduction?

Essays on the Prospects on Nonreductive Physicalism

Edited by Ansgar Beckermann, Hans Flohr, Jaegwon Kim

Groß-Oktav. VIII, 315 Seiten. Mit 8 Abbildungen. Ganzleinen. 1992.
ISBN 3-11-012880-2

In den Aufsätzen dieses Bandes werden drei Themen behandelt: 1. die Rekonstruktion und Bewertung der zentralen Thesen der Theorie der Emergenz und der Versuch, die Ergebnisse auf die gegenwärtige Debatte um reduktiven und nichtreduktiven Physikalismus anzuwenden, 2. die Frage, ob mentale Phänomene und besonders „phänomenale Qualitäten" auf neuronale Eigenschaften reduzierbar sind oder ob sie als emergent und irreduzibel gelten müssen, 3. die generelle Rolle des Begriffs der Emergenz in den heutigen Wissenschaften.

Reflecting Davidson

Donald Davidson
Responding to an International Forum of Philosophers

Edited by Ralf Stoecker

Groß-Oktav. X, 393 Seiten. Ganzleinen. 1993. ISBN 3-11-013180-3

Das Buch vereint Artikel zum philosophischen Werk Donald Davidsons, einem der führenden amerikanischen Philosophen, aus den Bereichen Handlungstheorie, Philosophie des Geistes, Sprachphilosophie und Wissenschaftstheorie. Davidson kommentiert jeden Beitrag.

Pretending to Communicate

Edited by Herman Parret

Groß-Oktav. XV, 304 Seiten. Ganzleinen. 1994. ISBN 3-11-011832-7

Achtzehn Beiträge zu Manipulation, Suggestion und Überrumpelung in der Kommunikation.

Walter de Gruyter W DE G **Berlin · New York**

Perspektiven der Analytischen Philosophie
Perspectives in Analytical Philosophy

ἀναλύωμεν
Analyomen 1

Proceedings of the 1st Conference
"Perspectives in Analytical Philosophy"

Edited by Georg Meggle and Ulla Wessels

Groß-Oktav. XX, 989 Seiten. Ganzleinen. 1994. ISBN 3-11-013581-7 (Band 1)

ἀναλύωμεν (griech.): Laßt uns analysieren!
Ausgewählte Beiträge zum 1. Kongreß der Gesellschaft für Analytische Philosophie (GAP), Saarbrücken, 9.—12. Oktober 1991

Praktische Rationalität

Grundlagenprobleme und ethische Anwendungen
des *rational choice*-Paradigmas

Herausgegeben von Julian Nida-Rümelin

Groß-Oktav. VIII, 458 Seiten. Ganzleinen. 1994. ISBN 3-11-013656-2 (Band 2)

Aktuelle Diskussionsbeiträge verschiedener Disziplinen zum Begriff und zur Theorie praktischer Rationalität.

Philosophie und Logik

Frege-Kolloquien Jena 1989/1991

Herausgegeben von Werner Stelzner

Groß-Oktav. XII, 422 Seiten. Ganzleinen. 1994. ISBN 3-11-014069-1 (Band 3)

Überarbeitete Beiträge zu den Jenaer Frege-Kolloquien 1989/91. Der Band enthält Arbeiten zum wissenschaftlichen Kontext Gottlob Freges, des Begründers der modernen Logik und Stammvaters der analytischen Philosophie und zu gegenwärtigen Problemstellungen der philosophischen Logik.

Walter de Gruyter W DE G **Berlin · New York**